Joachim Reisch

Waldschutz und Umwelt

Mit 344 Abbildungen in 494 Einzeldarstellungen
und 11 Figuren

Springer-Verlag
Berlin Heidelberg New York 1974

Dr. Dipl.-Fw. JOACHIM REISCH
Oberforstmeister
6465 Bieber, Römerberg 3

ISBN-13: 978-3-642-65805-1   e-ISBN-13: 978-3-642-65804-4
DOI: 10.1007/978-3-642-65804-4

Schrift: Monophoto-Times
Papier: OBOT* Scheufelen, Oberlenningen
Umschlagentwurf: W. Eisenschink, Heidelberg
Gestaltung und Layout: I. Oppelt, Heidelberg

Geleitwort

Die Forderungen zur Erhaltung der Waldhygiene und zur Steigerung des Wirtschaftserfolges sind nicht immer vereinbar und stellen den Forstmann vor schwierige Aufgaben. Treten in einem Revier Massenvermehrungen von Schädlingen auf, so stellt sich die heikle Frage der chemischen Bekämpfung, die in gewissen Fällen überhaupt die einzig gangbare Lösung darstellt, um den Bestand noch zu retten.

Vor solchen Situationen stehen z. B. die verantwortlichen kanadischen Forststellen jedes Jahr, weil besonders der Schwammspinner *Lymantria dispar* in Beständen Kahlfraß und Vernichtung bringt, aber andererseits der Einsatz von Pestiziden mittels Flugzeugen die Entrüstung der öffentlichen Meinung auslöst.

Obwohl Mischwälder gegenüber Schädlingsgradationen besser abgesichert erscheinen, können auch in diesen Kalamitäten ausbrechen, die rasche Gegenmaßnahmen fordern. Solche Bekämpfungsaktionen müssen in bezug auf ihre Einwirkung auf die Biozönose sorgfältig überprüft werden, da ein brutaler Eingriff aus verständlichen Gründen wegen seinen nachhaltigen Folgen schlimmer sein kann als das Ausbleiben jeglicher Behandlung.
Im vorliegenden Buch widmet Oberforstmeister Dr. Reisch in verdienstvoller Weise diesen schwierigen Vorgängen besondere Aufmerksamkeit. Seine rund zwanzigjährige Erfahrung als Forstpathologe, während welcher er zunächst als Pilot großräumige Bekämpfungsaktionen flog, um alsdann eingehendst deren biozönotische Folgen zu untersuchen, und die sich darauf stützenden ökologischen Studien, bilden dafür eine solide Grundlage. Die Bedeutung der Nützlinge und die Verfahren zu ihrer Erhaltung, Vermehrung und Schonung stehen im Vordergrund, wobei auch die Schattenseiten gewisser Pestizide objektiv dargelegt werden.

Sehr wertvoll für den Forstmann und Praktiker sind nicht nur die in Tabellenform schematisch präsentierten Beschreibungen der Arten, die sowohl Unkräuter, Pilze, Mikroorganismen, Insekten, Vögel und Kleinsäuger umfassen, sondern auch die Angaben über Lebensweise, Nutzen oder Schaden.

Die heikle Frage des wirtschaftlich vertretbaren Einsatzes mit bestimmten Pestiziden wird eingehend untersucht; sie findet ihren Niederschlag in zahlreichen Angaben über kritische Schwellenwerte. Solche Informationen sind neu und äußerst wertvoll; sie stellen entscheidende Elemente für einen rationellen Waldschutz dar.

Dieses Buch, in dem die Problemstellung Waldschutz und Umwelt in großzügiger Weise betrachtet wird, ist sowohl vom Biologen und Ökologen als auch vom Wirtschafter dankbarst zu begrüßen. Die Fülle der Daten und das einfache und klare Konzept bilden für den Praktiker ein wertvolles Nachschlagewerk.

Paris, Februar 1973

Dr. G. MATHYS
Generaldirektor der
EPPO (European and
Mediterranean Plant
Protection Organization)

Die Idee zu diesem Buch geht auf einen vielfach geäußerten Wunsch der Praktiker und meiner zahlreichen Schüler zurück, Wissen über den Pflanzenschutz im Walde verständlich und kurzgefaßt zu vermitteln. So entstand in jahrelanger Arbeit ein Kompendium *aus der Praxis für die Praxis.*
Es ist aber bestimmt auch kein Zufall, daß ich zur Feder gegriffen habe in einer Zeit, die von wachsenden Umweltproblemen bestimmt wird.
Ich habe die Sorgen und Nöte des Waldbesitzers zur Genüge und aus der Nähe kennengelernt, aber auch den unerbittlichen Ehrgeiz und den fanatischen Einsatz von Schädlingsbekämpfern. Die Leiden der Natur unter den Giftwolken sind mir nicht verborgen geblieben.

Zu Beginn meiner Tätigkeit für den Pflanzenschutz im Jahre 1954 stand die große Maikäferschlacht vom Bodensee bis tief in die Schwäbische Alb. Zentimeterdick bedeckten die Käferleiber den Erdboden, worüber knirschend die Bauernwagen rollten. Auch ich selbst führte einmal den Steuerknüppel am Flugzeug, das die todbringenden Giftsalven niederließ.

Doch eines Tages im Jahre 1957 stand ich im Schwarzwald erschüttert vor den schrecklichen Spuren des Giftes, welches einen argen Fichtenschädling vernichten sollte. Keine Vogelstimme erklang mehr, am Boden krümmten sich Larven, Käfer, Falter, Würmer und anderes Getier, noch Wochen danach herrschte dort Totenstille, die Natur schien erloschen.

Dieser Anblick hat mich bis heute verfolgt. Sicherlich wurde ich auch dadurch immer wieder angetrieben, in meiner Arbeit nicht nachzulassen, die Gefahren einer rücksichtslosen Chemotherapie ungeschminkt aufzuzeigen und festzuhalten, sowie vor allem aber nach neuen Wegen zu suchen. Einen Ausweg sah ich bald in der Umstellung auf biologische Methoden.

Schon im Jahre 1959 ergab sich eine günstige Gelegenheit, den ersten größeren Freilandversuch mit spezifisch wirkenden Bakterien gegen den Eichenwickler zu starten. Der Erfolg dieser Maßnahme ermutigte zu weiteren Versuchen. So gelang im Jahr 1966 erstmalig in Mitteleuropa der Bakterieneinsatz anstelle von DDT im Dauerschadgebiet des Eichenwicklers (und seiner Schadgesellschaft) im Main-Kinzig-Becken.

Großartige Beispiele biologischer Einsätze mit Krankheitserregern, Parasiten und Räubern sind aus vielen Ländern der Erde bekannt.
Alle Bemühungen werden aber im Walde Stückwerk bleiben, solange nur wirtschaftliche Gesichtspunkte dominieren. Aber wir können durch den Einbau möglichst vieler biologischer Helfer, wozu zunächst vor allem die Roten Waldameisen und die Vögel gehören, auch den Umweltwiderstand stärken und das biologische Gleichgewicht regeln helfen. Darin muß gegenwärtig unsere Hauptaufgabe gesehen werden.

Bei der Niederschrift des Manuskriptes wurde mit klar, daß der Rahmen nicht zu weit gesteckt werden durfte. Einflüssen aus der unbelebten Welt (abiotische Faktoren), wie Brand, Immissionen, Witterung und Klima, Wasser und Boden, steht der Praktiker meist machtlos gegenüber. Die hierdurch verursachten Pflanzenkrankheiten sind in erster Linie waldbaulich, d.h. durch eine entsprechende räumliche Ordnung, Aufarbeitung und Lagerung des Holzes u.a.m., zu verhindern.
Meine Darstellungen habe ich daher ausschließlich auf *biotische Faktoren* begrenzt. Neben den allgemeinen Grundregeln eines geordneten Pflanzenschutzes habe ich in besonderem Maße den hiermit verbundenen Organismen Raum gewidmet. „Sehen und Erkennen" war das oberste Gebot meiner Konzeption. Entsprechendes Bildmaterial unterstützt daher die Darstellung im Text. Die Aufzählung vieler Arten, besonders bei den Insekten, soll vor allem dem Praktiker

einen Hinweis auf die Fülle der noch vorhandenen Lebewesen geben und ihn vor einer Begiftung stets daran erinnern.

Ziel des Buches ist es, das Augenmerk auf die vielen biologischen Helfer, die vorbeugende Abwehr von Schäden, die Waldhygiene und die biologische und mechanische Bekämpfung von Pflanzenfeinden zu lenken.

Die ***Namen der Lebewesen*** sind in üblicher Weise durch die „binäre Nomenklatur" gekennzeichnet. Seit der Begründung dieses Ordnungssystems durch den schwedischen Naturforscher CARL V. LINNÉ (1707–1778) haben sich, sehr zum Leidwesen der Biologen, ständig Änderungen ergeben. Um Irrtümer oder Verwechslungen zu vermeiden, wurde daher der neuen Bezeichnung die alte beigefügt. Einem dringenden Wunsch meiner Schüler folgend, habe ich den deutschen Namen, soweit bekannt, vorangestellt.

Die ***Stoffgruppierung*** ist vollständig neu und ganz auf den praktischen Gebrauch abgestimmt. Die Lebewesen in der Waldlebensgemeinschaft sind von den niederen zu den höheren gruppiert und innerhalb dieser Gruppen nach ihrer Bedeutung in der Waldlebensgemeinschaft und nicht nach ihrer Stellung im System geordnet bzw. zusammengefaßt. Ökologische Gesichtspunkte erhielten also den Vorrang.

Die ***Tabellenform*** erschien deshalb besonders zweckmäßig, um die Übersichtlichkeit zu wahren und ein rasches Auffinden zu ermöglichen. Bei Kleinlebewesen, Pilzen und Insekten wurde der betroffene Wirt bzw. das befallene oder geschädigte Pflanzenorgan (stets Laubholz vor Nadelholz in gleicher Reihenfolge) links herausgestellt. Danach folgen die betreffenden Symptome und schließlich die Charakterisierung des Täters bzw. die Schadenursache. Die Angaben über Maße und geographische Verbreitung sollen, namentlich den Anfänger, vor Fehldiagnosen bewahren.

Die Bionomie ist bei Schmetterlingen und Hautflüglern einfach durch Zahlen (***Rhumbler***sche Formel) ausgedrückt. Die Einstufung der Organismen in nützlich, schädlich, indifferent ist natürlich rein menschlich bedingt und daher an bestimmte Erwartungen geknüpft. Unsere Kenntnisse sind darin leider sehr lückenhaft, so daß sich hier noch ein weites Feld für Forschungsarbeiten eröffnet.

Förderungs- und Gegenmaßnahmen sind für die jeweilige Organismengruppe zusammengestellt, wobei mechanischen und/oder biologischen Methoden in jedem Fall der Vorzug gegeben ist.

Eine Reihe von Fachkollegen des In- und Auslandes habe ich für spezielle Fragen konsultiert. Mein Dank gebührt daher an dieser Stelle den Herren:

Dr. Baule, Lutterberg (Düngung); Dr. Behlen, Ranstadt (integrierte Schädlingsbekämpfung durch Synergid); Hofrat Dipl.-Ing. Prof. Dr. Beran, Wien (Bienenschäden durch Pestizide); Dr. Bleichert, Hannover (Düngung und Anlage von Wildwiesen); Prof. Dr. Eichhorn, Delémont (Adelgiden und Generationszyklus); Prof. Dr. Gößwald, Würzburg (Rote Waldameisen); Grünwald, Nieder-Gemünden (ornithologische Fragen); Hinz, Einbeck (Ichneumoniden), Dr. Keil, Frankfurt-Fechenheim (ornithologische Fragen); Dr. Kneitz, Würzburg (Rote Waldameisen); Stud.-Dir. Leyer, Gelnhausen (Düngung, Futtermittel, Anlage von Wildwiesen und Wildäckern); Martouret, La Minière par Versailles (mikrobiologische Verfahren); Dr. Maas, Braunschweig (Fischtoxizität von Herbiziden); Dr. Peters, Frankfurt/Main (Aculeaten); Dr. Przygodda, Essen-Bredeney (Vergiftungen von Vögeln durch Pestizide); Dr. Roßbach, Frankfurt-Fechenheim (ornithologische Fragen); Landforstmeister Dr. Schindler, Göttingen (langjähriger Erfahrungsaustausch im Forstschutz); Dr. Schröder, Frankfurt/Main (Schmetterlinge); Oberamtsrat Schröder, Schotten (Forstliche Arbeitslehre und Forstmaschinenkunde); Stud.-Dir. Sich, Wuppertal-Barmen (Chemie); Prof. Dr. Schwenke, München (biologische Schädlingsbekämpfung durch Parasiten und Geschichte des Forstschutzes); Dr. Stute, Celle (Bienenschäden); Dr. Tobias, Frankfurt/Main (Zweiflügler); Wüstenberg, Radolfzell (Schläfer und ornithologische Fragen); Prof. Dr. Zürn, Steinach bei Straubing (Grünlanddüngung); Dr. Zwölfer, Delémont (biologische Schädlingsbekämpfung).

Das hervorragende Bildmaterial verdanke ich einer Reihe namhafter Tierfotografen, von denen ich hier stellvertretend die Herren W. Rohdich, Münster (Westfalen) und H. Pfletschinger, Ebersbach (Fils) nenne, nicht zuletzt aber auch Herrn G.H. Weiss, Gevelsberg i.W. durch seine Mithilfe in der Zeitschrift „Fotos gesucht".

Besonderer Wert wurde auf die Darstellung lebender Organismen gelegt, was viel Geduld und Mühe kostete.

Ganz besonderen Dank schulde ich meinem Schwiegervater, Herrn Realschuloberlehrer i.R. Fr.-W. Küchel, für die Durchsicht des Manuskriptes und meiner lieben Frau, die alle Strapazen mit soviel Rat und Tat tapfer durchgestanden hat.

Schließlich verdanke ich dem Verleger Herrn Dr. Konrad F. Springer und seinen Mitarbeitern ein sehr großes Verständnis und Entgegenkommen für meine Arbeit. Die vorliegende vorbildliche Ausstattung und übersichtliche Gestaltung ist der Ausdruck für eine harmonische Zusammenarbeit, wie sie sehr selten zu finden ist. In diesem Team hat Frau Inge Oppelt hervorragenden Anteil, durch deren persönlichen Eifer auch die letzten Schwierigkeiten glänzend gemeistert wurden.

Bieber, im Oktober 1973   JOACHIM REISCH

Inhalt

Inhalt

Abkürzungen

Holzarten

Ah	Ahorn *(Acer spec.)*
Ak	Akazie, Gem. Robinie (*Robinia pseudoacacia* L.)
As	Aspe, Espe, Zitterpappel (*Populus tremula* L.)
Balsampa	Balsampappel (*Populus tacamahacca* Mill.)
Bankski	Banks-Kiefer, Strauchkiefer (*Pinus banksiana* Lambert)
Bergah	Bergahorn (*Acer pseudo-platanus* L.)
Bergki	Bergkiefer, Bergföhre, Krummholzkiefer (*Pinus mugo* Turra = *montana* Mill.), Latsche (*var. pumilio* Willk.)
Bi	Birke *(Betula spec.)*
Blaufi	Blaufichte (*Picea pungens* Engelm.)
Bu	Buche, Rotbuche (*Fagus silvatica* L.)
Dougl	Douglasie, Douglastanne, Douglasfichte (*Pseudotsuga taxifolia* Britt. = *douglasii* Carr.)
Eberes	Eberesche (*Sorbus aucuparia* L.)
Ei	Eiche *(Quercus spec.);* Traubeneiche, Steineiche (*Quercus petraea* Liebl. = *sessiliflora* Sal.), Stieleiche (*Quercus robur* L. = *pedunculata* Ehrh.)
Eka	Eßkastanie, Edelkastanie (*Castania sativa* Mill. = *vesca* Gaertn.)
Erl	Erle *(Alnus spec.)*
Es	Esche (*Fraxinus excelsior* L.)
eur. Lä	Europäische Lärche (*Larix decidua* Mill. = *europaea* Lam & Dc.)
Fah	Feldahorn (*Acer campestre* L.)
Fi	Fichte, Rotfichte, Rottanne (*Picea abies* Karst. = *excelsa* Lk.)
Hbu	Hainbuche, Weißbuche (*Carpinus betulus* L.)
jap. Lä	Japanische Lärche (*Larix leptolepis* Gord.)
Ka	Kastanie
Ki	Kiefer, Föhre (*Pinus silvestris* L.)
Kir	Kirsche; Traubenkirsche (*Prunus padus* L.), Sauerkirsche (*Prunus cerasus* L.), Vogelkirsche (*Prunus avium* L., ssp. *silvestris* Dierb.)
Kopfwei	Kopfweide, Korbweide (*Salix viminalis* L.)
Korkei	Korkeiche (*Quercus suber* L.)
Lä	Lärche *(Larix spec.)*
Lh	Laubholz
Li	Linde *(Tilia spec.)*
Nh	Nadelholz
Obsth	Obstholz
Pa	Pappel *(Populus spec.)*
Pki	Pechkiefer (*Pinus rigida* Mill.)
Rerl	Roterle, Schwarzerle (*Alnus glutinosa* Gaertn.)
Rka	Roßkastanie (*Aesculus hippocastanum* L.)
Rotei	Roteiche (*Quercus rubra* L.)
Salwei	Salweide (*Salix caprea* L.)
Schwerl	s. Rerl
Schwki	Schwarzkiefer (*Pinus nigra* Arnold)
Schwnuß	Schwarznuß (*Juglans nigra* L.)
Schwpa	Schwarzpappel (*Populus nigra* L.)
Seeki	Seekiefer, Aleppokiefer (*Pinus halepensis* Mill.)

Sitkafi	Sitkafichte (*Picea sitchensis* Carr. L = *falcata* Valck.)
Ta	Tanne *(Abies spec.)*
Tränenki	Tränenkiefer (*Pinus excelsa* Wallich)
Traubenei	s. Ei
Ul	Ulme, Rüster *(Ulmus spec.)*
Wei	Weide *(Salix spec.)*
Werl	Weißerle, Grauerle (*Alnus incana* Moench)
Weyki	Weymouthskiefer, Strobe (*Pinus strobus* L.)
Wnuß	Walnuß (*Juglans regia* L.)
Wpa	Weiß- oder Silberpappel (*Populus alba* L.)
Wta	Weißtanne (*Abies alba* Mill. = *pectinata* D.C.)
Zerrei	Zerreiche (*Quercus cerris* L.)
Zirbelki	Zirbelkiefer, Arve (*Pinus cembra* L.)

Allgemein

ad.	adult (erwachsen)		NV	Naturverjüngung
AR	Außenrand		O	Ost(en)
Biof	Bionomieformel		OS	Oberseite
Df	Durchforstung		P	Puppe
Ekl	Ertragsklasse		Pfl.	Pflanze, Pflanzung
fm	Festmeter		PV	Pflanzenschutzmittelverzeichnis
FZ	Flugzeit		rm	Raummeter
FLW	Fluglochweite (Nisthöhlen)		S	Süd(en)
Gen.	Generation		Spw	Flügelspannweite
Gr.	Groß(er, es)		tw	teilweise
Hfl	Hinterflügel		US	Unterseite
HV	Holzschutzmittelverzeichnis		V	Versuchsstadium
I	Imago (Vollkerf)		Vbd.	Verband
IR	Innenrand		Vbdg.	Verbindung
j.	jährig, 1jährig, 2j., 3j., usw.		Vfl	Vorderflügel
juv.	juvenil (jung)		VR	Vorderrand
K	Kokon		VZ	Vegetationszeit
Kl.	Klein(er, es)		W	West(en)
L	Larve bei Insekten; Länge bzw Größe bei Vögeln und Kleinsäugern		w. v.	wie vor
			♂	Männchen
Ltg	Läuterung		♂♂	die Männchen
Ltr.	Liter		♀	Weibchen
N	Nord(en)		♀♀	die Weibchen

Erster Teil

*Wald – Umwelt – Lebensgemeinschaft –
Biologisches Gleichgewicht*

I. Einführung und grundsätzliche Betrachtungen

Unter Umwelt ist die Gesamtheit der auf das Leben einwirkenden abiotischen und biotischen Faktoren zu verstehen.

Der Wald ist eine Teil-Umwelt aus den Vegetationstypen der Erde.

Sein Hauptmerkmal „Baumwuchs" wird bestimmt durch einen Bestand von Holzgewächsen mit einer Mindesthöhe von 5 m*, einem eigenständigen Lebensraum und einer gewissen Geschlossenheit. Fehlt eines dieser grundlegenden Merkmale, dann handelt es sich nach allgemeiner waldbaulicher Auffassung nicht mehr um Wald (ausgenommen sind natürlich junge Bestände)**.

Seine natürlichen Formen haben sich unter dem Einfluß von Klima und Boden im Flachland horizontal und im Gebirge vertikal bis zur Waldgrenze entwickelt.

Während in den immer heißen und feuchten Gebieten der Tropen und Subtropen der „Immergrüne Regenwald" mit einer unübertroffenen Üppigkeit und Mannigfaltigkeit prunkt, können in nördlichen Breiten oder in höheren Gebirgslagen der gemäßigten Zone nur noch winterharte, genügsame Baumarten mit einer entsprechenden Begleitflora gedeihen. Hier herrscht der „Immergrüne Nadelwald" überwiegend in Reinbestandsform vor. Das äußere Gesicht des Waldes spiegelt sich auch in seinem inneren Lebensgefüge wider. Auf dem jeweiligen Standort bildet der Wald den Lebensraum (Biotop) für eine ganz charakteristische **Lebensgemeinschaft von Organismen** (Biozönose). Vom Boden, über die Streu-, Kraut- und Strauchschicht, bis hinauf in den Kronenraum ist alles von Leben erfüllt. Allein die Organismenwelt im Boden (Edaphon) ist erstaunlich umfangreich. Enthält doch ein einziges Gramm Erde etwa eine den Einwohnern Deutschlands gleichkommende Anzahl einzelliger Lebewesen. Aber die arten- und zahlenmäßige Zusammensetzung der Lebensgemeinschaft ist durchaus nicht gleichwertig. Der Auwald bildet bei uns den reichhaltigsten Biotop, aber auch im Buchenwald kommen noch rund 20% aller landbewohnenden Tierarten und wildwachsenden Pflanzen Mitteleuropas vor. Dagegen zeichnen sich Fichten- und Kiefernwälder durch besondere Artenarmut aus, gleichzeitig besteht aber hohe Siedlungsdichte dieser Arten.

Alle Glieder der Lebensgemeinschaft stehen miteinander in vielfältigen Wechselbeziehungen. Die Erforschung dieser Zusammenhänge ist Aufgabe der **Ökologie,** die einmal von der Einzelart (autökologisch) oder umfassend von der Gesamtheit der Lebensgemeinschaft (synökologisch) ausgehen kann.

1. Veränderungen des Waldes als Ursache der Schädlingsvermehrung

In einem ungestörten Ökosystem (Lebensraum + Lebensgemeinschaft) besteht ein **biologisches** oder **biozönotisches Gleichgewicht.** Räuber, Parasiten und Epizootien (tierische Seuchen) begrenzen die Übervermehrung von Pflanzenfressern. Zu dichter Pflanzenwuchs schaltet sich selbst durch Konkurrenz aus. Übrig bleibt „im Kampf ums Dasein" der Stärkere. Nur im Urwald (und vielleicht noch im naturnahen Wirtschaftswald wie dem Plenter- und Dauerwald) findet sich

---

* Mitunter auch 4–5 oder sogar 8 m (DENGLER 1930).

** Auch geschlossene Legföhrenbestände *(Pinus montana)* von knapp 3 m Höhe in den Alpen gehören nicht zum Begriff Wald. Das ist nach MAYR, H. (Waldbau auf naturgesetzlicher Grundlage) die Zone der Halbbäume und Krummhölzer an der alpinen, bzw. in der Ebene polaren, Waldgrenze, wo der Höhenwuchs bis zum Busch oder Strauch absinkt und damit meist auch die Auflösung in einzelne Horste und Gruppen von Bäumen verbunden ist (DENGLER 1930).

1

noch ein solches harmonisches Kräftespiel. Werden und Vergehen vollziehen sich hier fast unmerklich. Selbstregulierung und Dynamik verleihen dem Kreislauf Beständigkeit.

Der deutsche Wald wurde durch Menschenhand mannigfach verändert. Das einstmals von TACITUS geschilderte, von Wäldern und Sümpfen strotzende Germanien, haben große Rodungen seit der Karolingerzeit (700–1300 n. Chr.) zu drei Viertel in Ackerland verwandelt.

Neben einer rücksichtslosen Holznutzung zur Deckung von Staatsausgaben, für den Bedarf der Salinen, Bergwerke, Erzaufbereitung und Glashütten, brachten die zahlreichen Nebennutzungen eine Verarmung des Waldbodens. Besonders nachteilig wirkten sich die übermäßige *Viehweide,* das *Streurechen* sowie *Reisig- und Brennholzrechte* aus. Einen interessanten Ausschnitt von der steigenden Bedrohung des Waldbestandes im 16.–18. Jahrhundert gibt DENGLER (1930). So klagt eine brandenburgische Forstordnung von 1531, „daß durch allerlei Unordnung und Unfleiß alle Wälder, Förste und Hölzer in Oesigung (verasten, verwüsteten Zustand) gekommen seien". Ein Inspektionsbericht aus dem unteren Harz sagt, daß man in den ganzen bereisten Forsten „kaum mehr einen Baum gefunden habe, dick genug, um einen Förster daran aufzuknüpfen". Ein Protokoll vom Hohenmarkwald am Taunus aus dem 18. Jahrhundert stellt fest, „daß in der ebenen Gegend des besten Bodens große Striche von mehreren tausend Morgen bloß mit Heide und Wacholder bedeckt sind."

Natürlich hat es nicht an Schritten zur Erhaltung und zum Schutz des Waldes gefehlt.

Als Vorläufer hierzu können die Heiligen Haine (z. B. Hain der Semnonen) und Gottheiten geweihte Bäume, besonders Eiche und Linde (letztere allerdings auch als Fruchtbäume für Vieh- und Bienenzucht), der Germanen angesehen werden. Einen schon weitgehenderen Schutz genossen aus jagdlichen Gründen die Bannforste der fränkischen Könige und des späteren Hochadels. Jagen, Fischen und Holznutzung war das Privileg der Herrscher und der von ihnen Beliehenen.

Die ersten waldpfleglichen Gebote finden sich in den mittelalterlichen Weistümern der Markgenossenschaften und in den Holz- und Forstordnungen der damaligen Grund- und Landesherren. Einige hatten die Sicherung der Waldgrenzen zum Gegenstand (z. B. Salzburger Waldordnung von 1524, Hohenlohesche Forstordnung vom 16. Jahrhundert, Forstordnung für die Österreichischen Vorlande von 1787), andere die Holznutzung (z. B. Bayrische Forstordnung von 1568 – Belassung eines Windschutzstreifens gegen Westwinde, Bayrische Forstordnung von 1616 mit Erneuerung durch Mandat von 1790 – gegen Holzabschwendung), die Waldweide und Mast (z. B. Mansfelder Forstordnung von 1585 – 5jährige Schonzeit in Niederwald) u. a. wie Entfachung von Feuer, Beschädigung von Bäumen, Waldrodung. Den Schäden durch Lebewesen wurde erst allmählich Rechnung getragen, und zwar in dem Maße, wie der Bedarf an Holz und sein Wert seit dem Merkantilismus stiegen. Auf diese neuen Aspekte mußte allerdings auch der Wald und seine Wirtschaftsform umgestellt werden, so daß anstelle des ursprünglichen Raubbaus eine geordnete Forstwirtschaft mit gesicherter nachhaltiger Produktion und Nutzung trat. Raschwüchsige Nadelhölzer wie Fichte und Kiefer, auf großen zusammenhängenden *Monokulturen,* verdrängten nun immer mehr das Laubholz und den Mischwald. Damit war der Start zur Massenvermehrung zahlreicher „Waldverderber" gegeben *(Abb. 1–3).*

Der ehemals harmlose Große Braune Rüsselkäfer *(Hylobius abietis)* fand auf den ausgedehnten Schlagflächen, mit nachfolgender künstlicher Verjüngung, eine günstige Kombination von Brut- und Fraßplätzen (Stöcke, Jungpflanzen) vor. Die Nonne *(Lymantria monacha)* wechselte vom Laubholz zur Fichte. Kiefern auf ärmeren Standorten wurden besonders das Angriffsobjekt von Raupen der Forleule *(Panolis flammea)*, des Kiefernspinners *(Dendrolimus pini)* und Kiefernspanners *(Bupalus piniarius)* sowie von Afterraupen *(Pamphiliidae, Diprionidae)*, in niederschlagsreichen Gegenden vor allem des Schüttepilzes *(Lophodermium pinastri)*.

Den ständig und oft in periodischen Abständen wiederkehrenden Insektenkalamitäten fielen ganze Wälder zum Opfer.

Abb. 1. Fichtenbestand (Monokultur) (G. Ziesler)

Abb. 2. Sturmwurf im Fichtenbestand (M. Keil)

Abb. 3. Endphase „Kultursteppe" (L. Geiges)

2. Übersicht über Großkalamitäten

Schädling	Zeitraum	Gebiet	Schaden
Borkenkäfer, vornehmlich Buchdrucker	1649, 1665, 1677, 1681–1691	Harz	
(Ips typographus)	ab 1703 bis Ende des Jh.	mitteldeutsche Gebirgswälder (vornehmlich Harz)	ca. 3 Mill. Fi-Stämme
	1795/98	Voigtland	
	1818/28	Preußen	
	1835/36	Württemberg	
	1857/62	Ostpreußen	rd. 4 Mill. fm Holzanfall (nach Nonnenfraß)
	1868/75	Böhmer- und Bayerischer Wald	rd. 4 Mill. fm Holzanfall (nach Wind- und Schneebruch)
	1917/23	Steiermark, Oberdonau	rd. 1,5 Mill. fm Holzanfall (nach Sturmwurf und Aufarbeitungsschwierigkeiten)
	1940/41	Ostpreußen	rd. 1 Mill. fm Holzanfall (nach Nonnenfraß und im Zusammenhang mit „Fichtensterben")
	1944/51	Mitteleuropa	rd. 30 Mill. fm Holzanfall (als Kriegsfolge im Verein mit Dürresommern)
Gestreifter Nadelnutzholz-Borkenkäfer *(Trypodendron lineatum = Xyloterus)*	1967	Bundesrepublik Deutschland	ca. 3 Mill. fm Holzanfall (geschätzt nach dem Sturmholzanfall mit rd. 11 Mill. fm Holz)
Kiefernspanner	1780	Kursachsen, Pommern	
(Bupalus piniarius)	1783/84, 1787/88, 1796/97	Oberpfalz	rd. 100 000 fm Todfraß
	1797	Weimar, wohl auch Blankenhain	
	1799	Bamberg	
	1813/15	Saalfeld	
	1815/16	Oberlausitz, Schlesien	ca. 400 000 Magdeburger Morgen befallen
	1832/33	Böhmen, Bayern, Hohenlohesche Waldung Oppurg	
	1850	Niederösterreich	Einschlag 18 000 Stämme

Schädling	Zeitraum	Gebiet	Schaden
Kiefernspanner *(Fortsetzung)*	1852/53	Oberpfalz, Mittel- und Oberfranken	550 ha Befallsgebiet (Oberpfalz)
	1862/64	Sachsen-Gotha, Mittelfranken, Reg.-Bez. Köslin, Mecklenburg, Mark	ca. 100 Quadratmeilen Befallsgebiet
	1874/75	Borntuchener Reviere (Bütow, Stolp, Rummelsburg)	
	1881/84	Forstinspektion Stettin-Torgelow	15000 ha Befallsfläche
	1887	Böhmen (Waldsteinruh)	402 ha Befallsfläche
	1892/96		
	(1892/94)	Forstbezirk Dresden, Moritzburg	2230 ha Befallsfläche
	(1892/95)	Mannheim, Schwetzingen, hessische Rheinebene	1050 ha Befallsfläche (Schwetzingen, Mannheim)
	(1892/96)	Franken, Oberpfalz	50000 ha Befallsfläche (Bayrischer Staatswald, Gemeinde- und Privatwald); 1,8 Mill. fm im Verein mit Waldgärtner)
	1899–1902	Letzlinger Heide	1182000 fm
	1907/09	Tucheler Heide	
	1924/26	Oberpfalz, Oberfranken	
	1928/29	Letzlinger Heide	220000 fm Holzanfall, 600 ha Kahlabtrieb
		Schlochauer Heide	300000 fm Holzanfall, 2870 ha Kahlabtrieb
		Thüringen, Pommern	
	1937/41	Letzlinger Heide, Mecklenburg, Pommern	16293 ha Bekämpfungsfläche
	1955	Forstamt Geisenfeld (Bayern)	300 ha Bekämpfungsfläche
	1956/59	nördliches Oberbayern, Niederbayern,	1250 ha Bekämpfungsfläche
		Steigerwald, nördliches Oberfranken, Oberpfalz	2473 ha Bekämpfungsfläche
	1969	Unterfranken	150 ha Bekämpfungsfläche
Forleule *(Panolis flammea)*	1725/34	Nürnberger Reichswald, Ansbach und Schwandt	im Verein mit großen Waldgärtnerschäden
	1783	Görlitzer Heide, Mittelfranken, Oberpfalz	
	1806/12	Lausitz	

Schädling	Zeitraum	Gebiet	Schaden
Forleule (*Fortsetzung*)	1866/69	Ost- und Westpreußen bis nach Rußland Rhein-Main-Ebene	9300 ha Kahl- oder Lichtfraß (Reg.-Bez. Danzig), 391 545 rm Holzanfall (Reg.-Bez. Gumbinnen), 15 000 ha Befallsfläche (Rhein-Main-Ebene)
	1888–1902	(mit Unterbrechungen)	
	(1888/89)	Mecklenburg, Saßnitz, Oberfranken	
	(1889)	Oberpfalz, Mittelfranken Pfalz	
	(1890/92)	Oberpfalz, Oberfranken	
	(1894/95)	Pfalz, Unterfranken, Rhein-Main-Ebene	
	(1900/02)	Mittelfranken, Oberfranken, Oberpfalz	
	1912/14	Dresdner Heide, Westpreußen, Posen, Pommern (bei Stettin), Mittel- und Unterfranken, Oberpfalz, Nordböhmen	
	1919/20	Pfalz, Mittelfranken Oberpfalz, Baden, Hessen	
	1922/24	Nordostdeutschland	500 000 ha Befallsfläche, davon 170 000 ha Kahlfraß, 20 Mill. fm Einschlag
	1929/31	Mittelfranken, Oberpfalz, Oberfranken	
	1932/33	Nordostdeutschland	ohne Schaden (Bestäubungsaktion)
	1955/56	nordöstliches Niedersachsen	3163 ha Bekämpfungsfläche (120 ha Kahlfraß 1955)
	1956	Mittelfranken (Forstämter Allersberg, Heideck, Petersgmünd, Schwabach)	8600 ha Befallsfläche = Bekämpfungsfläche
	1961/62	Mittelfranken, Oberfranken, Oberpfalz	6600 ha Bekämpfungsfläche
	1967	Forstamt Schrobenhausen (Bayern)	1100 ha Bekämpfungsfläche
Nonne (*Lymantria monacha*)	seit 1449	ohne nähere Angaben	
	1638	Altmark	
	1794/97	Voigtland, Litauen, Ostpreußen, Ausweitung auf Bayern und Sachsen	10 Quadratmeilen, in Ostpreußen 17 200 Morgen
	1837/40	Nord- und Süddeutschland (Norddeutsches Flachland,	

Schädling	Zeitraum	Gebiet	Schaden
Nonne *(Fortsetzung)*	1837/40	Thüringer Wald, Erzgebirge, bayrische und württembergische Waldungen)	
	1845/67	Ost- und Westpreußen, Westrußland	gesamte Befallsfläche 402 835 qkm, Todfraß 183 642 000 rm Holz
	1917/27	Böhmen, Mähren, Schlesien	106 000 ha Kahlfraß, rd. 14 Mill. fm Holzanfall
	1933/36	Rominter Heide	Befallsfläche über 100 000 ha (20 Forstämter)
	1938/41	Mitteldeutschland (Anhalt, Thüringen, Sudetenland, angrenzende bayrische Waldungen)	
	1947/50	Franken, Oberpfalz, ostelbisches Kieferngebiet Österreich	
	1948	Babenhausen (Hessen)	1650 ha Bekämpfungsfläche
	1950	Weiden (Opf.)	1000 ha Bekämpfungsfläche
	1954/55	Ebersberger Forst	5700 ha Bekämpfungsfläche
	1957/58	nordöstliches Niedersachsen	210 ha Bekämpfungsfläche
	1967	Oberbayern	350 ha Bekämpfungsfläche
	1968	Forstamt Burasburg (Bayern)	350 ha Bekämpfungsfläche
Kiefernspinner *(Dendrolimus pini)*	seit Mitte 15. Jh.	ohne nähere Angaben	
	1779/81	Hinterpommern, gleichzeitig und später Vorpommern, Neumark	
	1791/93	von Potsdam bis zur Oder, Altmark, Elbe, sächsischen Grenze	30 Quadratmeilen Befallsfläche im 196 Quadratmeilen umfassenden Gebiet, ca. 23 700 ha vernichtet
	1774, 1784, 1794 und 1806	Oberlausitz	
	1862/72	Sachsen, Brandenburg, Pommern, Westpreußen, Posen	1,75 Mill. ha Fraßfläche über 2 Mill. fm Einschlag
	1885/89	Böhmen	105 000–115 000 ha Befallsfläche
	1945/49	mitteldeutsches Kieferngebiet	rd. 46 000 ha Begiftungsfläche wegen fehlendem Raupenleim

Schädling	Zeitraum	Gebiet	Schaden
Kiefern-bestands-Gespinstblatt-wespe	1821/26 und länger	Schlesien	6000 Klafter[a] Holz (1826), nach Fraß von Spinner und Buschhornblattwespe
(Acantholyda nemoralis)	1882/90	Schlesien, Mark, Sachsen	5250 fm Abtrieb in 3 Jagen
	1942/44	Oberschlesien	ca. 15000 ha Befallsfläche
Kiefern-schonungs-Gespinstblatt-wespe	1850	Neubrück (Reg.-Bez. Frankfurt O.)	
	1852/53	Liepe b. Eberswalde	20–25 ha starker Fraß
(Acantholyda erythrocephala)	1937/43	Aufforstungsgebiet aus dem Eulenfraß 1922/24 an Warthe und Netze	Begiftungsfläche (1942) 7100 ha
Kiefernbusch-hornblattwespe	1781/89	Pommern, Brandenburg	
(Diprion pini)	1794/95		
	1819/20	Franken	85 ha Todfraß
	1834	Preußen östlich der Elbe	
	1840/43	Waldungen der Ostseeküste, Ucker- und Altmark	
	1856	Sachsen	
	1857 pp.	Süddeutschland (Bodenseegebiet bis ins Allgäu)	1900 ha Befallsfläche, 2/3 Todfraß der über 70j. Bestände (württembergischer Teil), 500–600 ha Befallsfläche, Absterben von 3% der Stammzahl (badischer Teil)
	1890(?)/97	Nordost- und Ostdeutschland	Verluste verhältnismäßig gering
	1903/05 und 1908	Baden (Mannheim bis Rastatt)	3000 ha Befallsfläche, 184000 fm Holzanfall
	1927/28	Baden (Schwetzingen, Heidelberg)	mehrere 1000 ha Befallsfläche
	1927/29	Sachsen	865 ha Befallsfläche
	1940	Mark Brandenburg, Mecklenburg (Langhagen)	3171 ha Begiftungsfläche, 100 ha Kahlfraß mit 1/2 Vernichtung
	1959/60	mittel- und oberfränkisches Kieferngebiet (Forstämter Schwabach, Neumarkt, Allersberg, Petersgmünd, Heideck, Erlangen-West und -Ost, Bamberg-Ost)	mehr als 50000 ha Fraßfläche (Bekämpfungsfläche [1960] 7700 ha)
	1960/61	nordöstliches Niedersachsen Forstamt Gartow/Elbe	1420 ha Bekämpfungsfläche (1961)

[a] Klafter = 3339 rm (Preußen), = 2453 rm (Sachsen).

(Angaben nach RATZEBURG 1840, JUDEICH-NITSCHE 1895, ESCHERICH 1923, 1931, 1942, THIELMANN 1951, 1955, 1956, SCHWERDTFEGER 1957, STEGER 1958, ZWÖLFER 1960, SCHWENKE 1964 und briefl. 1972, SCHINDLER 1970 und eigene Aufzeichnungen aus Bekämpfungsaktionen).

Von Nordamerika, Kanada und Rußland wissen wir, daß auch dort von Zeit zu Zeit Katastrophen gewaltigen Ausmaßes über die Urwälder hinwegbrausen. Wahrscheinlich bestanden bei uns vor Begründung des Wirtschaftswaldes ähnliche Verhältnisse. Die Heftigkeit und rasche Aufeinanderfolge von Kalamitäten sind sicherlich eng verknüpft mit der Monokultur. Gerade hier wird das Heer der Schädlinge begünstigt, und in gleichaltrigen, zusammenhängenden Nadelholzbeständen halten Sturm, Schnee und Waldbrand reiche Ernte *(Abb. 1–5)*.

3. Hervorragende Forscher auf dem Gebiet des Forstschutzes und deren Standardwerke

Natürlich stand man derartigen Ereignissen nicht tatenlos gegenüber, sondern versuchte, so gut es eben ging, sich dagegen zu wehren. Dies setzte allerdings ein gründliches Studium voraus, das bei den Forstinsekten und ihren Verheerungen begann und schließlich die Gesamtschäden am Walde umfaßte. Anfang des 19. Jahrhunderts war sozusagen die Geburtsstunde der Forstinsektenkunde (Forstentomologie), deren Wiege ganz eindeutig in Deutschland steht. Aus Einzelabhandlungen entstanden nunmehr großartige Werke, teilweise mit prachtvollen kolorierten Tafeln versehen und in mehrere Sprachen übersetzt (z. B. ROBERT HARTIG: Lehrbuch der Baumkrankheiten, 1882; französisch, englisch, russisch) als Vorbild für die gesamte Welt.

RATZEBURG, JULIUS THEODOR CHRISTIAN: geb. 1801 in Berlin, Doktor der Medizin und Chirurgie, Professor der Naturwissenschaften an der Preuß. Forstakademie Eberswalde, gest. 1871.
Die Forst-Insecten (1. Teil „Die Käfer", 1837; 2. Teil „Die Falter", 1840; 3. Teil „Die Ader-, Zwei-, Halb-, Netz- und Geradflügler", 1844).
Die Ichneumonen der Forst-Insecten (1844, 1848, 1852).
Die Waldverderber und ihre Feinde (1. Aufl. 1841 bis 6. Aufl. 1869 in eigener Bearbeitung).

JUDEICH, FRIEDRICH: geb. 1828 in Dresden, Direktor der Forstakademie in Tharandt, besonders bekannt in der Forsteinrichtung, gest. 1894.
Die Waldverderber und ihre Feinde (7., vollständig neu bearbeitete Aufl., 1876).
Lehrbuch der Mitteleuropäischen Forstinsektenkunde (als 8. Aufl. „Die Waldverderber und ihre Feinde" von J. T. C. RATZEBURG zusammen mit dem eigentlichen Herausgeber H. NITSCHE, 1895).

NITSCHE, HINRICH: geb. 1845 in Breslau, Professor der Zoologie an der Forstakademie Tharandt, gest. 1902.
Lehrbuch der Mitteleuropäischen Forstinsektenkunde (als 8. Aufl. „Die Waldverderber und ihre Feinde" von J. T. C. RATZEBURG zusammen mit F. JUDEICH in 2 Bänden: Bd. I „Ratzeburgs Leben, Einleitung, Gerad- und Netzflügler, Käfer und Hautflügler", 1895; Bd. II „Schmetterlinge, Zweiflügler, Schnabelkerfe, Die Feinde der einzelnen Holzarten", 1895).

TASCHENBERG, ERNST LUDWIG: geb. 1818 in Naumburg, Professor der Entomologie in Halle, gest. 1898.
Forstwirtschaftliche Insektenkunde (1874).

ALTUM, BERNARD: geb. 1824 in Münster, Professor der Naturwissenschaften in Eberswalde, gest. 1900.
Forstzoologie (3 Bände: 1872–75, 2. Aufl. 1876–82; Bd. III „Die Insekten"; 1. Abt. „Allgemeines und Käfer"; 2. Abt. „Schmetterlinge, Haut-, Zwei-, Gerad-, Netz- und Halbflügler").

HESS, RICHARD: geb. 1835 in Gotha, Professor der Forstwissenschaft an der Universität Gießen, gest. 1916.
Der Forstschutz (1. Aufl. 1876–78, 2. Aufl. 1887–1890 und 3. Aufl. in 2 Bänden: 1. Bd. „Einleitung, Schutz der Waldungen gegen störende Eingriffe der Menschen, Schutz der Waldungen gegen Tiere", 1898; 2. Bd. „Schutz der Waldungen gegen Tiere, Schutz der Waldungen gegen Gewächse, Schutz der Waldungen gegen atmosphärische Einwirkungen, Schutz der Waldungen gegen außerordentliche Ereignisse und im Anhang Schutz gegen einige Krankheiten", 1900. 4. Aufl. von BECK und 5. Aufl. von W. BORGMANN (Professor der Forstwissenschaft an der Universität Gießen) I. Bd. „Schutz gegen Tiere", 1927; II. Bd. „Schutz gegen Menschen, Schutz gegen Pflanzen, Schutz gegen atmosphärische Einwirkungen, Schutz gegen Flugsand", 1930).

NÜSSLIN, OTTO: geb. 1850 in Karlsruhe, Professor der Zoologie und Forstzoologie an der Technischen Hochschule in Karlsruhe, gest. 1915.
(Leitfaden der) Forstinsektenkunde (1. Aufl. 1904, 2. Aufl. 1912, 3. und 4. Aufl.: 1921 und 1927 von L. RHUMBLER [Professor der Zoologie und Forstzoologie an der Forstlichen Hochschule in Hannoversch-Münden]).

ESCHERICH, K.: geb. 1871 in Schwandorf (Bayern). Dr. med. et phil., Dr. der Landwirtschaft, von 1907–1914 Professor der Zoologie an der Forstakademie Tharandt, ab Frühjahr 1914 an der Technischen Hochschule in Karlsruhe als Nachfolger NÜSSLINS, ab Herbst 1914 Ordinarius für Angewandte Zoologie in München, nach der Emeritierung nochmalige (vertretungsweise für Prof. ZWÖLFER) Übernahme des Lehrstuhls und der Leitung des Instituts (während des letzten Weltkrieges) vom Herbst 1940 bis Sommer 1944; Gründer der „Deutschen Gesellschaft für Angewandte Entomologie" (1913), der Zeitschriften „Zeitschrift für angewandte Entomologie" (1914) und zusammen mit Prof. Dr. STELLWAAG „Anzeiger für Schädlingskunde" (1925), fernerhin „Verhandlungen der Mitgliederversammlungen" und „Monographien zur Angewandten Entomologie"; gest. 1951 in Kreuth bei Tegernsee.

Die Forstinsekten Mitteleuropas als Neuauflage des „Lehrbuch der Mitteleuropäischen Forstinsektenkunde" von JUDEICH und NITSCHE 1895 (1. Bd. „Allgemeiner Teil", 1914; 2. Bd. „Die Urinsekten", die „Geradflügler", die „Netzflügler" und die „Käfer", 1923; 3. Bd. Die „Schnabelhafte", die „Köcherfliegen", die „Schmetterlinge" (Allgemeines, Kleinschmetterlinge, Spanner und Eulen), 1931; 4. Bd. nicht erschienen; 5. Bd. „Hymenoptera (Hautflügler) und Diptera (Zweiflügler)", 1942*).

Natürlich darf in dieser Aufstellung Prof. Dr. HERMANN EIDMANN nicht fehlen, mit 29 Jahren Dozent an der Universität Schanghai und von 1929 bis zu seinem frühen Tode im 53. Lebensjahr (1949) Professor der Zoologie an der Forstlichen Hochschule, späterhin Forstlichen Fakultät Hannoversch-Münden der Universität Göttingen. Ich bin glücklich, seine ausgezeichneten, immer fesselnden Vorlesungen als Student miterlebt zu haben. Seiner Forschungstätigkeit verdanken wir eine Reihe von Veröffentlichungen aus der Biologie, Ökologie und Systematik der Ameisen, der angewandten Entomologie und der Jagdkunde. Sein „Lehrbuch der Entomologie" (1. Aufl. 1941, 2. Aufl. 1970, neubearbeitet von F. KÜHLHORN) zeigt, in welch vortrefflicher Weise die schwierige Materie behandelt werden kann.

Heute im Buchhandel erhältlich ist das bekannte Werk von F. SCHWERDTFEGER (Professor der Zoologie an der Forstlichen Hochschule Eberswalde und nach 1945 Leiter der Abt. Forstschutz der Niedersächsischen Forstlichen Versuchsanstalt in Göttingen) *„Die Waldkrankheiten"* (1. Aufl. 1944, 2. Aufl. 1957, 3. Aufl. 1970) als Lehrbuch der Forstzoologie und des Forstschutzes. Daneben sind noch erschienen: *„Forstschutz gegen Tiere"* (1955) von H. GÄBLER (Professor der Forstzoologie der Forstwirtschaftlichen Fakultät Eberswalde und dann Tharandt) und das *„Taschenbuch der Waldinsekten"* (1964) von A. BRAUNS (Professor der Zoologie an der Technischen Hochschule Braunschweig).

---

* Neuauflage „Die Forstschädlinge Europas" (1972 pp.) von SCHWENKE, W. u.a.

In besonderem Maße hat sich Prof. Dipl.-Ing. Dr. ERWIN SCHIMITSCHEK (Professor für Zoologie an der Forstlichen Fakultät Hannoversch-Münden der Universität Göttingen) der *Waldhygiene* gewidmet. In seinen zahlreichen Schriften, namentlich aber in seinem Werk *„Grundzüge der Waldhygiene"* (1969) wird vor allem auf die „falschen Einstellungen des Menschen zur Bewirtschaftung des Waldes" als Krankheitsursache hingewiesen.

Wenn dies auch kein vollständiger Überblick über die einschlägige Spezialliteratur sein kann, so sollen hier aber doch noch einige wertvolle Schriften genannt werden:

LAUROP, C.P.: Die Grundsätze des Forstschutzes in nöthiger Verbindung mit der Forstpolizeilehre, 1810.

BECHSTEIN, J.M.: Die Waldbeschützungslehre im Allgemeinen. Auch unter dem Titel: Die Forst- und Jagdwissenschaft nach allen ihren Theilen für angehende und ausübende Forstmänner und Jäger. 4. Theil, 1. Bd. Forstschutz, 1818.

PFEIL, W.L.: Forstschutz und Forstpolizeilehre, im Anhange die Nachweisungen der preußischen Forstpolizeigesetze, 1831.

KAUSCHINGER, G.: Die Lehre vom Waldschutz und der Forstpolizei, 1848; 7. Aufl. unter dem Titel „Die Lehre vom Waldschutz" von H. FÜRST 1912; 8. Aufl. unter dem Titel „Die Lehre vom Forstschutz" von E. WIMMER 1924.

NÖRDLINGER, H.: Lehrbuch des Forstschutzes, 1884.

WILL, J.: Die wichtigsten Forstinsekten, 1. Aufl. 1906, 2. Aufl. völlig neu bearbeitet von M. WOLFF und A. KRAUSSE 1922 und 3. Aufl. von M. WOLFF 1933.

ECKSTEIN, K.: Technik des Forstschutzes gegen Tiere, 2. Aufl. 1915.
Außerdem sei auf die verschiedenen forstlichen Lehrbücher mit einem Teil „Forstschutz" hingewiesen, wie besonders das „Neudammer Forstliches Lehrbuch", 10. Aufl. 1942 in 2 Bänden mit „Schutz der Wälder gegen atmosphärische Einwirkungen und außerordentliche Naturereignisse" von E. HERRMANN und „Forstschutz gegen Tiere" von A.M. RÖHRL (dann neubearbeitet von W. ZWÖLFER) mit dem Ergänzungsband „Die Kerfe des Waldes" von G. AMANN, einem sehr nützlichen, weit verbreiteten und beliebten „Taschenbilderbuch" zum Bestimmen der beachtenswerten Käfer, Schmetterlinge und sonstigen Kerfe des mitteleuropäischen Waldes sowie ihrer auffallendsten Fraß- und Schadensbilder.

4. Beurteilung von Gegenmaßnahmen

Je mehr man in die Materie eindringt, um so deutlicher erkennt man die Machtlosigkeit gegenüber dem Schädling. Die Probleme sind so vielschichtig und die Zusammenhänge so kompliziert, daß es nicht nur um die einfache Beseitigung eines Schadens auf diese oder jene Weise geht, sondern um die Herstellung einer harmonischen Waldlebensgemeinschaft. Darum ist es nicht verwunderlich, daß nach den altherkömmlichen Methoden auch die im 20. Jahrhundert rasant entwickelte *Chemotherapie* dem Wald keine dauerhafte Hilfe bringen konnte. Im Gegenteil, hier wird das Gift in den Kreislauf der Natur eingeschleust, dessen Auswirkungen wir heute zu spüren bekommen.
Auf verschiedenen Wegen versucht man, den steigenden Holzbedarf zu decken.

Der Anbau fremdländischer Holzarten birgt wegen der anderen Umweltverhältnisse immer ein großes Risiko in sich. Mangelnde Widerstandskraft der Sitkafichte gegen Riesenbastkäfer *(Dendroctonus micans)* und Fichtenröhrenlaus *(Liosomaphis abietina)*, der Weymouthskiefer gegen Blasenrost *(Cronartium ribicola)* und der Douglasie *(caesia-* und *glauca-*Formen) gegen

Schüttepilze *(Phaeocryptopus gäumanni* und *Rhabdocline pseudotsugae)* und evtl. auch gegen die Rindenschildkrankheit *(Potebniamyces coniferarum* mit Nebenfruchtform *Phomopsis pseudotsugae)* sind hier zu nennen.

Der Import von Holz und Walderzeugnissen kann zur Einschleppung von Schädlingen führen, die folgenschwere Verluste an einheimischen Kulturpflanzen verursachen. Treffende Beispiele hierfür sind in Mitteleuropa der gefährliche Befall der Weißtanne durch die aus dem Kaukasus und Krimgebiet stammende Tannentrieblaus *(Dreyfusia nüsslini)*, Primärschäden durch Holzwespen *(Siricidae)* in Australien, Japanischer Nutzholzborkenkäfer *(Xyleborus germanus)* in Amerika und Europa, Amerikanischer Nutzholzborkenkäfer *(Gnathotrichus materiarius)* in Europa. Der paläarktische Schwammspinner *(Lymantria dispar)*, durch Unachtsamkeit eines Insektenforschers in Nordamerika in Freiheit gelangt, breitete sich dort zu einem der schlimmsten Waldfeinde aus.

Durch die Ausweitung des heutigen Verkehrs, besonders durch Flugzeuge, wächst die Gefahr einer Infektion, wie dies von der noch rechtzeitig gestoppten Invasion (1960/61) des junikäferähnlichen Japankäfers *(Popillia japonica)* in der Umgebung des Rhein-Main-Flughafens her bekannt ist (Mitteilung des Pflanzenschutzamtes Frankfurt/Main).

Resistenzzüchtungen, z. B. gegen Fröste (Douglasie), Industrieabgase (Nadelhölzer), Pilze (Schütte *[Lophodermium pinastri]*) an Kiefer, Blasenrost *(Cronartium ribicola)* an Strobe, Ulmenkrankheit *(Ceratocystis ulmi)* in Verbindung mit Ulmensplintkäfern *(Scolytus spec.)* und gegen Insekten (Raupenfraß an Fichte, Kiefer, Tannentriebwickler *(Choristoneura murinana)* an Weißtanne), finden meist darin ihre Grenzen, daß die herangezüchtete Rasse empfindlicher für andere Krankheiten wird oder der Schädling sich auf den „umprogrammierten Wirt" einstellt.

Die Erfahrungen bei anderen Kulturpflanzen sind jedenfalls nicht sonderlich ermutigend. Als bahnbrechender Fortschritt wird die Züchtung reblauswiderstandsfähiger Rebensorten, im Anhalt an die natürliche Abwehrkraft der Amerikanerrebe, angesehen. Doch stehen dieser Erfolgsnachricht zahlreiche Meldungen über schwere Rückschläge entgegen, so die Züchtungen resistenter Getreidesorten gegen Rostbefall *(Puccinium graminis)*, phytophthora-resistenter sowie krebsfester Kartoffelsorten (BRAUN 1965).

Ein Beispiel aus jüngster Zeit bestätigt erneut die Fragwürdigkeit solcher Experimente:

Die aus umfangreichen Versuchen von 1960–1970 im Raum Kassel gewonnenen, etwa 10, gegen Nematoden resistenten Kartoffelsorten erwiesen sich letztlich gegenüber einem neu herangebildeten Biotyp (Rasse) dieser schmarotzenden Fadenwürmer genauso anfällig (Landpressedienst des Hessischen Ministers für Landwirtschaft und Umwelt *19,* 7, 1971).

Man wird der Auffassung von E. GÄUMANN (1945) beipflichten müssen:

„Die geistige Haltung des Züchters entspricht einem hochgemuten Pessimismus: er wird nie ans Ziel gelangen (denn dieses schiebt sich immer weiter hinaus), sondern er ist zufrieden, wenn er seinen parasitischen Verfolgern um einige Jahre oder Jahrzehnte vorausbleibt" (aus BRAUN 1965).

Nur umsichtige Maßnahmen des Waldbaus und der Forsteinrichtung, wie auch der Forstbenutzung, können die Voraussetzungen für eine hohe Widerstandskraft des Waldes gegenüber den verschiedenen Schäden und Schädlingen schaffen. Standortgerechte Holzartenwahl aus geeigneten Herkünften, holzartgerechte Erziehung und Pflege *(Abb. 12–15)* von der Kultur bis zum Altholz, räumliche Ordnung mit einem gegen atmosphärische Einwirkungen gesicherten Wald- und Bestockungsaufbau (Hiebszüge mit geordneter Altersklassenfolge, Schichten- oder Stufenschluß, Bestandsmantel [Trauf], Mischwald von flach- und tiefwurzelnden Laub- und Nadelhölzern), rechtzeitige und vollständige Aufarbeitung von allem anfallenden Holz, insbesondere Kalamitätenholz, die sog. „Sauberkeit im Bestand" und rasche Holzabfuhr (vor der Flugzeit der schädlichen Rinden- und Holzbewohner) sind wohl die wichtigsten Gesichtspunkte. Die Erhaltung und Vermehrung des Laubenholzanteils ist eine weitere, sehr wesentliche Forderung zur Gesunderhaltung des Bodens und Waldes. Im Gemeinde- und Privatwald wird dies allerdings so lange Wunschtraum bleiben, wie das Nadelholz noch einen Gewinn abwirft.

ESCHERICH (1914) stellt zu diesem viel umstrittenen Problem eine vollkommen berechtigte Frage:

„Denn wo bleibt das bestdurchdachte, in Zeiten ungestörter Entwicklung zu den erfreulichsten Hoffnungen berechtigende waldbauliche Verfahren, wo das kunstvollste Gebäude der Forstein-richtung, wo die feinste Berechnung einer höchsten Rentabilität, wenn Kalamitäten über den Wald hereinbrechen und ihm ein völlig verändertes Gepräge geben, das auf lange Zeit hinaus alle Pläne wieder über den Haufen wirft?"

Aus den vielen Beispielen von Waldschäden läßt sich nur folgern, daß ein enges Zusammenwirken der betreffenden Fachrichtungen mit dem Forst- oder Waldschutz schon bei der Planung vor-handen sein muß. Jeder Alleingang hat sich stets gerächt!

5. Veränderungen in der Landschaft und deren Auswirkungen auf die Tier- und Pflanzenwelt

Sie können durch die Natur und ihre Geschöpfe selbst, aber auch allein durch Menschenhand her-vorgerufen werden.

Einige Beispiele sollen dies veranschaulichen:

Stauseen der Biber *(Castor fiber)*, Begründung von Eichenbeständen durch Hähersaaten (durch *Garrulus glandarius*), Wühltätigkeit der Ziesel *(Citellus spec.)*, Taschenratten *(Geomyidae)*, Präriehunde *(Cynomys spec.)* und Kaninchen *(Oryctolagus cuniculus)*, Guanoablagerungen von Koloniebrütern an Felsklippen und am Meeresstrand. Die Ruinierung der Weidegründe durch die Heidelbeereule *(Agrotis occulta)* bedeutete für die Normannen das Ende der Viehzucht in Grönland.
Durch Brandrodung mit anschließendem, zehrendem Maisanbau verlor das Volk der Mayas im 7. Jahrhundert in Guatemala und Honduras die landwirtschaftliche Nutzfläche. Auch heute ist diese Art der Urbarmachung und Landgewinnung für Zwecke der Landwirtschaft in vielen Ent-wicklungsländern noch üblich (TISCHLER 1955).
Zunehmende Industrialisierung und Verkehrsdichte wirken sich immer mehr bei uns aus. Müll- und Schutthalden türmen sich zu gewaltigen Bergen, Industrieabwässer vernichten die Wasser-fauna, bleihaltige Benzinabgase, Streusalz und Unkrautvertilgungsmittel lassen meterweit den Rand von Autobahnen veröden.
Grundwassersenkungen und Flußregulierungen, wie auch andere Maßnahmen der fortschreiten-den Landeskultur, werden für manche Tier- und Pflanzenart zum Verhängnis.

Welche schwerwiegenden Folgen ein kleiner, uns nebensächlich erscheinender Eingriff in die Natur haben kann, zeigt ein Beispiel aus dem Tessin (Schweiz), wo die Drainage einer kleinen Wiese zum Erlöschen des letzten Vorkommens eines Heufalters geführt hat.

Auf den trockengelegten Wiesen findet der Storch keinen Frosch mehr und kehrt daher nicht mehr zu seinen angestammten Brutplätzen zurück. Sumpf- und Wasservögel verlieren zudem ihre Verstecke und Nistgelegenheiten. Wildarten werden von Steinufern und anderen Hinder-nissen regelrecht eingezwingert.
Der Einsatz von chemischen Pflanzenschutzmitteln, mit Ausnahme der aus pflanzlichen Roh-stoffen gewonnenen Drogen, bedeutet einen bedenklichen Schritt der Zivilisation. Resistenz-erscheinungen (z.B. Spinnmilben *[Tetranychidae]* ohne Weichhautmilben) gegen chlorierte Kohlenwasserstoffe, Förderung bislang unbedeutender Pflanzenschädlinge (z.B. Fichtenblatt-wespe *[Diprion hercyniae]* in Kanada, Fichtenrindenwickler *[Laspeyresia pactolana]* nach Borkenkäferbekämpfung in Mitteleuropa), Umwandlung von Grasdecken in eine hartnäckige, dikotyle Sekundärflora und umgekehrt durch Herbizide, sind die Antworten der Natur.

Bei Nahrungsmitteln tritt noch gravierend die Frage nach Pflanzenschutzmittel-Rückständen auf, weshalb heute schon überall Kontroll-Labore notwendig werden.

Die Verseuchung des Wassers, der Luft und des Bodens mit allen ihren Folgen ist nunmehr ein weltweites Problem des Umweltschutzes geworden, dessen sich in steigendem Maße Bürger-initiativen in der Form von Aktionsgemeinschaften annehmen.
Ihre Aufgabe ist es, über alle Eingriffe in der Natur zu wachen und rechtzeitig drohende Gefahren für das Leben zu verhindern.
Anders als in Intensivkulturen des Obst- und Weinbaus finden im Walde Flächenbegiftungen nur selten und dann auch in größeren Zeitabständen statt. Trotzdem erleiden Waldbiozönosen mehr oder weniger nachhaltige Einbußen. Entscheidend ist der Wirkstoff in Menge und Applikationsform sowie die Flächengröße. Solange noch Reserven vorhanden sind, stellt sich zwar gewöhnlich die ursprüngliche Synusie (Organismenkollektive) durch Zuwanderung aus unbehandelten Randgebieten und aus unversehrten Restbeständen nach einigen Wochen wieder ein. Immerhin läßt sich auch hier eine Verarmung der Natur nicht übersehen. Früher häufige Insekten, z. B. Puppenräuber *(Calosoma spec.)*, Ordensbänder *(Catocala spec.)*, sind selten oder gar nicht mehr aufzufinden. Erschreckend ist auch der Rückgang unserer Greifvögel und Eulen. Fuchs und Dachs werden zudem wegen der Tollwutgefahr verfolgt.
In erster Linie ist es der Mensch, der die Natur zu unterjochen versucht und dabei sich selbst immer mehr zugrunde richtet.

Ein Beispiel aus jüngster Zeit:
Durch den Bau des Assuanstaudamms ist die Sardinenfischerei im Mittelmeer zum Erliegen gebracht worden. Im ehemals fruchtbaren Überschwemmungsgebiet des unteren Niltals wurde nun die künstliche Düngung nötig.
Weiterführende Einzelheiten zu diesen Problemen können KÜHNELT (1970) und TISCHLER (1955, 1965) entnommen werden.

II. Grundbegriffe der Bevölkerungs- und Krankheitslehre

1. Bevölkerungsdichte – Bevölkerungsbewegung

Die Bevölkerungsdichte einer Art (Populationsdichte, Abundanz) ist deren Individuenzahl je Raum- oder Flächeneinheit im Lebensraum, z. B. Puppen des Kiefernspanners *(Bupalus piniarius)* je qm Waldstreu, Engerlinge *(Melolontha spec.)* je qm Boden, Raupen des Eichenwicklers *(Tortrix viridana)* je 100 Knospen bzw. Triebe, Borkenkäfer *(Ipidae)* je qm Rinde u. a.

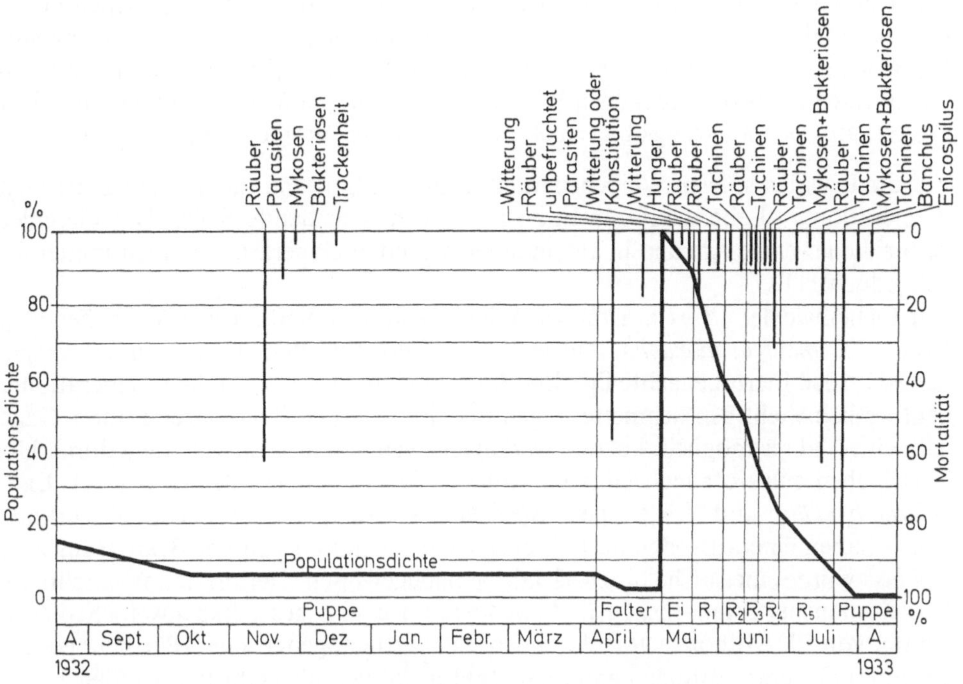

Figur 1. Bevölkerungsbewegung der Forleule im Durchschnitt verschiedener Versuchsflächen von August 1932 bis August 1933; senkrechte Linien geben das Vernichtungsprozent des jeweiligen Stadiums durch die entsprechenden Mortalitätsfaktoren an
(Aus SCHWERDTFEGER, F.: Die Waldkrankheiten. 2. Aufl. Hamburg–Berlin: P. Parey 1957)

Die Bevölkerungsdichte unterliegt örtlichen und zeitlichen Schwankungen. Innerhalb des Gesamtverbreitungsgebietes einer Art ist am günstigsten Standort (ökologisches Optimum) ihre größte Häufigkeit. Klimaänderungen können ihr Wohngebiet erweitern oder einschränken.

Die Bevölkerungsbewegung (Populationsdynamik) ist der Zugang durch die Nachkommenschaft bzw. der Abgang durch Tod im Lauf einer oder mehrerer Generationen.

Kontrolliert man z. B. jährlich im zeitigen Frühjahr Kiefernknospen auf Besatz der Posthornwickler-Raupe *(Rhyacionia buoliana)*, so ergibt sich daraus ein Überblick der Bevölkerungsbewegung dieses Schädlings von Generation zu Generation für das untersuchte Gebiet. Besonders starke Populationsschwankungen, meist im Zusammenhang mit Übervermehrungen, werden als Massenwechsel bezeichnet. Manche Lebewesen neigen unter günstigen Bedingungen zu einer

Massenvermehrung (Gradation). Das ist die Zunahme der Individuenzahl in bestimmter Erscheinungsweise vom Normalbestand (forstlich ausgedrückt „Eiserner Bestand") bis zu einem Kulminationspunkt (Progradation) und die rückläufige Bewegung (Retrogradation). Berüchtigt sind hierfür die forstlichen Großschädlinge Nonne *(Lymantria monacha)*, Kiefernspanner *(Bupalus piniarius)*, Kiefernspinner *(Dendrolimus pini)*, die Kiefernblattwespen *(Acantholyda spec., Diprion spec.)*, Borkenkäferarten (bes. *Ips typographus, Pityogenes chalcographus, Pityokteines curvidens*), Pflanzenläuse *(Aphidina)*, aber auch Wühlmäuse *(Microtinae)* und Krankheitserreger aus der Gruppe der Mikroorganismen.

Vermehrungsfähigkeit und *Umweltwiderstand* halten sich bei einer normalen Bevölkerungsdichte, dem sog. „Eisernen Bestand", die Waage (Latenzstadium).
Jeder Bereich (Vermehrungsfähigkeit oder Umweltwiderstand) kann durch einzelne oder mehrere Faktoren ein Übergewicht erhalten. Von den zahlreichen, zum Teil sehr verwickelten Zusammenhängen, können nur einige typische Beispiele herausgegriffen werden.

Milde und trockene Witterung beschert ein Mäusejahr. Aus vorangegangenen Jahren angehäuftes Brutmaterial, z.B. unaufgearbeitetes Kalamitätenholz, erhöht das Vermehrungspotential für Rinden- und Holzbewohner. Eine Massenvermehrung von Borkenkäfern wird aber erst durch Hinzutreten der warm-trockenen Witterung während der Vegetationszeit ausgelöst. Anhaltende Dürre kann sich allerdings hier auch negativ auf die Vermehrung auswirken.

Für die Insekten spielen Weibchenanteil, Eiproduktion und -ablage sowie die Generationsfolge (Generation = Lebenslauf von Ei zu Ei) eine entscheidende Rolle. Das Geschlechtsverhältnis ist für die jeweilige Art und in aufeinanderfolgenden Generationen nicht immer gleich, gewöhnlich jedoch 1:1.
Der Eichenwickler *(Tortrix viridana)* mit einer Zahl von 60 Eiern je Weibchen ist gegenüber der Nonne *(Lymantria monacha)* mit etwa 200 Eiern und dem Bärenspinner *(Hyphantria cunea)* mit 300–1000 Eiern benachteiligt. Bei Borkenkäfern sind höchstens 3 Generationen (*Ips*-Arten), bei forstlich wichtigen Schmetterlingen und Blattwespen überwiegend nur 1 Generation innerhalb eines Jahres möglich. Letztere verlängern vielfach ihre Entwicklung durch Überliegen, d.h. Einschieben eines oft mehrjährigen Ruhestadiums (Latenz oder Diapause). Einige Bockkäfer *(Cerambycidae)* und Holzwespen *(Siricidae)* wie auch wurzelfressende Engerlinge *(Melolontha spec.)* haben eine ausgedehnte Larvenzeit von mehreren Jahren. Beim Hausbock *(Hylotrupes bajulus)* wurde eine solche bis zu 32 Jahren nachgewiesen. Geradezu unvorstellbar ist die Fruchtbarkeit mancher Pflanzensauger *(Homoptera)*. Ein einziges Zikadenweibchen *(Cicadina)* ist die Mutter von 500 Millionen Nachkommen. Bei parthenogenetischer (Parthenogenese = Jungfernzeugung) Generationsfolge kann diese Zahl noch weit überschritten werden.

Eine Blattlaus liefert beispielsweise 210^{15} „Kinder und Kindeskinder".
Bakterien, Viren und Mikrosporidien können sich schon in ganz kurzer Zeit um ein Vielfaches vermehren.
Aber auch größere Lebewesen sind für ihre enorme Fortpflanzungsfähigkeit bekannt.

Sprichwörtlich ist die Vermehrung von Kaninchen mit bis zu 30 Jungen im Jahr. Theoretisch kann ein Wühlmauspaar 2500 Nachkommen im gleichen Zeitabschnitt zeugen. Es leuchtet ein, daß Arten mit hoher Vermehrungsenergie und rascher Generationsfolge günstige Umweltbedingungen, die kurzfristig auftreten, wesentlich besser ausnutzen können als andere mit einer längeren Anlaufzeit.

Einer Übervermehrung stellen sich zunehmend die gegenseitige Konkurrenz, damit verbundener Nahrungs- und Raummangel, der profitierende Vertilgerkomplex und Krankheiten entgegen. Diese sog. *Übervölkerungserscheinungen* (EIDMANN 1941) führen schließlich zum Zusammenbruch der Massenvermehrung. In Gebieten mit dauernd günstigen ökologischen Verhältnissen ist die betreffende Art immer stark vertreten. Soweit es sich hierbei um einen Schädling handelt, wird dieses Gebiet als Dauerschadgebiet (z.B. Eichenwickler *[Tortrix viridana]* im Main-Kinzig-Becken) bezeichnet.

Andrerseits kann in einer deutlichen Periodizität von 10–12 Jahren, möglicherweise im Zusammenhang mit der Sonnenfleckenhäufigkeit und der dadurch bewirkten Klimaveränderung, eine Massenvermehrung auf die andere folgen (Hauptschadgebiet). Ein solches Intervall ist z.B. für Kiefernspanner *(Bupalus piniarius)*, Kiefernspinner *(Dendrolimus pini)*, Nonne *(Lymantria monacha)* und Kiefernbuschhornblattwespe *(Diprion pini)* nachgewiesen (EIDMANN 1931). Andere Tiere haben kürzere Gradationsabstände von oft nur wenigen Jahren (z.B. Eichenwickler *[Tortrix viridana]* in Südwest-Deutschland) oder treten sogleich nach dem Populationsrückgang wiederum in die Massenvermehrung (z.B. Grauer Lärchenwickler *[Zeiraphera diniana]* in den Alpen, Erdmaus *[Microtus agrestis]* in Nordwest-Deutschland).

Die Dauer einer Massenvermehrung ist ebenfalls unterschiedlich, im allgemeinen bei Kiefernspanner *(Bupalus piniarius)*, Forleule *(Panolis flammea)*, Kiefernspinner *(Dendrolimus pini)* und Kiefernschwärmer *(Hyloicus pinastri)* 6–7 Jahre in Norddeutschland, bei Nonne *(Lymantria monacha)* in Fichte 7 Jahre und in Kiefer 4 Jahre (nach SCHWERDTFEGER 1970). Hartnäckige Dauerschädlinge mit jahrzehntelangen Plagen sind z.B. Kl. Fichtenblattwespe *(Pristiphora abietina)*, Eichenwickler *(Tortrix viridana)* und Feldmaikäfer *(Melolontha melolontha)*.

2. Wirkungsweise von Pflanzenschädlingen und ihren Gegenspielern

Der Einfluß von Pflanzenschädlingen auf den Wald kann, ähnlich wie beim Waldbrand oder Sturm, mit erheblichen biologischen und wirtschaftlichen Schäden verbunden sein, die als Kalamität bezeichnet werden. Allein die Forleulenkalamität von 1922–1924 in Nordost-Deutschland verursachte einen finanziellen Verlust von 700–800 Mill. Reichsmark, riß die gesamte ansässige Holzindustrie ins Verderben und machte die Waldarbeiterschaft auf Jahre hinaus brotlos. Die große Borkenkäferkalamität von 1946–1951 hinterließ mit 30 Mill. fm Holz ihre Spuren in ganz Mitteleuropa *(Abb. 6)*.
In jedem Fall entsteht eine Krankheit, die den Einzelbaum, den Bestand oder sogar die gesamte Lebensgemeinschaft erfassen kann. Mit Krankheit wird jede Abweichung vom normalen Verlauf der Lebensvorgänge bezeichnet.
Insektenkalamitäten können auch als Massenerkrankungen (Epidemien) von Bäumen, d.h. des Waldes aufgefaßt werden. Dabei ist dann folgender Verlauf *(Figur 2)* gegeben: Ausgehend vom schon erwähnten Latenzstadium steigt die Populationsdichte der betreffenden Schädlingsart immer mehr an, was sich auch am Schaden bemerkbar macht.

Das *Inkubationsstadium* beginnt mit dem Eindringen der Erreger. Auch bei vermehrtem Auftreten des Schädlings ist noch kein sichtbarer Schaden an den Bäumen zu erkennen.

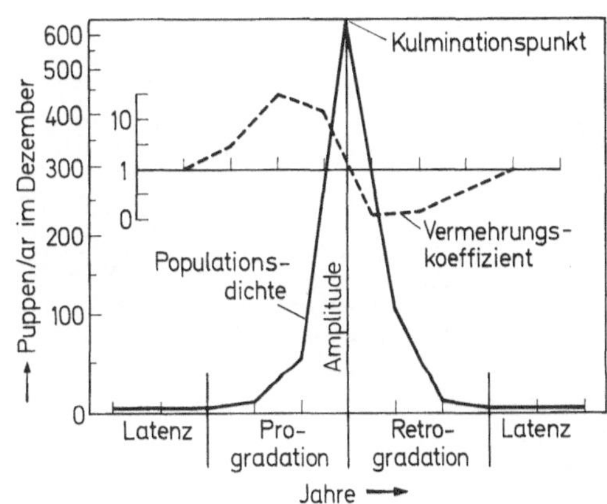

Figur 2. Gradationstyp der Forleule *(Panolis flammea)* (nach SCHWERDTFEGER)
(Aus SCHWERDTFEGER, F.: Die Waldkrankheiten. 2. Aufl. Hamburg–Berlin: P. Parey 1957)

Abb. 4. Disposition fü
Schneebruch (Fichte)
(M. KEIL)

Abb. 5. Wipfelbruch
durch Schneebruch
(Fichte) (J. REISCH)

Abb. 6. Durch Borken
käfer abgetöteter
Fichtenbestand
(H. BÜTTNER)

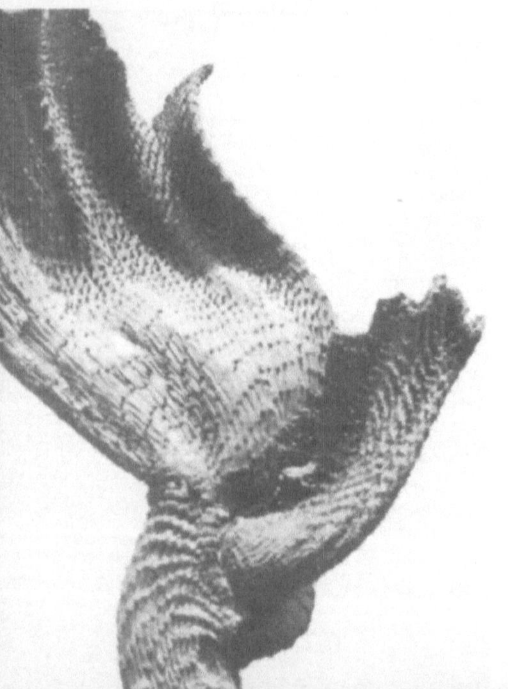

Abb. 7. Verbänderung
bei Fichte (J. REISCH)

Abb. 8. Knospen-
mutation an Kiefer
(J. REITZ)

Das *Prodromalstadium* (Vorstadium) ist bereits durch sichtbare Schäden am Bestand gekennzeichnet. Erst im *Eruptionsstadium* kommt es jedoch zum vollen Ausbruch der Krankheit, jetzt sind erhebliche Schäden am Bestand zu sehen. Im *Krisenstadium* findet eine Wiedererholung oder das Absterben der betroffenen Bäume statt. Es ist meist mit dem Ausbruch von Epizootien (Tierseuchen) beim Schädling (z. B. Wipfeln der Nonnenraupen) verbunden.

Nährstoffmangel, Grundwassersenkung, Einwirkung durch Rauch, Befall durch den Kiefernschüttepilz *(Lophodermium pinastri)*, die Buchenwollschildlaus *(Cryptococcus fagi)*, aber auch Wildschäden sind überwiegend chronische Leiden von Holzgewächsen. Ständiger Raupenfraß, wie durch den Eichenwickler *(Tortrix viridana)*, kann Gleiches bewirken.

Dagegen treten nach Dürre, Platzregen, Hagel, Waldbrand, Blitz, Sturm und auch verschiedentlich durch biotische Faktoren sofortige Reaktionen auf.
Mißbildungen *(Terata)*, sind erblich oder umweltbedingt, z. B. Gallen- und Kropfbildung, Hexenbesen und Verbänderung *(Abb. 7/8)*. Die Ursachen können mannigfach sein.

Mit den krankhaften Veränderungen beschäftigt sich die Pathologie, an Pflanzen die Phytopathologie und an Forstpflanzen die **Forst-Pathologie.**
Voraussetzung ist in jedem Fall der krankmachende (pathogene) Faktor auf der einen Seite und der geeignete Wirt bzw. Empfänger auf der anderen Seite, d. h. die Empfangsbereitschaft (Befallsdisposition).
Unter bestimmten Voraussetzungen können zahlreiche Pilze ungeheure Mengen von Sporen bilden, die mitunter über weite Strecken hin durch Wind und Wasser verfrachtet werden. Manche Pilzsporen sowie einige Bakterien sind in der Lage, jahrelang Hitze- und Kälteperioden zu überstehen und keimfähig und somit virulent zu bleiben.
Ob tatsächlich eine Infektion erfolgt, hängt von vielen Faktoren ab. Douglasien- und Kiefernrassen bzw. Herkünfte sind verschieden empfänglich für Schüttepilze (Dougl für *Phaeocryptopus gäumanni, Rhabdocline pseudotsugae;* Ki für *Lophodermium pinastri)*. Nach Dürreperioden, Schäl-, Rücke- und Fällungsschäden sowie Schnee und Windbruch haben viele Borkenkäfer günstige Entwicklungsbedingungen *(Abb. 5, 92, 93)*. Insektenpathogene Bakterien müssen manchmal erst von Raupen gefressen werden (z. B. *Bac. thuringiensis)*, um zu wirken. Parasitierende Insekten, wie Schlupfwespen *(Entomophaga)* und Raupenfliegen *(Tachinidae)*, sind z. T. von speziellen Wirten in bestimmten Stadien, wenn nicht sogar von zugänglichen Integumenthüllen, abhängig.
Wesentlich ist die Ernährungsweise der Pflanzenfresser *(Phytophage)* und ihre Beziehung zum pflanzlichen Organismus. Ein großer Teil ist auf lebende Pflanzenstoffe angewiesen und somit parasitisch. Die Pflanzen oder Pflanzenteile können von außen befressen werden (ektoparasitisch) und danach typische *Fraßbilder* wie Loch-, Scharten-, Anker- oder Skelettierfraß zeigen. Andrerseits kann auch ein *Minieren* in pflanzlichem Gewebe vorliegen (entoparasitisch), z. B. durch Räupchen der Miniermotten *(Tischeriidae, Gracillariidae u. a.)* und Wickler *(Tortricidae)* in Knospen, Blättern und Nadeln oder durch Borkenkäfer *(Ipidae)* samt Brut in Rinde bzw. Holz. Durch die Saugtätigkeit der Pflanzensauger *(Homoptera)* wird neben Säfteentzug mitunter Gallen- und Krebsbildung, Krümmung, Stauchung u. ä. hervorgerufen.

Primärschädlinge befallen gesundes Material, *Sekundärschädlinge* geschwächtes, kränkelndes und *Tertiärschädlinge* abgestorbenes. Bei vielen Insektenarten, auch innerhalb ihrer Entwicklungsstadien, sind Übergänge von der einen zur anderen Gruppe gegeben. So ist der Käferfraß des Großen Braunen Rüßlers *(Hylobius abietis)* an Jungpflanzen ausgesprochen primär *(Abb. 155a),* der Larvenfraß an Stöcken und Wurzeln abgestorbener Bäume vollständig bedeutungslos *(Abb. 155b)*. Blatt- und Nadelfresser sowie Säftesauger sind für diese Gruppe charakteristisch. Die Borkenkäfer nehmen eine Mittelstellung ein. Im allgemeinen verhalten sie sich sekundär. Manche Arten können aber im Zuge der Massenvermehrung kerngesunde Bäume befallen (z. B. Buchdrucker *[Ips typographus]*, Kupferstecher *[Pityogenes chalcographus]*). Ihr Reifungsfraß an junger Rinde (z. B. Eschengrinden der Eschenbastkäfer *[Hylesinus spec.]*) *(Abb. 97)* oder in frischen Trieben (Markröhrenfraß der Waldgärtner *[Tomicus spec.]*) *(Abb. 110)* oder an Wurzeln junger Nadelholzpflanzen (umgekehrter Trichterfraß der Fichten- und Kiefern-bastkäfer *[Hylastes* und *Hylurgus spec.]*) *(Abb. 114)* ist ebenfalls ein Primärschaden. Im Einzelfall kann es zweifelhaft sein, ob ein Primär- oder Sekundärschaden vorliegt, zumal oft verschiedene Krankheiten bzw. Erreger zusammentreffen oder bereits vorangegangen sind. Letzteres kann z.B. Dürre, Flächenblitz oder auch Hallimaschbefall *(Armillaria mellea)* sein. In gleicher Weise kann natürlich hier auch der Schaden durch andere Lebewesen eingeordnet werden.

Verbiß und Schäle von Wildarten, Benagen von Wurzeln und Stämmchen durch Wühlmäuse *(Microtinae)*, all das trifft voll funktionstüchtige Holzgewächse.

Von den Pilzen können diejenigen mit parasitischer Lebensweise hierzugerechnet werden (z.B. Erreger der Umfallkrankheit *[Pythium-* und *Phytophthora*-Arten], Schüttepilz von Kiefer *[Lophodermium pinastri]* *(Abb. 40)* und Douglasien *[Phaeocryptopus gäumanni, Rhabdocline pseudotsugae]* Strobenrost *[Cronartium ribicola]*), *(Abb. 48),* obwohl noch manche Unklarheit über deren Wirkungsweise herrscht. So ist ein Vordringen des Wurzelschwamms *(Fomes annosus)* in unversehrte Pflanzenwurzeln umstritten.

Primär- und Sekundärschäden bewirken in erster Linie einen physiologischen Eingriff in das Leben der Pflanze. Dagegen steht der rein technische Schaden, der eine Qualitätsminderung oder Entwertung des Holzes zur Folge hat. So fällt die Bohrtätigkeit von Kernkäfern *(Platypo-didae)* *(Abb. 122),* und mancher Bockkäferarten (z.B. *Hylotrupes bajulus*) *(Abb. 147),* das Zersetzen der Holzsubstanz durch Pilze an lagerndem, verarbeitetem oder verbautem Holz darunter. Zu den *Tertiärinsekten* zählen die harmlosen Mulm-, Moder- bzw. Detritusfresser (z.B. Mulmbock *[Ergates faber]* *(Abb. 137),* Engerling des Hirschkäfers *[Lucanus cervus]*, des Nashornkäfers *[Oryctes nasicornis]* und Larven der Zangenböcke *[Rhagium spec.]*). Ihre Tätig-keit ist eher nützlich, wie die verschiedener Bodentiere, z.B. Springschwänze *(Collembola)*, Regenwürmer *(Lumbricidae)* und Mikroben. Die Auswahl der Nahrung spielt bei den Tieren eine große Rolle. Allesfresser *(Pantophage)* sind verhältnismäßig selten (Schabe *[Blatta orientalis]*, Ohrwürmer *[Dermaptera]*, Ratte *[Rattus spec.]*, Hausmaus *[Mus musculus]*, Braunbär *[Ursus arctos]*, unter Vögeln einige Raben *[Corvidae]*). Die Mehrzahl der Pflanzenschädlinge ist poly-phag. Bei ihnen ist das Nahrungsspektrum schon wesentlich begrenzter.

So können Nonne *(Lymantria monacha)* und Schwammspinner *(L. dispar)* Laub- und Nadel-holz befallen. Rötel- *(Clethrionomys glareolus)* und Feldmaus *(Microtus arvalis)* nehmen alle Arten von Pflanzennahrung zu sich. Monophage Insekten sind weitgehend spezialisiert, z.B. auf bestimmte Holzarten (Forleule *[Panolis flammea]*, Kiefernspanner *[Bupalus piniarius]*, Kiefernblatt- *[Diprionidae]* und Gespinstblattwespen *[Pamphiliidae]*, Eichenwickler *[Tortrix viridana]* u.a.). In fortgeschrittenen Larvenstadien und auch bei Nahrungsmangel werden vielfach die monophagen Eigenschaften aufgegeben, so daß sogar die Eichenwicklerraupe andere Laubhölzer aufsucht und Raupen von Frostspannern *(Operophthera* und *Erannis spec.)* Nadel-hölzer befressen.*

Vielfach ist sogar ein bestimmtes Entwicklungsstadium der betroffenen Pflanzenorgane erfor-derlich. Frisch geschlüpfte Räupchen der Forleule *(Panolis flammea)* können nur von jungen Nadeln, evtl. Knospen, leben. Larven der Kl. Fichtenblattwespe *(Pristiphora abietina)* sind in allen Stadien auf Maitriebe angewiesen. Beim Eichenwickler *(Tortrix viridana)* bedarf es noch eines zeitlichen Zusammentreffens von Schlüpfen und Knospenaufbruch bzw. -schieben. Eine solche Harmonie wird als Koinzidenz bezeichnet.

Bei den eigentlichen Nahrungsspezialisten (z.B. Wachsmotten *[Galleriinae]*, Harzzünsler *[Di-oryctria splendidella]*) bestehen beim Versiegen der Nahrungsquelle keine Ausweichmöglich-keiten mehr.

Ähnliche Zusammenhänge zwischen Nahrungsspender und Konsument bestehen auch bei den Tierfressern *(Zoophage)*.

Unter ihnen sind die Räuber *(Prädatoren)*, besser gesagt Jäger, und Parasiten als Regler des

---

* Daneben wird noch eine Zwischenstufe der Ernährung unterschieden, namentlich die Oligophagen mit wenigen, meist näher verwandten Futterpflanzen bzw. -stoffen.

biologischen Gleichgewichts besonders hervorzuheben. Insektenfresser *(Insectivora)*, Fledermäuse *(Chiroptera)*, Raubtiere *(Carnivora)*, Taggreife *(Falconidae, Accipitridae)*, Eulen *(Strigidae, Tytonidae)* und viele andere Vogelarten, z.B. Kuckuck *(Cuculus canorus)*, Pirol *(Oriolus oriolus)*, Star *(Sturnus vulgaris)*, Nachtschwalbe *(Caprimulgus europaeus)*, Spechte *(Picidae)*, Meisen *(Paridae)*, Baumläufer *(Certhia spec.)*, Schnäpper *(Muscicapidae)*, Grasmücken *(Sylvia spec.)*, Laubsänger *(Phylloscopus spec.)* u.a., sowie eine große Gruppe von Gliederfüßlern *(Arthropoda)* erwerben die Beute räuberisch. Ihre Reduzierung hat in vielen Fällen das biologische Gleichgewicht zugunsten der Schädlinge verschoben. Seit dem Verschwinden von Wolf *(Canis lupus)* und Luchs *(Lynx lynx)* aus unseren Wäldern konnte sich das Schalenwild ungehindert vermehren; dem kann heute nur der Mensch mit der Büchse Einhalt gebieten. Der Rückgang von Eulen *(Strigidae, Tytonidae)*, Fuchs *(Vulpes vulpes)* und Dachs *(Meles meles)* hat die Zunahme der Mäuseplagen bewirkt. Die Ausbreitung der Gamsräude *(Sarcoptes scabiei)* wird, neben Infektionsherden durch Futterkrippen, der Ausrottung des Steinadlers *(Aquila chrysaëtos)* in den Alpen zugeschrieben.

Dem chemischen Pflanzenschutz, besonders aber den routinemäßigen Begiftungen, fallen alljährlich auch indifferente und nützliche Tierarten, z.B. Spitzmäuse *(Soricidae)*, Eulen *(Strigidae, Tytonidae)* und Taggreife *(Falconidae, Accipiteridae)* sowie zahlreiche insektenfressende Vogelarten, vor allem aber Insekten aus der Gruppe der biologischen Helfer (Räuber, Parasiten) und Nutzinsekten wie Bienen *(Apidae)* u.a. Blütenbesucher, zum Opfer.

Raubfliegen *(Asilidae)*, Ameisenbuntkäfer *(Thanasimus spec.)* und Kamelhalsfliegen *(Raphidides)* lauern Borkenkäfern *(Ipidae)* auf *(Abb. 238, 88, 70))*. Kleine Kurzflügler *(Staphylinidae)* *(Abb. 86)*, Scheinrüßler *(Pythidae)* und Aaskäfer *(Silphidae)* suchen in Bohrgängen von Holz und Rinde nach Borkenkäferbrut. Rote Waldameisen *(Formica spec.)* *(Abb. 213c, e)* und Puppenräuber *(Calosoma spec.)* jagen auf dem Boden und in Baumkronen allerlei Insekten, bei Übervermehrungen besonders folgende Arten: Kl. Fichtenblattwespe *(Pristiphora abietina)*, Eichenwickler *(Tortrix viridana)*, Frostspanner *(Operophthera* und *Erannis spec.)*, Nonne *(Lymantria monacha)*, Forleule *(Panolis flammea)*, Kiefernspanner *(Bupalus piniarius)* u.a. Florfliegen *(Chrysopidae)*, Blattlauslöwen *(Hemerobiidae)* und Marienkäfer *(Coccinellidae)* mit ihren Larven sowie Larven von entomophagen Schwebfliegen *(Syrphidae)*, rollen ganze Lauskolonien *(Aphidina)* auf *(Abb. 71a, b, 90a, b, 240b)*. Schild- *(Pentatomidae)* und Raubwanzen *(Reduviidae)* und andere Vertreter dieser Gruppe stechen Raupen, andere Larven und auch Vollkerfe an und saugen sie aus *(Abb. 247–249)*.

Räuberische Milben *(Tarsonemini)* greifen Insekten und ihre Entwicklungsstadien an (z.B. *Tarsonemoides gaehleri* an Eiern von Borkenkäfern). In den Netzen von Spinnen *(Araneae)* fangen sich auch schädliche Forstinsekten. Selbst von den Tausendfüßlern *(Myriapoda)* gilt der Steinkriecher *(Lithobius forficatus)* als Vertilger von Borkenkäfern und Puppen. Eidechsen *(Lacerta spec.)* und Frösche *(Rana spec.)* vermindern ebenfalls den Insektenbestand.

Eine parasitische Lebensweise führen zahlreiche Protozoen, z.B. *Nosema tortricis* im Eichenwickler *(Tortrix viridana)*, *Nosema lymantriae* im Schwammspinner *(Lymantria dispar)*, Viren, z.B. Schlaffsucht der Nonne *(Lymantria monacha)* und Bakterien, z.B. *Bac. thuringiensis* beim Eichenwickler *(Tortrix viridana)* u.a. *(Abb. 24, 27, 29, 30)*. Auch Fadenwürmer *(Nematodes)* treten hier nützlich auf. Von ganz erheblichem Einfluß auf die Niederhaltung von Schadinsekten sind aber Schlupfwespen *(Entomophaga)*, Raupenfliegen *(Tachinidae)* und Schwebfliegen *(Syrphidae)* *(Abb. 231, 203–211, 239, 240)*. Aus ihrer großen Zahl seien hier nur die Erzwespen *(Chalcididae)* mit der Gattung *Trichogramma* und die Echten Schlupfwespen *(Ichneumonidae)* mit den Gattungen *Cratichneumon, Coccygomimus, Itoplectis, Banchus* und *Rhyssa* sowie von den Raupenfliegen *(Tachinidae)* die Gattungen *Ernestia, Dexia, Exorista* und von den Schwebfliegen *(Syrphidae)* die Gattung *Syrphus* genannt.

Neben dem öfters erforderlichen Vorhandensein spezieller Wirte schränken leider auch Hyperparasiten, z.B. Trauerschweber *(Hemipenthes morio* und *maurus)* in Tachinen und Ichneumonen bei Forleule *(Panolis flammea)* und Nonne *(Lymantria monacha)* ihre Wirkung ein *(Abb. 212)*.

Erwähnt sei noch die Gesundheitspolizei des Waldes, der die Beseitigung toter tierischer Substanz

zukommt, z. B. Wildschwein *(Sus scrofa)*, Fuchs *(Vulpes vulpes)*, Kolkrabe *(Corvus corax)*, Milan *(Milvus spec.)*, Totengräber *(Necrophorus spec.)*, Mist- *(Geotrupinae)*, Kot- *(Coprinae)* und Dungkäfer *(Aphodiinae)*, Schmeißfliegen *(Calliphoridae, Sarcophagidae)*, Skorpionsfliege *(Panorpa communis)*.
Entscheidend für das Leben des Individuums ist seine Anpassungsfähigkeit an die gebotenen Umweltbedingungen. Diese ist aber nur in einem für jede Art unterschiedlich erträglichen Rahmen möglich, den man als Reaktionsbreite oder ökologische Valenz bezeichnet.

Ubiquisten sind mehr oder weniger überall verbreitet und lebensfähig. Einen großen Spielraum für die Gesamtheit der Umweltfaktoren haben euryöke, einen kleinen stenöke Formen. Nun kann die Erweiterung oder Einschränkung auch den Einzelbereich bzw. -faktor betreffen, z. B. Wohnbereich (eurytop bzw. stenotop), Klimabereich (eurytherm bzw. stenotherm für Wärme, euryhygr bzw. stenohygr für Feuchtigkeit), Nahrungsbereich (europhag bzw. stenophag).

Von besonderer Bedeutung für die chemische oder mikrobiologische Bekämpfung von Schadinsekten ist das Lebensalter bzw. das Entwicklungsstadium der Insekten. Oft ist ein Erfolg nur in der meist empfindlichen Jugendphase (Junglarven) gesichert. Eine Bekämpfung zu einem späteren Zeitpunkt bleibt meist ohne Wirkung oder muß mit dem Einsatz unverhältnismäßig hoher Mengen von Wirkstoffen erkämpft werden. Zusätzlich müssen die dann schon eingetretenen Fraßschäden hingenommen werden.

III. Waldschutz

1. Zweck und Ziel im Wandel der Zeiten

Alle Maßnahmen zur Erhaltung und Förderung des Waldes können als Waldschutz gewertet werden.
Im Wirtschaftswald (Forst) hat sich hierfür die Bezeichnung Forstschutz eingebürgert.

Wenn sich auch Sinn und Zweck des Waldschutzes im einzelnen ständig geändert haben, so zieht sich doch wie ein roter Faden bis zur Gegenwart die Abwehr von menschlichen Übergriffen und Mißbräuchen durch alle Auffassungen.
Im „Forstliches und forstnaturwissenschaftliches Conversations-Lexikon" von G.L. HARTIG und T. HARTIG, 1836, wird unter Forstschutz folgendes verstanden:
„Zur Beschützung der Waldungen gegen Beschädigungen jeder Art, so weit sie abgewendet werden können, oder zum Forstschutz, sind Förster, Waldwärter, Waldschützen, Forstaufseher etc. angestellt, deren Obliegenheit zwar vorzüglich der Forstschutz ist, die aber auch dem administrierenden Forstbeamten, oder dem Oberförster, bei dem Holzeinschlag, bei den Kulturgeschäften und bei den Jagden etc. Aufsicht und Hülfe leisten müssen. In militärischen Staaten, die gewöhnlich Jägerkorps halten, nimmt man die Subjekte zu den Försterstellen aus diesen Korps. Man sollte sie aber früher daraus abgeben, ehe sie invalide geworden sind, weil invalide Förster ebenso unnütz sind, wie invalide Soldaten."
Die Aufgabe des Forstschutz-Bediensteten war damals eine vorwiegend forstpolizeiliche Funktion, die sich gegen Grenzverletzungen und jede Art von Forstfrevel (Entwendungen, Beschädigungen, Zuwiderhandlungen) richtete.
Auch das „Illustriertes Forst- und Jagd-Lexikon" von H. FÜRST, 1888, sieht erst in zweiter Linie die Abwendung aller anderen drohenden Gefahren und Nachteile für den Wald.

Da der Waldschutz in fast jedes Gebiet der Forstwissenschaften hineinreicht oder damit konfrontiert wird, wurde seit jeher eine Begrenzung angestrebt. Beispiele hierfür sind die Werke von RATZEBURG, JUDEICH u. NITSCHE und ESCHERICH, die ausschließlich die Forstinsekten und deren Abwehr behandeln. NÖRDLINGER verwies in seinem „Lehrbuch des Forstschutzes", 1884, den unerwünschten Pflanzenwuchs in die Forstbotanik und weigerte sich auch, die Pilze wegen der „Ungefährlichkeit der meisten unter denselben" und der „Aussichtslosigkeit ihrer Bekämpfung" aufzunehmen.
In Wirklichkeit nahm aber die Materie mit der Intensivierung der Forstwirtschaft laufend zu. Mit den Fortschritten der Technik und Chemie ergaben sich völlig neue Arbeitsrichtungen im Einsatz von Geräten und Maschinen, in der Anwendung und im Umgang mit Pflanzenschutzmitteln und den damit immer mehr verfeinerten Verfahren. Das alles erfordert die Ausbildung von Spezialisten, die dem Praktiker beratend zur Seite stehen. Ein weit diffizileres Gebiet, nämlich die *biologische Schädlingsbekämpfung*, wird erst allmählich erschlossen. Heute macht sich hier schon der Mangel an Mikrobiologen bemerkbar.

SCHWERDTFEGER (1970) faßt in seinem Buch „Die Waldkrankheiten" unter dem Begriff „Forstschutz" die Maßnahmen des Forstmannes zur Abwehr von Baum- und Waldkrankheiten zusammen und sieht darin einen Teil der Forstpathologie bzw. ihrer Technik.

Im Zeichen des Umweltschutzes wird nun eine neue Einstellung zum Wald und seinem Schutz gewonnen. Der Wald ist nicht mehr allein Wirtschaftsobjekt, sondern vielmehr Sauerstoffspender, Luftfilter, Regler des Wasserhaushalts und Erholungsstätte des Menschen.

Dementsprechend rangieren Nützling und gefahrlose Abwehr von Pflanzenfeinden im Vordergrund.
Es gilt also, das Waldleben zu erhalten. Dieser mehr biologisch und vor allem ökologisch ausgerichteten Auffassung wird der Begriff „Waldschutz" gerecht.

Waldhygiene – Waldtherapie

Der Waldschutz gliedert sich in langfristige Maßnahmen zur Gesunderhaltung des Waldes (Waldhygiene) und in Sofortmaßnahmen zur Verhinderung oder Beseitigung von Schäden (Waldtherapie).
Auch bei der Therapie sollte eine Vorbeugung (Prophylaxe) angestrebt werden. Daher muß hier zwischen einer Schutzbehandlung, z.B. gegen Nutzholzborkenkäfer *(Trypodendron spec., Xyleborus spec.,* u.a.), Kiefernschütte *(Lophodermium pinastri)*, Wildverbiß und Schälen, vor dem Auftreten des Schädlings und seiner direkten Bekämpfung unterschieden werden.

Voraussetzung für jede Gegenmaßnahme sind Diagnose und Prognose.

2. Diagnose – Erkennung und Bezeichnung der Krankheit bzw. des Erregers

Das Ansprechen einer Krankheit stützt sich auf das Krankheitsbild, das durch mehr oder weniger ausgeprägte Symptome gekennzeichnet ist.
Fernzeichen können schon aus einem gewissen Abstand vom Schadensobjekt wahrgenommen werden (z.B. Kronenrötung, schüttere Belaubung oder Benadelung, Abfallen der Rinde, Spechteinhiebe, Harzung u.a.) *(Abb. 6, 22, 217a, 115)*. Großräumig liefert das (farbige) Luftbild, bzw. die Überwachung und Kontrolle vom Luftfahrzeug aus, wertvolle Unterlagen. So können in den großen, unzugänglichen Waldarealen von Kanada, Nordamerika und Rußland Waldkatastrophen überhaupt erst entdeckt werden. Auch bei uns sind derartige Befliegungen durchaus nicht unbekannt, z.B. bei Schäden wie Tannentriebwickler *(Choristoneura murinana)* im Schwarzwald, Kiefernschütte *(Lophodermium pinastri)* im Weser-Ems-Gebiet, Waldbrand in der Görder Heide, Sturmschaden in Oberhessen, die einen Überblick über den Schadensumfang und Ansatzpunkte für Bekämpfungen gegeben haben. Nahzeichen vermitteln einen tieferen Einblick in den Schaden (z.B. Bohrlöcher, Bohrmehl, Fraßbilder, Insekten, Fruchtkörper von Pilzen u.a.) *(Abb. 116a, 118b, 105–113, 114, 116b, 117, 118a, 120–122, 123b, 124c; 34, 43, 44, 48, 49, 55, 57)*.
Die Ausrüstung mit einem guten Fernglas (z.B. 12 × 50), einer Lupe (6- bis 20fache Vergrößerung), einer kleinen Axt (evtl. auch Fahrtenmesser, Heckenschere) und Verpackungsmaterial (Plastiksäcke, Behälter) ist empfehlenswert. Vielfach wird aber erst im Labor unter dem (binokularen) Mikroskop der Schaden bzw. der Schädling zu bestimmen sein. Insektenkrankheiten können nur durch den Mikrobiologen diagnostiziert werden. Isolierung des Erregers, seine evtl. Kultivierung auf künstlichem Nährboden bzw. an Geweben, Infektionsversuch und seine Darstellung im Elektronenmikroskop verlangen neben Fachkenntnissen auch eine entsprechende Laboreinrichtung. Untersuchungen von Pilzkrankheiten an Pflanzen bzw. Pflanzenteilen werden vielfach allein dem Mykologen vorbehalten sein. Besonders schwierig ist die Differentialdiagnose, die Unterscheidung von ähnlichen Krankheitsbildern verschiedener Herkunft.

Hierzu gehören z.B. die von folgenden Schädlingen verursachten Fraßbilder und ihre Gegenstücke:
Großer Brauner Rüsselkäfer *(Hylobius abietis)* und Fichten- bzw. Kiefernbastkäfer *(Hylastes spec., Hylurgus spec.,) (Abb. 155a, 114)*; Nadelholzwespen *(Siricidae) (Abb. 233)* und Schwarzkäfer *(Tenebrionidae)*; Engerlinge *(Melolontha spec.)* und Schnaken *(Tipulidae)* bzw. Erd-

eulen *(Agrotis spec.)*, Rotbein *(Otiorrhynchus niger)* und Maulwurfsgrille *(Gryllotalpa gryllotalpa)*; Erdmaus *(Microtus agrestis)* und Feldmaus *(Microtus arvalis)* *(Abb. 316b)*; Siebenschläfer *(Gliridae)* *(Abb. 317)* und Hornisse *(Vespa crabro)*.

Genauso kann auch Hitzeschaden und Keimlingsfäule bzw. Wurzelfäule *(Phytophthora, Pythium)* miteinander verwechselt werden. Im letzteren Fall werden sogar entgegengesetzte Maßnahmen erforderlich, so daß sich hier eine fehlerhafte Diagnose schwerwiegend auswirkt.

3. Prognose – Voraussage des Krankheitsverlaufs und -ausgangs

Von dem Ergebnis hängt die Entscheidung über eine Bekämpfungs- oder Heilungsmaßnahme ab. Es gehört zu den Fähigkeiten eines Arztes, auch eines Pflanzenarztes, auch einmal keine Medikamente zu verordnen. Der Verzicht ist natürlich oft genauso risikovoll wie ein hartes Durchgreifen. Die richtige Einschätzung ist sicherlich eine Kunst, die nicht erlernt, sondern oft rein gefühlsmäßig aus der Erfahrung geschöpft wird.

Es muß nachdrücklich darauf hingewiesen werden, daß voreilige Entschlüsse sich stets gerächt haben. Nur das gegenseitige Abwägen von „Für und Wider" wird die Verantwortung erleichtern helfen.

3.1 Kritische Zahlen (Schadensschwellen)

Wichtig ist die Erfassung der kritischen Bevölkerungsdichte eines Schädlings bzw. dessen gefährliche Schadensschwelle. Es gibt nun, ähnlich wie in der Landwirtschaft, für eine Reihe von Forstschädlingen sog. kritische Zahlen (Besatzdichten), bei deren Überschreiten mit schweren Schäden gerechnet werden muß. Diese Dichteangaben sind nur ein Anhalt. Je nach der Bonität, dem Bestandsalter und vielen anderen, nicht voraussehbaren Umweltfaktoren ist eine mehr oder weniger große Toleranz gegeben.

Schließlich wird auch der Wert des Bestandes zu berücksichtigen sein *(Abb. 1, 12–15)*.

Als kritisch gelten:

Insekten

Maikäfer *(Melolontha spec.)* (Engerling)	5 E_I 3 E_{II} 1 E_{III}	je qm Kulturfläche (bzw. zur Aufforstung vorgesehene Blöße)
Großer Brauner Rüsselkäfer *(Hylobius abietis)*	0,75 je qm bei Ki Vbd. 1,5 × 0,5 m 2 je Fangrinde bei 3- bis 4tägiger Kontrolle	
Schwarzer Rüsselkäfer oder Rotbein (Larven) *(Otiorrhynchus niger)*	7–15 je qm Beetfläche	
Kiefernnadelrüßler oder Gemeiner Graurüßler *(Brachyderes incanus)* (Larven, Puppen, Jungkäfer)	40 je qm Boden (Anfang August)	
Lärchenminiermotte *(Coleophora laricella)* (Raupen)	0,5–2 5	je Kurzbetrieb am Ende der Überwinterung im Spätsommer

---

Insekten *(Fortsetzung)*

Eichenwickler *(Tortrix viridana)* (Eier) – unsicher – (Raupen)
200 pro 1000 Knospen oder
40 pro 50 cm langem Probezweig (oberes Kronendach)
10% der Knospen bzw. frischen Triebe, bei fehlender Koinzidenz auch mehr mit Raupen besetzt

Tannentriebwickler *(Choristoneura murinana)* (Raupen)
30–40 je 1 m Zweiglänge

Kiefernknospentriebwickler oder Posthornwickler *(Rhyacionia buoliana)* (Raupen)
10% befallene Leittriebe zu Beginn einer Massenvermehrung

Frostspanner *(Operophthera spec.)* (Puppen) (weiblicher Falter)
8 je qm Boden in 50–60j. Beständen
1 je cm Stammumfang (Leimring Anfang Oktober)

Kiefernspanner *(Bupalus piniarius)* (Puppen)
6 je qm Boden bzw. 2–5 weibl. Puppen (bei Übervermehrung Ergänzung durch Probeeiern im Frühjahr = kritische Eizahl je Krone schwankt nach Alter und Ertragsklasse, z. B. 30j. IV. Ekl 500, 100j. II. Ekl 10 500 Eier)

Forleule *(Panolis flammea)* (Puppen)
1–1,5 je qm Boden in Norddeutschland,
4–5 in Süddeutschland

Nonne *(Lymantria monacha)* (weiblicher Falter)
6–14(10) in 40– 60j.
7–20(12) je Stamm 60– 80j. Fichten (Ki-)-Beständen
14–28(18) 80–100j.

Kiefernspinner *(Dendrolimus pini)* (Raupen)
10 je qm Boden (bei kreisförmiger Suchfläche mit 2 m⌀ um den Stammfuß

Kiefernbuschhornblattwespe *(Diprion pini)* (Kokons von Pronymphen und Puppen)
12 (bzw. 6 schlüpfbereite ♀♀) bzw. 20 je qm im Winter

$^{1}/_{50}$ der kritischen Eizahl je Krone im Sommer = doppelte kritische Eizahl des Kiefernspanners)

Kleine Fichtenblattwespe *(Pristiphora abietina)* (Kokons von ♀♀ ohne Überlieger)
0,5– 2 Kulturen
15 –25 je qm Boden in 15–25j. Stangenhölzern
50 –60 40–60j. Baumhölzern

Wühlmäuse

Erdmaus, Feldmaus *(Microtus agrestis* bzw. *arvalis)* Rötelmaus *(Clethrionomys glareolus)*
10% Fallenfang (100 Fallennächte)
5%

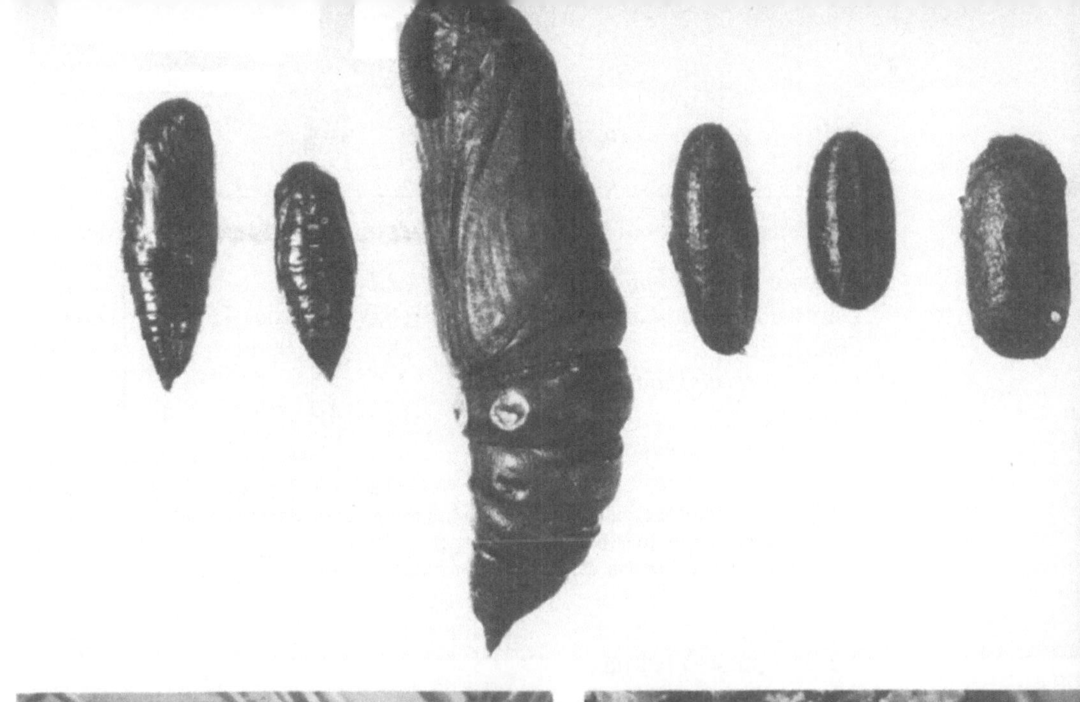

Abb. 9. Kiefern-insekten und ihre Parasiten (H. Pfletschinger)

von links nach rechts: Puppen: Forleule, Kiefernspanner, Kiefernschwärmer;

Kokon einer Schlupf-wespe *(Banchus femoralis)*; Tachinentönn-chen; Kokon der Kiefernbuschhornblatt-wespe [ca. 2,4 ×]

Abb. 10. Raupe des Kiefernspinners [bis 8 cm] (J. Reisch)

Abb. 11.(a) Nonne ♂ (J. Reisch)

Abb. 11.(b) Nonne ♀ links: dunkle Variante [35–60 mm] rechts: helle Variante [35–60 mm] (W. Noack)

Schalenwild (regional bedingt, abhängig von Äsungsverhältnissen)

Rotwild *(Cervus elaphas)*	(0,5)1,5– 2,5(3)		1:1	
Damwild *(Dama dama)*	3,0– 6,0(10)	Stück je	1:1	Geschlechter-
Gamswild	6 – 8	100 ha	1:1,5	verhältnis
(Rupicapra rupicapra)				
Rehwild	4 –10 (14)		1:1	
(Capreolus capreolus)				

Anmerkung: Kritische Zahlen beziehen sich nur auf gesunde Exemplare, für Kieferninsekten im Dezember (außer Sommerkokons der Kiefernbuschhornblattwespe);
Suchfehler in den kritischen Zahlen berücksichtigt.

3.2 Prognose-Verfahren

Sie dienen der laufenden und speziellen (bei Übervermehrung) Überwachung der Forstschädlinge. Ihre Ergebnisse bilden die Unterlagen für etwa zu treffende Gegenmaßnahmen.

In jedem Fall sind die örtlichen Revierverhältnisse zu berücksichtigen. Die kritischen Zahlen (s. dort) sind nur ein Anhaltspunkt, da sie zu bestimmten Jahreszeiten gewonnen werden; z.B. Puppen der Kieferninsekten im Dezember, mit Ausnahme der Sommerkokons der Kiefernbuschhornblattwespe *(Diprion pini)*. Die Auswertung wird allgemein von der zuständigen Forstdienststelle (Forstamt) vorgenommen. In Sonderfällen, z.B. beim Vorliegen besorgniserregender Populationsdichten, bei Insektenkrankheiten (Verpilzung, Wipfeln, Parasitierung u.a.) und bei schwierigen Prognosen mit Zuchten und Laboruntersuchungen ist die Inanspruchnahme spezieller Institute empfehlenswert und in manchen Ländern auch angeordnet.

Die Probeflächen sind je nach den Bestandsverhältnissen, dem Grad der Gefährdung bzw. bereits erlittenen Schäden und nach der Bodendecke auszuwählen.

Probesuchen nach Kieferninsekten *(Abb. 9, 10)*

Es handelt sich um Kiefernspanner *(Bupalus piniarius)*, Forleule *(Panolis flammea)*, Blattwespen *(Diprion spec.)* und Kiefernspinner *(Dendrolimus pini)*.

Kontrollbestand

1 pro 150–200 ha, bei Übervermehrung Verdichtung; jährlich gleiche Bestände, bevorzugt „Raupenfraßherde" bzw. prädisponierte Lagen (s. Reviergeschichte). Kontrollbestand ist nicht an Grenzen von Wirtschaftsfiguren (Abteilung, Distrikt, Jagen oder Unterabteilungen) gebunden.

Ausführung

Jahreszeit: Nach dem ersten Frost (Abbaumen der Kiefernspanner-Raupen), jedoch an frost- und schneefreien Tagen im Dezember.
Genaue Einweisung in das Verfahren mit Vorzeigen der zu suchenden Insekten bzw. deren Stadien (Anschauungssammlung), auch Tachinentönnchen und Schlupfwespenkokons.
Betriebsbeamter mit höchstens 2 Rotten (je 2 Frauen oder junge Waldarbeiter bzw. interessiertes Hilfspersonal, z.B. Waldjugend, Schüler).

Suchfläche

4 Probestreifen (jeweils 1 Stammfuß am Ende umfassend) je 5 qm mit den Seitenlängen 1 m × 5 m also 20 qm, möglichst gleichmäßig verteilt für 25–50 ha Fläche des Kontrollbestandes und etwa gleichartige Verhältnisse, entsprechend mehr oder weniger bei anderen Flächengrößen und Bestandsverhältnissen.

Bei Kiefernspinner-Raupen Suchkreis mit 2 m∅ um den Stammfuß.

Auf abgesteckten Probestreifen oberste Schicht der Bodendecke abziehen und auf ausgebreitete Plane werfen; Humusschicht und Mineralboden einige Zentimeter tief durchharken und sorgfältig absuchen; anschließend abgezogene Bodendecke besonders genau durchsehen (Auseinanderziehen der Pflanzenstoffe, wie Heide- und Beerkraut, Moos u. a.), wegen der anhaftenden Blattwespenkokons.

Der Fund, in festen Behältern (z. B. Holz-, Blech-, Plastikschachteln) mit festem Verschluß, wird vom Betriebsbeamten auf Art und Zahl bestimmt, dem Forstamt übergeben und evtl. von dort aus zur speziellen Untersuchung an das betreffende Institut gesandt.

Eintragung des Suchergebnisses und Auswertung nach den Angaben des Betriebsbeamten (Vordruck, s. unten).

Forstamt *Rosengarten*
Revierförsterbezirk *Alteburg*

Ergebnisse des Probesuchens nach Kieferninsekten im Dezember 1950

Lfde. Nr.	Tag des Suchens	Abteilung, UAbt.	Alter des Bestandes, Jahre	Ertragsklasse des Bestandes	Bestockungsgrad des Bestandes	Mischholzarten in Zehnteln der Gesamtmasse	Abgesuchte Fläche, qm	Gefunden im ganzen							Gefunden auf 1 qm						
								Spanner	Eule	Spinner	Schwärmer	Blattwespe	Schlupfwespe	Raupenfliege	Spanner	Eule	Spinner	Schlupfwespe	Raupenfliege	Schwärmer	Blattwespe
1	2	3	4	5	6	7	8	9	10	11	12	13	14	15	16	17	18	19	20	21	22
1	*14.12*	*30c*	*78*	*III/IV*	*0,8*	*0,2 Fi*	*10*	*8*	*2*				*1*		*0,8*	*0,2*		*0,1*			

Bei dem Probesuchen herrschte folgendes Wetter: *kühl, trocken*
Bemerkungen:
a) Frostwetter vor dem Probesuchen: *ja*
b) Beobachtete Krankheitserscheinungen: *keine*
c) Beobachtungen über den Flug der Insekten: *verstärkter Spannerflug*

Der Forstbetriebsbeamte
Kaul,   Öfo
Alteburg, den 15. 12. 50

Die Puppenbücher werden nebst Beilagen und evtl. ergänzenden Berichten über drohende Gefahren bzw. beachtenswerte Wahrnehmungen (Fraßschaden, Falter- und Blattwespenflug, Krankheitserscheinungen an Insekten u. a.), nach Eintragung des letzten Ergebnisses der Probesuchen, meist der zuständigen übergeordneten Dienststelle (Forstabteilung, Forstdirektion u. a.) bis zum 15. Januar eines jeden Jahres eingereicht. Nach Durchsicht erhalten die Forstämter die Unterlagen, gegebenenfalls mit einer Stellungnahme, wieder zurück. Im Hauptmerkbuch, wie auch in der Revierbeschreibung der Betriebswerke, sollen Schäden und Massenvermehrungen festgehalten werden.

Forstamt: *Rosengarten*

Puppenbuch

Nachweisung der Ergebnisse des jährlichen Probesuchens in Kiefernbeständen

Revierförsterei: *Alteburg*
Wirtschaftsfigur: *30 c*
Zustand des Bestandes am: *1. 10. 48*   Alter: *78*   Ertragsklasse: *III/IV*   Vollbestandsfaktor: *0,8*

| | | Gefunden je qm | | | | | Vermehrungs-Verhältniszahl* | | | | | |
Jahr	Tag des Suchens	Spanner	Eule	Spinner	Schlupfwespe	Raupenfliege	Spanner	Eule	Spinner	Schlupfwespe	Raupenfliege	Bemerkungen
1	2	3	4	5	6	7	8	9	10	11	12	13
1948	20. 12.	0,2	0,05		–		–	–		–		o. B.**
49	22. 12.	2,0	0,2		0,1		10,0	4,0		–		zahlreiche zerfressen
1950	10. 1.	0,8	0,2		0,1		0,4	1,0		1,0		o. B.
51	14. 12.	2,3	0,2		0,1		2,9	1,0		1,0		einige verpilzt
52	15. 12.	1,0	0,1		0,2		0,4	0,5		2,0		o. B.
53	12. 12.	2,5	0,1		0,3		2,5	1,0		1,5		Sauen gebrochen*** u. aufgenommen
54	13. 12.	1,2	0,1		0,2		0,5	1,0		0,7		o. B.
55	2. 12.	1,7	0,1		0,05		1,4	1,0		0,3		o. B.
56	15. 12.	0,3	0,1		–		0,2	1,0		–		o. B.
57	16. 12.	0,5	0,2		–		1,7	2,0		–		nur Puppenreste?
58	13. 12.	1,1	0,2		–		2,2	1,0		–		o. B.
59	8. 12.	0,8	0,1		–		0,7	0,5		–		o. B.
1960	29. 11.	2,2	0,1		–		2,8	1,0		–		Sauen gebrochen
61	5. 12.	0,9	0,2		–		0,4	2,0		–		o. B.
62	7. 12.	0,5	0,2		0,1		0,6	1,0		–		teilweise rerpilzt
63	.8. 12.	1,5	0,1		–		3,0	0,5		–		o. B.
64	18. 12.	0,1	0,05		–		0,1	0,5		–		o. B.
65	9. 12.	0,6	–		–		6,0	0		–		o. B.
66	15. 12.	0,7	–		–		1,2	0		–		o. B.

---

* *Vermehrungskoeffizient (m)*: $m = P_2 : P_1$ (P_2 = Populationsdichte der untersuchten Generation, P_1 = Populationsdichte der vorigen Generation) ergibt die Vermehrungstendenz des Schädlings von Jahr zu Jahr an: bei $m = 1$ gleichbleibende Populationsdichte, darüber steigend, darunter fallend; Das Kurvenbild (graphische Darstellung gewährt einen Überblick über 20 Jahre, s. S. 31.

** o. B. = ohne Befund.

*** Brechen = Durchwühlen des Bodens (Jägersprache).

Sonstige Bemerkungen: *fühlbarer Spannerfraß*
auch in anderen
Nachbarabteilungen

Mischholzarten: *0,1 Fi*

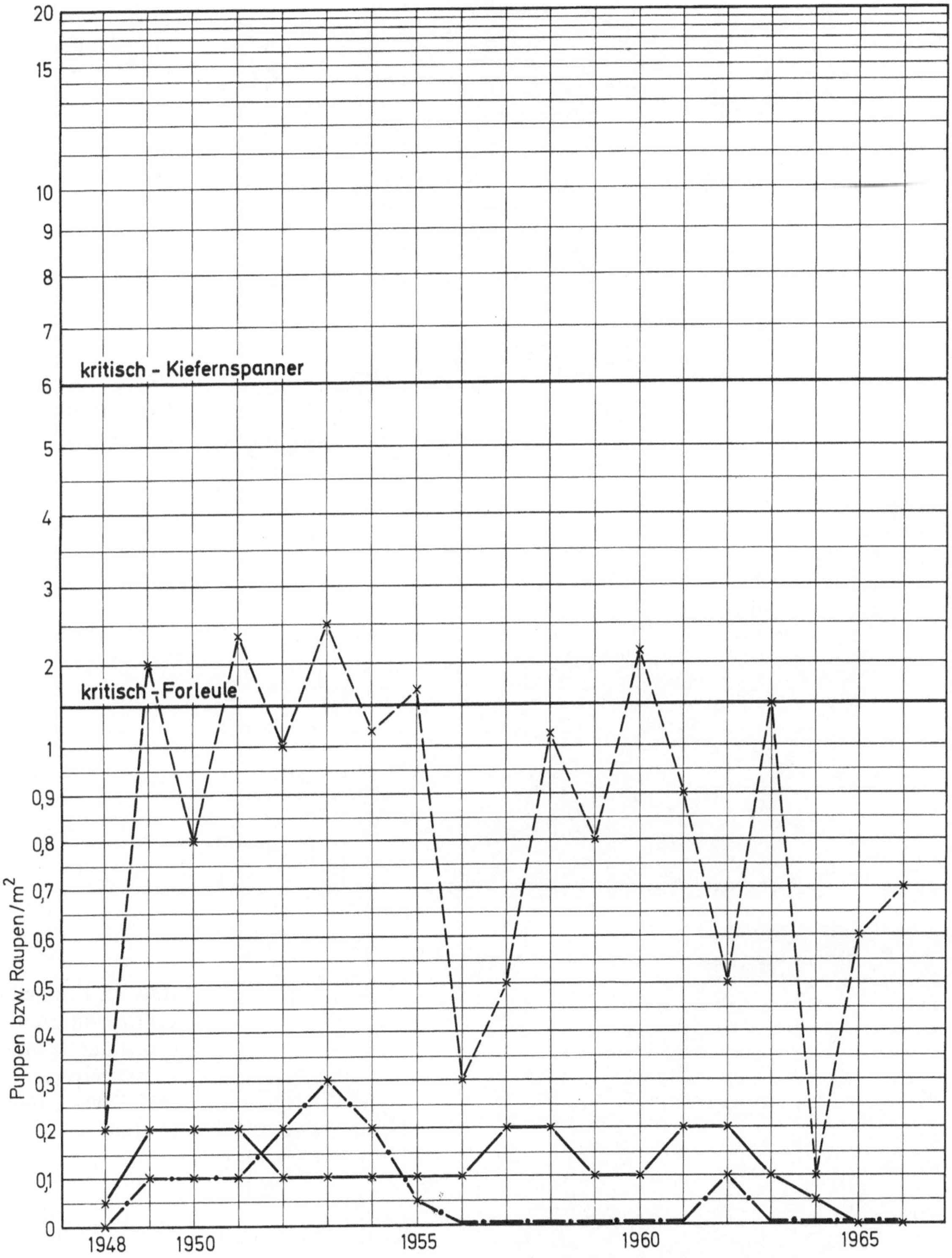

Spanner – – – – – = (sonst rot)
Eule ——————— = (sonst blau)
Spinner = (sonst grün)

Blattwespe = (sonst gelb)
Schlupfwespe = · – · – · – (sonst schwarz)
Raupenfliege = (sonst schwarz gestrichelt)

31

Abb. 12. Furniereich-
bestand (Forstamt
Rohrbrunn/Bayern)
(J. REISCH)

Abb. 13. Etwa 300jäh-
ge Furniereiche
(Forstamt Salmünster
(J. REISCH)

Abb. 14. Eichen-
Brennholzbestand
(J. REISCH)

Abb. 15. Etwa 600jäh-
ger Eichenfurnierstam-
(Forstamt Salmünster
Festmeterpreis
DM 3200.– / 1968)
(J. REISCH)

32

Posthorn- oder Kiefernknospentriebwickler *(Rhyacionia buoliana)* *(Abb. 175 a-c)*

Auszählung der befallenen Knospen (Ende Juli, Anfang August) – harzverkleidete Gespinst-brücken von Knospe zu Knospe – oder im Frühjahr befallene Leittriebe – Fraß von der Basis zur Spitze – (s. kritische Zahlen!).
Die Prognose ist wegen verschiedener Schwierigkeiten und Fehlens spezieller Erfahrungen meist nicht selbständig zu stellen.

Grüner Eichenwickler *(Tortrix viridana)* *(Abb. 21–23)*

Im Nachwinter werden aus der Krone des stehenden oder frisch gefällten Stammes 5 etwa arm-lange Probezweige entnommen. Für eine Altersklasse und den gleichen Standort genügen 3 Probestämme. Die Zweige sind dann sofort in Wassergefäßen (z.B. Weckgläser) im geheizten Raum aufzustellen. Wichtig ist eine allmähliche Erwärmung auf + 20°C und genügend Tages-licht. Verschiedene Proben dürfen sich natürlich nicht berühren. Ebenfalls ist das Anlegen der Zweige an Mauern und dergl. zu vermeiden. Die Zweige sind nach etwa 5 Tagen zu be-schneiden, und das Wasser ist zu erneuern. Danach darf keine Erschütterung mehr stattfinden, ja sogar jeder Luftzug kann schon ein Verwehen der winzigen Räupchen bewirken. Wasser wird vor-sichtig nachgegossen. Zur Vermeidung von Raupenverlusten ist die Wasseroberfläche mit Watte oder Pappe abzuschirmen. Dauer etwa 1 Monat, da das Schlüpfen aller Räupchen abgewartet werden muß. Dann kann man auch schon ohne Zählen der Räupchen den Schadfraß bemessen.

Bei fehlender Koinzidenz kann ein weit höherer Raupenbesatz als 10% der Knospen oder frischen Triebe (mitunter 25%, sogar 43% und mehr) noch keinen Totalschaden erwarten lassen. Die Witterungsverhältnisse zur Zeit des Knospenschiebens sind also im Freiland ständig genau zu überprüfen.
Die Prognose ist wegen verschiedener Schwierigkeiten und Fehlens spezieller Erfahrungen meist nicht selbstverständlich zu stellen.

Nonne *(Lymantria monacha)* *(Abb. 11)*

Nur anfällige Fichtenreviere unterhalb 700 m NN sind gefährdet. Bei einer Kontrolle werden lediglich die weiblichen Falter pro Stamm bis 3 m Höhe gezählt.

Kontrollbestand

Man wählt je Revierförsterei bei einförmigen Klima- und Bestandsverhältnissen 5, im Mittel-gebirge 10 Bestände im Alter von 40–100 Jahren, je Kontrollbestand 2 Mittelstämme, im Mittelgebirge 5 Mittelstämme (im Abstand von mindestens 50 m vom Bestandsrand) pro 10 ha; bei Übervermehrung verdichten, u.U. sämtliche Stämme eines Kontrollbestandes.

Ausführung

Eine genaue Einweisung in das Verfahren mit Vorzeigen der Nonnenfalter (Anschauungssamm-lung), besonders die Erklärung des Geschlechtsunterschiedes, ist wichtig.

Weibchen: Flügelstellung in Ruhe – gleichschenkliges Dreieck *(Abb. 11 b)*.

Männchen: Flügelstellung in Ruhe – gleichseitiges Dreieck, gekämmte Fühler (Bart), kleiner *(Abb. 11 a)*.
Dunkle Exemplare kommen bei beiden Geschlechtern vor, sie sind an dunkler Rinde leicht zu übersehen.
Jahreszeit: 15. Juli bis 15. August (gesamte Flugzeit).
Eine Kontrolle wird alle 3 Tage, bei Übervermehrungen täglich, in den frühen Morgenstunden durchgeführt.
Waldarbeiter (oder Hilfspersonal) mit gutem Sehvermögen gehen vorsichtig (sonst vorzeitiger Abflug!) an den ausgewählten bzw. gekennzeichneten Stamm heran, zerquetschen mit einem langgestielten Schwamm o.ä. die weiblichen Falter bis zu 3 m Stammhöhe; dann wird die Anzahl

dieser Exemplare sofort für jeden kontrollierten Stamm ins Notizbuch eingetragen. Für die gesamte Kontrollzeit im Jahr sind durchschnittlich 2 Std je Stamm an Zeitaufwand nötig.

Die Eintragung des Suchergebnisses wird durch einen Betriebsbeamten (Vordruck, s. unten) vorgenommen.

Vordruck	Zählung von Nonnenfaltern		
	Nachweisung der tgl. Zählergebnisse im Jahr		
	Forstamt	Hauptholzart	
	Revierförsterei	Mischholzarten in %	
		Alter	
		Ekl.	
		Bestockungsgrad	

Stamm Nr.	Zahl der Falter (weibl.) am:	Summe der Falter
1		
2		
3		
usw.		
Sa. der weibl. Falter		durchschn. weibl. Falter je Stamm

Nonnenbuch

Forstamt

Revierförsterei

Abteilung, Unterabteilung

Zustand des Bestandes am

Hauptholzart

Mischholzart in %

Alter

Ertragsklasse

Bestockungsgrad

Zahl der Kontrollstämme

Summe der Falter je Stamm

im Jahr 19

im Jahr 19

usw.

Auswertung

Bei Überschreiten der kritischen Zahl (s. dort!) soll umgehend die vorgesetzte Dienststelle und die zuständige Forstschutzstelle bzw. das Waldschutzinstitut benachrichtigt werden.

Kleine Fichtenblattwespe *(Pristiphora abietina)* *(Abb. 227)*

Die Kokonsuche erfolgt auf etwa 8 Kontrollquadraten von 25×25 cm je gefährdetem Bestand, innerhalb der Kronenreichweite, 1 m abseits vom Stammfuß, und zwar im April. Hierbei soll man die Bodenstreu einsacken, den Mineralboden leicht durchharken und absuchen. Wegen der kleinen Kokons und dem dadurch bedingten schwierigen Auffinden wird die Bodenstreu auf einer Plane oder einem Tisch bei guter Beleuchtung kontrolliert (s. kritische Zahlen!). Die Prognose ist wegen verschiedener Schwierigkeiten und Fehlens spezieller Erfahrungen meist nicht selbständig zu stellen.

Großer Brauner Rüsselkäfer *(Hylobius abietis)* *(Abb. 155a)*

Es wird Lockfang mit Hilfe von Fangrinde, -knüppel, -stöcken und Zusatzstoffen durchgeführt.

Fangrinde

Um die Lockwirkung der frisch übereinandergestapelten Nadelholzrinde (3–4 Stück) zu intensivieren, wird sie mit frischen Kiefernzweigen unterschichtet. Eine zusätzliche Verstärkung kann durch Aufstreichen von Terpentin oder eines Gemisches von Fichtenharz und Terpentinöl (in Flaschen abgefüllt lange haltbar) auf alte oder frische Rinde erzielt werden. Man legt die Fangrinde auf oder um Kulturen (Zuwanderer), am besten in Stockachseln (mit Rasenstücken beschwert und frischgehalten), und zwar im 10 m²-Verband auf letztjährigen Schlagflächen.

Zeitaufwand: Einschließlich des Absammelns werden rund 100 Std für ca. 24 m² Rinde, bei Verwendung von alter Rinde mit Terpentinöl wesentlich weniger, benötigt.

Fangknüppel

Sie sollen 0,5–1 m lang und 5–9 cm stark sein. 30–100 Stück/ha (z.B. Ast, gespaltene Scheite, Knüppel von Kiefer) werden teilweise in den Boden eingegraben und evtl. auch angeplätzt. Am erfolgreichsten ist ein schräg eingegrabener Brutknüppel, der noch ein Stück herausragt. Die Knüppel werden im Frühjahr ausgelegt und im August beseitigt.

Fangstöcke

Ende März/Anfang April werden letztjährige Stöcke fängisch gemacht, und zwar durch 5–8 cm tiefes Aberden, teilweises Lösen der Rinde in möglichst großen Spänen mit anschließendem Anlegen durch Rasenplaggen und entsprechende Kennzeichnung (Farbtupfen, Ast). In der Hauptzeit soll tägliche Kontrolle und sorgfältiges Absammeln des Fangmaterials erfolgen (bei Rinde und Knüppeln auch das Lager). Die Ergebnisse sind täglich in das Kontrollbuch einzutragen.

Probegrabung nach Engerlingen der Maikäfer *(Melolontha spec.)* **(Abb. 161 d)**

Kontrollfläche

Auf einer Kultur bzw. Blöße (Kahlschlag u.a.) vor der Aufforstung werden etwa 5 Probegrabungen je gefährdeter Fläche von 1 × 1 m = 5 m² vorgenommen. Während der Vegetationszeit soll eine Tiefe von 40 cm, außerhalb der Vegetationszeit von 80–100 cm erreicht werden (mit Spaten, evtl. auch Bohrgerät; s. kritische Zahlen!).

4. Der Kampf gegen Schädlinge

4.1 Geschichtlicher Überblick

Seit Jahrhunderten beschäftigten die Menschheit Schädlingsplagen, die mit unbarmherziger Gewalt alles Geschaffene dahinrafften. Seuchen und Hungersnöte brachen aus. Der Mensch versuchte sich dagegen zu wehren, zunächst mit primitiven Mitteln, die zum Teil auf Aberglauben und Zauberkunst beruhten.
Griechischen und römischen Schriftstellern verdanken wir manchen Hinweis aus dem Altertum. Aus ihren Werken geht eindeutig die große Verbundenheit mit der Natur und ihren Geschöpfen hervor. Das Tier wurde noch lange Zeit, bis ins ausgehende 19. Jahrhundert, als gleichberechtigter Partner angesehen, dem bei Überschreitung seiner Befugnisse Fluch, Bann oder Gerichtsverfahren drohten.

So ist bei BRAUN (1965) folgendes zu lesen:

„Der heilige Bernhard belegte 1121 die Mücken mit dem Bann, worauf sie haufenweise herabfielen, der Bischof von Lausanne bannte und verfluchte die Maikäfer. 1338 verbannte der Pfarrer von Kaltern (Tirol) bei brennenden Lichtern von der Kanzel aus die Heuschrecken, und 1725 verfluchte Papst Benedikt XIII. vom Lateranbalkon aus das schändliche Geschmeiß und befahl ihm, sich ins Meer zu stürzen."

Der erste urkundlich nachweisbare Tierprozeß richtete sich „1320 gegen die Maikäfer vor dem geistlichen Gericht in Avignon". Im Jahr 1481 konnte selbst ein Rechtsbeistand der Freiburger Fakultät nicht verhindern, daß die Heuschrecken durch ein Baseler Gericht gebannt wurden. In Dänemark fand der letzte weltliche Tierprozeß noch 1830 (SCHIMITSCHEK 1959) statt, und in manchen außereuropäischen Ländern ist ein solches Verfahren heute noch üblich (z. B. Äthiopien, nach JOHANN, A. E. „Groß ist Afrika", 1957). Den Naturkräften, besonders aber Mond und Sonne, wird das Gedeihen oder Mißlingen von Kulturen, das Auftreten von Schäden und Schädlingen zugeschrieben. Manches davon kehrt in der biologisch-dynamischen Wirtschaftsweise der Anthroposophen wieder.

Die geringere Anfälligkeit von Eiche, Ulme und Lorbeer sowie von Holz aus dem Wintereinschlag gegenüber „Holzwürmern" ist bereits HESIOD (8.–7. Jh. v. Chr.) bekannt gewesen. PLINIUS (23–79 n. Chr.) berichtete von Kuhmist als bewährtem Mittel gegen Vieh-Verbiß. Auch die Verträglichkeit von Kulturpflanzen miteinander war Gegenstand antiker Betrachtungen, wonach z. B. eine gegenseitige Abneigung von Olivenbaum und Eiche bzw. Walnuß bestehen sollte. Klebringe gegen Rebschädlinge, abgekochte bittere Lupinenbrühe gegen Heuschrecken, *Amurca*-Brühe aus dem Bodensatz der Olivenölherstellung zur Vernichtung von Kornkäfer und Mäusen, und vieles andere war schon im Altertum gebräuchlich oder wurde empfohlen.

Es darf nicht übersehen werden, daß gerade von den Klöstern im Mittelalter eine großartige Forschung und ein reichhaltiges, sehr nützliches Schrifttum über Anbau, Züchtung und Schutz landwirtschaftlicher Kulturpflanzen ausging. Die Fortsetzung solcher Aufzeichnungen findet sich dann in der sog. „Hausväterliteratur".

Eine von IBN AL-AWWAM (12. Jh.) aus älterer Zeit aufgegriffene Nachricht besagt, daß Ameisen und Heuschrecken durch Beräuchern mit arteigenen Körperstoffen vertrieben werden können (BRAUN 1965). Es ist interessant, daß man sich heute wieder damit beschäftigt. So wurde bei einer Maikäferbekämpfung im Badischen Forstamt Schwetzingen 1966 versuchsweise Maikäferasche zur Verhinderung der Eiablage auf Kulturen ausgestreut, was sich allerdings als wenig abschreckend erwies.

Im Wald beginnt ab dem 18. Jahrhundert eine Bekämpfungskampagne mit mechanischen Mitteln, die dann im 20. Jahrhundert durch die rasanten Fortschritte der Chemie und Technik von der vom allgemeinen Pflanzenschutz ausgehenden Chemotherapie immer mehr abgelöst wird. Hierbei spielt gegenwärtig der steigende Mangel an Arbeitskräften und der steigende Arbeitslohn eine entscheidende Rolle. Durch die vielen Rückschläge und die zunehmende Umweltgefährdung stehen heute die Waldhygiene und die biologische Bekämpfung als Symbol der modernen Denkweise.

Jede dieser Epochen verläuft wie eine Welle, die langsam beginnt, dann alles mit ungestümer Gewalt mitreißt und schließlich wieder verebbt. Eine Fülle von Erkenntnissen und Erfahrungen ist gesammelt, doch am Ende steht das nüchterne Ergebnis, welches bereits RATZEBURG (1842) im Titelblatt „Die Waldverderber und ihre Feinde" aufgenommen hat:

„Alle Vertilgungsmittel fordern Mühe, oft auch Geldauslagen. Aber wo ist irgend ein Erwerb ohne Fleiß und Betriebsamkeit? Es ist noch kein Mittel entdeckt, wodurch wir ohne Mühe, gleichsam mit einem Handgriffe, unsere Bäume vor den Insecten bewahren könnten, schwerlich wird auch je ein solches gefunden werden" (SCHMIDBERGER, in KOLLAR: Schädliche Insecten, p. 230).

4.2 Waldhygiene

Der wichtigste Grundsatz bei allen Maßnahmen ist die *Vorbeugung* (Prophylaxe), d. h. solche Verhältnisse zu schaffen, daß erst gar kein Schaden eintreten kann.

Das ist die Hauptaufgabe der Waldhygiene, die praktisch schon bei der waldbaulichen

Planung beginnt und fortwährend die Stärkung der Widerstandskraft des Waldes gegen abiotische und biotische Faktoren im Auge haben muß.

Neben rein waldbaulichen Maßnahmen und denen der Forsteinrichtung sowie Forstbenutzung sind hier von seiten des Waldschutzes besonders zu fördern:

– gezielte Vogelhege
– Vermehrung und Hege der Roten Waldameisen *(Formica spec.)*
– Steigerung der Siedlungsdichte von Fledermäusen *(Chiroptera)* und Spitzmäusen *(Soricidae)*
– Wiedereinbürgerung ausgerotteter bzw. aussterbender Tierarten
– Einführung parasitischer oder räuberischer Insekten als Gegenspieler zu Kulturpflanzenfeinden bzw. auch wirtsspezifischer, phytophager Arten zur Niederhaltung von Unkraut und Gras.

Die Verdrängung von unerwünschtem Pflanzenwuchs durch eine artenreiche und willkommene Strauch- und Bodenflora begünstigt die wichtigen Blütenbesucher (Schlupfwespen *[Entomophaga]*, Schwebfliegen *[Syrphidae]*, Raupenfliegen *[Tachinidae]*, Grabwespen *[Sphecidae]*, Honigbiene *[Apis mellifera]*) und verbessert gleichzeitig die Wildäsung.

Hierher gehört auch eine entsprechende Düngung, vor allem der Jungpflanze, zum raschen Herauswachsen aus der „Wildschere" und „Frostzone" sowie zur Überwindung von „Kinderkrankheiten", z.B. Kiefernschütte *(Lophodermium pinastri)*, Kiefernknospentriebwickler *(Rhyacionia buoliana)*. Letzteres läßt sich jedoch meist nur mit ausgewählten Düngemitteln (N, NPK und vor allem Ca), dann aber auch gegen Kl. Fichtenblattwespe *(Pristiphora abietina)*, Kiefernspanner *(Bupalus piniarius)* und andere Fraßinsekten anwenden (BAULE, FRICKER 1967).

Vorbeugenden Zweck haben natürlich auch die Verfahren der Prognose, insbesondere die alljährliche Überwachung der Schadgebiete auf Übervermehrungen von Kieferninsekten.

Gleichfalls dienen gesetzliche Maßnahmen der Abwendung oder Verhinderung von Gefahren für den Wald. Ihr Wert ist aber sehr beschränkt, da Ausnahme, Umgehung und oft schwierige oder mangelnde Kontrolle eine zu große Durchlässigkeit gestatten. Darunter fallen Bestimmungen über den Verkehr (Ein-, Durch- und Ausfuhr) mit Schadorganismen, Pflanzen und Pflanzenerzeugnissen oder sonstigen Gegenständen mit einer Infektionsgefahr für Kulturpflanzen (Pflanzenschutzgesetz 1968, Pflanzenbeschau-VO 1957 mit Änderungen), ferner über die alleinige Verwendung von Saat- und Pflanzgut aus anerkannten Waldgebieten, Beständen oder Einzelbäumen der BRD mit Ausnahme eines erforderlichen Saatgutbedarfs an fremdländischen Baumarten (Gesetz über forstliches Saat- und Pflanzgut 1957).

Schließlich ist hier die **Naturschutzgesetzgebung** (RG von 1935 mit Durchf.-VO, RNO 1936 [1940], die heutigen Ländergesetze) besonders mit den Abschnitten über den „Schutz der wildwachsenden Pflanzen und nicht jagdbaren wildlebenden Tiere" zu nennen (s. unter Vogelhege!).

Die Vorschriften der Länder zur Abwendung von Borkenkäfervermehrungen (z.B. VO zur Bekämpfung der rinden- und holzbrütenden forstschädlichen Insekten [Borkenkäfer-VO], GVO Nr. 10 v. 6. Mai 1969 für das Land Hessen) wie auch die Bestimmung gegen Waldbrand (StG §§ 308, 309, 310a, 368, Waldbrandschutz-VO von 1938, Feuerwachdienst-VO von 1937, Dienstvorschriften der Deutschen Bundesbahn für den Feuerschutz von 1953 pp.) und gegen Immissionen wie Rauch und andere Verunreinigungen von Luft, Wasser und Boden (BGB § 903, Gewerbeordnung, Verwaltungsvorschriften, Verordnungen und Gesetze des Bundes und der Länder) umfassen weitere Teilgebiete des Waldschutzes. In wachsendem Maße wird heute die Bevölkerung durch Fernsehen, Rundfunk, Presse, Film und die sog. „Öffentlichkeitsarbeit" aufgeklärt über waldschädigende Einflüsse. Hier hilft die „Waldjugend" schon jetzt sehr viel mit.

Sicherlich könnte noch weit mehr geschehen!

Wenn z.B. Rundfunk und Fernsehen in Zeiten der Waldbrandgefahr (Frühjahr und Sommer) regelmäßig die Bevölkerung zur erhöhten Wachsamkeit und Vorsicht ermahnten, könnte mancher Waldbrand vermieden werden.

Die durchschnittliche Waldbrandfläche in der BRD beträgt jährlich 3500 ha (nach AID 1965 „Ein Wald klagt an!").

4.3 Waldtherapie

Hierbei unterscheidet man mechanische, chemische und biologische Maßnahmen.

Diese schließen sich nicht gegenseitig aus, sondern sollen sich durch eine sinnvolle Kombination („Integrierter Pflanzenschutz") ergänzen. Erklärlicherweise treten hierbei nicht unerhebliche Probleme auf. So läßt sich beispielsweise eine chemische und biologische Partnerschaft nur höchst selten finden. Das Ziel des integrierten Pflanzenschutzes besteht darin, „Schwächen oder Gefahren der einzelnen Partner zu mindern und gleichzeitig ihre Vorzüge zu nützen, damit schließlich ein kontrollierter Ausgleich zwischen legitimen menschlichen Lebensansprüchen und den Kräften der Natur entsteht" (aus: Der Gartenbau *27*, 1969).

In diesem Sinne ist auch der heutige, umweltorientierte Waldschutz zu verstehen, wobei mechanische und biologische Gegenmaßnahmen als Hilfe für die Waldhygiene anzusehen sind, und die Chemotherapie auf den äußersten Notfall als *„ultima ratio"* und dann auch nur mit ausgewählten Mitteln beschränkt bleibt *(Abb. 16-20)*. Vielfach spielt auch der Aufwand zum Objekt eine große Rolle. *(Abb. 1, 12–15)*.

Mechanische Methode

Ursprünglich wurden Schäden rein mechanisch abgewehrt. Hier ist das *Sammeln, Fangen* und *Vernichten* von Schädlingen bzw. deren Infektionsherden (erkrankte Pflanzen und Pflanzenteile) zu nennen.
Für das Abfangen von Insekten hat es manche originelle Idee gegeben. So berichten JUDEICH u. NITSCHE (1895): „Eine der tollsten Vorrichtungen ist das von Graf v. PÜCKLER erdachte, durch Elektrizität glühend zu machende Platindrahtnetzt zur Anlockung und Vernichtung der im Dunkeln fliegenden Forstschädlinge". Hell lodernde „Leuchtfeuer" waren früher namentlich gegen den Kiefernspinner *(Dendrolimus pini)* üblich. Aber erst der Leimring brachte gegen dessen Gradationen einen durchschlagenden Erfolg. Im Spessart wurden heimtückische Rüsselkäferfallen nach KISSEL zum *Hylobius*-Fang eingesetzt. Gegen den Eichenerdfloh *(Haltica quercetorum)* zog man mit sehr sinnvollen „Teerschlitten" oder „Klebefächern" durch die Pflanzreihen, gegen die Weidenblattkäfer *(Phyllodecta, Lochmaea, Melasoma)* mit tragbaren oder fahrbaren Insektenfangapparaten (Fangapparat nach HÄUSSLER, KRAHESCHE Falle, KÖNIGS Fangapparat). Das Sammeln von Eigelegen, wie Eiringe des Ringelspinners *(Malacosoma neustria)*, Eischwämme des Schwammspinners *(Lymantria dispar)* und Eihäufchen der Nonne *(L. monacha)*, wie auch das Abschütteln von Maikäfern *(Melolontha spec.)* ist zwar sehr aufwendig, aber gerade letzteres äußerst erfolgreich gewesen. Solche Sammelaktionen waren auch recht ergiebig, wenn z.B. im Nonnenfraßgebiet Rothebude (Ostpreußen) 1883/84 150 kg = 150 Mill. Nonneneier (JUDEICH u. NITSCHE 1895) und im Bienwald (Pfalz) Anfang des 20. Jahrhunderts bis 22 Mill. Maikäfer, in Niederösterreich sogar waggonweise (ESCHERICH 1923) zusammenkamen.

Das *Fangen* verschiedener Schädlinge ist durchaus noch zeitgemäß, wenn das Verfahren modernisiert und dadurch rationeller gestaltet wird. So sind Fangstöcke, -knüppel, -rinde mit geeigneten Zusatzstoffen (z.B. Harz-Terpentinöl-Gemisch) gegen den Großen Braunen Rüsselkäfer *(Hylobius abietis)* wieder aktuell. Fangbäume und Fangreisighaufen können durch entsprechende Lockstoffe für Borkenkäfer *(Ipidae)* attraktiver werden.
Der Besatz an schädlichen Tieren läßt sich im Forstgarten durch Fallen verringern, wie z.B. an Werren *(Gryllotalpa gryllotalpa)* durch Fangtöpfe, Drahtwürmer (Larven der Elateriden) u.a. Bodeninsekten durch Fangpflanzen (Salat, Möhre, Erdbeere), Mäuse, bes. Schermaus *(Arvicola spec.)*, durch Schlagfallen. Netze, Drähte und Gitter halten Tauben *(Columbidae)* und Finken *(Fringillidae)* von Saaten fern.

Abb. 16. Bell-Hubschrauber

(a) Bei der Punktbegiftung im Sturm-Verhau gegen Gestreiften Nadelnutzholzborkenkäfer (J. Reisch)

Abb. 16. (b) Beim Sprühflug gegen Kiefernschütte (Air Lloyd)

Abb. 17. Nachweis der Applikation (J. Reisch)

(a) Auf Blättern

(b) Auf Nadeln

Abb. 18. Schlepper-Aufsattelgerät

(a) Beim Einsatz gege
die Kiefernschütte
(J. REISCH)

Abb. 18.(b) Zur
Polterbehandlung
(J. REISCH)

Abb. 19. Rückentragbares Motorsprühgerä
beim Einsatz gegen die
Kiefernschütte
(J. REISCH)

Abb. 20. Rückenspritze
mit Zangendüse zur
Behandlung von
Fichtenpflanzen gegen
Befall des
Gr. Br. Rüsselkäfers
(J. REISCH)

Das Abkratzen der Buchenwollschildlaus *(Cryptococcus fagi)* mit Drahtbürsten ist ein gebräuchliches, wenn auch aufwendiges Verfahren. Ganz einfach und wirkungsvoll können bei räumlich begrenztem Vorkommen Raupennester von Goldafter *(Euproctis chrysorrhoea)* und Prozessionsspinnern *(Thaumetopoeidae)* während des Winters abgeschnitten und verbrannt werden. Dagegen hat sich das Abstoßen von Konsolen des Kiefernbaumschwamms *(Trametes pini)* nicht bewährt. Das Schälen, Streifen oder Reppeln von gefälltem Nadelholz mit anschließendem Verbrennen der Rinde gehört auch heute noch zu den Abwehrmaßnahmen, vor allem gegen Borkenkäfer *(Ipidae)*.

Das Quetschen von Nonnenräupchen im Spiegel oder von Afterraupen in Kiefernkulturen mit speziellen Raupen-Quetschzangen, das Einführen von Draht in Fraßgänge des Weidenbohrers *(Cossus cossus)* und Blausiebs *(Zeuzera pyrina)*, wie auch das Feststampfen (durch eingepferchte Schafe) oder gar das Durchstechen (mit Stahlbesen) engerlingsverseuchter Böden muten uns heute als wahre Folterungen an.

Durch das Streurechen in Kieferngebieten wurde zwar eine Menge an überwinternden Kieferninsekten beseitigt, gleichzeitig aber der Boden immer ärmer.

Jegliche **Bodenbearbeitung** durch Graben, Pflügen, Fräsen, Grubbern, Eggen zur Kulturvorbereitung bzw. -pflege kann als mechanische Beseitigung von Kulturhindernissen und Bodeninsekten gewertet werden. Unkraut und Gras werden durch entsprechende Geräte maschinell oder von Hand abgemäht oder durch Tretschuhe um die Kulturpflanzen niedergedrückt. Gerade hier bietet sich eine Reihe von verbesserungsbedürftigen Maschinen an, die auch gegenüber der chemischen Methode durchaus konkurrenzfähig sein können (s. unerwünschter Pflanzenwuchs).

Das Wild wird von Kulturen bzw. Naturverjüngungen durch Zäune, gelegentlich auch durch Stolperdrähte und von Einzelpflanzen durch alle möglichen Schutzvorrichtungen aus Metall, Holz und Kunststoff abgehalten. Während Grün- und Trockeneinband von Stämmchen eine rein mechanische Behinderung des Schälens bedeuten, bezweckt das Aufrauhen der Rinde durch Kratzen, Ritzen, Hobeln eine frühe Verborkung, bei Nadelholz noch eine Verharzung und ist somit eine mechanisch-biologisch kombinierte Maßnahme. Einige chemische Schälschutzmittel dienen durch Hartstoffzusätze ebenfalls der Abweisung des Äsers oder gegen Mäusefraß.

Chemische Methode

Entwicklung

Die ersten Erfolgsnachrichten mit chemischen Mitteln gegen Pflanzenfeinde kamen aus Nordamerika. Arsenverbindungen wie Schweinfurter (Pariser) Grün hatten sich gegen den Kartoffelkäfer *(Leptinotarsa decemlineata)* und Bleiarsenat gegen den Schwammspinner *(Lymantria dispar)* bewährt. Gute Ergebnisse konnten in Frankreich gegen Rebenpilze mit Kupferkalk (Bordeaux- oder Bordelaiser Brühe) und Schwefel erzielt werden. Beides verhalf der chemischen Methode auch in Deutschland zu Beginn des 20. Jahrhunderts zum Durchbruch.

Die bald mit Membran- und Kolbenspritzen betriebene Kupfervitriol-Behandlung von Weingärten wurde dann auch gegen den Schüttepilz *(Lophodermium pinastri)* in Kiefernkulturen 1888 in Frankreich und 1891 in Deutschland (Pfalz) übernommen.

Am Ende des 19. Jahrhunderts kamen pferdebespannte Karren und Rückengeräte zum Spritzen gegen Hederich in der Landwirtschaft auf. Aus dieser Zeit stammen auch die ersten „Weinbergschwefler" als Stäubegeräte zur Bekämpfung des Echten Mehltaus *(Oidium)*. Die besonders von seiten der Winzer angestrebte Lockerung gesetzlicher Bestimmungen über die Verwendung von Arsenmitteln (Gesetz vom 5. Juli 1837) veranlaßte die Biologische Reichsanstalt und das Reichsgesundheitsamt zum Nachgeben und zur Herausgabe von Merkblättern über den Gebrauch von Arsenmitteln. Forstschädlinge in Hochbeständen konnten aber erst wirksam bekämpft werden, nachdem Flugzeuge mit entsprechenden Aggregaten zur Verfügung standen. Der Weg bis zum ausgereiften Flugzeugverfahren war mühsam und dauerte mehrere Jahrzehnte.*

Wohl als erstem schwebte dem Landwirtschaftsrat Dr. A. CARL von Kiel-Hassee ein moderner Landwirt mit eigenem Luftschiff zum Düngen, Bespritzen von Hederich mit Eisenvitriol, von Pilzen mit Bordelaiser Brühe und von Schadinsekten des Obstbaus mit Arseniklösungen vor (Deutsche Landwirtschaftliche Presse 1910). Mehr scherzhaft wurde auch der Forsteinsatz bedacht:

„Von der Kgl. Forstverwaltung hatte er schon eine Anfrage erhalten, ob er nicht mit seinem Luftschiff bei der Vertilgung der Nonnenraupen behilflich sein wolle. Der Kgl. Oberförster war der festen Zuversicht, daß man die aufbäumenden Raupen in den alten Beständen am besten mit einer Spritzflüssigkeit aus der Höhe bekämpfen könne".

Der „Geistige Vater des Flugzeuggedankens" ist aber der Preußische Oberförster ALFRED ZIM-MERMANN aus Detershagen bei Burg-Magdeburg, der sich am 29. März 1911 das „Verfahren zur Vernichtung der Nonnenraupe und anderer Waldschädlinge durch Bestäuben der Bäume mit die Schädlinge vernichtenden Flüssigkeiten oder Trockenstoffen" patentieren ließ. Die Patentschrift Nr. 247028 Klasse 45 k, Gruppe 4 vom 17. Mai 1912 enthielt folgende Patentansprüche:

„1. Verfahren zur Vernichtung der Nonnenraupe und anderer Waldschädlinge durch Bestäuben mit schädlingsvernichtenden Flüssigkeiten oder Trockenstoffen, dadurch gekennzeichnet, daß die nebelartige Bestäubung von einem über den Altbestand usw. kreuzenden Luftfahrzeug aus erfolgt.

2. Verfahren nach Anspruch 1, dadurch gekennzeichnet, daß die Gondel des Luftfahrzeuges außer dem die Flüssigkeit aufnehmenden Behälter Zerstäubervorrichtungen aufweist, die von dem Motor der Propeller in Tätigkeit gesetzt werden."

Das „Zimmermann-Verfahren" eilte seiner Zeit weit voraus, wurde bespöttelt und geriet in Vergessenheit, bis Amerika zur Verwirklichung schritt. Die erste Pioniertat dieser Art wird aus der Nähe von Reno (USA) vom Jahre 1918 erwähnt:

„GEORGE G. SCHWEIS kletterte während des Fluges auf den Flügel des schwankenden Doppeldeckers, um einen Sack Staub über einem Luzernefeld auszustreuen."

Recht bald entwickelte sich nun die *Aviochemie* zu einem wirksamen Instrument der Schädlingsbekämpfung:

3. August 1921 erster wissenschaftlicher Flugzeugversuch bei Troy im Staat Ohio (USA) gegen Raupen des Catalpaschwärmers *(Ceratomia catalpae)*; (umgebauter Kriegsdoppeldecker Typ Curtis IN 6; 54 sec Flugzeit für 2,5 ha Trompetenbaumbestand mit 85 kg Bleiarsenat).

1924 erster europäischer Flugzeugeinsatz im Hardwald bei Bülach in der Schweiz mit Kalkarsenstaub gegen die Kl. Fichtenblattwespe *(Pristiphora abietina)*.

1925 erster deutscher Flugeinsatz in Sorau/Niederlausitz gegen Forleule *(Panolis flammea)* und Nonne *(Lymantria monacha)* mit 24–28 kg/ha Kalkarsenstaub und in Ensdorf-Geisenfeld/Bayern gegen den Kiefernspanner *(Bupalus piniarius)* mit 50–80 kg/ha Kalkarsenstaub.

Innerhalb von 25 Jahren wurden im Deutschen Reich (Grenzen von 1937), einschließlich überregionaler Einsätze während des 2. Weltkrieges, *209945 ha* mit 10308 t chemischen Pflanzenschutzmitteln gegen 17 tierische Schädlingsarten, 2 Unkräuter, den Schüttepilz und Strahlenfrost behandelt. Das Stäubeverfahren befriedigte im allgemeinen nicht, und zwar wegen der viel zu starken Abhängigkeit von den Wetterverhältnissen, des unnötig hohen Ballastes an Zusatzstoffen und der physikalischen Eigenschaften der Staubmittel.

---

* Nach REISCH (1958) „Das Luftfahrzeug in der Land- und Forstwirtschaft".

Seit der Erfindung von Windmühlenflugzeugen (Autogiros) mit entsprechenden Sprühgeräten (ab 1936/37 von Nordamerika ausgehend) begann ein wesentlich sparsameres Sprühen. Nach dem 2. Weltkrieg setzte sich dann immer stärker der weiterentwickelte Hubschrauber (Helicopter) für den Einsatz im Pflanzenschutz durch.

Hier verdient besonders der Name des Flugkapitäns SEPP BAUER genannt zu werden, dessen präzise Arbeit zu dem heute perfekten Hubschrauber-Verfahren geführt hat. Der Hubschrauber ist der Idealtyp für parzellierte Flächen bis zu einer Größe von 0,1 ha, hindernisreiche Gebiete, schwierige Gebirgswaldungen, Waldrandbehandlungen und haarscharfe Abgrenzungen von Flugquartieren *(Abb. 16a, b)*.

Mit Flächenflugzeugen ist der Einsatz stets eine Flächenbehandlung. In jedem Fall ist allerdings eine genaue Planung und Organisation erforderlich, damit ein reibungsloser Ablauf gewährleistet wird. Die Leistungsfähigkeit des Luftfahrzeugs ist natürlich sehr unterschiedlich, je nach dem Typ, seiner Zuladungsfähigkeit, den Gelände- und Wetterverhältnissen sowie der Flächengröße und der Hektardosis. Unterstellt man einen Brüheaufwand von 50 Ltr./ha, so kann 1 Hubschrauber rd. 300 ha, 1 fahrbares Bodengerät rd. 30 ha und 1 rückentragbares Motorstäube- oder -sprühgerät rd. 3 ha pro Tag schaffen.

Ein besonderer Vorzug beim Hubschrauber-Verfahren liegt in der sehr beweglichen Organisation, der unmittelbaren Nachrichtenübermittlung bzw. Verständigung zwischen Pilot und Bodenpersonal und der wenig umständlichen Beschaffung von Landeplätzen.

Hinsichtlich der Organisation von Schädlingsbekämpfungen aus der Luft sind für Deutschland folgende Perioden kennzeichnend:

1925–1936 Firmenausführung mit gelegentlicher forstfiskalischer Regie
(Firmengemeinschaft Merck-Junkers, Schering-Hansa-Luftbild, Hamburger Luftverkehrsgesellschaft, Borchers – verschiedene Fluggesellschaften, Einzelunternehmer wie Hamburger Luftverkehrsgesellschaft, Jankowiak).

1937–1945 Übernahme der Schädlingsbekämpfung durch ein Spezialkommando der Luftwaffe: Fliegerforstschutzverband, Erprobungskommando 40, Forschungsstelle Weidach (eigener Flugzeugpark, Team-Arbeit zwischen chemischer Industrie, Flugzeugwerken, Wissenschaftlern verschiedener Fachgebiete wie Forstzoologie, Botanik, Physik, Meteorologie, Medizin).

1948–1950 Hilfsaktionen der Besatzungsmächte
(amerikanische Luftwaffe in W-Deutschland, sowjetische Luftwaffe in O-Deutschland).

ab 1951 Eigenregie der Forstverwaltungen durch Charterung von Luftfahrzeugen, zunächst von ausländischen (Schweden, Schweiz, Holland, England), ab 1956 und ab 1961 ausschließlich von einheimischen Flugzeugfirmen (Deutscher Helicopter-Dienst, Motor-Flug GmbH, Nordflug GmbH, Air Lloyd, Meravo), ab 1958 Übergang zur Auftragsvergabe an Firmengemeinschaften (Stromeyer-Heliswiss, Deutscher Helicopter-Dienst, Nordflug GmbH, Air Lloyd sowie Raab Karcher, Baywa u.a. Pflanzenschutzmittel-Händler mit den angeführten Flugunternehmen).

Besonders hervorzuheben ist die Tätigkeit des Fliegerforstschutzverbandes, dem zeitweise bis zu 60 Maschinen zur Verfügung standen.*

Allgemeines über Pflanzenschutzmittel und ihre Anwendungsverfahren

Durch die Entdeckung von Wirkstoffen („Aktive Substanz") mit geeigneten Trägerstoffen (Beistoffe, Füllstoffe) und durch die Konstruktion entsprechender Geräte zur Ausbringung der Pflanzenschutzmittel in fester oder flüssiger Form, haben sich die chemischen Verfahren in verschiedenen Modifikationen entwickelt:

---

* Der hochintensive Luftfahrzeugeinsatz gebietet eine strikte Einhaltung der *Richtlinien zur Ausbringung von Pflanzenschutzmitteln mit Luftfahrzeugen* (Braunschweig: BBA, Dez. 1972).

Formen der Applikation *(Abb. 16–20)*

Streuen ⎱	von festen Stoffen	als Streumittel und Granulat	(z. B. Düngerstreuer, Kleegeige u. a., Luftfahrzeug mit Streugerät)
Stäuben ⎰		als Staub bzw. Pulver	(fahrbare, tragbare Stäubegeräte, Luftfahrzeug mit Stäubegerät)
Spritzen	von Flüssigkeiten	mit einer Tröpfchengröße über 150μ	als Suspension, Emulsion, Lösung (fahrbare Sprühgeräte, Zapfwellensprühgeräte, tragbare Motorsprühgeräte, Luftfahrzeuge mit Sprühgeräten)
Sprühen		von 50–150μ	
Nebeln ⎱	von flüssigen Stoffen	unter 50μ Teilchengröße	als Nebellösung (fahrbare, tragbare Nebelgeräte, Luftfahrzeuge mit Nebelgeräten)
Räuchern ⎰ Aerosol	von festen oder flüssigen Stoffen durch Verbrennen oder Verschwelen		als Räucherpatronen, Tabletten u. a.

Injizieren von flüssigen Präparaten geschieht gegen Bodenschädlinge mittels der Düngelanze und gegen Hausbock *(Hylotrupes bajulus)*, Nagekäfer *(Anobiidae)* u. a. durch Bohrlöcher im Holz. Das Tauchen von Pflanzen empfiehlt sich vor der Pflanzung bündelweise als Wurzeltauchung gegen Bodeninsekten, als Volltauchung gleichzeitig gegen Rüßler *(Curculionidae)*, Bastkäfer *(Hylastes, Hylurgus)* und Wildverbiß und nach der Pflanzung als Triebtauchung allein gegen Wildverbiß.

Ein Übergang vom Sprühen zum Nebeln wird erreicht durch den Ölspray, durch Zusatz eines pflanzenverträglichen Öls (z. B. Synergid) im sog. „Feinsprühverfahren" nach BEHLEN und durch das von USA stammende „Ultra-low-volume-(ULV)-Verfahren" mit reinem Wirkstoffkonzentrat (Konzentratsprühen) durch besondere Düsen (Bohrung 0,5–0,8 mm) (SCHINDLER 1970). Theoretisch läßt sich wohl fast jeder Wirkstoff auf diese Weise versprühen, bislang ist das Konzentratsprühen aber noch auf einige organische Phosphorverbindungen beschränkt. Durch das Feinsprühverfahren läßt sich schon mit 10% Synergid-Zusatz bis zu $^2/_3$ der Brühemenge einsparen, während beim ULV-Verfahren nur noch etwa 0,3–1,2 Ltr./ha, gegenüber der sonst üblichen Aufwandmenge von ca. 30–50 Ltr./ha und darüber, benötigt werden.

Stäubemittel sind im allgemeinen wenig wetterbeständig (dauerhaft), haben aber meist eine hohe Anfangswirkung (Initialwirkung) und können von Bienen gehöselt werden.

Emulsionen sind meist nicht so dauerhaft und wirken wie Spritzmittel (Suspensionen).

Aerosole haben die höchste Wirksamkeit durch ihre Schweb- und Durchdringungsfähigkeit in allerfeinster Verteilung, aber auch die größte Anfälligkeit gegenüber Thermik und Wind. Die dadurch bedingten Abdriften sind schon oft Gegenstand unangenehmer Auseinandersetzungen geworden, wenn z. B. eine Nachbarkultur (Weide- und Gemüsegärten) mit einem Unkrautmittel mitbehandelt wurde (s. unerwünschter Pflanzenwuchs!).
Zum näheren Verständnis der Chemotherapie seien hier nur einige Fachausdrücke erklärt.

Das Pflanzenschutzmittel oder Schädlingsbekämpfungsmittel (Pestizid) hat für Tiere und Menschen eine bestimmte Giftigkeit (Toxizität), und zwar für Warmblüter (Warmblütertoxizität),

Fische (Fischtoxizität), Bienen (Bienentoxizität) und schließlich für Pflanzen (Phytotoxizität). Diese wird bei Tieren meist gemessen an der Sterblichkeit von 50% der Versuchstiere durch entsprechende Gaben von Wirkstoffen bzw. deren Formulierungen. Bei Warmblütern bezeichnet LD_{50} die letale (tödliche) Dosis für 50% der Versuchstiere (Rattentest) und bei Fischen LC_{50} die letale (tödliche) Konzentration des Giftes im Wasser für 50% der betreffenden Fischart. Die LD_{50}- und LC_{50}-Werte werden mit der ppm-Zahl (= parts per million oder Teile pro Million = mg pro kg Körpergewicht [Warmblüter] bzw. mg pro Ltr. Wasser [Fische]) angegeben.

Für die Bienengiftigkeit haben BERAN und NEURURER (1956) den „Gefahrenindex" als Verhältniszahl zwischen Anwendungskonzentration und Giftwert unter Einbeziehung der Kontaktwirkung entwickelt, s. Übersicht (Fußnote!).
Die *Phytotoxizität*, z. B. für Wildverbißschutzmittel, kann an empfindlichen Pflanzen wie Pelargonie, Tradeskantie, Saubohne o. a. getestet werden.
Das Gift wird durch den Mund (oral oder peroral) oder durch die Haut (perkutan) aufgenommen und kann beständig (persistent) sein, in bestimmten Organen, z. B. Niere, Leber u. a., gespeichert (kumulative Wirkung), oder vom Körper umgewandelt (Metabolismus), abgebaut und/oder ausgeschieden werden. Seine Wirkung tritt nach einmaliger (akute Toxizität) oder mehrmaliger (chronische Toxizität) Verabreichung als Fraßgift über die Verdauungsorgane, als Atemgift über die Atemorgane und als Kontaktgift durch Berührung, bzw. auch kombiniert, ein. Durch eine Tiefenwirkung dringt das Gift in das Gewebe, durch systemische Wirkung (auch innertherapeutisch) wird es in den Gefäßen bzw. Leitbündeln der Pflanze transportiert.

Man unterscheidet:

Mittel gegen Insekten (Insektizide), Spinnmilben (Akarizide), Nematoden (Nematozide), Schnekken (Molluskizide), Nagetiere (Rodentizide), Schadwild (Wildschadenverhütungsmittel), unerwünschten Pflanzenwuchs (Herbizide) sowie gegen Pilzkrankheiten (Fungizide).

Innerhalb dieser Gruppen kann sich die Wirkungsbreite des Pflanzenschutzmittels (Pestizid) über zahlreiche Organismen erstrecken oder auch nur auf bestimmte Pflanzen bzw. Pflanzenfeinde beschränken. Im letzteren Falle ist es dann spezifisch und damit schonend oder auslesend (selektiv), z. B. manche Insektizide gegenüber Bienen oder Wuchsstoffe nur wirksam auf zweikeimblättrige Pflanzen (Einschränkungen s. dort!).
Durch Kombinationen von Wirkstoffen (z. B. DDT + HCH) und bestimmte Zusätze (z. B. Synergid o. a. Öle) läßt sich die Wirkung steigern (Synergismus). Manche Stoffe sind allerdings schon allein durch Geschmack oder Geruch auf Phytophage abschreckend (Repellents) oder anregend (Stimulans). Bienen *(Apis mellifera)* werden z. B. durch Dieselöl, Wild durch Stinkmittel von der behandelten Fläche ferngehalten. Ein Gemisch von Harz und Terpentinöl lockt den Großen Braunen Rüsselkäfer *(Hylobius abietis)* an, und mit Tanninlösung besprühte krautige Pflanzen werden sogar für den Schwammspinner *(Lymantria dispar)* schmackhaft.

Die chemischen Eigenschaften eines Pflanzenschutzmittels können für eine längere Zeit dauerhaft oder nur kurzfristig mit einer meist hohen Anfangswirkung (Initialwirkung) erhalten bleiben. Ihr Abbau ist je nach dem Wirkstoff und anderen Faktoren auch zeitlich sehr unterschiedlich. So wurden Rückstände von Arsen noch Jahrzehnte nach der Bekämpfung von Zieselmäusen in Rußland in 2 m Bodentiefe abgelagert aufgefunden, DDT noch nach 7 Jahren bei uns im Boden nachgewiesen, und Aminotriazin hat fast ungeschmälert seit vielen Jahren bis heute im Forstgarten bedenkliche Bodensterilität erhalten.
Die Umwandlung (Metabolismus) vollzieht sich durchaus nicht immer in harmlosere Verbindungen. Das Insektizid Heptachlor geht im pflanzlichen und tierischen Gewebe und auch im Boden in das wesentlich toxischere Heptachlor-Epoxid über. Aber auch manche Fungizide auf der Basis von Zineb und Maneb scheinen hier problematisch zu sein.
Die Wirkung verschiedener Giftstoffe auf den Organismus ist keine Summierung, sondern eine Vervielfachung, z. B. bei Malathion mit bestimmten anderen organischen Phosphorverbindungen bis 50fach.

Hinsichtlich der physikalischen Eigenschaften besitzt ein Pflanzenschutzmittel durch Harz, Leim, Dextrine o. a. eine Haftfähigkeit, Wischfestigkeit, Regenbeständigkeit und als Flüssigkeit, durch oberflächenaktive Zusätze (Netzmittel), eine Netzfähigkeit, d. h. Ausbreitung als gleichmäßiger Film.

Suspensionen sind Aufschwemmungen fein verteilter, eigentlich unlöslicher Stoffe in Flüssigkeiten, meist Wasser. Sind disperse Phase (Stoff in aufgeteiltem Zustand) und Dispersionsmittel (Stoff, der die disperse Phase umgibt) flüssig, so handelt es sich um eine Emulsion (z. B. Milch), deren innige Vermischung z. B. von Öl und Wasser nur durch einen Emulgator möglich wird. Lösungen enthalten die disperse Phase bis zu Einzelmolekülen (echte Lösungen) oder Molekularzusammenballungen (unechte oder kolloidale Lösung) aufgeteilt.

Sehr wesentlich für die Toxizität ist die Formulierung des Wirkstoffs, d. h. Aufbereitung als Staub, Spritzmittel, Emulsion oder Lösung. Dies führt dann zu der entsprechenden Eingruppierung ein und desselben Wirkstoffs in verschiedene Giftabteilungen, wie z. B. Parathion als Staub in die Giftabteilung 3, als Emulsion aber in die Giftabteilung 1.

Die Einstufung ist aus dem Pflanzenschutzmittel-Verzeichnis der Biologischen Bundesanstalt für Land- und Forstwirtschaft (BBA) ersichtlich. Danach werden gekennzeichnet:

Giftabteilung 1 („Giftigste Stoffe") Totenkopf und das Wort „Gift" in weißer Schrift auf schwarzem Grund,

Giftabteilung 2 („Zweite Giftstufe") Totenkopf und das Wort „Gift" in roter Schrift auf weißem Untergrund,

Giftabteilung 3 („Weniger giftige dritte Stufe") das Wort „Vorsicht" in roter Schrift auf weißem Untergrund.

Nach dem Pflanzenschutzgesetz vom 10. Mai 1968 (Bundesgesetzblatt I, S. 352) mit Änderungen vom 24. Mai 1968 und 29. Juli 1971 (Bundesgesetzblatt I, S. 1117) dürfen in der Bundesrepublik Deutschland nur zugelassene Pflanzenschutzmittel („amtlich geprüft und anerkannt") verwendet werden.

Die Prüfung von Pflanzenschutzmitteln erfolgt durch verschiedene Prüfstellen, die von der Biologischen Bundesanstalt damit beauftragt sind; im forstlichen Pflanzenschutz die Forstschutz-Institute. Gewöhnlich durchläuft ein vom Hersteller angemeldetes Präparat die Vorprüfung und Hauptprüfung. Bei Wildschadenverhütungsmitteln werden in der Vorprüfung die chemisch-physikalischen Eigenschaften sowie die Pflanzenverträglichkeit geprüft. Falls keine Mängel vorliegen, muß das Mittel seine wildabweisende Wirkung im Freiland bei möglichst vielen Holzarten in verschiedenen Wuchsgebieten beweisen. Der Prüfausschuß entscheidet dann endgültig über die Zulassung des betreffenden Präparats. Über die gesundheitlichen Voraussetzungen befindet die Biologische Bundesanstalt im Einvernehmen mit dem Bundesgesundheitsamt.

Umgang mit Pflanzenschutzmitteln

Hierfür gelten ausführliche Richtlinien über Vorsichtsmaßnahmen beim Umgang mit Pflanzenschutz- und Schädlingsbekämpfungsmitteln (Merkblatt Nr. 18 der Biologischen Bundesanstalt vom April 1967 und gekürzter Neudruck der 2. Aufl. von 1967, Ausgabe April 1970), so daß dort Einzelheiten zu entnehmen sind.

Hier können nur folgende Hinweise gegeben werden:

Pflanzenschutzmittel dürfen nur „unter sicherem Verschluß in einem nichtbewohnten, verschlossenen Raum" und vollständig getrennt von Nahrungsmitteln u. a. aufbewahrt werden. Die Sorglosigkeit in dieser Hinsicht hat sich schon oft gerächt.

Grundsätzlich ist vor der Arbeit mit Pflanzenschutzmitteln (auch Wildschadenverhütungsmitteln) die Anweisung des Herstellers genau durchzulesen und zu beachten, damit die vorgeschriebene Konzentration und Dosierung nicht überschritten wird. Darüber hinaus muß die Bienenschutzverordnung vom 15. Mai 1950[*] strikt eingehalten werden. Nur das Tragen einer Schutzkleidung,

---

[*] Neugefaßt 19. 12. 1972 (Bundesgesetzblatt Teil I, S. 2515).

mitunter auch von Schutzbrille und Gesichtsmaske mit entsprechenden Filtereinsätzen sowie der gänzliche Verzicht auf Essen und Getränke, vor allem Alkohol, aber auch Rauchen, sichert den Körper während der Arbeit vor u. U. ganz gefährlicher Gifteinwirkung.

Leere oder angebrochene Behälter mit nicht mehr verwertbaren Pestizidresten sollen in geeigneter Weise unschädlich gemacht werden (Richtlinien bisher nicht erlassen!). In Frage kommen Verbrennungsanlagen der chemischen Industrie und Lagerung in stillgelegten Bergwerksstollen. Beides kann natürlich nur unter fachmännischer Kontrolle geschehen.

Pflanzenschutzmittel im Forst (Forstschutzmittel)

Die Geschichte der chemischen Pflanzenschutzmittel zeigt uns deutlich, daß sich die Natur nicht vergewaltigen läßt.

Seit der Antike bis zum heutigen Tage gilt die weise Erkenntnis von PLINIUS: „Vorzüglich muß man zu verhüten suchen, daß die Kur selbst nicht eine Krankheit veranlasse, was geschehen kann, wenn die Mittel zu viel oder zur Unzeit gebraucht werden" (BRAUN 1965).

Mißerfolge, Verluste von Wild, Vögeln, nützlichen und indifferenten Kerbtieren sowie Honigbienen haben zu einem ständigen Wechsel der Wirkstoffe und deren Wirkungsbreite geführt. Kalkarsenate wurden teilweise von Drogen (pflanzliche Rohstoffe) verdrängt, Dinitro-orthokresole von den modernen Kontaktinsektiziden der chlorierten Kohlenwasserstoffe und organischen Phosphorverbindungen abgelöst.
Der Ruf nach Präparaten mit spezifischer Wirkung auf bestimmte Schadinsekten ist stets durchgeklungen. Auch hat es nicht an Bemühungen seitens der chemischen Industrie gefehlt, solche Stoffe zu entwickeln. Hier sei nur auf die bienenungefährlichen Carbazolderivate (Nirosan, Fundal, Holfidal) und Endosulfane (Thiodan) hingewiesen. Da aber die Wirkung gegenüber dem Schädling nicht ausreichte oder gar andere Komplikationen (z. B. Thiodan gegenüber Warmblütern und Fischen) auftreten können, ist hier bislang keine große Chance ersichtlich. So notwendig solche selektiven Mittel auch im Hinblick auf den integrierten Pflanzenschutz sind, so wird schon die Kalkulation durch eine spezielle Aufbereitung für einen kleinen Abnehmerkreis und die Lagerung sowie Verpackung manchen Mehraufwand verlangen.

Neben der bedenklichen Verarmung der Tier- und Pflanzenwelt gilt unsere Hauptsorge heute vor allem der Erhaltung der menschlichen Gesundheit.*
SCHÄFER sieht einen Zusammenhang zwischen Krebsleiden und Pflanzenschutzchemie (Agrarjahr 1965, Vogel-Verlag Würzburg). Danach wird die Krebstheorie des Biologen O. WARBURG vom Max-Planck-Institut für Zellphysiologie unterstützt, daß nämlich außer Strahlung auch ein chemisches Karzinogen (krebserzeugender Stoff) die Atmung normaler Zellen verhindert. Diese sterben bei einer hohen Giftdosis sofort ab oder schalten bei geringeren Mengen auf Gärung, Wucherung und Teilung um, so daß eine allmähliche Krebserkrankung einsetzen kann. Dazu genügen aber schon winzige, wiederholt einwirkende Mengen von Pflanzenschutzmitteln, wie wir sie täglich mit der Nahrung aufnehmen. Der allgemein sonst gültige Ausspruch von PARACELSUS (1493–1541) „*Sola dosis facit venenum*" (die Dosis ist maßgebend für die Giftwirkung) ist somit für Karzinogene nicht zutreffend, da es hier keine ungefährliche Dosis gibt. Die viel verbreitete Meinung, daß der karzinogene Einfluß nur von bestimmten Insektiziden ausgeht, ist ein Irrtum, denn auch für Herbizide und Fungizide ist „eines der schlimmsten Basisprodukte" das **Urethan.** Die Frage der **chronischen Gifteinwirkung** beantwortet Prof. Dr. H. AN DER LAN vom Institut für Zoologie der Universität Innsbruck dahingehend, „daß unter Umständen das Erbgut von besonders stabilen oder in besonders spezifischer Art wirksamen Pflanzenschutzmitteln" auf Generationen hin verändert werden kann (Die Umschau in Wissenschaft und Technik, Heft 21, 1964).

---

* Über Auswirkungen von Pestiziden auf die Umwelt findet sich heute eine reichhaltige in- und ausländische Literatur (zusammengestellt von BLUMENBACH 1971; für Waldbiozönosen z. B. CRAMER 1957; für Land- und Forstwirtschaft KÜHNELT 1971, TISCHLER 1955, 1965; für Rückstände MAIER-BODE 1965, 1971).

Giftabbau im Wald

Im Walde ist die Gefahr natürlich wesentlich geringer, zumal Flächenbegiftungen meist eine Seltenheit sind. Sie finden auch nur in größeren Zeitabständen statt und beeinträchtigen daher menschliche Genußmittel kaum. Anders ist die Situation in der Landwirtschaft, im Obst-, Gemüse- und Weinbau zu beurteilen, wo bis zu 30 Spritzungen im Jahr auf ein und dieselbe Pflanze erfolgen.

Wenn auch ESCHERICH (1914) schon sagt: „Die Zahl der Spritzmittel ist Legion. Und fortwährend werden neue Mittel in den Handel gebracht, die als sicherwirkend gegen diesen oder jenen Schädling gepriesen und mit den verschiedensten Namen belegt werden", so ist der an sich „giftfremde" Forstmann und Hüter des Waldes recht zurückhaltend und skeptisch gegenüber chemischen Pflanzenschutzmitteln gewesen. Doch hat sich in neuerer Zeit auch hier ein Wandel vollzogen, der ganz zwangsläufig durch den wachsenden Mangel an Arbeitskräften und durch das Mißverhältnis von Arbeitslohn zum Holzpreis eintreten mußte *(Abb. 1, 12–15)*.

Die Zahl der anerkannten Präparate:

1927   57 Präparate
1943   505 Präparate
1952   866 Präparate
1954   1065 Präparate
1966 > 1600 mit über 100 Wirkstoffen.

Der Anteil von Herbiziden nahm in der Zeit von 1952–1966 von 5,3% auf 38,0% zu (DREES 1967). Von der mit Pflanzenschutzmitteln behandelten Bodenfläche der BRD entfallen 76% auf Herbizide, 18% auf Insektizide und 6% auf Fungizide (HANF 1966). Die gesamte Waldfläche der BRD von rd. 7,1 Mill. ha war schätzungsweise mit weniger als 1% gegen Unkräuter und Pilze bzw. mit 1–2% gegen Insekten an chemischen Pflanzenschutzmaßnahmen beteiligt.

Giftabbau im Wald

Die bedenkliche Zunahme von chemischen Pflanzenschutzmitteln im Wald, vor allem von Herbiziden, kann nicht so weitergehen, ohne daß schwerste Schäden für die bereits stark angeschlagene Umwelt zu befürchten sind und unsere letzte Erholungsstätte verlorengeht.

Es muß das Ziel sein, Pestizide im Wald nur im äußersten Notfall, sozusagen als „ultima ratio" anzuwenden und dann auch nur Präparate mit geringer Wirkungsbreite und rascher Abbaufähigkeit. Sicherlich wird sich dieses nicht sofort und überall erreichen lassen, aber schrittweise ist es bestimmt viel leichter möglich als bei anderen Kulturarten.

Kurzfristige Maßnahmen

– Grundsatz: zuvor qualitative und quantitative Aufnahme des Vorrats an Nützlingen.
– Beseitigung und Unschädlichmachung von Pestizidresten (nicht mehr zugelassene oder nicht mehr verwertbare chemische Pflanzenschutzmittel).
– Einstellung von Routinebegiftungen (z.B. auf Verdacht gegen Maikäferengerlinge *[Melolontha spec.]* bei Kulturvorbereitungen u.a., Großer Brauner Rüsselkäfer *[Hylobius abietis]*, Borkenkäfer *[Ipidae]*).
– Überwachung des Einsatzes von chemischen Pflanzenschutzmitteln durch Fachgutachten (Diagnose, Prognose).
– Einrichtung von Versuchsrevieren ohne jegliche Giftanwendung (mit Ausnahme von gebräuchlichen und ungefährlichen Wildschadenverhütungsmitteln) in verschiedenen Wuchsgebieten mit laufender fachlicher Kontrolle der Entwicklung.

Langfristige Maßnahmen

Im gleichen Maße wie die chemischen Pflanzenschutzmittel wegfallen, müssen biologische Mittel eingeführt bzw. muß die Waldhygiene aufgebaut werden (s. dort!).

Übersicht über die Wirkstoff-Giftigkeit

Wichtige Wirkstoffe	Giftigkeit (Toxizität)[a] unformulierter Wirkstoff für		
	Warmblüter	Fische[b]	Bienen
	– ppm –		Gefahrenindex
Insektizide (Mittel gegen Insekten)			
Drogen Derris (getrocknete, pulverisierte Wurzeln der tropischen Leguminose *Derris elliptica* mit insektizidem Bestandteil Rotenon (5–6%))	300–500	—	—
Chlorierte Kohlenwasserstoffe DDT = Dichlordiphenyl-trichloräthan	250	0,2(F) 0,05(H) 0,057(K)	1,47
HCH = Hexachlorcyclohexan Lindan (Gamma-Hexa)	600 125	s. Lindan 0,3(F) 0,2(H) 0,28(K)	s. Lindan 35,95– 143,79 je nach Dosierung
Endosulfan (geschwefelter chlorierter Kohlen-wasserstoff)	50–115	0,01(F) 0,005(H) 0,011(K)	2,3–7,2 je nach Dosierung
Carbamate Promecarb = Ester der Carbamin-säure	61–90	—	—
Organische Phosphorverbindungen Parathion	6–15	3,0(F) 3,0(H) 3,5(K)	32
Demeton-S-methyl	56–80 (Metasystox R, 40 (Metasystox [i])	7,5(F) ⎱ Methyl- 4,0(H) ⎰ Demeton 100 (K)	25,4 (Metasystox R), 40 (Metasystox [i])

[a] Warmblütergiftigkeit = ppm Zahl = mg/kg Körpergewicht für LD_{50} (Rattentest) nach HOLZ/LANGE 1962, KLIMMER 1964;

Fischgiftigkeit = ppm Zahl = mg/Ltr. Wasser für LC_{50} (jeweilige Fischart[b]) nach MAIER-BODE 1965 und 1971, ORTH 1967;

Bienengiftigkeit = Gefahrenindex nach BERAN-NEURURER 1970 = unter 1 = bienenungefährlich, bis etwa 6 minder-bienengefährlich, über 6 in der Regel bienengefährlich, über 100 allerhöchste Bienengefährlichkeit.

[b] Abkürzungen:

B = Barsche *(Percidae)*
F = Forelle *(Salmo spec.)*, Setzlinge[+]
H = Hecht *(Esox lucius)*, 1sömmrige[+]
K = Karpfen *(Cyprinus carpio)*, 1sömmrige Spiegelkarpfen[+]
P = Plötze, Rotauge *(Rutilus rutilus)*
[+] bei Herbiziden und Fungiziden keine Altersangaben.

Wichtige Wirkstoffe	Giftigkeit (Toxizität)[a] unformulierter Wirkstoffe für		
	Warmblüter	Fische[b]	Bienen
	– ppm –		Gefahrenindex
Insektizide *(Fortsetzung)*			
Dimethoat	250–350	—	38,2–51,4 (Rogor)
Trichlorphon	450–625 (bis 1000) je nach Lösungsmittel	100(F) 1,0(H) 100(K)	15,4–17,9 und für Staub 48,5
Rodentizide (Mittel gegen Nagetiere)			
Crimidin = Pyrimidinderivat	1,25–2,6, für Mensch ca. 50 Castrix-Körner tödlich!	—	—
Zinkphosphid	45	—	—
Chlorierter Kohlenwasserstoff Toxaphen	69	0,2(F) 0,1(H) 0,056(K)	0,35
Herbizide (Mittel gegen unerwünschten Pflanzenwuchs)			
Wuchsstoffe (Wuchsstoffhormone) 2, 4, 5-T (Trichlorphenoxyessig-säure[c])	300–500	5(F) 4(H) 9(K)	< 0,27
Dalopon (DCP = Dichlorpropionsäure, Natriumsalz)	6000–8000	340(F) 450–800(H, K)	< 1,08
Trichlorazetat (TCA, Natriumsalz)	3200	wohl w. v.	< 0,66
Aminotriazol, Amitrol (ATA)	1100	400(F) 140–160(B, P) 1000(K)	< 0,77
Aminotriazin	5000	Schwellenwert 60(F) 45(H) 350(K) 90(B, P)	—
Harnstoffderivat aus Cycluron (OMU) und Chlorbufan (BIPC)	1500(OMU) 2500(BIPC)	20 (für Handels-ware Alipur) – 80%ige Mortalität	—

[c] Zahlen geben die Stellung der Chloratome im Benzolring an.

Wichtige Wirkstoffe	Giftigkeit (Toxizität)[a] unformulierter Wirkstoffe für		
	Warmblüter	Fische[b]	Bienen
	– ppm –		Gefahrenindex

Herbizide *(Fortsetzung)*

Chlorthiamid	750	500 (80%ige Mortalität)	< 3,24
Chlorate	1200, jedoch für Mensch 5–10 g, Kleinkind 2 g u. U. tödlich!		
Paraquat	23–32	Schwellenwert für 1sömmrige Karpfen 125 mm³/ Ltr. Wasser	< 0,68

Fungizide (Mittel gegen Pilzkrankheiten)

Schwefelhaltige Fungizide Netzschwefel		500 verträglich	1
Kupferhaltige Fungizide Kupferoxychlorid	1000	w. v.	0,22
Thiocarbamate Zineb (Zinksalz der Thiocarbaminsäure)	5200, bei Hühnern Durchfall, Fließeier (schalenlos)	—	< 0,62
Maneb (Mangansalz der Thiocarbaminsäure)	4000–5000, w. v.	—	wohl w. v.

Biologische Methode

Entwicklung

Der Gedanke eines nutzbringenden Einsatzes von biologischen Helfern (Parasiten, Raubinsekten, Krankheitserreger) gegen Schädlinge im Pflanzenbau reicht weit zurück. Seit ARISTOTELES beschäftigten sich Gelehrte, Mönche und Schriftsteller mit dem wundersamen Insektenleben. Aus ihren Beschreibungen geht hervor, daß sie sehr gut beobachten konnten und auch bereits Feinde und Krankheiten der Insekten kannten.

Die ältesten uns bekannten Methoden stammen wohl aus Asien. Gegen Obstschädlinge wurden gesammelte Ameisen verwendet. In England regten 1816 KIRBY und SPENCE die Zuhilfenahme von Marienkäfern gegen Blattläuse an. Dem deutschen Entomologen A. KOEBELE gelang dann 1889 der erste klassische Erfolg mit einer Handvoll Marienkäfer *(Rodolia cardinalis)*, die er in Australien gesammelt hatte, gegen die gefährliche Wollschildlaus *(Icerya purchasi)* in Zitrus-Kulturen in Kalifornien. Eine ähnliche Wirkung ließ sich im Jahr 1963 mit einer in Flensburg gesammelten und auf der Nordseeinsel Amrum ausgesetzten Marienkäferart *(Aphidecta obliterata)* gegen die Sitkafichtenlaus erzielen.

In Frankreich setzte BOISGIRAUD 1840 den Puppenräuber *(Calosoma sycophanta)* gegen den

Schwammspinner *(Lymantria dispar)* ein, dem dann in Nordamerika gegen diesen dorthin verschleppten Schädling und den Goldafter *(Euproctis chrysorrhoea)* ab 1911 eine große Bedeutung zukam. Heute spielt in den USA die massenweise industriell gezüchtete Florfliege *(Chrysopa carnea)* eine beachtenswerte Rolle im Einsatz gegen den Amerikanischen Baumwollkapselwurm *(Heliothis zea; Noct. [Lep])*.

G. L. HARTIGS Anregung vom Jahr 1827, den Kiefernspinner *(Dendrolimus pini)* mittels „Raupenzwingern" durch Schlupfwespen *(Entomophaga)* zu bekämpfen, ist um die Jahrhundertwende ebenfalls in den USA unter Leitung des berühmten Entomologen L. O. HOWARD in zwar anderer, aber großzügigster Weise im gigantischen Kampf gegen Schwammspinner und Goldafter verwirklicht worden. Das gründliche Studium der Parasiten und die danach mit allen nur möglichen Mitteln geförderte Massenzucht und spätere Freilassung ausgewählter, wirtsspezifischer Schlupfwespen hat K. ESCHERICH so beeindruckt, daß er nach seiner Rückkehr aus Nordamerika auch für Deutschland derartige Einrichtungen forderte. Sie wurden aber leider nicht erfüllt! Nach dem ersten mißglückten Versuch 1933, mit dem amerikanischen Eiparasiten *(Trichogramma minutum)* gegen die Forleule *(Panolis flammea)*, konnte erst wieder SCHWENKE ab 1960 mit einheimischen Parasiten, wie dem Eiparasit *Trichogramma embryophagum* und dem Puppenparasit *Erdoesina alboannulata*, gegen diesen forstlichen Großschädling sowie mit dem Kokonparasit *(Dahlbominus fuliginosus)* gegen die Kiefernbuschhornblattwespe *(Diprion pini)* erfolgreich vorgehen. Seit einigen Jahren laufen im norddeutschen Kieferngebiet Versuche mit dem amerikanischen Puppenparasiten *Itoplectis conquisitor* gegen den Posthornwickler *(Rhyacionia buoliana)*.

Im Obstbau sind besonders die Bemühungen der Landesanstalt für Pflanzenschutz in Stuttgart beachtlich, wo seit 1950 mit der aus USA eingebürgerten Zehrwespe *(Prospaltella perniciosi)* gegen die San José-Schildlaus gearbeitet wird.

Die schon genannte Erzwespe *(Trichogramma embryophagum)* hat sich mit ganz geringen Gestehungskosten von 1 Rubel (= ca. 1 Dollar) je ha auf über 800 000 ha Obstanlagen in Sowjetrußland gegen den Apfelwickler *(Laspeyresia pomonella)* heute schon so bewährt wie das Pestizid DDT. In ähnlichem Ansehen steht eine verwandte Art *(Trichogramma evanescens)* gegen Erdeulen *(Agrotis spec.)*.

Eindrucksvolle Beispiele gibt es auch von der Beseitigung unerwünschter Pflanzen durch wirtsspezifische Phytophage. Das nach Kalifornien eingeschleppte, dort als Weideunkraut bekannte Johanniskraut *(Hypericum perforatum)* konnte durch zwei aus Südfrankreich eingeführte Käfer *(Chrysolina quadrigemina;* Chrys. und *Agrilus hyperici; Buprest.)* innerhalb von 10 Jahren auf einen ganz belanglosen Anteil vermindert werden. Diese biologische Bekämpfungsaktion wird noch übertroffen durch den nach Australien eingeführten argentinischen Zünsler *(Cactoblastis cactorum)* gegen ebenfalls eingeschleppte *Opuntien* (Kakteen) (briefl. H. ZWÖLFER 1971).

An hervorragender Stelle ist die Arbeit des weltweiten „Commonwealth Institute of Biological Control" zu nennen, das in Delémont (Schweiz) eine europäische Station unterhält.

Damit stehen wir natürlich erst am Anfang einer begrüßenswerten und erstrebenswerten Entwicklung, deren Ausbau dringend erforderlich ist.

Nach dem derzeitigen Stand unseres Wissens zeichnen sich dafür folgende Wege ab:

Förderungsmaßnahmen

Durch Anbau, Vermehrung und Pflege von entsprechenden Futterpflanzen (Nektar, Honigtau, Pollen), wie Wildkräuter, Wildgräser und Sträucher, sollen entomophage Insekten (Schlupfwespen, Raub-, Schweb- und Raupenfliegen) angelockt werden.

Sie sind bei chemischen Bekämpfungen durch zeitliche und räumliche Trennung sowie durch Einschränkung des Herbizideinsatzes zu schonen.

Vermehrungsmaßnahmen

Aus Massenzuchten stammende oder in Nachbargebieten gesammelte Exemplare können die Bevölkerungsdichte ständig erhöhen.

Durch Überschwemmung, d. h. durch massenhaft gezüchtete und freigelassene Individuen, ist eine sofortige Reduktion des Schädlingsbesatzes zu erzielen.

Lockstoffe

Dem Insektensammler ist der Köderfang mit verschiedenen Duftstoffen, wie z. B. Apfeläther, gegorene Fruchtsäfte mit Bier-Zusatz, alter Harzer Käse, verfaulter Fisch u. a. Spezialrezepturen, bekannt.

In der Forstwirtschaft gehören Fanghölzer und Fangrinde zu den ältesten Methoden, den Großen Braunen Rüsselkäfer *(Hylobius abietis)* und die Borkenkäfer *(Ipidae)* von Kulturpflanzen bzw. gesundem Material abzulenken und diese dann konzentriert auf bestimmten, kontrollierbaren Fangplätzen zu vernichten.

Die Duftquelle kann abweisend (repellent) oder anziehend wirken, was von der chemischen Zusammensetzung bzw. Beschaffenheit und der Konzentration des betreffenden Geruchsstoffs abhängt. Die Reaktion wird vielfach durch Beistoffe (Maskierung) und viele andere, teilweise noch unbekannte Umweltfaktoren beeinflußt (z. B. Luftfeuchte, Wärme).

Die Lockwirkung kann von der Pflanze durch pflanzeneigene Geruchsstoffe oder vom Insekt durch insekteneigene Geruchsstoffe ausgehen.

Die Wahrnehmung solcher Stoffe kann das Insekt zu bestimmten Triebhandlungen veranlassen, wobei die Suche nach der Nahrungsquelle, dem Geschlechtspartner und die Sorge für die Nachkommenschaft, d. h. einen geeigneten Platz für die Eiablage zu finden, eine Rolle spielen. Gewöhnlich verliert dann der Geruchsreiz seine Bedeutung, wenn das Ziel erreicht wurde.

Innerhalb der Lockstoffe lassen sich, wenn auch nicht immer eindeutig, Attraktivstoffe von Sexuallockstoffen unterscheiden. Beide werden auch als „Rendezvous-Köder" oder Verständigungsmittel bezeichnet. Voraussetzung für eine Fernwirkung ist die Flüchtigkeit dieser Stoffe.

Ihre Anwendung im Rahmen der biologischen Schädlingsbekämpfung, wie auch durch zugesetzte chemische Insektizide für die integrierte Methode, erscheint durchaus aussichtsreich, wenn wir auch bisher verhältnismäßig wenig darüber wissen.

Attraktivstoffe

Sie können als Soziallockstoffe die Gruppen- oder Staatenbildung bei Insekten regeln. Auch ihr Sexualverhalten, ihr Nahrungstrieb und ihr Legegeschäft wird durch sie stimuliert.

Hierzu einige Beispiele:

Weibchenköder mit einem Effekt zur Eiablage sind z. B. Ammoniak für die Stubenfliege *(Musca domestica)* und im weiteren Sinne auch Skatol (Indol-Derivat, im menschlichen *Faeces* vorkommend) für die vivipare Fleischfliege *(Sarcophaga spec.)*, wie ebenfalls ätherische Öle, z. B. Zitronenöl für die Mittelmeerfruchtfliege *(Ceratitis capitata)*, von denen wohl auch, in dem einen oder anderen Falle, eine Nahrungswitterung ausgeht. Andrerseits übt Methyleugenol eine anziehende Wirkung auf Männchen anderer Fruchtfliegen aus. Derartig getränkte Zuckerrohrfaserplättchen mit einem Zusatz des chemischen Insektizids Dibrom haben mehrmals zu einer erfolgreichen Ausschaltung der Männchenpopulation (bis 99,6%) geführt, z. B. 1954 auf 75 qkm in Hawaii und 1962/63 auf der 85 qkm großen Insel Rota im Pazifik (MAYER, K. 1968).

Populationsspezifische Lockstoffe können z. B. von Borkenkäfern im Hinterdarm erzeugt werden und mit dem Kot nach außen gelangen (z. B. nachgewiesen für *Ips*-Arten). Hiermit wird nach neueren Untersuchungen gleichzeitig eine Anlockung des Geschlechtspartners und eine Besiedlung bruttauglichen Materials erreicht. Die Wirtswahl kann durch Männchen *(Dendroctonus-* und *Trypodendron*-Arten) oder durch Weibchen *(Ips*-Arten) getroffen werden. Durch eine vom Baum ausgehende Totharzung gegen frisch eingebohrte Exemplare wird die Nachrichtenübermittlung ausgeschlossen, so daß andere Interessenten vor einem Untergang bewahrt bleiben. Die Intensität der Lockwirkung ist von verschiedenen Faktoren abhängig und tageszeitlich artspezifisch. Der Gestreifte Nutzholzborkenkäfer *(Trypodendron lineatum)* fliegt z. B. hauptsächlich nachmittags Lockfallen an (VITÉ 1965).

Den Praktiker interessiert nun in erster Linie die Nutzanwendung. Ein praxisreifes Bekämpfungsverfahren konnte tatsächlich mit dem synthetisierten Pheromon „Frontalin" des nordamerikanischen Borkenkäfers *Dendroctonus frontalis* Zimm. unter Zusatz von Terpen gegen diesen in Texas entwickelt werden (VITÉ 1970, aus: FRANZ/KRIEG 1972). Sicherlich lassen sich hier noch eine Reihe von Möglichkeiten finden, zumindest für prognostische Zwecke (s. auch Großer Brauner Rüsselkäfer *[Hylobius abietis]* – Bekämpfungsverfahren –).

Sexuallockstoffe

Diese Stoffe sind für Schmetterlinge, Blattwespen, Käfer, Fliegen, Schaben, Geradflügler, Termiten, Wanzen, Blattläuse, Schildläuse, Ameisen, Bienen, Skorpionsfliegen und außerhalb der Klasse der Insekten auch für Milben nachgewiesen.

Sie dienen dem Auffinden des Geschlechtspartners und werden häufig von beiden Geschlechtern, beim Weibchen von der Hinterleibsdrüse und beim Männchen von Drüsen und Dufthaaren an Flügeln, Extremitäten oder vom Hinterleib ausgeschieden. Diese können schon in sehr geringen Mengen wirksam und, meist unbeeinflußt von Fremdgerüchen, von Männchen auf große Entfernung hin (bis zu 16 km) wahrgenommen werden. So genügen beim Schwammspinner *(Lymantria dispar)* bereits 10^{-17} Mikrogramm im Freiland, um Männchen dieser Art auf eine Entfernung bis zu 3,8 km aktiv werden zu lassen. Bei der Nonne *(Lymantria monacha)* wird die Lockwirkung auf 200–300 m Entfernung angegeben (MAYER, K. 1968). Interessant ist auch die Wirksamkeit von Sexuallockstoffen bei Faltern im Puppenstadium, was zu einer Annäherung des Männchens und Beeinflussung seines Schlüpfens führen kann. Sofern die Männchen einer Art früher als die Weibchen schlüpfen (Protandrie), können erstere mit synthetischen Lockstoffen vorweg abgefangen werden. Mitunter wirken derartige *Pheromone* nicht allein auf Männchen der gleichen Art, sondern auch auf Männchen verschiedener Arten der gleichen oder sogar einer anderen Gattung. Es hat sich erwiesen, daß man bei der Herstellung synthetischer Sexuallockstoffe außerordentlich vorsichtig sein muß. So wurde nach der in 30jähriger Forschungsarbeit gewonnenen Strukturformel des natürlichen Schwammspinnerlockstoffs in USA zunächst „Glyptol", dann „Gyplure" und heute „Disparlure" synthetisch erzeugt. „Gyplure" ergab bei einem großen Bekämpfungsversuch im Nordosten der USA, nach Verteilung vom Flugzeug aus in flüssiger und granulöser Form und nach Auslegen zahlloser beleimter Lockstoff-Fallen zur dichten Verwitterung mit dem Ziel der Täuschung und Verwirrung der männlichen Falter, einen vollständigen Mißerfolg (VITÉ 1965). Vermutlich hat es sich um eine Verunreinigung des Lockstoffs durch das Lösungsmittel oder eine nicht aufgefundene Maskierungssubstanz der aktiven Isomere des Gyplures gehandelt.

Synthetische Sexuallockstoffe sind noch gegen weitere Schädlinge entwickelt worden, darunter Nonne *(Lymantria monacha)*, Kiefernbuschhornblattwespe *(Diprion simile)* und einige Borkenkäferarten *(Ipidae)*. Die bisherigen Versuche mit Sexuallockstoff-Fallen in USA haben gezeigt, daß ein wünschenswerter Effekt, d. h. eine Verhinderung der Begattung freier Weibchen, nur eintritt, wenn die in den Fallen „angebotenen Pheromon-Einheiten" eine stärkere Konzentration als die natürlich von den Weibchen erzeugten aufweisen (FRANZ/KRIEG 1972). Diese Methode ist nur dann erfolgreich, wenn die Populationsdichte sehr gering und das künstliche Pheromon im Überschuß vorhanden ist.

Die Verwendung von Sexuallockstoffen in der Schädlingsbekämpfung wirft also noch manche Frage auf. Außerdem kostet die Entwicklung geeigneter Präparate sehr viel Geld.

Hemm- und Störungsstoffe

Endohormone regulieren u. a. Fruchtbarkeit und Entwicklung der Lebewesen. Bekannt ist die „Antibabypille" zur Geburtenkontrolle des Menschen.*

---

* Erst kürzlich erhielt ich einen interessanten Hinweis, daß in einem botanischen Garten bei der früher in unseren Wäldern recht häufigen Eibe *(Taxus baccata)* vermerkt war, daß ihr Verbiß durch unser wiederkäuendes Schalenwild bei diesem zu einer natürlichen Geburtenkontrolle geführt hätte. Wirkung und Verträglichkeit von *Taxus*-Zweigen auf unsere Wildarten sind wohl wissenschaftlich noch weitgehend unerforscht, doch mag hiermit eine Anregung gegeben sein.

Die Endohormone sind unspezifisch und haben somit eine große Breitenwirkung, z. B. Östrogen als Fruchtbarkeitshemmer bei allen Wirbeltieren und Juvenilhormon als Entwicklungsstörer bei allen Insekten (FRANZ/KRIEG 1972).

Gewisse Erfolge sind mit Östrogenen bereits gegen Kojoten *(Canis latrans)*, Wanderratten *(Rattus norvegicus)* und sogar gegen Schadvögel wie Wachteln *(Coturnix coturnix)* und verwilderte Stadttauben *(Columba livia)* erzielt worden (FRANZ/KRIEG 1972). Jedoch sind auch hier noch längst nicht alle Fragen geklärt, besonders was die eventuellen Spätfolgen eines solchen Eingriffs anbelangt. Tauben-Nestlinge wurden jedenfalls durch Genuß östrogenhaltiger Kropfmilch dauerhaft unfruchtbar.

Bei den Insektenhormonen unterscheidet man:

1. Juvenilhormon oder Neotenin (auch Larvalhormon) – verhindert bei Larven weitere Metamorphose (Dauerlarven), Schlüpfen von Eilarven und Vollkerfen; Wirkung durch Kontakt oder auch über die Gasphase; rascher Abbau des ursprünglichen Hormons (nachteilig!);
2. Häutungshormon oder Ecdyson – bewirkt bei Larven unmittelbare Puppen- und Imaginalhäutung, in Kombination mit Neotenin nur Häutungen der Larven; Wirkungsmechanismus noch unbekannt, jedenfalls nicht durch Kontakt.

Mit entsprechenden Präparaten konnten gegen Menschenläuse *(Pediculus humanus)* und Gelbfiebermücken *(Aedes aegypti)* unter gewissen Voraussetzungen (längerer Hormon-Kontakt bei Neotenin-Präparaten bzw. spezifischeren Juvenilhormon-Analoga-Präparaten) schon einige Erfolge erzielt werden (FRANZ/KRIEG 1972).

Sterilisierung (Autozid-Methode)

Dieses Verfahren bezweckt die Ausrottung von Schadinsekten durch Aussetzen unfruchtbar gemachter Männchen der betreffenden Art. Allerdings muß diese Methode als ein unverantwortlicher Eingriff in die Natur und ihre Lebewelt angesehen werden, deren Folgen außerhalb unseres Ermessensbereichs liegen. Die damit geschaffenen biologischen Lücken werden dann von irgendwelchen potenten Lebewesen in Besitz genommen, deren Ausbreitung uns durchaus nicht wünschenswert zu sein braucht.
Im Ausnahmefall mag die Anwendung berechtigt sein, z. B. wenn es sich um die rigorose Ausschaltung eines fremden Eindringlings oder eines ganz gefährlichen Krankheitserregers für Mensch und Tier handelt.
Nachdem seit 1916 theoretisch die Möglichkeit bestand, durch Röntgenstrahlen Insekten zu sterilisieren, begann in den 30iger Jahren Dr. EDWARD KNIPLING, Leiter der Entomologischen Forschungsabteilung des amerikanischen Landwirtschaftsministeriums, die Technik der Sterilisierung von Insekten zu entwickeln (CARSON, R. 1963). Mittlerweile waren auch durch die Atomforschung radioaktive Stoffe entdeckt, durch deren Ausstrahlung ebenfalls ein Sterilisierungseffekt erzielt werden konnte. Der erste Einsatz richtete sich gegen die Schraubenwurm-Fliege *(Cochliomya hominivorax [= Callitroga])*, einem gefährlichen Parasiten von Weidevieh, Wild und Mensch, auf der Insel Curaçao. Ab August 1954 verteilten hierzu Flugzeuge wöchentlich 400 gezüchtete und sterilisierte Männchen über eine Fläche von jeweils 2,59 qkm.

Auf Grund der günstigen Voraussetzungen (nur einmalige Begattung der Weibchen, isoliertes Gebiet) war der Erfolg so durchschlagend, daß schon nach 7 Wochen nur noch unbefruchtete Eier und bald darauf gar keine Eier mehr abgelegt wurden. Aber selbst in einigen Bundesländern der USA, wie Florida, Georgia, Alabama, erwies sich eine Großaktion in den Jahren 1957–1959 mit einem wöchentlichen Abwurf von 50 Millionen und mehr Fliegen aus 20 Flugzeugen als sehr wirksam gegen diesen 1933 dorthin verschleppten Schädling.
Danach wuchs das Interesse an der Sterilisierungsmethode in der ganzen Welt. Die Engländer planten, damit die Tsetse-Fliege *(Glossina spec.)* in Rhodesien zu bekämpfen. In der Schweiz wurde durch die Radioisotopen-Methode der Feldmaikäfer *(Melolontha melolontha)* in einem abgeschlossenen Tal ausgerottet (HORBER, E.).

Daneben gibt es nun auch noch chemische Stoffe, sog. Chemosterilantien (Präparate: Apholate, Tepa, Metepa), die durch Kontakt oder durch die aufgenommene Nahrung ebenfalls eine Sterilisierung der Männchen von bestimmten Insektenarten bewirken. Diese können zwar im Freiland verwendet werden, sind aber in höheren Dosen oder bei wiederholter Applikation mutagen, karzinogen oder teratogen. Die von SCHWERDTFEGER und EHRHARDT 1966 gegen den Buchdrucker *(Ips typographus)* unternommenen Versuche mit Chemosterilantien an Fangbäumen sind daher auch nicht wieder aufgenommen worden.

Schließlich ist die Sterilisierungsmethode an eine Reihe von Voraussetzungen geknüpft. Eine Überflutung der Freilandpopulation mit sterilisierten Männchen läßt sich meist nur dann erreichen, wenn die Dichte der Freilandpopulation gering ist, die freigelassenen Tiere zahlenmäßig erheblich überwiegen (Verhältnis sterilisiert: normal, z.B. beim Apfelwickler *[Laspeyresia pomonella]* 15:1), eine Mehrfachbegattung der Weibchen ausgeschlossen ist und kein Zuflug oder Zuzug aus benachbarten Gebieten erfolgen kann (STÜBEN, M. 1969, PROVERBS, M.D. 1969).

Abschließend möchte ich nochmals darauf hinweisen, daß ich persönlich die Sterilisierungs-Methode für äußerst bedenklich halte.

Mikrobiologische Verfahren

(s. unter „insektenpathogene Viren, Rickettsien, Bakterien, Mikrosporidien, Pilze"!)

In der Bundesrepublik Deutschland existiert auf diesem Gebiet z.Z. nur eine einzige Forschungsstätte, nämlich das Institut für Biologische Schädlingsbekämpfung der Biologischen Bundesanstalt für Land- und Forstwirtschaft in Darmstadt, hervorgegangen aus dem Institut für Kartoffelkäferforschung. Ein kleiner Stab von Fachwissenschaftlern bemüht sich seit längerer Zeit darum, die Möglichkeiten eines mikrobiologischen Einsatzes gegen Insektenschädlinge zu erforschen und Verfahren zur Verbreitung der Krankheitserreger zu entwickeln.

Für die Zukunft dürften mehrere Institutionen dieser Art dringend erforderlich werden.

Erfolgskontrolle

Sie dient als Nachweis für die Wirkung einer Bekämpfung.

Hierzu ist der Vergleich mit einem unbehandelten (ub) Objekt erforderlich. Dies kann bei einer Flächenbehandlung eine Vergleichsfläche mit gleichen oder sehr ähnlichen Merkmalen sein und bei einer Einzelbehandlung von Pflanzen oder gefälltem Holz das entsprechende unbehandelte Material.

Oft genügt schon die Einschätzung des Gesundheitszustands der Pflanze, der Kultur oder des Baumbestandes, des Schadens bzw. der Schäden nach der Behandlung, wie dies z.B. bei der Wildschadenverhütung praktiziert wird.

Bei Versuchen ist aber mit allergrößter Sorgfalt und Genauigkeit vorzugehen, da hiermit meist die Grundlage für ein neues Verfahren oder ein neues Mittel geschaffen wird. Dabei können nicht genug Vergleichsverfahren und Kontrollen eingelegt werden. Erst ihr durchschnittlicher Wert wird im Freiland eine einigermaßen gesicherte Beurteilung über Erfolg oder Mißerfolg einer Maßnahme zulassen.

Empfehlungen, die auf fehlerhafte Ergebnisse aufbauen, haben sich schon mehrfach als verhängnisvoll erwiesen. So erinnere ich mich noch genau an eine Empfehlung zur Behandlung der Hufeisen (Eiablagestellen) des Aspen- oder Kl. Pappelbocks *(Saperda populnea)* an Pappelpflanzen mit einem Gemisch von Hexa-Ölkonzentrat und Dieselöl im Verhältnis 1:9, wobei natürlich in der praktischen Ausübung die phytotoxische Wirkung des Dieselöls nicht ausbleiben konnte und dabei fast sämtliche Pflanzen vernichtet wurden. Der Schaden belief sich, nur in einem Fall, auf mehrere 10 000 DM.

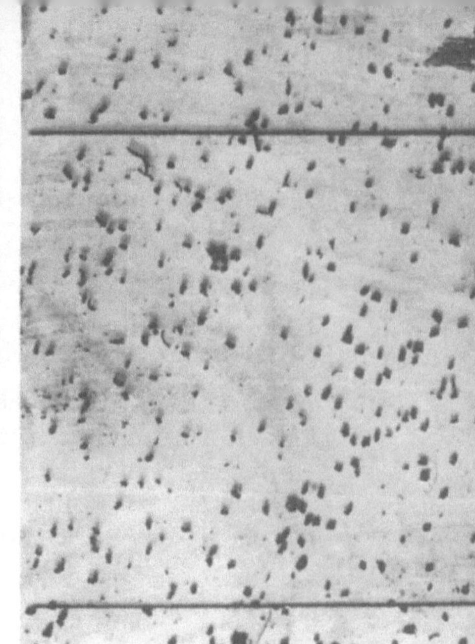

Abb. 21. Kottafel

(a) Auf Einbeintisch im Kontrollbestand (J. REISCH)

(b) Mit Raupenkot (Eichenwickler) (J. REISCH)

Abb. 22. Fraßschätzung (Eichenwickler) (J. REISCH)

(a) Naschfraß

(b) Lichtfraß

(c) Kahlfraß – Frühtreiber

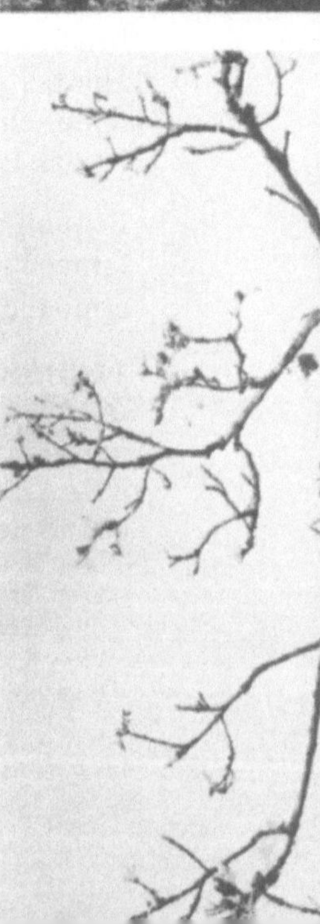

Abb. 23. Nahansicht (J. REISCH)

(a) Naschfraß (oben Blattrolle)

(b) Lichtfraß

(c) Kahlfraß

Insekten (Kottafel, Probezweig, Fraßschützung)

Die folgenden, von mir bei der Bekämpfung des Eichenwicklers *(Tortrix viridana)* mit Bakterienpräparaten *(Bac. thuringiensis)* angewandten, üblichen Methoden der Erfolgskontrolle seien hier stellvertretend auch für andere Schadinsekten angegeben:
(REISCH, J., KREUSSLER, H., KEIL, W. und ROSSBACH, R. 1967)

Kottafel (0,3 × 0,3 m Folie mit Gitternetz = 6 × 6 cm) zum Auffangen des Raupenkots *(Abb. 21)*. In dem zur Bekämpfung anstehenden Bestand wurden mehrere beleimte Kottafeln auf einem Einbeintisch, gleichmäßig über die Fläche verteilt, aufgestellt und vor sowie nach der Bekämpfung auf Kotfall überprüft. Die durchschnittliche Zahl der Kotkrümel je Tafel, umgerechnet auf den Stundenwert, gab einen Anhalt für die Wirkung:

Berechnung nach der Formel von SCHWERDTFEGER (1932)

$$x = 100 \cdot \left(1 - \frac{abl}{alb}\right)*$$

Dabei hat sich gezeigt, daß schon 4 Kotkrümel pro Quadrat und Stunde eine fast vollständige Entlaubung, wenigstens im oberen Kronenraum, bedeuten.
Der Nachteil der Kottafel besteht darin, daß die Witterungseinflüsse (z. B. Regen, Wind) oft keine Auswertung zulassen und außerdem ein sehr mühsames Auszählen der Kotkrümel mit der Lupe vorgenommen werden muß. Allerdings läßt sich der Kot auch auf Tücher mit einem darunter angesetzten Trichter in einem Drahtgazebehälter auffangen, wobei dann nur das Litergewicht gemessen zu werden braucht. Selbstverständlich ist zuvor eine Reinigung von Fremdstoffen (Äste, Knospen, Knospenschuppen u. a.) unerläßlich.

Probezweig. Vor und nach der Bekämpfung wurden von gekennzeichneten Probestämmen 5 Probezweige von etwa Armlänge aus dem Kronenbereich zur Bestimmung des Raupenbesatzes entnommen. Dabei reichten etwa 50 bis 100 Stichproben je Probezweig aus.

Nachteilig ist bei dieser Methode, daß zum Vergleich der Populationsdichte verschiedenes Material verwendet werden muß. Je nach dem Raupenstadium liegt der Übersehfehler zwischen 20–30%. Dagegen ist aber eine vollständige Unabhängigkeit von der Witterung gegeben, was besonders bei Schlechtwetterperioden wichtig sein kann.

Fraßschätzung *(Abb. 22, 23)*. Nach Abschluß der Fraßperiode, aber noch vor dem Ausschlagen der Johannistriebe, wurde der Fraßgrad bzw. die Restbelaubung eingeschätzt. Hierbei durchschritt ein erfahrener, mit dem Gegenstand der Untersuchung vertrauter, aber sonst nicht weiter eingeweihter Gutachter diagonal den Versuchs- und Kontrollbestand und stufte wahllos die näher betrachteten Bäume (etwa 100) nach dem prozentualen Anteil des Fraßgrades oder ihrer Restbelaubung ein.
Hierbei werden vielfach Blattwickel übersehen, so daß oft ein verminderter Raupenbesatz und damit ein günstigerer Zustand vorgetäuscht wird. Da es sich um eine Okularschätzung handelt, ist das Ergebnis mit aller Vorsicht und nur vergleichsweise aufzunehmen.

Bei umfangreichen Aktionen ist es außerordentlich nützlich, das Bekämpfungsgebiet vom Luftfahrzeug aus zu betrachten. Hier offenbart sich sehr schnell der Erfolg. Das farbige Luftbild ermöglicht zudem noch die Zustandserfassung und die weitere Verfolgung der Entwicklung.

Kiefernschütte *(Abb. 40, 41)*. Die Bekämpfung des Kiefernschüttepilzes *(Lophodermium pinastri)* mit Fungiziden (Zineb, Maneb) wirkt sich auf den Gesundheitszustand meist erst im Folgejahr aus, so daß eine längere Zeit zwischen Einsatz und Kontrolle verstreicht. In Norddeutschland

---

* In der Formel bedeuten:
  a = Kotkrümel je Std in der Kontrollfläche (ub) vor der Bekämpfung
  al = Kotkrümel je Std im Versuchsbestand (behandelt) vor der Bekämpfung
  b = Kotkrümel je Std in der Kontrollfläche (ub) nach der Behandlung
  bl = Kotkrümel je Std im Versuchsbestand (behandelt) nach der Bekämpfung
  (gleichzeitig auch verwendbar für den Schädlingsbesatz im Versuchs- und Kontrollbestand).

wurde daher von dem Unternehmer eine technische Garantie verlangt, wobei mindestens 5 Spritztröpfchen je Einzelnadel nachweisbar sein mußten *(Abb. 17b)*. Außerdem war vertraglich vorgeschrieben: fabrikfrische Ware, Konzentration und Brühemenge je ha. Diese Maßnahme hatte sich als sehr notwendig erwiesen, da häufig Luftfahrzeuge und Bodengeräte von einem Tankwagen aus mit mehreren tausend Litern fertiger Brühe versorgt wurden. Die biologische Kontrolle wird dadurch natürlich nicht überflüssig, sondern hat bei der Kiefernschütte im nächsten Frühjahr beim Auftreten der Befallssymptome zu erfolgen. Die Wirkung (x) läßt sich nach dem prozentualen Anteil gebräunter oder abgefallener Nadeln auf der behandelten (b) Fläche im Vergleich zur unbehandelten Fläche (u) nach der Formel von RACK-ZYCHA (1966) berechnen:

$$x = 100 - 100 \, \frac{b}{u}.$$

Zweiter Teil

Die Lebewesen in der
Waldlebensgemeinschaft

I. Mikroorganismen als Krankheitserreger bei Mensch, Tier und/oder Pflanze

Ihre pathogene Tätigkeit führt zu Einzel- und Massenerkrankungen (Epidemien) von Lebewesen; manche Arten werden zur biologischen Bekämpfung von Schadinsekten (und Mäusen) eingesetzt.

1. Viren (lat. Gift)

Es sind vermutlich äußerst einfache, auf der Grenze des Lebens stehende winzigste Zellparasiten (gehen meist durch Bakterienfilter), chemisch ähnlich den Kern- und Zytoplasmaorganellen aus Nukleinsäure und einem spezifisch zugeordneten Eiweißstoff aufgebaut. Erhaltung und Vermehrung erfolgt nur in lebenden Wirtszellen, verbunden mit Veränderung bzw. Lenkung des fremden Stoffwechsels. Es können Merkmalsänderungen wie bei mutierten Genen auftreten. Die Infektion durch Viruspartikel findet mittels Überträger (Vektoren) oder durch sonstige Aufnahme statt. Sie sind im allgemeinen hochspezifisch, zeigen aber unter gewissen Bedingungen eine Neigung zur Mutation!

Viruskrankheiten (Virosen) sind sehr gefährlich für Mensch (spinale Kinderlähmung, Pocken, Masern, Grippe), Tier (Tollwut, Maul- und Klauenseuche) und Pflanze (Mosaikkrankheit, Gelbsucht [Yellow]).

1.1 Insektenpathogene Viren

Sie unterscheiden sich von den Viren höherer Tiere und Pflanzen durch produzierte Einschlußkörper; diese sind bis 15 μm groß*, sehr dauerhaft (bei Polyedern jahre- und jahrzehntelang), werden allerdings im Darmsaft äußerst rasch gelöst. Trotzdem kann die Krankheit bei widerstandsfähigen Tieren und sogar bei der gesamten Population eine Zeitlang latent bleiben. Für den Ausbruch scheinen Übervölkerungserscheinungen und auch die Witterung maßgebend zu sein.

Man unterscheidet:

– kristallähnliche, stark lichtbrechende Polyeder mit zahlreichen Viruspartikeln (nur im Elektronenmikroskop deutlich sichtbar) = Erreger der Polyederkrankheiten oder Polyedrosen *(Abb. 25)*, Polyeder im Kern mit stäbchenförmigen Viruspartikeln = Kernpolyederviren (Kernpolyedrose), Polyeder im Zytoplasma mit polyedrischen Viruspartikeln = Plasmapolyederviren (Plasmapolyedrose)*

– eiförmige Kapseln von körniger Struktur bis etwa 500 nm** mit einzelnem Virusstäbchen = Erreger der Kapselkrankheiten oder Granulosen.

Die Infektion erfolgt durch perorale Aufnahme von Virus-Material, Berührung mit verseuchten Larven und Übertragung von Generation zu Generation durch infizierte Eier überlebender Weibchen.

Als Vektoren sind räuberische und parasitische Insekten, auf größere Entfernung auch Vögel, bekannt. Die Viren treten im Fettkörper, Darmepithel, in der Epidermis und in Blutzellen auf.

---

* μm = Mikrometer = 10^{-6}m.
** nm = Nanometer = 10^{-9}m.

Abb. 24. Nest des Pinienprozessionsspinners nach Behand lung mit Viruserreger (Plasmapolyedrose durch *Smithiavirus spec.*) (Station de Lut Biol. La Minière/ Frankreich)

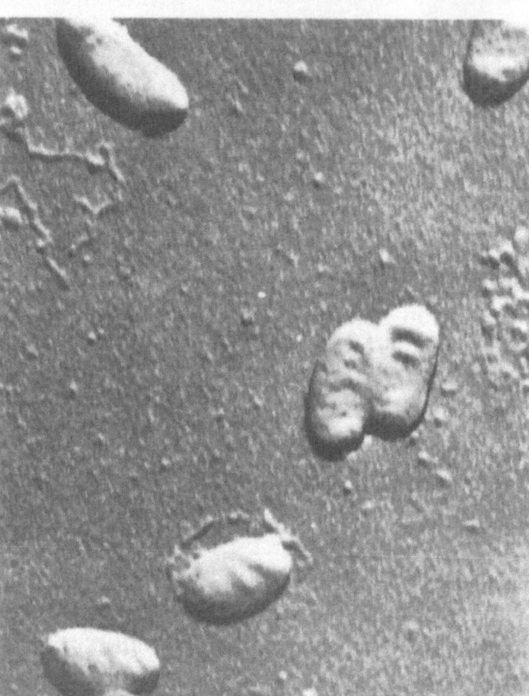

Abb. 25. Gereinigte Polyeder von Kernpolyeder-Virus aus Baumweißling (A. KRIEG)

Abb. 26. *Rickettsiella melolonthae* (A. KRIEG

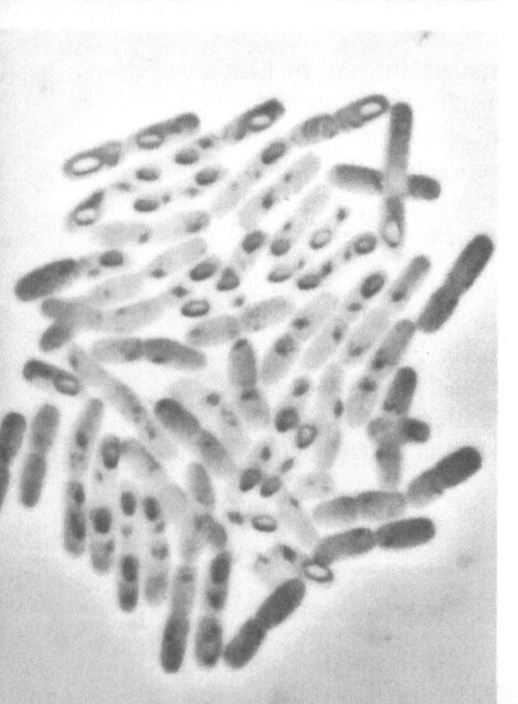

Abb. 27. (a) Sporenmaterial mit kristallähnlichem Stoffwechselprodukt „Endotoxin" von *Bac. thuringiensis* (Station Lutte Biol. La Minière Frankreich)

Abb. 27. (b) Abgetötet Goldafter-Raupen nach Behandlung mit *Bac. thuringiensis*-Präparat (Station de Lutte Biol. La Minière Frankreich)

Erreger von Virosen

Wirt	Symptom	Krankheit und Erreger
Nonne *(Lymantria monacha)*	erkrankte Raupen wandern zu den Wipfeln, abgestorbene hängen, nur mit einigen Bauchbeinen festgeklammert, schlaff herunter und verjauchen	***Wipfel- oder Polyederkrankheit,*** Schlaffsucht *Borrelinavirus efficiens* Holm. (bei latentem Verlauf sollen Chemikalien auslösend wirken!).
Seidenraupe *(Bombyx mori)*, Nonne *(Lymantria monacha)*, Schwammspinner *(Lymantria dispar)*	gelblich gefärbte, geschwollene Raupen, Verjauchung	Gelb- oder Fettsucht *Borrelinavirus bombycis* Paill. (weit verbreitet und wirtschaftlich sehr bedeutsam in Zuchten).
Pinienprozessionsspinner *(Thaumetopoea pityocampa)*, Goldafter *(Euproctis chrysorrhoea)*	nachlassende Freßlust, vermindertes Wachstum, mitunter auffällig großer Kopf, undurchsichtiger, fahlgelber oder milchiger Darm bei abgestorbenen Raupen *(Abb. 24)*	Plasmapolyedrose *Smithiavirus spec.*
Rote Kiefernbuschhornblattwespe *(Neodiprion sertifer)*, Fichtenblattwespe *(Diprion hercyniae)*	ähnlich Wipfelkrankheit der Nonne mit Verjauchung, nur Mitteldarm befallen, dieser milchig verfärbt	Kernpolyedrose *Borrelinavirus diprionis* Shd.; *Borrelinavirus gilpiniae* Shd. (evtl. identisch mit voriger Art).
Engerlinge *(Melolontha spec.)*	von hinten nach vorne fortschreitende Transparenz	Wassersucht *Moratorvirus spec.*
Honigbiene *(Apis mellifera)*	abgestorbene Larve braun bis schwarz, Blutansammlung unter der Haut, Verjauchung unter beständigem Hautsack, Eintrocknen	Sackbrut *Moratorvirus aetatulae*

Kernpolyedrosen sind beim Eichenwickler, Tannentriebwickler, Gr. Frostspanner, Ringelspinner, Eichenprozessionsspinner, Weißlings-Arten, Blattwespen und zahlreichen anderen (insgesamt etwa 200) als Wirt dienenden Insekten bekannt. Plasmapolyedrosen konnten beim Schwammspinner, Buchenspinner, Wintersaateule und Baumweißling nachgewiesen werden. Kapselkrankheiten treten u. a. gravierend beim Tannentriebwickler und Grauen Lärchenwickler auf.

1.2 Viren zur Schädlingsbekämpfung *(Abb. 24)*

Viren konnten bisher noch nicht auf Nährboden gezüchtet werden. Basismaterial wird durch unmittelbare Verarbeitung virusverseuchter Kadaver oder durch Infektion von Insektenzuchten, evtl. auch durch Gewebekulturen gewonnen. Die Verwendung von polyederhaltiger Waldstreu aus einem Nonnengebiet wurde bereits in den 20iger Jahren in der CSSR als Bekämpfungsmaßnahme benutzt, allerdings ohne Erfolg. Erst im Jahre 1970 konnte in der BRD künstlich vermehrtes Polyedermaterial wirkungsvoll zur Nonnenbekämpfung in Südschweden eingesetzt werden.
Davor gelang in den USA die Infektion von Afterraupen der Roten Kiefernbuschhornblattwespe *(Neodiprion sertifer)* durch Versprühen von Virus-Suspensionen vom Bodengerät und Flugzeug aus. Ähnlich gute Erfolge brachten amerikanische Versuche gegen den Heufalter *(Colias philodice eurytheme)* mit einer Suspension von *Borrelinavirus campeoles* Steinhaus. In Frankreich wurde bei der Bekämpfung des Pinienprozessionsspinners *(Thaumetopoea pityocampa)* zunächst die Suspension, dann aber Virus-Staub durch einen Hubschrauber verbreitet.

Das sehr spezifische *Heliothis*-Virus wird in den USA von der chemischen Industrie gegen den Baumwollkapselwurm *(Heliothis zea* u. *virescens; Noct. [Lep.])* eingesetzt. Maßgebend ist die Zahl von Polyedern, die je nach Schädling und anderen komplexen Faktoren etwa zwischen 10^7 und 10^{13} je g bzw. ml liegt. Im allgemeinen werden 30–50 kg Staub bzw. Ltr. wäßrige Suspension je ha, oft zur Verbesserung der Haftfähigkeit mit Magermilchpulver vermischt, ausgebracht (RŮŽIČKA 1927, THOMPSON und STEINHAUS 1950, BIRD 1953, HUGHES 1953, GRISON 1959).

In der Landwirtschaft, im Obst- und Gemüsebau, spielen Viruskrankheiten als Schadenfaktoren eine wichtige Rolle, z. B. die Mosaikkrankheit bei Kartoffel, Tabak, Tomate und die Vergilbungskrankheit oder Gelbsucht (Yellow) bei der Rübe. Berüchtigte Überträger sind die Grüne Pfirsichblattlaus *(Myzus persicae = Myzodes)* und die Schwarze Bohnenlaus *(Aphis fabae = Doralis)*.

2. Rickettsien

Sie stehen zwischen Viren und Bakterien und sind unbewegliche Mikroorganismen mit protoplasmatischem Aufbau und Stoffwechsel von 0,2–0,5 µm Durchmesser. Sie vermehren sich durch Teilung nur in lebenden Wirtszellen. Sie leben gewöhnlich parasitär im Gewebe von Insekten, können aber auch gefährliche Krankheiten bei Menschen und zahlreichen Säugetieren (Fleckfieber, Q-Fieber) auslösen.

Wirt	Symptom	Krankheit und Erreger
Engerling der Maikäfer *(Melolontha spec.)*	Verlassen des Bodens, bläuliche Körperverfärbung	Lorscher Krankheit *Rickettsiella melolonthae* (Krieg) Philip *(Abb. 26)* wirkt pathogen und auf Bakteriosen und Mykosen.

Der im Freiland in größerem Umfang durchgeführte Einsatz von Rickettsien blieb bisher ohne Erfolg.

3. Bakterien (Spaltpilze)

Mit ca. 6000 Arten von 0,15–20 µm Größe und verschiedener Form (Kugel = *Kokkus*, Stäbchen = *Bazillus*, Schraube = *Spirillum*) vertreten sie die primitivste Pflanzengruppe.
Die fast stets chlorophyllfreien Lebewesen kommen einzeln oder in einfachen Zellverbänden (pilzähnliche Zellfäden) vor und vermehren sich ungeschlechtlich durch Spaltung, z.T. auch durch Bildung von Sporen. Ihre Lebensweise kann symbiontisch oder parasitär sein. Eine zweckdienliche Lebensgemeinschaft tritt uns entgegen bei den luftstickstoffbindenden Knöllchenbakterien (Nitrit- und Nitrat-Bakterien) der Schmetterlingsblütler *(Leguminosae)*, bei der Zelluloseverdauung verschiedener Insekten, z.B. in Gärkammern (Darmerweiterungen), in spezifischen Zellen, im Fettkörper, in organartigen Zusammenschlüssen (Mycetome) in der Darmwand, Malpighischen Gefäßen u.a. sowie in der sogenannten Darmflora bei Warmblütern.
Obligate und fakultative Parasiten mit extrazellulärer Lebensweise in Wirten können Krankheiten *(Bakteriosen)* auslösen. Durch ausgeschiedene Fermente und Toxine wird der Wirtsorganismus geschädigt. Bakteriosen treten bei Pflanzen, Tieren und beim Mensch auf. Viele Arten lassen sich auf künstlichem Nährboden kultivieren und sind daher auch für die Bekämpfung von Schädlingen verwendbar.

3.1 Insektenpathogene Bakterien (Erreger von Bakteriosen)

Eine Infektion kann durch Aufnahme bakterienhaltiger Nahrung oder über Wunden erfolgen.

Wirt	Symptom	Krankheit bzw. Erreger
Eichenwickler *(Tortrix viridana)*, Tannentriebwickler *(Choristoneura murinana)*, Traubenwickler *(Eupoecilia ambiguella)*, Frostspanner *(Operophtera spec., Erannis spec.)*, Pinienprozessionsspinner *(Thaumetopoea pityocampa)*, Weißer Bärenspinner *(Hyphantria cunea)*, Ringelspinner *(Malacosoma neustria)*, Goldafter *(Euproctis chrysorrhoea)*, Baumweißling *(Aporia crataegi)*, Gespinstmotten *(Hyponomeutidae)*, Kohlweißling *(Pieris brassicae)*, Rapsweißling *(Pieris napi)* u.a. Raupen	nachlassende Freßlust, Schlaffsucht, Dunkelfärbung der Raupen, Absterben erst nach einigen Tagen; lokal begrenzt, keine seuchenhafte Ausbreitung *(Abb. 27 b)*	***Bacillus thuringiensis*** Berliner; *Infektion* nur durch perorale Aufnahme von Sporenmaterial (ähnlich Fraßgift); wirksam ist vor allem das kristallähnliche Stoffwechselprodukt „Endotoxin", das in jeder Sporenmutterzelle neben der Spore entsteht *(Abb. 27 a)*.

Wirt	Symptom	Krankheit bzw. Erreger
Engerlinge des Maikäfers *(Melolontha spec.)* und Japankäfers *(Popillia japonica)*	milchigweiße Verfärbung	Milchkrankheit („Milky disease") *Bacillus popilliae popilliae* Dutky; sehr infektiöse Krankheit; und *Bac popilliae melolonthae* Hurpin.
Honigbiene *(Apis mellifera)*	sauer oder faulig riechende Brutwaben, bei Zersetzung durchscheinendes Tracheensystem (vornehmlich Frühjahr, z.T. fehlende Verdeckelung	Gutartige oder Europäische Faulbrut. Genaue Ursache unbekannt. Wahrscheinlich lysogene Stämme von *Streptococcus pluton* White, in $^2/_3$ der Fälle assoziiert mit *Achromobacter eurydice* White oder Bac. *alvei* Cheshire et Cheyne; *Gegenmaßnahmen:* Abflammen der Flugbretter, Desinfektion z.B. mit Formalin.
	Braunfärbung der Larven, abgestorben gummiartig, Waben mit Geruch nach überhitztem Leim, Einfallen der Deckel	Bösartige oder Amerikanische Faulbrut *Bacillus larvae* White; Übertragung im Stock durch Ammenbienen, zu anderen Völkern durch unbedachte Imkerei, räuberische Bienen und Schmarotzer, z.B. Wachsmotte; *Gegenmaßnahmen:* Sulfonamide, Terramyzin (Futterbeimischung).

Außerdem sind noch *Pseudomonas fluorescens* Migula, *Cloaca cloacae* Cast. et Chal. beim Gr. Pappelbock, Gestreiften Nutzholzborkenkäfer, Kiefernspanner u.a. bekannt.

3.2 Bakterien zur Schädlingsbekämpfung *(Abb. 27b)*

Der Gedanke, Raupenplagen mit Bakterien zu bekämpfen, kam wohl zuerst BERLINER vom Robert-Koch-Institut im Jahr 1909 bei seiner Entdeckung des *Bacillus thuringiensis* in Mehlmotten. Einen Teilerfolg brachten erste Versuche in den Jahren 1928–1931 in Ungarn und Jugoslawien gegen den Maiszünsler.

Wegen der bedenklichen Verarmung der Biozönose durch Pestizide gewann in neuerer Zeit der Einsatz von selektiv wirkenden Mikroorganismen vermehrtes Interesse, so daß der *Bacillus thuringiensis* „gegen *Pieris*-Arten im Gemüsebau sowie *Hyponomeuta*-Arten und *Euproctis chrysorrhoea* im Obstbau" als amtlich geprüftes und anerkanntes Insektizid seit 1969 im Pflanzenschutzmittel-Verzeichnis (BRD) enthalten ist. Im Forst ist der Bakterieneinsatz vom Luftfahrzeug aus vor allem gegen Eichenwickler, Tannentriebwickler und Frostspanner bei einer Aufwandmenge von 0,5–3,0 kg bzw. Ltr. Bakterienpräparat mit einem Gehalt von 3×10^{10} Sporen per g in 50–100 Ltr. Wasser je ha ähnlich wirksam wie das chemische Insektizid DDT.

Leichte Zucht auf Nährboden, längere Haltbarkeit in kühlen Räumen und steigende Nachfrage nach biologischen Mitteln hat die fabrikmäßige Herstellung in Deutschland (Biospor), Frankreich (Plantibac, Bactospéine) und USA (Thuricide) aktiviert (BURGERJON und KLINGLER 1959, KRIEG 1961, FRANZ und KRIEG 1961, FRANZ, KRIEG und REISCH 1967, REISCH, KREUSSLER, KEIL und ROSSBACH 1967).

3.3 Pflanzenpathogene Bakterien

Holzart	Symptom	Krankheit und Erreger
Buche		s. unter Pilzkrankheiten („Schleimfluß-krankheit") *(Abb. 45)*
Esche·	Eschenrindenrosen = rosetten-förmige Rindenwucherungen, Schleimfluß, Wulstrandgebiet gelb bis rot gefärbt; *Differentialdiagnose:* Käfergrinden durch Reifungsfraß der Eschenbastkäfer ohne Schleim-fluß *(Abb. 97)*	Eschenkrebs, Eschenrindenrosen, Eschentuber-kulose, (Bakterienkrebs) (*Pseudomonas savastanoi var. fraxini* [Brown] Dowson); häufig Mischin-fektion mit Pilzen.
Pappel	kleine Rindenwucherungen mit krümeliger Struktur, im Holz rote Bahnen, Schleimfluß aus Lentizellen, Rindenrissen *(Abb. 28 a/b)*	*Bakterienkrebs* (*Aplanobacterium populi* Ride) *Infektion:* vornehmlich im Frühjahr und Früh-sommer vom bakterienhaltigen Schleim; *Gegenmaßnahmen:* Anbau resistenter Sorten(?).
Weide	Welken der Zweige, dunkle Flecke und Streifen (auf Holz-querschnitt) u. a.	*Erwinia salicis* Chester, *Pseudomonas spec.*

4. Mikrosporidien

Diese parasitischen Einzeller *(Protozoa)* aus der Klasse der Sporentierchen *(Sporozoa)* mit intrazellulärer Lebensweise in Insekten und anderen Wirbellosen, sind die Erreger von *Mikrosporidiosen.* Aus den durch Sporogonie (ungeschlechtliche Vermehrung durch Teilung des Zygotenkerns) erzeugten, sehr dauerhaften, artkenntlichen Sporen schlüpfen im Darm des Wirtstiers (Nahrungsaufnahme, auch Stiche infizierter Parasiten) Amöboidkeime (Planonten) und wandern in Gewebe ein (Darmepithel, Muskulatur, Malpighische Gefäße, Tracheenmatrix, Fettkörper u.a.). Ihre dortige vegetative Vermehrung (Schizogonie = ungeschlechtliche Vermehrung durch Kernteilungen) verhilft zur Ausbreitung im Körperinneren. Die Übertragung von Generation zu Generation erfolgt durch infizierte oder beschmierte Eier überlebender Weibchen. Im allgemeinen sind sie spezifisch, daher ungestörte Darmpassage bei ungeeigneten Wirten, z.B. Raubinsekten, mitunter auch Schlupfwespen (wichtig für die Verbreitung). Außerdem kann Selbstinfektion und Übertragung auf neue Wirte durch Kotabgabe und Kadaverzerfall stattfinden. Verwandte Arten sind gefährliche Krankheitserreger bei Mensch und Tier (*Plasmodium malariae* – Malaria, *Eimeria stiedae* – Kaninchencoccidiose).

4.1 Insektenpathogene Mikrosporidien (Erreger von Mikrosporidiosen)

Wirt	Symptom	Krankheit bzw. Erreger
Seidenspinner *(Bombyx mori)*, Weißer Bärenspinner *(Hyphantria cunea)*, Ringelspinner *(Malacosoma neustria)* u. a. Raupen	unregelmäßige Raupenentwicklung, mitunter Hautflecken oder durchscheinend, unvollkommene Verpuppung	Pébrine, Gattine, Fleckenkrankheit *Nosema bombycis* Nägeli, bei *Malacosoma* auch *Plistophora neustriae* Weis. und *Pl. schubergi* Zwölfer
Eichenwickler *(Tortrix viridana)*	meist in jungen Stadien tödlich, abgestorbene Raupen hängen vielfach mit dem Hinterleibsende an Trieben; Eingehen auch nach der Verpuppung (Reservestoffe fehlen) *(Abb. 29)*	**Nosema tortricis** Weis., auch *Octosporea viridanae* Weis.
Tannentriebwickler *(Choristoneura murinana)*		*Nosema cacoeciae* Weis., *N. murinanae* Weis.
Schwammspinner *(Lymantria dispar)*		*Nosema lymantriae* Weis., *N. muscularis* Weis., *Thelohania disparis* Tim., *Th. similis* Weis., *Plistophora neustriae* Weis. und *Pl. schubergi* Zwölfer
Weißer Bärenspinner *(Hyphantria cunea)*, Goldafter *(Euproctis chrysorrhoea)*, Ringelspinner *(Malacosoma neustria)*		*Thelohania hyphantriae* Weis., auch *Nosema muscularis* Weis., bei *E. chrysorrhoea* auch *Thelohania similis* Weis.
Buchdrucker *(Ips typographus)*		*Nosema typographi* Weis. (wohl selten)
Krummzähniger Tannenborkenkäfer *(Pityokteines curvidens)*		*Nosema curvidentis* Weis.
Engerling des Feldmaikäfers *(Melolontha melolontha)*		*Plistophora melolonthae* Krieg = *Nosema* *(Abb. 30)*
Honigbiene *(Apis mellifera)* (u. a. Wirte)	milchweißer, aufgetriebener und brüchiger Mitteldarm (erkennbar durch vorsichtiges Auseinanderziehen des Hinterleibs)	**Darm- oder Nosema-Seuche** *Nosema apis* Zander gefährliche Bienenkrankheit mit Schwächung oder Vernichtung des Volkes; verseuchte Tiere sterben als Flugbiene außerhalb des Stocks in kleinen Haufen gemeinschaftlich; Bienenstock setzt sich dann vornehmlich aus Jungbienen zusammen; *Gegenmaßnahmen:* Abtöten des Stocks.

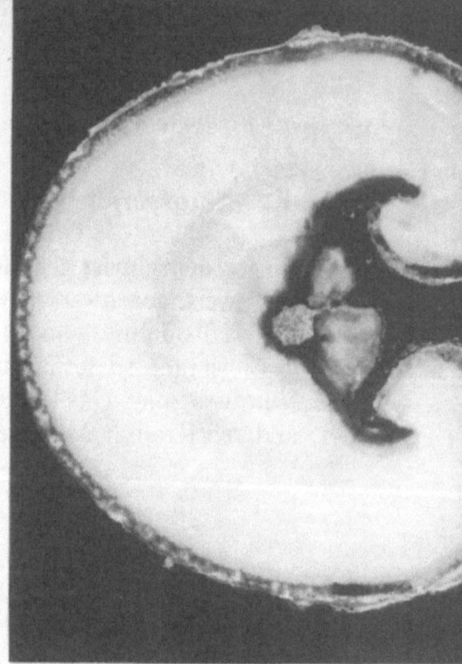

Abb. 28. Bakterienkrebs *(Aplanobacterium populi)* (Inst. f. Forstpflanzen-Krankheiten – BBA)

(a) An *Brabantica*-Pappel

(b) An Löns-Pappel (Hirnschnitt)

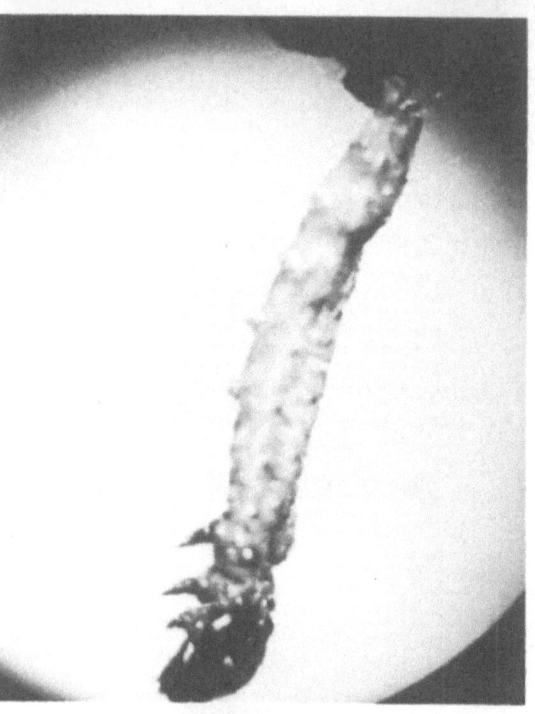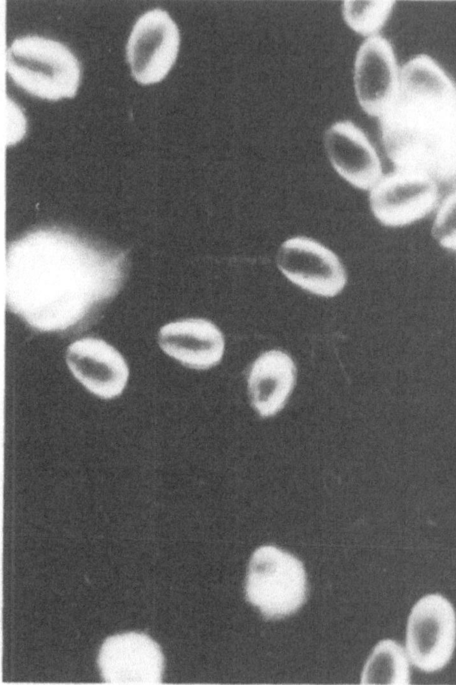

Abb. 29. An Mikrosporidien gestorbene junge Eichenwickler-Raupe [ca. 3 mm] (J. Reisch)

Abb. 30. *Plistophora melolonthae* (A. Krieg)

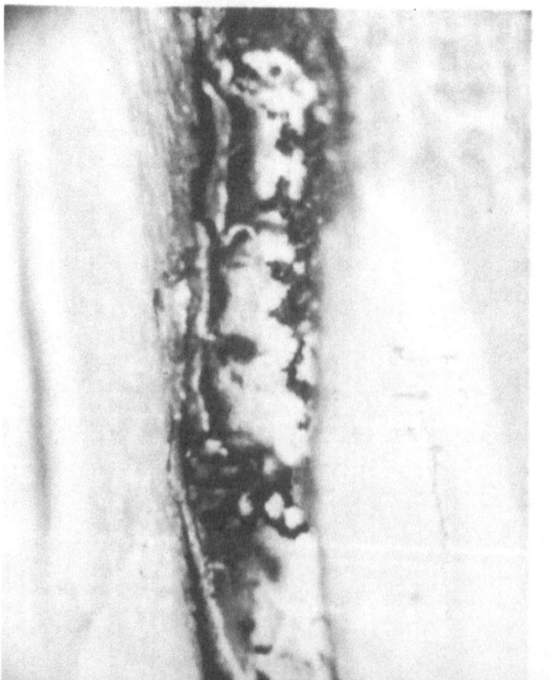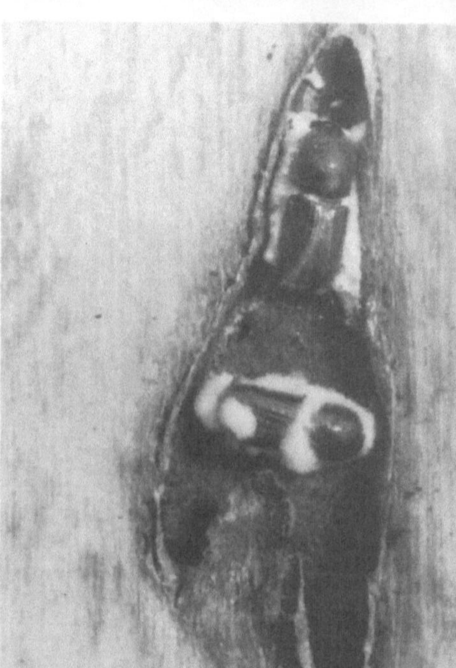

Abb. 31. *Ambrosia*-Pilzrasen im Gang des Ungleichen Nutzholzborkenkäfers (Pilzzüchter) [ca. 10 ×] (J. Reisch)

Abb. 32. Verpilzte Buchdrucker (E. Schuhmacher)

71

4.2 Mikrosporidien zur Schädlingsbekämpfung

Wegen der schwierigen Gewinnung des Sporenmaterials hat man diese Methode bisher nur versuchsweise gegen verschiedene Schädlinge, z. B. auch gegen Eichenwickler, erprobt. Das Sporenmaterial stammte von infizierten Insekten und wurde nach Reinigung mit Leitungswasser aufgeschwemmt, spätestens nach 12 Monaten appliziert. Kühle Aufbewahrung bei 0° bis +4°C ist Voraussetzung. Das Verfahren wird als aussichtsreich angesehen, u. U. auch in Kombination mit anderen Krankheitserregern (HALL 1954, WEISER 1961).

II. Pilzkrankheiten an Insekten und Waldbäumen

1. Allgemeines über Pilze
(Fortpflanzung, Verbreitung und Infektion, Entwicklung)

Bestimmte Pilze zählen zu den Mikroorganismen, sind aber der einheitlichen Darstellung wegen hier aufgeführt. Pilze (Fungi) sind ein- oder mehrzellige, ein- oder mehrkernige, chlorophyllfreie Lagerpflanzen (Thallophyten) und auf fremde, organische Nahrung angewiesen (heterotroph).

Bei mehrzelligen Pilzen bilden verzweigte Pilzfäden *(Hyphen)* das Pilzgeflecht *(Myzel[ium])*, das im engeren Verband als Plektenchym oder bei parallelem Verlauf der Pilzfäden mit wurzelähnlichem, in Rinde und Mark differenziertem Aufbau als Rhizomorphen bezeichnet wird. Letzteres kann fingerstark und schwarz gefärbt sein, z.B. beim Hallimasch *(Abb. 33c)*. Eine dauerhafte, knollige Überwinterungsform des Myzels ist das Sklerotium.
Die *Fortpflanzung* erfolgt durch Sporen, die geschlechtlich (Hauptfruchtform) und ungeschlechtlich (Nebenfruchtform)* erzeugt werden können:

a) geschlechtlich: Durch Vereinigung unterschiedlicher Geschlechtszellen *(Gameten)* – beweglicher Samenfaden mit ruhender Eizelle – entstehen Zygosporen (bei niederen Pilzen). Nach Kernfusion und Reduktionsteilung bilden sich in besonderen Organen, im Inneren von Schläuchen *(Asci)* meist 8 Ascosporen oder durch Abschnürung am Sporenträger *(Basidie)* meist 4 Basidiosporen (bei höheren Pilzen). *Asci* und *Basidien* sind vielfach jeweils zum umfangreichen Lager *(Hymenium)* auf besonderen Fruchtkörpern von verschiedener Form vereinigt. Diese kugel- oder flaschenförmigen, geschlossenen Gebilde nennt man *Perithezien* (z.B. *Nectria spec.*), flache, eingefallene oder erhabene, oben offene Becher, Schüsseln oder Kreisel dagegen *Apothezien* (z.B. Lärchenkrebspilz, Kiefernschüttepilz).

b) ungeschlechtlich: Aus zerfallenden Pilzfäden können sich Oidien, im Innern von Sporenträgern *(Sporangien)* bewegliche Zoosporen oder unbewegliche Sporangiosporen oder durch äußerliche, einzeln, gruppen- und reihenweise Abschnürung von Sporenträgern *(Konidienträgern)* Konidiosporen *(Konidien)** bilden. Die Konidienträger bzw. deren Hyphen können sich zu büschelförmigen Fruchtkörpern *(= Koremien)*, zum flachen Lager *(= Sporodochien* oder *Acervuli)* oder von einem ausstrahlenden *Stroma* aus in plektenchymatischen Gehäusen zu *Pyknidien* mit im Inneren abgeschnürten Pyknosporen zusammenschließen.

Ferner unterscheidet man dauerhafte, widerstandsfähige Dauersporen und kurzlebige, empfindliche, dünnwandige Sommersporen.

Die Verbreitung und Infektion findet durch Sporen während der VZ (Sommersporen), in Dürrezeiten und im Winter (Dauersporen) oder durch unterirdisch verlaufende Rhizomorphen, Hineinwachsen des Myzels von erkrankten oder offenen Stellen, Einschleppen von Myzel oder Sporen durch Tiere (z.B. Borkenkäfer, Werftkäfer) statt. Voraussetzung für die Entwicklung ist Feuchtigkeit, ausreichende Wärme und bei holzzerstörenden Pilzen auch genügender Luftgehalt im Porenraum des Holzes. Die Temperaturgrenzen liegen bei etwa $+3°C$ und $+35$ bis $+39°C$ (unterschiedlich für die einzelnen Pilzarten).

Entwicklung: Die Sporen werden bei feuchtem Wetter (Ausnahme Rostpilze) ausgeschleudert (Sporenflug). Sie keimen nur auf entsprechendem Substrat durch Bildung eines Keimschlauches,

---

* Konidienform = Nebenfruchtform.

73

der die Epidermis durchbohrt oder durch Spaltöffnungen oder Lentizellen in das Gewebe eindringt.

Der Pilz kann lebende Zellen befallen *(Parasit)* oder abgestorbenes Material zersetzen *(Saprophyt)*. Ebenso ist es möglich, daß dieselbe Art in beiden Formen vorkommt *(Saproparasit)*, z.B. Hallimasch saprophytisch in alten Laubholzstöcken, parasitisch in jungen Nadelholzpflanzen. Die Lebensweise ist ektoparasitisch, wenn sich das Myzel an den Wirt haftet und die Nahrung durch versenkte Saughyphen *(Haustorien)* aus den Zellen entnommen wird, entoparasitisch, wenn das Myzel das Gewebe in den Zwischenzellräumen (interzellular) oder in der Zelle selbst (intrazellular) durchwuchert. In beiden Fällen werden die organischen Verbindungen, wie Stärke, Eiweiß, Fett fermentativ aufgeschlossen.

Wundparasiten sind auf Verletzungen an Wurzeln, Rinde und Blättern (Rotwildschäle, Rücke- und Fällungsschäden, Wurzelschnitt, Saugstellen von Insekten, z.B. von Pflanzenläusen) angewiesen.

Neben der Zersetzung von organischer Substanz treten Pilze als Symbionten bei Insekten und als Krankheitserreger bei Mensch, Tier und Pflanze auf.

2. Symbionten

Bekannte Beispiele sind die Symbiose von Alge und Pilz zur Flechte, die Pilzwurzel *(Mykorrhiza)* unserer Waldbäume und pilzzüchtende Insekten.

Eine der großartigsten Vergesellschaftungen in Form der Ektosymbiose stellen die Pilzgärten der Termiten *(Termes, Odonto-Termes)* und der Blattschneiderameisen *(Atta spec.)* dar.

Die Pilzkulturen einheimischer, holzbewohnender Insekten, wie Holzwespe, Nutzholzborkenkäfer, Gemeiner Werftkäfer und Kernkäfer, können Verfärbungen am Holz hervorrufen. Ihre Beseitigung, z.B. bei Faserholz, verursacht hohe Bleichkosten.

Holzwespen (Sirex, Urocerus, Tremex) – bei der Eiablage mittels des Legebohrers wird das Ei mit Oidien aus den Intersegmentaltaschen (zwischen 10. und 11. Hinterleibssegment) versorgt. Das Myzel wächst kurz nach der Häutung der Imago von den Wänden der Puppenwiege her dort hinein.

Auf diese Weise kann der Braunfäulepilz *Stereum sanguinolentum* (Alb. u. Schw.) Fr. in Nadelhölzer gelangen (Rotstreifigkeit).

Holzbrütende Borkenkäfer (Trypodendron, Xyleborus, Xylosandrus) – beim Brutgeschäft erbrechen die Weibchen im Darm enthaltenes Myzel *(Monilia spec.)* in den Bohrgang. Es entsteht ein weißer Pilzrasen *(Ambrosia) (Abb. 31)*, der ständig abgeweidet wird und später in den verlassenen Gängen eintrocknet und die Wände dunkel färbt (s. Holzbrütende Borkenkäfer) *(Abb. 116b, 117, 118a, 120a, b, 121a, b)*.

Gemeiner Werft- oder Bohrkäfer (Hylecoetus dermestoides) – bei der Eiablage werden die Eier mit Sporen aus Taschen am Legeapparat beschmiert, schlüpfende Larven wälzen sich längere Zeit in den Eihüllen und schleppen so die anhaftenden Sporen in die Bohrgänge *(Abb. 124c)*.

Auch durch andere Holzbewohner schwärzen sich die Gänge unter dem Einfluß von Pilzen, z.B. „Großer Schwarzer Wurm" (Larve des Eichenbocks). Mitunter kann das Einschleppen von Pilzen durch Insekten tödliche Gefahren für den Baum bringen. Bekannt ist dies vom Ulmensterben durch den Gefäßparasiten *Ceratocystis ulmi = Ophiostoma*, den Ulmensplintkäfer *(Scolytus spec.)* verbreiten.

3. Insektenpathogene Pilze (Erreger von Mykosen)

Bisher sind etwa 500 Pilze bekannt, die Krankheiten bei Insekten verursachen *(Abb. 32)*. Die Infektion kann perkutan (Gelenke, Intersegmentalhäute), peroral (Darmwand), gelegentlich auch perstigmal (Tracheenwand) erfolgen. Danach bilden sich Hyphen in der Leibeshöhle. Infektiöse Konidien sind bei manchen Arten sehr kurzlebig.

Wirt	Symptom	Erreger bzw. Krankheit
Raupen, bes. Forleule (*Panolis flammea*)	erkrankte Raupen (meist letztes Häutungsstadium) klammern sich, vorn aufgerichtet, mit Bauchfüßen an Trieben fest, mumifizieren, verfärben grünbraun bis schwarz; innerlich gelblichgrün und brüchig; aus Kadaver dichte Rasen von Konidienträgern (Konidien gelbgrün)	**Entomophthora aulicae** Reich. = *Empusa* – Insektentöter (*Entomophthoraceae*) – *Infektion:* durch Körperhaut meist an dünnen Stellen wie Gelenken, Intersegmentalhäuten, Hyphenbildung in der Leibeshöhle.
Raupen, bes. Kohlweißling (*Pieris brassicae*), auch forstschädliche, z.B. Fichtennestwickler (*Epinotia tedella*) u.a. Insekten	Starre in natürlicher Haltung	*Entomophthora sphaerosperma* Fres. – Insektentöter (*Entomophthoraceae*) – gleichzeitige Schädigung von Parasiten und Räubern; zahlreiche Bekämpfungsversuche gegen schädliche Raupen!
Raupen, Heuschrecken		*Entomophthora grylli* Fres. – Insektentöter (*Entomophthoraceae*) – Versuche gegen Heuschrecken!
Fliegen	abgestorbene Tiere durch Hafthyphen an der Unterlage festgehalten; Konidienträger als weiße Ringe aus den Intersegmentalhäuten hervortretend	*Entomophthora muscae* Cohn. – Insektentöter (*Entomophthoraceae*) – durch Befall von Raupenfliegen, z.B. Nonnentachinen, recht schädlich; Versuche gegen die Stubenfliege!
bes. Raupen, z.B. Seidenspinner (*Bombyx mori*), Kiefernspanner (*Bupalus piniarius*), Kiefernspinner (*Dendrolimus pini*),	braunrote Hautflecken, Mumifizierung, mehlbestäubt durch Konidien	**Beauveria bassiana** (Bals.) Vaill. – *Moniliales* – (Erreger der Kalksucht oder Muscardine-Seuche der Seidenraupe) *Infektion:* durch keimende Sporen auf der Haut; Vermehrung im Blut mit dessen Zerstörung; Bildung von Konidien und Perithezien;

Wirt	Symptom	Erreger bzw. Krankheit
Forleule *(Panolis flammea)*, Nonne *(Lymantria monocha)*, auch Käfer, z. B. Großer Brauner Rüßler *(Hylobius abietis)* Borkenkäfer sowie Blattwespen, Gespinstblattwespen, Heuschrecken		***Beauveria bassiana*** *(Fortsetzung)* Versuche zur biol. Bekämpfung: gegen Kiefernspanner, Große Lärchenblattwespe, Kiefernrindenwanze, Großer Brauner Rüßler, Gestr. Nutzholzborkenkäfer, Großer Waldgärtner u. a.
Maikäfer *(Melolontha spec.)* und seine Stadien	rosa bis rotviolette Verfärbung, Schrumpfung	*Beauveria tenella* (Del.) Siem. – *Moniliales* – evtl. identisch mit *bassiana;* Versuche zur biol. Bekämpfung: gegen Maikäfer und Engerling.
Raupen	abgestorben schlaff und weich; keulenförmige, sehr lange (bis 6 cm), gestielte Fruchtkörper aus dem Kadaver	*Cordyceps militaris* (L.) Lk. – *Clavicipitaceae* – *Infektion:* durch Sporen von Perithezien auf der Haut.
Raupen, vorwiegend Kiefernspinner *(Dendrolimus pini)*	feste, meist weiße Myzellager mit aufrechten, gelben Coremien auf dem Kadaver	***Paecilomyces farinosa*** (Dicks. et Fr.) Br. et Sm. = *Spicaria* – *Moniliales* – evtl. identisch mit *Cordyceps militaris;* *Infektion:* durch Sporen über Stigmen; Versuche zur biol. Bekämpfung: gegen Kiefernspanner, Kiefernspinner, Kiefernschwärmer, Nonne.
Raupen, vor allem Eulen, Käfer	rosa oder rote Verfärbung, staubartiges Inneres (Sporen)	*Sorosperella uvella* Krass. – *Moniliales* –
Engerling, Rüßler	grüne Konidien	***Metarrhizium anisopliae*** (Metsch.) Sorok. – *Fungi imperfecti* – Versuche zur biol. Bekämpfung: gegen Engerlinge, Rübenderbrüßler u. a., seit 1878 von METSCHNIKOFF in Rußland.
Honigbiene *(Apis mellifera)*	Sporenbildung in der Zelltiefe am hinteren und mittleren Körperteil; Sporenrasen grauschwarz	Kalkbrut; *Pericystis apis* Maassen – *Fungi imperfecti* – meist geringe Schädigung des Volkes; *Gegenmaßnahmen:* Beseitigung befallener Waben, „vorsichtiges Abkehren des Volkes in eine saubere Beute auf neuen Bau oder Mittelwände".

Wirt	Symptom	Erreger bzw. Krankheit
Honigbiene *(Fortsetzung)*	gelbgrüne bis bräunliche Sporenbüschel in der Zellmündung am Kopfende der Larven, Zelldeckel oft durchdrungen; Lähmung befallener Bienen	Steinbrut, *Aspergillus*-Mykose. *Aspergillus flavus* Link – *Aspergillaceae* – *Besonderheit:* geht auch auf erwachsene Bienen und den Mensch über (gefährliche Hals- und Ohrenentzündungen); *Gegenmaßnahmen:* Schwefeln von kranken Völkern oder Verbrennen samt Beute.

Mykosen zur Schädlingsbekämpfung

Sie wurden wohl erstmalig von AGOSTINO BASSI (1835) beim Nachweis der Muscardine oder Kalksucht (Pilzbefall durch *Beauveria bassiana*) der Seidenraupe in Betracht gezogen.

Insektenpathogene Pilze sind vielfach unspezifisch. Die Infektion ist von vielen Faktoren abhängig, insbesondere von Luftfeuchtigkeit und Temperatur, Eignung und Konstitution des Wirtes, Abwehrstoffe *(Lipide)* und Struktur des Integuments, Infektionsgeschwindigkeit und letaler Dosis. Die Sporen der schnellkeimenden Insektentöter *(Entomophthoraceae)* wachsen unter günstigen Bedingungen bereits nach wenigen Stunden durch die Haut, andere Pilze, z.B. aus der Gruppe der *Fungi imperfecti*, erst nach Wochen oder Monaten. Die bisherigen Versuche geben noch keinen Anhalt für den praktischen Gebrauch im großen Umfang. Aussichtsreich erscheint eine Kombination mit anderen, stimulierenden Krankheitserregern *(Bakterien, Rickettsien, Mikrosporidien)* zur Therapie von Insekten-Gradationen.

Methode: Gewinnung des Sporenmaterials von befallenen Insekten oder von Reinkulturen auf Agarnährboden (Malz-Extrakt, Kartoffel-Glukose u.a.), gestreckt mit Maisstärke, Weizenmehl, Torf, Milchpulver oder Talkum als Stäubemittel oder in Lösungen von Zucker, Melasse, Seife o.a. zur Steigerung der Netz- und Haftfähigkeit als Suspension. Die Konzentration ist sehr unterschiedlich zwischen $0{,}14$–10% bei Staub und 1×10^6 bis 19×10^6 Sporen (Konidien) bei Brühen. Als Köder kann auch sporenhaltiger Bienenhonig, Zucker, Sirup, Bierwürze, Melasse dienen.

4. Pflanzenpathogene Pilze

4.1 Pilzkrankheiten an Keimlingen und Jungpflanzen

Holzart	Symptom	Erreger bzw. Krankheit
Eiche		Eichenwurzeltöter (*Rosellinia quercina* Htg.) s. dort!
Buche (u.a. Lh, Nh)	Umfallen und Absterben unverholzter Keimlinge; Kotyledonen und Plumulablätter braunfleckig (Umfallkrankheit); Wurzeln von Jungpflanzen und deren oberirdische Teile sterben allmählich ab (Wurzelfäule); *Differentialdiagnose:* bei Hitzetod zusammengerollte Primordialblätter; ähnliches Befallsbild durch *Cylindrocarpon radicicola* Ww., *Fusarium oxysporum* Schl., *Rhizoctonia solani* Kühn	***Buchenkeimlingspilz;*** Umfallkrankheit der Buche, Keimlings- oder Wurzelfäule (*Phytophthora cactorum* [Leb. u. Cohn] Schröt. – *Peronosporaceae*); weitere Erreger *Pythium debaryanum* Hesse, *ultimum* Trow. *Infektion:* durch im Boden überwinternde, jahrelang keimfähige Oosporen und durch abgeschnürte Konidien oder Schwärmsporen von aus Spaltöffnungen herauswachsenden Sporangienträgern; *Gegenmaßnahmen* *vorbeugend:* Vermeidung feuchter, dumpfer Lagen im Schirm oder Seitenschutz von Hochholz für Kamp und Baumschule; Bodenlockerung; Düngung (Vorsicht bei Kompost-Infektion!); *mechanisch:* befallene Pflänzchen vorsichtig herausziehen und verbrennen; *chemisch:* Beizen des Saatguts (TMTD) oder Bodenbehandlung (TMTD, Ferbam); Besprühen der Saatbeete mit Fungizidbrühe (TMTD, Captan, Ferbam, Zineb, 0,3%ig) mit 14tägiger Wiederholung; in Verschulbeeten Fungizidbrühe (2–3 Ltr./qm) zwischen Pflanzenreihen in Rillen eingießen.
Laubholz Nadelholz	Umwachsen und Ersticken von Forstpflanzen in Kämpen und Kulturen	Zerschlitzter Warzenpilz (*Thelephora terrestris* Ehrh.) – Erdwarzenpilze (*Thelephoraceae*) – braune, weichledrige Fruchtkörper; saprophytisch in der Bodenstreu. Erreger der Einschnürungskrankheit, s. dort!

Holzart	Symptom	Erreger bzw. Krankheit
Nadelholz, Laubholz (vorwiegend Fi, Ki)	Anschwellung mit Harzkrusten am Wurzelhals (Harzsticken), Welken und Absterben; *(Abb. 33b, d)*	**Hallimasch,** Honigschwamm (*Armillaria mellea* [Vahl] Kumm.) – Blätterpilze *(Agaricaceae)* – langgestielte (beringte), büschelige Fruchtkörper mit honigfarbigen, dunkel beschuppten Hüten, weißes Myzel unter Rinde, an älteren Bäumen große weiße Myzellappen und schwarze, netzartige Rhizomorphen unter Rinde *(Abb. 33a, c)*. *Infektion:* von Laub- und Nadelholzstöcken aus durch Rhizomorphen; *Gegenmaßnahmen:* (bislang nichts durchschlagend); *vorbeugend:* Vermeidung von Nh-Kulturen auf verseuchten Standorten; *mechanisch:* Rodung der Lh-Stöcke; Übererdung nützt nichts! *biologisch:* Stockimpfung mit antagonistischen Pilzen (V); *chemisch:* Behandlung der Stöcke und Tränkung dieses Bodenbereichs mit Fungizidbrühe (V).
Nadelholz (vorwiegend Dougl, Ta, Lä, Fi)	Welken der Nadeln büschelartig in der Sproßmitte oder auch der Triebspitzen, auch vorzeitiger Befall von Keimblättern und Keimstengel, bes. bei dichten Saaten nesterweiser Ausfall im Zusammenhang mit anhaltender feuchtwarmer Witterung; s. auch an Knospen, Blättern, Nadeln, Trieben!	**Grauschimmelfäule** *Sclerotinia fuckeliana* (de Bary) Fuck. mit Nebenfruchtform *Botrytis cinerea* Pers. – Kelchpilze *(Helotiaceae)* – sehr verbreitet und wirtsunspezifisch, überwiegend saprophytisch, unter zusagenden Bedingungen (hohe Luftfeuchtigkeit, Wärme) auch parasitisch; pelziges Myzel auf Befallsstellen; *Infektion:* durch Sporen. *Gegenmaßnahmen:* Kontrolle der Beete (2–3 Tage vor der Saat) auf *Botrytis*-Befall, im positiven Fall Fungizid-Behandlung (PV); Beseitigung der Beschattung.
Nadelholz	Absterben von Jungpflanzen (auch ältere Bäume), namentlich auf Brandflächen „runde Sterbelücken" in der Kultur, häufig Hexenbesen; gelbliche Myzelstränge an erkrankten Pflanzen	Wurzel-Lorchel (*Rhizina undulata* Fr.) – Lorcheln *(Helvellaceae)* – schüsselförmige, braune, bis 8 cm große Fruchtkörper; *Infektion:* durch Rhizomorphen.

NPK Mg

Abb. 34. Wurzel-
schwamm (J. REISCH)

Abb. 35. Krause Glucke
(K. TÖNGES)

Abb. 36. Eichenmehltau
(J. REISCH)

Abb. 37. *Marssonina
brunnea* an *Populus
marilandica* (Inst. f.
Forstpflanzen-
Krankheiten – BBA)

4.2 Pilzkrankheiten an Wurzeln

Holzart	Symptom	Erreger bzw. Krankheit
Eiche Sämlinge und bis 9jährige Pflanzen	Bleichen und Vertrocknen der Blätter von oben nach unten, Bräunen und Schrumpfen des Stämmchens, Absterben	Eichenwurzeltöter (*Rosellinia quercina* Htg. u. *thelena* Rabh.) – Holzkeulenpilze *(Xylariaceae)* – vorwiegend in Saatkämpen und dichten Rillen in niederschlagsreichen Jahren; *Infektion:* durch Hyphen von Myzelsträngen aus. *Gegenmaßnahmen:* wie bei Keimlingsfäule.
Eß- oder Edelkastanie (u. a. Lh) Stangen- bis Baumhölzer	braunschwarze Stamm- und Astflecke, blauschwarzes Ausschwitzen der Wurzeln, auch mit Einfärbung des Bodens (Tintenkrankheit), Wurzelfäule	Tintenkrankheit (*Phytophthora cambivora* [Petri] Buism.) – *(Peronosporaceae)* – vorwiegend in feuchten Klimagebieten auf verdichteten Böden.
Fichte (u. a. Nh, auch Lh)	Zersetzung des Reifholzes, flaschenförmige Aufbauchung des Stammfußes (Fi), Absterben von jungen Ki, Befall des Splintholzes (Ki), Harzaustritt *(Abb. 51–53);* s. auch unter Holzfäulen!	**Wurzelschwamm** (*Fomes annosus* [Fr.] Cooke = *Trametes radiciperda* Htg.) – Porlinge, Löcherpilze *(Polyporaceae)* – stickstoffreiche, verdichtete Böden mit gestörtem Wasserhaushalt, bes. Ackeraufforstung (Ackersterbe!), leichtsaure Gebirgsböden an trockenen S- und SW-Hängen; bräunliche, heller berandete, gezahnte oder konsolenartige Fruchtkörper mit weißlicher Unterseite an flachstreichenden Wurzeln bzw. am oberirdischen Wurzelstock *(Abb. 34);* *Infektion:* von befallenen Wurzeln (Berührung, Verwachsung), durch Sporen auf frischen Stockflächen oder an Stamm-Wunden; *Gegenmaßnahmen:* bislang fast alles wirkungslos! *vorbeugend:* weiter Pflanzverband, Mischung mit Laubholz, keine Kalk- und Stickstoffdüngung, Anbau widerstandsfähiger Herkünfte (?), Vermeidung von Wurzel- und Rindenverletzungen; *biologisch:* Beimpfung frischer Stöcke mit antagonistischen Pilzen; *chemisch:* Anstrich mit Karbolineum oder 10%iger Natriumnitritlösung (V).

Holzart	Symptom	Erreger bzw. Krankheit
Kiefer (Weyki, Sitkafi, Dougl)	dunkelbraunes Kernholz mit muscheligem Bruch, Terpentingeruch an Stammbasis; s. auch unter Braun- oder Rotfäule!	Krause Glucke (*Sparassis crispa* [Wulf.] Fr.) – Keulenpilze (Clavariaceae) *Infektion:* von der Wurzel her.

4.3 Pilzkrankheiten an Knospen, Blättern, Nadeln, Trieben

Holzart	Symptom	Erreger bzw. Krankheit
Mehltau		
Eiche (Eka, Bu); Jungwuchs, bei vorangegangenen Schäden bis zum Altholz	starker mehlartiger Belag auf Johannistrieben (Juli/ August), eingerollte Blätter; Braunfleckigkeit, bei starkem Befall Absterben der Triebe *(Abb. 36)*	***Eichenmehltau*** (*Microsphaera alphitoides* Griff. et Maubl.) – Echte Mehltaupilze *(Erysiphaceae)* – eingeschleppt vielleicht aus Nordamerika, seit 1907 in Europa, wichtiges Glied der Kettenkrankheit beim Eichensterben (Spätfrost, Dürre, Hallimasch, Eichenwickler, Frostspanner); *Infektion:* durch Konidien, bes. an Ersatztrieben (Johannistriebe), die dann nicht rechtzeitig verholzen und frühfrostgefährdet sind; Überwinterung als Myzel in Knospen und auch als Perithezien, die im Frühjahr Ascosporen entlassen. *Gegenmaßnahmen* *vorbeugend:* starke Pflanzen, Düngung, Wässern bei Dürre (Kamp); Vermeidung von Spätfrostlagen; *mechanisch:* Beschattung im Saatkamp (nicht bei Umfallkrankheit bzw. Keimlingsfäule); *chemisch:* Sprühen, Spritzen mit Schwefelpräparaten (PV) vor Laubausbruch bzw. der Johannistriebe, Wiederholungen alle 3–4 Wochen.
Schorf		
Ahorn	dunkle, bis 2 cm breite Blattflecken *(Stromata)*	Ahornrunzelschorf, Erreger der Teerfleckenkrankheit (*Rhytisma acerinum* [Pers.] Fr. – *Hypodermataceae* –) – *Infektion:* durch Sporen aus Apothezien von abgefallenen Blättern, meist unbedeutend.
	zahlreiche dunkle Punkte	*Rhytisma punctatum* Pers. *– Hypodermataceae –*

Holzart	Symptom	Erreger bzw. Krankheit
Schorf *(Fortsetzung)* Weide	stark gewölbte, schwarz glänzende Flecken *(Stromata)*	Weidenrunzelschorf, Erreger der Teerfleckenkrankheit *(Rhytisma salicinum* [Pers.] Fr. *– Hypodermataceae –)* –
Buche (Platane, Ah, Ei, Es, Li)	unregelmäßige Flecken mit dunklem Rand, oft an Blattnerven; frühzeitiger Laubfall, mitunter Absterben junger Triebe, Rindennekrosen	Blattbräune *Gnomonia errabunda* (Rob.) Auersw. *– Diaporthaceae –* *Infektion:* durch Ascosporen im Frühjahr an jungen Blättern aus herbstlich gebildeten Perithezien am Fall-Laub.
Pappel (Schwpa-Hybriden)	bräunliche Pünktchen oder Flecken auf Blättern, Blattstielen und Schaft (mit Lupe sichtbare, zentralgelegene Aufhellungen); Gelbfärbung der Blätter, vorzeitiger Laubfall mit Ausnahme der Triebenden; Absterben von Trieben, Ästen, Bäumen *(Abb. 37)*	**Marssonina-Krankheit *(Abb. 37)*** *Drepanopeziza punctiformis* Grem. mit Nebenfruchtform *Marssonina brunnea* (E. et E.) Magn. – Kelchpilze *(Helotiaceae)* – *Infektion:* durch Sporen; *Gegenmaßnahmen* *vorbeugend:* Anbau resistenter Sorten *(Robusta, Brabantica, Serotina,* Drömling, *Grandis);* Düngung mit NPK; *chemisch:* Spritzung mit Fungiziden (kupferhaltig) – (PV).
(Schwpa, Bastarde) (Wpa)	schwach angedeutete graue, später braune Flecken	*Drepanopeziza populorum* (Desm.) Höhn. mit Nebenfruchtform *Marssonina populinigrae* Kleb. – Kelchpilze *(Helotiaceae)* – *Drepanopeziza populi-albae* (Kleb.) Nannf. mit Nebenfruchtform *Marssonina castagnei* (Desm. et Mont.) Magn. – Kelchpilze *(Helotiaceae)* –.
(Schwpa-Hybriden)	rundliche Blattflecken mit konzentrischen Ringen, weiße Sporenlager (Nebenfruchtform) auf Blattseiten	Ringfleckenkrankheit *Sclerotinia podophyllina* (Whetz.) v. Arx mit Nebenfruchtform *Septotis populiperda* Waterm. et Cash-Kelchpilze *(Helotiaceae)* – *Infektion:* durch Sporen an Fraßstellen von Insekten (Blattkäfer), Hagel o. a. Blatt-Verletzungen.

Holzart	Symptom	Erreger bzw. Krankheit
Andere Erscheinungsformen		
Eß- oder Edelkastanie, (Ei)	Welken von Blättern und Trieben, krebsartige Längswülste mit fächerförmiger Wucherung des kremfarbenen Myzels unter Rinde; Absterben; s. an Rinde, Ast, Stamm	Kastanienrindenkrebs, Kastaniensterben *Endothia parasitica* (Murr.) And. *– Diaporthaceae –* aus Ostasien, nach USA und um 1938 nach S-Europa eingeschleppt; gefährlicher Krankheitserreger; *Infektion:* an Wundstellen; *Gegenmaßnahmen:* evtl. Vernichtung der Stockausschläge, Anbau resistenter Rassen.
Kiefer	gelbe Bläschen *(Äzidien*[a]*)* auf Nadeln junger Ki (April/Mai) [a] Äzidien = becher- oder blasenförmige Behälter für Äzidiosporen	Kiefernnadelblasenrost (*Coleosporium senecionis* [D.C.] Kickx, *campanulae* Lév.) – Rostpilze *(Coleosporiaceae)* – mit Wirtswechsel auf zahlreichen Schlagunkräutern, z.B. Kreuzkraut, Glockenblume u.a.; belanglos.
Nadelholz (Dougl, Lä, Ta, Fi), auch Lh	Welken junger Triebe (ähnlich wie Spätfrost, jedoch Einzelbefall); Absterben junger Pflanzen; auf abgestorbenen Trieben häufig graubraunes Myzel; s. auch an Keimlingen und Jungpflanzen!	***Grauschimmelfäule*** *Sclerotinia fuckeliana* (de Bary) Fuck. mit Konidienform *Botrytis cinerea* Pers. – Kelchpilze *(Helotiaceae)* –.
Saat- und Pflanzkämpe, Kulturen	dunkles Myzelgespinst um Zweige, Nadeln, Triebe	Schwarzer Schneeschimmel, Schwarzer Fichtennadelpilz *Herpotrichia juniperi* (Duby) Petr. = *nigra* Htg. und ähnlich *Herpotrichia coulteri* (Peck) Bose *– Pleosporaceae –* vorwiegend in höheren Gebirgslagen; *Gegenmaßnahmen:* keine Fichten-Kämpe in schneereichen Hochlagen, Schutz vor unmittelbarer Bodenberührung, Aufrichten niedergedrückter Pflanzen nach der Schneeschmelze.
Schütten		
Fichte 10–40jährig	Fleckenbildung und Bräunung von Nadeln letztjähriger Triebe im Frühjahr, Schütten (Abwurf von Nadeln) im Sommer und Herbst von unten nach oben und innen nach außen	Fichtenritzenschorf, Fichtenschütte *Lophodermium macrosporum* Htg. *– Hypodermataceae –* meist belanglos.

Abb. 38. Kiefernritzenschorf, Erreger der Kiefernschütte (Apothezien) (Inst. f. Forstpflanzen-Krankheiten – BBA)

Abb. 39. Kieferndrehrost (Inst. f. Forstpflanzen-Krankheiten - BBA)

Abb. 40. Durch Kiefernschütte stark geschädigte Kultur (J. Reisch)

Abb. 41. Zweimal mit Stickstoff, Rhenania-Phosphat und Kalimagnesia gedüngte Kiefernkultur (aus Baule-Fricker 1967)

86

Holzart	Symptom	Erreger bzw. Krankheit
Schütten *(Fortsetzung)*		
Douglasie (vorwiegend *glauca*- und *caesia*-Rassen)	gelbgrün marmorierte und braungefleckte Nadeln (1. Jahr), rußige Streifen (Perithezien) auf Nadelunterseite (2. Jahr), schwarze Krusten (3. Jahr), unregelmäßiges Schütten	„Rußige Douglasienschütte", Schweizer Douglasienschütte *(Phaeocryptopus gäumanni* [Rohde] Petr. = *Adelopus)* – *Venturiaceae* – *Infektion:* durch Sporen an jungen Nadeln; *Gegenmaßnahmen* *vorbeugend:* Anbau widerstandsfähiger Rassen *(viridis);* *chemisch:* Sprühen mit Fungizidbrühen (Zineb, Maneb) – (V) – (PV).
	gelbgrüne Flecken mit allmählicher Marmorierung im Herbst, rostige Streifen (Apothezien) auf Nadelunterseite im April, Schütten vorjähriger Nadeln; bei beiden Schütten vorwiegend Entwertung des Schmuckreisigs!	„Rostige Douglasienschütte" *(Rhabdocline pseudotsugae* Syd.) – *Phacidiaceae* – rostige Apothezien; *Infektion:* durch Sporen im Frühjahr; *Gegenmaßnahmen:* w. v.
Kiefer (u. a. Ki-Arten, auch Weyki)	Rötung im Frühjahr (auch später) und Schütten meist in 3 Wellen; an abgefallenen Nadeln glänzendschwarze, *kaffeebohnenähnliche Apothezien* auf Nadelunterseite; gefährliche Jugendkrankheit, u. U. Totalausfälle *(Abb. 38, 40)*	**Kiefernschütte,** Schüttepilz, Kiefernritzenschorf *(Lophodermium pinastri* [Schrad.] Chev.) – *Hypodermataceae* – *Infektion:* durch Ascosporen aus reifen Apothezien während feuchter Witterung (Sporenflug) vornehmlich im Juni/Juli und August/September; gefährdet bes. windruhige, dumpfe Lagen (Bestandsränder, Mulden), dichte (Saaten, NV), gras- und unkrautwüchsige Kulturen; bei entsprechender Feuchtigkeit und Entwicklung der Fruchtkörper platzen reife Apothezien auf, deren fortgeschleuderte und verwehte Sporen auf Nadeln bald keimen; Keimschlauch dringt durch unversehrte Epidermis oder Spaltöffnung in das Gewebe, Myzel schreitet bes. nach der VZ interzellular vor; Mißverhältnis zwischen erhöhter Transpiration und fehlendem Wassernachschub: Schütten (!); schwer keimbare Pyknosporen der ersten Fruchtform (Pyknidien) als schwarze Striche auf Nadeloberseite, kaum infektiös;

Holzart	Symptom	Erreger bzw. Krankheit

Schütten: Kiefernschütte *(Fortsetzung)*

Gegenmaßnahmen
vorbeugend: Anbau widerstandsfähiger, nordischer Herkünfte, Vermeidung dichter Saaten oder NV, Beseitigung von Gras- und Unkrautwuchs in Kulturen, Düngung *(Abb. 41);*

chemisch: zuvor Überprüfung des Gesundheitszustandes, gefährdet sind Ki-Kulturen jeden Alters (auch 1jährig), starke Schädigung beim Vorhandensein nur 1 Nadeljahrganges *(Abb. 40);*
Bestimmung des Bekämpfungstermins nach der Apothezienreife (Hauptsporenflug):

Apothezien: reif – glänzendschwarz, gequollen, weit geöffneter Längsspalt; *(Abb. 38);*
unreif – glänzendschwarz, gequollen, geschlossen;
alt – mattschwarz, schwach gequollen, Spalt wenig geöffnet.

Bekämpfungstermin:

5–10% } der Nadeln — bei stark geschädig-
10–15% } mit reifen ten *(Abb. 40)*
        } Apothezien — bei mäßig oder
                        schwach geschädig-
                        ten Kulturen.

Verfahren nach Rack *(1958):*
Entnahme von frühjahrsgeschütteten Nadeln an verschiedenen Kulturstellen ab Ende Juni mit 10–14tägiger Wiederholung = 1 Stichprobe mit 100 Doppelnadeln pro 2–3 ha, bei größeren, gleichartigen Flächen weniger Stichproben; gut vermischte Proben im Glasbehälter mit Wasser überschütten, nach 1–3 Std ohne Schütteln Wasser abgießen; gequollene Nadeln nach mehrmaligem Umschütteln mit restlichem Wasser, nach ca. 3 Std, untersuchen: (aus gesamter Nadelmasse für jede Probe wahllos 50 Doppelnadeln) alle Nadeln mit nur 1 reifen Fruchtkörper (Apothezie) = maßgeblicher Prozentsatz für Bekämpfungstermin (s. o.).
Sprühen mit Fungizidbrühen (Maneb mit Sofortwirkung, Zineb mit etwa 20tägiger Verzögerung, Mischung Maneb-Zineb im Verhältnis 3:2 = etwa 55tägige Wirkungsdauer, sonst nur etwa 1 Monat) – (PV) *(Abb. 16b, 17b, 19).*

Holzart	Symptom	Erreger bzw. Krankheit
Lärche (eur. und jap.)	braunfleckige Nadeln im Juni, Schütten von Spitze oder Mitte her	Lärchenschütte *Mycosphaerella laricina* (Htg.) Neg. – *Mycosphaerellaceae* –

Holzart	Symptom	Erreger bzw. Krankheit
(vorwiegend eur. Lä)	Nadelbräunung an Triebbasis oder -mitte (ähnlich Spätfrost, jedoch unvollständig und meist nicht an Triebspitze), spätes Schütten im Jahr; gefährlich bes. für Sämlinge und Jungpflanzen	Meria-Lärchenschütte Erreger *Meria laricis* Vaill. – *Fungi imperfecti* –

Infektion: durch Sporen von Konidien abgefallener oder hängengebliebener Nadeln nach der Überwinterung;

Gegenmaßnahmen
vorbeugend: warmtrockene Lage des Pflanzgartens; Beseitigung der geschütteten Nadeln; verseuchte Beete einige Jahre ausschließen;
chemisch: Sprühung (bei trockener Witterung) mit Captan oder Zineb (PV) mit mehrmaliger Wiederholung.

Holzart	Symptom	Erreger bzw. Krankheit
Triebkrankheiten		
Pappel (Graupa, Wpa, As) (Schwpa und Hybriden)	Dürre der Triebspitzen und Zweige, auch braune Blattflecken mit dunkler Umrandung; hakenartige Krümmung wie nach Frosteinwirkung; bei mehrjährigem Befall Absterben	Triebspitzenkrankheit *Venturia macularis* (Fr.) Müller et v. Arx = *tremulae* Aderh. mit Konidienform *Pollaccia radiosa* (Lib.) Bald. et Cif. *– Venturiaceae – Venturia populina* (Vuill.) Fabr. mit Konidienform *Pollaccia elegans* Servazzi *Infektion:* durch Ascosporen auf sich entfaltenden Blättern, auch durch Konidien vom überwinterten Myzel abgestorbener Zweigenden; *Gegenmaßnahmen:* Anbau resistenter Sorten (?).
Kiefer	abgestorbene Triebe mit schwarzbraunen Apotheziengruppen; mitunter Absterben von geschwächten Dickungen und Stangenhölzern	***Kiefertriebsterben*** *Cenangium ferruginosum* Fr. = *abietis* (Pers.) Duby – Kelchpilze *(Helotiaceae)* – häufiger Saprophyt an abgestorbenen Kiefernzweigen; parasitisch (?) an Wundstellen; *Infektion:* durch Myzel an Einbohrstellen der Kieferngallmücken-Larven *(Thecodiplosis brachyntera)* an Nadelscheiden; *Gegenmaßnahmen:* Bekämpfung der Kiefernnadelscheidengallmücke (s. dort).
Sämlinge und 1–10jährige Pflanzen	Krümmung und S-förmige Drehung junger Triebe (ähnlich Posthornwickler, jedoch keine Aushöhlung!), hellgelbe Längsflecken (Pyknidien) im Juni auf Rinde, an aufgeplatzter Rinde gelbe *Caeoma*-Polster[a], Harzfluß *(Abb. 39)* [a] *Caeoma* = hüllenloses Fortpflanzungsorgan von Rostpilzen *(Aecidium).*	***Kieferndrehrost*** (*Melampsora pinitorqua* Rostr. = *Caeoma pinitorquum* A. B.) – Rostpilze *(Melampsoraceae)* – mit Wirtswechsel auf As und Wpa; *Infektion:* durch Basidiosporen an jungen Trieben; *Gegenmaßnahmen:* Vermeidung des gleichzeitigen Anbaus von Ki und As in Baumschulen; Beseitigung dieser Laubhölzer aus Ki-Kulturen und deren Nachbarschaft; Vernichtung des Herbstlaubs; Spritzung mit Fungizidbrühe (kupferhaltig) – (PV).
Schwarzkiefer u. a. Ki-Arten (Fi) vorwiegend 25jährige	Absterben der Triebe von der Spitze her, Rötung der Nadeln (ohne Spitze), Nadelfall	Schwarzkiefertriebsterben *Ascocalyx abietina* (Lagerb.) Schläpfer = *Scleroderris lagerbergii* Grem. mit Konidienform *Brunchorstia pinea* (Karst.) Höhn. – Kelchpilze *(Helotiaceae)* – *Infektion:* noch ungeklärt, vermutlich im Sommer an Ansatzstellen der Endknospen;

Holzart	Symptom	Erreger bzw. Krankheit
Triebkrankheiten *(Fortsetzung)* Schwarzkiefer *(Fortsetzung)*		Schwarzkiefertriebsterben *(Fortsetzung)* *Gegenmaßnahmen:* Vermeidung dumpfer, nährstoffarmer Lagen; weitere Pflanzabstände; rechtzeitige Erziehungseingriffe.
Lärche (eur.)	Nekrosen an 1jährigen Triebspitzen oder im unteren Teil 2jährige Langtriebe, vorzeitiger Nadelfall	Lärchentriebsterben *Ascocalyx laricina* (Ettl.) Schläpfer = *Encoeliopsis laricina* (Ettl.) Groves – Kelchpilze *(Helotiaceae)* – bislang nur im höheren Alpengebiet nachgewiesen.

4.4 Pilzkrankheiten an Rinde, Ast, Stamm

Holzart	Symptom	Erreger bzw. Krankheit
Krebs (Rindenwucherungen [Nekrosen])		
Eiche (Rotei, Bu)	aus dem Holz herauswachsende hellbraune bis rote Fruchtkörper, Überwallungswülste, streifenförmige Weißfäule	*Stereum rugosum* (Pers.) Fr. – (Schichtpilze, *Stereaceae*) – Saprophyt in Bu und Ei (Weißfäule), parasitische Lebensweise von Wundstellen aus (Aststummel).
Buche (u. a. Lh)	Schrumpfen, Aufplatzen und Einfallen der Rinde (auch durch Buchenkrebsbaumlaus), Überwallungswülste, knollenartige Verdickungen *(Abb. 42)*	Buchenkrebs *Nectria ditissima* Tul., *galligena* Bres., *coccinea* (Pers.) Fr. – *Hypocreaceae* – *Infektion:* durch Sporen an Wunden (auch Saugstellen der Buchenkrebs-Baumlaus?).
Pappel	meist längsgerichtete, tiefe Rindenrisse; (ohne Schleimfluß, im Gegensatz zum Bakterienkrebs), Ausbreitung und Überwallungswülste ziemlich ringartig	*Nectria coccinea* (Pers.) Fr. *var. sanguinella* (Fr.) Wr., *N. galligena* Bres. *var. major* Wr. *N. galligena* Bres. – *Hypocreaceae* –.
Eß- oder Edelkastanie, (Ei)	Krebsartige Längswülste mit fächerförmiger Wucherung des kremfarbenen Myzels unter Rinde	Kastanienrindenkrebs, Kastaniensterben Endothia parasitica (Murr.) And. – Diaporthaceae – s. an Knospen, Blättern, Nadeln, Trieben!

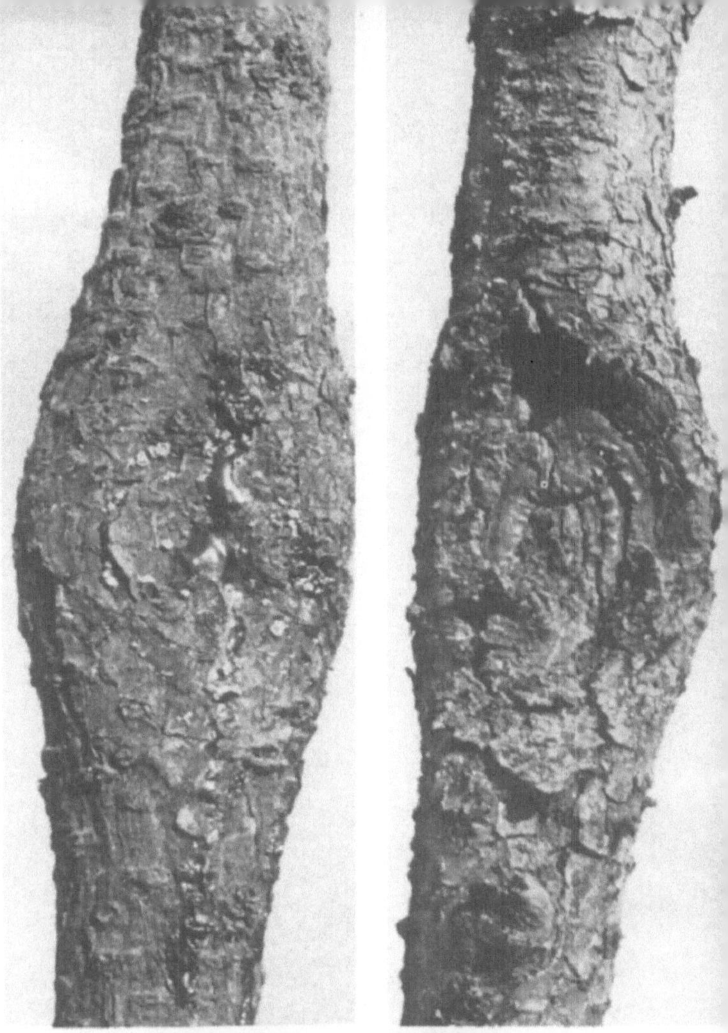

Abb. 42. Buchenkrebs
(Nectria spec.)
(Inst. f. Forstpflanzen-
Krankheiten – BBA)

Abb. 43. Lärchenkrebs
(Mitte und rechts außen)
(J. REISCH)

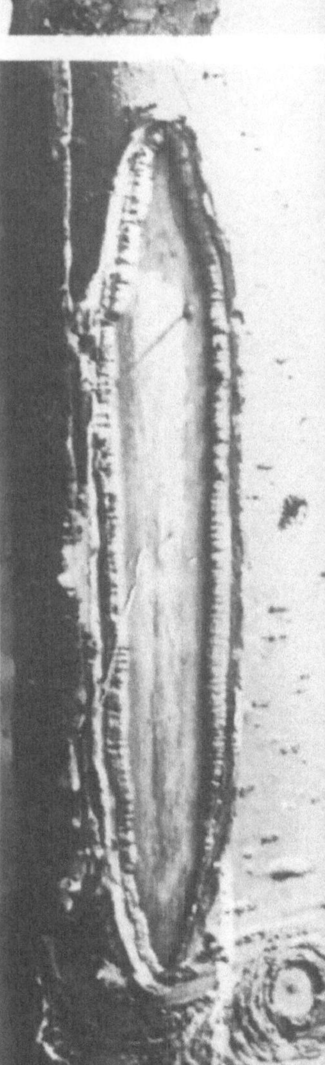

Abb. 44. Rindenschildkrankheit der
Douglasie in ver-
schiedenen Stadien
(J. REISCH)

(a) Abheben der Rinde

(b) Loslösen der
Rinde

(c) Abgeplatzter
Rindenschild mit
Überwallungswülsten

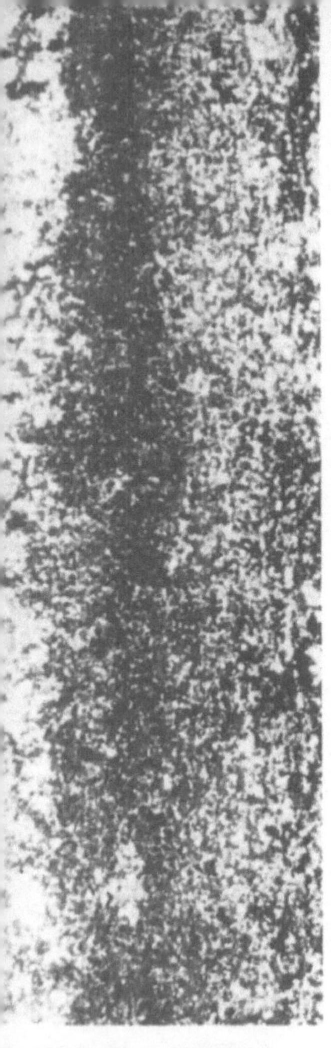

Abb. 45. Rinden-
sterben oder Schleim-
flußkrankheit an Buc
mit Befall durch
Buchenwollaus
(J. REISCH)

Abb. 46. Tannenkreb
(J. REISCH)

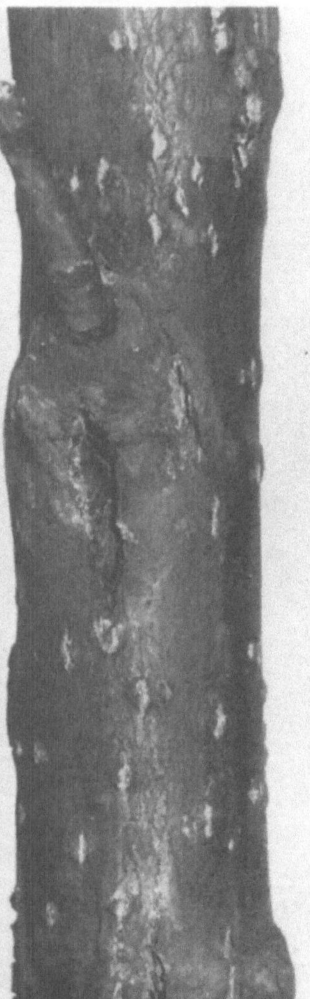

Abb. 47. Pappel-
Rindenbrand an
Populus robusta
(Inst. f. Forstpflanzer
Krankheiten – BBA)

Abb. 48. Weymouths-
kiefern-Blasenrost,
gelborange Sporen-
blasen (Äzidien)
(J. REISCH)

Holzart	Symptom	Erreger bzw. Krankheit
Krebs *(Fortsetzung)*		
Lärche (eur.)	Anschwellung an Ast und Stamm, elliptische Krebsstelle mit wulstigen Rändern und eingefallener Mitte, Harzfluß, schüsselförmige, orangefarbige Fruchtkörper (Apothezien) auf Krebsstellen, Stamm-Deformation *(Abb. 43)*	**Lärchenkrebs** Erreger *Trichoscyphella willkommii* (Htg.) Nannf. (= *Dasyscypha willkommii* (Htg.) (Rehm.) – Kelchpilze *(Helotiaceae)* – *Infektion:* von Narben abgefallener Nadeln bzw. Kurztriebbüscheln: Vordringen des Pilzes während der Vegetationsruhe im erfrorenen Gewebe (frostempfindliche Ausscheidungen des Pilzes) zweifelhaft; Befall vorwiegend in feuchten, dumpfen Lagen und bei Mischung mit Fichte; *Gegenmaßnahmen:* Anbau der krebsfesteren „Sudetenlärche" statt Alpenlärche; Vermeidung disponierter Lagen und Mischung mit Fichte; weite Pflanzverbände.
Tanne	Hexenbesen = aufrechtwachsende Zweigbüschel mit kleinen, bleichen ringsumstehenden Nadeln; kugelige Verdickungen an Ästen, speichenartige Auftreibungen am Stamm (Räder-Tannen) oft besetzt vom Tannenkrebsglasschwärmer (s. dort) *(Abb. 46, 177 b)*	Tannenkrebspilz *Melampsorella caryophyllacearum* (D.C.) Schröt. – Rostpilze *(Pucciniastraceae)* – mit Zwischenwirten (Sternmiere, Hornkraut u.a.); *Infektion:* bei der Entfaltung von Maitrieben durch Basidiosporen an unverletzter Rinde; *Gegenmaßnahmen:* Aushieb der Rädertannen, Ausschneiden der Hexenbesen im Jungwuchs im Frühjahr vor Sporenbildung.
Einschnürungskrankheit (oberhalb der Befallsstelle eingeschnürte Partien)		
Nh, Lh	dicht über dem Boden eingeschnürte, braungefärbte und abgestorbene Partie junger Stämmchen (ähnlich Hitzetod mit eingerollten Primordialblättern) mit schwarzen Pünktchen (Sporenlager) auf Rindenoberfläche	Einschnürungskrankheit *Pestalotia hartigii* Tub. u. a. *Pestalotia*-Arten – *Melancoliales* – vermutlich Befallsdisposition verstärkt durch intensive Sonneneinstrahlung auf dunklen Böden, *Infektion* dicht unter der Bodenoberfläche.

Holzart	Symptom	Erreger bzw. Krankheit

Einschnürungskrankheit *(Fortsetzung)*

Holzart	Symptom	Erreger bzw. Krankheit
Douglasie (Lä, Ta, Ki)	Abheben von Rindenschildern; Welken von Wipfeltrieben und Ästen, Ringelung an jungen Pflanzen *(Abb. 44a–c)*	***Rindenschildkrankheit,*** *Phomopsis*-Krankheit
		Potebniamyces coniferarum (Hahn) Smerlis (= *Phacidiella coniferarum* Hahn) mit Nebenfruchtform *Phacidiopycnis pseudotsugae* (Wils.) Hahn (= *Phomopsis pseudotsugae* Wils.) – saprophytisch unter der Bezeichnung *Discula pinicola* (Naum. Petr.) als Bläueerreger bei Ki bekannt;
		Infektion: über Wunden (Schälschaden, Astung, Frost u. a.) mit Vordringen im Winterhalbjahr;
		Gegenmaßnahmen: Unterlassung der Glattastung im Winterhalbjahr (Schmuckreisiggewinnung), evtl. Stummelastung und Nachasten im Sommerhalbjahr; Vermeidung anderer Verletzungen (Schälen, Rücken, Fällen) und frostgefährdeter Lagen bzw. frostempfindlicher Herkünfte.

Rindensterben

Holzart	Symptom	Erreger bzw. Krankheit
Buche (auch Ei, Bi u. a. Lh) Stangen- bis Altholz	dunkle, kleine bis handtellergroße Flecken (Nekrosen) an der Stammrinde, dunkler Schleimfluß; mitunter Absterben von Bäumen, sogar ganzen Beständen bzw. Bestandesteilen; häufig in Begleitung von Buchenwollaus *(Cryptococcus fagi) (Abb. 45* und *255)*	***Rindensterben,*** Schleimflußkrankheit
		Erreger bislang unbekannt, vermutliche Ursache: im Jahr vorausgegangene, extreme Witterungsverhältnisse wie anhaltende Frost- oder Dürreperioden, geförderter *Nectria*-Befall, chronisch u. U. durch Saugwirkung der Wollaus (Eingangspforten!); Schleimfluß aus Bakterien und niederen Pilzen;
		Folgeschäden: Insektenbefall bes. durch Buchennutzholzborkenkäfer und Gem. Werftkäfer; Weißfäule;
		Gegenmaßnahmen: Öffnen der Faulstellen mit dem Reißhaken o. a. im Stangenholzalter, Aushieb erkrankter Stämme im Altholz auf dem Df-Wege.
Pappel	dunkle und auch helle Rindenflecken, Absterben und Einsinken der Befallsstelle, Aufreißen; bei stammumfassendem Befall Absterben der darüberliegenden Partien *(Abb. 47)*	***Pappelrindentod,*** Rindenbrand *Cryptodiaporthe populea* (Sacc.) Butin mit Nebenfruchtform *Chondroplea populea* (Sacc.) Kleb. (= *Dothichiza populea* Sacc. et Br.) – *Diaporthaceae* –
		Infektion: durch Pyknosporen an Rindenverletzungen, vorwiegend Blattnarben, vermutlich auch über Lentizellen (Hauptsporenflug Mai/Juni);

Holzart	Symptom	Erreger bzw. Krankheit
Rindensterben *(Fortsetzung)*		**Pappelrindentod** *(Fortsetzung)* *Gegenmaßnahmen* *vorbeugend:* Anbau widerstandsfähiger Sorten; richtige Standortwahl (keine Staunässe und trockene Lagen); Astung im zeitigen Frühjahr (Überwallungschance); Übersprühen des Pflanzmaterials mit verdunstungshemmenden Mitteln, z. B. Agricol, Silvaplast, Dunstol u. a.; Wässern vor dem Pflanzen; *chemisch:* Spritzen mit Kupferoxychlorid ab Ende April mit 3maliger Wiederholung.
Erle	lange braune Streifen stammabwärts, Zopfdürre, Absterben (im Zusammenhang mit „Erlensterben")	*Valsa oxystoma* Rehm. – *Diaporthaceae* – vermutlich durch Frost und ungenügende Nährstoffversorgung gefördert; ungeeignetes Saatgut.
Buche (u. a. Lh)	fleischrote Pusteln (Konidienpolster) an Rinde abgestorbener Lh; Welken junger Pflanzen	Rotpustelkrankheit *Nectria cinnabarina* (Tode) Fr. – *Hypocreaceae* – fleischrote Konidienpolster; saprophytisch in abgestorbenen Ästen u. a.; parasitisch nach strengen Wintern; *Infektion:* über Wunden und Lentizellen; *Gegenmaßnahmen:* bei Jungpflanzen Ausschneiden und Verbrennen des befallenen Materials.
Fichte (Ta, Ki, Lä) Jungfichten bis etwa 4 m Höhe	Bleichen der Nadeln, Bräunung und Vertrocknung der Rinde	Fichtenrindenpilz *Nectria cucurbitula* Fuck. (= *fuckeliana* Booth) – *Hypocreaceae* – *Infektion:* durch Sporen über Wundstellen.
Douglasie (Lä, Ta, Ki)		**Rindenschildkrankheit,** *Phomopsis*-Krankheit, s. vorher!
Weymouthskiefer (u. a. 5-Nadler)	Harzfluß, Krebsstellen am unteren Stammteil, gelborange Sporenblasen (Äzidiosporen), Absterben bes. junger Pflanzen; mitunter beträchtlicher Verlust (bis 30% der Stammzahl) **(Abb. 48)**	**Weymouthskiefernblasenrost,** Strobenrost *Cronartium ribicola* Fisch. (= *Peridermium strobi* Kleb.) – Rostpilze *(Cronartiaceae)* – mit Zwischenwirten der *Ribes*-Arten (Johannis- und Stachelbeere); Verbreitung ohne Zwischenwirt zweifelhaft; *Infektion:* durch Winter- oder Teleutosporen der *Ribes*-Blätter über vorwiegend jüngste Nadeln, vielfach schon im Pflanzgarten bei gleichzeitigem Anbau von *Ribes*-Arten;

Holzart	Symptom	Erreger bzw. Krankheit
Rindensterben *(Fortsetzung)*		***Weymouthskiefernblasenrost*** *(Fortsetzung)* Krankheitssymptome können erst längere Zeit (bis zu 20 Jahren) nach der Infektion auftreten; *Gegenmaßnahmen:* Vermeidung von gleichzeitigem Anbau der *Ribes*-Arten in Baumschulen, Anlage der Pflanzgärten abseits derartiger Anlagen (Hausgärten, Plantagen) oder natürlicher Vorkommen im Walde; Verwendung mitteleuropäischen Saatgutes; Resistenzzüchtung; evtl. biologisch durch Antagonisten, z. B. *Tuberculina maxima* Rostr. – *Moniliales* –.
Kiefer	dicke, dunkle Harzkrusten, abgestorbene Wipfel (Kienzopf), Schaft exzentrisch, später gedreht; gelbrote Sporenblasen (Äzidiosporen) vorwiegend an Quirlen; Schaden oft bedeutend im Stangenholzalter	***Kiefernrindenblasenrost,*** Erreger des Kienzopfs *Cronartium asclepiadeum* (Willd.) Fr. (= *flaccidum* [Alb. et Schw.] Wint.) und *Endocronartium pini* (Pers.) Hirats. (= *Peridermium pini* [Willd.] Kleb.) – Rostpilze *(Cronartiaceae)* – früher unterschied man 2 Formen, heute 2 Arten, und zwar: *Cr. asclepiadeum* mit Wirtswechsel (krautige Pflanzen wie Weiße Schwalbenwurz [*Cynanchum vincetoxicum*], Schwalbenwurz-Enzian [*Gentiana asclepiadea*]) und *Impatiens*-Arten im südeuropäischen Raum; *E. pini* ohne Wirtswechsel im nordeuropäischen Raum (nordd. Kieferngebiet); *Infektion:* an jungen Trieben; *Gegenmaßnahmen:* Aushieb befallener Stämme bes. an gefährdeten Jungwüchsen und Stangenorten; Beseitigung befallener Jungpflanzen und Zweige im Frühjahr zur Zeit der Äzidienbildung.

4.5 Gefäßkrankheiten

Der Wassertransport in den Gefäßen (Tracheen, Holzröhren, Holzporen) ist durch Pilze (*Ceratocystis*- und *Verticillium*-Arten) und Bakterien, mitunter auch durch Fadenwürmer *(Nematodes)* gestört. Es handelt sich fast immer um die sog. „Welkekrankheit" (Absinken des Turgors) infolge ausgeschiedener, toxischer Stoffwechselprodukte (Pilze, Bakterien). Die Gefäßverstopfung kann aber auch durch Thyllen und Gummistoffe ausgelöst werden (BUTIN/ZYCHA 1973).

Holzart	Symptom	Erreger bzw. Krankheit
Ulme (vorwiegend Allee- und Parkbäume)	schüttere Belaubung, vorzeitiger Laubfall (chronischer Verlauf); Blattrollung meist einseitig an der Krone mit anschließendem Vertrocknen (akuter Verlauf); auffällige Zweigkrallen und Wasserreiser (im Winter gut sichtbar!); im Holzquerschnitt dunkle Ringe	***Ulmensterben*** *(Ceratocystis ulmi* [Buism.] Mor. = *Ophiostoma, Ceratostomella)* – *Melanosporaceae* – seit 1919 in Holland bekannt, verschleppt nach USA (1930); *Infektion:* die von büschelförmigen Fruchtkörpern (Koremien) erzeugten Sporen aus Fraßgängen der Ulmensplintkäfer *(Scolytus scolytus, Scolytus multistriatus)* werden beim Reife- oder Brutfraß eingeschleppt (Darmtrakt, Körperoberfläche), Myzel dringt in Wasserleitungsbahnen, Verstopfung durch angeregte Thyllen- und Gummibildung; *Gegenmaßnahmen:* Vermeidung schlecht wasserversorgter Standorte; Anbau resistenter Rassen (?); Bekämpfung der Ulmensplintkäfer (s. dort!).

Daneben tritt bei uns die *Verticillium*-Welke (*Verticillium albo-atrum* Reinke et Berth) an Ah, Ka, Es, Ul (selten) und im Osten von Nordamerika die Eichenwelke (Erreger *Ceratocystis fagacearum* [Bretz] Hunt mit Nebenfruchtform *Chalara quercina* Henry) als gefährliche Krankheit bes. bei Roteichen auf.

Gegenmaßnahmen sind bisher erfolglos, evtl. Schutz vor Eichenwelke durch Einfuhrverbote von berindetem Eichenholz.

4.6 Holzfäulen und Farbfehler

Das Holz wird durch Abbau von Lignin und Begleitstoffen durch Weißfäulepilze (Korrosionsfäule) sowie von Zellulose und Hemizellulose durch Braun- (Rot-)fäulepilze (Destruktionsfäule) zersetzt.*

Schaden: Minderung der technischen Eigenschaften (Holzfestigkeit); beträchtliche Gewichtsverluste am Rundholz (Ki-Splintholz nach 2monatiger Pilzeinwirkung 31%, Fichtenholz nach 4 Monaten 59%); zu beachten bei Verkauf von Faserholz nach Gewicht!

Pilzbefall und dadurch bedingter Holzabbau wird an lebenden Bäumen allgemein als Stammfäule, bei Infektion durch die Wurzel als Wurzelfäule, über den Stock als Stockfäule und von Wunden oder abgestorbenen Ästen u.ä. als Wundfäule und am lagernden Rundholz als Lagerfäule (gewöhnlich Braunfäulepilze) bezeichnet.

Farbfehler verursachen meist keine Zerstörung des Holzes. Die Imprägnier- und Haftfähigkeit sowie die Haltbarkeit von Farbanstrichen und Lacken am verbauten Holz (*Bläuepilze* u.a.) ist jedoch herabgesetzt.

Holzzerstörende Pilze und Bläuepilze werden durch den schützenden Rindenmantel (suberinhaltige Korklamellenschicht) weitgehend zurückgehalten. Mechanische Verletzungen der Rinde

---

* Rotfäule und Weißfäule sind Sammelbegriffe, die keinen Rückschluß auf den Erreger zulassen. Der Wurzelschwamm *(Fomes annosus)* baut zunächst überwiegend Lignin ab *(Weißfäule)*, später auch Zellulose, so daß nur noch eine bräunliche Masse übrig bleibt *(Rotfäule)*.

heben den anatomischen Aufbau des Periderms auf. Je nach der Größe der Wundstelle kann ein mehr oder weniger starker Infektionsherd entstehen. Da die Pilze wasser- und wärmebedürftig sind, ist eine längere Lagerung ohne Rinde im Bestand während der VZ gefährlich. Die Schichtpilze *(Stereaceae)* sind allerdings Rindenspezialisten, die nach Zersetzung der Rinde auch das Splintholz angreifen. Die Wachstumsgeschwindigkeit des betreffenden Pilzes ist von der Holzart, deren Holz-Rohdichte und den Witterungsverhältnissen abhängig: in Längsrichtung etwa 6 mm, in Radialrichtung knapp 1 mm, in Tangentialrichtung 0,5 mm pro Tag. Der Verblauungsprozeß und das Verstocken verlaufen im allgemeinen wesentlich schneller.

Holzart	Symptom	Art (Größenangabe für Durchmesser des Fruchtkörpers bzw. der Konsole)
Weiß- und Lochfäule mit gleichmäßigen oder streifenweisen Aufhellungen oder auch Durchlöcherungen; Merkmal: weich, bröckeliger Zerfall *(Abb. 50, 53)*		
Laubholz		
Buche (auch Bi, Ul u. a. Lh)	Weißfäule; Konsolen am stehenden oder liegenden Stamm; Bruchgefahr; sehr verbreitet auch im Zusammenhang mit Buchenrindensterben bzw. Schleimflußkrankheit (s. dort!) *(Abb. 45)*	*Echter Zunderschwamm,* Feuerschwamm *(Fomes fomentarius* [L.] Fr.) – Porlinge *(Polyporaceae)* – harte, braungraue, gezonte Fruchtkörper (Konsolen) am Stamm (Größe: bis 25 cm hoch, 50 cm breit) *(Abb. 49);* Parasit, als Saprophyt an gefälltem Holz; „Schwammbäume" früher zur Zundergewinnung an Kürschner verpachtet.
(meist Ei, auch Obsth)	intensive Weißfäule des Kerns, wirtschaftlich wenig bedeutsam	Laub-Porling *(Grifola frondosa* [Dicks.] Gray. = *Polyporus)* und Eichhase *(Grifola umbellata* [Pers.] Pilát) – Porlinge *(Polyporaceae)* – am Boden sitzende, fleischige Fruchtkörper (bis 30 cm) mit verzweigtem Stiel, Unterscheidung durch Porenschicht: auf Zungen (Laub-Porling), auf gestielten Hütchen (Eichhase).
(Bu, Pa u. a. Lh, Obsth, selten Nh)	Weißfäule; Porenschicht bei Berührung schwärzend	Angebrannter oder Rauchgrauer Porling *(Bjerkandera adusta* Karst. = *Polyporus)* – Porlinge *(Polyporaceae)* – kleine, grauweiße Fruchtkörper mit zunächst hellem, dann dunklem Rand, neben- und übereinander am Stamm; Parasit, Fortsetzung des Holzabbaus am gefällten Stamm.
(Pa, Wei u. a. Lh, Obsth)	Weißfäule von innen nach außen; in Wei- und Erl-Beständen mitunter gefährlich	Falscher Zunder- oder Feuerschwamm *(Phellinus igniarius* [L.] Quél. = *Fomes)* – Porlinge *(Polyporaceae)* – graue, harte, rissige, hufförmige Fruchtkörper (bis 20 cm); Parasit mit Fortsetzung des Holzabbaus im gefällten Stamm.

Holzart	Symptom	Art (Größenangabe für Durchmesser des Fruchtkörpers bzw. der Konsole)
Weiß- und Lochfäule *(Fortsetzung)*		
(bes. Pa)	Weißfäule des Kernholzes	Pappel-Schüppling (*Pholiota destruens* [Brond.] Quél.) – Blätterpilze *(Agaricaceae)* – büschlige Fruchtkörper, Hut bis 20 cm, gewölbt bis flach, hellockergelb, weißbraun wollig beschuppt; Parasit mit Fortsetzung des Holzabbaus im gefällten Stamm.
	Weißfäule	Schmetterlingsporling *(Trametes versicolor* [L.] Pilàt = *Polyporus)* – Porlinge *(Polyporaceae)* – Hut bis 6 cm, halbkreisförmig, samtig, glänzend mit bunten Zonen, dachziegelartig oder rosettenförmig; vorwiegend Zersetzer von gefällten Stämmen und von Stöcken, auch parasitisch.
(Ei, Bu)	Weißfäule	Riesensporling *(Grifola gigantea* [Pers.] Pilàt = *Polyporus)* – Porlinge *(Polyporaceae)* – größte einheimische Pilzart mit zähen, weißen, meist dicht beieinander stehenden Fruchtkörpern (bis 50 cm) von 20–30 Pfund bis 1 Ztr. Gewicht; Saprophyt, manchmal Wundparasit; selten und schonungsbedürftig!
(Ei u. a. Lh)	Weißstreifigkeit des Holzes („Fliegenholz")	Striegeliger Schichtpilz. Erreger des Fliegenholzes (*Stereum hirsutum* [Willd.] Gray) – Schichtpilze *(Stereaceae)* – gelbe (Herbst), oberseits striegelig behaarte Fruchtkörper (bis 5 cm) als Kruste oder abstehend; Saprophyt, auch Wundparasit (Schälstellen, Rücke- und Fällungsschäden).
(Bu, Bi u. a. Lh)	Verstocken (Bu, Pa mit Übergang in Weißfäule, bei Obsth Milch- oder Bleiglanz der Blätter	Violetter Schichtpilz (*Stereum purpureum* [Pers.] Fr.) – Schichtpilze *(Stereaceae)* – weiche, lederartige, violette Fruchtkörper mit weißlich bis bräunlichem Hut am Stammfuß; Saprophyt vornehmlich an Stöcken, Stämmen und lagerndem Holz; meist parasitischer Beginn auf geschädigten Bäumen.
(Bu, Ei)	Krebs s. dort! Holz zunächst aufgehellt, später durchlöchert	Runzliger Schichtpilz (*Stereum rugosum* [Pers.] Fr.) – Schichtpilze *(Stereaceae)* – rundlich-ovale, korkige, hellbraune, an Baumwunden blutrote Fruchtkörper mit schmalem, wulstigem Rand; Parasit, auf abgestorbenem Holz saprophytisch.

Holzart	Symptom	Art (Größenangabe für Durchmesser des Fruchtkörpers bzw. der Konsole
Weiß- und Lochfäule *(Fortsetzung)*		
Eiche	Kernholz wabenartig: „Rebhuhnholz" *(Abb. 54)*	Krustiger Schichtpilz (*Stereum frustulosum* Fr.) – Schichtpilze *(Stereaceae)* – kleine braungelbe Fruchtkörper als Kruste oder Konsole; Parasit mit Fortsetzung des Holzabbaus in gefällten Stämmen.
Nadelholz		
(auch Lh)	Splintholz, unter Rinde weißes Myzel oder dunkle netzartige Rhizomorphen *(Abb. 33c)*	***Hallimasch*** oder Honigschwamm (*Armillaria mellea* [Vahl] Kumm.) – Blätterpilze *(Agaricaceae)* – s. u. Keimlinge und Jungpflanzen!
Fichte (auch and. Nh, selten Lh)	anfänglich lilafarbenes, dann hellbraunes und schließlich linsenförmig durchlöchertes Holz bzw. rotbrauner Rückstand; flaschenförmige Aufbauchung des Stammfußes *(Abb. 34, 51–53)*	***Wurzelschwamm*** (*Fomes annosus* [Fr.] Cooke = *Trametes radiciperda* Htg.) – Porlinge *(Polyporaceae)* – s. an Wurzeln und Braun- (Rot-)fäule, da seit jeher im forstlichen Sprachgebrauch und in der Praxis unter „Rotfäulepilz" bekannt!
Kiefer (Lä, Fi, Ta)	Kernholz im Querschnitt ringartig zersetzt (Ring- oder Kernschäle), chinesenbartähnlicher Harzfluß an Infektionsstelle (Beule, Vertiefung); zunächst lilafarbenes Kernholz, weißgefleckt mit Übergang in wabenartige Lochfäule; nur bei starkem Befall Minderung der Druckfestigkeit des Holzes um etwa 20%	***Kiefernbaumschwamm*** (*Trametes pini* [Thore] Fr. = *Phellinus*) – Porlinge *(Polyporaceae)* – nördliche Halbkugel, nordostdeutsches Kieferngebiet (unter 600 mm Jahresniederschlag, höherer Kernanteil, astige Bestände); braune, holzige Konsolen im Bereich von Ästen oder Schälstellen (Ki, Lä) oder krustenartig aus Rinde (Fi, Ta) *(Abb. 55)*; *Infektion:* durch Sporen, vorwiegend April/Mai und Oktober/November an Astabbrüchen und nur an nicht durch Harz geschütztem Kernholz; Wachstumsgeschwindigkeit abhängig von Temperatur und Harzgehalt etwa 8–25 cm/Jahr; Ausbildung von Fruchtkörpern nach 10–20 Jahren mit einer Lebensfähigkeit von 50 und mehr Jahren. *Gegenmaßnahmen:* (vorbeugend) dichte Bestandsbegründung zum Zweck der frühen Reinigung, Vermeidung von Grünastung an älteren Stämmen; Aushieb der „Schwammbäume" nur zur Verhinderung der weiteren Holzzersetzung.

Abb. 49. Zunder-
schwamm an Buche
(J. REISCH)

Abb. 50. Weißfäule am
Buchenholz (Inst. f.
Forstpflanzen-
Krankheiten – BBA)

Abb. 51. Windbruch
am geschälten (Rot-
wild!), rotfaulen
Fichtenstamm
(J. REISCH)

Abb. 52. Rotfaules
Fichtenholz, verursacht
vorwiegend durch den
Wurzelschwamm
(Querschnitt)
(Inst. f. Forstpflanzen-
Krankheiten – BBA)

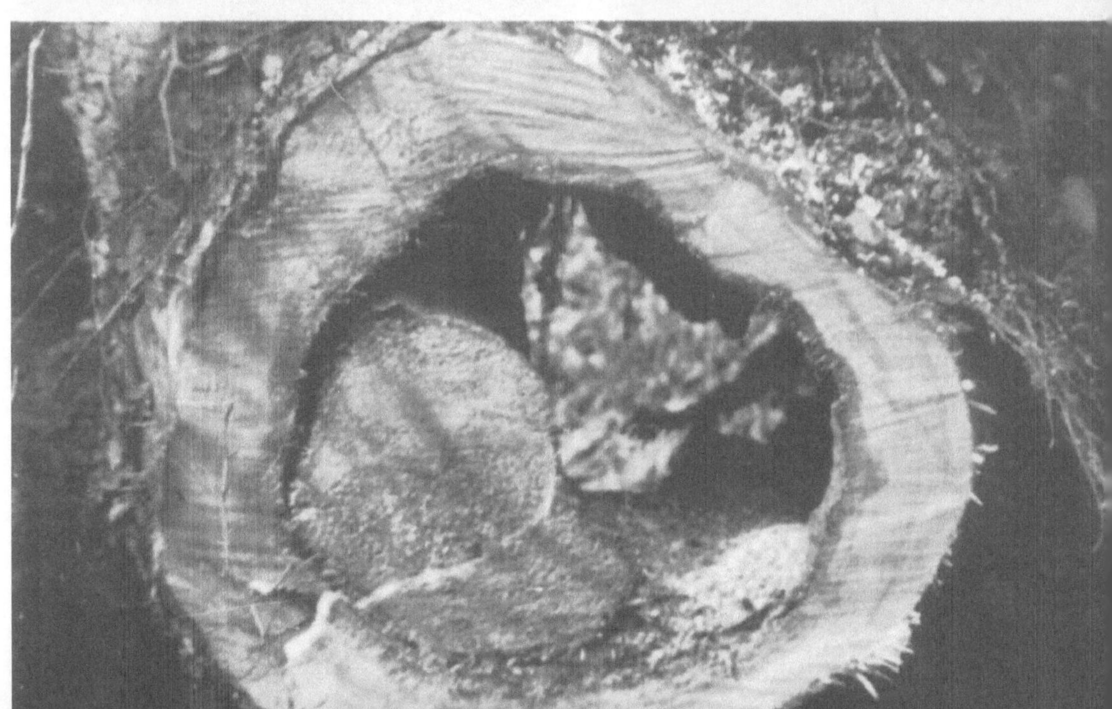

Abb. 53. Lochfäule an
Fichte (Querschnitt am
Stammfuß)
(J. REISCH)

101

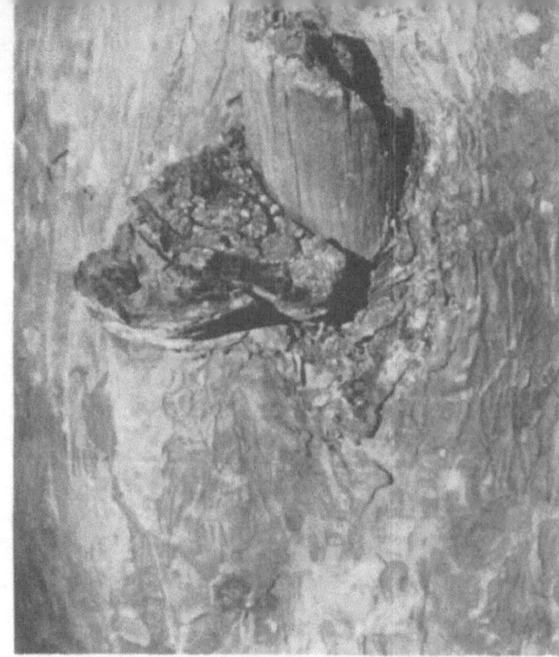

Abb. 54. Rebhuhnholz an Eiche (J. REISCH)

Abb. 55. Kiefernbaumschwamm (J. REISCH)

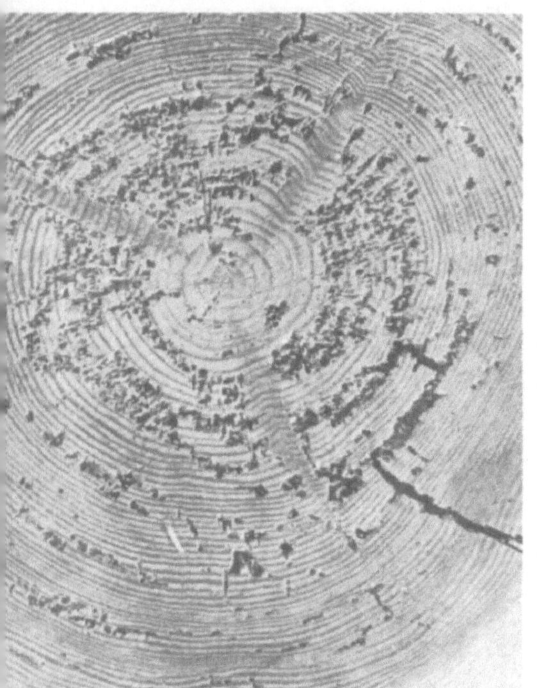

Abb. 56. Bienenrosigkeit an Kiefer (J. REISCH)

Abb. 57. Echter Hausschwamm an Buchenholz (J. REISCH)

Abb. 58. Verblautes Kiefernholz (Inst. f. ForstpflanzenKrankheiten – BBA)

Holzart	Symptom	Art (Größenangabe für Durchmesser des Fruchtkörpers bzw. der Konsole)
Weiß- und Lochfäule *(Fortsetzung)*		
	punktweise Zersetzung innerhalb der Jahresringe mit Übergang zu Löchern und ringartigen Hohlräumen, wabenartig; Stockfäule *(Abb. 56)*	Erreger der Bienen- oder Immenrosigkeit *(Polyporus circinatus* Fr. = *tomentosus)* – Porlinge *(Polyporaceae)* – vorwiegend auf kalkreichen Böden; filzige, rotbraune Fruchtkörper mit gelbgerandetem Hut (5–15 cm) und 1–2 cm starkem, kurzem Stiel; *Infektion:* von der Wurzel her.

Braun- oder Rotfäule mit rötlichem, später bräunlichem Farbton des Holzes
Merkmal: würfeliger Zerfall

Laubholz

Holzart	Symptom	Art
Eiche (u. a. Lh, selten Nh)	anfangs rötliches, dann rotbraunes, bröckeliges, mürbes Holz; dünne, weißledrige Myzellappen in Schwundrissen des Kernholzes	Schwefelporling *(Laetiporus sulphureus* [Bull.] Bond. et Sing. = *Polyporus)* – Porlinge *(Polyporaceae)* – weiche, schwefelgelbe, später blasse und härtere, meist zu mehreren übereinandersitzende Fruchtkörper (bis 40 cm); Wundparasit mit Übergang zur saprophytischen Lebensweise.
(meist Ei)	rotbraune, krümelige Holzmasse; Grubenholz, Pfähle!	Eichenwirrschwamm, Eichen-Tramete *(Trametes quercina* [L.] Pilát = *Daedalea)* – Porlinge *(Polyporaceae)* – bräunlich-graue, oberseits glatte Fruchtkörper (bis 20 cm); vorwiegend Saprophyt (auch Stöcke), seltener Wundparasit.
(Bi)	Braunfäule, Stammbruch	Birkenporling *(Piptoporus betulinus* [Bull.] Karst. = *Polyporus)* – Porlinge *(Polyporaceae)* – einjährige, kissenartige Fruchtkörper (bis 30 cm) mit glatter, grauer Oberseite und weißer Porenschicht; *Infektion:* durch Astabbrüche am lebenden Stamm.

Holzart	Symptom	Art (Größenangabe für Durchmesser des Fruchtkörpers bzw. der Konsole)
Braun- oder Rotfäule *(Fortsetzung)*		
Nadelholz		
Fichte (u. a. Nh, selten Lh)	zunächst Weißfäule, dann hellbraunes, linsenförmig durchlöchertes Holz bzw. rotbrauner Rückstand; flaschenartige Aufbauchung des Stammfußes *(Abb. 51–53)*	**Wurzelschwamm** (*Fomes annosus* [Fr.] Cooke = *Trametes radiciperda* Htg) – Porlinge *(Polyporaceae)* – s. an Wurzeln! Im forstlichen Sprachgebrauch seit jeher als „Rotfäulepilz" geführt und daher hier eingeordnet.
(auch Ta)	Braunfäule mit würfeligem Holzzerfall, später Weißfäule; Rotstreifigkeit an lagerndem Holz im Zusammenhang mit anderen Erregern	**Blutender Schichtpilz** (*Stereum sanguinolentum* [Alb. et Schw.] Fr.) – Schichtpilze *(Stereaceae)* – gelblichblasse, rundliche Fruchtkörper mit scharfem, weißem Rand, dünn, ledrig, bei Berührung blutrot anlaufend; Saprophyt (auch Stöcke), Wundparasit (Rotwildschäle, Holzwespenbefall, Astabbrüche).
vorwiegend Kiefer (Dougl, Lä, Fi)	gelbbraun gestreiftes, später vollständig hellbraunes Holz, kreidigflockiger Myzelbelag; Stockfäule in älteren Stämmen; Terpentingeruch	Kiefern-Braunporling (*Phaeolus schweinitzii* [Fr.] Pat. = *Polyporus)* – Porlinge *(Polyporaceae)* – trichterartige, zottig behaarte, oberseits gelbbraune Fruchtkörper (bis 30 cm) am Stammfuß und im Boden (verborgene Wurzeln); Parasit mit Fortsetzung saprophytischer Lebensweise in gefällten Stämmen.
(auch anderes Nh, bes. Dougl)	rötliches, dann gelbbraunes Holz; starker Terpentingeruch; Stockfäule	Krause Glucke (*Sparassis crispa* [Wulf.] Fr.) – Keulenpilze *(Clavariaceae)* – großer (30 cm), blumenkohlähnlicher Fruchtkörper mit tief in der Erde sitzendem, saftigem und dickem Strunk; Parasit von lebenden Wurzeln aus; Speisepilz; s. u. Wurzeln! *(Abb. 35)*
(auch Lh)	rotbraunes Holz	Rotrandiger Baumschwamm (*Fomitopsis pinicola* [Sw.] Karst. = *Fomes marginatus* [Fr.] Gillet) – Porlinge *(Polyporaceae)* – gelbbraune bis rote, später schwarze, hellberandete Fruchtkörper (bis 15 cm); Parasit mit Fortsetzung saprophytischer Lebensweise im gefällten Holz.

Holzart	Symptom	Art (Größenangabe für Durchmesser des Fruchtkörpers bzw. der Konsole)
Braun- oder Rotfäule *(Fortsetzung)*		
(Fi, Ta)	rostbraunes Holz von innen her; vornehmlich im verarbeiteten Holz (Bau-, Masten-, Grubenholz)	Tannenblättling *(Gloeophyllum abietinum* [Bull.] Fr. = *Lenzites)* – Porlinge *(Polyporaceae)* – zottig behaarte, vielgestaltige, einzeln oder dachziegelig dicht ansitzende Fruchtkörper; Saprophyt (auch Stöcke), mitunter Wundparasit.
(Nh)	braunes Holz; häufig an Masten, Schwellen, Grubenholz	Schuppiger Sägeblättling *(Lentinus lepideus* Fr. = *squamosus)* – Blätterpilze *(Agaricaceae)* – dunkel geschuppter Hut (5–15 cm) mit weißen, gezähnten Lamellen; Saprophyt auf Stämmen und Stöcken.
(Lh u. Nh) (auch Naßfäule)	hellbraunes Holz mit späterem dunkelbraunem Zerfall; weißes watteartiges Myzel, älteres bleistiftstark, in verbautem Holz, holzhaltigen Baustoffen, Rohrgeflechten, auch Büchern, Teppichen u. a.; **gefährlichster Zerstörer verbauten Holzes**	**Echter Hausschwamm** *(Merulius lacrymans* [Wulf.] Fr. = *Serpula)* – Porlinge *(Polyporaceae)* – fleischiger, weicher, aber zäher, rostbrauner Fruchtkörper (bis 1,5 m) mit weißem, wulstigem Zuwachsrand; **(Abb. 57)** Saprophyt im halbtrockenen Bauholz von 20% bis max. 30% Feuchtigkeit und +3 bis +23°C Temperatur; *Infektion:* durch Sporen; Verbreitung durch Myzelstränge auch in vollständig trockene Räume; Pilz feuchtet in sichtbaren Tröpfchen Holz an. *Gegenmaßnahmen* *vorbeugend:* Imprägnierung des Bauholzes mit entsprechenden pilzwidrigen Holzschutzmitteln (HV); Verwendung von gesundem und trockenem Holz; fachgerechte Verbauung, z. B. gute Isolierung des Dachstuhls, der Grundmauern u. a.; sofortige Beseitigung von Dachschäden, Rohrbrüchen u. a. Schäden mit Feuchtigkeitseinfluß; bei Befall: umgehende Vernichtung des Schwamm-Materials, durchwachsene Mauerfugen mit Lötlampe ausbrennen.

Holzart	Symptom	Art (Größenangabe für Durchmesser des Fruchtkörpers bzw. der Konsole)
Braun- oder Rotfäule *(Fortsetzung)*		
Nadelholz	ähnlich wie bei *lacrymans*, jedoch am lagernden Holz im Freien, Kernfäule von der Stammbasis her	Wilder Hausschwamm (*Merulius silvester* Falck = *Serpula himantioides* Fr.) – Porlinge *(Polyporaceae)* – vielleicht nur bes. Wuchsform von *lacrymans* (?); flache, gelbbraune, weiche Fruchtkörper mit dünnem, weißem Rand, flacher, wabenartiger Porenschicht; *Infektion:* vom Boden her.

Moderfäule bei weichem Holz, im trockenen Zustand mit Querrissen; einwandfreie Diagnose nur mikroskopisch am Querschnitt: von Hyphen durchlöcherte Holzzellen; bei verbautem Holz unter ständig feuchten oder nassen (auch Wasserlagerung) Verhältnissen, z. B. Kühltürme, Rammpfähle, Schwellen, Masten und Holzwerkstoffe (Spanplatten u. a.);
Merkmal: sehr ähnlich Braunfäule (Dunkelfärbung, Würfelbruch), jedoch mit dünner vermorschter Oberfläche.

Beteiligte Pilze

Schlauchpilze *(Ascomycetes)* mit farblosen Hyphen, mohnkorngroßen, borstentragenden Fruchtkörpern *(Perithezien)*; *Chaetomium spec.*, *Sporormia leporina* –;
unvollständig bekannte Pilze *(Fungi imperfecti)* der Gattung *Paecilomyces* und *Trichoderma*.

Gegenmaßnahmen: Imprägnierung mit kupferhaltigen Holzschutzmitteln (HV); gegenüber üblichen Präparaten ziemlich resistent.

Verstocken und andere Holzverfärbungen

Eine von Hirnflächen oder anderen Rindenbeschädigungen ausgehende, kegelförmig nach innen rasch fortschreitende Fäule des Laubholzes (Bu, Ei, Pa, Ah, Li, Hbu) während der warmen Jahreszeit, bezeichnet man als Verstocken.[*]
Im Gegensatz dazu entstehen Holzverfärbungen durch ausgeschiedene Pigmente von Pilzen und sind im allgemeinen nicht holzzerstörend.

---

[*] Eine sehr ähnliche Erscheinungsform ohne Pilzeinwirkung ist „Einlauf" oder „Ersticken" als rein physiologischer Vorgang durch Luftzutritt, Thyllenbildung und Verkernung. Der Rotkern oder Falschkern, Pilzkern, Frostkern der Rotbuche wird als altersbedingte Schutzholzbildung am stehenden Stamm gedeutet.

Holzart	Symptom	Erreger
Buche	unregelmäßige und streifenweise auftretende graubraune Verfärbung, später beginnende Weißfäule	*Bispora antennata* (Pers.) Mason, schwarze Konidienlager als radial verlaufende Flecken oder Streifen an Hirnflächen; Geweihpilz (*Xylaria hypoxylon* [L.] Grev.), geweihförmige, breitgedrückte Keulen *(Stroma)* mit weißen Spitzen (insgesamt bis 6 cm hoch); Kohlbeere (*Hypoxylon fragiforme* [Pers.] Kickx), beerenartige, dunkle Fruchtkörper scharenweise auf Rindenoberseite; Spaltblättling (*Schizophyllum communa* [Fr.] Fr.), dachziegelig aufsitzende, muschelförmige, graubraune, zähe Fruchtkörper mit längsgespaltenen Lamellen; Violetter Schichtpilz *(Stereum purpureum)*, Schmetterlingsporling *(Trametes versicolor)* siehe bei Weiß- und Lochfäule.
Eiche	s. Holzfäulen	Striegeliger Schichtpilz *(Stereum hirsutum)*, Eichenwirrschwamm *(Trametes quercina)*, Schwarzer Schmutzbecher (*Bulgaria inquinans* Fr.), kohlschwarze Fruchtscheiben, büschelartig aus der Rinde brechend.
Pappel	s. Weißfäule	Pappelschüppling (*Pholiota destruens* [Brond.] Quél).
		Gegenmaßnahmen *vorbeugend:* Winterfällung, schneller Einschnitt und entsprechend trockene Lagerung oder Wasserlagerung bzw. Berieselung; luftabschließende Anstriche, z.B. Schlämmkreide mit Leimzusatz oder Paraffin an Schnitt- und Wundflächen, Buchenstockschutzmittel auf der Basis von Pentachlorphenol und chloriertem Naphthalin (PV).
Kiefer	Stammholzbläue (primäre Bläue) blaugraue Verfärbung von Ki-, Splint- und Fi-Holz, stehende oder gefällte, berindete oder entrindete Stämme *(Abb. 58)*	*Ceratocystis*-Arten; *Infektion:* durch Rindenverletzungen (Fällungs- und Rückeschäden, Meßring, Bohrlöcher von rinden- und holzbrütenden Insekten); *Gegenmaßnahmen* *vorbeugend:* Winterfällung (Oktober bis Januar) und rasche Abfuhr; keine Entrindung des ungerückten, schattenlagernden Stammholzes, keine Rindenverletzung, luftige Lagerung oder Wasserlagerung, verdunstungshemmende Mittel.

Holzart	Symptom	Erreger
Kiefer *(Fortsetzung)*	Schnittholzbläue (sekundäre Bläue) nach dem Einschnitt als kleine dunkle Flecken oder Streifen auf Schnittflächen sichtbar	*Cladosporium*-Arten
	Anstrichbläue (tertiäre Bläue) ähnliche Symptome, jedoch auf getrocknetem und verarbeitetem Holz nach erneuter Feuchtigkeitsaufnahme	*Aureobasidium pullulans* (de Bary) Arn. und *Sclerophoma pityophila* (Corda) Höhn. (BUTIN/ZYCHA 1973).
Nadelholz (vorwiegend Fi)	Rotstreifigkeit rötliche Streifen am eingeschnittenen, waldfrischen Holz; Herabsetzung der Festigkeitseigenschaften	**Blutender Schichtpilz** *(Stereum sanguinolentum)* u.a. Schicht- und Rindenpilze (s. bei Holzfäulen); Violetter Porling (*Hirschioporus abietinus* [Dicks.] Donk); *Gegenmaßnahmen:* sehr trockene oder sehr nasse Lagerung des Holzes (Unterlage!).

Daneben können noch Grau-, Braun-, Gelb- und Grünfärbungen an verschiedenen Holzarten durch Pilzeinwirkung entstehen.

III. Unerwünschter Pflanzenwuchs

1. Allgemeines

Definition: „Unkräuter sind, wirtschaftlich gesehen, Pflanzen, die unerwünscht auf dem Kulturland wachsen und dort mehr Schaden als Nutzen verursachen" (RADEMACHER 1956).

Im Wald ist die **synökologische Stellung** jeder Pflanze innerhalb der Lebensgemeinschaft zu berücksichtigen, etwa als Nahrungsspender, Deckung, Wohnung u. a. für biologische Helfer.

Nahrungsketten bestehen einfach, z. B. Pflanze-Hase-Fuchs, oder mehrgliedrig, z. B. Pflanze-Raupe-Raubinsekt oder Parasit-Insektenfresser-Fleischfresser (TISCHLER 1955).

Die Kraut- und Strauchschicht ist für zahlreiche entomophage Hautflügler, Raupenfliegen und andere Blütenbesucher eine unentbehrliche Nahrungsquelle. Bei einer Untersuchung von Wildkräutern und -gräsern sowie Sträuchern im Reinhardswald wurden 148 parasitische *Hymenopteren*arten (Schlupf-, Brack-, Erz- und Zwergwespen) gefunden, deren Lebenserwartung und Fruchtbarkeit vom Genuß von Pollen (vorwiegend Gräser), Nektar oder Honigtau (extraflorale Nektarien, z. B. beim Adlerfarn) abhängt (HASSAN 1966). Reichliche und zugängliche Nektarspender sind die Doldengewächse *(Umbelliferae)*. An Wilder Möhre *(Daucus carota)* und am Bärenklau *(Heracleum spondylium)* entdeckte man weitaus die meisten Schlupfwespen. Von der Ackerdistel *(Cirsium arvense)* leben über 100 Insektenarten (CARL und ZWÖLFER 1965). 54 Raupenarten von Schmetterlingen fressen an *Rubus spec.* (SPULER 1904), 29 Arten an Schmielen *(Deschampsia spec.)* und 20 Arten an Beerkraut *(Vaccinium myrtillus)* (WAGNER)[*]. Eine erstaunliche Mannigfaltigkeit von verschiedenen Schmarotzern weist auch der Adlerfarn *(Pteridium aquilinum)* auf (SIMMONDS 1967, WIECZOREK 1972/73) *(Abb. 229)*.
Die Rötelmaus *(Clethrionomys glareolus)* bevorzugt im Winter Holunder *(Sambucus spec.)*, der Rehbock zum Fegen Weichhölzer. Ein dichter Bodenbewuchs bildet eine ähnlich gute Wärmeisolierung wie eine geschlossene Schneedecke (Barfrost!). Nackte oder spärlich bewachsene schwere Lehm- und Tonböden (auch Lößlehm) reißen bei längeren Trockenperioden in tiefen Spalten auf. Die Vertrocknungsgefahr wächst damit in erster Linie für die Kulturpflanze.

In durchblasenen Altbeständen (Tanne, Buche) ist der Boden durch Aushagerung verjüngungsfeindlich. Durch fehlenden Pflanzenwuchs wird der Boden vor allem im Gebirge abgetragen und devastiert (BARNER 1965).
Als Nachteile unerwünschten Pflanzenwuchses sind zu nennen: Kultur- und Verjüngungshindernis, Verdämmung, Konkurrenz (Nahrung, Wasser, Licht, Luft), Erdrücken, Niederziehen, Steigerung der Frost-, Pilz- und Mäusegefahr *(Abb. 61–64, 66–68)*.
Man unterscheidet einjährige **Samen-Unkräuter** und langlebige **Wurzel-Unkräuter** sowie Gräser. Darunter fallen auch verdämmender Baum- und Strauchwuchs, Schlingpflanzen und Schmarotzer. Im weiteren Sinne können sogar nur einzelne Pflanzenteile wie Ruten aus Stockausschlag oder Wurzelbrut, Äste, insbesondere Wasserreiser (Klebäste) die Holzzucht stören.

Unsere Kulturpflanze ist ein Fremdling in einem von uns ausgewählten Lebensraum, den seit langer Zeit eine festgefügte, sog. bodenständige Pflanzengesellschaft beherrscht. Dies gilt auch für Kahlflächen, wo sich nach kurzer Zeit wieder eine Schlagflora einfindet. Manche von ihnen sind Standortanzeiger, z. B. Heidekraut *(Calluna vulgaris)* für arme Sandböden, Binsen *(Juncus*

---

[*] Einheimische Arten.

spec.) für Staunässe, Hainsimse *(Luzula nemorosa)* für beginnende Streuzersetzung. Bekannt ist der Artenreichtum auf Kalkböden und im Auwald der Flußniederungen. Andrerseits gibt es auch viele Kalkflieher, z.B. Roter Fingerhut *(Digitalis purpurea)* und Honiggras *(Holcus lanatus)*. Die Produktion von Samen und Rhizomen ist bei manchen Arten so unvorstellbar groß, daß das Sprichwort Wahrheit gewinnt: Unkraut vergeht nicht!

Eine einzige Pflanze des Hirtentäschelkrautes *(Capsella bursapastoris)* erzeugt beispielsweise bis zu 40 000 Samen, das Franzosenkraut *(Galinsoga parviflora)* sogar mitunter über 100 000 Samen. Für unkrautfreie Böden konnten schon über 10 Millionen keimfähige Unkrautsamen je ha festgestellt werden, bei optimalen Bedingungen weit über 100 Millionen. Das Gewicht der Wurzelsprosse der Quecke *(Agropyron repens)* wurde bei entsprechend durchwucherten Böden mit etwa 300 Ztr. je ha ermittelt. Ölhaltige Unkrautsamen, z.B. vom Hederich *(Raphanus raphanistrum)* oder Ackersenf *(Sinapis arvensis)* können jahrelang überdauern. Federleichte Samen von Korbblütlern *(Compositae)* werden oftmals durch Luftbewegungen meilenweit verfrachtet.

An eine Ausrottung von unliebsamen Vertretern der Pflanzenwelt ist also gar nicht zu denken und im Hinblick auf ihre Bedeutung im Haushalt der Natur auch nicht wünschenswert.

2. Gegenmaßnahmen

Grundsätzlich ist vor Beseitigung der Pflanze ihre synökologische Bedeutung (Futterpflanze für Wild, Vögel, biol. Helfer) zu bedenken. Keine radikalen Herbizidanwendungen ohne genaue Ermittlung des Florenbestandes, der Pfleglichkeit des Verfahrens und nur mit Kenntnis der Eigenschaften bzw. Nebenwirkungen der betreffenden Wirkstoffe bzw. Präparate und Formulierungen! (s. unter Wald – Umwelt S. 50/51).

2.1 Vorbeugend (waldbaulich)

Vermeidung zu starker einmaliger Erziehungseingriffe; Mischwuchspflege; Ausnutzung der Schattholzansamung unter Altholzschirm auf nahezu unkrautfreien Böden; völlige Bodendeckung bis zur Überführung in den Freistand (BAUER 1942); auf unkrautwüchsigen Standorten u.U. Waldfeldbau zur Anzucht von Wildäsungs- oder Futterpflanzen (s. Wildschadenverhütung!).

2.2 Mechanisch

Wegen der Vertrocknungsgefahr ist vom Reinigen in der Sommerhitze abzuraten. Ab Herbst soll keine Bodenbearbeitung in Kulturen vorgenommen werden (Barfrost). Stockausschlag, Wurzelbrut und unerwünschte Holzarten (auch Läuterung) sind in der Saftzeit zu beseitigen. Das Zerteilen von Wurzelausläufern u.ä. fördert nur deren Vermehrung!

Abb. 59. Mechanische Unkrautbekämpfung durch „Wiesel" (J. Reisch)

Abb. 60. Chemische Grasbekämpfung durch Dalapon-Granulat (Zwischenreihenbehandlung) (Schering AG)

Abb. 61. Schmarotzer „Mistel" (J. Reisch)

Abb. 62. Baumwürger „Waldgeißblatt" an Douglasie (J. Reisch)

Abb. 63. Typische Schlagflora mit Weidenröschen (J. Reisch)

Abb. 64. Himbeere und Bormbeere verdämmend in Fichtenkultur (Schering AG)

Im Saatkamp und Pflanzgarten

Reinigung der Beete

Verfahren	Leistung[a] h/ar	Bemerkungen
einmal von Hand (Jäten)	4–15 F	4–5fache Wiederholung in der VZ, mit
mit schmaler Blatthacke	bis 6 F	Geräten nur bei genügend großen Quartieren
Kultivator, Spitzenjäter	1,5–3 F	mit langen, durchgehenden Pflanzreihen in
Rollhacke u. a.		20 cm Abstand, bei schweren Böden oft nur
Motorhackfräse, z. B.	2–6[a]	durch Hacke.
Bungartz (Arbeitsbreite 9–10 cm)		

[a] M = Männerarbeit, F = Frauenarbeit, MA = Maschinenarbeit.

Abdecken der Beete

Material	Stärke cm	Leistung[a] h/ar	Bemerkungen
Torfmull	3–4	4–6, zusätzlich 1,5 für 1 Jäten von Wurzelunkräutern	Düngewirkung bes. günstig auf basenreichen Böden.
Laubstreu	4–5		Düngewirkung verstärkt durch Zusatz von Jauche, Kalk.
Plastikfolie (schwarz) (15, 20, 25, 30 cm breit)	0,04 oder 0,08		Beeinflußt Bodenatmung, jedoch keine Feuchtigkeitsminderung, zwischen den Streifen mitunter Unkrautwuchs.

[a] s. oben

In Freikulturen

Verfahren und Gerät	Arbeitsbreite	Arbeitsbedingungen	Leistung[a] (einmaliger Durchgang) h/ha
Hacken mit Handgeräten:			
Schlaghacke (Blatthacke)	180 × 250 mm	mittlere Verunkrautung	140–280 F
Ziehhacke (Spitzenjäter)	150 mm	auf Ki-Streifenkulturen (7600 lfdm/ha)	110–200 F
mit Maschinen:			
Einachsschlepper mit Fräswerk	70–90 cm	w. v.	8 MA
Rotavatorfräse am Güldner G 50 A	100 cm	w. v.	3 MA
Viaud-Grubber am Güldner G 50 A	bis 250 cm	w. v.	1 MA

Verfahren und Gerät	Arbeitsbreite	Arbeitsbedingungen	Leistung[a] (einmaliger Durchgang) h/ha
Freistellen durch Niedertreten:			
Tretschuhe Hierner		Fi-Reihenkultur mit Unkrautwuchs bis 100 cm	18 M
durch Niederwalzen:			
Kela-Graswalze	72 cm	total vergraste, mit Stöcken durchsetzte Fi-Reihenkultur	max. 12 MA
Freischneiden mit Handgeräten:			
Grassichel		streifenweise bei Unkrautwuchs 75–125 cm	25–70 M
Stielsichel		Adlerfarm über 150 cm	54 M
Kultursense		mittlere Verunkrautung, Fi-Reihenkultur	29–43 M
Grassense		Gassenschnitt 70 cm, Gras 40 cm, Weidenröschen 150 cm	31–42 M
mit Maschinen:			
Schefenacker Allmäher AS 26 GV	75 cm	Reihenkultur, mittelschwere Verhältnisse, Unkraut bis etwa 100 cm, Beerkraut, Stockausschlag u. a.	5–10 MA
Wambo-Werker mit rückentragbarem Motor	23 cm (Schlagmesser)	w. v.	15–25 MA
Motorsense F 300 *(Wiesel) (Abb. 59)*	30 cm (Messerkopf)	w. v.	19–32 MA
Zusatzgeräte (Messer) für Motorsägen z. B. Stihl „Dachs" (4104) oder „Marder" für holzige Pflanzenteile bis 10 cm Trenndurchmesser	35 cm (Messerscheibe) 25 cm	w. v.	32–36 MA

[a] s. S. 112.

Angaben nach Anhang zum Lehrbuch „Der Forstbetriebsdienst" 1961, DOSTAL 1963, 1964, LOYCKE 1963, KWF 1964, *Waldarbeitsschule* 1970.

Die derzeitigen kleinen Motor-Freistellgeräte *(Abb. 59)* sind noch ungenügend entwickelt. Der Zeitaufwand ist viel zu groß und die Arbeitsbreite im Forstbetrieb viel zu gering. Es erscheint daher dringend erforderlich, daß die Maschinenindustrie bald neue Modelle auf den Markt bringt. Schließlich bietet sich gerade hier, als Konkurrenz zum Herbizideinsatz, ein sehr lohnendes Betätigungsfeld.

2.3 Chemisch

Obwohl man die Methode der chemischen Unkrautbekämpfung schon sehr lange kennt, ist sie erst in jüngster Zeit in geradezu erstaunlichem Maße entwickelt und forciert worden.

In einem Unkrautbüchlein von KIRCHHOF aus dem Jahre 1851 wurde bereits Eisenvitriol zum Einreiben von Sichel und Sense empfohlen. Später verwendete man Schwefelsäure zur Vernichtung der Kleeseide (Hopfen-Parasit). Hederichkainit und Kalkstickstoff sind altbekannte Mittel gegen Heide- und Beerkraut. Durch die Tatsache, daß Auxin* und Heteroauxin das Wachstum bei Pflanzen fördern, kam während des letzten Weltkrieges in den anglo-amerikanischen Ländern der Gedanke auf, diese Mittel zur Unkrautbekämpfung einzusetzen. Bei der Gabe von Auxin ist lediglich die Konzentration entscheidend, übersteigt sie einen bestimmten Wert, so kommt es zu abartigem Wachstum der Pflanze, und sie geht zugrunde. Es ist also nicht verwunderlich, daß man diese Wuchsstoffe in der Praxis sehr gerne zur Unkrautbeseitigung verwendet. Sie werden hauptsächlich zur Beseitigung von Baum- und Strauchwuchs, Stockausschlag und Wurzelbrut, zur Entastung vor allem in Eichenwertholz-Beständen und zur chemischen Läuterung von Laubholzbeständen benutzt.
Der größte Teil der heute bei uns verwendeten synthetischen Herbizide stammt entwicklungsmäßig aus USA und wird hier von der chemischen Industrie in Lizenz hergestellt.

Im Walde ist die Beseitigung von Unkraut auf großen Flächen durch die Kahlschlagwirtschaft aktuell und durch den wachsenden Mangel an Arbeitskräften im Zusammenhang mit den ständig steigenden Löhnen problematisch geworden.
Schwierigkeiten entstehen aber durch eine individuelle Anwendung fast jeden einzelnen Mittels: Zeitpunkt, Zustand des Bodens und der Pflanzenwelt, Aufwandmenge und Konzentration.

Beispiel:

Mineralölfraktion speziell gegen Samenunkräuter im Kiefernsaatbeet:
„Diese Präparate wirken gegen bereits gekeimte Unkräuter, jedoch nur bis zu einer Höhe von etwa 3 cm. Der Einsatz erfolgt nach Aussaat entweder vor Auflaufen der Sämlinge oder nach voller Entfaltung der Keimblätter, d.h. frühestens vier bis sechs Wochen nach Auflaufen. Zur Zeit der Behandlung müssen die Nadelholzkeimlinge feuchtigkeitsgesättigt sein, darf kein heißes und trockenes Wetter herrschen, soll aber auch kein Regen fallen" (GÜNTHER, WACHENDORFF 1966).
Ähnliche Engpässe bestehen z. B. auch für Alipur, wo auf leichten Böden spätestens 5–7 Tage nach der Behandlung 8–12 mm Regen, auf schweren Böden innerhalb von 8–10 Tagen 5–6 mm Niederschlag gefallen sein sollen.
Daraus ergibt sich für den Praktiker die unbedingte Notwendigkeit der Kenntnis des betreffenden Herbizids und die genaue Einhaltung der Anwendungsvorschriften.
Die Umwandlung einer Grasdecke in eine dikotyle Folgeflora durch Grasherbizide (Dalapon, TCA) ist eine bekannte Tatsache *(Abb. 67, 68).*

Außerdem sind eine Reihe von Nebenwirkungen und Gefahren für die Umwelt gegeben.

So ist besonders der Einfluß von Wuchsstoff-Dieselöllösungen bei der chemischen Läuterung, also ersten Hiebsmaßnahmen in einem jungen Baumbestand, auf Boden und Wasser sowie auf die Anreicherung von Holzinsekten untersucht worden.
Das Bodenleben scheint nicht zu leiden, da der Abbau der Wirkstoffe relativ rasch durch Mikroorganismen (z.B. *Bacterium globiforme*) erfolgt. Man hat sogar festgestellt, daß die aeroben, zellulosezerstörenden und nitratbildenden Bakterien nach einer Behandlung mit 2,4-Dichlorphenoxyessigsäure zunehmen. Auf die Befallsgefahr durch Sekundärschädlinge bei

---

* Biogene Auxine sind spezielle Zellstreckungshormone und besitzen eine umfassende Bedeutung für zahlreiche Entwicklungsvorgänge in der Pflanze; Verwendung synthetischer Auxine im Gartenbau zur Stecklingsbewurzelung bei vegetativer Vermehrung von Zierpflanzen, außerdem bei einigen Arten anregend auf Blütenbildung, Fruchtansatz, Wachstum und Reifung.

wuchsstoffbehandelten Nadelhölzern weist GÜNTHER (1965) eindringlich hin. Nach seinen Untersuchungen an 30jährigen Schwarzkiefern waren nach 3%iger Tormona-Behandlung 80% der Stämme mit dem Kiefernstangenrüßler *(Pissodes piniphilus)* befallen. Der zwar waldbaulich sehr willkommene Zustand eines langsamen Ausscheidens des behandelten Einzelstammes aus dem Bestandsgefüge (im Gegensatz zum mechanischen Eingriff mit Axt, Heppe oder Säge) schafft aber einen Brutherd für sekundäre Holzinsekten, bes. Borkenkäferarten, wie dies z.B. für den Ungleichen Nutzholzborkenkäfer *(Xyleborus dispar)*, den Kleinen Buchenborkenkäfer *(Taphrorychus bicolor)* von REISCH (1965) und für den Buchennutzholzborkenkäfer *(Trypodendron domesticum)* von WEBER (1966) nachgewiesen wurde.

Ferner sind Verseuchungen des Wassers (auch allein durch den Trägerstoff), durch Versickern oder oberirdischen Abfluß zu berücksichtigen (s. wasserrechtliche Bestimmungen der Länder!) (WOELFLE 1961, FROEHLICH 1961, KIRWALD 1961).

Durch Verwehen (Abdrift) von Herbizid-Schwaden können Nachbarkulturen erheblich geschädigt, wenn nicht gar vernichtet werden. Aus unerklärlichem Grunde treiben Wuchsstoffe selbst in windstillen Abendstunden ab.

Herbizide können außerdem Warmblüter direkt durch Verätzungen, Hautausschlag, Entzündung der Schleimhäute, teratogene Mißbildungen und Krebsgeschwülste oder auch indirekt schädigen, z.B. beim Weidevieh durch ein schwindendes Selektionsvermögen für Giftpflanzen (FINGER, ORTH 1970, HEDDERGOTT 1971).

Düngung* zur Beseitigung von Unkraut- bzw. Grasdecken

(Gleichzeitig harmonische Nährstoffversorgung, Bodenverbesserung und Wachstumssteigerung der Kulturpflanze; anschließend u.U. vermehrte Unkrautansammlung) *(Abb. 41)*.

Düngemittel	Menge dz/ha		Anwendung gegen
Kalkstickstoff	8–10	bei	Drahtschmiele
oder Kainit[a]	30–50	Tau am	*(Deschampsia flexuosa)*
oder Kalkstickstoff	ca. 5	Morgen	u.a. Gräser
+ Kainit[a]	20	sonniger Tage	
Branntkalk	30		Wolliges Honiggras
oder			*(Holcus mollis)*
Düngekalk	bis 20	einmalige	*(Holcus lanatus)*,
+ Thomasphosphat	1–2	Vorratsdüngung	Heidekraut *(Calluna vulgaris)*
+ 40er Kali	2–4	jährlich	und Beerkraut
+ Kalkammonsalpeter	0,5–1		*(Vaccinium myrtillus)*
oder			
Kalkstickstoff	2–12,5	Frühblütestadium,	Heide- und Beerkraut
+ Hederichkainit	9,2–20	auf taufrische oder	*(Calluna vulgaris,*
		regenfeuchte Unter-	*Vaccinium myrtillus)*
		lage mit möglichst	
		anschließend sonnig-	
		heißer Witterung	

[a] Kainit und Hederich-Kainit heute nicht mehr im Handel, stattdessen Magnesia-Kainit (grob).
  (Angaben nach ALBRECHT 1965, ZÜRN 1968, BLEICHERT 1971 [nachrichtlich]).

---

* Natürliche Mineraldünger sind vielfach bodenbiologisch wirksam, so daß ihre Einordnung auch unter biologischen Gegenmitteln erfolgen kann.

Herbizid-Einsatz

Auf Kahlschlägen und Kulturen bzw. in Altholzbeständen zur Kulturvorbereitung

Verfahren und Gerät	Arbeitsbreite m	Brühe Ltr. je ha	Streugut kg je ha	Sand Eimer je ha	Leistung h/ha
Spritzen					
GF – Rückenspritze	1,5	600			20–30
ZR –	1,5	300			6–12
GF – fahrbares Großspritzgerät	10	600			1– 2
ZR –	1,2–2,8	400			2– 3
Sprühen					
GF – rückentragbares Motorsprühgerät	3–4 (5)	150–200			6–10 (5–12)
ZR –	3–5	25–100			3– 7
Streuen					
GF – von Hand				10	3– 4
ZR –				5	4
GF – rückentragbares Motorsprühgerät mit Granulatfördereinrichtung	3–5	30– 50			1– 2
GF – Kleegeige	2–3		30–50		2– 3
ZR –	1		25–50		3– 4
ZR – Blank-Streuer	0,6		10–15		4
GF – Kreisel-Düngerstreuer am Schlepper	ca. 7 m		30–40		1

GF = Ganzflächenbehandlung, ZR = Zwischenreihenbehandlung *(Abb. 60).*

Das Auskesseln von Kulturpflanzen mit Streugut oder Sandgemisch hat den Nachteil, daß bei zu knapper Bemessung der Streuweite Unkraut oder Gras bald wieder zuwächst und im anderen Fall das Fegen des Rehbocks begünstigt wird.

Zur Beseitigung von Stockausschlag

Verfahren und Gerät	Arbeitsbreite m	Brühe Ltr./ha	Leistung h/ha
Spritzen Stammgrundbehandlung mit Rückenspritze	5–15 breite Streifen	50–300	10–30[a]
mit Unimog und Aufsattelspritze sowie 4 Handspritzrohren (Schlauchspritzung)	20–25 (Reichweite)	100–300	1–2,5

[a] bis 6000 Stöcke je ha.

Chemische Läuterung

Verfahren und Gerät	Brühe ccm/Stamm	Leistung h/1000 Stämme
Manschettenverfahren[a] mit Pinsel und Eimer oder Tankpinsel	ca. 20	8,5–10
„Taunus" Rückensprühgerät mit Läuterungszange bzw. -bürste		ca. 6–8

[a] Stammumfassender Ring von 20–30 cm $\varnothing$, bei Es und Ei 50 cm $\varnothing$, lückenlos, tropfnaß.

Im Forstgarten soll die Zeitersparnis mit Herbiziden recht groß sein. Doch ist zu berücksichtigen, daß daneben noch 2–3 Jätegänge zur Beseitigung von widerstandsfähigen Pflanzen bzw. Wurzelunkräutern eingeschaltet werden müssen. (Angaben nach LAMBRECHT 1966 und BASF 1971.)

2.4 Biologisch

Die Unkrautforschung innerhalb des europäischen Raumes hat die Rolle natürlicher Begrenzungsfaktoren bislang fast gänzlich vernachlässigt. Dem Praktiker steht also heute leider bei uns noch kein biologischer Helfer zur Verfügung *(Abb. 65, 229)*.
Im Gegensatz dazu ist es in außereuropäischen Ländern gelungen, eine Reihe erfolgreicher biologischer Bekämpfungsaktionen durchzuführen, die allerdings meist nur gegen eingeschleppte Unkräuter wirksam sind.

Beispiele (nach HUFFAKER 1968)

Wirtsspezifische Phytophage	Eingeführt	Unkraut
Blattkäfer (*Chrysomela quadrigemina* Suffr.)	von Südfrankreich nach Kalifornien u. a. Staaten des westlichen Nordamerika	Johanniskraut (*Hypericum perforatum* L.)
Prachtkäfer (*Agrilus hyperici* Creutz.)	von Südfrankreich nach USA	w. v.
Rüsselkäfer (*Ceuthorrhynchus litura* F.)	von Südeuropa nach Kanada (Projekt)	Ackerdistel (*Cirsium arvense* Scop.)
Bärenspinner (Jakobskrautbär) (*Hipocrita jacobaea* L.)	von Europa nach Kanada, Neuseeland, Australien (Projekt)	Jakobskreuzkraut (*Senecio jacobaea* L.)
Bohrfliege (*Euribia cardui* L. = *Urophora*)	von Europa nach Kanada (Projekt)	Ackerdistel (*Cirsium arvense* Scop.) *(Abb. 205)*
Zünsler (Kakteenbohrer) (*Cactoblastis cactorum* Berg.)	von Argentinien nach Australien	Kakteenart *(Opuntia spec.)*
Blasenfuß (*Liothrips urichi* Karny)	von Trinidad nach den Südseeinseln	tropischer Unkrautstrauch (*Clidemia hirta* L.)

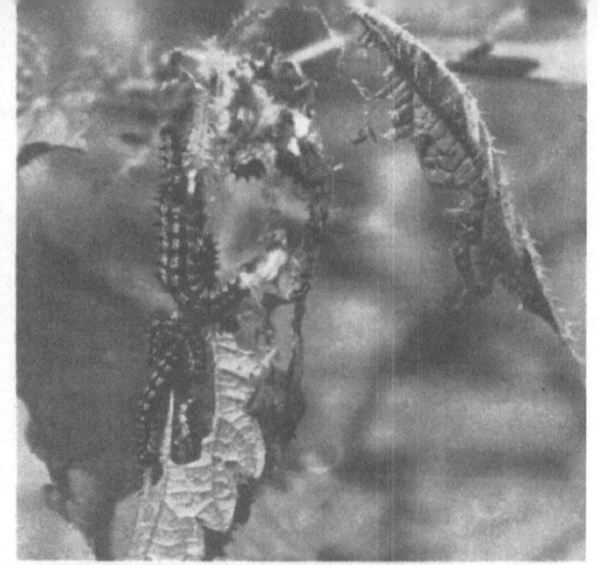

Abb. 65.(a) Europäische Nesselseide an Brennessel (J. Reisch)

Abb. 65.(b) Raupenfraß des kleinen Maivogels *(Melitaea maturna; Nymph.)* an Brennessel (J. Reisch)

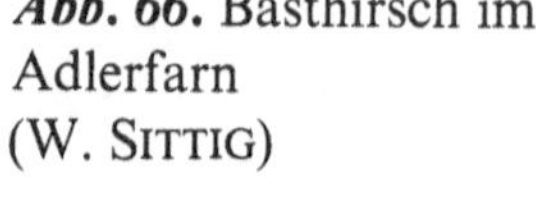

Abb. 66. Basthirsch im Adlerfarn (W. Sittig)

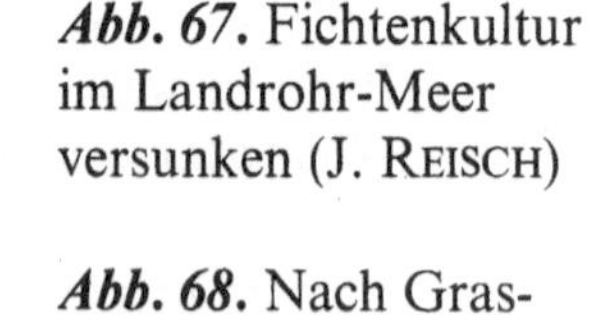

Abb. 67. Fichtenkultur im Landrohr-Meer versunken (J. Reisch)

Abb. 68. Nach Gras-herbizid-Einsatz umgewandelt in dikotyle Folgeflora (J. Reisch)

Hier sei die vorbildliche Arbeit des „Commonwealth Institute of Biological Control" erwähnt. Seine weltweite Verbreitung macht es möglich, aus jedem Erdteil das Angebot an biologischen Hilfen festzustellen, um sie dann im gewünschten Land auf ihre Eignung zu prüfen. Diese Forschungstätigkeit erfordert sehr detaillierte Kenntnisse über die Wirtspflanze und die Nahrungsansprüche des Schädlings sowie über die ökologischen Voraussetzungen. Ein Mißgriff kann ganz gefährliche Folgen haben, wenn z. B. die in ein anderes Land eingeführte Art dort ihre Wirtsspezifität verliert und somit zum Kulturschädling wird. Die hiermit verbundenen, sehr sorgfältigen Vorbereitungen sind meist langwierig und kostspielig. Trotzdem hat sich schon mancher Aufwand gelohnt. Dafür ist die jährliche Ersparnis von $ 8 960 000 in Kalifornien (USA) durch die biologische Bekämpfung des Johanniskrauts *(Hypericum perforatum)* ein klassisches Beispiel (briefl. Dr. H. ZWÖLFER 1971).

Früher war in der deutschen Forstwirtschaft die landwirtschaftliche Zwischennutzung und auch der Mitanbau von Feldfrüchten in Kulturen üblich. In der Hungerzeit gleich nach dem 2. Weltkrieg erinnerte man sich wieder an diese Methode.

Heute erlangt der **Waldfeldbau** erneut eine besondere Bedeutung, und zwar, um Wildäsung und Futterpflanzen zu gewinnen.

Vorfruchtanbau: Roggen, bes. Waldstaudenroggen, Kartoffeln (beste Bodenlockerung), Hafer, Buchweizen;

Mitfruchtanbau: mit Kulturpflanze, z. B. Lupine, Seradella (auf kalkarmen Böden langjährig Lupine, auf kalkreichen schweren Böden Ackererbsen, Saubohnen; blaue Lupine kalkertragend und ausdauernder) (RUBNER 1942).

Indem man Unkraut und Gräser durch erwünschte Pflanzen verdrängt (Bodendeckung, Bodenverbesserung, Wildäsung, Bienenweide, Blütenbesuch für Schwebfliegen, Raupenfliegen, Schlupfwespen u. a., Heilkräuter), kann vermutlich derselbe Effekt erzielt werden.

Das Beseitigen von Teichunkräutern kann durch Einsetzen geeigneter Fischarten erfolgen. In China, Formosa und dem Malaiischen Archipel ist die Zucht der pflanzenfressenden, wohlschmeckenden Graskarpfen *(Ctenopharyngadon idella)*, Silberkarpfen *(Hypophthalmichthys molitrix)* und Marmorkarpfen *(Aristichthys nobilis)* seit über tausend Jahren bekannt. Nun hat man den Graskarpfen *(Ctenopharyngadon idella)* auch bei uns eingebürgert. Durch Fütterungsversuche konnte nachgewiesen werden, daß der Graskarpfen sich von folgenden Teichpflanzen ernährt:

Acker-Hornkraut *(Cerastium arvense)*, Wasserpest *(Elodea canadensis)*, Laichkraut *(Potamogeton spec.)*, Armleuchtergewächse *(Characeae)*, bedingt Schilfrohr *(Phragmites communis)*, Rohrkolben *(Typha spec.)* und Gemeiner Froschbiß *(Hydrocharis morsusranae)*.

Ist in einem Teich eine Unkrautmenge von 5 kg/m^2 vorhanden, so benötigt man zur Sauberhaltung von 1 ha Fischteichfläche 400 Graskarpfen mit einem Stückgewicht von 300 g (NIETZKE 1970).

3. Übersicht über die betreffenden Pflanzen

Art	Geographische Verbreitung, Biotop, Lebensweise	Schaden bzw. Nutzen*	Gegenmaßnahmen (nur im Wirtschaftswald!) bzw. Verwendung
Zweikeimblättrige Schmarotzer			
Mistel (*Viscum album* L.) verschiedene Rassen bzw. Unterarten; strauchartig 30–60 cm **(Abb. 61)**	Europa; immergrüner Halbschmarotzer auf Lh (Laubholzmistel), Ki (Kiefernmistel), Ta (Tannenmistel); Blüte Februar bis April, Samenreife (weiße Beeren) im Dezember, Verbreitung der Samen durch Vögel (bes. Misteldrossel)	Entzug von Wasser und Nährsalz durch Saugwurzeln *(Haustorien)* beim Wirtsbaum, bei starkem Befall Absterben von Ästen bzw. auch des Baumes (Obsth), Löcher im Holz, bei Ki Verkienung	Aushieb bzw. Ausschneiden der Befallsstelle; Nutzung als „Festpflanze" zu Weihnachten (bes. angelsächsische Länder), Herz- und Kreislaufmittel in der Humanmedizin.
Riesenblume, Eichenmistel (*Loranthus europaeus* L.)	Sachsen, Österreich, Südeuropa; sommergrüner Halbschmarotzer auf Ei, Eka; gelbe Beeren; Verbreitung w. v.	bis kopfgroße Maserknollen, mitunter Absterben von Zweigspitzen	w. v.; Verwertung u. U. der Maserknollen.
Europäische Nesselseide, Hopfenseide (*Cuscuta europaea* L.) **(Abb. 65 a)** (*Cuscuta gronovii* Willd.), Große Seide (*Cuscuta lupuliformis* Krock.)	Schmarotzer an Hopfen, Hanf, Wei, Pa, Ah; eingeschleppte Arten	spiraliges Umwachsen der Wirtspflanze, Entzug von Wasser, Nährsalzen und Assimilaten durch Saugwurzeln *(Haustorien)*; evtl. bedeutsam bei biol. Bekämpfung	tiefes Abschneiden des befallenen Materials und Verbrennen; bei Brennessel gegebenenfalls künstl. Ansiedlung **(Abb. 65 a).**
Baumwürger			
Wilder Hopfen (*Humulus lupulus* L.) Wurzelstock mit Ausläufern bis 500 cm	feuchte Böden, vorwiegend Auwald, Erl-Brüche	Hochranken, Umschlingen, Niederziehen, mitunter auch Abwürgen von Bäumen	rechtzeitiges Abschneiden.

* S. Künzle, J.: Chrut und Uchrut, Praktisches Heilkräuterbüchlein. Locarno-Minusio: Kräuterpfarrer Künzle AG, 1962.

Art	Geographische Verbreitung, Biotop, Lebensweise	Schaden bzw. Nutzen	Gegenmaßnahmen (nur im Wirtschaftswald!) bzw. Verwendung
Baumwürger *(Fortsetzung)*			
Waldrebe (*Clematis vitalba* L.)	w. v.	w. v.	w. v.; gärtnerische Züchtungen sehr beliebt.
Waldgeißblatt (*Lonicera periclymenum* L.) *(Abb. 62)*	w. v.	w. v.	**geschützt!**
Krautige und holzige Pflanzen, Gräser *in Freikulturen, Naturverjüngungen, verlichteten Althölzern u. ä.*			
Adlerfarn (*Pteridium aquilium* Kuhn) östlich 1–1,5 m, westlich über 2 m *(Abb. 66)*	Kosmopolit; frische bis feuchte, wenig nährstoffreiche Böden von der Ebene bis ca. 2000 m NN; Freifläche, lichte Ei- und Ki-Waldungen, in Lä horstweise; kurze VZ; Wurzeltiefe 10–50 cm und mehr mit starker Rhizombildung bis zu 60 m Länge	Verdämmung der NV und Kulturpflanzen, Erdrücken über Winter;	*chemisch:* Aminotriazol; *biologisch:* evtl. durch phytophage Insekten *(Abb. 229)*.
Wurmfarn (*Dryopteris spec.*); Frauenfarn (*Athyrium filis-femina* Roth)	beide in schattigen Laub- und Nadelwäldern; oft flächenweise verdämmend		*mechanisch:* durch Hacken und dergleichen.
Landrohr, Sandrohr, Waldschilf (*Calamagrostis epigeios* Roth) Ährchen ohne Granne, 80–150 cm *(Abb. 67)*	Europa ohne N-Skandinavien und Rußland; Lichtgras, auf frischen Böden lichter Buchenwälder, verlichtete Kiefernalthölzer, Kahlschläge bes. im Flachland; Ausbreitung vor allem durch Ausläufer und tiefreichende Wurzeln (1–2 m)	Kultur- und NV-Hindernis, Verdämmung, bes. in Ki-Kulturen;	*mechanisch:* tiefer Vollumbruch (Hacken und Fräsen fördert Ausbreitung!) *chemisch:* Dalapon, TCA *(Abb. 60, 68)*.
Waldreitgras (*Calamagrostis arundinacea* Roth) Ährchen mit Granne, 60–120 cm	vorwiegend im Mittelgebirge und nordostdeutschen Flachland; ähnlich *epigeios*, jedoch weniger tief wurzelnd, geringere Ausläufer; Licht- bis Halbschattengras	w. v.	leichter mechanisch als *epigeios*.

121

Art	Geographische Verbreitung, Biotop, Lebensweise	Schaden bzw. Nutzen	Gegenmaßnahmen (nur im Wirtschaftswald!) bzw. Verwendung)
Krautige und holzige Pflanzen, Gräser *(Fortsetzung)*			
Rotes Straußgras *(Agrostis tenuis* Sibth. = *vulgaris)* Rispe ausgebreitet, 20–60 cm	fast ganz Europa, N-Asien, Algerien, N-Amerika; Lichtgras auf frischen, humosen Böden von Kahlschlägen, Lichtungen, von der Ebene bis ins Gebirge; kurze Ausläufer, dichte tiefwurzelnde Rasen	NV- und Kulturhindernis, Verdämmung	*mechanisch:* Hacken; *chemisch:* Düngung PK, besser NPK + Ca (Samenernte einträglich).
Weißes Straußgras *(Agrostis stolonifera* L. = *alba)* Rispe zusammengezogen, 20–150 cm	fast ganz Europa; Licht- und Halbschattengras; feuchte Standorte mit Erl- und Fi-Bestand; ausgiebige Ausläufer; bestes Wiesengras für feuchte Lagen (Fioringras)	w. v.	*mechanisch:* w. v.
Wolliges Honiggras *(Holcus lanatus* L.) ganz behaart; Weiches Honiggras *(Holcus mollis* L.) behaarte Knoten, 30–90 cm	fast ganz Europa; Licht- bis Halbschattengräser; *lanatus* auf frischen bis nassen, kalk- und nährstoffarmen Böden, von der Ebene bis ins Gebirge, horstweise im Bestand; ohne Ausläufer; *mollis* ähnlich, jedoch auf Sandböden und sauren schweren Lehmböden (Kalkflieher), vorwiegend in lichten Eichengebirgswäldern, durch queckenartige Ausläufer zusammenhängende Rasen bildend	vorwiegend *mollis* auf Kulturen und NV (Ei) hinderlich und verdämmend	*chemisch:* stärkere Kalkung, bei *H. lanatus* zusätzlich alkalische NPK-Düngung.
Drahtschmiele, Geschlängelte Schmiele *(Deschampsia flexuosa* Trin. = *Aira)* Ährchen mit 2 geknieten, herausragenden Grannen, 30–70 cm	fast ganz Europa u. a. Länder; Lichtgras auf frischen, kalk- und nährstoffärmeren Böden lichter Heidelbeer-Kiefernwälder der Ebene und gleichartiger Fichtenwälder im Gebirge; ohne Ausläufer, tiefwurzelnd; auf Kahlschlägen als Rohhumuszehrer nützlich (Anzeiger für Bodengare)	Verdämmung und Überlagerung, Wurzelkonkurrenz	vergeht von alleine; *chemisch:* Düngung mit Kalkstickstoff oder Kainit oder Gemische davon.

Art	Geographische Verbreitung, Biotop, Lebensweise	Schaden bzw. Nutzen	Gegenmaßnahmen (nur im Wirtschafts- wald!) bzw. Verwen- dung
Krautige und holzige Pflanzen, Gräser *(Fortsetzung)*			
Rasenschmiele, Bültenschmiele *(Deschampsia caespitosa* P. B. = *Aira)* Ährchen mit nicht herausragender Granne, bis 175 cm	fast ganz Europa, SW- und N-Asien, Teile von Afrika und N-Amerika; Licht- bis Halbschattengras; auf feuchten bis nassen, humosen Böden von Kahlflächen, lichten Laub- und Nadel- wäldern, von der Ebene bis ins Hochgebirge; ohne Aus- läufer, tiefwurzelnd, starke Samenvermehrung; feste dunkelgrüne Bülten, im Herbst strohgelb, im Früh- jahr buckelartig heraus- ragend;	Kultur- und NV- Hindernis; Überlagerung	*biologisch:* Drainierung auf verdichteten Böden; *chemisch:* Dalapon, TCA.
Pfeifengras, Benthalm (*Molinia coerulia* Moench) scheinbar knotenlos, bis 120 (250) cm	fast ganz Europa außer Spanien, S-Italien, Griechen- land-Kleinasien, Kaukasus, Sibirien, N-Amerika; Licht- gras, bevorzugt feuchte bis staunasse, basenarme Böden (Ortstein, Rohhumus, ent- wässerte Hochmoore) auf Freiflächen und sehr verlichteten Althölzern, von der Ebene bis ins Gebirge; Vermehrung hauptsächlich durch Samen; mitunter dichte Bülten, tiefwurzelnd mit starken Seitenwurzeln	w. v., im Herbst oberirdisches Absterben	*chemisch:* PK bis NPK + Ca-Düngung; Dalapon, (TCA).
Waldschwingel (*Festuca altissima* All. = *silvatica)* große Rispe, nach Blüte überhängend, einseitig, 70–110 cm	Mitteleuropa; Schattengras, frische, basenreiche Böden in Bu-, Bu-Ta- und Laub- mischwäldern sowie in Fi-Beständen auf ehemaligen Lh-Standorten, von der Ebene bis ins Gebirge; ohne Ausläufer	Kultur- und NV- Hindernis, Verdämmung	*vorbeugend:* Ver- meidung zu rascher Lichtung; *mechanisch:* Hacken, Pflügen; *chemisch:* Dalapon, TCA.

123

Art	Geographische Verbreitung, Biotop, Lebensweise	Schaden bzw. Nutzen	Gegenmaßnahmen (nur im Wirtschafts- wald!) bzw. Verwen- dung
Krautige und holzige Pflanzen, Gräser *(Fortsetzung)*			
Seegras (*Carex brizoides* Juslen) schmal, schlaff nieder- liegend, 30–80 cm, in nassen Jahren bis 160 cm	Mittel- und S-Europa; Licht- bis Schattenpflanze, frische bis feuchte, lehm- und tonhaltige, entkalkte Böden in lichten Laub- und Nadelwäldern, auf Frei- flächen; dichte Rasen bildend durch ungewöhnliche Ausläufermasse (bis 220 m/qm)	NV- und Kultur- hindernis, starker Wasser- und Nahrungskon- kurrent; früher gesuchtes Polstermaterial	*vorbeugend:* bei ent- sprechendem Standort vorsichtige Df; *mechanisch:* tiefe Bodenbearbeitung; *chemisch:* alkalische NPK-Düngung.
Fuchskreuzkraut, Fuchsgreiskraut, Unterart vom Hain- Kreuzkraut (*Senecio nemorensis fuchsii* Durand) 25–100 cm	frische, nährstoff- und bes. stickstoffreiche Böden von Kahlschlägen, lichten Wäldern; tiefwurzelnd mit Ausläufern; Vermehrung durch Samen und vegetativ	NV- und Kultur- hindernis; dauerhaft und zählebig	schwer bekämpfbar; *chemisch:* Wuchsstoffe auf 2, 4, 5-T-Basis.
Gemeines Kreuz- kraut[a] (*Senecio vulgaris* L.) und Waldkreuzkraut[a] (*Senecio sylvaticus*)	Europa; weniger schädlich durch geringe Wurzeltiefe; sehr üppige Verbreitung durch Samen	w. v.	*mechanisch:* Boden- bearbeitung.

[a] s. „In Baumschulen und Forstgärten"!

Art	Geographische Verbreitung, Biotop, Lebensweise	Schaden bzw. Nutzen	Gegenmaßnahmen (nur im Wirtschafts- wald!) bzw. Verwen- dung
Brennessel (*Urtica diooica* L.) 30–180 cm	feuchte, humose, lockere, stickstoffreiche Böden auf Freiflächen, Bestands- lücken, Schutt- und Müll- halden; ausdauernd, tief- wurzelnd mit Ausläufern;	NV- und Kultur- hindernis, jedoch Bodenlockerer;	*mechanisch:* mehr- maliges Abmähen, tiefe Bodenbearbei- tung mit restloser Ent- fernung der Ausläufer; *biologisch:* evtl. künst- liche Ansiedlung der europäischen Nessel- seide *(Abb. 65a);* Förderung von *Nymphaliden* (Lep.).
Wald-Bingelkraut (*Mercurialis perennis* L.) 20–30 cm	Mitteleuropa; basenreiche, humose Böden vornehmlich in Bu-Beständen; starke Ausbreitung durch Wurzelsprosse	NV-Hindernis	*chemisch:* ATA.

Art	Geographische Verbreitung, Biotop, Lebensweise	Schaden bzw. Nutzen	Gegenmaßnahmen (nur im Wirtschafts- wald!) bzw. Verwen- dung
Krautige und holzige Pflanzen, Gräser *(Fortsetzung)*			
Goldrute (*Solidago canadeusis* L.) 50–70 cm	Europa; in SW-Deutschland vorwiegend in Niederungen (Auwald); bevorzugt lockere, tiefgrün- dige Böden auf Freiflächen, in lichten Wäldern; Verbreitung durch Samen; dichtes Wurzelsystem mit großem Regenerations- vermögen	Kulturhindernis, Verdämmung	*biologisch:* evtl. Ein- führung phytophager Nahrungsspezialisten aus N-Amerika (V); *chemisch:* TCA.
Brombeere (*Rubus fruticosus* L.) 120–200 cm **(Abb. 64)**	Kosmopolit; auf Frei- flächen und in lichten Wäldern, von der Ebene bis ins Gebirge; kräftiges und tiefgehendes Wurzelwerk; Vermehrung durch Wurzel- schößlinge, Ranken, Samen	NV- und Kultur- hindernis, Verdämmung	nur im Notfall; *chemisch:* Wuchs- stoffe auf 2, 4, 5-T- Basis.
Himbeere (*Rubus idaeus* L.) 50–120 cm **(Abb. 64)**	subarktische und kühlere gemäßigte Zone der nörd- lichen Halbkugel, O-Asien, N-Amerika; bevorzugt nährstoffreiche, bes. stickstoffhaltige Böden auf Freiflächen, in lichten Wäldern; tiefwurzelnd; Ver- breitung durch Wurzelschöß- linge, Ableger, Samen (Tiere)	w. v.	nur im Notfall; *mechanisch:* nur bei jungen Pflanzen erfolgreich; *chemisch:* w. v.
Gemeiner Besen- ginster (*Sarothamnus scoparius* Wimm.) bis 200 cm	fast ganz Europa; bevorzugt ärmere Sandböden, kalk- scheu; auf Freiflächen, an Waldrändern und in lückigen Beständen	Kulturhindernis, Verdämmung, Stickstoff- sammler	*mechanisch:* Schnitt; *chemisch:* nur in Sonderfällen mit Wuchsstoffen.
Weißdorn (*Crataegus oxyacantha* L.) – zweigrifflig, stumpfgelappt – (*Crataegus monogyna* L.) – eingrifflig, tief ein- geschnitten gelappt – 50 cm bis mehrere m	Mitteleuropa; auf nährstoff- reichen Böden von Frei- flächen und lichten Laub- wäldern, von der Ebene bis ins Gebirge; dichtes Wurzel- werk; Verbreitung durch Wurzelschößlinge, Samen	Kulturhindernis, Verdämmung; Niststätte für Freibrüter, Nahrungsquelle für Biene, entomophage Insekten (Parasiten)	*chemisch:* nur in Sonderfällen mit Wuchsstoffen.

Art	Geographische Verbreitung, Biotop, Lebensweise	Schaden bzw. Nutzen	Gegenmaßnahmen (nur im Wirtschaftswald!) bzw. Verwendung
Krautige und holzige Pflanzen, Gräser *(Fortsetzung)*			
Schwarzdorn, Schlehe *(Prunus spinosa* L.) 50–300 cm	Europa ohne nördliche und östliche Gebiete; auf steinigen, flachgründigen Böden von Freiflächen, an Waldrändern und in Bestandslücken; Verbreitung w.v.	w.v.; **Heilpflanze:** getrocknete Blüten als Blutreinigungstee; Früchte zur Likörherstellung	w.v.
Holunder Trauben-, Berg-, Hirsch-, Roter *(Sambucus racemosa* L.), Schwarzer-, Holder, Holler *(Sambucus nigra* L.) 200–500 cm	Europa, W-Asien, *(nigra)* N-Afrika; kalkarme Lehmböden *(racemosa);* frische bis feuchte, stickstoffreiche Böden *(nigra);* in lichten Waldungen (Nh) und auf Freiflächen; z.T. tiefwurzelnd; Verbreitung durch Samen (Vögel)	NV- und Kulturhindernis; Frostschirm, Vogelnahrung, Blütentee, Früchte zur Marmelade, **Heilpflanze:** Vitamin C und A, ätherische Öle in Blättern	*mechanisch:* mit Heppe u.a. (treibt neu aus); *chemisch:* w.v. nur im Notfall!
Hasel *(Corylus avellana* L.) 200–400 cm	Europa; weit verbreitet, von der Ebene bis ins Gebirge in lichten Beständen, Auwald, Niederwald	bes. bei Umwandlungen in ehemaligen Niederwäldern verdämmend; Niststätte für Freibrüter, Nuß für Spechte u.a. Vögel	w.v.; nur im Notfall!
Beerkraut, Heidelbeere, Blaubeere, Bickbeere *(Vaccinium myrtillus* L.) 15–50 cm	fast ganz Europa; auf frischen, nährstoffarmen, sauren Böden, auf Freiflächen, verlichteten Ki-, Ei- und Fi-Beständen; Vermehrung durch Samen und flachstreichende Wurzeln	NV- und Kulturhindernis; beliebtes Nahrungsmittel	*mechanisch:* Hacken, Pflügen, mehrmaliges Fräsen auf Streifen oder Plätzen zur Kulturvorbereitung (u.U. zuvor mit Scheibenegge zerkleinern); *chemisch:* Düngung mit Kalk (bis 20 dz/ha Düngekalk) und NPK.

Art	Geographische Verbreitung, Biotop, Lebensweise	Schaden bzw. Nutzen	Gegenmaßnahmen (nur im Wirtschaftswald!) bzw. Verwendung
Krautige und holzige Pflanzen, Gräser *(Fortsetzung)*			
Heidekraut, Besenheide (*Calluna vulgaris* Hall.) 20–100 cm	große Teile Europas; trockene (im Untergrund feuchte), arme Sandböden, nasse Moor- und saure Waldböden auf Freiflächen und in verlichteten Beständen von der Ebene bis ins Gebirge (Hochmoore); Verbreitung überwiegend durch Samen	NV- und Kulturhindernis; Nahrungsquelle für Honigbiene u.a. Blütenbesucher	w.v.
In Baumschulen und Forstgärten			
Wald(wasser)***kresse,*** Schlechte Kresse (*Rorip(p)a silvestris* Besser) 10–40 cm	eingeschleppt nach Europa; auf feuchten, verdichteten Böden; Vermehrung durch Samen und Ausläufer, auch durch mechanisches Zerschlagen (Fräsen, Pflügen u.a.) unterirdischer Stengelstücke	Verdämmung, Konkurrenz	*mechanisch:* Untergrundlockerung; *biologisch:* Verdrängung durch Hafer, Futterwicke, Lupine.
Hirtentäschelkraut (*Capsella bursapastoris* Med.) 10–50 cm	auf allen Böden; Vermehrung durch Samen	Verdämmung	*mechanisch:* Hacken, Jäten; *chemisch:* Düngung mit Kalkstickstoff bzw. Kalkammonsalpeter, 40er Kali bzw. Kainit; gegen Samenauflauf Aminotriazin.
Sau- oder Gänsedistel (Acker-, Kohl-, Rauhe) (*Sonchus arvensis* L., *oleraceus* L., *asper* Hill.) Kohl- und Ackersaudistel bis 150 cm	auf feuchten, verdichteten Böden, humos und kalkhaltig (Kohlgänsedistel und Rauhe); Ackersaudistel ausdauernd, Verbreitung durch Wurzelausläufer und -knospen sowie Samen; andere Arten 1jährig, starke Samenproduktion	w.v.	*mechanisch:* Dränage, Untergrundlockerung und tiefe Bodenbearbeitung *(arvensis)*, andere Arten Jäten, Hacken; *chemisch:* Düngung mit Kalkstickstoff.
Ackerkratzdistel (*Cirsium arvense* Scop.) 60–130 cm	auf lehmigen, gut wasserversorgten Böden; auch Folgeflora nach chemischer Grasbekämpfung in Freikulturen;	w.v.	*mechanisch:* Jäten, Distelstechen, Pflügen;

Art	Geographische Verbreitung, Biotop, Lebensweise	Schaden bzw. Nutzen	Gegenmaßnahmen (nur im Wirtschaftswald!) bzw. Verwendung
In Baumschulen und Forstgärten (*Fortsetzung*)			
Ackerkratzdistel (*Fortsetzung*)	ausdauernd, tiefwurzelnd; Vermehrung durch Samen und Wurzelausläufer		*biologisch:* evtl. Nahrungsspezialisten (Blatt- und Rüsselkäfer, Bohrfliege) (*Abb. 205*).
Kriechender Hahnenfuß (*Ranunculus repens* L.) bis 80 cm	auf frischen bis feuchten, basenarmen Böden; *Verschlämmungsanzeiger;* ausdauernd; Vermehrung durch Samen und oberirdische Ausläufer	w. v.	*mechanisch:* Untergrundlockerung, Dränage, Fräsen, Grubbern, sorgfältiges Jäten; *chemisch:* Kalkung.
Ackerwinde (*Convolvulus arvensis* L.) 10–300 cm rankend	auf allen Standorten, bevorzugt trockenwarme, lockere, kalkreiche Böden mit durchlässigem Untergrund; *Stickstoffanzeiger;* ausdauernd; Vermehrung durch tiefe Wurzelausläufer (auch zerschnittene Stengelteile), weniger durch Samen	w. v. und vor allem durch Umranken und Niederziehen	*mechanisch:* junge Pflanzen jäten, hacken; sonst tiefes Pflügen und Aufsammeln der Ausläufer; *biologisch:* Verdrängung durch Klee und Luzerne, gleich nach dem Schnitt schälen.
Vogelwicke (*Vicia cracca* L.) bis 150 cm rankend	auf humosen, tonigen oder sandigen Lehmböden; tiefgehende Pfahlwurzel mit kräftigen Ausläufern; Vermehrung durch Samen und vegetativ	w. v.	*mechanisch:* tiefes Pflügen; *chemisch:* Kalkstickstoff und 40er Kali bzw. Kainit.
Vogel(stern)miere (*Stellaria media* Vill.) 5–40 cm	humose, nährstoffreiche, frische bis feuchte Böden; 1–2jähriges Samenunkraut; *Stickstoffanzeiger,* Verbreitung durch Samen	Überwucherung von Saaten und Jungpflanzen	*mechanisch:* Hacken, Eggen, Jäten; *chemisch:* Düngung mit Kalkstickstoff + Kainit.
Weißer oder Gemeiner Gänsefuß (*Chenopodium album* L.) bis 150 cm	vorwiegend auf nährstoffreichen (N + Ca), leichten, humosen Sand- bis trockenen Lehmböden; 1jähriges Samenunkraut, Verbreitung durch Samen (lange Keimkraft)	w. v.	Düngung im Keimblattstadium.

Art	Geographische Verbreitung, Biotop, Lebensweise	Schaden bzw. Nutzen	Gegenmaßnahmen (nur im Wirtschaftswald!) bzw. Verwendung
In Baumschulen und Forstgärten *(Fortsetzung)*			
Gemeines Kreuzkraut, Greiskraut (*Senecio vulgaris* L.) bis 70 cm	feuchte, humose, kalkhaltige Sandböden; 2–1jähriges Samenunkraut, Verbreitung durch Samen	w. v.	spät umbrechen, dann eggen, grubbern; Kalkstickstoff im Keimblattstadium, Kainit im Großrosettenstadium.
Einjähriges Rispengras (*Poa annua* L.) bis 30 cm	alle Böden, horstbildend bis zusammenhängende dichte Rasen	w. v.	Hacken, Jäten.

IV. Waldinsekten als Pflanzenfeinde und Regler des biologischen Gleichgewichts

1. Allgemeine Kennzeichen der Insekten *(Hexapoda, Insecta, Entoma)*

Die Insekten bilden die artenreichste und zugleich höchstentwickelte Klasse des Tierreichs aus dem Stamm der Gliederfüßler *(Arthropoda)*.
Von den ca. 750000 Arten kommen 29000 in Deutschland vor.

Äußere Gestalt *(Morphologie)* (Figur 3a, b)*

Der Körper ist gegliedert (segmentiert) in:

Kopf (Caput) mit 5 zur Kopfkapsel verschmolzenen Segmenten, Träger des Fühler- oder Antennenpaares (Geruchs- und Tastorgan) mit Schaft *(Scapus)*, Wendeglied *(Pedicillus)* und Geißel *(Flagellum)*, der Mundwerkzeuge mit unpaarer Oberlippe *(Labrum)*, paarigen Oberkiefern *(Mandibeln)*, paarigen Unterkiefern (1. und 2. *Maxille*) und unpaarer Unterlippe *(Labium)*, der Seitenaugen (Facetten- oder Komplexaugen), zusätzlich mitunter Einzelaugen (Stirn- und Scheitel*ocellen*) *(Figur 3c, 4)*.

Brust (Thorax) mit 3 Segmenten, Vorder- *(Pro-)*, Mittel- *(Meso-)* und Hinterbrust *(Metathorax)*, jeweils ein Beinpaar, gegliedert in Hüftglied *(Coxa)*, Schenkelring *(Trochanter)*, Schenkel *(Femur)*, Schiene *(Tibia)* und Fuß *(Tarsus)* mit 1–5 kurzen Gliedern und Endklauen oder Haftscheiben, bei Fluginsekten *(Pterygota)* an Mittel- und Hinterbrust jeweils ein Flügelpaar (mitunter auch Rückbildung) im Gegensatz zu den primär flügellosen Insekten *(Apterygota)*, z.B. Springschwänze *(Figur 5, 7)*.

Hinterleib (Abdomen) mit 11 Segmenten (meist reduziert), beim weiblichen Geschlecht besonders ausgebildeter Legeapparat *(Ovipositor)* als Legesäbel (z.B. Heupferd), Legestachel (z.B. Schlupfwespe), Legebohrer (z.B. Holzwespe) oder Legeröhre (z.B. Schmetterling), bei staatenbildenden Hautflüglern (Ameisen, Bienen, Wespen) umgeändert zum Gift- oder Wehrstachel; *Bauchfüße nur bei Larven (Figur 6)*.

Schmetterlingsraupen regelmäßig 5 Paare (3.–6. u. 10. Segment [Nachschieber]), Spanner 2 Paare (6. und 10. Segment [Nachschieber]);
Blattwespen 6–8 Paare (2., bzw. 3., bzw. 4.–10. Segment [Nachschieber]); Gespinstblattwespen 1 Paar (nur 10. Segment [Nachschieber]);
Schnabelfliegen an jedem Segment (Stummelfüße).

---

* Äußere Gestalt eines Insektes:
Figur 3.(a) Sandlaufkäfer (im Anhalt an GANGLBAUER) (l. OS, r. US).
Figur 3.(b) Schematischer Durchschnitt durch den mittleren Brustring eines Insektes (nach KOLBE).
Figur 3.(c) Schematische Darstellung des inneren Baus... (nach KÜHN).
Figur 4.   Fühlerarten (nach ESCHERICH).
Figur 5.   Beinformen (nach ESCHERICH).
Figur 6.   Bauchbeine der Raupen und Afterraupen (nach EIDMANN/KÜHLHORN).
Figur 7.   Schema eines Insektenflügels (Diptera), Geäder (nach COMSTOCK u. NEEDHAM, aus CLAUS/GROBBEN/ KÜHN).

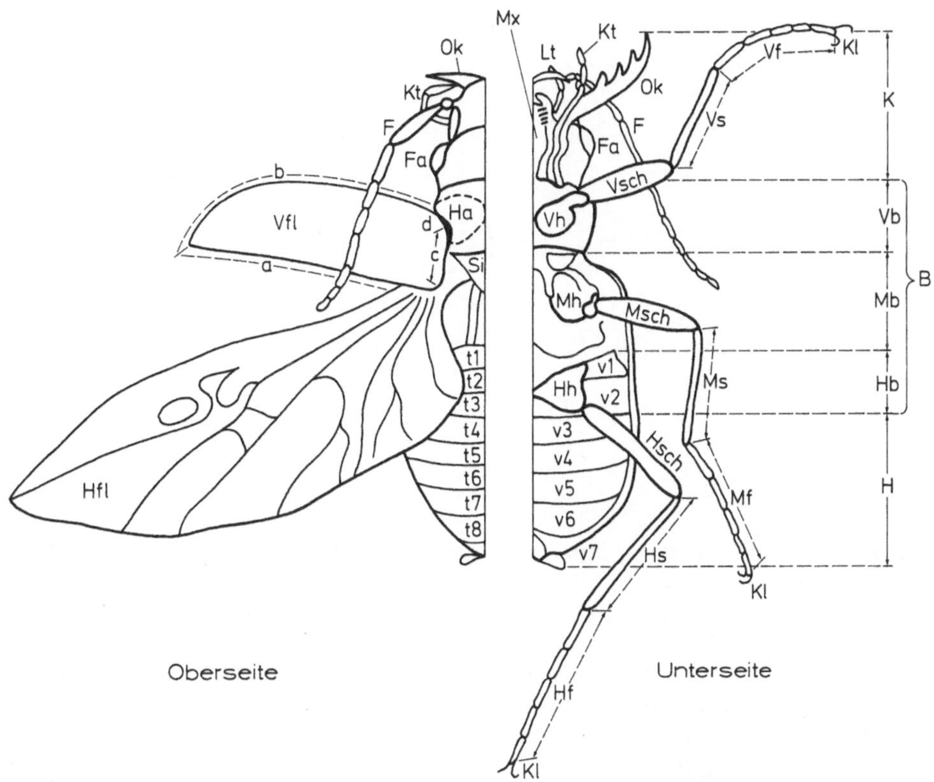

Figur 3. (a) Äußere Gestalt eines Insektes (Sandläufer)
(im Anhalt an GANGLBAUER)

K Kopf, Kt Kiefertaster, Lt Lippentaster, Mx Maxille, F Fühler, Fa Facettenauge, Ok Oberkiefer; B Brust, Vb Vorderbrust, Mb Mittelbrust, Hb Hinterbrust, Vh Vorderhüfte, Vsch Vorderschenkel, Vs Vorderschiene, Vf Vorderfuß, Kl Klauen, Mh Mittelhüfte, Msch Mittelschenkel, Ms Mittelschiene, Mf Mittelfuß, Kl Klauen, Hh Hinterhüfte, Hsch Hinterschenkel, Hs Hinterschiene, Hf Hinterfuß, Kl Klauen; H Hinterleib, v1–v7 Ventralplatten, t1–t8 Tergum des 1.–8. Hinterleibsegments; Vfl Vorderflügel mit a Naht, b Seitenrand, c Basis, d Schulterbeule; Ha Halsschild, Si Schildchen, Hfl Hinterflügel

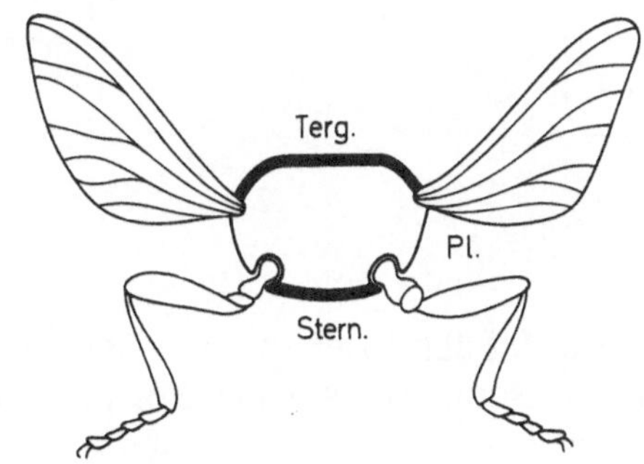

Figur 3. (b) Schematischer Durchschnitt durch den mittleren Brustring eines Insektes (nach KOLBE)
(Aus ESCHERICH, K.: Die Forstinsekten Mitteleuropas. 1. Band, Allg. Teil. Berlin: P. Parey 1914)

Terg. *Tergum* (Rückenplatte), Stern. *Sternum* (Unterseitenplatte), Pl. *Pleurum* (Flankenplatte)

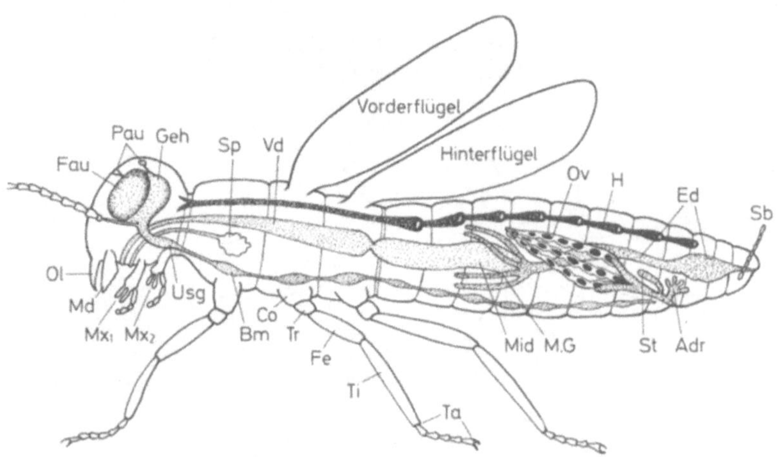

Figur 3. *(c)* Schematische Darstellung des inneren Baus eines (geflügelten) Insektes (Weibchen) (nach KÜHN)
(Aus KÜHN, A.: Grundriß der allgemeinen Zoologie. Stuttgart: Thieme 1967)

Adr Anhangdrüsen am Geschlechtsausführgang, Ant Antenne, Bm Bauchmark, Co *Coxa*, Ed Enddarm, Fau Facettenauge, Fe *Femur*, Geh Gehirn, H Herz, Md Mandibel, M.G Malpighische Gefäße, Mid Mitteldarm, Mx₁, Mx₂ 1. und 2. Maxille, Ol Oberlippe, Ov *Ovarium*, Pau Punktauge, St Samentasche, Sb Schwanzborste, Sp Speicheldrüse, Ta *Tarsus*, Ti *Tibia*, Tr *Trochanter*, USg Unterschlundganglion, Vd Vorderdarm

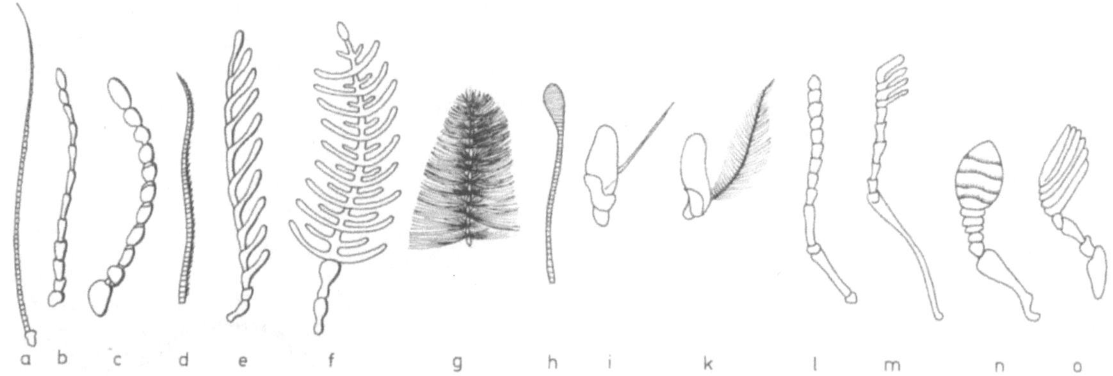

Figur 4. Fühlerarten (nach ESCHERICH)
(Aus ESCHERICH, K.: Die Forstinsekten Mitteleuropas. 1. Band, Allg. Teil, Berlin: P. Parey 1914)

(a) borstenförmig (Laubheuschrecke); (b) fadenförmig (Laufkäfer); (c) perlschnurförmig; (d) gesägt (Schwärmer); (e) gekämmt (Schnellkäfer); (f) doppelt gekämmt (Kamm-Mücke); (g) wirtelförmig behaart (Stechmücke♂); (h) keulenförmig (Kohlweißling); (i) mit nackter Fühlerborste; (k) mit behaarter Fühlerborste (Fliegen); (l) gebrochener Fühler mit Schaft und einfacher Geißel (Hornisse); (m) Geißel mit viergliedriger, gekämmter Keule (Hirschkäfer); (n) Geißel mit einfacher Keule (Borkenkäfer); (o) mit geblätterter Keule (Maikäfermännchen)

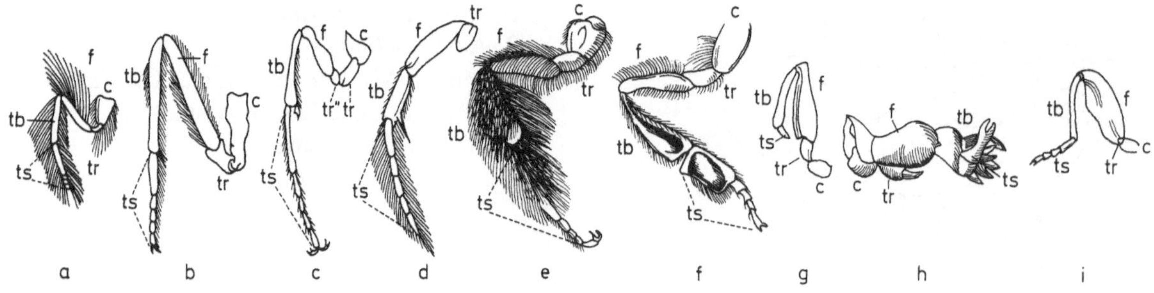

Figur 5. Beinformen (nach ESCHERICH)
(Aus ESCHERICH, K.: Die Forstinsekten Mitteleuropas. 1. Band. Allg. Teil. Berlin: P. Parey 1914)

(a) verkümmertes Putzbein und (b) gut entwickeltes Schreitbein eines Tagschmetterlings; (c) Bein mit doppeltem Schenkelring und langer Ferse von einer Holzwespe; (d) Schwimmbein eines Wasserkäfers; (e) behaartes Sammelbein der Bürstenbiene; (f) Sammelbein mit „Körbchen" an der Schiene und stark entwickelter Ferse einer Arbeitsbiene; (g) Raubbein des Wasserskorpions; (h) Grabbein der Maulwurfsgrille; (i) Springbein eines Erdflohkäfers; – c Hüfte, tr Schenkelring, f Schenkel, tb Schiene, ts Fuß

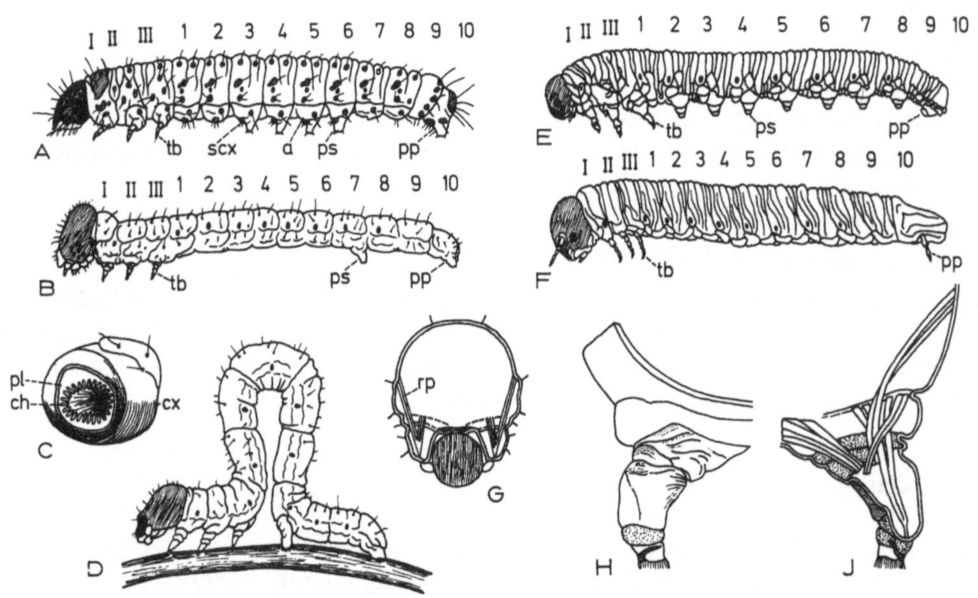

Figur 6. Bauchbeine von Raupen und Afterraupen (nach EIDMANN)
(Aus: Lehrbuch der Entomologie. Berlin: P. Parey 1941 und Hamburg–Berlin: P. Parey 1970)

A Raupe des Apfelwicklers (nach SNODGRASS); B Raupe des Kiefernspanners (nach EIDMANN und ESCHERICH), C Bauchfuß von A, von unten gesehen (nach SNODGRASS), D Raupe von B beim „Spannen" (nach EIDMANN und ESCHERICH), E Afterraupe der Kiefernblattwespe (nach ELIESKU), F Afterraupe der Fichtengespinst-Blattwespe (nach EIDMANN), G schematischer Querschnitt durch eine Schmetterlingsraupe, die auf einem Zweig sitzt (nach SNODGRASS), H. Bauchfuß der Raupe des Ringelspinners, von hinten gesehen (nach SNODGRASS), J. Längsschnitt durch H zur Darstellung der Muskulatur (nach SNODGRASS), a Rücken-Flanken-Grenzlinie, ch Chitinhaken der Endplatte *(Planta)*, cx Hüfte *(Coxa)*, pl Endplatte *(Planta)*, pp Nachschieber *(Postpedes)*, ps Bauchfüße (Afterfüße, *pedes spurii)*, rp an Endplatte *(Planta)* angreifender Muskel *(Musculus retractor plantae)*, scx Vorderhüfte *(subcoxa)*, tb Brustbeine, I-III Brustsegmente, 1–10 Hinterleibssegmente

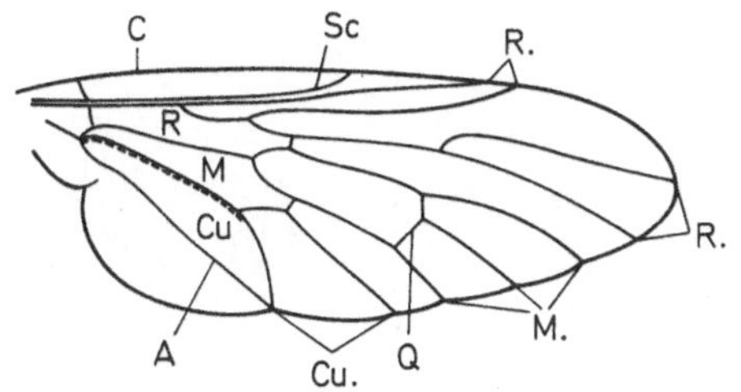

C *Costa*, Sc *Subcosta*, R *Radius*,
R. Äste des *Radius*,
M Media, M. Äste der *Media*, Cu *Cubitus*,
Cu. Äste des *Cubitus*, A Analader,
Q eine der Queradern

Figur 7. Schema eines Insektenflügels (Diptera) mit Geäder (nach COMSTOCK und NEEDHAM) (Aus CLAUS/GROBBEN/KÜHN: Lehrbuch der Zoologie. Spezieller Teil. Berlin–Heidelberg–New York: Springer 1971)

Innerer Bau *(Anatomie) (Figur 3 c)*

Verdauungsorgane: Darmkanal mit Vorder-, Mittel- und Enddarm, letzter Abschnitt bei manchen Holzfressern zur Gärkammer erweitert (Aufschluß der Zellulose unter Mitwirkung symbiontischer Mikroorganismen);

Atmungsorgane: Luftröhren (Tracheen) mit Atemöffnungen (Stigmen) vereinigt zum Tracheensystem;

Zirkulationsorgane: In einheitlicher Leibeshöhle Körperflüssigkeit aus Blutplasma *(Haemolymphe)* und Blutzellen *(Haemozyten)*, langgestrecktes, hinten blind geschlossenes Rückengefäß (kammerartiger Hinterabschnitt [Herz] und Vorderabschnitt *[Aorta]*) mit seitlichen Öffnungen *(Ostien)*, Fettkörper *(Corpus adiposum)* als fettzellenreiches Speicherorgan zwischen den Organen;

Ausscheidungsorgane: Fast immer Malpighische Gefäße als fingerartige Ausstülpungen am Anfangsabschnitt des Enddarms;

Zentralnervensystem: Strickleiternervensystem bauchwärts gelagert (Bauchmark) mit segmental paarig angeordneten Nervenknoten *(Ganglien)* und Längs- *(Konnektive)* sowie Querverbindungen *(Kommissuren)*, Gehirn (Vorder-, Mittel- und Hinterhirn), Schlundring und Unterschlundganglion, oft zu einheitlichen Massen verschmolzen und verkürzt.

Fortpflanzung

Die normale Form der Fortpflanzung ist die *Amphigonie* (zweigeschlechtliche Fortpflanzung), und zwar Getrenntgeschlechtlichkeit. Relativ häufig kommt *Parthenogenese* (eingeschlechtliche Fortpflanzung) vor, z.B. bei manchen Hautflüglern (Stechwespen), Schnabelkerfen (Pflanzenläuse), mitunter auch gesetzmäßiger Wechsel ein- und zweigeschlechtlicher Generationen* *(Heterogonie)*, z.B. Gallwespen, Pflanzenläuse, selten auch Jungfernzeugung *(Parthenogenese)* als Larve *(Paedogenese)*, z.B. bei einigen Gallmücken-Arten.

Entwicklung

Embryonal: Von der befruchteten Eizelle (bei parthenogenetischer Entwicklung ab erster Furchungsteilung) bis zum Schlüpfen aus dem Ei;

postembryonal: Vom Schlüpfen der Junglarve bis zur letzten Häutung zum Vollkerf *(Imago)* durch Verwandlung *(Metamorphose, Metabolie)*, und zwar:

---

* Generation = Lebenslauf eines Insekts von Ei zu Ei; Generationsdauer 1-, 2-, 3- oder mehrjährig bzw. einfach, doppelt oder mehrfach innerhalb eines Jahres.

134

unvollständig *(heterometabol)* mit allmählichem Übergang imagoähnlicher Larven (ohne Puppenstadium) zum Vollkerf *(Imago)*, z. B. Libellen, Wanzen, tw Pflanzensauger;

vollständig *(holometabol)* mit imagoähnlichen Larven, Puppe (Nymphe) als zwischengeschaltetes Ruhestadium, zum Vollkerf *(Imago)*; Puppe (Nymphe) als freie Puppe *(Pupa libera)*, z. B. Käfer, Hautflügler, bedeckte Puppe oder Mumienpuppe *(Pupa obtecta)*, z. B. Schmetterlinge, Tönnchenpuppe *(Pupa coarctata)*, z. B. Zweiflügler;

Übergangsform *(hemimetabol, neometabol)* mit imagoähnlichen Larven, einer Nymphe mit Flügeln, evtl. auch einer vorangehenden Pronymphe mit kürzeren Flügelanlagen, zum Vollkerf *(Imago)*, z. B. Blasenfüße, teilweise Pflanzensauger;

postmetabol: Vom Schlüpfen des Vollkerfs *(Imago)* bis zum Alterstod (Form- und Farbveränderungen, Geschlechtsreife, Altern).

Die Entwicklungsdauer ist je nach der Insektenart und dem betreffenden Stadium unterschiedlich und besonders temperaturabhängig; Verzögerungen durch eingelegte Ruhepausen (Diapause), von ungewöhnlicher Länge (Überliegen) sind möglich.

Ernährungsweise

Je nach Ausbildung der Mundwerkzeuge erfolgt sie kauend (z. B. Käfer), saugend (z. B. Schmetterlinge), leckend-saugend (z. B. Honigbiene) oder stechend-saugend (z. B. Stechmücken, Schnabelkerfe). Man unterscheidet Allesfresser (Pantophage) (z. B. Küchenschabe, Ohrwurm); Tierfresser (Zoophage), unterteilt in Räuber (Prädatoren, Episiten) (z. B. Raubfliegen, Kamelhalsfliegen, Florfliegen, Laufkäfer, Ameisenbuntkäfer, Marienkäfer) und Parasiten (z. B. Schlupfwespen und Raupenfliegen); Pflanzenfresser (Phytophage) (z. B. Raupen, Afterraupen, Blattkäfer, Borkenkäfer, Maikäfer); Säftesauger (z. B. Wanzen, Pflanzenläuse, Zikaden, Stechmücken); Verzehrer von abgestorbener, organischer Substanz (Nekrophage), darunter auch Fäulniszehrer und Aasfresser (Saprophage) sowie Kotfresser (Koprophage), Mulm- und Detritusfresser (z. B. Pochkäfer, manche Bockkäfer [Mulmbock, Hausbock], Mistkäfer, Dungkäfer, verschiedene Fliegen sowie manche Mücken [vielfach allein oder gemeinsam auch deren Larven]).

Monophagie: Auf nur eine Pflanzenart beschränkte Nahrungsquelle (z. B. Raupe der Forleule auf Kiefer, des Eichenwicklers auf Eiche);

Polyphagie: Auf eine bestimmte vegetarische, animalische o. a. Kost eingeschränkte Nahrungsquelle (z. B. Raupe der Nonne und des Schwammspinners an Laub- und Nadelholz, Mehrzahl der Borkenkäfer meist an mehreren Nadel- und/oder Laubholzarten.

Bionomieformel
(nach RHUMBLER 1918; aus NÜSSLIN-RHUMBLER 1927)

$$\text{Grundformel:} \frac{\text{Eizeit} - \text{Larvenzeit}}{\text{Puppenzeit} + \text{Imaginalzeit}}$$

zur kurzen Kennzeichnung der Lebensweise des betreffenden Insekts.

Erläuterung:

Zahl = jeweiliger Monat (Anfangs- und Endzeit) für das betreffende Entwicklungsstadium.
Symbole = Minuszeichen für Larve, Pluszeichen für *Imago*, Bruch- oder Schrägstrich für Verpuppung, Komma für Überwinterung (Winterkomma), Punkt zur Trennung einstelliger von zweistelligen Zahlen, A *(annus)* jeweils für jedes über die 1jährige Entwicklungsdauer hinausgehende Jahr.

Beispiele:

Eichenwickler *(Tortrix viridana)* 6, 4–5/6 + 67
bedeutet: Eizeit Juni, Überwinterung bis April, Raupenzeit Mai, Puppenzeit Juni, Falterzeit Juni/Juli

Kiefernspanner *(Bupalus piniarius)* 67–7.11/11, 5 + 57
bedeutet: Eizeit Juni/Juli, Larvenzeit Juli bis Oktober, Verpuppung Oktober, Überwinterung bis Mai, Falterzeit Mai bis Juli

Blausieb *(Zeuzera pyrina)* 67–7, A, 5/5 + 67
bedeutet: Eizeit Juni/Juli, Raupenzeit ab Juli mit 2maliger Überwinterung bis Mai, Puppenzeit Mai, Falterzeit Juni/Juli

Kiefernbuschhornblattwespe *(Diprion pini)* 5–67/7 + 78; 8–8.10, 3/34 + 45
bedeutet: 2 Generationen
1. Generation: Eizeit Mai, Larvenzeit Juni/Juli, Verpuppung Juli, Wespenzeit Juli/August
2. Generation: Eizeit August, Larvenzeit August bis März mit Überwinterung, Puppenzeit März/April, Wespenzeit April/Mai.

2. Ausgewählte Insekten der Waldlebensgemeinschaft und angrenzender Biotope

Streuzersetzer (teilweise nützlich)

2.1 Springschwänze *(Collembola)*

Ca. 1500 Arten, überwiegend winzige (0,25 bis höchstens 10 mm), zarte, gestreckte bis fast kugelige Tiere, flügellos; kauende bzw. stechend-saugende Mundwerkzeuge, Hinterleib mit 3 gliedmaßen-ähnlichen Abschnitten, von denen die (bei manchen Arten fehlende) zweizinkige Springgabel *(Furca)* für diese Ordnung bezeichnend ist; Lebensweise noch vielfach ungeklärt; massenhaftes Vorkommen in der Waldstreu; ihre Nahrung besteht aus Moder, Pilzen, auch Holz und jungen Pflanzenteilen (Samenlappen, saftige Wurzeln), dadurch gelegentliche Schäden (*Entomobrya nivalis* L. an jungen, frostgeschädigten, pilzbefallenen Edeltannen, *Sminthurus*-Art an Keim-blättern von Kiefer); Gletscherfloh (*Isotoma saltans* A.), kaum 1 mm, schwarz mit grünlichem Schimmer, mitten im Winter auf Schnee der Alpengletscher.

Insektenräuber (überwiegend nützlich)

2.2 Libellen, Wasserjungfern *(Odonata)*

Ca. 3700 bekannte Arten, langgestreckter, stabförmiger Hinterleib, großer, beweglicher Kopf mit riesigen, stark gewölbten Komplexaugen, kürzeren, pfriemenförmigen, kräftigen Mundwerk-zeugen; Flügel gleichlang, meist glashell, reich genetzt; vielfach lebhaft gefärbt; *Imagines* räuberisch an anderen Insekten mit falkenartigem Beuteflug, hervorragende und gewandte Flug-künstler mit Schwebflug und raschen Kursänderungen besonders im hellen Sonnenschein (bis zur Dämmerung); Übernachtung hängend an Sträuchern und Bäumen; Eiablage im freien Flug ins Wasser, oder sitzend über oder unter Wasser, an Wasserpflanzen oder an Ufer-böschungen; Larven mit langen, gut entwickelten Beinen und einer vorschnellbaren Fangmaske zum Erhaschen der Beute (Wasserinsekten, Kaulquappen, Fischbrut) im Wasser bzw. Schlamm (dort auch Überwinterung); Generation 1- oder mehrjährig.

Abb. 69. Blaugrüne
Mosaikjungfer
[ca. 62 mm lang]
(J. Reisch)

Abb. 70. Kamelhals-
fliege

(a) Vollkerf ♀
[ca. 10 mm]
(H. Pfletschinger)

Abb. 70.(b) Larve
[12–14 mm]
(W. Kratz)

Abb. 71. Florfliege
(H. Pfletschinger)

(a) In einer Blattlauskolonie [8 mm]

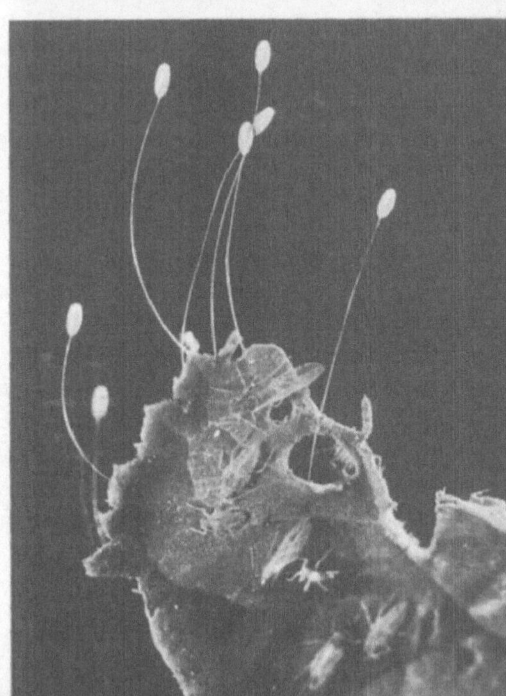

Abb. 71.(b) Larve
saugt Blattlaus aus
[ca. 8 mm]

(c) Eier wie Schimmelpilzrasen in einer Blatt-
lauskolonie

137

Beutetier	Stadium des Räubers	Art
Insekten u. a.	*Imagines* an Insekten, bei Massenvermehrung forstschädlicher Arten, z. B. Nonnenfalter u. a. Larven tw schädlich an Fischbrut	**Gemeine Seejungfer,** Blaue Prachtlibelle (*Calopteryx virgo* L.) Europa; fließende Gewässer, vorwiegend Bäche; Flügel in Ruhestellung zusammengeklappt; ♂ 36–38 mm (Abdomen), Hfl 30–31 mm, tiefblaue Flügel, ♀ 34–37 mm (Abdomen), Hfl 31–33 mm, grünblau metallisch, Flügel graubraun.
		Blaugrüne Mosaikjungfer (*Aeschna cyanea* Müll.) *(Abb. 69)*; häufigste und verbreitetste Art der Gattung; Europa; Ebene bis ins Hochgebirge (Alpen bis mindestens 1200 m NN), Tümpel, Teiche, Seen, auch außerhalb von Gewässern z. B. in Gärten und Ortschaften; ♂ 54–57 mm (Abdomen + Analanhänge), Hfl 45–49 mm, schwarzer Hinterleib mit kleinen Kantenfleckchen und großem Spitzenfleck auf Segment 3–7, grünblauen Doppelflecken auf der OS von Segment 8–10, Analanhänge ähnlich einer Krebsschere; ♀ 52–58 mm (Abdomen + Analanhänge), Hfl 48–50 mm, Hinterleib rotbraune Flecken wie beim ♂, jedoch grün und Kantenstreifchen gelblich; Eiablage in verwelkte Algenmasse, Moos, morsches Holz, Ritzen eines Baumstamms, in Stengel von Laichkraut o. a. Wasserpflanzen; sehr unduldsam und angriffslustig gegenüber Eindringlingen, auch der gleichen Art, Übernachtung senkrecht hängend an einem Halm oder Zweig wie bei allen Edellibellen.
		Ferner Torf-Mosaikjungfer (*Aeschna juncea* L.), Braune Mosaikjungfer (*Aeschna grandis* L.), Plattbauch (*Libellula depressa* L.), Vierfleck (*Libellula quadrimaculata* L.).

2.3 Netzflügler *(Neuropteroidea)*

Heute vielfach in 2 Ordnungen getrennt: Kamelhalsfliegen *(Raphidides)* mit 120 Arten und Hafte oder Echte Netzflügler *(Planipennia)* mit etwa 4500, meist tropischen und subtropischen Arten; außerordentlich verschiedenartig in Größe, Habitus und Lebensweise, in Gewässern bis zu den Wüsten; 2 Paar gleichartige, häutige, zumeist gleichgroße Flügel, netzartig geädert; Larven und vielfach auch *Imagines* räuberisch an Kleintieren, vor allem Insekten; forstlich als **Regler des biologischen Gleichgewichts** z. T. sehr bedeutsam.

Kamelhalsfliegen *(Raphidides)*

Aufwärts getragene, halsförmige Vorderbrust mit beweglichem Kopf; Larven mit 3 kurzen Brustbeinpaaren, ebenfalls verlängerte Vorderbrust, sehr behend, nach Überwinterung Verpuppung unter Rinde oder im morschen Holz, kokonlose Puppe kurz vor der Verwandlung beweglich und umherlaufend.

Beutetier	Stadium des Räubers	Art
Rüsselkäfer, Borkenkäfer, Bockkäfer, Holzwespen u. a.,	Larve in Gängen von Rinden- und Holzbrütern oder auch an Eigelegen von Schmetterlingen u. a.; *Imago* ebenfalls räuberisch (schattige Stellen) *(Abb. 70 a, b)*	*Kamelhalsfliegen* (*Raphidia ophiopsis* Schumm.) Europa bis Lappland, Finnland, südlich bis Mesopotamien; Spw 22 mm, Kopf schwarz, Costalfeld mit 7–9 Queradern; FZ Mai.
Nonneneier		(*Raphidia notata* Fbr.) Europa bis Lappland, Finnland, südlich bis N-Italien, Kärnten; Spw 25 mm, Kopf schwarz, Costalfeld mit 12–15 Queradern; FZ Mai-Juni.

Daneben noch andere *Raphidia*-Arten und *Inocellia crassicornis* Schumm. in S-Europa und Sibirien.

2.4 Hafte oder Echte Netzflügler *(Planipennia)*

Larven übereinstimmend mit Saugzangen

Ameisenjungfern, Ameisenlöwen *(Myrmeleonidae)*

Libellenähnlich (Landlibellen), jedoch keulig verdickte Fühler und dachartig zusammengeklappte Flügel in Ruhestellung, Larven mit mächtigen Greifzangen.

Beutetier	Stadium des Räubers	Art
verschiedene Gliederfüßler	Larve am Grunde eines selbst hergestellten und stets erneuerten Sandtrichters, hereinfallende Beutetiere, wie Ameisen, Spinnen, kleine Käfer, mit Sand und Steinchen bewerfend und überlistend *(Abb. 72)*	Gemeiner Ameisenlöwe (*Myrmeleo formicarius* L.) Europa bis Skandinavien, Finnland, südlich bis Spanien; sandige Gegend; Spw 65–75 mm, ungefleckt, matt schwarzbraun; FZ Juni bis September, Verpuppung im runden Erdkokon.

Blattlauslöwen, Taghafte *(Hemerobiidae)*

Imagines mit perlschnurartigen Fühlern, meist bräunlich gefleckten Flügeln; Larven mit kurzen Saugzangen, von Blattläusen lebend.

Beutetier	Stadium des Räubers	Art
Blattläuse, Blattflöhe	*Imagines* und Larven	**Hemerobius-**Arten kleinere Formen von 5–9 mm; Flügel glashell; Larven oft umkleidet mit ausgesogener Beutehülle; Eiablage auf Blättern, kurz gestielt; Verpuppung im Kokon; Vollkerfe tagsüber im Gebüsch, zur Dämmerungszeit auf Nahrungssuche (Blattlauskolonien).

Florfliegen, Goldaugen, Stinkfliegen *(Chrysopidae)*

Zarter, schlanker, meist grüner oder gelber Körper mit 4 großen, reich geäderten, halb durchlässigen, bunt glänzenden Flügeln, hervorragende, bräunlich funkelnde Augen, lange borstenförmige Fühler *(Figur 4a);*
Larven lanzettförmig, 3 kräftige Brustbeinpaare, großer Kopf mit langen, dünnen, einwärts gekrümmten Saugzangen, manche mit Häuten erbeuteter Opfer gut geschützt und getarnt (s. Blattlauslöwen);
Lebensweise: Gen. meist 1jährig, bei *Chr. vulgaris* doppelt, Eiablage häufchenweise (Vorrat bis 400 Stück) im Frühjahr und Sommer auf langen, weißen Fäden an Blättern und Zweigen wie Schimmelpilzrasen *(Abb. 71c);* sehr behende Larven und auch *Imagines* räuberisch in Blattlauskolonien, an Schildläusen, Milben, Blattflöhen, Schmetterlingsraupen, Blattwespenlarven u.a.; Verpuppung im bräunlichen oder weißlichen, festen, erbsengroßen Kokon am Blatt oder Zweig, Überwinterung als *Imago* gerne in Wohnräumen *(Abb. 71a, b);* forstlich ungemein nützlich, bes. bei Lausbefall!

Bisherige Erfolge zur biologischen Schädlingsbekämpfung

Chrysopa carnea Stephens sehr erfolgreich in USA industriell gezüchtet und vertrieben.

Beutetier	Stadium des Räubers	Art
Blattläuse, Schildläuse, Milben, Blattflöhe, Raupen, Afterraupen	*Imagines* und *Larven*	**Chrysopa vulgaris** Schn. Europa bis Skandinavien, Finnland, südlich bis Ungarn, Madeira; Spw 26–28 mm, graugrün, Flügelgeäder gelbgrün; FZ während des ganzen Jahres. Ferner *Chrysopa perla* L.

2.5 Schnabelfliegen, Skorpionsfliegen *(Mecoptera)*

Ca. 300 bekannte Arten, älteste, bekannte fossile Formen mit vollständiger Verwandlung; meist klein (bis 2,5 mm), manche Arten mit extrem langen Beinen, großer abwärts gerichteter Schnabel zum Anstechen und Aussaugen lebender Beute, Larven raupenähnlich mit Stummelfüßen am Hinterleib.

Echte Skorpionsfliegen *(Panorpidae)* männliches Genitalsegment birnförmig verdickt, dem Stechapparat der Skorpione ähnlich (aber ungefährlich) und auch umschlagbar; Larven meist im lockeren Boden, im Mulm oder vermoderndem Laub; manche Arten als *Imago* und Larve räuberisch an Kleintieren.

Mückenhafte *(Bittacidae)* ähnlich Schnaken (jedoch 2 Flügelpaare) mit ebenfalls schlankem Körper und extrem langen, dünnen Beinen und mit zusammenklappbarem Fuß als Fang- und Greiforgan.

Winterhafte *(Boreidae)* bis 4 mm, mit reduzierten Flügeln, langen Sprungbeinen, im Winterhalbjahr auf Schnee als „Schneefloh" bekannt, nicht zu verwechseln mit dem „Gletscherfloh", einer Springschwanzart *(Isotoma saltans* A., *Coll.)* von den unwirtlichen Schneefeldern der Hochalpen.

Gliedertiere u.a.	*Imagines* und Larven	Gemeine Skorpionsfliege *(Panorpa communis* L.) Europa; Spw 25–30 mm, Flügel stark und meist sehr dunkel gefleckt, Spitzenfleck und äußere Querbinde breit; *(Abb. 73)* FZ Mai bis September. Ferner Deutsche Skorpionsfliege *(Panorpa germanica* L.)

Pflanzenfresser (auch Insektenräuber) (überwiegend schädlich)

2.6 Geradflügler *(Orthopteroidea)*

Heuschrecken, Springschrecken *(Saltatoria)*

Etwa 15000 Arten, vorwiegend in den Tropen und Subtropen; groß bis sehr groß, hervorstehender Kopf mit langen und vielgliedrigen Fühlern – Langfühlerschrecken *(Ensifera)* – oder kurzen und weniggliedrigen Fühlern – Kurzfühlerschrecken *(Caelifera)* –, kauende Mundwerkzeuge, Hinterbeine meist stark verlängert als Sprungbeine; Vorderflügel pergamentartig, Hinterflügel häutig; Weibchen oftmals mit langem Legesäbel zum Versenken der Eier im Boden oder Pflanzengewebe; Männchen erzeugt Zirplaute; Pflanzen- und Fleischfresser, in wärmeren Gegenden (Tropen und Subtropen) bedeutende Schädlinge in landwirtschaftlichen Kulturen, wie die Wanderheuschrecke; auch Europa und sogar Deutschland ist mehrfach von den Zügen der Wanderheuschrecke heimgesucht worden; forstlich mitunter nützlich durch Verzehren von Schadinsekten.

*Laubheuschrecken (Tettigoniidae = Locustidae)**

Groß, lange borstenförmige Fühler *(Figur 4a)*, gut entwickelte Sprungbeine *(Abb. 74)*.

---

* Auch als Überfamilie *Tettigonioidea* angesehen.

Abb. 72. Sandtrichter (Kerbtierfallen) der Larven des Ameisenlöwen [bis zu 5 cm tief, 8 cm breit] (J. REISCH)

Abb. 73. Gemeine Skorpionsfliege ♂ [27 mm] (H. PFLETSCHINGER)

Abb. 74. Laubheuschrecke (Eichenschrecke ♀, Langfühlerschrecke), kräftiger Legesäbel zur Eiablage in Rindenrisse von Buche, ab Herbst auffällig an Buchenstämmen [13–15 mm, Legeröhre 8–9 mm] (J. REISCH)

Abb. 75. Feldheuschrecke (Sumpfschrecke ♂, Kurzfühlerschrecke) [21 mm] (E. STRAUSS)

Abb. 76. Maulwurfsgrille ♀ [bis 55 mm] (J. REISCH)

142

Überwiegend Pflanzenfresser

Holzart	Symptom	Art
Kiefer (Keimlinge, Jungpflanzen) auffällig bei Nonnenvermehrung	Fraß an Nadeln, Knospen, Trieben (schlaff herabhängende, vertrocknete Nadeln), Abbeißen von Keimlingen; auch carnivor!	**Waldheuschrecke,** Nadelholz-Säbelschrecke (*Barbitistes constrictus* Br. v. W.) M- und O-Europa; ♂ 14–15 mm, ♀ 17–20 mm (Legeröhre etwa 33 mm, am Ende aufwärts gekrümmt), grün mit braunen Punkten oder braun mit hellen Längslinien, kurze Vorderflügel, verkümmerte Hfl; Gen. 1- oder 2jährig, Eiablage August (Heidekrautstengel).

Überwiegend Räuber

Beutetier	Art
Insekten; Fliegen, kleine Falter, nackte Raupen	**Großes Grünes Heupferd,** Grüne Laubheuschrecke *(Tettigonia viridissima* L. = *Locusta)* holopaläarktisch; ♂ 28–36 mm, ♀ 32–42 mm (Legeröhre 27–30 mm), grün, zur Vertreibung von Warzen verwendet; Eiablage (Vorrat 70–150 Stück) einzeln oder zu mehreren im Boden. Ferner Gewöhnliche Strauchschrecke (*Pholidoptera griseoaptera* Deg.), Gemeiner Warzenbeißer (*Decticus verrucivorus* L.)

Feldheuschrecken *(Acridiidae)*[*]

Kurze Fühler, gut entwickelte Sprungbeine („Heuhüpfer"), ♀ ohne Legesäbel, Zirplaute durch Schrillkante an Flügeldeckenleiste und Hinterschenkel; Eiablage (Vorrat 30–50 Stück) ab Spätsommer in weichen Boden, Überwinterung als Ei; in Gärten, auf Wiesen, vergrasten und verunkrauteten Feldern, auch im Gebüsch, in Forstkulturen und -saaten; Wandertrieb *(Abb. 75).*

Überwiegend Pflanzenfresser

Holzart	Symptom	Art
Buche (Erl, Es u. a. Lh) alle Altersklassen, oft massenhaft in Österreich (Steiermark)	Blattfraß bis auf Rippen bzw. Kahlfraß	Buchenwaldheuschrecke, Alpine Gebirgsschrecke *(Miramella alpina* Koll. = *Podisma)* W-, M- und O-Europa; meist Gebirgswälder; ♂ 16–20 mm, ♀ 22–31 mm, vorwiegend grün.

---

[*] Auch als Überfamilie *Acridoidea* angesehen.

143

Geradflügler (Orthopteroidea)

Holzart	Symptom	Art
(Ki, Dougl, Ei, Bu u.a.) junge Pflanzen, Keimlinge in Saatkämpen	Blattfraß, Abbeißen von Keimlingen	Zweipunktige Dornschrecke *(Tettix bipunctata* L. = *Tetrix)* eurosibirisch; ♂ 8,5 mm, ♀ 10,5–11 mm, gelbbraun, grau oder schwarzbraun; Überwinterung wohl als *Imago*. Ferner Säbeldornschrecke *(Tettix subulata* L. = *Tetrix)*, Rotleibiger Grashüpfer (*Omocestus haemorrhoidales* Charp.), Wanderheuschrecke *(Locusta migratoria* L. = *Pachytylus)*.

Feinde und Krankheiten: Star, Storch u.a. Vogelarten;
manche Pflasterkäfer *(Meloid. [Col.])* mit Eiablage in Eipaketen der Heuschrecken und Eifraß
(Larven); Fliegen *(Dipt.):* Wollschweber, Raupenfliegen mit Parasitierung von Eiern und Heuschrecken; Pilzkrankheiten durch *Beauveria bassiana, Entomophthora grylli* u.a. (s. dort!).

Grabheuschrecken, Grillen *(Gryllidae)*

Lange Fühler, breit, walzenförmig, großer Kopf, lange Schwanzanhänge, dunkel gefärbt;
Gehörorgane an Vorderschienen, Lautorgane an Flügelbasis; meist maulwurfartige Erdbewohner
mit oberirdischen Wanderungen, bes. zur Nachtzeit.

Gegenmaßnahmen
vorbeugend: (im Kamp) tiefes Umhacken der Beete vor der Saat, Umgeben der Beete mit Fanggräben oder eingelassenen Hindernissen (ca. 3–5 cm hohe Latten, Zinkblech);
mechanisch: Abfangen in Fanggräben oder versenkten Fangtöpfen (z.B. Weckglas) mit fest
angedrückten Leitlatten als Verbindungsweg von Topf zu Topf während der Paarungszeit,
Zerstörung der Nester (Mai bis Juli);
chemisch: Eingießen von Schwefelkohlenstoff in die Gänge, Auslegen von Giftködern (1 kg
Zinkphosphid auf 20 kg Ködermaterial) in nächster Nähe der Bauten gegen Abend bei
trockenem Wetter, (PV);
biologisch: Förderung von Spitzmäusen, Maulwurf, Igel (als Feinde sind weiterhin Kuckuck,
Sperling und Rabenvögel bekannt).

Pflanzenfresser und Räuber

Holzart und Beutetier	Symptom	Art
(Lh, Nh)-Keimlinge, Jungpflanzen; Drahtwürmer, Engerlinge, Schnakenlarven, Würmer, Schnecken u.a.	Wurzel- und Rindenfraß (ähnlich Großer Brauner Rüsselkäfer, jedoch langfaserige Reste), An- und Durchbeißen junger Pflänzchen (meist über dem Wurzelanlauf), flachstreichende, fingerstarke Gänge; *Differentialdiagnose:* zu Engerlingen, Erdeulenraupen, Schnakenlarven, Rotbeinlarven, Ohrwurm, Behaartem Samenlaufkäfer schwierig (s. Maikäfer!)	*Maulwurfsgrille,* Werre (Erdkrebs, Erdwolf) (*Gryllotalpa gryllotalpa* L.) *(Abb. 76)* Europa bis Ural, N-Afrika, eingeschleppt nach N-Amerika; gern in Gärten und Kämpen, Baumschulen, vorwiegend in Basalt- und Lößlehm; 30–55 mm, mächtig entwickelte Vorderbrust mit Vorderbeinen als Grabschaufeln *(Figur 5h),* Vfl kurz abgerundet-dreieckig, Hfl lang und breit, in der Ruhestellung zusammengelegt und schwanzartig abstehend;

Holzart	Symptom	Art
		Maulwurfsgrille *(Fortsetzung)* ♂ mit Schrillorgan an Flügeldeckenbasis; einfarbig dunkelbraun, schwerfälliger Flug; Gen. 1- bis mehrjährig, Eiablage ab Mai (ca. 250–350 gelblichweiße hanfkorngroße Eier) im kartoffelgroßen Nest in höchstens 8 cm Bodentiefe, interessante Brutpflege unter mütterlicher Bewachung; L zunächst weißlich und unansehnlich, später schwärzlich, ameisenähnlich; Überwinterung bis 1 m Bodentiefe.
(Ei, Bu, Bi u.a.) Jungpflanzen, Keimlinge – verschiedene Kleintiere, auch große Raupen		Feldgrille (*Gryllus campestris* L.) M- und S-Europa, W-Asien, N-Afrika; trockenwarme Biotope; 20–26 mm, schwarz, Flügeldecken bräunlich, verkürzt, springend nur im Kampf oder bei drohender Gefahr; Eiablage einzeln in den Boden, Überwinterung als Nymphe in der Erde; *Imagines* und auch Larven im Herbst in selbstgegrabenen Gängen (ca. 30–40 cm lang, 30 cm tief) wohl mit Revierbehauptung (Herauskitzeln mit Grashalm).

Insektenräuber (teilweise nützlich) – Pflanzenfresser (teilweise schädlich)

2.7 Ohrwürmer *(Dermaptera)*

Ca. 1300 tropische Arten, in Deutschland 6 Arten;
bei uns kleinere oder mittelgroße Arten der Familien *Labiidae* und *Forficulidae;* abgeflachter Körper, kurze, lederartige Flügeldecken, Hinterflügel meist großflächig, dünnhäutig (im Flug ausgespannt ähnlich dem Umriß eines menschlichen Ohres!), längs und quer faltbar, in Ruhestellung fast vollständig unter den Vorderflügeln verborgen, bei manchen Arten auch Flügellosigkeit beider Geschlechter oder auch nur eines Geschlechts, Hinterleib am Ende mit kräftigen Zangen, beim ♂ meist lang und innen oft gezähnt, beim ♀ kürzer und vielfach fast gerade und ungezähnt, zur Verteidigung und zum Angriff bzw. auch zur Bearbeitung von Beutetieren im Zusammenwirken mit den Oberkiefern sowie zur Begattung und zum Entfalten bzw. Zusammenlegen der Hinterflügel, kauende Mundwerkzeuge, Fortbewegung fast ausschließlich laufend, nur bei *Labia* öfters Flug;
Dämmerungs- und Nachttiere, lichtscheu, feuchtigkeitsliebend, meist ausgeprägte Brutpflege, ***Allesfresser*** mit Bevorzugung pflanzlicher und dann tierischer Kost, Lebensdauer etwa 8–10 Monate;
Eiablage je nach der Begattungszeit im Herbst oder Frühjahr, einzeln oder in losen Häufchen unter Rinde, Steinen, in gegrabener Höhle o.a.; Eier werden bis zum Schlüpfen der Larven (und noch einige Zeit danach) vom Muttertier behütet, beleckt und zuweilen wie nach Vogelart fast bebrütet;

Larven ähnlich den Vollkerfen, jedoch flügellos (letztes Stadium mit Flügelscheiden), beim Gemeinen Ohrwurm längere Zeit in lockeren Schlaf- und Freßgemeinschaften;

Bedeutung der Ohrwürmer im allgemeinen gering, mitunter durch Fraß von Blüten, Blättern und Keimlingen schädlich, vorwiegend im Garten und Forstkamp, durch Vertilgung von Blatt- und Schildläusen sowie von Eiern, Raupen und Puppen forstschädlicher Schmetterlinge wiederum nützlich.

Pflanzenfresser und Räuber (*Imagines* und Larven)

Pflanze bzw. Pflanzenteil und Symptom	Beutetier	Art
Keimlinge verschiedener Holzarten abgebissen, Blüten ausgefressen, Blätter angenagt; Differentialdiagnose: gegenüber Rotbeinlarven, Schnakenlarven, Engerlingen, Erdeulenraupen, Maulwurfsgrille und Samenlaufkäfer meist schwierig und erst durch Auffinden des Täters	bevorzugt Blatt- und Schildläuse, Eier, Raupen und Puppen von Schmetterlingen, Larven der Feldwespe, geschwächte Stubenfliegen, Spinnen (Wolfsspinnen)	Gemeiner Ohrwurm (*Forficula auricularia* L.) Kosmopolit; Ebene bis Gebirge (2000 m NN); Laub- und Mischwälder, sonstige Kulturlandschaft und menschliche Siedlungen (Wohnhäuser); ♂ 9,5–16 mm, Zangen mehr oder weniger gebogen, breite Basis, gekerbt, ♀ 10–14 mm, Zangen an der Spitze sich kreuzend, Innenrand fein gekerbt; flugfähig, jedoch selten fliegend. Außerdem Waldohrwurm (*Chelidurella acanthopygia* Géné), Zweipunkt-Ohrwurm (*Anechura bipunctata* Fabr.), Kl. Zangenträger (*Labia minor* L.).

2.8 Käfer *(Coleoptera)*

Umfangreichste Insektenordnung mit ca. 250000 Arten; Körperform vielgestaltig, bizarr (Halbkugel, Scheibe, Walze), z.B. Langkäfer, Langarmkäfer, Gespenstlaufkäfer, manche Rüßler u.a.; farbenprächtig (Prachtkäfer, Buntkäfer); sehr stark wechselnde Größe vom halben Millimeter (Federflügler *[Ptiliidae]*) bis zu mehreren Zentimetern, z.B. die Goliathkäfer (*Goliathus giganteus* Lam. und *regius* Klug) der Tropen, der größte Vertreter, der Südamerikanische Bockkäfer (*Titanus giganteus* A. Milne-Edw.), ist 20 cm lang und 8 cm breit; Vorderflügel zu harten, hornigen Flügeldecken *(Elytren)* umgewandelt; an der Basis der Flügeldeckennaht dreieckiges Schildchen *(Scutellum)*; ausgeprägter Halsschild; Kopf vielfach in die Vorderbrust *(Prothorax)* tief eingezogen; Mundwerkzeuge kauend mit manchmal mächtig entwickelten, zangenartigen Oberkiefern (Mandibel) wie bei Lauf-, Bock- und Hirschkäfern; Fühler sehr vielgestaltig; vollkommene *Metamorphose;* Larven nicht den *Imagines* ähnlich und meist auch andersartig in der Lebensweise; Verpuppung frei oder im Kokon *(Pupa libera*, selten Mumienpuppe [Marienkäfer/*Coccinellidae*]*)*; häufig besondere Puppenwiegen aus Spanpolstern (*Pissodes*-Rüßler); überwiegend gute Kurzstreckenflieger mit teilweise überraschendem Start (Rosenkäfer *[Cetonidae]*); Räuber, Pflanzen- und Aasfresser, Saftlecker; forstlich sehr bedeutungsvoll.

Übersicht

Überwiegend nützlich

Sandlaufkäfer *(Cicindelidae)*
Laufkäfer *(Carabidae)* – Ausnahme Schnelläufer –
Kurzflügler *(Staphylinidae)*
Aaskäfer *(Silphidae)*
Stutzkäfer *(Histeridae)*
Buntkäfer, Bienenkäfer *(Cleridae)*
Flachkäfer *(Ostomidae)*, Glanzkäfer *(Nitidulidae)*, Platt- oder Schmalkäfer *(Cucujidae)*, Rindenkäfer *(Colydiidae)*
Marienkäfer, Herrgottskäfer, Glückskäfer *(Coccinellidae)*
Feuerkäfer *(Pyrochroidae)*
Scheinrüßler *(Phytidae)*
Breitrüßler, Maulkäfer *(Anthribidae)*
Weichkäfer *(Cantharidae)*
Schnellkäfer *(Elateridae)* – Ausnahme Pflanzenfresser –
Dunkel- oder Schwarzkäfer *(Tenebrionidae)* – Ausnahme Pflanzenfresser –
Blatthornkäfer, Scarabäen *(Scarabaeidae)* mit Mistkäfern *(Geotrupinae)*, Kotkäfern *(Coprinae)*, Dungkäfern *(Aphodiinae)*, Rosenkäfern *(Cetoniinae)*, Riesenkäfern *(Dynastinae)*
Hirschkäfer *(Lucanidae)*

Insektenräuber (einige auch Pflanzenfresser)

Sandlaufkäfer *(Cicindelidae)*

Ca. 1300 Arten; Bewohner trockener, sandiger Gegenden; mittelgroß, graziös, auffallend lange Beine, dünne, borstenförmige Fühler, großer Kopf mit stark vorquellenden Augen und sichelförmigen Mandibeln; meist metallisch grün glänzend mit weißen Flecken oder Binden auf den Flügeldecken; Larven häutig mit chitinisiertem Kopf und gleichversteifter Vorderbrust sowie einem Rückenhöcker zum Festhalten in der Wohnröhre, lauern ähnlich wie „Ameisenlöwe" am Eingang einer bleistiftstarken, bis 40 cm tiefen Röhre auf vorüberkommende Beute, die bei Kopfberührung an die Wand geschleudert, betäubt, enthauptet und ausgesaugt wird;
Imago flinker Räuber, besonders bei hellem Sonnenschein, zu Fuß und im kurzen Flug *(Figur 3a)*.

Räuber

Beutetier	Art
Insekten u.a. Gliederfüßler	Feldsandläufer oder Grüner Sandläufer *(Cicindela campestris* L.) Europa, Sibirien; 12–15 mm, mattgrasgrün mit weißen Flecken; Brauner Feldsandläufer *(Cicindela hybrida* L.) *(Abb. 77)*, Waldsandläufer *(Cicindela silvatica* L.)

Laufkäfer *(Carabidae)**

Ca. 24000 Arten; winzig bis sehr groß, meist oval, großes Halsschild, großer, nach vorn gestreckter Kopf *(prognath)* mit starken Beißzangen und fadenförmigen Fühlern *(Figur 4b)*, lange Laufbeine, nur wenige flugfähig, dunkel oder auch verschiedenfarbig metallisch glänzend;

---

* Extraintestinale Verdauung bei Larven und Vollkerfen (wie bei Spinnen) durch Entleerung des Mitteldarmsekretes (Fermente, Buttersäure) in das Beutetier und Aufnahme der rasch zersetzten Nahrung in flüssiger Form.

Larven besonders auf dem Rücken stark verhornt mit teilweise ziemlich langen Schwanzanhängen; dunkel gefärbt; *Imagines* und Larven meist räuberisch an Insekten, Würmern, Schnecken u. a., vor allem zur Nacht- und Dämmerungszeit, hauptsächlich am oder im Boden *(Abb. 80);*
manche Arten klettern oder fliegen in Baumkronen;
landwirtschaftlich schädlich: Getreidelaufkäfer *(Zabrus tenebrionides Goeze)* und Behaarter Samenlaufkäfer (*Ophonus rufipes* DeG.); forstlich meist nur geringe Schäden durch Schnelläufer (*Harpalus*-Arten) und Ahlenläufer (*Bembidion*-Arten).

Räuber

Beutetier	Art
Kiefernspinner *(Dendrolimus pini)*, Nonne *(Lymantria monacha)*, Forleule *(Panolis flammea)*, Eichenprozessionsspinner *(Taumetopoea processionea)*, davon Raupen, Puppen und Falter (unregelmäßig gerandeter Lochbiß zwischen den Segmenten)	***Puppenräuber*** ***Puppenräuber***, Grüner Puppenräuber (auch Baumkäfer, Mordkäfer, Raupenkäfer, Bandit) *(Calosoma sycophanta* L.) *(Abb. 78)* Europa, Mittelmeergebiet, Sibirien; 24–30 mm, schön grünrotmetallisch glänzende Flügeldecken, herzförmiges Halsschild, wappenförmiger Hinterleib; L mit schwarzen, in der Mitte gefurchten Rückenschildern; Gen. 1jährig, FZ Juni, Eiablage (Vorrat 100–160 Stück) gruppenweise im Boden, kurze Larvenzeit von von ca. 14 Tagen, Verpuppung und Schlüpfen der Jungkäfer im Boden mit Verbleib bis Juni; Jagd und Fraß tagsüber bei Hitze oder auch nachts; *Imago* und Larve gute Kletterer; Lebensdauer ca. 2–4 Jahre; ***Geschützt;*** Verwendung zur biologischen Bekämpfung: Massenzucht (20000 Exemplare) wohl erstmalig 1911 in USA, ausgesetzt in Kolonien von je 200 Larven gegen Goldafter und Schwammspinner: Entwicklung, Vermehrung und Verbreitung (im Einzelfall Besiedlung von 11 englischen Quadratmeilen in 2 Jahren durch eine isolierte Kolonie); Voraussetzung: isolierte oder bei reichlichem Futter auch gemeinsame Aufzucht (ausgeprägter Kannibalismus!).
Frostspanner (*Operophthera spec.*, *Erannis spec.* u. a.), Eichenwickler *(Tortrix viridana)*	Kleiner oder Brauner Puppenräuber, Kleiner Kletterlaufkäfer *(Calosoma inquisitor* L.) Europa, Mittelmeergebiet, Sibirien; Laubwälder; 16–21 mm, bronzebraun, sonst wie *C. sycophanta;* Eiablage Mai/Juni einzeln in kleine Bodenhöhlen, Larven leben ähnlich wie *C. sycophanta*, Verpuppung Juni/Juli im Boden, Schlüpfen im Herbst mit Verbleib bis zum nächsten Frühjahr.
Eulen *(Noctuidae)*, Spinner *(Lymantriidae)*, Spanner *(Geometridae)*, Blattwespen *(Tenthredinidae)*, verschiedene Stadien, auch Rüsselkäfer *(Curculionidae)*	***Erdlaufkäfer*** Nachtjäger, tagsüber gewöhnlich versteckt unter Steinen, Moos u. a., manche Arten ausgesprochene Feldbewohner; nicht ausschließlich carnivor, auch Obst, Salat u. a. Pflanzenstoffe; Eiablage im Frühjahr im Boden, mehrwöchiges Larvenleben, Verpuppung in geglätteter Erdhöhle, im August/September schlüpfender Jungkäfer überwintert. ***Goldgrüne E.*** ***Goldschmied,*** Goldlaufkäfer (*Carabus auratus* L.) *(Abb. 82)* M-Europa; Felder oder Waldränder; 20–27 mm, Flügeldecken mit je 3 breiten stumpfen Rippen. Goldglänzender Laufkäfer (*Carabus auronitens* F.), *Carabus nitens* L.

Abb. 77. Sandlaufkäfer
(*Cicindela hybrida*)
[12–16 mm]
frißt Larve (W. NOACK)

Abb. 78. Puppenräuber
(*Calosoma sycophanta*)
[24–30 mm]
(I. JÄCKH-HOYER)

Abb. 79. Lederlaufkäfer
[34–40 mm]
(roebild SIEBERT)

Abb. 80. Larve eines
Laufkäfers (W. NOACK)

149

Abb. 81. Laufkäfer
(Carabus monilis)
[27–30 mm]
(W. ROHDICH)

Abb. 82. Goldlaufkäfer
(20–27 mm]
(E. SCHÖLL)

Abb. 83. Schwarzer
Stutzhalskäfer
(Pterostichus niger)
[16–21 mm]
(E. SCHÖLL)

150

Beutetier	Art
	Bronzefarbige E. Gemeiner oder Körniger Feldlaufkäfer (*Carabus granulatus* L.) N-, M- und östliches S-Europa; Feld- und Waldbewohner; 14–20 mm, grünlichbronzen, Flügeldecken mit je 3 Kettenstreifen und dazwischenliegenden Längsrippen; Überwinterung hinter loser Rinde. Großer Feldlaufkäfer (*Carabus cancellatus* Ill.), *Carabus arvensis* F. **Schwarze oder Schwarzblaue E.** **Lederlaufkäfer** (*Carabus coriaceus* L.) **(Abb. 79)** N- und M-Europa ohne England; Wälder; größte einheimische Art 34–40 mm, mattschwarz, Flügeldecken gerunzelt. Weitere *Carabus*-Arten: *intricatus* L., *violaceus* L., *convexus* F., *glabratus* Payk., *nemoralis* Ill. (auch zu den Bronzefarbigen gezählt), *monilis* F. mit Variationen **(Abb. 81)**.
Blattwespen (Kokons) *(Tenthredinidae)*, auch Rüsselkäferlarven *(Curculionidae)*	Kleinere Formen: *Abax*-Arten (*ater* Villers, *ovalis* Duft.).
in Gängen von Borkenkäfern *(Ipidae)*, an Blattwespenkokons, Gr. Br. Rüßler *(Hylobius abietis)* u. a. Rüßlerlarven	Grabläufer (*Pterostichus oblongopunctatus* F.) N- und M-Europa; Wälder; 9–12 mm, dunkel erzfarben, Halsschild breiter als lang, hinten ausgeschweift verengt **(Abb. 83 Pt. niger)**.
unter Rinde an Borkenkäfer- *(Ipidae)* und *Bockkäferlarven (Cerambycidae)*	*Agonum*-Arten (*Mannerheimi* Dej., *sexpunctatum* L.), Rinden- oder Rennkäfer (*Dromius*-Arten, wie *agilis* L., *quadrinotatus* Pz., *marginellus* Fb., *fenestratus* Fb.).

Schädlich an Samen und Keimlingen

Holzart	Symptom	Art
Laubholz, Nadelholz, Saatbeete	Ausnagen von Samen, Durchbeißen von Keimlingen; *Differentialdiagnose:* hier Keimlinge direkt über dem Boden abgebissen, Erdeulenraupen, zugleich oberirdischer Fraß,	Schnelläufer *(Harpalus-Arten)* *Harpalus aeneus* Fb., *H tardus* Pz.; Behaarter Samenlaufkäfer *(Ophonus rufipes* DeG. = *Pseudophonus pubescens, Harpalus rufipes)* paläarktische Region; 14–16 mm, pechschwarz, Flügeldecken graugelb behaart.

Holzart	Symptom	Art
	Schnakenlarven zugleich Wurzelfraß, Gem. Ohrwurm und Feldheuschrecken kein Unterschied (Auffinden des Schädlings unter Brettern, Moos, Reisig u. a.)	Ahlenläufer (*Bembidium*-Arten, wie *pygmaeum* Fbr., *lampros* Hbst., *quadrimaculatum* L.) und einige Arten der Gattungen *Amara*, *Poecilus*.

Gegenmaßnahmen: Auf Befallsstellen dichtes Streuen von Ätzkalk (ungelöscht!), evtl. Aussetzen von Spitzmäusen.

Kurzflügler *(Staphylinidae)*

Über 20000 Arten; winzig bis groß, schmal, unter stark verkürzten Flügeldecken beweglicher Hinterleib hervorragend, sehr behend und rasch; meist braun bis schwarz *(Abb. 84)*;

Larven in Habitus und Beweglichkeit ähnlich; größere Arten räuberisch an Kleintieren (Insekten, Schnecken u. a.), auch an Aas, Dung, Pilzen, Moos, Mulm, Blüten; kleine Arten suchen in Gängen von holzminierenden Insekten nach Brut und Vollkerfen, insbesondere Borkenkäfern; Überwinterung in der Bodenstreu oder anderen Verstecken;
forstlich als *Prädatoren* sehr bedeutsam, z.B. bei Massenvermehrungen von Borkenkäfern *(Abb. 86)*.

Förderungsmaßnahmen: Beschränkung des Einsatzes chemischer Pflanzenschutzmittel; Vermehrung von Blütenpflanzen, z.B. Hecken und Büsche, an Waldrändern und auf Schneisen oder auf anderen Nichtholzbodenflächen.

Räuber

Beutetier	Art
Borkenkäfer *(Ipidae)* u. a. Insekten	**Größere Arten** **Staphylinus caesareus** Cederh.; Europa, Mittelmeerländer, N-Amerika; 17–25 mm, schwarz, Flügeldecken rotbraun.
Kiefernspinner *(Dendrolimus pini)*	**Goerius olens** Müll. = *Staphylinus* Europa, Mittelmeergebiete; 20–32 mm, schwarz *(Abb. 85)*.
Borkenkäfer *(Ipidae)*	*Quedius*-Arten (*fuliginosus* Fr., *scintillans* Gr., *ochropterus* Er., *laevigatus* Gyll.), *Nudobius lentus* Gr. **Kleinere Arten** *Coryphium angusticolle* St., *Omalium*-Arten, *Phloeopora*-Arten (*reptans* Er., *angustiformis* B., *corticalis* Grav.), *Homalota*-Arten (*plana* Gyll., *cuspidata* Er.), *Leptusa analis* Gyll., *Atheta*-Arten (*celata* Er. u. a.), *Placusa*-Arten (*complanata* Er., *atrata* Shlb., *infima* Er., *depressa* Mäkl.) *Acrulia inflata* Gyll., *Baptolinus*-Arten *(Abb. 86)*.

Abb. 84. Kurzflügler
(Ontolestes murinus)
[14–19 mm]
(Seitenansicht)
(E. Schöll)

Abb. 85. Kurzflügler:
Stinkender Moderkäfer
(Goerius olens)
[20–32 mm]
(W. Noack)

Abb. 86. Kleine Kurz-
flüglerart *(Baptolinus
spec.)* [ca. 6 mm]
an Borkenkäferbrut
(W. Rohdich)

Abb. 87. Schnellkäfer ♂
(Corymbitis spec.)
[16–20 mm]
(H. Pfletschinger)

153

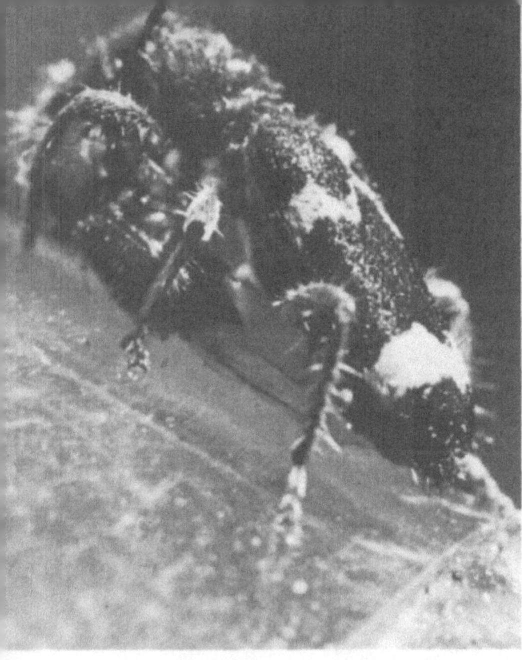

Abb. 88. Ameisenbur
käfer [7–10 mm]

(a)–(b) Beim Raub
und Abnicken von
Lärchenborkenkäfern
(J. REISCH)

Abb. 88. (c) Überwäl-
tigt Borkenkäfer
(J. REISCH)

Abb. 88. (d) Larve im
Borkenkäfergang
[bis 16 mm]
(E. SCHUHMACHER)

Aaskäfer *(Silphidae)*

Ca. 2000 Arten; klein bis groß, oft abgeflacht, breitoval, deutlich gerippte Flügeldecken, Fühler mit verdickten Endgliedern oder dreigliedriger Keule; meist dunkle Grundfarbe, auch rotes Halsschild sowie gelbe Flügeldecken;
Larven asselförmig; überwiegend Aasfresser; Gattung *Neucrophorus*, auffallend schwarz-gelbrot gebändert oder ganz schwarz, bekannt als Totengräber durch Vergraben von Tierleichen für sich und seine Brut; manche an landwirtschaftlichen Gewächsen (Zuckerrüben) schädlich, andere räuberisch an Insekten und deren Brut, auch in Gängen von Borkenkäfern und anderen Holz- und Rindenbrütern.

Räuber

Beutetier	Art
Spanner *(Geometridae)*, Prozessionsspinner *(Thaumetopoeidae)*, Goldafter *(Euproctis chrysorrhoea)*, Nonne *(Lymantria monacha)* u. a. Raupen	Gefleckter oder Vierpunkt-Aaskäfer (*Xylodrepa quadripunctata* Schrb.) N- und M-Europa, Sibirien; 12–15 mm, Flügeldecken gelb mit je 2 schwarzen Punkten; FZ Mai bis Herbst, Eiablage (Vorrat ca. 20 Stück) im Boden, Larve und Käfer räuberisch, letzterer auch auf Bäumen.

Stutzkäfer *(Histeridae)*

Ca. 2500 Arten; klein, gedrungen, sehr hart gepanzert, meist glänzend lackschwarz mit wenig gestutzten Flügeldecken;
Larven und *Imagines* ähnlich räuberisch wie die Kurzflügler, zumeist in faulenden tierischen und pflanzlichen Stoffen; forstlich überaus nützlich.

Räuber

Beutetier	Art
Borkenkäfer *(Ipidae)*	*Platysoma*-Arten langgestreckt, schwarz, Schienen außen mit Zähnchen; (*deplanatum* Gyll., *lineare* Er., *angustatum* Hofm., *oblongum* F., *elongatum* Ol.); *Paromalus*-Arten länglich-rund, rostrote Beine und Fühler (*parallelopipedus* Hbst., *flavicornis* Hbst.); *Plegaderus*-Arten Halsschild mit wulstartigen Seitenrändern, quergeteilt; (*discisus* Er., *vulneratus* Pz., *saucius* Er.);

Anregung: Da bisher fast nichts über die Lebensweise bekannt ist, wäre ein Studium wenigstens der wichtigsten Arten sehr nützlich.

Buntkäfer, Bienenkäfer *(Cleridae)*

Ca. 3000 Arten; meist länglich, schmal, flach, großer Kopf, größtenteils lebhaft buntgefärbt;
Blütenbesucher, als *Imagines* und Larven auch räuberisch an Rinden- und Holzbewohnern;

die pelzig behaarten Immenkäfer (*Trichodes*-Arten) schmarotzen in Nestern von Bienen (z.B. Bienenwolf *Trichodes apiarius* L.); forstlich bei der Vernichtung von Borkenkäfern und deren Brut maßgeblich beteiligt *(Abb. 88a-d)*.
Förderungsmaßnahmen: Vermehrung von Blütenpflanzen; evtl. Massenzucht und Aussetzen in Borkenkäfer-Kalamitätsrevieren; Vermeidung chemischer Begiftungen!

Räuber

Beutetier	Art
Borkenkäfer, bes. Rindenbrüter an Ki, Fi (Abnicken, Ausfressen)	**Gemeiner Ameisenbuntkäfer** *(Thanasimus formicarius* L. = *Clerus)* Europa; I 7–10 mm, schwarz-weiß-rot, langlebig *(Abb. 88a-c)*; L rosarot mit vorgestrecktem Kopf *(Abb. 88d)*, Gen. wohl 1jährig; FZ Frühjahr bis Herbst, auf Stämmen äußerst lebhaft oder in Lauerstellung; Eiablage schubweise (bis 4 Stück) unter Rindenschuppen, L in Gängen von Borkenkäfern, leben von deren Brut, anderen Insekten, auch Bohrmehl, Verpuppung im Herbst; Überwinterung der Vollkerfe unter Rindenschuppen und sonstigen Verstecken, erscheint zumindest im Mittelgebirge fraglich. Anmerkung: Nach USA eingeführte Käfer (um die Jahrhundertwende von HOPKINS) sollen dortige Borkenkäferkalamität nicht beendet haben (nach ESCHERICH 1914 u. 1923).
Borkenkäfer *(Ipidae)*, Rüsselkäfer *(Curculionidae)*, Prachtkäfer *(Buprestidae)*, Klopfkäfer *(Anobiidae)* u.a. kleine Käfer	Kleiner Ameisenbuntkäfer *(Thanasimus rufipes* Br. = *Clerus)*, *Thanasimus mutillarius* F., Hausbuntkäfer (*Opilo domesticus* L. und *mollis* L.), Holzbuntkäfer (*Tillus elongatus* L.), *Tillus unifasciatus* F., Blauer Fellkäfer (*Corynetes coeruleus* DeG.), Zweifarbiger Kolbenkäfer (*Necrobia ruficollis* F.)
Holzwespenlarven *(Siricidae)*, Borkenkäfer *(Ipidae)*, Larven und Nymphen von Bienen *(Apis spec.)*	Bienenwolf (*Trichodes apiarius* L.) Europa, Mittelmeergebiet; 9–15 mm, Flügeldecken rot mit samtschwarzer Spitzenmakel und 2 gleichartigen Querbinden; Schäden in Bienenstöcken meist nur bei unsauberen Beuten.

Flachkäfer *(Ostomidae)*, **Glanzkäfer** *(Nitidulidae)*, **Platt- oder Schmalkäfer** *(Cucujidae)*, **Rindenkäfer** *(Colydiidae)*

Räuber (in der Landwirtschaft auch Pflanzenschädlinge)

Beutetier	Art
Borkenkäfer *(Ipidae)*	**Flachkäfer** *(Ostomidae)* Ca. 400 Arten; klein bis mittelgroß, sehr verschieden geformt, teilweise länglich, walzenförmig, teilweise auch fast rund; meist unauffällig gefärbt; 1. Tarsenglied sehr klein; L mit hakigem Hinterleibswende. Lebensweise noch vielfach ungeklärt, hauptsächlich unter Rinde absterbender Bäume räuberisch an minierenden L von Borkenkäfern; z.B. *Nemosoma elongatum* L. **Glanzkäfer** *(Nitidulidae)* Ca. 1500 Arten; ähnlich *Ostomiden*, jedoch ohne verkürztes 1. Tarsenglied; viele rein phytophag (auch Pollenfresser), z.B. Rapsglanzkäfer (*Meligethes aeneus* F.), Vierpunkt-Glanzkäfer (*Glischrochilus quadriguttatus* Cl.), *Glischrochilus quadripustulatus* Hbst., *Eupuraea*-Arten (*angustata* Er., *laeviuscula* Gyll., *oblonga* Hbst., *rufomarginata* Steph.). *Rhizophagus*-Arten schmal, langgestreckt, dunkel; (*grandis* Gyll., *depressus* F., *ferrugineus* Payk., *parallelocollis* Gyll., *dispar* Payk., *politus* Hellw., *cribratus* Gyll.) **Platt- oder Schmalkäfer** *(Cucujidae)* Ca. 500 Arten; winzig bis klein, abgeflacht, Flügeldecken meist mit Punktstreifen oder Längsfalten; L meist ebenfalls flach; vielfach unter Baumrinde, in trockenen Früchten und Pflanzenstoffen, einige bei Ameisen. Leistenkopf-Plattkäfer *(Cryptolestes = Laemophloeus)* (*monilis* F., *ferrugineus* Steph., *alternans* Er.) **Rindenkäfer** *(Colydiidae)* Ca. 200 Arten; meist langgestreckt, walzig, auch kurz und breit, unauffällig braun gefärbt; Larve gestreckt, größtenteils weichhäutig; unter Baumrinde, im morschen Holz, in Bohrgängen von Käfern. *Colydium*-Arten (*elongatum* F., *filiforme* F.), *Aulonium trisulcatum* Geoff., *Ditoma crenata* F., *Oxylaemus cylindicus* Pz., *Cerylon*-Arten (*histeroides* F., *impressum* Er.), *Bothrideres contractus* F.

Marienkäfer, Herrgottskäfer, Glückskäfer *(Coccinellidae)*

Ca. 5000 Arten; klein bis mittelgroß, halbkugelig gewölbt, blattkäferähnlich, buntgefärbt (vielfach gepunktet), kurze Beine, Fühler mit drei- oder mehrgliedriger Keule;
Larven langoval, langbeinig, Oberseite geschwärzt mit behaarten Warzen oder dornartigen, oft verästelten Fortsätzen, buntgefärbt, auch einfarbig gelb oder dunkel, sehr behend *(Abb. 90 a)*;
Puppe (Mumienpuppe) frei auf Blättern und Zweigen;

carnivore Arten als Imago und Larve an anderen Insekten, besonders an Blatt- und Schildläusen, Milben, Blasenfüßen und Larven von Schmetterlingen und Käfern *(Abb. 90a, b);* manche auch phytophag, jedoch nicht an Forstgewächsen;
Eiablage (Vorrat je ♀ 400 Stück) im Frühjahr in aufrechtstehenden Häufchen an Blattunterseite, ringsum an Nadeln oder Rindenritzen, Schilder von Schildläusen;
Verpuppung hängend an Pflanzenteilen; meist doppelte Generation, Gesamtentwicklungszeit 41–77 Tage;
langlebige Käfer überwintern in verschiedenen Schlupfwinkeln; forstlich als Vertilger von Blatt-, Rinden- und Schildläusen sehr nützlich *(Abb. 90a, b).*

Förderungsmaßnahmen: Vermeidung chemischer Pflanzenschutzmittel, besonders bei starkem Besatz von Marienkäfern, z. B. in lausverseuchten Gebieten (Sitkafichtenlaus).
Massenzucht sehr aussichtsreich!

Bisherige Erfolge zur Schädlingsbekämpfung

1889 – *Rodolia cardinalis = Novius* aus Australien; in Kalifornien gegen Schildlaus *(Icerya purchasi)* an Zitrusgewächsen; $^1/_2$ Jahr nach der Einbürgerung Ende der Wollschildlauskalamität; Vermehrung in 1 Jahr von 100 auf 10000 Marienkäfer.

1890 – w. v. in Honolulu;
in Österreich und Italien gegen Mandel- oder Maulbeerschildlaus (*Pseudaulacaspis pentagona* Targ.)
(ESCHERICH 1914/23 und BRAUN 1965).

1962 – *Aphidecta obliterata* L. von Flensburg auf der Nordseeinsel Amrum ausgesetzt gegen Sitkafichtenlaus (*Liosomaphis abietina* Walk.)
(SCHNEIDER 1966).

Im Jahr 1807 waren die Küste von Brighton und alle Wasserplätze auf der Südküste Englands ganz bedeckt mit Marienkäfern, die aus benachbarten, blattlausverseuchten Hopfengärten stammten (ESCHERICH 1914). 1971 konnte der Verfasser die gleiche Beobachtung an der belgischen Küste machen.
In einem sächsischen Kiefernrevier stellten ESCHERICH und BAER 1913 *Novius cruentatus* Muls. als großen Vertilger der Großen Rotbraunen Schildlaus (*Palaeococcus fuscipennis* Burm.) fest (ESCHERICH 1923).

Räuber

Beutetier	Art
Rinden- oder Baumläuse *(Lachnidae)* u. a., z. B. Sitkafichtenlaus *(Liosomaphis abietina)*	Siebenpunkt-Marienkäfer (*Coccinella septempunctata* L.) Europa, Asien, N-Amerika, N-Afrika; 5–8 mm, rot mit 7 schwarzen, runden Flecken; gelegentlich phytophag; Blatt- und Nadelfraß an Ei, Wei, Ta;
bedeutend bei Sitkafichtenlaus *(Liosomaphis abietina)* und Weißtannenlaus *(Dreyfusia spec.)*	Zweipunkt-Marienkäfer (*Adalia bipunctata* L.) Europa, Asien, N-Amerika; 3,5–5,5 mm, gewöhnlich rot mit 2, mitunter auch 4 schwarzen Punkten *(Abb. 90a);* ferner *Anatis ocellata* L., *Aphidecta obliterata* L., *Halyzia sedecimguttata* L., *Neomysia oblongoguttata* L. u. a.

Feuerkäfer *(Pyrochroidae)*

Ca. 150 Arten; mittelgroß mit charlachroten, hinten verbreiterten Flügeldecken, gesägten Fühlern; Larve abgeflacht mit zangenartigem Hinterleibsende, drahtwurmähnlich *(Abb. 89a, b).*

Abb. 89. Feuerkäfer

(a) Vollkerf
[14–18 mm]
(W. NOACK)

Abb. 89.(b) Larve
[bis 35 mm]
(W. ROHDICH)

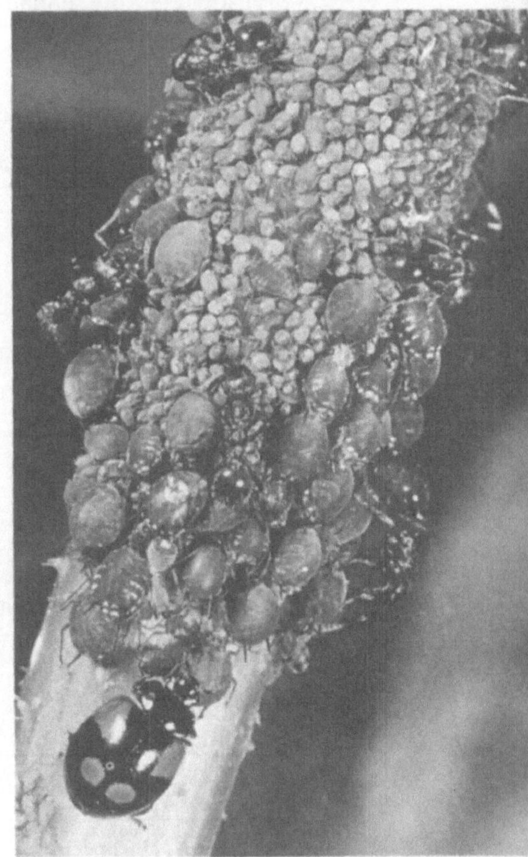

Abb. 90. Marienkäfer
[3,5–5,5 mm]

(a) Zweipunktmarien-
käfer in einer
Blattlauskolonie
(H. PFLETSCHINGER)

(b) Vierfleck-Marien-
käfer beim Aufrollen
einer Blattlauskolonie;
gleichzeitig Ameisen-
besuch *(Myrmica spec.)*
(H. PFLETSCHINGER)

Abb. 90.(c) Larve eines
Marienkäfers kurz vor
der Verpuppung
(W. ROHDICH)

Abb. 91. Räuberischer
Weichkäfer [ca. 10 mm]
an Blattwespenlarven
(H. PFLETSCHINGER)

159

Räuber

Beutetier	Art
Bockkäfer *(Cerambycidae)*, Prachtkäfer *(Buprestidae)*, Larven	Scharlachroter oder Großer Feuerkäfer, Feuerfliege (*Pyrochroa coccinea* L.) 14–18 mm, Halsschild und Flügeldecken scharlachrot und rot behaart, sonst schwarz, FZ ab Mai/Juni auf Blüten (Waldrand); L räuberisch, wohl auch an Rinde und Holz abgestorbener Bäume und Stöcke.

Scheinrüßler *(Phytidae)*

Vorgestreckter, oft schnauzen- oder rüsselförmig verlängerter Kopf.

Räuber

Beutetier	Art
Borkenkäfer *(Ipidae)* u.a.	*Lissodema quadripustulatum* Mrsh. Europa; 2,5–3,3 mm, rostrot, Flügeldecken schwarz oder braun mit 2 großen gelben Flecken (Basis, Spitze);
	Rhinosimus-Arten rüsselartig verlängerter Kopf (*planirostris* F., *ruficollis* L.)

Breitrüßler, Maulkäfer *(Anthribidae)*

Ca. 2000 Arten; sehr kurzer, flacher und breiter Rüssel, nicht gekniete Fühler; zumeist in abgestorbenem Holz, einige Arten in Samen und Kapseln, andere mit parasitischer Entwicklung in Schildläusen und somit nützlich.

Räuber

Beutetier	Art
Schildläuse *(Coccidae)* bes. Fichten-Quirlschildlaus	Grauer Schildlausbreitrüßler *(Brachytarsus nebulosus* Forst. = *Anthribus)* 2,5–4 mm, schwarz, Flügeldecken mit länglichen Gitterflecken (undeutlich), Halsschild mit nebelförmig angedeuteten Dorsalflecken (vier); Larve parasitisch in seßhaften Weibchen, *Imago* an Schildläusen und Insekteneiern;
wohl mehr Laubholz-Schildläuse	Roter Schildlausbreitrüßler *(Brachytarsus fasciatus* Forst. = *Anthribus)* Europa; 3–4 mm, Flügeldecken punktiert gestreift, rot gehöckert, sonst schwarz.

Weichkäfer *(Cantharidae)*

Ca. 6000 Arten; mittelgroß, teilweise farbenfreudig, sehr weiche Flügeldecken; Eiablage im Mai unter Baumstämmen oder Grasbüscheln, Larven ab Juni vor allem im Boden in selbstgegrabenen, recht tiefen Gängen, dort Überwinterung und Verpuppung im meist oberflächlich gelegenen länglichen Puppenlager; samtartig behaarte Larven von *C. obscura*, mitunter im Winter auf Schnee „Schneewürmer"; Käfer und Larven überwiegend räuberisch an Insekten und Schnecken *(Abb. 91)*;
einige Vollkerfe auch phytophag.
Gegenmaßnahmen:
kaum nötig, evtl. Absammeln durch Klopfschirm.

Räuber und Pflanzenfresser

Beutetier bzw. Holzart	Symptom	Art
Kleine Insekten, Schnecken; junge Pflanzen (Ei, Ki)	geschwärzte Triebe bei Lh durch Ernährungsfraß (Käfer)	Eichenweichkäfer (*Cantharis obscura* L.) N- und M-Europa, Sibirien; 8–13 mm, schwarz, Halsschild mit gelben Seitenrändern; *Cantharis rustica* Fall., Kiefernweichkäfer (*Cantharis fusca* L.)

Schnellkäfer *(Elateridae)*

Ca. 800 Arten; prachtkäferähnlich, langgestreckt, abgeplattet, Hinterecken des Halsschildes dornartig ausgezogen (Prachtkäfer nicht!); eigenartiger Schnellmechanismus (Ein- und Ausklinken eines Dorns an der Unterseite der Vorderbrust, bzw. dessen Wulstes in einer Grube an der Unterseite der Mittelbrust, bzw. deren Wulst) zum Hochspringen bis 12 cm und Umdrehen mit knipsendem Geräusch, dient der plötzlichen Ortsveränderung bei Verfolgung; gewöhnlich düster gefärbt, jedoch auch gelb, rotbraun, metallisch *(Fühler s. Figur 4e)*;

Larven hart, drehrund, gelb, „Drahtwürmer", ähnlich Mehlwürmern *(Tenebrionidae)*, jedoch mit abgeplattetem, am Vorderrand gezähntem Kopf, sehr empfindlich gegen Austrocknung; Eiablage auf oder im Boden oder Mulm; Verpuppung meist in glattwandiger Erdhöhle; Käfer auf Blumen, Sträuchern und Bäumen, leben teils von junger Triebrinde, insbesondere jedoch von Insekten (Blattläuse); Larven vor allem durch Wurzel- und Samenfraß, vor allem im Garten, schädlich; meist 3j. Generation *(Abb. 87)*.

Räuber (Käfer und Larve)

Beutetier	Art
Larven von Bockkäfern *(Cerambycidae)*, Rüsselkäfern *(Curculionidae)*, Fliegen *(Diptera)*, Blattwespen *(Tenthredinidae)*, Gespinstblattwespen *(Pamphiliidae)* und Blattläuse *(Aphidina)*	*Athous*-Arten (*rufus* L., *rhombeus* Ol.), *Melanotus rufipes* Hbst., *subfuscus* Müll., *Corymbites germanus* L., *Prosternon holosericeus* Ol., *Dolopius marginatus* L.

Pflanzenfresser

Käferfraß an junger Triebrinde von Ei, Fi, Ki nicht wesentlich; Larvenfraß an Samen und Wurzeln, vor allem an Jungpflanzen, schwerwiegend.

Gegenmaßnahmen

mechanisch: Vollumbruch mit Vernichtung der Drahtwürmer bzw. Ausheben der Pflanzen im Kamp mit Ausschütteln des Erdreichs;
Fangpflanzen (Salat) mit täglichem Ausheben befallener Pflanzen (Welken, herausgezogene Blätter) oder Köder (geteilte Kartoffel- oder Möhrenstücke mit Schnittfläche nach unten oberflächlich eingraben), die abgesammelt werden müssen;
chemisch: Kopfdüngung mit Kainit (12–16 Ztr./ha) und Chilesalpeter (2–2,5 Ztr./ha), Begießen mit Jauche unter Zusatz von 1–2% Eisenvitriol (sehr empfehlenswert), Bodendesinfektion mit entsprechenden Insektiziden (PV) – s. unter Maikäfer! –
biologisch: Förderung von Maulwurf, Spitzmaus, Wiedehopf und Blauracke; Massenzucht von Laufkäfern *(Carabus*-Arten, *Omaseus)* ;
Verbreitung von Pilzkrankheiten: *Metarrhizium anisopliae* larventötend (in USA!).

Holzart	Symptom	Art
Laubholz, Nadelholz, junge Pflanzen bzw. Samen	Anstechen und Ausfressen von Samen, Durchlöcherung von Wurzeln; Abbeißen von Sämlingen; Differentialdiagnose zu Engerling, Erdeulenraupen, Schnakenlarven, Rotbeinlarven und zur Maulwurfsgrille oft schwierig und erst nach Auffinden des Schädlings (siehe Maikäfer!)	Erzfarbiger Rindenschnellkäfer, Steppenschnellkäfer *(Corymbites aeneus* L. = *Selatosomus)* Europa, Sibirien; leichte, trockene Böden; 10–15 mm, metallisch glänzend, Halsschild und Flügeldecken kahl; Gestreifter Forstschnellkäfer *(Dolopius marginatus* L.) Europa, Sibirien; 6–8 mm, Flügeldecken, Fühler und Beine rotbraun, Naht, sonst schwarz; Schwarzbauchiger Laubschnellkäfer *(Athous niger* L.) M- und N-Europa; schwere, feuchte Böden; 10–14 mm, schwarz oder rotbraun; Wald-Humusschnellkäfer *(Agriotes aterrimus* L.) N- und M-Europa; 11–15 mm, schwarz, dicht punktiert und dunkel behaart.

Dunkel- oder Schwarzkäfer *(Tenebrionidae)*

Ca. 6000 Arten; vorwiegend in wärmeren Gebieten; klein bis mittelgroß, sehr formenreich und schön, bei uns unscheinbar und dunkel gefärbt; Larven schlank, lang, walzenförmig, durchweg stark chitinisiert, ähnlich wie die Drahtwürmer (Schnellkäferlarven); teilweise geschätztes Vogelfutter (Mehlwurm), meist an faulenden und modernden Pflanzenstoffen und Exkrementen, bes. in den Tropen und Subtropen gesundheitspolizeiliche Funktion; manche Arten Fleischfresser und Insektenräuber, vor allem in Ameisennestern oder auch in Gängen von Borken- und Bockkäfern; Lebensweise noch wenig erforscht.

Räuber (?)

Fundort	Art
in Gängen von Borkenkäfern	Gattung *Hypophloeus* schmal, walzig, glänzend, Fühler länger als der Kopf und zur Spitze hin verdickt, Flügeldecken hinten verkürzt abgerundet; Larven stachlig behaart; (*fraxini* Kugel., *fasciatus* F., *pini* Pz., *linearis* F., *castaneus* F. = *unicolor, bicolor* Ol.).

Pflanzenfresser (Käfer und/oder Larven)

Holzart	Symptom	Art
Junge Kiefern (1j.) Wurzeln	zarte Wurzeln abge-schnitten, Pfahlwurzel faserig angenagt (Käferfraß, evtl. auch Larvenfraß)	*Melanimon tibiale* F. Europa bis Asien; 3–4 mm, schwarz, Flügeldecken mit undeutlichen Runzeln.
mehr am Wurzelhals	Benagen und Abbeißen unterhalb der Nadeln	*Phylan gibbus* F. Europa; salzhaltige Sandböden an Ost- und Nordsee; 7–9 mm, schwarz, Flügeldecken mit Punktstreifen; Staubkäfer (*Opatrum sabulosum* L.) 7–10 mm, schwarz, Flügeldecken dicht mit kleinen Körnchen und staubförmigen Härchen besetzt (bei frischen Exemplaren).
Moder alter Bäume, auch ver-bautes Holz, Mehlvorräte		Gemeiner Mehlkäfer, Mehlwurm (*Tenebrio molitor* L.) Kosmopolit; 15 mm, pechschwarz-braun.

Zersetzer organischer Stoffe (faules Holz, Mulm, Kot, Dung)

Blatthornkäfer, Skarabäen *(Scarabaeidae)*

mit den Unterfamilien Mistkäfer *(Geotrupinae)*, Kotkäfer *(Coprinae)*, Dungkäfer *(Aphodiinae)*, Rosenkäfer *(Cetoniinae)* und Riesenkäfer *(Dynastinae)*.
(Allgemeine Merkmale s. später unter „überwiegend schädlich".)

Mistkäfer *(Geotrupinae)*, **Kotkäfer** *(Coprinae)*, **Dungkäfer** *(Aphodiinae)* interessante Brutpflege in Mistkugeln (Brutpillen) mit anschließendem Vergraben, z.B. der „Heilige Skarabaeus" *(Scarabaeus sacer)* oder Pillendreher aus Ägypten und der Europäische Mondhornkäfer *(Copris lunaris)* sowie in stockartigen Bruttröhren, z.B. die weitverbreiteten Mistkäfer.

Blatthornkäfer (Scarabaeidae)

Brutfürsorge	Art
bis 0,5 m tiefe Brutröhre mit mehreren, bis 28 cm langen Seitenstollen mit Mist, Rinde u.a. gefüllt; auch an Pilzen, faulenden Pflanzen sowie an Baumsäften	**Waldmistkäfer** (*Geotrupes silvaticus* Pz.) Europa; 12–20 mm, glänzend schwarz bis blauschwarz.
große Brutkammern mit birnenförmigen Brutpillen	Mondhornkäfer (*Copris lunaris* L.) Europa, N- und M-Asien; Sandgebiete; 17–23 mm, tiefschwarz glänzend; Kopfschild halbmondförmig mit Horn.
Käfer rollen aus Mist gedrehte, bis apfelgroße Kugeln oft weite Strecken zum Vergraben in eine Brutröhre (ausdauernd auch bei heißer Sonneneinstrahlung)	Heiliger Skarabaeus, Pillendreher (*Scarabaeus sacer* L.) Mittelmeergebiet bis M-Asien und Ägypten; Sandböden; 21–36 mm, schwarz, ziemlich matt, Vorderbeine ohne Tarsen, Kopfschild lang gezackt.

Daneben leben noch zahlreiche Dungkäfer (Gattung *Aphodius*) an Losung und Tierkadavern.

Rosen-, Gold- oder Blütenkäfer *(Cetoniinae)* **– geschützt**

Material	Ernährung	Art
faules Holz u. a.	Käfer auf Blüten, bes. von *Rosaceen*, Engerlinge im faulen Holz, Kompost, Mulm sowie in Nestern der Roten Waldameise, deren Nestmaterial zerfressen wird *(floricola)*	Gemeiner Rosenkäfer, Goldkäfer (*Cetonia aurata* L.) Europa, Kleinasien, Palästina, N-Persien, Zentralasien, Amurgebiet; 13–20 mm, glänzend goldgrün, Flügeldecken weiß quergesprenkelt; *Cetonia floricola* Hbst. 15–20 mm, erzgrün, Flügeldecken mit oder ohne weiße Strichelchen; daneben viel seltener: *C. marmorata* F., *C. speciosissima* L.

Riesenkäfer *(Dynastinae)*

♂♂ mit Hörnern oder Höckern auf dem Kopf.

Material	Ernährung	Art
(Ei) absterbende Bäume, Eichenlohe, Komposthaufen, Sägemehllager	Engerlingsfraß nur in Mistbeeten, Treibhäusern u. Gerbereien teilweise bedeutungsvoll	Europäischer Nashornkäfer (*Oryctes nasicornis* L.) Europa; ♂ 25–45 mm, ♀ 30–38 mm, glänzend kastanienbraun, ♂ mit starkem, nach hinten gebogenem Kopfhorn (bei kleinen Exemplaren kegelartig) *(Abb. 166)*; ♀ mit beulenartiger Stirn; Gen. mehrjährig, Verpuppung tief in der Erde im großen, runden Holz-Erde-Gehäuse.

Hirschkäfer *(Lucanidae)* *

Ca. 900 Arten; z.T. sehr große Käfer, Männchen mit geweihartigen Oberkiefern *(Mandibeln)*, Fühler mit starren Keulenblättern *(Figur 4m);* Käfer meist Säfteschlürfer (Baum- und Blütensäfte u.a.); nur Rehschröter phytophag;
Engerlinge mit längsspaltigem After, in brüchigem, abgestorbenem, faulem oder vermorschtem Holz, Mulm u.a. organischen Stoffen.

Holzart	Symptom	Art
(ziemlich polyphag, Ei, Bu, Es u.a.)	Käferfraß an schwellenden Knospen (Ei, As u.a.); Engerlingsfraß in zersetzendem Holz (Ei, Bu, Es u.a., auch Ki)	Rehschröter *(Platycerus caraboides* L. = *Systenocerus)* M-Europa; 10–14 mm, OS metallisch grün-grünblau-stahlblau; FZ Frühjahr, Jungkäfer August mit Überwinterung im Puppengehäuse.
(Ei)	Käfer Säfteschlürfer (Ei), Engerlinge leben von Humusteilchen, später von faulem Holz	*Hirschkäfer,* Feuerschröter (*Lucanus cervus* L.) Europa; 25–75 mm, ♂ mit geweihartigen Mandibeln, mattglänzend schwarz *(Abb. 165);* FZ Mai bis Juli; Eiablage an morschen Eichenstämmen, in die Erde; Engerlinge im 5. Jahr erwachsen, 10–11 cm lang, Verpuppung im faustgroßen festen Gehäuse; *geschützt;* ferner Zwerghirschkäfer, Balkenschröter *(Dorcus parallelopipedus* L.), Baum- oder Knopfhornschröter *(Sinodendron cylindricum* L.).

Übersicht

Überwiegend schädlich

Borkenkäfer *(Ipidae)*
Werftkäfer *(Lymexylidae)*
Kernkäfer *(Platypidae)*
Nage-, Poch- oder Klopfkäfer *(Anobiidae)*
Holzbohrkäfer, Kapuzinerkäfer *(Bostrychidae)*
Splintholzkäfer *(Lyctidae)*
Düsterkäfer *(Melandryidae)*
Scheinbockkäfer *(Oedemeridae)*
Prachtkäfer *(Buprestidae)*
Bockkäfer *(Cerambycidae)*
Rüsselkäfer *(Curculionidae)*
Blatthornkäfer *(Scarabaeidae)* mit Laubkäfern *(Melolonthinae)*
Blattkäfer *(Chrysomelidae)*
Blasen- oder Pflasterkäfer *(Meloidae)*

---

* Vereinigt mit Zuckerkäfern *(Passalidae)* und Skarabäen *(Scarabaeidae)* zur Überfamilie Blatthornkäfer *(Lamellicornia)*.

Pflanzenfresser oder Holzzerstörer

Minierer an Rinde und/oder Holz

Borkenkäfer *(Ipidae = Scolytidae)*

Allgemeine Kennzeichen, Lebensweise, Bedeutung

Ca. 2000 Arten; winzige bis kleine (maximale Größe in Europa 9 mm), meist dunkel gefärbte
Tiere mit walzenförmigem Habitus; Fühler gekniet (nicht bei *Anobiidae, Bostrychidae, Lyctidae!*)
mit einer meist scharf abgesetzten, großen Keule und kleinen Geißelgliedern *(Figur 4n),* Kopf
mehr oder weniger in den großen Halsschild zurückgezogen, Flügeldecken den Hinterleib
vollständig deckend, vielfach Absturz ausgehöhlt und mit Zähnen umrandet *(Abb. 100, 103);*
Larven beinlos, weich, bauchwärts gekrümmt, zahlreiche Wülste (ähnlich Rüsselkäferlarven);
Puppen kurz, gedrungen, wenige kurze Dornhöcker (oft nur am Hinterleib) und niemals lang
behaart *(Abb. 94d).*
Weibchen fertigen zur Eiablage stets selbst Brutgänge (Werft-, Poch- und Rüsselkäfer nicht!);
ausgesprochenes Familienleben mit charakteristischen Fraßbildern von Mutter- und Larvengängen; teilweise interessante Brutfürsorge mit Pilzzucht *(Ambrosia) (Abb. 31)* und Klima-
regelung; daneben abweichender Ernährungs- und Schlechtwetterfraß mit hirschgeweiharti-
gen Erweiterungen der Brut- und Larvengänge im Rindenteil; Besonderheiten: außerhalb der
Geburtsstätte sind der Reifungs- und Regenerationsfraß in oder an saftfrischen Trieben, wie
der Markröhrenfraß der Waldgärtner *(Abb. 110),* die Eschengrinden* der Eschenbastkäfer
(Abb. 97), der umgekehrte Trichterfraß wurzelbrütender Bastkäfer *(Abb. 114).*

Man unterscheidet:

Brutfraß unter der Rinde   Rindenbrüter,
    an Wurzel, Wurzelanlauf und Stock   Wurzelbrüter,
    im Holz   Holzbrüter.

Überwinterung überwiegend als Vollkerf im Fraßbild, im Boden oder unter Wurzeln; Schwärm-
periode je nach Art und Frühjahrstemperatur: Frühschwärmer ab + 9°C Tagesdurchschnitts-
temperatur schon Ende Februar (Waldgärtner, Nutzholzborkenkäfer);
Spätschwärmer bei höheren Wärmegraden von + 15°C bis + 20°C erst im April, Mai; im Gebirge oft erst im Juni (Kupferstecher, Buchdrucker).

Nur wenige Arten streng *monophag* (Waldgärtner, Ulmensplintkäfer), meist *polyphag* an Laub-
und/oder Nadelholz (Ungleicher Nutzholzborkenkäfer, Kl. Schw. Wurm u. a.); zur Wirtswahl
anfängliche Orientierung der Käfer durch Harzgeruch, später nach dem Einbohren eigene, selbst
produzierte Lockstoffe, sog. Populationslockstoffe oder auch **Borkenkäfer-Pheromone,** die
zur Konzentration des Befalls führen (Borkenkäferherde im Bestand!). Bei monogamen Arten
(einehig) bohrt sich das Weibchen ein, bei polygamen (vielehig) Arten fertigt das Männchen
Eingang und einen gemeinsamen Raum, die Rammelkammer. Danach findet auch die Begattung *(Copula)* meist außen am Stamm oder in der Rammelkammer statt. Diese kann ein- oder
mehrmalig zur Vollendung des Brutbildes erforderlich sein oder auch in bestimmten Zeitabständen zu Geschwisterbruten führen. Davon zu unterscheiden sind mehrfache Generationen, also
stets neue Elternschaften.
Die Eiablage erfolgt frei in den Muttergang oder in genagte randständige Einischen *(Abb. 94b).*
Die Larven fressen sich vom Muttergang aus mehr oder weniger schlängelnd, meist dicht gedrängt
nebeneinander oder seltener auch sich überschneidend durch die Rinde, teilweise auch den
Splint schürfend (Rinden- und Wurzelbrüter). Andrerseits ernähren sich die Larven der Holzbrüter (auch Vollkerfe) ausschließlich von einem vom Muttertier erbrochenen und kultivierten
Nährpilz (Myzelstückchen von *Monilia spec.*), dessen Hyphenenden glykogenreich sind. Der

---

* Fälschlich auch „Eschenrosen" genannt (s. unter Eschenkrebs!).

weiße *Ambrosia*-Pilzrasen gedeiht an den Holzwänden nur bei entsprechender Feuchtigkeit und ständigem Abweiden *(Abb. 31)*.

Verlassene Gänge sind daher dunkel gefärbt (Kl. Schw. Wurm [*Xyleborus monographus* L.]*). Am Ende des sich mit dem Larvenwachstum verbreiternden Ganges findet die Verpuppung in einer Puppenwiege in der Rinde oder auch im Holz statt *(Abb. 94c)*. Die Gesamtentwicklung vom Ei bis zum fertigen Käfer schwankt gewöhnlich zwischen 6 und 13 Wochen je nach den Klima- und Wetterverhältnissen. Warmtrockene Perioden während der Brutzeit sind förderlich für die Entwicklung, mitunter auch für die Zahl der Generationen maßgebend. Die Generationsverhältnisse sind zum Teil durch die Langlebigkeit der Muttertiere, wiederholte Brutfähigkeit (Geschwisterbrut) recht verworren und bisher nicht restlos geklärt. Bekannt sind:

stets nur einfache Generation beim Waldgärtner,

unter günstigen Bedingungen doppelte Generation bei zahlreichen *Ips*-Arten und einigen *Hylesinen*,

regelmäßig doppelte Generation bei vielen *Eccoptogaster*-Arten.

Die forstliche Bedeutung der Borkenkäfer ist enorm. Im allgemeinen steigt die Gefahr des Befalls vom Dickungsalter rapide an. Normalerweise gehen sie nur an kränkelndes und abgestorbenes Material. Die Funktion als **Sekundärschädling** geht aber bei reichhaltigem Brutangebot unter zusagenden Witterungsbedingungen vielfach verloren. Einige Arten neigen daher im Gefolge vorangegangener, andersartiger Katastrophen, wie Sturmschäden, Schneebruch, Raupenfraß sowie bei wachsender Unsauberkeit im Bestand durch Liegenlassen unverwertbarer Sortimente (auch chemische Läuterung!) zur Massenvermehrung, der dann auch der gesunde Baum nicht mehr standhalten kann. Gefürchtete „Waldverderber" dieser Art sind Buchdrucker, Kupferstecher und die Tannenborkenkäfer. Bei der letzten großen Borkenkäferkalamität von 1944–1951 in Mitteleuropa zerstörten sie rd. 30 Millionen Festmeter Holz *(Abb. 6)*.

Primärschaden liegt immer beim Reifungsfraß der Jungkäfer und Regenerationsfraß der Altkäfer an jungen Pflanzen (wurzelbrütende Bastkäfer) und saftfrischen Trieben (Waldgärtner, Eschenbastkäfer u.a.) vor *(Abb. 97, 110, 114)*.
Die Holzbrüter sind technische Schädlinge.
Als Symptome des Borkenkäferbefalls können Fern- und Nahzeichen unterschieden werden. Zu ersteren gehören Rötung der Krone bei Nadelhölzern, Waldgärtnerschnitt in Kiefernstangen, Welken, schließlich Trocknis mit Nadel- bzw. Laubfall. Nähere Untersuchungen lassen Bohrmehl, Harztropfen, Abblättern der Rinde sowie Spechteinhiebe und Bohrlöcher erkennen.

Die Art läßt sich meist nach dem Fraßbild eindeutig bestimmen: Verlauf, Größe (Länge, Breite) und andere Merkmale des Mutterganges mit Larvengängen und Puppenwiegen. Im Zweifelsfall können Funde von Käfern bzw. Resten in den Gängen eine nützliche Ergänzung bedeuten.

Gegenmaßnahmen

Vorbeugend: Oberster Grundsatz „Sauberkeit im Bestand"! Sorgfältige Kontrolle in Gefahrengebieten, rasche Aufarbeitung alles massenhaft anfallenden Katastrophenholzes (Wind- und Sturmwurf, Schneebruch u.a.) *(Abb. 2, 5, 6, 92, 93)*.

Beseitigung einzelstehender, kränkelnder oder absterbender Bäume bzw. Reste, wie Hänger, Angeschobene, Stümpfe, u.U. auch Stöcke (Sprengung),

Fortschaffen (Selbstwerber) oder Verbrennen des Schlagabraums bzw. befallener Pflanzen, rechtzeitige Entrindung von Nadelholz, bes. Fi, Ta,

Abfuhr des bedrohten oder befallenen Holzes aus dem Walde bis zur Schwärmzeit bzw. spätestens vor Vollendung der 1. Brut,

Lagerung von Nadelholz (entrindet oder unentrindet) auf luftigen, sonnigen Plätzen (Kahlschlag, Wiese) oder mindestens 2 km abseits vom Waldrand auf Unterlagen (Trockenrisse!) oder Wasserlagerung (Verlust durch Absinken, Moderfäule),

---

* Gr. Schw. Wurm = Larve des Eichenbocks (*Cerambyx cerdo* L.) *(Abb. 140a)*.

Abb. 92. Sturmbruch
im Kiefernstangenholz
Befallsdisposition für
Borkenkäfer
(J. Reisch)

Abb. 93. Schneebruch
in der Fichtendickung
Befallsdisposition für
Borkenkäfer
(J. Reisch)

168

Abb. 94. Buchdrucker

(a) Fraßbild, Längs- oder Lotgang (Muttergang bis 15 cm lang; 3–3,5 mm breit, helle Stellen im Bild = Rammelkammern) (J. REISCH)

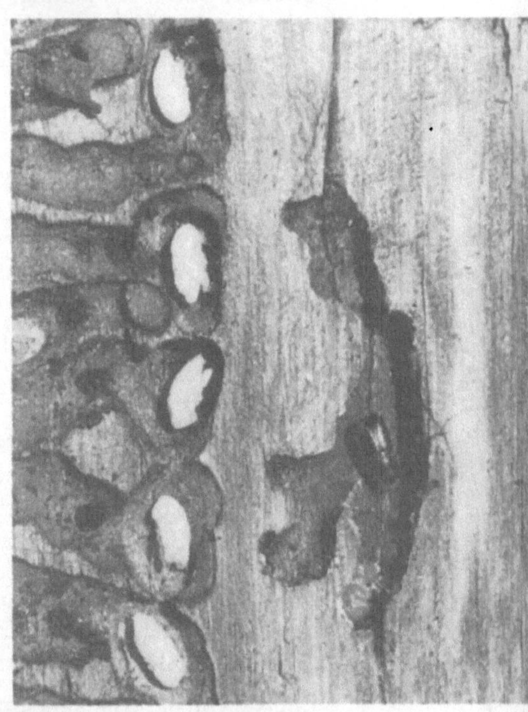

Abb. 94.(b) Eier in Einischen [ca. 8 ×] (E. SCHUHMACHER)

(c) Puppen in der Puppenwiege [ca. 2 ×] (E. SCHUHMACHER)

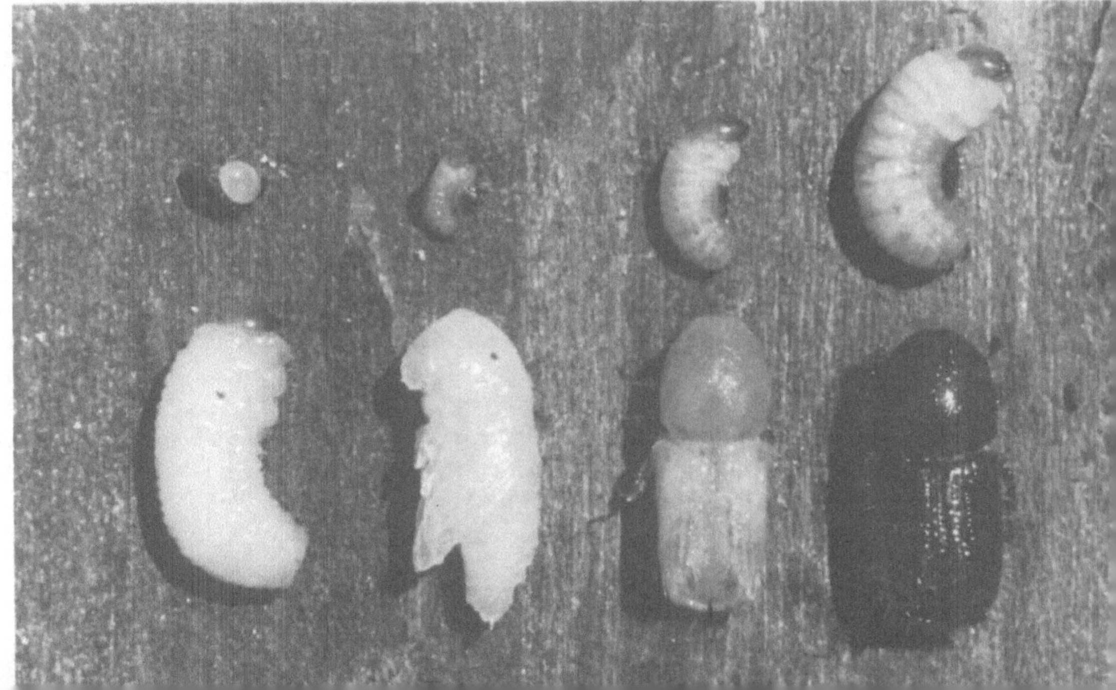

Abb. 94.(d) Entwicklungsstadien: Ei, vier Larvenstadien, Puppe, frisch geschlüpfter und ausgefärbter Käfer [ca. 8 ×] (E. SCHUHMACHER)

169

Sommerfällung ab Mai bis Oktober (Gestreifter Nadelnutzholzborkenkäfer),

Vermeidung einer stufenweisen Endnutzung (Schmalkahlschläge) mit anschließender Wiederaufforstung (frische Stöcke: Brutfraß, junge Pflanzen: Reifungsfraß) (Wurzelbrüter).

Mechanisch: Bei Befall (s. Tabelle 24):
Fangholz (nur wirksam beim Fehlen anderen Brutmaterials, zeitgerechter Fällung bzw. Ringelung und entsprechender Lagerung!)
Fangbäume, liegend, beastet, entastet, längsstreifig entrindet (skarifiziert), am besten aus Winterfällung (ca. 10% der Käferholzmasse), fängisch in schattiger Lage auf feuchtem Untergrund, evtl. abschnittsweise mit Zweigen bedecken, Verstärkung des Harzgeruchs durch Anprellen oder Schneiden von Fangtaschen, Kontrolle, rechtzeitiges Schälen mit anschließendem Verbrennen der Rinde (gegen Waldgärtner, Eschenbastkäfer, Buchdrucker, Tannenborkenkäfer).

Trennschnitt vom Wurzelteller unter Belassung der transpirierenden Krone nur bei Einzelwürfen zur Saftzeit gegen Gestr. Nadelnutzholzborkenkäfer, stehend (hauptsächlich für Versuchszwecke) durch Ringelung, Doppelringschnitt, Wipfelköpfung oder Schwentung (Entastung) – relativ spät fängisch nach 1–2 Jahren, Kontrolle schwierig – (vorwiegend gegen Splintkäfer und Waldgärtner);

Fangrinde oder   30–100 Stck./ha von April bis November gegen Wurzelbrüter;
Fangkloben

Fangreisighaufen flach bis 1 m hoch geschichtet aus Knüppeln und Wipfelstücken mit grünem Nadelholzreisig gegen kleinere Borkenkäferarten, z.B. Kupferstecher, bei höherem Knüppelanteil auch gegen Buchdrucker und Tannenborkenkäfer, nach Befall verbrennen;

Ausschneiden befallener Holz- oder Pflanzenteile (z.B. Ungleicher Nutzholzborkenkäfer an Rotei-Heistern oder Eichensplintkäfer an Ei-Heistern);

Ausheben welker Pflanzen mit Ballen und anschließend Verbrennen (Wurzelbrüter);

Aushieb befallener Stämme, anschließendes Schälen auf Unterlagen (z.B. Plastikplane) und Verbrennen der Rinde, keine Totenbestattung (abgestorbene Stämme), sonst geht der Hieb hinter dem Borkenkäfer her!

Biologisch: Lockfang in Fallen mit Borkenkäfer-Pheromonen (V), bislang nur zur Kontrolle; Behandlung des Fangholzes mit Chemosterilantien z.T. erfolgreich, jedoch höchst gefährlich für Mensch und andere Warmblüter.

Einsatz von natürlichen Feinden (bisher zu wenig erforscht und daher im Freiland noch unsicher);

Vögel: Spechte (bes. Buntspecht), Kleiber, Baumläufer, Meisen; Bachstelzen, Finken (meist Flugbeute); intensive Vogelhege (s. vorher!) durch Belassung alter hohler Bäume, Aufhängen von Nistgeräten u.a.;

Insekten: Käfer *(Coleoptera)* – Buntkäfer *(Cleridae)*, vorwiegend Ameisenbuntkäfer, jagt oder lauert auf Stämmen als *Imago* Borkenkäfern auf, Larven leben in Gängen von Borkenkäferbrut *(Abb. 88),* Laufkäfer *(Carabidae)*, Kurzflügler *(Staphylinidae) (Abb. 86),* Stutzkäfer *(Histeridae)*, Aaskäfer *(Silphidae)*, den Marienkäfern verwandte Familien der Flach-, Glanz-, Platt- und Rindenkäfer *(Ostomidae, Nitidulidae, Cucujidae, Colydiidae)*, Dunkelkäfer *(Tenebrionidae* der Gattung *Hypophloeus)* und die rindenbewohnenden Scheinrüßler *(Phytidae* mit den Gattungen *Lissodema* und *Rhinosimus);* Kamelhalsfliegen *(Raphidides)* mit den Gattungen *Raphidia* L. und *Inocellia* Schn., deren Larven in Borkenkäfergängen von der Brut leben *(Abb. 70 b);*
Libellen *(Odonata)* als Flugjäger;
Fliegen, bes. Langbeinfliegen *(Dolichopodidae* mit *Medetera signaticornis* Lw.), Lonchopteriden und die Holometopen mit *Palloptera usta* Meig. *(Pallopteridae)* und *Lonchaea seitneri* Hendel *(Lonchaeidae)*, Raubfliegen *(Asilidae);*

Übersicht über die mechanischen Verfahren (rechtzeitige Entfernung von anderem Fangmaterial vorausgesetzt)

Art	Fangbaum liegend	stehend (geringelt u.a.)	Zahl	Zeitpunkt	Fangreisig bzw. -äste	Schälen	Aushieb bzw. Ausschneiden	Vernichtung befallener Pflanzen, Stockrodung (R)	Verbrennen von Schlagabraum u.a.
Rindenbrüter									
ratzeburgi		×	5–12	Juni/Juli					
scolytus	×	(×)							
fraxini	×	×		März/Juli			×		
crenatus	×	×				×	×		
intricatus	×	×				vor Ende Mai			
piniperda		(hoch geringelt)							
minor	×	×				vor Verpuppung			
sexdentatus	×								
bidentatus							wiederholt gründl. Df		×
micans								(R)	
polygraphus	×								
typographus	×		10% der Käferholzmasse						
Wurzelbrüter									
Hylasies-Arten, *Hylurgus ligniperda*				April-November	(auch Fangrinde			×	
Holzbrüter									
domesticum, signatum	×						×	(R)	
lineatum	×					bis April (Lagerung auf Unterlagen)	Trennschnitt zur Saftzeit	(R)	zusammengerechte Bodenstreu
materiarius	(im Schatten, entastet, rechtzeitig dünngespalten)								
dispar, saxeseni	×						× (Heister)	(R)	
monographus							× (Heister)		
germanus	×						×		

Parasiten: Schlupfwespen, bes. Erzwespen (*Chalcididae* mit *Rhopalicus tutela* Walk. und *Pachyceras xylophagorum* Rtz.) und Zwergwespen (*Proctotrupidae* mit Gattung *Teleas* Kieff.);

Fadenwürmer (Nematoda): *Tylenchiden* schmarotzen in der Leibeshöhle des Wirts, nur geringe gesundheitliche Störung, wohl aber Reduktion der Fruchtbarkeit bis zur völligen Sterilität; häufig in feuchten Jahren bei ungünstigen Vermehrungsbedingungen für Borkenkäfer;

Krankheitserreger: Sporentierchen (Mikrosporidien), Bakterien, Pilze (s. dort!) *(Abb. 32);*

Schonung und Vermehrung von wildwachsenden Blütenpflanzen, Sträuchern u. a. als Nahrungsquelle für zahlreiche Prädatoren und Parasiten.

Chemisch: im allgemeinen nur wirkungsvoll vor Befall!

Giftring-(Manschetten-)verfahren am stehenden, noch lebensfähigen Stamm: beim ersten Anzeichen eines Befalls im zeitigen Frühjahr (Austreiben der Lä oder Bu), Stamm 2–10 cm breit (je nach Stärke) ringeln und Giftpaste (z. B. Xylamon-Paste) auf frischen Splintholzring unverdünnt 1–2 mm stark auftragen (Material = ca. 50 g, Zeit = 4 min/Stamm); Saft- und Transpirationsstrom fördert in kurzer Zeit (1 m/Std) die Giftstoffe (u. a. Fluoride) bis in die Krone; Voraussetzung sind ungestörte oder nur durch Rammelkammer bzw. Ei-Nischen gering unterbrochene Leitungsbahnen; Stamm stirbt ab, kann jederzeit gefällt werden; Wirkung auf Käfer und Brut; besonders geeignet gegen Kupferstecher.

Begiftung von Fangholz wegen Repellents und in der Praxis meist fehlender Erfolgskontrolle nicht ratsam, nur anschließend beim Entrinden der Fangbäume wie bei anderem befallenem und gefälltem Holz:
Einstäuben mit Hexa-Präparaten bzw. anderen anerkannten Pflanzenschutzmitteln von Ober- und Unterseite sowie beiderseits des Stammes auf 60 cm Breite; nach Schälen nochmals Stamm und Rinde behandeln (Verbrauch ca. 0.5–1 kg Staub/fm);
Stockbegiftung: zwischen Austreiben der Lä und Bu oft massenhafter Befall durch Buchdrucker, bei Kalamitätsanfall häufig auch durch Gestr. Nutzholzborkenkäfer;
Bespritzen mit Insektizidbrühe (PV) je Stock ca. 1–2 Ltr.

Schutzbehandlung von Poltern und Schichtholzbänken *(Abb. 18 b):*
Sprühen mit Insektizidbrühen unter Zusatz von persistenten Trägerstoffen (z. B. Synergid) vor dem Befall, beim Gestr. Nutzholzborkenkäfer höchstens noch bei geringer Einbohrtiefe wirksam. Dieselöl erhöht zwar Wirkung und Dauerhaftigkeit des Präparates, hinterläßt aber Geruch und Farbfehler, Imprägnierfähigkeit und Aufschließbarkeit im Zellstoffverfahren leiden; Verbrauch ca. 1 Ltr. Brühe je fm bei Rundumbehandlung (Polter, Stapel) oder 3 Ltr. je fm bei vollständiger Behandlung;

Pflanzlochbegiftung, Tauchung, Tränkung des Wurzelbereichs mit Insektiziden (Lindan) gegen Wurzelbrüter;

Stamm-Schutzspritzung mit Insektizidbrühe im Mai bis etwa 1,5 m Stammhöhe gegen Riesenbastkäfer;

Flächenbegiftungen nur ausnahmsweise, z. B. nach Sturmkatastrophen o. a. oder bei bestandsbedrohendem Befall (Bodengeräte oder Luftfahrzeuge) *(Abb. 16 a);*
(s. Ländergesetzgebung, z. B. „Verordnung zur Bekämpfung der rinden- und holzbrütenden forstschädlichen Insekten [Borkenkäfer-Verordnung]“, GVO Nr. 10 vom 6. Mai 1969 für das Land Hessen).

Rindenbrüter

Fraßbilder: (nach dem Verlauf des Mutterganges bzw. der Brutröhre)

1. Längs- oder Lotgang, ein- oder mehrarmig, parallel zum Faserverlauf *(Abb. 94 a, 95 b, 108, 111);*
2. Quergang, einarmig oder doppelt, als sog. Klammer- oder Waagegang, quer zum Faserverlauf *(Abb. 98, 99, 109);*
3. Sterngang, 3- bis 5- und mehrarmig von einer gemeinsamen Verbindungsstelle, der Rammelkammer, ausgehend, längs-, quer- oder strahlenförmig gerichtet *(Abb. 105, 112, 113);*
4. Platzgang mit und ohne getrennte Larvengänge (Familiengänge) *(Abb. 107);*

Äußerlich sind kreisförmige Einbohr- und Ausfluglöcher bzw. Luftlöcher erkennbar (beim Bohrkäfer *Hylecoetus dermestoides* nur nach dem Ausbohren!).

Überwiegend physiologische Schädlinge sekundärer Natur, bei Massenvermehrungen u. U. primär

Holzart	Symptom	Wichtige Arten
Laubholz Eiche (Eka, Hbu, Pa, Wei, Bu) Äste, Heister, zuweilen Stangen	Quergang, einarmig (1–3 cm), splintfurchende, lange (10–15 cm) Larvengänge; Ernährungsfraß an Basis jüngster Triebe	Eichensplintkäfer *(Scolytus intricatus* Rtz. = *Eccoptogaster)* Europa; 3–3,5 mm, Bauch vom 2. Segment bis Hinterleibsspitze schief abfallend; Gen. einfach bis doppelt, FZ Mai.
Buche (Wnuß, Hbu) kranke oder ge-fällte Stangen, Stämme, zuweilen primär	Sterngang, ziemlich verworren und daher undeut-lich	Kleiner Buchenborkenkäfer *(Taphrorychus bicolor* Hbst.) Europa; 1,5–2 mm, pechschwarz, ziemlich lang weißlich behaart; 2 Gen., FZ März und Mai/Juni.
Birke 20–80jährige Stämme, schein-bar auch primär	Längsgang, einarmig, bis 10 cm, meist mit hakenförmi-ger Krümmung, zahlreiche Luft- oder Begattungslöcher, dicht stehende Larvengänge von 2–3 cm (15–25 cm) Länge *(Abb. 95 a, b)*	Großer Birkensplintkäfer *(Scolytus ratzeburgi* Jans. = *Eccoptogaster)* Europa, Rußland; 4,5–7 mm, erhabener Längskiel auf Stirn; 1 Gen., FZ Juni/Juli.
Ulme (Pa, Wei, Es, Hbu, Korkei) Allee- und Park-bäume, Stangen- bis Baumhölzer, auch primär	Längsgang, einarmig, meist kurz (2–3 cm), mitunter bis 10 cm, ausgedehnte Larven-gänge (10–15 cm); Ernährungsfraß an Blatt-stiel- und Zweigbasis; Weg-bereiter des Ulmensterbens *(Ceratocystis ulmi)*	*Großer Ulmensplintkäfer (Scolytus scolytus* F. = *Eccoptogaster)* Europa, Kaukasus, Armenien; 4–6 mm, ähnlich *ratzeburgi* ohne Kiel, unregelmäßig punktierte Zwischen-räume der groben Punktstreifen auf den Flügeldecken; 2 Gen., FZ Mai und August.
(As, Pflaume) im oberen Stammteil, Krone, auch jüngere Stämme	Längsgang, einarmig, 2–6 cm, schmäler als bei *scolytus*, Larvengänge sehr zahlreich bis 50 jederseits und dicht; meist gemeinsam mit *scolytus* *(Abb. 96)*	*Kleiner Ulmensplintkäfer (Scolytus multistriatus* Marsh. = *Eccoptogaster)* Europa, Kaukasus; 2–3,5 mm, großer Dornfortsatz am 2. Bauchring; 2 Gen., Ende Mai und August.

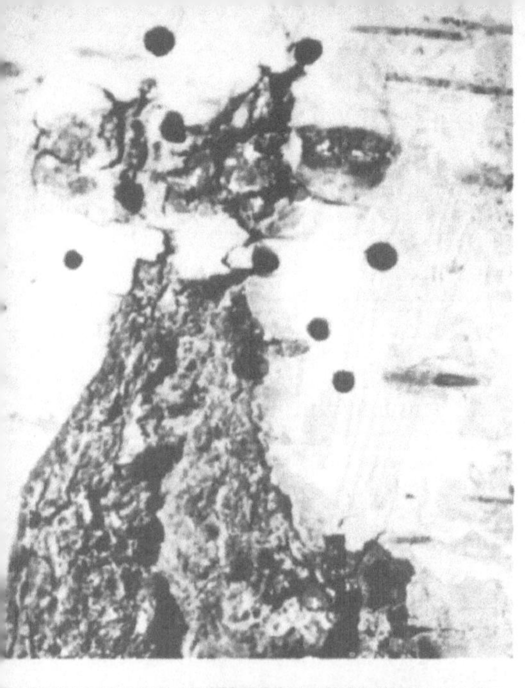

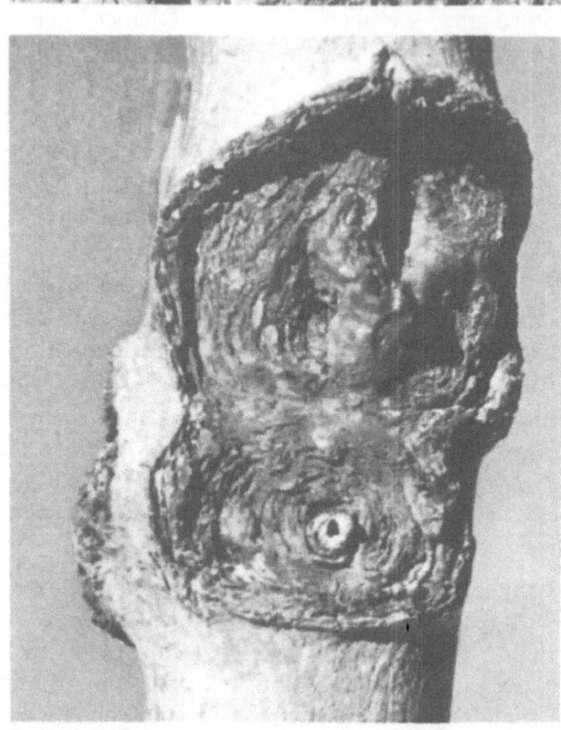

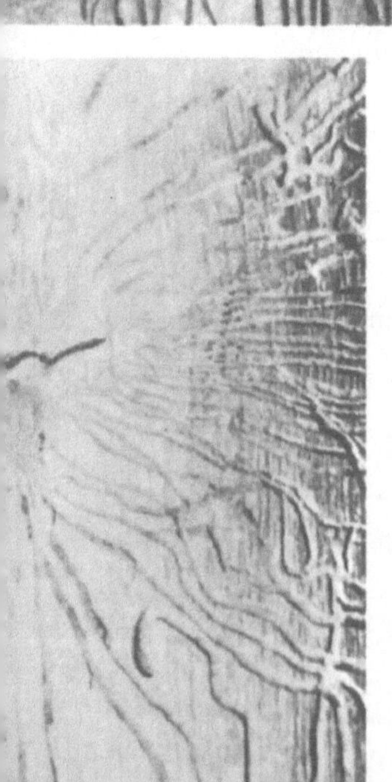

Abb. 95. Birkensplintkäfer (J. REISCH)

(a) Bohrlöcher an Birkenrinde (außen) [Lochweite 2,5 mm]

(b) Fraßgang, Längs- oder Lotgang (Muttergang bis 10 cm lang) (Rinden-Innenseite)

Abb. 96. Fraßbild des Kl. Ulmensplintkäfers (Lotgang an Ulme) [Muttergang 2–6 cm lang, ca. 2 mm breit] (J. REISCH)

Abb. 97. Reifungsfraß [1 : 1] des Eschenbastkäfers an Eschenrinde (Eschengrinden [Eschenrosen]) (J. REISCH)

Abb. 98. Fraßbild des Gr. Schw. Eschenbast käfers (Quergang) an Esche [Muttergang (beide Arme) bis 8 cm lang, 5 mm breit] (J. REISCH)

(a) Holz

(b) Rinde

Abb. 99. Fraßbild des Kl. Bunten Eschenbast käfers (Quergang) an Esche [6–10 cm lang; 1,5 mm breit] (J. REISCH)

174

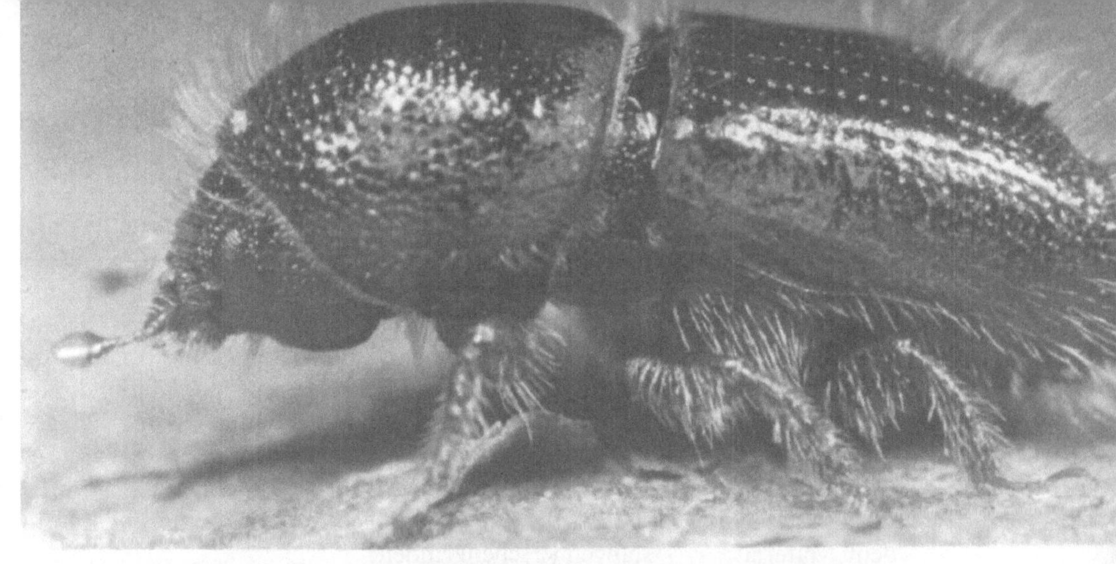

Abb. 100. Buchdrucker (Rindenbrüter) [4,2–5,5 mm] (W. KRATZ)

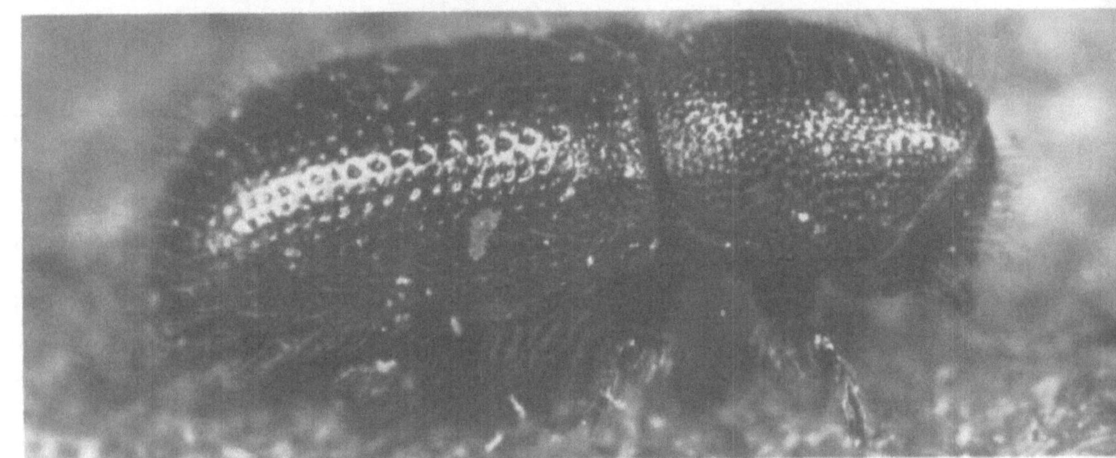

Abb. 101. Schw. Fichtenbastkäfer (Wurzelbrüter) [4–4,5 mm] (W. KRATZ)

Abb. 102. Kopf des doppeläugigen Fichtenbastkäfers (Vielschreiber, Städteschreiber) [ca. 65 ×] (J. REISCH)

Abb. 103. Absturzzähne des Kupferstechers ♂ [ca. 75 ×] (W. ROHDICH)

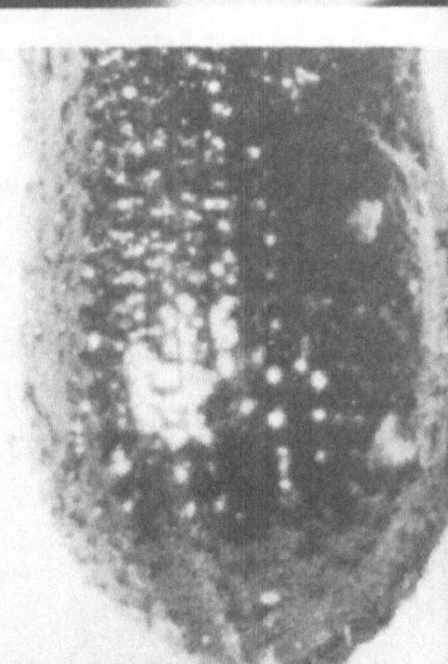

Abb. 104. Gr. Waldgärtner [3,5–4,8 mm] links: von oben (W. ROHDICH) rechts: Schattenfurche am Flügelabsturz (J. REISCH)

Holzart	Symptom	Wichtige Arten
Esche (Ak, Ei, Schwnuß, Apfelbaum, Ölbaum) alle Altersklassen, auch Äste, gewöhnlich sekundär an kränkelndem Material (Schälschaden, Schildlausbefall)	Quergang, zweiarmig, 3–5 cm lang, 1,5 mm breit (s. *crenatus*); Larvengänge kurz ca. 4 cm, dichtgedrängt, getrennt; gewöhnlich tiefe Splintfurchen *(Abb. 99)*; Ernährungsfraß in der Krone oder in jungen Stangen (Eschengrinden, Eschenrosen) *(Abb. 97)*	***Kleiner Bunter Eschenbastkäfer*** (*Hylesinus fraxini* Panz) Europa, Rußland, N-Afrika; 3 mm, OS ungleich gescheckt, keine Flügeldeckenwölbung; 1 Gen. (evtl. 2?), FZ März bis Mai; Überwinterung im Fraßbild.
(Ei)	Quergang, zweiarmig, 4 cm lang, 5 mm breit (s. *H. fraxini*); ein Arm häufig kürzer; schwärzlich; Larvengänge zuweilen stammumfassend bis 30 cm lang *(Abb. 98)*	Großer Schwarzer Eschenbastkäfer (*Hylesinus crenatus* F.) Europa, Rußland, N-Afrika; 4,5–5,5 mm, einfarbig schwarz, fast unbehaart; 2jährige Gen., FZ April/Mai; Überwinterung im moosigen Wurzelanlauf in kurzen Gängen.
Nadelholz Fichte (Ki, Lä) vorwiegend Althölzer in warmen, trockenen Lagen; üblich an kränkelndem, abgestorbenem und gefälltem Holz in saftfrischem Zustand; neigt am meisten zur Massenvermehrung und wird dann leicht primär	Längsgang, 1–3armig, selten 4–7armig, bis 15 cm lang, 3–3,5 mm breit, meist in der Rinde liegende und daher nicht sichtbare Rammelkammer, Luftlöcher; Reifungsfraß hirschgeweihartig um die Puppenwiegen; Larvengänge meist leicht geschlängelt 5–6 cm, z. T. bei dichtem Besatz unvollkommen *(Abb. 94a)*	***Buchdrucker,*** Achtzähniger Borkenkäfer (*Ips typographus* L.) von Lappland bis zu den Alpen, vom Ural bis Frankreich (Fichtenverbreitungsgebiet); 4,2–5,5 mm, je 4 Absturzzähnchen, davon der 3. am größten und geknöpft; matt seifenglänzend; 1 oder 2, auch 3 Gen. FZ April/Mai (+ 20°C Lufttemperatur), Ende Juni/Juli, evtl. Ende August bis Anfang Oktober; Geschwisterbruten; Überwinterung am Brutort, in Stöcken, in der Bodenstreu und am Wurzelanlauf *(Abb. 94 b-d, 100)*.
(Ki-Arten, Lä, Ta, Weyki) Jungwuchs bis Stangenholz, auch im Kronenraum älterer Stämme, neigt zur Massenvermehrung und wird dann primär	Sterngang, 3–6armig, gewöhnlich sichelförmig, ca. 6 cm lang, 1 mm breit; Larvengänge zahlreich und dicht (2–4 cm); Rammelkammer meist in der Rinde verborgen, nur sichtbar bei sehr dünner Fichtenrinde und in Ki, Weyki *(Abb. 105)*	***Kupferstecher,*** Sechszähniger Fichtenborkenkäfer (*Pityogenes chalcographus* L.) Europa bis Skandinavien, Ural; 1,8–2 mm, je 3 (♂ stark, ♀ schwach) Zähne am langgestreckten, furchenförmigen Absturz *(Abb. 103);* 2 Gen., FZ April (+ 15°C Lufttemperatur) und Juli/August; Überwinterung: Bodenstreu, Brutort.

Holzart	Symptom	Wichtige Arten
(Sitkafi, auch Ta, Ki, Blaufi) meist unterer Stammteil bis einschließlich Wurzeln; häufig primär, auch bei Rindenverletzungen durch Schäle, Fällung, Rücken, Astung, für Sitka oft tödlich	reichlich austretendes Harz, bes. an höheren Stammteilen als „Harztrichter" *(Abb. 115)*, an Wurzeln mit Nagemehl vermischte weißliche Klumpen, wie abgebröckelter Mörtel; platzförmiger bohrmehlfreier Muttergang, 7 cm lang, 4–4,5 mm breit, angrenzend Larvenfamiliengang	*Riesenbastkäfer* (*Dendroctonus micans* Kugel.) Mitteleuropa, bes. seit 1940 in Norddeutschland, Dänemark und Holland; Asien bis Sibirien; 7–9 mm, größte europäische Borkenkäferart, schwarz, lang gelblich behaart, Halsschild vorne eingeschnürt; meist 1 Gen., in höheren Lagen 2jährig, FZ ganze VZ, vermehrt Mai/Juni und August, bleibt oft am selben Baum; förderlich: + 23°C Lufttemperatur, Zwiesel, Astungswunden.
(ziemlich monophag, auch Ki-Arten, Weyki, Ta) vorwiegend in 20–40jährigen Beständen überwiegend in stehendem, abgestorbenem oder frisch gefälltem Material; sekundär	Sterngang, 3–8armig, 3–6 cm lang, 1,8 mm breit, verworren (Name!); Larvengänge meist längsgerichtet; Rinde quer durchschossen *(Abb. 106)*	*Vielschreiber*, Städteschreiber, Doppeläugiger Fichtenbastkäfer (*Polygraphus poligraphus* L. und *subopacus* Thoms.) N- und M-Europa, bei uns vor allem *poligraphus*, in Finnland mehr *subopacus*; 2,2–3 mm, geteilte Augen, Fühlerkeule spitz (*poligr.*), 1,8–2,2 mm, geteilte Augen, Fühlerkeule abgerundet (*subopacus*) *(Abb. 102)*.
(selten Ta, Weyki, Lä) mit Vorliebe ältere Stöcke oder Stammbasis abgestorbener, stehender oder gefällter alter Stämme, selten Jungpflanzen; sekundär	sehr unregelmäßig; verworrene, geschlängelte, gebogene, spornförmige Muttergänge bis max. 6 cm; Larvengänge gruppenweise beginnend und ebenfalls unbestimmter Verlauf; Reifungsfraß durch Verästelung des Brutraums	Zottiger Fichtenborkenkäfer (*Dryocoetes autographus* Rtzb.) Europa bis Sibirien; 3–4 mm, lang zottig behaart, Absturz nicht ausgehöhlt, Halsschild reibeisenartig; 2 Gen., FZ Mai und Juli.
Tanne (monophag, gelegentlich Lä, Ki, Weyki, Libanonzeder) leicht primär; häufigster und wichtigster Tannenfeind vom Wurzelanlauf bis zum Wipfel	feinpulvriges Bohrmehl zwischen Rindenritzen, vor allem an alten Astnarben; Wasserreiser und untere Kronenäste nicht austreibend; Gelb- oder Rotfärbung der Nadeln; Quergang, 2armig, oftmals Doppelklammer, Larvengänge längsgerichtet (bis 7 cm), tw stark geschlängelt und gewunden; Verpuppung bis 10 mm tief im Splint	*Krummzähniger Tannenborkenkäfer* (*Pityocteines curvidens* Germ. = *Ips*) Europa, vorwiegend im Weißtannengebiet; 2,75–3,3 mm, sehr langer und hakenförmig gekrümmter 2. Zahn am Absturz des ♂, 1. Zahn senkrecht abstehend; Gen. doppelt, bei günstigen Verhältnissen auch 3fach, FZ Mitte März/April und Juli; Überwinterung unter Rinde und in besonderen Überwinterungsbäumen (Harzfluß!).

Abb. 105. Sterngang des Kupferstechers an junger Fichtenrinde (daher 1 Rammelkammer sichtbar) [Muttergänge bis 6 cm lang, 1 mm breit] (J. REISCH)

Abb. 106. Verworrener Sterngang des Vielschreibers an Fichtenrinde (innen) [Muttergang 3–6 cm lang, 1,8 mm breit] (J. REISCH)

Abb. 107. Platzgang des Kl. Tannenborkenkäfers an Tannenrinde (innen) mit senkrecht gestellten Puppenwiegen [Platzgang 6 × 3 mm an schwach befallener Stammrinde, sonst zahlreicher Larvengänge und Platzgang mehrfach ausgebuchtet] (J. REISCH)

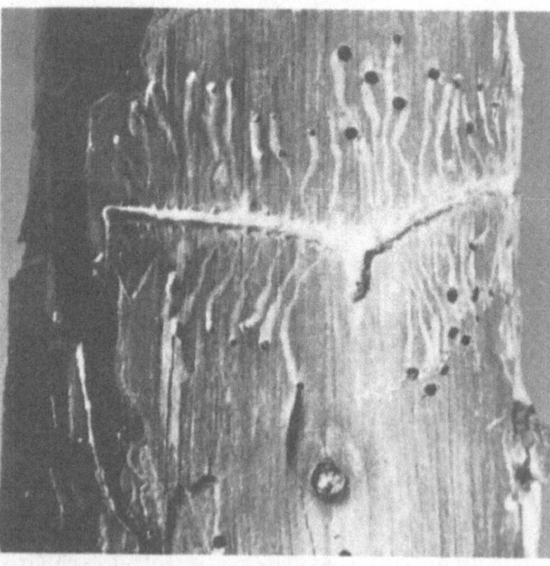

Abb. 108. Längsgang des Gr. Waldgärtners an Kiefernrinde (innen mit Harzverkleidung [Muttergang 10 bis max. 16 cm, 2,5 mm breit] (J. REISCH)

Abb. 109. Quergang des Kl. Waldgärtners an Kiefernholz [Muttergang 6–8 cm (beide Arme), ca. 2,5 mm breit] (J. REISCH)

Abb. 110. Markröhrerfraß (Reifungsfraß) des Waldgärtners im Kieferntrieb (Abbruch, herausgerieseltes Bohrmehlhäufchen unterhalb des Fraßlochs – ∅ 2 mm) (J. REISCH)

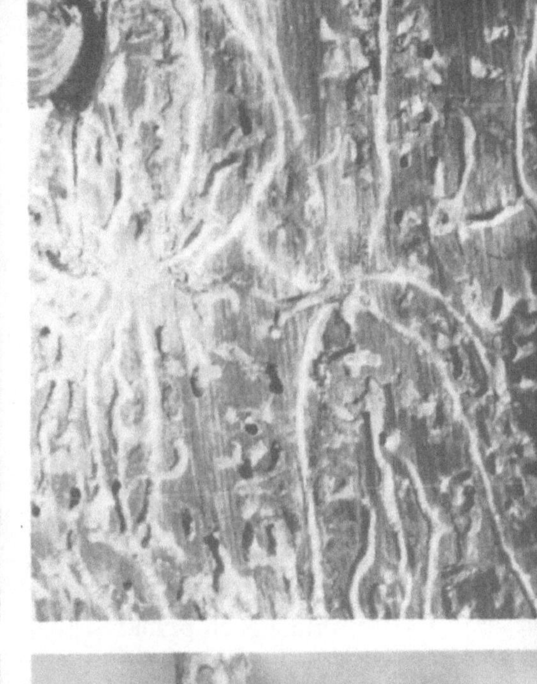

Abb. 111. Lotgang des 12zähnigen Kiefernborkenkäfers an Kiefernrinde (innen) mit schüsselartigen Puppenwiegen [Muttergang bis 50 cm lang, 4,5 mm breit] (J. REISCH)

Abb. 112. Sterngang des 6zähnigen Kiefernborkenkäfers an Kiefernholz [Muttergang bis 40 cm lang, 2–2,5 mm breit] (J. REISCH)

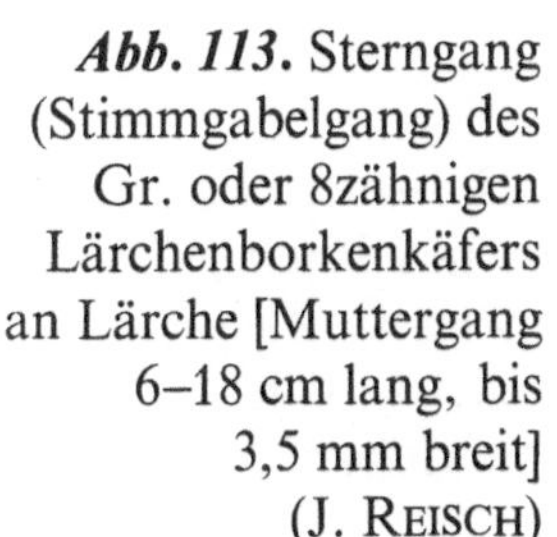

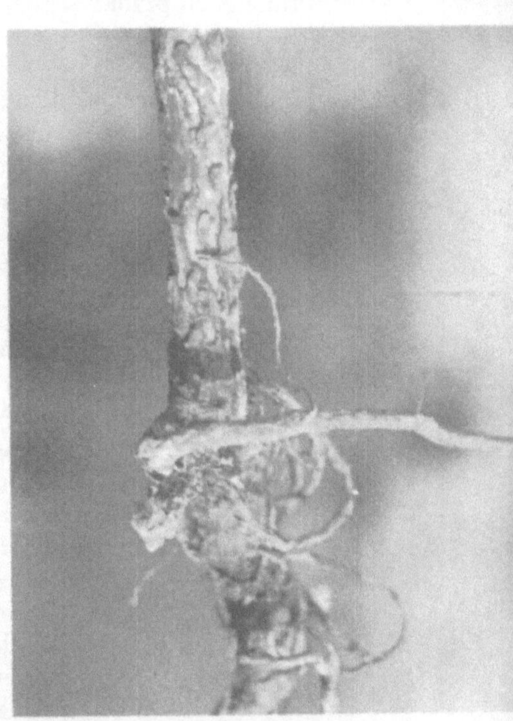

Abb. 113. Sterngang (Stimmgabelgang) des Gr. oder 8zähnigen Lärchenborkenkäfers an Lärche [Muttergang 6–18 cm lang, bis 3,5 mm breit] (J. REISCH)

Abb. 114. Umgekehrter Trichterfraß des Schw. Fichtenbastkäfers (Wurzelbrüter) an junger Fichtenpflanze [bis 6–8 cm lang, ca. 2 mm breit] (J. REISCH)

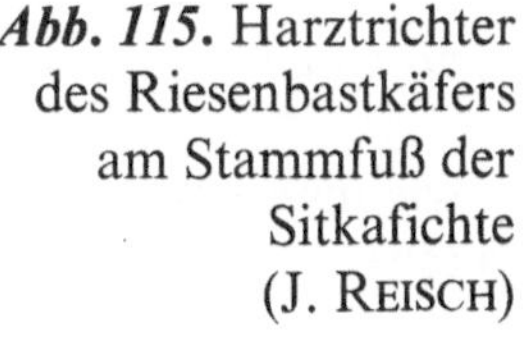

Abb. 115. Harztrichter des Riesenbastkäfers am Stammfuß der Sitkafichte (J. REISCH)

179

Holzart	Symptom	Wichtige Arten
(monophag, selten Ki, Fi, Lä, Thuja) Stangenholz, Kronen älterer Stämme, bes. an Mistel-Tannen oder anders geschädigten Bäumen, Schlagreisig; sekundär, bei Massenvermehrung auch primär	Platzgang; Larvengänge strahlenförmig; Puppenwiege stets längsgerichtet *(Abb. 107)*	Kleiner Tannenborkenkäfer (*Cryphalus piceae* Rtzb.) Weißtannengebiet; 1,1–1,8 mm, stark gewölbtes Halsschild mit großem Höckerfleck, greisbehaart.
Kiefer (monophag, selten Fi, Lä, Triebfraß auch an Ta, Dougl) fast ausschließlich an frisch gefällten oder absterbenden Stämmen, gelegentlich auch an Kulturen; Triebfraß primär, sonst ausgesprochen sekundär	Längsgang, einarmig, 10 bis max. 16 cm, fast stets mit heller Harzkruste ausgekleidet, am liegenden Stamm krückstockartiger Anfangsstiel; Luftlöcher; Larvengänge dichtgedrängt *(Abb. 108)*; Kronenbeschnitt (Waldgärtner!) = Regenerationsfraß der Altkäfer in vorjährigen, Reifungsfraß der Jungkäfer in diesjährigen Trieben – Markröhrenfraß –, ausgehöhlte Triebe (Abbrüche), bes. nach Herbststürmen am Boden, Gegensatz: „Abbisse" durch Eichhörnchen oder „Absprünge" durch Selbstreinigung nach reichen Samenjahren, mit unversehrtem Basisteil *(Abb. 110)*	***Großer Waldgärtner*** *(Tomicus piniperda* L. = *Myelophilus)* Europa, N-Asien bis Japan, N-Amerika, südlich bis zu den Kanarischen Inseln; 3,5–4,8 mm, Börstchenreihe am 2. Zwischenraum der Punktstreifen des Flügelabsturzes fehlend (Schattenfurche); Zirplaut des ♂ wie Stiefelknarren *(Abb. 104)*; Gen. einfach, Frühschwärmer März bis Mai, Überwinterung am Stammfuß bis etwa 1,5 m hoch in kurzen, bis 5 cm langen Gängen, Bodenstreu.
(monophag, selten Fi, Blaufi) Stangenholz und glattrindige Teile älterer Stämme (Spiegelrinde); anscheinend mehr primär als *piniperda* und durch Querverlauf der Muttergänge tödlich; Triebfraß primär	Quergang mit Abweichungen, 2armig, 6–8 cm, tiefe Splintfurchen, kurzer Eingangsstiel; Larvengänge wenig dichtgestellt (2–3 cm lang); vollzählige Ausfluglöcher auf heller Spiegelrinde gut sichtbar (perforiert); Triebfraß wie bei *piniperda* *(Abb. 109)*	***Kleiner Waldgärtner*** *(Tomicus minor* Htg. = *Myelophilus)* geographische Verbreitung wie *piniperda;* 3,5–4 mm, keine Schattenfurche (s. *piniperda*); 1 Gen., FZ April/Mai, Geschwisterbrut; Überwinterung: Bodenstreu.

Holzart	Symptom	Wichtige Arten
(monophag, zuweilen Fi) stark sekundär, meist an gefälltem Holz	Längsgang, 2–4armig, auffallend lang, bis 50 cm, 4–5 mm breit, geräumige Rammelkammer; vielfach Luftlöcher; Larvengänge kurz; große, schüsselartige Puppenwiege; Reifungsfraß platz- oder geweihartig im Brutbild *(Abb. 111)*	Großer oder Zwölfzähniger Kiefernborkenkäfer (*Ips sexdentatus* Börner) von Lappland bis zum Mittelmeer, Transkaukasien, Atlantik bis zum Stillen Ozean; 5,5–8 mm, jederseits 6 Zähne am Absturz, der 4. am längsten und geknöpft; 1 und 2 Gen. FZ April/Mai und Juli/August.
(monophag, selten Fi) Stangenholz oder obere dünnrindige Stammpartien, vermehrt primär	Sterngang, vielarmig, bis 40 cm lang, 2–2,5 mm breit, von geräumiger Rammelkammer leicht bogenförmig beginnend; Larvengänge ziemlich weitständig, gewöhnlich nicht sehr lang; gesamtes Brutbild tief im Splint *(Abb. 112)*	Sechszähniger oder Scharfgezähnter Kiefernborkenkäfer (*Ips acuminatus* Gyll.) von Lappland bis Sizilien, von Kamtschatka bis Spanien; 2,2–3,5 mm, jederseits 3 Zähne am Absturz, der letzte zweispitzig; 1 und 2 Gen., FZ Mai und Juli/August (?).
(ziemlich monophag, auch Lä, Fi, Ta, Weyki, Dougl) relativ primär vor allem in Kulturen	Sterngang, 3–7armig, 1–5 cm lang, 1,0 mm breit, tief eingeschnittene Rammelkammer und endständige Ausbuchtungen (Regenerationsfraß); Larvengänge weitständig, verschieden lang	Zweizähniger Kiefernborkenkäfer (*Pityogenes bidentatus* Hbst.) Europa, Rußland; 1,8–2,5 mm, jederseits am Absturz 1 Hakenzahn; wohl 2 Gen., FZ Mai/Juni; Geschwisterbrut.
w. v.	Sterngang wie *bidentatus;* kaum zu unterscheiden, evtl. durch Auffinden von Käfern oder Resten im Brutbild	Vierzähniger Kiefernborkenkäfer (*Pityogenes quadridens* Hbst.) geographische Verbreitung w. v.; 1,7–2,2 mm, jederseits 2 Absturzzähne, 1. hakenförmig.
Lärche (monophag, auch Arve, Ki, Fi) Stamm und Äste, Neigung zur *Massenvermehrung* und Primärschaden, zumal in Wipfeln junger Lä	Sterngang, 3- und mehrarmig 6–18 cm lang, oft bogen- und lyrenförmig, Luftlöcher, Rammelkammer und Larvengänge stets sauber; letztere dicht; Ernährungsfraß im Brutbild oder Regenerationsfraß auch an dünnrindigen Stammteilen und Stöcken *(Abb. 113)*	***Großer oder Achtzähniger Lärchenborkenkäfer*** (*Ips cembrae* Heer) M-Europa, vorwiegend in den Alpen bis zur Lä-Grenze; 5–5,5 mm, jederseits 4 Zähne am fast senkrechten Absturz (vom 2. Zahn), längs der Naht und seitlich lang behaart, Stirn rauhgekörnt, beim ♂ ohne Höckerchen *(Abb. 88a);* 1 oder 2, evtl. sogar 3 Gen. (klimatisch bedingt), FZ April/Mai und Juli/September.

Holzart	Symptom	Wichtige Arten
Wacholder und Lebensbaum (monophag, auch Mammutbaum *[Sequoia gigantea]*)	Längsgang, 2armig, 2–4 (9) cm lang, kleine, oft schräge Rammelkammer; Larvengänge größtenteil in Rinde; Puppenwiegen meist senkrecht im Holz	Wacholderborkenkäfer (*Phloeosinus thujae* Perris) M-Europa; 1,5–2 mm, pechschwarz, gelblich behaart, am Innenrand tief ausgeschnittene Augen, Fühler mit nur einseitig (durch 2 Einschnitte) dreigeteilter Keule; wohl 1 Gen., FZ vermutlich Mai/Juni; Überwinterung: als Larve im Brutbild.

Wurzelbrüter

Fraßbilder: Ernährungsfraß ähnlich Gr. Br. Rüsselkäfer an jungen Nadelholzpflanzen (1–10-jährig) *(Abb. 155a),* jedoch umgekehrter Trichterfraß mit Rindenüberdachungen, von der Wurzel über Wurzelhals bis zu unteren Stammpartien, stets primär und für den Baum häufig tödlich; Brutfraß belanglos, 1armiger Längsgang am frischen Stock oder an dessen flachstreichenden Wurzeln, ausnahmsweise auch an lebenden Wurzeln; Larvengänge zunächst getrennt, späterhin zusammenlaufend (verworren, schnupftabakähnlich) *(Abb. 114).*

Habitus und Lebensweise: ziemlich übereinstimmend langgestreckt, walzenförmig, mit Ausnahme von *Hylurgus*-Arten wenig auffallend behaart, schwarz oder schwarzbraun, mäßig glänzend oder matt. Frühschwärmer: bei + 5°C aktiv, jedoch wenig Flug, bei + 7 bis + 9°C Ernährungsfraß, bei + 20°C Schwärmflug; einfache oder doppelte Generation mit Flugzeiten März/April und Juli; Überwinterung in der Bodendecke unter Rindenstückchen o. ä.

Holzart	Wichtige Arten
An jungen Nadelholzpflanzen (1–10jährig)	
Fichte (monophag, auch Lä)	**Schwarzer Fichtenbastkäfer** (*Hylastes cunicularius* Er.) Europa bis Skandinavien und Sibirien, Kaukasus; 4–4,5 mm, Halsschild so lang wie breit und eingeschnürt *(Abb. 101).*
Kiefer (Fi)	Schwarzer Kiefernbastkäfer (*Hylastes ater* Payk.) W- und M-Europa; 4,5–4,8 mm, Halsschild viel länger als breit.
	Ferner Starkpunktierter Kiefernbastkäfer (*Hylastes attenuatus* Er.), Schmaler Kiefernbastkäfer (*Hylastes angustatus* Hbst.), Mattschwarzer Kiefernbastkäfer (*Hylastes opacus* Er.), Rothaariger Kiefernbastkäfer (*Hylurgus ligniperda* F.).

Holzbrüter

Technische Schädlinge, da Brutgeschäft in das Holzinnere verlagert ist. Brutpflege: Weibchen erbricht Myzelstücke eines Nährpilzes *(Monilia spec.)* in die Brutgänge und beeinflußt das Wachstum des Pilzrasens *(Ambrosia)* an den Gangwänden durch Klimaregulierung. Durch zeitweises

Verschließen des Gangsystems oder einzelner Seitengänge mit Bohrmehlpfropfen wird Luftfeuchtigkeit geändert *(Abb. 31)*. Nach Abschluß der Larvenentwicklung oder bei defekter Klimaanlage (z.B. Tod des Weibchens) bildet sich der Pilzrasen allmählich zurück, und das Holz verfärbt sich dunkel (Nachweis für Pilzzüchter) *(Abb. 116b, c, 117, 118a, 120a, b, 121)*. Da für die Papierherstellung das Holz entfärbt werden muß, entstehen hohe Bleichkosten. Je nach Borkenkäferart ist die Holzentwertung (bei voll ausgebildetem Brutbild) mehr oder weniger vollständig. Befallenes Eichenholz ist, z.B. für Furniere und Faßdauben, unbrauchbar. Schwachstämmiges Nadelholz kann ebenfalls erheblich geschädigt werden, z.B. Gerüststangen, Dachlatten u.a. An stärkeren Stämmen sind zwar die Bohrlöcher nur oberflächlich (bis 6 cm Tiefe), jedoch fallen sie anschließend bald saprophytischen Pilzen zum Opfer. Primärschäden sind selten, sie werden vor allem bei Jungpflanzen bis Heisterstärke beobachtet (z.B. Ungleicher Nutzholzborkenkäfer und Saxesens Holzbohrer an Obstkulturen u.a. Laubholzheistern). Meistens ist der Befall auf länger im Wald lagerndes Holz (auch entrindet) beschränkt, dessen Kennzeichen viele weiße Bohrmehlhäufchen sind *(Abb. 116a, 118b)*. Ein ähnliches Erscheinungsbild verursachen die splintschürfenden Rindenbrüter (z.B. Waldgärtner) an Rinde und Borke. Nur das Abheben der Rinde gibt dann Aufschluß! Als ausgesprochene Frühschwärmer (Ausnahme: Amerikanische Nutzholzkäfer) tendieren die meisten zu einer 2. Generation und zu Geschwisterbruten. Ausgehend von unaufgearbeiteten Rückständen von Kalamitätenhölzern kann es bei günstigem Wetter (warmtrocken) und reichlichem Brutmaterial zu einer schlagartigen Übervermehrung kommen *(Abb. 2, 6, 92, 93)*. Dann werden auch stehende, angeschobene, vor allem gern Stümpfe und andersartig geschädigte Stämme (z.B. Rotwildschäle u.a.) als Brutstätte gewählt. Selbst Stöcke bleiben nicht verschont, sofern noch genügend Saftfrische vorhanden ist.

Fraßbilder

Leitergang: radial oder tangential ins Holzinnere führende Muttergänge mit sprossenartigen Larvengängen; im Holzquerschnitt Löcher der einmündenden Sprossen sichtbar *(Abb. 116b, 117, 118a)*;

Familienplatzgang: Larven fressen gemeinsame Plätze im Muttergang (Ausbuchtungen) *(Abb. 119b)*;

Gabelgänge: im Holzquerschnitt keine Löcher sichtbar; Verlauf in einer oder verschiedenen Ebenen, bei letzteren oft vorgetäuschter Leitergang, jedoch mit ungleich langen Sprossen *(Abb. 120a, b, 121a, b)*.

Holzart	Symptom	Wichtige Arten
Leitergang		
Laubholz		
Eiche (Bu, Bi, Hbu, Erl, Ah, Li, Ak, Vogelbeere, Kir)	dunkel gefärbt; weiße Bohrmehlhäufchen auf Rinde oder Holz (s. auch splintfurchende Rindenbrüter!), Bohrlöcher auf Rindenoberseite sichtbar (Gegensatz Gem. Werftkäfer!) *(Abb. 116a-c, 121b, 124c)*	*Eichennutzholzborkenkäfer (Trypodendron signatum* F. = *Xyloterus)* Europa; 3,5 mm, Flügeldecken hell und dunkel gestreift, Fühlerkeule abgerundet, einzelne kurze Härchen *(Abb. 116c)*; wohl 2 Gen., FZ März (Auslösetemperatur + 8°C) und Juli, Geschwisterbrut; Überwinterung: in Bodenstreu, unter Rindenschuppen und in Borke am Wurzelhals.

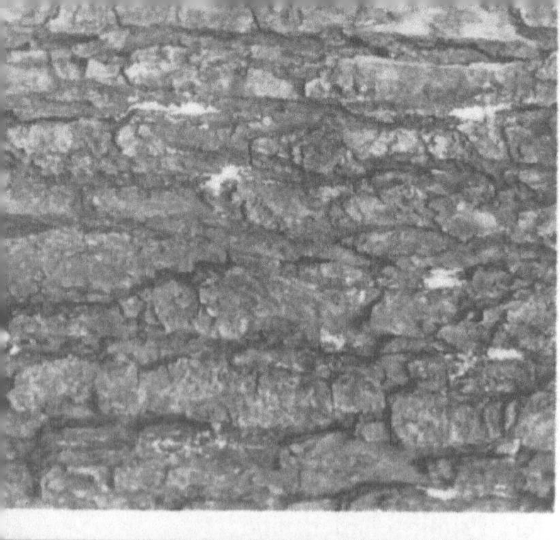

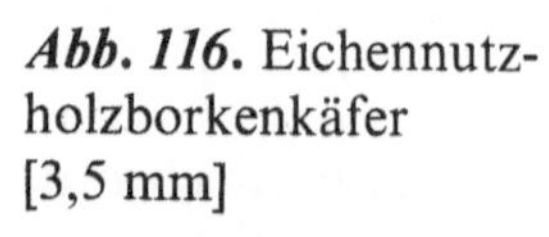

Abb. 116. Eichennutz-
holzborkenkäfer
[3,5 mm]

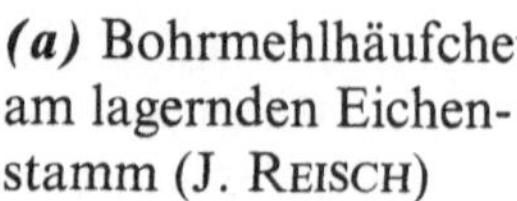

(a) Bohrmehlhäufche
am lagernden Eichen-
stamm (J. REISCH)

(b) Leitergang im
Eichensplintholz mit
Jungkäfer [2 mm
breit; ca. 8 mm lang]
(J. REISCH)

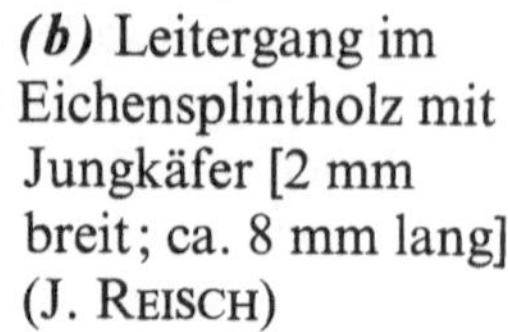

(c) Käfer beim
Verlassen des
Brutraumes
(W. ROHDICH)

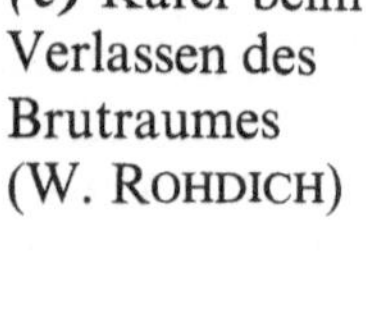
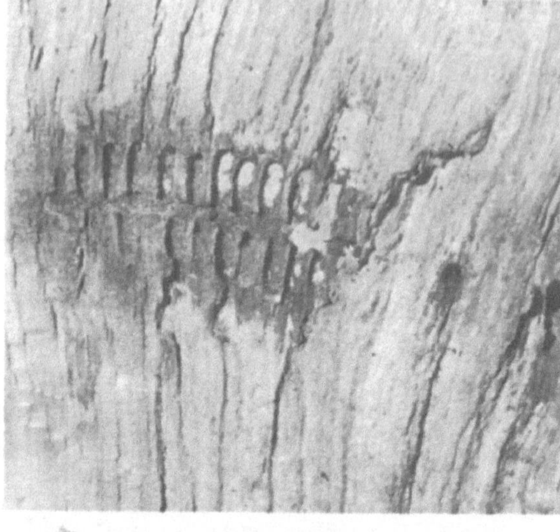

Abb. 117. Leitergang
des Buchennutzholz-
borkenkäfers
[ca. 27 mm lang;
1,8 mm breit]
(J. REISCH)

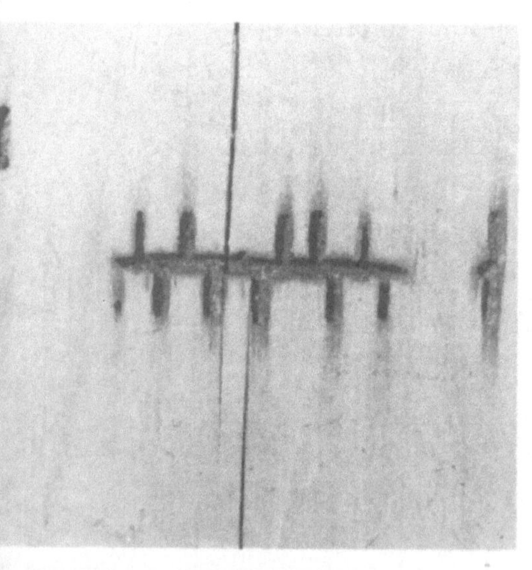
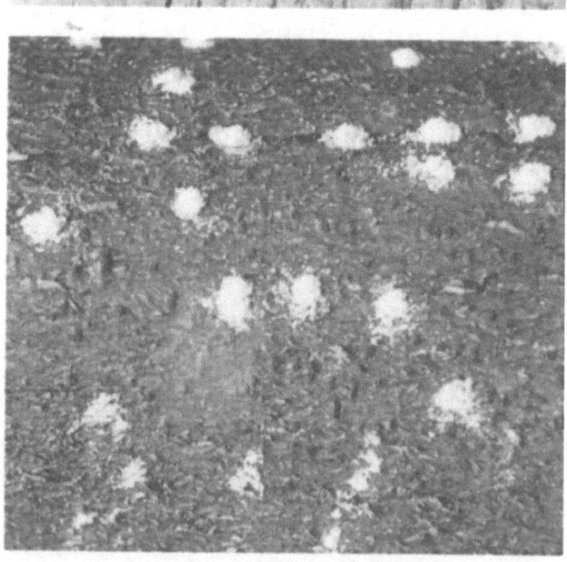

Abb. 118. Gestreifter
Nadelnutzholzborken-
käfer [3–3,5 mm]

(a) Leitergang in
Fichte [1 : 1]
(J. REISCH)

(b) Bohrmehlhäufche
am berindeten Faser-
holz
(J. REISCH)

Abb. 118. (c) Jungkäfe
in der Sprosse des
Leitergangs
(W. ROHDICH)

(d) Eindringtiefe ins
Holz bis zu 6 cm
(J. REISCH)

Abb. 119. (a) Schw. oder Japanischer Nutzholzborkenkäfer [1,4 mm] (W. ROHDICH)

Abb. 119. (b) Familienplatzgang des Saxesens Holzbohrers an Elzbeere [Eingangsröhre 1 mm breit, Platzgang ca. 33 × 11 mm und mehr] (J. REISCH)

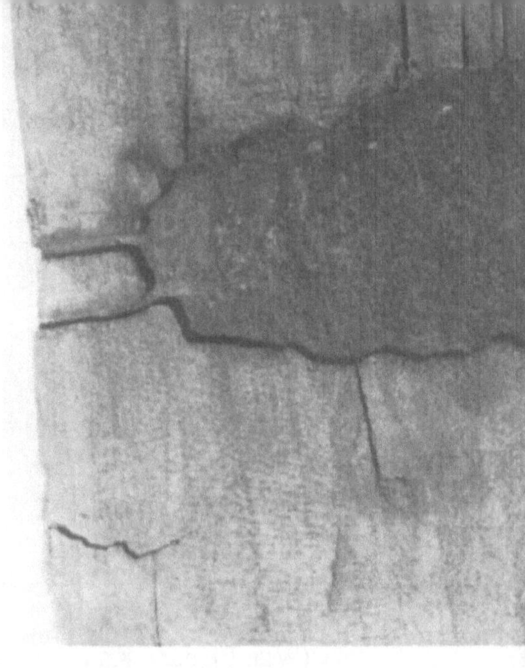

Abb. 120. Ungleicher Nutzholzborkenkäfer (J. REISCH)

(a) Gabelung in verschiedenen Ebenen mit radialer Eingangsröhre, dem Jahrring folgenden, primären Brutröhren und senkrechten, sekundären Brutröhren (dunkle Punkte) an Aspe [Lochweite ca. 3 mm]

(b) Vorgetäuschter Leitergang, jedoch ungleichlange Sprossen (Eiche) [bis 2 cm lang, 2 mm breit]

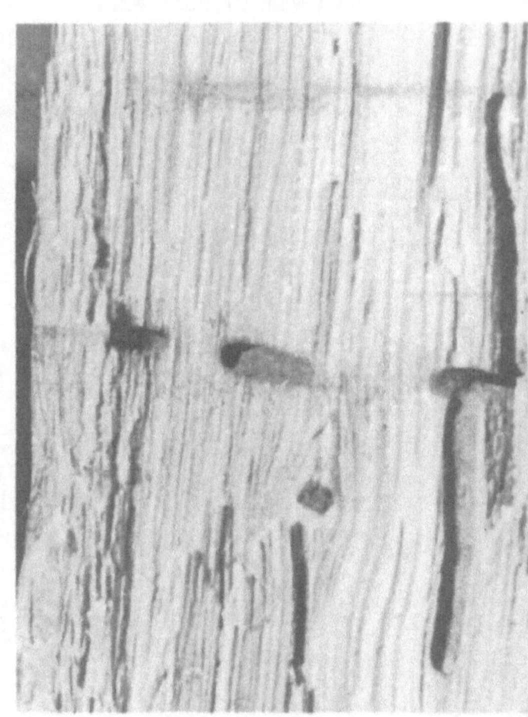

Abb. 121. (a) Gabelgang in einer Ebene des Kl. Schw. Wurms (= Larve von *Xyl. monographus*) an Eiche [ca. 1,8 cm lang; 1,2 mm breit] (J. REISCH)

Abb. 121. (b) Fraßgang des Eichennutzholzborkenkäfers, meist mit vorigem verwechselt (Querschnitt) (J. REISCH)

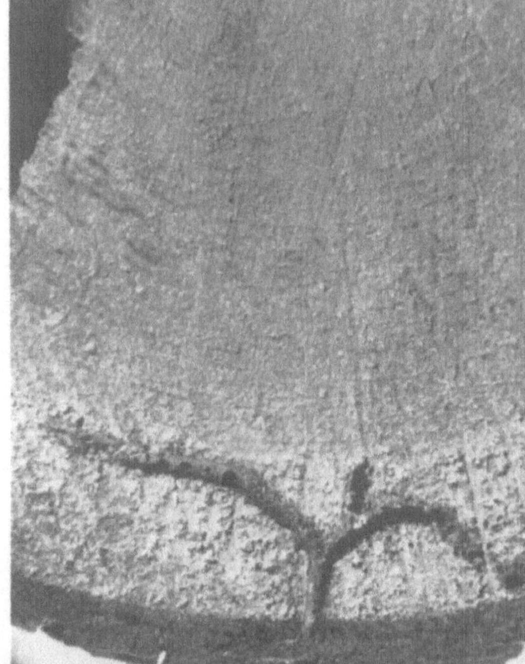

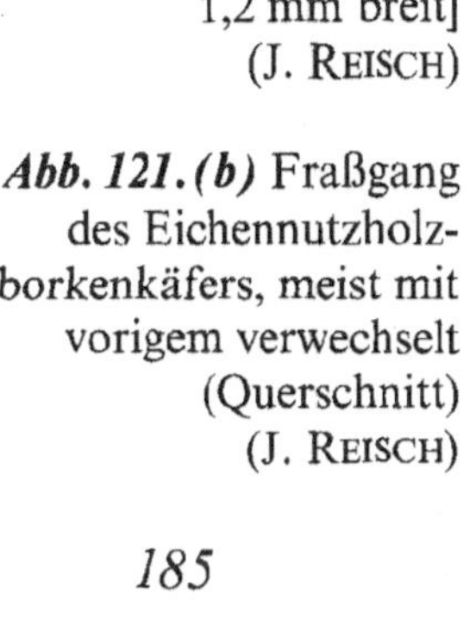

Holzart	Symptom	Wichtige Arten
Leitergang *(Fortsetzung)* Buche w. v., Folgeschädling nach chem. Ltg.	w. v. *(Abb. 117)*	**Buchennutzholzborkenkäfer** *(Trypodendron domesticum* L. *= Xyloterus)* Europa 3 mm, Fühlerkeule zugespitzt, Absturz neben der Naht kurz und tief gefurcht, ziemlich dicht behaart; wohl 1 Gen., FZ April, Geschwisterbrut.
Nadelholz (Wta, Fi, dann Ki, Lä, Latsche, Arve, Weyki, Dougl) berindetes und geschältes, schwaches und starkes Material, Hänger und angeschobene Stämme, Stöcke, Stümpfe; Verhau und frische Polter sowie Schichtholzbänke = Lockzentren	Bohrtiefe bis 6 cm, sonst w. v. *(Abb. 118a, b, d)*	**Gestreifter Nadelnutzholzborkenkäfer** *(Trypodendron lineatum* Ol. *= Xyloterus)* Europa, Rußland, Nordmongolei, N-Amerika; 3–3,5 mm, stark gewölbtes, vorne gekörntes Halsschild *(Abb. 118c);* im N 1 Gen., FZ März/April (Auslösetemperatur + 10°C Boden, + 18°C Luft) und Juli/August (Geschwisterbruten); Überwinterung: Bodenstreu in nächster (max. 30 m) Umgebung der Brutplätze.
(Ki-Arten, Lä, Dougl, Fi, Balsamtanne, Lebensbaum u. a.)	Brutbild wie *lineatum,* jedoch engere, längere und tiefere (bis 10 cm) eindringende Gänge, Enden der Quergänge meist ohne Sprossen	Amerikanischer Nutzholzborkenkäfer *(Gnathotrichus materiarius* Fitch.) N-Amerika, eingeschleppt seit 1933 (Frankreich), 1965 (Holland), 1964 Deutschland (Baden-Württemberg, Rheinland-Pfalz); 2,8–3,3 mm, dunkelrot bis schwarzbraun, schlank, fast zylindrisch, hinter den Körnchenreihen des Halsschildes deutlich gebogener Querkiel; vermutlich mehrfache Gen., zu jeder Jahreszeit Eier, Larven, Puppen, Vollkerfe sogar gleichzeitig in einem Brutbild; vermutlich Spätschwärmer von Ende April bis Mitte Juni (Auslösetemperatur + 15°C Luft).

Holzart	Symptom	Wichtige Arten

Familienplatzgang

Holzart	Symptom	Wichtige Arten
(polyphag Lh, Nh) krankes, vor allem blitzgeschädigtes Holz, auch junge Heister	Eingangsröhre und Brutgang ähnlich wie bei *Trypodendron*-Arten, jedoch Brut-röhre durch gemein-samen Fraß bis 19 cm^2 buchtig erweitert **(Abb. 119b)**	Kleiner oder Saxesens Holzbohrer (*Xyleborus saxeseni* Rtzb.) Europa, Rußland, Japan, N-Amerika, Kanarische Inseln; ♂ 1,5–1,8 mm, ♀ 2–2,3 mm; Schildchen rudimentär, versenkt und nicht sichtbar, Absturz mit feiner Körnchenreihe; ♂ flugunfähig; 1 oder 2 Gen., FZ Ende März und Juli/August; Überwinterung im Brutbild.
(polyphag Lh, Nh) krankes und gefälltes Holz, frische Stöcke, Schichtholz; in USA Überträger des Ulmensterbens	ähnlich *saxeseni*, jedoch Eingangsröhre meist nur durch Rinde und nicht Holzkörper, Aus-dehnung des Platzgan-ges in einzelne geson-derte Gänge, Bohrmehl wurstförmig	Schwarzer oder Japanischer Nutzholzbor-kenkäfer (*Xyleborus germanus* Blandf. = *Xylosandrus*) Japan, Formosa, Korea, eingeschleppt 1932 nach N-Amerika, seit 1952 in Europa; ♂ 1,4 mm, ♀ 2,4 mm, ähnlich *dispar*; ♂ flugunfähig **(Abb. 119a)**; 2 Gen., in USA 3 Gen., FZ Ende März und Juli/August.

Gabelgänge in einer Ebene

Holzart	Symptom	Wichtige Arten
(ziemlich monophag an Ei, seltener an Ka, Ul, Wnuß) vor-wiegend frische, liegende Stämme (be- oder entrindet), auch Stöcke	Gänge ziemlich tief auch im Kernholz, im Hirnschnitt keine kreisrunden Löcher wie bei *Trypodendron*-Arten sichtbar **(Abb. 121a)**	**Kleiner Schwarzer Wurm** oder Nutzholz-borkenkäfer (*Xyleborus monographus* F.) Europa, Kaukasus; 2,5–3 mm, Absturz mit ziemlich großen, weitgestellten Höckerchen; 2 Gen., FZ März/April und Juni bis August, ♂ flugunfähig.

Gabelgänge in verschiedenen Ebenen (oft vorgetäuschte Leitergänge)

Holzart	Symptom	Wichtige Arten
polyphag an Lh, Nh, bes. gefälltes oder kränkelndes Obstholz, Stöcke, seltener Nh; primär in Ei- und Rotei-Heistern; Folge-schädling der chem. Läuterung	radiale Eingangsröhre mit primären, den Jahresringen folgenden Brutröhren und senkrecht davon abzweigenden sekun-dären Brutröhren, letztere jedoch un-gleich lang (Gegensatz Leitergänge!) **(Abb. 120a, b)**	**Ungleicher Nutzholzborkenkäfer** (Holzbohrer) (*Xyleborus dispar* F. = *Anisandrus*) von N-Afrika bis Skandinavien, Sibirien, Kleinasien, N-Amerika, Britisch-Kolum-bien; ♂ 2–2,2 mm, ♀ 3–3,5 mm, Fühler und Beine gelb; ♂ gegenüber ♀ zwergenhaft, im Profil stark gekrümmt, flaches Hals-schild, flugunfähig; ♀ stark gewölbtes Halsschild (kapuzenartig); 1–2 Gen., FZ März/April und Juli/August; Überwinterung im Brutraum.

Werftkäfer *(Lymexylidae)*

Ca. 50 Arten; technische Schädlinge durch Larvenfraß im Holz kränkelnder oder gefällter Stämme sowie im Schichtholz; in der Rinde nadelstichfeine, im Holzkörper schrotartige Bohrlöcher verschiedenen Kalibers mit parallelen Schußbahnen radial ins Holzinnere führend *(Abb. 123 b, 124 c);*
mittelgroße, langgestreckte, fast walzenförmige Käfer mit langen, drehrunden Tarsalgliedern und weichen, auseinanderklaffenden Flügeldecken; ♂ meist auffallend kleiner, mit quastenartigen Anhängen an den Kieferntastern; Larven weiß, weichhäutig, augenlos, 3 Brustbeinpaare, kapuzenartig über den Kopf ragende Vorderbrust, eigenartig gestaltetes Hinterleibsende; nur die Gattung *Hylecoetus* Pilzzüchter *(Abb. 124 c); Vollkerfe* ohne Nahrungsaufnahme, sehr kurzlebig (2–4 Tage).

Gegenmaßnahmen

vorbeugend: Sauberkeit im Bestand, rechtzeitige Abfuhr vor dem Schwärmen (Mitte April), Wasserlagerung;
mechanisch: Entrinden von Nadelholz und luftige, besonnte Lagerung *(Hylecoetus)*, Übererdung der Stöcke, Fanghölzer und -stöcke (s. Borkenkäfer);
chemisch: vorbeugende Schutzbehandlung mit anerkannten Insektiziden (PV), evtl. unter Zusatz von penetrierenden, geruchlosen Ölen (z.B. Synergid).

Holzart	Symptom	Art
Eiche (monophag, gelegentlich Eka, Bi) kränkelnde Stämme, liegendes bis etwa lufttrockenes Lang- und Kurzholz sowie Stöcke, evtl. auch Schnittholz; starke Vermehrung auf Lagerplätzen	Gänge 1–2 m lang, wenigstens tw mit Bohrmehl vollgepfropft, kein Auswurf von Bohrmehl, ungeschwärzt (Gegensatz zu *Hylecoetus*!) *(Abb. 123 b)*	Schiffswerftkäfer (*Lymexylon navale* F.) Europa *(Abb. 123 a);* ♂ 6–10 mm, ♀ 8–13 mm, Halsschild länger als breit, Flügeldecken nicht Hinterleibsende abdeckend; L mit schwellbarer, kapuzenförmiger Vorderbrust zur Fortbewegung im Gang, letztes Hinterleibssegment kurz zylindrisch und aufwärts gerichtet; Lebensweise wenig bekannt, FZ wohl Juni, Eiablage gruppenweise in Ritzen und Spalten vorwiegend rindenloser Holzstellen (auch am stehenden Stamm), L vermutlich reiner Holzfresser, kein Pilzzüchter.
(polyphag an Lh, Nh) alle Altersklassen und Stärken, bevorzugt in stehendem, geschädigtem Holz (Rindenbrand, Blitzschlag, Buchenschleimfluß, Rotwildschäle, Wind- und Schneebruchstümpfe, chemisch geläutertes Lh)	reichlich Bohrmehlauswurf, bes. Juli/August (Pilzzüchter), Gänge 18–26 cm lang, bohrmehlfrei und später (nach Verlassen) geschwärzt, Einbohrloch nadelstichfein in der Rinde (im Gegenlicht sichtbar), Rindenrückseite mit Bohrmehlhof *(Abb. 124 b, c)*	Gemeiner Werftkäfer, Bohrkäfer (*Hylecoetus dermestoides* L. und *flabellicornis* Schn.) ♂ 7–12 mm, ♀ 10–18 mm, Fühler gesägt (*dermestoides*), beim ♂ lang doppelseitig gewedelt (*flabellicornis*), Halsschild breiter als lang, Flügeldecken Hinterleibsende abdeckend; L wie bei *navale*, jedoch mit stachelförmigem, an der Spitze geteiltem, seitlich bezähntem Schwanzfortsatz zum Herausschaffen des Bohrmehls (außer Junglarve) *(Abb. 124 a);*

Holzart	Symptom	Art
		Gemeiner Werftkäfer *(Fortsetzung)* Lebensweise: FZ April bis Juni, Eiablage einzeln, seltener haufenweise in Rinden- und Holzrisse, unter Rindenschuppen, Flechten, an saftfrische Stöcke, stärkere Wurzeln, kränkelndes oder gefälltes Material; meist 2 oder 3jährig Gen., unter günstigen Verhältnissen lj.; L wälzen sich nach dem Schlüpfen stundenlang in den mit Pilzsporen beschmierten Eischalen (aus Taschen des Legeapparates der Muttertiere) und infizieren so den Bohrgang (s. Pilze: *Endomyces hylecoeti* Neg.); Pilzrasen *(Ambrosia)* wird ständig abgeweidet, glykogenreiche Hyphenenden dienen als Nahrung.

Kernkäfer *(Platypodidae)*

Ca. 360 Arten, vorwiegend in Tropen und Subtropen, in Europa nur 2 Arten; technische Schädlinge durch Verlagerung des Brutgeschäfts in das Holzinnere; befallen werden: geschlagenes oder gefälltes Material, stehende, kränkelnde oder geschwächte Stämme, bes. im unteren Abschnitt bis etwa 3 m Höhe, mit oder ohne Rinde, frische Stöcke; Holzentwertung fast vollständig durch tiefgehende Gänge mit radialer Eingangsröhre, dann wellenartig den Jahrringen folgend (bis 30 cm lang), schließlich wieder radial zum Kern vorstoßend unter Anlage von kurzen Seitengängen; Gänge stets reingehalten von Bohrmehl und Kot, daher starker wurstförmiger Auswurf; Eiablage während der Ganganlage, auch wintersüber, regellos einzeln oder gruppenweise; Larven mit Höckern und Borsten, zunächst oval, dann walzenförmig, sehr beweglich, leben vorwiegend vom Pilzrasen an den Gangwänden, ausgewachsen fertigen sie kurze leitersprossenartige Puppenwiegen; Verpuppung im Vorwinter; Überwinterung auch als Jungkäfer bis Ende Juni; einfache Generation; Schwärmzeit ausgesprochen spät zur warmen Sommerzeit.

Gegenmaßnahmen

vorbeugend: rechtzeitige Abfuhr alles lagernden Holzes (spätestens bis Ende Juni) in gefährdeten Gebieten oder Wasserlagerung;
mechanisch: Fangbäume (s. Borkenkäfer);
chemisch: vorbeugende, sorgfältige, allseitige Schutzspritzung (10 l/fm) mit anerkannten Insektiziden (PV) unter Zusatz penetrierender, geruchloser Öle (z.B. Synergid).

Holzart	Symptom	Art
Eiche (ziemlich monophag, selten Bu, *cylindrus* auch Es, Eka, Li, Vogelbeere)	wellenförmiger Gang im Hirnschnitt ***(Abb. 122)***	***Eichenkernkäfer*** *(Platypus cylindrus* F. und *cylindriformis* Rtt.) Europa (S- und W-Deutschland, Vogesen, Sizilien, Korsika), Kaukasus, Algerien, N-Amerika; 5–5,5 mm, Halsschild deutlich punktiert *(cylindrus);* 5 mm, Halsschild fast glatt, erloschen punktiert *(cylindriformis).*

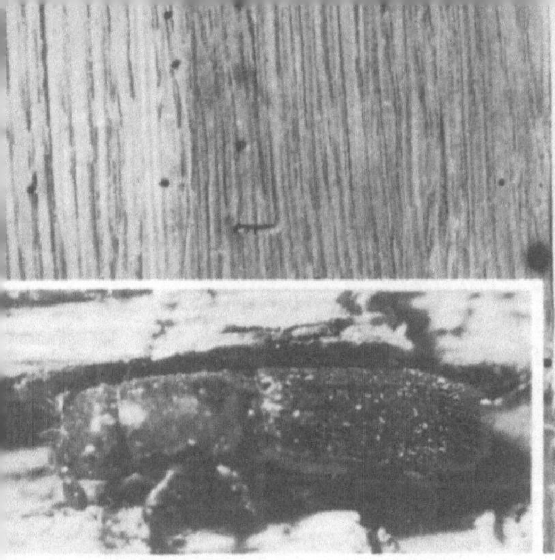

Abb. 122. Fraßgang c Kernkäfers im Wertholz (Eiche), abgesto bener Kernkäfer im Gang (Ausschnitt) [bis 20 cm lange Eingangsröhre; 1,7–1,8 mm breit (auc Lochweite), Vollkerf 5–5,5 mm] (J. REISCH)

Abb. 123. Schiffswerf käfer

(a) Vollkerf ♂ [6–10 mm] (J. SCHÜLE)

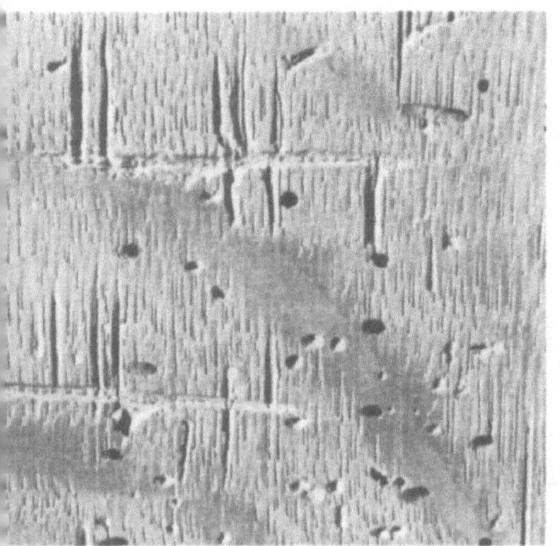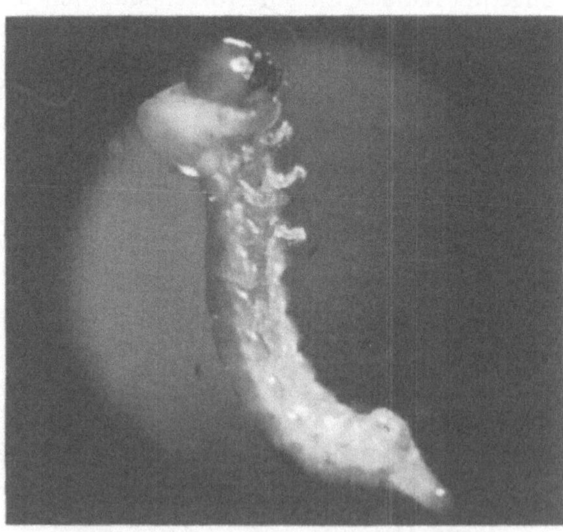

Abb. 123. (b) Fraßgänge (Larven) ungeschwärzt, mit Bohrmehl gefüllt [bis 2,5–3 mm breit] (J. REISCH)

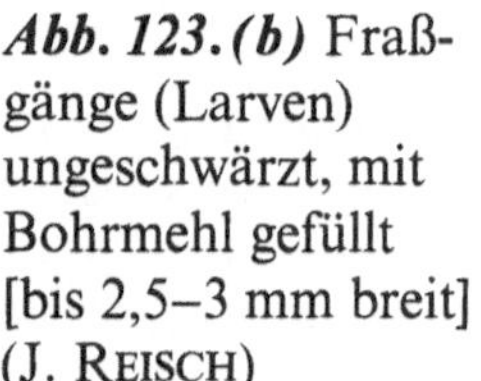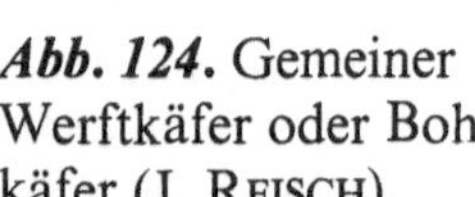

Abb. 124. Gemeiner Werftkäfer oder Boh käfer (J. REISCH)

(a) Larve mit kapuzenartig über den Kopf ragender Vorde brust und Schwanzstachel [ca. 8 mm]

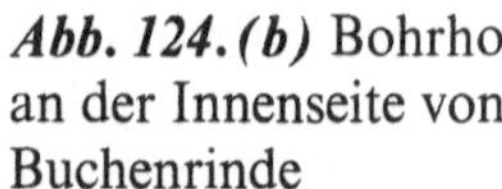

Abb. 124. (b) Bohrho an der Innenseite von Buchenrinde

(c) Schrotschußbahn und Bohrlöcher im Buchenholz [bis 2,5–3 mm, max. 4,5 mm breit]

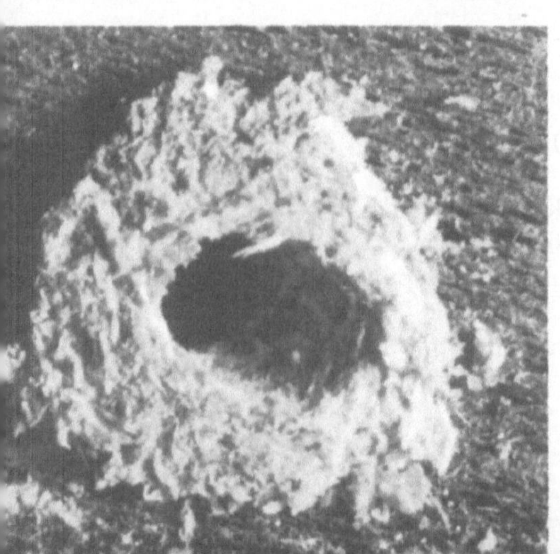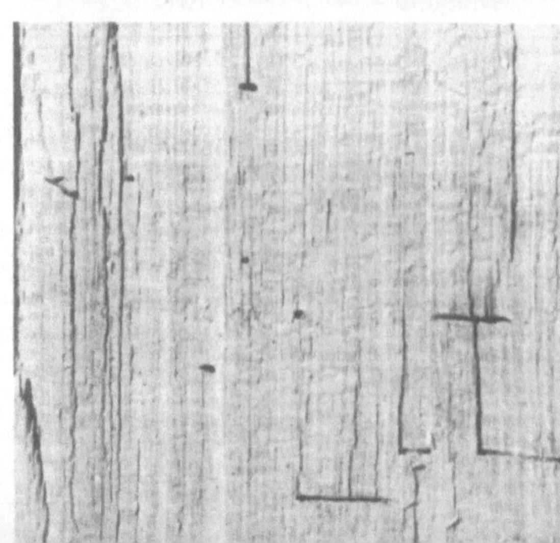

Nage-, Poch- oder Klopfkäfer *(Anobiidae)*

Ca. 1200 Arten; technische Schädlinge, vor allem im verarbeiteten Holz oder verholzten Pflanzenteilen; vielfach sogar beliebt zur Steigerung des „antiken" Wertes von Möbeln; Holz wird völlig zersetzt und pulverisiert, so daß z.B. antike Stühle u.a. nur noch Holztapeten darstellen *(Abb. 125b)*.
Borkenkäferähnliche, kleine, dunkel gefärbte Tiere mit nicht geknieten Fühlern; Larven weißlich, weichhäutig, bauchwärts gekrümmt mit gut entwickelten Beinen (s. Borkenkäfer); manche Arten erzeugen Klopflaute durch Aufschlagen mit dem Kopf auf Holz oder andere feste Unterlagen (Ticken einer Uhr = Totenuhr), andere wiederum stellen sich mit größter Hartnäckigkeit bei Beunruhigung tot (Trotzkopf); Generation wohl 1- bis mehrjährig; Schlupfwespen oft nützlich *(Abb. 206)*.

Gegenmaßnahmen

vorbeugend: Sammeln und Verbrennen befallener Zapfen, Äste, Bretter und dergleichen.

(Beachtung frischer Bohrmehlhäufchen an Möbeln, Kunstgegenständen, Balken etc. und toter Käfer auf Fensterbrettern);
chemisch: Imprägnierung verbauten Holzes mit entsprechenden Holzschutzmitteln (HV bzw. PV), bei Befall Bohrlochinjektion mit gleichen Mitteln, bei wertvollen Möbeln Einspritzen durch Bleikanüle in Bohrlöcher mit anschließendem Eindrücken von Bienenwachs, evtl. Begasung.

Holzart (Pflanzenteil)	Symptom	Wichtige Arten
Eingeschlagenes und bearbeitetes Holz (Holzwürmer = schlimmste Holzzerstörer) *Weichhölzer*		
(polyphag in trockenem, verarbeitetem und sehr altem Nh, Lh) Massenvermehrung in Dachstühlen	außen wie mit feinem Schrot beschossenes Holz, innen vollständig zersetzt und pulverisiert *(Abb. 125b)*	*Totenuhr* oder Gewöhnlicher Nagekäfer *(Anobium punctatum* DeG.) Europa, S-Afrika, Australien, Neuseeland, N-Amerika; häufigste einheimische Art; 3–4 mm, Halsschild wie Feuerwehrhelm *(Abb. 125a);* FZ April bis August, Vollkerf ohne Nahrungsaufnahme, Eiablage einzeln oder gruppenweise in Holzrisse oder alte Fluglöcher (20–40 Stück), Gesamtentwicklung mindestens 8–9 Monate, meist 2–3 Jahre und darüber.
bevorzugt morsches Nh	w.v.	Trotzkopf (*Anobium pertinax* L.) Europa, O- und W-Sibirien; 4,5–5 mm, Halsschild: in den Hinterwinkeln gelblicher Tomentfleck.
bevorzugt berindetes Nh	unregelmäßige, kurze Gänge zwischen Rinde und Splint	Weichhaariger Klopfkäfer (*Ernobius mollis* L. = *Anobium)* Europa, Sibirien, N-Amerika, Neuseeland; 3,5–6,5 mm, Halsschild abgerundet; FZ April/Mai, u.U. während gesamter Sommerzeit; Eiablage unter Rinde (10–20 Stück), einfache Gen.

Holzart (Pflanzenteil)	Symptom	Wichtige Arten
Harthölzer		
bevorzugt ältere, verbaute Ei, auch Ul, Bi, Bu Wnuß, Erl, Pa, seltener Nh, wohl nur bei Befall durch holzzerstörende Pilze; anbrüchige Stellen stehender Bäume	unregelmäßige Gänge im Frühholz, bei Ei lamellenartige Spätholzreste; fester, linsenförmiger Larvenkot *(rufovillosum)* vermischt mit Nagemehl im Bohrgang; siebartige Durchlöcherung, z.B. von Aststummeln	Bunter Klopfender Nagekäfer (*Xestobium rufovillosum* DeG. und *X. plumbeum* Ztt.) Europa, Türkei, N-Amerika, Algerien; 5–7 (9) mm, Halsschild wie russischer Soldatenhelm *(rufovillosum)*, 4 mm, OS metallisch schwarzgrün *(plumbeum);* Generationsdauer je nach Klima und Nahrung 10–17 Monate bis zu mehreren Jahren.
auch Erl, Ta, Bu-Furniere, Tischlerholz, Möbel		Gekämmter Nagekäfer oder Kammhornkäfer (*Ptelinus pectinicornis* L.) Europa, Mexiko, Türkei; 3–6 mm, schmal, einseitig langgekämmte Fühler; FZ Ende Mai bis Juli, wohl gesamtes Leben im Fraßgang.
		Daneben können noch Fichtenborken-Nagekäfer (*Anobium emarginatum* Duftsch.) in abgestorbener Borke alter Stämme, *Trypopitys carpini* Hbst. = *Priobium* in anbrüchiger Fi, Ta, Hbu, in altem, trockenem Nh und Reisig, in Holzhäusern und Dachstühlen oft massenhaft auftreten (3 mm breite Larvengänge vorzugsweise in Frühholzschichten pilzbefallenen Materials, s. Trotzkopf *(Anobium pertinax)*.
Nadelholz im Wald		
Fi-Zapfen	Spindelfraß der Larve, später Schuppen hängender Zapfen (Harzausfluß) nach Auswerfen der Samen	Fichtenzapfen-Nagekäfer (*Ernobius abietis* F.) 3–4 mm, Halsschild quer viereckig, fast doppelt so breit wie lang und *Ernobius longicornis* Strm., *E. angusticollis* Rtz.
Ki-Triebe (Kultur bis Altholz)	Ausfressen des Markkanals durch Larven (wie Waldgärtner *Tomicus piniperda*)	Kieferntrieb-Nagekäfer (*Ernobius nigrinus* Strm.) 3–4 mm, Halsschild schmäler als Flügeldecken.
vergesellschaftet mit Posthornwickler; Zapfen		Kiefernzapfen-Nagekäfer (*Ernobius pini* Strm. und *abietinus* Gyll.)

Holzbohrkäfer, Kapuzinerkäfer *(Bostrychidae)*

Über 500 Arten, bei uns nur wenige, zumeist eingeschleppte, forstlich wenig bedeutsame Arten; überwiegend technische Schädlinge im trockenen Holz, vorwiegend in den Tropen gefährliche Holzzerstörer; nagekäferähnliche, walzenförmige, kleine bis mittelgroße (3–30 mm) Tiere; Unterscheidungsmerkmale gegenüber Borkenkäfern und Nagekäfern: Halsschild als Kapuze, dreigliedrige Fühlerkeule, viergliedrige (oder scheinbare) Tarsen, Flügeldecken oft mit gezähntem Absturz (s. Borkenkäfer!);
einige Arten bohren sich zum Brutgeschäft sehr rasch ins Holzinnere, andere legen die Eier in Rindenritzen ab; Junglarven (Primär-Larven) ohne Nahrungsaufnahme; ältere, anders gestaltete Stadien (Sekundär-Larven) minieren meist mit dem Faserverlauf; vermutlich Reifungsfraß der Jungkäfer an gesunden Bäumen.
Gegenmaßnahmen: schwierig und selten nötig, sonst wie bei Nagekäfern.

Holzart	Symptom	Art
Eiche u. a. Harthölzer (Faßdauben, Parkett, auch Rebstöcke, Pa, Ka); Wurzelstöcke	nagekäferähnlicher Befall (Auffinden von Käfern oder Resten!)	Roter Kapuzinerkäfer *(Bostrychus capucinus* L. = *Apate)* Europa; 8–14 mm, Bauch und Flügeldecken scharlachrot (zuweilen letztere auch schwarz), Halsschild vorne gezähnt, oberseits gekörnt; Frühjahr und Sommer, Eiablage meist dicht beim alten Flugloch, Entwicklungsdauer 11 Monate.
Wipfeltriebe von Heistern und Stangenhölzern, Äste, vor allem Rebstock	tiefe Astringelung oder Triebstörungen (Drehen, einseitige Entwicklung) durch Larvenfraß	Rebendreher (*Sinoxylon perforans* Schrk.) indogermanisches Gebiet, nach S- und M-Europa eingeschleppt; 6–7,5 mm, Absturz gehöckert.

Splintholzkäfer *(Lyctidae)*

Ca. 60 Arten; zumeist in tropischen Gebieten, bei uns nur wenige, mit Importhölzern eingeschleppte Arten;
holzbohrkäferähnliche, kleine (2,5–7 mm), langgestreckte, walzenförmige Tiere; besondere Merkmale: 2 größere Endglieder der 11gliedrigen Fühlergeißel;
Lebensweise und Schaden: Flugzeit bei uns Mai/Juni; Eiablage vor allem in angeschnittene Gefäße der Laubhölzer, alte Fluglöcher und Risse; Larven anobienähnlich, jedoch wesentlich größeres, bräunlich gefärbtes Atemloch *(Stigma)* am 8. Hinterleibssegment; stets leicht geschlängelte Fraßgänge (nur Larve) mit Faserverlauf, bevorzugt in der Frühholzzone, ausschließlich im Splint (höherer Stärkegehalt); Verschonung der Oberfläche, oftmals übersät mit kreisrunden Ausfluglöchern, Holzinneres pulverisiert; gewöhnlich 1jährige Generation; forstliche Bedeutung gering, jedoch auf Lagerplätzen und in bewohnten Gebäuden (auch Holztäfelung, Sperrholz u. a.) recht erheblich; wiederholter Befall am gleichen Holz.

Gegenmaßnahmen

vorbeugend: Bestreichen gefährdeten Materials mit Firnis, Farbe, heißem Leinöl, Petroleum o. ä. zur Verhinderung der Eiablage, Schwefellösungen (2%ige Lösung von kolloidalem Schwefel) auch abwehrend;

chemisch: Tränkung des Holzes (1–2 Std) in 5%igem Zinkchlorid oder Sulfatlösung bei + 80°C und anschließend nochmals so lange in kalter Brühe; befallene Furniere mit 5%iger Pentachlorphenollösung behandeln.

Holzart	Symptom	Art
(polyphag Lh: Ei, Es, Wnuß, Ak, Wei, Ah, Kir, Ul, Pa, Bu, Bi u.a.); Treppen, Faßdauben, Holztäfelung	wie mit Schrot beschossenes Holz, innen pulverisiert; *Differentialdiagnose* gegenüber Nage- und Holzbohrkäfern schwierig; nur nach Auffinden von Käfern oder Resten	**Parkettkäfer** (*Lyctus linearis* Goeze) Mitteleuropa, England; 2,5–5 mm, Halsschild mit abgekürzter, tiefer, breiter Mittelfurche, auf Flügeldecken große, narbenartige Punkte.
auch Möbel	w. v.	**Brauner Splintholzkäfer** (*Lyctus brunneus* F.) Japan, N-Amerika, Australien, nach Europa eingeschleppt vor allem mit Limba-Holz und japanischem Bambus; 3,5–5 mm, Halsschild mit 1 flachen Eindruck, Flügeldecken fein punktiert.

Düsterkäfer *(Melandryidae)*

Ca. 450 Arten; dunkel gefärbt, Gestalt ganz verschieden; Larven oft in faulendem oder mulmigem Holz und Stöcken; ganz vereinzelt technisch schädlich.

Gegenmaßnahmen: Gründliche und rechtzeitige Df mit Entfernung aller kranken Bäume, Entrindung, luftige Lagerung.

Nadelholz	Symptom	Art
bes. Ta, kränkelnde und frisch gefällte Stämme	drehrunde, bogenförmige, bohrmehlgefüllte (fein) Larvengänge mit kreisrundem Flugloch; *Differentialdiagnose* zu Holzwespenbefall schwierig	Weißtannendüsterkäfer oder Bärtiger Schwarzkäfer (*Serropalpus barbatus* Schall.) Europa, Kaukasus; 8–18 mm, schnellkäferähnlich; L gelblich, ziemlich weich, an den Enden verjüngt; Gen. 2–3jährig, FZ Juni bis August; Eiablage in Rindenritzen.

Scheinbockkäfer *(Oedemeridae)*

Über 600 Arten; den Pflaster- und Bockkäfern ähnlich, jedoch kein abgeschnürter Kopf, langgestreckt, schmal, weichere Körperdeckung, Fühler lang und dünn, borsten-, fadenförmig oder gesägt.

Befallsmaterial	Symptom	Art
altes morsches Holz, Balken, Zäune, Telegrafenmasten	kurze Larvengänge mit feinem Bohrmehl im Holz; *Differentialdiagnose* zu Düsterkäfer- und Holzwespenbefall schwierig	*Calopus serraticornis* L. 18–22 mm, braun, Fühler: ♂ körperlang, breit, deutlich gesägt; ♀ kürzer, schwach gesägt.

In altem Ei- und Ta-Holz mit periodischer Befeuchtung durch Meerwasser		*Nacerda melanura* L.

Prachtkäfer *(Buprestidae)* bei uns kleine und wenig bedeutende Arten, in den Tropen große Formen und weit verbreitet.

Ca. 12 000 Arten, meist auffallend prächtig metallisch (grün, blau, rot, kupfern) gefärbt; Habitus keilförmig; Halsschild niemals in Spitzen ausgezogen und nicht beweglich (Gegensatz zu Schnellkäfern!); Larven* weißlich, weichhäutig, augen- und beinlos; bockkäferähnlich, jedoch Atemlöcher (Stigmen) halbmondförmig (dort oval) und keine Laufwülste; Larvengänge bockkäferähnlich, jedoch flacher und nicht tunnelartig, aber scharfkantig, häufig mit gewölktem Bohrmehl *(Abb. 128)*; oftmals Verpuppung tief im Holz; Fluglöcher meist elliptisch oder dreieckig *(Agrilinae)*, immer fast gewinkelt und nicht abgerundet (Bockkäfer!); Gen. 1–3jährig; *Imagines* ausgesprochene Sonnentiere mit Blütenbesuch zum Verzehr von Pollen oder auf Blättern zum Lochfraß, sehr flüchtig; bei uns typische Baumbewohner (Larven), allgemein sekundär, zum Teil in abgestorbenem Holz; forstliche Bedeutung ausschließlich im Larvenfraß, vor allem im Heisteralter (primär); physiologische Schädigung durch Öffnung der Pilzpforten (Weiß- und Rotfäule!).

Gegenmaßnahmen

vorbeugend: frühzeitige und radikale Entfernung befallenen Materials (nach Belaubungsgrad vor Herbstverfärbung, Wipfeltrocknis) und rechtzeitige Abfuhr (bei *viridis* bis 1. April), Vermeidung von Grundwassersenkungen, Erziehung kräftiger Pflanzen (Düngung!);

mechanisch: laufendes Abschneiden und Verbrennen von befallenen Ästen *(bifasciatus);* evtl. liegende Fangbäume an besonnten Rändern im Sommer, ausgeastet, abgebürstet und abschnittsweise mit belaubten Ästen beschattet;

biologisch: Förderung der Spechte, evtl. Massenzucht von Mordfliegen *(Laphria, Asilid. [Dipt.])*, Grabwespe *(Cerceris bupresticida* Perris, *Sphecid. [Hym.])* und von Ichneumoniden *(Hym.)*.

---

* *Buprestis*-Typ mit stark verbreiterter, fast aufgeblasener Vorderbrust, in der Puppenwiege Drehung zur Eingangsöffnung;
Buprestinae: Anthaxia, Buprestis, Chalcophora, Dicera, Lampra, Melanophila, Poecilonota;
Agrilus-Typ fast zylindrisch, Hinterleibsende mit 2 stark verhornten Spitzen, keine Drehung in der Puppenwiege zur Eingangsöffnung und daher gesondertes Ausbohrloch;
Agrilinae: Agrilus, Coraebus.

Holzart	Symptom	Wichtige Arten
Laubholz		
Eiche (monophag), bes. Alteichen; sekundär, auch an geschädigten Stämmen (Hochwasser, Trocknis o. a.)	Spärliches Austreiben im 2. Jahr nach Befall; geschlängelte Fraßgänge im Zick-Zack, oftmals tief den Splint furchend, bis 0,5 m lang und mehr	Gefleckter oder Zweipunktiger Eichenprachtkäfer (*Agrilus biguttatus* F.) Europa, Armenien, N-Afrika; 9–11 mm, meist metallisch grün, Flügeldecken mit je 1 weißen Haarmakel; Gen. 2jährig, FZ Juni/Juli; Eiablage einzeln oder zu mehreren an Rinde meist am unteren Stammteil und sonnseitig; L „Zick-Zack-Wurm" wegen des geschlängelten Fraßgangs; Verpuppung (Mai) ziemlich tief im Holz oder unter bzw. in Rinde.
(monophag) Heister und Stangen; primär	sehr flache, im Bast verlaufende, wenig geschlängelte Larvengänge; querelliptisches, oft schräg gestelltes Flugloch	Goldgruben- oder Breiter Eichenprachtkäfer (*Chrysobothris affinis* F.) Europa; 12–14 mm, OS kupfern, US golden, Flügeldecken mit je 1 goldigen Grube an Basis und 2 flachen Vertiefungen auf der Scheibe; FZ Anfang Sommer; Eiablage direkt über dem Wurzelanlauf.
Buche (ziemlich monophag, auch Erl, Ei, Li, Bi, Wei, Rosen) alle Altersklassen, vor allem Heister	weiße kalkspritzerartige Hüllen am Stamm; Larvengänge stark eckig gewunden („Zick-Zack-Wurm") *(Abb. 126b)*	**Buchenprachtkäfer** (Zick-Zack-Wurm) (*Agrilus viridis* L.) Kargassen bis Spanien, Türkei, Italien bis England, N-Mongolei; 6–10 mm, grün, blaugrün oder metallschwarz, Flügeldecken an den Spitzen gezähnelt *(Abb. 126a);* Eiablage zu 10 Stück vorwiegend an rindenbrandigen Stellen von Mai bis September, Reifungs- und Regenerationsfraß an besonnten Heistern.
Nadelholz		
Kiefer (monophag) tertiär	unregelmäßige, sehr flache Larvengänge meist in Borke *(Abb. 127)*	Großer Kiefernprachtkäfer (*Chalcophora mariana* L.) Europa bis N-Afrika, W-Asien; größter einheimischer Prachtkäfer, 24–30 mm, erzfarben mit vertieften, messingglänzenden Furchen und Eindrücken; FZ Juli/August.

Abb. 125. Totenuhr oder Gewöhnlicher Nagekäfer

(a) Vollkerf [3–4 mm] (W. KRATZ)

(b) Von Anobien zerfressene Holzschnitzerei (J. REISCH)

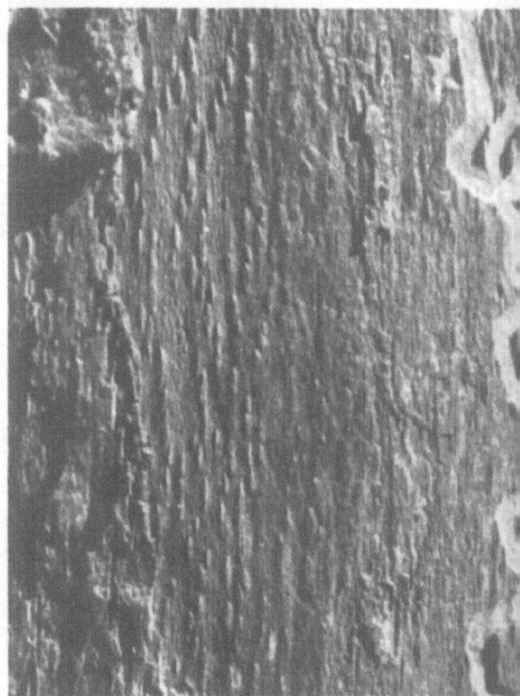

Abb. 126. Buchenprachtkäfer

(a) Vollkerf [6–10 mm] (W. ROHDICH)

(b) Zick-Zack-Gang (Larven) im Buchenholz [bis 50 cm lang; 2 mm breit] (J. REISCH)

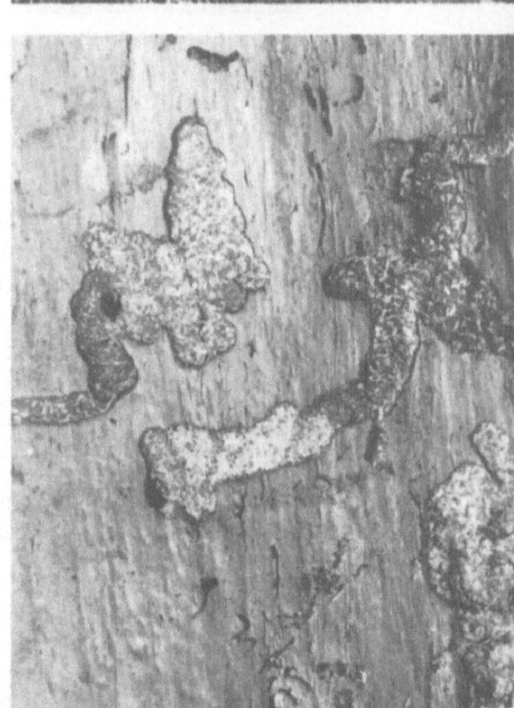

Abb. 127. Fraßgang des Gr. Kiefernprachtkäfers (Larven) splintfurchend im Kiefernholz (gewölktes Bohrmehl) [bis 13 mm breit] (J. REISCH)

Abb. 128. Fraßgang des Blauen Kiefernprachtkäfers (Larven) an der Innenseite von Kiefernrinde (auffällig gewölktes Bohrmehl) [bis 6 mm breit und mehr] (J. REISCH)

197

Holzart	Symptom	Wichtige Arten
(ziemlich monophag, auch Fi, im S Seeki) vorwiegend in dicker Borke; gewöhnlich wohl sekundär	ziemlich lange, geschlängelte Larvengänge ausschließlich im Bast (10 mm breit), nur schwach splintfurchend (im Gegensatz zum Kiefernzweigbock!), auffällig gewölbtes Bohrmehl im Gang *(Abb. 128)*	**Blauer Kiefernprachtkäfer** *(Melanophila cyanea* F. = *Phaenops)* M- und S-Europa; 8–11 mm, blau bis blaugrün, Flügeldecken dicht punktiert; Gen. 1–3jährig, FZ Juni/Juli; Eiablage einzeln in Borkenritzen; Verpuppung in Borke, auch im Holz (schwaches Material).
(auch Fi) schwaches Material und Äste	scharfrandige, unregelmäßige splintfurchende Larvengänge, ähnlich Wespenbock	**Vierpunkt-** oder **Kleiner Schwarzer Kiefernprachtkäfer** *(Anthaxia quadripunctata* L.) Europa, Syrien, Algerien; 5–7 mm, schwärzlich-erzfarben, Halsschild mit 4 Grübchen; Gen. wohl 2jährig, FZ Juni/Juli, Verpuppung im Splint.
(monophag, im S Seeki) schwaches Material und Äste älterer Stämme	geschlängelte, immer breiter werdende, splintfurchende Larvengänge	Goldgruben- oder Breiter Kiefernprachtkäfer *(Chrysobothris solieri* Lap.) M- und S-Europa, Algier; 10–12 mm, meist halbmondförmige Goldgrübchen auf Flügeldecken; Gen. 1–2jährig, FZ Juni/Juli; Verpuppung im Holz.

Bockkäfer *(Cerambycidae)*

Ca. 17000 Arten, vorwiegend in den Tropen; technische und physiologische Schädlinge; überwiegend große, robuste, dunkel- oder buntgefärbte Arten mit knotenartig verdickten, meist auffallend langen Fühlern und kräftigen Beinen, langgestreckt; charakteristische Kopfhaltung: schräg nach vorne *(prognath* bei *Cerambycinae)* und senkrecht nach unten *(orthognath* bei *Lamiinae)**; Larven mit Wülsten (Lauf- oder Gangwülste), weiß, abgeflacht mit rudimentären Beinen; ähnlich Buprestidenlarven, jedoch ohne abstechende Vorderbrust *(Buprestis*-Typ) und mit ovalen Atemlöchern (Prachtkäferlarven mit halbmondförmigen Stigmen); auch ähnlich Holzwespenlarven, jedoch ohne verhornten Enddorn.

Lebensweise: Vollkerfe; meist Blütenbesucher, Blattfresser, Säfteschlürfer oder ohne Nahrungsaufnahme; **Eiablage** meist einzeln an Rinde oder in Rindenritzen, bei manchen Arten auch Brutfürsorge (z.B. Aspenbock, Haselbock) durch entsprechende Vorbereitung des Pflanzengewebes zu einer Art Babykost (Benagen der Rinde, Gallen); **Larven** leben unter Rinde oder zunächst dort plätzend und wandern dann ins Holz oder sind auch nur im Holz *(Abb. 140a, b)*; meist unregelmäßige, querovale Gänge oder regelmäßige Form mit Markaushöhlungen und entsprechender lokaler Anschwellung (Galle); Verpuppung unter Rinde oder im typischen Hakengang im Holz im Genagten *(Abb. 143)*, bei *Rhagium*-Arten im Span-Nest *(Abb. 134)*; Ausflugloch meist mit gerundeten Seiten (im Gegensatz zu Prachtkäfern!) *(Abb. 145a)*;

Generation 1- oder mehrjährig, maximal bis zu 30 Jahren (Hausbock), je nach Witterung und Beschaffenheit des Materials; oft primär und daher forstlich recht schädlich.

Differentialdiagnose gegenüber Prachtkäferbefall: schwierig, vielfach aber schon durch die meist wesentlich breiteren Gänge, ihre rinnenartige Vertiefung, das mit wenigen Ausnahmen abgerundete Ausflugloch, und das wurstförmige (dort gewölbt) Bohrmehl von oft marmoriertem Aussehen (Holz- und Rindenmehl) möglich;
gegenüber Rüßlern *(Pissodes)*: keine Spanpolsterwiege;
gegenüber Holzbohrern *(Cossidae)*: kein Raupenkot und/oder Holzessiggeruch.

Gegenmaßnahmen: Sauberkeit im Bestand!

vorbeugend: rechtzeitige Abfuhr des Holzes vor der Flugzeit, trockene Lagerung, Aushieb unterdrückter, absterbender Stämme (Widderbock); kräftige, mindestens 2jährige Pflanzen, mehrmaliges Hacken und Düngen (Aspenbock);

mechanisch: Ausschneiden befallener Äste, auf den Stock setzen befallener Lohden und Heister (Aspen- und Pappelbock), radikaler Aushieb befallenen Materials *(Tetropium*-Arten, *Monochamus*-Arten), Entrinden vor Verpuppung *(Tetropium*-Arten);
chemisch: mit systemischen Insektiziden (PV) getränkte Wattebäuschchen auf Hufeisen oder Gallen (Aspenbock), Einführung von Phosphorhölzchen (Saffa) in Befallsstelle (Pappelbock);

Imprägnierung (PV bzw. HV) von Bauholz (Hausbock, Scheibenbock u.a.), evtl. nachträgliche Behandlung des Dachstuhls durch Abbeilen und Bohrlochinjektion mit Holzschutzmitteln, evtl. vorbeugende Schutzspritzung mit anerkannten Insektiziden (PV) gegen Fichtenböcke; Stamm-Anstrich mit Schälschutzmitteln (PV) oder mit Hausmittel aus Lehm, gelöschtem Kalk und Kuhmist zur Verhinderung der Eiablage (Pappelbock);
biologisch: Förderung der Spechte; evtl. Massenzucht von Schlupfwespen *(Abb. 207)* und Tachinen.

Holzart	Symptom	Wichtige Arten
Laubholz *Stehendes oder frisch gefälltes Holz*		
Eiche (ziemlich monophag, gelegentlich Es, Wnuß, Ak, Ul, Ka, Bi u.a. Lh) vorwiegend alte, kränkelnde Bäume (Grundwassersenkung!) und Stöcke, auch frisch gefälltes Material	Zopftrocknis; fingerstarke und breitere geschwärzte Larvengänge („Großer Schwarzer Wurm"), oft bis zum Kern, 15–50 cm lang, 15 × 45 mm breit, frisch mit braunem Bohrmehl gefüllt *(Abb. 129, 141)*	*Großer Eichenbock,* Heldbock (*Cerambyx cerdo* L.) Europa, Skandinavien, Rußland; größte einheimische Art, 26–50 mm, Flügeldecken dunkel (schwarz oder braun) mit helleren Spitzen (*Gegensatz* „Buchenspießbock einfarbig schwarz"); L = „Großer Schwarzer Wurm" bis 80 mm lang *(Abb. 129, 140a);* Gen. 3–4jährig, FZ Mai/Juli; Eiablage (Vorrat 50–150 Stück) einzeln in Rindenritzen stehender Bäume; L frißt zunächst in Rinde, dann immer tiefer im Holz; Verpuppung im mächtigen Hakengang (ca. 80 mm lang und 26 mm breit).

* *Cerambycinae (prognather* Typ)
Aegosoma, Anaglyptus, Aromia, Asemum, Callidium, Cerambyx, Clytus, Criocephalus, Ergates, Gracilia, Hylotrupes, Leptura, Molorchus, Necydalis, Phymatodes, Plagionotus, Prionus, Purpuricenus, Pyrrhidium, Rhagium, Rhopalopus, Rosalia, Tetropium, Xylotrechus.
Lamiinae (orthognather Typ)
Acanthocinus, Lamia, Liopus, Monochamus, Oberea, Pogonochaerus, Saperda.

Abb. 129. Eichenbock am Schlupfloch (Eiche) [26–50 mm] (J. REISCH)

Abb. 130. Eichenwidderbock [9–20 mm] (W. ROHDICH)

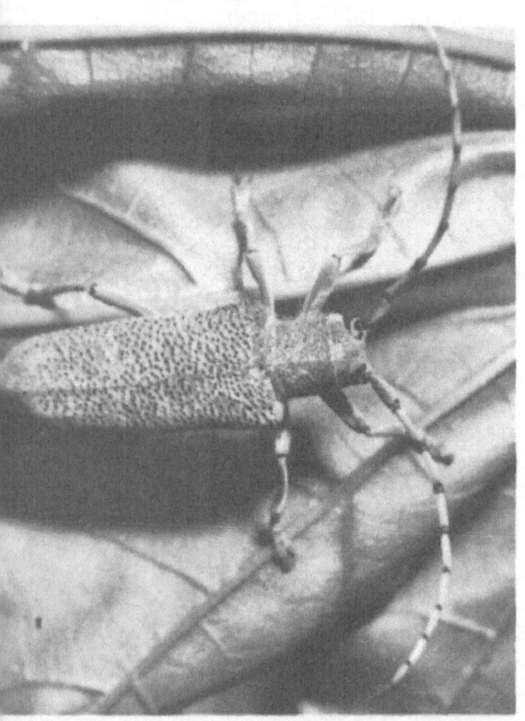

Abb. 131. Gr. Pappelbock [22–28 mm] (J. REISCH)

Abb. 132. Kl. Pappel- oder Aspenbock [9–14 mm] (W. ROHDICH)

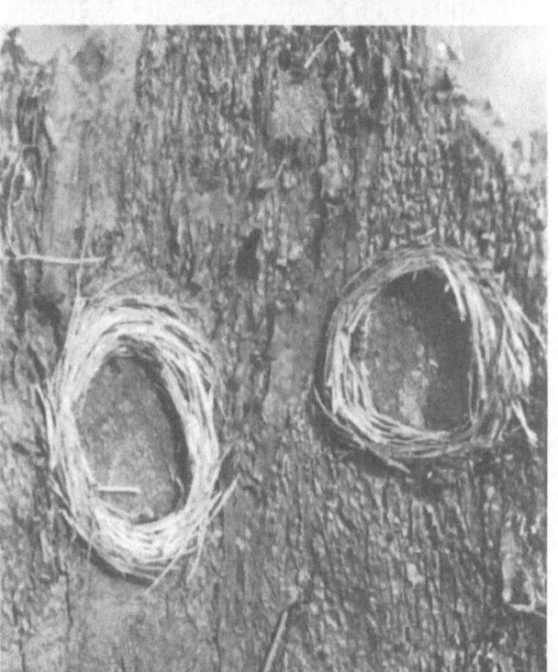

Abb. 133. Fichtenbock [ca. 15 mm] (W. ROHDICH)

Abb. 134. Span-Neste des Spürenden Zangebocks [1 : 1] (J. REISCH)

200

Abb. 135. Sägebock ♂
[24–40 mm]
(W. NOACK)

Abb. 136. Waldbock
[12–22 mm]
(W. ROHDICH)

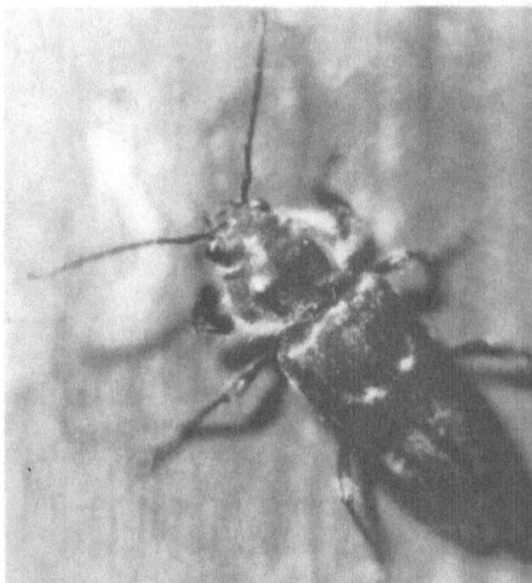

Abb. 137. Mulmbock ♂
(oben Flugloch)
[27–50 mm]
(J. REISCH)

Abb. 138. Hausbock ♀
[8–20 mm]
(J. REISCH)

Abb. 139. Zimmerbock ♂
[13–19 mm]
(J. REISCH)

Abb. 140. Larven
(J. REISCH)

(a) Eichenbock in
Eiche [bis 80 mm
lang; 26 mm breit]

(b) Fichtenbock in
Fichte [15–25 mm]

201

Holzart	Symptom	Wichtige Arten
		Zierböcke – buntgefärbt, sehr flink
(ziemlich monophag, auch Rotei, Hbu) abgestorbene und gefällte Stangen und Stämme, vornehmlich lj. Stöcke	geschlängelte, splintfurchende, dann ganz ins Holzinnere ziehende (bis 6 cm) Larvengänge, 8,5 × 5,0 mm, 1–2 m lang *(Abb. 142)*	***Gemeiner Eichenwidderbock*** *(Plagionotus arcuatus* L. = *Clytus)* Europa, Kaukasus; 9–20 mm, schwarz mit gelben Binden (Halsschild 3, Flügeldecken 4), Schildchen gelb *(Abb. 130)*; Gen. 1–2jährig, FZ Mai/Juli; Eiablage (Vorrat ca. 40 Stück) in Rindenritzen; L leben zunächst im Bast und gehen dann ins Holz bis zum Kern; Verpuppung im Hakengang.
Buche		
(ziemlich monophag, auch Ei, Eka, Ul, Obsth) vorwiegend abständige Stämme (Rindenbrand) und frische Stöcke	Larvengänge ähnlich *cerdo*, Verpuppung im noch längeren Hakengang (119 × 15 mm), Puppenwiege durch Späne und Kalkdeckel verschlossen	Buchen- oder Buchenspießbock (*Cerambyx scopolii* Fuessl.) Europa; 18–28 mm, Flügeldecken einfarbig schwarz (Gegensatz zu helleren Spitzen von *cerdo*); Eiablage einzeln und tief in Rindenrisse besonnter Stämme.
Aspe, Pappel, Weide, Hasel		
(monophag an Pa, Hs, auch Wei) vorwiegend Heister- bis Baumholzstärke (5–20jährig), Äste älterer Stämme; stark primär	flaschenförmige Aufbauchung am unteren Stammteil (Heister); grobes Genagsel aus Einbohrloch (Gegensatz zu Weidenbohrer), Bruch des Stammes, Larvengänge oval, tw spanfrei und offen (Spechteinhiebe!) *(Abb. 143)*	***Großer Pappelbock*** (*Saperda carcharias* L.) M- und S-Europa bis Skandinavien, Sibirien Kaukasus; 22–28 mm, ledergelb behaart, I bis 40 mm *(Abb. 131)*; Gen. 2jährig, FZ Juni bis September, Vollkerf Lochfraß an Blättern und Rinde, Eiablage (Vorrat 40 Stück) meist an Stammbasis in ausgenagte Rindenspalten; L zunächst plätzend unter Rinde, dann horizontal (4–6 cm) ins Holz mit rechtwinkligem Abgang bis 25 cm nach oben ziehend, dort Verpuppung.
(monophag) anbrüchiges Holz	ähnlich *scopolii*, bedeutungslos	Alpenbock (*Rosalia alpina* L.) höhere Gebirge Europas, von Sizilien bis Schweden, vorwiegend Alpen, Schwäbische Alb (selten, ***geschützt***); 22–36 mm; auffallend schön bläulich mit dunkelsamtbraun, weißlich umrandeten Flecken; FZ Juni bis August.

Holzart	Symptom	Wichtige Arten
(auch Wei) schwaches Material, Äste; überwiegend primär	gallenartige Anschwellungen an Ästen und am Stämmchen (s. Glaschwärmer!), hufeisenförmige Narben, kreisrundes Flugloch; Spechteinhiebe *(Abb. 144 a, b)*	***Kleiner Pappelbock*** oder Aspenbock (*Saperda populnea* L.) Europa, Sibirien, in N-Amerika 2 Rassen; 9–14 mm, Flügeldecken mit je 4–5 hellen Makeln *(Abb. 132);* L bis 20 mm; Gen. 2jährig, Flugjahre in S- und SW-Deutschland in Jahren mit geraden Jahreszahlen, im N umgekehrt, FZ Mai bis Juli; Imaginalfraß an Blättern, Stielen und Rinde junger Triebe; Eiablage (Vorrat über 100 Stück) in ein ausgefressenes Splintloch, umgrenzt von genagten Querfurchen und einem nach oben hin offenen „hufeisenförmigen" Bogen; Larvengänge, oft durch Überwallung gestoppt, bei Überwindung bis 5 cm aufwärts im Markkanal, dort Verpuppung.
(Wei, bes. Kopfwei) schwaches und starkes Material von Stamm und Zweigen (primär?)	im Stamm: zahlreiche Larvengänge nach allen Richtungen; im Zweig: Larvengang von schmaler, bis ins Zentrum reichender Höhle, gewöhnlich nach oben und unten verlaufend	Moschusbock (*Aromia moschata* L.) Europa, Kleinasien, Kaukasus, Japan; 15–34 mm, metallischgrün bis erzfarben; Moschusgeruch.
(Wei, Pa, As) stehende, ältere Stämme, starke Stecklingsstöcke	ähnlich Moschusbock, den Stamm nach allen Richtungen durchziehend, Befall von Stammbasis und dickeren Wurzeln aus	Weberbock (*Lamia textor* L.) N- und M-Europa, Sibirien; 20–30 mm, gedrungen, schwarz; Gen. 2jährig (?).

Abgestorbenes, frisches oder trockenes Holz (berindet), teilweise auch Nh

Scheibenböcke: breit und niedergedrückt, Larvenfraß meist nicht tief im Holz.

Holzart	Symptom	Wichtige Arten
(ziemlich polyphag, Ei, Ul, Eka bevorzugt); häufig Äste (Faßreifen), bes. in S-Frankreich	Larvengänge flach, geschlängelt, rinde- und holzfurchend, mit Nagemehl vollgestopft, Verpuppung im Hakengang (3–6 cm lang) im Holz	Brauner Scheibenbock (*Phymatodes lividus* Rossi = *Callidium*) M- und S-Europa, nach N-Amerika verschleppt; 7–10 mm, braun, Flügeldecken und Halsschild bläulich schimmernd, Flügeldecken dicht und tief runzlig punktiert.

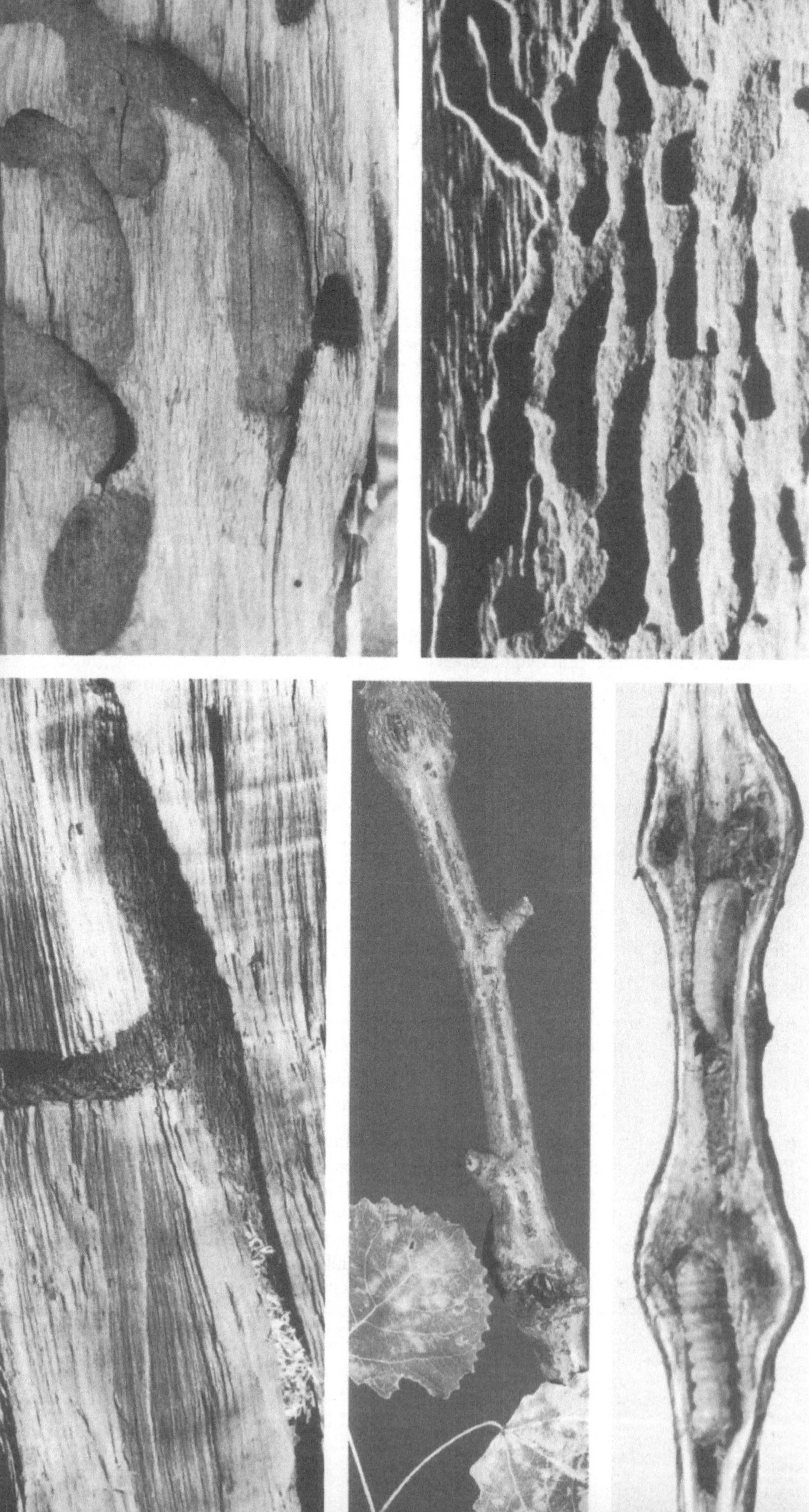

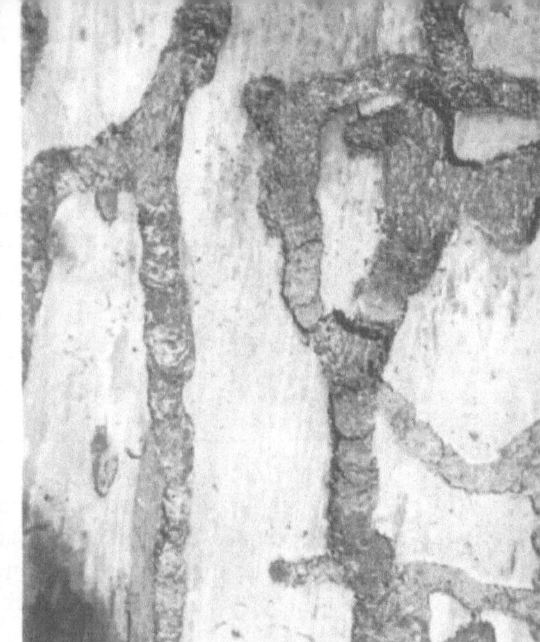

Abb. 145. Fraßbild des Fichtenbocks (Larve) (J. REISCH)

(a) Ovale Fluglöcher [Lochweite 5 × 8 mm]

(b) Gänge an der Innenseite von Kiefernrinde mit marmoriertem Bohrmehl wurstartig vollgepfropft [bis 6 mm breit und mehr]

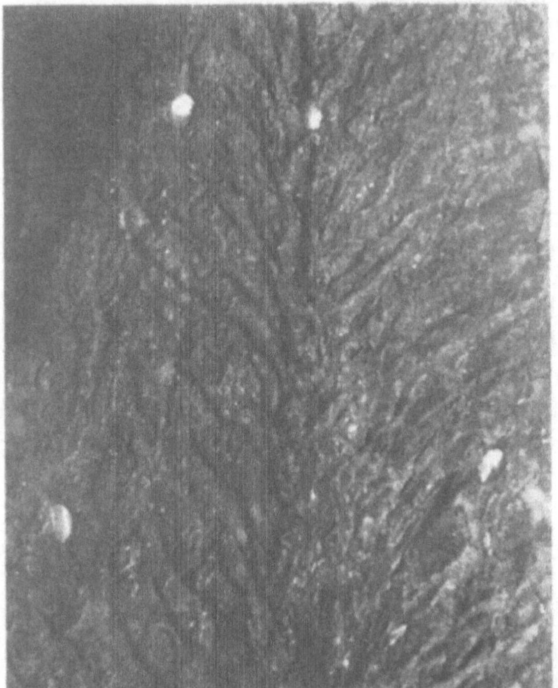

Abb. 146. Scheibenbock (J. REISCH)

(a) Fluglöcher an Buchenrinde [Lochweite 2–3 mm breit; 6 mm lang]

(b) Splintschürfende Gänge (Larven) im Buchenholz [bis Handtellergröße]

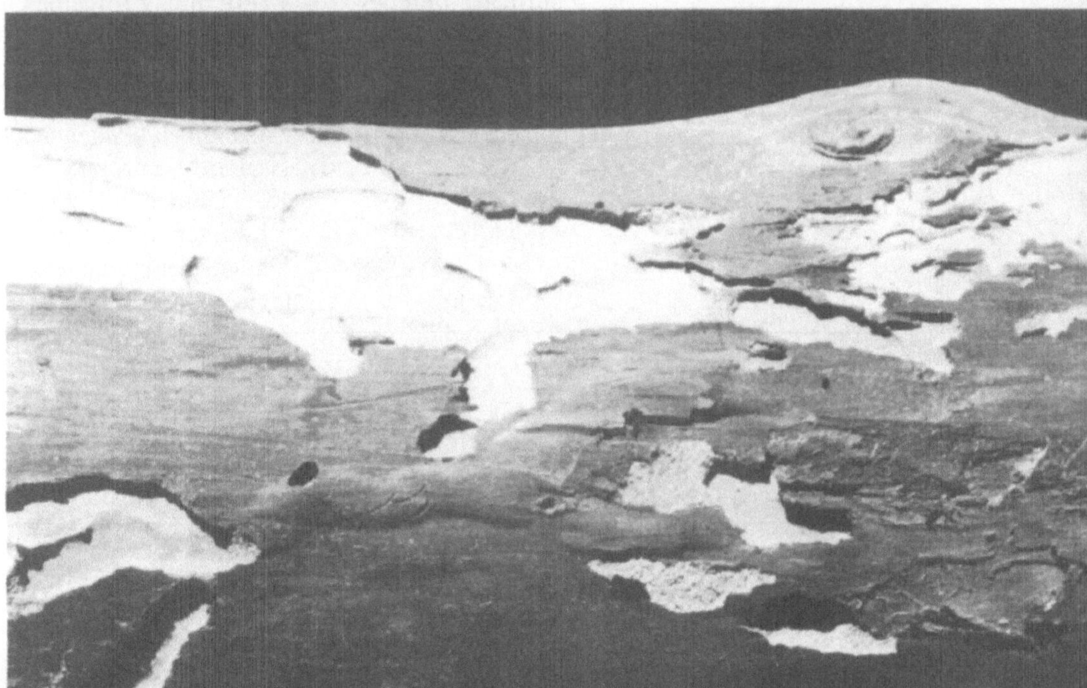

Abb. 147. Fichtenbalken mit Hausbock-Befall (Larven) [bis 12 mm breit und mehr] (J. REISCH)

205

Holzart	Symptom	Wichtige Arten
(ziemlich polyphag, bes. Ei, Bu, Hbu, Eka, Obsth, auch Nh)	w.v.	Roter Scheibenbock *(Pyrrhidium sanguineum* L. = *Callidium)* Europa; 9–11 mm, Flügeldecken rot, gesamte OS feuerrot samtartig tomentiert; FZ April/Mai.
(ziemlich polyphag, auch Nh) vorwiegend lagerndes Holz, Stöcke, dünne Äste	w.v. Puppenwiege ziemlich flach im Holz, in Ästen zentral; in Fi Larvengänge oft platzweise (handtellergroß) und tiefe Puppenwiegen im Holz	Erzfarbiger Scheibenbock *(Callidium aeneum* DeG.) N- und M-Europa, W-Sibirien, Amurländer; häufigste Art; 11–13 mm, metallisch grün, Netzstruktur; FZ Mai/Juni.
gelegentlich Lh, überwiegend Nh (s. dort)	*(Abb. 146a, b)*	Blauer Scheibenbock *(Callidium violaceum* L.) s. unter Nadelholz.
(Wei, Pa, Erl, Bi) altes Material	Larvengänge unregelmäßig, tief ins Holz ziehend, bohrmehlgefüllt, Puppenwiegen einige cm unter Stammoberfläche, kreisrundes Flugloch	Großer Wespenbock *(Necydalis major* L.) M- und N-Europa; 19–24 mm, schwarz, Flügeldecken braun, Fühler kaum halbe Körperlänge, (Gegensatz Kl. Wespenbock); FZ Juli, Eiablage (Vorrat bis 180 Stück) bevorzugt an unberindete Stellen in Holzrisse.

Wirtschaftlich bedeutungslos

Holzart	Symptom	Wichtige Arten
Larvenfraß und Verpuppung ausschließlich unter Rinde		**Zangenböcke:** langgestreckt, relativ kurze Fühler.
(ziemlich polyphag, seltener Nh) alte Stöcke, Stämme	Larvenfraß zwischen Rinde und Splint (letzteren schwach schürfend), braunes Bohrmehl	Kleiner Laubholzzangenbock *(Rhagium mordax* DeG.) Europa, W-Sibirien; 14–19 mm, 2 rotgelbe Querbinden, dazwischen schwarzer Außenfleck.
(bes. Ei, auch Erl, Ka u.a.)	nesterartige Span-Puppenwiegen	Großer Laubholzzangenbock oder Eichenzangenbock *(Rhagium sycophanta* Schrk.) N- und M-Europa; 18–25 mm, ähnlich *mordax*, jedoch kein schwarzer Außenfleck zwischen den Querbinden. Beide Zangenböcke Gen. 2jährig, FZ Juli.
(gelegentlich Lh, vorwiegend Nh, s. dort)	w.v. *(Abb. 134)*	Nadelholzzangenböcke **Spürender oder Grauer Zangenbock** *(Rhagium inquisitor* L.) und Gebänderter oder Zweibindiger Zangenbock *(Rhagium bifasciatum* F.)

Holzart	Symptom	Wichtige Arten
Nadelholz *Lebendes oder saftreiches, frisches Holz* Fichte (ziemlich monophag, auch Ki, Lä), vorwiegend stärkere Stämme, Stöcke; sekundär, zuweilen auch primär (Massenvermehrung)	Larvengänge zwischen Rinde und Holz geschlängelt, ungleich breit, gebuchtet, mit marmoriertem Bohrmehl, kurze (2–4 cm, 6 cm) Hakengänge im Holz zur Verpuppung; Abplatzen der Rinde, Spechteinhiebe *(Abb. 145 a, b)*	*Fichtenböcke* *Tetropium luridum* L. N- und M-Europa, W-Sibirien; 10–16 mm, schwarz, Halsschild glänzend, dicht runzlig, punktiert. *Tetropium fuscum* F. 10–24 mm, schwarz, Halsschild matt, fein und weitläufig punktiert *(Abb. 133);* Gen. 1jährig, unter günstigen Bedingungen doppelt, FZ April/Mai bis August; Eiablage (Vorrat 80 Stück) unter Rindenschuppen einzeln oder gruppenweise; Überwinterung als L, Puppe, Vollkerf am Fraßort.
(ziemlich monophag, auch Ki, selten Ta), sekundär	Larvengänge oval, zunächst platzartig im Bast, dann bis 7 cm ins Holz ziehend, Puppenwiege in Oberflächennähe, kreisrundes Ausfluglock; *Differentialdiagnose* zu Holzwespen schwierig, jedoch bei diesen keine Rindengänge!	Schneiderbock (*Monochamus sartor* F.) 26–32 mm, schwarz mit braunem Metallglanz, gelbes befilztes Schildchen ungeteilt. Schusterbock (*Monochamus sutor* L.) 26–32 mm, schwarz, gelbes befilztes Schildchen, ganz oder bis zur Mitte durch kahle Linie längsgeteilt; beide Arten vorzugsweise in europäischen und russischen Gebirgen; Gen. 1- bis mehrjährig, FZ Juni bis September, Eiablage einzeln, auch zu mehreren in genagte „Eitrichter" (bis zum Bast).
Kiefer (monophag, auch Seeki) vorwiegend Grubenholzsortimente; zuweilen auch primär! Trieb- und Nadelfraß stets primär!	breite Platzgänge (bei dichtem Besatz verschmelzend) in Bast-Splintzone, tiefe Holzgänge (Larvenfraß), Puppenwiege nahe Splintoberfläche, kreisrundes Ausflugloch; Käferfraß an Nadeln und Rinde von Trieben und Zweigen (Abbrüche) im oberen Kronenteil ähnlich Rüßlerfraß; massenhafter grobspäniger Bohrmehlauswurf	Westeuropäischer Kiefernbock (*Monochamus galloprovincialis* Ol.) Bäckerbock (*Monochamus galloprovincialis var. pistor* Germ.) von S-Frankreich und Algerien bis Sibirien, Bäckerbock mehr nördlich; Ebene; 15–25 mm, schwarz, gelbes befilztes Schildchen bis zur Mitte geteilt, Fühler und Beine braunrot (Kiefernbock), meist schwarz (Bäckerbock); Gen. 1–3jährig, FZ Mai bis August/September; Eiablage (Vorrat 30 Stück) paarweise in genagte Kerben, bevorzugt in Stamm-Mitte, auch an dünne Spiegelrinde und Äste.

Holzart	Symptom	Wichtige Arten
(monophag, selten Fi o. a.), meist sekundär in abständigem Material, Stöcken, nach vorangegangener Schädigung auch geschwächte Bäume	Larvengänge breit, unregelmäßig, ausschließlich unter Rinde, dort bei genügender Stärke Verpuppung im Span-Nest oder nicht sehr tief im Holz	**Zimmer- oder Zimmermannsbock** (*Acanthocinus aedilis* L.) Europa, N-Asien, Sibirien; 13–19 mm, auffallend lange Fühler (♂ 3- bis 5fache, ♀ 1,5fache Körperlänge) *(Abb. 139)*; Gen. 2fach bis 2jährig, FZ ab März; Eiablage in tiefe Rindenritze, Überwinterung am Fraßort.
(monophag, auch Fi, Weyki) lebende, schwache Äste, selten junge Pflanzen	Zweigmaterial (am Boden) mit splintfurchenden, scharfrandigen Gängen (am Ende 3 mm breit, oft auch ganz geringelt), Verpuppung im Hakengang; Braunfärbung der Nadeln, Zopftrocknis; *Differentialdiagnose* zu Vierpunktprachtkäfer und *Magdalis*-Rüßler schwierig!	Kiefernzweigbock (*Pogonochaerus fasciculatus* DeG.) N-, M- und O-Europa, W-Sibirien; 4,5–6 mm, gescheckt behaart; Gen. wohl 1jährig, FZ April/Juni.
(ziemlich polyphag, bevorzugt Ki, Fi, auch Lä und Bi); mitunter Schlüpfen der Käfer aus verarbeitetem Holz (Möbel u. a.)	Larvengänge zwischen Rinde und Splint, bohrmehlgefüllt, schräg in den Splint eindringend und nach allen Richtungen ziehend, Verpuppung an Kernholzzone, ovales scharfrandiges Flugloch	Nadelholzwidderbock (*Clytus lama* Muls.) Mitteleuropa, Gebirgstier; 8–14 mm, Makel hinter Flügeldeckenbasis schief nach innen und hinten gerichtet, Hinterleibsende nur an der Spitze gelb; Gen. wohl 1jährig, u. U. auch 2jährig, FZ Juni/Juli.
Lärche (monophag)	ähnlich Fichtenböcken, Puppenwiegen 3–4 cm tief im Holz, selten im Kern	Lärchenbock (*Tetropium gabrieli* Weise) M-Europa, England; 10–15 mm, schwarz, Halsschild glänzend, Flügeldecken braun, an der Basis aufgelichtet; Gen. 1–2jährig, FZ je nach Höhenlage unterschiedlich: Mai und Juli/August oder Mai/ Juni, in sehr kalten Gebieten erst Juli.

Abgestorbenes, saftarmes (stehend, geschlagen oder verarbeitet) Holz;
Larvenfraß überwiegend unter Rinde, nur Verpuppung im Splint

(ziemlich polyphag Nh, Lh) s. Lh		Erzfarbiger Scheibenbock (*Callidium aeneum* DeG.) (s. Lh)

Holzart	Symptom	Wichtige Arten
(Fi, auch Ki, Ta) schwaches Material: Stangen, Zäune, Grubenholz, Pfähle, auch nur Rinde (Gerbrinde); mitunter auch stehende, kränkelnde Stämme	Larvengang sehr geschlängelt, flach oval, bohrmehlgefüllt, von 1 mm Breite sich ausdehnend, in Bögen und Vorplätzen zur Puppenwiege erweitert, bis 3 cm tiefer und bis 6 cm langer Hakengang im Holz (ähnlich Prachtkäfer)	Kleiner Wespenbock, Fichtenkurzdeckenbock *(Molorchus minor* L. = *Caenoptera)* Europa bis Sibirien; 6–13 mm, schwarz, schlupfwespenähnlich, Flügeldecken kurz, häutige Hinterflügel weit hervorragend, Fühler über Körperlänge (Gegensatz Großer Wespenbock!); Gen. 1 und 2jährig, FZ Mai/Juni; Eiablage einzeln unter Rindenschuppen.

Larvenfraß gleich im Holz oder erst in Rinde

Holzart	Symptom	Wichtige Arten
(polyphag Nh) *gefährlichster Bauholzschädling,* auch Möbel, Masten, Pfähle u. a.	Larvengänge unter tapetenartiger Holzdecke, vollständige Zermulmung zu feinem Mehlstaub unter Belassung einiger Rippen (Spätholz) und weitgehend auch des Kerns; Puppenwiege im verbreiterten Gang, ovales Ausflugloch; oft weiße Bohrmehlhäufchen am Boden unter Balken o. a. *(Abb. 147)*	*Hausbock* (*Hylotrupes bajulus* L.) N-Afrika bis Sibirien, Türkei bis Schweden, S-Afrika, N-Amerika; 8–20 mm, pechschwarz, Halsschild mit 2 glänzenden Schwielen, Flügeldecken mit weißgrauen Haarflecken, Fühler kurz *(Abb. 138);* Gen. 2- bis 10jährig und mehr, FZ Juni/August; Eiablage (Vorrat 200 bis max. 420 Stück) in Holzrisse.
(bevorzugt Nh, zuweilen auch Lh) oft massenweise in Holzlagern, frisch verbautem, baumkantigem Material	Larvengänge auch unter Rinde, meist nur oberflächlich im Splint, Puppenwiege im Holz *(Abb. 146 a, b)*	Blauer Scheibenbock (*Callidium violaceum* L.) Europa, Sibirien bis Amurländer, sehr häufig und weit verbreitet; 10–15 mm, blau, flach, Flügeldecken grob punktiert; FZ Mai/Juli.
(bevorzugt Ki) frisches oder feucht lagerndes berindetes (kein trockenes oder geschältes) Material, auch Stöcke, Masten	Larvengänge zunächst kurz unter Rinde, dann gestreckt im ganzen Holzkörper (auch Kernholz), äußerst festgestopftes Bohrmehl; große ovale, glattrandige Fluglöcher; Gangdurchmesser 6 × 9 mm	Grubenhalsböcke (*Criocephalus rusticus* L.) 8–25 mm, schlank, dunkel, 3. Hintertarsenglied fast bis zur Basis gespalten, Augen fein und spärlich behaart. (*Criocephalus polonicus* M.) 14–22 mm, ähnlich voriger Art, jedoch unbehaarte Augen und 3. Hintertarsenglied nur bis zur Mitte gespalten; beide Arten Europa; Gen. 2- und mehrjährig, FZ Juli/August.

Holzart	Symptom	Wichtige Arten
(bevorzugt Ki, seltener Fi, Ta) abgestorbenes Material, ältere Stöcke, auch verbautes Holz (Pfähle u. a.); z. T. wohl nützlich durch Zersetzung der Stöcke	Larvengänge im Splint und/oder in Wurzeln	Waldbock oder Rollenschröter (*Spondylis buprestoides* L.) Europa, Sibirien, Turkestan, China, Japan; 12–22 mm, Schrötergestalt (Hirschkäfer), mattschwarz, sehr kurze Fühler, kugeliges Halsschild *(Abb. 136)*; FZ Juli/August; Eiablage vorwiegend an älteren Stöcken oder am Stammfuß abständiger Bäume.
Stöcke, Äste, Pfähle, Masten u. a. tw auch nützlich durch Zersetzung von Stöcken	Larvengänge unregelmäßig im Splint, gröbere Nagespäne	Rothalsbock (*Leptura rubra* L.) Europa, Sibirien bis Amurländer; 12–18 mm, ♀ hellrot, ♂ braun, halsähnliche Verschmälerung des Kopfes; Gen. wohl 2jährig, FZ Juli/August (Blütenbesuch auf Doldengewächsen), Eiablage (Vorrat bis 700 Stück) in Holzritzen.
(polyphag Nh, auch Lh) anbrüchiges Material, Stöcke	Larvengänge vorwiegend in Wurzeln; Verpuppung im Wurzelholz oder im erdigen Kokon an Wurzeln	Sägebock (*Prionus coriarius* L.) Europa, Algier, W-Asien; 24–40 mm, dunkel, Fühler kräftig gesägt, Halsschild mit 3 spitzen Seitendornen; sägeartige Laute *(Abb. 135)*; Gen. wohl 3jährig, FZ Mai bis Oktober; Eiablage gruppenweise tief in Rindenritzen.
(bevorzugt Ki, auch Fi, Ta, Lä) bes. Stöcke, Masten, Pfähle; wohl nützlich durch Zersetzung von Stöcken und Wurzelholz	mausgroße Löcher im Holz, Vermulmung	Mulmbock (*Ergates faber* L.) – Europa; 27–50 mm (L bis 80 mm), neben Eichenbock größte einheimische Bockkäferart, dunkelbraun, dünne Fühler *(Abb. 137)*; Gen. 3–6jährig, FZ Mitte Juli bis August/ September, Eiablage (Vorrat bis 275 Stück) einzeln oder gruppenweise in Holzspalten.

Wirtschaftlich bedeutungslos – Larvenfraß und Verpuppung ausschließlich unter Rinde.

(Ki, Fi, Lä, Ta, selten Lh wie Ei, Bu, Bi) abständiges Material, Schicht- und Langholz und Stöcke (berindet)	Larvengänge zwischen Rinde und Splint (1–2 cm breit), dicht mit braunem oder marmoriertem Bohrmehl gefüllt; Puppenwiege als Span-Nest (3–4 cm Länge) *(Abb. 134)*	**Spürender oder Grauer Zangenbock** (*Rhagium inquisitor* L.) Europa, N-Asien, Japan; sehr häufig; 12–15 mm, Flügeldecken blaßgelb fleckig graubehaart, 2 fast vollständige Querbinden und einige Flecke unbehaart schwarz, Fühler kurz; Gen. 2jährig, FZ März bis Juli/August, Verpuppung im Herbst. Gebänderter oder Zweibindiger Zangenbock (*Rhagium bifasciatum* F.) Mitteleuropa; 14–18 mm, Flügeldecken schwarz, 2 rötlichgelbe Querbinden; FZ Mai bis August.

Teilweise minierend, teilweise freifressend (auch an Wurzeln)

Rüsselkäfer *(Curculionidae)*

Sehr umfangreich, über 40000 Arten, weltweit verbreitet;
winzig bis sehr groß, hart gepanzert; Kopf rüsselartig verlängert; Fühler meist gekniet mit verdickter Keule, in Furchen oder Gruben einlenkbar; Beine kräftig, manchmal Springvermögen, häufig dornartig bewehrt;
Eiablage einzeln oder zu mehreren in ein vom Mundwerkzeug des Rüssels genagtes Loch, Muttertier dringt nicht in das Pflanzengewebe (Ausnahme Bohrrüßler!), zuweilen auch Brutfürsorge (z.B. Blattroller); Larven meist beinlos, weiß, engerlingartig gekrümmt, minieren in pflanzlichem Gewebe oft unter Rinde und im Holz, auch in Samen oder wurzelverzehrend im Boden; Verpuppung vielfach in besonderen Höhlen, in Spanpolsterwiegen in Rinde und Holz, sogar im gesponnenen Kokon oder auch frei; Vollkerfe ebenfalls größtenteils phytophag und sehr schädlich.

Gegenmaßnahmen

vorbeugend: in verdächtigen Gegenden gründliche Bodenbearbeitung zur Larvenverminderung; stärkere, ältere Pflanzen – Graurüßler *(Philopedon, Strophosomus)*, Grünrüßler *(Phyllobius)* –; Vermeidung von Bodenentblößungen (namentlich Gräser) und umfangreichen Bodenlockerungen beim Pflanzen (Klemm- und Wiedehopfpflanzung geeignet) – Kurzrüßler *(Otiorrhynchus)* –; Vermeidung von Pflanzgärten in der Nähe von Lh (Ah, Erl, Vogelbeere u.a.) – Grünrüßler –; Bevorzugung der NV und Saat, bei Pflanzung nur mit kräftigem, verschultem Material im dichten Verband im Herbst Gr. Br. Rüßler *(Hylobius)* –, evtl. Stockrodung (Sprengung); Vermeidung von Primärschäden in Kulturen (Wildverbiß, Kiefernschütte) – Kiefernkulturrüßler *(Pissodes)* –, von Immissionen wie Rauch, Düngemittel u.a., Wind- und Schneebruch – Harz- und Fichtenrüßler *(Pissodes)* –; keine Lagerung frischen Nadelholzes auf oder an Kulturflächen (Harzgeruch!) – Gr. Br. Rüßler *(Hylobius)* –.

mechanisch: Lockfang: Fang-Rinde, -Knüppel, -Stöcke, mit Zusatzstoffen – vom Frühjahr bis Herbst – auf bzw. um (Zuwanderer!) Kulturen, frische Schläge auch zur Überwachung der Bevölkerungsdichte *(kritische Zahlen* s. dort).

Nadelholzrinde: Gr. Br. Rüßler *(Hylobius)*	Frisch, übereinander gestapelt (3–4 Stück), verstärkte Lockwirkung mit untergelegten, frischen Kiefernzweigen oder Terpentinöl (nicht Ersatz!); Aufstrich, besser noch und sogar für alte Rinde Gemisch aus Fichtenharz und Terpentinöl*, auch Lohrinde als Rolle; Auslage im 10 m²-Vbd., auf letztjährigen Schlagflächen am besten in Stockachseln, mit Rasenplaggen beschwert und frischgehalten; Aufwand je Jahr und Hektar: ca. 24 m² Rinde, Werben der Rinde 6 Std, Austragen und Auslegen 8 Std, Absammeln je 3 Std × 20 = 60 Std, erhebliche Zeitersparnis durch Benetzung mit Terpentinöl.
Fangknüppel *(Fangkloben)*: Gr. Br. Rüßler *(Hylobius)* Kulturrüßler *(Pissodes notatus)* (wurzelbrütende Bast- käfer, s. Borkenkäfer)	0,5–1 m lang, 5–8 cm stark (Ast, gespaltene Scheite oder Knüppel von Kiefer), 30–100 Stück je ha, tw in den Boden eingegraben, u.U. auch angeplätzt, erfolgreicher schräg eingegrabene Brutknüppel mit einem herausragenden Ende; im Frühjahr ausgelegt, im August spätestens beseitigt.

---

* Erwärmtes Harz vorsichtig mit Terpentilöl gemischt, in Flaschen gefüllt, jahrelang haltbar!

Rüsselkäfer (Curculionidae)

Fangstöcke: Gr. Br. Rüßler *(Hylobius)*	Frische (letztjährige) Fi- oder Ki-Stöcke ab Ende März/Anfang April entsprechend fängisch machen durch Freiräumen von Erde 5–8 cm tief, tw Lösen der Rinde in möglichst großen Spänen mit anschließendem Wiederanlegen und Beschweren (Frischhaltung) mit Rasenplaggen; Kennzeichnung der Fang-Stöcke.
Anderes Fangmaterial: Kurzrüßler *(Otiorrhynchus)* Graurüßler *(Strophosomus)*	Lose aufgelegte Moos- und Rasenplaggen sowie trockene, gereinigte Wurzelbüschel zwischen Pflanzreihen nach der Schneeschmelze, Wiederholungen im Juli bis September. w. v., jedoch Kiefernreisigbüschel.

Grundsatz: tägliches Absuchen (außer Brutknüppel), Einsammeln und Vernichten der Käfer (Hühnerfutter)!

Sammeln und Vernichten von herabgefallenen Zapfen – Kiefernzapfenrüßler *(Pissodes)* –,
von Früchten vor Ausbohren der Larven – Nußbohrer u. a. *(Balaninus)* –,
von Käfern – Blattroller *(Rhynchitinae)*, Grünrüßler *(Phyllobius, Polydrosus, Metallites)*, Graurüßler *(Brachyderes, Philopedon, Strophosomus)* –,
von Wickeln – Blattroller *(Rhynchitinae)* –
(Abklopfen auf Tücher oder Schirme in frühen Morgenstunden);
Ausreißen und Verbrennen befallener Pflanzen – Kulturrüßler *(Pissodes)* –,
Aushieb befallener Stangen und Stämme – Stangen- und Weißtannenrüßler *(Pissodes)* –
alles kränkelnden und unterdrückten Materials – Fichten- und Harzrüßler *(Pissodes)* –,
rechtzeitige und gründliche Durchforstung – Altholz- und Stangenrüßler *(Pissodes)* – mit rascher Abfuhr oder Schälen vor der Verpuppung, bei Weißtannenrüßler Verbrennen der Rinde (Puppenwiegen!);
Stockentrindung – Weißtannenrüßler *(Pissodes)* –, Stockrodung (evtl. Sprengung) mit sorgfältiger Beseitigung herausragender Wurzelreste (kein Abfräsen!) – Gr. Br. Rüßler *(Hylobius)*, Kulturrüßler *(Pissodes)* –;

chemisch: Streuen von Ätzkalk auf Beete zur Zeit der Eiablage im Mai/Juni – Grünrüßler *(Phyllobius, Polydrosus, Metallites)* –,
Streichen oder Spritzen der Pflänzchen mit entsäuertem Baumteer, Kalkmilch (gelöschter Kalk!), Hausmittel oder anderen Wildverbißschutzmitteln (s. Wildschadenverhütung!) – Gr. Br. Rüßler *(Hylobius)*, Erlenwürger *(Cryptorrhynchus)* –; Beachtung: sorgfältig bes. an Quirlen;
Schutztauchung der Pflanzen, bündelweise in Ziegellehm, Lehmbrei oder Kalkmilch unter Verschonung der Triebspitze – Gr. Br. Rüßler *(Hylobius)* –;
chemische Insektizide (PV): im Frühjahr – Blattroller *(Rhynchitinae)*, Kurzrüßler *(Curculionides)* –;
Bodeninsektizide in Beete einarbeiten (4 kg/a) oder injizieren mit Düngelanze (1 Ltr. Brühe/m^2) oder Spritzung bzw. Sprühung im Verschulbeet und in Kulturen – Kurzrüßler *(Curculionides)* –;
Begiftung von Fangkloben, -stämmen, -stöcken u. a. Fangmaterial – Gr. Br. Rüßler *(Hylobius)*, Kultur-, Altholz- und Weißtannenrüßler *(Pissodes)* –;
Spritzen befallener Erlenstämmchen im zeitigen Frühjahr mit HCH- oder organischen Phosphorpräparaten – Erlenrüßler *(Cryptorrhynchus)* –;

biologisch: Förderung der Spechte, Rabenvögel und Stare gegen *Pissodes*-Arten, Gr. Br. Rüßler, Erlenrüßler; Vermehrung der Roten Waldameise (s. dort!) zur Fernhaltung der Rüßler von Kulturen und zur regelrechten Abwehr bes. der Grünrüßler;
Massenzucht und Freilassung von Laufkäfern *(Pterostichus oblongopunctatus, Abax striata, Carabus*-Arten), zoophagen Schnellkäfern *(Elateridae)* sowie Raubfliegen (Gattung *Laphria, Asilus)*, Raupenfliegen (bes. *Rondania dimidiata)*, Schwebfliegen und Schlupfwespen (z. B. *Bracon brachycerus, Bracon hylobii)*; förderliche Maßnahmen für entomophage Hautflügler und Raupenfliegen: Vermehrung von blühenden Hecken und Büschen an geeigneten Stellen, z. B. Waldrändern, Schneisen, sonstigem Nichtholzboden bzw. waldnahem Brachland.

Verbreitung von speziellen Krankheitserregern, z.B. Mikrosporidien, insektentötender Pilz *(Beauvaria bassiana)* (Sporenaufschwemmung mit subletaler Dosis von Trichlorphon am Fangmaterial gegen Gr. Br. Rüßler *[Hylobius abietis]* in CSSR bewährt); s. unter Kleinlebewesen!

***Blattroller, Afterrüsselkäfer** (Rhynchitinae)*

Vielfach metallisch gefärbt; interessant durch Brutfürsorge des Weibchens: Anschnitt des betreffenden Pflanzenteils, dadurch Welken; danach 5 biologische Gruppen:

1. Blattroller oder -wickler (zusammengewickelte, vertrocknende Blätter als Larvennahrung),
2. Blattstecher (abfallendes und vertrocknendes Blatt als Larvennahrung),
3. Triebbohrer (abfallender und vertrocknender Trieb als Larvennahrung),
4. Holzbohrer (vermutlich Mark als Larvennahrung, z.B. an Eiche),
5. Fruchtbohrer (junge, abfallende Frucht als Larvennahrung).

Nur die Blattroller sind forstlich etwas bedeutungsvoll! *(Abb. 148, 149, 150)*

Holzart	Symptom	Art
	Blattrolle ohne Blattschnitt	
(polyphag Lh, bes. Bi, Wei, Pa, Ul, Obsth, Rebe)	zigarrenähnlicher Blattwickel; Reifungsfraß stichartig an Blättern	Rebenstecher, Rebstichler *(Byctiscus betulae* L.) Europa, Sibirien bis Amurländer; 6–7 mm, metallisch grün oder blau bzw. grünblau (ziemlich variabel), Spitzen der Flügeldecken sehr fein flaumartig behaart (Profil!) *(Abb. 148);* FZ Mai bis Juli, Eiablage in Blattwickel; Larven in Blattrollen, Verpuppung im Boden.
(bes. As)	w.v.	Aspenblattroller *(Byctiscus populi* L.) paläarktisches Gebiet; 4,5–6 mm, sehr ähnlich voriger Art, jedoch OS vollständig kahl; Lebensweise w.v.
	mit Blattschnitt einseitig	
(bes. Hasel, auch Ei, Bu, Hbu, Bi)	Blattrolle mit durchschnittener Mittelrippe (ziemlich lang)	Haselblattroller, Haselnußdickkopf *(Apoderus coryli* L.) Europa, große Teile Asiens; 5,5–8 mm, halsartiger Hinterkopf, stielchenartig am konischen Halsschild, sehr starker, breiter Rüssel, schwarz, Flügeldecken und Halsschild rotbraun; Gen. einfach und doppelt(?), FZ Mai bis August; gesamte Entwicklung in der Blattrolle.
	mit Blattschnitt doppelseitig	
(Bi, selten Bu, Hbu, Erl, Hasel)	tütenförmige, gebogene Blattrolle *(Abb. 149)*	Birkenroller, Schwarzer Birkenblattroller *(Deporaus betulae* L.) Europa; 2,5–4 mm, Flügeldecken schwarz, Hinterschenkel beim ♂ verdickt; FZ April/Mai.

Abb. 148. Rebenstecher
[6–7 mm]
(W. ROHDICH)

Abb. 149. Tütenförmig
Blattrolle des Birken-
rollers (W. NOACK)

Abb. 150. Eichenroller
mit zylindrischen Röll-
chen [4–6 mm]
(W. ROHDICH)

Abb. 151. Buchen-
springrüßler

(a) Vollkerf [2–3 mm]
(W. KRATZ)

Abb. 151.(b) Lochfraß
an Buche
(W. ROHDICH)

214

Abb. 152. Eichelbohrer
[6–9 mm]
(W. ROHDICH)

Abb. 153. Erlenrüßler
(J. REISCH)

(a) Vollkerf
[6–9 mm]

Abb. 153. (b) Fraßbild
(Larve), typisch
hakenförmig
[Gangbreite bis
5,5 mm]

Abb. 154. (a) Kurz-
rüßler bei der Paarung
[ca. 9 ×]
(roebild SIEBERT)

Abb. 154. (b) Grün-
rüßler beim Blattfraß
an Eiche [ca. 2 ×]
(W. ROHDICH)

215

Blattroller (Rhynchitinae) – Langrüßler (Rhynchaenides)

Holzart	Symptom	Art
(Ei, seltener Erl, Eka, Wei, Hasel) oft sehr zahlreich, fast an jedem Blatt	zylindrische Röllchen *(Abb. 150)*	Eichenroller (*Attelabus nitens* Scop.) Europa, Sibirien (in S-Europa kleinere Rasse *curculionoides* L.); 4–6 mm, gedrungen, stark gewölbt, Halsschild und Flügeldecken blutrot, Rüssel sehr kurz und breit *(Abb. 150)*; Gen. 1jährig, FZ Mai/Juni, Überwinterung als L im Wickel, im Frühjahr Puppenruhe im Boden

Spitzmäuschen *(Apioninae)*

Klein, hochgewölbt, birnenförmig; dünner, bogenförmiger Rüssel; unbedeutende Nageschäden an Blättern und Nadeln, dagegen landwirtschaftlich an Klee, Erbsen und auch an Obst teilweise recht schädlich.

Minierend und freifressend

Langrüßler *(Rhynchaenides)*

Klein bis mittelgroß, meist dunkel gefärbt mit langem, rundem Rüssel; recht unterschiedliche Lebensweise mit Schadfraß von Käfer an Rinde *(Hylobius)*, an Blättern und Nadeln *(Magdalis, Stereonychus, Brachonyx)* und/oder Larvenfraß unter Rinde und im Holz *(Pissodes, Cryptorrhynchus, Magdalis)*, in Blättern und Früchten *(Rhynchaenus = Orchestes)* oder nur in Früchten *(Balaninus)*, in Knospen und Blüten *(Anthonomus, Brachonyx)*; wirtschaftlich sehr bedeutsam, manche Arten große Kulturschädlinge *(Hylobius, Pissodes)*.

Holzart	Symptom	Art
An Blättern und Früchten		
		Springrüßler *(Rhynchaenus = Orchestes)* klein, Sprungvermögen durch verdickte Hinterschenkel; Lebensweise ziemlich übereinstimmend: Gen. 1jährig, FZ April/Mai, Eiablage meist in Mittelrippe, L miniert parallel zu Seitenrippen mit abschließender Platzmine zur Verpuppung; Reifungsfraß der Jungkäfer im Herbst an Blättern, Stielen, Gallen, Früchten; Überwinterung im Boden, in Rindenritzen u.a.; bes. *fagi* oft Massenvermehrung.
(monophag Bu, auch Obsth, Gemüse)	Lochfraß der Käfer an Blättern wie durchsiebt, durchscheinende Blattminen des Larvenfraßes *(Abb. 151 b)*	**Buchenspringrüßler** *(Rhynchaenus fagi* L. *= Orchestes)* Europa; 2–3 mm, schwarz, stark verdickte Hinterschenkel *(Abb. 151 a)*.

Holzart	Symptom	Art
(monophag Ei)		Eichenspringrüßler *(Rhynchaenus quercus* L. = *Orchestes)* Europa; 2,5–3,5 mm, gelbbraun.
		Daneben noch Erlenspringrüßler *(Rhynchaenus alni* L. = *Orchestes)*, Pappelspringrüßler *(Rhynchaenus populi* F. = *Orchestes)*.
An Früchten (Eicheln, Haselnüsse)		***Nußbohrer*** *(Balaninus)* sehr langer, fadendünner, gekrümmter Rüssel;
	kreisrundes Ausbohrloch, an der Fruchtschale immer dunkler krümelig-feiner Kot	Nußrüßler, Haselnußbohrer *(Balaninus nucum* L.) Europa; 5–7 mm, gelbgrau, Flügeldeckennaht hinten mit deutlich abstehendem Haarkamm.
		Eichelrüßler, Eichelbohrer *(Balaninus glandium* Mrsh.) Europa, Kaukasus; 6–9 mm, gelbgrau, Flügeldeckennaht ohne Haarkamm *(Abb. 152)*.
		Daneben noch Eßkastanienbohrer *(Balaninus elephas* Gyll.), Kirschkernbohrer *(Balaninus cerasorum* Hbst); Lebensweise ziemlich übereinstimmend: Gen. 1jährig, FZ Mai/Juni, Eiablage in halbwüchsige, junge Früchte; L verzehrt Kern; Verpuppung bis zu 25 cm tief im Boden kurz vor der Flugzeit im Frühjahr.
In Nadeln (Ki)	Rötung des Nadelpaares, kreisrundes Flugloch; *Differentialdiagnose* zur Kiefernnadelscheidengallmücke *(Thecodiplosis brachyntera)* nur durch Fund der L (abgesetzter Kopf, orangerot *(T. brachyntera)*, zitronengelb *(B. pineti)*	Kiefernnadelscheidenrüßler *(Brachonyx pineti* Payk.) M- und N-Europa; 2,3–2,8 mm, schmal, parallele Seiten, langer, dünner Rüssel, hellrotbraun, spärlich gelblich behaart; Gen. 1jährig, FZ Mai/August, Eiablage oberhalb Nadelscheide, zitronengelbe L miniert in Nadeln (auch offene Rinne), Verpuppung in Nadelscheide.

Holzart	Symptom	Art
An Rinde junger Pflanzen		***Hylobius*** geschulterte Flügeldecken, Fühler vorne am Rüssel eingelenkt (Gegensatz *Pissodes*!) *(Abb. 155 c)*.
(bevorzugt Ki, Fi, seltener Lh) *gefährlichster Kultur-schädling!* Folgeschädling von Nh-Monokulturen	Pockennarben- oder Trichterfraß bei jungen Pflanzen am oberen Teil (Käfer) *(Abb. 155 a)*, Kanellierfraß (Larven) an flachstreichenden Wurzeln *(Abb. 155 b);* wurzelbrütenden Borkenkäfern ähnlich, jedoch dort umgekehrter Trichterfraß mit Rindenüberdachungen vor allem im unteren Stammteil (Käfer) *(Abb. 114)*	***Großer Brauner Rüsselkäfer*** (*Hylobius abietis* L.) Europa; Ebene bis 1700 m NN; 8–13 mm, Flügeldecken mit rostgelben Binden und Flecken beschuppt, Halsschild gerunzelt *(Abb. 155 a, c);* Gen. 1- bis 2jährig, in nordischen Ländern 3–4jährig, FZ April bis Juni und August/ September, Eiablage (Vorrat 80–150 Stück pro Jahr) einzeln oder gruppenweise in gebohrte Löcher an absterbende, flachstreichende Nadelholzwurzeln, auch an Stöcke aus letzter Winterfällung, zuweilen auch an unverletzte Wurzeln lebender Bäume; Larvengänge wurzelabwärts zunächst im Bast, später splintfurchend dicht nebeneinander kanellierartig; Verpuppung in einer tiefen, mit groben Spänen verstopften Splinthöhle; Käferfraß gehäuft im Frühjahr (Mai) und Spätsommer (August/September) an jungen Nadelholzpflanzen, auch in Kronen aller Altersklassen bis zum Altholz an Rinde und Nadeln; Überwinterung im Boden; Käfer langlebig (2–3 Jahre); ständig fortpflanzungsbereit, sehr beweglich durch Fliegen und Laufen. Daneben noch Kl. Br. Rüsselkäfer (*Hylobius pinastri* Gyll.) mit rundlich punktiertem Halsschild, *Hylobius piceus* DeG. als größte einheimische Art (14,5–19 mm), Gr. Weißer Rüsselkäfer (*Coniocleonus glaucus* F. und *var. turbatus* Fahrs.) mit 2 schwarzen, schrägen Querbinden.

Holzart	Symptom	Art
Unter Rinde und im Holz *Nadelholz*		***Pissodes*** keine geschulterten Flügeldecken, Fühler in Rüsselmitte eingelenkt (Gegensatz *Hylobius*!) *(Abb. 156a, 155c)*; Lebensweise ziemlich übereinstimmend: Eiablage an Rinde, Larven fressen unter Rinde bis auf den Splint (schwach schürfend), Verpuppung in einer charakteristischen Spanpolsterwiege im Splint, ausnahmsweise auch in Rinde *(piceae)*, Käfer langlebig und stets fortpflanzungsbereit, Entwicklung je nach Jahreszeit 1,5–4,5 Monate (Sommer), 7–11 Monate (Winter), Gen. meist 1jährig.
Fichte (monophag) sekundär, bes. geschädigtes (Rauch), unterdrücktes, kränkelndes Baumholz	Kalkspritzer (Harzaustritt) an Rinde, bei Abkapselung korkgefüllte Gänge als „Riefen“, Kronenrötung; Larvengänge (oft strahlenförmig), fast nur in Rinde; tief im Splint liegende langfaserige Spanpolsterwiege (ca. 7–10 mm lang, 3 mm breit) *(Abb. 160)*	Harzrüßler (*Pissodes harcyniae* Hbst.) M- und N-Europa; bergige Gegend; 5–6 mm, braunschwarz mit 2 hellgelben Schuppenbinden (quer); Gen. 1jährig, FZ April/Mai, Eiablage einzeln und gruppenweise in tiefe Rindeneinstiche, in noch saftreichem Material häufig Abkapselung durch Harz und Ersticken der L. ähnlich: Gefleckter Fichtenrüsselkäfer (*Pissodes scabricollis* Mill.)
Tanne (monophag) meist sekundär, vorwiegend Stangenhölzer, auch jüngeres und älteres Holz, Stöcke, Schichtholz, Windwurf, Mitursache des „Tannensterbens“	schüttere Benadelung, Spechteinhiebe, vielstrahlige Larvengänge (bis ca. 60 cm lang) bes. an unterer Stammpartie, bräunliche Spanpolsterwiege überwiegend in Rinde *(Abb. 159)*	***Weißtannenrüßler*** (*Pissodes piceae* Ill.) Weißtannenverbreitungsgebiet (Europa, Kaukasus); 7–10 mm, rotbraun mit 2 hellen Querbinden, große grubenförmige Punkte.
Kiefer (ziemlich monophag, auch Seeki, Weyki, ganz selten Lä, Fi); bevorzugt Kulturen mit schlechten Wuchsverhältnissen; wohl primär	Welken der Triebe und Nadeln, Larvengänge dicht gedrängt, abwärts von Quirlen, Verpuppung über dem Wurzelknoten in tiefer Spanpolsterwiege; tiefer Lochfraß an saftiger Rinde *(Abb. 157)*	***Kiefernkulturrüßler*** (*Pissodes notatus* F.) Europa; 5–7 mm, dunkelbraun mit 2 hellen Querbinden, hintere zweifarbig: außen gelb, innen weißlich-grau; Eiablage an unteren Quirlen.

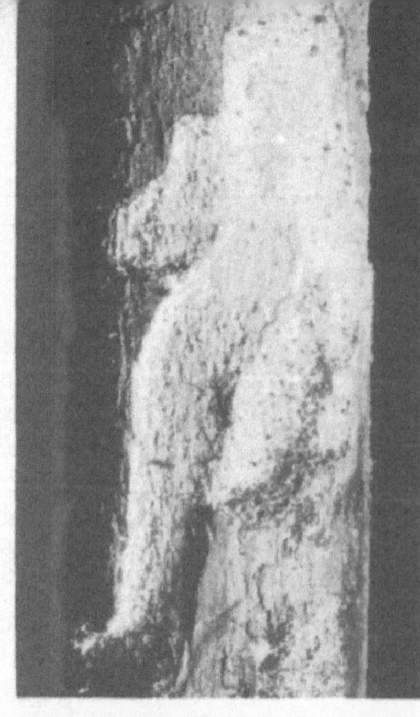

Abb. 155. Gr. Br. Rüsselkäfer [8–13 mm]

(a) Pockennarben- oder Trichterfraß (Käfer) an Jungfichte (L. GEIGES)

(b) Kanellierfraß an Stockwurzel (Larve) (W. ROHDICH)

Abb. 155. (c–1) Portrait (vorne am Rüsse eingelenkte Fühler) (L. GEIGES)

Abb. 155. (c–2) Portrait (L. GEIGES)

Abb. 156. Kiefern-
stangenrüßler

(a) Vollkerf
[4–5 mm]
(W. ROHDICH)

(b) Fraßbild (Larven);
kleine Puppenwiege
mit ganz feinem Span-
polster, tief im Splint
[Spannpolsterwiege
ca. 2 × 5 mm]
(J. REISCH)

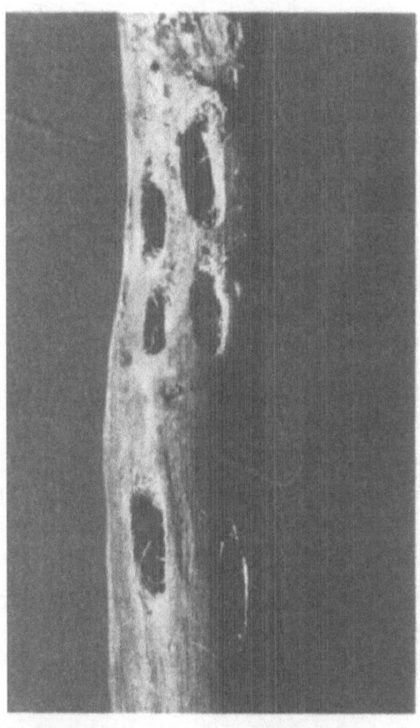

Abb. 157. Fraßbild des
Kiefernkulturrüßlers
(Larven) an Kiefern-
pflanzen, tiefe Span-
polsterwiege
[= 9–12 mm lang;
3–4 mm breit]
(J. REISCH)

Abb. 158. Fraßbild des
Kiefernaltholzrüßlers
(Larven); grobe
Spanpolsterwiege
[= ca. 5 × 15 mm]
(J. REISCH)

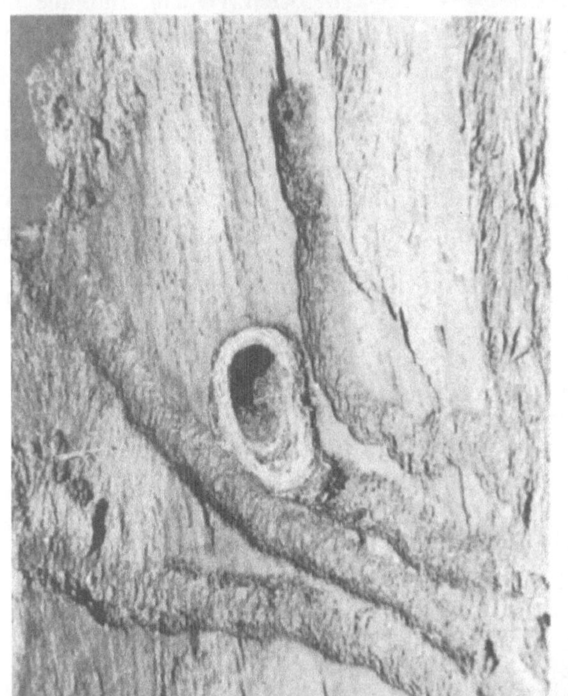

Abb. 159. Fraßbild des
Weißtannenrüßlers
(Larven); braune
Spanpolsterwiege
[= 8 × 17 mm]
an Tannenrinde (innen)
(J. REISCH)

Abb. 160. Fraßbild des
Harzrüßlers (Larven);
langfaserige Span-
polsterwiege [= ca.
7–10 mm lang;
3 mm breit] im Fich-
tensplintholz
(J. REISCH)

221

Holzart	Symptom	Art
(monophag, auch Weyki) vorwiegend in dünnborkigen Stammpartien (Stangenholz) meist schlecht durchforsteter Bestände	Harzflecke an der Rinde, Larvengänge unregelmäßig (10–15 cm lang), kleine Puppenwiegen ganz im Holz mit staubfeinem Spanpolster; Spechteinhiebe, Abfallen der Rinde; Käferfraß an saftiger Rinde *(Abb. 156b)*	***Kiefernstangenrüßler*** (*Pissodes piniphilus* Hbst.) Europa; 4–5 mm, rotbraun mit 1 hellen Querbinde *(Abb. 156a).*
(monophag, auch Weyki, selten Fi) vorwiegend starkborkige Stammteile	grobe Spanpolsterwiege meist im Splint, Larvengänge strahlenförmig, in schwächeren Stämmen wirr durcheinander; Ganglänge bis ca. 20 cm; kreisrundes Flugloch 2,5–4 mm *(Abb. 158)*	Kiefernbestands- oder -altholzrüßler (*Pissodes pini* L.) Europa; Ebene und Gebirge; 7–9 mm, dunkelbraun mit 2 Querbinden, große viereckige, grubenförmige Punkte; Eiablage häufchenweise.
In Zapfen (Ki)	Zapfen zugespitzt mit undeutlichen Schuppen	Kiefernzapfenrüßler (*Pissodes validirostris* Gyll.) 5–6 mm, rostbraun mit 2 hellen Querbinden (vordere meist nur aus 2 Flecken).
		Triebrüßler *(Magdalis)* einfarbig blau, grün oder schwarz, fast kahl, langgestreckt; Lebensweise der einzelnen Gattungen ziemlich übereinstimmend: Gen. 1jährig, Eiablage im Frühjahr in Rindenbohrlöcher älterer Fi und/oder Ki oder junger Stämmchen, junge honiggelbe Larven mit dickem Vorderteil zunächst in tieferen Rindenschichten dicht nebeneinander, später Absonderung zum Holzfraß im Splint bis zum Mark, Verpuppung im folgenden Frühjahr, Jungkäfer im Mai Rinden-, Trieb- und Blattfraß, bei *violacea* Skelettierfraß an Bi-Blättern.

Holzart	Symptom	Art
(hauptsächlich an Fi, Seeki, Weyki-Kulturen 3–15jährig *M. violacea;* bes. Ki *M. frontalis;* Ki Fi *M. phlegmatica, M. memnonia, M. duplicata)*	annähernd gleichbreite, parallele Larvengänge (kanellierte Säule) stammauf- und -abwärts, Verpuppung in napfförmiger Splintwiege oder Markröhre, kreisrundes Flugloch; *Differentialdiagnose:* Kiefernzweigbock: dort flache Zweigschlängelungen mit zunehmender Gangbreite und abschließendem Hakengang im Holz; Weichhaariger Klopfkäfer: Holz nach allen Richtungen durchfressen (*Magdalis* nur peripher)	Stahlblauer Fichtentriebrüßler bzw. -stecher (*Magdalis violacea* L.), 4–5 mm, OS stahlblau (dunkel); Stahlblauer Kieferntriebstecher (*Magdalis frontalis* Gyll.), 3,5–7 (7,5?) mm, OS blau oder dunkelgrün; Nadelholzmarkröhren-Rüßler (*Magdalis phlegmatica* Hbst.), 4–5 (7?) mm, OS blau oder grün; *Magdalis memnonia* Gyll, 5–9 mm, schwarzglänzend; *Magdalis duplicata* Germ., 3–3,5 mm, blau bis dunkelgrün.
Laubholz (Erl, Pa, Wei, Bi) primär! in reinen Erl-Kulturen und Weidenhegern sehr gefährlich (Absterben)	Stichfraß an Trieben, Abbrechen der Schadstellen, Stammdeformationen wie gallenartige Verdickungen, Bohrmehl- bzw. Nagespanauswurf (letzte Gangstrecke stets sauber), Welken der Blätter *(Abb. 153 b);* *Differentialdiagnose* zu Glasflüglern: dort herausragende Puppenhülse am Stamm, von unten (Stammfuß) aufwärts ziehende, ziemlich gerade Gänge (beim längsgespaltenen Holz) *(Abb. 180 b)*	**Erlenwürger,** Bunter Erlenrüsselkäfer (*Cryptorrhynchus lapathi* L.) Europa, Asien bis Sibirien, von Japan nach N-Amerika eingeschleppt; 6–9 mm, dunkel beschuppt mit weißem Hinterende *(Abb. 153 a);* Gen. 2jährig, FZ Mai bis August; Eiablage in Rindenrisse am Stamm und an Äste, nur bei jungen Pflanzen am Stammfuß; Larvenfraß unter Rinde, dann plätzender Übergang ins Holz, bei schwächerem Material bis zur Markröhre, sonst mehr peripher, bis 10 cm aufwärts; Verpuppung am äußersten Ende des zentralen Ganges hinter einem Bohrspanpfropf in umgekehrter Körperstellung (Kopf abwärts), Ernährungsfraß an Rinde junger Triebe (Käfer).

Holzart	Symptom	Art

In abgestorbenem (feucht, pilzbefallen) und verarbeitetem Holz

Holzart	Symptom	Art
		Bohrrüßler *(Cossonini)* borkenkäferähnlich, klein, langgestreckt;
polyphag an Pa, Ei, Ta, Fi u.a. – stehendes, anbrüchiges Holz *C. parallelepipedus;* an Pa, Wei *C. linearis;* an Ki, Fi – gefälltes Holz, Stöcke, Bauholz – *Eremotes porcatus;* an Nh, Ul – feuchte Pfähle, Stöcke, stehendes und liegendes Holz – *E. elongatus;* an Lh, Nh *Rhyncolus truncorum;* an Balken, Brettern, Sperrholz (Bergwerk) *R. culinaris*	anobienähnliches Durchwühlen bes. von Splintholz (Käfer und Larven)	Rindenrüßler (*Cossonus parallelepipedus* Hbst.) Europa; 4,5–6 mm, dunkelbraun mit rostroten Flügeldecken, doppelt kopflanger Rüssel. Ferner *Cossonus linearis* F., *Eremotes porcatus* Germ., *E. elongatus* Gyll., *Rhyncolus truncorum* Germ., Grubenholzkäfer (*Rhyncolus culinaris* Germ.)

Freifressend ober- und unterirdisch

Kurzrüßler *(Curculionides)*
Klein bis mittelgroß, Rüssel dick und kurz, wenig gebogen; Fühlerfurche kurz, an Oberkante des Rüssels (Gruppe *Otiorrhynchini-Otiorrhynchus, Phyllobius*) oder Fühlerfurche länger, seitlich abwärts gebogen (Gruppe *Brachyderini-Barypithes, Brachyderes, Metallites, Philopedon, Polydrosus, Strophosomus*) *(Abb. 154a, b);*
Eiablage im Boden oder in der Bodenstreu; Larvenfraß an Wurzeln, Käferfraß an Blättern, Nadeln und Trieben; vielfach nächtliche Lebensweise.

Holzart	Symptom	Art
		Dickmaul- oder Lappenrüßler *(Otiorrhynchinae)* Rüsselspitze lappenartig erweitert; nächtliche Tiere, Generationsfolge unklar.
Nadelholz (ziemlich polyphag, bes. Fi, auch Lh) Pflanzkamp, Kultur	Nadelverfärbung (gelb bis rot), Vertrocknen (Larvenfraß an Wurzeln); *Differentialdiagnose* zu Engerlingsfraß nur durch Auffinden der Larve; Käferfraß an Fi-Nadeln und Erl-Blättern (Frühjahr, Sommer)	**Rotbein,** Schw. Rüsselkäfer (*Otiorrhynchus niger* F.) M-Europa; Gebirge 300–1000 m NN; 7–12 mm, schwarz, Beine rot; Gen. 1jährig, FZ Mai bis August, Eiablage (Vorrat bis 300 Stück) vorwiegend in frisch gelockerten Boden, auch in Unkraut- und Komposthaufen; auf grasfreien Flächen größerer Schaden an Kulturpflanzen (Nahrungsmangel), Vollsaaten weniger gefährdet.

Holzart	Symptom	Art
		Daneben noch: Erdbeerwurzelrüßler (*Otiorrhynchus ovatus* L.) 5 mm, ganz schwarz; *Otiorrhynchus scaber* L., 5–7 mm rostbraun, Flügeldecken fleckig beschuppt; Gr. Ovaler Rüsselkäfer *(Otiorrhynchus sensitivus* Scop.), 12–16 mm, schwarz, Flügeldecken abgeflacht.
Laubholz (polyphag, vorwiegend Bi, auch Nh)	Larvenfraß an Wurzeln: Rinde platzweise, oder streckenweise ringsum, auch vollständig bis zu den Spitzen geschält; Käferfraß an Blättern mit tiefen Ausschnitten bis zu den Rippen, mitunter auch Maitriebe von Fi (Krümmen der Spitze); bei Nh Gelbfärbung der Nadeln	**Grünrüßler** vorspringende Schultern, metallisch oder smaragdgrün beschuppt, behaart. **(Abb. 154b)** *Phyllobius arborator* Hbst. 6–8 mm, metallisch grün, Flügeldecken abstehend braun behaart. Ferner Br. Schmalbauch (*Phyllobius oblongus* L.) 4–6 mm, pechschwarz bis bräunlich; *Polydrosus mollis* Str., 6–10 mm, goldgelb oder kupfrig beschuppt (Grundfarbe schwarz); *Polydrosus cervinus* L., 3,5–5 mm, gelblich oder hellgrau befleckt.
Nadelholz (hauptsächlich Fi, auch Ki)-Kulturen, Stangenhölzer	Käferfraß an Trieben und kaum 1 cm langen Nadeln; Triebfraß tw bis ins Mark	**Grüne Fichtenrüßler** *Metallites atomarius* Ol., 4–5 mm, eiförmig, Flügeldecken grünlich oder kupfrig beschuppt; *M. impar* Goz., 6–8 mm, metallisch grün.
(vorwiegend Ki, auch Fi, Ta)	Käferfraß an jüngsten Nadeln schartenartig (flache Bögen), Harzkruste ähnlich wie nach Graurüßlerfraß	*Scythropus mustela* Hbst., 7–9 mm, kurze Fühlerfurche, sehr kurzer, breiter Rüssel, grau oder braun scheckig behaart.
(bes. Ki, gelegentl. Fi) Kultur und Dickung; Massenvermehrung bes. in Kulturen mit spärlicher Bodenvegetation	Käferfraß an Nadeln schartenartig, scharfrandig, Harzkrusten; Larvenfraß an Wurzeln	**Graurüßler** **Kiefernnadelrüßler,** Gem. Graurüßler (*Brachyderes incanus* L.) Europa; 8–11,5 mm, langoval, kupfrig beschuppt, anliegend goldglänzend behaart; FZ ganzjährig, 2 Wellen im April/Mai und August/September, Eiablage (Vorrat bis über 1000 Stück) päckchenweise in oder unter Bodenstreu; Käfer langlebig.

Holzart	Symptom	Art
		Ferner Gestr. Graurüßler *(Philopedon plagiatus* Schall. = *Cneorrhinus)*, 5–8 mm, Flügeldecken streifenweise hell und dunkel beschuppt; Dichtschuppiger Graurüßler *(Strophosomus capitatus* DeG. und *var. rufipes* Steph.), 4–6 mm, marmoriert beschuppt; Kahlnahtiger Graurüßler *(Strophosomus melanogrammus* Först.); Heidekrautrüßler *(Strophosomus lateralis* Payk.), 4–6 mm, schwarz; Weidenknospenrüßler *(Barypithes araneiformis* Schrk.), 2,5–4 mm, lebhaft glänzend braun.

Freifressend

Blatthornkäfer, Skarabäen *(Scarabaeidae)* *

Über 20000 Arten, weltweit verbreitet; mittelgroß bis riesig wie die Riesenkäfer *(Dynastinae)* aus S- und M-Amerika, z. B. Herkuleskäfer *(Dynastes hercules* L.) mit 15,9 cm Länge, Gr. Elefantenkäfer *(Megasoma elephas* F.) mit 11,2 cm Länge sowie die großartigen westafrikanischen Goliathkäfer mit ihrem königlichen Repräsentanten *Goliathus regius* Klug. mit 9,7 cm Länge; oft auffallend gefärbt (z. B. Rosenkäfer); Fühler mit beweglichen Keulenblättern *(Figur 4 o);* einige mit Zirplauten (Stridulation) wie Walker, Mondhornkäfer und Mistkäfer; manche mit spezifischen Duftstoffen wie Rosenkäfer, Mistkäfer, Nashornkäfer; vorwiegend Pflanzenfresser, teilweise auch Blütenbesucher und Abfallverwerter (dann nützlich); Larven (Engerlinge) weißlich, feist (um die Mitte des 19. Jh. noch auf dem Speisezettel am Kyffhäuser!), bauchwärts gekrümmt mit aufgetriebenem Hinterleib, wulstartige Querfalten, querspaltiger After (Ausnahme *Serica brunnea)*; harte, braune Kopfkapsel; an Wurzeln, im Mulm oder Kot *(Abb. 161 d);*

wirtschaftlich nur einige Arten erheblich bedeutungsvoll als Kulturverderber: Laubkäfer *(Melolonthinae)*.

Gegenmaßnahmen (gegen Maikäfer-Übervermehrungen: s. kritische Zahlen!)

Grundsatz: allzeit geschlossener Wald, rascher Kulturschluß, in Seuchengebieten Vermeidung von Femelschlag, Löcher- und Plenterhieb, Saumhieb, Kahlschlag sonnseitig; dagegen Kahlhieb an N- und NW-Seite, Blendersaumschlag; Kämpe außerhalb der Gefahrenzone und möglichst abseits vom Laubholz (Ei);

weiterhin vorbeugend: Verhinderung der Eiablage durch Vollumbruch oder Flächenverwitterung mit Maikäferasche im Flugjahr(?),
Begründung der Kultur mit kräftigen, verschulten Pflanzen im Flugjahr oder spät im Verpuppungsjahr zum Wachstumsvorsprung,
frühzeitiger Unterbau von Ei und Ki mit Schattenhölzern,
sorgfältige Auspflanzung von Lücken (Sturm-, Schnee-, Pilz- u. a. -Lücken);

mechanisch: gegen Feld- und Waldmaikäfer – Sammelmethode –.
Um 1900 von Oberforstmeister PUSTER für den „Bienenwald" (Pfalz) mit generalstabsmäßigem Plan „Vorbereitung des Kampffeldes" (Belassung von geeigneten, entsprechend vorbereiteten

---

* Systematisch vereinigt mit Zuckerkäfern *(Passalidae)* und Hirschkäfern *(Lucanidae)* zur Überfamilie Blatthornkäfer *(Lamellicornia)*.

Überhältern bzw. Überhältergruppen als Lock- und Fangzentren auf Kahlschlägen, Aushieb ungeeigneter Fangbäume in geschlossenen Beständen, Durchreiserung von Junghölzern, evtl. Zurückstellung von Durchforstungen in hohen, ausgedehnten Laugholzbeständen), „Mobilmachung" (Organisation der Fangbezirke mit Fangsektionen aus jeweils 1 Sektionsleiter, Schüttler mit Hakenstangen und Steigeisen, Träger mit Käfereimer und Käfersack, 4 Mädchen zum Halten der Fangtücher), „Kampf" (nach „Verhören" des Schwärmens Sammeln am frühen Morgen und nachmittags bis zur Dämmerung); Fangergebnis im Jahr 1903: 7,5 Mill. Käfer auf 300 ha mit etwa 100 Sammlern, bis 22 Mill. Käfer im Jahr 1911 auf 1750 ha mit etwa 300 Sammlern, – voller Erfolg –; in Niederösterreich im Jahr 1912 ca. 3 Mill. Ltr. Maikäfer = 500 Waggonladungen (nach ESCHERICH 1923); Verfahren bis zum Jahr 1945 üblich! Verkompostierung oder Verwertung als Hühner-, Schweine- oder Fischfutter (Mischung Roggenkleie mit Maikäfermehl im Verhältnis 2 : 1 für Karpfen!);

gegen Walker, Gartenlaubkäfer – Sammeln an Pflanzen und Sträuchern im untergehaltenen Klopfschirm tagsüber, Bodenbearbeitung zur Fraßzeit der Engerlinge;

chemisch: wegen großer Gefahren für die Umwelt, bes. auch im Hinblick auf die Ausrottung von Tierarten (hier Maikäfer) heute überholt (leider dennoch üblich);
gegen schwärmende Käfer (*Melolontha*-Arten): – gemäß PV mit Kontaktinsektiziden (chlorierte Kohlenwasserstoffe; empfehlenswert: bienenungefährliche Endosulfane, organische Phosphorverbindungen) mit Bodengeräten und/oder Luftfahrzeugen im Sprühverfahren (20–25 Ltr. Brühe je ha, im Feinsprühverfahren mit Synergid etwa $^1/_3$ Brühe, im ULV-Verfahren ca. 1–2 Ltr.);

gegen Engerlinge (nur nach Probegrabung, s. kritische Zahlen!):
Tauchung von Pflanzen bündelweise in Insektizidbrühe (PV),
Pflanzenlochbegiftung mit Lindan-Streumitteln (5 g = 1 Teelöffel je Loch),
Entseuchung mit Bodenbearbeitung (Düngerstreuer, Telleregge o. a.), Lindan-Streumittel 1 kg/ar für leichte, 3 kg/ar für schwere Böden (Kampfläche) oder zur Kulturvorbereitung 180–220 kg/ha Lindan-Streumittel,
Bodendesinfektion mit Düngelanze, 0,5 Ltr. Lindan-Brühe je Pflanze,
empfehlenswert: Ätzkalk ca. 40 Ztr./ha als dichtgeschlossene Streudecke auf Kulturfläche (auch Kamp), auch während des Schwärmens;

biologisch: gezielter Vogelschutz (Saatkrähe, Blauracke, Dohle, Lachmöve, Wiedehopf, Eulen, Spechte, Ziegenmelker, Drosseln, Feldsperling);
Schutz und Vermehrung von Fledermäusen, Igel, Maulwurf, Spitzmäusen *(Abb. 307–310)*, Fuchs, Dachs (s. dort!); Massenzucht und Freilassung (Möglichkeiten) von Raupenfliegen *(Tachinidae)*, Dolch- und Rollwespen *(Scoliidae, Tiphiidae)*, Laufkäfern *(Carabidae)*;
Verbreitung von Krankheitserregern wie Rickettsien, Mikrosporidien, Bakterien, Pilzen (s. unter Kleinlebewesen!) *(Abb. 26, 30)*.

Laubkäfer (Melolonthinae)

Laubkäfer *(Melolonthinae)*

Holzart	Symptom	Art

Laub- und Nadelholz (unter- und oberirdisch)

(polyphag Lh, Nh, vorwiegend Ei, dann Ah, Wei, Bu, Bi, Pa, Ul, Rka, Erl, ausnahmsweise Li, häufig Obsth, Rebe; bei Nh vorwiegend Lä, dann Fi, Ta, bei Ki nur Blütenkätzchen); Massenvermehrungen durch routinemäßige Begiftungen mit chlorierten Kohlenwasserstoffen stark rückgängig	Welken und Absterben von Pflanzen (Engerling) löcherweise in Kulturen, Kämpen, abgefressene Faserwurzeln, durchnagt bis zu fingerstarken Wurzeln; Entlaubung (Käfer); kreisrunde Schlupflöcher im Boden wie mit dem Spazierstock ausgestochen (Käfer im Frühjahr) *(Abb. 161 d);* *Differentialdiagnose:* Wühlmäuse: Nagestellen mit Zahnspuren, Drahtwürmer: Durchlöcherung der Wurzeln, Schnakenlarven: Schälen von Wurzeln, Maulwurfsgrille: Verzehr und Benagen von Wurzeln und oberirdischen Pflanzenteilen, Erdraupen: Schälen auch von oberirdischen Teilen, Rotbeinlarven: Benagen von Wurzeln, Verzehr von Faserwurzeln; sichere Diagnose meist erst nach Auffinden des Schädlings (Salat-Testpflanze, Spatenstich)	**Feldmaikäfer** *(Melolontha melolontha* L.) Europa, horizontale und vertikale Begrenzung durch + 7°C Jahresisotherme (Seuchengebiete); 25–30 mm, braun mit rostrotem Halsschild und schwarz gesäumten Flügeldecken; ♂ große, ♀ kleine Fühlerblätter; Aftergriffel *(Pygidium)* lang und schmal ausgezogen *(Abb. 161 a).* **Waldmaikäfer** *(Melolontha hippocastani* F.) w. v.; 20–25 mm, braun mit schwarzem Halsschild; ♂ große (3. Blatt gezähnt), ♀ kleine Fühlerblätter; Aftergriffel *(Pygidium)* kurz und knopfartig *(Abb. 161 b).* Optimum in warm-trockenen, mäßig durchlässigen, nährstoffreichen Böden; ungünstig Flachgründigkeit und Grundwassernähe; Kältetod bei − 4°C, kurzfristige Überschwemmungen werden überstanden; *Lebensweise:* Gen. vom Klimagebiet abhängig: 3jährig S-Deutschland, 4jährig übriges M-Europa *(melolontha, hippocastani)*, 5jährig N- und O-Europa *(hippocastani);* fast regelmäßige Flugjahre (Haupt- und Nebenflugjahre) regionaler Flugstämme wie Urner-, Berner-, Basler-Stamm; FZ April/Mai temperaturbedingt (Schlüpfbereitschaft bei Temperatursumme der Tagesmittel ab 1. März von + 355°C und Auslösetemperatur bei + 9°C im Boden oder + 18°C in der Luft; täglicher Flug vom Brutort zur Fraßpflanze bei bestimmtem Dämmerungsgrad mit allmählichem Anschwellen bis zur Kulmination und Erlöschen mit zunehmender Dunkelheit; ähnliche Amplitude während der Gesamtflugzeit von ca. 4–6 Wochen; protandrisch: ♂♂ erscheinen vor ♀♀; Verzögerung durch kalte Witterung; Ernährungsfraß der Käfer an Blättern, Nadeln, Blüten; unter Vermeidung vegetationsloser Flächen erfolgt Eiablage im Boden von Feldern, Wiesen und forstlichen Kulturen *(melolontha)*, vor allem im Wald, außer dichtgeschlossenen Dickungen und Stangenhölzern

Holzart	Symptom	Art
		Maikäfer *(Fortsetzung)* *(hippocastani)*, 10–60 cm tief schubweise (10–40 Stück) wiederholt mit mehrtägigen Unterbrechungen, in denen der Fraß fortgesetzt wird *(Abb. 161 c);* Engerlinge verzehren zunächst Faserwurzeln, später stärkere Wurzeln; vertikale Bewegung jahreszeitlich bestimmt: im Herbst bei $+ 7°$ bis $10°C$ Bodentemperatur. Abwanderung in größere Bodentiefen je nach Stadium und Standort von 20–110 cm, im Frühjahr Rückkehr; horizontale Bewegung insgesamt nur 1,5–4,5 m vom Schlupfort; 3 Stadien (E_I bis E_{III}): Kopfkapselbreiten 2,6–4,2 und 6,5 mm *(hippocastani)* und 2,7–4,5 und 6,9 mm *(melolontha);* Verpuppung im Juli/August des 2., 3. oder 4. Jahres nach dem Flugjahr in eiförmiger Erdhöhle 20–40 cm tief, nach ca. 6 Wochen fertige *Imago* überwintert in der Puppenwiege.
(polyphag Lh, Nh) bes. Ki-Kulturen	faserig zerfressene Ki-Nadelränder (Käfer), Fraß an Wurzeln mit faseriger Nagefläche (Engerling)	Walker, Gr. Juliuskäfer (*Polyphylla fullo* L.) M-Europa, nördlich bis Schweden, dann Rußland, Türkei; ausgesprochener Sandbewohner; 25–35 mm, braun, weißgefleckt; ♂ mit langer, ♀ mit kurzer Blattkeule *(Abb. 162);* Gen. 3jährig, FZ Juli, Verpuppung Juni.
(polyphag Lh, Nh) bevorzugt junge Ki; vielfach Massenvermehrung	Käfer- und Engerlingsfraß wie Maikäfer	Juni- oder Sonnenwendkäfer, Gem. Brachkäfer (*Amphimallus solstitiale* L.) M-Europa; vorwiegend in sandigen Gegenden mit spärlichem Baumbestand; 14–18 mm, schmutzig hellgelb, lang zottig behaart *(Abb. 164);* Gen. 2jährig (1jährig?), FZ Juni/Juli.
(polyphag Lh, Nh)	w. v.	Julikäfer (*Anomala dubia* Scop.) Europa; 12–15 mm, bräunlich bis erzgrün, schwach behaart; Lebensweise ähnlich wie Junikäfer.
(vorwiegend Rosen, Obsth u. a. Lh)	Larvenfraß an Wurzeln, bes. Gras, auch Kulturpflanzen; Käferfraß an Blütenteilen, Blumenblättern, Fruchtständen	***Gartenlaubkäfer,*** Kleiner Rosenkäfer (*Phyllopertha horticola* L.) M- und S-Europa, Kaukasus, Ostsibirien, Mongolei; 9–12 mm, gelbbraun mit glänzend blaugrünem Halsschild, abstehend dunkel behaart *(Abb. 163);* Gen. 1jährig, FZ Juni bis August, Verpuppung Mai.

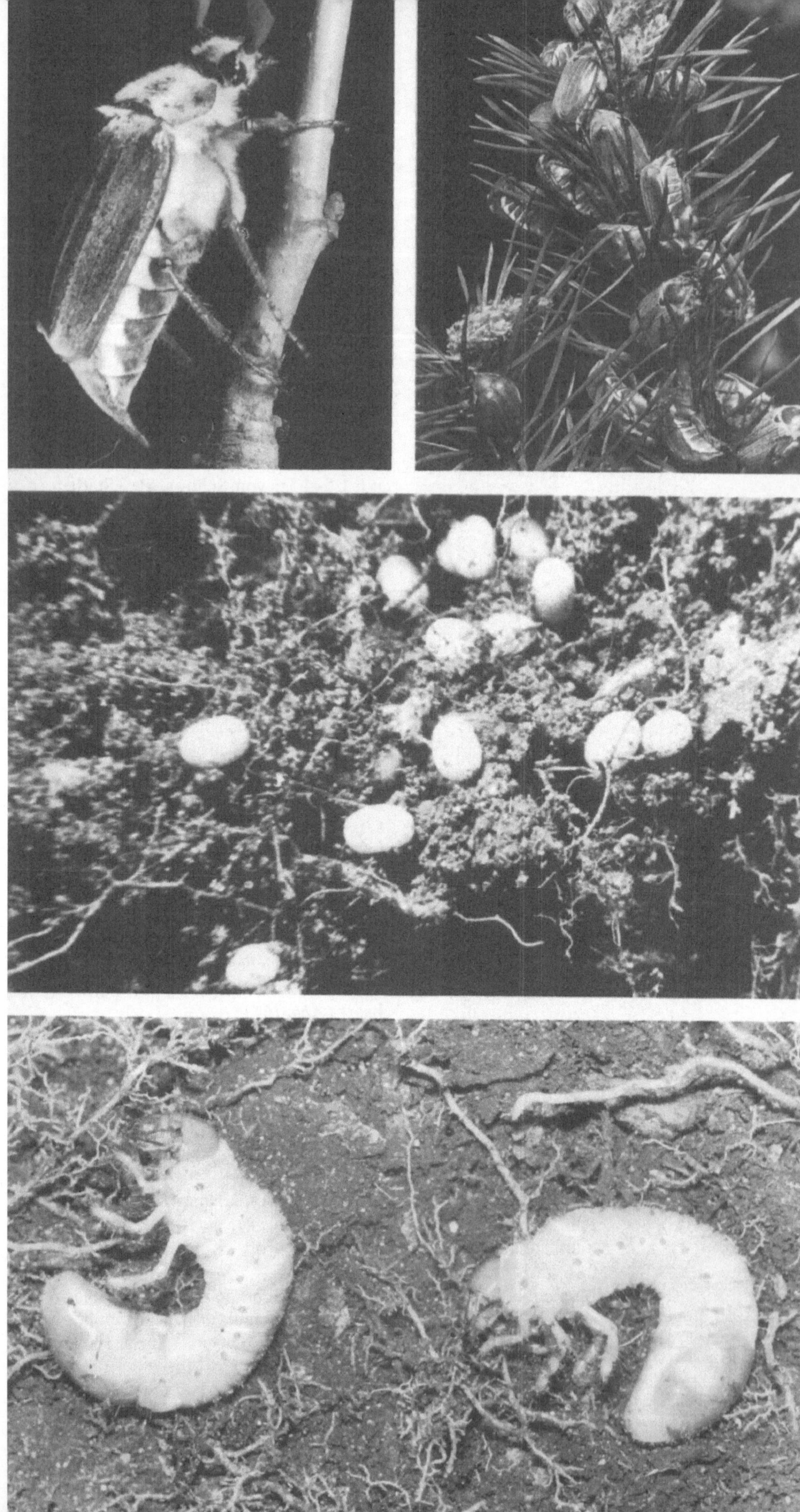

Abb. 162. Walker ♂ [25–35 mm] (I. Jäckh-Hoyer)

Abb. 163. Gartenlaubkäfer [9–12 mm] (W. Rohdich)

Abb. 164. Junikäfer [14–18 mm] (W. Noack)

Abb. 165. Hirschkäfer ♂ [27–75 mm] (J. Reisch)

Abb. 166. Nashornkäfer ♂ [25–45 mm] (J. Reisch)

Blattkäfer *(Chrysomelidae)*

Ca. 24000 Arten; klein bis mittelgroß, gedrungen, oft halbkugelig, daneben auch langgestreckt mit langen Beinen und längeren Fühlern, stark gewölbt, oft metallisch gefärbt; kurze Fühler und Beine, manche mit verdickten Hinterschenkeln als Sprungbeine (Erdflöhe) *(Fig. 5i);* Eiablage (Vorrat bis 1000 Stück und mehr) einzeln oder haufenweise, gewöhnlich frei an die Nährpflanze; Larven freilebend, lanzettförmig mit gut entwickelten Beinen, Fühlern und Augen; Verpuppung freihängend am Fraßort oder im Boden; mehrere Generationen (2–4 pro Jahr), Überwinterung meist als Käfer im Boden unter Laub o. a.; Käfer und Larven meist gesellig an Blättern und Nadeln; Löcher-, Scharten- und Skelettierfraß; wirtschaftlich oft bedeutsam an Kulturpflanzen, bes. bei Massenvermehrungen; berüchtigster landwirtschaftlicher Schädling: Kartoffel- oder Coloradokäfer (*Leptinotarsa decemlineata* Say.), 1877 erstmals in Deutschland aufgetreten.

Gegenmaßnahmen

vorbeugend: evtl. harmonische Nährstoffversorgung (Düngung);

mechanisch: Sammeln der Käfer durch Abklopfen in untergehaltene Gefäße, z. B. Krahesche Falle, Königs Fangapparat (beides Schubkarren mit Fangbehältern), besser tragbarer Fangapparat nach Häußler oder beiderseits mit Leim bestrichener Klebefächer (Erdflöhe), Verminderung der Puppen im Boden durch Wasserstauung;

chemisch: chlorierte Kohlenwasserstoffe, meist Rohhexa-Staub, auch organische Phosphorverbindungen (PV);

biologisch: Massenzucht und Freilassung (Möglichkeiten) von Erzwespen *(Chalcididae),* Raupenfliegen *(Tachinidae);*
Verbreitung von Krankheitserregern, z. B. Mikrosporidien (s. dort!).

Holzart	Symptom	Wichtige Arten

An Blättern und Nadeln (Käfer und Larve)

Laubholz

Eiche (monophag, bes. Stielei, gelegentlich auch Erl, Bu, Hasel); Kultur bis Altholz	Skelettierfraß an Blättern, wie durch Feuer versengt bei starkem Befall	*Eichenerdfloh* (*Haltica quercetorum* Foud.) M-Europa; 4–5 mm, blau bis blaugrün mit Sprungbeinen; FZ ab April/Mai, Eiablage an Blattunterseite.
Weide und Pappel		Rote Pappel- und Weidenblattkäfer Lebensweise: FZ April/Mai, Eiablage häufchenweise an Blattunterseite, Verpuppung am Fraßort *(Abb. 167a, b).*
(ziemlich monophag) bes. in Pa-Plantagen, Weidenhegern bei Massenvermehrungen	Skelettierfraß mit vollständigem Verzehr bis auf Blattrippen	*Roter Pappelblattkäfer* (*Melasoma populi* L.) M-Europa; 10–12 mm, Flügeldecken rot mit schwarzer Spitze *(Abb. 167a).* Ferner Roter Weidenblattkäfer (*Melasoma saliceti* Weise), 6–9 mm, Flügeldecken rot, Halsschild nach der Spitze verengt;

Holzart	Symptom	Wichtige Arten
		Roter Aspenblattkäfer (*Melasoma tremulae* F.), 6–9 mm, Flügeldecken rot, Halsschild mit parallelen Seiten.
		Blaue Weidenblattkäfer Lebensweise: FZ ab April, Eiablage in Doppelreihen auf Blattunterseite, Verpuppung im Boden (*Plagiodera versicolor* an Blättern).
(ziemlich monophag) **schlimmste Weidenschädlinge,** zumal bei Massenvermehrungen in Kulturen und Weidenhegern	Skelettierfraß zunächst an tiefsitzenden Blättern, Blattfraß an Ruten	Breiter Weidenblattkäfer (*Plagiodera versicolor* Laich.), 2,5–4,5 mm, rundlich blau oder grün; Blaue Weidenblattkäfer (*Phyllodecta vulgatissima* L.), 4–5 mm, langgestreckt; (*Ph. tibialis* Suffr.), 5–6 mm, Körper sehr lang; (*Ph. vitellinae* L.), 4–5 mm, ähnlich *tibialis*, jedoch 1. Hintertarsenglied viel schmäler als das gelappte 3. Glied.
		Gelbe Weidenblattkäfer Lebensweise: FZ April, Eiablage haufenweise an Blattunterseite, Verpuppung im Boden, Ernährungsfraß an fingerlangen Trieben.
(ziemlich monophag)	Skelettierfraß zunächst an Blättern von Triebspitzen her, dann an tiefer sitzenden Blättern	Gelber Weidenblattkäfer (*Lochmaea capreae* L.), 4–6 mm, braungelb, Flügeldecken kahl mit Bewimperung der Spitzen; Behaarter Weidenblattkäfer (*Galerucella lineola* F.), 5–6 mm, gelbbraun, Fleck auf Halsschild, Flügeldecken dicht anliegend (seidenartig) behaart.
Erle (ziemlich monophag, auch Pa, Wei); bei Massenvermehrung sehr schädlich im Kamp und in Kulturen	Lochfraß an Blättern (Käfer), Skelettierfraß (Larven) *(Abb. 168a, b)*	**Blauer Erlenblattkäfer** (*Agelastica alni* L.) Europa; 5–6 mm, tief stahlblau, nach hinten verbreitert *(Abb. 168a);* Gen. 1jährig, FZ ab Mai, Eiablage an Blattunterseite in einschichtigen Platten, Larvenfraß zunächst gesellig, später einzeln, Verpuppung im Boden.
	schartenartiger Blattfraß, Skelettier- und Lochfraß der Larven	Erzfarbiger Erlenblattkäfer (*Melasoma aenea* L.), 6–9 mm, Lebensweise voriger Art ähnlich.

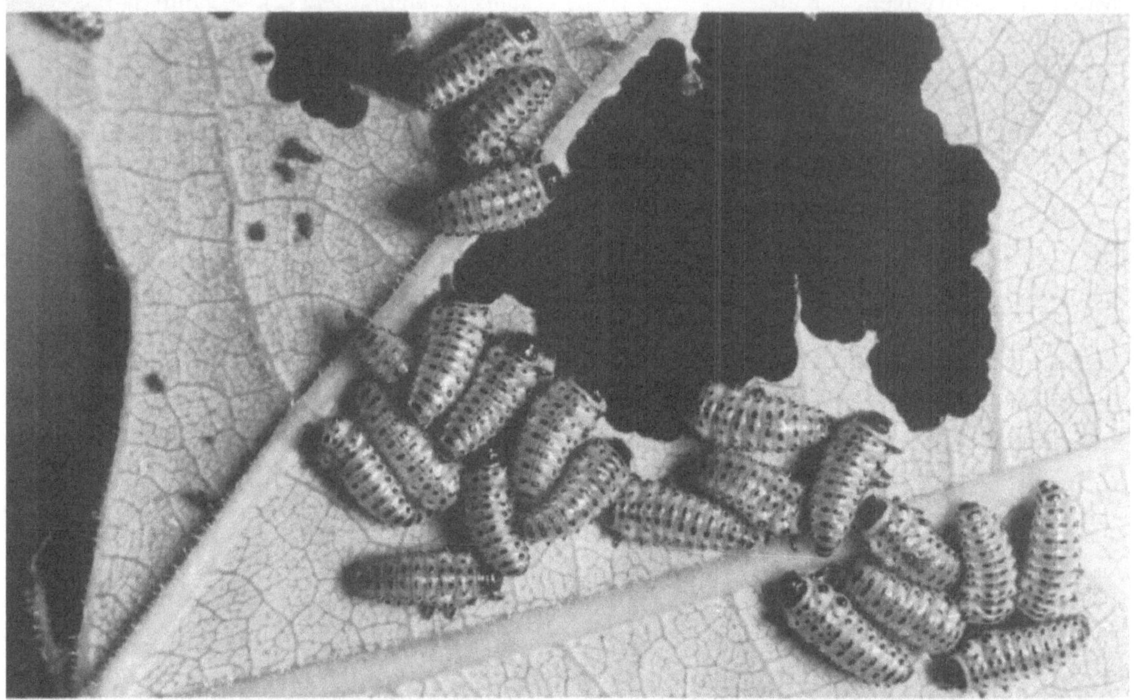

Holzart	Symptom	Wichtige Arten
Birke (räuberisch im Wald- ameisennest)	ähnlich w. v.; Feind der Roten Wald- ameise *(Formica spec.)*	Vierpunktkäfer *(Clytra quadripunctata* L.) Europa; 7–11 mm, walzenförmig, Flügeldecken gelb- rot, je 1 Schulterpunkt und 2 Makeln bzw. 1 kurze Querbinde, schwarz; läßt von einem Zweig aus Eier in tannenzapfenähnlicher Kothülle auf das Ameisennest fallen, die wohl irrtümlich von den Ameisen einge- schleppt werden; L lebt im sicheren Köcher von Ameisenbrut, Verpuppung im Ameisen- nest, Schlüpfen und Verlassen des Nestes im Frühjahr.
Nadelholz Kiefer (monophag)	Rinnen an Nadelunter- seite (Käferfraß) und platzweise Fraßstellen an junger Triebrinde *(L. pinicola)*	Gelber Kiefernblattkäfer *(Cryptocephalus pini* L.), 4–5 mm, glänzend gelb, walzenför- mig; Schw. Kiefernblattkäfer *(Luperus pinicola* Duft.), 3–4 mm, Flügeldecken schwarz, sonst gelbrot.

Blasen- oder Pflasterkäfer *(Meloidae)*

Ca. 2300 Arten; mittelgroß bis groß, weichhäutig, meist farbenfreudig; ätzendes, blasenziehendes, gelbes Sekret (Cantharidin) aus Beingelenken, zur Herstellung von Heilmitteln wie blasenziehen- de Pflaster (Vesicatorpflaster, spanisches Fliegenpflaster), mißbräuchlich als *Aphrodisiacum* zur sexuellen Erregung mit folgenschwerer Erkrankung des Harn- und Geschlechtssystems; forst- lich nur die Spanische Fliege mitunter bedeutsam.

Gegenmaßnahmen: Absammeln der Käfer in frühen Morgenstunden mit Klopfschirm (Hand- schuhe!) und Verwertung in Drogerien und Apotheken.

Holzart	Symptom	Art
(polyphag an Lh, Sträuchern); oft massenhaft an jungen Es	bogenförmiger Blatt- fraß, vollständiger Kahlfraß (Blattstiele und Rippen nur in der Not!) durch Käfer; penetranter Geruch	***Spanische Fliege*** *(Lytta vesicatoria* L.) M-Europa bis Schweden, Rußland, auch Alpengebiet bis 1700 m NN; 12–20 mm, goldgrün; Gen. 1jährig, FZ ab Mitte Juni (zur Mittags- zeit in großen Massen am Laub), Eiablage in gegrabene und dann festgetretene Erd- löcher, dann eigentümliche und kompli- zierte Entwicklung *(Hypermetamorphose)* zunächst als L auf Blumen, dann parasitisch als eingeschleppter Gast in Erdnestern wilder, solitärer Bienen, Überwinterung außerhalb des Wirtshauses im Boden.

Pflanzenfresser oder Holzzerstörer

2.9. Schmetterlinge, Falter *(Lepidoptera)*

Allgemeine Merkmale

Sehr weit verbreitet, etwa 100000 Arten. Verhältnismäßig einheitlicher Habitus mit flächig entwickelten, häutigen, dicht beschuppten und oft sehr farbenprächtigen Flügeln, in Ruhestellung dachförmig (Mehrzahl der Nachtfalter) oder aufrecht zusammengeklappt (Mehrzahl der Tagfalter), Brustabschnitte verwachsen, Mundwerkzeuge leckend-saugend (Ausnahme: pollenverzehrende Urmotten) mit einrollbarem Saugrüssel (Rollzunge) zur Aufnahme von Nektar, Baumsäften u. a. oder auch reduziert und funktionslos (Ernährung durch Fettkörper); größtenteils ausgezeichnete Flugkünstler mit Gaukelflug (z. B. Weißlinge), kolibriartigem Schwirrflug über Blütenkelchen und pfeilschnellem Streckenflug mit enormen Kilometerleistungen (Schwärmer), mitunter auch passives Verwehen (zahlreiche Kleinschmetterlinge), unauffälliges Hinweghuschen (Motten); Weibchen bei einigen Arten flugunfähig durch fehlende (Sackträger, Gr. Frostspanner) oder verstümmelte Flügel (Kl. Frostspanner, Schlehenspinner); Geschlechtsdimorphismus: Männchen häufig kleiner und sehr farbenprächtig mit stark gekämmten Fühlern (z. B. Spinner, Spanner), Weibchen meist größer und unscheinbarer. Einteilung in **Groß- und Kleinschmetterlinge** oder Tag- und Nachtfalter wegen fehlender grundsätzlicher Unterschiede nicht eindeutig: z. B. Fensterchen (*Thyris fenestrella* Sc.) mit 14 mm Flügelspannweite einer der kleinsten Großschmetterlinge, Weidenbohrer (*Cossus cossus* L.) mit bis 90 mm Flügelspannweite ein Vertreter der Kleinschmetterlinge; mitunter nicht geschlossener Hakenkranz an Bauchbeinen von Raupen typischer Kleinschmetterlinge; Schwärmzeit bei Tag oder Nacht nicht immer divergent; moderne Systematik richtet sich nach Flügelgeäder und Genitalapparat; hier werden jedoch nach Fraßeigenschaften überwiegend minierende Raupen der Kleinschmetterlinge und überwiegend freifressende Raupen der Großschmetterlinge unterschieden;

Larven, als Raupen bezeichnet, nackt oder behaart (auch Gifthaare, z. B. Prozessionsspinner), mit kauenden Mundteilen, im allgemeinen 5 Bauchbeinpaare – Ausnahme z. B. Spanner 2 (6. und 10. Segment) *(Abb. 182 a-c)*, einige Eulen 3–4 und Urmotten 8 Bauchbeinpaare – am 3.–6. und 10. Hinterleibssegment (letztere „Nachschieber"), deren Sohlen kranzförmig, mit Chitinhäkchen (Kranzfüße) zur Fortbewegung im Pflanzeninneren, in Blattgehäusen, Gespinsten u. a. (Kleinschmetterlinge mit einigen Ausnahmen) oder meist zweilappig mit einwärts gebogenem, äußerem Häkchenrand (Klammerfüße) zum Festhalten an der Nahrungspflanze (Großschmetterlinge mit Ausnahmen) ausgebildet sind *(Figur 6);* Spinndrüsen zum Abspinnen von Baumkronen u. a., zur Anlage von Nestern, Gespinsten und Kokons (Ausnahme z. B. Mondvogel!); Zahl der Häutungen zur Begrenzung des jeweiligen Raupenstadiums artbedingt (auch geschlechtlich u. a.), gewöhnlich 4–5, auch 7–8 und sogar nur 3: bis zur 1. Häutung „Eiraupe", von 1.–2. Häutung „Einhäuter", von 2.–3. Häutung „Zweihäuter" usw. *(Figur 6);* vielfach gesellig in Gespinsten (Gespinstmotten), Raupennestern (Baumweißling, Goldafter, Prozessionsspinner);

Mumienpuppe *(Pupa obtecta)*, selten freie Puppe (*Pupa libera*, bei Urmotten), mit erkennbaren Geschlechtsmerkmalen (Anlagen der Geschlechtsöffnungen beim ♂ am 9., beim ♀ am 8. oder 8. und 9. Segment) am Hinterleibsende (wichtig zur Bestimmung des Weibchenanteils bei der Prognose!) und meist mit einem charakteristischen, bedornten, beborsteten, mehrspitzigen oder anders gestalteten Aftergriffel *(Cremaster);* Verpuppung am Fraßort, in der Streu, im Mineralboden, im Sack u. a., verbunden meist mit einer mehr oder weniger umfangreichen Spinntätigkeit, z. B. Gespinstfäden um den Hinterleib (Stürzpuppe *[Pupa suspensa]*) oder als Gürtel um den Körper (Gürtelpuppe *[Pupa cingulata]*) zur Befestigung an der Unterlage, gespinstverkleidete Erdhöhlen, feste (Glucken) oder lose Kokons (Rotschwanz); Generation einfach, doppelt, mehrfach, wenige auch mehrjährig (z. B. Weidenbohrer).

Wirtschaftliche Bedeutung

Falter überwiegend als Blütenbesucher nützlich zur Bestäubung; Raupen von verschiedenen Spinnerarten, z.B. den asiatischen Pfauenspinnern als Seidenproduzenten (Tussah-Seide) besonders früher (auch bei uns Seidenraupenzuchten von *Bombyx mori*) bedeutsam, viele Arten aber als Pflanzenfresser verheerende „Waldverderber" (z.B. Nonne, Forleule, Kiefernspanner, Kiefernspinner, Posthornwickler), einige auch carnivor (Mordraupen) und Nahrungsspezialisten (z.B. Wachsmotte, Harzzünsler, Kleidermotte).

Andrerseits erlangen einige Arten wiederum eine bemerkenswerte Bedeutung bei der biologischen Schädlingsbekämpfung, z.B. als Parasitenreservoir (Heidekrautspanner *[Hematurga atomaria]*, Heidelbeerspanner *[Boarmia bistortata]*), als Ausweichswirt für eingeführte Schlupfwespen (z.B. Kiefernharzgallenwickler *[Petrova resinella]*) für die kanadische Ichneumonide *Itoplectis conquisitor* als angesetzter Feind des Posthornwicklers *(Rhyacionia buoliana)*. Mitunter ist ein Raupenbefall auch durchaus wünschenswert, wenn es nämlich um die Beseitigung bzw. Zersetzung von Stöcken und anderem Bestandsabfall oder um die natürliche Reinigung (im Gegensatz zur chemischen!) von unerwünschten Baumarten in Jungwüchsen geht (z.B. Birkenglasschwärmer *[Trochilium culiciforme]*, Eichenglasschwärmer *[Trochilium vespiforme]*).

Übersicht

Überwiegend schädlich

Kleinschmetterlinge *(Microlepidoptera)*

Motten *(Tischeriidae, Incurvariidae, Hyponomeutidae, Coleophoridae, Momphidae, Gelechiidae)*
Wickler *(Tortricidae)*
Zünsler *(Pyralidae)*
Holzbohrer *(Cossidae)*
Glasflügler, Glasschwärmer *(Aegeriidae = Sesiidae)*

Großschmetterlinge *(Macrolepidoptera)* :

Spanner *(Geometridae)*
Eulen *(Noctuidae)*
Bärenspinner *(Arctiidae)*
Wollspinner *(Lymantriidae)*
Glucken *(Lasiocampidae)*
Prozessionsspinner *(Thaumetopoeidae)*
Zahnspinner *(Notodontidae)*
Schwärmer *(Sphingidae)*
Weißlinge *(Pieridae)*

Minierende Raupen

Kleinschmetterlinge *(Microlepidoptera)**

Raupen mit Kranzfüßen **(Figur 6A, C),** meist minierend in Pflanzenteilen.

---

* Größenangaben bei
  Falter (I) – Flügelspannweite,
  Raupe(L) – Körperlänge des erwachsenen Stadiums bzw. gesonderte Angabe,
  Puppe(P) – Körperlänge.

Motten

Schopfstirnmotten *(Tischeriidae)*, Miniersackmotten *(Incurvariidae)*, Gespinstmotten *(Hyponomeutidae)*, Blatt-Tütenmotten *(Gracillariidae)*, Sackträgermotten *(Coleophoridae)*, Fransenmotten *(Momphidae)*, Palpenmotten *(Gelechiidae)*

Ca. 900 Arten in Europa; kleine zarte Falter mit gestreckten, schmalen, meist zugespitzten Flügeln, gewöhnlich auffallende Fransen; dünne lange Beine; Dämmerungs- und Nachttiere; Raupen ohne Schutzhülle *(Tischeria, Argyresthia, Ocnerostoma)*, in Säcken *(Coleophora, Incurvaria)*, in Blattnestern bzw. -wickeln *(Gracillaria, Chimbacche)* oder gesellig in Gespinsten *(Hyponomeuta)*; Verpuppung meist in einem Gespinst am Fraßort oder außerhalb oder innerhalb des Sackes (Sackträger);
forstlich mit wenigen Ausnahmen unbedeutend.

Gegenmaßnahmen: meist nicht erforderlich und auch schwierig;

vorbeugend: Vogelhege, Vermeidung des Lärchenanbaus in dumpfen (windgeschützt) Lagen *(laricella);*

mechanisch: Schrägschnitt der Terminalknospe mit einer Seitenknospe *(curtisellus)*, Abschütteln der Motten zur Mittagszeit *(copiosella);*
chemisch: Sprühen mit Nikotin-Seifenlösung oder Schwefelkalkbrühe knapp vor Knospenaustrieb *(laricella)*, chlorierte Kohlenwasserstoffe (HCH), organische Phosphorverbindungen im Frühjahr *(laricella)*, wohl ebenfalls gegen Räupchen in Blattminen;
biologisch: Bacillus thuringiensis (Präparate) *(Hyponomeuta)*, Massenzucht von Parasiten *(laricella)*.

Minierer (Raupen) – (Ausnahme 1. Gen. Eschenzwieselmotte!)

Holzart	Symptom	Wichtige Arten
Laubholz		
Eiche (Eka) Blatt, Knospe, Trieb	große, runde Blasenmine, oft zu Sammelminen zusammenfließend, Verfärbung und Laubfall vorzeitig; meist unbedeutend *(Abb. 169)*	Eichenminiermotte (*Tischeria complanella* Hb. = *ekebladella* Bjerk.), Schopfstirnmotten (*Tischeriidae*) außerhalb des polaren Europas, in Mauretanien und Kleinasien; I 12 mm, Vfl mattglänzend, ziemlich dottergelb, Hfl grau mit gelbgrauen bis gelblichen Fransen; L 6 mm, stark flachgedrückt, gelb; P gestreckt, Afterende mit 2 kegelförmigen Dornfortsätzen; Eiablage Mai/Juni in Blattgewebe, Fraß zwischen den Epidermisschichten, Überwinterung und Verpuppung am Fraßort in abgefallenen Blättern.

Holzart	Symptom	Wichtige Arten
Esche Blatt, Knospe, Trieb	geschwächter oder fehlender Austrieb der Terminalknospe (Zwiesel = Gabelbildung), bisweilen doch zur Entwicklung kommende Triebe einige cm tief miniert, schwärzlich und mitsamt Laub abfallend, Platzmine; *Differentialdiagnose:* ähnlich Spätfrostschaden, jedoch zusammengesponnenes Bohrmehl am Eingangsloch der Gipfelknospe; s. auch Eschenzwieselwickler	**Eschenzwieselmotte** (*Prays curtisellus* Dup.), Gespinstmotten (*Hyponomeutidae*) M-Europa, Portugal, W-Rußland, Schweden; I 14–17 mm, Vfl weiß mit dunkelbraungrauen Fransen, am VR grauer Dreiecksfleck, Hfl braungrau mit helleren Fransen; L 7–10 mm, Jungraupe honiggelb mit braunem Kopf und Nackenschild, später durchscheinend schmutziggrün; P im lockeren Gespinst, grün, verlassene Hülle ledergelb; Biof: 6–7/8 + 8; 8–9,5/6 + 6; Eiablage an Blättern, Jungraupen beider Generationen minieren unregelmäßig in Blättern (brauner Kot), danach 1. Gen. Skelettierfraß und zuletzt Lochfraß, Verpuppung am Boden zwischen dürrem Laub, 2. Gen. bei Laubfall Einbohren in Terminalknospe zur Überwinterung, im Frühjahr Fortsetzung der Aushöhlung, dann freifressend an jungen Blättern; Verpuppung an Zweigen im weitmaschigen, hängemattenähnlichen Gespinst.
Nadelholz Fichte, (Ki) Nadel	am Einbohrloch Gespinst mit Kothäufchen oder kettenartig am Zweig; tw recht unangenehm und verkannt; *Differentialdiagnose* zu oft gemeinsam minierenden Räupchen von Wicklerarten (*Epinotia tedella, nanana*) und der Palpenmotte (*Gelechia electella*) nur durch Auffinden derselben	*Eustaintonia pinicolella* Dup., Fransenmotten (*Momphidae*) Schweden, M-Europa, W-Rußland, M-Italien; I 13–14 mm, Vfl bleich ockergelb mit schwarzen Punkten in der Falte und vor der Spitze; L gelblichbraun, Kopf und Nackenschild schwarzbraun; FZ Juni bis August, Räupchen miniert Nadeln von der Basis her, Verpuppung am Zweig im festen Gespinstrohr mit Rindenstückchen.
(Arve)	Nadelvergilbung, Nadelbüschel; hartnäckiger Dauerschädling, ganz erheblicher Zuwachsverlust	**Arvenmotte** (*Ocnerostoma copiosella* Frey.), Gespinstmotten (*Hyponomeutidae*) nur in der Arvenregion des Hochgebirges (Alpen, NW-Rußland); I ca. 5 mm, dunkelgrau, breite, an der Spitze abgerundete Vfl;

Holzart	Symptom	Wichtige Arten
		Arvenmotte *(Fortsetzung)* Eiablage einzeln oder paarweise an Nadelenden, Räupchen höhlen Nadeln aus, Verpuppung in Nadelbüscheln, Falter umschwärmen in frühen Morgenstunden (5–7 Uhr) bis zur Mittagszeit massenhaft die Bäumchen (800 bis 1000 Exemplare pro 4 m Stamm), alsdann ganz träges Ausruhen auf dem Nadelwerk.
Nadel, Knospe, Trieb (Ki)	ausgehöhlte Nadeln, Knospe, Triebe; bei vermehrtem Auftreten erheblicher Schaden (Verbuschen, Triebsterben); *Differentialdiagnose* zum Posthornwickler *(Rhyacionia buoliana)* schwierig, nur durch Auffinden und Bestimmen der Räupchen	***Kiefernknospentriebmotte*** *(Exoteleia dodecella* L. = *Heringia)*, Palpenmotten *(Gelechiidae)* M-Europa, W-Rußland, S-Frankreich, Spanien; I 10–12 mm, Vfl graubraun mit 2 breiten, verwaschenen hellgrauen Querbinden, große schwarze Doppelpunkte; L rötlich mit schwarzem Kopf; Biof: 6,5/5 + 6; Jungraupe in Nadelspitze, Innenwände der Mine mit seidenartigem Gespinst, nach Überwinterung Aushöhlen von Knospen und Trieben im Schutz von Gespinströhren, Verpuppung am Fraßort.
Lärche (auch jap. Lä) Nadel alle Altersklassen, bes. empfindlich Dickungen und Stangenhölzer auf sonnigen, windgeschützten Lagen, in Bestandsrändern; vielfach Massenvermehrungen	weiße Nadelspitzen im Frühjahr, Sack der Motte sehr ähnlich einer vergilbten Lärchennadel, vor allem am Kurztrieb; meist nur Zuwachsverlust; *Differentialdiagnose:* ähnlich Spätfrostschaden, jedoch Räupchen in Kurztriebnadeln; gegenüber hängengebliebenen Altnadeln durch Ausdrücken der Nadel (gelblicher Körpersaft!) ***(Abb. 170)***	***Lärchenminiermotte*** (*Coleophora laricella* Hb.), Sackträgermotten *(Coleophoridae)* M- und N-Europa, W-Alpen; treuer Begleiter im Lärchenanbaugebiet; I 9 mm, Vfl bräunlichgrau, Hfl dunkelgrau; L 5 mm, im Sack, dunkelrotbraun, dunkler Kopf, Nachschieber sehr groß; P im Sack, braunschwarz; Biof: 56–6,4/4 + 56; Eiablage an Nadeln, Räupchen höhlen Kurztriebnadeln aus, ab September Fertigung eines Nadelsackes, in welchem Überwinterung stattfindet, zumeist an Knospen der Kurztriebe (auch Langtriebe), täuschend ähnlich einer hängengebliebenen Nadel, im Frühjahr Fortsetzung des Nadelminierens, auch in Blüten, und Erweiterung des Sackes mit einer frischen Nadelmine, Verpuppung im Sack an einer Nadel; kritische Zahlen s. Prognose! *Feinde:* Vögel: Meisen, Buchfink, Fitislaubsänger, Goldhähnchen, Kleiber, Grasmücken, Goldammer; parasitische Insekten: Schlupfwespen *(Entomophaga)*.

Holzart	Symptom	Wichtige Arten
Triebe	vorjährige Triebe, ohne oder mit spärlichen Kurztrieben, Absterben letzt- und zweijähriger Triebe	Lärchentriebmotte (*Argyresthia laevigatella* H.-S.), Gespinstmotten *(Hypomomeutidae)* O-Deutschland, Alpen, Holland; I 12 mm, Vfl lebhaft bleiglänzend mit etwas dunklerem VR, graue Fransen; L 6–7 mm, Jungraupe hellgelb, später weißgrau, Kopf schwarz; P dunkelbraun mit schwarzem Kopf, nach hinten zugespitzt; Biof: 6,4/5 + 56; Eiablage einzeln, meist an je einen frischen Langtrieb, Räupchen zunächst plätzend unter Rinde, später Trieb aushöhlend, nach Überwinterung Fortsetzung des Fraßes bis zur Gesamtlänge des Ganges von 4 cm, Verpuppung in einer mit Gespinst ausgekleideten Wiege in der Nähe des Einbohrloches.

Wickler (Tortricidae)

Ca. 1000 Arten in der paläarktischen Region; vorwiegend Dämmerungstiere; Vorderflügel fast länglich-viereckig bzw. trapezoid, geschultert; meist lebhaft gefärbt (marmoriert); Flügel in Ruhestellung dachförmig; ♀ fliegt wenig oder gar nicht; Räupchen wickeln, rollen, falten Blätter und Nadeln durch Gespinstfäden zu charakteristischen Gebilden wie Nester, Trichter, Hauben o.ä., die von innen her skelettiert oder ausgefressen werden. Manche Arten höhlen während ihres Larvenlebens oder auch nur als Jungraupe Knospen, Nadeln, Triebe, Früchte oder Samen aus. Durch ihre verborgene Lebensweise sind sie vor Verfolgern und Witterungseinflüssen außerordentlich gut geschützt. Die Verstecke werden bei Nahrungsmangel (mittelbar auch durch Frost), Störungen oder auch zur Verpuppung verlassen. Harzverkleidete Gespinströhren verhindern zumeist das Durchdringen chemischer Stoffe.

Gegenmaßnahmen: wegen versteckter Lebensweise bei vielen Arten schwierig und auch unnötig;

vorbeugend: Vogelhege, Ameisenhege; Anbau spättreibender Eichen *(viridana)*; Unterbrechung von Kiefernmonokulturen durch Laubholz, auch als Unterbau zur Bodenverbesserung, Nährstoffzufuhr durch Düngung auf armen Böden, Wahl der weniger anfälligen Schwarzkiefer *(buoliana, duplana, turionella)*; Vermeidung schlecht wasserversorgter Standorte für die Weißtanne *(murinana)*, von Frostlöchern und flachgründigen Böden sowie hoher Wilddichte (Verbiß) bei Fichte *(pactolana)*, von Verletzungen wie Rücken, Schälen *(duplicana)*; Umwandlung reiner Lärchenbestände in Mischwald mit mäßigem Lärchenanteil *(diniana)*;

mechanisch: Zerdrücken der Raupen in Gespinsten *(pulchellana)*, Abbrechen befallener Triebe *(duplana)*, Knospen Ende April *(turionella)*, verharzter Seitenknospen des Terminaltriebes im August/September *(buoliana)*, Vernichtung der Harzgallen *(resinella, zebeana)*, Aushieb und Verbrennen schwer erkrankter Pflanzen bzw. Stämmchen, Sammeln und Vernichten unreif abgefallener Fichtenzapfen *(strobilella)*;

chemisch: Insektizide mit Tiefenwirkung oder systemisch (PV);

biologisch: Verbreitung von Krankheitserregern*, Massenzucht und Freilassung von Schlupfwespen *(Entomophaga)* und Raupenfliegen *(Tachinidae)*.

---

* S. auch unter „Insektenpathogene Bakterien, Pilze, Mikrosporidien".

Holzart	Symptom	Wichtige Arten

Laubholz

Eiche
Knospe, Blatt, Blüte
(1. Raupenstadium
streng monophag,
5. auch an Erl, Bi,
Hbu, Bu, Hasel, ge-
legentlich auch Li,
Es, Saalwei, Eberes,
Mispel, sogar Kir,
Fi, Ta); bevorzugt
Stielei, vorherrschende
Stämme, einzeln ste-
hende Bäume und
Gruppen in sonniger
Lage, bei Massenver-
mehrung sämtliche
Altersklassen, hart-
näckiger Dauerschäd-
ling in zusagenden
Gebieten (Nordrhein-
Westfalen, SW-
Deutschland), Neigung
zur Massenvermehrung
mit meist kurzen Inter-
vallen von etwa 5–7
Jahren

allmähliche Entlau-
bung von oben nach
unten mitten im Früh-
jahr, Blattfalten
bzw. -wickel mit
schwarzköpfiger
Raupe oder dunkler
Puppe;
tw erheblicher Zuwachs-
(1,5 fm/ha/Jahr) und
Wertverlust (Wasser-
reiser, Herabsetzung
der Krone, Schaft-
krümmungen, Heister-
knick), Ausfall der
Mast (Naturver-
jüngung, anerkann-
tes Saatgut, Wild-
futter, *Abb. 171d*),
ungleichmäßige Jahr-
ringbildung (Furnier!),
im Verein mit Spät-
frost, Dürre, Halli-
masch, Mehltau und
begleitenden Frost-
spannern Eichenster-
ben (Kettenreaktion);
Fraßbilder: Löcher,
Scharten, Skelette bis
zum Blattgerippe
bzw. nur Mittelrippe
(hörbares Kotrieseln!)
(Abb. 14, 22, 23)

Grüner Eichenwickler (*Tortrix viridana* L.)
von England durch ganz Europa bis Italien,
Spanien, Krim, russische Ostseegebiete;
I 18–23 mm, Vfl hellgrün, Hfl grau
  (Abb. 171 a);
L bis 20 mm, schmutziggrün mit schwarzen
  Punkten und schwarzem Kopf, 5 Stadien
  (Abb. 171 b);
P 9–10 mm, dunkel, langgestreckt meist im
  Wickel *(Abb. 171 c)*;

Biof: 6,4–5/6 + 67; Eiablage paarig, dach-
ziegelartig, an Blattnarben und Zweig-
gabelungen, bes. im oberen Kronenraum,
durch Staub- und Algenbelag gut getarnt,
nach Überwinterung schlüpfen Räupchen
mit Laubausbruch, bohren sich auch unter
dem Schutz einer Deckschuppe in schiebende
Knospe, Blütenknospe, fressen diese aus
oder am zarten Laub, vom 3. Stadium
Wickeln bzw. Falten von Blättern durch
Gespinste; ausschlaggebend für den Fraßgrad: zeitliches Zusammentreffen des
Schlüpfens der Räupchen und des Knospenschiebens bzw. Laubausbruchs (Koinzidenz)
sowie Frühjahrswitterung; neben einer
bestimmten Temperatursumme auch phäno-
logisches Verhalten des Bestandes (Anteil
der Spättreiber) maßgebend; durch Stürme
können vor allem Jungraupen an Gespinstfäden völlig verwehen, Spätfröste mit
Vernichtung des Maigrüns den Hungertod
bescheren; kritische Zahlen s. Prognose!

Feinde:
Vögel: Star, Feldsperling, Meise, Kleiber,
Specht, Pirol, Kuckuck, Laubsänger, Gras-
mücke, Schnäpper, Erdsänger, Baumpieper,
Drossel (bes. Amsel), Krähe, Dohle, Fink,
Schwalbe (insgesamt etwa 40 Vogelarten);
Insekten: Libellen *(Odonata)*, Wanzen
(Heteroptera), Rote Waldameisen *(Formica
spec.)*, Skorpionsfliegen *(Mecoptera)*,
Schlupfwespen *(Entomophagma)*, Raupen-
fliegen *(Tachinidae)*; Krankheitserreger:
Mikrosporidien (s. dort!).

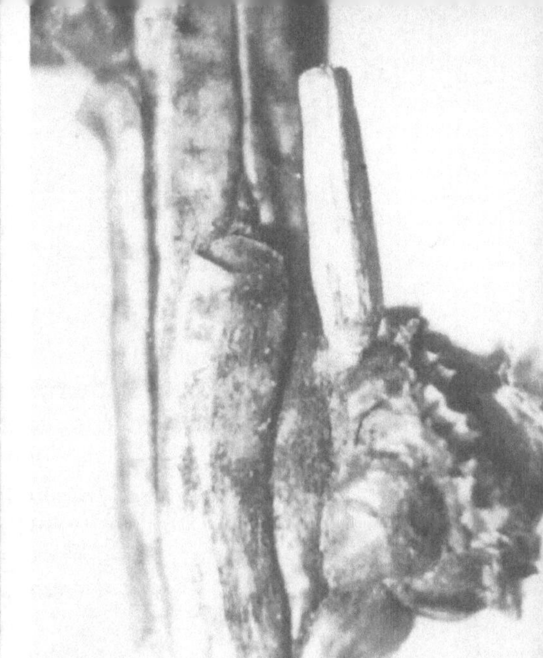

Abb. 169. Blattminen der Eichenminiermotte mit [6 mm] Räupchen (B. Soukup)

Abb. 170. Im Nadelsack überwinternde Raupe der Lärchenminiermotte auf einer Kurztriebknospe [ca. 5 mm] (J. Reisch)

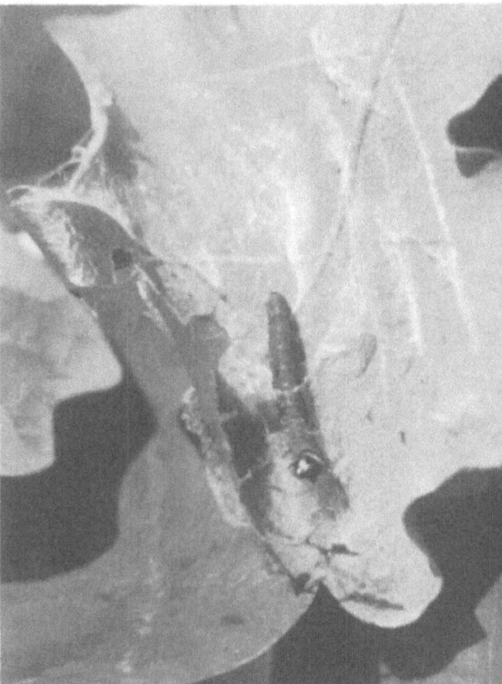

Abb. 171. Eichenwickler

(a) Falter [18–23 mm] (W. Rohdich)

(b) Raupe in der versponnenen Blattfalte [bis 20 mm] (J. Reisch)

Abb. 171. (c) Puppe [9–10 mm] (J. Reisch)

(d) Zerfressene Eichenblüte (J. Reisch)

Holzart	Symptom	Wichtige Arten
Esche (polyphag Lh, Nh) bes. Bu-Aufschlag und zwischen Blättern des Endtriebes von Es	Zwieselbildung (Es) unregelmäßiger Fraß an zusammengesponnenen Blättern (Bu-Aufschlag); *Differentialdiagnose* zu Eschenzwieselmotte (Es) und Frostspannern (Bu-Aufschlag) nur durch Auffinden und Bestimmen der Raupen	Bräunlicher Obstbaumwickler, Eschenzwieselwickler *(Archips podana* Scop. = *Cacoecia)* M-Europa, Schweden, O-Italien, Sardinien, Dalmatien, Griechenland, Kleinasien, O-Sibirien, Japan; I 19–26 mm, ♂ Vfl hellbraun mit dunkler, weiß begrenzter Schrägbinde und Y-Fleck im Wurzelfeld, ♀ graubraun, stark quergewellt; L grün oder grüngrau mit rotbraunem oder schwarzem Kopf; FZ Juni/Juli.
Nadelholz		
Fichte, (Ta), Knospen, Triebe; bes. Dickung und Stangenholz; zuweilen Massenvermehrung mit 2–4jähriger Dauer	vergilbte, flache Nadelnester, ausgehöhlte Nadeln; später Fraß, kurze Gradationsdauer, Meidung einmal kahlgefressener Bäume; wohl stets nur Zuwachsverlust *(Abb. 174);* *Differentialdiagnose:* Kl. Fichtennadelmarkwickler (*E. pygmaeana* Hb.) mit Gespinsten um Knospenschuppenhauben der Maitriebe, zeitlich früher (Juni/Juli); Motte *(Eustaintonia pinicolella)* schwierig, erst nach Auffinden und Bestimmen der Raupe	Fichtennestwickler, Hohlnadelwickler *(Epinotia tedella* Cl. = *Epiblema)* M- und S-Europa, SO-Rußland, in den Alpen bis 1800 m NN; I 13–14 mm, Vfl dunkelbraun mit silberweißen, unregelmäßigen Querbändern; L bis 9 mm, hellbraun mit Rückenstreifen oder grünlich mit Linien; P ca. 6 mm, dunkelbraun mit dornigem Afterwulst; Biof: 67–7,4/45 + 67; Eiablage einzeln mit Vorliebe auf Nadeloberseite lausbefallener Fi in geschützter, sonniger Lage, Räupchen minieren in Nadeln von Basis her, später auch äußerlicher Fraß, ab Oktober Abspinnen zum Boden oder Überwinterung im Gespinst, Verpuppung im Gespinst.
Knospe, Trieb (ziemlich monophag, gelegentlich Ta, Weyki); meist Kultur, Dickung	Posthorn, Fraßstelle mit Gespinströhre *(Abb. 173a, b)*	Fichtentriebwickler *(Parasyndemis histrionana* Froel. = *Cacoecia)* Deutschland, Österreich, Frankreich; Biof: 78–7,6/67 + 78; Eiablage in Doppelreihen oder Häufchen auf Nadeln, Räupchen fressen im Frühjahr in Gespinströhren an vorjährigen Nadeln oder jungen, sich dann krümmenden, Maitrieben, Verpuppung am Fraßort im Gespinst.

Holzart	Symptom	Wichtige Arten
s. unter Lä	Fraß an Maitrieben ähnlich Kl. Fichtenblattwespe, äußerliches Abnagen und Aushöhlen von Zapfen	**Grauer Lärchenwickler** *(Zeiraphera diniana* Gu. = *Semasia)* s. unter Lä!
Stamm, Zweige (monophag), meist Jungwuchs und Dickung, jedoch auch Kulturen und bei Massenvermehrung sogar Stangenhölzer; vorwiegend Frostlöcher, verbißgeschädigte Pflanzen	Tränen der Stämmchen durch Harztröpfchen, schnupftabakähnliche Kotklümpchen, verkrustete Rinde, Anschwellung und Dunkelfärbung der Quirlgegend; bei starkem und hartnäckigem Befall an geschwächten Pflanzen tödlich, zumindest Absterben der Wipfelpartie oberhalb der Befallsstelle, Wuchsdeformation, Zuwachsverlust	**Fichtenrindenwickler** *(Laspeyresia pactolana* Zll.) M-Europa bis Schweden, Lappland; Ebene bis Mittelgebirge, vorwiegend flachgründige Böden; I 14–15 mm, Vfl bräunlich mit glänzend weißlicher, in der Mitte scharf geknickter, doppelter Querlinie; L bis 11 mm, weißlich oder blaßrötlich, am letzten Segment eine Reihe paariger Wärzchen; P 6 mm, schmutzigbraun mit stumpfem, kurz beborstetem Aftergriffel; Biof: 66–6,4/5 + 56; Eiablage an Rinde zwischen Quirle und Zwischenquirlzweige, Räupchen minieren unter Rinde wenige cm lange, unregelmäßige Gänge, Fraß auch bei mildem Winterwetter, Verpuppung im Fraßgang in der Kotauswurföffnung.
(Ta) in harzreichen Anschwellungen (Ta-Krebs) oder in Schälwunden (Rotwild)	korallenartige Harzkrusten mit bräunlich-weißen Kothäufchen; s. auch Tannenkrebsglasschwärmer!	Dunkelbrauner Fichtenrindenwickler *(Laspeyresia duplicana* Zett.) Kurland, Skandinavien, Finnland, Lappland, Deutschland, Galizien, Oberitalien, Dalmatien; I 15 mm, Vfl dunkelbraun mit hellen Sicheln und heller Zeichnung im Spitzenteil; L schmutzig weißlich mit braunem Kopf; FZ Juni/Juli, Räupchen von Herbst bis Mai im Bast junger Stämme, Verpuppung im Fraßort.
(Ta, Ki, Schwki, Weyki) w. v.	in Harzbildungen (Rotwildschäle), im Tannenkrebs; s. auch Tannenkrebsglasschwärmer!	Tannenkrebswickler, Schw. Nadelholzwickler *(Laspeyresia coniferana* Sax.) Norwegen, M-Europa, Portugal; I 9–13 mm, Vfl braungrau mit scharf gebrochener, doppelt weißlicher Querlinie und heller Zeichnung im Spitzenteil (s. vorher!); L weißlich mit hellbraunem Kopf; FZ Mai bis August, Räupchen September bis April.

Holzart	Symptom	Wichtige Arten
Zapfen (monophag)	Harzausfluß, Krümmen des Zapfens, leere Puppenhülsen zwischen Schuppen; Minderung der Samenernte und NV; s. auch Fichtenzapfenzünsler!	Fichtenzapfenwickler *(Pseudotomoides strobilella* L. = *Laspeyresia)* M- und N-Europa; I 13 mm, Vfl olivbraun, Wurzelfeld mit 2 schwach gebogenen, dunklen Bleilinien begrenzt; L weißlich oder gelblichweiß mit hellbraunem Kopf; P Afterwulst mit 4 Hakenborsten; FZ April/Mai, Räupchen ab September, minieren in Zapfenspindel, später Zapfenschuppen und Samen, Verpuppung im Frühjahr im Fraßort.
	starke Nagespuren	***Grauer Lärchenwickler*** *(Zeiraphera diniana* Gu. = *Semasia)* s. unter Lärche!
Tanne Nadel überwiegend Althölzer, bei Massenvermehrung alle Altersklassen (auch Fi)	Rötung der Krone, Kümmern und Verbuschen von Dickungen und Stangenhölzern, versponnene Maitriebe (tw mumienartig), Gespinströhren, bei Störung sofortiges Abspinnen der Raupe; zunehmender Trocknisanfall, Verlust des Zwischen- und Unterstandes in Althölzern, Ausbildung eines verjüngungsfeindlichen „Hallenbestandes", Mastausfall, Zuwachsverlust; Tannensterben (Kettenreaktion mehrerer Faktoren, wie strenge, nachwinterliche Frostperiode, Dürre u.a.)	***Schwarzköpfiger Tannentriebwickler*** *(Choristoneura murinana* Hb. = *Cacoecia)** S-Deutschland, Niederösterreich, CSSR, Polen; bevorzugt in schlecht wasserversorgter Vorwaldzone außerhalb des eigentlichen Tannengebietes; I 15–25 mm, graugelb, braun gegittert, düster, sehr variabel; L bis 21 mm, grünlich mit glänzend schwarzem Kopf, 6 Stadien *(Abb. 172a)*; P 8–14 mm, dunkelbraun, langer Aftergriffel mit Hakenborsten *(Abb. 172b)*; Biof: 68–7,46/67 + 68; Eiablage zweizeilig auf Nadeloberseite jüngerer Jahrgänge, bes. im oberen Kronenteil, Räupchen überwintert ohne Nahrungsaufnahme in Rindenritzen, Knospenschuppen, ausgefressenen Knospen, bohrt sich beim Austrieb in Knospen und Blütenknospen, verspinnt Mainadeln röhrenförmig, zunächst Lochfraß, später verschwenderisch bis auf Nadelstumpf, durchschnittliche Fraßmenge 120 Nadeln oder 1–2 Maitriebe je Raupe, Verpuppung am Fraßort zwischen versponnenen Nadeln, aber auch am Boden und Stamm; kritische Zahlen s. Prognose!

---

* Nahe verwandt *Archips fumiferana* Clem. = *Choristoneura* „Spruce budworm", in USA und Kanada äußerst schädlich!

Holzart	Symptom	Wichtige Arten
		Tannentriebwickler *(Fortsetzung)* *Feinde:* Vögel: Zaunkönig, Mönch, Tannenmeise, Misteldrossel, Eichelhäher, Ringeltaube; Insekten: Schlupfwespen *(Entomophaga)*, Raupenfliegen *(Tachinidae)*; *Krankheitserreger:* Viren, Mikrosporidien (s. dort!).
(monophag), gelegentlich Massenvermehrungen	ähnlich *murinana*, oft vergesellschaftetes Vorkommen	Rotköpfiger Tannentriebwickler *(Zeiraphera rufimitrana* H.S. = *Semasia)* M-Europa ohne Holland, NW-Rußland; I 12–16 mm, Vfl gelbbraun oder graubraun mit vielen hellen Bleilinien durchzogen, heller rostroter Kopf; L bis 9 mm, jung schmutzig gelbgrün, erwachsen gelb; P bis 6 mm, glänzend gelblich rostrot mit 2 langen Kopfhaaren; Biof: 7,45–47/67 + 68; Eiablage vermutlich an Rindenritzen und stärkeren Ästen des Stammes, Fraß ähnlich *murinana*.
Kiefer (auch Fi, Ta, Lä) Nadel	Rindenfraß an Maitrieben, ausgehöhlte Endtriebe, Nadeln; *Differentialdiagnose:* Kieferntriebwickler *(duplana)* – nur Aushöhlung des Endtriebes, kein Nadel- oder Rindenfraß	Kiefernnadelwickler *(Archips piceana* L. = *Cacoecia)* M- und N-Europa, N-Asien; ♂ 22 mm, Vfl bläulich veilrot, Wurzelfeld brillenartig abgesäumt, dahinter zackig vorspringende Schrägbinde, freieckiger Randfleck, ♀ 25 mm, Vfl ockergelb oder bräunlich, stark gegittert; L bis 22 mm, jung grasgrün, hell rostrot behaart, erwachsen schmutzig bräunlichgrün; P hellgelb mit abgeplattetem, beborstetem Aftergriffel; Biof: 67–8,5/6 + 67; Eiablage an Nadeln, Jungräupchen miniert Nadeln, im nächsten Frühjahr Maitriebfraß.
(auch Lh, krautige Pflanzen); Ki-Saaten und -anflug	versponnene Sämlinge: schopf-, knopf-, kandelaberartig, Benagen und Abfressen von Nadeln, Krümmungen; wegen Erhaltung der Terminalknospe wenig bedeutsam	Kiefernsämlingswickler *(Argyrotaenia pulchellana* Hw. = *Eulia politana* Hw.) Europa mit Ausnahme des hohen Nordens, N-Amerika; I 12–13 mm, Vfl aschgrau bis ockergelb, braunrotes Schrägband, Wurzelfeld; L grün mit weißlichen Wärzchen, bräunlichgrüner Kopf;

Holzart	Symptom	Wichtige Arten
		Kiefernsämlingswickler (*Fortsetzung*) Biof: 5–67/7 + 89; 89–8. 10/10, 4 + 45; Räupchen der Frühjahrsgeneration zwischen versponnenen Blättern und Blüten der Bodenflora, der 2. Gen. in Kiefernpflänzchen.
Knospe, Trieb; Kulturen, kränkelnde, frisch gesetzte Pflanzen, gelegentlich Massenvermehrung	verwelkte, ausgehöhlte braune Triebspitzen mit unversehrtem Basalteil (Absterben von der Spitze her), krüppelhafte Triebe; *Differentialdiagnose:* *buoliana*-Fraß von Basis zur Spitze, *Archips piceana* auch äußerlich an Nadeln und Rinde; im Verein mit Begleitarten tw beträchtlicher Schaden	Kieferntrieb- oder Kiefernquirlwickler (*Rhyacionia duplana* Hb. = *Evetria*) Europa, W-Rußland bis Japan, N-Amerika; bevorzugt Acker- und Ödlandaufforstungen; I 15 mm, Vfl grau mit 4 weißen Doppellinien; L 9 mm, hellgelbbraun, wachsfarben, dunkler Kopf; P lange Flügelscheiden und langer Stirnzapfen, sehr lange Hakenborsten am stark bedornten Afterring; Biof: 34–47/7,4 + 34; Eiablage zwischen Deckschuppen an die Spitze der Winterknospen, Räupchen fressen mehrere frische Triebe von der Spitze zur Basis aus, Verpuppung im grauweißen Kokon am Fraßort oder in der Bodenstreu.
(auch Weyki) Kultur bis Dickung	Harzaustritt, grauschwarze Verfärbung der befallenen Knospen, Verbuschung (Besenbildung), Entwicklung abnorm langer Nadeln; erheblicher Zuwachsverlust (bes. Höhentrieb), Absterben bei hartnäckigem Befall	Kiefernknospenwickler (*Blastethia turionella* L. = *Evetria turionana* Hb.) Europa, W-Rußland bis Japan, Ebene bis 1200 m NN; I 18–20 mm, Vfl braungrau mit zahlreichen hellen Querbinden; L 9–10 mm, hell schmutzigbraun mit schwarzem Kopf; P ohne Stirnfortsatz (s. *duplana*!) und ohne Stachelkranz am After; Biof: 56–67,4/45 + 56; Eiablage einzeln an Innenseite der Nadeln nahe der Scheide eines Quirls, bei starker Vermehrung an sämtliche Knospen, vorwiegend des Terminaltriebes, Räupchen umspinnt austreibende Nadelspitzen und höhlt sie aus, im 3. Stadium Aushöhlung von Seitenknospen, Überwinterung meist in Mittelknospe eines Knospenquirls, Verpuppung am Fraßort.

Holzart	Symptom	Wichtige Arten
(monophag) bevorzugt große, lückige Kulturen, auch Dickungen und Stangenhölzer, Massenvermehrungen	Posthorn, häufiger jedoch abgestorbene Endtriebe, Verbuschung; *Differentialdiagnose: duplana*-Fraß von der Spitze zur Basis des Triebes (*buoliana* umgekehrt), *Archips piceana* auch äußerlich an Nadeln und Rinde *(Abb. 175a-c);* erheblicher Zuwachs- und Wertverlust (astig, krummschäftig)	***Posthornwickler,*** Kiefernknospentriebwickler *(Rhyacionia buoliana* D. u. Schiff. = *Evetria)* von England bis Zentralasien, von Schweden bis S-Europa, Syrien, nach N-Amerika eingeschleppt; I 18–23 mm, Vfl ziegelrot mit silbrigen Querlinien; L bis 21 mm, jung hellbraun mit schwarzem Kopf, helle kleine Borsten, erwachsen dick und plump, fettglänzend; 6 Stadien; P gelbbraun, Hinterleibsrücken mit feinen Stachelreihen, halber Stachelkranz am After;
		Biof: 7–7,5/6 + 67; Eiablage einzeln oder gruppenweise an Nadelscheiden, Nadeln oder Triebe, Räupchen durchbohrt Scheide und miniert in Basalteilen der Kurztriebe, im 2. Stadium zwischen dem Quirl endständiger Knospen, harzverkrustete Gespinstbrücke meist von Seitenknospen zur Mittelknospe, Überwinterung in Knospe oder Gehäuse, im zeitigen Frühjahr (nach 3 aufeinanderfolgenden Tagen mit mindestens + 15°C Lufttemperatur) Wanderung zu neuen Knospen, junge Triebe werden von der Basis her ausgehöhlt oder äußerlich rinnenartig befressen, bei Wachstumsvorsprung des Triebes Posthornbildung *(Abb. 175c),* bei verzögertem Wachstum Absterben des noch kurzen Terminaltriebes *(Abb. 175b),* Verpuppung meist an Basis eines Maitriebes. Kritische Zahlen s. Prognose!
		Feinde: Ohrwurm *(Forficula auricularia),* Raupenfliegen *(Tachinidae),* Schlupfwespen *(Entomophaga),* Spinnen *(Araneidae).*
Stamm, Zweige (monophag); bevorzugt Kultur und Dickung	Harzgalle; unter ungünstigen Standortverhältnissen Absterben der Knospen, im Verein mit Begleitarten tw recht unangenehm *(Abb. 176)*	Kiefernharzgallenwickler *(Petrova resinella* L. = *Evetria)* England bis Rußland, Lappland bis Spanien; arme Böden; I 16–21 mm, Vfl dunkel schwarzbraun mit stark glänzenden, bleigrauen Wellenlinien; L gelblich mit kleinen, dunklen Wärzchen, dunkelbrauner Kopf; P fast schwarz, Stachelkranz am After schwach angedeutet;

Abb. 175. Posthorn- oder Kiefernknospentriebwickler (J. REISCH)

(a) Befallene Knospen durch harzverkleidete Gespinstbrücken verbunden

Abb. 175 (b) Abgestorbener Endtrieb

(c) Posthorn

Abb. 176. Kiefernharzgallenwickler (Galle) [erbsen- bis kirschgroß] (W. NOACK)

251

Holzart	Symptom	Wichtige Arten
		Kiefernharzgallenwickler (Fortsetzung) Biof: 56–6, A, 4/45 + 56; Räupchen frißt unterhalb des Knospenquirls im Schutz eines Gespinstdachs von der Triebrinde bis zum Mark mit vertikaler Erweiterung, allmähliche Entwicklung einer erbsen- (Herbst) bis kirschgroßen Harzgalle eigentümlicher Bauart, Verpuppung nach zweimaliger Überwinterung im 3. Kalenderjahr am Fraßort, Schlüpfen des Falters nach allmählichem Herausschieben der Puppe aus der, in der Morgensonne erweichten, Harzmasse.
s. Fi	in Harzbildungen, im Tannenkrebs, in verpilzten Teilen bei Strobenrost (Weyki) und Kiefernrindenblasenrost (Astanschwellungen, Kienzopf)	Schwarzer Nadelholzwickler, Tannenkrebswickler (*Laspeyresia coniferana* Sax.) s. unter Fi!
Lärche (auch Fi, Ki, Arve, Bergki); Nadel Massenvermehrungen im Erzgebirge (Fi) und Alpengebiet (Lä), meist 6–8jähriger Zyklus mit 2–3jährigem Schadfraß	Rötung der Krone, zusammengesponnene Kurztriebbüschel (Trichter); Zuwachsverluste, selten Absterben, im Alpengebiet äußerst gefährlich	*Grauer Lärchenwickler (Zeiraphera diniana* Gu. = *Semasia)* – vermutlich 2 ökologische Rassen an Lä und an Fi, Bergki, Arve; Europa, N-Rußland bis Sibirien; I 18–20 mm, Vfl glänzend hellgrau, braun gegittert; L 10–12 mm, jung schwärzlich, erwachsen grünlich mit dunklen Streifen; P 8 mm, auf dem Rücken rückwärts gerichtete Stachelquerreihen; Biof: 8,5–57/78 + 79; Eiablage in Gruppen unter Flechte im oberen gut benadelten Kronenteil, Jungraupe lebt in Gespinstsäckchen in der Mitte des Nadelbüschels eines eben aufbrechenden Kurztriebs, nach 2. Häutung werden Nadeln eines neuen Büschels zum Trichter versponnen, Fraß von innen her, bei Massenvermehrung direkter Nadelfraß ohne Gespinströhren verschwenderisch, bei Fi nur an Maitrieben unter Verschonung der Endknospen, Verpuppung in Streu oder Gras.

Holzart	Symptom	Wichtige Arten
Stamm, Zweige (monophag) 4–10jährige Pflanzen	Harzgalle, Strauchform; je nach Zerstörung des Triebes Verzweigungsfehler oder auch Absterben, Wegbereiter des Lärchenkrebses	Lärchengallen- oder Rindenwickler (*Laspeyresia zebeana* Rtz.) Alpen, Thüringen, Schlesien, Böhmen; I 17 mm, Vfl grauschwarz, VR gestreift, helle zum AR vorspringende Linie; L 16 mm, hellgrau oder schmutzig gelbgrün mit dunklem Kopf; P 8 mm, glänzend schwarzbraun mit abgestumpftem Hinterende; Biof: 5–6, A, 3/4 + 5; Eiablage einzeln an Stämmchen und Äste jüngerer und Zweige älterer Lärchen, mit Vorliebe an Astwinkel 2jähriger Triebe, Räupchen bohrt sich in Rinde ein und bewirkt Harzausfluß und Anschwellung (Galle) von Erbsen- (1. Jahr) bis Kirschengröße (2. Jahr), Verpuppung am Fraßort, Schlüpfen des Falters nach Vorschieben der Puppe.

Zünsler (Pyralidae)

Ca. 500 Arten in Europa;
schmale, dreieckige Vfl, breit dreieckig faltbare Hfl; Raupen vorwiegend in Gespinstgängen in lebenden und toten Pflanzenteilen; überwiegend landwirtschaftliche Schädlinge, z.B. Maizünsler (*Ostrinia nubilalis* Hbn.).

Gegenmaßnahmen

vorbeugend: Vermeidung von Stammverletzungen (Rücken, Schälen durch Rotwild) *(splendidella);*
mechanisch: Entfernung der obersten, hauptsächlich befallenen Zapfenschicht und Umstechen des Resthaufens (in Darren) *(elutella);*
chemisch: Überstreichen befallener Schälwunden und dergleichen mit Schälschutzmitteln *(abietella, splendidella).*

Minierer (Raupen)

Holzart	Symptom	Wichtige Arten
Nadelholz		
Trieb, Stamm, Zapfen (Ta, Lä, Ki)	Zapfen mit zahlreichen braunroten Kothäufchen zwischen den Schuppen, Ankerfraß an Schuppe, Trieb mit gekrümmten Enden, Stamm mit braunroten Kotmassen an verharzten Stellen;	Fichtenzapfenzünsler (*Dioryctria abietella* Schiff.) M- und N-Europa, N-Italien, S-Rußland; I 25–30 mm, Vfl grau mit weißer Querzeichnung; L rötlich, deutlich längsgestreift, schwach ausgeprägte Warzen;

Holzart	Symptom	Wichtige Arten
	Differentialdiagnose: *splendidella* starker Harzausfluß, keine braunen Kotmassen; Fraß an Wipfeltrieben von Kulturen und Stangenhölzern bedeutsam, Zapfenfraß mindert Samenernte	*Fichtenzapfenzünsler (Fortsetzung)* Biof: 67–8,5/56 + 67; in heißen Sommern auch doppelte Generation, Fraß der Räupchen vielgestaltig in Zapfen (Samen und Samenanlagen sowie ankerartig an Zapfenschuppen unter Verschonung der Spindel), in *Sacchiphantes = Chermes*-Gallen, in Wipfeltrieben unter Aushöhlung, in verharzten, pilzkranken Stammteilen und Ästen unter lebhaftem Auswerfen braunroter Kotmassen, Verpuppung im Boden.
Kiefer Stamm, Zweige (Weyki, Seeki, Träki, Fi)	starker Harzfluß, meist senkrecht am Stamm oder tropfsteinartig (stalaktitisch) von Ästen, bunte, meist rötliche Harztrichter an Riesenbastkäfer (*Dendroctonus micans* Kug.) erinnernd; *Differentialdiagnose:* *abietella* braunrote Kotmassen, kein derartiger Harzfluß; Verzögerung der Kallusbildung bei Schälwunden, Steigerung des Harzflusses zur Terpentingewinnung bei Seeki nützlich!	Harzzünsler (*Dioryctria splendidella* H.S.) M-Europa, N-Spanien, S-Frankreich; I 31–34 mm, Vfl aschgrau mit 2 weißlichen, schwarz eingefaßten, zackigen Querbinden und weißlichem Mittelfleck; L meist farblos oder leicht grünlichgrau bzw. rosa wie glasiert; P 15–17 mm, hellbraun mit 6 Hakenborsten auf endständigem Kamm; Biof: 78–8,6/6 + 7; in günstigen Jahren doppelte Generation, Räupchen miniert zwischen Rinde und Splint in verharzten Stellen an Stamm und Zweigen (Kienzöpfe, rostkranke Weyki, Rotwild(sommer)schäle an Fi), unregelmäßiger Platzgang mit gewisser Ähnlichkeit des Lotgangs vom Gr. Waldgärtner (*Tomicus piniperda* L.), Puppenwiege aus seidenpapierartigem Gespinst oberhalb des Fluglochs.
Samen (verschiedene Kräuter, Früchte)	versponnene Klümpchen von 15–20 Samenkörnern, ausgehöhlte Samen mit $\frac{1}{3}$ Lochgröße; Schaden bes. in Samendarren beträchtlich	Kiefernsamenzünsler, Dörrobstschabe, Heu- oder Kakaomotte (*Ephestia elutella* Hb.) Europa, N-Amerika, tropische Länder; I 15 mm, Vfl bräunlich aschgrau mit dunkler Schrägbinde; L 11 mm, weißlich bis bräunlich mit einzeln beborsteten Wärzchen; FZ Mai bis September in Lagerräumen.

Holzbohrer (Cossidae)

Ca. 800 Arten; große, plumpe Falter *(Xyleutes boisduvali)* mit 25 cm Flügelspannweite aus Australien), fliegen nachts; Raupen mit starken Mandibeln durchnagen selbst Blei, plätzen unter Rinde und fressen dann Gänge in Stamm, Äste, Wurzeln, meist zweimalige Überwinterung; Verpuppung vielfach in mit Spänen und Erde vermengten Gespinsten im Holz bzw. in der Nährpflanze oder im Boden; wegen überwiegendem Einzelbefall und längerer Entwicklungszeit nur in Baumschulen, Samenplantagen und im Obstbau bedeutend.

Gegenmaßnahmen: selten nötig!

mechanisch: Aushieb stark befallener Stämme, Quetschen im Fraßgang mittels Draht;
chemisch: Einführen von schwefelkohlenstoffgetränkten Wattebäuschchen oder Phosphorhölzchen oder Xylamon-Paste bzw. -Holzwurmtod mit sofortigem Verschluß durch Baumwachs.

Minierer (Raupen) im Holz

Holzart	Symptom	Art
Weichhölzer		
Weide, Pappel Stamm, Wurzel (u. a. Lh., Lä); bevorzugt Alleen, Gärten, Obstanlagen	Auswurf von Kot und Genagsel, Holzessiggeruch, ovaler Gangquerschnitt; vorwiegend technischer Schaden durch fingerstarke Gänge, erhöhte Windbruchgefahr *(Abb. 180c)*	*Weidenbohrer (Cossus cossus* L.) Europa, Asien; I bis 95 mm, Vfl und Hfl braungrau mit querverlaufenden dunklen Wellenlinien *(Abb. 178b);* L bis 10 cm (♀), abgeflacht, fleischfarbig mit schwarzem Kopf und Nackenschild, Holzessiggeruch *(Abb. 178a);* P braun, gedrungen, Hinterleibsringe mit dunklen Dornreihen, am Afterende Dornenkranz, längliches Gehäuse; Biof: 67–8, A, 4/5 + 67; Eiablage häufchenweise in Rindenritzen, mit Vorliebe am Wurzelhals, Räupchen plätzen zunächst unter Rinde gemeinsam, nach der ersten Überwinterung in einzelnen Gängen (nicht selten über 1 m Länge) aufsteigend, mitunter auch allein im Wurzelbereich, Auswurf von Kot und Nagespänen durch eine untere Öffnung, bei Hunger Kannibalismus und Abwanderung zum nächsten Baum, Verpuppung nach 2. Überwinterung am peripheren Gangende oder im Boden.
Harthölzer		
Stamm, Zweige (sehr polyphag, Lh, Fi, auch Rebe, Johannisbeere, Spiraee, Schneeball, Mistel) Massenvermehrung in der Ukraine	Auswurf von Kot und Genagsel, drehrunder Gang (ca. 10 mm ∅); Schaden vor allem im Obstbau, aber auch in Weidenhegern und Pflanzgärten. *(Abb. 180a)*	*Blausieb (Zeuzera pyrina* L.) Europa, Kleinasien, Palästina, Cypern, Korea, Japan, nach S-Afrika und N-Amerika eingeschleppt; ♂ 50 mm, ♀ 60–70 mm, Flügel weiß mit kleinen, runden, stahlblauen Flecken *(Abb. 179);*

Abb. 177. (a) Eichen-glasschwärmer [20 mm] (H. PFLETSCHINGER)

Abb. 177. (b) Heraus-ragende Puppe des Tannenkrebsglas-schwärmers (aus Tan-nenkrebs) [13 mm] (J. REISCH)

Abb. 178. Weiden-bohrer (J. REISCH)

(a) Raupe [bis 10 cm]

(b) Falter [bis 95 mm]

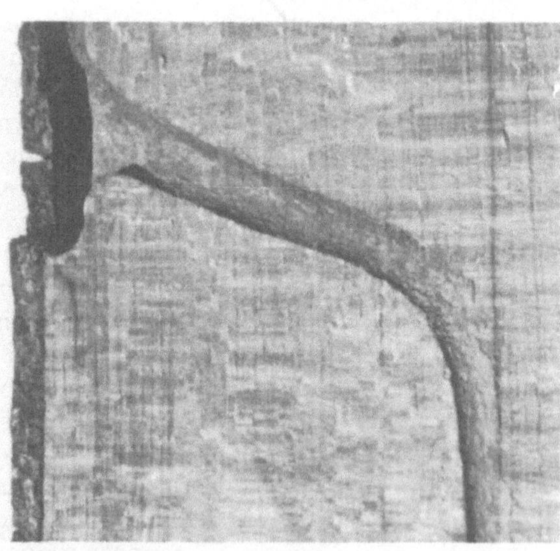
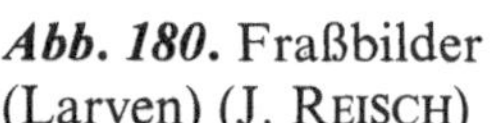

Abb. 179. Blausieb [bis 70 mm] (W. ZEPF)

Abb. 180. Fraßbilder (Larven) (J. REISCH)

(a) Blausieb im Buchenholz (Längs-schnitt) [Fraßgang bis 25 cm lang; 8–11 mm (max. 14 mm) breit]

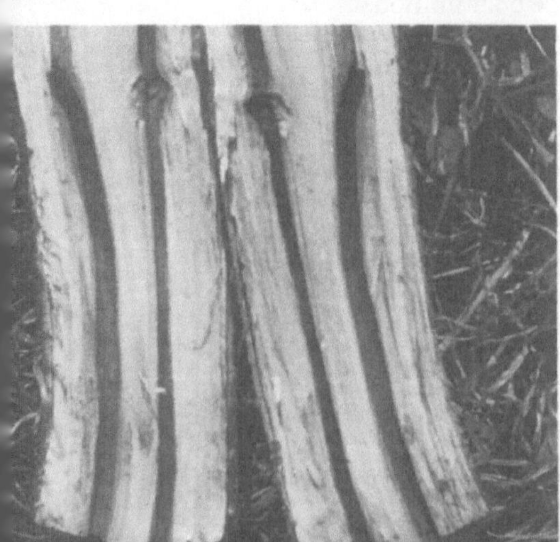
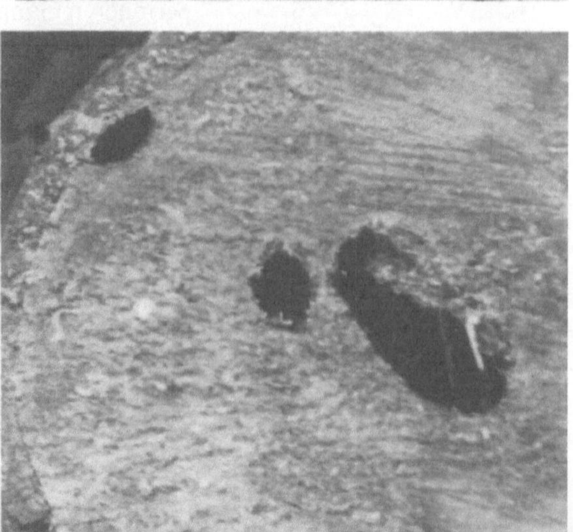

Abb. 180. (b) Erlenglas-schwärmer [meist unter 10 cm lang; bis 6 mm breit]

(c) Weidenbohrer; ovaler Bohrgang (Querschnitt 12 × 26 mm und mehr]

Holzart	Symptom	Art
		Blausieb *(Fortsetzung)* L bis ca. 50 mm, wachsgelb mit einzelnen behaarten schwarzen Warzen; P gelblichbraun mit gekrümmter Kopfspitze, zwischen den Augen braungelbes Gespinst; Biof: 67–7, A, 5/5 + 67; Eiablage meist einzeln auf verschiedene Pflanzenteile, bes. Blattstiele und deren Winkel sowie Knospen und frische Wipfeltriebe, Räupchen bohrt sich ins Mark der Zweige oder Blattstiele ein und nagt nach einigen provisorischen Gängen einen zentralen Längsgang von kreisrundem Querschnitt ca. 20 cm nach oben, Kot- und Nagespantransport in Abständen durch stets wieder versponnene Öffnung am oberen Rande der geplätzten Stelle, zweimalige Überwinterung im Sackende des Ganges, Verpuppung in der Nähe der nunmehr mit Nagespänen verstopften Kotauswurföffnung, kurz vor dem Schlüpfen des Falters Herausschieben der Puppe über die Rindenoberfläche.

Glasflügler, Glasschwärmer (Aegeriidae = Sesiidae)

Ca. 800 Arten; mittelgroße bis kleine Falter von Schwärmergestalt mit wenig beschuppten, größtenteils glashellen Flügeln; Körper schwarz mit gelber und roter Zeichnung, an Wespen und Fliegen erinnernd, Afterbusch; Raupen meist mit nur 4 Kranzfüßen, Nachschieber mit einem vorderen Häkchenbogen; sehr bewegliche, sog. halbfreie Puppe *(Pupa semilibera)* mit Dornreihen auf den Hinterleibsringen (δ 8. und 9., φ 7.–9.), Hinterleibsende mit Dornkranz; Frontalfortsatz am Puppenkopf mit Chitinspitzen zum Zerschneiden einer Kokonhülle oder zum Aufbrechen des Fluglochs; Falter schwärmen mit Vorliebe bei Sonnenschein, Blütenbesucher; in Kulturen, Weidenhegern, Samenplantagen und Baumschulen recht bedeutsam.

Gegenmaßnahmen: selten nötig!
mechanisch: an Erle radikaler Aushieb und Verbrennen befallener Pflanzen *(spheciforme)* ;
chemisch: an Erle und Birke Anteeren der Schnittfläche frischer Stöcke (prophylaktisch) *(culiciforme, spheciforme)*, an Pappel (Weide, Linde, Birke) Einführen von mit Schwefelkohlenstoff, Benzin oder dgl. getränkten Wattebäuschchen in die Auswurföffnung und sofortiger Verschluß mit Baumwachs *(apiforme, tabaniformis)*, Überpinseln der Gallen mit Lein- oder anderem pflanzenverträglichem Öl *(tabaniformis)*, Abspritzen des Bodens und Wurzelanlaufs mit chlorierten Kohlenwasserstoffen *(apiforme)*.

Minierer (Raupen) im Holz

Holzart	Symptom	Wichtige Arten
Laubholz Eiche Stock (frisch)	Rindenfraßgänge, auch platzartig; früher im Ausschlagwald (Mittelwald, Schälwald) schädlich, heute durchaus vorteilhaft zur Beseitigung des verdämmenden Stockausschlags auf Umwandlungsflächen	Eichenglasschwärmer *(Trochilium vespiforme* L. = *Sesia, Synanthedon)* N-, M- und S-Europa, Mauretanien, Kleinasien; I 20 mm, Vfl mit roter, mondförmiger Mittelbinde und schwarzer Saumbinde, Afterbusch gelb *(Abb. 177a)*; L schmutzigweiß mit dunklem Kopf; Gen. 2jährig, Eiablage Juni/Juli in die Kambialschicht frischer Stöcke im Bestandsschatten, Räupchen fressen in Rinde abwärts.
Pappel Stämmchen, Zweige (ausnahmsweise auch Wei, Li, Bi, Es)	Anschwellung der Befallsstelle, grober, sägespanähnlicher Kot; bes. in Baumschulen, Plantagen, Alleen, bei starkem Befall Absterben, zumindest Steigerung der Bruchgefahr; *Differentialdiagnose:* Pappelbock stärkere Nagespäne, kein Kot	**Hornissenglasschwärmer** *(Trochilium apiforme* Cl. = *Aegeria)* Europa; I bis 45 mm, Kopf gelb, Brust mit 2 großen, gelben, eckigen Flecken, Hinterleib stahlblau oder braun mit gelben Ringen; L 40–50 mm, weißlichgelb ohne gelbe Längsstreifen; Biof: 67–8, A, 4/5 + 67; meist Gen. 2jährig, Eiablage einzeln in Rindenritzen am Wurzelhals oder an starken Wurzeln, zuweilen auch während des Fluges auf den Boden, Räupchen bohren sich in Rinde und plätzen bis zur Überwinterung, danach bis 10 cm lange Gänge im Holz von Wurzeln und Stamm, Kotauswurf durch eine meist tiefliegende Öffnung, Verpuppung nach Ausnagung des Fluglochs im festen, braunen Kokon oder auch außerhalb in der Bodendecke in Wurzelnähe.
(ausnahmsweise Wei)	gallenartige Anschwellung, mittelfeine Nagespäne nebst Saftausfluß; bei jungen Pfl. tw erhebliche Bruchgefahr, Absterben;	**Pappelglasschwärmer** *(Paranthrene tabaniformis* Rott. = *Sciapteron)* Finnland, S-Skandinavien, M- und SO-Europa bis Ural, Mongolei; I bis 35 mm, Vfl braun mit hellen Längsstreifen, Körper stahlblau mit 3 gelbgerandeten Hinterleibsringen (♀) bzw. 4 hellgelben Ringen (♂); L weißlichgelb ohne gelbe Längsstreifen, Kopf und Nackenschild schwarzbraun; P gelbbraun;

Holzart	Symptom	Wichtige Arten
		Pappelglasschwärmer *(Fortsetzung)* Biof: 6–7, A, 5/56 + 6; Eiablage vorwiegend an untere Stammpartien, Äste, Triebe, Räupchen bohrt sich an Blattnarbe oder Wundstelle, zuvor plätzend unter Rinde, ins Holz aufsteigenden Gang von ca. 6–10 cm Länge, Verpuppung in der gallenartigen Anschwellung des Anfangsfraßes.
	Differentialdiagnose: Aspenbock-Gallen regelmäßiger; sehr schwierig zu unterscheiden, evtl. durch Aufschneiden der Galle und Bestimmung des Insassen	
Erle, Birke Stamm (Fuß); (seltener Bi)	Kotauswurf am Stammfuß, Ausfluglöcher mit hervorgeschobenen Puppenhülsen am Stämmchen, an der Stammbasis Nagemehl, Aufspringen der Rinde über Fraßstelle, Zopftrocknis; recht unangenehm in Erl-Pflanzungen, frischen Stockausschlägen, Wasserreisern, Absterben *(Abb. 180b);* *Differentialdiagnose:* Erlenwürger – zahlreiche angeschnittene Gangstücke am aufgespaltenen Holz, Larvenfraß deformiert Wundstelle (Verdickkung, Knickung, Einschnürung), höhlt Übergangsstelle zum zentralen Fraß platzförmig aus *(Abb. 153b)*	***Erlenglasschwärmer*** *(Trochilium spheciforme* Gerning = *Sesia* = *Synanthedon spheciformis* Gerning) Europa, S-Rußland; I 25–30 mm, blauschwarz, verschiedene gelbe Stellen wie Rückenrand des 2. Hinterleibsringes, Bauchrand des 4. Ringes, 2 seitliche Längsstriche auf der Brust; L 30–40 mm, seitlich abgeflacht, gelblichweiß; P hellgelb mit hohem Frontalfortsatz; Gen. 2jährig, FZ Mai bis Juli, Eiablage einzeln oder in kleinen Gruppen (Mai/Juni), bes. an Lohden und Heistern von 2–5 cm Stärke, tief unten am Wurzelknoten, Räupchen plätzt zunächst unter Rinde größeren Hohlraum, bohrt dann meist einen unter 10 cm langen, aufsteigenden Gang ins Holz, wurstförmiger Kotaustritt durch Rindenöffnung, Verpuppung dicht unter Rinde.
Stock, Stamm, Pflanze (ziemlich monophag Bi, auch an frischen Erl-Stöcken, jüngeren Pfl., gelegentlich Li, Obstbäume)	Kotauswurf, tiefe Splintfurchen bzw. kurze, knapp bleistiftstarke Holzgänge; Absterben jüngerer Stämmchen bis Heisterstärke, an Stöcken oft wünschenswert (Beseitigung bei Umwandlung)	Birkenglasschwärmer *(Trochilium culiciforme* L. = *Sesia* = *Synanthedon culiciformis)* Europa, Rußland; ♂ 22 mm, ♀ 28 mm, blauschwarz, Vfl mit braunroter Wurzel und gleichfarbigem Saum; L 20 mm, weißgrau oder weißlichgelb mit bräunlichem Kopf und Nackenschild; P 12 mm, ockergelb;

Holzart	Symptom	Wichtige Arten
		Birkenglasschwärmer (Fortsetzung) Gen. 1jährig, FZ Mai bis Juli, Eiablage an Rinde, mit Vorliebe an frische Stöcke und Astungsstellen in der Kambialzone (Mai/Juni), Räupchen nach Platzfraß unter Rinde Splint furchend (starkes Material) oder auch vollständig im Holz aufsteigend (schwaches Material) von nur kurzer Länge (ca. 6 cm); Kotauswurföffnung an Anfangsstelle des Fraßes, Puppenwiegen aus langen Nagespänen bis zum Schlüpfloch.
Nadelholz Tanne Stamm, Zweige (ziemlich polyphag, auch Fi, Ki, Lä, Wacholder)	im pilzkranken Holz, bes. Tannenkrebs; weit herausragende Puppenhülse *(Abb. 177b)*	Tannenkrebsglasschwärmer *(Trochilium cephiforme* Ochsh. *= Sesia = Synanthedon cephiformis* Ochsh.) M- und S-Deutschland, Österreich, Ungarn, Balkanhalbinsel, Türkei bis NO-Persien; I Brust mit gelbem Querfleck, Afterbusch pechschwarz (♂), goldgelb (♀); L beinweiß; P orangebraun; Gen. 2jährig, FZ Mai bis August.

Freifressende Raupen

Großschmetterlinge *(Macrolepidoptera*)*

Raupen mit Klammerfüßen *(Figur 6 G, H, J),* überwiegend freifressend.

Spanner (Geometridae)

Ca. 700 Arten in Europa, insgesamt etwa 10000 Arten: klein bis mittelgroß, meist Nacht- und Dämmerungstiere, überwiegend ohne Nahrungsaufnahme; schlank tagfalterähnlich; hauptsächlich matt und unscheinbar gefärbt, jedoch auch lebhafter grün und gelb getönt; ausgeprägter Geschlechtsdimorphismus wie gekämmte Fühler, intensivere Zeichnung und Färbung beim ♂, borstenförmige Fühler und rudimentäre bzw. fehlende Flügel (Frostspanner) beim ♀ *(Abb. 181a);* Raupen meist drehrund und nackt, spannen, nur 2 Bauchbeinpaare (6. und kräftig entwickelte Nachschieber am 10. Segment) *(Fig. 6 B, D, Abb. 182a, b),* ausnahmsweise auch 3 *(Ellopia* am 6., 8. und 10. Segment); Puppen walzenförmig, mit oder ohne Kokon, hinten zugespitzt, gut ausgebildeter Aftergriffel *(Cremaster);* nur wenige Arten wie die hartnäckigen Frostspanner und der Waldkatastrophen auslösende Kiefernspanner wirtschaftlich bedeutsam, einige Arten wohl als Parasitenreservoir *(Hematurga atomaria)* wichtig.

---

* Größenangaben bei Falter – Flügelspannweite,
  bei Raupe (L) – Körperlänge des erwachsenen Stadiums bzw. gesonderte Angabe,
  bei Puppe (P) – Körperlänge.

Gegenmaßnahmen

vorbeugend: Vogelschutz, Ameisenhege (*Bupalus piniarius, Operophthera*-Arten, *Erannis*-Arten), Erhaltung und Vermehrung einer artenreichen Flora, bzw. eines vielseitigen Unterwuchses, Hecken, Wiesen u.a. für Blütenbesuch von Parasiten (Schlupfwespen, Raupenfliegen) und als Fraßpflanze für deren Ausweichwirte (*Hematurga atomaria* u.a.);

mechanisch: früher Schweine- und Hühnereintrieb zum Puppenverzehr, bei begrenztem Vorkommen. Streurechen auf mindestens 30 cm hohe Haufen (Schlüpfbremse, Selbsterhitzung) in gefährdeten Beständen *(Bupalus piniarius)* und Viren (s. insektenpathogene Viren, Bakterien, Mikrosporidien!); Abschneiden der Eiringe *(aescularia)*; Leimring an Obstbäumen (*Operophthera-* und *Erannis*-Arten);

chemisch: Insektizide (PV) gegen freifressende Schmetterlingsraupen;

biologisch: Massenzucht von Räubern und Parasiten; Einsatz von Bakterien (*Bac. thuringiensis* gegen *Operophthera-* und *Erannis*-Arten, Mikrosporidien s. dort!).

Freifressend (Raupen)

Holzart	Symptom	Wichtige Arten
Laubholz		
Blatt, Blüte, Früchte, aufbrechende Knospe (sehr polyphag: Ei, Hbu, Bu, Ka, Ah, Wei, Li, Obsth u.a., selten Fi, Lä); bes. Verjüngung und Unterwuchs; meist kurze, etwa alle 7 Jahre wiederkehrende Massenvermehrungen	zunächst Lochfraß, dann Kahlfraß; hartnäckige Dauerschädlinge, in erster Linie im Obstbau, auch an Früchten, forstlich Ausfall der Mast, Zuwachsverlust, bes. Eichenheister, *fagata* noch unangenehmer durch völlige Vernichtung des Bu-Aufschlags, Kahlfraß des schützenden Bu-Mantels in Werteichenbeständen führt zur Schaftunreinheit (Wasserreiser) *(Abb. 182c);* wichtiges Glied der Kettenreaktion „Eichensterben" in der Schadgesellschaft des Eichenwicklers	*Frostspanner:* Flugzeit zur Frostzeit im Spätherbst oder im zeitigen Frühjahr, ♀♀ mit rückgebildeten Flügeln; *Kleine Frostspanner* *Kleiner Frostspanner (Operophthera brumata* L. = *Cheimatobia)* M- und N-Europa, im S sehr lokal, NO-Amurgebiet; ♂ 23–25 mm, Vfl gelbgrau mit verloschenen, dunklen Wellenlinien, ♀ sehr kurze, knapp die Hälfte des Hinterleibs erreichende, bräunlich- oder grünlichgraue Flügelstummel *(Abb. 181b);* L erwachsen gelbgrün mit dunkler Rückenlinie und jeweils 3 hellen Seitenlinien, grüner Kopf (jung schwarzer Kopf); P hellbraun mit 2 kurzen Häkchen am abgerundeten Aftergriffel.
bevorzugt Bu, Bi	w.v.	*Buchenfrostspanner (Operophthera fagata* Scharfb. = *Cheimatobia)* M- und N-Europa, weniger verbreitet, wohl nur bis England, N- und Ostseeküste, Schweiz, M-Frankreich;

Holzart	Symptom	Wichtige Arten
		Buchenfrostspanner *(Fortsetzung)* ♂ 28–30 mm, Vfl weißgrau, bräunlich bestäubt, verwaschene Querbinde, ♀ längere *(brumata)*, den Hinterleib fast deckende, gelbgraue, doppelt dunkel quergestreifte Flügelstummel; L ähnlich *brumata*, jedoch bei allen Stadien schwarzer Kopf; P rotbraun; Lebensweise ziemlich übereinstimmend mit *brumata;* Biof: 10, 4–46/6.10 + 10; Eiablage (von *fagata* bisher unbekannt) meist gleich nach Begattung einzeln oder häufchenweise an Knospen, Narben, Rindenrisse, bevorzugt im oberen Kronenteil, erster Fraß der Eiräupchen unter reichlicher Spinntätigkeit an aufbrechenden Blatt- und Blütenknospen, Verpuppung nach Abspinnen im Boden tw bis 10 cm tief und mehr im lockeren, schwer erkennbaren K, im Spätherbst Schlüpfen der Falter, ♀ mit Flügelstummeln, kriecht oft sehr behend stammaufwärts.
(polyphag an Lh, bes. Obsth, Ei, Bu)	ähnlich Kl. Frostspanner; Schaden bes. im Obstbau auch an Früchten, forstlich vor allem an Ei und Bu, zusammen mit den Kl. Frostspannern und dem Eichenwickler oftmals zum Kahlfraß führend	**Großer Frostspanner** *(Erannis defoliaria* Cl. = *Hibernia)* N- und M-Europa ohne Polargegend; ♂ 40 mm, Vfl gelbbraun mit 2 dunklen, stark geschwungenen Querbinden, alle Flügel mit dunkelbraunem Mittelfleck, ♀ flügellos, gelb-schwarz gefleckt *(Abb. 181 a);* L rotbraun mit doppelter, dunkler Rückenlinie, gelben Seitenstreifen; P hellbraun, langer Aftergriffel, 2 Knotenspitzchen am Kopfende; Biof: 9, 4–46/79 + 9.10; Eiablage einzeln oder gruppenweise in Knospennähe im Kronenteil, Raupe frißt frei, nicht zwischen versponnenen Blätter, Verpuppung erst im Juli im Boden.
(polyphag Lh, auch Lä) vorwiegend junge Pflanzen		Großer Birkenspanner *(Biston betularia* L. = *Amphidasis)* Europa außer südliche und nördliche Länder, Armenien, Sibirien bis Japan; I 44–52 mm, Flügel kreideweiß bis vollständig schwarz punktiert, gefleckt, liniert; L braun, gelblichgrün oder grau, große weiße Warzen auf 8. und 11. Ring, in Form und Farbe astähnlich (Astspanner); Biof: 6–7, 10/10, 5 + 56; Eiablage einzeln.

Abb. 181. Frostspanner (J. REISCH)

(a) ♀ *(Erannis defoliaria)* [10 mm]

(b) ♀ *(Operophthera brumata)* [5–8 mm]

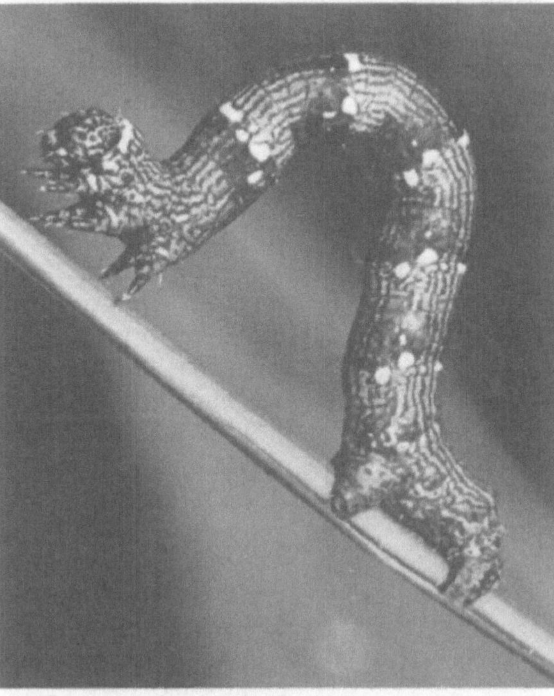

Abb. 182. Spannerraupen

(a) In typischer Spannstellung (Brücke zwischen Brustbeinen und 6. und 10. [Nachschieber] Bauchbeinpaaren) (H. PFLETSCHINGER)

(b) Mimikry (r. im Bild wie ein Ästchen!) (W. ZEPF)

Abb. 182.(c) Jungraupe am Buchenkeimling *(Operophthera brumata)* (J. REISCH)

Abb. 183. Kiefernspanner ♂ [30–38 mm] (I. JÄCKH-HOYER)

263

Holzart	Symptom	Wichtige Arten
Nadelholz Kiefer Nadel (monophag, auch Weyki, nur bei Nahrungsmangel auch andere Nh [Fi]) Stangen- bis Baumholz, bei Massenvermehrung auch jüngere Bestände, Massenvermehrungen in windarmen Gebieten mit 500–700 mm jährlich. Niederschlag, + 7°C Jahresdurchschnittstemperatur, vorwiegend auf mageren Böden stockende Reinbestände von 25–70 Jahren bis ca. 600 m NN (Schadgebiete), in regelmäßigen Abständen (Periodizität ca. 10 Jahre) wiederkehrend mit 5–6jähriger Dauer	spät im Herbst sichtbarer Schaden (hellbräunlichgraue Verfärbung), Schartenfraß an Nadeln, Eiräupchen Rinnenfraß an Altnadeln, besenoder bürstenartige Zweige; wegen spätem Fraß nach voller Knospenentwicklung nur 2maliger Kahlfraß tödlich	**Kiefernspanner** *(Bupalus piniarius* L.) M- und N-Europa, Kastilien, Transkaukasien, Altai, O-Sibirien; ♂ 30–38 mm, schwarzbraun mit hellen Basalflecken, doppelt gekämmte Fühler *(Abb. 183),* ♀ 32–40 mm, rostbraun mit weniger kontrastreicher Zeichnung, borstenförmige Fühler; L ca. 26–30 mm, grün mit auf den Kopf übergreifenden weißen Längsstreifen (Forleule nicht übergreifend!), 5 oder 6 Stadien *(Abb. 195c, Figur 6 B, D);* P 11–12 mm, olivgrün bis braun mit kurzem, einspitzigem Aftergriffel (Forleule zweispitzig!) *(Abb. 9);* Biof: 67–7, 11/11,5 + 57; Schlüpfen der Falter meist in frühen Morgenstunden, protandrisch, Schwärmflug tagsüber (windstill, warm, sonnig), taumelnd (♂) und träge am Unterwuchs und in den Kronen (♀), Eiablage (Vorrat bis 150 Stück) in einreihigen Zeilen an Altnadeln (Unterseite), Jungraupe benagt nur alte Nadeln rinnenartig, ab 2. Stadium bis auf Mittelrippe, Fraß hauptsächlich nachts bei hoher Temperatur und Luftfeuchtigkeit, außergewöhnlich langsame Entwicklung bis zur erwachsenen Raupe (3 mm bis 30 mm durchschnittlich 3 Monate), erhöhte Fraßdauer bis zu ersten Frühfrösten (November), widerstandsfähig gegen Witterungseinflüsse, Verpuppung im Boden hauptsächlich innerhalb des Kronenbereichs; **kritische Zahlen s. Prognose!** *Feinde:* Vögel: Meisen, Goldhähnchen, Buch- und Bergfink, Zeisige, Drosseln, Krähen, Dohle, Eichelhäher, Tannenhäher, Kuckuck, Gr. Buntspecht, Mauersegler, Schwalben, Auer- und Birkwild; Säuger: Spitzmäuse, Mäuse, Maulwurf, Wildschwein, Dachs; Insekten: Rote Waldameisen *(Formica spec.),* Kamelhalsfliegen *(Raphidides),* Laubheuschrecken *(Tettigoniidae),* Laufkäfer *(Carabidae),* Marienkäfer *(Coccinellidae),* Schwebefliegenlarven *(Syrphidae),*

Holzart	Symptom	Wichtige Arten
		Kiefernspanner *(Fortsetzung)* *Feinde:* Insekten *(Fortsetzung)* Wanzen *(Heteroptera)*, Schnellkäferlarven *(Elateridae)*, Raupenfliegen *(Tachinidae)*; Krankheitserreger: insektenpathogene Pilze (s. dort!).
(wenig monophag, auch Fi, Ta, Wacholder)	Schartenfraß, Eiräupchen vollführt Plätzefraß an Nadel; häufig mit Kiefernspanner *(B. piniarius)* und Kiefernspinner *(Dendrolimus pini)* vergesellschaftet	Roter oder Gebänderter Kiefernspanner *(Ellopia prosapiaria* L. = *fasciaria)* M- und N-Europa, N-Italien, griechische Gebirge, Armenien, Sibirien; I 31–38 mm, Vfl rötlichgrau mit 2 schmalen, weißlichen Querstreifen, vorderer auf Hfl übergreifend; L 25–30 mm, gelb, graubraun oder weißlichgrau mit dunklen Rückendreiecken, 3 Bauchbeinpaaren (am 8. Segment wesentlich kürzer); P rotbraun, Aftergriffel gamskruckenartig mit jederseits 3 Spiralhärchen, Gespinst; Biof: 56–67/8 + 8; 8–9, 5/5 + 56.
	mitunter vergesellschaftet mit Kiefernspanner *(B. piniarius)*	Veilgrauer Kiefernspanner *(Semiothisa liturata* Cl.) M- und N-Europa, N-Spanien, N- und M-Italien, SO-Rußland, Armenien und Sibirien; I 25–33 mm, veilgrau mit undeutlichen, nur am VR dunkel erscheinenden Querstreifen, Fühler beim ♂ ganz kurz doppelt gesägt; L bis 30 mm, grün mit hellgesäumter Rückenlinie und gelblichen Seitenstreifen (ähnlich *piniarius)* roter Kopf; P braun, höckriger Aftergriffel mit stumpfer Gabelspitze; Biof: 67–6. 10/8, 5 + 57, auch doppelte Gen.
Krautige Pflanzen Heidekraut	Parasitenreservoir	Heidekrautspanner *(Hematurga atomaria* L.) Europa ohne Sizilien und Andalusien, W-Asien, Sibirien, Amurgebiet; I 25–30 mm, Vfl ockergelb (♀ heller) mit 3, Hfl mit 2 dunklen Querbinden; L bräunlich mit dunkel gefleckter Rückenlinie, hellgelben Seitenstreifen; P sehr langer, eingekerbter Aftergriffel; Gen. doppelt, FZ April und August.

Holzart	Symptom	Wichtige Arten
(auch Lh, Lä, Fi, Ki)	wohl überwiegend Parasitenreservoir, gelegentlich kurzer Schadfraß an Nh, bes. Lä	Heidelbeerspanner *(Boarmia bistortata* Goeze) M-Europa, sehr lokal; I 34–40 mm, weißgrau mit braunen Quer-linien; L sehr variabel bunt gefärbt, gedrungen; Gen. doppelt, FZ April/Mai und Juli.
(auch Wei, Bi, Obsth)	w. v.	Beerkraut- oder Kl. Baumspanner *(Boarmia crepuscularia* Hbn.) M- und N-Europa ohne Polargebiet, Korsika, S-Rußland, W- und O-Asien; mehr Laubholztier; I 34–40 mm, grau mit brauner Bestäubung, 2 dunkle Querlinien (Vfl), auf Hfl über-greifend (dunkler als *bistortata*); L grau oder hellbräunlich mit hellen Rücken-flecken, meist aufgetriebenes 3. Segment, P matt rotbraun im weichen Gespinst; Gen. wohl meist einfach, FZ Mai/Juni.

Eulen (Noctuidae)

Umfangreichste Familie mit über 25000 Arten; meist Dämmerungs- und Nachttiere, Blütenbe-sucher; Größe sehr wechselnd, von kleinsten, 0,5 cm spannenden Arten bis zum weltgrößten Falter *Thysania agrippina* mit etwa 30 cm Flügelspannweite aus Südamerika, im allgemeinen aber mittelgroß, untersetzt, borstenförmige Fühler, Flügel mit charakteristischer Eulenzeichnung: 2 Querstreifen, 3 Makel, am Saum Wellenlinie, flechten- oder rindenartiges Aussehen; Raupen mit wenigen Ausnahmen nackt, oft durch Streifen ausgezeichnet, nur einige spannerartig in der Jugend (Forleule) oder während des gesamten Raupenlebens; Puppe meist ohne Kokon oder im Erdkokon mit oder ohne Gespinst;
Generation vorwiegend einjährig;
wirtschaftlich in der Land- und Forstwirtschaft zum Teil sehr bedeutend, wie die Saateulen und der große Waldverderber *„Forleule";*

Gegenmaßnahmen

vorbeugend: Vogelhege, Ameisenhege *(Abb. 213e);*

mechanisch: früher üblich Schweine- und Hühnereintrieb, bei örtlich begrenztem Vorkommen Streurechen auf Haufen oder Streuabgabe (bedenklich wegen Nährstoffentzug!), Vollumbruch, Fanggräben (Pflugfurchen) zur Verhinderung der Überwanderung der Forleulenraupen;

chemisch: gemäß PV zugelassene Mittel gegen freifressende Schmetterlingsraupen; im Boden besondere Verfahren: Wurzeltauchung, Bodeninjektion mit Düngelanze, Einarbeiten von insek-tiziden Streumitteln, Pflanzlochbegiftung;

biologisch: Massenzucht von Parasiten (Schlupfwespen, Raupenfliegen) *(Abb. 208),* Verbreitung von Mykosen gegen Raupen *(Entomophthora aulicae = Empusa)* oder Puppen *(Paecilomytes farinosa)* der Forleule, Bakterien und Mikrosporidien (s. auch insektenpathogene Bakterien, Pilze, Mikrosporidien!).

Freifressend (Raupen)

Holzart	Symptom	Wichtige Arten
Laubholz		
Blatt, Trieb, Knospe (Bu, Ei, Bi) gelegentlich Massenvermehrungen	flächenweiser Blattfraß unter Belassung der Mittelrippe, Ankerfraß der Altraupe; Schaden meist erst im Herbst sichtbar!	Buchenkahneule (*Hylophila prasinana* L.) Europa, W- und O-Sibirien, Japan; I 32,5–34,5 mm, Fühler purpurrot, borstenartig, Vfl mit scharfer Spitze, grau mit weißlichen Querstreifen, Hfl ♂ gelblich, ♀ weiß; L gelbgrün, 3 gelbliche Rückenlinien, am Afterende stark verjüngt; P rotblond, blau bereift; gelbweißer kahnartiger K; FZ Juni, Schwärmflug in späten Abendstunden, tagsüber träge am Stamm, Eiablage an Blätter, Raupen ab Mitte Juni bis Oktober, Verpuppung im K, festgesponnen am Blatt noch am Baum oder Überwinterung nach Abbaumen am Boden.
Nadelholz		
Fichte	täuschendes Forstinsekt (Nonne); harmlos	Mönch, Klosterfrau (*Panthea coenobita* Esp.) S-Schweden bis N-Italien spärlich verbreitet; I spinnenartig, Fühler: ♂ gekämmt, ♀ borstenförmig, Nonne vortäuschend, jedoch keine rote Zeichnung des Hinterleibs; L 50–60 mm, braungrün mit bläulichen Einschnitten, gelbweiße Rücken- und orangerote Seiten- und Fußlinie, gewisse Ähnlichkeit mit Nonnen- und Kiefernspinnerraupe; P glänzend rotbraun im gelblichen Gespinst; FZ Mai, Raupe August/September an Fi, Überwinterung als Puppe.
Kiefer Knospe, Nadel, Triebrinde (monophag, auch Weyki, in Not auch anderes Nh, sogar Lh und Gräser [nur ältere Raupenstadien]); kurze, heftige (meist nur 3–4 Jahre),	jahreszeitlich frühe und rasche Entnadelung bis auf Stümpfe, verwelkte und vertrocknete Maitriebe, Fraß von außen nach innen und unten nach oben (Aufbaumen abgefallener Raupen) fortschreitend;	***Forleule,*** Kieferneule (*Panolis flammea* Schiff.) Nichtpolares N- und M-Europa, südlich bis Katalonien, S-Frankreich, M-Italien, Japan, SW-Rußland bis zur Wolga; I 30–35 mm, zimtrot mit hellen Ring- und Nierenmakeln, Fühlerglieder ♂ mit Wimperpinseln, ♀ kaum sichtbar behaart *(Abb. 184)*; L bis 40 mm, grün mit 3 weißen Rückenstreifen (Kiefernspanner ähnlich, jedoch über den Kopf ziehend), jederseits rötlicher Seitenstreifen, 5 Stadien *(Abb. 195 c)*;

Abb. 184. Forleule
[30–35 mm]
(J. Reisch)

Abb. 185. Gold-
after ♀ (J. Reisch)

(a) Falter ♀ sich
totstellend

Abb. 185.(b)
Raupennest [faustgroß

Abb. 186. Ringel-
spinner

(a) ♂ [25–30 mm]
(K. Müller)

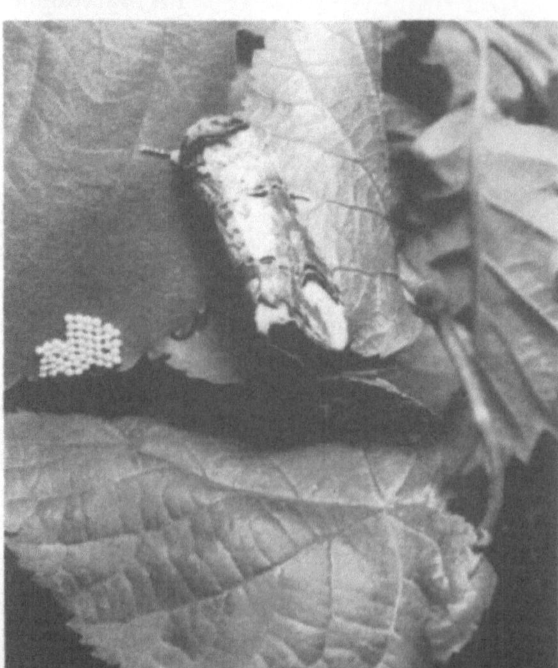

Abb. 186.(b) Eiring
(R. Hopf)
[unter 1 mm]

Abb. 187. Mondfleck ♀
mit Gelege [50–55 mm]
(J. Reisch)

Holzart	Symptom	Wichtige Arten
periodische Massenvermehrungen in trockenen Ki-Gebieten mit 500–700 mm Jahresniederschlag bis in Höhenlagen von 500–600 m NN., vor allem in 20 100jährigen Beständen aller Bonitäten	überstandener Schaden durch abgestorbene Wipfeltriebe, sog. „Eulenspieße" kenntlich, bei Massenvermehrungen girlandenartige bis faustdicke Raupenklumpen an Spiegelrinde; einmaliger Kahlfraß vor Entwicklung der neuen Knospen im allgemeinen tödlich	**Forleule,** Kieferneule *(Fortsetzung)* P braun, robust, zweispitziger Aftergriffel, nierenförmige Rückengrube (Kiefernspanner kleiner, einspitziger Aftergriffel, keine Rückengrube) *(Abb. 9, 208)*;

Forleule, Kieferneule *(Fortsetzung)*
P braun, robust, zweispitziger Aftergriffel,
nierenförmige Rückengrube (Kiefernspanner kleiner, einspitziger Aftergriffel,
keine Rückengrube) *(Abb. 9, 208)*;

Biof: 5–67/8,3 + 35; Falterflug abends bei bestimmtem Dämmerungsgrad, bei Übervermehrung mit hörbarem Brummen, um die Kronen, Eiablage (Vorrat 150–180 Stück) in einreihigen Eizeilen an vorjährigen Nadeln, Raupe spannt im 1. Stadium, frißt allein an frischen Maitrieben, evtl. auch an angetriebenen Knospen bzw. Einbohren und Aushöhlen, später (nach 1. Häutung) Übergang an alte Nadeln mit vollständigem Fraß bis auf Stümpfe, u. U. sogar Rinde, Fraßzeit ziemlich gleichmäßig bei Tag und Nacht normalerweise 5–6 Wochen lang, noch vor der vollen Knospenentwicklung, Verpuppung in der Bodenstreu, meist dicht über dem Mineralboden, Falter in der Puppe schon Mitte bis Ende August ausgebildet.

Kritische Zahlen s. Prognose!

Feinde:
Vögel: Meisen (bes. Hauben- und Tannenmeise), Goldhähnchen, Buchfink, Bergfink, Gr. Buntspecht, Eichelhäher, Mistel- und Weindrossel, Goldammer, Star, Dohle, Krähen, Kranich, Auer- und Birkwild u. a.;

Säuger: Wildschwein, Dachs, Fuchs, Spitzmäuse, Igel, Waldmäuse;
Spinnen *(Araneidae)*;

Insekten: Rote Waldameisen *(Formica spec.)*, Puppenräuber *(Calosoma sycophanta)* u. a. Laufkäfer *(Carabidae)* sowie Sandlaufkäfer *(Cicindelidae)*, Kurzflügler *(Staphylinidae)*, Marienkäfer *(Coccinellidae)*, Schwarzkäferlarven *(Tenebrionidae)*, Wanzen *(Heteroptera)*, Raubfliegen *(Asilidae)*, Raupenfliegen *(Tachinidae)*, Schnepfenfliegen *(Rhagionidae)*, Hornisse *(Vespa crabro)*, Sandwespe *(Ammophila sabulosa)*, Schlupfwespen *(Entomophaga) (Abb. 208)*;
Krankheitserreger: insektenpathogene Pilze (s. dort!).

Holzart	Symptom	Wichtige Arten
Kämpe, Kulturen (Ki, Fi, Lä u. Lh) Massenvermehrung bei *segetum* abhängig von Witterungsverhältnissen (Trockenheit im Mai/Juni und kalter Winter günstig!)	knapp über dem Boden abgebissene Keimlinge und 1jährige Pfl., bei älteren Pfl. meist durchgebissene Seitenzweige, Nadelfraß und unter- bzw. oberirdisches Schälen; bei trockenem Wetter walnußgroße Erdwölbungen (*vestigialis*-Raupen) oder an der Bodenoberfläche kreisrunde Schlupflöcher (*segetum*-Raupen); u. U. völlige Vernichtung der Kultur, bes. durch *vestigialis*, auch bei Weidenhegern durch *segetum* erheblich; *Differentialdiagnose:* sehr schwierig, meist erst durch Auffinden des Schädlings; Wurzelfraß ähnlich durch Engerling des Maikäfers und Schnakenlarven, Abbeißen junger Pflänzchen durch Laufkäfer (Schnelläufer und Ahlenläufer), Gem. Ohrwurm, Feldheuschrecken, unterirdischer Abbiß durch Maulwurfsgrille, Drahtwürmer	**Erdeulen** **Kiefernsaateule** (*Agrotis vestigialis* Rott.) nichtpolares N- und M-Europa bis Bilbao, Korsika, M-Italien, S-Rußland; bevorzugt sandige Böden; I 30–40 mm, Vfl aschgrau bis braun, hinterer Querstreifen scharf gezackt, Hfl gelbbraun, ♂ doppelt gekämmte Fühler; L 30–40 mm, erdgrau, Kopfhälften nicht zusammenstoßend, sonst wie *segetum;* P rotbraun, Aftergriffel sehr kurz 2spitzig; Biof: 89–9,7/78 + 89; Eiablage einzeln auf Bodendecke, Räupchen nach unschädlichem Herbstfraß an Wurzeln von Gräsern und Kräutern überwintert im Boden, Frühjahrsfraß vorwiegend an 1–3jährigen Ki mit Durchnagen der Wurzel wenig unter der Erdoberfläche (ca. 2 cm tief), nachts an Nadeln, Seitentrieben und am Stämmchen, frühmorgens oder bei trübem Wetter auch tagsüber Raupenwanderungen; Verpuppung meist im lockeren Gespinst im Boden. **Wintersaateule** (*Agrotis segetum* Schiff.) Europa, Asien, N-Amerika, Ceylon, S-Afrika; I 35–40 mm, Vfl gelbbraun mit dunklen Sprenkeln, Hfl milchweiß mit gelbbraunen Adern und Rand, doppelt gekämmte Fühler; L sehr ähnlich *vestigialis*, jedoch erste beiden Bauchbeinpaare erst ab Dreihäuter voll entwickelt, Haarspitzen blasen- bis keulenförmig, Kopf glänzend schwarz, erwachsen ohne diese Merkmale, einfarbig schmutziggrün mit zusammenstoßenden Kopfspitzen; P Aftergriffel zweispitzig, wesentlich länger als bei *vestigialis;* Biof: 56–6, 4/5 + 56; nach Klima wechselnde Generation, mitunter doppelt, Eiablage einzeln (Vorrat bis 1600 Stück) an Bodendecke oder Pflanze, Jungraupen nur oberirdisch, später Hang zum Bodenleben mit Hineinziehen von jungen Pflänzchen, bei Nahrungsmangel größere Wanderungen bis mehrere 100 Meter.

Holzart	Symptom	Wichtige Arten
(vorwiegend land-wirtschaftliche Kul-turpflanzen, Gemüse, auch Ki); gelegentlich Massenvermehrungen	vollständiger Verzehr von Keimlingen; zumeist aber unbedeutend	Gammaeule, Ypsiloneule (*Plusia gamma* L.) N-Amerika, Grönland, Europa bis Japan, Kaschmir, südlich bis Äthiopien; im Gebirge bis etwa 2000 m NN.;

I 30–40 mm, Vfl in der Mitte hellgelbes, silbernes Gamma, bzw. Y;
L 30–40 mm, erste beide Bauchbeinpaare verkümmert, jedes Stadium charakteristisch: Reduktion der Höckerfärbung, Zunahme der Längsstreifen;
P schwärzlich, gehakelter Aftergriffel, zuweilen im doppelten Gespinst;
Gen. mehrfach, FZ April bis November, Flug zu jeder Tageszeit, Eiablage (Vorrat bis 1000 Stück) einzeln an Blattunterseite verschiedener niederer Gewächse, Räupchen im Sommer überwiegend an krautigen Pflanzen und Ki-Saaten, nach Kahlfraß Abwanderung in Massen, Verpuppung am Blatt oder Stengel;

Krankheit: Polyedrose.

Bärenspinner (Arctiidae)

Ca. 6000 Arten; große bis mittelgroße, kräftig gebaute, meist lebhaft gefärbte, schöne Falter; Raupen mit starken, langen Haaren auf Warzen; Puppen dick und stumpf meist in weichen Gespinsten über der Erde; forstlich nur mit einer seit 3 Jahrzehnten nach Europa eingeschleppten Art bedeutsam, einheimische Arten **geschützt!**

Holzart	Symptom	Wichtige Arten
Laubholz		
(polyphag Lh, vorwiegend Pa, Wnuß)	gesellig in Gespinsten, ab 4. Stadium freifressend; tw beträchtlicher Schaden!	Weißer Bärenspinner, Amerikanischer Webebär (*Hyphantria cunea* Dr.) N-Amerika, seit 1940 in Ungarn, dann Jugoslawien, Österreich, CSSR;

I 25–30 (50–60) mm, reinweiß oder Vfl schwarz punktiert;
L 30–50 mm, gelb bis grünlichgelb mit einem dunkelgrauen bis schwarzen Rückenstreifen, lang weiß behaart, schwarzer Kopf;
P 8–15 mm, zunächst hellgelb, später rot- bis schwarzbraun, am Aftergriffel 12 verschieden lange, am Ende scheibenförmig erweiterte Dorne;

271

Holzart	Symptom	Wichtige Arten
		Weißer Bärenspinner *(Fortsetzung)* Biof: 5–56/6 + 7; 7–89/9,5 + 5; Gen. doppelt bis dreifach, Eiablage (Vorrat 300- bis 1000 Stück) an Blattunterseite, Raupen gesellig im Gespinst, ab 4. Stadium frei an Blättern, Verpuppung unter Borkenschuppen u.a.

Wollspinner *(Lymantriidae)*

Ca. 1900 Arten; mittelgroße bis große, überwiegend nachts schwärmende Falter; Körper stark behaart, beim ♂ schlank mit Afterbusch, beim ♀ plump mit Afterwolle; Fühler des ♂ mit langen Kammzähnen, des ♀ kurz, kamm- oder sägezähnig; einige Arten mit fast flügellosen ♀♀ (z.B. Schlehenspinner); Raupen mit Haarbürsten (abgestutzte Haarbüschel) oder Sternhaarwarzen; Puppen dick, behaart; bes. Gattung *Lymantria* hat erhebliche forstliche Bedeutung („Waldverwüster").

Gegenmaßnahmen

mechanisch: vorsichtiges Abschneiden (Hautausschlag beim Menschen!) der Raupennester *(chrysorrhoea).* Überstreichen der Ei-Schwämme mit Raupenleim oder Karbolineum bzw. Abkratzen der Gelege bei örtlich begrenztem Vorkommen *(dispar),* täglicher Falterfang (Lichtfang oder tagsüber am Stamm) oder Raupensammeln bei schwachem Befall *(monacha);*
chemisch: Giftspritzring mit zugelassenen Insektiziden in 3–4 m Stammhöhe, stammweise bei geringem Besatz unter 1500 Eiern pro Baum; meist Großaktionen mit fahrbaren Bodengeräten und Luftfahrzeugen;
biologisch: Verbreitung von Krankheitserregern* wie Viren *(monacha* u.a.), Bakterien *(chrysorrhoea, neustria),* Mikrosporidien (V); Massenzucht und Freilassung von Schlupfwespen *(Entomophaga)* und Raupenfliegen *(Tachinidae)* bislang im Freiland wenig erfolgreich, jedoch aussichtsreich bei Räubern wie Laufkäferarten, z.B. Puppenräuber *(Calosoma sycophanta)* *(monacha, dispar);* Sexualduftstoffe nur zur Kontrolle *(dispar).***

Freifressend (Raupen)

Holzart	Symptom	Wichtige Arten
Laubholz		
Eiche Blatt (Lh, bes. Obstbaum) großräumige Massenvermehrungen	Skelettierfraß, faustgroße Raupennester zur Überwinterung *(Abb. 185 b)*	***Goldafter*** *(Euproctis chrysorrhoea* L.) Livland, S-Schweden bis M- und S-Europa, Mauretanien, Kleinasien, etwa um 1890 in N-Amerika eingeschleppt; I 30–35 mm, Fühler doppelt gekämmt, Flügel weiß, ♂ goldfarbener Afterbusch, ♀ goldige Afterwolle *(Abb. 185 a);*

---

* S. auch insektenpathogene Viren, Bakterien, Pilze, Mikrosporidien *(Abb. 27 b).*
** *Anmerkung:* Das amerik. Skylab-Programm 1973/74 verfolgt u.a., die Schlupfzeit von etwa 1000 Eiern des Schwammspinners in der Schwerelosigkeit des Weltraums zu verkürzen. Dies wäre die notwendige Voraussetzung zur Massenzucht dieses Schädlings, um ihn durch die Autozid-Methode auszuschalten (freundlichst übermittelt von Herrn Dr. KONRAD F. SPRINGER gem. einer Zeitungsnotiz der „Neue Züricher Zeitung" v. 11. 12. 1973).

Holzart	Symptom	Wichtige Arten
		Goldafter *(Fortsetzung)* L 35 mm, dunkelbraun, lange Haarbüschel (verursachen Haut- und Augenentzündungen), 2 rote Rückenlinien, seitlich weiße Strichlinie; P dunkelbraun mit vielen gelben Haarbüscheln, Aftergriffel kegelförmig mit feinen Häkchen; Biof: 67–7, 5/6 + 67; Eiablage zumeist an Blattunterseite, mit Afterwolle bedeckt, Räupchen überwintern im gemeinschaftlichen, weißen Gespinst an Zweigspitzen, (große Raupennester), Frühjahrsfraß zunächst gesellig, später zerstreut, Verpuppung einzeln im braungrauen Gewebe zwischen Blättern oder am Boden.
Lh, Nh, bes. Obstbaum	vollständiger Blatt- und Nadelfraß; in SO-Europa sehr gefährlich, in N-Amerika als „gipsy moth" gefürchteter, hartnäckiger Wald- und Obstbauschädling *(189a)*	***Schwammspinner*** (*Lymantria dispar* L.) paläarktische Region, 1868 (durch Unvorsichtigkeit eines Insektenforschers*) nach N-Amerika eingeschleppt; ♂ 40 mm, graubraun, lange, dunkle, braun gekämmte Fühler, ♀ 50–55 mm, sehr kurz gekämmte Fühler, Vfl dunkle Zickzacklinien, gefleckte Fransenränder, Hinterleib stumpf auslaufend, wollig behaart (s. *monacha*) *(Abb. 189b);* L 50–55 mm, braun oder aschgrau mit 3 feinen gelben Linien oder einem breiten, dunkelbraunen Streifen auf dem Rücken, auf den ersten 5 Ringen je 2 blaue bzw. violette, auf den übrigen je 2 rote Knopfwarzen, großer graugelber Kopf mit 2 braunen Strichen *(Abb. 189a);* P rotschwarzbraun mit rostgelben Haarbüscheln; Biof: 8,4–47/8 + 89; Eiablage (Vorrat 120–800 Stück) haufenweise, mit Afterwolle bedeckt, bes. am unteren Stammteil, Verpuppung im gelbgrauen, weitmaschigen, leichten Gespinst, meist in Rindenspalten.

* Dem franz. „Künstler, Naturalist und Astronom" TROUVELOT in Medford, Mass. entwichen bei Versuchen mit spinnenden Raupen zur Seidengewinnung von Europa importierte (als Eier) Raupen. Nach rd. 20 Jahren hatte sich der Schädling schon über mehr als 100 Quadratmeilen verbreitet und wurde zum größten Waldfeind (ESCHERICH, K. 1913).

Holzart	Symptom	Wichtige Arten
Buche Blatt (Lh, Nh); gelegentlich Massenvermehrungen	Loch-, Skelettier- und Schartenfraß (Herbst); wegen spätem Fraß meist geringer Schaden, bei Massenvermehrung Mastverlust und Gefahr für vorhandenen Aufschlag; nach schwedischen Untersuchungen 2maliger Kahlfraß des Jungwuchses tödlich	**Buchenrotschwanz,** Buchenspinner (*Dasychira pudibunda* L.) Europa, Armenien, Syrien, Ussuri-Gebiet, NO-China, Japan; I 40–50 mm, graubraun mit welligen Querlinien, bei Massenvermehrung nicht selten in verschiedenen Farbvarietäten *(Abb. 190);* L 40–50 mm, 4. bis 7. Segment meist gelbweiße Haarpinsel, dazwischen samtschwarze Felder, 11. Segment mit rotem, langem, nach hinten gerichtetem Schwanz *(„Rotschwanz") (Abb. 195b);* P dunkelbraun mit vielen hellen Haarbüscheln, im durchsichtigen, losen K; Biof: 56–6, 10/10,5 + 56; Eiablage (Vorrat 100–400 Stück) häufchenweise am unteren Stamm- und Kronenteil sowie am Bodenbewuchs, von Raupe zunächst verschiedenartiger Fraß an der Blattspreite, später verschwenderisch (ähnlich Ankerfraß der Nonne), Verpuppung am Boden oder in der Krone.
Pappel, Weide Blatt	zunächst Skelettierfraß, später vollständig bis auf Blattstummel; mitunter Entlaubung ganzer Alleen	Pappel- oder Weidenspinner (*Leucoma salicis* L. = *Stilpnotia*) Europa, südlich bis S-Rußland, N-Balkan, Italien, M-Spanien, W-Asien; ♂ 40 mm, ♀ bis 55 mm, weißglänzend; L 45 mm, gelbe schildförmige Flecke auf dem Rücken, rötlichgelbe behaarte Wärzchen; P glänzend schwarz, weiß gefleckt, gelbe Haarbüschel; Biof: 6,4–45/6 + 67, evtl. auch Gen. doppelt; Eiablage (Vorrat 150–200 Stück) häufchenweise, schaumartig überzogen, Verpuppung im lockeren Gespinst zwischen Blättern und Zweigen.

Holzart	Symptom	Wichtige Arten
Nadelholz Fichte (polyphag Ki, Weyki, Zirbelki, Ta, Lä, Dougl, Bu, Hbu, Ei) alle Altersklassen, periodische Massenvermehrungen von meist kurzer Dauer (1–2 Jahre), Schadgebiete durch 16° Juli-Isotherme, 400–600 (700) mm Jahresniederschlag bis etwa 700 m NN begrenzt	Ankerfraß am Blatt, vollständige, verschwenderische Entnadelung *(Abb. 188c)*; bei Fi einmaliger Kahlfraß, durch Überhitzung des Kambiums (Sonne) wegen Verlust des schattenspendenden Nadelkleides, tödlich, bei Ki, Lä und bes. Lh weniger gefährlich; Folgeschädlinge hauptsächlich rindenbrütende Borkenkäfer wie Buchdrucker und Kupferstecher; häufige Krisisursache Viruskrankheit der Raupen (Schlaffsucht, Wipfelkrankheit, Polyedrose)	*Nonne* (*Lymantria monacha* L.) Europa mit Ausnahme des arktischen Gebietes, Kastilien, N-Italien, Kroatien, Griechenland, Armenien, Amurgebiet, Japan; I 35–60 mm, Fühler ♂ lang gekämmt, ♀ kurz gezähnt, Vfl weiß mit dunklen Zickzacklinien, gefleckte Fransenränder, rußfarbene Formen *(Melanismus)*, Hinterleib ♀ spitz auslaufend, anliegend behaart (s. *dispar*), Flügelstellung in Ruhe dachförmig, beim ♂ gleichseitiges, beim ♀ gleichschenkliges Dreieck bildend *(Abb. 11)*; L bis 50 mm, Eiräupchen sehr langhaarig, großer, glänzend-schwarzer Kopf, dunkel, später sehr variierend, markantestes Zeichen heller „Sattelfleck" auf Ring 8; 5 (meist M), 6 (W) Stadien *(Abb. 188b, c)*; P braunrot bis schwarzbraun mit Bronzeschimmer, am Kopf 2 stahlblaue, am Hinterleib weißlich-gelbe Haarbüschel; *(Abb. 188d)* Biof: 7,4–46/67 + 78; Falterflug meist kurz vor Mitternacht, gewöhnlich ortstreu, jedoch auch Wander- und Überflüge sogar in großen Schwärmen bei Massenvermehrungen zu weit entfernten Waldungen, tagsüber träge am Stamm, Eiablage (Vorrat 100–200 Stück) häufchenweise vorwiegend unter Rindenschuppen am unteren Stammabschnitt bis etwa 3 m Höhe *(Abb. 188a)*, bei Massenvermehrungen auch darüber, frisch geschlüpfte Räupchen eine Zeitlang gesellig im „Spiegel" (Gespinst- oder Nonnenschleier), dann Abwanderung in die Krone, in der Jugendzeit lebhaftes Spinnen (Verwehen), Fraß im Nh zunächst an Maitrieben, schiebenden Knospen und männlichen Blütenständen, ab 2. (Ki) und 3. (Fi) Stadium auch an Altnadeln, im Lh Skelettier-, Loch- und Ankerfraß (bogenförmiger Ausschnitt), Fortschreitung nach oben und außen, im Unterstand (wegen Kronenentlastung* des herrschenden Bestandes)

---

* Abspinnen der Räupchen aus dem oberen Kronendach.

Holzart	Symptom	Wichtige Arten

Nonne *(Fortsetzung)*
umgekehrt, Fraßdauer ca. 7–11 Wochen, Verpuppung im lockeren Gespinst am Fraßort, Stamm und Ast.

Kritische Zahlen s. Prognose!

Feinde:
Vögel: Kuckuck, Ziegenmelker, Buchfink, Wendehals, Kleiber, Meisen, Spechte, bes. Gr. Buntspecht, Star, Eichelhäher, Krähen, Blauracke, Drosseln, Pirol, Baumläufer, Goldhähnchen, Schwalben (Falter im Fluge);
Kleinsäuger: Feldmäuse;
Insekten: Laufkäfer *(Carabidae)*, bes. Puppenräuber *(Calosoma sycophanta)*, Kurzflügler *(Staphylinidae)*, Vierpunkt-Aaskäfer *(Xylodrepa quadripunctata)*, Ohrwürmer *(Dermaptera)*, Kamelhalsfliegen *(Raphidides)*, Libellen *(Odonata)*, Laubheuschrecken *(Tettigoniidae)*, Schildwanzen *(Pentatomidae)*, Rote Waldameisen *(Formica spec.)*, Raupenfliegen *(Tachinidae)*, Schlupfwespen *(Entomophaga)*, bes. *Trichogramma evanescens (Chalcid.)* und *Apanteles solitarius (Bracon.)*;

Krankheitserreger: Viren (Erreger der Wipfel- oder Polyederkrankheit, Schlaffsucht), insektenpathogene Pilze, bes. *Beauveria bassiana.*

Glucken *(Lasiocampidae)*

Ca. 800 Arten; kleine bis große, plumpe Falter mit doppelt gekämmten Fühlern (beim ♂ wesentlich länger gezähnt), oft recht lebhaft gefärbt, heller Diskalpunkt der Vfl; uneleganter und unbeholfener Flug, ♂ bei manchen Arten auch tagsüber schneller Zickzackflug; Raupen mit zottigem Haarkleid; Verpuppung im pergamentartigen Kokon; forstlich früher durch den berüchtigten Kiefernspinner bedeutsam, überwiegend Schädlinge im Obstbau;

Gegenmaßnahmen

vorbeugend: Vermeidung von Kiefernreinbeständen, keine Streuentnahme, intensiver Vogelschutz *(pini)*;
mechanisch: Rötung (Abbeilen der Borke) in Brusthöhe mit anschließendem Leimen bis Ende Februar *(pini)*, Abschneiden und Verbrennen der Eiringe *(neustria)*, der Raupennester *(lanestris)*;
chemisch: Giftspritzring oder Stammfußbepuderung mit Insektiziden *(pini)*, bei großräumigen Massenvermehrungen meist Aktionen mit fahrbaren Bodengeräten und Luftfahrzeugen *(pini)* – (PV, zugelassene Mittel gegen freifressende Schmetterlingsraupen);

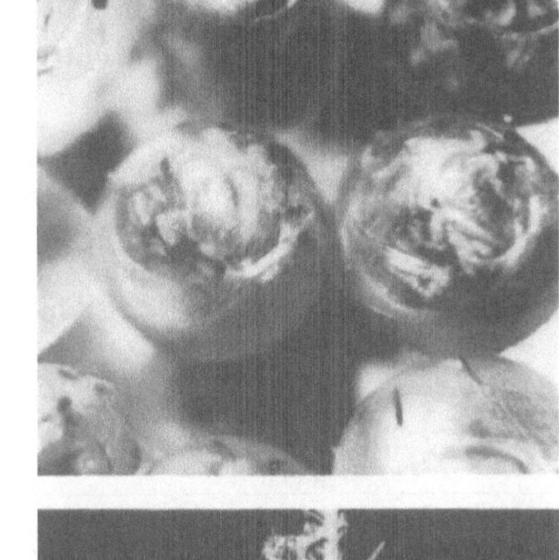
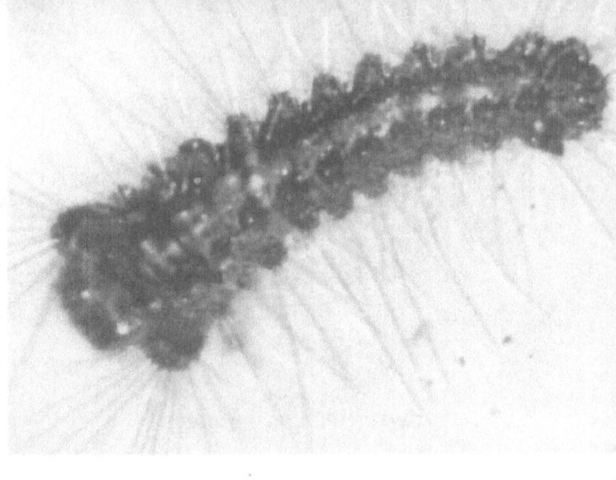

Abb. 188. Nonne

(a) Eier [etwas über 1 mm] (J. REISCH)

(b) Frisch.geschlüpftes Eiräupchen [ca. 3 mm lang; Kopfbreite 0,5–0,7 mm] (J. REISCH)

Abb. 188.(c) Altraupe (Sattelfleck) [bis 50 mm; Kopfbreite 3,7–4,9 mm] links: beim Nadelfraß (W. NOACK) rechts: Ankerfraß am Buchenblatt (J. REISCH)

Abb. 188.(d) Puppe [15–25 mm] (W. NOACK)

Abb. 189. Schwammspinner (J. REISCH)

(a) Raupen an Fichte [bis 50–55 mm]

Abb. 189.(b) Falter (links ♂ 40 mm und rechts ♀ 50–55 mm)

biologisch: Verbreitung von Krankheitserregern wie Bakterien *(Bac. thuringiensis)* gegen Ringelspinner, Mikrosporidien (V); s. auch insektenpathogene Viren, Bakterien, Pilze, Mikrosporidien;
Massenzucht und Freilassung von Schlupfwespen *(Entomophaga)* und Raupenfliegen *(Tachinidae)*, bisher im Freiland wenig erfolgreich, jedoch hoffnungsvoll bei Räubern wie Laufkäfer *(Carabidae)* – (V).

Freifressend (Raupen)

Holzart	Symptom	Wichtige Arten
Laubholz		
Blatt, Knospe (bes. Obsth, Ei)	Eiringel um Zweige, gemeinschaftliche Gespinste, bes. in Zweiggabelungen	Ringelspinner (*Malacosoma neustria* L.) paläarktische Region ohne Polargebiet; ♂ 25–30 mm, ♀ 35–40 mm, Vfl ockergelb oder braunrot mit 2 fast geraden, braunen oder hellgelben Querstreifen *(Abb. 186a)*; L 45–50 mm, Kopf blaugrau mit 2 schwarzen Punkten, gelbbraun mit weißer Rückenlinie, jederseits blauer oder blaugrauer und rotgelber Längsstreifen (Livree-Raupe); P schwarzbraun, weich, braun behaart, lockerer K; Biof: 7,4–46/6 + 7; Eiablage in mehrreihigen dichten Ringen um Zweige *(Abb. 186b)*, bei Laubausbruch anfänglich geselliger Fraß aus gemeinschaftlichen Gespinsten, später zerstreut, Verpuppung im weiß gepuderten Gespinst.
(Bi u. a. Lh)	Eispiralen um Zweige, beutelartiges Raupennest; zuweilen an Bi Kahlfraß	Birkennestspinner, Wollafter (*Eriogaster lanestris* L.) N- und M-Europa, südlich bis S-Rußland, Balkan, M-Italien, Amur; ♂ 30–35 mm, ♀ 40–45 mm, braunrot, Vfl 2 weiße Flecke, heller Querstreif auf Hfl übergehend, ♀ langer, dicker Hinterleib mit grauer Afterwolle; L 50 mm, schwarzbraun, 2 Reihen rotgelber Flecken; P ockergelb, kurzer Querstreif, kurzes Börstchen am gerundeten Afterende, auffallend kurzer, eiförmiger lederbrauner K; Biof: 4–57/7,5 + 4; Eiablage spiralig um Zweige, Raupen wandern nachts aus dem Raupennest zum Fraß, anfänglich gesellig, später einzeln, Verpuppung im Boden.

Holzart	Symptom	Wichtige Arten
Nadelholz		
Kiefer Nadel (monophag, selten Fi oder a. Nh) vorwiegend Stangen- und Althölzer; häufig Massenvermehrungen vor allem im warm-trockenen (500–600 mm Jahresniederschlag), armen Heidegebiet	Totalfraß der Nadeln im zeitigen Frühjahr, bürstenartige Nadel-stümpfe; einmaliger Kahlfraß mit Vernich-tung der Maitriebe tödlich	**Kiefernspinner** *(Dendrolimus pini* L.) Europa ohne England, in Rußland, Asien; ♂ 50–70 mm, ♀ 70–90 mm, Fühler ♂ lang-gefiedert, ♀ kurz kammzähnig, Vfl rötlich geflammtes, schwarz umrandetes Quer-band, weißer Distalfleck, sehr variable Färbung *(Abb. 191);*

L 60–80 mm, 2 stahlblaue Nackenstreifen, rötlichgrau behaart, 4–7 Häutungen *(Abb. 10);*

P braun, Hinterende mit Haken, dichter, spindelförmiger K;

Biof: 7–8, (A,) 6/67 + 7; gewöhnlich Gen. einfach, in N-Europa (wohl auch bei nor-maler Populationsdichte in N-Deutschland) 2jährig; Schwärmflug in den Abendstunden, tagsüber träge am Stamm, Eiablage (Vorrat 150–250 Stück) häufchenweise an Zweige, auch manchmal am Stamm und an Nadeln, Räupchen frißt nach dem Schlüpfen zunächst Eischalen, dann Scharten an Nadeln, später bis zu den ersten Frösten vollständiger Nadelfraß, dann Abbaumen und Über-winterung nahe des Stammfußes in der Streu-decke bis einige cm tief im Mineralboden uhrfederartig zusammengerollt, bei erster Frühjahrswärme (Bodentemperatur über + 3°C) wieder Aufbaumen und Fortsetzung des nunmehr sehr schädlichen Fraßes (bei noch fehlender Knospenentwicklung für das kommende Jahr, großer Nahrungsbedarf) bis zur völligen Entnadelung, Verpuppung im Gespinst am Stamm, an Zweigen und am Unterwuchs.

Kritische Zahlen s. Prognose!

Feinde:

Vögel: Kuckuck, Wiedehopf, Pirol, Meisen, Goldhähnchen, Baumläufer, Ziegenmelker, Star, Saatkrähe, Waldkauz u.a.;

Säuger: Fledermäuse, Igel;

Insekten: Laufkäfer *(Carabidae)*, bes. Puppenräuber *(Calosoma sycophanta)*, Larven der Kamelhalsfliegen *(Raphidides)*, Schildwanzen *(Pentatomidae)*, Schlupfwes-pen *(Entomophaga)*, Raupenfliegen *(Tachinidae);*

Krankheitserreger: insektenpathogene Pilze, bes. *Beauveria bassiana* u.a. (s. dort!).

Prozessionsspinner *(Thaumetopoeidae)*

Artenarm, beschränkt auf die paläarktische Region; kleine bis mittelgroße, untersetzte, schmucklose Falter, eulenartig; Raupen mit langer, gelblicher Behaarung (widerhakig), gesellig in kopfgroßen Nestern, nächtliche Wanderung zur Fraßstelle in Prozessionen unter Kopfnicken entweder im Gänsemarsch oder gestaffelt mit einem Leittier; *Gifthaare* der Raupen, die unangenehme Entzündungserscheinungen bei Mensch und Tier, vor allem an Schleimhäuten, und nicht selten kürbisartige Anschwellungen von Körperteilen hervorrufend; Verpuppung in festen, ovalen, mit Haaren vermischten Kokons, bisweilen überliegend; forstlich nur in S-Europa und am Ostseestrand bedeutsam, dort vor allem gesundheitsschädlich.

Gegenmaßnahmen

mechanisch: Abschneiden und Vernichten der Raupennester bzw. angehängten Raupenklumpen (Handschuhe, Gesichtsmaske!) oder vorsichtiges Ausbrennen;
chemisch: Giftring mit entsprechenden Pflanzenschutzmitteln (PV);
biologisch: Verbreitung von Viruserregern (Plasmapolyedrose durch *Smithiavirus spec.*) gegen Pinienprozessionsspinner, Versuche zur Einbürgerung Roter Waldameisen bislang nicht überzeugend (s. auch insektenpathogene Viren, Bakterien, Mikrosporidien! – *(Abb. 24)*).

Freifressend (Raupen)

Holzart	Symptom	Art
Laubholz		
Eiche		
Blatt (monophag, nur in Not auch and. Lh und sogar Nh [Ki, Wacholder])	kinderkopfgroßes Raupennest, Totalfraß junger Blätter, bei alten Blättern Belassung der Rippen	Eichenprozessionsspinner *(Thaumetopoea processionea* L.) M-Europa ohne England, südöstliche Türkei; ♂ 29 mm, ♀ 32 mm, flache Stirn, Vfl breit dreieckig, glänzend gelbgrau, schwarzgraue Querstreifen, Hfl gelbweiß mit dunkler Querbinde; L 40 mm, dunkler breiter Rückenstreif mit kurz behaarten, samtartigen, vierteiligen Feldern, Gifthaare; P ockergelb-braun, stumpfer Aftergriffel, kurz 2spitzig; Biof: 8,4–57/78 + 89; Eiablage (Vorrat 100–200 Stück) plattenartig an glatte Rinde alter Ei, mit Deckschuppen und Kitt überzogen, Räupchen fressen nachts junges und altes Laub, tagsüber ruhend im Nest, Wanderungen zu 2 bis 3 Raupen nebeneinander über Gespinstbrücken *(Abb. 195a),* Verpuppung gemeinsam in rötlichbraunen Zellkomplexen wabenartig im Nest.

Holzart	Symptom	Art
Nadelholz Kiefer Nadel, frische Triebe (monophag)	Raupenklumpen an Zweigen, Fraß an alten Nadeln unter Belassung von Fäden, später Totalfraß	Kiefernprozessionsspinner *(Thaumetopoea pinivora* Tr.) N- und M-Deutschland, S-Schweden; vorwiegend Dünengebiet der Ostsee; I 30–40 mm, Hahnenkammfortsatz auf der Stirn (s. *processionea*), grauweiß mit schwärzlichem Querstreif, Hfl grauer Fleck am Afterwinkel; L 35 mm, grünlich, 4. und 11. Segment mit je 1 großen, samtschwarzen, rotgelb gesäumten Fleck, Gifthaare; P hellbraun; Biof: 6,3–48/8,5 + 67; Eiablage (Vorrat 80–250 Stück) schilfkolbenartig um ein Nadelpaar, später auch an Maitriebe, Raupen sitzen ohne Nester klumpenartig an Zweigen, fressen gesellig zunächst alte Nadeln, später auch frische Triebe, Verpuppung im Sandboden in aufrecht stehenden, dicht gedrängten K.
(verschiedene Ki-Arten, Fi)	kopfgroße Raupennester *(Abb. 24)*	**Pinien- oder Fichtenprozessionsspinner** *(Thaumetopoea pityocampa* Schiff.) S-Europa (Mittelmeerländer), S-Schweiz, Österreich, Ungarn, Frankreich, stellenweise Baden (nicht in S-Rußland); I 34 mm, 4zackiger Hahnenkammfortsatz auf der Stirn, grauweiß mit schwärzlichem Querstreif, dazwischen schwarzer Längsfleck, Hfl grauer Fleck am Afterwinkel; L schwärzlich, auf den Ringen je 1 gelbbrauner Wulst, Gifthaare; P rotgelb, bräunlicher K; Biof: 7–8,5/6 + 7; Eiablage spiralförmig um Nadeln (ähnlich *pinivora*, jedoch am Basalteil, nicht am Spitzenteil der Nadeln), Raupen verhalten sich ähnlich *pinivora*, jedoch auch häufig unter Steinen, Nachtfraß, tagsüber und Überwinterung im Nest (in S-Deutschland als Puppe?), Verpuppung im Boden.

Zahnspinner *(Notodontidae)*

Ca. 700 Arten; mittelgroße Nachtfalter mit schmalen Vfl, lappenartigem Anhang am IR, beim Sitzen zahnartig vorstehend; Raupen von grotesker Gestalt (Gabelschwanz, Buchenspinner u.a.), Schutztracht, Schreck- und Warnstellung vorzüglich ausgebildet; Puppen meist dick,

Hinterleibsende stumpf oder mit deutlicher Spitze, frei in der Erde oder im harten Kokon; forstlich wenig bedeutsam.

Freifressend (Raupen)

Holzart	Symptom	Art
Laubholz		
Blatt (ziemlich polyphag, Li, Pa, Wei, Ei, Rotei, Roterl)	gemeinschaftlicher Skelettierfraß bis zum vollständigen Verzehr, meist mit Ausnahme der Blattrippen und des Blattstiels	Mondfleck, Mondvogel *(Phalera bucephala* L.) Europa ohne Polargegend, Griechenland, nördliches Kleinasien, Armenien, Sibirien und in Varietäten in Mauretanien, O-Asien; I 50–55 mm, Vfl grau mit gelblichem Mondfleck an den Spitzen *(Abb. 187)*; L 60 mm, jung goldgelb, erwachsen gelb mit schwarzer Gitterzeichnung, behaart; P ca. 25 mm, schwarzbraun, matt, Aftergriffel 2spitzig mit je 3 Enden; Biof: 56–79/10,4 + 56; Eiablage haufenweise an Blättern *(Abb. 187)*, Raupen ab Juli zunächst nesterweise beieinander, später auseinandergezogen, Verpuppung im Herbst in der Erde ohne Gespinst.
(Wei, Pa)	ähnlich *bucephala*	Großer Gabelschwanz *(Cerura vinula* L. = *Dicranura)* Europa, Sibirien; I 55–60 mm, Vfl weißgrau mit deutlichen dunklen Zickzacklinien, Hfl heller oder dunkler grau *(Abb. 192)*; L 80 mm, jung schwarz, katzenähnlich, Gabelschwanz mit vorstreckbaren roten Fäden, später grau bzw. grün, scharfe Flüssigkeit aus Querspalt des 1. Ringes bei Berührung; P dickwalzig, dunkelbraun, im festen K; Biof: 67–79/9,5 + 56; Eiablage einzeln oder paarweise, selten zu mehreren an Blattoberseite, Verpuppung im festen, aus Spänen gefertigten Gehäuse.

Schwärmer *(Sphingidae)*

Ca. 850 Arten, in Europa 30 Arten; überwiegend große, elegante Nachtfalter mit Stromlinienform, langem Rüssel, langen schmalen Vfl, kleinen Hfl, Fühler *Figur 4d;* äußerst rascher und ausdauernder Flug in der Dämmerung und Nacht, selten tagsüber (Taubenschwänzchen, Hummelschwärmer u. a.), Schwirrflug kolibriartig am Blütenkelch zur Nektaraufnahme (Blütenbestäubung!); manche Arten unternehmen weite Wander- und Überflüge wie der Totenkopf, Windenschwärmer, Oleanderschwärmer; vielfach prachtvolle Farbmuster;
Raupen gekörnt, walzenförmig mit Seitenstreifen oder schweinskopfartig mit Ocellen, meist

großes Afterhorn *(Abb. 195 d)*, bei Beunruhigung Sphinx-Stellung; Puppe mit freiliegender Rüsselscheide; Totenkopf (*Acherontia atropos* L.) als Raupe, Puppe, Falter zirpend; *geschützt!*

forstlich wenig bedeutsam, für die Blütenbestäubung wichtig.

Freifressend (Raupen)

Holzart	Symptom	Art
Nadelholz		
Kiefer Nadel (monophag, selten Fi, Lä, Schwki, Weyki)	Anfangsfraß gering, später von der Nadelspitze her	Kiefernschwärmer, Tannenpfeil (*Hyloicus pinastri* L. = *Sphinx*) Europa (nach N-Amerika eingeschleppt?); I 60–70 mm, graubraun, rindenfarbig, Vfl mit je 3 schwarzen Pfeilen *(Abb. 193);* L 90 mm, hellgrün mit braunroter Mittelrückenlinie, weiß oder gelb längsgestreift, dunkles Afterhorn *(Abb. 195 d);* P dunkelbraun mit kurzer Rüsselscheide und spitzem Aftergriffel (3 feine Spitzen); Biof: 67–89/10,5 + 67; häufig auch Überliegen der Puppen, Eiablage einzeln oder gruppenweise an Nadeln, Verpuppung in der Bodenstreu *(Abb. 9).*

Weißlinge (Pieridae)

Über 1000 Arten; mittelgroße, weißgefärbte Tagfalter mit dunkler, schwärzlicher Zeichnung, Exoten auch sehr farbenprächtig (Fühler *Figur 4 h*); flächig entwickelte Flügel zum oft ausdauernden Gaukel- und Segelflug; Raupen walzenförmig, kurz behaart, grau oder grün, längsgestreift; für Vögel ungenießbar bzw. auch lebensgefährlich; Stürz- oder Gürtelpuppe; vor allem Schädlinge im Gartenbau und in der Landwirtschaft, forstlich unbedeutend.

Gegenmaßnahmen: selten notwendig, evtl. Abschneiden und Vernichten der Raupennester.

Freifressend (Raupen)

Holzart	Symptom	Art
Eiche (auch andere Lh, Sträucher, bes. Obsth)	kleine Raupennester *(Abb. 194 b),* einseitiger Skelettierfraß bis zum Herbst, im Frühjahr Fraß an Blütenknospen und zarten Blättern	Baumweißling (*Aporia crataegi* L.) Europa, N-Afrika, N-Asien; heute in Deutschland selten; I 55–65 mm, weiß, dunkles Geäder *(Abb. 194 a);* L 45 mm, rötlich-schwarze Rückenzeichnung, stark behaart; P grünlichgelb mit schwarzer Zeichnung und hochgelben Flecken;

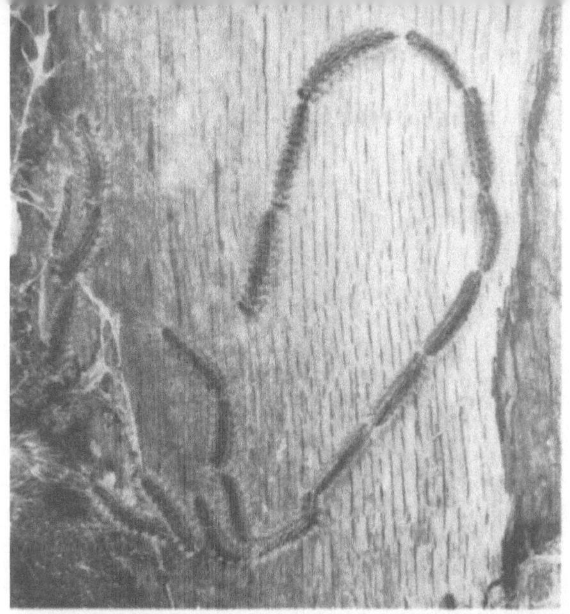
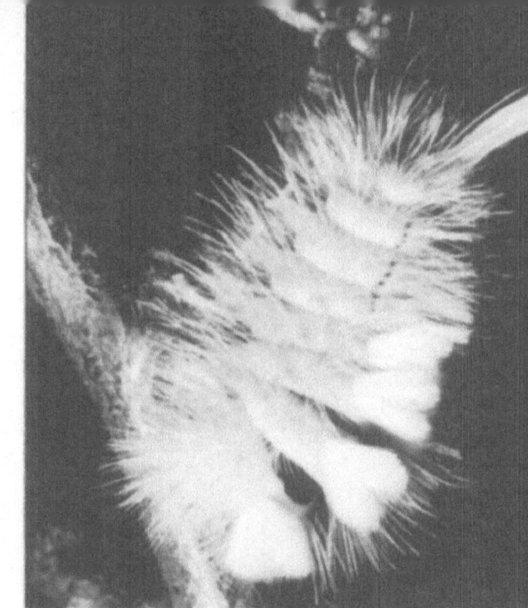

Abb. 195. Raupen

(a) Eichenprozessions-
spinner bei der Prozes-
sion [bis 40 mm]
(H. Schrempp)

(b) Rotschwanz
[40–50 mm]
(W. Zepf)

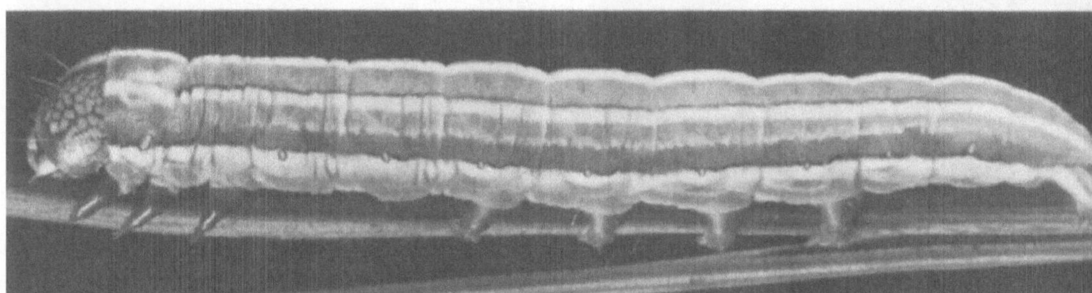

Abb. 195. *(c)* Forleule,
III. Stadium (Zwei-
häuter), Kopfbreite
1,42 mm
(W. Rohdich)

Abb. 195 *(d)* Kiefernschwärmer [bis 90 mm]
(J. Reisch)

Abb. 196. Österreichi-
sche oder Deutsche
Galle (von Gallwespen
Andricus kollari)
[12–18 mm (bis
28 mm)]
(B. Soukup)

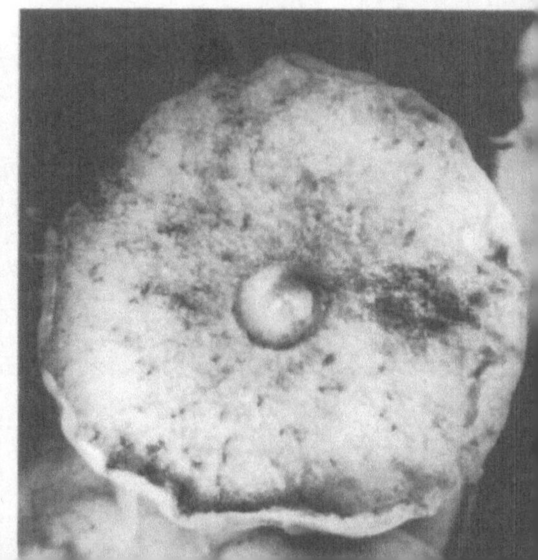

Abb. 197. Gemeine
Eichengallwespe
(Cynips quercusfolii)
(B. Soukup)

(a) Galläpfel
[bis 20 mm und größer]
(b) Durchschnitt
(innen Larve)

285

Holzart	Symptom	Art
		Baumweißling *(Fortsetzung)* Biof: 67–6,4/5 + 56; Eiablage haufenweise an Blattunterseite, Skelettierfraß der Räupchen im Schutze eines Gespinstes, Überwinterung zwischen befressenen, verschrumpften, mit dem Zweig versponnenen kleinen Raupennestern, jeweils im besonderen K eingeschlossen, im Frühjahr Quartieraufgabe und Fortsetzung des Fraßes, Verpuppung am Stamm, an Ästen u. a.

Insektenparasiten oder -räuber – Blütenbesucher – Pflanzenfresser oder Holzzerstörer

2.10 Hautflügler *(Hymenoptera)*

In Deutschland ca. 10000 Arten, insgesamt über 100000 Arten; winzig bis sehr groß; bekannt durch Bienen, Hummeln, Wespen, Schlupfwespen, Ameisen; gekennzeichnet durch 2 Paar gleichartige, häutige, in Ruhestellung flach auf den Hinterleib gelegte, größere Vorder- und kleinere Hinterflügel; Weibchen mit Legeapparat *(Ovipositor)*, teilweise zum Giftstachel umgebildet; kauende oder leckend-saugende Mundwerkzeuge; gut entwickelte Komplexaugen und 3 Stirnaugen; meist dunkel und unauffällig; manche Arten auch lebhafter gefärbt, manchmal sogar Metallglanz; Lebensweise und Habitus außerordentlich verschieden; Pflanzen- und Fleischfresser mit oft überragender Bedeutung als Parasiten (Schlupfwespen) an anderen Insekten und Räuber (Rote Waldameisen); *Larven* bei höheren Formen weiß, fußlos, madenförmig, manche Arten in Brutzellen (Bienen, Hummeln, Wespen), nur einige niedere, vielfüßige Afterraupen (Blattwespen) freilebend an Fraßpflanzen; vollkommene Verwandlung (Holometabolie); *Verpuppung (Pupa libera)* im Kokon oder in einer Zelle; staatenbildende Arten wie Ameisen, manche Bienen-, Wespen- und Hummelarten mit ausgeprägtem Sozialinstinkt (Organisation, Kastenwesen, Brutpflege); parthenogenetische Fortpflanzung verbreitet (Blattwespen, Wespen, Bienen, Ameisen); forstlich durch sehr große Nützlichkeit (Schlupfwespen, Rote Waldameisen, Bienen) oder beträchtliche Schädlichkeit (Blatt- und Gespinstblattwespen sowie Holzwespen) bedeutsam.

Übersicht

Überwiegend nützlich

Parasitische Gallwespen *(Figitidae)*
Schlupfwespen im weiteren Sinn *(Entomophaga)* –
Erzwespen *(Chalcididae)* – Ausnahme Gattung *Megastigmus*
Zwergwespen *(Proctotrupidae)*
Brackwespen *(Braconidae)*
Schlupfwespen im engeren Sinn oder Echte Schlupfwespen *(Ichneumonidae)*
Blattlauswespen *(Aphidiidae)*
Hungerwespen *(Evaniidae)*
Stechwespen *(Aculeata)* – Ameisen *(Formicidae)* – Ausnahmen Gattungen *Lasius, Camponotus, Myrmica, Tetramorium, Monomorium*

Goldwespen *(Chrysididae)*
Cleptidae
Dolchwespen *(Scoliidae)*
Rollwespen *(Tiphiidae)*
Grabwespen *(Sphecidae = Sphegidae)*
Faltenwespen, Echte Wespen *(Vespidae)* – Ausnahme Hornisse,
Bienen, Blumenwespen *(Apidae)*

Überwiegend schädlich

Gallwespen *(Cynipidae)*
Gespinstblattwespen, Kotsackblattwespen *(Pamphiliidae = Lydidae)*
Buschhornblattwespen *(Diprionidae)*
Blattwespen *(Tenthredinidae)* – Ausnahmen Farnblattwespe und Räuberische Blattwespe
Knopfhornblattwespen *(Cimbicidae)*
Holzwespen *(Siricidae)*

Insektenparasiten (einige Samenschädlinge oder Gallenbildner)

Gall- und Schlupfwespen *(Terebrantia)*

Kleinste (ca. 0,2 mm) bis große (bis 10 cm) Formen; Einschnürung zwischen Brust und Hinterleib (Wespentaille), bei ♀♀ Legebohrer verschiedenartig, frei oder versenkt; Larven weich, weißlich, augen- und beinlos, meist endoparasitisch, teilweise phytophag und gallenbildend, überwiegend aber zoophag als Insektenparasiten.

Gallwespen *(Cynipidae)*

Klein, unscheinbar, mit gestieltem, seitlich zusammengedrücktem, kurzem Hinterleib und weit herausragenden Flügeln; ♀♀ mit gut entwickeltem, meist sehr langem, nach oben gekrümmten, hervorstreckbaren Legebohrer.

Gallenbildner (phytophage Cynipiden)

Fortpflanzung am häufigsten durch Heterogonie, d.h. regelmäßiger Wechsel von zweigeschlechtlicher (gamogenetisch) und eingeschlechtlicher (parthenogenetisch) Generation mit großen Unterschieden der Wespen selbst und der von ihnen erzeugten Gallen, mitunter auch nur geschlechtlich und parthenogenetisch; Entwicklungsgang bei heterogenetischer Fortpflanzung 1 oder mehrere Jahre, bei Parthenogenese 1jährige Generationsdauer; Eier gestielt und oft massenhaft (Vorrat je ♀ 1000 Stück).

Erzeugung und Bau der Gallen

Reaktion des Pflanzengewebes auf Ablage und Entwicklung des Eies, besonders aber auf die Larve (Sekret?) mit entsprechenden, sehr charakteristischen Wucherungen: (von innen nach außen) *Innengalle* aus Nährschicht mit wenigen Lagen dünnwandiger, rundlicher oder längsgestreckter, kleiner, aber sehr gehaltvoller (Zucker, [Stärke], Eiweiß, Öl) Zellen und Hart- oder Schutzschicht mit dickwandigen, mehr oder weniger verholzten Zellen von stets weißer Färbung und *Außengalle* aus der härteren oder schwammigeren, saftreichen oder trockenen, parenchymatischen Gallenrinde und der Epidermis als Schutzhülle; Trennung in Innen- und Außengalle nicht immer scharf ausgeprägt; überwiegend einkammerige Gallen, bei häufchenweiser Eiablage vielkammerig; in der Regel art- bzw. generationsspezifisch auf Pflanzenart und Pflanzenorganen (z.B. Knospe, Blüte, Blatt) *(Abb. 196–202)*.

Bedeutung: im allgemeinen auch bei starkem Befall belanglos, jedoch können Rindengallen der Eichenwurzelknoten-Gallwespe (*Andricus testaceipes* Htg.) junge Pflanzen töten; Verwendung für medizinische Zwecke bereits im Altertum, verzeichnet in mittelalterlichen Kräuterbüchern gegen verschiedene Krankheiten, Gewinnung von Tinte (*Gallus*-Tinte) mittels Eisensalzen schon bei den Ägyptern und Gerbstoff (bei Knoppern ca. 30% Gehalt) zur Färberei und schließlich zur Beleuchtung (Öllampen) bei den alten Griechen (PLINIUS, nach Angaben von ESCHERICH 1942); teilweise einbringliche Nebennutzung am Walde, z. B. Knoppernernte an Eichen in Ungarn.

Holzart	Symptom	Auffällige Arten
Laubholz		
Eiche Wurzel bzw. Wurzelhals	Galle meist dicht gehäuft (ähnlich Seepocken!) an der Wurzelhalsgegend junger Stämmchen, u. U. Absterben;	Eichenwurzelknoten-Gallwespe (*Andricus testaceipes* Htg.) pG, Reifung der Galle erst im Herbst des 2. Jahres;
Blätter	längliche Anschwellungen an Blattstielen und -rippen, meist mehrkammerig;	gG, Eiablage vor Laubausbruch im Bereich junger Blattanlagen (auch durch *A. quercusradicis* F.);
Knospen	20–30 mm, ähnlich Hopfenfrucht (Eichenrose) oder Lä-Zapfen durch angeschwollene Knospenschuppen *(Abb. 199);*	Eichenrosengallwespe *(Andricus foecundatrix* Htg. = *fecundator* Htg.)* pG, Reife im August/September, Eiablage einzeln in ruhende Knospen;
männliche Blütenstände	2 mm lang, eiförmig zugespitzt, weißlich behaart, an männl. Blütenständen;	gG, Eiablage in Knospen männlicher Blütenstände, Reife Ende Mai.
Knospen	eiförmig, dicht samtartig behaart, zunächst rot, dann dunkelviolett, bis 3 mm hoch, frei oder am Grunde von Knospenschuppen umgeben;	**Gemeine Eichengallwespe** *(Cynips quercusfolii* L. = *Diplolepis)* – häufigste Art – gG, Eiablage an schlafenden Augen.
Blätter	bis 20 mm und größer, kugelig, gelb mit roten Backen, an Blattunterseite „Eichengallapfel", einkammerig, tw zahlreich bis zu 8 auf einem Blatt *(Abb. 197a, b);*	pG, Eiablage Mai/Juni in Blattnerven an Blattunterseite, Verpuppung im Herbst, Schlüpfen Dezember bis Februar, Entwicklung an Johannistrieben (Juli).
Knospen	12–18 mm (bis 28 mm), kugelig, ziemlich glatt, zunächst grün und kurz behaart, dann bräunlichgelb und kahl, seitlich an einer Knospenachse *(Abb. 196);*	Erzeuger der Österreichischen oder Deutschen Galle *(Andricus kollari* Htg. = *Cynips)* M- und S-Europa, Mittelmeergebiet; minderwertige Galle, jedoch häufig im Handel zur Verfälschung von hochwertigen Gallen (Aleppo u. a.) beigemischt; Reife August/September.

Holzart	Symptom	Auffällige Arten
Blätter	bis 6 mm groß, linsenförmig, gelb-weiß mit roter Zitze, vielfach massenhaft *(Abb. 201)*;	Eichenlinsengallwespe (*Neuroterus quercusbaccarum* L.) pG, Eiablage (ab Juni) in junge Blätter an Triebspitze;
männliche Blütenstände	weinbeerartig, kugelig, „Kammergalle";	gG, Eiablage in Knospen, Reife Mai/Juni (Frühjahrsgallen).
Blätter	zierlich, bis 3 mm groß, napfför-mig, oft massenhaft bis zu 1000 an einem Blatt (Unterseite) *(Abb. 200)*;	*Neuroterus numismalis* Ol. pG, Eiablage (ab März) in Knospen.
Fruchtbecher	bis 20 × 25 mm, stumpf-zackig, längsgekielt mit fast flügelarti-gem Verlauf bis zum Frucht-becher (auch diesen umfassend), einkammerige Innengalle, „Knoppern" *(Abb. 198)*;	***Eichenknopperngallwespe*** (*Andricus quercuscalicis* Burgsd. = *Cynips*) nördliches Mittelmeergebiet, Kleinasien, Spanien und bis Mitteldeutschland; gG, technische Verwertung der Gallen wegen hohem Gerbstoffgehalt.
Rosen Blätter, Blüten, Früchte	moosartig verkleidet, durch Ver-schmelzung bis faustgroß und vielkammerig (Schlafapfel, Beguar) *(Abb. 202)*.	Gemeine Rosengallwespe (*Diplolepis rosae* L. = *Rhodites*) meist rein parthenogenetisch, ♂♂ sehr selten. Daneben noch *Diplolepis mayri* Schlecht. und *D. eglanteriae* Htg. (beide = *Rhodites*) als Erzeuger erbsengroßer (und darüber) Gallen.

pG = parthenogenetische Generation (♀♀) gallenerzeugend, gG = gamogenetische Generation (♀♂) gallenerzeugend.

Ferner gibt es sog. Einmieter in Gallen von Gallwespen oder Gallmücken. Eine Selbsterzeugung von Gallen wird den Larven dieser Vertreter nur bei einem bereits vorhandenen Auswuchs am Pflanzengewebe möglich.

Parasitische Gallwespen *(Figitidae)*

Zahlreiche Arten, bes. die Ibaliinen als größte Gallwespen (7–16 mm);
Larven sind durch Di- bzw. Polymorphismus gekennzeichnet (in verschiedenen Stadien mit oder ohne beinartige Fortsätze, paarweise an wenigen oder vielen Brust- und Bauchsegmenten, Schwanzanhänge, Tracheenlosigkeit), schmarotzen in Larven von Holzwespen (z. B. *Ibalia leucospoides* Hoch.), Fliegen (z. B. *Figites striolatus* Htg. – an der Stubenfliege), mitunter auch in Käfern und hyperparasitisch in Brackwespen verschiedener Blattlausarten. *Ibalia* legt die Eier durch den Einstichkanal der Holzwespe in deren junge Larven. Ihre Wirksamkeit ist jedoch wegen einer mindestens 2jährigen Generation beschränkt. Eine doppelte Parasitierung *(Super-parasitismus)* desselben Wirtes durch *Rhyssa*-Arten (Schlupfwespen) soll vorkommen und dem sich daraus entwickelnden *Hyperparasitismus* beide Parasiten zum Opfer fallen. Ausgewachsene *Ibalia*-Larven bzw. -puppen befinden sich meist dicht unter der Stammoberfläche, da die para-sitierten Wirtslarven nicht tiefer ins Holz vordringen.
Erfolgreiche Einbürgerungsversuche gegen Holzwespen sind aus Neuseeland bekannt (s. Holz-wespen!).

Schlupfwespen im weiteren Sinn *(Entomophaga)*

Allgemeine Merkmale

Winzigste (ca. 0,2 mm, z. B. *Trichogramma*, *Mymar*) bis große Formen (ca. 100 mm einschließlich Legebohrer); oft stark reduziertes Flügelgeäder, Wespentaille, ♀♀ mit freiem oder versenktem Legestachel(bohrer): Larven weich, weißlich, augen- und beinlos; überwiegend Insektenparasiten, teilweise auch phytophag.

Erzwespen *(Chalcididae)*, Zwergwespen *(Proctotrupidae)*, Brackwespen *(Braconidae)*, Schlupfwespen im engeren Sinn oder Echte Schlupfwespen *(Ichneumonidae)*, Blattlauswespen *(Aphidiidae)* und die teilweise auch als Überfamilie angesehenen Hungerwespen *(Evaniidae)*.

Hinsichtlich der Lebensweise unterscheidet man:

Insektenparasiten	***Minierer***
(zoophage Schlupfwespen)	(phytophage Schlupfwespen) bisher ausschließlich Arten von Erz- oder Zehrwespen bekannt; bes. Zerstörer von Nadelholzsamen.

Vom Insektenparasiten zum Pflanzenminierer gibt es Übergangsformen mit gemischter Ernährungsweise.

Insektenparasiten (nur von der Larve her [Parasitoide]) von meist enormer Bedeutung als Regler des biologischen Gleichgewichts; durch großen Formenreichtum dem Insektenleben (auch Tausendfüßlern und Spinnentieren) in allen Räumen vorzüglich angepaßt.

Imagines sind geschlechtlich differenziert durch gedrungene Gestalt der ♀♀ mit kräftigeren, gebogeneren, eingerollten, oft hell geringelten Fühlern, einem sichtbaren oder versteckten Legebohrer, bei Ichneumoniden häufig Flügellosigkeit und bei ♂♂ neben längeren und vorgestreckten Fühlern auch Flügellosigkeit bei manchen Trichogramminen; bevorzugt auf niederen Büschen, Hecken, auf Blütenpflanzen (vor allem Doldenblütler, aber auch Gräser, sogar an extrafloralen Nektarien des Adlerfarns, s. unerwünschter Pflanzenwuchs) an Waldrändern, auf Waldwegen und Bestandslücken;

*Ernährung** durch tierische oder pflanzliche Säfte, Honigtau, Wasser, zuckerhaltige Exkremente von Rindenläusen (z. B. *Trichogramma*) und Schildläusen, auch durch Anzapfen von Wirtslarven (auch im Kokon) durch Stich oder Biß mit anschließendem Auflecken der austretenden Körperflüssigkeit; Verzicht auf Nahrung, je nach Art und Temperatur, bis zu 2 Monaten möglich;

Verhalten bei warmem Wetter sehr lebhaft: Laufen, Springen, Fliegen, auch Sprungflüge (z. B. *Trichogramma* bei der Suche nach Wirtseiern), ständiges Fühlerzittern (Wipperwespen!), ausgeprägte Putztätigkeit, bes. von Fühlern, Mundwerkzeugen, Flügeln und vom Hinterleib, vor und nach verschiedenen Handlungen (Fraß, Kopula, Stechakt);

Überwinterung unter Moos, Rinde, im Holzmulm o. a., bei Ichneumoniden überwiegend in der Wirtspuppe; Lebenszeit bei ♀♀ meist wesentlich länger als bei ♂♂, je nach den Verhältnissen (Nahrung, Jahreszeit, Wirtsbrut) 1 bis maximal 3 Monate (ausgeschlossen Zeit der Winterstarre bei überwinternden Arten);

Fortpflanzung obligatorisch oder fakultativ zweigeschlechtlich (gamogenetisch) oder eingeschlechtlich (parthenogenetisch) oder auch beides im regelmäßigen Wechsel (heterogenetisch); parthenogenetisch erzeugte Eier nur männlichen oder weiblichen Geschlechts oder gemischt mit Überwiegen eines Geschlechts oder annähernd gleichem Geschlechtsverhältnis; ♂♂ bes. aktiv bei der Paarung, nach vorangegangenen Liebesspielen oder Balztänzen mit Peitschen und Antippen der Fühler, lebhaftem, oft taktmäßigem Flügelschlag sowie Wippen der Fühler und des Hinterleibs;

---

* Bei Zuchten bewährt süßer Mehlkleister, Obstsäfte, Marmelade, Banane, verdünnter Honig, Zuckerwasser.

Eiablage (Abb. 204–206, 209) einzeln, auch zu mehreren (je nach Wirtsgröße) durch dreiteiligen Legestachel* frei auf Nadeln o.a., oder in unmittelbarer Nähe des Wirtes und/oder außen auf den Wirt (z.B. Bockkäfer- und Holzwespenlarven) oder, hauptsächlich bei entoparasitischer Entwicklung, durch Einstich in den Wirtskörper (Leibeshöhle o.a. Organe); parasitiert werden Larven, dann Eier und Puppen, am seltensten *Imagines*, vielfach das jeweilige Stadium nur in einem bestimmten Alter, mehrere cm tief im Holz, in dichten Gespinsten (auch Kokons), harten Gallenkammern, Ameisennestern, selbst im Wasser (manche Zwergwespen); ♀ sucht instinktiv nach Beute- oder Wirtstieren, vermutlich geleitet durch hochempfindliche Geruchsorgane, auffallende Färbung des Wirts bzw. dessen Stadien (oft Unterscheidungsvermögen zwischen parasitierten und eifreien Individuen); überwiegend wohl wahllose Eiablage auf der Körperoberfläche oder im Inneren, oft auch bevorzugte Stellen (Ganglienkette, Unterschlundganglion, weiche Chitinhäute an Gelenken, zwischen den Segmenten, an Hinterleibsspitze, am After); Stech- und Legeakt nicht immer gleichbedeutend, vielfach Anstich nur zur eigenen Nahrungsgewinnung oder zur Lähmung oder Abtötung des Wirts (dann Eiablage außen oder unmittelbar daneben); Legetätigkeit während des ganzen Lebens, hauptsächlich aber am ersten Lebenstag; Eizahl je nach Art, Temperatur und Ernährung von 15 bis etwa 1000 Stück (bei Parthenogenese meist mehr); Generationsverhältnisse sehr unterschiedlich; gleiche Art am gleichen Ort einfache oder doppelte Generation, mitunter sehr rasche Generationsfolge (z.B. *Trichogramma* theoretisch fast wöchentlich), zuweilen auch durch Überliegen Verzögerung bis zu 2 Jahren.

Formen des Parasitismus

Superparasitismus: mehrere Eier von einem oder mehreren ♀♀ der gleichen Art im selben Wirt (auch hervorgerufen durch Polyembryonie, d.h. Zerfall eines einzigen Eies in zahlreiche (bis 2000), selbständig entwicklungsfähige Tochterkeime (Brack- und Zwergwespen), vergleichbar mit Entstehung von eineiigen Zwillingen *(Abb. 208);*

Multiparasitismus: mehrere Eier von verschiedenen Schlupfwespenarten im gleichen Wirt;

Hyperparasitismus: an Parasiten parasitierende Larven (Sekundärparasiten; im Gegensatz zu den von den Säften des Wirts lebenden Primärparasiten und den von den Säften der Sekundärparasitenlarve lebenden Tertiärparasiten), vom Multiparasitismus unterschieden durch eine lebensgesetzliche Bindung der verschiedenen Parasitenlarven aneinander; Mehrzahl polyphag an einer Gattung, Familie oder Ordnung, oft mit Bevorzugung eines speziellen Wirts oder dessen Stadien *(Abb. 212).*

Abwehrreaktion des Wirts: bei Blattläusen fehlend, bei Raupen, Afterraupen und auch Puppen durch schlagende Körperbewegung *(Abb. 204);*
nach der Infektion durch Abkapselung des Parasiteneies oder (meist wenig erfolgreich) der Junglarve (in beiden Fällen Unschädlichmachung durch Blutzellen-Phagozytose); Prädisposition des Wirts für die Parasitierung förderlich, spezifische Duftstoffe wohl hinderlich für Stech- und Legeakt (Präventiv-Immunität); letzteres u.U. bedeutungsvoll für die Fernhaltung der Hyperparasiten von eingebürgerten Primärparasiten (etwa durch Übersprühen eines solchen Duftstoffes!). Vielfach reicht die Abwehrreaktion des Wirts aus, und die Parasitierung bleibt bedeutungslos, wie dies für einige Schmetterlingsraupen (Kohleule, Nonne, Schwammspinner, Rübenweißling) nachgewiesen werden konnte. Im anderen Falle tritt der Tod des Wirts alsbald nach dem Schlüpfen der Larve ein (vor allem bei Ektoparasiten) oder gewöhnlich erst kurz nach der Verpuppung des Parasiten.

Parasiteneigenschaft

Polyphagie ebenfalls weit verbreitet, z.B. *Trichogramma* an 65 verschiedenen Wirten (Schmetterlinge, Fliegen, Käfer, Hautflügler, Schnabelkerfe, Netzflügler); Monophagie selten.

---

* Eigentlicher Stechapparat mit Stachelschiene und 2 eingepaßten, auf- und abgleitenden Stachelgräten (Stechborsten) sowie Hülle aus 2 Stachelscheiden.

Abb. 203. Echte Schlupfwespe geschlüpft aus Schwalbenschwanz-Puppe (rundes Loch) [ca. 3,5 ×] (H. PFLETSCHINGER)

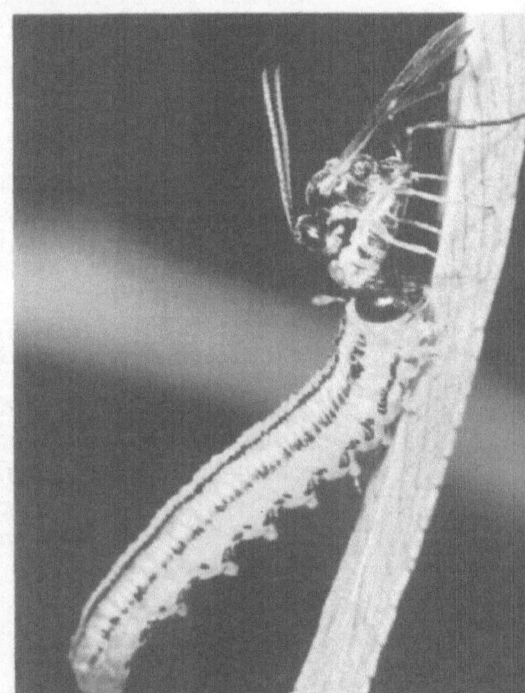

Abb. 204. Eiablage von Echter Schlupfwespe *(Eclytus ornatus)* an Weidenblattwespen-Afterraupe (H. PFLETSCHINGER)

Abb. 205. Echte Schlupfwespe *(Scambus spec.)* sticht (links) Larve im Inneren einer Distelblüte (rechts) an (H. PFLETSCHINGER)

293

Schlupfwespen (Entomophaga)

Larven lanzettförmig, sehr kleiner, schwach chitinisierter Kopf (Maden der Raupenfliegen ohne Kopfkapsel!), madenartig, manche mit Schwanzanhängen, Schwanzfortsatz oder Schwanzblase in den ersten Larvenstadien, größere Beweglichkeit des 1. Larvenstadiums durch extremitätenähnliche Fortsätze *(Planidium)* oder geradezu groteske, krebsähnliche Gestalt der Junglarve mit mächtig entwickeltem, scheibenförmigem Vorderkörper und schwanzähnlichem, 2spitzig auslaufendem Anhang.

Ernährung: Gewebe und Körpersäfte lebender (Entoparasiten), gelähmter (Ektoparasiten; Biophagie) Wirte oder deren Kadaver (Endstadium von Ento- und Ektoparasiten; Nekrophagie); Entwicklung bei Superparasitismus wirtsgleichgroßer Arten gewöhnlich von nur 1 vollreifen Larve, bei Multiparasitismus entscheidet die Wachstumsgeschwindigkeit der jeweiligen Parasitenart über die Überlebenschance; bei kleineren Parasitenlarven mehrfache Vollentwicklung möglich (z.B. bis 100 *Apanteles*-Larven in einer Kohlweißlingsraupe, bis 700 Parasitenlarven in der Kohlweißlingspuppe, bis 1500 und mehr Parasitenlarven in einem Wirtstier bei Polyembryonie); Defäkation zur Schonung des Wirts durch unvollständige Darmentwicklung während des Larvenlebens zurückgehalten bis zur Verwandlung in die Puppe bzw. *Semipupa* mit anschließender Entleerung der Exkremente in Form eines teilweise umfangreichen Kotbechers oder Kottopfes; Hautatmung aus der Haemolymphe des Wirts (entoparasitische Junglarven) oder ausnahmsweise mittels eines durch die Wirtshaut herausragenden Eistiels (Junglarven einiger Erzwespen), meistens erst später Herausbildung von Atemlöchern (Stigmen).

Puppe: *Pupa libera*, bei manchen Erzwespen auch *Pupa obtecta*, frei oder im Kokon im oder außerhalb des Wirtes, in dessen Nachbarschaft oder in der Bodendecke u.a.; Schlüpfen durch die Wirtshaut, meist sehr markant durch Lage, Form und geringe Größe des Schlupflochs *(Abb. 9, 203)*.

Feststellung des Schlupfwespenbefalls

Untersuchung möglichst zahlreicher Wirte (Raupen, Puppen, Eier, Kokons, *Imagines*), bes. bei fortschreitender Gradation des jeweiligen Schädlings zur Prognose, bei unterschiedlichen Bestands- und Standortverhältnissen sowie Populationsdichten des Schädlings detailliert; wahllos ohne Rücksicht auf Größen- oder Farbvarianten, je nach Wirtsart unmittelbar nach dem Sammeln oder (z.B. Puppenparasiten des Kiefernspanners) erst nach einigen Wochen oder im Schlüpftest (z.B. Puppenparasiten des Eichenwicklers).

Merkmale

1. Bei Raupen und anderen Larven: gewöhnlich (bes. bei Entoparasiten) sehr geringfügig, Untersuchung des Körperinhalts zerquetschter Exemplare (nach Enthauptung): Ausdrücken vom After nach vorn, am besten auf einer Wasserschale zum Trennen von Parasit und Wirt *(Abb. 210, 211)*.

2. Bei Eiern: vielfach Verfärbung, meist wesentlich kleinere Schlupföffnungen des Eiparasiten gegenüber großen Nagestellen der Räupchen bzw. Larven.

3. Bei Puppen: Verlust der Beweglichkeit (leicht drücken!), zumeist noch Hinterleibsspitze beweglich, schließlich übergehend von der weichen zur starren Hülle, Hinterleib ausgedehnter und gestreckter als bei tachinösen oder gesunden Puppen, Verfärbung, bei Durchleuchtung Kopf und Schwanzende durchsichtig; Untersuchung auseinandergebrochener und ausgedrückter Exemplare; Schlupfloch meist kleiner und seitlich oder größer durch Abklappen der Kopfregion *(Abb. 203, 208)*.

4. Bei Kokons: meist kleinere und seitliche, aber auch ziemlich große und dann immer gezackte Schlupflöcher.

5. Bei Blattläusen: glasig aufgetrieben, fehlfarben (nur bei Verpuppung von Blattlauswespen im Wirt).

Bedeutung und Verwendung der Schlupfwespen für die biologische Schädlingsbekämpfung

Mit ganz besonderer Aufmerksamkeit haben sich J. TH. CHR. RATZEBURG und K. ESCHERICH, neben vielen anderen Forstentomologen*, dieser Frage gewidmet. Das dreibändige Werk „Die Ichneumonen der Forstinsecten", 1844, 1848, 1852 von RATZEBURG wurde richtungsweisend und ist auch heute noch eine fast unerschöpfliche Quelle. ESCHERICHS längst vergriffener 5. Band „Die Forstinsekten Mitteleuropas" behandelt die Entomophagen sehr ausführlich. Seine Empfehlungen bedeuten gerade heute, für unsere durch Giftstoffe bedrohte Umwelt, außerordentlich viel. Werden doch hier Wege zur biologischen Schädlingsbekämpfung aufgezeigt. Namentlich der Erfahrungsaustausch mit dem damaligen, führenden Forstentomologen der Neuen Welt L. O. HOWARD und die selbst erlebten, enormen Bemühungen der Amerikaner mit eingebürgerten Schlupfwespen und deren Massenzuchten gegen eingeschleppte Schädlinge (Schwammspinner, Goldafter u. a.) waren wohl stets sein Ansporn. „Wenn bis jetzt bei uns keine durchschlagenden Erfolge mit der künstlichen Vermehrung der Schlupfwespen gegen Forstschädlinge gemacht wurden, so berechtigt dies nicht dazu, diesen Weg von vornherein als ungangbar zu bezeichnen. Wenn wir das große, sehr schwierige und komplizierte Gebiet in Betracht ziehen, so ist das, was wir in der Forstschädlingsbekämpfung bis jetzt versucht haben, kaum mehr als ein ganz schwaches Abtasten" (ESCHERICH, Bd. V, 1942). Wie richtig diese Auffassung ist, trotz Mißerfolgen und Enttäuschungen nicht aufzugeben, zeigt sich eigentlich erst heute. Aus aller Welt liegen nun ermutigende Ergebnisse vor. Der Generaldirektor der Eppo in Paris, DR. G. MATHYS (1971) hat die gegenwärtigen Arbeiten der Sowjetunion bei der Massenzucht des winzigen Eiparasiten *Trichogramma embryophagum* gegen den Apfelwickler gewürdigt. Auf über 800 000 ha Obstanlagen erreicht man heute die gleiche Abwehrwirkung wie mit dem chemischen Insektizid DDT.

Nutzen und Wert der Schlupfwespen ist seit jeher Gegenstand von interessanten Erörterungen gewesen. Ganz allgemein wird aus ihrem vielfach beobachteten, vermehrten Auftreten bei Raupenplagen auf ihre Nützlichkeit geschlossen. „Jeder Forstmann, jeder Gärtner sagt, sie sind nützlich, und auf den Tafeln steht ‚nützlich' obenan" (RATZEBURG 1840). Tatsächlich können Schlupfwespengradationen unter entsprechend optimalen Bedingungen sehr rasch ausgelöst werden. Nicht selten folgt ihre Zunahme parallel zum Wirt.
RATZEBURG (Bd. 2 „Die Forstinsecten", 1840) meint, „Den Schmarotzern (Ichneumonen und Fliegen) hat man viel mehr Gerechtigkeit widerfahren lassen, ja, wie ich glaube, allermeist zu viel". Ihren Hauptwert sieht er darin, daß sie kranken Raupen den Todesstoß versetzen und das Ende der Kalamität beschleunigen helfen. Die Schlupfwespen sind also nicht die Ursache des Zusammenbruchs, sondern eine Folgeerscheinung der Krise: „Nicht weil die Ichneumonen sich vermehren, hört der Insectenfraß auf, sondern weil sich der Insectenfraß seinem Ende naht, vermehren sich die Ichneumonen so ungewöhnlich" (Bd. 3,„Die Forstinsecten", 1844). Nach den gemachten Erfahrungen folgert er: „Das Endresultat ist also, daß der Mensch hier niemals mit Vortheil wird Eingriffe unternehmen dürfen. Die Ichneumonen geben nur das Barometer ab, nach welchem wir auf das Ende eines Raupenfraßes meistens mit Gewißheit schließen können" (Bd. 1 „Die Ichneumonen der Forstinsecten", 1844)**.
Den von G. L. HARTIG erstmalig empfohlenen und vom Förster C. LEHMANN (1830) dann gebauten Raupenzwingern, als Brutstätte für Schlupfwespen an gesammelten, gesunden Raupen oder als Infektionsherd bereits parasitierter Raupen, wird keine Bedeutung beigemessen. Nach den gemachten Erfahrungen bereiten Versorgung und Überwachung (Absperrung gegen Ausbruch) solcher großer Raupenmassen im Freiland, neben den überaus hohen Kosten, ein unüberwindbares Problem.***

---

* S. außerdem Literaturangabe.

** Interessant ist auch seine eigentümliche Beobachtung, daß die von den Säften ihres Wirtes zehrenden Ichneumonen etwas von seinem Wesen annehmen und 2 aus demselben Wirt stammende Arten eine sonderbare „Milchbrüderschaft zeigen (Bd. 3 „Die Ichneumonen der Forstinsecten").

*** Bei der Methode mit Raupenzwingern wurden durch Gräben isolierte Wald- oder Gartenorte unterschiedlicher Größe (bis 2–3 Morgen) in Gefahren- oder Schadgebieten bzw. auch umdrahtete Waldhütten eingerichtet. Sog. Vertil-

Für weit aussichtsreicher hält RATZEBURG die Übertragung parasitierter Individuen (Raupen) von parasitenreichen in parasitenarme Gebiete, was sich bei einem Versuch gegen den Kiefernspinner im Jahr 1838 als sehr erfolgreich erwiesen hat. Eine künstliche Vermehrung oder Verbreitung von Parasiten erscheint JUDEICH und NITSCHE als „kaum durchführbar" (1895). Die erstrangige Bedeutung der Schlupfwespen wird aber bereits von ihnen und später von HESS und BECK (1927) und ESCHERICH (1942) betont. Maßgebend war die Erkenntnis, daß durchaus nicht allein kranke oder schwache Raupen parasitiert werden.

Primärparasitische Schlupfwespen spielen sicherlich eine wesentliche Rolle als Regler des biologischen Gleichgewichts im Sinne einer ständigen Niederhaltung der zur Massenvermehrung neigenden Schadinsekten. Wie schwierig aber die Erkennung ihrer Parasiteneigenschaft ist (d. h. Einordnung als Primär-, Sekundär- oder Tertiärparasit) und welche Auswirkung eine falsche Einschätzung ihres Wertes bes. beim Import haben kann, geht aus folgendem Beispiel ESCHERICHS (1942) hervor:

„In Nordamerika wurden 1906 einige Exemplare von *Monodontomerus* zur Bekämpfung des Schwammspinners und Goldafters ausgesetzt. Als derselbe dann nachträglich als Sekundärparasit erklärt wurde, versuchte man den begangenen Fehler wieder gutzumachen und tötete alle erscheinenden *Monodontomerus* ab. Später, als man erkannt hatte, daß die Art doch auch Primärparasit ist, wurde die Einführung von neuem wieder betrieben. Es ist aber bis heute zweifelhaft geblieben, welche Maßnahme die richtige war."

Gewöhnlich gehört zu einer Wirtsart eine Reihe von Parasiten, verteilt auf deren verschiedene Entwicklungsstadien (Ei, Larve, Puppe, Vollkerf). Je lückenloser diese sog. Parasitenreihe oder -folge ist, desto größer ist die Wirkung. Bei nicht übereinstimmender Generationsfolge von Wirt und Parasit ergeben sich Schwierigkeiten hinsichtlich geeigneter Ausweichwirte. Der kanadische Puppenparasit *(Itoplectis conquisitor)*, vom nach dorthin verschleppten Posthornwickler *(Rhyacionia buoliana)*, leidet im mitteleuropäischen Raum unter Wirtsmangel bei latenter Populationsdichte dieser Wicklerart. Weder der Kiefernharzgallenwickler mit 2jähriger Generationsdauer, noch der sporadisch auftretende Kiefernknospenwickler erscheinen als Ausweichwirt geeignet. Scheinbar indifferente Lebewesen können als Zwischenwirte genauso unentbehrlich sein wie deren Fraßpflanzen. Wesentlich günstiger liegen die Verhältnisse bei polyphagen oder pantophagen Parasiten mit rascher Generationsfolge. Allerdings kann sich hier der Parasitismus auch unerwünscht auf Nützlinge ausdehnen. Rückschläge sind durch Hyperparasitismus (z. B. *Perilampus tristis* an Primärparasiten des Posthornwicklers bis zu 83%), Multiparasitismus (vor allem mit Raupenfliegen, Raupenkrankheiten) und Klimaveränderungen (bes. mikroklimatisch) zu erwarten. Nur in seltenen Fällen liegt der Parasitierungsgrad über 90%. Auch verhalten sich manche Arten durchaus nicht einheitlich, z. B. gegenüber Klimaextremen. Jedenfalls wird so z. B. der Fehlschlag mit dem eingeführten Eiparasiten *Trichogramma minutum* gegen die Forleule mit verschiedenen Provenienzen von Nordamerika und subtropischen bzw. tropischen Gebieten Mittelamerikas erklärt (WELLENSTEIN 1934). Die besten Erfolge mit Schlupfwespen sind mit eingebürgerten Arten meist bei eingeschleppten Schädlingen auf Inseln (Hawaii, Fidschi, Neuseeland) oder in ähnlichen Gebieten (Kalifornien) erzielt worden. Die dortige verhältnismäßig isolierte Lebensgemeinschaft und artenarme Fauna weist noch zahlreiche unbesetzte „ökologische Nischen" auf. Als Voraussetzung für einen erfolgreichen Einsatz von Schlupfwespen wird die genaue Kenntnis ihrer Bionomie und Ökologie angesehen (ESCHERICH 1942). Um Erfolg zu haben, muß man wenigstens 1000, 100000 oder sogar Millionen von Individuen aussetzen. In Frage kommen nur Arten mit rascher Generationsfolge, die gut züchtbar und jederzeit (im Kühlschrank aufbewahrt) einsatzbereit sind. Bisher erfüllt *Trichogramma* die gestellten Bedingungen besonders gut. So ist auch seine Massenzucht an Korn- und Mehlmotten vor allem in

---

(Fortsetzung der Fußnote ***, S. 295):
gungszwinger sollten den schlüpfenden Parasiten (aus Eiern, Raupen, Puppen) die Rückkehr in den Bestand ermöglichen, Vorbauungszwinger aber vorbeugend der Säuberung des Reviers durch eine alljährliche Raupenzucht zur Ernährung und Vermehrung angelockter Parasiten dienen.

der Sowjetunion und den USA zu einer Routinemaßnahme geworden. Gut eingerichtete Betriebe sollen heute bis zu 1 Million Exemplare pro Tag produzieren, in kalifornischen Privat-Insektarien zu einem Preis von 1 Dollar für 100000 Stück, in der UdSSR in staatlichen Biolaboratorien von Kolchosen (FRITZSCHE, GEILER, SEDLAG 1968).*

Aus allem resultiert, daß die Schlupfwespen allein, genauso wenig wie Vögel und Waldameisen, auf die Dauer den Wald nicht gesund erhalten können. Sie sind ein bedeutender Faktor der Lebensgemeinschaft, den es zu erhalten und, bes. in Monokulturen, zu fördern gilt (s. unerwünschter Pflanzenwuchs!).
Ihre Bedeutung sehe ich im Walde (mit langen Produktionszeiträumen) vor allem als biologische Helfer im waldhygienischen Sinne. Doch kann ihr massenhafter Einsatz bei Schädlingsvermehrungen auch durchaus eine willkommene, therapeutische Maßnahme zur Ablösung von chemischen Insektiziden sein.

Bisherige Einsätze von Schlupfwespen (Beispiele)

1835   Raupenzwinger (Kiefernspinner) von 30 Morgen Größe zur Infektion im Himmelpforter Revier (Sachsen); wegen großer natürlicher Raupensterblichkeit und zu geringer Parasitierung durch Ichneumonen unbefriedigend (RATZEBURG 1840);

1838   Übertragung von Raupen (Kiefernspinner) aus parasitenreichen in parasitenarme Gebiete der Oberförsterei Thiergarten/Berlin; voller Erfolg durch *Ichneumon globata = globatus* (RATZEBURG 1840);

1880/81 Ichneumoniden und Braconiden gegen Apfelblütenstecher *(Anthonomus pomorum; Curcul. [Col.])* in Frankreich (Picardie); Methode: Sammeln von etwa 1 Mill. befallener Knospen von 800 Bäumen, Aufbewahrung in Gazekäfigen mit zeitweisem Öffnen zur Freilassung der Schlupfwespen; durch ca. 250000 Parasiten voller Erfolg (ESCHERICH 1914);

ab ca.   Einbürgerung europäischer Arten wie *Anastatus disparis = hyposoter (Chalc.), Apante-*
1900   *les melanoscelus (Bracon.)* gegen Schwammspinner und *Apanteles lacteicolor (Bracon.)* gegen Goldafter im Osten der USA, Einbürgerung von *Apanteles solitarius (Bracon.)* aus Mitteleuropa in den Osten der USA und Kanada gegen den Weidenspinner *(Leucoma salicis = Stilpnotia)* (ESCHERICH 1942);

1928   Einbürgerung von *Mesoleius tenthredinis* von England in den Osten der USA und Kanada gegen Gr. Lärchenblattwespe *(Pristiphora erichsoni = Nematus)* (ESCHERICH 1942);

1933   *Trichogramma minutum* (Eiparasit) gegen Forleule im nordostdeutschen Küstengebiet (Oberförsterei Pütt bei Stettin), Eikärtchen mit jeweils 3000 trichogrammierten Mehlmotteneiern in „Infektionskörbchen" oder freihängend; Fehlschlag wegen ungeeigneter Herkünfte (*minutum* teilweise aus subtropischen und tropischen Gebieten von Amerika) sowie kühler und unbeständiger Frühjahrswitterung u.a. (rd. 8 Mill. trichogrammierte Mehlmotteneier auf 10,2 ha) (WELLENSTEIN 1934);

1960   *Dahlbominus fuliginosus* (Kokonparasit) gegen Kiefernbuschhornblattwespe bei Nürnberg unmittelbar vor chemischer Bekämpfung: 3 parasitierte Kokons je Baum; Reduktion der Populationsdichte (geschlüpfte *Imagines* und gesunde Ruhelarven) von 3,9 auf 0,2/qm = 95% (SCHWENKE 1964);

---

* Verbreitung im Gelände einfach durch Papierblättchen mit aufgeklebten Eiern (sog. „Eikärtchen") oder im Spritzverfahren mit wäßrigen Suspensionen. Freihängende Eikärtchen mit jeweils 3000 trichogrammierten (im Puppenstadium) Mehlmotteneiern haben sich gegenüber einer durch Drahtgaze abgesicherten Unterbringung („Infektionskörbchen") wegen einer höheren Vernichtung durch Regen und tierische Feinde (bes. Kamelhalsfliegen, Ameisen, Spinnen) nicht immer bewährt (WELLENSTEIN 1934).

1961/62 *Trichogramma embryophagum* (Eiparasit) gegen Forleule in Nürnberg S und O mit 336000 Trichogrammen (2000 bis 10000, durchschnittlich 4000 Trichogramme je Stamm) im Präpuppen- oder Puppenstadium, in Mehlmotten- bzw. Forleuleneiern in der Krone und auf dem Boden; Wirkung mit 5–6% gering wegen regnerischen Wetters (SCHWENKE 1962);

1962 *Erdoesina alboannulata* (Puppenparasit) gegen Forleule in Arzberg/Oberfranken, gezogen in Kiefernschwärmerpuppen und im Altlarvenstadium des Parasiten (293 Chalc. je Puppe) ausgesetzt (75 Puppen je ha am Stammfuß von 5 Kiefern und 1 Puppe je Stamm); Reduktion (bei 1 Puppe/Baum) in 3 Monaten von 0,5 auf 0,13 Forleulenpuppen/ qm = 74% (SCHWENKE 1964).

Insektenparasiten (zoophage Schlupfwespen)

Erzwespen *(Chalcididae)*
(Mit Ausnahme der phytophagen Gattung *Megastigmus*!)

Über 600 Arten; meist winzig klein („staubförmig klein", nach RATZEBURG), metallisch grün, manche größere Arten mit verdickten Hinterschenkeln (Schenkelwespen), Vorderflügel fast aderlos (nur *Subcosta* vorhanden!), Fühler gekniet und meist mit kleinen Ringelgliedern zwischen Schaft und Geißel, Legebohrer der ♀♀ vor Hinterleibsspitze an der Bauchseite.*

Wirt	Wichtige Arten
Eiparasit	
Schmetterlinge *(Lepidoptera)*, Blattwespen *(Pamphiliidae, Diprionidae, Tenthredinidae)*	***Trichogramma embryophagum*** Htg., vorwiegend Waldbewohner, hellgelb, Gen. mehrfach, pantophag.
Schmetterlinge *(Lepidoptera)*	*Trichogramma evanescens* Westw., vorwiegend Feldbewohner, 0,3–0,9 mm, dunkel bis schwarzbraun, Gen. mehrfach, pantophag.
Fichten-Gespinstblattwespe *(Cephaleia abietis)*	*Trichogramma cephalciae* Hochm.-Mart., Gebirgswälder.
Puppenparasit (Abb. 208)	
Schmetterlinge *(Lepidoptera)*, bes. Kiefernspanner *(Bupalus piniarius)*, Forleule *(Panolis flammea)*, Kiefernschwärmer *(Hyloicus pinastri)*	***Erdoesina alboannulata*** Rtz. = *Pteromalus*, auch hyperparasitisch (z. B. an Tönnchen der Nonnentachine *Parasetigena silvestris* = *Parasetigena segregata*), Gen. mehrfach.
Kokonparasit	
Kiefernbuschhornblattwespe *(Diprion pini)* Larvenparasit *(Abb. 207)*	*Monodontomerus dentipes* Dalm., ***Dahlbominus fuliginosus*** Nees = *fuscipennis* Ztt.

Die **Mymarinen** (Zwergwespen), ca. 100 Arten, auch als eigene Familie betrachtet, zeichnen sich (neben *Trichogramma*) mit 0,21 mm *(Alaptus magnanimus)* und knapp 1 mm *(Polynema natans)*

---

* Wegen der schwierigen Bestimmung von Schlupfwespen empfiehlt sich die Einsendung an ein zoologisches oder forstzoologisches Institut.

Größe als kleinste flugfähige Insekten durch randbehaarte Vfl-Keulen ohne Geäder und oft borstenförmige Hfl aus; vorwiegend Eiparasiten oder auch an Blatt- und Schildläusen.

Zwergwespen (Proctotrupidae)

Etwa 4000 Arten; systematisch schwierig, da recht wenig ähnlich untereinander; kleine bis winzige Formen mit meist schwarzer oder brauner, nichtmetallischer Färbung, vielfach ohne Flügelnerven oder reduzierte oder gänzlich fehlende (meist ♀♀) Flügel.

Wirt	Gattung
Eiparasit Blattwespen *(Diprionidae, Tenthredinidae)*, Borkenkäfer *(Ipidae)*, Schnabelkerfe *(Rhynchota)*	*Teleas* Kieff.
Schmetterlinge *(Lepidoptera*, z.B. *Bupalus piniarius, Panolis flammea, Dendrolimus pini)*	*Telenomus* Hal.

Brackwespen (Braconidae)

Ca. 6000 Arten; durchweg klein und zart, träge (Gegensatz *Ichneumonidae)*, schwarz, braun oder braungelb gefärbt, Hinterleib sitzend oder gestielt, Flügel reichlicher geädert (mit nur 2 Queradern zwischen *Cubitus* und *Media* [sonst 3]), selten fehlend; Mundbildung, insbesondere Oberkiefer-(Mandibeln)stellung systematisch wichtig.

Wirt	Wichtige Arten
Raupenparasit (Abb. 210) Schmetterlinge *(Lepidoptera)*	*Apanteles*-Arten wie *ordinarius* Rtz., *solitarius* Rtz., *melanoscelus* Rtz.

Schlupfwespen im engeren Sinn, Echte Schlupfwespen (Ichneumonidae)

(lat. Bezeichnung *Ichneumon* der Ägypter, eine Raubtiergattung, die Krokodilen in den Leib kriechen sollte!)

Ca. 60000 Arten; meist größere Arten, oft buntgefärbt, lange borsten- oder fadenförmige, nicht gekniete Fühler, eiförmige Brust mit Leisten und Feldern, bes. auf dem Mittel- und Hinterabschnitt (systematisch wichtig!), Geäder des Vorderflügels charakterisiert durch Verschmelzung von 1. *Cubital-* mit 1. *Discoidalzelle* zur *Discocubitalzelle* und meist durch eine eckig (3-, 4-, 5eckig) geformte, kleine Zelle, die Spiegelzelle *(Areola)* zwischen *Cubital-* und *Discocubitalzelle*, Hinterleib drehrund oder seitlich zusammengedrückt, mehr oder weniger gestielt; Legebohrer der ♀♀ bei manchen Arten weit über Körperlänge *(Rhyssa)* oder kurz und ganz versteckt, auch als Wehrstachel benutzbar.

Abb. 206. (a) Echte Schlupfwespe *(Dolic mitus spec.)* bei der E ablage in pochkäfer- befallenes Eichenhol [ca. 17 mm] (W. Kratz)

Abb. 206. (b) und (c Stechakte

Abb. 207. Erzwespen larve parasitiert Boc käferlarve (W. Krat

Abb. 208. Superpara tierte Forleulenpupp ein Aftergriffel abge- brochen – [ca. 4 ×] (durch Erzwespe *Erdoesina alboannula* (H.-J. Böhr)

300

Abb. 209. Blattlauswespe bei der Eiablage in einer Blattlauskolonie [ca. 10 ×] (W. KRATZ)

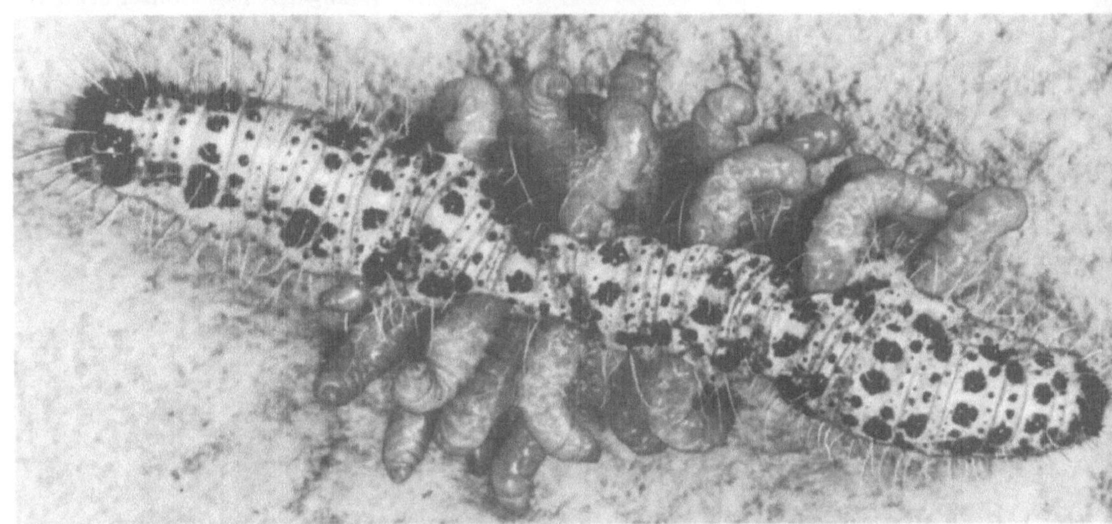

Abb. 210. Brackwespenlarven *(Microgaster glomeratus)* verlassen die schmarotzte Kohlweißlingsraupe [ca. 3 ×] (H. PFLETSCHINGER)

Abb. 211. Larven der Echten Schlupfwespe *(Adelognathus spec.)* verlassen die parasitierte „Dornraupe" *(Periclista pubescens [Tenthred.])* [ca. 8 ×] (W. KRATZ)

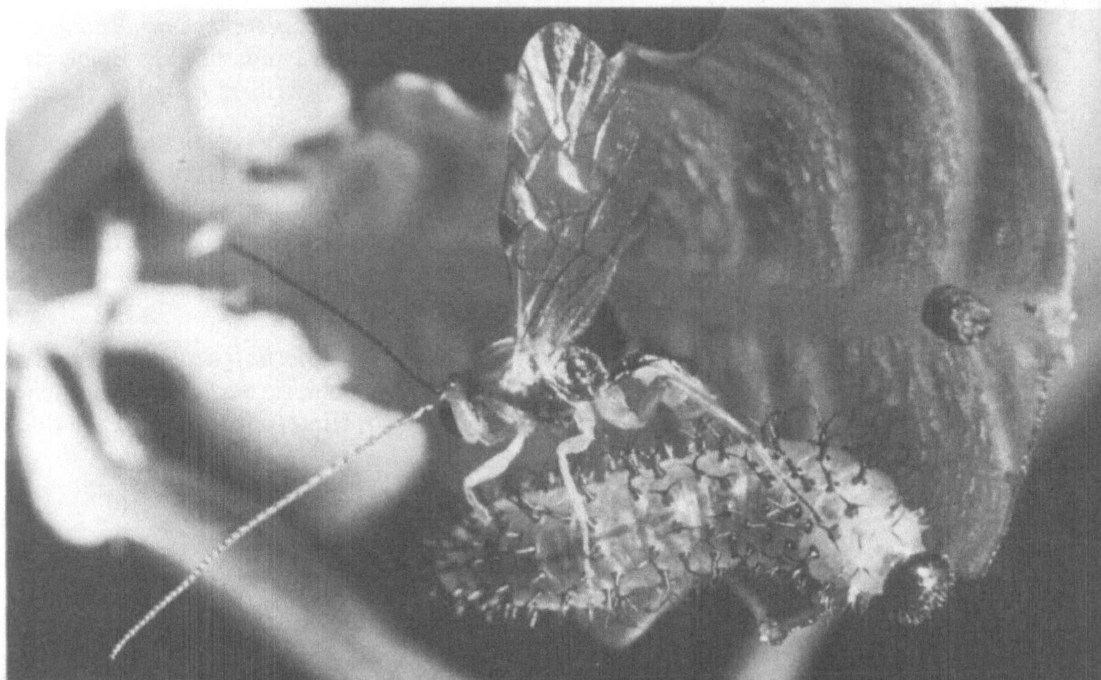

Abb. 212. Echte Schlupfwespe *(Mesochorus spec.)* als Hyperparasit sticht eine Ichneumonidenlarve im Inneren der „Dornraupe" *(Periclista albida; [Tenthred.])* an [ca. 4,5 ×] (W. KRATZ)

301

Wirt	Wichtige Arten
Larvenparasit **(Abb. 206)** Käfer *(Coleoptera)* Aspenbock *(Saperda populnea)*	*Dolichomitus messor* Grav. und *D. populneus* Rtz.
Gr. Br. Rüsselkäfer *(Hylobius abietis)*	*D. tuberculatus* Four.; groß (15–20 mm), schwarz, Legebohrer etwa von Körperlänge.
Pappelbock *(Saperda spec.)*	*Ischnocerus caligatus* Grav., 6–12 mm, schwarz mit Horn auf der Stirn, Bohrer etwa so lang wie der Hinterleib.
Bockkäfer *(Cerambycidae)*	*Pimpla manifestator* L. = *Ephialtes*, wie *Dolichomitus*-Arten, aber schlanker mit längerem Bohrer.
Raupenparasit Schmetterlinge *(Lepidoptera)* Forleule *(Panolis flammea)*	**Banchus femoralis** Thoms., 12 mm, schwarz mit rotgelben Beinen, beim ♂ oft mit gelben Hinterleibsbinden, Bohrer versteckt; K in der Mitte ringartig gewölbt **(Abb. 9)**.
	Enicospilus ramidulus L., rötlichgelb mit komprimiertem Hinterleib, Vfl mit braunen Hornflecken in der Discocubitalzelle; K ähnlich *Diprion*-Kokon, jedoch in der Mitte heller Ring.
Kiefernspanner *(Bupalus piniarius)*	*Habronyx biguttatus* Grav. = *Anomalon*, 20 mm, Hinterleib stark zusammengedrückt, schwarz, rot und gelb gezeichnet.
	Heteropelma calcator Wesm., 10–12 mm, sonst ähnlich voriger Art, weniger gelb gezeichnet.
Kiefernspinner *(Dendrolimus pini)*, Forleule *(Panolis flammea)*	*Therion circumflexum* L. = *Exochilium*, 14–22 mm, den beiden vorigen ähnlich.
Puppenparasit Posthornwickler *(Rhyacionia buoliana)*, Goldafter *(Euproctis chrysorrhoea)*, Ringelspinner *(Malacosoma neustria)*	*Coccygomimus turionellae* L. = *Pimpla*, 6–12 mm, schwarz, Beine rot, Hinterschienen mit weißem Ring hinter der Basis.
Kiefernspanner *(Bupalus piniarius)*, andere Spanner-Arten *(Geometridae)*, Forleule *(Panolis flammea)*	**Cratichneumon viator** Scop. = *Ichneumon nigritarius* Grav., ♂ ca. 10 mm, ♀ ca. 8 mm, schwarz mit weißem Fühlerring, Hinterleib gestielt, Beine dunkel, aber auch mehr oder weniger rot, Hinterschienen mit weißlichem Fleck, Gen. mehrfach.
Eichenwickler *(Tortrix viridana)*, Tannentriebwickler *(Choristoneura murinana)* u. a. Kleinschmetterlinge *(Microlep.)*	*Itoplectis maculator* F., 6–8 mm, schwarz, Einschnitte des Hinterleibs mehr oder weniger rot, Hinterschienen mit Tarsen schwarz, weiß geringelt.

Wirt	Wichtige Arten
Puppenparasit	
Nonne *(Lymantria monacha)*, Kiefernspanner *(Bupalus piniarius)*, Forleule *(Panolis flammea)*	*Coccygomimus instigator* Scop. = *Pimpla*, 8–12 mm, schwarz mit roten Beinen.
Eichenwickler *(Tortrix viridana)*	*Phaeogenes invisor* Thumb., 6–7 mm, schwarz mit roten Beinen.
Hautflügler (Hymenoptera) **(Abb. 204, 211, 212, 231)**	
Larven Holzwespen *(Siricidae)* **(Abb. 231)**	**Riesen(holzwespen)schlupfwespe** *(Rhyssa persuasoria* L.), 16–26 mm, schwarz mit gelben Zeichnungen, vor allem gelbe Seitenflecke des Hinterleibs **(Abb. 231)**.
Afterraupen **(Abb. 204)**	
Gr. Lärchenblattwespe *(Pristiphora erichsoni)* (im Kokon)	*Mesoleius tenthredinis* Morl.
Kl. Fichtenblattwespe *(Pristiphora abietina)*	*Ctenochira flavicauda* Rom. = *Scopiorus*, 4 mm, schwarz mit gelben Beinen.
Kokonparasit	
Kl. Fichtenblattwespe *(Pristiphora abietina)*	*Endasys erythrogaster* Grav. = *Stylocryptus*, 5 mm, Hinterleib rot.
Kiefernbuschhornblattwespe *(Diprion pini)*	*Pleolophus basizonus* Grav. = *Microcryptus*, 7 mm, Hinterleib rot gezeichnet, Gen. mehrfach.
Puppenparasit	
Kiefernbuschhornblattwespe *(Diprion pini)* (Nymphe im Kokon)	*Exenterus amictorius* Pz., 8 mm, schwarz mit gelben Zeichnungen am Hinterleib, Beine schwarz, Schienen gelb gezeichnet.

Blattlauswespen *(Aphidiidae)*

Den Brackwespen ähnlich, jedoch mit längerem (als Kopf und Brust), deutlich gestieltem, bauchwärts einschlagbarem Hinterleib (dehnbare Haut zwischen den Segmenten), kurzer Legebohrer der ♀♀, meist vorgestreckte, abwärts gekrümmte Fühler, reduziertes Flügelgeäder **(Abb. 209)**;

noch wenig bekannt und daher keine näheren Angaben möglich; Gattungen *Aphidius* Nees, *Praon* Hal., *Trioxys* Hal.

Hungerwespen *(Evaniidae)*

Verschiedene Formen mit gestieltem, längerem und keulenartigem oder ganz kurzem Hinterleib, eingelenkt am Rücken der Hinterbrust, Flügelgeäder mit oder ohne geschlossene Zellen.

Hungerwespen (Evaniidae)

Wirt	Gattung
Larvenparasit	
Bockkäfer *(Cerambycidae)*, Holzwespen *(Siricidae)*	*Aulacus* Jur.,
Wespen *(Vespidae)*, Bienen *(Apidae)*	*Gasteruption* Latr,

Samenschädlinge (phytophage Schlupfwespen der Gattung Megastigmus)

Alle aus der Familie der Erzwespen (*Chalcididae*, s. dort!), und zwar aus der Gattung *Megastigmus* Dalm.; Vfl mit kopfartig gestielter Radialader, langer, meist aufwärts gebogener Legebohrer der ♀♀;

Lebensweise: Flugzeit März bis August; Eiablage in befruchtete Blüten oder junge Zapfen von Nadelhölzern; Larve (meist nur 1) frißt Samen (ohne die häutige Samenschale) bis zum Herbst völlig aus; Verpuppung nach 1- oder 2maliger Überwinterung im Frühjahr in der Samenschale; Generationsdauer 1-, 2- und 3jährig (Verlängerung meist durch Überliegen), Schlüpfen durch kreisrundes Loch;
wirtschaftliche Bedeutung recht beachtlich.

Gegenmaßnahmen: trockene Aufbewahrung bzw. Lagerung von Zapfen und Saatgut; Erhitzung (8 Std lang auf 55°C) der Samen mit unmittelbar anschließender Abkühlung; Begasung mit Blausäure (nur durch konzessionierte Unternehmen!); Kontrolle von Importen (Gesetz über forstliches Saat- und Pflanzgut von 1957, Pflanzenschutzgesetz von 1968, Pflanzenbeschauverordnung von 1957 – alles BRD –).

Minierer

Holzart	Symptom	Arten
Samen Fi, Ta, Dougl, Weyki, Lä	kreisrunde Schlupflöcher am Samen	**Samenwespen** *(Megastigmus)* *Merkmale:* ziemlich klein (2,2–5 mm), ♀ mit langem Legebohrer (je nach Art auch über Körperlänge), meist dunkel gefärbt (Ausnahme *M. pinus var. crosbyi* und *pinus* [grünlich-gelb], *M. spermotrophus* [gelblich]); L meist schmutzig-weiß; jeweils Fichtensamenwespe (*Megastigmus strobilobius* Rtz. = *abietis* Seitn.), Tannensamenwespe (*Megastigmus suspectus* Borries = *piceae* Seitn. und *M. pinus var. crosbyi* Hffmr. sowie *M. pinus* Parf.), Douglasiensamenwespe (*Megastigmus spermotrophus* Wacht.) von N-Amerika nach Europa eingeschleppt, Weymouthskiefern-Samenwespe (*Megastigmus zwölferi* Schefer-Immel), Lärchensamenwespe (*Megastigmus seitneri* Hffmr.).

Insektenräuber – Blütenbesucher (einige Blattlauszüchter, Pflanzenfresser oder Holzzerstörer)

Stechwespen *(Aculeata)*

Wegen nicht immer eindeutiger Unterschiede zu den *Terebrantes* heute gemeinsam mit diesen zur Unterordnung *Apocrita* zusammengefaßt; hier jedoch als Gruppe der Stechwespen behandelt;

vorwiegend mittelgroß bis groß, verschiedengestaltig; ♀ Wehr- oder Giftstachel (statt Legestachel) mit Giftdrüse zur Verteidigung oder auch zur Lähmung von Beutetieren (Ei-Austritt an dessen Basis); Beine fast stets mit eingliedrigem Schenkelring (früher *Hymenoptera monotrocha!*) und meist mit Putzapparat (Vorderbeine, Hinterbeine); Flügel überwiegend reich geädert, mitunter auch nur zeitlich begrenzt beflügelte Geschlechtstiere und zeitlebens flügellose Arbeiter-(innen) der Ameisen; Mundwerkzeuge zum Lecken und Saugen, aber auch zum Kauen und Kneten; weit verbreitete räuberische Arten werden von wehrlosen und genießbaren Insekten durch Mimikry (Scheinwarntracht) als Schutzanpassung bzw. zur Vortäuschung nachgeahmt, z.B. Hornisse – Hornissenschwärmer, Hummel – Hummelschwärmer, Wespen – Wespen- und Widderbock sowie Schwebfliegen;
Larven madenartig, bein- und augenlos, parasitieren oder werden durch Brutfürsorge bzw. Brutpflege mit Nahrung versorgt;
Puppe *(Pupa libera)* nackt oder im Kokon;
Staatenbildung und Polymorphismus bei höchstentwickelten Formen.

Ameisen *(Formicidae)*

Allgemeine Merkmale

Ca. 5000 Arten, davon in Deutschland 40 Arten; sehr klein (ca. 1 mm) bis groß (ca. 30 mm), Hinterleib gekennzeichnet durch den vorderen eingeschnürten Abschnitt (1. oder die 2 ersten Segmente), das sog. Stielchen *(Petiolus)* und den ungeschmälerten, eigentlichen Hinterleib *(Gaster)*; Stielchen kann eingliedrig mit aufrechter Schuppe *(Abb. 213g)* oder zweigliedrig mit 2 aufeinanderfolgenden Knoten sein (systematisch wichtig!), was der Beweglichkeit und Gelenkigkeit dient; Giftstachel (Wehrstachel) nur bei einigen Arten entwickelt, meist nur zum Verspritzen von Ameisensäure; Fühler gekniet mit oft sehr langem Schaft und keulenförmigem Endglied der Geißel, Mundwerkzeuge überwiegend mit starken Beißzangen ausgestattet;
ausgeprägter Polymorphismus, d.h. Ausbildung mehrerer morphologisch unterschiedlicher Formen (Morphen) bei ein und derselben Art:
flügellose Arbeiter(innen) als geschlechtlich unentwickelte ♀♀ mit kleinem Kopf als Arbeiter-(innen) oder mit großem Kopf als Soldaten,
♀ (Königin) und ♂ mit Flügeln für den Hochzeitsflug.
Eier winzig klein (max. 0,5 mm lang), weißlichgelb, meist zu kleinen Häufchen, dem sog. Ameisensalz, abgelegt; im Volksmund mit Puppen bzw. deren Kokons verwechselt.
Larven meist sackförmig vom Madentypus, auch zylindrisch oder tonnenförmig, bein- und augenlos, ziemlich fein und dicht behaart, Mundteile deutlich hervorstehend.
Verpuppung als freie Puppe im dichten, dünnen, weichen, bräunlichweißen Kokon oder nackt.

Verhalten und Lebensweise

Die Ameisen gehören wohl zu den interessantesten Insekten. Wenn wir sehen, daß eine vieltausendköpfige Schar wie auf ein Kommando verschiedene Handlungen vornimmt (z.B. Verteidigung, Angriff, Nestbau, Umzug u.a.), so ist die oft aufgeworfene Frage nach einer gemeinsamen Seele nicht unberechtigt. Besonders durch ihre „wortreiche Fühlersprache" scheinen sie sich sehr gut und rasch zu verständigen. Auch der Leckakt zur Weiterleitung von Pheromonen an die Königin muß als Steuerung des Kastenwesens (s. unten) gedeutet werden. Manches scheint von Einsicht bestimmt zu sein. Hierhin gehören die berühmten „Brückenbauten" durch lebende

Mitglieder zur Überquerung von Hindernissen (Bäche, Leimring u.a.), die Vereinigung von Arbeitern zur wasserdichten Kugel zur Rettung der im Inneren aufbewahrten Brut bei Überschwemmungen oder gar der Gebrauch von Larven als lebendes Werkzeug (Spinnrocken und Weberschiffchen) zum Verspinnen von Blattnestern (tropische Weberameisen). Auch nehmen ihre Beziehungen zu Pflanzen und Tieren, ihre Krankenpflege und Totenbestattung sowie ihre Wanderungen, Kämpfe und Spiele eine recht seltene Stellung im Tierreich ein.

Der Besitz von psychischen Qualitäten, das umsichtige Sozialverhalten und das sprichwörtlich emsige Treiben haben den Ameisen den Vergleich mit „Miniaturmenschen" eingebracht. So umstritten diese Auffassung auch ist, so sind doch ihre Fähigkeiten, Eindrücke aufzunehmen, zu erlernen, im Gedächtnis zu behalten und weiterzugeben, nachgewiesen. Manche Arten *(Formica rufa, F. rufibarbis, F. fusca)* werden als Zwischenwirt für den Kl. Leberegel *(Dicrocoelium dentriticum)* angesehen.
Seit WILLIAM GOULD (1747) bis zum heutigen Tage wird die Ameisenkunde (Myrmekologie) wissenschaftlich betrieben. Grundlegende biologische Arbeiten verdanken wir vor allem HUBER (1810), FOREL (1874), ESCHERICH (1906), GÖSSWALD (1952) und OTTO (1962).*

Alle bekannten Ameisen bilden Familienverbände, sog. Staaten oder Kolonien, deren Hauptmerkmal die Organisation in Kasten ist. Solche Gruppen haben im gemeinsamen Haushalt bestimmte Funktionen auszuüben:
Geschlechtstierkaste zur Fortpflanzung; kurzlebige ♂♂, langlebige (bis zu 20 Jahren) 1 bis einige Tausende ♀♀ mit Legegeschäft, evtl. Brutpflege und Koloniegründung;
Arbeiterkaste: Hauptmasse des Volkes (bis 1 Million Mitglieder) mit etwa 6jähriger Lebenserwartung, Aufgabenteilung im Innen- und Außendienst zur Versorgung und Erhaltung des Staates. Die Kulturstufe ist je nach der Art unterschiedlich und von ganz besonderer Eigenart. So treiben manche Ameisen:
Viehzucht bei Blattläusen, einigen Schildläusen, Bläulingsraupen und kleinen Zikaden (s. Ernährung!);
Gartenbau der pilzzüchtenden (auf eingebrachter, kleingeschnittener, breiartig zermalmter Blattmasse wachsende Pilzkörper mit hohem Eiweißgehalt „Kohlrabi") Blattschneiderameisen *(Atta-*Arten, *Acromyrmex)* Südamerikas;
Sklaverei beim Verlust der selbständigen Koloniegründung durch Adoption, Raub oder freiwilligen Zusammenschluß (s. Koloniegründung!) der gleichen oder anderen Arten.

Hochzeitsflug und Koloniegründung

Die geflügelten Geschlechtstiere *(Abb. 213a)* schwärmen je nach Art und Klimagebiet vom Frühjahr bis zum Herbst. Die Hauptflugzeit fällt meist in den Hochsommer, bei der Gruppe der Roten Waldameise von Mai bis Juni, zur Mittagszeit, aber auch frühmorgens (Raubameise) oder nachmittags (einige *Lasius*-Arten) oder gar nachts *(Lasius fuliginosus* und *Dorylinen*-Männchen).

Der Hochzeitsflug ist ein großartiges Ereignis. Eine sehr eindrucksvolle Schilderung verdanken wir ESCHERICH (1906):

„Schon mehrere Tage vorher herrscht eine mächtige Aufregung im Nest, die sich von Tag zu Tag mit der Zunahme der auskriechenden Geschlechtstiere steigert. Man ist aufs höchste erstaunt über die Veränderung, welche während dieser Zeit in der ganzen Kolonie Platz greift. Nicht nur die jungen Geschlechtstiere, welche zum Ausfluge rüsten und auf der Oberfläche des Nestes mit zitternden Flügeln herumlaufen, bedingen die Veränderung des Bildes, sondern auch das Benehmen der Arbeiter, die doch an dem Hochzeitsflug gar nicht direkt beteiligt sind, ist ein total anderes geworden. Die Hausarbeit ruht zum großen Teil und auch das Fouragieren ist eingeschränkt; alle Einwohner sind gewissermaßen im Bann des kommenden Ereignisses. Die Erregung der sich zur Hochzeit anschickenden Geschlechter überträgt sich auch auf die Ge-

---

* Bibliographische Übersicht s. Literaturverzeichnis!

schlechtslosen und durchzittert das Volk in gleicher Weise. Unstet laufen die Arbeiter unter den Geschlechtstieren herum oder folgen ihnen auf die Grashalme und andere erhöhte Gegenstände, welche von letzteren mit Vorliebe erklettert werden; dabei betrillern sie die Geflügelten fortwährend mit ihren Fühlern oder reichen ihnen Nahrung dar. Wie Schäferhunde eine Schafherde umkreisen, so laufen andere Arbeiter um die Masse der Geschlechtstiere, sie in der Umgebung des Nestes zusammenzuhalten; haben sich trotzdem einige von diesen etwas weiter entfernt, so folgen sie ihnen nach und bringen sie mit Gewalt wieder zurück.

Dieses tolle, erregte Treiben kann tagelang währen, bis die Stunde des Aufbruchs gekommen. Letztere hängt wohl in erster Linie davon ab, ob alle Geschlechtstiere ausgekrochen und zum Fliegen fähig sind. Dann aber spielt auch die Tageszeit und die Temperatur eine mitbestimmende Rolle. Was die Art des Ausfluges selbst betrifft, so erfolgt dieser nicht etwa auf einmal, wie auf ein gegebenes Zeichen, sondern meistens ziehen die Geflügelten nacheinander ab, und es kann eine ganze Weile dauern, bis alle Hochzeiter sich entfernt haben. Wo Männchen und Weibchen zu gleicher Zeit vorhanden sind, da erheben sich gewöhnlich die Männchen zuerst, und die Weibchen folgen nach. Die einzelnen Individuen, die gewöhnlich von erhöhten Punkten der Nestumgebung aus in die Lüfte aufsteigen, entschwinden bald unseren Blicken, und erst nach einer Weile, wenn oben im azurnen Luftmeer die ganze Gesellschaft sich wieder zusammengefunden und sich auch noch mit verschiedenen fremden Hochzeitsflügen vereinigt hat, dann erinnern uns dunkle, Rauchwolken ähnelnde Säulen wieder daran, daß heute der große Tag ist, und daß hoch über unseren Häuptern Tausende und Abertausende kleiner Wesen Hochzeit feiern. Diese Schwärme können, wenn viele Ameisen einer Gegend zu gleicher Zeit aufsteigen, riesige Dimensionen annehmen und wie schwere Wolken die Luft verfinstern. In dem Liebestaumel, in welchem sich alles befindet, verschwinden Rassen- und Artenhaß; und die Töchter und Söhne der Familien, die unten in ewiger Fehde liegen, vereinigen sich oben, „im jungfräulichen unendlichen Raum, in der majestätischen Klarheit des offenen Himmels", um gemeinsam die höchsten Freuden des Lebens zu genießen. Die Luft dort oben ist erfüllt von Liebe – für feindliche Gefühle, für Haß, ist kein Raum mehr."

Bei ganz schwachen Kolonien, aber auch aus anderen Gründen, kommt es nicht zu einem regelrechten Schwärmen bzw. zu einer Schwarmbildung. Hier vollzieht sich wohl alles in Stille und mehr vereinzelt. Meist herrscht Protandrie, vielfach erscheinen auch die Geschlechtstiere gleichzeitig, oder es sind nur Vertreter eines Geschlechts, Männchen oder Weibchen, in einem Nest.* Letzteres scheint temperaturabhängig zu sein (möglicherweise auch andere Fakten), denn nur über $+ 19°C$ (nach der Winterruhe auch zwischen $13–15°C$ bei *F. polyctena*) findet eine Besamung der Eier und damit die Geschlechtsbestimmung zum weiblichen Tier statt.

Bei der künstlichen Vermehrung (Verfahren II nach GÖSSWALD) kann die Schwarmzeit der beiden Geschlechter dadurch angeglichen werden, daß die Männchennester beschattet und die Weibchennester durch Auflichtung des Baumbestandes besser besonnt werden (s. künstliche Vermehrung).

Die Begattung *(Kopulation)* kann schon im Fluge in der Luft (z.B. *Lasius*), meist aber erst auf geeigneten Landeplätzen, z.B. auf Bäumen oder Sträuchern, auf dem Boden oder gar ohne Teilnahme am Hochzeitsflug im eigenen Nest (auch teilweise Kl. Rote Waldameise) stattfinden. Der aufgenommene Samenvorrat reicht für das ganze Leben der Königin. Das begattete ♀ wirft (Abbrechen oder Abstreifen) die Flügel alsbald ab (vermutlich durch eingetretene Veränderung an der Flügelwurzel), was der verbliebenen Jungfer im Nest nur durch allmähliche Abnutzung beschieden ist. Die ♂♂ haben ihre Aufgabe erfüllt und sterben ab. Die Königin (auch mehrere der gleichen Art) sucht sich aber sogleich unter Steinen, im Baumstrunk oder an anderer Stelle eine abgeschlossene Wohnung (Kessel) zum Brutgeschäft. Die Rückkehr ins Mutternest wird bei manchen Arten energisch von den Arbeitern verwehrt (z.B. Gr. Rote Waldameise), andererseits aber sogar im fremden Nest der gleichen Art geduldet (z.B. Kl. Rote Waldameise).

---

* Neuerdings von EHRHARDT, H.J. (1970) an *Formica polyctena* untersucht, „Männchennester" mit konstant mehr als 50% ♂♂-Kokons, „Weibchennester" mit konstant weniger als 50% ♂♂-Kokons, „Gemischte Nester" bei der Geschlechtstier-Aufzucht zunächst mehr als 50% ♂♂, später weniger als 50% ♂♂.

Abb. 213. Rote Waldameisen
(H. Pfletschinger)

(a) Geflügeltes
Geschlechtstier
[ca. 8 mm]

(b) Arbeiterin beim
Transport von Nestmaterial [ca. 4–7 mm]

(c) Herbeischaffen von
Nahrung

(d) Nahrungsübergabe

Abb. 213. Rote Wald-
ameisen

(e) Überfall auf eine
Eulenraupe
(W. ROHDICH)

(f) Kampfstellung,
Verspritzen von Amei-
sensäure
(K. GRÜNWALD)

(g) Kl. Rote Wald-
ameise (Schuppe sicht-
bar!) bei ihrem „Melk-
vieh", den Blattläusen
(Throphobiose)
(H. PFLETSCHINGER)

(h) Sonnungsperiode
(klumpenweise
Ansammlung)

links: mitten im Schnee
(schwarzer Fleck)
(J. REISCH)

rechts: in der Märzsonne
(H. PFLETSCHINGER)

309

Von den vieltausenden Königinnen erreichen nur wenige ihr Ziel und nur bei einigen Arten* ist eine unabhängige Koloniegründung durch die begattete Königin möglich. In diesem Fall wird die Brut bis zum Schlüpfen und noch einige Zeit danach vom Muttertier allein versorgt. Die Nahrung entnimmt sie ihrem Fettkörper, ihrer resorbierten Flugmuskulatur und verzehrten Eiern des eigenen Geleges. Bei einigen Arten ist aber die Fähigkeit zur Brutpflege verloren gegangen und die Königin ist ganz auf fremde Hilfe angewiesen. Somit kommt es auf verschiedene Weise zur abhängigen Koloniegründung. Am einfachsten geschieht dies durch Anschluß an eine selbständige Königin, z.B. Gelbe Säbelameise (*Strongylognathus testaceus* Schenk) an Rasenameise (*Tetramorium caespitum* L.) oder durch zufällige Mithilfe umherirrender Arbeiter der gleichen Art oder Aufnahme in einem bestehenden Nest der gleichen Art (Kl. Rote Waldameise [*Formica polyctena* Först.]).

Zuweilen wird auch eine weisellose Kolonie einer anderen Art aufgesucht oder die dortige Königin vertrieben bzw. getötet, z.B. Königin von Strunkameise *(Formica truncorum* Fabr. = *truncicola)* und Gr. Roter Waldameise (*Formica rufa* L.) im Nest der Wirtsameise *(Formica fusca* L. = *Serviformica)*. Die Aufzucht der Brut wird hier also von fremden Arbeitern übernommen, die nach der Vollentwicklung ihrer anvertrauten Zöglinge sterben. Aus der zunächst gemischten Kolonie ist nunmehr eine reine oder einfache Kolonie entstanden.

Doch gibt es auch dauerhafte Allianzen, die sich rein zufällig (z.B. *Lasius niger* und *flavus*, *Myrmica*-Arten, *Tetramorium caespitum*, *Formica fusca* u.a.) oder gesetzmäßig (z.B. Diebsameisen und Gastameisen im Nest von *Formica*-Arten) bilden.

Schließlich kann auch der Besitz von „Sklaven" durch Raub von Puppen und Larven der Hilfsameisen erworben werden, entweder nur zeitweilig zur Auffrischung (z.B. durch die Strunkameise) oder dauernd (z.B. durch die Blutrote Raubameise). Bei der Amazonenameise *(Polyergus spec.)* ist der Sklavereiinstinkt soweit ausgebildet, daß der Raubzug ihr ganzes Leben bestimmt.

Alles andere, selbst die Fähigkeit zur eigenen Ernährung, ist verlorengegangen. Mit sichelförmigen, scharfspitzigen Mandibeln ist die Amazone ausschließlich Kriegerin.

Hier möchte ich einen treffenden Kriegsbericht von FOREL aus ESCHERICH (1906) übernehmen:

„Eines Nachmittags um $3^1/_2$ Uhr ziehen die Amazonen einer starken Kolonie *Polyergus rufibarbis*, die in einer Wiese zehn Schritt von einer Straße lag, in einer zur Straße senkrechten Richtung aus. Nachdem sie ein wenig in die Quere gegangen, nehmen sie die gerade Richtung wieder auf. Endlich entdeckte ich zwei Schritte von der Armee entfernt ein Nest (fünfzig Schritt vom Nest der Amazonen gelegen), das mit *rufibarbis*** bedeckt ist. Die Spitze der Armee erkennt, noch einen Dezimeter von den *rufibarbis* entfernt, daß sie angekommen sei; denn sie macht plötzlich Halt und sendet eine Menge Emissäre, die sich mit unglaublicher Hast in die Hauptmasse und den Nachtrab der Armee stürzen. In weniger als 30 Sekunden ist die ganze Armee in einer Masse vor dem Nest der *rufibarbis* versammelt, auf dessen Oberfläche sie mit einer zweiten Bewegung von unvergleichlicher Raschheit sich stürzt. Dies war nicht unnütz; denn die *rufibarbis* hatten die Ankunft des Feindes in demselben Augenblick bemerkt, in dem die Spitze der Armee angelangt war; einige Sekunden hatten auch ihnen genügt, um den Oberbau ihres Nestes mit Verteidigern zu bedecken. Ein unbeschreibliches Handgemenge folgt nun, aber die Hauptmasse der Armee dringt trotzdem sogleich durch alle Öffnungen ein. In demselben Augenblick kommt ein Strom *rufibarbis* aus denselben Löchern hervor, schleppen Hunderte von Kokons, Larven und Puppen fort, fliehen nach allen Seiten und klettern auf die Grashalme ... Die Amazonen bleiben kaum eine Minute im Nest und kommen in Scharen aus allen Löchern zugleich wieder hervor, jede mit einem Kokon oder einer Larve beladen. Aber kaum ist die Spitze der Armee wieder im Rückmarsch, so ändert sich die Szene abermals. Wie die *rufibarbis* sehen, daß der Feind flieht, nehmen sie mit Wut dessen Verfolgung auf. Sie fassen die Amazonen an den Beinen und suchen ihnen die Puppen zu entreißen. Wenn eine *rufibarbis* sich an einen Kokon angeklammert hat, den eine Ama-

---

* Z.B. *Myrmica ruginodis*, einige *Camponotus*-Arten, *Formica fusca*, *Lasius niger*.
** *Formica rufibarbis* Fabr. = *Serviformica*, Rotbärtige Hilfsameise.

zone trägt, läßt diese ihre Kiefer allmählich über den Kokon hinabgleiten bis zum Kopf der *rufibarbis*. Diese läßt dann meistens los; gibt sie nicht nach, so nimmt die Amazone deren Kopf zwischen die Zangen, und wenn auch dieser Wink noch nicht genügt, ist der Kopf durchbohrt! ... Die *rufibarbis* verfolgen zu Hunderten die Amazonenarmeen bis zur Hälfte der Entfernung beider Nester; wenn sie nicht weitergehen, geschieht dies deshalb, weil ihre Feinde schneller laufen und daher allmählich einen Vorsprung gewinnen. Zuhause angekommen, trugen die Amazonen ihre Beute hinein und kamen an jenem Tage nicht wieder hervor. Auch die *rufibarbis* kehrten mit den aus der Plünderung geretteten Kokons wieder in ihr Nest zurück; ziemlich viele *rufibarbis* waren getötet. Am nächsten Tage um dieselbe Stunde plünderten dieselben Amazonen neuerdings jenes *rufibarbis*-Nest."

Auch führt die natürliche Nesterspaltung bei niederen Ameisen, den Ponerinen, spontan, bei manchen *Formica*-Arten, wie besonders bei der Kl. Roten Waldameise allmählich, zur selbständigen Kolonie (s. Künstliche Vermehrung, Verfahren I). Allgemein kann aber gerade bei dieser verträglichen Art ein weiterer Zusammenhang zum Mutternest andauernd bestehen bleiben, so daß sich ein regelrechter Kolonialverband von zahlreichen Tochterkolonien herausbildet. Eine solche Riesenkolonie umfaßte in einem Kiefernwald in Mecklenburg 58 Hauptnester und 31 kleinere Zweignester (STAMMER 1938, aus ESCHERICH 1942). In Amerika wurden 1600 zusammengehörende Nester einer nahestehenden *Formica*-Kolonie gefunden (nach GÖSSWALD 1952).

Königinnen- und Volkreichtum

Der Ameisenstaat wird matriarchalisch regiert, obwohl die Königin mehr oder weniger zu ihren Handlungen gezwungen wird und wenig zu gebieten hat. Bei unseren Roten Waldameisen entspricht im allgemeinen die Zahl der Königinnen auch der Zahl der Nester: der Gr. Roten Waldameise mit nur einer einzigen Königin *(monogyn)* 1 Nest, der Kl. Beborsteten Waldameise mit einigen (bis 500) Königinnen *(oligogyn)* 1–20 Nester, der Kl. Roten Waldameise mit vielen (bis 5000) Königinnen *(polygyn)* zahlreiche Nester.
Bei der Gr. Roten Waldameise stirbt mit dem Tode der Königin die gesamte Kolonie aus, bei den anderen Typen ist auch wegen der alljährlichen Aufnahme junger Königinnen eine lange (oft 80 Jahre und mehr) Lebensdauer gegeben.
Natürlich ist vom Königinnenreichtum auch die Bevölkerungszahl des Volkes abhängig. Die Königin der Gr. Roten Waldameise legt bis zu 300 Eier, die der Kl. Roten Waldameise nur 10 Eier pro Tag. Jedoch wird bei letzterer die geringe Eiproduktion durch die Vielzahl der Königinnen ausgeglichen. So finden wir denn auch bei ihr sehr volkreiche Nester mit 500000 bis 1 Million Arbeitern.
Königinnen- und Volkreichtum, Verträglichkeit und einfache Vermehrung durch Nesterspaltung sind die Forderungen für eine künstliche Ansiedlung von Ameisen in unseren schädlingsbedrohten Wäldern, die besonders die Kl. oder Kahlrückige Rote Waldameise *(Formica polyctena* Först.) erfüllt.
Im allgemeinen sind Arbeiter(innen) wegen verkümmerter Eierstöcke nicht zur Produktion von Eiern befähigt, mitunter kann, wohl vorwiegend in weisellosen, aber auch in ganz gesunden Kolonien, eine Regenerierung erfolgen und damit von ihnen eine nicht unwesentliche Beteiligung an der Vermehrung des Volkes ausgehen. Von den Königinnen erfolgt im Frühjahr Geschlechtstierbrut, während der Sommermonate Arbeiterbrut. Ihre Entwicklung ist bei *Formica*-Arten rasch, bei *Lasius*-Arten und parthenogenetisch erzeugten Eiern langsam, bei der Larvenzeit im Hochsommer stets wesentlich kürzer. Vom Ei bis zur *Imago* werden 4 bis 38 Wochen benötigt.

Nester

Die Ameisenkolonie lebt in einem festen Nest im Boden oder im Pflanzengewebe, bes. im Holz. Das reine Erdnest kann noch mit einem Erdhügel um Grashalme o.a. versehen sein – Kuppelnest – oder einen oberirdischen Aufbau aus Nadeln, Reisern u.a. zusammengetragenem Material – Haufennest *(Abb. 213h, 214–216)* – aufweisen (daher Hügelameisen!). Bauart, Form und Lage des Nestes sind für die jeweilige Ameisenart charakteristisch. Die *rufa*-Nester sind Haufennester und, mit Ausnahme der Wiesenameise, über einem Stock (Baumstrunk) angelegt. In lichten und trockenen Kiefernwäldern überwiegt die flache Nestkuppel (etwa 30–40 cm hoch) mit einem breiten, vegetationslosen Sandring. Dunkle Bestände, z.B. von Fichte, fördern zur besseren Wärmeausnutzung eine steile Nestkuppel (etwa 0,5–2 m, sogar ausnahmsweise bis 4 m Höhe). Dies hat sogar zur Unterscheidung von Kiefern- und Fichtenrassen bei der Kl. Roten Waldameise geführt. Jedenfalls wird von unseren Waldameisen eine besonnte und windgeschützte Lage bevorzugt.

Die Strunkameise baut kleine Nestchen mit einer unregelmäßigen Form und u.U. kleinen Vorbauten. Das Baumaterial besteht aus Nadeln *(Abb. 213b)* und (meist im Laubwald) kleinen Zweigstückchen, Blättern, Gräsern. Sehr häufig wird auch Harz eingetragen, was früher sogar vom Menschen zu technischen Zwecken gewonnen wurde. Schließlich spielen die Holznester der holzzerstörenden Ameisen im lebenden oder toten Baum eine nicht unbedeutende Rolle. Diese können sehr ausgedehnt verlaufen, im ausgenagten Frühholz der Jahrringe *(Camponotus*-Arten) *(Abb. 217c)* oder labyrinthartig mit Kammern und Gängen *(Colobopsis)* im Stamminneren. Einige *Lasius*-Arten fertigen Kartonnester aus zernagtem Holzmehl (mit oder ohne Erde), das mit einem Sekret der Speicheldrüse des Oberkiefers verleimt wird.

Die Haufennester, wie wir ihnen bei unseren Waldameisen begegnen, sind nicht etwa einfach zusammengeschüttet. Vielmehr ist es eine glanzvolle innenarchitektonische Leistung mit Stockwerken, Kammern, Laufgängen, Luken und einer Klimaanlage. Ganz unten, manchmal 1–2 m tief im Boden, liegen die Königinnenkammern zum Brutgeschäft, darüber die Larven nach dem Alter gestaffelt und im trockeneren Oberbau die Puppen. Der aus kleinen Reiserchen bestehende Kern des Nestes befindet sich meist über einem Baumstrunk. Sehr zweckmäßig wird die Brut den Feuchtigkeits- und Wärmebedürfnissen des jeweiligen Entwicklungsstadiums angepaßt, so daß tagsüber ständig Umlagerungen von den Arbeitern vorgenommen werden. Zur Winterszeit wandert das Volk in tiefere Bodenschichten oder wechselt gar in ein geschützteres Nest (Saisonnest) über. Obwohl es sich hier um wechselwarme (poikilotherme) Tiere handelt, herrscht ähnlich wie bei Bienen und Wespen eine ziemlich konstante Nestwärme von 25 bis 30°C (Muskeltätigkeit, Zusammenrücken der Körper zur Verringerung der Oberfläche), die gegenüber der Umgebung um maximal 13°C differieren kann. Durch Öffnen und Schließen der Ausgänge wird für eine Ventilation gesorgt. Zu Beginn stärkerer Sonneneinstrahlung, mitunter noch bei Schnee im Nachwinter, ist die Sonnungsperiode. Klumpenweise halten sich hier die Ameisen, untätig und sich sonnend, auf der Nestkuppel auf; s. auch künstliche Vermehrung durch Nesterspaltung *(Abb. 213h)*.

Ernährung

Von der ursprünglichen Fleischkost (als Räuber bei anderen Insekten) sind die Ameisen auch zu anderen, teilweise recht eigentümlichen Ernährungsformen übergegangen. So finden wir den Pilzkuchen der Blattschneiderameisen *(Atta, Acromyrmex)* von Südamerika, große Getreidespeicher (auch andere Samen-Vorräte) der Körnersammler oder Ernteameisen *(Aphaenogaster)* der Mittelmeerländer* und Gewinnung von Säften aus Galläpfeln der Zwergeiche durch die Honigameise *(Myrmecocystus)* aus S-Colorado** oder aus angebissenen Pflanzenteilen durch

---

* Die Ernteameisen sammeln Körner und schneiden auch reifende Samen von Pflanzen ab. Im Gänsemarsch oder in schmalen Kolonnen wird die Ernte eingebracht und im unterirdischen Nest (kraterartiger Eingang) säuberlich in besonderen „Vorratskammern" oder „Korngewölben" gestapelt. Die gereinigten und geschälten Körner bleiben während der ganzen Lagerzeit keimunfähig (vermutlich durch große Trockenhaltung), bis sie kurz vor dem Verzehr beleckt werden und die Stärke sich in Zucker umsetzt.

** Im Nest der Honigameisen befinden sich einige fast unbewegliche, mächtig aufgetriebene Arbeiter, die sog. Honigträger als „lebende Magazine". Hierzu berichtet ESCHERICH (1906): „In der mageren Jahreszeit nährt sich die ganze Gesellschaft von den in den ‚Honigträgern' aufgespeicherten Vorräten. Die hungrigen Arbeiter steigen hinab in die Gewölbe, an deren Decke die Dickbäuche hängen, und betasten die letzteren, welche sich durch Abgabe eines Honigtropfens erleichtern." In einem Nest wurden 600 „Honigschläuche" gezählt und für etwa 1000 Stück ein Vorrat von $^1/_2$ kg Honig berechnet. Dieser wird für die menschliche Ernährung und als alkoholisches Getränk und Heilmittel verwendet.

unsere große Roßameise (s. Nutzen und Schaden!). Allen gemeinsam ist aber die Vorliebe für Süßigkeiten, z.B. Zucker, Honig u.a. Am bekanntesten ist dabei die zum Teil sehr innige Wechselbeziehung zwischen Ameisen und Blattläusen (auch Schildläuse, Bläulingsraupen, Zikaden) als Erzeuger zuckerhaltiger Ausscheidungen. Bei dieser sog. *Trophobiose* haben beide Partner Vorteile, wenn nicht sogar der eine ohne den anderen nicht mehr auskommen kann *(Abb. 213g)*. So ist z.B. die ostafrikanische Weberameise *(Oecophylla longinoda)* ganz abhängig von Schildläusen und manche Blattläuse *(Lachnus taeniatoides, Anuraphis farfarae)* können sich ohne Ameisen nicht mehr selbständig entleeren.

Die Ameisen melken regelrecht ihr „Melkvieh" *(Abb. 213g),* indem sie die Hinterleibsspitze der Blattläuse so lange mit den Fühlern betrommeln, bis der begehrte süße Kottropfen (auch ähnlich eiweißhaltig wie der Siebröhrensaft der Bäume) herausquillt und von ihnen gierig aufgeleckt werden kann. Der überschießende Honigtau oder durch Pilze (Schlauchpilze *[Apiosporium spec.]*) angereicherte, schwärzlich gefärbte Rußtau kann sich, vor allem bei größeren Blattlauskolonien (auch ohne Einwirkung von Ameisen), als klebriger Belag auf Nadeln, Blättern und anderen Unterlagen absetzen, wovon letztlich vor allem Bienen, Wespen und Fliegen profitieren. Häufig wird dieser Zusammenhang von Imkern ausgenutzt und in der Nähe von Ameisennestern eine Steigerung des Waldhonigertrages erzielt. Eine gleichzeitige Benutzung dieser Nahrungsquelle durch Ameise und Biene scheitert aber an deren Unverträglichkeit, wobei meist die friedfertige Biene den kürzeren zieht (BUCHNER 1958).

Die Blattlauskolonien wachsen und gedeihen unter dem Schutz und der Fürsorge der Ameisen. Zu Beginn der kalten Jahreszeit werden die „ausgemolkenen Kühe" in das Nest eingetragen und geschlachtet. Die Wintereier aber bewahren sie behutsam in tieferen Bodenschichten auf, um die ausschlüpfenden Larven im Frühjahr wieder an die Nährpflanze anzusetzen. Besonders intime Beziehungen bestehen zu Wurzelläusen, die in unterirdischen Kammern des Nestes, in sog. Läuseställen wie „Nutzvieh" gehalten werden. Selbst in kargen Zeiten liefern also die Blattläuse (auch Schildläuse) eine permanente Nahrung, was bei der künstlichen Einbürgerung der Roten Waldameise, bes. beim Versiegen anderer Nahrungsquellen, z.B. rückgängiger Schadinsekten, existenzwichtig sein kann.

Nun beteiligen sich durchaus nicht alle Arbeiter am Nahrungserwerb, sondern nur eine bestimmte Gruppe. Dies sind die Blattlausbesucher *(Abb. 213g),* die immer wieder den gleichen Baum, Strauch oder auch krautige Pflanze erklettern und noch viel auffälliger die Jäger, die in einem z.T. sehr ausgedehnten Jagdgebiet Insektenraub betreiben *(Abb. 213c, d, e).* Bis zu 150 m, ja 440 m vom Nest entfernt streifen sie bei Temperaturen über $+9°C$ besonders nachmittags und bei warmen Sommernächten auch anhaltend umher. Das eigentliche Jagdgebiet wird durch ein gut ausgebautes und peinlich saubergehaltenes Straßennetz, meist in einem engeren Bezirk um das Nest herum, begrenzt. Gewöhnlich ist dies bei den Waldameisen in einem Umkreis von 50–70 m, der sich aber bei großen Kolonien wesentlich erweitern kann. Die erwähnte mecklenburgische Riesenkolonie zog sich über 7,5 km hin. Nicht nur auf den Straßen werden ahnungslose Beutetiere überwältigt, sondern auch Larven, Raupen, Schmetterlinge, Käfer, Blattwespen und vieles andere Getier von ständig belaufenen Bäumen heruntergeholt. Beladen, mit oft gewaltiger Last, plagen sich die Arbeiter ab und helfen sich in kameradschaftlicher Weise, die Beute ins Nest zu schaffen. In schädlingsverseuchten Gebieten wird diese Tätigkeit durch grün gebliebene Inseln, sog. „Grüne Oasen" sichtbar, z.B. inmitten eines Fraßherdes von Raupen der Forleule, Nonne, des Eichenwicklers oder von Blattwespenlarven. Die Tagesbeute kann bei einem starken Volk sehr groß sein. Sie wird von ESCHERICH (1909) mit 100000, von EIDMANN (1926) und GÖSSWALD (1940) übereinstimmend auf 20000 Beutetiere geschätzt, so daß während der ganzen Sammelzeit innerhalb eines Jahres eine „Strecke" von 2 bis 5 (10) Millionen Stück zusammenkommt. Besonders interessant ist natürlich der Anteil an Forstschädlingen.

Nach eingehenden Untersuchungen kam EIDMANN (1926) zu folgendem Ergebnis (Durchschnitt von April bis Juli):

42% Forstschädlinge,   16% nützliche Insekten,
28% forstlich indifferente Insekten,   14% unbestimmbar, zumeist Schmetterlingsraupen.

In einem Massenvermehrungsgebiet der Forleule wurden sogar zu 90% Forstschädlinge erbeutet (BEHRNDT 1933). Bei sehr hoher Nestdichte kann auch ein Fraßschaden vollständig verhindert werden, wie dies mit 8,5 Nestern je ha bei einer Plage der Kiefernbuschhornblattwespe beobachtet wurde (OTTO 1967).

Die Ameise ist scheinbar ein Vielfraß, der sich mit prallgefülltem Kropf ins Nest zur Ruhe begibt. Doch schon auf dem Wege dahin wird sie verschiedentlich von Artgenossen angebettelt, um etwas von ihrem Nahrungsvorrat aus dem Vormagen (sozialer Magen) abzugeben. Dieses Verteilungssystem setzt sich nun von Arbeiter zu Arbeiter fort, bis auch die Larven und die Königinnen versorgt sind *(Abb. 213d)*.

Die Larvenkost setzt sich aus einem Drüsensekret der Arbeiter, ihrem gesammelten Blattlaushonig und aus zerkleinerten Insekten zusammen. Die Geschlechtstierbrut im Frühjahr wird aber von besonderen „Ammen", einzelnen, tonnenartig aufgetriebenen Arbeitern, sehr reichhaltig versorgt.

Ordnung und Sauberkeit

Ein Gesellschaftsleben bedingt große Ordnung und peinliche Sauberkeit, wofür die Arbeiter des Innendienstes weitgehend verantwortlich sind. So reinigen sie nicht nur das Nest von allerlei Unrat, z.B. Speiseresten, Abfällen, Puppenhüllen, sondern auch Eier, Larven und Puppen, die sie dann nach der Größe ordnen und bei Gefahr (z.B. Nestplünderung, Gewitter u.a.) in größter Eile in Sicherheit bringen. Der hochentwickelte Geruchssinn verhilft ihnen sofort zwischen Freund und Feind zu unterscheiden, ja selbst Artgenossen mit fremdem Nestgeruch zu erkennen und zu bekämpfen *(Abb. 213f)*.

Der Putztrieb ist bei ihnen selbst gerade deshalb so ausgeprägt, so daß kaum eine längere Zeit vergeht, wo nicht die Fühler (Hauptsitz der Geruchsorgane) durch die Kämme des tibiotarsalen Putzapparates der Vorderbeine gezogen werden.

Eine besondere Gewohnheit sind die „Begräbnisse", d.h. Tote herauszuschaffen, mitunter mit Erde zu bedecken (auch bei klebrigen und übelriechenden Fremdkörpern) oder gar größere Gegenstände an Ort und Stelle einzumauern.

Nutzen und Schaden

Die Roten Waldameisen sind als **Regler des biologischen Gleichgewichts** fraglos von einem überragenden Nutzen, und zwar im waldhygienischen Sinne, nämlich zur dauerhaften Gesunderhaltung unserer Wälder. Die „Grünen Oasen" (s. oben!) mögen uns stets daran erinnern. Ihre Langlebigkeit (Königin bis 20, Arbeiter bis 6 Jahre), ihr Volk- und Königinnenreichtum (vor allem Kl. Rote Waldameise) und besonders ihre Weiterexistenz auch in insektenarmen Jahren durch die Rindenlauszucht, gewährleisten eine dauernde Einsatzbereitschaft gegenüber Schadinsekten. Ihre Nützlichkeit gegen Forleule, Kiefernspanner, Eichenwickler und Frostspanner, Kl. Fichtenblattwespe und Kiefernbuschhornblattwespe sowie bedingt gegen Borkenkäfer ist weit bekannt. Andrerseits darf natürlich nicht ein umfassender Schutz gegen alle Arten von Insektenschädlingen und in jedem Gebiet erwartet werden, worauf die künstliche Ansiedlung der hügelbauenden Waldameisen (s. dort!) Rücksicht zu nehmen hat. Die Frage nach einem Schaden der Ameisen schlechthin muß sehr genau und spezifisch geprüft werden. Bei einer nachlassenden Massenvermehrung schädlicher Insekten wird man mehr Verluste unter den meist erstarkten Schlupfwespen durch die räuberische Tätigkeit der Ameisen hinnehmen müssen. Ihre stimulierende Wirkung auf die Saugtätigkeit der Pflanzenläuse (bei Kl. Roter Waldameise 69 Arten) und der damit verbundene erhöhte Saftentzug an Kulturpflanzen kann ebenfalls nicht pauschal beantwortet werden. Sicherlich ist es bei schädlichen Blattläusen, die gar noch Virusüberträger sind, im Obst-, Gemüse-, Wein- und Feldbau folgenschwer. Hier handelt es sich aber niemals um Waldameisen.

Wie ist nun aber die Situation im Walde? ESCHERICH (1942) sagt dazu:

„Da nun im Walde weitaus die meisten der von den Ameisen ständig besuchten Blattläuse zu den forstlich mehr oder weniger indifferenten Rindenläusen *(Lachniden)* gehören, so ist der Schaden,

den die Forstwirtschaft erleidet, im allgemeinen wohl nur sehr gering. In einzelnen Fällen können allerdings gelegentlich merklichere Schäden durch die *Trophobiose* auftreten, vor allem da, wo es sich um Wurzelläuse handelt."

Neuere Forschungen haben versucht, etwas mehr Klarheit in die Trophobiose und deren Einfluß auf die Waldbäume zu bringen. Einerseits wirkt der Speichelsaft mancher Rindenläuse (*Cinara taeniata* Koch, *C. piceae* Panz., *C. pinea* Koch) bei bestimmten Konzentrationen wachstumsfördernd auf Nadelhölzer (KLOFT 1950 und 1951). Andrerseits können Triebe von jungen Fichten und Kiefern gestaucht werden (bei Massenbefall Jungfichten auch absterben) und selbst alte Fichten noch Zuwachsverluste erleiden. Als bedeutsamer wird aber der Schaden durch die von *Formica rufa* stark geförderte Buchenkrebs-Baumlaus (*Schizodryobius pallipes* Htg. = *Lachnus exsiccator* Alt.) angesehen, obwohl sich diese Art nur unter besonders günstigen Bedingungen in Buchenbeständen stärker zu vermehren pflegt. Ausnahmsweise sind einmal Abgänge an Jungbuchen zu verzeichnen, für gewöhnlich nur Rindenschäden (Aufreißen) an Ästen und am Stamm (MÜLLER 1956).

Da sich die Rote Waldameise bei nachfolgender Bestandsbegründung auf Nadelholzkulturen nur selten halten läßt und reine Buchenbestände von ihr schon gar nicht aufgesucht werden, darf man vereinzelte Schadensfälle nicht überbewerten. Außerdem unterliegt gerade Buchenholz auf dem Holzmarkt immer großen Schwankungen und ist heute (vorsichtig ausgedrückt) für den Waldbesitzer kein finanzieller Gewinn mehr. Vieles wird auch durch die Waldbienenweide aufgewogen. So schreibt WELLENSTEIN (1969):

„Wir haben festgestellt, daß in stark mit Ameisen bevölkerten Altholzbeständen pro qm Bodenfläche maximal 1 Liter hochwertige Assimilate in der Vegetationszeit den Bäumen entzogen wird, ohne daß dadurch folgenschwere Schäden entstehen. Nur ca. 50% dieses Honigtaus benötigen die Ameisen zu ihrer Ernährung, die andere Hälfte tropft ab und wird von vielen Insekten, Pilzen und Bakterien aufgezehrt."

In günstigen Jahren kann nach Angaben von FOSSEL (1970) ein Bienenvolk im Walde 70–80 kg Honig vom Honigtau der Rindenläuse eintragen. Über die entsprechende Ausschöpfung der Tracht durch die Imker wurde schon vorher berichtet (s. Ernährung).

Einen **direkten Schaden** verursachen aber manchmal Waldameisen durch Knospen- und Blütenfraß an verschiedenen Baumarten (an Ah, Wei *Formica rufa* L., Birne und Pflaume *Formica fusca* L.), was natürlich in keinem Verhältnis zu den berüchtigten Entlaubungen durch die Blattschneiderameisen in tropischen Feldkulturen steht.

Die große Roßameise höhlt nicht nur stehende Stämme (Windwurfgefahr), namentlich Fichten *(Abb. 217a, c)* und verbautes Holz vor allem in Gebirgslagen aus und entwertet dies, sondern beißt auch Knospen und Triebe zur Saftgewinnung, hauptsächlich bei Eiche, an. Weit schlimmer sind jedoch die Wanderameisen *(Ecitonini)* der neuweltlichen Tropen und die Treiberameisen *(Dorylini)* aus Afrika und Indien, die bei ihren Wanderungen alles angreifen und in Stücke zerreißen, was ihren Weg kreuzt. Allerdings muß auch ihnen eine gesundheitliche Funktion zuerkannt werden, da jede von ihnen durchstöberte Plantage und Hütte von jeglichem Ungeziefer befreit ist.

Als sehr lästige Haushaltsschädlinge sollen der Vollständigkeit halber noch die eingeschleppte, winzige Pharaoameise (*Monomorium pharaonis* L.) und die in 2 Arten auftretende Rotrückige Hausameise (*Lasius emarginatus* Latr., *L. brunneus* Latr.) genannt sein.

Die Roten Waldameisen zeichnen sich aber neben der Insektenvertilgung noch durch eine Reihe von weiteren einflußreichen Tätigkeiten aus. Sie lockern und düngen den Boden im Nestbereich und verbreiten in teilweise unvorstellbaren Mengen Samen, z. B. in Eichenwäldern 80, in Buchenwäldern 45 Arten (nach AMBROS 1939, aus GÖSSWALD 1952). Doch beides braucht nicht immer ausschließlich nützlich zu sein. Vielfach liegt eine Verwechslung mit anderen Ameisenarten vor, wie dies von JUDEICH (1876) für Zerstörungen von Hügelpflanzungen in Sachsen und anderwärts durch Vertreter der Knotenameise *(Myrmecinen)* und auch solcher der gelben *Lasius*-Arten angenommen wird. Die Anreicherung mit Blütenpflanzen, bes. in den Nadelholz-Monokulturen, wird man jedenfalls zur Förderung parasitischer Schlupfwespen und Raupenfliegen als sehr wünschenswert ansehen müssen, dagegen nicht die Vermehrung von verdämmenden Unkräutern und Gräsern.

Die Gewinnung von Ameisensäure (Ameisensprit) gegen allerlei Krankheiten (Gicht, Rheuma, Heuasthma u.a.), von Puppen als Vogel- und Fischfutter und von Nestmaterial als Einstreu für Ställe oder als Humus für Gärtnereien, kann einen bedrohlichen Eingriff in den Bestand der Waldameise bedeuten und muß daher schärfstens verurteilt werden. Meist sind derartige Nutzungen auch überholt, oder der Bedarf kann von berufener Stelle (z.B. Ameisenfarm) gedeckt werden.

Zusammenfassend kann gesagt werden, daß die Rote Waldameise für unseren Wald einen unentbehrlichen biologischen Helfer darstellt und daher in jeder Weise zu fördern ist.

Alle kleinlichen Auseinandersetzungen über das „Für und Wider" stiften nur Unruhe und Verwirrung in der Praxis, was dem Wald bestimmt nicht dienlich sein kann.

Feinde– Einmieter – Gäste

Der größte Feind der Ameisen ist der Mensch.

„Wenn der Untergang einer Siedlung vorliegt, so haben wir es fast immer mit einem durch den Menschen hervorgerufenen Einfluß zu tun" (WELLENSTEIN 1928).

Die Gründe sind verschiedener Art, so die wirtschaftliche Ausbeutung (Ameisensprit, Puppen [„Ameiseneier"], Nestmaterial, s. vorher), Unachtsamkeit beim Fällen und Rücken von Holz oder mikroklimatische Veränderungen bei Kahlschlägen. Der Wärmehaushalt kann schon durch bloßes Herumstochern mit dem Spazierstock im Ameisenhaufen oder durch eingewachsene Draht-Schutzhauben erheblich gestört werden. Besonders aber das Puppensammeln wurde früher fast bis zur Ausrottung der Roten Waldameise betrieben, wenn allein „in dem kleinen Dörfchen Hinterwildalpen (Steiermark) . . . jährlich 50–70 hl getrocknete Cocons in den Handel gebracht wurden" (HENSCHEL 1876, aus JUDEICH und NITSCHE 1895).

Vortrefflich und nicht ohne Kritik an diesem Geschäft schildert RATZEBURG (aus JUDEICH 1876) die Taktik der „Ameisenfänger":

„Sie raffen in der Eile ganze Haufen, d.h. Ameisen nebst Brut und Geniste in Säcke und bringen diese nach einem freien, wo möglich sandigen Platze. Nachdem sie diesen noch geebnet, etwa 10–15 Quadratmeter mit einem kleinen Walle umgeben und auf dem Platze einige kopfgroße, mit Kiefernreisern überdeckte Löcher angelegt haben, schütten sie zwischen diesen ihre Säcke aus. Kaum haben sich dann die Arbeiter von der ersten Verwirrung erholt, so greifen sie auch, eingedenk ihrer Pflichten, gleich nach den Larven und Puppen (vulgo Ameiseneier) und tragen diese emsig nach den Löchern, wo sie sie geschützt glauben. Der Sammler, welcher ruhig zusieht, wie ihm die kostbare Ware zubereitet wird, hat nachher nichts weiter zu thun, als sie aus den Erdlöchern zu holen und nach Hause zu tragen. Ich habe hundertmal gesehen, wie die Förster, Hilfsjäger etc. ruhig an solchen Orten vorübergehen. Sie würden hundertmal mehr nützen, wenn sie dem Unfug, der mit gänzlicher Ameisenentvölkerung unserer Wälder bald enden wird, steuerten, als wenn sie nur Jagd auf eine gestohlene Stange unterdrückten Holzes machen. Nichts wäre leichter, als hier energisch einzuschreiten, wenn man nur einigen Ernst gebrauchte. Aber leider wird die Wichtigkeit der Sache immer noch nicht eingesehen."

Tierische Feinde der Ameisen sind vor allem die Spechte. Schwarzspecht, Grün- und Grauspecht treiben im Herbst und Winter tiefe, bis in den Kern vorstoßende Löcher ins Nest, um es zu plündern *(Abb. 214, 215)*. Solche Spechteinhiebe verraten auch Ameisenbäume (Roßameise, *Abb. 217a)*. Wendehals und Amsel räumen ebenfalls unter den Ameisen am Boden auf, selbst Jungstare scharren an den Nestern und picken Ameisen und Brut auf. Dachs und Fuchs durchstöbern die Nester wohl mehr nach schmackhaften Rosenkäfer-Larven. Brunftige Hirsche zerschlagen ihre Hügel. Schwarzwild schiebt sich gern in die warmtrockenen Nester ein. Sicherlich wird hier eine „Entlausung" durch die Ameisen als wohltuend empfunden (z.B. auch bei Vögeln durch „Einemsen" des Gefieders).

Viele Gliedertiere, speziell andere Insekten, sind ameisenliebend *(myrmecophil)*. Meist handelt es sich hierbei um eine einseitige Ausbeutung der Ameisen unter dem „Deckmantel eines guten Freundes", eines „zwergenhaften Bettlers" unter der „Tarnkappe einer Ameisenart" oder auch als fast „unangreifbare Raubtiere". Häufig kommt auch ein harmloses Zusammenleben oder ein beiderseits vorteilhaftes Verhältnis *(Mutualismus)* zustande, wie dies von der *Trophobiose* (s. dort) her bekannt ist.* Die im weitesten Sinne als „Ameisengäste" bezeichneten Nutznießer verstehen es mit größter Raffinesse, sich in die sonst so „exklusive Gesellschaft" einzuschmuggeln, sie zu berauben, sich von ihnen oder ihren Vorräten zu ernähren oder sich verpflegen zu lassen, sie zu parasitieren und bei ihnen Schutz zu finden.

Es gibt einige tausend *Myrmecophile*, von denen aber nur wenige den Ameisenstaat nachhaltig schädigen. Bei der Roten Waldameise sind dies vor allem Vierpunktkäfer *(Clytra quadripunctata* L.; *Chrysom. [Col.]),* Rosenkäfer (vor allem *Cetonia floricola* Herbst; *Scarab. [Col.]),* einige Kurzflügler *(Staph. [Col.])* und entoparasitische Schlupfwespen (vor allem wohl *Elasmosoma berolinense* Ruthe) sowie ektoparasitische Milben (s. auch unter den betreffenden Käferarten!).

Vierpunktkäfer

Das zapfenähnliche Ei (richtig Kothülle des Eies) des Vierpunktkäfers wird von den Ameisen (vielleicht mit Baumaterial verwechselt) als „trojanisches Pferd" ins Nest geschleppt. Die Larve entpuppt sich nun aber als gefräßiger Räuber der Brut. Bei der geringsten Berührung zieht sie sich in ihren sicheren Köcher (aus Exkrementen) soweit zurück, daß sogar manchmal von den ahnungslosen Arbeitern die leerstehende Öffnung zur Unterbringung von Eiern benutzt wird und dieser wahrlich „ins Maul" gestopft werden.

Bei starkem Befall wandern die Ameisen aus, was ihnen aber nicht viel nützt, da der gut fliegende Käfer das Versteck recht bald wieder aufspürt. Zur Verhinderung der *Clytra*-Plage empfiehlt GÖSSWALD (1952), die gleichzeitig im Frühjahr mit den geflügelten Geschlechtstieren das Nest verlassenden Käfer dort abzusammeln oder eine an Altlarven und Puppen schmarotzende Spinnen-Ameise *(Smicromyrme montana* Pz. f. *nigrita* Gir. *schenki* Schmiedekn., *Mutillidae [Hym.])* auszusetzen.

Rosenkäfer

Die engerlingähnliche Larve lebt im Ameisennest wohl vorwiegend vegetabilisch und zermulmt das Nestmaterial, so daß sozusagen den Einwohnern das Dach über dem Kopf zusammenstürzt. Eine Abwehr seitens des Wirts ist auch hier nutzlos, da die Larve ihren Angreifer mit ätherischen Ausscheidungen narkotisiert und der glatte und hartgepanzerte Käfer jedem Gefecht entgeht.

Der Schaden wird oft unterschätzt und meist dem Spürsinn für leckere Mahlzeiten von Dachs und Fuchs zugeschrieben. Doch habe ich selbst viele Nester gefunden, die stark geschwächt oder verwaist waren und im Inneren die dunklen, fast walnußgroßen Erdkokons enthielten. Liegt nicht der Verdacht nahe, daß dieser kräftige Bursche seine scharfen Beißzangen auch einmal gegen die Ameisen und ihre Brut verwendet?

Schlupfwespen

Elasmosoma berolinense Ruthe (*Bracon.*) überrascht ihre Opfer sehr geschickt:

„Die Schlupfwespen rütteln über dem Ameisen-Nest und stoßen schnell zur Eiablage auf die Ameisen herab, die sich des plötzlichen Angriffs meist gar nicht erwehren können. Die Ameisen merken zwar die Gefahr, sie richten sich auf und schnappen nach den Feinden, aber diese wiederholen ihre flinken Angriffe, bis sie ihr Ziel erreicht haben" (GÖSSWALD 1952).

---

* Die Wissenschaft hat versucht, die „Ameisengäste" nach ihrer Behandlung durch den Wirt in Feinde *(Synechthren),* angesiedelte Nachbarn *(Paröken),* geduldete Einmieter *(Synöken)* und echte Gäste *(Symphilen)* einzuteilen. Eine solche Gruppierung stößt aber auf große Schwierigkeiten, da zuviel Unklarheit und Übergänge bestehen.

Die im Nestbereich an Gräsern festgebissenen, toten Ameisen (bei ausgereiften Parasitenlarven) sind ein sicheres Zeichen dieses Schmarotzertums.

Bei der künstlichen Vermehrung durch Nesterspaltung ist daher sehr sorgfältig auf den Gesundheitszustand des Volkes zu achten, und derartig erkrankte Nester sind davon auszuschließen.

Gewiß gehören hierher auch das Sklaventum (s. dort), also die mehr oder weniger zwangsweise Hilfeleistung anderer Ameisenarten, und der eigene Haushalt von Gastameisen im fremden Nest. Besonders die nur in kleinen Kolonien von meist weniger als 100 Individuen in Nestern der Roten Waldameise und auch der Wiesenameise vorkommende Glänzendbraune Gastameise (*Formicoxenus nitidulus* Nvl.) ist geradezu der Prototyp des Bettlers. Aus ihren Verstecken leerer Rosenkäfer-Kokons, von der äußeren Nestwand oder von Baumstrunk-Kammern her, suchen diese Zwerge sehr aufmerksam und mit ziemlicher Sicherheit meist nur fütterungsbereite Wirtsarbeiter auf, um ihnen vom erklommenen Kopf, also von hoher Warte aus, etwas Flüssigkeit aus dem gefüllten Kropf abzulocken. Bei einem Irrtum entweicht die Gastameise den Zugriffen des Riesen durch Totstellen oder durch eine heftige Giftspritze.

Doch gibt es noch viele Plagegeister, deren Verhalten im Ameisenstaat überaus interessant ist.

Auch hierfür ist ESCHERICHS Buch „Die Ameise" (1960) eine wahre Fundgrube, woraus wenigstens 3 Beispiele wiedergegeben werden sollen:

Buckel- oder Rennfliegen
(Phoridae)

„*Apocephalus pergandei*, eine andere zu den Phoriden gehörige Fliege, geht viel offener vor; sie versucht ihre Eier nicht, wie ihre beiden Vettern, auf hinterlistigste Weise ihrem Opfer einzuführen, sondern sie tut dies im offenen Kampfe, der oft mehrere Stunden dauern kann. Die betroffene Ameise ist dem Tode verfallen; denn die Entwicklung der Fliege findet in dem Kopfe derselben statt, welcher von der Larve allmählich radikal ausgefressen wird, so daß er eines Tages vom Rumpfe fällt. Man hat die Fliege deshalb auch als ‚Ameisenscharfrichter' gekennzeichnet."

„Ein Seitenstück zu *Antennophorus* (Anmerkung: Milben-Gattung) bildet das sog. ‚lebende Halsband'; d.i. eine Fliegen-*(Phoriden-)*Larve welche normalerweise in der Halsregion der Ameisenlarven *(Pachycondyla)* sich festsetzt, dieselbe wie ein Halsband umgebend. Wenn nun die Ameisenlarve gefüttert wird, was bei *Pachycondyla* durch Vorsetzen von Insektenstückchen usw. geschieht, so nimmt auch das ‚Halsband' an der Mahlzeit teil. Ist die dargereichte Nahrung vollkommen aufgezehrt, so kommt es vor, daß der Schmarotzer seinen Kopf nach den benachbarten Ameisenlarven ausstreckt, ob vielleicht bei ihnen noch etwas zu haben sei. Oder sie zwicken ihre Wirte tüchtig in die Haut, damit diese unruhig werden und dadurch die fütternden Arbeiter veranlassen, neue Nahrung vorzusetzen."

Käfer (Gattung *Thorictus Germ.* – ohne deutsche Vertreter –)

„Noch auffälliger erscheint die Duldung eines anderen Ektoparasiten, nämlich des Käfers *Thorictus foreli* Wasm., der seinen normalen Sitz an dem Fühlerschaft seiner Wirte (*Myrmecocystus viaticus* F.) hat. Er ist den Ameisen ungeheuer lästig, weshalb die befallenen Individuen sich auch die größte Mühe geben, ihn loszuwerden. Es ist sehr drollig, sie dabei zu beobachten, wie sie mit den Beinen den ungebetenen Gast fortzuschieben oder wie sie den Fühler durch Spalten zu ziehen suchen, um so die Last abzustreifen, oder wie sie mit dem Gast fest an die Wand oder den Boden trommeln usw. Aber alle Anstrengungen bleiben erfolglos, zumal niemals einer der Kameraden an dem Befreiungswerk mithilft. Im Gegenteil, die *thorictus*freien Arbeiter scheinen sogar noch Gefallen an den Fühlerreitern zu besitzen, denn man sieht sie zuweilen deren Oberfläche belecken nach Art der ‚echten Gäste'.

Was treiben nun diese Gäste die ganze Zeit an den Fühlern der Ameisen? Höchstwahrscheinlich stechen sie mit ihren Kiefern die Fühler an, um das aus den so gesetzten Löchern ausfließende Blut aufzulecken."

Schutz und Vermehrung der Roten Waldameise

Der Schutz richtet sich gegen den Mißbrauch durch den Menschen (gesetzliche Bestimmungen) und gegen Beschädigungen durch Tiere (Schutzvorrichtungen).

Gesetzliche Bestimmungen

Geschichtlich läßt sich die Schonung der Roten Waldameise (im Text immer „Ameise") durch Gesetz und Verordnung recht weit zurückverfolgen.
Nach einem Bericht von HENNERT „Über den Raupenfraß und Windbruch in den Königl. Preuß. Forsten von den Jahren 1791–1794" (Leipzig 1798) hat der Minister GRAF VON ARNIM 1792 „das Sammeln der Ameisenpuppen und Zerstören der Ameisenhaufen" für die kurmärkischen, neumärkischen und pommerschen Forste bis auf weiteres verboten (aus GÖSSWALD 1952). Solche Anordnungen (dort „Befehle") müssen schon vorher bestanden haben, da in dem gleichen Bericht von einer Erneuerung dieses Verbots für die hinterpommerschen Forste gesprochen wird.

Anscheinend ist aber vielfach dagegen verstoßen worden, wenn HARTIG, G. L. und HARTIG, Th. („Forstliches und forstwissenschaftliches Conversations-Lexikon", Stuttgart und Tübingen 1836) zu einer besseren Kontrolle auffordern: „Wenigstens sollte man in den Nadelholzforsten strenger auf das Verbot des Einsammelns der Ameisenpuppen zum Vogelfutter sehen".

Die zersplitterte Ländergesetzgebung des 19. Jahrhunderts enthält meist Schutzbestimmungen für die Rote Waldameise, so für Preußen (Feld- und Forstpolizeigesetz vom 1. April 1880, § 37), Bayern (Gesetz vom 26. Dezember 1871, Artikel 125), Sachsen (Mandat vom 30. Juli 1813, § 36), Württemberg (Forstpolizeigesetz vom 8. September 1879). Danach galten als Übertretungen in Preußen und Württemberg unbefugtes Sammeln von Ameisen oder Puppen und Zerstören von Ameisennestern im fremden Walde. In Sachsen ist das Einsammeln von Puppen lizenzpflichtig und in Bayern zusätzlich deren Verkauf. Die Strafen waren z.T. sehr hart, und zwar Geldstrafe bis 30 M (Bayern, Württemberg) und bis 150 M (Preußen) oder Haft bis 6 Tage (Bayern), 8 Tage (Württemberg) und bis 4 Wochen (Preußen). Lediglich Sachsen begnügte sich mit dem Verbot ohne Strafandrohung.
Die Naturschutzgesetzgebung (Reichsnaturschutzgesetz vom 26. 6. 1935, Naturschutzverordnung vom 18. 3. 1936 in der Fassung vom 16. 3. 1940) vertritt erstmalig eine einheitliche Auffassung, wobei die Rote Waldameise (*Formica rufa* L.) nebst Entwicklungsstadien unter „Geschützte Tierarten" (RNO § 24) neben anderen Kerbtieren (Segelfalter, Apollofalter, Hirschkäfer, Wiener Nachtpfauenauge, Alpenbock, Puppenräuber, Pechschwarzer Wasserkäfer) fällt und auch der Handel damit bestimmten Vorschriften unterliegt (RNO § 25). Im heutigen Landesrecht sind diese Bestimmungen weitgehend übernommen worden (z.B. Hessen, Verordnung zur Ausführung des Naturschutzergänzungsgesetzes Nr. 19/1968 vom 10. 7. 1968, § 9 zusätzlich: „Es ist gestattet, Teile von Kolonien der Roten Waldameise zum Zwecke des forstlichen Pflanzenschutzes an anderen Orten anzusiedeln").
Den praktischen Wert derartiger Verbote beurteilt GÖSSWALD (1952) als ziemlich gering, da die Strafen im Verhältnis zum lukrativen Geschäft eines Sammlers zu gering bemessen sind und die Einhaltung der Vorschriften kaum überwacht werden kann.
Viel wesentlicher erscheint mir die Aufklärung der Bevölkerung in Presse, Rundfunk und Fernsehen über den Nutzen der Roten Waldameise. Das Interesse muß laufend geweckt werden durch Führungen im Walde und Vorträge. Hierbei sollte besonders die Jugend angesprochen und zur Mitarbeit angeregt werden. Die Waldjugend hat sich schon verschiedener Aufgaben im Walde, z.B. des Vogelschutzes, angenommen und ist auch der Ameisenhege gegenüber sehr aufgeschlossen.

Schutzvorrichtungen

Eine der wichtigsten Maßnahmen zur Erhaltung der Roten Waldameise ist die dichte Einfriedung ihrer Nester, vor allem gegen Spechte.

Ich habe mich jahrelang damit beschäftigt und immer wieder gesehen, daß mitunter der gesamte Erfolg einer künstlichen Vermehrung durch Nesterspaltung von einem sicheren, sofortigen Schutz des Ablegers abhängt. Wie schnell der Specht die neue Nahrungsquelle aufgespürt hat, konnte ich im Frühjahr 1968 feststellen, als eine unvollständig geschützte Tochterkolonie bereits am nächsten Tage vom Buntspecht restlos aufgerieben war. Nachteilige Einflüsse erklären sich meist durch unsachgemäße Anbringung des Nestschutzes oder durch Einwachsen, insbesondere von Drahtmaterial (Störung des Wärmehaushalts!). Gerade letzteres findet man öfters an großen Mutternestern oder stark entwickelten Ablegern bei zu klein gewählten Schutzhauben, die dann entweder belassen werden oder außerhalb der Winterruhe der Ameisen ziemlich gefahrlos für die Bewohner beseitigt werden können *(Abb. 215)*.

Vorübergehend genügt eine Reisigabdeckung.

In der Praxis haben sich die käuflichen Ameisenschutzhauben aus Draht in Pyramidenform in verschiedenen Dimensionen:

Grundquadrat 80 × 80 cm, mittlere Höhe 65 cm,
               140 × 140 cm, mittlere Höhe 125 cm,
               170 × 170 cm, mittlere Höhe 140 cm

aus Sechseckgeflecht mit 25 mm Maschenweite eingebürgert. Diese sind zwar zusammenlegbar und transportabel, aber nicht anpassungsfähig an das jeweilige Nest und seine Umgebung und wachsen rasch ein *(Abb. 215)*.

Am besten hat sich bei uns die im Walde „maßgeschneiderte Schutzhaube" bewährt. Hierbei können unrentable und daher liegenbleibende, schwache Nadelholzsortimente (Stangen, Wipfel u.a.) nutzbringend als Gerüst verwendet werden (Sauberkeit im Walde, s. Borkenkäfer!). Billiger sind allerdings meist zugeschnittene, imprägnierte Pfähle *(Abb. 216)*.

*Bauanleitung für eine Schutzhaube**

Beispiel: Grundquadrat 250 × 250 cm, mittlere Höhe 210 cm;

2 Mann; reine Arbeitszeit 1,5 Std (insgesamt);

Geräte und Material:	1 Bügelsäge (auch kleine Motorsäge)	4 Fichtenstangen (2,50 m lang, 7–9 cm stark)
		12 m² kunststoffumspritztes Sechseckgeflecht**
	1 Axt	(Maschenweite 25 mm, dunkel wegen Beständig-
	1 Nagelkasten	keit gegen UV-Strahlung)
	2 Hämmer	10 Nägel (7 Zoll) zum Zusammennageln des Ge-
	1 Drahtschere	rüsts (oder ca. 50 cm Ziehdraht, verzinkt,
	Handschuhe	2–3 mm stark)
		1,5 kg Krampen zum Befestigen des Geflechts

Ausführung: Stangen einschneiden, am schwächeren Ende abplatten (abbeilen), zur Pyramide zusammenstellen und an der Spitze zusammennageln bzw. mit Ziehdraht durch gebohrte Löcher verbinden; Gerüst evtl. durch Querstreben am Boden verstärken; Drahtgeflecht für eine Seite zuschneiden (entfällt bei Gestellen in Rechteckform), dann Schrägschnitt an passende Seite anlegen usw., am Boden etwas überstehen lassen (Ausgleich von Unebenheiten), evtl. zusätzlich, zum absolut festen Abschluß, „Heringe" einschlagen.

Das kunststoffumspritzte Drahtgeflecht ist zwar etwas teurer, dafür aber wesentlich haltbarer und viel besser zu verarbeiten.** Welche Form des Nestschutzes gewählt wird, ist ganz vom Nest und seiner Umgebung abhängig. Der Eigenbau ermöglicht jedenfalls die individuelle Anpassung, somit auch das Einbinden oder Aussparen von Hindernissen (z.B. Stamm). Sehr wichtig ist die Einbeziehung des Sandrings und der dichte Bodenabschluß, andernfalls können Beschädigungen entstehen.

---

* Weitere Schutzvorrichtungen sind in „Merkblätter zur Waldhygiene" (Waldameisenhege Nr. 3, 1971) des Instituts für angewandte Zoologie in Würzburg enthalten.

** Daneben wird auch reines Kunststoffgitter bzw. -geflecht verwendet.

Künstliche Vermehrung

Die ersten Versuche zur künstlichen Vermehrung der Roten Waldameise durch Nesterspaltung aus dem Jahr 1867 gehen zurück auf eine Anregung von RATZEBURG (1871). Das Ergebnis war allerdings unbefriedigend, da sich von 400 Ablegern nur $^1/_3$ weiterentwickelt und die dazugehörigen Mutternester gelitten hatten. Nach der Auswertung der Berichte von 10 Oberförstereien des Reg.-Bezirks Posen erscheint RATZEBURG nur dann der Erfolg gesichert, wenn man „1. auf die Wichtigkeit der vollständigen, auch ♀ und ♂ enthaltenden Brut, 2. auf alte, morsche Stöcke, an welchen die Ansiedlungen am besten erfolgen, sowie 3. auf trockene, sonnige Lage" achtet. Der Erhaltung alter Stöcke wird auch wegen einer natürlichen Koloniegründung besondere Bedeutung beigemessen.

Erstaunlicherweise sind hier bereits mit wenigen Worten die auch heute noch geltenden Grundsätze der künstlichen Vermehrung durch Nesterspaltung enthalten.

Ein eigentümliches Rezept der Ameisenvermehrung zum Schutze junger Waldkulturen gegen Rüsselkäfer u.a. schädliche Insekten gibt Forstmeister LISCHKA (1906) im „Österr. Forst- und Jagdblatt" an.

„Wenn in den umliegenden Beständen genug Waldameisenhaufen vorhanden sind", so heißt es in einer Wiedergabe des „Zentralblatt für das gesamte Forstwesen", 1906, sind folgende Arbeiten vorzunehmen:

„Man macht in diesem Falle auf der frisch angebauten Fläche von 60 zu 60 m etwa 40 cm runde, 30 cm tiefe Gruben, welche man mit feinem, trockenem Reisig ausfüllt.

Das Reisig zündet man an und gibt am besten noch mehr Reisig dazu, bis jede Grube zur Hälfte mit der Asche ausgefüllt ist, worauf man die Gruben auskühlen läßt. Auf die Asche legt man einige trockene Tierknochenstücke. Nach der vollständigen Abkühlung geht man mit mehreren gewöhnlichen Leinsäcken und einer Schaufel zu den nächsten Ameisenhaufen und füllt die Säcke mit Ameisen, Puppen, Eiern, Nadeln usw., so daß die Ameisenhaufen bis zur Bodenfläche ganz abgetragen werden.

Nun geht man damit zu den abgekühlten Gruben und gibt in jede etwa 8 bis 10 l von dem gemischten Inhalte der Säcke."

Aus jeder Grube soll sich bereits im Laufe des Jahres ein wirksamer Ableger heranbilden, der den Pflanzen Schutz gewährt und Nachbesserungen überflüssig macht. Vielleicht ist die Glaubwürdigkeit dieser Methode doch angezweifelt worden, denn nirgends findet sich ein Hinweis der Stellungnahme oder Nachahmung.

Großes Aufsehen erregte dagegen Forstmeister SCHULZ von der Gräfl. von Hochbergschen Oberförsterei Wirschkowitz (Schlesien) mit seinen berühmten Ameisenvermehrungen, die schon bis Kriegsausbruch 1914 340 neue Kolonien umfaßten und nach einer Unterbrechung ab 1924 bis 1931 mit 901 Ablegern systematisch nach seinen Grundsätzen über die Waldungen ausgedehnt wurden. Danach sind die Ableger am besten kurz vor der Schwarmzeit, etwa 200 m abseits vom Mutternest, auf erhöhtem Platz über einem alten, durchlöcherten, mit Zuckerlösung übergossenen Stock nach vorheriger Reinigung seiner Umgebung von altem Reisig, Nadeln und Blättern anzulegen und in der ersten Zeit mit Reisig oder Drahtnetz gegen äußere Störungen zu schützen. Wesentlicher als die Königinnen, die auch später noch vom Ableger erworben werden können (Adoption), erscheint ihm die Erfassung des Nestmaterials mit Brut aus dem Mutternest, wofür sich ein verschließbarer Blecheimer besser eignet als ein Sack (mühsames Entleeren der festgebissenen Ameisen). Von den Erfolgen konnte sich ESCHERICH anläßlich seiner Reise ins norddeutsche Eulengebiet im Jahre 1925 selbst überzeugen und hielt es für sehr wünschenswert, „der künstlichen Vermehrung der Ameisen weit mehr Aufmerksamkeit zu schenken als bisher". Abgesehen von einem Mißlingen in Bodensenken wird aber auch auf örtliche Vermehrungsschranken ungewisser Ursache hingewiesen und die Klärung dieser bedeutsamen Frage als dringend erachtet.

Fast zur gleichen Zeit, nämlich im Jahre 1925, begann Oberforstverwalter CANTZLER in Bayern (Schirnding) auch mit der künstlichen Ameisenvermehrung. Aus seiner Tätigkeit erfahren wir, daß „4 große Säcke" Nestmaterial mit Brut, „von ein und demselben Muttervolk bzw. einer Kolonie" wegen des Nestgeruchs, entnommen „bei warmer, beständiger Witterung vor Sonnenaufgang" während des Hochzeitsfluges im Juni für einen Ableger genügen. Das immer wieder beobachtete Abwandern wird von ihm damit erklärt, daß der Ameisenhaufen „kein regelloses Gewirr von Streu, Ästchen usw." ist und daher vollständig neu aufgebaut werden muß. Daher wird auch erst eine spätere Fütterung des Ablegers" mit angefeuchtetem Puderzucker" befürwortet, die der Nachfolger von SCHULZ in Wirschkowitz V. ROON (1932) wegen einer angenommenen Anlockung des Dachses ganz ablehnt.

In besonderem Maße hat sich GÖSSWALD der Vermehrung der Roten Waldameise gewidmet und dabei die heute grundlegenden Verfahren ausgearbeitet, die nunmehr praxisreif sind und in weiten Teilen Europas und Sowjetrußlands angewendet werden. Die in seinem Buch „Die Rote Waldameise im Dienste der Waldhygiene" enthaltene, eingehende Anleitung soll hier kurz in den wichtigsten Punkten wiedergegeben werden.

Vermehrt wird in erster Linie die Kleine Rote oder Kahlrückige Waldameise (*Formica polyctena* Först. = *Formica rufopratensis minor* Gößw.), weil nur diese Form königinnen- und volkreich sowie verträglich mit ihren Artgenossen ist.

Verfahren I (nach GÖSSWALD): Kolonievermehrung durch einfache Nesterspaltung

Vorbereitung: Auswahl der zur Vermehrung geeigneten Stammnester (Art, Rasse*, Gesundheitszustand), Platzwahl für die Ableger (wegen der Lichtverhältnisse im Laubholz möglichst schon im Jahr zuvor [im belaubten Zustand]) in trocken-warmer und möglichst besonnter Lage (Wald- und Wegränder, Lichtungen, Lücken u.ä.) über einem mindestens 3jährigen, nicht zu morschen Stock (Baumstrunk) oder ersatzweise über einer etwas eingegrabenen Nadelholzrolle (ca. 20–30 cm $\emptyset$, 80–100 cm lang).
Geräte: 4 Blechbehälter o.ä. à 50 Ltr. mit verschließbarem, fein durchlöchertem Deckel (Luftzufuhr für Ameisen), 1 Schaufel zum Einfüllen des Nestmaterials und Abräumen der Vermehrungsstelle, 1 Spaten oder 1 Axt zum Lockern der Rinde am Stock, Hammer, Kneifzange, Nägel und Krampen für evtl. Änderungen des Nestschutzes, Schutzhauben (s. dort).

Ausführung: 2 Arbeitskräfte.
Bildung starker Ableger durch Entnahme von jeweils 200 Ltr. Nestmaterial (mit ca. 100000 Arbeiterinnen, mindestens 200 Königinnen) aus der vorsichtig bis auf den Kern abgedeckten Nestkuppel (etwa 20–30 cm tief) eines oder mehrerer Mutternester der gleichen Art, während der etwa 14tägigen Sonnungsperiode im zeitigen Frühjahr in frühen Morgenstunden, bei kühler Witterung auch zu anderen Tageszeiten (nicht bei gefrorenem Boden, naßkalter Witterung); Stammnest wieder sorgfältig abdecken,
Ableger durch lockeres Aufschütten von 200 Ltr. Nestmaterial auf dem vorbereiteten und mit einigen dürren Ästen belegten Stock bzw. der eingelassenen Rolle begründen, etwas Zucker (ca. 1 Pfund) aufstreuen und mit Moos o.a. abdecken, Schutzhaube darüber stülpen bzw. auch erst anfertigen (vorübergehend auch Reisig-Abdeckung, zweckmäßig im Laubholz); geworbene Nadelstreu in der Umgebung des Ablegers flach ausstreuen, abgeräumtes Material abseits verteilen, nicht auf kleine Haufen schütten (Ameisen wandern dorthin und werden vom Specht aufgesammelt).

Die Entwicklung der Ableger und auch der dazugehörigen Stammnester ist besonders in der ersten Zeit laufend zu beobachten. Bei evt. Verlagerung muß der Nestschutz sogleich nachgerückt werden. Es empfiehlt sich, ein Kontrollbuch oder eine Karteikarte zu führen und die Mutternester nebst Ablegern, mit Nummern beziffert, in die entsprechende Revierkarte (auch Skizze des Waldaufnahmehefts) einzutragen (s. Vordruck eines Kontrollbuchs für Ableger der Roten Waldameise in Anlehnung an GÖSSWALD):

---

* Im Zweifelsfall Probeeinsendung von ca. 500 Arbeiterinnen, wahllos aus dem Nest, mit etwas Nestmaterial, gut verpackt an das Institut für Angewandte Zoologie, Würzburg, Röntgenring 10.

Rote Waldameisen (Formica rufa-Gruppe)

Kontrollbuch Rote Waldameise

Forstamt ...., Revierförsterei ...., Wirtschaftsfigur (Abt., Distrikt,
Jagen) ....
Standort- und Bestandsbeschreibung (gem. Waldaufnahmeheft bzw. Betriebswerk) ....
....

Ableger Nr. .... Herkunft .... Begründung (Datum, Witterung) ....
Materialmenge in Ltr. .... Bemerkungen ....
Schutz (Datum, Art) ....
Entwicklung
Beobachtung (Insektenvertilgung, Lauszuchten,   Messungen
Schwarmzeit, Krankheiten, Abwanderung, Zer-   (Nesthöhe, Nestdurchmesser am Boden)
störungen)
19... usw.   19... usw.

Verfahren II (nach GÖSSWALD): Kolonievermehrung durch Massenzucht von jungen Königinnen und Anweiselung (für die Praxis nur im Sonderfall [umfangreiche Kenntnisse, genügend
Zeit] und als Ergänzung von Verfahren I bzw. zur Verlängerung der Vermehrungszeit empfehlenswert).
Abfangen von geflügelten Geschlechtstieren zu Beginn des Hochzeitsfluges (Tiefland Ende
April, Hochlagen Mai bis Juni) durch ein entsprechend hergerichtetes Fangzelt mit Fangglas
über dem Nest;
Angleichung des Schwärmens von ♂♂ und ♀♀ durch Beschattung der protandrischen Männchennester (schwach und schattig, männliches Geschlechtstier langovaler Hinterleib) bzw. Lichtstel-
lung von Weibchennestern (stark besonnte Lage, weibliches Geschlechtstier rundlicher Hinterleib); Fangglas mindestens einmal täglich leeren, Geschlechtspartner im etwa gleichen Zahlenverhältnis zu mehreren tausend Exemplaren nebst einigen Arbeiterinnen zur Pflege und Fütterung in ein Terrarium (pneumatische Wanne oder ähnliche Glasbehälter ab Format $23 \times 36 \times 26$
cm) mit dicht angepaßtem, rostfreiem Metallgazedeckel zur Begattung einsperren, wenigstens
zeitweise zur Steigerung der Begattungslust der Sonne aussetzen und gegen zu starke Einstrah-
lung mit im Glasbehälter aufgeschichteten Torfplatten, notfalls auch frischen Kiefernzweigen
abschirmen;
durch Licht- und Schattenfallen können die ins Verborgene strebenden begatteten von den unbe-
gatteten ♀♀ und den ebenfalls lichthungrigen ♀♀ geschieden und massenweise erfaßt werden
(Arbeits- und Zeitersparnis!); ♂♂ sterben bald nach der Begattung ab und sammeln sich unter den
Torfplatten an;
Anweiselung schwacher oder weiselloser (ohne Königin) Ableger von März bis Juli (notfalls bis
Oktober mit kühl [ca. $+ 6°$] gelagerten Königinnen) durch Zusetzen von mindestens 200 lege-
reifen Königinnen in allmählicher, stufenweiser Gewöhnung zur natürlichen Geruchsanglei-
chung (künstliche und natürliche Duftstoffe haben sich nicht bewährt) und verlustlosen Adoption: hierzu eignen sich Weckgläser mit Metallgazedeckel, die am Ableger bodengleich eingegraben und gegen Niederschläge geschützt werden; ihre Belegschaft sollte zunächst durch ca. 500
Arbeiterinnen und nach 3 Tagen durch ca. 3000 Arbeiterinnen ergänzt werden; danach kann mit
dem Zusetzen, möglichst bei kühler Witterung (Morgen- und Abendstunden), begonnen werden.
Die Anweiselung ist gelungen, wenn nach einigen Tagen Eier und Eilarven ziemlich flach unter
der Nestkuppel gefunden werden. Die zugesetzten Königinnen halten sich meist in großer Nest-
tiefe auf und können erst wieder bei der nächsten Sonnungsperiode gesichtet werden.

Klimaregulierung und Fütterung im Zwinger: Alle Behälter zur Aufbewahrung bzw. Haltung von
Ameisen (Fangglas, Terrarium, Weckglas, Versandtuben u. a.) müssen mit einem stets feucht zu
haltenden Gipsboden und mit geeigneten Futterquellen wie Zucker- oder Honigwasser aus
einseitig verschlossenen Glasröhrchen versehen sein.

324

Von entsprechend eingerichteten Instituten oder Ameisenfarmen kommt auch ein Versand mit Königinnen in Glastuben in Frage, wodurch die Verfrachtung über weite Entfernung ohne Schwierigkeiten und rasch möglich ist. Eine Modifikation dieses Verfahrens für die Praxis sieht GÖSSWALD (1957) in der Verwendung ausgegrabener Geschlechtstier-Puppen oder junger Königinnen zur Auffrischung von schwachen oder weisellosen Ablegern. Die massenweise Aufzucht von Geschlechtstier-Puppen fremder Kolonien, gemeinschaftlich in einem besonderen Zuchtnest, ist zwar ein bestechender Gedanke, dem aber bislang kein Erfolg beschieden war.

Ursachen von Mißerfolgen und Fehlschlägen:

Aus einer Zusammenstellung von GÖSSWALD (1970) geht hervor, daß „falsche Arten, schlechte Herkünfte, geschwächtes Ameisenmaterial, Bildung von zu kleinen Ablegern, zu späte Kolonievermehrung, falsche Anweiselung von Königinnen, ungeeignete und wenig geeignete Standorte" als Hauptursachen eines Mißlingens von Ameisenvermehrungen angesehen werden können. Hinzu kommt der unzureichende oder fehlende Schutz der Nester gegen äußere Störungen und die bislang vernachlässigte Aufklärung der Bevölkerung über Wert und Nutzen der Roten Waldameise für den Wald.

Praktische Nutzanwendung der künstlichen Vermehrung der Roten Waldameise:

Gezielter Vogelschutz und Ameisenhege haben praktisch im Walde die gleiche Bedeutung, nämlich seinen dauerhaften Schutz gegen Schädlinge zu übernehmen. In allen Schadgebieten von Forstinsekten ist daher die sachkundige Vermehrung geboten. Natürlich wird wohl nie ein vollständig gleichmäßiges und dichtes Netz nach dem Plan von SCHULZ und v. ROON (1932) erreicht werden können, da wir Menschen ihnen den Platz nach unseren Gesichtspunkten zuweisen. Trotzdem ist es für den Praktiker wichtig zu wissen, welche Nesterzahl zum lückenlosen Schutz seines Reviers ausreicht. Diese ist nun von der Volksstärke des Nestes, von den Wald- und Bestandestypen und deren Gefährdungsgrad abhängig.

Nach GÖSSWALD (1970) können je ha im Nadel- und Mischwald 2 besonders starke oder 4 durchschnittliche Nester, im Eichenwald entsprechend 4 oder 6 Nester, bei Neuanlagen und alsbaldigem Schadfraß stets die dichtere Nestlage als sicher gelten.

Eine rücksichtsvolle Waldbautechnik und Forstnutzung können manche Hilfe bei der Entwicklung und dem Fortbestand der Roten Waldameise leisten: plenterwaldartige Bewirtschaftung, Femelschlagbetrieb, Schmalkahlschlag, Überhaltbetrieb (bes. in Nestnähe), Belassung von Stökken und Fällen, Rücken, Lagern des Holzes außerhalb des Nestbereichs.

Übersicht über die einheimischen Arten

(in Anlehnung an die Bestimmungschlüssel von ESCHERICH [1942] und GÖSSWALD [1952] mit Ergänzungen)

Aufgeführte Merkmale (morphologisch, biologisch) stichwortartig und beschränkt auf das wesentliche, insbesondere Biotop, Nestbau, Verhalten und gut erkennbare, morphologische Einzelheiten.

Schuppenameisen (Camponotidae)

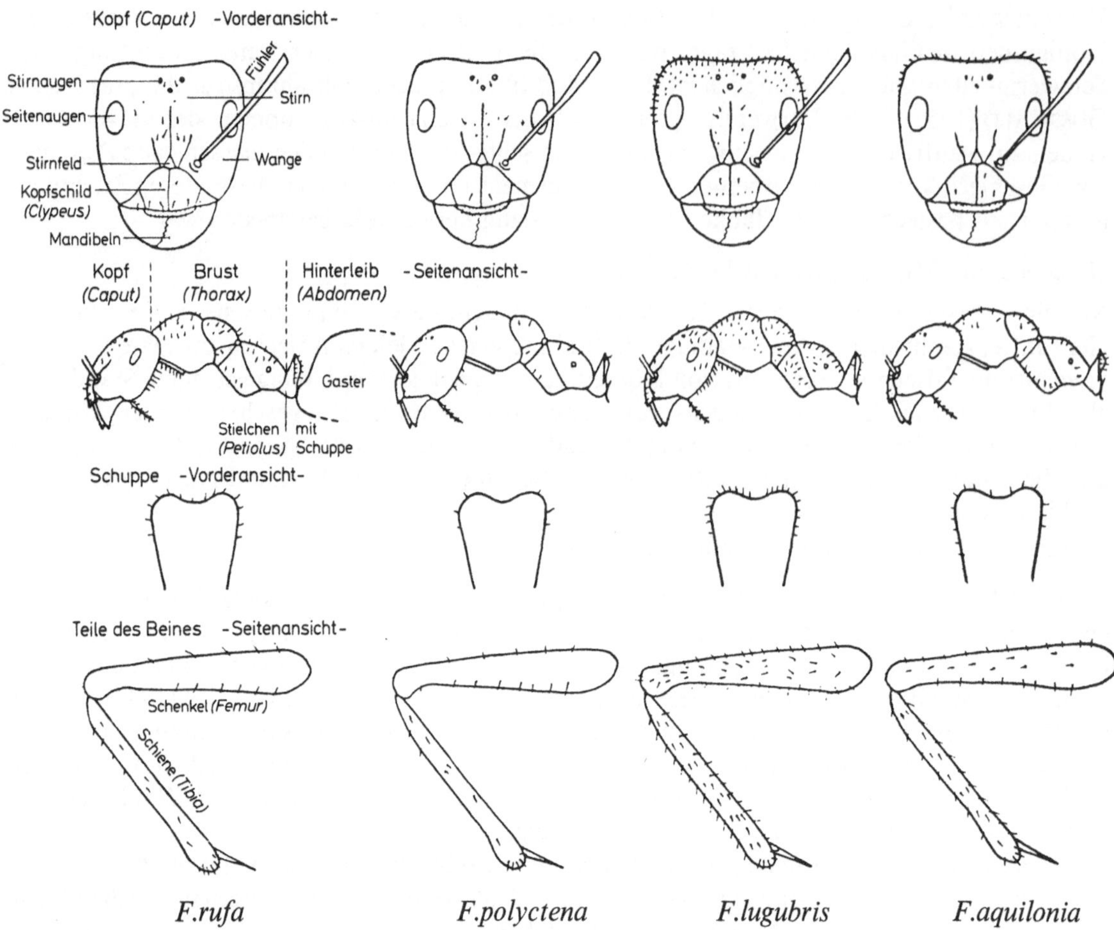

Figur 8. Behaarungsmerkmale der F. rufa-Gruppe
(Nach Cotti, G.: Bibliografia Ragionata 1930–1961 del Gruppo Formica Rufa. Roma: Minist. Agric. For. – Collana Verde 8, 1963)

Schuppenameisen *(Camponotinae)*

Eingliedriges Hinterleibsstielchen mit aufrechter Schuppe *(Abb. 213g)*

Überwiegend nützliche Insektenräuber

Nest	Art, Biotop, morphologische und spezielle biologische Merkmale
	Gattung **Formica:** gut entwickelte Stirnaugen, deutlich abgesetztes Stirnfeld (Gegensatz *Lasius*!); ca. 100 Arten auf der nördl. Halbkugel *(Figur 8)*.
Haufennester in der Regel über einem Stock (Baumstrunk) *(Abb. 215, 216)*, ziemlich steil, 1,8–2 m hoch, 0,5–1 m ⌀ des Grundkreises, nach Regen kleine Aufsatznester, um alte Nester häufig erheblicher Sandauswurf (unterminiert durch Kammern), Fi-Rasse;	**Rote Waldameisen** (*Formica rufa*-Gruppe) **Kleine Rote oder Kahlrückige Waldameise** (*Formica polyctena* Först. = *Formica rufa rufopratensis* For.) Waldgebiete von der Ebene bis zum Mittelgebirge, Fi-Rasse in Fi-Wäldern, Ki-Rasse in Ki-Wäldern;

Nest	Art, Biotop, morphologische und spezielle biologische Merkmale
ziemlich flach, 30–45 cm (bei dichtem Bestandsschluß 50–60 cm), 1,2–1,4 m ⌀ des Grundkreises, mitunter auch mächtiger Sandring, Ki-Rasse; beide Rassen haben meist kein deutliches Straßensystem zum Nahrungserwerb; regelmäßig Koloniebildung mit laufendem Verkehr untereinander und zum Mutternest; ♂♂-Nester, schwach oder schattig gelegen (vorwiegend Fi-Wälder), ♀♀-Nester, stark und warmer Standort – (mit Überwiegen eines Geschlechts) – und gemischte Nester*	***Rote Waldameisen*** Kleine Rote Waldameise *(Fortsetzung)* 4–7 mm, Rücken rot mit ausgedehntem braunem Fleck, nachmal vereinzelt beborstet am Rücken des Brustabschnitts und an der Schuppe, Geschlechtstiere etwas größer mit glänzendem (Königin rundlichem, männliches Geschlechtstier länglichem) Gaster; *polygyn* und sehr volkreich, Arbeiterinnen der Fi-Rasse angriffslustiger, Hochzeitsflug je nach Klimagebiet und Witterungsverhältnissen von Mai bis Juni, mitunter als Hilfsameise bei Strunkameise (s. dort!); wichtigste Art zur künstlichen Vermehrung durch Nesterspaltung zur Niederhaltung von Schadinsekten.
ähnlich Kl. Rote Waldameise, Zweigkolonien möglich	Kleine Beborstete Waldameise (*Formica rufa* L.?) 4–7 mm, rotbraun mit meist ausgedehnter dunkler Tönung, deutlich abstehend beborstet; *polygyn*, relativ volkreich.
* S. auch vorher.	
steil, 0,5–1 m hoch, 1–2 m ⌀ des Grundkreises, Einzelnest, höchstens Saisonnest, meist kein deutliches Straßensystem	Große Rote Waldameise (*Formica rufa* L.) verbreitet in Laub- und Mischwäldern, seltener Nadelhölzer und dann feuchte, schattige Standorte; 6–9 mm, Rücken rot mit oder ohne schwarzbraunen Fleck; Hinterkopf nicht, Rücken reichlich und Schuppe mäßig abstehend beborstet; *monogyn* und daher weniger volkreich, unverträglich mit anderen Ameisenarten; Hochzeitsflug meist im Mai.
Haufennest ohne eingebauten Stock (Baumstrunk), 30–45 cm hoch, 1–1,5 m ⌀ des Grundkreises, schmale, tief eingesenkte oder auch unterirdisch verlaufende Straßen zu Lausbäumen, meist Einzelnester auf Wiesen, in Hecken und am Waldrand, Kolonien meist nur im Wald	Wiesenameise (*Formica pratensis* Retz. = *nigricans* Em.) offenes Gelände, mitunter in lückigen Kiefernwäldern; 4–9 mm, roter Rücken mit scharf abgegrenztem, dunkelbraunem oder schwarzem Fleck, Augen abstehend behaart (Rote Waldameisen kahl oder schwach anliegend behaart), Geschlechtstiere ähnlich Rote Waldameise, jedoch Gaster mattseidig und stark abstehend behaart; *mono-* bis *polygyn;* Geschlechtstiere während des ganzen Sommers.

Nest	Art, Biotop, morphologische und spezielle biologische Merkmale
ca. 35 cm hoch, 0,9–1,0 m $\varnothing$, feineres Nadelmaterial (vielfach Lärchenblüten), meist ohne Stock (Baumstrunk)	Rote Gebirgswaldameise (*Formica aquilonia* Yarr.) Hochgebirge des Alpengebiets (ab 800–2000 m NN), Skandinavien, England, Teile von Rußland und Asien; im allgemeinen kleiner und heller als vorgenannte Arten, Kopf weniger behaart, um die Augen nackt, Hinterwangen meist kurz- und feinbehaart, Brust meist unregelmäßig, mitunter der Rücken aber fast vollständig behaart, Schuppenkante ganz fein behaart, Außenseiten der Beine wenig behaart, oft Basis der Unterschenkel beborstet.
Haufennest flach oder hoch, über oder ohne Stock, grobes Material, große Kolonien	Dunkle Gebirgswaldameise (*Formica lugubris* Zett.) Hochgebirge, vor allem Alpengebiet (ab 800–2000 m NN), südlicher Schwarzwald, Teile von Rußland und Asien; meist größer und dunkler als vorgenannte Arten, Stirn aufrecht behaart, Wangen und Augenrand nackt, manchmal weniger stark behaart hinter den Augen, Hinterwangen lang behaart (bartartig), meist helle, dichte Flecken, Brust vollständig und ziemlich dick beborstet, Schuppe mit langer Randbehaarung und Beine an den Außenseiten besonders stark behaart; *mono-* und *polygyn.*
	Hilfsameisen (Sklaven) *Formica*-Arten mit abhängiger Koloniegründung und Amazonenameise.
Erdnest meist unter Steinen (Freifläche), Erd-Kuppelnest (Wald- und Wegrand)	Schwarzgraue Hilfsameise (*Formica fusca* L. = *Serviformica*) weit verbreitet, offenes Gelände, Garten, Wald- und Wegränder; 5–7 mm, Rücken schwarz bis schwarzbraun, matt, meist volkarm, vielfach als Sklave bei der Gr. Roten Waldameise, Strunkameise, Raubameise, Amazonenameise; Arbeiter sehr furchtsam.
Erdnest unter Steinen (Freifläche), Holznest in morschen Stöcken und Wurzeln (Wald)	Schwarzglänzende Hilfsameise (*Formica gagates* Latr. = *Serviformica*) offenes Gelände, Randgebiet von Laub- und Mischwald; frischere Böden; 5–7 mm, ähnlich voriger Art, jedoch Körper stark glänzend, gerundeter Hinterrücken (Seitenprofil); Sklave bei Raubameise, Amazonenameise; Arbeiter angriffslustig.

Nest	Art, Biotop, morphologische und spezielle biologische Merkmale
Erdnest mit meist vielen Verzweigungen, unter Steinen (auch Pflastersteinen in menschlichen Siedlungen), selten in Stöcken	Aschgraue Sandameise *(Formica cinerea* Mayr. = *Serviformica)* offenes Gelände oft an sandigen Flußufern, menschliche Siedlungen, trocken-sandige Waldstandorte; 5–7 mm, Körper mit dichtem grauem Seidenschimmer, hell beborstet.
Kuppelnest aus Torfmoos und Gras mit graugrüner (feucht) oder dünner watteähnlicher (trocken) Oberfläche, Holznest in lagerndem morschem Holz oder Stöcken	Schwarze Moorameise *(Formica picea* Nyl. = *Serviformica)* vorwiegend offenes Gelände, Moorboden; 4,4–6,5 mm, ähnlich *gagates*, jedoch Hinterrücken winkelig (Seitenprofil).
Erdnest meist unter Steinen, zuweilen kleinere Hügel zwischen Grasbüscheln	Rotbärtige Hilfsameise *(Formica rufibarbis* Fabr. = *Serviformica)* offenes Gelände, in Waldgebieten höchstens am Waldrand; 5–7 mm, Rücken rot, ähnlich Roter Waldameise, jedoch schlanker; Sklave bei Raubameise, Amazonenameise.
	Kl. Rote Waldameise (*Formica polyctena* Först.) s. dort! mitunter Sklave bei der Strunkameise.
meist kleineres und flacheres (gegenüber *rufa*-Gruppe) Kuppelnest aus fein zerbissenen Gräsern, 10–20 cm, selten bis 30 cm hoch, zuweilen Erdnest unter Steinen im Gebirge, Zweigkolonien möglich	Kerbameise (*Formica exsecta* Nyl.) in 2 Rassen *exsecta* und *pressilabris* lichte Wälder, bes. trockene Kiefernheiden mit Ginster *(exsecta)*, Wiesen, Hecken *(pressilabris)*, beide auch im Moor; 3,8–7,5 mm *(exsecta)*, 3,8–6,5 mm *(pressilabris)*, rot bis gelbrot, Kopf und Schuppe oben tief ausgebuchtet; oft volkreich, Geschlechtstiere Juni/Juli.
	Sklavenhalter Gr. Rote Waldameise (*Formica rufa* L.) s. dort! Vielfach Sklavenhalter von Hilfsameise (*Formica fusca* L.).
Haufennest an Stöcken, Wurzeln o. a. Holz, meist unregelmäßig, langgestreckt und in kleine Nebennester aufgeteilt, ziemlich flach, bei Mischung mit Kl. Roter Waldameise bis 30 cm hoch, auch Erdnester	Strunkameise (*Formica truncorum* Fabr.) stellenweise bes. im Mittelgebirge und in Moränengebieten, lichte Kiefernwälder; 4–9 mm, lebhaft rot, dicht abstehend behaart; mitunter Sklavenhalter von Kl. Roter Waldameise, Hilfsameisen; Geschlechtstiere während des ganzen Sommers.

Nest	Art, Biotop, morphologische und spezielle biologische Merkmale
Erdnest unter flachen Steinen an Waldrändern (gewöhnlich ohne Oberbau), Holznest in morschen Stöcken	Blutrote Raubameise (*Formica sanguinea* Latr.) bevorzugt trocken-sonnige Lagen am Waldrand und auf Lichtungen; 6–9 mm, rot, Vorderrand des Kopfschildes dreieckig ausgeschnitten bzw. eingebuchtet; überwiegend Sklavenhalter von *gagates* Latr. und *rufibarbis* Fabr., Geschlechtstiere Juni/Juli.

Teilweise schädlich als Blattlauszüchter, Hausbewohner, Krankheitsüberträger

	Gattung *Lasius:* klein (2–5 mm) zart, Geißelglied 1 des Fühlers am Ende birnenförmig verdickt, Stirnfeld undeutlich, Stirnaugen schwach ausgebildet oder fehlend (Gegensatz *Formica*!), ♀♀ gegenüber Arbeitern und ♂♂ relativ groß, Geschlechtstiere vom Sommer bis Herbst, Schwarmbildung.
Kartonnest in hohlen Bäumen, morschen Stöcken, mitunter in die Erde verlaufend, schmale Straßen zu Lauskolonien, Zweigkolonien möglich	Glänzendschwarze Holzameise (*Lasius fuliginosus* L.) überall häufig; 4–5 mm, tiefschwarz, stark glänzend, unbehaart; Sklavenhalter, angriffslustig, sehr volkreiche Kolonien; Hochzeitsflug Juni/Juli.
Erdkuppelnest an feuchten, vergrasten Wald- und Wegrändern, auf trockeneren und lichteren Stellen auch unter Steinen, gelegentlich Holznest im morschen Holz oder unter Rinde, häufig lange, gedeckte Straßen zu Lauskolonien	Schwarze Wegameise (*Lasius niger* L.) in 2 Rassen *niger* L. und *alienus* Foerst.; überall häufig *(niger)*, bevorzugt trockenere Standorte *(alienus)*, Garten, menschliche Siedlungen, Feld, Wiese, Wald von der Ebene bis zum Gebirge; 3–4 mm, dunkelbraun, Fühlerschaft und Schienen abstehend behaart *(niger)*; 2,5–4 mm, heller gefärbt, Fühlerschaft und Schienen spärlich und kurz behaart *(alienus)*; ♀♀ bedeutend größer als Arbeiter und ♂♂; Hochzeitsflug Juli/August; wegen Blattlauszucht äußerst lästig im Garten.
Erdkuppelnest oft dicht nebeneinander, meist größer als Maulwurfshügel, keine Öffnungen in der Nestkuppel	Gelbe Wiesenameise (*Lasius flavus* Fabr.) feuchte Wiesen, Straßenränder; 2–4 mm, einfarbig gelb bis hellbraun, niedrige und oben fast breitere Schuppe; Sklavenhalter; vorwiegend unterirdische Wurzellauszucht; Hochzeitsflug Juli bis Oktober.

Nest	Art, Biotop, morphologische und spezielle biologische Merkmale
Holznest in ganz oder tw abgestorbenen Bäumen oder deren Rinde *(brunneus)* und hauptsächlich in verbautem Holz, Mauerspalten und Erde *(emarginatus)*; bei starkem Befall im Hausgebälk (Dachstuhl, Fußboden) Einsturzgefahr!	Rotrückige Hausameise (*Lasius emarginatus* Latr. und *brunneus* Latr.) 3–4 mm, Rücken gelbrot, Fühlerschaft und Schienen abstehend behaart *(emarginatus)*, 2,5–4 mm, Rücken braungelb, Fühlerschaft und Schienen nicht abstehend behaart *(brunneus)*; Hochzeitsflug Juli/August; sehr unangenehm als Hausbewohner, vor allem in Speisekammern und anderen Vorratsräumen mit zuckerhaltigen Nahrungsmitteln, auch Überträger von Krankheiten (Krankenhaus!).

*Gegenmaßnahmen**

Im Freiland gegen Blattlauszucht: Verhinderung des Baumbesuchs durch Leimring, Kreidestrich, Nestzerstörung durch Übergießen mit kochend-heißem Wasser (mehrmals) oder Eingießen von (50–60 cm³) Schwefelkohlenstoff in ein Nestloch mit sofortigem Verschluß (keine brennende oder warme Gegenstände benutzen, da Schwefelkohlenstoff äußerst explosiv!) s. auch Ameisen-Streu- und Gießmittel (PV);

im Haus aus hygienischen Gründen: verdecktes Auslegen von Ködern, z.B. Pottasche-Köder (1 Teil Pottaschelösung 10%, 1 Teil Honig – ungiftig), mit Honigwasser oder Sirup getränkte Schwämme in entsprechenden Zeitabständen in heißes Wasser werfen, Ameisensirup (käufliche Präparate z.B. Delicia Ameisenpräparat) nach Anweisung des Herstellers, Verschließen von Fugen und Eingangslöchern durch entsprechende Mittel (z.B. Molto Fill); sehr sorgfältiges Auslegen giftiger Präparate zur Verhütung von Gefahren für Kinder und Haustiere!

Technische und physiologische Holzschädlinge

Nest und Schaden	Gattung bzw. Art
	Gattung **Camponotus:** in Europa nur 6 Arten, sonst weltweit mit etwa 1000 Formen, größte europäische Ameisen (Arbeiter bis 14 mm, Königin bis 18 mm).
Holznest vor allem in stehendem, gesundem (den Jahrringen folgend) und kränkelndem, anbrüchigem (unregelmäßiges Gang- und Kammersystem) Nadelholz bis zu 10 m Stammhöhe im Kernholz verlaufend,	**Roßameisen** *Camponotus herculeanus* L.) vorwiegend Mittel- und Hochgebirge, nördliche Gebiete, feuchte Fichtenwälder;

---

* Erwähnt wird von IBN AL-ALWWAM (12. Jh. aus alten Schriften vermutlich 5. und 6. Jh. v. Chr.) von Babylon, daß Ameisen durch artspezifische Körperstoffe vertrieben werden können (BRAUN 1965); RATZEBURG (Die Forst-Insecten, Bd. III) empfiehlt, „stinkende und todte Fische oder Petersilie in der Nähe ihrer Nester" einzugraben oder im Hause „die Löcher mit durch Coloquinthen-Abkochung bitter gemachtem Kalk" zu verschmieren;
aus eigener Erfahrung nützt gegen Hausameisen vorübergehend das Auslegen angeschimmelter Zitronen (z.B. Speisekammer).

Nest und Schaden	Gattung bzw. Art
Auswurf von weißen Nagespänen, Specht-einhiebe (vorwiegend Schwarzspecht) *(Abb. 217a);* schädlich besonders an Fi, Ta, Ki, selten Lh durch technische Holzent-wertung und Windbruch, auch in ver-bautem Holz (Hütten im Gebirge), Anbei-ßen von Knospen und frischen Trieben, von Ei	***Roßameisen*** *(Fortsetzung)* 6–12 mm, rotbraun, Vorderfläche des 1. Gaster-segments überwiegend schwarz, höchstens an Stielcheneinlenkung rotbraun, Gaster matt und dicht behaart *(Abb. 217b);* ganzjährig geflügelte Geschlechtstiere, Schlüpfen im Spätsommer mit Überwinterung und Hochzeitsflug Ende Mai, Anfang Juni.
überwiegend gemischtes Erd-Holznest in Anlehnung an Stöcke, Wurzeln und morsches Holz, sonst ähnliche Bauweise und ähnlicher Schaden	*(Camponotus ligniperda* Latr.) Ebene und Hügelland, trockene Kiefernwälder auf Sandboden; 7–14 mm, rotbraun (auch Vorderfläche des 1. Ga-stersegments), Gaster ziemlich glänzend und weniger dicht behaart; biologische Merkmale w. v.

Daneben weniger bedeutsame Arten wie *lateralis* Oliv., *fallax* Nyl. = *marginatus* Rog., *aethops* Latr., *vagus* Scop. = *pubescens* F. als Holzbewohner sehr warmer Standorte.

Gegenmaßnahmen

Am stehenden Holz: im allgemeinen wegen sporadischen Befalls nicht nötig!
Bei vermehrtem Auftreten: Aushieb und rasche Abfuhr (Ameisen arbeiten weiter im gefällten Material), Injektion von Stämmen und Stöcken mit Insektiziden (PV) bes. vor der Schwarmzeit.
An verbautem Holz (z.B. Hütten): bei fortgeschrittenem Befall Balken auswechseln und ver-brennen, angrenzendes Holz oder Erdreich bzw. entsprechenden Untergrund vergasen (durch Holzschutzfirma) oder mit insektenwidrigen Holzschutzmitteln (HV) behandeln; sonst Bohr-lochinjektion mit Holzschutzmitteln (s. Hausbock!).

Knotenameisen *(Myrmicinae)*

Hinterleibsstielchen aus 2 knotenförmigen Gliedern, Giftstachel.

Überwiegend schädlich als Blattlauszüchter, Hausbewohner, Krankheitsüberträger

Nest	Art, Biotop, morphologische und spezielle biologische Merkmale
	Gattung *Myrmica:* mittelgroß, Fühler 12gliedrig, gekämmte Sporne *(Abb. 90b)* an Mittel- und Hin-terbeinen, einheimische Arten ziemlich übereinstim-mend gelb oder rotbraun;
Erdnest unter Steinen, mitunter auch Erdkrater oder Erdkuppel	***Rote Knotenameisen*** *(Myrmica rubida* Latr.) bevorzugt trockene Lagen (Heide); 5–9 mm, größte einheimische Art, Hinterrücken ohne Dornen (höchstens kleine Zähnchen); sehr schmerzhafter Stich, auch für den Menschen; Hochzeitsflug Mai bis September.

Abb. 217. Roßameise

(a) Spechteinhiebe in einer von Roßameisen bewohnten Fichte (W. ROHDICH)

(b) Arbeiterin [6–12 mm] (W. ROHDICH)

Abb. 217.(c) Holznest im Fichtenstamm

links: Längsschnitt (J. SCHÜLE)

rechts: Querschnitt (J. REISCH)

Abb. 218. Deutsche Wespe mit Fliegenbeute, soziale Art [13–16 mm] (H. PFLETSCHINGER)

Abb. 219. Gartenhummel, Arbeiterin beim Blütenbesuch [13–20 mm] (B. SOUKUP)

Nest	Art, Biotop, morphologische und spezielle biologische Merkmale
Erdnest überwiegend ohne Kuppel unter Steinen, auch in morschem Holz	(*Myrmica ruginodes* Nyl.) bevorzugt trockene Standorte im Wald und offenen Gelände; 4,5–5,5 mm, Hinterrücken mit langen Dornen, dazwischen quergestreift; Hochzeitsflug Juli bis September.
w.v.	(*Myrmica laevinodis* Nyl.) bevorzugt feuchte Standorte im Wald und offenen Gelände; 3,5–5 mm, Hinterrücken mit kurzen, breit ansetzenden Dornen; Hochzeitsflug w.v.
Erdnest unter Steinen, mitunter in zerfressenen Kiefernstangen	(*Myrmica scabrinodis* Nyl.) bes. trockene Kiefernheiden; 3,5–5 mm, Basis des Fühlerschafts geknickt, mit oder ohne lappenartigen Fortsatz, Hinterrücken mit Dornen, dazwischen quergestreift; Geschlechtstiere im Spätsommer.
Erdnest unter Steinen, im Gras, auch morschen Holz an Weg- und Waldrändern, Erdkuppelnest meist in feuchteren, schattigen Lagen, im Gebirge mitunter in Felsspalten	Gattung *Tetramorium:* bei uns nur 1 Art; Rasenameise (*Tetramorium caespitum* L.) überall in Europa, offenes Gelände, Gärten, Wege, Nadel- und Mischwald sowie auch feuchter Buchenwald; 2,5–3,5 mm, ♀ 6–8 mm, braun bis schwarzbraun, Hinterleib glatt und glänzend; sehr angriffslustig, geflügelte Geschlechtstiere Juni/Juli; mitunter lästiger Hausbewohner in Vorratsräumen und Blumentöpfen.
im Mauer- und Holzwerk von Häusern	Gattung *Monomorium:* bei uns nur eine aus Asien eingeschleppte Art; Pharaoameise (*Monomorium pharaonis* L.) menschliche Siedlungen, vor allem Städte; 2–2,5 mm, rotgelb mit dunklerem Hinterleibsende; sehr lästiger Hausbewohner, vor allem auch als Krankheitsüberträger (Krankenhaus!).

Gegenmaßnahmen: s. unter *Lasius*!

Wespen im weiteren Sinn *(Vespoidea)*

Systematisch heute vielfach in mehrere Überfamilien gegliedert, hier jedoch aus ökologischen Gründen einheitlich behandelt.

Solitäre (einsame) Lebensweise

Larven als Insektenparasiten

Goldwespen (Chrysididae)

Ca. 2000 Arten; klein bis mittelgroß, schön metallisch gefärbt (rot, grün, blau), kurzgestielter Hinterleib mit fernrohrartig eingestülpten letzten Segmenten (♀ mit reduziertem Giftstachel) und ausgehöhlter Bauchseite zum vollständigen Zusammenrollen gegen Angreifer (starker Chitinpanzer) und zum Ruhen in Verstecken; Sonnentiere mit Ernährung von Blütennektar und bevorzugt von Blattlaushonig; Einschmuggeln ihrer Eier nach Art der Kuckucksbienen in Nester von solitären Bienen, Wespen und Grabwespen; Larven reine Fleischfresser, zunächst von Eiern und Larven des Wirts, später auch deren Nahrungsvorräte; sandige Gebiete, Lehmwände; FZ Mai bis Juli, vielfach doppelte Gen.

Wirt	Wichtige Arten
Grabwespen (*Philanthus*, *Trypoxylon*), Faltenwespen (*Odynerus*, *Eumenes*), Bienen (*Osmia*, *Eriades*)	Feuergoldwespe (*Chrysis ignita* L.), 4–14 mm, Hinterleib rot, Kopf und Brust grün *(Abb. 221 b)*.
Grabwespen (*Trypoxylon*), Faltenwespen (*Odynerus*), Bienen (*Eriades*)	*Chrysis cyanea* L., 5–6 mm, blau.

Cleptidae

Ca. 40 Arten; ähnlich Goldwespen bunt metallisch, jedoch ohne ausgehöhlte Bauchseite und mit halsartiger Vorderbrust; Larven einheimischer Arten parasitisch an Blattwespenbrut; meist selten.

Wirt	Wichtige Arten
Blattwespen (vor allem *Pteronidea ribesii* Scop. = *Nematus*)	Halbgoldene Diebswespe (*Cleptes semiauratus* L.), 4–7 mm, Vorderteil grün (♂), golden (♀), Hinterleibsrücken vorne gelb, hinten schwarz.

Dolchwespen (Scoliidae)

Über 1000 Arten hauptsächlich in den Tropen, bei uns nur wenige Arten; mittelgroß (10–20 mm), auch groß (bis 60 mm), lebhaft gefärbt, spärliche Beborstung, Beine haarig und stachelig; zur Eiablage graben ♀♀ sich in die Erde und legen Eier an, zuvor durch Stich gelähmte, Käferlarven, bes. Engerlinge.

Wirt	Wichtige Arten
Larven	
Brachkäfer (*Rhizotrogus*, *Amphimallon*; Scarab.)	*Scolia hirta* Schrk., 20 mm, Hinterleib gelb gebändert.
Nashornkäfer (*Oryctes*; Dyn.)	Rotstirnige Dolchwespe (*Scolia maculata* Drury. = *flavifrons*), 20–26 mm.

Abb. 220. Mauerwespe
(Eumeninae)
(H. PFLETSCHINGER)

(a) Eintragen einer
gelähmten Larve
[ca. 11–15 mm]

(b) Brut-Vorratskam-
mer mit gelähmten
Beutetieren

(c) Larve (im Bild hell
und groß) ernährt sich
von den gelähmten
Beutetieren

336

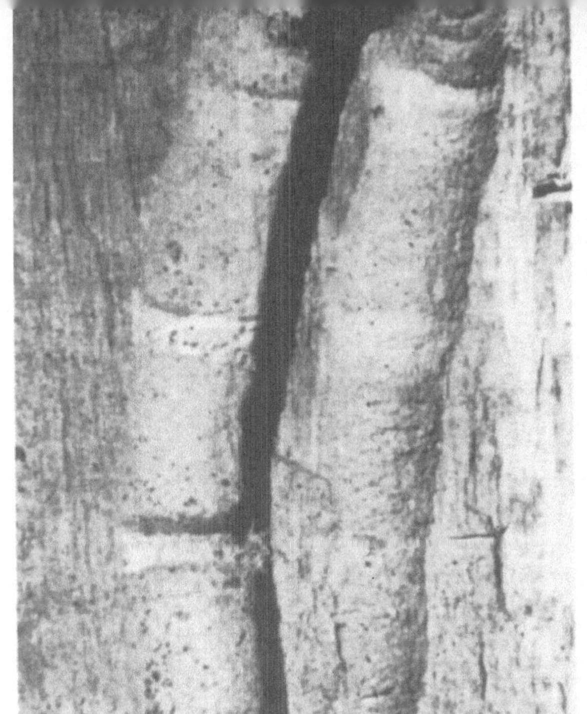

Abb. 221.(a) Brut-
zellen der Holzbiene im
Eichenholz [Zelle
15–16 mm lang;
12 mm breit]
(J. Reisch)

(b) Feuergoldwespe
(Chrysis ignita), ein
Schmarotzer nach Art
der Kuckucksbienen
[6–12 mm]
(H. Schrempp)

Abb. 222.(a) Knoten-
wespe *(Cerceris
arenaria)*, ein eifriger
Rüßlerjäger (bes.
Brachyderes incanus)
[8–15 mm] (G. Olberg)

Abb. 222.(b) Silber-
mundwespe *(Crabro
spec.)*, ein Dipteren-
jäger [9–20 mm]
(H. Schrempp)

Abb. 222.(c) Gem.
Sandwespe *(Ammophila
sabulosa)*, ein Raupen-
jäger [14–24 mm]
(G. Olberg)

Rollwespen (Tiphiidae)

Bei uns nur wenige Arten; ähnlich Dolchwespen, jedoch kleiner und einfarbig schwarzer Hinterleib; Sonnentiere, Blütenbesucher (bes. Doldengewächse); Eiablage an, zuvor durch Stich gelähmte, Engerlinge, die dann von den schlüpfenden Wespenlarven gefressen werden;

in Nordamerika (Illinois) zur biologischen Bekämpfung der dortigen Maikäfer-Engerlinge eingesetzt (DAVIS, JOHN, J. [1919] aus ESCHERICH [1942]), evtl. auch in Europa durch einzuführende, geeignete Arten bedeutsam.

Wirt	Art
Engerling vom Junikäfer *(Amphimallon solstitiale = Rhizotrogus)*, auch andere Käfer, z.B. Dungkäfer	Rotschenkelige Rollwespe *(Tiphia femorata* F.) 7–14 mm, schwarz, Beine tw rot; Larvenzeit ca. 3 Wochen.

Vollkerfe als Insektenräuber zur Brutfürsorge bzw. -pflege

Grabwespen (Sphecidae = Sphegidae)

Ca. 5000 Arten, bei uns etwa 150 Arten; klein bis groß (2–50 mm), vielgestaltig, Vorderbrust nicht an die Flügelwurzel heranreichend, kahl und wespenartig; sehr lebhafte Sonnentiere (bes. am Boden) mit Blütenbesuch und Insektenjagd; mehr oder weniger ausgeprägter Brutinstinkt (Eiablage an eingeschleppte, zuvor durch Stich gelähmte Beutetiere bzw. auch an Nahrungsvorräte, laufende Futterversorgung) mit Brutzellen in der Erde, in Pflanzenstengeln und morschem Holz (auch unter Benutzung von Fraßgängen von Holzinsekten); von einzelnen Gruppen bevorzugte Beutetiere, wie Fliegen, Käfer (Rüßler, Prachtkäfer) und Bienen, Heuschrecken und Blattwanzen, Zikaden, Pflanzenläuse, Spinnen; tw sehr bedeutsam als Regler des biologischen Gleichgewichts.

Beutetier	Wichtige Arten bzw. Gattungen
	Knotenwespen (*Cerceris* Ltr.), ca. 20 Arten in Mitteleuropa; knotige oder wulstige Hinterleibsringe, schwarz-gelb gebändert; meist kolonieweise Neströhren im Sand (bes. an Wegrändern).
Rüsselkäfer *(Curculionidae)*	*Cerceris arenaria* L. *(Abb. 222a),* 8–15 mm; *C. ruficornis* Fabr. = *labiata)*, 8–13 mm; *C. tuberculata* Vill., S-Europa, 18–22 mm, rostrote Beine und Fühler.
Prachtkäfer *(Buprestidae)*	*Cerceris bupresticida* Duf., 12–15 mm.
Zweiflügler *(Diptera)*	Silbermundwespen (*Crabro* L.) *(Abb. 222b)* 9–20 mm, schwarz-gelb gebändert; in Brutzellen zuweilen zu mehreren Arten am gleichen Entwicklungsort (altes Holz, faule Stämme, Balken, Bretter, markreiche Pflanzenteile wie Holunder, Brombeere u.a.), Fliegenreste als Pfropf am Grunde des birnenförmigen K der Ruhelarve in der Brutzelle. Sandwespen (*Ammophila* Kirb.) große, schlanke Formen mit zweigliedrigem, dünnem Hinterleibsstiel und kolbenförmigem Hinterleib, lange Beine.

Beutetier	Wichtige Arten bzw. Gattungen
Raupen (Eulen *[Noctuidae]*, Schwärmer *[Sphingidae]* u. a.), Afterraupen *(Abb. 222 c)*	Gemeine Sandwespe (*Ammophila sabulosa* L.) sandige Gebiete an Wald- und Wegrändern (Kiefernbestände); 14–24 mm, braun, Flanken der Brust (♀), Kopfschild (♂) silberweiß; Eiablage an eingeschleppte, gelähmte Beutetiere, die von der schlüpfenden L lebend verzehrt werden; stetiger Regler des biologischen Gleichgewichts bei Gradationen der Forleule und in der Latenz.
Bienen (Honigbiene und solitäre Arten); z. T. erheblicher Verlust für die Imkerei (500–700 ♀♀ vernichten einen Stock mit 40000 Bienen)	*Philanthus* Ltr. (nur eine einheimische Art häufiger) ***Bienenwolf*** (*Philanthus triangulum* F.) bis 17 mm, wespenähnlich, jedoch Vfl in Ruhestellung nicht faltbar; Gen. 1jährig, FZ Juli bis Mitte August, Eiablage einzeln je Brutkammer mit 3–6 Bienen, L verzehrt eingeschleppte Beute, verspinnt sich im sehr dichten, flaschenförmigen Gespinst an der Höhlenwand; Verpuppung Mai/Juni; Jagd in der Luft oder auf der Trachtpflanze auf Bienen, die gewandt überwältigt, durch einen Stich gelähmt und ins Nest eingetragen werden; Nester in sonniger, windgeschützter Lage in sandigen Böden, auch reinen Kalkböden, zwischen Pflastersteinen, an Grundmauern, auf Industriehalden, in Form von flachen Erdhäufchen (Untertassengröße) mit seitlichem, bleistiftstarkem Schlupfloch. *Gegenmaßnahmen:* Nistplätze 8–10 cm hoch übererden und anwalzen, Mauerwerk verfugen, Pflaster u. dgl. überteeren bzw. ausgießen.

Teilweise solitär (einsam) – teilweise sozial (gesellig) und staatenbildend

Insektenräuber und (Papierwespen) Pflanzenfresser

Faltenwespen, Echte Wespen *(Vespidae)*

Über 80 Arten in Mitteleuropa; mittelgroß bis groß (5–50 mm), meist schwarz-gelb gefärbt, im Ruhestand längsgefaltete Vorderflügel, kräftiger Stechapparat; Larven weiß, beinlos mit deutlich abgesetztem Kopf, in Zellen.

Lebensweise

Solitär: Nestbau (Lehm, Mörtel) durch einzelnes ♀ ein- oder mehrzellig in Mauerritzen, Erde, hohlen Pflanzenstengeln, trockenem Holz oder an Pflanzenteilen und Brettern (Lehm- oder Glockenwespen, Mauerwespen), oder sozial: in zeitlich beschränkten Staaten mit Geschlechtstier- und Arbeiterkaste (♀♀ mit voll entwickeltem Geschlechtsapparat im Gegensatz zu Ameisenarbeiterinnen) in teilweise umfangreichen Kartonnestern (zerkaute Pflanzenteile mit Speicheldrüsensekret verleimt) mit Waben (Feldwespen, Papierwespen); Ernährung durch Pflanzensäfte und Fleischkost; Larvenfütterung mit zerkauten Insekten u. a. durch Arbeiter; Aussterben des ganzen Volkes im Herbst mit Ausnahme der, in Verstecken (z. B. Nisthöhlen u. dgl.) überwinternden, jungen befruchteten ♀♀ zur Neugründung von Staaten im Frühjahr (Gegensatz zu Bienen und Ameisen!). Forstlich durch Insektenvertilgung überwiegend nützlich, teilweise auch schädlich durch Schälen von junger, saftreicher Rinde und Besetzung von für Höhlenbrüter vorgesehene Nisthilfen (Gegenmaßnahmen s. unter *Vespa*-Arten! *(Abb. 259b)*).

Beutetier bzw. Schaden	Wichtige Arten bzw. Gattungen
	Solitäre Arten
Raupen, bes. Eulen *(Noctuidae)* und Afterraupen	Lehm- oder Glockenwespen (*Eumenes* F.), 10 europäische Arten; 2. Hinterleibsring glockenartig am trichterförmigen 1. Ring; hasel- bis walnußgroßes Lehmnest an Zweigen, Planken und Wänden, auch zwischen Kiefernnadeln;
	Eumenes coarctatus L., 11–14 mm, ziemlich gelb gezeichnet, Brust fast kugelig, Nest einkammerig; *E. arbustorum* Pz., mehr südlich, 15–18 mm, ähnlich voriger, jedoch Brust deutlich länger, Nest 4–6-kammerig.
	Mauerwespen (*Odynerus* u. a. Gattungen), zahlreiche einheimische Arten; Hinterleib anhängend, ungestielt, Abschnürung zwischen 1. und 2. Ring; Nester in Mauern, Pfosten, bevorzugt in steilen Lehmwänden und trockenen Brombeerstengeln mit anhängender, nach unten gebogener und später wieder abbrechender Eingangsröhre *(Abb. 220a-c)*.
Käferlarven *(Col.)*, Raupen, bes. Wickler *(Tortricidae)*, Afterraupen und auch Fliegen *(Dipt.)*	*Ancistrocerus parietinus* L. = *Odynerus*, 11–15 mm, Hinterleib mit 6 gelben Binden, gestreckte Brust; *Hoplomerus spinipes* L. = *Odynerus*, verbreitet und sehr häufig, 10–12 mm, Hinterleibsbinden gelb bis weißlich, Kopf dicht schwarz behaart, große Kolonien in der Erde mit eleganter, kaminartiger Röhre vor dem Nesteingang. *Hoplomerus reniformis* Gmel., 10–12 mm, Kopf und Brust dunkel rotbraun behaart, Hinterleibsbinden ziemlich breit.
	Soziale Arten (einjährige Staaten)
	Papierwespen (*Vespa* u. a. Gattungen), bei uns 9 Arten; Hinterleib und Hinterrücken durch tiefe Spalte (senkrecht abgestutzt) getrennt; tw umfangreiche Kartonnester aus horizontal übereinanderliegenden Waben mit mehrfacher Papierhülle (zerkaute Pflanzenstoffe mit Speichelsekret verklebt) und Schlupflöchern, Nestanlage im Frühjahr von überwinterten, befruchteten Königinnen, zunächst walnußgroß, späterhin kopfgroß, an Balken, in Dachsparren u. a., in hohlen Bäumen und in Erdhöhlen; Volkreichtum innerhalb des Sommers auf beträchtliche Stärke (ca. 25000 Wespen) anwachsend; nützlich durch Vertilgung von Schad-

Beutetier bzw. Schaden	Wichtige Arten bzw. Gattungen
	Papierwespen *(Fortsetzung)* insekten (vor allem auch Larvenfutter) *(Abb. 218)*, Beseitigung von Abfall (Tierleichen bzw. Teile davon, Obstreste u. a.), schädlich durch Anfressen von Obst (am Baum, in Vorratsräumen), Schälen von Rinde verschiedener Holzarten und unangenehm durch schmerzhaften Stich sowie laufende Belästigung bei Mahlzeiten.
Fliegen *(Dipt.)*, Schmetterlinge *(Lepid.)*, Libellen *(Odonata)* u. a. (im Fluge und am Boden bzw. an dessem Bewuchs); Schälen von meist jungen Stämmchen zur Gewinnung von Saft und Nestmaterial bes. im Juni und Juli (Es, Erl, Li, Bi, Wei, Pa, Flieder, auch Ei, Rka und Lä), bei umfassender Ringelung Absterben, Ausbrechen der Wipfelpartie (Erl, Lä) oder Zwieselwuchs bzw. Kronenverbuschung; *Differentialdiagnose:* Nagerschäden mit parallelen Zahnspuren (z. B. Bilche) *(Abb. 317),* bei Hornissen unregelmäßiger Platzfraß und Bastfasern an den Wundrändern (trotzdem schwierig und nur bei frischem Material unterscheidbar!)	***Hornisse*** (*Vespa crabro* L.) Europa, nach Amerika eingeschleppt; heute stellenweise selten; Arbeiter 19–23 mm, ♀ 26–35 mm, ♂ 21–28 mm, größte einheimische Art, schwarz-gelb gefärbt, Brust rotbraun, Kopf nach hinten stark erweitert; Koloniengründung durch eine überwinterte, befruchtete Königin, die auch die Brut versorgt, spätere Unterstützung durch unbefruchtet bleibende Arbeiter *(Fühler, Figur 41).*

Gegenmaßnahmen (auch für folgende Arten)

Zerstörung der Nester an kühlen Tagen bzw. Tageszeiten (am besten frühmorgens) durch Abstoßen in Eimer mit kochendheißem Wasser oder Überbrühen; Abbrennen mit Lötlampe oder Fackel; Ausräuchern von Erdnestern mit Schwefel, Schwefelkohlenstoff (explosiv!); Abfangen mit Honigwasser, Sirup, Süßweinresten, Fruchtsäften in langhalsigen Flaschen; Nisthöhlen im Herbst reinigen, insbesondere die überwinternden Königinnen abtöten (Vorsicht!); im Obstbau wird das Einhüllen der Früchte mit Tüten empfohlen; chemische Insektizide führen wegen fehlender Sofortwirkung meist zu gefährlichen Wutausbrüchen der Hornissen!

Beutetier	Weitere Arten
Insekten bzw. deren Stadien, auch Borkenkäfer *(Ipidae)*, bes. bei Massenvermehrungen *(Abb. 218)*	Deutsche Wespe (*Paravespula germanica* F. = *Vespa*), Gemeine Wespe (*Paravespula vulgaris* L. = *Vespa*); beide Arten mit Erdnestern; Mittlere Wespe (*Dolichovespula media* DeG. = *Vespa*) mit freihängendem Nest an Zweigen; Waldwespe (*Dolichovespula sylvestris* Scop. = *Vespa*) mit oberirdischem Nest meist an Balken u. a.; Sächsische Wespe (*Dolichovespula saxonica* F. = *Vespa*) mit kleinem, grauem Nest, vielfach in Häusern und Hütten.

Nützlich zur Blütenbestäubung (Blattschneiderbienen durch Blattschnitt mitunter schädlich)

Bienen, Blumenwespen *(Apidae)*

Ca. 20000 Arten, davon etwa 600 einheimisch; systematisch heute vielfach in mehrere Familien gegliedert, hier jedoch einheitlich behandelt;
mittelgroß bis groß (2–30 mm), Körperbau ganz dem Blütenbesuch angepaßt, hochspezialisierte leckend-saugende Mundwerkzeuge (Mittel- und Hinterkiefer) zur Aufnahme von Flüssigkeiten wie Nektar, Honigtau, Fruchtsäften und Wasser, Vorderkieferzangen hauptsächlich zum Wohnungsbau und weniger zum Nahrungserwerb; dicht und oft pelzig behaart; nicht schmarotzende Formen haben, außer Maskenbienen, besondere Einrichtungen zum Abkämmen und Sammeln von Blütenstaub (Pollen) an den Hinterbeinen. Daneben unterscheidet man:

Beinsammler, und zwar mit Sammelhaaren von der Hüfte bis zur Ferse* (Schenkelsammler, z. B. Erd- oder Sandbiene) oder beschränkt auf Schiene und Ferse (Schienensammler, z. B. Pelzbiene) oder mit Körbchen als ausgehöhlte, mit steifen, gekrümmten Haaren umgebene Außenseite der Hinterschiene zum Ansammeln und Heimtransport honigdurchtränkter Pollenklümpchen, den sog. Höschen (Körbchensammler, Honigbiene und Hummel) *(Figur 5 e-f)*.

Bauchsammler mit an der Bauchseite reihenweise, in Art einer Haarbürste, angeordneten Sammelhaaren (Blattschneiderbiene, Mörtelbiene);

Brutschmarotzer (Schmarotzerbienen, Schmarotzerhummeln) ohne Sammelapparat;

nicht faltbare Vorderflügel, Wehrstachel mit Giftblase fast stets gut entwickelt (Ausnahme stachellose Bienen *[Meliponinae]*); Larven fußlos mit deutlichem Kopf, in besonderen Brutzellen.

Lebensweise

Solitär (einsam): alleiniger Zellenbau für die Brut in Erdhöhlen, altem Mauer- und Holzwerk, bzw. morschen Bäumen, Pflanzenstengeln o.a. und alleinige Brutpflege durch ♀ (Maskenbiene, Sand- oder Erdbiene, Furchen- oder Schmalbiene, Holzbiene, Pelzbiene, Mauerbiene, Blattschneiderbiene, Mörtelbiene, Wollbiene) oder schmarotzend in Nestern von Wirtsbienen und damit ohne Eigenheim und ohne Versorgung der Brut nach dem Schlüpfen (Kuckucksbienen);

sozial (gesellig): teilweise hochentwickeltes Staatenleben mit entsprechender Organisation und Arbeitsteilung (Königin oder Weisel zum Eierlegen, Arbeiterinnen [geschlechtlich verkümmerte ♀♀] zum Haushalt, männliche Geschlechtstiere zur Lieferung des Samenvorrats für die Königin, zur Ei-Befruchtung für weiblichen Nachwuchs wie Königin und Arbeiterin [Hummel- außer Schmarotzerhummel und Honigbiene]).

Bedeutung: Sehr wichtig für die auf Fremdbestäubung angewiesenen Blütenpflanzen (ca. 80% unserer einheimischen Flora Insektenblütler); die Honigbiene ist zusätzlich Lieferant von Honig, Kerzenwachs und Bienengift (Arzneimittel, z.B. gegen Gicht).

---

* Ferse = verlängertes Basalglied des Fußes *(Tarsus)*.

Nest	Wichtige Arten bzw. Gattungen

Solitäre Arten

Urbienen

Maskenbiene *(Hylaeus* L. = *Prosopis)*
klein, Gesichtsmaske und auch am sonst schwarzen Körper weiß gezeichnet; ohne Sammelapparat (Mundsammler), Versorgung der L mit Futterbrei aus aufgenommenen Pollen und Nektar).

in alten Balken, Türen, Pfosten, hohlen Pflanzenstengeln, Lehmmauern (gelegentlich schädlich)	*Hylaeus annulata* L. = *Prosopis* 5,5–6,5 mm.

Beinsammler

lange Gangröhren mit hintereinander geschalteten Brutzellen in trockenem, verbautem Holz, in morschen Bäumen und Ästen *(Abb. 221 a)*	Holzbiene *(Xylocopa* Ltr.) Ca. 300 meist tropische Arten, bei uns nur wenige Arten in wärmeren Gebieten (Rhein, Main); hummelartig mit stahlblauen Flügeln, weltgrößte Biene, enorm verlängerter Mittelfuß von etwa Schienengröße.

Blaue Holzbiene *(Xylocopa violacea* L.)
20–28 mm, blauschwarz; ♂ und ♀ überwintern, Flug ab frühem Frühjahr.

Bauchsammler (reihenweise angeordnete Sammelhaare am Bauch)

fingerhutartige, hintereinander gereihte Brutzellen aus zerschnittenen und verbauten Blättern (tw schädlich!)	Blattschneiderbiene (*Megachile* Ltr.) Ca. 1000 Arten, davon 140 paläarktisch; schwarz, Fransenbinden an den Segmenträndern, Hinterleib abgeflacht; runder oder ovaler Blattschnitt an verschiedenen Gewächsen (Flieder, Rosen, Pappeln u. a.) zum Zellenbau.

Gemeine Blattschneiderbiene (*Megachile centuncularis* L.),
9–12 mm, schwarz, gelbbraun behaart mit rotbrauner Sammelbürste, Schnitt an Rosenblättern; *M. circumcincta* K.,
11–12 mm, Schnitt an Birkenblättern; *M. analis* Nyl.,
11–13 mm, Schnitt an Birken- und Eichenblättern; *M. maritima* K., ca. 16 mm, Schnitt an Fliederblättern.

Schmarotzerbienen (Kuckucksbienen)
Ohne Sammelapparat, fehlender Nestbau- und Pflegetrieb, keine Arbeiterinnen; ♀ dieser Arten (aus verschiedensten Gattungen) schmuggelt jeweils ein Ei neben ein Wirtsei in fast fertiggestellte Brutzellen meist nahe verwandter Sammelbienen, dessen spätere Entwicklung der Schmarotzerlarve den „Löwenanteil" der dort aufgespeicherten Nahrungsvorräte garantiert (s. Goldwespen!). Die wespenähnlichen, lebhaft bunt gefärbten Wespenbienen *(Nomada)* schmarotzen bei Sandbienen *(Andrena)*, die kleinen, fast kahlen, meist schwarzen, am Hinterleib roten Buckel- oder Blutbienen *(Sphecodes)* bei Schmalbienen *(Halictus)*, mitunter auch bei Sandbienen

Nest	Wichtige Arten bzw. Gattungen
	Schmarotzerbienen (Fortsetzung) *(Andrena)* und Seidenbienen *(Colletes)*, die abstehend dicht behaarten, weißgefleckten Trauerbienen *(Melecta)* bei Pelzbienen *(Anthophora)*, die Kegelbienen *(Coelioxys)* mit kegelförmig zugespitztem Hinterleib bei Blattschneiderbienen *(Megachile)* und Pelzbienen *(Anthophora)*, die 5–8 mm große Düsterbiene *(Stelis nasuta* Latr.) bei der Mörtelbiene *(Megachile muraria* F. = *Chalicodoma)* und schließlich die, echten Hummeln täuschend ähnlichen (jedoch ohne Körbchen), Schmarotzerhummeln *(Psithyrus* Lep.) bei bestimmten Hummelarten *(Bombus)*.

Soziale Arten

Körbchensammler (Körbchen aus ausgehöhlter Außenseite der Hinterschienen mit umgebenden, steifen, gekrümmten Haaren)

Hummeln (*Bombus* Ltr.)

Dicht pelzig behaart, teilweise bunt, ♀ und Arbeiter mit Körbchen und Wachszange (Fersenhenkel) zum Abnehmen der ausgeschwitzten (Bauch- und Rückenseite) Wachsplättchen; in unseren Breiten allgemein kleinere (bis max. 1000 Einzeltiere) einjährige Staaten (♂♂, ♀♀, Arbeiterin) mit in unterirdischen Verstecken überwinternden, jungen begatteten ♀♀ zur Koloniegründung im folgenden Frühjahr, vorwiegend in Erdhöhlen (Mauseloch, unter Baumwurzeln und Steinen) oder auch oberirdisch in alten Vogelnestern, Nisthöhlen, Eichhornkobeln, Baumhöhlen, im Dachgebälk u.a., durch eine zunächst haselnußgroße, später in gleicher Weise erweiterte Wachszelle zur Aufnahme des Nektar- und Pollenvorrats; Eiablage an die teigartigen Pollenklumpen am Boden der jeweiligen Zelle (jeweils 3–5, höchstens 7 Eier), in welche die schlüpfenden Larven gerundete Höhlungen fressen und sich dort auch locker nebeneinander verpuppen in einem festen, undurchsichtigen Kokon; Brutpflege im Frühjahr ausschließlich durch das Muttertier, mit Heranwachsen des Staates entsprechende Beteiligung durch die erst kärglich ernährten, winzigen Arbeiterinnen und die bis zum Hochsommer durch reichhaltige Kost immer stattlicheren (bis 6fache Größe) Geschwister; Geschlechtstierbrut im Juli (♂♂) und August (♀♀), 2–3fache Arbeiteringröße; Gesamtwicklung ca. 3–4 Wochen; Blütenbesucher, bes. von Lippenblütlern, Schmetterlingsblütlern und Disteln.

Nest	Häufige Arten
meist unterirdisch	Erdhummel *(Bombus terrestris* L.), 13–20 mm, schwarz, breite gelbe Binde am vorderen Brustabschnitt und Mittelrücken, After weiß, FZ (♀) Anfang April, (♂) Ende Juli; Gartenhummel *(Bombus hortorum* Latr.) *(Abb. 219)*, 13–20 mm, hinterer Brustteil und 1. Leibring gelb, After weiß.
Moos- und feine Wurzelfasern zwischen Grashalmen an Böschungen, auch Eichhornkobel	Mooshummel *(Bombus muscorum* F.), 9–20 mm, schwarz mit rotgelber Brust und überwiegend hellgelbem Hinterleib.

Nest	Häufige Arten
bevorzugt unter Steinhaufen, in lockerer Erde oder Mauerspalten	Steinhummel (*Bombus lapidarius* L.), 13–20 mm, ♀ schwarz mit rotem Hinterleibsende, ♂ zusätzlich Kopf, Vorderbrust und vielfach auch Schildchen gelb.
vorwiegend in verlassenen Eichhornkobeln	Wiesenhummel (*Bombus pratorum* L.), 16–20 mm, Hinterleibsende rot behaart, FZ März/April.
hohle Bäume, Waldhütten	Baumhummel (*Bombus hypnorum* L.), 20–22 mm, Rücken des Brustabschnitts fuchsrot behaart, Hinterleib schwarz mit weißem Ende.
bevorzugt Vogelnester	Waldhummel (*Bombus silvarum* L.), 18–20 mm, graugelb mit schwarzen Ringen, Hinterleibsende rötlich.

Honigbiene *(Apis mellifera* L. *= mellifica)*

Morphologisch und biologisch höchste Entwicklungsform der Bienen; Hinterbeine ohne Sporne *(Calcariae)*, Hinterschienen außen glänzend, Augen behaart, Nebenaugen ins Dreieck gestellt; ursprünglich reiner Waldbewohner, heute (neben Seidenraupe) Haustier; straffe und umfangreiche Organisation des perennierenden Bienenvolkes im Bienenstock (Beute) als Wohnraum, Brutstätte und Speicher für Futtervorräte (Pollen, Honig) mit senkrecht gestellten Wachswaben.

Lebensweise

Das Bienenvolk, bestehend aus der Königin (Weisel), etwa 30000 bis 70000 Arbeiterinnen (verkümmerte ♀♀) und bis zu 1000 Drohnen (♂♂, nur im Sommer), bewohnt den Bienenstock (Nest, Beute). Bei den ersten wärmenden Sonnenstrahlen (ab etwa $+ 7°$C Lufttemperatur) beginnt das Bienenleben und damit der sprichwörtliche „Bienenfleiß" in ganz ähnlicher Art wie die „Emsigkeit" der Waldameisen. Frische Pollennahrung wird eingebracht, und die Stockwärme schnell auf die bis zum Herbst konstant gehaltene Temperatur von $+ 34,5–35,5°$C. Die Königin erledigt etwa ab Mitte Februar schon ihr Brutgeschäft, wobei in der Saison von Mitte April bis Mitte Juni im Durchschnitt täglich 1200 bis 1500 Eier, insgesamt etwa 150000 Eier gelegt werden. Bekannt sind die Bienenschwärme, die zunächst als Vorschwarm von der noch als Puppe in der Weiselzelle ruhenden jungen Königin und später als Nachschwärme durch ein Zwiegespräch zwischen der nun geschlüpften jungen Königin („tütet") und ihrer noch in der Zelle steckenden, schlüpfbereiten Rivalin („quaket") ausgelöst werden. Die jungen Königinnen der Nachschwarm- und Restvölker werden beim Hochzeitsflug (hauptsächlich in Mittags- und frühen Nachmittagsstunden) hoch in der Luft durch eine oder mehrere der Drohnen begattet.

Farbensehen und Bienensprache sind vor allem durch die grundlegenden Forschungen von KARL VON FRISCH (erstmalig 1913, dann ab 1925) geklärt worden. Die Bienen sind rotblind, ihr wahrnehmbarer Spektralbereich von 300–650 nm umfaßt aber besonders intensiv die kurzwellige Seite. KARL VON FRISCH konnte nachweisen, daß die Verständigung über Trachtquellen durch Werbetänze (Rundtanz, Schwänzeltanz) heimkehrender Kundschafterinnen (Sammelbienen) gegenüber den nachlaufenden Artgenossen im Stock herbeigeführt wird.

Nutzen und Bedeutung

Die Honigbiene ist bei uns das einzige Nutz- und Haustier unter den Insekten. Neben ihrer Tätigkeit als Honiglieferant kommt ihr bei der Blütenbestäubung eine überragende Rolle zu, und zwar bei der auf Fremdbestäubung und Fremdbefruchtung angewiesenen Mehrzahl unserer insektenblütigen Nutzpflanzen, nicht aber bei den Windblütlern im Walde, den meisten Laub- und Nadelhölzern.

Bis zur Entdeckung Amerikas und bis zur Reformationszeit war die Bienenzucht ein äußerst lohnendes Geschäft, „da der Honig bis dahin das einzige Mittel zum Süßen der Speisen, sowie den Grundstoff zur Bereitung des früher beliebten Getränkes Meth, das Wachs aber das einzige zur Herstellung besserer Kerzen geeignete Material bildeten" (JUDEICH und NITSCHE 1895).

Vom späteren Mittelalter ab stand das Nutzungsrecht an den Bienen, den Zeidlern (Bienenzüchter), erfahrenen und bevorrechteten kaiserlichen und dann landesherrlichen Lehnsleuten zu (Servitute, Forstrecht). Die Zeidlerei unterstand einer strengen Zunftordnung (z.B. Nürnberger Zeidlerzunft), bei der Streitigkeiten und Übertretungen durch ein Zeidlergericht verhandelt und auch geahndet wurden. Die Bienenzucht zu damaliger Zeit fand besonders in trächtigen Gebieten, Kiefernheiden und Blößen mit reichem Heidewuchs, der sog. Waldbienenweide statt. Alle Bäume mit honigliefernden Blüten, namentlich Linden, genossen größten Schutz. Die Zuchtmethode war allerdings äußerst primitiv, da man „besonders im nördlichen Deutschlande, in Preußen und Polen etc., 4 bis 6 Fuß lange und 12 Fuß breite Löcher oben in dicke Bäume" hieb und „nagelte ein mit einem Flugloche versehenes Brett davor, und brachte Bienen hinein, um Honig zu sammeln, und sich zu vermehren" (HARTIG 1836). Nicht selten wurden auch die Wipfel dieser Beutebäume, bes. Beutekiefern in Litauen, wohl in erster Linie gegen Windbruch, geköpft. Als Entschädigung erhielt der Waldbesitzer einen Zins oder Honig, dessen Wert nicht unbeträchtlich war: „... und es brachte noch im Jahre 1773 im Schlochauer Beritt die Beutenpacht fast ebensoviel ein, nämlich 507 Thaler, wie die Holznutzung mit 523 Thaler 25 Sgr." (JUDEICH und NITSCHE 1895).

Diese Form, wie sie mit 20000 Beutebäumen im Jahre 1772 in den westpreußischen königlichen Forsten bestand, erhielt sich in einem Restbestand allein auf einer Majoratsherrschaft in Westpreußen bis zum Jahre 1913 und wurde auch weiterhin in Litauen ausgeübt (ESCHERICH 1942). Die hiermit vielfach verbundenen Waldschäden (Waldbrand, Waldfrevel) erregten vielerlei Anstoß, so daß recht bald, z.B. in Preußen, solche Bienenbeuten im Walde verboten wurden.

Heute hat vor allem die Einfuhr des sehr preiswerten Honigs aus Übersee, z.T. aber wohl auch die zunehmende Bequemlichkeit unseres Wohlstandsbürgers dazu geführt, daß die Imkerei immer mehr zurückgegangen ist. Die prämienbegünstigte Wanderimkerei hat aber wohl eine neue Zukunft, namentlich im Walde zur Ausschöpfung der Tracht und des Honigtaus in der Nähe von Kolonien der Roten Waldameisen (s. auch Trophobiose!).

Für den Waldbesitzer und Forstwirt werden hier Förderungsmaßnahmen in ähnlicher Weise wie für Schlupfwespen und Raupenfliegen zwingend notwendig (Anlage von blühenden Hecken, Sträuchern, Büschen, aber vor allem auch durch Lindenunterbau im Eichenbestand, Bevorzugung von Akazien an Waldwegen, Schneisen und Rändern).

Bienenschutz

Seit der Einführung chemischer Pflanzenschutzmittel, bes. bei Flächenbegiftungen vom Luftfahrzeug aus, hat die Honigbiene gelitten. Die schon beim ersten deutschen Flugzeugeinsatz mit Kalkarsen in Sorau (1925) hingenommenen Bienenverluste steigerten sich beim Einsatz gegen den Kiefernspanner in Hersfeld im folgenden Jahr fast bis zur Ausrottung sämtlicher dort vorhandenen Völker (aus REISCH 1958). Ein ähnliches Massensterben mit 1073 total- und 358 schwergeschädigten Völkern verursachte die Flugbestäubung, wiederum mit Arsenstaub, gegen die Forleule im Nürnberger Reichswald vom Jahre 1931 (HIMMER 1932, BÖTTCHER 1937). Nach diesen Erfahrungen bekam die Honigbiene auch die Welle der synthetischen Kontaktinsektizide auf der Basis der chlorierten Kohlenwasserstoffe (mit Ausnahme von Toxaphen und Thiodan) und organischen Phosphorverbindungen zu spüren. Hier war es das Hexachlorcyclohexan (HCH), das bei den umfangreichen Maikäferbekämpfungen vom Boden und von der Luft aus, solche Schäden bewirkte, daß beispielsweise in Baden-Württemberg für derartige Aktionen ab etwa 1957 ganz auf diesen Wirkstoff verzichtet wurde. Ganz wesentlich ist neben der Bienentoxizität (s. chemische Bekämpfung!) des betreffenden Wirkstoffs sein Aggregatzustand als Staub, Spritzmittel, Nebellösung oder Ölspray und der verwendete Trägerstoff im Spritz- bzw. Sprühverfahren. Alles durchdringende Insektizidnebel sind genauso gefährlich wie Stäubemittel, die noch gehöselt werden und damit den gesamten Stock mit Brut vernichten. Dagegen haben sich angetrocknete Spritzbeläge im allgemeinen im Walde nicht nachteilig ausgewirkt. Dieselöl als Trägerstoff von hochgiftigen Präparaten hat auffällige Repellents, so daß derartig behandelte Waldbestände meist von den Bienen gemieden werden. Eine spätere Vergiftung durch Aufnahme des insektizidhaltigen Honigtaus der wieder erstarkten Lauspopulation kann natürlich nicht ausgeschlossen werden, vor allem bei persistenten Wirkstoffen (z.B. DDT). Geringe Spuren von DDT konnten noch nach 3 Monaten im Honigtau von Tannenbeständen des Schwarzwaldes nachgewiesen werden und waren für Flugbienen zu etwa 15% tödlich (REISCH 1958, FRANZ und WELLENSTEIN 1958). Ein sehr rasch trocknender Trägerstoff wie das Synergid kann die Vergiftungsgefahr wesentlich abmildern, wenn nicht ganz beseitigen (BEHLEN 1969).

Die chemische Industrie hat sich wiederholt bemüht, bienenungefährliche Pflanzenschutzmittel zu entwickeln. Hier sei nur an Nirosan, Nemotan, Fundal, Holfidal, Thiodan und schließlich an Bacillus thuringiensis-Präparate erinnert (s. chemische Bekämpfung!).

In der Forstwirtschaft sind seit etwa 10 Jahren keine Bienenschäden durch Pflanzenschutzmittel mehr aufgetreten (brieflich DR. STUTE 1972). Maßgebend hierfür waren die strikte Einhaltung der Bienenschutzverordnung vom 25. Mai 1950*, nicht in die offene Blüte zu spritzen und spätestens 24 Stunden vor der Behandlung die betroffenen Imker (im Umkreis von 3 Kilometern) zu benachrichtigen. Eine gediegene Zusammenarbeit mit den Imkerobleuten hat sich besonders bewährt. Schließlich wurden Prämien für die Abwanderung aus dem Begiftungsgebiet für den einzelnen Stock gezahlt und Abschirmungen mit nassen Tüchern oder eine vorübergehende Unterbringung im Keller angeregt. Bei Flugbegiftungen wurden Bienenstände in die Karte eingezeichnet und ausgespart. In anderen Kulturen, bes. in Weinbergen, sind aber alljährlich teilweise schwere Schäden zu beklagen (STUTE 1971).

Pflanzenfresser oder Holzzerstörer

Blatt- und Holzwespen *(Symphyta = Chalastogastra)*

Meist groß, breitansitzender Hinterleib, bei ♀♀ freier Legebohrer (Holzwespen) oder Legesäge (Blattwespen); Larven phytophag frei an Blättern und Nadeln (Blattwespen, Buschhornblattwespen) oder in Gespinsten aus (Gespinstblattwespen) oder in pflanzlichem Gewebe, vorwiegend minierend im frischen Holz (Holzwespen).

Gespinstblattwespen, Kotsackblattwespen (Pamphiliidae = Lydidae)

Breiter Hinterleib, lange vielgliedrige Fühler; Larven** mit 3 Paar Brustbeinen und Nachschiebern (8füßig; *Figur 6F*), einzeln oder gesellig in oft ausgedehnten Gespinsten an der Fraßpflanze lebend, vielfach Kotsäcke bildend; Überwinterung meist als Larve in einer Erdhöhle, auch mehrjähriges Überliegen (2–3 Jahre) bis zur Verpuppung ohne Kokon im Boden;
forstlich schädlich besonders an Kiefer und Fichte.

Gegenmaßnahmen

Im allgemeinen schwierig wegen schützender Gespinste, bei überliegender Population nur wirksam in 2 aufeinanderfolgenden Jahren;
mechanisch: Leimringe nur zu Beginn der Flugzeit *(Cephaleia abietis)*,
Leimringe und eingeschlagene, geleimte Pfähle *(Acantholyda nemoralis)*,
chemisch: Insektizide (PV).

---

* Neugefaßt: Bienenschutzverordnung vom 19. 12. 1972 (Bundesgesetzblatt Teil I, S. 2515).
** Afterraupen.

Larvenfraß aus Gespinsten

Holzart	Symptom	Wichtige Arten
Nadelholz		
Fichte (monophag) bevorzugt Stangen- und Baumhölzer	braune bis kindskopf-große Kotsäcke; mitunter Kahlfraß, wegen Verschonung der Knospen und meist auch der Mai-triebe trotz oft mas-senhaften Vorkom-mens im allgemeinen wenig gefährlich (Zuwachsverlust!)	Fichten-Gespinstblattwespe (*Cephaleia abietis* L.) Fichtengebiet, vorwiegend im Gebirge; I 11–14 mm, Kopf und Brust größtenteils schwarz, Hinterleib, Beine, Fühler über-wiegend rotgelb; L schmutzig graugrün mit verwaschenen, dunklen Längsstreifen, US des letzten Seg-ments mit schwarzem Längsstrich (s. *arvensis*); P grün, auch goldgelb; Ei walzenförmig, an den Polen abgerundet; Biof: 56–68, A, (A), 4/45 + 56; Gen. 2- oder 3jährig, Eiablage (Vorrat 100–200 Stück) ringartig im Spitzenteil, fast nur vorjährige Nadeln, Larvenfraß zunehmend gesellig aus kotgefüllten, ballen- oder wurst-artigen Gespinsten an 1- bis 3jährigen Na-deln, abwärts schreitend; *Feinde:* Mäuse; Star, Rabenkrähe, Kuckuck, Buchfink; Kamelhalsfliegen *(Raphidides)*, Rote Waldameisen *(Formica spec.)*, Marienkäfer *(Coccinellidae)*, Raupenflie-gen *(Tachinidae)*; Spinnen *(Araneidae)*.
	L einzeln im lockeren Gespinst mit braunen Wohnröhren und spär-licher Kotfüllung an vorjährigen Trieben; Fraß an Nadeln, auch Maitriebnadeln unter Verschonung der Knospe	*Cephaleia arvensis* Pz. Fichtengebiet; Ebene und Gebirge; I 9–11 mm, hinter den Augen deutlich ver-engter Kopf, variable Färbung; L sehr bunt, längsgestreift; Ei wie vorige Art; Eiablage einzeln und zerstreut an Nadeln; *Feinde:* Schlupfwespen (bes. *Trichogramma evanescens*) und insektenpathogene Pilze wie *Botrytis tenella*, *Spicaria*-Art.
Kiefer 40–100jährige Be-stände, Massenvermeh-rung meist 10–15 Jahre lang mit 3- bis 5maliger Fraßperiode	Entnadelung, fast kotlose Gespinströhre; bes. in geschwächten Beständen lebensge-fährlich!	**Kiefernbestands-Gespinstblattwespe** (*Acantholyda nemoralis* Thoms.) N- und M-Europa; I 11–15 mm, schwarz mit gelber Kopfzeich-nung, OS des Hinterleibs auch rotgelb; L olivgrün mit braunen Längsstreifen; Ei kahnartig;

Holzart	Symptom	Wichtige Arten
		Kiefernbestands-Gespinstblattwespe *(Fortsetzung)* Biof: 5–57, (A, A,) 4/4 + 45; Gen. in der Regel 3jährig, Eiablage (Vorrat bis 80 Stück) einzeln in gesägten Nadelschlitz, Larvenfraß meist einzeln aus Gespinströhre an Nadeln unter Belassung des Scheidenteils; *Feinde:* Raubfliegen, Raupenfliegen, Schlupfwespen, Libellen, Ameisenlöwe.
(auch Bergki, Arve, Schwki, Bankski, Weyki) Kulturen bis Dickungen, meist lokal begrenzte Massenvermehrung	geselliger Larvenfraß aus einem fast kotlosen Gespinst (gelosem Gespinst (getrennte Röhren) an vorjährigen Nadeln, bei Nahrungsmangel auch Maitriebe; fast stets vollständige Erholung der Pflanze	***Stahlblaue Kiefernschonungs-Gespinstblattwespe*** *(Acantholyda erythrocephala* L.) England bis Sibirien, Lappland bis Alpen; England bis Sibirien, Lappland bis Alpen; I 10–12 mm, stahlblau; L oliv- bis graugrün mit bräunlichen Flekken (in Querreihen) und Längsstreifen; Ei walzenförmig; Biof: 5–56, (A, A,) 3/34 + 45; Gen. 1- bis 3jährig, Eiablage (Vorrat wohl etwa 35 Stück) in Zeilen auf die Oberseite meist vorjähriger Nadeln an niedrigen Zweigen; *Feinde:* Marienkäfer, einige Rüßler (an Eiern), Schlupfwespen.
(auch Schwki, Weyki) Kulturen	Kotwürste am Mitteltrieb, zuweilen auch an an Seitentrieben	Kiefernkultur-Gespinstblattwespe *(Acantholyda hieroglyphica* Chr.) N- und M-Europa; I 12–17 mm, Kopf und Brust schwarz mit gelber Zeichnung, Hinterleib in der Mitte rotgelb; L sehr ähnlich *erythrocephala*, jedoch mehr dunkel gesprenkelt, dunkle Mittellinie auf OS und US, in der Erde grün oder gelb; Ei kahnartig; Biof: 6–78, 5/5 + 6; Gen. in der Regel 1jährig, Eiablage einzeln an Mainadeln, Larvenfraß aus Gespinströhre, abwärts schreitend.
Lärche	eingesponnene Larve am Kurztrieb, später auch am Langtrieb, Bräunung der Lärchen (Juli)	Lärchen-Gespinstblattwespe *(Cephaleia alpina* Klug.) Lärchengebiet in den Alpen, auch in künstlichen Anbaugebieten, Schweden, Schweiz, Frankreich; I 8–11 mm, schwarz mit gelber Zeichnung; L rotbraun gestreift; Biof: 45–57, (A, A,) 34 + 45; Eiablage (Vorrat ca. 25 Stück) einzeln an Kurztriebnadeln.

Abb. 223. Kiefernbuschhornblattwespe

(a) ♂ [ca. 7 mm] (J. REISCH)

(b) ♀ [ca. 8 mm] (J. REISCH)

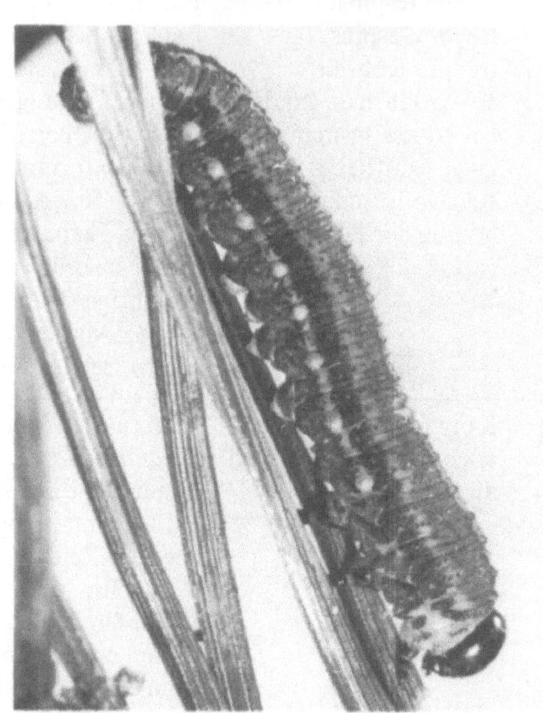

(c) Rautenartige Eigelege (J. REISCH)

(d) Afterraupe an Kiefer *(Neodiprion sertifer)* [bis ca. 25 m (W. ROHDICH)

(e) Afterraupen der Roten oder Rotgelbe Kiefernbuschhornbla wespe *(Neodiprion sertifer)* an Latsche (J. REISCH)

(f) Kokons (W. ROHDICH)

350

Buschhornblattwespen *(Diprionidae)* *(Abb. 223a, b)*

Plump, walzenförmig, ♂ mit buschigen (1- oder 2reihig gekämmt) Fühlern, ♀ kurze Fühler; Larven mit 8 Bauchbeinpaaren (Afterraupen) *(Abb. 223d)*, mit Brustbeinen 22füßig, den Raupen der Schmetterlinge mit 5 Bauchbeinpaaren ähnlich, ohne Gespinste *(Figur 6E)*; Verpuppung im Kokon meist im Boden.

Feinde

Räuber: Mäuse (bes. Waldmaus), Eichhörnchen, Wildschwein, Spechte, Meisen, Baumläufer, Kleiber, Eichelhäher, Kuckuck, Schwalben (Wespen im Flug), Ziegenmelker (Wespen im Fluge), Tannenhäher, Goldhähnchen, Rebhuhn, Birk- und Auerwild; Laufkäfer, Stutzkäfer, Schnellkäferlarven (Drahtwürmer), Raubfliegen, Schwebfliegen-Larven, Kamelhalsfliege, Wanzen, Waldameisen, räuberische Blattwespe *(Rhogogaster viridis)* *(Abb. 228)*.
Parasiten: Schlupfwespen und Raupenfliegen.
Krankheiten: Mykosen *(Beauveria densa, Penicillium, Isaria*-Art); Bakteriosen *(Bac. septicaemiae lophyri)*.

Gegenmaßnahmen

mechanisch: bei begrenztem Vorkommen *(Diprion pini)* Zerquetschen der Larvenklumpen; *chemisch:* zugelassene Insektizide (PV).

Freifressende Afterraupen

Holzart	Symptom	Wichtige Arten
Gesellig fressend		
Nadelholz		
Kiefer (auch Schwki, Bankski, Weyki) schlechtwüchsige 40–100jährige Bestände, bei Massenvermehrungen alle Altersklassen und Bonitäten auf armen Standorten	unversehrte fadenförmige Mittelrippe mit Nadelrest an der Spitze (Frühstadium), vollständiger Nadelfraß bis auf Scheidenstummel (Spätstadium); tw sehr schädlich!	*Kiefernbuschhornblattwespe*, Gem. Buschhornblattwespe *(Diprion pini* L.) Europa bis Schweden, Finnland, Spanien; Algier, große Teile Rußlands; ♂ 7–8 mm, buschig doppelt gefiederte Fühler, tiefschwarz, ♀ 8–10 mm, sägezähnige Fühler, blaßgelb mit einigen schwarzen Flecken; L brauner Kopf, blaßgelblich bis gelblichgrün, mitunter variabel, 5 (♂), 6 (♀) Stadien; K braun, hart (♂ kleiner als ♀) *(Abb. 9)*; Biof: 5–67/7 + 78; 8–8. 10, 3/34 + 45; Gen. in wärmeren Gebieten doppelt, sonst einfach; ♀ träge an Zweigen, ♂ schwärmt lebhaft, Eiablage (Vorrat 80–150 Stück) rautenartig mit Schaumdach in aufgeschlitzte Nadelränder *(Abb. 223c)*, L der 1. Gen. an vorjährigen, seltener diesjährigen Nadeln, der 2. Gen. ohne Unterschied, auch an Rinde · (plätzend) und jungen, unverholzten Zapfen, stets klumpenweise beieinander, bei Erschütterung u. a. Schreckstellung in S-

Holzart	Symptom	Wichtige Arten
		Kiefernbuschhornblattwespe *(Fortsetzung)* Form; Verpuppung der 1. Gen. in Sommerkokons am Stamm, an Zweigen, zwischen Nadeln, auch an der Bodendecke (Beerkraut, Gras, Moos u. a.), der 2. Gen. in Winterkokons in oder auf der Bodendecke; Verwandlung zur Puppe: nach dem Einspinnen im K Heranreifen der L zur Eonymphe (u. U. wochen- bis monatelanges Überliegen), beim Auftreten von Puppenaugen zur Pronymphe; nur die Vorpuppe (Pronymphe) verpuppt sich im nächsten Frühjahr; Schlüpfakt durch Abschneiden eines kreisrunden Deckels am K; andersartige Löcher (seitlich, klein!) deuten auf Parasitierung; ***kritische Zahlen s. Prognose!***
(auch Bergki, Arve, Weyki, Banski u. a.) bevorzugt lückige Kulturen, bei Massenvermehrung alle Altersklassen	ähnlich voriger Art, auch Platzfraß an Triebrinde; im allgemeinen nur einzelne Bäume oder Baumgruppen, Zusammenbruch der Gradation meist rasch durch Virose (s. dort!)	Rote oder Rotgelbe Kiefernbuschhornblattwespe *(Neodiprion sertifer* Geoffr. = *Diprion)* Europa bis Skandinavien, Finnland, Spanien, Italien, Rußland bis Japan; Ebene bis Hochgebirge; ♂ 6–8 mm, schlank, schwarz mit rötlichen Stellen, ♀ 7–9 mm, langgestreckt, hellbraungelb, auch mit schwacher dunkler Zeichnung; L tiefschwarz, glänzender Kopf, Körper dunkel mit breiten weißlichen Rückenstreifen, über den Stigmen dunkler, weißumrandeter Streifen (erwachsenes Stadium) *(Abb. 223 d);* K hellbraun, weichhäutig *(Abb. 223 f);* Biof: 9,5–56/79 + 9; Gen. einfach, durch Diapause auch mehrjährig, Eiablage reihenweise (durch Zwischenräume getrennte Eier) in Nadelkanten, Larvenfraß familienweise (80–100 Stück) meist unter Verschonung der Maitriebe *(Abb. 223 e),* Verpuppung über Eo- und Pronymphe im K in der Bodendecke. Daneben an verschiedenen Kiefernarten: Ähnliche Kiefernbuschhornblattwespe *(Diprion simile* Htg.), Hellfüßige Kiefernbuschhornblattwespe *(Microdiprion pallipes* Fall. = *Diprion)*, Blasse Kiefernbuschhornblattwespe *(Gilpinia pallida* Klg. = *Diprion)*, Gesellige Kiefernbuschhornblattwespe *(Gilpinia socia* Klg. = *Diprion)*.

Abb. 224. Blattwespe
(Tenthredo spec.)

(a) Von oben
[ca. 8 mm]
(W. ROHDICH)

Abb. 224.(b) Von der
Seite [ca. 8 mm]
(H. PFLETSCHINGER)

Abb. 225. Afterraupen
der Weidenblattwespe
(Nematus salicis) in
Schreckstellung (S-
Form) [bis 35 mm]
(W. NOACK)

Abb. 226. Larve der
Veränderlichen Birken-
knopfhornwespe beim
Randfraß [bis 45 mm]
(H. PFLETSCHINGER)

353

Holzart	Symptom	Wichtige Arten
Einzeln fressend		
Stangenhölzer; gelegentlich kurzfristige Massenvermehrungen	ähnlich *pini*-Fraß, nur an 2jährigen Nadeln; ohne nennenswerten Schaden	Kleine Dunkle Kiefernbuschhornblattwespe *(Gilpinia frutetorum* F. = *Diprion)* ♂ Fühler mit 18–19 Doppelstrahlen, Bauch hell, bräunlichgelb, ♀ Rücken des Hinterleibs im hinteren Abschnitt gelb quergestreift, schwarze Fühlergeißel; L grün- oder braunköpfig mit regelmäßiger schwarzer Zeichnung, dünne, helle Rückenlinie, dunkelgrün umrahmt; Gen. doppelt, Eiablage einzeln an Nadelbasis.

Blattwespen (Tenthredinidae)

Larven mit 7 oder 8 Bauchbeinpaaren (mit Brustfüßen 20- oder 22füßig – Afterraupen), ähnlich Schmetterlingsraupen (s. auch Buschhornblattwespen), sehr verschiedenartige Formen, gekennzeichnet durch das Flügelgeäder u.a. Merkmale *(Abb. 224a, b)*.

Gegenmaßnahmen: soweit erforderlich bei der betreffenden Art angegeben!

Feinde und Krankheiten s. unter Buschhornblattwespen *(Diprionidae) (Abb. 204, 228)* bzw. bei der betreffenden Art!

Freifressende Afterraupen

Holzart	Symptom	Auffällige Arten
Laubholz		
Eiche (bevorzugt Stielei, auch Rotei) Blatt	kreisrunde Löcher (1–5 mm $\varnothing$), ähnlich Fraß des Buchenspringrüßlers *(Rhynchaenus fagi)*, dann Randfraß von der Spitze her und anschließend Skelettierfraß, an jüngeren Bäumen u.U. Kahlfraß	*Periclista lineolata* Kl., schwarz; L mit zweispitzigen Dornen („Dornraupe"); FZ Frühjahr, Eiablage auf Unterseite junger Blätter in eingesägtes Pflanzengewebe neben einer Rippe, Verpuppung im zähen, braunschwarzen K im Boden (Überwinterung); ähnlich *Allantus braccatus* Gmel. = *Emphytus;* L hellgrün, später schwarzköpfig und Rücken dunkel. Daneben noch weitere *Allantus-* sowie *Caliroa-*Arten. *Feinde:* Rote Waldameisen *(Formica spec.)*, Räuberische Blattwespe *(Rhogogaster viridis) (Abb. 228)*, Schlupfwespen *(Entomophaga) (Abb. 211, 212)*.
Pappel, Weide Blatt	Loch- und Skelettierfraß, nur durch *Pt. salicis* Kahlfraß bis auf Blattrippen; mitunter Wanzengeruch	*Pristiphora conjugata* Dahlb. und *Pteronidea-* bzw. *Nematus-*Arten L schwarzköpfig, grünlich mit anderen Farbflecken und/oder -streifen, 15–35 mm, Unterscheidung schwierig und nur am Bauchfußgrund („Semikolonreihe"*);

* Semikolonreihe = am Bauchfußgrund befinden sich semikolonähnliche Zeichen (mittlere Segmente).

Holzart	Symptom	Auffällige Arten
		Pristiphora conjugata Dahlb. und *Pteronidea* bzw. *Nematus-Arten* *(Fortsetzung)*
		Eiablage je nach Art am Blattrand, in Doppelreihen an Triebrinde, in nierenförmigen Eitaschen auf Blattunterseite oder auch häufchenweise in Lagen (wie Konfekt) an Blattunterseite, Larvenfraß August bis Oktober gesellig, bei Beunruhigung taktmäßiges Schlagen des Hinterleibs *(Abb. 225)*, Verpuppung meist im Boden im einfachen oder doppelten K.
Minierer		
Weide Zweig	*Zweiggalle* walnußgroße Galle, ähnlich gedörrter Birne, an dünnen Zweigen, gewöhnlich Zweigbiegung; *Differentialdiagnose:* Weidenrutengallmücke *(Rhabdophaga salicis)* äußerlich ähnlich (s. dort!)	Weidenmarkblattwespe (*Euura amerinae* L.) Gen. einfach, L im Markkanal, meist zu mehreren in der Galle, Verpuppung in der Galle im dünnwandigen K; ähnlich Weidenrutenblattwespe (*Euura atra* Jur.), L jedoch einzeln im Markkanal von Weidenruten mit einseitiger, schwach verdickter Gallenbildung.
(Weidenheger)	*Knospengalle*	Weidenknospenblattwespe (*Euura mucronata* Htg. = *saliceti* Fall. und *Euura laeta* Zadd.)
Blatt	*Blattstielgalle*	*Euura*-Arten
	Blattgalle durch Blattrollung, oder einseitige, mit Wärzchen besetzte bzw. befilzte oder behaarte Galle an Blattunterseite oder doppelseitige Galle (kaffeebohnenähnlich) oder	Weidenblattgallenwespen (*Pontania*-Arten) FZ Frühjahr, Gallen vom Frühjahr bis Herbst, Larvenfraß in Galle, lochartig in Blattfläche, später bes. nachts am Blattrand, Verpuppung im K in der Erde oder am Fraßort.
		P. capreae L. mit meist parthenogenetischer Fortpflanzung;
	bohnenförmig oder	*P. vesicator* Bremi;
	als eingeschnürter Kranz („rosenkranzförmig") an Mittelrippe	*P. femoralis* Cam.

Abb. 227. Kl. Fichten-blattwespe

(a) Langjährig befallene Fichtendickung (Forstamt Freiburg i. Br.) (J. Reisch)

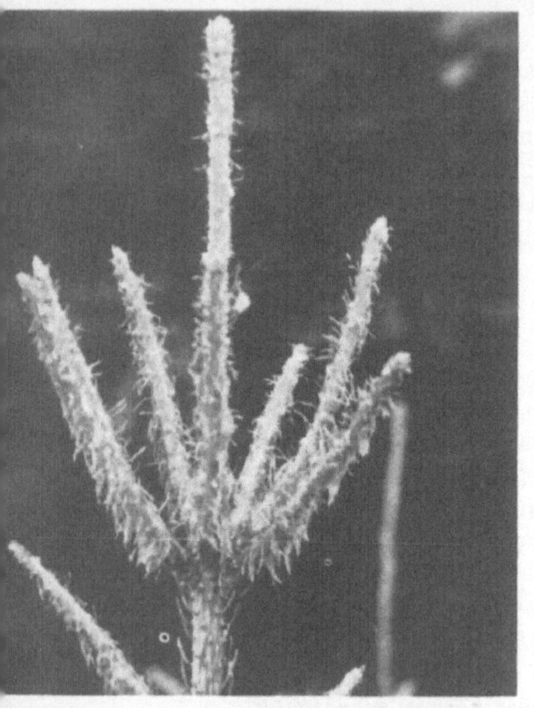

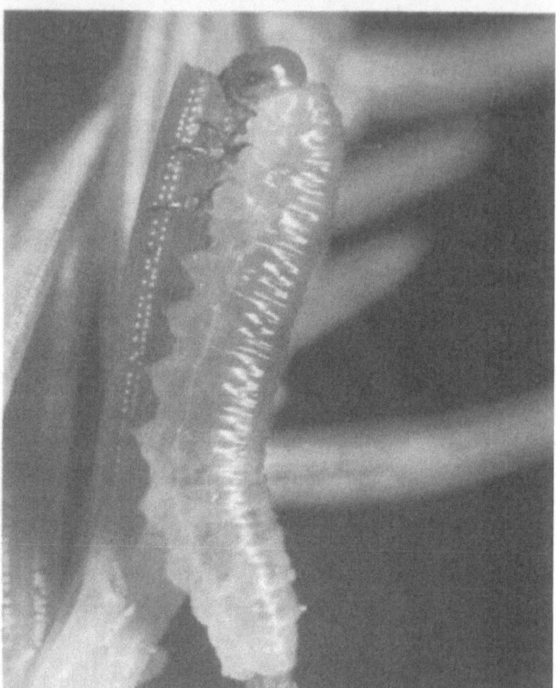

Abb. 227. (b) Schadbild des Larvenfraßes wie nach Spätfrost (J. Reisch)

(c) Afterraupe beim Nadelfraß [bis 9,2 mr (W. Kratz)

Abb. 228. Räuberische Blattwespe *(Rhogogaster viridis)* frißt Fliege [10–12 mm] (roebild Siebert)

Abb. 229. Larve der Farnblattwespe *(Eucampidea lineata)* an Farn [bis 25 mm] (W. Rohdich)

356

Holzart	Symptom	Art

Nadelholz

Fichte
Kulturen-Stangenhölzer, auch Baumhölzer; im Bestand herrschende und vorherrschende Stämme; Massenvermehrungen sehr anhaltend (mehrere Jahrzehnte)

braune, unordentliche Nadelreste am Maitrieb (ausschließlich) wie nach Spätfrost; bei mehrjährigem Fraß Verbuschung der Krone (Schopfbildung), Spießbildung, erheblicher Zuwachsverlust, Absterben; grüne Afterraupen bei Beunruhigung in S-Stellung *(Abb. 227a, b)*

Kleine Fichtenblattwespe *(Pristiphora abietina* Chr. *= Lygaeonematus, Nematus)*
Massenwechselgebiete im künstlichen Anbaugebiet der Fichte, bevorzugt ungünstige Standortverhältnisse (Rauchschaden, Grundwassersenkung, sonnseitige und windgeschützte Lagen);
♂ 4,5–5 mm, ♀ 5–6 mm, gelbschwarz;
L hellgrün (wie junge Fichtennadel), 4 (♂) und 5 (♀) Stadien *(Abb. 227c)*, K 5–6 mm (♂) und 6–7 mm (♀), zunächst leuchtend rötlichbraun mit kupfrigem Glanz, später dunkelbraun;

Biof: 5–56, 4/4 + 45; Gen. meist 1jährig, wenige Überlieger (bis zu 6 Jahren), Schwärmzeit (Auslösetemperatur bei + 10° bis 14°C) April/Mai, vorwiegend bei Sonnenschein zwischen 9 und 12 Uhr um Altholzwipfel, bei Kulturen kein regelrechtes Schwärmen, Eiablage (Vorrat 40–100 Stück) einzeln in taschenförmige Schlitze eben austreibender Nadeln (Spättreiber meist verschont), vorwiegend im obersten Kronendach, hauptsächlich zur Mittagszeit (über 4 Wochen hinziehend);
L baumen bei Regengüssen vielfach ab, um anschließend wieder emporzukriechen (oft vorgetäuschter Erfolg bei Insektizidsprühungen), Abwanderung in den Boden (Streu, Moos, obere Mineralschicht) zur Überwinterung im K, Verpuppung *(Pronymphe* mit Puppenaugen ab Mitte November) im Frühjahr; parthenogenetische Fortpflanzung möglich;

kritische Zahlen s. Prognose!

Feinde: Spitzmäuse, Eichhorn (Aufnahme von K); Ringeltaube, Spechte, Nußhäher, Finken, Ammern, Meisen, Star; Insekten wie Skorpionsfliege *(Panorpa spec.)*, Rote Waldameisen *(Formica spec.)*, Wanzen *(Heteroptera)*, Schwebfliegen-Larven *(Syrphidae)*, Laufkäfer *(Carabidae)*, bes. Puppenräuber *(Calosoma spec.)*, *Abax-* und *Pterostichus*-Arten, Marienkäfer *(Coccinellidae)*, Schnellkäfer-Larven *(Elateridae)*, Kurzflügler *(Staphylinidae)*, Schlupfwespen *(Entomophaga)*; Spinnen *(Araneidae)*.

Holzart	Symptom	Art

Kleine Fichtenblattwespe   *(Fortsetzung)*

Gegenmaßnahmen

vorbeugend: Begründung von Mischbeständen, Vermeidung von Grundwassersenkungen und Rohhumusanhäufungen (rasche Hochdurchforstung, Kalkung!), Bu-Unterbau;

chemisch: bienenungefährliche Insektizide (möglichst Drogen, s. PV) beim Erscheinen der ersten L (dunkel gefärbt, Kopfkapselbreite 1,2–1,4 mm) in Kulturen und angrenzenden, älteren Beständen in 2 aufeinanderfolgenden Jahren (Überlieger!);

biologisch: Vermehrung und Hege der Roten Waldameisen *(Formica spec.)*, gezielte Vogelhege (z. B. Ansiedlung des Staren); Massenzucht und Freilassung von räuberischen und parasitischen Insekten aussichtsreich!

Weitere Arten mit ähnlichen Schadbildern:

Kleinste Fichtenblattwespe *(Pristiphora ambigua* Fall. = *Lygaeonematus)*, *(Pristiphora saxeseni* Htg. = *Lygaeonematus)*, Gestreifte Fichtenblattwespe *(Pachynematus scutellatus* Htg.), Dunkelgrüne Fichtenblattwespe (*Pachynematus montanus* Zadd.).

Holzart	Symptom	Art
Lärche (alle Arten) alle Altersklassen	vertrocknete, gekrümmte Langtriebe mit einseitig beschädigter Rinde (Eiablage!), Larvenfraß gesellig, rinnen- und schartenartig, dann vollständig an Nadeln der Kurztriebe, auch der Langtriebe (Nahrungsmangel!)	Große Lärchenblattwespe *(Pristiphora erichsoni* Htg. = *Nematus)* England bis Sibirien, N-Amerika, Atlantik-Küste bis Pazifik; vielfach feucht-nasse Biotope;

I 8,5–9,5 mm, Kopf und Brust größtenteils schwarz, Hinterleib überwiegend rot;

L 15–20 mm, graugrün mit glänzend schwarzem Kopf, zerstreut schwärzlich behaart;

K 10–11 mm, von grünlichweiß über hellbraun zu dunkelbraun;

Biof: 67–68, 4/45 + 57; Gen. meist 1jährig, Überliegen, parthenogenetische Fortpflanzung bedeutungsvoll, Eiablage (Vorrat 40–50 Stück) zeilenweise in eingesägte, frische Rinde von Langtrieben (Deformation!), Überwinterung im K hauptsächlich am Stammfuß in der Bodenstreu.

Feinde: Mäuse, Vögel, Schlupfwespen, Raupenfliegen;

Holzart	Symptom	Art
		Große Lärchenblattwespe *(Fortsetzung)* *Krankheiten:* Mykose durch *Paecilomyces farinosa.* *Gegenmaßnahmen:* selten in unserem Gebiet nötig, u. U. Trockenlegung vernäßter Böden. Ferner Wesmaels Blattwespe *(Pristiphora wesmaeli* Tischb. = *Lygaeonematus),* Kl. Schw. Lärchenblattwespe *(Pristiphora laricis* Htg. = *Lygaeonematus)* und gesellig fressende *Pachynematus-* und *Anoplonyx-*Arten.

Freifressend an Farn, minierend in Kiefernborke (Larve)

Symptom	Art
Spechteinhiebe an Ki-Borke im unteren Abschnitt (ca. bis 2,5–3 m Höhe), Einbohrlöcher oft mit freigelegtem Längsgang nur in Borke (Bast wird nicht angegriffen), u. U. Kahlfraß am Farn, bes. *Adlerfarn (Abb. 229);* wegen meist starker Parasitierung (durch Schlupfwespen) zur Beseitigung von Adlerfarn kaum einsatzfähig	*Farnblattwespe,* „Täuschende Kiefernblattwespe" *(Eucampidea lineata* Christ. = *Strongylogaster)* I 8–11 mm, schmal, sehr gestreckt, Kopf und Brust schwarz, Hinterleib fast ganz rotbraun (♂), schwarz mit gelben (ab. 2. Segment) Segmentbinden; L dunkelgrün, bräunlichroter Kopf, sehr kleine Bauchbeine *(Abb. 229);* P grün (ohne K); Gen. durch Überliegen mehrjährig, Eiablage (Juni) an junge Farnwedel, Larvenfraß einzeln an Unterseite des Farnwedels, u. U. schon Juli Einbohren in Ki-Borke, dort Verpuppung ohne K (alle in Gängen gefundenen K stammen von Schlupfwespen). Daneben noch weitere, meist unbekannte Arten an Farn!

Räuberisch an Afterraupen (Larve und Imago)

Beutetier	Art
Afterraupen, bes. *Pristiphora-* und *Periclista-*Arten; wichtiger Regler des biologischen Gleichgewichts, mitunter durch Kannibalismus der ♀♀ eingeschränkt *(Abb. 228)*	*Räuberische Blattwespe* *(Rhogogaster viridis* L.) Sehr häufig und auffallend; I 10–12 mm, Kopf und Brust ziemlich schwarz, 1. Hinterleibssegment oben längsgefurcht, an den Seiten ohne Punktsaum *(Abb. 228);* Lebensweise weitgehend unbekannt!

Knopfhornblattwespen *(Cimbicidae)*

Imagines mit knopf- oder keulenartigen Fühlern, groß, gewölbter Rücken, abgeflachter Bauch; Larven kräftig mit 6–8 Bauchbeinpaaren, grünlich mit dunklem *(Trichiosoma)* oder fehlendem *(Cimbex)* Rückenstreifen, quergefaltet, vielfach weiße Warzenpunkte oder weißbestäubt;

Kokons groß, fest (Ausnahme *Clavellaria* mit grobem Gitterwerk), an den Polen abgerundet, dunkel.

Lebensweise und Schaden: FZ April bis Juni, Eiablage (Vorrat ca. 40–100 Stück) einzeln oder zu mehreren in gesägte Taschen in Blattunterseite oder -rand, häufig parthenogenetische Fortpflanzung, ein- oder mehrjährige Generation, *Imagines* ringeln (0,5–1 mm breit) dünne Laubholzzweige zur Saftgewinnung, Larven fressen vorwiegend nachts am Blattrand in reitender Stellung *(Abb. 226),* tagsüber in Ruhestellung, zusammengerollt an Blattunterseite, Überwinterung (auch Überliegen) im Kokon im Boden oder oberirdisch (Bodenstreu, Zweige u.a.), Verpuppung im Frühjahr; forstlicher Schaden meist gering und daher Bekämpfung kaum nötig.

Feinde: Vögel wohl nur an Kokons; Schlupfwespen *(Entomophaga)* und Raupenfliegen *(Tachinidae)* an Larven, Freß- oder Speckkäfer *(Dermestidae)* räuberisch an Larven in Gitterkokons *(Clavellaria).*

Freifressend (Larven)

Holzart	Symptom	Häufige Arten
Laubholz Blatt Birke (wohl monophag) Jung- und Althölzer, Einzelbäume	Blattfraß bis auf Mittelrippenstreifen	Große Birkenblattwespe, Veränderliche Birkenknopfhornwespe (*Cimbex femorata* L.) I 20–28 mm, variabel gefärbt; L grün mit schwarzem Rückenstreifen, weißbestäubt (nur jüngere Stadien) *(Abb. 226).* Ferner Blauschwarze Birkenblattwespe (*Arge pullata* Zadd.)
verschiedentlich Massenvermehrungen	Kahlfraß	Bepelzte Birkenknopfhornwespe, Große Pelzblattwespe, Hain-Knopfhornwespe (*Trichiosoma lucorum* L.) I 16–22 mm, schwarz, lang aufrecht gelbbraun behaart; L gelb bis bläulichgrün, zahlreiche Querrunzeln, segmentweise lange und kleinere weiße Warzen.
Wei, Pa	w. v.	Weidenknopfhornwespe *(Clavellaria amerinae* L. = *Pseudoclavellaria)*, Pappelknopfhornwespe (*Cimbex lutea* L.);
Bu, Erl		jeweils Buchenknopfhornwespe (*Cimbex fagi* Zadd.), Erlenknopfhornwespe (*C. connata* Schrk.).

Holzwespen (Siricidae)

Ca. 100 Arten, in Deutschland 10 Arten; kräftig, langgestreckt, ♂ wesentlich kleiner, ♀ mit hervorragendem Legestachel oder -bohrer *(Abb. 230)*, nur 1 Enddorn an Vorderschienen; Larven weich, weißlich, augenlos, 3 Paar kurze, stummelartige Brustbeine, horniger Stachel (Dorn) am Hinterleibsende (s. Bockkäferlarven!), gesamte Entwicklung im Holz; Puppen gelblichweiß, beim ♀ letzter Hinterleibsring mit Legebohrer fast halbe Hinterleibslänge *(Abb. 232b)*.

Lebensweise

Wespenflug von Juni bis September, je nach Art und Klima, mit schwirrendem Geräusch, ♂♂ meist in starker Minderheit, untereinander (gezwingert) sehr unverträglich mit Abbeißen der Flügel und Beine, Ernährung wohl ausschließlich von Baumsäften; Eiablage (Vorrat bei *augur* bis 1000, *juvencus* 350–480 Stück) zu verschiedenen Tageszeiten, hauptsächlich wohl mittags bei warmem Sonnenschein und abends am stehenden oder frisch gefällten Stamm mit oder ohne Rinde und am frischen Stock durch besondere Bohrtechnik: Legebohrer* sticht senkrecht ins Holz (allgemein ca. 6–8 min. Bohrzeit für 6–10 mm Tiefe), dabei fester Sitz und fast unstörbar, bei jedem Einstich in der Regel mehrere, etwa 4 Eier (bis 8 Eier), mitunter auch Fehlstiche, gesamte Legezeit ca. 2–4 Wochen (witterungsabhängig). Larven schlüpfen nach etwa 3–4 Wochen und fressen vom Eikanal senkrecht auf- und abwärts, zunächst meist im Frühholz eines Jahrringes, dann quer und überwiegend unregelmäßig durchs Holz: Gänge mit dichtem, festgepreßtem (durch Dorn) Bohrmehl angefüllt (dadurch auch bei Schnittholz meist übersehen!) bis ca. 20, auch 40 cm lang; Symbiose mit eingeschleppten, holzzerstörenden Pilzen (s. dort!); am Gangende Puppenwiege ohne Bohrmehl meist an Stammoberfläche, jedoch auch bis 12 cm tief im Holz oder direkt unter der Rinde *(Xiphydria)*; Ausfluglöcher, von *Imago* genagt, kreisrund *(Abb. 233)*, nur bei Ausflug im spitzen Winkel zur Oberfläche leicht oval; Gesamtentwicklung 1 Jahr *(Tremex)* oder 2 bis 6 Jahre.

Schaden

In Europa nur Sekundärschaden am stehenden, kränkelnden Stamm (Rindenbrand, Rotwildschäle u.a. Verletzungen, nach Raupenfraß und Borkenkäferbefall), nach Neuseeland und Australien eingeschleppte Arten jedoch Primärschaden; in erster Linie technische Entwertung von Rund-, Schnitt- und verarbeitetem Holz wie Dielen- und Deckenholz, Fenster, Türen u.a. durch Bohrgänge und Durchnagen von Farb- und Lackanstrichen, Linoleum, Teppichen, Kunststoffauflagen, selbst Bleiplatten (in der chemischen Industrie beim Bleikammerverfahren zur Herstellung von Schwefelsäure, Bleirohre bei Wasseranschlüssen, Bleikugeln in Patronenkästen u.a., oft verhängnisvoll!), Neuinfektion bereits befallenen, ausgetrockneten Materials (z.B. Bretter, Balken) ausgeschlossen; in zweiter Linie physiologisch durch Verkürzung des Lebensalters (z.B. geförderter Windwurf) und Verbreitung holzzerstörender Pilze; Waldbesitzer kann für *Sirex*-befallenes Holz nicht regreßpflichtig gemacht werden (fehlende Befallsmerkmale!).

Feinde: Spechte, bes. Schwarzspecht; parasitische Insekten wie Schlupfwespen *(Rhyssa, Thalessa, Ephialtes)* und Gallwespen *(Ibalia) (Abb. 231)*.

Gegenmaßnahmen

vorbeugend: Vermeidung von Sommerfällung bei Nadelholz, rasche Abfuhr des Holzes vor der Flugzeit, saubere Wirtschaft mit Beseitigung des Brutmaterials (Aufarbeitung und Abtransport von Kalamitätenhölzern, Herausschaffen unverwertbarer Sortimente);
chemisch: Insektizide zur vorbeugenden Schutzbehandlung des Rundholzes im Walde bislang wenig wirksam; Behandlung von Exportholz: im Heißluft-Verfahren durch anerkannte Betriebe (HV), mit Durchgasungsmitteln wie Methylbromid und Zyklon (Blausäuregas) nach behördlicher Vorschrift von konzessionierten Firmen, im Streichverfahren z.B. mit Basilit UA (Fluorid-

---

* Bohrapparat besteht aus einem rinnenartigen Teil und 2 verschiebbaren Borsten, mit Sägezähnen zum Bohren und mit Schaufeln zum Herausfördern des Sägemehls.

Holzwespen (Siricidae)

Chromat-Arsenat-Salz, Giftklasse I – 3 kg Salz/m³ Holz); Zertifikate erforderlich bei Einfuhr von Holz, Holzteilen, auch als Verpackungsmaterial nach Übersee, z.B. Australien; ausstellende Behörde in der BRD Pflanzenschutzamt;
biologisch: Massenzucht von Schlupfwespen (*Rhyssa*-Arten mit 1jähriger Generation), in Neuseeland durch eingeführte Hauptparasiten (*Rhyssa, Ibalia*-Gallwespen) wohl erfolgreich!

Holzminierer (Larven)

Holzart	Symptom	Wichtige Arten
Laubholz anbrüchiges, stehendes oder liegendes, waldfrisches Holz, be- oder verarbeitet (Baumholz) u.U. mit jahrelang unerkanntem Befall	kreisrunde Fluglöcher *(Abb. 233)* am be- oder entrindeten Rundholz bzw. Schnittholz oder verarbeitetem Holz (z.B. Fenster, Türen u.a., selbst mit Farb- oder Lackanstrich), Gänge mit dichtem, festgepreßtem Bohrmehl	paläarktische Region Eichenholzwespe (*Xiphydria longicollis* Geoffr.), 15–22 mm, gelb; *X. camelus* L., 10–21 mm, schwarz mit weißer Zeichnung; *X. prolongata* Geoffr., 7–18 mm, Mitte des Hinterleibs und Beine rot; *Tremex fuscicornis* F., 15–40 mm, rostgelb; *T. magus* F., 15–35 mm, schwarz oder blauschwarz, ♀ Hinterleib, Beine und Fühlerspitzen weiß.
Nadelholz (bevorzugt stärkeres Holz)	w.v. Larvengänge bis 40 cm *(Abb. 232b)*	**Riesenholzwespe** (*Urocerus gigas* L. = *Sirex*) ♂ 12–30 mm, Hinterleib rot mit schwarzer Basis und Spitze, ♀ 15–45 mm (einschließlich Legebohrer) *(Abb. 232a),* Hinterleib gelb mit schwarzen mittleren Ringen.
	Larvengänge 15–25 cm lang	**Blaue Kiefernholzwespe** (*Sirex juvencus* L. = *Paururus*) häufigste einheimische Art, weit verbreitet auch in N-Amerika, nach Neuseeland eingeschleppt; ♂ 12–30 mm, ♀ 16–30 mm, blauschwarz, ♂ Hinterleib ohne Basis und Spitze rötlich, Fühler in der Basalhälfte rostgelb *(Abb. 230).* Voriger Art sehr ähnliche (evtl. auch nur Var.) Blaue Fichtenholzwespe *(Sirex noctilio* F. = *Paururus)* mit ganz schwarzen Fühlern; Schw. Fichtenholzwespe (*Xeris spectrum* L.), 15–30 mm, Hinterschienen mit 1 Enddorn; eingeschleppt von N-Amerika *Sirex cyaneus* F.; Gelbe Fichtenholzwespen *(Urocerus fantoma* F. = *Sirex),* 15–30 mm, sehr ähnlich *U. gigas; U. augur* Kl. = *Sirex,* 18–40 mm, ähnlich voriger Art.

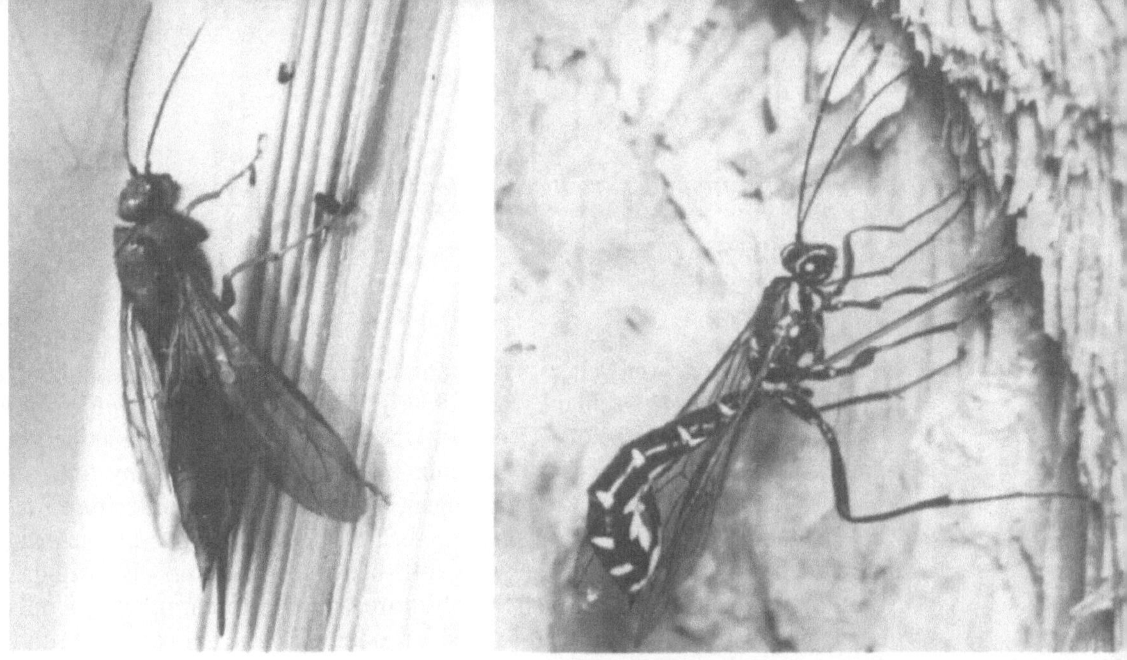

Abb. 230. Blaue Kiefernholzwespe ♀ *(Sirex juvencus* [16–30 mm] (J. REISCH)

Abb. 231. Riesenschlupfwespe *(Rhyssa persuasoria)* bei der Eiablage in Holzwespenlarven [16–26 mm] (M. KEIL)

Abb. 232.(a) Riesenholzwespe ♀ *(Urocerus gigas)* [15–45 mm] (H. SCHREMPP)

Abb. 232.(b) Puppen der Riesenholzwespe *(Urocerus gigas)* im Fichtenholz [ca. 40 mm] (B. SOUKUP)

Abb. 233. Kreisrunde Schlupflöcher von Holzwespen im Fichtenbrett (Längsschnitt) [1 : 1] (J. REISCH)

Insektenparasiten oder -räuber – Pflanzenfresser – Blutsauger

2.11 Zweiflügler *(Diptera)*

Allgemeine Merkmale

Über 80000 Arten, weltweit mit Ausnahme der Antarktis, in Deutschland etwa 3000 Arten; Mücken *(Nematocera)* schlank, langfühlerig, langbeinig; Fliegen *(Brachycera)* plump, kurzfühlerig, kurzbeinig (in beiden Gruppen Übergänge); sehr unterschiedlich in Gestalt und Färbung, winzig bis mittelgroß (1–55 mm lang, bis 100 mm Flügelspannweite), nur 2 vollentwickelte Flügel (selten Flügellosigkeit), die häutigen, meist glasklaren Vorderflügel mit weitgehend reduziertem Quergeäder an der kräftigen Mittelbrust, Hinterflügel als stummelartige Rudimente (mitunter auch fehlend), die sog. Schwingkölbchen oder Halteren als Gleichgewichtsorgane und Stimulatoren beim Fluge (ähnlich Stabilisatoren beim Hubschrauber!), Kopf mit großen Seitenaugen und rüsselartigen leckend-saugenden oder stechend-saugenden Mundwerkzeugen;
Larven stets ohne Beine (Maden), häufig wurmartig, auch gedrungen, Kopf mit vollständiger Kopfkapsel und äußerlich sichtbaren, beißenden Mundwerkzeugen *(eucephal)* oder ohne Kopfkapsel nur mit Innenskelett (Kopfgräten) und saugenden Mundhaken *(acephal)* oder auch Zwischenformen, z.B. nur mit Kiefern und Fühlern *(hemicephal)*, Kopfbildung wichtigstes differentialdiagnostisches Merkmal:
Puppe bei Mücken *(Nematocera)* und vielen Fliegen *(Brachycera)* als Mumienpuppe *(Pupa obtecta)*, oft freischwimmend im Wasser, oder bei den eigentlichen Fliegen bzw. Deckelschlüpfern *(Cyclor[r]apha)* als Tönnchenpuppe *(Pupa coarctata)*; charakteristischer Schlüpfspalt an der Puppenhaut (taxonomisch wichtig!) entweder durch Absprengen des gesamten Tönnchendeckels in 2 Hälften mit Hilfe einer dafür ausgestülpten Stirn- oder Kopfblase (hochentwickelte Schizophoren, eigentliche Fliegen) oder beim Fehlen letzterer meist nur dessen rückseitiger Hälfte (Aschizen, z.B. Buckel- und Schwebfliegen) oder durch Aufbrechen eines T-förmigen Längsspalts am Rücken *(Nematocera*, Mücken).

Lebensweise

In den verschiedensten Biotopen von der Schneegrenze des Hochgebirges bis ins Tal, vom hohen Norden bis in wärmste Gebiete der Äquatorzone;
Imagines hauptsächlich Tagtiere, räuberisch, parasitisch und/oder auch Blütenbesucher; Ernährung fast ausnahmslos von Säften aus angestochenen Geweben von Pflanzen, Tieren und Menschen oder von durch Speichelsekret aufgelösten Stoffen (extraintestinale Verdauung), z.B. Zucker, Brot, Käse u.a. durch die Stubenfliege;
Larven leben im Wasser, Schlamm, faulendem organischen Material, aber auch in lebenden Pflanzen und Tieren als Schmarotzer;
Fortpflanzung meist zweigeschlechtlich *(gamogenetisch)*, selten Paedogenese als Sonderform der Parthenogenese (Erzeugung von Tochterlarven durch Larven) mit Generationswechsel (z.B. Gallmücken), überwiegend durch Ablage von meist länglichen und farblosen Eiern *(ovipar)* oder schlüpfreifen Eiern *(ovovivipar*, z.B. Raupenfliegen), selten durch Larven *(larvipar)* oder Puppen *(pupipar)*.

Bedeutung der Zweiflügler

Als Regler des biologischen Gleichgewichts in der Waldbiozönose (vor allem Raupenfliegen, Raub- und Schwebfliegen), Zersetzer organischer Stoffe (z.B. von Bestandesabfall wie Laub, morsches Holz) zur Humusanreicherung des Waldbodens, Nahrung für Vögel, Fische, Kriechtiere, Lurche und viele insektenfressende Tiere sowie zur Fremdbestäubung beim Blütenbesuch sehr wichtig; dagegen sind viele Arten lästige Plagegeister (z.B. Stechmücken, Kriebelmücken, Gnitzen, Wadenstecher, Stubenfliege, Viehbremsen) *(Abb. 234, 244)*, Krankheitsüberträger *(Anopheles*mücke: Malaria), Tsetsefliegen (*Glossina palpalis*: Schlafkrankheit, *Glossina morsi-*

tans: Nagana-Viehseuche) und Stubenfliege (*Musca domestica:* zahlreiche Infektionskrankheiten), Schmarotzer bei Haustieren und Schalenwild (Magenfliegen, Rachenbremsen, Dasselfliegen) und Schädlinge an Kulturpflanzen (Kirschfruchtfliege, Olivenfliege, Rübenfliege, Gallmücken, Minierfliegen, Schnaken) *(Abb. 241–243, 246);* im allgemeinen tritt aber ihre Bedeutung im Walde im Vergleich mit anderen Insektenordnungen, wie z. B. den Hautflüglern, zurück.

Mancherorts sind Larven von Tipuliden und Haarmücken, namentlich in Forstgärten, recht unangenehm durch Wurzelfraß an Keimlingen und Jungpflanzen; in Weidenhegern können die Weidengallmücken und in Kiefernschonungen die Kieferngallmücken mitunter, aber meist örtlich begrenzt, Schaden anrichten. Zahlreiche Raubfliegen *(Abb. 238)* und Langbeinfliegen leben räuberisch von schädlichen Insekten, Schwebfliegen besonders von Blatt- und Schildläusen *(Abb. 240 b),* Afterraupen und Schmetterlingsraupen und die Mehrzahl der Raupenfliegen *(Abb. 239)* hauptsächlich als Parasiten von Raupen forstlicher Großschädlinge wie Kiefernspanner, Forleule, Nonne. Als Hyperparasiten von Tachinen und Ichneumonen besitzen allerdings einige Wollschweber einen nachteiligen Einfluß.

Übersicht

Überwiegend nützlich

Waffenfliegen *(Stratiomyi[i]dae)*
Holzfliegen *(Erinnidae = Xylophagidae)*
Schnepfenfliegen *(Rhagionidae = Leptidae)*
Raubfliegen *(Asilidae)*
Wollschweber, Hummelfliegen *(Bombyliidae)* –
Ausnahme Hyperparasiten –
Tanzfliegen *(Empididae)*
Langbeinfliegen *(Dolichopodidae)*
Lonchopteridae = Muscivoridae
Renn- und Buckelfliegen *(Phoridae)* – s. auch
Samenschädling –
Schwebfliegen *(Syrphidae)*
Bohr- oder Fruchtfliegen *(Tephritidae =*
Trypetidae) – s. auch Obst- u. a. Schäden –
Lonchaeidae – Ausnahme Samenschädlinge –
Blattlausfliegen *(Chamaemyiidae = Ochthiphilidae)*
Blumenfliegen *(Anthomyi[i]dae)* – Ausnahme Pflanzenfresser –
Raupenfliegen *(Tachinidae = Larvaevoridae)*
Fleisch- oder Aasfliegen *(Sarcophagidae)*
Pilz- und Trauermücken *(Mycetophilidae* und *Lycoriidae = Sciaridae)*
Kammhornschnaken *(Flabelliferinae = Ctenophorinae)*
Zuck- oder Schwarmmücken *(Tendipedidae = Chironomidae)*

Überwiegend schädlich

Bremsen, Viehfliegen *(Tabanidae)*
Minierfliegen *(Agromyzidae)*
Echte Fliegen *(Muscidae)*
Schmeiß- oder Blaufliegen *(Calliphoridae)*
Dasseln *(Oestridae)*
Lausfliegen *(Hippoboscidae)*
Haarmücken *(Bibionidae)*
Gallmücken *(Cecidomyiidae = Itonididae)*
Stechmücken, Gelsen, Moskitos *(Culicidae)*
Kriebelmücken *(Simuliidae = Melusinidae)*
Schnaken *(Tipulidae)*

Fliegen *(Brachycera)*

Meist plumper Körper, kurze Fühler, kurze Beine *(Figur 4i, k);*
systematisch wird unterschieden zwischen Mumienpuppe *(Pupa obtecta)* – Brachycera – und
Tönnchenpuppe *(Pupa coarctata)* – Deckelschlüpfer *(Cyclor[r]hapha)* –.

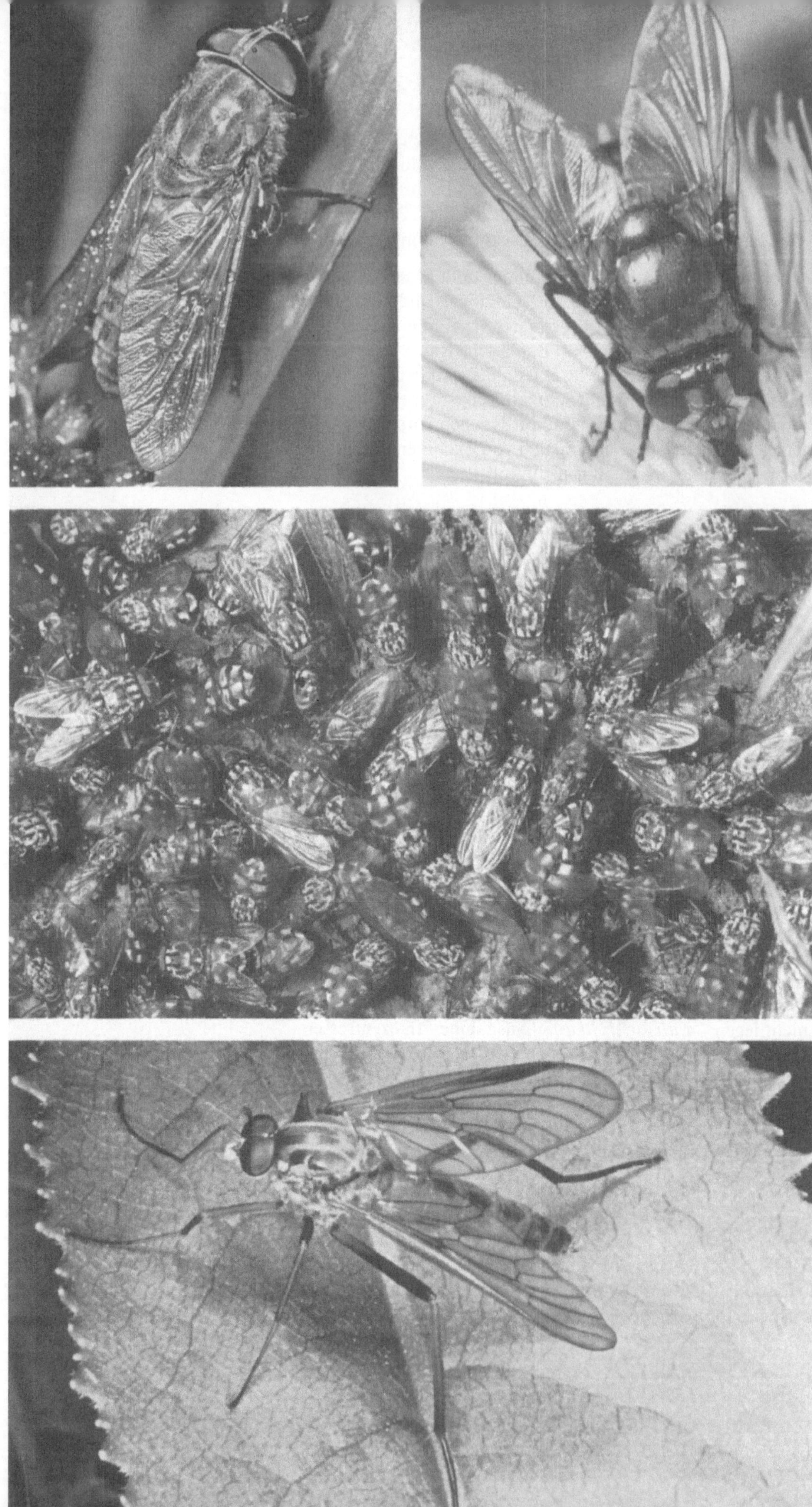

Abb. 238. (a) Raubfliege mit erbeuteter Zikade [ca. 20 mm] (H. PFLETSCHINGER)

Abb. 238. (b) Mordfliege *(Laphria gibbosa)*, ein bedeutender Insektenräuber [15–27 mm] (G. OLBERG)

Abb. 239. Raupenfliege [ca. 7–16 mm] (W. KRATZ)

Abb. 240. Schwebfliege *(Syrphus ribesii)* [9–13 mm] (H. PFLETSCHINGER)

(a) Bei der Eiablage in eine Blattlauskolonie

Abb. 240. (b) Larve mit aufgespießter Blattlaus [ca. 13 mm]

367

Larven als Insektenräuber (teilweise auch Vollkerfe)

Waffenfliegen *(Stratiomyi[i]dae)*

Ca. 1500 Arten; klein bis mittelgroß, Kopf und Rücken verziert mit wehrhafter Struktur (Waffen-fliege!) in Form von Dornen u. a. Fortsätzen, sehr schön gefärbt (vielfach wespenartig schwarz-gelb), häufig bremsenartig mit flachem und breitem Hinterleib; Sonnentiere, Blütenbesucher (Doldengewächse); Larven 10–50 mm, ledrig, meist bräunlich, asselförmig, träge; Bewohner von Schlamm, Rinde, morschem Holz u. a. organischen Stoffen, auch in Fraßgängen von Borkenkä-fern; bekannteste Art Chamäleonsfliege (*Stratiomyia chamaeleon* L.) mit 14,5–15,5 mm Länge und gelb-schwarzer Färbung.

Holzfliegen *(Erinnidae = Xylophagidae)*

Ca. 130 Arten; schlupfwespenähnlich, manche auch plump, eigenartiger Geruch nach Kräuter-käse (Stinkfliege), vor allem in Laubwaldungen; Larven weißgelb, walzig, schnabelförmiger Kopf, schräg abgestutztes Hinterleibsende, Kriechschwielen; zumeist räuberisch an Käferlarven (Borkenkäfer, Bockkäfer) unter Rinde, in Stöcken und anbrüchigem Holz;
Puppe frei, 2 seitlich gebogene Kopfhörner, Borstenkränze an Hinterleibsringen;
Bedeutung: wohl überwiegend nützlich durch die karnivoren Larven (doch vieles noch uner-forscht!); bekannte Art: Schwarze Holzfliege (Erinna atra Mg. = Xylophagus) mit 7,5–14 mm Länge.

Schnepfenfliegen *(Rhagionidae = Leptidae)*

Ca. 500 Arten; vorwiegend mittelgroß, schlank, verlängerte Beine, vielfach gefleckte Flügel; an besonnten Baumstämmen in charakteristischer Stellung (♂ kopfabwärts mit aufgerichtetem Kör-per) auf Beute lauernd *(Abb. 237);* wohl räuberisch an anderen Insekten, aber auch Säftesauger (z. B. Honigtau, wenige Arten im westlichen Nordamerika Blut von Mensch und Tier); Zusam-menschluß von *Atherix*-♀♀ zur Eiablage, in Form einer Traube oder eines Klumpens, an über-hängenden Zweigen über fließenden Gewässern, deren Brut zunächst von den toten Muttertieren lebt und dann ihre Entwicklung im Wasser fortsetzt; in Nordamerika früher eine beliebte India-nerspeise;
Larven bis 20 mm, walzig, gelblich-grauweiß, häufig Kriechwülste oder andere Fortsätze, sehr lichtscheu, Allesfresser oder Räuber in der Bodenstreu, im Mulm, unter Rinde und im Holz, mitunter auch in selbstgebauten Sandtrichtern zum Fang von Kerbtieren (z. B. *Vermileo vermileo* Deg.) nach Art des Ameisenlöwen; z. B. Ibisfliege (*Atherix ibis* Fabr.), 8,5–10 mm, glas-helle Flügel mit 3 undeutlichen, grauen Querbinden.

Larven als Insektenräuber, Vollkerfe als Blutsauger bei Warmblütern

Bremsen, Viehfliegen *(Tabanidae)*

Ca. 3100 Arten; mittelgroß bis groß (10–30 mm), mit Flügelspannweite über 50 mm größte Fliegen unseres Fauengebietes, sehr plump, kräftiger Rüssel, auffallend große, schön schillernde Komplexaugen; ♂♂ Nektarsauger und Pollenfresser, ♀♀ sehr aufdringliche und hartnäckige Blutsauger an Warmblütern, bes. an schwülen Sommertagen, manche auch Krankheitsüberträger beim Stechakt durch Entleerung des Darminhalts in die Stechwunde (z. B. *Tabanus sudeticus* Zell.) Überträger der Brucellose, verschiedene Goldaugenbremsen *(Chrysops spec.)* Überträger von Fadenwürmern in den Tropen.
Eiablage in mehreren Schichten mützenartig (300–600 Stück) an Pflanzenstengel oder Blätter in feuchten Gebieten oder einfach über dem Wasser; Larven 10–25 mm, weißlich bis braungelb, langgestreckt spindelförmig, Kriechschwielen, räuberisch an Insektenlarven (unter anderem Eu-lenraupen, Larven von Brachkäfern), Würmern, Schnecken und Krebstieren im Schlamm.

Hierzu gehören die Viehbremsen (Gattung *Tabanus* L.), z. B. Gem. Rinderbremse (*Tabanus bovinus* Loew.) *(Abb. 234);* „Blinde Fliegen" (Gattung *Haematopota* Mg. = *Chrysozona*), z. B. Regenbremse, Gewitterfliege (*Haematopota pluvialis* L.); Goldaugenbremsen (Gattung *Chrysops* Mg.).

Insektenräuber (Vollkerfe und/oder Larven)

Raubfliegen *(Asilidae)*

Ca. 4800 Arten; mittelgroß bis groß, vielgestaltig, neben libellenartigen oder plumpen Formen, schlanke und kräftige Asilinen, hummel- oder wespenähnliche Mordfliegen *(Laphrinae)* und spinnenartig-langbeinige Wolfsfliegen *(Dasypogoninae)*, Kopf meist dicht behaart („Knebelbart", „Backenbart"), eingesattelter Scheitel mit hervorquellenden Augen, kräftige Beine mit Dornen und Borsten zum Fangen und Festhalten der Beute, kräftiger Rüssel meist unter Kopflänge zum Durchbohren und Aussaugen der Beutetiere;
Larven walzenförmig oder abgeplattet, weiß oder gelb; Puppe frei, mit geweihartigen Kopfdornen und Dornengürtel am Hinterleib.

Lebensweise: Imagines räuberisch an anderen Kerbtieren *(Abb. 238),* teilweise spezialisiert, z. B. Wolfsfliegen auf Stechwespen, die von Warten (Stock, Baumstamm, Boden, Blüten o. a.) aus erspäht und im kühnen Stoßflug überwältigt werden;
Eiablage je nach Ausbildung des Legeapparates *(Ovipositor)* durch einfaches Fallenlassen von Eiern von Pflanzen aus, Vergraben im Sand, Einführen in Holzrisse oder Fraßgänge oder Anheften an Moos u. a.; Larven ernähren sich vorwiegend von faulenden Pflanzenstoffen, aber auch räuberisch von Käferlarven;
Bedeutung als Regler des biologischen Gleichgewichts im Walde sehr groß; vieles noch unbekannt!

Beutetier	Wichtige Gattung bzw. Art
Imagines: verschiedene Kerfe, darunter Rüßler, auch Großer Brauner Rüßler *(Hylobius abietis)*, Tipuliden, Borkenkäfer; Larven: Larven von Rüssel- und Prachtkäfern, Bockkäfern, Eier und Engerlinge von Blatthornkäfern	*Mordfliegen* (Gattung *Laphria* Mg.) *Laphria gibbosa* L., 15–27 mm, schwarz, Rücken bräunlich, blaßgelber Bart, dichter, weißgelblicher Haarfilz am Hinterleib, Flügel düster *(Abb. 238 b),* FZ Juli-September;
	daneben *L. gilva* L., *L. ignea* Mg., *L. meridionales* Muls.; Raubfliegen (Gattung *Asilus*) Hornissenartige Raubfliege (*Asilus crabroniformis* L.), schwarz-gelb, dunkel gefleckte, gelbliche Flügel; daneben *A. gigas* Ev.

Tanzfliegen *(Empididae)*

Ca. 3000 Arten; vorwiegend klein, schlank, ziemlich kugeliger, beweglicher Kopf auf dünnem Hals mit sehr langem, abwärts gerichtetem Stechrüssel, Beine verlängert und verziert (Dornen u. a.); ♂♂ vollführen in Schwärmen und auch einzeln Balztänze (Tanzfliegen) zum Werben von ♀♀, denen die ♂♂ oft vor der Begattung „Hochzeitsgeschenke" in Form von erbeuteten Insekten (z. B. *Empis tesselata* F. mit viel größerem Beutetier wie die Schnepfenfliege *Rhagio scolopaca* L.) darbieten, die dann vom auserwählten ♀ während der Begattung verspeist werden, oder die ♂♂ tragen beim Tanz ein besonderes Hochzeitsgewand aus einem selbstgesponnenen, in der

Sonne glitzernden Schleier zwischen den Hinterbeinen (z.B. *Hilara sartor* Beck); meist räuberisch an kleinen Fliegen, aber auch zahlreiche Arten eifrige Blütenbesucher (bes. Korbblütler); Larven walzig mit winzigem Kopf, wohl hauptsächlich ebenfalls räuberisch an anderen Kerbtieren unter Laubstreu, Rinde u.a.; recht häufig Gewürfelte Tanzfliege (*Empis tesselata* F.) mit 9–13 mm Länge; noch vieles unbekannt!

Langbeinfliegen (Dolichopodidae)

Ca. 3600 Arten; den Tanzfliegen nahestehend, ebenfalls klein und schlank (3–7 mm), jedoch längere Beine und häufig metallisch-grün glänzend; wohl räuberisch an anderen Insekten, oft massenhaft auf Gebüsch und krautigen Pflanzen feuchter Standorte, sogar manche Arten Wassertreter, vor allem an warmen Tagen im Laub o.a. äußerst geschäftig hin- und herrennend; Larven (6–8 mm), zylindrisch, weißlich oder gelblich mit einziehbarer Kopfkapsel, krumm beborsteten Kriechwülsten; in der Streudecke, Stöcken, anbrüchigen Stämmen, unter Rinde und Moos überwiegend räuberisch, namentlich an Borkenkäferbrut; Puppe frei, bezahnter Kopf, Bauch mit bedornten Querwülsten; Bedeutung: wegen der karnivoren Ernährung der Larven in Borkenkäfergängen sicherlich groß, jedoch bislang viel zu wenig bekannt!

Beutetier	Art
Larven und Puppen von Borkenkäfern (z.B. Buchdrucker); Begrenzung meist durch andere Prädatoren, z.B. Ameisenbunt-käfer!	*Medetera signaticornis* Lw. 6–7 mm, schwarz, vorne hochgestellt; schräger Lauf vor- und rückwärts; L erwachsen 8 mm, bes. hinten stumpf, weiß, bauchwärts 7 scharf begrenzte Warzenfelder; P 5 mm, gablige Bohrhörner am Kopf, lange Atemröhren an der Vorderbrust, 6 lange, gekrümmte Afterborsten.

Lonchopteridae = Muscivoridae

Kleine Familie, vielfach auch zu den Cyclorhaphen gestellt; klein (2–4 mm), gelblich oder bräunlich mit spatel- oder ruderförmigen Flügeln (fast nur Längsadern); oft massenhaft auf Gräsern, feuchten Wiesen oder auf Waldblößen oder an Bachufern auf Laub oder nassen Steinen; Lebensweise der *Imagines* nicht weiter bekannt; Larven asselförmig, abgeflacht, dunkel gefärbt, träge; in Laubstreu oder Schlammschicht von Ufern, mitunter auch unter Rinde in Borkenkäfergängen und dann räuberisch an Borkenkäferbrut; bisher sehr wenig bekannt; häufigste Art *Lonchoptera lutea* Pz.

Larven als Insektenparasiten und -hyperparasiten

Wollschweber, Hummelfliegen (Bombyliidae)

Ca. 2800 Arten; meist mittelgroß und plump, hummelähnlich (Hummelfliegen!), pelzig behaart, lebhaft gezeichnet auch auf den Flügeln; äußerst gewandte und rasche Flieger mit längerem Schwebflug (Wollschweber!) und blitzschnellem Abstreichen sowie nach Schwärmerart Blütenbesuch im Schwirrflug mit oft lang ausgestrecktem Rüssel zum Nektarsaugen; Larven im Jugendstadium mit 3 Paar Brustborsten und 1 Paar langen Afterborsten, kleine Fußstummel (6.–10. Segment), lang und schlank zum Pollenfressen in Brutzellen von Stechwespen, als Einhäuter aber parasitisch an Wirtslarve mit einer angepaßten Madengestalt ohne Borsten; Puppe mit Zackenkranz am Kopf, ähnlich einer Gesichtsmaske (taxonomisch wichtig!);

Bedeutung uneinheitlich, manche Trauerschweber Parasiten von schädlichen Schmetterlings-raupen, andere wiederum bei solitären Bienen und Grabwespen und schließlich unangenehme Hyperparasiten von Raupenfliegen und Schlupfwespen forstlicher Großschädlinge, wo ihr Auftreten nicht selten den Zusammenbruch der Gradation verzögert (s. Schlupfwespen!).

Parasiten-eigenschaft	Wirt	Wichtige Arten
Parasiten	Forleulen- und Saat-eulenpuppen	**Trauerschweber,** düster gefärbt *Villa hottentotta* L. = *Anthrax* gelb behaart, helle Flügel mit bräunlich getrübtem Vorderrand
	Tsetsefliegen *(Glossina spec.)*	andere tropische Arten
Hyper-parasiten	Tachinen und Ichneu-monen (z.B. *Banchus femoralis*), vor allem von Forleule und Nonne	*Hemipenthes morio* L. 6,5–14 mm, Schwärzung der Flügelfläche schräg begrenzt. *Hemipenthes maurus* L. 8–11 mm, Schwärzung der Flügelfläche in den hellen Teil gezackt übergreifend.

Deckelschlüpfer *(Cyclor[r]hapha)* Larven ohne äußere Kopfkapsel, Tönnchenpuppe (Pupa coarctata).
Aschiza: Imagines ohne oder nur mit undeutlicher Bogennaht (quergelagerter Stirnspalt), Spren-gung des Tönnchens mit der Kopfvorderfläche (Untergesicht).

Larven als Insektenparasiten

Renn- oder Buckelfliegen *(Phoridae)*

Ca. 1500 Arten; klein bis winzig (0,5–6 mm), meist bucklig durch abschüssigen Hinterleib (Buk-kelfliegen), dunkelgefärbt, charakteristisches Flügelgeäder mit 4 dünnen, am Grunde verdickten Längsadern; oft sehr hastiger Zickzacklauf (Rennfliegen) auf Blättern, Stämmen u.a.; mit-unter auch flugunfähig; Ernährung von faulenden pflanzlichen und tierischen Stoffen, Pilzen, Pollen, Honigtau u.a.; Larven langgestreckt, vorne zugespitzt und hinten stumpf, leben in den vorgenannten Substraten, z.B. massenhaft in verwesenden Puppen (Nonne u.a.), toten Regen-würmern, aber auch phytophag in Samen (Schwki, Getreide), räuberisch und parasitisch von anderen Kerbtieren.

Wirt bzw. Schaden	Häufige Arten
Verschiedene Larven und Puppen von Käfern (z.B. Maikäfer, Ameisenbuntkäfer); auch Sa-menschädling: ausgefressene Samen (Schwki) bzw. verschleim-ter Inhalt	*Megaselia rufipes* Mg.; 1,5 mm; L 2,6–3 mm lang, 0,5 mm breit, grauweiß, Hinterleibsende mit 12 stachelförmigen Dornfortsätzen, an den Leibesringen der Fortbewegung dienende Dornenzäpfchen, gesellige Lebensweise; P Tönn-chen 3 mm lang, 1 mm breit, flach, gelb mit rötlichbraunem Schimmer, 2 schwarze Dornen an Vorderseite.

Wirt	Häufige Arten
vorwiegend *Hylobius*-Arten	*Megaselia plurispinulosa* Ztt.; L langgestreckt, vorne stark verjüngt, winzige Dornen und längere Zapfen meist in Querreihen auf der Haut; P ebenfalls mit Fortsätzen, am 4. Ring 2 dunkle Hörner (s. vorige Art!).
Haarmücken-Larven	Dicke Buckelfliege (*Hypocera incrassata* Mg.); 2,1 mm, ausgeprägtes Aderfenster am Vorderrand; L hell, bedornt, ausgesprochen konisch nach vorne, After ähnlich „Teufelsfratze"; P Tönnchen dunkel, Anhänge am Hinterleibsende vorne zugespitzt.

Larven als Blattlausfresser

Schwebfliegen *(Syrphidae)*

Allgemeine Merkmale

Ca. 4000 Arten; klein bis mittelgroß (4–25 mm), vielfach auffällig buntgefärbt, erinnernd an Wespen (gelbgebänderter Hinterleib), an Hummeln (dicht behaart, im Fluge brummend) oder an Bienen oder an Schlupfwespen (keulenartiger Hinterleib); von Echten Fliegen *(Muscidae)* zu unterscheiden durch fehlende Stirnnaht, fehlende Gesichtsleisten (senkrechte Ränder der Fühlergruben) und einer meist vorhandenen Längsaderfalte *(vena spuria)* **(Abb. 240a);**

Larven sehr unterschiedliche und veränderliche (dehnbar oder verkürzbar) Körperform, abgeflacht oder nach vorne verschmälert oder zylindrisch oder mit einem längeren Atemrohr (wie der Schnorchel eines Unterseebootes oder Tauchers) oder mit längeren Körperfortsätzen oder sogar schneckenähnlich (unsegmentiert erscheinend) mit gitterartigem Überzug, meist lederartig zäh und buntgefärbt (grün, braun, gefleckt);
Puppe: Tönnchen tropfenförmig (Syrphinen), mit Schwanzanhang *(Eristalis)*, halbkugelig *(Microdon)* u. a.

Lebensweise

Imagines fast ausnahmslos eifrige Blütenbesucher (Nektarsauger) vom Frühjahr bis zum Spätherbst, außerordentlich gewandte Flieger, wie Schwärmer und Libellen, mit Schwirrflug und pfeilschnellem Abschießen in andere Richtungen; Larven in allen möglichen Lebensräumen, in Schlamm und Jauche („Rattenschwanzlarven" der Gattung *Eristalis*, deren Vollkerfe mit bienenähnlichem Habitus auf Blüten „Mistbienen"), im Harz- (Fichtenharzfliege [*Chilosia morio* Zett.]) und sonstigem Saftfluß von Laubhölzern wie Bi, Ei, Ah, Pa (Gattung *Brachyopa*, *Xylota*), im Holzmulm (z. B. *Temnostoma vespiforme* L. in Bi), schmarotzend in Hummel- und Wespennestern (Gattung *Volucella*), in Ameisennestern (nacktschneckenähnliche Larven der Gattung *Microdon* bei *Formica rufa* L. und *Lasius spec.*), wenige Arten phytophag als Blatt- und Stengelminierer (z. B. Narzissenfliegen *[Lampetia, Eumerus]* an Zwiebeln von Narzissen, Hyazinthen u. a. Zierpflanzen), zahlreiche Arten aber räuberisch an Blatt- und Schildläusen, Blattwespenlarven und Schmetterlingsraupen; starke Vermehrungskraft, Generation mehrfach (meist 3–4, in Italien sogar bis zu 7 Generationen im Jahr).
RATZEBURG (1844) gibt eine treffende Schilderung über die räuberische Tätigkeit der Larve in einer Blattlauskolonie:

„Schon die kleine Larve, wenn sie kaum die Größe einer Blattlaus hat, überwindet diese mit Leichtigkeit, und was das Wunderbarste ist, sie wird nicht einmal gefürchtet: die Blattläuse sitzen

in guter Ruhe um ihren Feind herum, kriechen auch wohl gelassen über dessen Körper hinweg ...
Werden die Larven größer, so wüthen sie furchtbar. Um eine Larve recht hungrig zu machen,
hatte ich sie 2 Tage lang in eine Schachtel gesperrt. Als ich sie auf einen mit Blattläusen besetzten
Zweig brachte, kroch sie eilig spiralförmig an demselben auf- und abwärts: mit dem Schwanzende
befestigte sie sich und mit dem weit vorgestreckten Kopfe fühlte sie rechts und links voran. So wie
sich ihr eine Blattlaus näherte und sie berührte, schlug sie mit dem Vorderkörper heftig um sich
und ergriff ihre Beute, mit dem Vordertheile des Körpers immer noch unbändig um sich schla-
gend; sie sog sie dann aus; sowie aber eine neue Blattlaus heran kroch, ließ sie die andre, wenn
sie auch noch halb lebte, fahren und ergriff die frische, die sie unter denselben wilden Gebehrden
ebenfalls wieder in wenigen Sekunden aussog" *(Abb. 240b)*.

Typisch ist, daß die aufgespießte Blattlaus hilflos im eingezogenen Mund „wie ein Korken im
Flaschenhals" steckt und so ausgesogen wird. Eine derartige Jagd, die frühmorgens oder abends
mitten in der Lauskolonie stattfindet (sonst träge am schattigen Platz ruhend), kann eine reiche
„Tagesstrecke" von 80–100 Blattläusen durch eine einzige Syrphidenlarve erbringen.

Larven hauptsächlich von Mai bis Mitte Juni, Verpuppung am Überwinterungsort (Boden, morsches Holz u.a.), im Frühjahr des folgenden Jahres (mitunter Diapause mit Latenzzeit von 9
Monaten und mehr) in der dann lederartigen und tropfenförmig zusammengeschrumpften Haut
des 3. Larvenstadiums, manchmal stark übersandet.

Bedeutung

Vor allem durch die Arten, deren Larven Blattlausfresser sind und daher z.T. außerordentlich
nützlich; mitunter vollständige Vernichtung von Blattlauskolonien, wie z.B. in Nordamerika
auf Long Island, wo die Kartoffelernte durch Schwebfliegen gerettet wurde (KLOTS 1959) *(Abb.
240b)*.

Förderungsmaßnahmen: RATZEBURG (1844) bezeichnet die Larven als „die wichtigsten Feinde
der Pflanzenläuse" und empfiehlt, sie zu schonen, zu sammeln und an lausbefallenen Pflanzen
auszusetzen (wegen Weichhäutigkeit mit Pinsel abstreifen!).
Der Praktiker wird vor allem bei der Beseitigung von Blütenpflanzen und da besonders mit der
chemischen Begiftung sehr zurückhaltend sein müssen. Vielmehr ist stets die Anreicherung der Bodenflora, ähnlich wie für die anderen wichtigen Blütenbesucher, z.B. Schlupfwespen und Raupenfliegen zu bedenken.
Sicherlich lassen sich Massenzuchten durchführen, was ein dringendes Anliegen biologischer
Forschungsstationen sein sollte!

Beutetier	Wichtige Arten
Blattläuse, Fichtenläuse, Schildläu- se; tw verlustreiche Eingriffe bis zur vollständigen Vernichtung von Lauskolonien; Bedarf je Schweb- fliegenlarve mehrere 1000 Pflanzen- läuse; bedeutender Regler des biologischen Gleichgewichts *(Abb. 240b)*	***Syrphus pyrastri*** L. = *Lasiopticus* I stahlblau-glänzend, weißgefleckt an Hinterleibsseiten; L erwachsen ca. 12 mm, grünlichgrau, schlank, birnenför- mig, vorne zugespitzt mit 2 dunklen Mundhaken, hin- ten breit, blutegelartige Fortbewegung; Verpuppung nach Überwinterung (bevorzugt in modern- den Stämmen) im nächsten Frühjahr; Gen. 3fach. Ferner *Syrphus ribesii* L. *(Abb. 240a)* und *S. corollae* Fabr.
Blattwespenlarven, Schmetterlings- raupen, Käferbrut (z.B. Blattkäfer, Rüsselkäfer)	*Syrphus tricinctus* Fall., *S. nigritarsis* Ztt., *Xanthandrus comtus* Harris, *Brachyopa conica* Pz.

Blattlausfliegen (Chamaemyiidae) – Bohrfliegen (Tephritidae) – Minierfliegen (Agromyzidae)

*Schizophora; Acalyptrata**

Blattlausfliegen *(Chamaemyiidae = Ochthiphilidae)*

Ca. 2 mm lang, grau, dunkel gefleckter Hinterleib; zahlreiche Arten an Lauskolonien in ähnlicher Art wie die Ameisen, jedoch Betrommeln der Blattläuse zur Gewinnung der süßen Exkremente mit den Hinterbeinen;
Larven mit spannerartiger Fortbewegung, denen der Schwebfliegen ähnlich und auch teilweise räuberisch an Pflanzenläusen; Verpuppung im schmutzig-blaßgelben Tönnchen, das zuvor von der verpuppungsreifen Larve durch ein schwarzes Sekret an die Unterlage festgeklebt wird.

Beutetier	Wichtige Arten
Fichtenläuse, Baumläuse, Schildläuse; Begrenzung der Wirkung häufig durch Zwergwespen *(Proctotrupidae)*	*Leucopis atratula* Rtz. und *obscura* Hal.

Larven als Pflanzenminierer

Bohr- oder Fruchtfliegen*(Tephritidae = Trypetidae)*

Ca. 2000 Arten; klein auffällig gefärbte Flügel (bebändert, gefleckt, gegittert), ♀ mit bohrartiger Legeröhre (Bohrfliegen!); Eiablage in gebohrte Löcher von Pflanzen; Larven phytophag in Früchten, Knospen, Fruchtknoten sowie in anderen unter- und oberirdischen Pflanzenteilen; teilweise erheblicher Schaden an Kirschen (Kirschfruchtfliege [*Rhagoletis cerasi* L.]), Oliven (Olivenfliege [*Dacus oleae* Gmel.]), Spargel (Spargelfliege [*Platyparea poeciloptera* Schrk.]) und an zahlreichen Früchten (Mittelmeerfruchtfliege [*Ceratitis capitata* Wied.]);

dagegen manche wirtsspezifische Arten zur Beseitigung von unerwünschtem Pflanzenwuchs bedeutungsvoll und zur Einbürgerung in Übersee vorgesehen!

Symptom	Art
Stengelgallen der Ackerkratzdistel *(Cirsium arvense)*; Wirkung in Europa meist begrenzt durch Erzwespen-Parasitierung (*Eurytoma serratulae* F. und *robusta* Mayr.)	Distelbohrfliege *(Euribia cardui* L. = *Urophora)* Larvenentwicklung im Frühsommer.

Minierfliegen *(Agromyzidae)*

Ca. 1000 Arten; vorwiegend klein, dunkel gefärbt und manchmal mit metallischem Schimmer; Ernährung von Honigtau und anderen Pflanzensäften, welche vom ♀ durch quirlartige Bewegung des Legeapparates aus dem Blattgewebe gewonnen werden; Larven in Pflanzen und zwar vorwiegend als Blattminierer, einige Arten als Kambium-Minierer in verschiedenen Holzarten, andere in Rinde und schließlich auch Gallenbildner.

---

* *Schizophora: Imagines* mit Bogennaht (quergelagerter Stirnspalt), Sprengung des Tönnchens beim Schlüpfen mit einer ausgestülpten Stirnblase, systematisch noch getrennt in *Acalyptrata (Holometopa)* mit meist kleinen oder rudimentären Brust- und Flügelschüppchen, meist fehlendem Längsspalt am 2. Fühlerglied, *holometopem* Kopfbau (ausgedehnter Stirnstreifen zwischen den Seitenaugen) und *Calyptrata (Schizometopa)* mit diesen Anlagen im Imaginalstadium, jedoch *schizometoper* Kopfbau (Stirnstrieme auf Stirnmitte eingeschränkt).

Holzart	Symptom	Wichtige Gattung bzw. Art
	Kambium-Minierer	
Bi, Wei, Erl, Pa, Eberes, *Prunus*, Hasel	langer, fast gerader, gebräunter Fraßgang, im Längsschnitt des Holzes braune Striche (Braunketten), im Querschnitt Markflecke fast in jedem Jahrring; Holzfehler (Furniere, Weidenruten), befallene nordische Bi für kunstgewerbliche Zwecke gesucht; für Pa-Stecklinge mitunter tödlich	Gattung **Dizygomyza** Hend. = *Dendromyza* = *Phytobia* bes. in M- und N-Europa sehr verbreitet – *barnesi* Hend., *betulae* Kang., *cambii* Hend., *latigenis* Hend., *aucupariae* Kang., *tremulae* Kang.; I schwer zu unterscheiden; L 15–30 mm lang, 1 mm stark, drahtartig, weißlich bis gelblich mit Dornen und Warzen, am Kopf 2 schwarze Mundhaken; P im gelben Tönnchen; FZ Mai bis Juli, Eiablage meist einzeln in gebohrte Löcher unter junger Triebrinde, Larvenfraß ca. 6–8 Wochen, Überwinterung und Verpuppung außerhalb in der oberen Streuschicht.
Pa	*Blatt-Minierer* helle, gewundene Blattmine mit Kotspuren am Rand	*Phytagromyza populi* Kltb.

Die Larven von *Dizygomyza posticata* Meig. fressen in Goldruten-Arten *(Solidago spec.)*; *Phytomyza atricornis* Meig. ist außerordentlich polyphag und lebt in über 300 Wirtspflanzen; 2 australische Arten der Gattung *Chryptochaetum* wurden in Kalifornien zur Bekämpfung einer Schildlaus an Zitrus-Früchten eingeführt.

Larven als Insektenräuber und/oder Samenschädlinge

Lonchaeidae

Etwa 3–4 mm groß, metallisch-glänzend schwarzblau oder grün; Larven 6–8 mm, gelblichweiß-gelbbraun, walzig, vorn verjüngt, hinten abgestutzt, bauchseits Dornenkränze; teilweise saprophag, phytophag und gallenerzeugend, andrerseits räuberisch an Käferbrut.

Beutetier	Wichtige Arten
Larven und Puppen von Bock- und Borkenkäfern, bei letzeren auch *Imagines*	*Lonchaea seitneri* Hend. polierter Rücken ohne Bereifung (Gegensatz zu *fugax*!), beim ♂ lang und fast zottig behaart, gelblichweiße und bewimperte Schüppchen. Weitere Arten: *Lonchaea fugax* Beck., *chorea* Fabr., *laticornis* Meig., *lucidiventris* Beck., *palposa* Zett., *tarsata* Fall. *Palloptera usta* Meig. (auch zur eigenen Familie *Pallopteridae* gestellt) Rücken gelblichweiß, rotgelbe Fühler und Stirn im sonst silberweißen Gesicht, rotgelber Hinterleib, braungefleckte, weit über den Hinterleib hinausragende Flügel.

Holzart	Symptom	Art
Ta	ausgefressene Samen-anlagen in Ta-Zapfen	*Lonchaea viridana* Meig. I schwarzgrün, glashelle Flügel; L 8 mm, gelblichweiß mit dunklerem Mittelfleck, Sprungvermögen; P im braunen Tönnchen (4 mm lang, 1 mm dick).

*Calyptrata**

Blumenfliegen *(Anthomyi[i]dae)***

Ca. 1500 Arten; vorwiegend klein, gelblich oder schwarz, ähnlich der Stubenfliege; häufig Blütenbesucher (Pollenfresser), zahlreiche Arten „Schweißsauger" bei Mensch und Tier, z.B. Kleine Stubenfliege, Hundstagsfliege oder Lüsterfliege (*Fannia canicularis* L.), in Räumen unablässig um Lampen schwirrend; Larven phytophag, saprophag und auch karnivor; manche Arten schädlich an landwirtschaftlichen Kulturpflanzen, z.B. Getreideblumenfliege oder Brachfliege (*Phorbia coarctata* Fall.), Kleine Kohlfliege (*Phorbia brassicae* Bché.), Große Kohlfliege oder Rettichfliege (*Phorbia floralis* Fall.), Zwiebelfliege (*Phorbia antiqua* Meig.); im Wald räuberische Arten an Borkenkäfern und einige schädlich an Nadelholz.

Beutetier	Wichtige Arten
Borkenkäfer-Brut von *Ips*-Arten	*Phaonia gobertii* Mik; *Helina deleta* Stein, vermutlich mehr saprophag.

Samen und Sämlinge

Lä	früh zerfallender Zap-fen; empfindliche Schä-digung der Samenernte; Begrenzung durch Schlupfwespen *(Ich-neum.* und *Bracon.)* sowie räuberische Fliege (*Lonchaea inquilina* Hend.)	Lärchenzapfenfliege, Lärchensamenfliege *(Phorbia laricicola* Karl = *Chortophila)* Alpengebiet, Südmähren (Verbreitungsgebiet der Lä); I schwarz, Brust und Hinterleib graubestäubt, letzterer flachgedrückt mit breiter schwarzer Strieme, Flügel bräunlichgrau; L weiß mit schwarzem Mundhaken und braunspitzi-gen Fortsätzen; P rotbraunes Tönnchen (4,5 mm); FZ Mai, Eiablage an Zapfenschuppen, Larvenfraß in Zapfenspindel und Samenanlage, Verpuppung in der Bodendecke.
Fi	Krümmung des Zap-fens, Harzausfluß; *Differentialdiagnose* zum Fichtenzapfen-wickler-Schaden schwierig und erst nach Auffinden des Täters	Fichtenzapfenfliege (*Phorbia anthracina* Cz.), vor-wiegend NO-Europa, Larvenfraß an Samen in Fi-Zapfen.

---

* S. S. 374.

** Heute teilweise wieder als Unterfamilie *(Anthomyi[i]nae)* zu den Echten Fliegen *(Muscidae)* gestellt.

Holzart	Symptom	Wichtige Arten
(Nh)	im Boden Fraß an Samen und Keimlingen	Schnauzen-Wurzelfliege *(Phorbia radicum* L. = *Paregle)*, 4,5–5,5 mm, ♂ schwarz, ♀ aschgrau, vorstehender Mundrand (Name!).

Larven als Insektenparasiten

Raupenfliegen *(Tachinidae = Larvaevoridae)*

Allgemeine Merkmale

Ca. 4500 Arten; durchweg Insektenparasiten, mittelgroß, meist stubenfliegenähnlich, borstig behaart mit struppigem Aussehen (vor allem am Hinterleib) *(Abb. 239),* mitunter auch schlupfwespenähnlich schlank oder mit abgeflachtem Hinterleib und gefleckten Flügeln, stets und meist auffallend unter dem Flügelschüppchen herausragendes Brustschüppchen *(„calyptra") ;*
Larven: 3 Stadien, weißlich, kopf- und fußlos (Madentyp), nach vorne stark verjüngt, nach hinten abgestutzt; Form des Mundhakens, der Atemöffnungen (Stigmen) und Ausbildung des Schlundgerüstes wichtig für die systematische Einordnung bzw. Determination;
Puppe frei im Tönnchen *(Puparium),* zunächst gelblich und unbehaart, später dunkelfarbig und behaart, ei- oder tonnenförmig, am Hinterleibsende stets Atemröhren *(Abb. 9).*
Bestimmung der Arten sehr schwierig und nur von Spezialisten möglich!

Lebensweise (Parasitismus)

Imagines schlüpfen vorzugsweise in frühen Morgenstunden, ernähren sich von zuckerhaltigen Säften (Blattlaushonig, Blütennektar u. a.), kurzlebig (4–8 Wochen), gute, aber nicht ausdauernde Flieger mit einem Wanderungs- und Ausbreitungsvermögen besonders in heißen Sommern (bis 15 km), Aktivität von den Witterungsverhältnissen abhängig (in Mitteleuropa zwischen + 15 bis 25°C und über 60% relativer Luftfeuchte), manche Dämmerungs- und Nachttiere, andere Blütenbesucher bei leichtem Regen, Männchen erscheinen etwa 8–14 Tage vor den Weibchen *(Protandrie)* und betreiben bei einigen Arten eine auffällige Balz mit Auflauern des Geschlechtspartners von besonnten Plätzen zum ungestümen Werbeflug;
Eiablage erfolgt mit einigen Differenzierungen auf oder in den Wirt oder auch in seiner näheren Umgebung bzw. besonders auf seinen Futterpflanzen.
Der vom Weibchen ausgewählte Platz für die Nachkommenschaft bestimmt von vornherein ihr Schicksal und ihre Aussicht auf eine Parasitierungsmöglichkeit. Dementsprechend ist auch der Eivorrat der Weibchen. Werden die Eier bzw. die schlüpfbereiten Larven beim Wirt untergebracht, ist die Erfolgschance größer und daher auch die Eizahl des einzelnen Weibchens entsprechend geringer bemessen (ca. 100–200 Eier). Im anderen Falle ist eine wesentlich höhere Eizahl (300 bis etwa 4000 Eier) erforderlich, um das gleiche Ziel zu erreichen. Ferner sind Larven von Tachinenarten mit einem vom Wirt entfernten Legegeschäft erst in der Lage, ihr Opfer nachts oder in der Verborgenheit aufzusuchen.
Die Art und Weise der Eiablage sowie die damit verbundenen Infektionsformen haben in der Wissenschaft dazu geführt, die Tachinen in biologische Gruppen einzuteilen. Die ursprünglich von Pantel (1910) aufgestellten 10 Gruppen wurden von Escherich (1942) auf 5 Gruppen und neuerdings von Herting (1960) auf nur noch 2 Hauptgruppen reduziert. Die hier verfolgte Richtung stützt sich auf Herting, der „die Eiablage direkt an dem Wirt oder nur in dessen Nähe" als das entscheidende Kriterium ansieht.
Eiablage auf den Wirt: ♀ mit 100–200 Eiern, meist langem, beweglichem Legerohr; Legeakt dem Verhalten des Wirts angepaßt, blitzartig oder geruhsam, in reitender Stellung oder von der Seite

her; Eier werden entweder auf die freie Körperfläche, in schwer zugängliche Körperstellen oder mittels einer Legesonde in weichhäutige Falten und Nischen der Körperdecke abgelegt; wenige Arten durchstechen die Haut des Wirts mit einem Legebohrer und Weibchen der Gattung *Rondania* schieben „mit ihrer sehr langen Legeröhre das Ei in die Mundöffnung des Käfers, wenn dieser beim Fressen die Mandibeln öffnet".

Larven der oviparen Arten schlüpfen bei normaler Temperatur nach 2–7 Tagen (*Parasetigena*-Typ), der ovolarviparen Arten schon nach wenigen Minuten (*Phryxe*-Typ) *(Abb. 239)* oder unmittelbar (*Voria*-Typ) nach der Eiablage, um sich in den Wirt einzubohren. Hierzu gehört auch eine Übergangsgruppe von einigen Gattungen der Echinomyiinen, deren kriechfähige Larven auch notfalls den Wirt aufsuchen können.

Eiablage außerhalb des Wirts: ♀ mit 300 bis etwa 4000 Eiern, meist mit kurzem, wenig beweglichem Legerohr;

Legeakt auf dem Erdboden, morschem Holz o. a. Unterlagen sowie auf Futterpflanzen;

Larven der ovolarviparen Arten erwarten ihr Opfer von einer Stelle aus, sog. Platzwinker, um bei Annäherung Kontakt zu erhalten und sich festzuheften (größere Arten der *Echinomyiinae*). Andere betätigen sich als sog. Kriechwinker, die ihre Opfer in Pflanzen und Pflanzenteilen, im Mulm und Erdboden bis zu einer beträchtlichen Tiefe (z. B. *Dexia rustica* bei Maikäfer-Engerlingen bis zu 35 cm) aufsuchen. Die winzigen, meist widerstandsfähigen Eier der mikrooviparen Arten (*Gonia*-Typ) können bis zu 75 Tagen auf der Futterpflanze überdauern, um dann zusammen mit der aufgenommenen Nahrung beim Wirt noch infektiös zu wirken.

Eindringen der Tachinenlarve in den Wirt und dortige Versorgung: Das Eindringen geschieht entweder durch Einbohren mit dem unpaaren Mundzahn und/oder durch Auflösen des Chitins mit einem Speicheltropfen (Ausnahme bei Eiablage mittels Legebohrer in den Wirtskörper); Versorgung mit Atemluft durch Einbohrloch (Infektionstrichter) oder auf osmotischem Wege aus der Gewebeflüssigkeit von Organen (Fettkörper, Muskelfasern u. a.) des Wirts oder stets durch Osmose; Nahrung zunächst nur Blutflüssigkeit mit angesammelten Leukozyten und evtl. Zellen des Fettgewebes ohne Lebensbedrohung für den Wirt (u. U. aber bei Vollkerfen vollständige Rückbildung der Fortpflanzungsorgane!), meist erst in den letzten Stadien Organzerstörungen (vermutlich durch fermentative Auflösung) mit schweren Folgewirkungen (fehlende Ausbildung der Geschlechtsorgane, Flügel, Entkräftung, Tod); Entwicklungsdauer der Larven temperaturabhängig und wirtsangepaßt, 3 Tage bis 3 Wochen, bei Überwinterung und Diapause länger; Verpuppung im Wirt oder nach Ausbohren im Wirtslager (Holz, Mulm, Kokon oder Gespinst des Wirts) bzw. im Erdboden; Puppendauer meist kurz (1–6 Wochen);

Generation meist 1jährig, mitunter auch 3 und mehr Generationen pro Jahr, abhängig von der jeweiligen Art und der herrschenden Witterung des Jahres, bei mehreren Generationen meist Wirtswechsel.

Wirtswahl, Formen des Parasitismus und deren Bedeutung

Monophagie selten, Polyphagie regelmäßig, jedoch zahlreiche Arten mit Bevorzugung eines Wirts, bei Mangel an geeigneten Wirten Fremdparasitierung (Xenophagie) möglich;

Tachinenlarven können stets oder regelmäßig allein (Solitärparasiten) oder auch zu mehreren (Gregärparasiten) in einem Wirt parasitieren; in gleicher Form wie bei den Schlupfwespen Superparasitismus durch Angehörige der gleichen Art oder Multiparasitismus (Coparasitismus) durch Zusammentreffen von Larven verschiedener Tachinenarten oder auch Schlupfwespen und hierdurch bedingte Ausschaltung des schwächeren Individuums durch Nahrungskonkurrenz, evtl. auch Kampf und chemische Reizstoffe; Abwehrreaktion des Wirtes durch Abschütteln der Fliege beim Legeakt, Zerbeißen oder Abstreifen (Häutung) der abgelegten Parasiteneier, Abkapselung nichtimmuner Larvenarten; daneben können Verluste entstehen durch ungünstige Plazierung und Witterungsverhältnisse sowie Feinde; zu letzteren zählen vorwiegend Kleinsäuger, Vögel (z. B. Meisen, Schwalben), Grabwespen und als Hyperparasiten manche Echte Schlupfwespen *(Ichneum.)*, Erzwespen *(Chalcid.)* und Trauerschweber *(Hemipenthes morio* und *maurus; Bombyl. [Dipt.])*, daneben auch Pilzkrankheiten *(Entomophthora muscae)*.

Feststellung des Tachinenbefalls: Tachinierung (äußerlich sichtbare Tachineneier auf Körperoberfläche des Wirts) ist für die Parasitierung unwesentlich, da die Infektion noch nicht erfolgt ist. Entscheidend ist nur die Tachinose, d. h. die vollzogene Infektion, worüber allein die anatomische Untersuchung einen genauen Anhalt gibt. Daneben werden äußere Merkmale wie Verfärbung, Trichterbildung (dunkler Hautfleck am Einbohrloch), Schlaffheit wie auch eine nachlassende Freßlust des Wirts einen gewissen Aufschluß geben.

Bedeutung und Vermehrung der Raupenfliegen für die biologische Schädlingsbekämpfung

Wesentlich ist das Zahlenverhältnis zwischen Wirt und Tachine. Ähnlich wie bei den Schlupfwespen folgt auch die Tachinen-Population einer Gradation des betreffenden Wirts und zwar meist mit einem steilen, aber kurzen und heftigen Anstieg, wobei die Wirts-Population überholt wird.

Der Forstmann kann die Vermehrung der Tachinen fördern durch:

Vermeidung von chemischen Bekämpfungsmaßnahmen, Anreicherung der Bodenflora und Verfrachtung von Tachinentönnchen aus Nachbargebieten in den Schädlingsherd.

Massenzucht ist schwierig und für die Praxis bislang nicht verwendbar, u. U. aber die Aufstellung von Zwingern mit tachinösen Raupen o. a. Wirten ratsam.

2 Arten *(Compsilura concinnata* und *Sturmia scutellata)* wurden von Europa nach Nordamerika eingeführt zur Bekämpfung des Schwammspinners und Goldafters, wobei bei *Sturmia* gute Erfolge zu verzeichnen waren.

Parasiten-eigenschaft	Wirt*	Stadium	Wichtige Arten *(Abb. 239)*
	Käfer		
ziemlich monophag	Maikäfer, Gartenlaubkäfer, Junikäfer	Engerlinge, hauptsächlich 3. und 4. Stadium; *Symptom:* dunkler Infektionsherd	*Dexia rustica* F.; Europa bis S-England und M-Schweden; Wiesen, Äcker, Waldlichtungen; Gen. 1jährig, FZ Mitte Juni bis Ende August, Eiablage (Vorrat bis 600 Stück) auf Erdboden, L sucht Wirt bis in 35 cm Bodentiefe auf, Überwinterung als L_1 im Infektionstrichter, im Frühjahr nach Abtötung des Wirts Verpuppung im Boden.
ziemlich monophag	Rüsselkäfer, z.B. Kiefernnadelrüßler, Rotbein, Kahlnahtiger Graurüßler	Vollkerfe	*Rondania dimidiata* Mg.; Mittelmeergebiet bis Skandinavien, ausgenommen England; Gen. wohl doppelt, FZ Mai/Juni, Eiablage durch das sehr lange Legerohr (2–3fache Körperlänge der Fliege) beim Fressen des Wirts zwischen seine Mundteile.

* Parasitiert werden Käfer und deren Larven, Schmetterlingsraupen, Schnakenlarven, Wanzen u. a.

Parasiteneigenschaft	Wirt	Stadium	Wichtige Arten
monophag	Pappelblattkäfer	Larven	*Steiniella callida* Mg.; Europa bis Lappland und Finnland, ausgenommen England; Gen. wohl 1jährig, FZ Mai/Juni, Verpuppung im Tönnchen im Erdboden, Diapause bis Frühjahr.
Hauptparasit der Forleule	*Schmetterlinge* Forleule, Laubholzeulen	Raupen; Begrenzung durch Hyperparasiten wie Schlupfwespen und Trauerschweber; *Symptom:* dunkler Infektionsherd	***Ernestia rudis*** Fall.; Europa bis Schottland, M-Schweden, Finnland; Laub- und Kiefernwälder; Gen. 1jährig, FZ Anfang Mai bis Anfang Juli, Eiablage (Vorrat ca. 1000 Stück) auf raupenbesetzten Zweigen, L „Platzwinker", Raupe stirbt vor Verpuppung, Überwinterung als Tönnchen im Erdboden; Massenvermehrungen der Forleule durch *Ernestia*-Gradation in 2–3 Jahren erledigt.
wohl ziemlich monophag	Eulen, darunter auch Forleule; selten Nonne und Buchenrotschwanz	Raupen	*Echinomyia fera* L.; Europa bis Schottland und N-Skandinavien, stellenweise sehr häufig; FZ Mai bis September, L „Platzwinker".
ziemlich polyphag	Tagfalter, Eulen, Spanner	Raupen; Begrenzung durch Brackwespe *(Apanteles rubecula)*	*Phryxe vulgaris* Fall.; Europa bis Schottland und N-Skandinavien; Wiesen, Äcker, Waldlichtungen, sehr häufig; Gen. mehrfach, FZ Mai bis Oktober.
Hauptparasit der Nonne	Nonne, Schwammspinner	Raupen; Begrenzung durch Verpilzung *(Entomophthora muscae)* und Vogelfraß	***Parasetigena silvestris*** R.D.; Europa bis S-England, S-Schweden, N-Rußland; Gen. 1jährig, FZ Mai bis Mitte Juli, kein Blütenbesucher, sondern Honigtau-Sauger, Eiablage (max. Vorrat über 200 Stück) auf die Raupe, Verpuppung nach Ausbohren aus der Wirtspuppe im Tönnchen im Erdboden.
wohl ziemlich monophag, sehr bedeutender Parasit	Schwammspinner, Kiefernspinner	Raupen	***Sturmia scutellata*** R.D.; wärmere Gebiete Europas, nördlich bis Rheinland, Mecklenburg; Verpuppung ab Juli nach Verlassen der Wirtspuppe im Tönnchen im Erdboden, Überwinterung als schlüpfreife *Imago* im Tönnchen, erfolgreich in Nordamerika eingesetzt.

Parasiten-eigenschaft	Wirt	Stadium	Wichtige Arten
wohl mono-phag	Kiefernspanner	Raupen	*Blondelia piniariae* Htg. (ähnlich *B. nigripes* Fall.); Gen. 1jährig, FZ Ende Juni/Anfang Juli, Eiablage durch den Legebohrer in den Wirts-körper, nach Überwinterung in Wirts-puppe Verpuppung im Mai im Erd-boden. Ferner bevorzugt an Spinner-Raupen *Exorista larvarum* L., *Zenillia libatrix* Pz.; an Kiefernspannerraupen *Eucarcelia rutilla* Vill.; an Kiefern-wicklern *Actia nudibasis* Stein.
	Blattwespen		
monophag	Kiefernbusch-hornblattwespen	Afterraupen; *Symptom:* vor-springender Ring-wall im Kokon-inneren (Kopf-ende der Larve)	*Blondelia inclusa* Htg.; vornehmlich Norddeutschland, Polen, Mähren; Eiablage durch Legebohrer in den Wirtskörper. Ferner (auch an Spinner-, Eulen- und Kiefernspanner-Raupen) *Drino inconspicua* Mg.
bevorzugt Blattwespen	Blattwespen, dar-unter Kl. Fichten-blattwespe, Gr. Lärchenblatt-wespe	Afterraupen	**Bessa selecta** Mg.; Europa bis N-Eng-land, Finnland; Gen. doppelt oder mehr, FZ Mai bis Ende September; häufiger und wichtiger Blattwespen-parasit!
	Schnaken		
vorwiegend Wiesen-schnaken	Wiesenschnaken (*Tipula paludosa* und *T. oleracea*)	Larven	*Siphona geniculata* DeG.; Europa bis Schottland, Lappland; feuchtere Gebiete, eifriger Blütenbesucher; Gen. wohl doppelt, FZ Mai und Juli, Überwinterung als L im Wirt, Ver-puppung im Boden.

Fleisch- oder Aasfliegen *(Sarcophagidae)*

Schmeißfliegenähnlich, ziemlich gedrungen und beborstet; keine regelmäßigen Blütenbesucher, meist an faulenden Stoffen pflanzlicher und tierischer Herkunft; Larven gebärend (vivipar) oder auch schlüpfreife Eier (ovovivipar);
Larven: Allesfresser, bes. an Dung, Kot, Aas oder auch echte Parasiten in Eikokons von Spinnen, in Heuschrecken, Schmetterlingsraupen und sogar in Regenwürmern; einige Arten *Myiasis*-Erreger,* z. B. *Wohlfartia* in Osteuropa durch Eiablage an im Freien schlafende Menschen (Ohr-geschwüre!); Stellung als biologische Helfer im Walde noch ungewiß!

---

* *Myiasis* = stationärer Befall von Wirbeltieren mit Fliegenlarven und die damit verbundene Körperschädigung.

Wirt	Art
Nonnenraupe	**Gemeine oder Graue Fleischfliege** *(Sarcophaga carnaria* L.) 10–19 mm, dunkle Längsstreifen auf weißlichgrünem Rücken, schachbrettartig gefleckter Hinterleib **(Abb. 236).** Ferner an Spinner-Raupen *Sarcophaga tuberosa* Pand.; bevorzugt an Raupen von Gespinstmotten *S. affinis* Fall.

Parasiten bei Wild und/oder Vögeln

Schmeiß- oder Blaufliegen, Brummer *(Calliphoridae)*

Aas- und Exkrementen-Fresser; manche als Larven Wundparasiten (z. B. Goldfliegen **(Abb. 235)** der Gattung *Lucilia)* bei Mensch, Vogelnestlingen, Kröten und Fröschen sowie Regenwürmern und Schnecken; Eiablage gern an lebende Tiere oder in Wunden; Larven bohren sich in das lebende Gewebe oben genannter Lebewesen ein und ernähren sich davon (*Myiasis*-Erreger*); Endoparasiten „Vogelhautfliegen" (*Trypocalliphora* Peus), Ektoparasiten „Vogelblutfliegen" (*Protocalliphora*-Arten).

Dasseln (Oestridae)

In Anlehnung an BRAUNS (1964) hier nach dem Larvenleben unterteilt in:

Magendasseln	– *Gasterophilus*-Gruppe	(sonst auch als eigene Familie Magendasseln, Magenfliegen oder Magenbremsen *[Gasterophilidae]*)
Rachendasseln	– *Cephenomyia*-Gruppe	(sonst auch als Unterfamilie Rachenbremsen *[Cephenomyiinae]*)
Nasendasseln	– *Oestrus*-Gruppe	(sonst auch als Unterfamilie Nasenbremsen, Nasendasseln *[Oestrinae]*)
Hautdasseln	– *Hypoderma*-Gruppe	(sonst auch als eigene Familie Dassel- oder Biesfliegen, Hautbremsen *[Hypodermatidae]*);

Mittlere bis große Fliegen, plump, meist dicht behaart, hummel- oder bienenähnlich; Eiablage unterschiedlich in den angeführten Gruppen, bei Magendasseln an Brust und Vorderbeine von Einhufern (ausschlüpfende Larven vom Wirt durch Ablecken aufgenommen), bei Rachendasseln durch Hereinschleudern von Eiern bzw. Larven in den Windfang des wiederkäuenden Schalenwildes, bei Nasendasseln, z. B. in einem Tropfen Flüssigkeit auf die glänzende Schleimhaut der Nasenränder oder der Augen (mitunter in wärmeren Gegenden vivipar), bei Hautdasseln an die Haare des Wirtstiers (durch Wirt beleckte Brut schlüpft); Larven schmarotzen im Gewebe verschiedener Warmblüter, insbesondere beim wiederkäuenden Schalenwild und Rindvieh; teilweise erhebliche, auch wirtschaftliche Verluste, z. B. Decken oder Häute durch Hautdasseln wie mit Schrot beschossen.

Wirt	Symptom	Wichtige Arten
		Rachendasseln (*Cephenomyia*-Gruppe) *Imagines* kurzlebig (etwa 2 Wochen), ohne Nahrungsaufnahme, auffälliger Schwärmflug der ♂♂ (vermutlich Spieltrieb) an hochgelegenen Orten (Berggipfel, Felsen, Dünenkämme, Türme u. a.); bei Drittlarven Mundhaken auffindbar.

Wirt	Symptom	Wichtige Arten
Rehwild	unruhiges Verhalten beim Schwärmflug der ♀♀, nach Erledigung des Brutgeschäfts vielfach „Niesen" des Wirts; mitunter tödlich durch Ersticken, Überwindung bei gutem Ernährungszustand	*Cephenomyia stimulator* Clark, 13–14 mm, gelblicher „Bart", Hinterleib gelb mit roten Flanken, L 13–30 mm, FZ Anfang Juni bis Mitte September, L ab Juli (bis über 70 Stück) im Windfang oder angrenzenden Körperteilen.
Rotwild		*Cephenomyia auribarbis* Mg. = *rufibarbis*, 15 mm, fuchsroter „Bart", Hinterleib an der Basis gelblich, dann schwarz und an der Spitze grauweiß behaart, L 24–40 mm, FZ Ende Mai bis Anfang August.
Damwild		*Cephenomyia multispinosa* Ullrich, *Imago* bisher nicht gefunden, L 19–24 mm.
Elchwild		*Cephenomyia ulrichii* Brauer, 16–17 mm, gelblicher „Bart", Hinterleib an der Basis gelbhaarig, an der Spitze weißhaarig, dazwischen eine in der Mitte eingeschnürte, schwarzbehaarte Querbinde.
Rotwild, Elchwild		*Pharyngomyia picta* Mg., L 13,5 mm, zitronengelb, FZ Ende Juni bis Anfang August.
Rehwild, (Muffelwild?) (Schafe, Ziegen, Antilopen)	meist nur Abmagerung	Nasendasseln (*Oestrus*-Gruppe) *Oestrus ovis* L. einfache Gen.(?); L kriechen sogleich in die Mund- und Nasenhöhle und setzen sich dort oft sehr zahlreich fest, lange Entwicklungszeit ($^3/_4$ Jahr) in unserem Klimabereich; Verpuppung der, durch Schnauben des Wirts ausgestoßenen, reifen L im Boden.
		Hautdasseln (*Hypoderma*-Gruppe) ♀♀ mit hochaufgerichtetem Vorderkörper lauernd auf Wildwechseln, Baumstämmen, Zäunen u. a.; FZ unterschiedlich, meist Mai/Juni bis August; L schwierig zu unterscheiden, fast tonnenförmig, bedornt (Ein- und Zweihäuter), vom Jäger als „Haut-Engerlinge" bezeichnet; tw direktes Einbohren der L in die Haut (Haustierparasiten) oder Aufnahme durch den Wirt beim Lecken (über den Lecker* in die Unterhaut des Rückens), erzeugen im Rücken Geschwüre (Dasselbeulen) mit Durchbruch der Decke nach außen hin (Atmung der L!); Verpuppung etwa ab März/April außerhalb des Wirts im Boden (häufig in der Nähe von Wildfütterungen auffindbar!), mitunter auch beim Menschen vorkommend.
Rehwild (auch Rot-, Elch- und Gamswild)	Abmagerung, struppiges Haar (durch Dasselbeulen), Decke wie mit Schrot beschossen	Rehdasselfliege (*Hypoderma diana* Brauer) vorderer Rückenabschnitt mit goldgelber Behaarung.
Rotwild		Hirschdasselfliege (*Hypoderma actaeon* Brauer) ähnlich voriger, jedoch ohne goldgelbe Behaarung.

*Lecker = Zunge.

Daneben Rinderdasselfliegen (*Hypoderma bovis* L. und *lineatum* de Vill.) sowie beim Alpenmurmeltier (*Oestromyia marmotae* Ged.).

Lausfliegen (Hippoboscidae)

Ca. 150 Arten; Körper hornig, lederartig, breit gedrungen, lausartig abgeflacht (Lausfliegen!), kräftige Beine mit stark gebogenen Fußkrallen zum Festklammern am Wirt, Flügel voll entwickelt, mehr oder weniger reduziert oder ganz fehlend, manche ständig beflügelt, andere nach Auffinden eines geeigneten Wirts sich dort festsetzend und Flügelabwurf;
Larven, herangereift im Muttertier, erst kurz vor der Verpuppung abgelegt (Pupiparie);
♀♀ blutsaugende Ektoparasiten bei Säugern (mitunter auch beim Mensch, bes. bei schwülem Wetter im Herbst in wildreichen Gegenden) und Vögeln; einige Arten auch Krankheitsüberträger.

Wirt	Symptom	Wichtige Arten
Rot-, Dam- und Rehwild (auch andere Wiederkäuer, zuweilen sogar bei Schwarzwild, Fuchs, Dachs)	auf erlegtem Wild oft Hunderte von ♀♀; glänzend-schwarze, samenkornähnliche Tönnchen zwischen den langen Haaren der Decke oder abgefallen im Wildbett	**Hirschlausfliege** (*Lipoptena cervi* L.) 4–5 mm, braun, Flügel gelblich mit bräunlichen Adern, Flügelabwurf bis auf gezackte Stummel. Weitere Arten beim Schaf (Schaflausfliege [*Melophagus ovinus* L.]), Gemse (*Melophagus rupicaprinus* Rond.), Pferd, auch Hund (Pferdelausfliege [*Hippobosca equina* L.]), Vögeln (*Ornithomyia avicularia* L., *fringillina* Curt., bes. bei Finken; *Stenepteryx hirundinis* L. bei Schwalben, auch Haussperling).

Blutsauger und/oder Krankheitsüberträger

Echte Fliegen (Muscidae)

Ca. 3000 Arten; 2–18 mm lang, saprophag, parasitisch und blutsaugend, darunter ganz unangenehme Krankheitsüberträger, z.B. die Gemeine Stubenfliege, Hausfliege (*Musca domestica* L.), die Tsetsefliegen *(Glossininae)* von Tropenkrankheiten wie die Schlafkrankheit und Rinderseuche (Nagana) durch *Glossina palpalis* R.-D.; blutsaugend ist der Wadenstecher (*Stomoxys calcitrans* L.), der besonders bei schwüler Wetterlage ein übler Plagegeist des Menschen ist (ähnlich Stubenfliege, die aber nicht sticht!); als Parasit von Nonne, Spinner, Eulen und Blattwespen werden einige *Muscina*-Arten vermutet, z.B. Falsche Stubenfliege (*Muscina stabulans* Fall.) u.ä. (*M. pabulosum* Fall., *pascuorum* Meig.); Bekämpfung der Fliegenplage (vor allem Gem. Stubenfliege) durch Sauberkeit in Wohn- und Stallräumen (Fliegengitter, Fliegenkugel, Fliegenfänger), Vernichtung der Brut im Mist (auch Wadenstecher) und in Fäkalien (Latrinen) durch Hitze, Chlorkalk, oder evtl. bei Mist durch Zusetzen von ungelöschtem Kalk (Verlust von Stickstoff!).

Mücken *(Nematocera)*

Schlanker Körper, lange Fühler, lange Beine.

Streuzersetzer (Haarmücken auch Pflanzenfresser)

Pilz- und Trauermücken *(Mycetophilidae* und *Lycoriidae = Sciaridae)*

Ca. 2000 Arten vorwiegend in der nördlichen gemäßigten Zone auf feucht-kühlen Standorten;
meist klein (3–4 mm), hochgewölbte Brust, kurzer Rüssel, lange vorstehende Fühler, Hinterbeine
als Sprungbeine;
Larve walzenförmig, meist in Pilzen, Gallen, faulenden Pflanzenstoffen, Laubmoosen, Baumrinde und Tierkot; teilweise Zerstörer von Speisepilzen;
Trauermücken mit dunkelgetrübten Flügeln.

Heerwurm-Trauermücke *(Lycoria militaris* Now. *= Sciara):* ♀ 4–4,5 mm, ♂ 2,5–3,5 mm,
schwarz, am Hinterleib gelbe Seitennaht, dunkelgefärbte Flügel;
L erwachsen ca. 11 mm, 1 mm dick, spindelförmig, im Jugendstadium glasklar mit durchsichtigem
Darminhalt, später gelblich und undurchsichtig, glänzendschwarzer Kopf;
FZ August; Eiablage haufenweise in die Bodendecke; *Imagines* kurzlebig (1–3 Tage); Verpuppung in der Bodendecke.
Wanderungen* der L in Gemeinschaften von Tausenden (Heerwurm, Wanderwurm), und zwar
in Zügen von meist unter 4 m Länge, aber auch bis 9–10 m Länge und 15–30 cm Breite, vorwiegend zwischen Ende Juni und Mitte August an trüben, regnerischen Tagen oder gar nachts mit
etwa 1 m/h Geschwindigkeit; bekannt auch von anderen Trauermücken-Arten; eigentliche Ursache bislang unbekannt, vermutlich Abwanderung aus Nahrungsmangel, bes. bei Übervermehrungen und durch klimatische Einwirkungen (Trockenperiode!).

Haarmücken *(Bibionidae)*

Ca. 400 Arten; verhältnismäßig groß (5–9 mm), fliegenähnlich, dunkel gefärbt, dicht behaart,
hochgewölbte Brust, gedrungene Fühler, kräftige, im Fluge herabhängende Beine, träge, ♂ mit
großen, fast den ganzen Kopf einnehmenden behaarten Seitenaugen; Larven raupenähnlich,
deutlicher Kopf, braun, Junglarve lang beborstet.

Lebensweise: Flugzeit im Frühjahr und Frühsommer, Eiablage haufenweise in humusreiche
Erde, Larvenkost vorwiegend organische Stoffe, mitunter auch Wurzeln von Keimlingen und
Jungpflanzen, oft massenweise im Wald, vor allem im Forstgarten (Saatbeet) und dann schädlich, durch rasche und gründliche Zersetzung von Laubstreu (bes. Bu-Blätter) wiederum nützlich;
Verpuppung im gleichen Jahr im Boden.

Feinde: Vögel (Star, Krähen, Amsel, Finken, Fasan), räuberische (Drahtwürmer, Ameisen
[Myrmica rubra]) und parasitische (Rennfliege *[Hypocera incrassata]*) Insekten.

Gegenmaßnahmen (im Forstgarten): Abfangen der Haarmücken während der Flugzeit durch
ausgestreutes Stroh und aufgestellte Strohwische mit anschließendem Verbrennen; Kopfdüngung
mit Kalkstickstoff mit 4–6 Ztr. je ha; Begießen des Bodens mit 1%iger Schmierseifenlösung
unter Zusatz von 1% Tabakextrakt.

---

* Heerwurm-Wanderungen wurden schon seit Anfang des 17. Jahrhunderts beschrieben und vielfach mit abergläubischen Vorstellungen, wie Kriegsbeginn u.a., in Zusammenhang gebracht. Eindrucksvolle Schilderungen stammen von
NOWICKI (1868) und BELING (1868–1879). Die klebrigen Larven kriechen aus ihrem Versteck (Streudecke o.a.) und
formieren sich allmählich zu „einer grauen Schlange", die wie ein einziger Körper über den Waldboden gleitet, Hindernisse überwindet, sich mit anderen Zügen vereinigt und am Ziel wieder zwischen der Streu im Boden wie ein Spuk verschwindet.

Pflanzenteil	Symptom	Wichtige Arten
Wurzeln	Absterben von Keimlingen und Jungpflanzen durch Wurzelfraß; *Differentialdiagnose:* schwierig (Drahtwürmer, Engerlinge, Rotbein- und Schnakenlarven, Erdeulenraupen, Maulwurfsgrille s. dort!) und meist erst durch Auffinden des Schädlings; Haarmückenlarven oft zahlreich am gleichen Platz (häufig in Stocknähe!)	Märzenfliege, Markushaarmücke (*Bibio marci* L.), 11–13 mm, glänzendschwarz, L bis 15 mm, graubraun, FZ ab März/April; Gartenhaarmücke (*Bibio hortulanus* L.), 8–9 mm, ♂ schwarz mit weißlich behaarten Seiten, ♀ Hinterleib und Brust gelblichrot, FZ April/Mai, Überträger des Mutterkornpilzes *(Claviceps purpurea)*; Johannisfliege (*Bibio johannis* L.), 4,5–5,2 mm, schwarz, rotgelbe Beine, FZ Juni. Daneben noch Gem. Strahlenmücke (*Philia febrilis* L. = *Dilophus vulgaris* Meig.) und Flormücke (*Penthetria holosericea* Meig.)

Gallenbildner

Gallmücken *(Cecidomyiidae = Itonididae)*

Ca. 4000 Arten; klein bis sehr klein (2–5 mm), perlschnurartige, oft mit Wirteln von Haaren, Schuppen oder Schleifen verzierte Fühler, sehr breite Flügel mit haarbesäumten Rändern und einfachem Geäder aus nur 2–6 Längsadern und meist nur 1 kurzen Querader, ♀ vielfach mit langer Legeröhre, ♂ mit Haltezange;
Larven 2–3 mm, meist länglich oval, weichhäutig, gelblich oder rötlich, Kopf ganz unscheinbar, spatelförmig verdickte Brustunterseite (3. Ring = 1. Brustring) vielfach erst im Reifestadium, sog. Brustgräte *(Spatula)*, Haut glatt oder mit Papillen und Warzen, manche mit Stummelfüßen, zahlreiche Arten mit Sprungvermögen durch bogenförmiges Zusammenkrümmen und Abschleudern, vermutlich zum rascheren Einbohren; Ernährung hauptsächlich durch Aussaugen von saftigen Zellen.
Verpuppung auf der Pflanze oder in der Erde frei in einer Galle oder im Kokon oder im Tönnchen, einer aus der vorletzten Larvenhaut gebildeten, längere Zeit ruhenden Scheinpuppe (im Gegensatz zum Fliegentönnchen ohne durchscheinendes Schlundgerüst und Hinterstigmenplatten); auffällig heraustretende Atemröhren und zur Öffnung der Puppenwiege dienende Bohrhörnchen am Kopf.
Fortpflanzung meist zweigeschlechtlich, bei einigen Arten durch Pädogenese (Tochterlarven aus Mutterlarve); Generation meist 1jährig, aber auch mehrfach und mehrjährig (2–3jährig).

Nach der Lebensweise der Larven werden unterschieden:

Tierfresser (zoophage Arten) als Räuber von anderen Gallmücken, Milben und Pflanzenläusen; wenige parasitisch und einige als Zersetzer organischer Substanzen (Insektenkot, faulende Pflanzenteile);
Pflanzenfresser (phytophage Arten) mit oder ohne Gallenbildung *(Abb. 241–243)* oder als Einmieter in nicht selbst erzeugten Gallen. Gallen können (vermutlich durch Reizstoffe) an verschiedenen oberirdischen Pflanzenteilen durch Faltung und Rollung der Blätter bis zu charakteristischen Anschwellungen, bevorzugt an Laubhölzern, entstehen. Bedeutung der räuberischen Arten im allgemeinen wegen starker Parasitierung durch Schlupfwespen und Fadenwürmer u.a. gering; Mißbildungen höchstens bei Weidenhegern, mitunter auch in Kiefernkulturen im Zusammenhang mit der Verbreitung der Pilzkrankheit *(Cenangium ferruginosum)* verlustreich; in landwirtschaftlichen Kulturgewächsen werden dagegen beträchtliche Schäden durch verschiedene Getreidegallmücken, z.B. Hessenfliege (*Mayetiola destructor* Say), Roggengallmücke

(*Mayetiola secalis* Bollow), Weizengallmücken (*Contarinia tritici* Kirby, *Sitodiplosis mosellana* Géhin), die Birnengallmücke (*Contarinia pyrivora* Rhey) und Hopfengallmücke (*Contarinia humuli* Theobald) verursacht.

Gegenmaßnahmen (Weidengallmücken in Weidenhegern)

Beseitigung der befallenen Rutenenden *(heterobia)* im September bis Oktober, Gallenruten im Winter *(salicis)*, Zweige und Stangen sowie Bestreichen der Befallstellen mit Raupenleim kurz vor der Flugzeit *(saliciperda)*, Verwendung immuner Rassen *(heterobia)*;

Fichtengallmücke *(Dasyneura abietiperda)*: evtl. in Kulturen befallene Triebe absammeln und verbrennen.

Holzart	Symptom	Wichtige bzw. auffallende Arten
Laubholz		
Buche Blatt	eiförmige, zugespitzte, dickschalige, harte Galle auf Blattoberseite, oft massenweise wie Pickel, zunächst grünlich, dann rot und zuletzt braun *(Abb. 241a)*	*Buchenblattgallmücken* *Mikiola fagi* Htg., FZ Frühjahr (April), Eiablage (Vorrat ca. 200–300 rote Eier) einzeln oder in lockeren Haufen auf Knospen, L saugen am Blattgewebe, Ablösen der Gallen meist vor Laubfall, Verpuppung in der Galle am Boden im Herbst oder Frühjahr.
	niedrige, stumpfzylindrische, bräunlich behaarte Galle auf Blattoberseite, meist entlang des Mittelnervs *(Abb. 241b)*	*Hartigiola annulipes* Htg., weniger häufig, Galle ebenfalls vor Laubfall zu Boden fallend.
Weide Trieb	knotige, rundliche oder längliche Stengelgallen an meist 1jährigen Ruten (bis 4 cm lang, 1 cm stark) mit Rissen und Farbveränderungen; bes. schädlich in Weidenhegern	***Weidenrutengallmücke*** (*Rhabdophaga salicis* Schrk.) FZ Mai bis Juli, Eiablage (Vorrat ca. 130 Eier) haufenweise an Ruten, gelbrote L einzeln in Kammern mit brauner Füllung, Überwinterung im Holz mit Verpuppung im Frühjahr im weißen Gespinst, Fluglöcher unregelmäßig über die Galle verteilt mit darin steckenden Puppenhülsen.
(auch Silberpa) Zweig	wabig durchlöcherte (Schußloch-Gallmücke), weit ausgedehnte (bis 0,5 m), einseitige oder umfassende Galle mit Rindenrissen und -fetzen; mitunter Absterben von Zweigen bei wiederholtem und zweigumfassendem Befall *(Abb. 242)*	***Weidenholzgallmücke*** (*Rhabdophaga saliciperda* Duf. = *Helicomya*) Gen. 1jährig, FZ Mai, Eiablage kettenweise an Rinde von 2- und mehrjährigen Zweigen, bevorzugt an bereits befallenem Material, gelblichrote L bohren sich ins Kambium, verursachen Maserwucherung und länglich ovale Kammern, Auftreibung meist erst nach mehrmaligem Besatz in mehreren, übereinanderliegenden Brutschichten, Verpuppung im April unter einem dünnen Epidermis-Dach, das vor dem Schlüpfen der *Imago* mit den Bohrhörnern durchstochen wird; Puppenhäute in kreisrunden, scharfrandigen Fluglöchern.

Holzart	Symptom	Wichtige bzw. auffallende Arten
		Weidenholzgallmücke *(Fortsetzung)* In England Weidensproßspitzen-Gallmücke *(Rhabdophaga heterobia* H. Löw.) als Erzeuger einer knopfförmigen Mißbildung der Sproßspitze ein bedeutender Weidenschädling.
Nadelholz Fichte Trieb Kultur bis Altholz	aufgebauchte, fast ganz entnadelte, verkrümmte und eingeschrumpfte Triebe mit tönnchenförmigen Höhlungen für die roten L; mitunter recht schädlich *(Abb. 243)*	Fichtengallmücke, Fichtentriebgallmücke *(Dasyneura abietiperda* Hensch.) Gen. vermutlich doppelt, FZ April/Mai und Juni, Eiablage (1. Gen.) an schwellende Knospen und am Maitrieb (2. Gen.), L rot.
Tanne Samen	flache Samen mit brüchiger Schale (keine Gallenbildung); tw sehr bedeutender und häufiger Schädling (Vernichtung der Keimfähigkeit des Samens)	Tannensamengallmücke *(Resseliella piceae* Seitn.) L 3–4 mm lang, 1–1,2 mm breit, ziemlich flach, hellrot, träge, Sprungvermögen; Gen. überwiegend 2jährig, FZ April/Mai, Eiablage zwischen zarte Samenschuppen, Überwinterung meist zweimalig am Boden, Verpuppung im weißen K.
Kiefer (auch Schwki, Bergki) alle Altersklassen; Nadel; zeitweise starke Gradationen, bes. auf geringeren Standorten	an der Basis verdicktes und meist kurzes, mitunter auch verdrehtes Nadelpaar (Kurztrieb), vereinzelt oder gehäuft am Langtrieb, Gelbfärbung der befallenen Nadeln und Abfallen im Herbst oder Winter; tw sehr schädlich, vor allem in Kulturen und als Wegbereiter des Triebsterbens *(Cenangium ferruginosum,* s. Pilze!); *Differentialdiagnose:* Nadelknickende Kieferngallmücke *(baeri)* zitronengelbe L, vorhandene Brustgräte; Kiefernnadelscheidenrüßler *(Brachonyx pineti)* ebenfalls zitronengelbe L, jedoch mit deutlich abgesetztem Kopf	***Kiefernnadelscheidengallmücke*** *(Thecodiplosis brachyntera* Schwaeg.) I 2,5–3 mm, Flügelspannweite 6 mm, bräunlich, Hinterleib orange; L zunächst farblos, dann orangerot, ohne Brustgräte (Gegensatz Nadelknickende Kieferngallmücke!), zahlreiche dornförmige Wärzchen; Gen. 1jährig, FZ Mai, Eiablage (Vorrat ca. 120 Eier) meist paarweis oder in Häufchen von 3–6 Eiern unter Deckschuppen oder an Nadelknospen der Maitriebe, bald (nach 3–6 Tagen) schlüpfende L dringt allmählich in Nadelscheide, wo durch ihren Einfluß die Galle entsteht (meist 1 Larve in jeder Galle), Überwinterung und Verpuppung im weißgrauen K an verschiedenen Stellen, z. B. unter Hüllschuppen der Kurztriebe, an Nadeln, Zweigen unter Rindenschuppen oder Flechte, am Boden.

Holzart	Symptom	Wichtige bzw. auffallende Arten
vorwiegend Kulturen	nach unten gebogene (krückstockartig) Nadelpaare von normaler Länge, allmähliche Vergilbung von der Basis aus und dann Bräunung, Nadelfall meist ab Ende August; Schaden wohl ähnlich voriger Art	Nadelknickende Kieferngallmücke *(Contarinia baeri* Prell *= Cecidomyia)* (Erreger der Krückstockkrankheit) L 1,2–1,8 mm, zitronengelb, Brustgräte; in der Nadelscheide zwischen und neben den Nadeln; Verpuppung wahrscheinlich im Boden.

Pflanzenfresser (Kammhornschnaken – Zersetzer von Stockmulm)

Schnaken *(Tipulidae)*

Allgemeine Merkmale

Ca. 3000 Arten; mittelgroß bis groß (Flügelspannweite bis über 8 cm), filigranhaft, lange zerbrechliche Beine, schnauzenförmig vorgezogener Kopf, Hinterleib beim ♀ schlank, beim ♂ keulenartig angeschwollen *(Abb. 246a);* Larven walzig dick, grau, Hinterleibsende mit charakteristischen Lappen („Teufelsfratze") *(Abb. 246b);* Puppe ähnlich Schmetterlingspuppen mit sichtbaren Dornenkränzen an den Hinterleibsringen *(Abb. 246c).*

Lebensweise

Imagines Säftesauger (Blüten- und andere Pflanzensäfte), Gen. meist 1jährig, Schwärmen von Mai bis November (Artmerkmal!), Flug träge und niedrig, vielfach am Gebüsch, Gras oder anderen Unterlagen hängend, Eiablage (Vorrat ca. 250–1300 Eier) in aufrechter Körperhaltung mit abgespreizten Vorder- und Mittelbeinen und gestützt auf Hinterleibsspitze und Hinterbeine in lockeren, feuchten Boden; Larven leben von Humusstoffen, vermodernden Pflanzenteilen, aber auch von saftfrischen Würzelchen und, vor allem nachts, auch oberirdisch von Keimlingen und Pflänzchen, die in typischer Weise durchbissen oder geschält werden;
Verpuppung von April bis Ende Juli des folgenden Jahres am Fraßort, Herausschieben der Puppe mittels Dornenfortsätzen kurz vor dem Schlüpfen der *Imago* (ähnlich Glasflügler oder -schwärmer); steckengebliebene Puppenhülse mit gekrümmten Atemröhren wie „Teufelshörner" *(Abb. 246c).*
Bedeutung vor allem in landwirtschaftlichen Kulturen, wo Wiesen, Weiden, Klee u. a. vollständig weggerafft werden können (mitunter über 400 Larven und mehr je qm), nach feuchtem Herbst und auf frisch kultivierten Böden. Forstgärten und Weidenheger leiden oftmals auch erheblich unter Massenvermehrungen; im Walde sonst Zersetzer von Streu, morschen Stämmen und Stökken, bes. Larven der Kammhornschnaken.

Kammhornschnaken *(Flabelliferinae = Ctenophorinae)*

Indifferent oder eher nützlich durch Zersetzung von Stockmulm (bes. Ei) *(Abb. 245, Fühler Figur 4f).*

Feinde: Vögel (Star, Krähen, Möven, Fasan, Ziegenmelker); Kleinsäuger (Maulwurf, Spitzmäuse);
Insekten – Laufkäfer *(Carabidae)*, Kurzflügler *(Staphylinidae)*, Weichkäfer *(Cantharidae)*, Raubfliegen *(Asilidae)*, Raupenfliegen *(Tachinidae)*, Rennfliegen *(Phoridae)*;
Krankheitserreger (Viren, Rickettsien s. dort!).

Abb. 244. Waldstechmücke *(Aedes spec.)* beim Stich [ca. 9 mm] (W. KRATZ)

Abb. 245. Kammhornschnake [bis 28 mm] (W. ROHDICH)

Abb. 246. Schnake

(a) Wiesenschnake bei der Kopula [bis 35 mm] (H. PFLETSCHINGER)

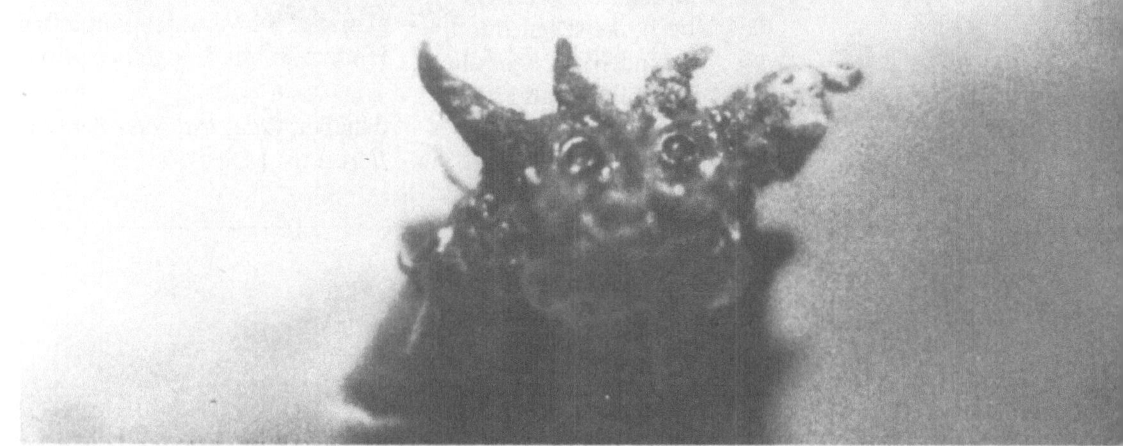

Abb. 246.(b) „Teufelsfratze" (Hinterleibsende) einer Schnakenlarve (J. REISCH)

Abb. 246.(c) Puppe im morschen Holz (Hülse herausgeschoben) [28 mm] (J. REISCH)

Gegenmaßnahmen

Zuvor Feststellung des Besatzes durch Übersprühen von Probeflächen mit 4%igem Ammoniakwasser (1 Ltr./qm) oder Eintauchen von ausgestochenen Grasnarben in gesättigte Viehsalzlösung (2 kg Salz/10 Ltr. Wasser) – kritische Zahlen: Grünland 100, Ackerland 50, Gartenland 10 Larven/qm;

vorbeugend: Förderung der natürlichen Feinde (Stare, Spitzmäuse, Maulwurf), Vermeidung von Bodenlockerung zur Flugzeit; gute Nährstoffversorgung durch Volldünger, höhere Weidenpflanzen in Weidenhegern;

therapeutisch: Absammeln der Larven in Weidenhegern, Hühnereintrieb, Düngung mit Kalkstickstoff (gegen Eier und Junglarven), Auslegen von Giftködern (breitwürfig am Abend [PV]); Verbreitung von Krankheitserregern (Viren, Rickettsien – [V]).

Pflanzenteil	Symptom	Wichtige Arten
Keimlinge, Jungpflanzen, Stecklinge (vor allem Wei und Nh)	meist unterirdisches Abbeißen oder oberirdisches Schälen, bei Wei-Stecklingen mitunter Hereinziehen der abgebissenen Triebe;	**Wiesenschnaken** (Gattung *Tipula* L.) grau bis braun, Discoidalzelle des Flügelgeäders mit 2 abgehenden Medialadern; *Tipula marginata* Mg., *paludosa* Mg., *melanoceros* Schum., *pabulina* Mg., *scripta* Mg., *oleracea* L., *subnodicornis* Mg., *flavolineata* Mg. *(Abb. 246a).*
	Differentialdiagnose: gegenüber Drahtwürmern, Erdeulenraupen, Engerlingen, Rotbeinlarven, Maulwurfsgrille, Ohrwurm und Samenlaufkäfer schwierig (s. dort!), meist nur durch Auffinden des Schädlings (Salatpflanze als Köder bzw. Probegrabung oder Übersprühen mit 4%igem Ammoniak)	Krähenschnaken (Gattung *Pales* Mg. = *Pachyrrhina* Mg.) meist schwarz und gelb, Discoidalzelle des Flügelgeäders mit 3 abgehenden Medialadern.
		Gelbbindige Riesenschnake *(Pales crocata* L. = *Pachyrrhina)* glänzend schwarz, Kopf und Brust gelbgefleckt, Hinterleib mit 3–4 gelben Ringen;
		daneben *Pales iridicolor* Schum., *quadrifaria* Mg., *flavescens* L.

Blutsauger (♀♀) bei Mensch und Tier

Stechmücken, Gelsen, Moskitos, (Schnaken) *(Culicidae)*

Ca. 2000 Arten; 2–10 mm groß, zart, schlank, langer Stechrüssel, behaart bzw. beschuppt und daher bisweilen buntgescheckt (Fühler, *Figur 4g*), ♀♀ Blutsauger, ♂♂ leben nur von Wasser und Pflanzensäften; L mit vollentwickeltem Kopf *(eucephal)*, räuberisch im Wasser; Puppe mit gewaltig aufgetriebener Brust und Hörnern, recht beweglich und befähigt zum Schwimmen;

Bedeutung in unseren Breiten als lästige und üble Plagegeister von Mensch und Tier *(Abb. 244),* vor allem im Auwald und in der Nähe von Gewässern (Brutplätze!), Fiebermücken in wärmeren Gegenden äußerst unangenehme Krankheitsüberträger, z.B. die auch bei uns häufige Malariamücke (*Anopheles maculipennis* Mg.) im südlichen Europa Überträger des Malariaerregers (*Plasmodium spec.*, Sporentierchen) oder die Gelbfiebermücke (*Aedes aegypti* L.) in tropischen und subtropischen Gebieten.

Bekämpfung der Stechmücken im Wald durch planmäßige Entwässerung zur Säuberung der Brutstätten, Förderung der Fischzucht und Schonung der Wildenten; eine chemische Behandlung der Gewässer ist wegen der Trinkwasserverseuchung und Umweltgefährdung strikt abzulehnen; dagegen sollte schleunigst nach natürlichen Feinden und deren Einsatz geforscht werden; evtl. Vergasen der Winterquartiere.

Gattung *Culex* L.
In Deutschland 6 Arten; klein, wenig auffällig gezeichnet, ♀ stumpfes Hinterleibsende; Körperhaltung in Ruhestellung zwischen Rüssel und Körper fast ein rechter Winkel;
Eiablage auf die Wasseroberfläche, zusammenhängend in kleinen Eischiffchen; L mit langem, dünnem Atemrohr mit Haarbüscheln (Siphonalhaare).

Gemeine Stech- oder Hausmücke (*Culex pipiens* L.)
5–6 mm, gedrungene Brust, breitere Flügel als *Anopheles*, helle Basalbinden an den Hinterleibsringen (rückseitig); Überwinterung der befruchteten ♀♀ oft zahlreich in Kellern, auf Dachböden, in Schuppen, Baumhöhlen u.a.; L in allen möglichen Wasserflächen, auch Pfützen, verschmutzten Teichen, Wald- und Wiesengräben, vielfach starke Populationen in Regentonnen, Gruben u.a.; *Imagines* im Herbst massenweise in Schwärmen über Wiesen, Bächen u.a.

Geringelte Hausmücke *(Culiseta annulata* Schrk. = *Theobaldia)*
Groß, dunkelbraun mit heller Zeichnung am Hinterleib und an den Beinen, Rücken des Hinterleibs mit weißen Basalbändern an den Ringen (2. Tergit mit sehr schmalem Basalband), aber auffällig hellem Mittelstreif; stets mit voriger vergesellschaftet; Überwinterung der ♀♀ in Kellern und anderen Verstecken; Brutplätze sind verschiedene Gewässer in Dörfern, Städten, aber auch im Freiland (auch Regentonnen, Wasserbecken u.a.) mit starker Tolerierung des Verschmutzungsgrades.

Gattung *Aedes* Mg.
750 Arten; bei uns zahlreich vertreten; mittelgroß, teilweise lebhaft beschuppt, ♀ mit meist spitzem Hinterleib und deutlich sichtbaren Aftergriffeln *(Cerci)* **(Abb. 244);** L mit mäßig langem Atemrohr, besetzt mit einem Haarbusch etwa auf der Mitte;
Eiablage im Herbst auf zur Überschwemmung neigenden Böden, Überwinterung als Ei, selten als L; Entwicklung und Leben der L ausschließlich in stehenden Gewässern, Schlüpfen der Mücken ab Mai; Massenvermehrungen in Mitteleuropa häufig, Mückenplagen vor allem durch *Aedes*-Arten hervorgerufen.

Waldstechmücken (*Aedes communis* DeG., *annulipes* Mg., *maculatus* Mg.)
In Süddeutschland als „Schnaken" bezeichnet; Gen. mehrfach, je nach den Wasserverhältnissen **(Abb. 244).**

***Kriebelmücken** (Simuliidae = Melusinidae)*

Ca. 600 Arten; klein (2–6 mm), fliegenähnlich, kurze Fühler (10gliedrig), Brust hoch vorgewölbt, kräftige und kurze Beine; ♀ vieler Arten Blutsauger, ♂ nicht stechend und schon frühmorgens im Sonnenschein in Schwärmen tanzend; Larven mit 2 auffälligen Strudelorganen am Kopf zum Heranfächeln von Nahrungsteilchen (Diatomeen u.a.) in fließenden Gewässern; Puppe mit langen Röhrenkiemen am Vorderende in einem tütenförmigen Gehäuse.
Abgesehen von der Belästigung für Mensch und Tier, können Kriebelmücken bei massenhaftem Auftreten durch ihre Stiche große Viehverluste bewirken (Schwellungen von Leber, Milz, Nieren u.a.); gefürchtet ist hier vor allem die Kolumbatscher Kriebelmücke (*Simulium columbaczense* Schönb.) in den Donauniederungen. Bei uns kommen daneben noch einige Arten bis in Höhenlagen von 2200 m NN vor.
Gegenmaßnahmen: bislang schwierig, höchstens durch Beseitigung der Wasserpflanzen, vor allem an Bach- und Flußrändern, und Minderung der Fließgeschwindigkeit evtl. durch abschnittsweises Anstauen.

Larven als Fischfutter

Zuck- oder Schwarmmücken *(Tendipedidae = Chironomidae)*

Ca. 3000 Arten; sehr klein bis mittelgroß (max. 12 mm), ähnlich Stechmücken, nicht stechend (Fühler federbuschartig), in großen Schwärmen oft als lange Säulen an den Zinnen des Gemäuers tanzend; zucken ständig mit den fühlerartig vorgestreckten Vorderbeinen; Larven meist an der Vorderbrust Stummelfüße, weiß, gelb, grün oder rot, leben im Wasser, im Boden, Rinde u.a.

Bedeutung der Zuckmücken vor allem als Fischfutter: nach ESCHERICH (1942) leben „von 24 Wildfischen in Deutschland 12 zu gewissen Zeiten und in bestimmten Gewässern beinahe ausschließlich von Chironomiden-Larven". Beim Ausschlämmen von 12 Ltr. Bodenschlamm wurden 3 Ltr. Mückenlarven gewonnen.

Insektenräuber – Pflanzensauger (überwiegend schädlich)

2.12 Schnabelkerfe *(Rhynchota = Hemiptera)*

Über 50000 Arten; Grundtypus der Wanzen und Blattläuse, vielseitig in Habitus und Lebensweise; stechend-saugende Mundwerkzeuge mit bauchwärts gekrümmtem Schnabel, zum Anstechen von tierischem und pflanzlichem Gewebe; Hinterflügel stets kleiner als die Vorderflügel; heterometabol mit 4 bis 5 Larvenstadien; teilweise schlimmste Schädlinge im Pflanzenbau, viele *Überträger von Pflanzenkrankheiten*, insbesondere Virosen, wie die Mosaikkrankheit der Kartoffel durch die Grüne Pfirsichblattlaus *(Myzus persicae* Sulz. = *Myzodes)* und die Yellow-Krankheit der Feldrübe durch die gleiche Art und die Schwarze Rüben- oder Bohnenblattlaus *(Aphis fabae* Scop. = *Doralis); forstlich durch die Fichtenläuse (Abb. 252)* und die Sitkafichtenlaus *(Abb. 253)* bedeutsam; zahlreiche Wanzenarten räuberisch an anderen Insekten und daher wichtige Regler des biologischen Gleichgewichts *(Abb. 247–249)*.

Übersicht

Überwiegend nützlich	**Überwiegend schädlich**
Schild-, Baum- oder Stinkwanzen *(Pentatomidae)*	Rindenwanzen *(Aradidae)*
Raub- oder Schreitwanzen *(Reduviidae = Nabidae)*	Lang- oder Ritterwanzen *(Lygaeidae)*
Blumenwanzen *(Anthocoridae)*	Feuerwanzen *(Pyrrhocoridae)*
	Weich- oder Blindwanzen *(Miridae = Capsidae)* – Ausnahme räuberische Arten
	Schaumzikaden *(Cercopidae)*
	Zwergzikaden *(Cicadellidae = Jassidae)*
	Blattflöhe *(Psyllidae)*
	Rinden- oder Baumläuse *(Lachnidae)*
	Woll- oder Blasenläuse *(Pemphigidae)*
	Fichtenläuse, Fichtengallenläuse, Tannengallenläuse *(Adelgidae = Chermesidae)*
	Schildläuse *(Coccidae)*

Wanzen *(Heteroptera)*

Abgeflacht, stark chitinisiert, in verschiedenen Größen und Färbungen; Stechrüssel an der Vorderseite des Kopfes, in Ruhestellung bauchwärts anliegend; Vorderbrust groß und halsschildartig verbreitert; Vorderflügel zu Halbdecken mit lederartigem Basalteil und häutiger Spitze umgestaltet, Hinterflügel häutig; Stinkdrüsen am *Metathorax* über den Hinterhüften, bei Larven dorsal am Vorderrand des 4. bis 6. Hinterleibssegmentes; Wasser- und Landtiere mit äußerst verschiedener Lebensweise: blutsaugende Ektoparasiten wie die Bettwanze, zahlreiche Arten als Räuber und/oder Pflanzensauger; teils nützlich, teils schädlich.

Insektenräuber oder Pflanzensauger

Schild-, Baum- oder Stinkwanzen *(Pentatomidae)*

Weit über 5000 Arten, umfangreichste Familie der Landwanzen; meist klein, einige bis 5 cm groß, auffallend breit und leicht gewölbt, auf dem Rücken sehr ausgeprägtes Schildchen;

überwiegend braun, auch grün und bunt, sogar metallisch glänzend; manche Arten mit ausgesprochener Tarn- und Schutztracht, einige mit Lauterzeugung, auch unter gleichzeitiger halbmeterweiter Sekretspritze; Geschlechtsdimorphismus verbreitet; Eiablage gruppenweise auf Blätter und andere Pflanzenteile; überwiegend Pflanzensauger, einige Arten sehr beachtlich als Räuber.

Beutetier	Wichtige Arten
Raupen, Afterraupen, Käferlarven und Vollkerfe	*Raubwanze (Troilus luridus* L.), 10–13 mm, bräunlich-bronzegrün, Hinterleibsrand gelb und bronzegrün *(Abb. 248)*.
Raupen, Larven, Blattläuse, Käfer *(Abb. 247a, b)*	*Zweizähnige Dornwanze* (*Picromerus bidens* L.), 10–14 mm, dunkelbraun, Vorderbrust mit spitzem Seitendorn, Bauch dicht und fein punktiert, fast rein karnivor, 1jährige Gen., Überwinterung als *Imago*.
	Ferner *Pinthaeus sanguinipes* F., 11–13 mm, schwarz gefleckt, US rötlich; *Chlorochroa pinicola* M. u. R., braungrün.

Pflanzen bzw. Pflanzenteile	Wichtige Arten
unerwünschter Pflanzenwuchs, wie Adlerfarn, Himbeere, Brennessel, Heidekraut; Getreideschädling, mitunter auch an Ki-Nadeln	Grasgrüne Stinkwanze, „Faule Grete" (*Palomena prasina* L.), ca. 10 mm, meist jahreszeitlich verschieden gefärbt (grün – Sommerhalbjahr, braun – Winterhalbjahr), bräunliche Flügel, starker Wanzengeruch; zur landwirtschaftlichen Erntezeit Überwandern zum Wald.
	Außerdem an Obstfrüchten (auch räuberisch) Rotbeinige Baumwanze (*Pentatoma rufipes* L.)

Raub- oder Schreitwanzen *(Reduviidae = Nabidae)*

Ca. 4000 Arten; sehr klein, manche auch bis 3 cm lang, kurzer, frei abstehender, kräftiger Schnabel zum Aussaugen von Insekten und Wirbeltieren, in den Tropen sogar Menschen (Krankheitsüberträger), vorstehende Augen am halsartig verengten Kopf, manche Arten mit starken Fangbeinen.

Abb. 247. Zweizähnig
Dornwanze [10–14 mr

(a) Beim Aussaugen
eines Rüßlers
(H. PFLETSCHINGER)

(b) Getarnt wie ihr
Opfer, eine Raupe
(H. PFLETSCHINGER)

Abb. 248. Raubwanze
(Troilus luridus)
(Larve) mit erbeutete
Blattkäferlarve
[ca. 10 mm]
(H. PFLETSCHINGER)

Abb. 249. Blumenwan
saugt Blattlaus aus
[ca. 2–4 mm]
(W. KRATZ)

Beutetier	Wichtige Arten
Schmetterlinge (Raupen u. a. Stadien), bes. ♀♀ von Frostspannern	*Nabis myrmecoides* Costa., 7,5–8,5 mm.
bes. Raupen des Kiefernspanners und auch Blattwespenlarven	*Nabis apterus* F., 9–10 mm.

Blumenwanzen (Anthocoridae)

Klein bis sehr klein, braun oder schwarz gefärbt; räuberisch an kleinen Insekten, namentlich Blattläusen und Milben *(Abb. 249)*.

Rindenwanzen (Aradidae)

Extrem plattgedrückt, daher vorzügliche Eignung zum Leben in engsten Ritzen und unter Rinde abgestorbener Bäume; sehr lange Stechborsten; mattbräunlich oder schwärzlich;

z.B. an Kiefer (Schwki, Bergki, Pki, Lä, Fi) **Kiefernrindenwanze** (*Aradus cinnamomeus* Pz.), ♂ 3,5–5 mm, ♀ 5 mm, flugunfähig, selten gut ausgebildete Flügel, rostbraun; recht beachtlich als Verursacher von Zopftrocknis und knollenartigen, vergilbten Endtrieben.

Lang- oder Ritterwanzen (Lygaeidae)

Ca. 1500 Arten; schmal, weich, oft bunt und leuchtend gefärbt, Überwinterung als Ei, Larve, *Imago;* viele Arten räuberisch, einige auch unter Rindenschuppen und in Nadelholzzapfen (Fi, [Ki]), z.B. Tannenwanze (*Gastrodes grossipes* DeG., ca. 7 mm, braun, und ähnlich *Gastrodes abietum* Berg.).

Feuerwanzen (Pyrrhocoridae)

Kräftig, schwerfällig, mittelgroß, meist auffällig rot und schwarz gefärbt, keine Ocellen (Gegensatz *Lygaeidae)*; z.B. Feuerwanze (*Pyrrhocoris apterus* L.), 9–11 mm, flügellos, schwarz mit blutroter Zeichnung, meist scharenweise am flechten- oder moosbedeckten Stammfuß älterer Laubbäume (Li), lebt von Säften toter Insekten, abgefallenen Früchten oder anderen organischen Resten, selten Saugtätigkeit an Wurzeln.

Weich- oder Blindwanzen (Miridae = Capsidae)

Über 5000 Arten; sehr klein, zierlich, weichhäutig, länglich, manche eiförmig, meist lebhaft gefärbt; Eiablage einzeln in Pflanzengewebe; überwiegend von Pflanzensäften lebend, wenige Arten räuberisch.
Räuber an verschiedenen Kleintieren, bes. Raupen: *Calocoris ochromelas* Gm., *Cyllocoris histrionicus* L.; an Spinnmilben *Malacocoris chlorizans* Pz.; in Ameisennestern *Myrmecoris gracilis* Shlbg. mit ameisenähnlicher Gestalt, Färbung und Bewegung.
Pflanzensauger an Ki (Nadelfall, Verfärbung) *Camptozygum pinastri* Fall., 3,5–4,5 mm, gelb- bis braunschwarz.

Pflanzensauger *(Homoptera)* – Zikaden und Pflanzenläuse –

Winzig bis mittelgroß; sehr verschiedenartig; Körper nicht abgeflacht; Stechrüssel weit nach rückwärts verlagert, zuweilen fast zwischen den Vorderbeinen; beide Flügelpaare (soweit vorhanden) ziemlich gleichartig, in Ruhestellung schräg und dachförmig über dem Körper: vielfach komplizierte Entwicklung mit zweigeschlechtlicher Fortpflanzung *(Gamogenese)* und/oder

Jungfernzeugung *(Parthenogenese);* ausnahmslos Pflanzensauger, teilweise Gallenerzeuger und daher bei allen Kulturarten meist äußerst schädlich, gefördert durch Hartnäckigkeit und geradezu unvorstellbare Vermehrungsfähigkeit; einige Arten durch Aussonderungen nützlich (Honigtau, Schellack); höchstentwickelte Lautorgane (Trommelapparate) der männlichen Singzikaden aus den Tropen und Nordamerika mit allmählich zur Dämmerungszeit anschwellendem, dann ohrenbetäubendem Gesang.

Pflanzensauger

Schaumzikaden *(Cercopidae)*

Ca. 3000 Arten; klein bis höchstens mittelgroß; ziemlich großer Kopf; meist braun oder grünlich, auch leuchtend bunt gefärbt; Eiablage im Frühjahr oder Sommer an Pflanzen; Schlüpfen der Larven im nächsten Frühjahr, durch Saugtätigkeit Überströmen des kopfabwärts gerichteten Körpers mit flüssigen Exkrementen (Springbrunnenprinzip), vermischt mit ausgeschiedenem Wachs zur seifenähnlichen Lösung, mit verbrauchter Luft zur Schaumhülle, dem „Kuckucksspeichel", einem vorzüglichen Schutz vor Verfolgern; forstlich wenig bedeutsam, in anderen Kulturen, z.B. Reben, schädlich;
an Trieben von Weide, Pappel (ringförmige Wülste, Bräunung von Splint und Bast) Weidenschaumzikade (*Aphrophora salicina* Goeze), 9–11 mm, gelbgrau, oberseits mattglänzend, schwarz punktiert; an Erle und Weide Erlenschaumzikade (*Aphrophora alni* Fall.), 8–10 mm, gelblichgrau, Vfl mit Querfleck und weißem Spitzenfleck, sonst ähnlich voriger; an Kiefer *Cercopis sanguinolenta* Scop., 8–10 mm, Vfl schwarz mit 3 blutroten Flecken.

Zwergzikaden *(Cicadellidae = Jassidae)*

Über 5000 Arten; durchweg klein, selten mittelgroß; länglich, schlank, häufig spindelförmig; durch lange Hinterschenkel oft weites Springvermögen; Eiablage reihenweise vielfach in lebendes Pflanzengewebe; manche gefürchtete Schädlinge in verschiedenen Feldkulturen.

Gegenmaßnahmen: forstlich nicht nötig;

vorbeugend: Beseitigung von Ernterückständen und Unkräutern;
mechanisch: Vernichtung freiliegender Gelege, Lichtfang;
biologisch: aussichtsreich: Eiparasiten (Aussetzen befallener Zikadengelege); erfolgreich: Züchtung resistenter Sorten von Baumwolle, Luzerne und Klee.

Holzart	Symptom	Arten
Pappel Blatt, Zweig	Weißfärbung der Blattoberfläche, krebsartige Rindenwucherungen; vermutlich Wegbereiter eines Pappelkrebses *(Micrococcus populi)* an Zweigen	Pappelzwergzikade (*Idiocerus populi* L.), Eiablage im Sommer nach Aufschlitzen der Seitenäste bis auf das Mark; *Idiocerus decimaquartus* Schrk.; Eiablage gruppenweise unter Zweigrinde in Knospennähe, doppelte Gen. Ferner an Buche u.a. Lh (weiß bepunktetes Blatt) Buchenzirpe (*Typhlocyba cruenta* H.S.), 3,5–4 mm, hellgelb bis rotbraun, Hinterschienen mit 4 Dornreihen, oft massenhaft von Juli bis September, bes. in lichten Beständen; Grüne Zikade (*Tettigella viridis* L.), 6–9 mm, blaugrün oder grün mit gelber Flügelumrandung, 2 schwarze Flecken am Kopf.

Blattflöhe *(Psyllidae)*

Winzig bis klein (höchstens 5 mm); zikadenähnlich mit längeren Fühlern und zarten Flügeln; ausgezeichnete Springer, schlechte Flieger; phytophag und, durch hohe Vermehrungsfähigkeit, vor allem im Obstbau recht schädlich, forstlich wenig bedeutsam und vielfach mit den hüpfenden Erdflöhen (Blattkäfer *[Chrysomelidae]*) verwechselt.

Gegenmaßnahmen

vorbeugend: Vogelschutz;
mechanisch: Ausschneiden und Verbrennen befallenen Materials (s. auch Erdflöhe!);
biologisch: aussichtsreich: Verbreitung von Mykosen (z.B. *Entomophthora sphaerosperma*), Resistenzzüchtung(?).

Holzart	Symptom	Wichtige Arten
Blatt, Trieb		
Erle	gerstenkorngroße Blattgallen (Unterseite)	**Erlenblattfloh** *(Psylla alni* L.), 3–3,5 mm, 1jährige Gen., L Juni bis Oktober kolonienweise in Wachswolle gehüllt in Blattachseln der Triebspitzen, Überwinterung als Ei.
Esche	randständige, blasige Blattrollen	Eschenblattfloh *(Psyllopsis fraxini* L. = *Psylla)*, 2–2,5 mm, bräunlich, L reichlich Wachswolle, Gen. doppelt, Eiablage Juni bis August.
		Ferner an Ulme, Birke, Feldahorn Birkenblattfloh *(Psylla betulae* L.), Ulmenblattfloh *(Psylla ulmi* Frst.).

Blatt- oder Pflanzenläuse *(Aphidina)*

Allgemeine Merkmale

Sehr umfangreich, weltweit verbreitet, systematisch uneinheitlich behandelt;
klein, zart, gedrungen, dünne, oft lange Beine; große häutige Flügel oder ungeflügelt, rückseitig am Hinterleibsende 2 Sekretröhren *(Siphunculi)* für wachshaltige Ausscheidungen zur Verteidigung, manche Arten mit Wachsdrüsen zur Umhüllung mit Wachswolle; meist eintönig grün, rot, braun oder schwarz; je nach dem Vorkommen als Rinden-, Blatt- oder Wurzelläuse bezeichnet; typische Säftesauger an verschiedenem Pflanzengewebe mit Erzeugung von Gallen, Rindenrissen, Kräuseln von Blättern und Krümmen von Nadeln sowie frischen Trieben; vielfach in großen Kolonien mit massenhafter zuckerhaltiger Kotabgabe als glänzender Überzug auf Blättern und Zweigen, sog. „Honigtau", von Pilzen besiedelt und geschwärzt auch „Rußtau", eine bedeutende Nahrungsquelle für Ameisen und Bienen (Waldhonig) durch interessante Wechselbeziehungen *(Trophobiose);* Fortpflanzung oft sehr kompliziert durch Generationswechsel von zweigeschlechtlicher, meist geflügelter Generation mit zahlreichen parthenogenetischen und teilweise sogar lebend gebärenden Generationen an einem oder verschiedenen Wirten.

Blatt- oder Pflanzenläuse (Aphidina)

Grundschema des Generations- und Wirtswechsels
(Vereinfacht dargestellt in Anlehnung an HESS-BECK 1927; Abweichungen s. *Figur 9.*)

Hauptwirt	**Neben- bzw. Zwischenwirt**
(meist Winterwirt, Eiablage und Entwicklung der Stammgeneration)	(meist Sommerwirt der rein parthenogenetischen Sommergenerationen [Virginogenien])
monözisch	diözisch (zweiwirtig) oder bei Annahme von mehreren Wirten heterözisch (mehrwirtig)

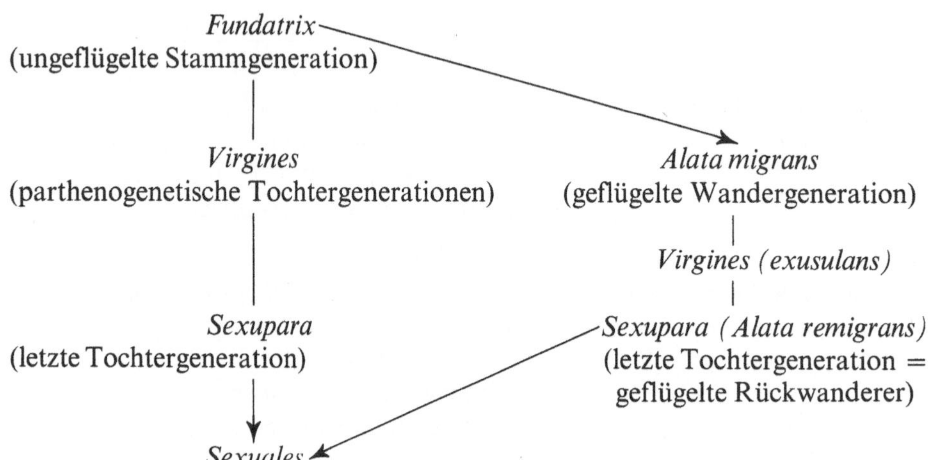

♀♀ der einzigen Geschlechtsgeneration *(Sexuales)* legen im Herbst hartschalige Wintereier an Knospen, Nadeln und Triebe ab, aus denen im Frühjahr die ungeflügelte Stammgeneration *(Fundatrix)* schlüpft. Diese erzeugt parthenogenetisch ungeflügelte, seltener geflügelte (bei heterözischen Formen) Tochtergenerationen (*Virgines* = Jungfern). Eine derartige geflügelte Wandergeneration, die zum Neben- bzw. Zwischenwirt überfliegt, nennt man *Alata migrans*. Aus der letzten Tochtergeneration *(Sexupara)* entsteht die einzige Geschlechtsgeneration aus geflügelten ♂♂ und ungeflügelten ♀♀, womit der Kreis geschlossen ist.
Anmerkung: Weitere Bezeichnungen sind: anholozyklisch = unvollständige Blattlausentwicklung nur auf Sommerwirtspflanzen (Fehlen von Geschlechtstieren, Winterei und *Fundatrix*); holozyklisch = vollständige Blattlausentwicklung (Geschlechtstiere, befruchtetes Winterei, Stammgeneration und Sommerformen); Fundatrigenien = Nachkommen der Stammgeneration; *Neosistentes* = Junglarven der überwinternden Blattläuse; Virginogenien = Sommerform der Blattläuse.

Gegenmaßnahmen

vorbeugend: holzartengerechte Erziehung der Weißtanne, bes. im Jugendstadium unter Schirm *(nüsslini, merkeri);* Vermeidung eines Dichtstandes von Tannenaltbeständen, bes. auf feuchten Böden *(merkeri);* auf gefährdeten Standorten Bevorzugung der läusefreien und frostharten *Abies grandis;*
mechanisch: Abbürsten der Läusestämme im unteren Abschnitt (2–4 m) bei trockenem Wetter *(fagi)* sehr zeitraubend und nur bedingt erfolgreich; Abbrennen des Wachswollüberzugs mit rückentragbarem Sprühgerät und Flammzusatz *(fagi):*
chemisch: Manschettenverfahren mit systemischen Insektiziden bei Solitärpflanzen, z.B. im Park schonend *(abietina);* vor und nach der Eiablage im zeitigen Frühjahr oder Herbst mit zugelassenen Mitteln gemäß PV (auch Obstbaumkarbolineum gegen *fagi*);

Abb. 250. Spiralige Stielgalle der Späten Pappelblattstieldrehlaus (W. NOACK)

Abb. 251. Ananasgallen der Grünen Fichtengallenlaus (B. SOUKUP)

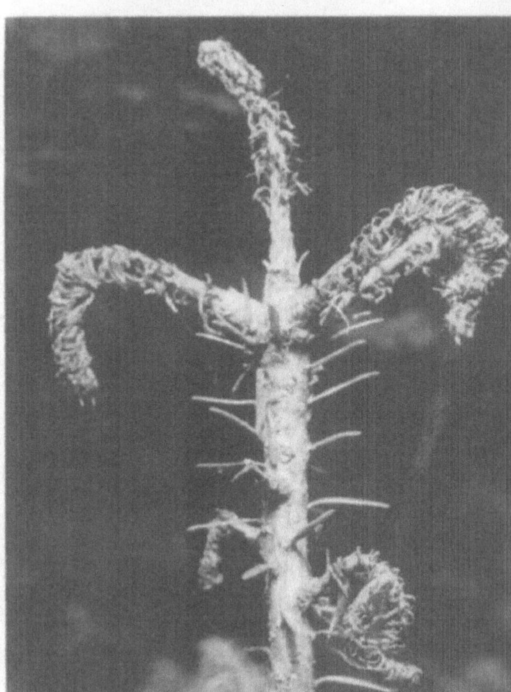

Abb. 252. Bösartige Tannentrieblaus (O. EICHHORN)

(a) *Fundatrix*-Mutterlaus mit Gelege an 8jähriger Orientfichte

(b) Schadbild an 10jähriger Tanne

Abb. 253. Sitkafichtenlaus oder Fichtenröhrenlaus [1–2 mm] (Eidgen. Anstalt f. forstliches Versuchswesen [Entom.])

401

Rinden- oder Baumläuse (Lachnidae)

biologisch: aussichtsreich: Massenzucht von *Coccinelliden* (*abietina* u.a.), Florfliegen (Blattläuse, auch Blattflöhe).

Rinden- oder Baumläuse *(Lachnidae)*

Monözisch, fast regelmäßig ohne eine rein parthenogenetische Generationsfolge (holozyklisch).

Holzart	Symptom	Wichtige Arten
Laubholz		
Eiche jüngste Triebe (auch Bi-Wurzel)	Gallenbildung mit Kropferweiterung (Eichenkropf)	Eichenbaumlaus (*Lachnus roboris* L.) I 3–4 mm, schwarz; 6–7 Generationen, kolonienweise.
Buche Blatt, Keimling	Einrollen von Blatteilen, Absterben von Keimlingen	Buchenblatt-Baumlaus, Buchenblattlaus (*Phyllaphis fagi* L.), auch zu Zierläusen *(Callaphididae)* gestellt; I ungeflügelt, ♀♀ bis 1,8 mm, grün mit bräunlich-weißer Wachswolle; Eiablage an Knospen, Schlüpfen der L bei Laubausbruch, oft in gewaltigen Massen.
Stamm, Zweige	krebsartige Rindenwucherungen (Aufreißen)	**Buchenkrebs-Baumlaus** (*Schizodryobius* *pallipes* Htg. = *Lachnus exsiccator* Alt.) I 4–5 mm, schwarz; kolonienweise vorwiegend in Stangen- hölzern meist nahe von Nestern der Roten Waldameisen; Schäden werden vielfach auf Ameisenbesuch zurückgeführt.
Nadelholz		
Fichte Nadel (Sitkafi, Rotfi, Blaufi)	gelb-violette Nadelverfärbung (Frühjahr), Entnadelung (Früh- sommer), nach mehrjährigem Befall u.U. Absterben von Einzelstämmen und ganzen Beständen bis Stangenholzalter (bes. Norddeutschland); gefährlicher Waldverderber; vielfach starker *Coccinelliden*- Besatz!	**Sitkafichtenlaus,** Fichtenröhrenlaus (*Liosomaphis abietina* Walk.), auch zur Familie Röhrenläuse *(Aphididae)* gestellt; I 1–2 mm, geflügelt und ungeflügelt, grün mit roten Augen, im Herbst ♂♂ und ♀♀; Saugtätigkeit im Frühjahr auf Nadel- unterseite *(Abb. 253)*.
Tanne Nadel	Schopfbildung junger Triebe, Nadel-Krümmung mit Wachsstreifen nach oben (ähnlich Spätfrost)	Weißtannentrieblaus (*Mindarus abietinus* Kch.), auch zur Familie Maskenläuse *(Thelaxidae)* gestellt; I 2 mm, geflügelt, grün mit schwarzbraun gebändertem Hinterleib, weiße Wolle; ungeflügelt grau bis gelbgrün; 3 Gen.

Woll- oder Blasenläuse *(Pemphigidae)*

Heterözisch, holozyklisch; parthenogenetische Generationen am Nebenwirt meist an dessen Wurzeln; charakteristische Gallen- und Blattkrümmungen, reichlich Wachswolle.

Hauptwirt	Nebenwirt (Zwischenwirt)	Symptom (beim Hauptwirt)	Art
Pappel Blatt	Fichte (Zwischenwirt)	walnußgroße, gelbbraune, blasige Blattgalle, oft nesterartig gehäuft; in Saatkämpen zuweilen sehr schädlich (Fi-Wurzel)	Silberpappel-Blattgallenlaus, Fichtenwurzellaus *(Pachypappa vesicalis* Kch.) fundatrigene L olivbräunlich.
	Salat u. a. (Zwischenwirt)	verschieden geformte Stielgallen	Salatwurzellaus, Pappelblattlaus, Pappelblattstielgallenlaus *(Pemphigus bursarius* L.) fundatrigene L, Geflügelte und Virginogenien gelblich.
	unbekannt (Zwischenwirt)	spiralige Stielgalle (früh – Juni) spät, *(Abb. 250)*	Frühe Pappelblattstieldrehlaus *(Pemphigus protospirae* Lichtst.) Späte Pappelblattstieldrehlaus *(Pemphigus spirothecae* Pass.)

Fichtengallenläuse, Fichten- oder Tannenläuse *(Adelgidae = Chermisidae)*

Sehr klein, Flügel in Ruhestellung dachförmig; *Sexuales* winzig, *Sexupara* geflügelt; Stammgeneration *(Fundatrix)* erzeugt sog. Ananas- oder Erdbeergallen *(Abb. 251)* mit Kammern für die geflügelte, dann abwandernde oder verbleibende monözische Generation auf dem Hauptwirt;

Lebensweise und Generationsverhältnisse (s. auch unter *Aphidina*!): ovipar; ausschließlich auf Nadelhölzern; neben heterözisch-holozyklischen Arten *(Biospecies)* noch anholozyklische *(Agamospecies)*, die sich von ersteren ableiten und auf Haupt- (Primär-) oder Nebenwirte (Sekundärwirte) beschränkt sind; Holozyklus fünfgliedrig *(Fundatrix, Alata migrans = Civis-Virgo, Hiemosistens* = Exulis-Virgo, Sexupara* bzw. *Andropara* und *Gynopara*** und *Sexualis)*; Entwicklungskreis bestehend aus 2 durch alle Generationen parallel verlaufende Zyklen (STEFFAN 1968), den männlichen und den weiblichen; Durchlauf des vollen Entwicklungszyklus in 2 Jahren, gebunden an Biozönosen mit Existenz von Primär- und Sekundärwirtspflanze der betreffenden Arten; Primärwirt nur Fichten-Arten, Nebenwirte bei *Pineinae* Kiefernarten (selten auch Tanne), bei *Dreyfusiini* Tanne und Tsuga, bei *Adelgini* Lärche und Douglasie; Wechsel zwischen beiden Wirtspflanzen durch 2 geflügelte Generationen *(Alatae-migrantes* vom Haupt- zum Nebenwirt, *Sexupara = Alatae [remigrantes]* im darauffolgenden Jahr in umgekehrter Richtung); bei vielen heterogenetisch-holozyklischen *Adelgidae*-Arten ist

---

* *Hiemosistentes* = winterliche Virginogenien; *Progredientes, Aestivales* = sommerliche Virginogenien.

** *Sexupara* bestehend aus ♂♂-erzeugenden *(Androparae)* und ♀♀-erzeugenden *(Gynoparae)* Muttertieren, deren Unterschied in dem einen geschlechtsbestimmenden X_1-Chromosom liegt (♂♂-erzeugend = X_1-Chromosom fragmentiert, beim anderen nicht); bei *Sexualis*-♂♂ weiterhin 2 Typen, ebenfalls unterschieden durch fragmentiertes oder unfragmentiertes X_1-Chromosom, bei Befruchtung von Eizellen durch Samenzellen mit fragmentiertem X_1-Chromosom entsteht die männliche Linie, durch solche mit unfragmentiertem X_1-Chromosom die weibliche Linie (STEFFAN 1968).

auf dem Sekundärwirt noch ein Nebenzyklus (Parazyklus) an den Holozyklus angeschlossen (bestehend aus 1–3 *Progredientes-* oder *Aestivales*-Generationen; Fortbestand mancher *Biospecies* bei fehlendem Primärwirt auf Sekundärwirt in Form des Parazyklus.

Generations- und Geschlechtschromosomenzyklus

der Douglasiewollaus *(Gilletteella cooleyi)*
(vereinfacht dargestellt in Anlehnung an Steffan 1968, s. auch unter *Aphidina*!).

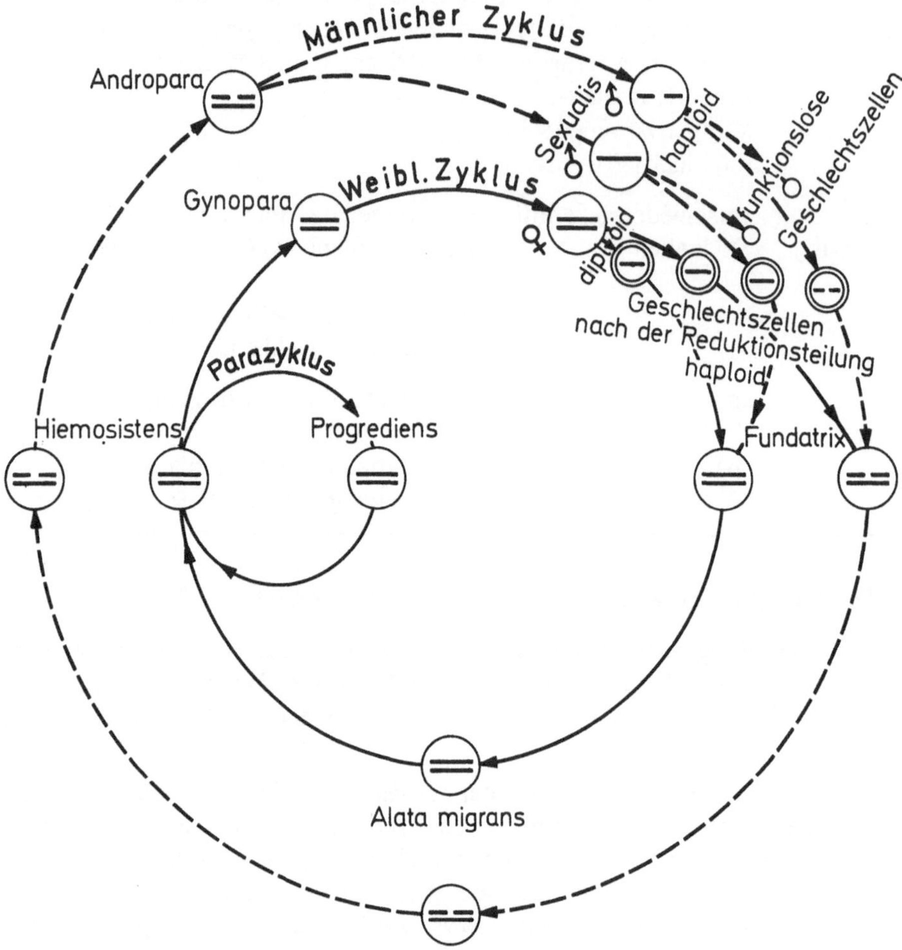

Figur 9. (Balken im Kreis = X- bzw. X_1-Chromosom, letzteres fragmentiert oder nicht)

Nebenwirt	Hauptwirt	Symptom (beim Neben- bzw. Zwischenwirt ohne gesonderte Angabe)	Wichtige Arten
Nadelholz			
Tanne im Heimatgebiet der Tannentrieblaus (Kaukasus, Krim) Nordmannstanne Orientfichte			
In Mitteleuropa monözisch – holozyklisch			
(Gallengeneration bei gleichzeitigem Vorkommen von Weißtanne und Orientfichte möglich!)			
Weißtanne			
Nadel		Krümmen, Einrollen der Nadeln, Stammverharzung (frühes Weißwerden im April/Juni), Wipfeltriebsterben; gefährlicher Tannenfeind *(Abb. 252 b)*	**Bösartige oder Einbrütige Tannentrieblaus** (*Dreyfusia nüsslini* CB. = *nordmannianae* Eckst.) I geflügelt und ungeflügelt, schwärzlich, durch bläulich-weiße Wachswolle rund begrenzt; L langrüßlig *(Neosistentes)* an Zweigen, unbedeutend, kurzrüßlig *(Progredientes)* an Nadeln, bes. der Maitriebe, bedeutend; Frühjahrsgeneration nur einmal fortpflanzungsfähig (einbrütig) *(Abb. 252 a).*
		ähnlich *nüsslini,* jedoch erneutes Weißwerden August/ September (s. auch *piceae*!), stärkere Aststauchung an der Basis	**Aggressive Weißtannenlaus** (*Dreyfusia merkeri* Eichh.) sehr ähnlich *nüsslini;* Frühjahrsgeneration meist mit zweimaliger Fortpflanzung im Sommer und Herbst (zweibrütig).
monözisch-anholozyklisch			
Stamm (Trieb)		weißlicher Wachswollüberzug, Beulen, Knospengalle	Weißtannenstammlaus, Ungefährliche Tannenrindenlaus, Tannenknospenlaus (*Dreyfusia piceae* Rtz.) I geflügelt und ungeflügelt, Wachswolle unregelmäßig und flockig; Junglarven sehr beweglich (Kriechstrecke bis 30 m). Unterscheidungsmerkmale der 3 Tannenläuse nur mikroskopisch möglich!

Fichtengallenläuse (Adelgidae)

Nebenwirt	Hauptwirt	Symptom (beim Neben- bzw. Zwischenwirt ohne gesonderte Angabe)	Wichtige Arten
In Nordamerika heterözisch-holozyklisch			
Douglasie	Engelmanns-, Blau- und Sitkafichte (Gallenträger)		
In Mitteleuropa rein parthenogenetisch oder auch heterözisch-holozyklisch			
Douglasie	?	Krümmung und Gelbfleckigkeit der Nadeln, weiße Wachsklümpchen; meist mehrjährig, hartnäckiger Befall und dann unangenehm	***Douglasien*(woll)*laus*** (*Gilletteella cooleyi* Gill.) I 0,08–1,0 mm; weiße Wachswolle; von Nordamerika eingeschleppt, seit 1933 in Deutschland gesichtet.
heterözisch-holozyklisch			
Lärche	Fichte (Gallenträger)		
Trieb		Nadelknickung an Lä, großschuppige, ganz kurz behaarte Ananasgalle mit Schopf, rundum oder einseitig um Triebbasis an Fi *(Abb. 251)*	Grüne Fichtengallenlaus (*Sacchiphantes viridis* Rtz. *[Chermes]*) I geflügelt, 2–4 mm, gelbgrün bis dunkelgrün; *ad. Fundatrix* schwarzgrün; L ebenfalls grünlich.
anholozyklisch			
	Fichte (Gallenträger)	ähnliche Gallen wie *viridis*, jedoch wohl zahlreicher	Gelbe Fichtengallenlaus *(Sacchiphantes abietis* L. *[Chermes]*) ähnlich *viridis*, jedoch *ad. Fundatrix* gelblichgrün.
heterözisch-holozyklisch			
Lärche	Fichte (Gallenträger)		
Trieb		Nadelknickung an Lä, kurze, endständige, nackte Erdbeergalle meist ohne Schopf an Fi	Rote Fichtengallenlaus (*Adelges laricis* Vall. = *Cnaphalodes strobilobius* Kalt.) I geflügelt, 1–1,5 mm, schwärzlich, unbewachst, *ad. Fundatrix* bis 2,5 mm, hell bläulichgrün mit langfädiger, derber Wachsbekleidung.
		endständige Gallen an meist älteren Bäumen	*Adelges tardus* Dreyfus. Entwicklung aus *viridis*-Form umstritten.

Schildläuse *(Coccina)*

Schildläuse (Coccidae)

Winzig bis klein; ausgeprägter Geschlechtsdimorphismus, ♂ meist geflügelt, ♀ stets flügellos, oft auch beinlos und festsitzend; Rückseite vielfach schildartig gewölbt, mit oder ohne Wachs bzw. anderen Sekreten;
Eiablage gewöhnlich unter dem Schild als Schutzhülle; Fortpflanzung zweigeschlechtlich oder parthenogenetisch; vorwiegend Schwächeparasiten.

Holzart	Symptom	Wichtige Arten
Laubholz		
Eiche Zweig, Stämmchen	pockennarbige Rinde durch wulstartige Einfassungen der Schilder, Verdicken der Maitriebe, Welken der Blätter	Eichenpockenschildlaus (*Asterolecanium variolosum* Rtz.) ♀ 2 mm lang, 1,6 mm breit, grünlich, bräunlich oder gelblich, gelbgraue Wolle; im gemäßigten Klimagebiet 1jährige Gen.
	meist dicht mit Schildern besetzt *(Abb. 254)*	Eichennapfschildlaus (*Eulecanium rufulum* Ckll.)
Zweig, Stamm 30–70jährige Bäume	in Rindenrissen, häufig Schleimfluß	Gestreifte Eichenschildlaus (*Kermes quercus* L.) 1jährige Gen., Überwinterung als L.
Buche Zweig, Stamm	weißer Wachswollüberzug, vielfach Schleimfluß (Erreger des Buchenrindensterbens?) *(Abb. 45, 255)*	**Buchenwoll(schild)laus** (*Cryptococcus fagi* Bärspr.) ♂ unbekannt, ♀ bis 0,8 mm; linsenförmig, beinlos, gelb mit weißer, sehr dauerhafter Wachswolle; L 0,2–0,4 mm, gelb; Eiablage Juli/August, schlüpfende Lauflarve an Rinde festsetzend (Beine gehen verloren!) und mit Wachswolle bedeckend, Überwinterung meist als Junglarve, Mutterläuse bis zum Winter absterbend.
Nadelholz		
Fichte Nadel, Trieb vorwiegend ältere Bäume	kaffeebohnenähnliche Schildlager an Quirlen (auch außerhalb)	Kleine Fichtenquirl-Schildlaus (*Physokermes hemicryphus* Dalm.) ♀ an Zweiggabelungen unter Knospenschuppen, ♂ an Nadeln; Gen. 1jährig, Überwinterung als L; Honigtauerzeuger (Waldhonig).

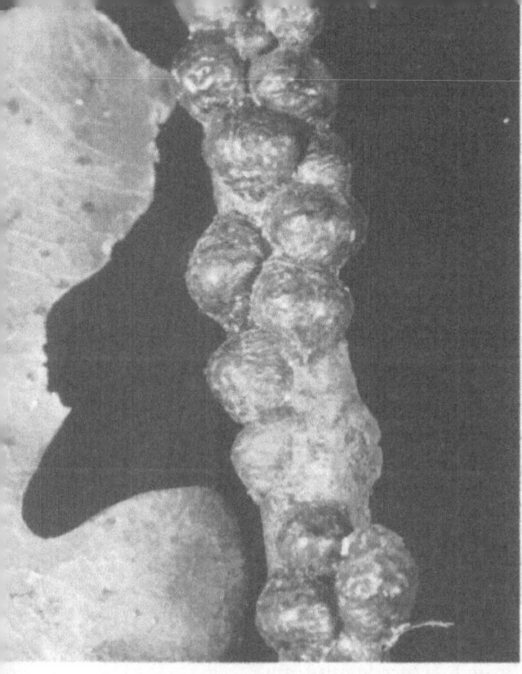

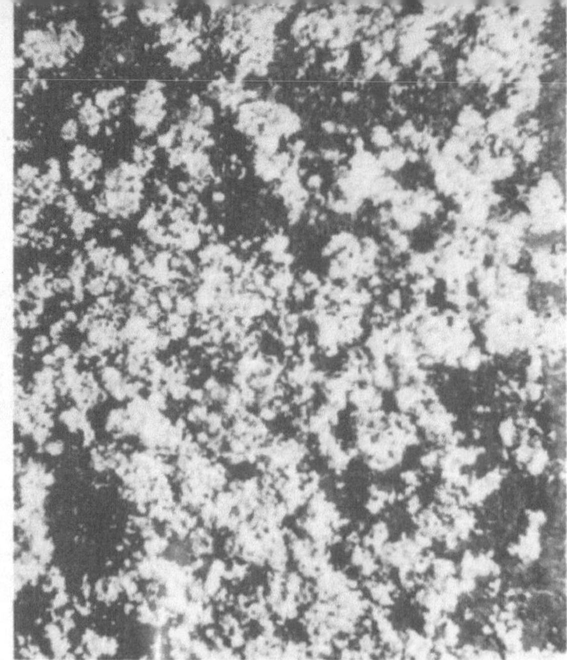

Abb. 254. Eichennapf-schildlaus [Schildchen ca. erbsengroß] (W. ROHDICH)

Abb. 255. Buchenwoll-laus [♀ bis 0,8 mm] (J. REISCH)

Abb. 256. Gr. Fichten-quirl-Schildlaus [♀ bis 4,5 mm] (B. SOUKUP)

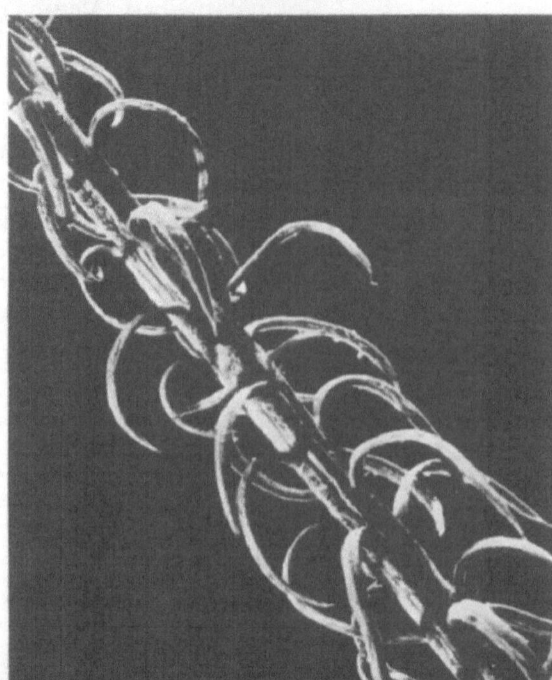

Abb. 257. Lärchen-blasenfuß (Eidgen. Anstalt f. forstliches Versuchswesen [Entom.])

(a) Vollkerf ♀ [1,2 mr

(b) Schadbild (gekrümmte Nadeln)

Holzart	Symptom	Wichtige Arten
vorwiegend junge Pflanzen	ähnlich *hemicryphus*, bevorzugt Triebgabelungen (bei Massenbefall auch Absterben *(Abb. 256)*	Große Fichtenquirl-Schildlaus (*Physokermes piceae* Schrk.) ♀ ca. 4,5 mm lang, blasig aufgetrieben, hell kastanienbraun; ♂ ca. 1 mm, geflügelt, 2 lange Schwanzborsten; ♀ auch außerhalb der Zweiggabelungen, ♂ an Nadeln; 1jährige Gen. Überwinterung als L.

Pflanzensauger (überwiegend schädlich)

2.13 Blasenfüße oder Fransenflügler *(Thysanoptera)*

Winzig bis 10 mm, langgestreckt, Flügel bandförmig, lang gefranst, Tarsen mit schwellbarer und ausstülpbarer Haftblase; Mundwerkzeuge eigenartig stechend-saugend differenziert; dunkel gefärbt; sehr beweglich; Blütenbesucher, teils zoophag, teils phytophag mit Anstechen von zartem Pflanzengewebe; wirtschaftlich besonders bedeutsam im Gewächshaus die „Schwarze Fliege" (*Heliothrips haemorrhoidalis* Bché.), in der Landwirtschaft der „Getreideblasenfuß" als Erreger der Weißährigkeit (*Limothrips denticornis* Hal.) und in der Forstwirtschaft nur der Lärchenblasenfuß (*Taeniothrips laricivorus* Krat.) als Erreger des Lärchenwipfelsterbens.

Gegenmaßnahmen

vorbeugend: in Schadgebieten Anbau der japanischen Lärche statt der gefährdeten europäischen Lärche, keine Einzelmischung von Lärche mit Fichte;
chemisch: gegen Larven und *Imagines* im Mai/Juli mit zugelassenen Mitteln gemäß PV.

Pflanzensauger (Larven und *Imagines*)

Holzart	Symptom	Art
Lä	Nadelsträube, Querrißbildung (Wipfelsterben) *(Abb. 257 b)*	**Lärchenblasenfuß** (*Taeniothrips laricivorus* Krat.) ♂ 0,9 mm, orangegelb, ♀ 1,2 mm, schwarzbraun *(Abb. 257 a);* L juv. 0,5 mm, weißlichgelb, ad. 1,2 mm orangegelb.
		Ferner an Fichte (Sitkafi) Fichtenblasenfuß (*Taeniothrips pini* Uz.) und an Tannen-Nadeln von Maitrieben, ähnlich Bösartiger Tannentrieblaus, Weißtannenblasenfuß (*Liothrips setinodis* Rtr.)

V. Vogelhege und Waldvögel

1. Vogelhege

Hierunter soll mehr verstanden werden als nur der Schutz, und zwar:

Gezielte Maßnahmen zur Schonung, Pflege und Förderung bestimmter für die Waldlebensgemeinschaft bedeutungsvoller Vogelarten.

Diese für alle Waldformen zugeschnittene Definition läuft durchaus nicht der allgemeinen Auffassung entgegen:
„Im Rahmen des Naturschutzes die Gesamtheit der heimischen Vogelwelt vor den schädlichen Einwirkungen der Zivilisation zu schützen und in ihrer Mannigfaltigkeit unseren Nachfahren möglichst ungeschmälert zu erhalten" (GLASEWALD 1937).

1.1 Einfluß von gesetzlichen Bestimmungen auf die Vogelwelt

Bestrebungen zum Schutz einzelner Vogelarten reichen sehr weit zurück. Ihre Motive sind zeitbedingt: Tafelfreude – Jagd und Beize – Romantik – Idealismus.

Fang und Tötung von Meisen, vermutlich ein Sammelbegriff für Kleinvögel, unterlag schon im 13. Jahrhundert dem Bann (Erzbistümer von Mainz und Trier) und wurde in den Weistümern des 14. und 15. Jahrhunderts unter strenge Strafe gestellt (Rheingauer-Weistum 1324, Weistum des Dreieicher Wildbanns 1338, Weistum des Lorscher Bannforstes 1423).

Unzulängliche Bestimmungen zum Schutz von Nestern, Eiern und Jungvögeln sowie zeitliche Beschränkungen des Vogelfanges erließen die Stadtväter von Straßburg 1449 und Nürnberg 1496. Der „Erbar Rath" der Stadt Frankfurt a. M. bestimmte 1567 daneben eine Schonzeit außer für Feldhühner auch für alle anderen Vögel, mit Ausnahme von Sperlingen, vom 8. 3.–10. 8., die dann 1774 auf den Zeitraum vom 22. 2.–16. 10. verlängert wurde. Im 16. Jahrhundert stellte der Erzbischof von Mainz das Töten einer Meise dem Jagdfrevel am Hirsch gleich.
Wegen der Beizjagd erließ Landgraf MORITZ VON DARMSTADT 1593 eine Verordnung zum Schutz von Reihern, Enten u. a. „Vogelwerke". Nach der „Wald-, Waidwerks- und Fischerei-Verordnung" 1692 von Landgraf ERNST LUDWIG VON DARMSTADT, wurde das Zerstören von Reiherhorsten aus dem gleichen Grunde bestraft.
Der Nachtigall galt ebenfalls schon sehr früh ein weitgehender Schutz, z. B. die Züricher Bestimmungen um 1300, die Verordnung der Fürstlichen Landesregierung zu Dillenburg 1746 und ähnliches auch um 1800 in Sachsen.

1822   Das Kurhessische Jagdstrafengesetz 1822 ist deshalb besonders erwähnenswert, weil neben Fang und Nestplünderung von Nachtigallen wohl erstmalig auch das Nachstellen nach Insektenfressern verboten wurde. Im Reg.-Bez. Münster wurde 1823 und in Preußen 1841 eine Nachtigallensteuer von 5 Talern zugunsten der Ortsarmenkasse (bei Bedürfnis) erhoben.
Ab der zweiten Hälfte des 19. Jahrhunderts begannen systematisch die Bemühungen zur Regulierung des Vogelbestandes durch Gesetz und Verordnung.

1854   *Erstes Vogelschutzgesetz von Schwarzburg-Sondershausen*
(unterdrückt die unheilvollen Meisen-Hütten).

1873   *Internationaler Kongreß der Land- und Forstwirte in Wien*

Einigung über folgende Punkte:
Verboten: Fang und Tötung insektenfressender Vögel, Fang von Körnerfressern vom 15. 3.–1. 9., Vogelfang mit Schlingen, Leim oder Fallen, Ausnehmen von Eiern, Jungen, Zerstören von Nestern und Töten, außer schädlicher Arten, Feilbieten von lebenden oder toten Insektenfressern ganz und der übrigen Arten während der Schonzeit (auch Eier und Nester).

22. 3. 1888 *Gesetz, betreffend den Schutz von Vögeln*
(1. deutsches Vogelschutzgesetz von Kaiser FRIEDRICH III.)

Verboten: Zerstören und Ausnehmen von Nestern (Ausnahme Eigentümer, Nutzungsberechtigte, Beauftragte), Eiern, Jungvögeln, deren Feilbieten und Verkauf (außer Eiern von Strandvögeln, Seeschwalben, Kiebitzen); Fangen und Erlegen zur Nachtzeit durch Leim, Schlingen, Netze, Waffen; jegliches Fangen während der Schneelage; Fangen durch betäubende oder giftige Futterzusätze, Fallkäfige, Fallkästen, Reusen, Netze aller Art; Fangen, Erlegen, Feilbieten, Verkauf v. 1. 3.–15. 9.

Ausnahmen: jagd- und fischereischädliche Vögel sowie schädliche Arten des Kulturpflanzenbaus, Lehrzwecke, Stubenvogelhaltung; Uhu, Tagraubvögel ohne Turmfalken, Würger (Neuntöter), Kreuzschnäbel, Sperlinge (Haus- und Feldsperling), Kernbeißer, Rabenartige Vögel (Kolkrabe, Raben- und Nebelkrähe, Saatkrähe, Dohle, Elster, Eichelhäher, Tannenhäher), Wildtauben (Ringel-, Hohl-, Turteltaube), Wasserhühner (Rohr- und Bleßhühner), Reiher (Graureiher, Rohrdommeln), Säger (Säugetaucher, Tauchergänse), alle nicht im Binnenland brütenden Möven, Kormorane, Taucher (Eis- und Haubentaucher);
Krammetsvogelfang ungehindert v. 21. 9. – 31. 12., straflos dabei mitgefangene, geschützte Vögel.

Geltungsbereich: Deutsches Reichsgebiet außer Helgoland.

19. 3. 1902 *Pariser Konvention zum Schutze der für die Landwirtschaft nützlichen Vögel*
(Gesetzes-Vorlage Juni 1895)
Strenge Trennung von nützlichen und schädlichen Vögeln; unter „schädlich" fallen alle Arten von Adlern, Falken (ausgenommen Turm-, Rötel- und Rotfußfalke), Habichten, Weihen, Gabelweihen und Uhu;

Fortschritt: gänzliches Verbot des Massenfangs, speziell mit Netzen und Schlingen;

Geltungsbereich: Schweden, Belgien, Luxemburg, Frankreich, Liechtenstein, Monako, Schweiz, Österreich-Ungarn, Portugal, Spanien, Griechenland, Deutschland.

30. 5. 1908 *Deutsches Reichs-Vogelschutzgesetz*

Anhang mit Bezeichnung jeder einzelnen, einheimischen Vogelart:
total geschützt, geschützt mit Einschränkungen, jagdbar und vogelfrei;
vogelfrei, d.h. Fangen, Töten und Ausnehmen von Eiern und Jungen durch jedermann zu jeder Zeit:
Uhu, Falken mit Ausnahmen, Habichte, Weihen, Sperlinge einschließlich Steinsperling, rabenartige Vögel einschließlich Kolkrabe, Dohle, Alpendohle, Alpenkrähe,
jagdbar: Adler, Drosseln;

Fortschritt: endgültiges Verbot des Krammetsvogelfanges oder Dohnenstieges und der wilde Fang von Vögeln;
geschützt: neben Turmfalke zusätzlich Schreiadler, Seeadler, Bussarde, Gabelweihen.

Geltungsbereich: Deutsches Reichsgebiet einschließlich Helgoland.
Daneben und später auch landeseigene Verordnungen und Gesetze, z. B. Preußische
Jagdordnung vom 15. 7. 1907, Polizei-Verordnung für Preußen zum Schutz von
Tieren und Pflanzen vom 30. 5. 1921, Preußisches Feld- und Forstpolizeigesetz in
der Fassung der Bekanntmachung vom 21. 1. 1926.

2. 7. 1934 *Reichsjagdgesetz* (RJG) nebst AVO vom 27. 3. 1935 und 10. 2. 1937.

Unter jagdbare Tiere: Drosseln, Tag- und Nachtraubvögel, Kolkrabe; ohne Schonzeiten: Rohrweihe, Sperber, Habicht; beschränkte Jagdzeit: Mäuse- und Rauhfußbussard vom 1. 9. – 31. 3. und Drosseln vom 1. 9. – 30. 11.;

Verbote: Abschuß (dauernd oder zeitweilig) bedrohter Wildarten; Nachstellen nach
Federwild zur Nachtzeit; Aufsammeln von Vögeln an Leuchttürmen und Leuchtfeuern; Benutzung von künstlichen Lichtquellen beim Fang oder Erlegen; Prämien
für Fang oder Abschuß von Raubvögeln; Verwendung von Schlingen, Tellereisen
u. a. tierquälenden Fanggeräten oder Selbstschüssen; Auslegen von Gift, vergifteten
Ködern, Giftbrocken und Verwendung von Giftgasen außerhalb befriedeter Grund-
flächen (Ausnahmen für Sonderfälle und zugelassene Gifteier gemäß AVO des
Reichsjägermeisters über die Verwendung von Gifteiern zum Vergiften von Nebel-,
Rabenkrähe und Elstern vom 12. 2. 1937).

Ausnahme: Minderung übermäßigen Wildbestandes unabhängig von Schonzeiten,
z. B. fischereischädliche Tiere wie Fischreiher, Fischadler, Kormoran, Möven, Haubentaucher, Säger, Bläßhuhn. Jagdschutz gegen Raubwild und Raubzeug, vor allem
wildernde Hunde und Katzen außerhalb der Einwirkung des Besitzers und 200 m
abseits vom nächsten bewohnten Haus.

26. 6. 1935 *Reichsnaturschutzgesetz* (RNG) in der Fassung vom 29. 9. 1935, 1. 12. 1936, 20. 1. 1938
mit DVO vom 31. 10. 1935 in der Fassung vom 16. 9. 1938.

Schutz von Pflanzen und nichtjagdbaren Tieren (Erhaltung seltener und bedrohter
Pflanzen und Tiere, Verhütung mißbräuchlicher Aneignung und Verwertung, (z. B.
Massenfang, industrielle Verwertung);
Erhaltung der Natur in Einzelschöpfungen, z. B. alte oder seltene Bäume (Natur-
denkmale), in der Ganzheit auf bestimmt abgegrenzten Bezirken, z. B. Vogelfreistät-
ten, Vogelschutzgehölze (Naturschutzgebiete), in Teilabschnitten, z. B. Bäume, Baum-
und Gebüschgruppen, Raine, Alleen, Landwehre, Wallhecken (Knicks), sonstige
Hecken, Parkanlagen, insbesondere für die Singvögel (sonstige Landschaftsteile)
– (Eintragung, Verpflichtung zur Duldung von Schutz- und Unterhaltungsmaß-
nahmen, u. U. auch Anordungen gegen das Überhandnehmen von Tieren, Ver-
änderungsverbot).

18. 3. 1936 *Verordnung zum Schutz der wildwachsenden Pflanzen und der nichtjagdbaren wildlebenden Tiere – Naturschutzverordnung – (NVO)* in der Fassung vom 16. 3. 1940.

Verbote: unbefugtes Abbrennen der Pflanzendecke (auch Abschneiden von Hecken,
Gebüsch, lebenden Zäunen, Beseitigen von Rohr- und Schilfbeständen) mit Ausnahme durch den Eigentümer oder Nutzungsberechtigten in der Zeit vom 1. 10. bis
14.3.; Nachstellen, mutwillige Beunruhigung, Fang, Tötung nichtjagdbarer wild-
lebender Vogelarten, Beschädigung und Entfernung von Eiern, Nestern oder anderen
Brutstätten mit Ausnahme von Kleinvogelnestern in der Zeit vom 1. 10. bis Ende Februar und durch den Eigentümer, Nutzungsberechtigten bzw. Beauftragten auch
jederzeit Nester ohne Jungvögel an oder in Gebäuden; Verwendung von Vogelleim,
Leimruten, Schlingen o. a. tierquälenden Fanggeräten, Vogelblenden, Aufsammeln

von Vögeln an Leuchtfeuern, Leuchttürmen, Fangnetzen aller Art; Beteiligung von Kindern am Beseitigen von Nestern und am Vogelfang;
ungeschützte Arten: Nebel-, Raben-, Saatkrähe, Eichelhäher, Elster, Feld- und Haussperling mit dem Verbot des Nachstellens zur Nachtzeit, mit Leim, Schlingen, Tellereisen, Pfahleisen oder Selbstschüssen o. a. tierquälenden Vorrichtungen, Netzen aller Art, künstlichen Lichtquellen, unter Benutzung geblendeter Lockvögel, unter Anwendung von Giftstoffen oder betäubenden Mitteln.

Lizenz: zur Bekämpfung von Dohlen, Staren, Grünlingen und Bluthänflingen und an künstlich angelegten Fischbrutteichen befristet auch des Eisvogels bei wesentlichen wirtschaftlichen Schäden; für Fang, Ein- und Ausfuhr von Stubenvögeln (namentliche Liste der zugelassenen Arten: 11 Körnerfresser, 9 Weichfresser).

Beringungszwang für geschützte, gefangene oder selbstgezüchtete Vögel.

Handelsverbot mit geschützten Vögeln ohne amtlich vorgeschriebenen Fußring sowie deren Bälge, Federn, Nester, Eier (auch Eierschalen).
Unversehrter Fang fremder, unbeaufsichtigter Katzen vom 15. 3.–15. 8. und während der Schneelage in Gärten, Obstgärten, Friedhöfen, Parks u. ä. Anlagen durch den Grundstückseigentümer, Nutzungsberechtigten und deren Beauftragte (Anzeigepflicht und evtl. Ablieferung an zuständige Ortspolizeibehörde).

Nach 1945 *Gesetzliche Bestimmungen des Bundes und der Länder, die sich im wesentlichen auf die Reichsnaturschutzgesetzgebung stützen.*

Anmerkung: Wegen der ständigen Änderungen, auch im Zuge der Gesetzgebung für den Landschafts- und Umweltschutz, ist eine klare Darstellung z. Z. nicht möglich. Uneinheitlichkeit besteht z. B. auch bei der Schonung von Greifvögeln. In Hessen, Rheinland-Pfalz und im Saarland haben heute noch Mäuse- und Rauhfußbussard und in Rheinland-Pfalz zusätzlich der Habicht Schußzeit vom 1. 11.–28. 2.

Geplant ist der vollständige Schutz der Rauhfußhühner und des Haubentauchers.

Somit ist zu hoffen, daß mit der Zeit immer mehr Vogelarten vor einem drohenden Untergang bewahrt bleiben.

1.2 Ursachen des Rückgangs der Vogelarten

Der einstige Vogelreichtum bei uns ist noch aus Ortsnamen oder Bezeichnungen der Feldmark und Waldreviere ersichtlich, z. B.
Vogelsberg (seit 1236) mit Finkenloch, Rabenstein, Lerchenhof, Schwalheim oder Spessart = Spechtshardt = Spechtswald.

Umgestaltung der Landschaft

Waldrodung, Meliorationen, Urbarmachung von Ödländereien, Umwandlung von mehrschichtigen Naturwäldern mit reichem Laubholzanteil und hohem Brutpotential in gleichaltrige, eintönige Nadelholzmonokulturen, meist ohne oder nur mit dürftigem Unterwuchs.

Bericht von GIEBEL (1868):

„Unsere von Jahr zu Jahr gesteigerte Boden- und Pflanzenkultur bereitet dem Ungeziefer die günstigsten Daseinsbedingungen... Die Insektenfresser verschwinden mehr und mehr, weil sie auf dem Kulturboden zu sehr beunruhigt werden, keine Schlupfwinkel, keinen Schutz gegen ihre Verfolger, keine Sicherheit und Bequemlichkeit für ihre Brut finden. Wo sind die zahlreichen Feldgehölze, Hecken, wilden Gestrüppe, Gebüsche, die alten hohlen und doch buschig

413

belaubten Bäume geblieben, seit unsere Landwirtschaft gezwungen ist, jeden Schritt ertragsfähigen Bodens zu benutzen und aufs höchste auszunutzen!" *(Abb. 344)*.

Bis zum Jahr 1930 waren mehr als 94% der Bodenfläche in Deutschland nutzbar. Zur Rationalisierung des bäuerlichen Betriebes erfolgte Verkoppelung in N- und M-Deutschland, im O später Bodenreform, im W noch nicht abgeschlossene Flurbereinigung durch Um- und Zusammenlegung von Grundstücken (Beseitigung von Hecken, Rainen, Baum- und Buschgruppen-Begradigung von Waldrändern, Feldwegen und Gräben – schwindende Daseinsbedingungen für Busch- und Erdbrüter).

Der Aufschluß der Wälder durch ein dichtes, befestigtes Wegenetz (bis in die letzte Einsamkeit) zur Holzabfuhr sowie kurze Umtriebszeiten raschwüchsiger Nadelhölzer mit alle 3–4 Jahre wiederkehrenden Pflegehieben haben sich nachteilig für Kulturflüchter wie Adler, Uhu, Blauracke, Schwarzstorch, Kranich, Kolkrabe u. a. ausgewirkt.

Regulierungen von Fluß- und Bachläufen mit Uferbefestigungen, vor allem Auspflasterung (keine Brutmöglichkeit für Eisvogel), Senkung des Wasserspiegels stehender Gewässer und Trockenlegung von Mooren, Sümpfen und nassen Wiesen und Entfernung der Schilf- und Rohrbestände, Verschmutzung durch Industrieabwässer, Kloake, Öle und Unrat bedeuten den Existenzverlust für Störche, Lachmöve, Rohrweihe, Rohrsänger *(Abb. 275, 297, 301)* und viele Wasservögel (keine Brutmöglichkeit und Beute).

Stenotope Vogelarten mit enger Biotopbindung reagieren besonders empfindlich auf jede Störung und Veränderung. Maßgebend ist das Angebot der Umweltfaktoren wie Klima, Nahrung und Vegetationstyp in einem artspezifischen Qualitätsbedürfnis. Der Wiedehopf ist ernährungs- und brutbiologisch an Weideland mit alten Bäumen, zumindest in der Nachbarschaft, angewiesen. Der Baumpieper benötigt nach seinem Gesang einen Baum oder Pfahl zum Herunterfliegen. Wilde Schwäne finden nur befriedigende Brut- und Nahrungsmöglichkeiten in abgelegenen Seen mit flachen Ufern und breiten Schilf- und Rohrgürteln.

Viel weniger anspruchsvoll sind die *euryöken* Vögel mit einer großen ökologischen Existenzbreite.

Dohlen, Mehlschwalben, Hausrotschwanz und Mauersegler haben sich mit der veränderten Umgebung abgefunden und im Gemäuer der vordringenden Städte und Dörfer neue Wohnstätten gefunden. Am meisten profitieren die sog. Ubiquisten, wie die Sperlinge, die sich praktisch in jeder Lebensstätte wohlfühlen und die Lücken der Abwanderer ausfüllen.

Andrerseits können auch Massenansammlungen von Vögeln, z. B. Koloniebrüter, den Standort beeinflussen. Nach einem von TISCHLER (1955) angeführten Beispiel hat die ständige Zunahme von Lachmöven auf einem Heidemoor in Schottland dazu geführt, daß innerhalb von 12 Jahren daraus eine Sumpflandschaft entstand.

Heute werden wir mit neuen Eingriffen in die Natur konfrontiert, die in ihren Auswirkungen noch nicht zu übersehen sind. Der Rückgang der Landwirtschaft steigert die Brachfläche, Steuererleichterung und geringe Grundstückspreise begünstigen die Ausweitung von Industrieanlagen und Wochenendsiedlungen (auch in abgelegenen Landschaftsteilen). Hinzu kommen ständig wachsende Verkehrsdichten, neu ausgebaute Strecken auch mit doppelten Fahrbahnen, erweiterte Flugschneisen sowie der Besucherstrom von Urlaubern im Walde. Die Vogelwelt läßt sich jedoch in der Gesamtheit nicht verjagen, wie dies bei ständigem Motorenlärm auf dem Rhein-Main-Flughafen nachzuweisen ist.

Fang – Tötung – Sammlung

Singvögel

Die Anzahl mutwillig zerstörter Nester und Bruten von Insektenfressern schätzte GIEBEL (1868) auf durchschnittlich 10–12,5 Mill. für ganz Deutschland (zumeist Bubenstreiche!).

Seit dem 15. Jahrhundert stieg die Anzahl der gewerbsmäßigen Vogelfänger, die mit verfeinerten Fangmethoden rücksichtslos und zu jeder Jahreszeit vorgingen. Daneben hielten sich die Höfe der Landesherren seit dem 16. Jahrhundert, neben Gänse- und Entenfängern, auch Finkenfänger. Im 18. Jahrhundert war bis 1789 im ehemaligen Kurhessischen Uchte ein Ortolanfänger eigens für den Hof in Kassel tätig. Dessen Strecke belief sich im Jahr 1712 auf 250 Ortolane.

Die Schutzbezeichnung „Bannmeise" wird also wohl mit Recht zur Sicherung von Kleinvögeln für lukullische Genüsse, evtl. auch für die Atzung von Falken gedeutet.

Der Dohnenstieg war bei uns lange Zeit beliebt:

„Der Förster stellt zahllose Schlingen aus Pferdehaaren auf, die er mit den verlockend roten Beeren der Eberesche ködert, um die nordischen Krammetsvögel zu fangen, eine beliebte Delikatesse für den Tisch der Reichen" (FLÖRICKE 1907).

Die damalige Einstellung spiegelt sich in folgendem Vers wieder:

Die Krammetsvögel, die frommen
Gebratenen Englein mit Apfelmus,
Sie zwitschern mir „Willkommen". (Aus SCHUSTER 1909.)

Leider fielen dem Krammetsvogelfang auch andere Vogelarten zum Opfer. In der Oberförsterei Heimbach bei Gemünd war das Fangergebnis von 1887–1896:

42 840 Krammetsvögel
25 298 Singdrosseln
 1 753 andere Vögel
 1 076 Rotkehlchen

Von 1908 bis zur Naturschutzgesetzgebung von 1936 wurden im deutschen Reichsgebiet jährlich 2 Mill. Vögel gefangen, danach nur noch 130 000 Vögel zum Fang freigegeben und tatsächlich 1936 11 000 und im Großdeutschen Reich 1939/40 86 000 Vögel gefangen. Derzeit sind es in der Bundesrepublik Deutschland etwa 15 000 Vögel. (KENNEWEG 1970). Natürlich ist damit nur der gemeldete Vogelfang erfaßt.
Der südeuropäische Vogelmarkt gibt auch heute noch ein Bild vom Massenfang einheimischer, geschützter Vogelarten. Nach einem Bericht von GLASEWALD (1937) lag die jährliche Ausbeute einer einzigen raffinierten Fanganlage in Italien in den Jahren 1912 bis 1924 im Durchschnitt bei 3333 Vögeln.
Ein solcher „Aderlaß" mußte sich auf den Singvogelbestand verhängnisvoll auswirken.

Die lukrative Blutfinkenzucht im Vogelsberg gab SCHUSTER (1909) mit 24 000 Mark im Jahr 1872 für abgerichtete und nach England und Amerika exportierte Dompfaffen an. Seit 1896 lief das Geschäft waggonweise mit 600–1000 „gelernten" Dompfaffen, zum Stückpreis von 20–30 M, unter etwa 7000 Kanarienvögeln.

Greife

Die mit viel Prunk und Aufwand betriebene Beizjagd der Landesherren griff ganz gehörig in den damals noch großen Reichtum an Greifvögeln ein und führte zum Ausheben fast des letzten Falkenhorstes. Landgraf LUDWIG IV. in Marburg beklagte sich 1595, keinen „Blaufuß" (Würgfalke) mehr auftreiben zu können. Landgraf FRIEDRICH II. zahlte 1765 4500 Taler für die von ihm in Kassel unterhaltene Falknerei mit 12 Falknern, Knechten, Falkenjungen, Falken-, Milan- und Krähenmeistern.
V. RIESENTHAL (1884) hielt Steinadler, Kaiseradler, Seeadler, Grönlandfalke, Sakerfalke und Uhu für die „Jagd sehr gefährlich". Der Wanderfalke wurde als „der Schrecken aller Schrecken für die gefiederte Welt von der Wildgans bis zur Lerche" bezeichnet. Hühnerhabicht, Sperber, Rohrweihe und Wiesenweihe sollten gnadenlos verfolgt werden. Diese weit verbreitete Schrift (fast auf jedem Forstamt) gab eine genaue Anweisung zur erfolgreichen Jagd auf die „Raubvögel" mit dem Uhu (Hüttenjagd), am Luderplatz, mit Tellereisen und Habichtskorb.
GLOGER (1858) berichtete, daß im Frühjahr 1855 in der Umgebung von Gotha innerhalb von 3 Wochen 400 Bussarde, in Mähren 1856 73 000 Raubvögel und in 3 „Forstmeisterämtern" bei

Wien im Jahr 1854 606 Eulen, 393 „Sperber" (Falken, Habicht u.a.) und 1617 „Geier" (vermutlich Bussarde u.a. Mäusevertilger) erlegt wurden.
In gleicher Weise beklagte sich GIEBEL (1868) über den Feldzug gegen Eulen und Taggreife. Danach sollen in den Großherzoglichen Mecklenburg-Schwerinschen Revieren in der Zeit von 1842–1853 15 205 Weihen und Bussarde abgeschossen worden sein.
Der Adler wurde in Deutschland noch bis 1932 mit oder ohne Erlaubnis bejagt:

1924   2 Seeadler
1925   3 Seeadler, 1 Steinadler
1927   1 Seeadler, 3 Steinadler
1930 22 Fischadler
1931   6 Fischadler
1932   5 Fischadler.

In der Zeit von 1885–1908 wurden 73 Uhu-Altvögel in Deutschland erbeutet, zahlreiche Gelege geplündert und alljährlich die Jungen ausgehorstet (GLASEWALD 1937).

Die Brieftaubenvereine hatten einen namhaften Anteil an den Greifvogelverlusten. Für die Ablieferung von 7090 Fängen in den Jahren 1926/27 wurden 9060.— RM Prämie gezahlt.

Der Artikel eines Taubenzüchters in der „Zeitschrift für Brieftaubenkunde" vom 19. März 1926 ist so bezeichnend, daß hier eine vollständige Wiedergabe erfolgt:

„Die große Anzahl Raubrittersporen, die wir uns im Jahre 1925 für unsere Groschen erworben haben, wie es der Jahresbericht anzeigt, wird jeden Taubenfreund erfreuen. Doch ich möchte dringend bitten, diese Angelegenheit von jetzt an wie ein Veilchen im Verborgenen blühen zu lassen. Ich möchte darauf dringen, nur im engeren Ausschuß diese Zahlen bekanntzugeben. Es mehren sich die Stimmen, die für unsere Raubvögel Abschußverbote fordern, und könnten diese mit den angegebenen Zahlen operieren, so dürften uns bald die Hände gebunden sein. Wenn wir, solange es Zeit ist, uns ans Werk machen, um die Raubvogelplage zu überwinden, so schaden wir durchaus nicht dem Gleichgewicht in der Natur. Denn dieser Gedanke müßte uns leiten, nicht ein selbstisches Interesse in unserer eigenen Sache. Drum weiter, ihr lieben Brieftaubenfreunde in Stettin und Umgegend! Folget ihnen nach, ihr anderen, wo ihr auch seid! Aber hängt nicht jeden Fang an die große Glocke! Eure Arbeit muß ein steter, unermüdlicher Kleinkrieg sein. Und wenn dann eines Morgens die eine Hälfte unserer Erde, auf der wir wohnen, sich den Schlaf aus den Augen reibt und entdeckt, daß das letzte der sogenannten Naturdenkmäler in der Versenkung verschwunden, dann, Herr Kapellmeister, blasen Sie Tusch!"

Das Sammeln von Eiern und Bälgen, auch zu wissenschaftlichen (vielfach vorgespielten) Zwecken, hat, bes. bei seltenen Vogelarten, einen Rückgang bis zur völligen Ausrottung (Schreiadler) zur Folge gehabt.
Massenvernichtungen von Vögeln können auch durch unvorschriftsmäßig verlegte oder veraltete Starkstrom- und Lichtleitungen sowie durch die zunehmende Verschmutzung der Gewässer verursacht werden. Durch Absterben der Wasserfauna wird vielen Vogelarten, insbesondere den Wasservögeln, die Nahrung genommen.

Auswirkungen von Giften (Giftköder, Pestizide)

Die Angaben über Verluste von Vögeln durch Giftköder und Pestizide sind z.T. sehr unterschiedlich und in der Literatur weit verstreut. Eine Zusammenfassung über Vergiftungen durch moderne Pflanzenschutzmittel findet sich in der Zeitschrift „The Journal of applied Ecology (Pesticides in the environment and their effects of wildlife)", Blackwell Scientific Publications, Oxford 1966. Aus der Fülle der Berichte können natürlich nur einige wichtige Beispiele gebracht werden.

Giftköder

Wirkstoff	Schaden	Bekämpfungsaktion
Zinkphosphid (Gifteier mit Phosphorlatwerge)	über 50 Kolkraben	1891 Krähenvertilgung in Gunderslevholm (Dänemark)
	zahlreiche Kolkraben	1928 Krähenvertilgung in Holstein (beides GLASEWALD 1937)
Parathion (Giftgetreide, Gifterbsen)	vermutlich über 200 000 Vögel, nachgewiesen 27 000 Vögel aus 55 Arten, darunter 174 Bussarde u. a. Greife, 9000 Buchfinken	1960 in 200 Gemeinden verbotenes Auslegen auf Feldern gegen Ringel- und Hohltaube, Saat- und Rabenkrähe, Dohlen und Möven (MÖRZER-BRUIJNS 1963)

Pestizide

Grundsätzlich sind folgende Erkenntnisse wichtig:

Nestlinge leiden unter Pestiziden mehr als erwachsene Vögel und Nestlinge von Freibrütern wieder mehr als die von Höhlenbrütern. Der Eintritt eines Vogelsterbens unmittelbar bei oder gleich nach einer Bekämpfungsaktion läßt mit an Sicherheit grenzender Wahrscheinlichkeit auf einen ursächlichen Zusammenhang mit den verwendeten Pflanzenschutzmitteln schließen. Eine nachlassende Fütterungsfrequenz der Altvögel kann als ein Anzeichen gewertet werden (Beobachtung, Registrierung durch Aktograph). Zuverlässige Ergebnisse liefert der Pestizid-Test im Laborversuch mit kontrolliertem (pestizidhaltigem) Futter. Zugesetzte radioaktive Stoffe (Radioindikatoren) zeigen die Übertragung und evtl. Anhäufung (Kumulierung) von Wirkstoffen in den Organen und/oder Geweben an. Die Berichte stimmen dahingehend überein, daß besonders und jedesmal bei vorschriftswidriger Anwendung von Pestiziden Vogelverluste eintraten.

Insektizide

Wirkstoff	Schaden	Bekämpfungsaktion
Kalkarsen-Stäubemittel (18 kg/ha 43%ig)	Kleinvögel (Dorngrasmücke, Baumpieper)	1926 gegen Eichenwickler *(Tortrix viridana)* in Haste/Minden (DANCKWORTT und PFAU 1926)
(24 kg/ha 40%ig)	zahlreiche Vögel (Meisen, Eichelhäher)	1926 gegen Kiefernspanner *(Bupalus piniarius)* in Hersfeld-Ost (KOLSTER 1927)
(50 kg/ha 12–17%ig)	Ausrottung der gesamten Singvögel, darunter Trauerschnäpper, Gartenrotschwanz, Heidelerche, Laubsänger, Braunkehlchen, Baumläufer; weniger empfindlich Meisen, Körnerfresser;	1933– gegen Nonne *(Lymantria monacha)* 1937 in Rominten (STEINFATT und WELLENSTEIN 1942)

Wirkstoff	Schaden	Bekämpfungsaktion
	Weichfresser und Eichel- häher am schwersten getroffen	
(65 kg/ha 5–12%ig)	empfindliche Verluste	1938 gegen Kl. Fichtenblattwespe *(Pristiphora abietina)* (FISCHER 1942)

Chlorierte Kohlenwasserstoffe

Sie sind in Muscheln und Fischen gegenüber der Umgebung vieltausendfach angereichert und gespeichert (BUTLER 1966); davon nahrungsabhängige Meeresvögel können schwer geschädigt werden, z.B. fast vollständige Ausrottung einer Brandseeschwalben-Kolonie in Holland (KOEMAN u.a. 1967);
steigende Empfindlichkeit bei Hühnervögeln gegenüber Lindan, Heptachlor, Dieldrin, Aldrin (GROLLEAU und GIBAN 1966);

DDT – 10 bzw. 50 ppm im Futter führte bei japanischen Wachteln bald zu Rückständen in den Eiern; Fischadler-Population in der Küstengegend von Kalifornien nahm durch Embryotod infolge DDT-haltiger Fischnahrung seit 9 Jahren um 30% ab (AMES 1966); in gleicher Weise ist die Zahl der Bruten und gelegten Eier beim Weißkopfseeadler in USA rückgängig, dagegen nahmen die Gelege mit tauben Eiern von 1952–1957 um 80% zu; in Richval (USA) wurden an freilebenden Fasanen in einem jährlich mit DDT behandelten Gebiet durchschnittlich 740 ppm DDT-Rückstände festgestellt, die bei Jungfasanen von Hennen mit höheren Rückständen eine geringere Überlebensrate ergaben (HUNT 1966); Massensterben von europäischen Rauchschwalben Mitte November 1969 im östlichen Zululand (Südafrika) in einem Gebiet von über 8000 qkm, an etwa 100 toten Exemplaren hoher und tödlicher DDT-Gehalt nachgewiesen (VINCENT 1970);

HCH – kritische Grenze bei etwa 2% Anteil am Futter, jährliche Mengen von 2,5 kg/ha in 5 aufeinanderfolgenden Jahren vermindern die Brutpopulation um 26% und ab 5,6 kg/ha wird der Einsatz, vor allem während der Brutzeit, hochgefährlich (CRAMER 1957, aus BALCH 1954);

Dieldrin, – auffallendes Sterben von Greifvögeln, vermutlich durch vergiftete Beutetiere, in
Heptachlor Holland (KOEMAN u.a. 1968);
u.ä.

Endosulfan – nicht immer harmlos wie z.B. im Kanton Luzern (Schweiz) mit 300 g Wirkstoff je ha (SCHIFFERLI 1967), sondern auch bei regulärer Anwendung gefährlich (PRZYGODDA 1960, 1962);

Toxaphen – 1100 tote Vögel aus 10 Arten durch toxaphenhaltige Fischnahrung (von landwirtschaftlichen Gebieten durch Bewässerungsabwasser übertragen) im Tule Lake National Wildlife Refuge in Kalifornien von 1960 bis 1962 (KEITH 1966).

Wirkstoff	Schaden	Bekämpfungsaktion
Dieldrin und HCH (jeweils 200 g/ha)	Totalverluste der Meisenbruten u.a. Singvögel	1956 gegen Maikäfer *(Melolontha spec.)* in Dormagen/Rhein (PRZYGODDA 1957)
Endosulfan (Staub)	mehrere Meisen und Bruten, Amseln, Rot- kehlchen, Haussperling	1959 gegen Maikäfer *(Melolontha spec.)* in Brötzingen bei Pforzheim (PRZYGODDA 1962)

Organische Phosphorverbindungen

Nach Wirkstoff, Zusammensetzung, Applikation und Vogelart sowie Alter unterschiedlich toxisch;
0,035%ige Konzentration von Parathion (E 605 forte) bei direkter Berührung auf nackte Nestlinge tödlich, 0,07%ige Konzentration für 60% und mehr Altvögel;

Wirkstoff	Schaden	Bekämpfungsaktion
Phosphamidon (1000 g/ha)	Rückgang der örtlichen Vogelpopulation um 20–40%; betroffene Arten: Buchfink, Grauschnäpper, Gartenrötel, Tannenmeise, Kohlmeise, Blaumeise, Singdrossel	1963 gegen Grauen Lärchenwickler *(Zeiraphera diniana)* im Goms/Oberwallis (Schweiz) (SCHIFFERLI 1966).

Quecksilberhaltige Insektizide s. nachfolgend bei Fungiziden!

Fungizide

Quecksilbermittel, als Saatgutbeize gegen Pilzkrankheiten des Getreides und gegen Schorf im Obstbau, wirken sich auf Körnerfresser erheblich aus, deren Erbeutung für Greife zur Zweitvergiftung wird; in gleicher Weise sind quecksilberhaltige Insektizide als Saatgutpuder gegen Fraß von Schnakenlarven und Drahtwürmern zu betrachten (STRICKLAND 1966);

nach Genuß von thiocarbamat-gespritztem Futter (Zineb, Maneb, Ferbam) zeigen Hühnervögel vorübergehend leichte Durchfallserscheinungen und legen „Fließeier" (schalenlose Eier) (HOLZ und LANGE 1962).

1.3 Gezielte Maßnahmen zur Erhaltung und Förderung

Grundsatz: vorrangig in Schadgebieten von Insekten und Wühlmäusen:
Nur Idealismus, kein Materialismus!

Nistgewohnheiten

Höhlenbrüter	– Turmfalke°	Kohlmeise
		Blaumeise
	Waldkauz⊕°	Tannenmeise
	Steinkauz⊕°	Haubenmeise
	Rauhfußkauz	Sumpfmeise
	Zwergohreule	Weidenmeise
		Kleiber
		Baumläufer
	Dohle°	Wendehals
		Spechte

Erklärung: ⁺Erd- oder Bodenbrüter, ⊕ auch Erd- oder Bodenbrüter, ° auch Halbhöhlenbrüter, Buschbrüter.

Höhlenbrüter – *(Fortsetzung)*	Blauracke	Trauerschnäpper Halsbandschnäpper
	Wiedehopf	Gartenrotschwanz$^\circ$
	Star Mauersegler	Feldsperling
Halbhöhlenbrüter –	Bachstelze Hausrotschwanz	
Freibrüter	– Steinadler$^\oplus$ Schelladler Schreiadler	Rotkehlchen$^{\oplus\circ}$ Nachtigall$^\oplus$ Sprosser$^\oplus$ Blaukehlchen$^+$
	Wanderfalke$^\oplus$ Baumfalke Mäusebussard$^\oplus$ Wespenbussard Milane	Schwarzkehlchen$^+$ Braunkehlchen$^+$ Mönchsgrasmücke Gartengrasmücke Zaungrasmücke Sperbergrasmücke
	Waldohreule$^\oplus$ Sumpfohreule$^+$	Gelbspötter Waldlaubsänger$^+$ Zilpzalp$^\oplus$
	Buchfink Stieglitz Goldammer$^+$	Fitis$^\oplus$ Berglaubsänger$^+$ Goldhähnchen
	Nachtschwalbe$^+$ Pirol	Baumpieper$^+$ Brachpieper$^+$ Schwanzmeise
	Zaunkönig Lachmöve$^+$	Beutelmeise Bartmeise$^\oplus$ Heckenbraunelle Alpenbraunelle$^+$ Drosseln (Sing-, Wein- und Schwarzdrossel$^\oplus$)

Nistgelegenheiten

Höhlen- und Halbhöhlenbrüter (Abb. 259–261, 305 b)

Belassung alter hohler Stämme, auch Baumgruppen im Revier (biologisches Gold) *(Abb. 344)*;

Aufhängen von Nistgeräten an Bäumen: schwerpunktmäßig in einer Dichte von 3–40 je ha (s. später!) in Augenhöhe mit Flugloch nach SO, leicht übergeneigt (Niederschläge!) möglichst an Wegen oder Schneisen bzw. sonstigen Markierungslinien im Gelände (Kontrolle) mit freier Anflugmöglichkeit; 4–6 m über dem Erdboden für Eulen und Turmfalke sowie für Dohlen (Koloniebrüter), Hohltauben (2 gleichzeitige Bruten) mehrere Nistgeräte im Abstand von 20–30 m und bei Staren möglichst dicht nebeneinander; laufende Numerierung der Nistgeräte mit Eintragung in das „Kontrollbuch", lagemäßig in die Schwarzdruckkarte (meist Meßtischblatt 1:25000, besser 1:10000).

Nistkastenkontrolle: jährlich im Herbst ab Mitte August (nach letzter Brut) zur Reinigung, Entfernung unerwünschter Einmieter (Gelbhals- und Waldmaus, Schlafmäuse, Hornissen, Wespen), Feststellung des Nestes, evtl. Störungen durch Specht (Einhiebe) *(Abb. 259)*, Raubzeug oder Menschenhand (Ersatz, einzeln auch Vorderwand). Bei der Reinigung soll das alte Nest u. a. restlos ausgeräumt werden.
(S. Nistkasten-Kontrollbuch!)

Nistkasten-Kontrollbuch

Nr.: 20
Forstamt: Schotten   Begonnen am: 15. 3. 1967
Revierförsterei: Schotten   Geführt von: Rev.-Förster Kahn

Beispiel einer Eintragung

Nr. des Nist-gerätes	Gerätetyp $\varnothing$ mm	Aufhänge-ort	Zeitpunkt der Auf-hängung	Kontrollen Mai 1967		
				Kontr.-Ergebnis	Brut ausgefl. ja – nein	Bemerkungen
392	NH 32	Sauberg Abt. 13	15. 3. 67	KM	ja	1 juv. +

NH = Nisthöhle, KM = Kohlmeise, 1 juv. + = 1 Jungvogel tot.

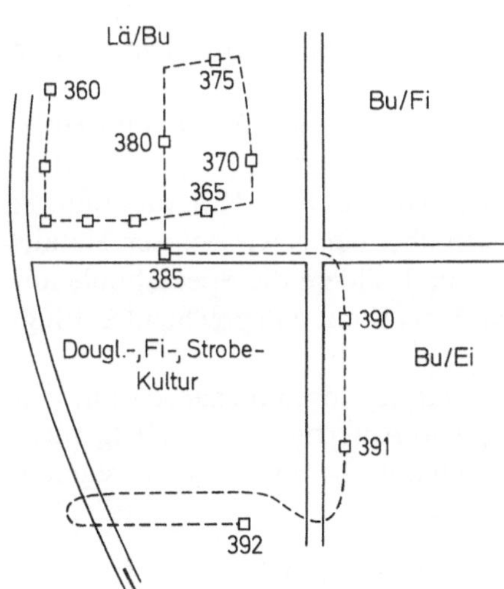

Skizze zur Aufhängung von Nisthöhlen

Zwischenkontrollen: möglichst wenig, da manche Vogelarten, wie die Baumläufer, u. U. das Nest verlassen; nur in Versuchsrevieren von Mai bis Juli zur Kontrolle des Brutgeschäfts; am besten durch Mitwirkung der zuständigen Vogelschutzwarte, des örtlichen Vogelschutzvereins bzw. von Vogelkennern und -liebhabern.
Beispiel einer Aufnahme durch den Kanarien- und Vogelschutzverein Langenselbold

Vogelschutzgebiet: Bocksgehörn-Stellweg
Kontrolltag: 2. Juni 1969

Nistkästen	Ganzhöhlen	Halbhöhlen	Schlitzkästen	zusammen
aufgehängt	168	5	20	193
gestohlen oder beschädigt	3	–	1	4
zum Brutgeschäft standen zur Verfügung	165	5	19	189
nicht besetzt waren	24	5	5	34 = 18%
besetzte Kästen	141	–	14	155 = 82%

Die besetzten Nistkästen waren von folgenden Vogelarten angenommen:

Vogelarten	besetzte Nistkästentypen:			Sa.	Gesamtbesatz in %	Anzahl der Juv.	Anzahl der Kästen mit toten Juv.	Vorjahrsvergleich in %
	Ganzhöhlen	Halbhöhlen	Schlitzkästen					
Trauerschnäpper	46			46	30,7	185	4	32,6
Feldsperling	41			41	26,5	170		41,0
Kohlmeise	27		1	28	18,1	147	2	24,4
Blaumeise	26	12		38	24,6	236	3	1,8
Kleiber	1			1	0,1 (0,05)	5		0,1 (0,06)
Baumläufer			1	1	0,0 (0,03)	7		0,1 (0,06)
insgesamt	141		14	155	100	750	9	100

Die Mitwirkung von Schulklassen unter Leitung interessierter Lehrer ist bei der Einrichtung und Kontrolle von Nistgelegenheiten sehr wünschenswert.

Nistgeräte aus ausgehöhlten Baumabschnitten (v. BERLEPSCH), aus Brettern (BEHR) und Holzbeton (SCHWEGLER u. a.) können verwendet werden.

Älteste Nistkästen aus Holz, z. B. nach GLOGER (1868) schon lieferbar durch die Holzwarenfabrik H. F. FRÜHAUF/Schleusingen; v. BERLEPSCH (1904) beklagte sich über den gewissenlosen Handel mit unzähligen, ungeeigneten Produkten sogar für Freibrüter und bildete die Spechthöhle aus natürlichen Baumabschnitten für Höhlenbrüter in den Typen A bis F mit entsprechenden Fluglochweiten nach.

Die Biologische Bundesanstalt für Land- und Forstwirtschaft hat, in Zusammenarbeit mit den westdeutschen Vogelschutzwarten, Richtlinien für die Prüfung und Anfertigung von Nistgeräten (Flugblatt A 6) herausgegeben. Die mit dem Gütezeichen (Aesculapstab) versehenen Nistgeräte sind anerkannt.

Heute sind folgende Nistgeräte im Handel erhältlich (Holz und Holzbeton)*:

Meisenhöhle: Fluglochweite 32–34 mm für Kohlmeise, Blaumeise, Sumpfmeise, Haubenmeise, Tannenmeise, Gartenrotschwanz, Kleiber, Halsband- und Trauerschnäpper, Wendehals;

Starenhöhle: Fluglochweite 46–50 mm für Star, Mittel- und Buntspecht;

Wiedehopfhöhle: Fluglochweite 60–70 mm für Wiedehopf, Steinkauz, Grünspechte;

Hohltaubenhöhle: Fluglochweite 75–120 mm für Hohltaube, Waldkauz, Dohle, Turmfalke (mindestens 105 mm).

---

* Kunststoffhöhlen sind nur dann geeignet, wenn eine entsprechende Isolierschicht zur Vermeidung von großen Temperaturschwankungen eingebaut ist.

Abb. 258. Nisthilfen für Freibrüter (K. LANG)

(a) Nistbüschel

(b) Nisttasche aus Kiefernzweigen

Abb. 259. (a) Holzbeton-Nisthöhle durch Specht beschädigt (J. REISCH)

Abb. 259. (b) Nisthöhle mit Wespennest (J. REISCH)

Abb. 260. Trauerschnäpper-Pärchen mit Futter an der Nisthöhle (K. GRÜNWALD)

Abb. 261. Gartenrotschwanz ♂ an der Nisthöhle (K. LANG)

423

Die Fluglochweite entspricht der Mindestgröße für die betreffende Vogelart, so daß alle größeren Nistgerättypen selbstverständlich auch von kleineren Vögeln angenommen werden können.

Spezialkonstruktionen sind:

Baumläuferhöhle oder Schlitzkasten mit seitlichem Spalt für die spiralförmige Kletterweise des Baumläufers;
Halbhöhle für Bachstelze, Grauschnäpper, Hausrotschwanz, gelegentlich Rotkehlchen;
Höhlen mit Spitzdach zum Schutz vor Raubzeug und Raubwild;
Niststeine zum Einbauen in Mauerwerk (Schutzhütte, Jagdhütte u. dgl.) für Mauersegler, Meisen, Trauerschnäpper, Halbhöhlenbrüter;
Schwalbennester – für Mehl- und Hausschwalben an Außenseiten von Gebäuden, für Rauchschwalben in Ställen und Scheunen;
Aufhängevorrichtung – (außer Niststeinen und Schwalbennestern)
Drahtbügel zum Freihängen an Ästen oder Drahtbügel mit Öse zum Annageln (Weichmetallnägel) direkt am Stamm (bei Harthölzern Umbiegen!)

Für die Anlage eines Vogelschutzgebietes wird folgender Anteil der Nistgeräte empfohlen (nach KEIL 1962):

Meisenhöhle 80%
Wiedehopfhöhle 4%
Hohltaubenhöhle 3%
Halbhöhle 3%
Baumläuferhöhle 10%

Die Starenhöhle ist aus Gründen der problematischen Ansiedlung in der Nähe von Obst- und Weinbaugebieten nicht genannt.

Den Praktiker interessieren:

Kosten der Anlage mit Nisthöhlen,
Gewinn für den Schutz gegen Schadinsekten und Wühlmäuse,
Dauer der Maßnahme,
zufriedenstellende Brutdichte.

Kosten: im allgemeinen nur Kosten für Nistgeräte; örtliche Vogelschutzvereine und Schulen übernehmen meist sehr gern die Einrichtung und Kontrolle, wodurch Arbeitslöhne eingespart werden können.
Bei 10 Nisthöhlen je ha rechnet SCHWERDTFEGER (1970) mit einem jährlichen Ersatz einer Nisthöhle und den jährlichen Kontroll- und Reinigungskosten von insgesamt 8.— DM.

Gewinn und Dauer: langfristige Maßnahme der Waldhygiene auf die Dauer des Bestandslebens zum ständigen Niederhalten der Populationsdichte einer schädlichen Insektenart, jedoch nicht zur Erledigung einer Gradation;
bei der Eindämmung von Mäuseschäden wird der Vertilgerkomplex durch Ansiedlung von Greifen (Eulen, Mäusebussard, Turmfalke) ergänzt bzw. verdichtet.
Soforterfolge, z. B. bei Massenvermehrungen von Schädlingen, sind nicht zu erwarten. Die Höhlenbrüter sind nur ein Glied in der Kette biologischer Maßnahmen (s. dort).

Brutdichte: Annahme von Nisthöhlen, je nach dem Bedarf, auf dem jeweiligen Standort unterschiedlich;
dauernde Ansiedlungsmöglichkeit bei gleichbleibendem Nahrungsangebot in folgenden Waldtypen (Zusammenfassung nach SCHWERDTFEGER 1970):

Eichen-Hainbuchenwald 20–30 Brutpaare ⎫
Buchenwald   5– 8 Brutpaare ⎪ je ha für größere Flächen
Kiefernwald   bis 5 Brutpaare ⎬
Fichtenwald   bis 3 Brutpaare ⎭

Die Richtzahlen sind nicht konstant, Zu- oder Abschläge nach den örtlichen Verhältnissen (kontrollierte Brutdichte). Rechtzeitig angebrachte Nistgeräte (Frühherbst bis März) werden in der folgenden Brutperiode, mitunter auch nachträglich, zur Zweitbrut, besetzt. Ein 50%iger Besatz der Nisthöhlen kann als zufriedenstellend angesehen werden.

Beispiel:

Entwicklung des Brutgeschäfts von Höhlenbrütern in einem neu angelegten Vogelschutzgebiet des Main-Kinzig-Beckens (Dauerschadgebiet des Eichenwicklers – Forstamt Hanau).

Allgemeine Angaben:

Klima: Jahresdurchschnittstemperatur $+9°C$, in VZ $+15$ bis $16°C$, sommerwarm, lufttrocken, durchschnittliche jährliche Niederschlagsmenge 590 mm (davon VZ 50%), lange VZ, ausgeprägte Temperatur-Extreme mit häufigen Nachtfrösten;

Standort: überwiegend schwere Lehme (Auelehm) alluvialen Ursprungs, z.T. Überschwemmungsgebiet: Auwald mit 60–110jährigen Stieleichen I/II.5 Ekl., auch Traubeneiche und Bastarde, einzelne Überhälter bis 200jährig, lockerer bis lichter Unterstand von Hbu, Bu, Li, Es, Ah, Ul; üppige Strauch- und Bodenflora.

Jahr	Fläche ha	Nisthöhlen (je ha)	Brutdichte (je ha)	Meisen	Kleiber	Schnäpper	Feldsperling	Baumläufer [a]
						Anteil der Vogelarten in %		
1967	52	235 (4,7)	187 = 79,6% (3,6)	39,6	2,8	28,2	29,2	0,2
1968	52	300 (5,8)	258 = 86,0% (4,2)	24,5	0,4	26,3	*48,4*	0,4
1969	52	293 (5,6)	247 = 84,3% (4,8)	35,6	1,2	21,9	40,9	0,4
1970	52	283 (5,4)	196 = 69,3% (3,8)	35,0	0,1	29,9	35,0	—

[a] 1970 war 1 Schlitzkasten mit Baumläufer und 1 Eulenkasten mit Waldkauz besetzt; unterschiedliche Nisthöhlenzahl in den Jahren ist durch Abgänge (Diebstahl, Zerstörung) bedingt. (Nach Angaben des Kanarienzucht- und Vogelschutzvereins Langenselbold).

Freibrüter

Greife und Eulen

Kunsthorste für Wespenbussard, Waldohreule und evtl. auch Habicht in Kaninchenrevieren in einer Astgabel über 6 m Bodenhöhe, Wagenrad oder gekreuzte Äste mit 50–70 cm Nestdurchmesser; entsprechender Schutz gegen unerwünschte Besucher durch Stacheldraht oder Eisenstabkranz um den Stamm.
Vermeidung jeglicher Störung durch Unbefugte, vor allem während der Horstzeit (April bis Juni, bei Baumfalke und Sperber bis Ende Juli/Anfang August).
Wiedereinbürgerung von Schrei-, Schell- und Steinadler sowie Uhu in den noch wenig berührten ehemaligen Brutrevieren; Uhu angesiedelt in der Schwäbischen Alb durch PFEIFER/Göppingen seit 1930 (GLASEWALD 1937), ab 1967 in Bayern, Baden-Württemberg, Rheinland-Pfalz, Saarland, Nordrhein-Westfalen, Niedersachsen (nachrichtlich DR. KEIL 1971).

Kleinvögel

Laubholzunterstand bzw. -unterwuchs im gleichaltrigen, einschichtigen Hochwald (waldbaulich vorteilhaft, z.B. Ki und Ei mit Bu, Hbu-Schaftreinheit, Bodenverbesserung).

Waldmantel (Sturm- und Windschutz, Sonnen- oder Rindenbrand) gegen die Feldflur und im Waldesinneren, neben den entsprechenden Holzarten, Zwischenpflanzungen von Feldahorn, Eberesche, an feuchten Stellen Schwarzerle, Saalweide und Ergänzung durch Hasel, Wildrose, Hartriegel, Weiß- und Schwarzdorn, Brombeere, Schneebeere, Stachelbeere (Grasmückenquartiere!), Johannisbeere, Holunder, Pfaffenhütchen, Liguster, Heckenkirsche, Virginischer Wacholder (KAUTZ).

Hecken und Büsche um und in Pflanzgärten, z.B. Weißdorn mit Schneeball, Holunder, Hasel, Feldahorn oder rein Feldahorn, Hainbuche, auch Nadelhölzer wie Fichte, Eibe, Lebensbaum (Laubhölzer im Herbst, Nadelhölzer im Frühjahr, einreihig im Abstand von 25–30 cm); frei ausformbare Blütenhecke meist besser als streng geschnittene Laubholzhecke (GRÖNLUND 1964); für die „Anlage von Schutzpflanzungen" in der Feldflur sind vom Landeskulturamt Wiesbaden empfehlenswerte Schriften mit entsprechenden Angaben über geeignete Gehölze, Pflege und Unterhaltung und die Technik des Pflanzens und Zaunbaus herausgegeben. Im Sinne der Vogelhege ist für die Wahl der Pflanze eine Verbindung von Nistgelegenheit und Nahrungsspender, auch während der Notzeit im Winter, wichtig.

Vogelschutzgehölz unter Starkstromleitungen, auf sonstigen Nichtholzböden oder Ausschlußflächen sowie an Wege- oder Schneisen(Gestell)kreuzungen.

Empfehlung nach v. BERLEPSCH (1904): $^3/_4$ Weißdorn, $^1/_4$ Hainbuche, Wildrose, Stachelbeere, Johannisbeere, evtl. Heckenkirsche; Weißdorn und Hainbuche in Einzelmischung, sonst runde oder quadratische Gruppenmischung; Pflanzverband 0,8–1 m; Zwischenpflanzung von Holunder, Wacholder und öfters geköpfte, niedrige Fichten, einzelne Ebereschen- und Eichenheister; Einfassung durch 3 Reihen Wildrosen im 1,5 m Reihen-Vbd. mit Kurzschneiden nach 3jährigem Wachstum; Pflege durch verschiedenen Schnitt zur Verbuschung und Quirlbildung bis zur Fertigstellung nach durchschnittlich 6 Jahren. Auf die natürliche Vegetation der betreffenden Gegend wird man ohne große Kosten (Wildlinge) und mit bestem Erfolg zurückgreifen können.

Jedes noch so verwilderte Buschgebiet eignet sich als Vogelschutzgehölz, wenn sich Deckung, Nistgelegenheit und Nahrung bietet. Für alle Einrichtungen gilt die Abwehr von Raubzeug und Raubwild, welches sich sehr bald wegen der einträglichen Beute dort einfindet (herumstreunende Katzen!).

Nisthilfen (in Anlehnung an KEIL 1962):

Bubikopf: von v. BERLEPSCH erkannte, brauchbare Nestunterlage durch Zusammenbinden von aufstrebenden Trieben, z.B. von Himbeere, Johannisbeere, Schneebeere, Pfaffenhütchen mit Formung einer kleinen Mulde;

Nisttasche: *(Abb. 258b)* durch Anbinden von mehreren armlangen Kiefern- oder Ginsterzweigen (nicht Fichte-Entnadelung!) mit taschenartigem Hohlraum an Stämme, bei Verlichtung nachstecken;

Nistbüschel: *(Abb. 258a)* wie Nisttasche, jedoch glattes Anlegen der Zweige an den Stamm;

Nisthaufen: Reisigbündel 1–1,5 m stark, frei im Bestand oder um den Stammfuß gebunden;

Grüneinband: *(Abb. 341a, b)* von Fichte und Kiefer zum Schälschutz (s. dort);

Quirlschnitt: bei allen Sträuchern und Holzarten mit Ringelaugen durch Schnitt über diesen im Frühjahr oder Herbst, nach der Wachstumsperiode Kürzung der neuen Triebe auf etwa 1,5 Fingerlänge, später weitere Schnitte (Lichtbedürfnis des Quirls).

Vogeltränken und Winterfütterung

Vogeltränken erübrigen sich im allgemeinen, da der Vogelorganismus auf sparsamen Wasserhaushalt eingestellt ist. Überdies wirken auch aufgeschnittene Autoreifen oder Betonwannen im Gelände sehr unschön.

Kleinere Vögel besitzen zur Erhaltung der Lebensprozesse einen lebhafteren Stoffwechsel als größere.

Weniger als sperlingsgroße Arten können selbst einen Hungertag nicht überstehen (mit Ausnahme des speziell auf Notzeiten eingerichteten Mauerseglers, s. dort), während Adler etwa 30 Tage ohne Nahrungsaufnahme ertragen.

Besonders Insektenfresser leiden bei Kälterückfällen und Versiegen der Insektennahrung, so daß vor allem in der Brutzeit Nestlinge, aber auch Altvögel, massenhaft sterben.

So berichtet der Kanarien- und Vogelschutzverein Langenselbold, daß in den Jahren 1967/68 durch die schlechten Witterungsverhältnisse die 2. Brut mit Ausnahme von einigen Feldsperlingen ganz ausblieb und die Sterbequote der Jungvögel mit 8,2% ungewöhnlich groß war.

Eine Fütterung in diesen Notzeiten, z.B. durch Aufstellen von Kästen mit Mehlwürmern und dergleichen, ist der üblichen Winterfütterung vorzuziehen. Durch Zusammenschlagen von Verbänden allotypischen Charakters haben z.B. die Meisen im Winter ein wesentlich verfeinertes soziales Empfinden gegenüber der Aufdeckung von Nahrungsquellen als im Sommer. Außerdem ist der Fettgehalt beim Vogel im Winter höher. Eine regelrechte Fütterung der Vögel im Walde führt zur Verweichlichung und ist abzulehnen. In besonders strengen, schneereichen und langanhaltenden Wintern ist sicherlich eine zusätzliche Nahrungsquelle von großem Nutzen. Auch hat sich in weiten Kreisen der Bevölkerung die Hilfsbereitschaft für notleidende Tiere durchgesetzt, so daß neben der Beschaffung von Futter auch weite Pirschgänge im tiefverschneiten Wald in Kauf genommen werden.

Folgende Möglichkeiten

Hessisches Futterhaus: überdachter Futtertisch, seitlicher Glasstreifen mit mindestens 35 cm Abstand vom Tisch (Einflug), 4 Pfosten etwa 140 cm lang, wettersicher.
Selbstgebaute Konstruktionen mit wetterfestem Knüppeldach und hängendem Futtertisch sind ähnlich gut.
Weitere Kleingeräte, speziell für Meisen, sind: Futterglocke (z.B. Meisengriff), Meisenring und Futtersilo. Für alle Vögel empfiehlt v. BERLEPSCH (1904) den Futterbaum als Nachbildung eines natürlichen, von Insekteneiern und -larven dicht besetzten Nadelbaumes durch Übergießen einer noch flüssigen Kost eigener Rezeptur (auch für Futterhölzer aus Bambus bzw. entmarktem Holunder geeignet):

Getrocknetes, gemahlenes Weißbrot	150 g
Getrocknetes gemahlenes Fleisch	100 g
Hanf	200 g
Gebrochener Hanf	100 g
Mohn	100 g
Mohnmehl	50 g
Hirse (am besten weiße)	100 g
Hafer	50 g
Getrocknete Holunderbeeren	50 g
Sonnenblumenkerne	50 g
Ameiseneier (Puppen)	50 g
	1000 g

mit 1273 g Talg aufgewärmt. Diese Mischung enthält alle wichtigen Futterstoffe, die auch in Futterhäuschen und dergleichen trocken angeboten werden können. Für Weichfresser wie Zaunkönig, Rotkehlchen, Baumläufer, Heckenbraunelle, Amsel und Star eignen sich besonders getrocknete Beeren aller Art. Körnerfresser nehmen gerne Sämereien, z.B. Fliedersamen, Sonnenblumenkerne, Hanf, Mohn, Hirse, Leinsamen, Hafer, Weizen und Unkrautsamen von Distel, Klette, Kornblume, Wegerich u.a. an.

427

1.4 Einwirkungen der Waldvögel auf die Waldlebensgemeinschaft, insbesondere Erfolge von Hegemaßnahmen

Die Literatur verfügt über eine große Anzahl von z.T. widersprüchlichen oder wissenschaftlich nicht nachweisbaren Mitteilungen über den wirtschaftlichen Nutzeffekt.

Hier können nur einige Beispiele gebracht werden, um die Problematik zu kennzeichnen und dem Praktiker Hinweise zu geben.

Beobachtungen

Die Mehrzahl der Angaben ist allgemein gehalten und daher nicht aussagefähig.

Immerhin kann „die Tatsache, daß auch in den letzten anderthalb Jahrzehnten auf den Steckbyer Vogelschutzflächen niemals wieder eine Kiefernspannergradation eintrat, dagegen wiederholt auf Vergleichsflächen ohne Vogelschutz", zumindest als Indizienbeweis für die Nützlichkeit der dort angesiedelten Vögel gelten. Ein Bericht von HERBERG (1960) über gute Erfolge des Vogelschutzes gegen den Eichenwickler im Vogelschutzgebiet der Steckbyer Aue im Vergleich zu Fraßschäden jenseits der Elbe wird von SCHWERDTFEGER (1961) wegen der unzulässigen Distanz abgelehnt. Eine Ansammlung von 100 Kuckucken in einem Nonnenschadgebiet in den Jahren 1847/48 soll innerhalb von 15 Tagen zu einer beträchtlichen Minderung der behaarten Raupen (3 Mill.) geführt haben (v. HOMEYER, aus GLASEWALD 1937). Gesteigerte Brutdichte des Buchfinken im Nonnenschadgebiet, Einwanderung von Starenschwärmen in Eichenwickler- und Spannergebiete sowie von Weindrosseln bei starkem Forleulenfraß stellte v. VIETINGHOFF-RIESCH 1928 (aus GLASEWALD 1937) fest.
Bekanntlich wirken Mäuseplagen auf Schleiereule, Waldohreule und Bussarde anziehend.

Jede Beobachtung ist wichtig und kann Hinweise für weitere Forschungsarbeiten liefern (z.B. Rupfplätze am Horst!).

Fütterungsversuche

Früher erfolgte die Auswertung durch Beobachtungen am Nest oder bei Vögeln in Gefangenschaft, heute photoelektrisch.
Schon GIEBEL (1868) gab für das Brutgeschäft eines Goldhähnchenpaares eine Folge von stündlich 36 und täglich 576 Nestbesuchen an.
Fütterungsversuche mit gekäfigten Vögeln können nur über die Quantität der Nahrung, nicht aber über deren Zusammensetzung im Freiland etwas aussagen. Hinzu kommen die besonderen Verhältnisse eines Gehegeversuchs durch fehlende Ausweichmöglichkeit, Bewegung u.a. Nach Versuchen von RÖRIG (aus GLASEWALD 1937) verhält sich der Nahrungsbedarf des Vogels umgekehrt proportional zu seiner Größe. Ein 6 g schweres Goldhähnchen verzehrt im Sommer 30% seines Lebendgewichts an Trockensubstanz, eine doppelt so schwere Blaumeise 26%, eine Kohlmeise von 17 g 20%, eine Singdrossel von 60 g 12%.
In neuerer Zeit hat vor allem die von der Vogelschutzwarte Frankfurt-Fechenheim entwickelte photoelektrische Methode zur Messung der Futterfrequenz bei Kohlmeise, Blaumeise, Trauerschnäpper, Gartenrotschwanz, Rotkehlchen, Star und weiteren Vogelarten ein lückenloses Bild von der Bewirtung der Nestlinge durch die Eltern ergeben (KEIL 1963). Die Häufigkeit der Fütterung schwankte zwischen min. 124 (Star) und max. 927 (Blaumeise) Einflügen, unabhängig von der Brutgröße (Ausnahme Blaumeise) mit einer auffallenden Morgentätigkeit auch vor Sonnenaufgang (Ausnahme Star).
Versteckt lebende Insekten bzw. deren Stadien, wie z.B. die Eichenwicklerraupen in Blattwickeln oder -falten, entgehen sicherlich bei diesem Tagesrhythmus vielfach dem Zugriff (kühle Temperatur, geringe Fraßtätigkeit).

Kontrollen in Versuchsgebieten

Nach holländischen Halsringversuchen an Jungstaren zur Nahrungskontrolle während der Nestlingszeit in den Jahren 1930/31 nahm der Besatz an Wiesenschnaken *(Tipula spec.)* in einem solchen Schadgebiet nur um 0,8–1% trotz der künstlich angehobenen Siedlungsdichte auf 1 Starenkasten pro 1,5 ha Nahrungsfläche ab (KLUIJVER 1933).

Der Einfluß von Vögeln auf den Fraßschaden durch Forstinsekten ist verschiedentlich untersucht worden.

Sehr aufschlußreich ist die von der Vogelschutzwarte Frankfurt-Fechenheim in den Jahren 1952–1958 vorgenommene Untersuchung über die qualitative Zusammensetzung der Nestlings-Nahrung bei Star, Amsel, Kohlmeise, Blaumeise, Sumpfmeise, Kleiber, Gartenrotschwanz, Grauschnäpper, Trauerschnäpper und Feldsperling im Dauerschadgebiet des Eichenwicklers bei Frankfurt a. M. (PFEIFER und KEIL 1959). Die weitaus größte Zahl der nach der Halsringmethode (KLUIJVER 1933) 12196 Nestlingen der genannten Vogelarten entnommenen Beutestücke erwies sich den Schmetterlingsarten dieses Biotops zugehörig. Ihr Anteil war beim Feldsperling 88,6%, bei Sumpfmeise 87,5%, Blaumeise 85,5%, Kohlmeise 84,3% und am geringsten beim Trauerschnäpper von 60,2% und Gartenrotschwanz von 59,3%.

Als besonders eifrige Verfolger des Eichenwicklers zeigten sich Feldsperling, Grauschnäpper, Trauerschnäpper, Gartenrotschwanz, Kleiber, Sumpfmeise, Blaumeise, Kohlmeise, Amsel und Star, bei denen diese Beute über 30% der eingebrachten Nahrung ausmachte. An sonnigen und warmen Tagen wurden besonders zahlreich Raupen und Falter des Eichenwicklers erbeutet, bei naßkalter Witterung überwiegend Spinnen und Käfer sowie in beschränktem Umfang auch Zweiflügler und Schnabelkerfe als Ausweichnahrung.

Durch intensive Hegemaßnahmen (8,0 bis 62,0 Nisthöhlen je ha) konnte der Raupenfraß des Eichenwicklers in Versuchsbeständen von Münster (Westfalen), Lehre (Braunschweig), Frankfurt (Main) und Werneck (Unterfranken) in einzelnen Fällen vermindert werden (max. 41% Überlegenheit gegenüber der Restbelaubung im ungeschützten Gebiet) (SCHÜTTE 1960). Bei der Mehrzahl der Bestände war jedoch kein Unterschied festzustellen (SCHWERDTFEGER 1961).

Die Wirkung der Vögel auf die Schädlings-Population steigert sich bei einer nachlassenden Gradation.

So fanden TICHY u. KUDLER (1962) in einem Kiefernspannergebiet der CSSR eine Senkung der Populationsdichte des Kiefernspanners durch 34 Vogelarten, und zwar:

während der Eruption 1,4% Puppen, 2,1% Falter, 13,6% Raupen
in der Krisis   5,7% Puppen, 7,2% Falter, 22,9% Raupen

Ermunternde Berichte über den Einfluß der Meisen auf die Populationsdichte der Lärchenminiermotte liegen neuerdings für das emsländische Kalamitätsgebiet vor (SCHINDLER 1972).

Nach dem derzeitigen Stand unseres Wissens scheint jedenfalls der positive Einfluß von gezielten Maßnahmen der Vogelhege in Revieren mit Kleinen Frostspannern, Kiefernspanner, Kiefernspinner, Forleule und Kiefernblattwespen, wohl auch in Eichenwickler-Schadgebieten erwiesen zu sein.

Natürlich wird man auch von den Vögeln nicht alles erwarten dürfen, wofür die Vorliebe der Meisen für nützliche Raupenfliegen bei Nonnenvermehrungen ein typisches, leider negatives Beispiel ist (HEINZE 1910, ORTLEPP 1933).

Allerdings wäre es sehr nützlich, wenn unsere Kenntnisse, bes. auch bei Freibrütern, wesentlich erweitert würden.

Grundsätzlich muß bei allen Untersuchungen über den Wert von Hegemaßnahmen das Verhältnis von Nahrungsangebot (z. B. Wicklerraupen je armlangem Probezweig, Larven der Kl. Fichtenblattwespe je Pflanze) zum Verbrauch (verschiedene Faktoren wie Nahrungskonkurrenz, Parasitierung, Verluste durch Räuber u. a.) geprüft werden.

2. Waldvögel

Übersicht

Überwiegend nützlich:

Echte Eulen, Käuze *(Strigidae)*
Schleiereulen *(Tytonidae)*
Falken *(Falconidae)*
Würger *(Laniidae)*
Rabenvögel *(Corvidae)* mit Ausnahme von Elster und
 Eichelhäher (bei hohem Besatz)
Echte Drosseln – Rotschwänze – Erdsänger-Schmätzer
(Turdidae)
Grasmücken – Laubsänger – Goldhähnchen
(Sylviidae)
Fliegenschnäpper, Sänger *(Muscicapidae)*
Stelzen – Pieper *(Motacillidae)*
Meisen *(Paridae)*
Klettermeisen *(Certhiidae)*
Spechte – Wendehals *(Picidae)*, mitunter Spechte
 schädlich (Rote Waldameise)
Braunellen *(Prunellidae)*
Finken *(Fringillidae)*
Sperlinge *(Passaridae)*

Überwiegend schädlich

(trotzdem mitunter wegen der Seltenheit schutzbedürftig)
(jagd- oder fischereischädlich)
Adlerartige Greife *(Accipitridae)*
mit Ausnahme von Sperber, Bussarden, Milanen, Wiesenweihe
Eisvogel *(Alcedo atthis)*
(bienenschädlich [auch Wespen])
Bienenfresser *(Merops apiaster)*

Sondergruppe: Kuckuck *(Cuculus canorus)*; Ziegenmelker, Nachtschwalbe *(Caprimulgus europaeus)*; Mauersegler, Turmsegler *(Apus apus)*; Star *(Sturnus vulgaris)* mit Ausnahme in Obst- und Rebanlagen; Wiedehopf *(Upupa epops)*; Lachmöve *(Larus ridibundus)*; Blauracke, Mandelkrähe *(Coracias garrulus)*; Seidenschwanz *(Bombycilla garrulus)*; Wasseramsel, Wasserstar *(Cinclus cinclus)*; Zaunkönig *(Troglodytes troglodytes)*; Pirol *(Oriolus oriolus)*.

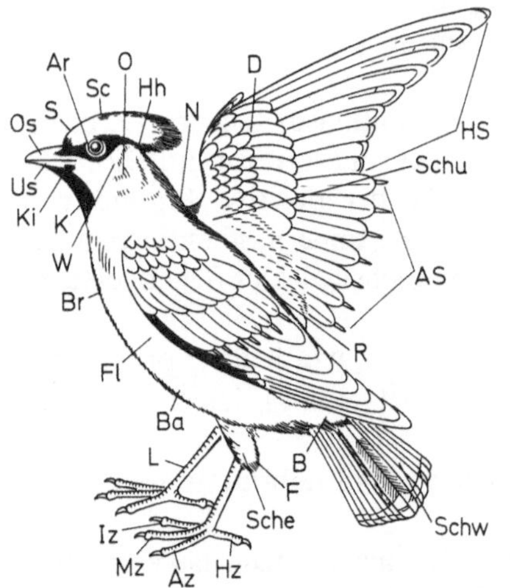

S Stirn, Sc Scheitel, O Ohrdecken, Hh Hinterhaupt,
W Wange (Backe), Schu Schulterfittig, N Nacken,
R Rücken, D Deckfedern, Hs Handschwingen,
As Armschwingen, B Bürzel,
Schw Schwanz (bei Greifen Stoß), F Ferse,
Sche Schenkel, L Lauf, Hz Hinterzehe,
Az Außenzehe, Mz Mittelzehe, Iz Innenzehe,
Ba Bauch, Fl Flanke, Br Brust,
K Kehle, Ki Kinn, Us Unterschnabel,
Os Oberschnabel, Ar Augenring

Figur 10. Schematische Darstellung eines Vogels (Seidenschwanz) mit gebräuchlichen und im Text verwendeten Bezeichnungen
(Nach Reichenbach, aus Claus/Grobben/Kühn: Lehrbuch der Zoologie. Spezieller Teil. Berlin–Heidelberg–New York: Springer 1971)

2.1 Eulen (Strigiformes = Striges) — Taggreife (Falconiformes = Accipitres)

Allgemeine Kennzeichen

Nicht verwandte, systematisch selbständige Gruppen mit übereinstimmenden Merkmalen:

dolchartig bekrallte Fänge mit Ausnahme der aasfressenden Geier; hakenartig gekrümmter Oberschnabel; Ausspeien unverdauter Nahrungsreste als Gewölle;
vielfach ähnliches Verhalten bei der Jagd nach Beutetieren hat ihnen den Ruf als Raubvogel eingebracht;
Fang und meist auch Tötung des Beutetiers mit den Füßen; bei *Taggreifen* bilden Atz- und Fangklaue den sog. *Greifzirkel;* der Fang* dient zum Einschlagen der Krallen in den Körper des Beutetiers, sogar tief in die Lungen noch während des Fluges wie beim Wanderfalken; andrerseits wird die Beute auch zu Boden geschmettert; der Sekretär ist hierfür ein treffendes Beispiel, der mit wenigen Fußtritten eine Schlange erledigt; *Eulen* umklammern die Beute von drei Seiten, die Außenzehe ist zur Wendezehe geworden; die verschiedene Jagdweise bedingt eine angepaßte Gestalt und einen entsprechenden Fuß; schwalbenartig fliegende Arten, wie z. B. der Baumfalke, besitzen ein ähnliches Äußeres wie ihre Beutetiere, z. B. Segler; die lange, schlanke Mittel- und Außenzehe am verhältnismäßig kurzen Lauf begünstigen ein Umspannen von Flugwild und anderer fliegender Beute; der Sperber mit seinen kurzen, gewölbten Flügeln und seinem langen Stoß ist selbst im äußerst hindernisreichen Gelände fluggewandt und versteht seine langen, unbefiederten Läufe durch dichtes Gestrüpp zu stecken, um eine ahnungslose Rohrammer, einen Sperling o. ä. mit den langen Zehen herauszuangeln; langer Lauf und kurze Zehen sind für die Säugetier- und Reptilienfresser typisch; Zehensohlen, teilweise mit rauhen Stiften ermöglichen den Fischfang (Fischadler, Fischeule); mit dem Schnabel wird die Beute auch getötet (Wanderfalke – Halswirbel, Eulen – Hinterhauptsgegend) und zerrissen; dabei ist der *Falkenzahn der Falken* eine große Unterstützung und zum Sprengen des Insektenpanzers wichtig wie bei den Würgern; Eulen, ohne Kropf, würgen ihre Nahrung meist unzerstückelt herunter und können daher mehrmals am Tage Nahrung aufnehmen; bei ihnen findet man im Gewölle unverdaute Reste des Beutetiers, auch Knochensplitter wegen der fehlenden freien Salzsäure; Taggreife balgen die Beute mehr oder weniger sorgfältig ab; der Wanderfalke skelettiert die geschlagene Beute und hinterläßt z. B. Tauben mit abgenagten Flügeln ausgebreitet auf dem Boden; eine mehrmalige Atzung wie auch die Aufnahme größerer Stücke unverdaulicher Nahrungsreste wird bei ihnen durch den gefüllten Kropf verhindert.

Greifvögel sind bei uns selten geworden:
neben einer fortgesetzten, grundlegenden Umgestaltung der Landschaft ist eine leidenschaftliche Verfolgung manchem „Raubritter" zum Verhängnis geworden: dem Wanderfalken der Brieftaubenzüchter, dem Habicht der Hühnerzüchter, der Rohrweihe der unerfahrene Jäger, dem Fischadler der Teichbesitzer und Fischzüchter, dem Steinadler der Eiersammler;
Eulen fielen dem Aberglauben bis ins 20. Jahrhundert zum Opfer und wurden zum Schutz vor bösen Geistern an Scheunentore genagelt.

Exakte Untersuchungen zur Ernährungsbiologie haben erstmalig RÖRIG (1898 pp.) und UTTENDÖRFER (1930 pp.) durchgeführt. Bei allen diesen Studien kommt es darauf an, einen möglichst umfassenden Einblick in die Nahrungswahl und das Nahrungsvolumen zu erhalten. Das Ergebnis wird abgesichert durch möglichst zahlreiche Untersuchungsmethoden. Denn jede Methode birgt Vor- und Nachteile in sich:

Kropf- und Mageninhalt getöteter Tiere sind eindeutig, aber nachteilig durch deren Abschuß; der Speisezettel wird nur für eine kurze Zeitspanne ermittelt, Zufälligkeiten sind daher nicht auszuschließen;
Fraßreste von Rupfungen und Gewölle bedingen den regelmäßigen Besuch der Horste bzw. Niststätten, Rupf- und Schlafplätze; der Fund ist oft nicht mehr bestimmbar oder meist unvoll-

---

* Fang = Fuß (Jägersprache).

ständig; unmittelbare Beobachtung bei der Nahrungsaufnahme im Freiland oder bei der Beute-
übergabe am Horst bzw. an der Niststätte liefert genaue Unterlagen bei fortlaufender Kontrolle,
ist aber sehr zeitaufwendig;
Fütterung in der Gefangenschaft bedeutet einen Gehegeversuch ohne Ausweichmöglichkeit;
Annahme der gereichten Nahrung geschieht aus Hunger und ist daher nicht genügend aussage-
fähig über Ernährung in Freiheit;
Halsringmethode bei Nestlingen ist wohl am sichersten, gibt aber meist nur Aufschluß über das
Futter während der Aufzucht (s. Vogelhege – Kontrollen in Versuchsgebieten).

Die Art und Menge der Nahrung richtet sich nach Fluggewandtheit, Körperkraft, Alter, Aufent-
haltsort und Jahreszeit (Brut).

Mäusevertilger

Echte Eulen, Käuze *(Strigidae)*, **Schleiereulen** *(Tytonidae)*

133 Arten in der ganzen Welt; von Star- bis Gansgröße, rindenfarbiges, lockeres und samtweiches
Gefieder mit besonders strukturierten Handschwingenoberseiten (Hornfädchen) zur Verhinderung des Scheuerns und mit abgerundeten Flügeln zum geräuschlosen Flug (Ausnahme
Schnee-Eule!); von der Geburt an weißes Dunenkleid mit späterem Zwischenfederkleid zum
definitiven Jugendkleid; auffällig großer Kopf mit sehr großen, weit nach vorn gerichteten,
lichtstarken Augen, umgeben vom gehörverstärkenden Federschleier; geringes Gesichtsfeld und
fast unbewegliche Augen, durch außerordentliche Beweglichkeit der Halswirbel (seitlich bis fast
270° und vertikal bis zum Widerstand schwenkbar) weitgehend ausgeglichen; überwiegend
Dämmerungs- und Nachttiere, einige Arten wie Sumpfeule, Sperlingskauz, Steinkauz, Sperber-
und Schnee-Eule auch tagsüber, mit hervorragender Eignung zum Beutefang durch Kopplung
von Sinnesorganen (Augen und Ohren – dreidimensionales Richtungshören), durch Ortung mit
etwa 1 Winkelgrad Genauigkeit: unsymmetrischer Bau des Außenohres, von der Kopfbreite
bestimmte Empfangsdifferenz und besonders reaktionsfähige Nervenzellen.

Fuß mit 4 Zehen, 4. Zehe = Wendezehe zum Umklammern der Beute von 3 Seiten: Beutetiere
meist Kleinsäuger, Kleinvögel und Insekten, werden fast immer mit einem Fuß ergriffen und
durch Schnabelhiebe in den Hinterkopf getötet (charakteristische Öffnung des Hinterhaupt-
loches); Kropf fehlt, jedoch großer, dehnbarer Magen ohne freie Salzsäure und daher mangelnde
Auflösung von Knochen – Gewölle mit Knochen (Gegensatz Taggreife!); kleine Beutetiere
werden vollständig verschlungen, größere erst gestreift (ausgezogen bis auf die Haut); fehlender
Nestbautrieb, als Niststätten werden Baumhöhlen wie auch Erdhöhlen, z.B. Fuchs- und Kanin-
chenbaue, manchmal auch verlassene Krähennester bzw. Raubvogelhorste benutzt; Anzahl der
Bruten und Gelegestärken von 2–15 Eiern im Jahr, von der vorhandenen Menge des Haupt-
beutetiers abhängig; Brutdauer 25 (Zwergohreule) bis 31 Tage (Uhu).

Art	Geographische Verbreitung, Biotop, Niststätte	Beute	Merkmale
Uhu (*Bubo bubo* L.) **(Abb. 262)**	Stand- und bedingter Strichvogel; Kulturflüchter; Europa, Asien, N-Afrika; große geschlossene Waldgebiete, Wüsten und andere offene Landschaften; hohle Bäume, Felsennischen, auch auf dem Erdboden, verlassene Bussard- und Reiherhorste; ab 1967 Versuche zur Wiedereinbürgerung in den Ländern Bayern, Baden-Württemberg (schon ab 1930), Rheinland-Pfalz, Saarland, Nordrhein-Westfalen, Niedersachsen	von der Maus bis zum Reh, je nach vorhandener Nahrung; mittelgroße Säuger und Vögel, in der Not auch Aas	größte einheimische Art; Federohren; L = 66–71 cm, Spw = 160–175 cm; J = Pirschflug und Anstand von erhöhten Punkten; St = u-hu.
Waldohreule (*Asio otus* L.) **(Abb. 264)**	Stand-, Strich- und Zugvogel; Europa, Asien südlich bis Himalaya, NW-Afrika bis Äthiopien, gemäßigtes N-Amerika; bevorzugt Nadelwälder, auch Dickungen, Parkanlagen; alte Krähen- und Raubvogelnester, manchmal auch am Boden	Feldmausspezialist, bei Mangel auch Junghasen, Kaninchen, zur Brutzeit auch Vögel, bes. Haussperling	Federohren, rotgelbe Augen; L = 35 bis 36 cm, Spw = 85–95 cm; J = Pirschflug und Besuch von Schlafgesellschaften (Sperlinge), außerhalb der Brutzeit gesellig; St = hohes hu-hu-hu-hu.
Sumpfohreule (*Asio flammeus* Pont.)	Strich- und Zugvogel; M-Europa (außer Spanien) bis Sizilien, Skandinavien, Rußland, N-Asien, fast ganz Amerika, Hawaii-Inseln; offenes Moor- und Sumpfgelände, Tundra; Bodenbrüter	Feldmausspezialist, auch Spitzmäuse, Insekten	kaum sichtbare Federohren, schwefelgelbe Augen; L = 36–38 cm, Spw = 95 cm; J = in der Dämmerung und tagsüber Pirschflug (niedrig, schaukelnd) und Anstand, außerhalb der Brutzeit auch gesellig; St = hohes kiäw oder kau, kau, Balzrufe = tiefes bu-bu-bu, klatschender Flügelschlag.

Abkürzungen: St = Stimme, J = Jagdart, Spw = Flügelspannweite, Flw = Fluglochweite, L = Körperlänge einschließlich Kopf und Schwanz.

Abb. 262. Uhu mit geschlagenem Eichhörnchen
(H. Reinhard/M. Riser)

Abb. 263. Waldkauz mit Waldmaus
(R. Siegel)

Abb. 264. Waldohreu mit Langschwanzmau
(Federohren angelegt)
(W. Wissenbach)

Abb. 265. Rauhfußka
(W. Sittig)

Abb. 266. Steinkauz a Gelege
(W. Wissenbach)

Art	Geographische Verbreitung, Biotop, Niststätte	Beute	Merkmale
Zwergohreule (*Otus scops* L.)	Strich- und Zugvogel; Kulturfolger; S-Europa bis Mittelfrankreich, bei uns außerhalb der Brutzeit Irrgast; lichte Wälder, offenes Gelände bis in menschliche Siedlungen; Höhlen, gelegentlich verlassene Nester	vorwiegend Nachtinsekten, auch andere Kleintiere bis etwa Mausgröße	kleine, vielfach fest angelegte und dann nicht sichtbare Federohren; L = ca. 19 cm, Spw = 49 cm; St = wiederholter Pfiff kju- - -.
Waldkauz (*Strix aluco* L.) **(Abb. 263)**	Standvogel; Kulturfolger; Europa, NW-Afrika, Teile Asiens; Waldungen und Parkanlagen von der Ebene bis zum Gebirge, auch in Nachbarschaft oder in menschlichen Siedlungen; hohle Bäume, Nisthöhlen (Flw 75 bis 120 mm), Gebäude, Kaninchenbaue	sehr vielseitig, vor allem Mäuse u. a. Kleinsäuger, Sperling und Star in Schlafgesellschaften, Fische, Frösche, Insekten	großer, runder Kopf; dunkle Augen; L = 38–42 cm, Spw = 100 cm; J = Pirschflug und Anstand; St = hu-hu-hu und kwitt-kwitt.
Steinkauz (*Athene noctua* Scop.) **(Abb. 266)**	Standvogel; S- und M-Europa, Teile Asiens; außer rauhen Gebirgslagen überall, bevorzugt offenes Gelände mit alten Bäumen (Obstbäume, Kopfweiden); Baumhöhlen, Felsen, Gebäude, Nisthöhlen (Flw 60–70 mm), Erdbaue	Mäuse, Insekten, Frösche u. a. Kleintiere (Nahrungsvorräte)	flachköpfig, geduckte Haltung, knixend, grellgelbe Augen; L = 22 cm, Spw = 52 cm; J = auch tagsüber Pirschflug oder Anstand von hoher Warte; St = ku-ick und klagend ghuck, erregt gui-gui-gui.
Rauhfußkauz (*Aegolius funereus* L.) **(Abb. 265)**	Stand- und Strichvogel; gebietsweise in Mittel- und N-Eurasien, N-Amerika; von der Ebene bis zum Hochgebirge, bes. in Nadelwäldern; Baumhöhlen (Spechthöhlen), gelegentlich Nisthöhlen	Kleinsäuger, Kleinvögel (Nahrungsvorräte)	ähnlich Steinkauz, jedoch rundköpfig mit tiefem Schleier, bis zu den Zehen befiedert, aufrechte Haltung; L = 26 cm, Spw = 54 cm; J = fast ausschließlich nachts; St = helles Bellen hu-hu-hu.

Art	Geographische Verbreitung, Biotop, Niststätte	Beute	Merkmale
Sperlingskauz (*Glaucidium passerinum* L.) **(Abb. 267)**	Stand- und Strichvogel; N-Europa, Sibirien, M-Europa; tw im Gebirge; geschlossene Nadelwälder von der Ebene bis zur Baumgrenze	Mäuse, Kleinvögel, Insekten, bes. Maikäfer (Nahrungsvorräte), auch Fledermäuse	kleinste einheimische Art, knapp starengroß; L = 17 cm, keckes, lebhaftes Schwanzwippen; J = gerne tagsüber im lerchenähnlichen Flatterflug; St = kiu, kitschik; Balzlaut gimpelähnliches djüüb.
Schleiereule (*Tyto aloa guttata* Brehm) **(Abb. 268)**	Standvogel; Kulturfolger; M- und S-Europa, große Teile Asiens, N-Afrika (Marokko); in menschlichen Siedlungen; Türme, Dachböden, Gemäuer, Taubenschläge; in Mäusejahren große und doppelte Bruten, bei Nahrungsmangel und in strengen Wintern Abwanderung bzw. zahlreiches Verenden	Feldmäuse, Spitzmäuse, Fledermäuse, Frösche, Kröten, Nachtinsekten und vor allem Sperlinge in Schlafgesellschaften; Tauben am eigenen Brutplatz unbehelligt	langbeinig, im Sitzen x-beinig, hellfarbiger herzförmiger Federschleier, zarte Tropfenzeichnung auf dem Rücken; L = 33 cm, Spw = 90 cm; J = zur Dämmerungs- und Nachtzeit, gelegentlich auch tagsüber, im Pirschflug und vom Anstand; St = schnarchend, kreischend, kläffend.

Daneben kommen vor in N-Europa und gebietsweise in M-Europa der hellfarbene, breit dunkel gestreifte, langschwänzige Habichts- oder Uralkauz (*Strix uralensis* Pall.), aus nördlichen Gebieten im Winter (alle 4 Jahre invasionsartig) die weiße, bräunlich quergebänderte Schnee-Eule (*Nyctea scandiaca* L.) und als Stand- und Strichvogel Nordeurasiens die Sperbereule (*Surnia ulula* L.) mit gesperberter Brust, langem, rundem Schwanz.

Vogel- und Wildjäger – Mäusevertilger – Fischräuber – Insekten- und Aasjäger

Falken *(Falconidae)*, **Habichte, Bussarde, Milane, Weihen, Adler** *(Accipitridae)* **einschl. Fischadler** *(Pandionidae)*

263 Arten weltweit verbreitet mit Ausnahme der Polargebiete; Tag- und Dämmerungsjäger; große Augen mit 2 Sehgruben für Nah- und Fernsicht; Junge bedunt und meist sehend geboren; bei bodenbrütenden Arten raschere Entwicklung mit baldigem Verlassen des Horstes – unvollkommene Nesthocker; große Arten haben ein kleines Gelege mit kleinen Eiern, kleine Arten umgekehrt; Geschlechtsreife bis zur Größe des Wanderfalken oder Habichts im 2. Jahr, Adler erst im 4. (5.–6.) Jahr; Geschlechter sind durch Größe und Gefiederfärbung unterschieden, wobei das Weibchen fast stets wesentlich kräftiger, aber weniger schmuck ist; Abtragen zur Beizjagd eine seit altersher, wohl von den Hunnen überlieferte und bei uns von den Kreuzfahrern übernommene Kunst: Falken zur Beize im hohen Fluge; Adler, Habicht und Sperber zur Beize im niederen Fluge; Staufenkaiser Friedrich II. widmete sich mit seinem berühmten Werk „*De arte cum avibus venandi*" der Falknerei wie auch Kaiser Maximilian; in Ortelsburg (Ostpreußen) bestand bis zum Ausgang des letzten Weltkrieges ein Falkenhof, heute ist diese reizvolle Jagdart

Abb. 267. Sperlingskauz (H. SCHREMPP)

Abb. 268. Junge Schleiereulen (J. CZIMMECK)

Abb. 269. Wanderfalke (W. SITTIG)

Abb. 270. Mäusebussard am verluderten Hasen (R. SIEGEL)

Abb. 271. Sperber ♀ mit Sperling (K. SCHWAMMBERGER)

437

durch den Deutschen Falknerorden wieder zu neuen Ehren gekommen. Verschiedene Merkmale haben zu einer systematischen Untergliederung geführt, wobei z.B. die Wespenbussarde, Bussarde, Adler, Seeadler, Schlangenadler und die Edelfalken neben den unedlen eigene Unterfamilien und der Fischadler sogar eine eigene Familie darstellen; zur Vereinfachung werden im folgenden nur Falken und adlerartige Greife unterschieden.

Falken *(Falconidae)*

Oberschnabel mit „Falkenzahn", Gaumen mit längsgestelltem Kamm, eigene Mauserart (Handschwinge in Reihenfolge: 7., 5., 8., 4. usw., äußerste mit innerster gleichzeitig; Armschwinge von 4. nach innen und außen gleichzeitig); spitze Flügel, kurzer Stoß (Schnellflieger).

Art	Geographische Verbreitung, Biotop, Niststätte	Beute	Merkmale
Wanderfalke, Edelfalke (*Falco peregrinus* L.) **(Abb. 269)**	Stand-, Strich- und Zugvogel; in zahlreichen Unterarten in Europa u.a. Ländern; offenes Gelände von der Ebene bis zum Gebirge; felsige Meeresküsten; Felsen, Türme, verlassene Raubvogelhorste, Krähennester, auch Bodenbrüter; Brutrevier fällt nicht mit Jagdrevier zusammen, daher ungefährlich bei Wohngemeinschaften, z.B. mit Tauben und Krähen; in der BRD ca. 78 Paare (1967)	überwiegend Vögel von Lerchengröße bis zur Ente: Taube, Star, Kiebitz, Feldlerche, Buchfink, Eichelhäher, Drossel, Lachmöve	dunkler Backenfleck; L = 38–48 cm; Spw = 90–100 cm; juv. gestreift, ad. gebändert; J = fast ausschließlich in der Luft, oft von oben her in den Schwarm stoßend oder auch nacheilend; St = kjak und kek-kek-kek.
Baumfalke (*Falco subbuteo* L.)	Zugvogel mit Überwinterung in S-Afrika; fast ganz Europa, Asien, NW-Afrika; bevorzugt unterholzreiche Fichten- und Kiefernwälder, Mischwälder, kahles Ödland; verlassene Nester auf freistehenden Bäumen, wiederholte Benutzung	Lerchen, Schwalben, auch Mäuse, Insekten	kleiner Wanderfalke mit schmalem Bartstreifen, rotbraun an Schenkeln und Unterschwanz; L = 28–36 cm; Spw = 75–80 cm; J = wie Wanderfalke, Spezialist auf fliehende Beute; St = kju...; ket-ket...; ki-ki-ki.

Art	Geographische Verbrei- tung, Biotop, Niststätte	Beute	Merkmale
Turmfalke (*Falco tinnunculus* L.) **(Abb. 272)**	Stand-, Strich- und Zugvogel; Europa, N-Afrika, Asien; offenes Gelände von der Ebene bis zum Hoch- gebirge, auch lichte Waldungen; Baumhöhlen, Nisthöhlen (Flw mind. 105 mm), Türme, Gebäude, Felsen, alte Krähen- und Elsternnester, in Dünen auch am Boden	Feldmausspezialist, Spitzmäuse, Insekten, seltener Kleinvögel	♂ gefleckte rotbraune OS, ♀ gebändert; L = 32–35 cm, Spw = 70–80 cm; J = Rüttelflug mit gesenktem Kopf und Stoß (gefächert) über der Beute, im Sturzflug zustoßend, Ansitz von Pfählen, Telegrafen- stangen; St = kli-kli-kli, am Brutplatz wrrii...

Ferner als Zugvogel aus SO-Europa (bei uns sehr selten Brutvogel) der als Insektenspezialist bekannte Rotfuß- oder Abendfalke (*Falco vespertinus* L.) mit leuchtend rotem Schnabel, Augenfleck, Lauf, der meist in Jagdverbänden Heuschrecken, Maikäfern u. a. Insekten bis tief in den Abend im Fluge nachstellt; Merlin (*Falco columbarius* L.), ein Wintergast und Durchzügler aus dem Norden bzw. Asien, der sich vom ähnlichen Baumfalken durch seine schieferblaue OS, fehlenden Backenstreif und die auffällige Streifung unterscheidet; weitere Gäste sind der Ger- oder Jagdfalke (*Falco rusticolus* L.) aus Grönland und Island, der Würgfalke (*Falco cherrug* Gray.) vom Balkan und der kolonienweise in Höhlen brütende Rötelfalke (*Falco naumanni* Fl.) aus S-Eurasien als Insektenspezialist; der Gerfalke wird vielfach mit dem kleineren Wanderfalken, der weiß bekrallte Rötelfalke mit dem Turmfalken verwechselt.

Adlerartige Greife (Accipitridae)

Ohne Falkenzahn und ohne Längskamm auf dem Gaumen; nur Fischadler und Schlangenadler mit blauen Läufen und Zehen; zahlreiche Arten mit befiederten Läufen, sog. Rauhfußadler.

Art	Geographische Verbrei- tung, Biotop, Niststätte	Beute	Merkmale
Habichte – kurze, abgerundete Flügel, langer Stoß – gewandte Kurzstreckenflieger			
Habicht, Hühner- habicht (*Accipiter gentilis* L.) **(Abb. 274)**	Stand- und Strichvogel; Kulturfolger; in mehreren Unterarten (*gallinarum* [Hühnerhabicht], *gentilis* [nordisch], *moscoviae* [öst- lich], *caucasicus* [Kauka- sus]) – über Europa, Asien und N-Amerika verbreitet; ausgedehnte Nadelwälder von der Ebene bis ins Gebirge mit scharf begrenztem Brut- und Jagdrevier (etwa 5000 ha groß);	Eichhörnchen, Kaninchen, Hasen, Hausgeflügel, Stare, Krähen, Drosseln, Lerchen, Eulen und Federwild	L = 41–61 cm, Spw = 100–120 cm; ♀ wesentlich größer als ♂; juv. gestreifte US, Horn- platte am Schnabel grau- blau; ad. gebänderte Brust, Hornplatte, Fänge, Augen gelb; J = überraschend im niederen Flug oder auch zu Fuß: Kopf- bzw. Halsgriff; St = gig-gig-gig-, giak-giak-, piäh - - -.

Art	Geographische Verbreitung, Biotop, Niststätte	Beute	Merkmale
Habicht (*Fortsetzung*)	großer Horst im Eigenbau, verlassene Krähen- und Bussardnester, meist mehrere Horste mit wechselnder Benutzung		
Sperber (*Accipiter nisus* L.) (*Abb. 271*)	Strich und Zugvogel mit Überwinterung in SO-Europa; Europa, Asien, NW-Afrika; von der Ebene bis zur Baumgrenze bevorzugt halboffenes Gelände mit reichem Fichtenanteil; Horst im Eigenbau oder alte Krähennester, mit Vorliebe in Fichtenstangenhölzern an Schneisen oder im Mischwald	hauptsächlich Kleinvögel, beim ♂ bis Drosselgröße, ♀ bis Krähengröße; Sperlinge, Buchfinken, Schwalben, Lerchen u. a., von Kleinsäugern bevorzugt Feldmäuse u. a.	habichtsähnlich, jedoch lange Mittelzehe und lange scharfe Krallen; L = 28–38 cm, Spw = 60–80 cm; J = Überraschung im Fluge, zu Fuß und aus dem Versteck durch das Geäst greifend; St = kik-kik-kik, kiu.

Bussarde – plumper Körper, kurzer breiter Stoß – Segelflieger

Art	Geographische Verbreitung, Biotop, Niststätte	Beute	Merkmale
Mäusebussard (*Buteo buteo* L.) (*Abb. 270*)	Stand-, Strich- und Zugvogel; Kulturfolger; Europa, Teile Asiens, NW-Afrika; in O-Europa bis zum Wartheland der Falkenbussard; Kultur- und Waldlandschaft von der Ebene bis zum Hochgebirge; großer Horst im Eigenbau, meist in 10–20 m Höhe im Altholz, gelegentlich am Boden, jahrelange Benutzung	Feldmausspezialist u. a. kleine Nager und Vögel bis zum Fasan, Insekten, Frösche, im Winter auch Aas; Nahrungsschmarotzer durch Abbetteln fremder Beute	sehr variabel gefärbt vom fast weißen bis dunkelbraunen Gefieder; unbefiederter, gelber Lauf; L = 51–56 cm, Spw = 120–135 cm; J = Pirschflug, Rüttelflug, Ansitz von Pfählen, Telegrafenmasten u. a.; Bettelflug hinter anderen Greifen; St = piäh-piäh-piäh.
Rauhfußbussard (*Buteo lagopus* Brünn.)	Zugvogel, Wintergast in Deutschland; N-Europa, Asien, Amerika; offenes Gelände, Sümpfe, Dünen; Horst am Boden, an Felsen oder auf Bäumen	im N überwiegend Lemminge, bei uns ähnlich Mäusebussard bes. Mäuse	befiederter gelber Lauf, weißer Stoß mit breiter dunkler Endbinde; L = 51–61 cm, Spw = 140–160 cm; J = Anstand von Erdhügeln oder Misthaufen, Rüttelflug; St = ähnlich Mäusebussard piäh - - -.

Art	Geographische Verbreitung, Biotop, Niststätte	Beute	Merkmale
Wespenbussard (*Pernis apivorus* L.)	Zugvogel mit Überwinterung im tropischen Afrika; Europa, Vorder- und Mittelasien; halboffenes Gelände mit leichtem bis mittelschwerem Boden in der Ebene, seltener im Gebirge, auch Laub- und Mischwälder; meist alte Krähennester auf hohen Bäumen mit frischen Zweigen besteckt	Spezialist für Wespen, Hummeln, Bienen; bei Mangel auch Kleinvögel bis Rebhuhngröße, Kleinsäuger, Reptilien u.a.	schmal, zwischen Augen und Schnabel beschuppt; L = 58 cm; Spw = 125–135 cm; J = zu Fuß und in der Luft, geschicktes Ausgraben von Wespenbrut u.a. mit stumpf und kurz bekrallten Fängen; St = pli-lilihe und piäh; Junggesellen und beim Zug gesellig.
Milane oder Gabelweihen – gegabelter Stoß – Nahrungsschmarotzer – Segelflieger			
Schwarzer oder Brauner Milan (*Milvus migrans* L.)	Zugvogel mit Überwinterung in S-Afrika; Kulturflüchter bei uns, in S-Afrika in menschlichen Siedlungen; S- und M-Europa, Teile von Asien, Afrika und Australien; fischreiche Gewässer außerhalb des Hochgebirges; horstet meist gesellig auf recht hohen Bäumen, seltener alte Krähennester oder Fischreiherhorste, obwohl häufig in deren Nachbarschaft und in Kormorankolonien (Fell- und Papierfetzen, Lumpen-Auslage)	Aasfresser, Nahrungsschmarotzer, bes. Fische, kleine Nager, Plünderung von Nestern	dunkles Gefieder, wenig gegabelter Stoß; L = 55–56 cm, Spw = 150 cm; J = zu Fuß und in der Luft durch Abjagen bzw. Abbetteln der Beute von anderen Greifen; St = trillerndes Pfeifen büh-rhüü.
Roter Milan (*Milvus milvus* L.)	Zugvogel mit Überwinterung im Balkan, Spanien und N-Afrika; S- und M-Europa, Vorderasien, Teile von Afrika; bewaldetes Hügelland außerhalb des Hochgebirges; eigene oder übernommene Greifvogelhorste, Krähennester mit Lumpen u.a. Abfallstoffen ausgelegt, in hohen Althölzern im Wipfel, zuweilen auch mehrere nebeneinander	vorwiegend Aas, Fallwild u.a. Tierkadaver, vielfach Hühnerdieb, auch kleine bis mittlere Säuger bis zum Junghasen, Insekten (Termiten, Schaben)	tief gegabelter Stoß, träge; L = 61–67 cm, Spw = 155–160 cm; J = zu Fuß und in der Luft durch Abjagen der Beute ähnlich Schwarzer Milan; St = hi-hi-hiäh.

Art	Geographische Verbreitung, Biotop, Niststätte	Beute	Merkmale
Weihen – lange Flügel, langer Stoß, langer Körper, kleiner Kopf, gaukelnder Flug mit V-Flügelstellung – alle Arten sehr ähnlich			
Rohrweihe (*Circus aeruginosus* L.) **(Abb. 274)**	Zugvogel mit Überwinterung in Asien und im tropischen Afrika; Europa, W-Asien; große Moore und Sümpfe mit Schilfgürtel bzw. Röhricht; große Horste im Röhricht, auf Bülten u. a., Spielnester des ♂ auch mit Beute; in der BRD ca. 250 Paare (1968)	Allesfresser von der Maus bis zum Junghasen, Eier und Jungvögel, Insekten und Aas, Fische, Frösche, Eidechsen, Schlangen; mit Vorliebe Bleßhühner	blaugrau bis dunkelbraun; ♀ ad. helle Kehle und Kopfkappe, ♂ blaugraue Flecken auf den Flügeln; L − 48–56 cm; Spw = 115–125 cm; J = Pirschflug in niederer Höhe; St = qui-äh, Balzlaut keikei.
Wiesenweihe (*Circus pygargus* L.)	Zugvogel mit Überwinterung in W-Afrika; SW- und M-Europa, M-Asien, NW-Afrika; Sumpf, Moor, Ackerland; Bodenbrüter in trockener Heide, auf feuchter Wiese oder im Kornfeld, häufig mehrere Horste nebeneinander; in der BRD ca. 130 Paare (Schleswig-Holstein 35 Paare [1967], Niedersachsen ca. 70 Paare [1966], übriges Gebiet ca. 5–15 Paare)	Feldmäuse u. a. Kleinnager, auch Vögel, manche Kaninchenspezialisten	♂ schwarze Flügelbinde, grauer Bürzelfleck, ♀ ähnlich Kornweihe, jedoch schlanker und schmalerer Bürzelfleck; L = 41–46 cm; Spw = 105–110 cm; J = Pirschflug häufig in der Dämmerung; Beuteübergabe in der Luft; St = kek-kek-kek.

Ferner die in der BRD noch mit etwa 2–5 Paaren (1968) vertretene Kornweihe (*Circus cyaneus* L.) und als regelmäßiger Herbstdurchzügler aus dem asiatischen Steppengebiet die Steppenweihe (*Circus macrourus* Gm.), beide ähnlich auch hinsichtlich ihrer Feldmausjagd.

Adler (Aquila)

Alter Wappenvogel (Deutscher Reichsadler, Österreichischer Doppeladler) als Kennzeichen der Macht und Würde (nach verlorenen Kriegen meist schmächtige Wiedergabe!);

großer Greif mit wuchtigem Hakenschnabel, starken Fängen und gewaltigen Schwingen; geringe Nachkommenschaft durch hohes Alter (in Gefangenschaft 46 Jahre nachgewiesen) ausgeglichen, in Deutschland größtenteils ausgestorben; letzte Vorkommen des Steinadlers in Deutschland: Erzgebirge Mitte des 17. Jahrhunderts, Riesengebirge 1844, Schwarzwald und Eifel ca. 1816, Mecklenburg 1865, Brandenburg 1870, Ostpreußen 1880, heute (12–15) Brutpaare in den Bayerischen Alpen; seit dem Rückgang Zunahme der Gamsräude; Fischadler: letztes Paar 1886 in Niedersachsen, 1928 in der Oberpfalz, gegenwärtig bei Hanau (Main) und wohl noch in Ostdeutschland; Schlangenadler: im 20. Jahrhundert noch 4 Brutvorkommen in Tuchler-Heide, Hinterpommern, Schlesien, Rheinprovinz (?); Seeadler: in Großbritannien und Dänemark ausgerottet, in Deutschland 1939 noch 40 Paare, heute wohl noch in Schleswig-Holstein (7 Paare) und Mark Brandenburg; Schreiadler: früher bis Lüneburg und obere Weser verbreitet, heute nur noch auf östliche Gebiete beschränkt; dem Ausrottungsfeldzug ist heute die hoffnungsvolle Wiedereinbürgerung gefolgt.

Hier sind zu nennen: **Steinadler** (*Aquila chrysaëtos* L.), fast einfarbig dunkelbraun, Spw 200 bis 220 cm als Allesfresser vom Aas bis zum Frischfleisch (Murmeltier, Hase, Rauhfußhühner, Gams, Rotwildkalb, Fuchs); Schelladler (*Aquila clanga* Pall.) und Schreiadler (*Aquila pomarina* Br.) mit bevorzugter Beute von Kleinsäugern; Seeadler (*Haliaeëtus albicilla* L.) als größte einheimische Art mit Spw = 230–250 cm, an Küstengebieten und entlegenen Binnengewässern sowie **Fischadler** (*Pandium haliaëtus* L.) mit weißer Kopfhaube, in see- und waldreichen Gebieten, an Meeresküsten, beide bekannt als Fischspezialisten; Schlangenadler (*Circaëtus gallicus* Gm.) als Nahrungsspezialist für Schlangen, Blindschleichen und Eidechsen, vorwiegend Bewohner einsamer Gebirgswaldungen und sumpfiger Gebiete in der Ebene von Spanien bis zum Baltikum, mit Ausnahme von Deutschland, England, Irland; als Durchzügler und Irrgäste zuweilen Kaiseradler (*Aquila heliaca* Sav.) aus südlichen Gegenden, Steppenadler (*Aquila rapax orientalis* Cab.) aus SO-Europa, Habichtsadler (*Hieraaëtus fasciatus* Vieill.) aus seinem europäischen Brutgebiet von Sizilien, Korsika und Sardinien sowie bussardähnlicher Zwergadler (*Hieraaëtus pennatus* Gm.) vom Balkan.

Mäuse- und Insektenvertilger

2.2 Würger *(Laniidae)*

67 Arten; weltweit mit Ausnahme von Australien, S-Amerika, Madagaskar; dicker Kopf mit Falkenzahn am hakenförmig gekrümmten Oberschnabel, kurze Flügel, langer Schwanz (fächernde Bewegung), gut bekrallter, starker Fuß; Späher von erhöhten Punkten, Flug von Warte zu Warte, meist dicht über dem Boden, auch rüttelnd wie Turmfalke über der Beute; eigenartige Beutehortung durch Aufspießen von Insekten u.a. Kleintieren auf Dornen, Stacheln oder Astspitzen, Volksmund spricht von einer Mahlzeit erst ab 9 Nahrungsbrocken an einem Spieß (Neuntöter), manchmal bleibt die Beute auch vergessen und vertrocknet *(Abb. 273);* Spötter durch Nachahmung anderer Vogelstimmen; Bewohner von Busch- und Heckengelände, selten in geschlossenem Wald; meist sehr nützlich durch Vertilgung von Schadinsekten und Mäusen; mitunter werden auch Eidechsen und Kleinvögel erbeutet; Freibrüter mit ziemlich festem Nest, kräuterduftend, aus Würzelchen, feinen Reisern, blühenden Pflanzenteilen.

Häufig in der Ebene Raubwürger (*Lanius excubitor* L.), größte einheimische Art (24 cm) mit schwarzem Augenstreif; Neuntöter, Rotrückiger Würger oder Dorndreher (*Lanius collurio* L.), rotbrauner Rücken, schwarzer Augenstreif, Bewohner von Feldgehölzen, Hecken, Waldblößen; Rotkopfwürger (*Lanius senator* L.), rotköpfig, schwarzer Rücken, Bewohner offenen Geländes; Schwarzstirnwürger (*Lanius minor* Gm.), schwarze Stirn und schwarzer Augenstreif.

Allesfresser

2.3 Rabenvögel *(Corvidae)*

100 Arten, außer Polargebiet, Neuseeland und einigen Inselgruppen; größte Sperlingsvögel (Junge sperren den Schnabel zur Futteraufnahme weit auf) und Singvögel (gut ausgebildeter Kehlkopfmuskel) mit meist krächzenden Lauten, auch Nachahmer; länglicher starker Schnabel, Nasenlöcher durch Borsten versteckt; meist gut zähmbar und teilweise erstaunlich gelehrig, wie z.B. die Dohle; Allesfresser, vielfach land- und jagdwirtschaftlich schädlich, im Walde überwiegend nützlich durch Vertilgung von Schadinsekten und Mäusen sowie durch Verstecken von

Sämereien wie Eicheln vom Eichelhäher (Hähersaat); mit Ausnahme der Dohle, Alpendohle und Alpenkrähe alle anderen Arten Freibrüter; Elster und Eichelhäher mit nackt schlüpfenden Jungen; Beute wird nach Meisenart zum Zerkleinern unter den Zehen festgehalten; Kehlsack als Speicher für Nahrung und Wasser.

Art	Geographische Verbreitung, Biotop, Niststätte	Beute	Merkmale
Kolkrabe (*Corvus corax* L.) **(Abb. 276)**	Stand- und Strichvogel; Teile Europas (in Deutschland Alpen- und Küstengebiete, Ostpreußen), N- und M-Asien, N-Amerika; ausgedehnte Waldungen; meist jahrelang benutztes Nest auf hohen Bäumen und Felsen aus Reisern mit Moos, Flechte, Gras u. a. gepolstert, Bau im Januar; Frühgelege: Februar/März	Allesfresser vom Insekt bis zum Junghasen, bes. Aas (Fallwild) und daher Gesundheitspolizei und oft einziger Hinweis für Hochgebirgsjäger	Wotansvogel, sehr groß und wuchtig mit Schnabellänge von 7–8,5 cm, segelt und gleitet oft, glänzend schwarz, stahlblau schillernd; L = 63 cm; St = rraak-klong-klong; leicht anzusiedeln bei Beachtung der Rasse und am besten durch Ausbrüten von Eiern
Rabenkrähe und Nebelkrähe –Aaskrähen– (*Corvus corone* L.)	Rabenkrähe (U-Art *pulchroniger* O. Kl.), W-Europa bis zur Elbe; Nebelkrähe (U-Art *cornix* L.), O-Europa bis zur Elbe, W-Asien, an der Grenze des Verbreitungsgebietes Mischehen; Stand- und Strichvogel; im Winter oft Nebelkrähen als Wintergäste aus dem O und N; offene Landschaft bis ins Mittelgebirge, Waldränder; Spielnester, Baumnester aus Reisig u. a.; meist Einzelbrüter, Rabenkrähe mitunter auch in Gruppen	Allesfresser; bei 3259 Krähen*: 57,6% pflanzliche Nahrung, 23,9% tierische Stoffe, 18,5% Mineralien; darunter bes. Mäuse, Drahtwürmer, Erdraupen, Engerlinge	L = 44–47 cm, einfarbig schwarz = Rabenkrähe, grauer Rücken und graue US = Nebelkrähe; St = krächzen – koarr und kjuk-kjuk.
Saatkrähe (*Corvus frugilegus* L.)	Stand- und Strichvogel (W-Deutschland), Zugvogel (O-Deutschland); Europa, Sibirien bis Japan; Kultur- und Parklandschaften, Felder, Wiesen, Waldränder; kolonieweises Brüten auf Bäumen im Reisernest	Allesfresser; bei 1523 Krähen*: 46,9% pflanzliche Nahrung, 25,5% tierische Stoffe, 27,6% Mineralien; darunter 22% Insekten, 1,1% Mäuse	L = 44–46 cm, schwarz mit kahlem Gesicht durch kahle Schnabelwurzel; stets gesellig; St = krah-krah (heiser).

* Nach Magenuntersuchungen (aus Glasewald 1937).

Art	Geographische Verbrei- tung, Biotop, Niststätte	Beute	Merkmale
Dohle (*Coloeus monedula* Vieill.)	Stand- und Strichvogel; Europa bis Vorderasien und NW-Afrika; Laub- und Mischwaldungen, Parkanlagen, Türme, Burgruinen; von der Ebene bis ins Gebirge; kolonienweises Brüten in Baumhöhlen (bevorzugt Schwarzspechthöhlen), Felsen, im alten Gemäuer, auch gruppenweise aufgehängte Nisthöhlen (Flw 75–120 mm), Nest aus dürrem Gras oder Stroh mit Haaren, Federn, Papier ausgepolstert	Allesfresser, bes. Insekten und Mäuse	L = 32 cm, schwarz, grauer Nacken, graue Ohrdecken, weißer Kragen bei östlicher Rasse; Einbürgerung leicht durch Einkäfigen von Jungvögeln mit Fütterung durch herbeifliegende Eltern; oft in Gemeinschaft mit anderen Krähenarten und Staren; St = kjack und erregt kjacka-kjacka-kjack, auch kja u. a. Rufe.

Daneben noch in unzugänglichen Hochgebirgslagen Alpenkrähe (*Pyrrhocorax pyrrhocorax* Vieill.), glänzend blauschwarz mit rotem Schnabel und roten Beinen; Alpendohle (*Pyrrhocorax graculus* L.), *(Abb. 278)*, schwarz mit gelbem Schnabel und roten Beinen, Koloniebrüter an Felswänden, beide ernähren sich von Insekten, Würmern, Schnecken, bes. Beeren, Abfällen und wohl Aas.

Art	Geographische Verbrei- tung, Biotop, Niststätte	Beute	Merkmale
Elster (*Pica pica* L.)	Standvogel; Europa, Asien; baum- und heckenreiche Gebiete, Waldränder, Auwälder, gern in der Nähe menschlicher Siedlungen; überdachte Kugelnester mit 2 seitlichen Eingängen aus Reisig, verdichtet mit Lehm u. a. in Hecken und niedrigen Büschen, aber auch auf hohen Bäumen; Spiel- und Schlafnester	Allesfresser vom Aas bis zur Kirsche, oft Nestplünderer, bes. in Niederwildrevieren in kleinen Trupps sehr jagdschädlich, da Augenstecher	L = 43 cm, schwarz-weiß (preußischer Fasan), langer Schwanz, Dieb von glänzenden und glitzernden Gegenständen; St = schack-schack-schack, auch Nachahmer anderer Vogelstimmen.

Abb. 276. Kolkrabe am Horst (R. MORAW)

Abb. 277. Tannenhäher bearbeitet einen Zirbelzapfen (K. WÜSTENBERG)

Abb. 278. Alpendohlen (K. WOTHE)

Abb. 279. Singdrossel beim Füttern (W. WISSENBACH)

447

Art	Geographische Verbreitung, Biotop, Niststätte	Beute	Merkmale
Eichelhäher (*Garrulus glandarius* L.)	Stand-, Strich- und Zugvogel; Europa, Asien ohne den hohen Norden; Waldgebiete, Feldgehölze, von der Ebene bis zur Baumgrenze; Nest aus feinem Reisig, sehr versteckt im dichten Laub- oder Nadelholz, etwa 5 m Bodenhöhe	bevorzugt Eicheln, Bucheckern, Haselnüsse, auch Insekten (Hirschkäfer oft massenhaft am Stammfuß!), Reptilien, Würmer, ebenfalls Nesträuber, versteckt gerne Früchte und Samen (Hähersaat)	L = 34 cm, pastellfarben; neugierig, aber vorsichtig; als Markwart durch seine Warnrufe jagdlich unbeliebt; St = rätsch-rätsch und bussardähnliches piäh, Spottlaute anderer Vogelarten z. T. sehr vollkommen nachahmend; im Geäst sehr geschickt, im Fluge recht schwerfällig und trotzdem vom Jungjäger fast stets gefehlt; oft lärmende Gesellschaften, vor allem in Mastjahren.
Tannenhäher (*Nucifraga caryocatactes* L.) *(Abb. 277)*	Stand- und Strichvogel im Mittel- und Hochgebirge Europas und Asiens (U-Art *caryocatactes*); Brutvogel von Korea bis O-Europa Sibirischer Tannenhäher (U-Art *macrorhynchus*), letzterer oft invasionsartig von O und N nach Deutschland eindringend; Nadelwälder, bes. mit Zirbelki, im Winter auch Laubwälder; bes. sorgfältiges Nest aus 3 Schichten: Moos, grüne Ästchen, Flechten, trockene Holzspäne, 4–10 m hoch auf Nadelholzstamm	Sämereien, vor allem von Koniferen, auch Obst, Insekten, Würmer, zuweilen Nesträuber; Nahrungsvorräte, bes. Zirbelnüsse im Herbst versteckt (Verbreitung der Zirbelki), dienen im zeitigen Frühjahr zur Aufzucht der Jungen, Wiederauffinden offensichtlich z. T. durch Orientierung an sprießenden Keimlingen; Zapfenbearbeitung: im Frühsommer durch Abspalten der Schuppen, im Herbst nach Reifung Abbiegen der Schuppen	L = 30 cm, schokoladenbraun mit weißen Tropfen, beim Sibirischen Tannenhäher längerer und schmälerer Schnabel zum Aufknacken der Zirbelnüsse; Flug ähnlich Eichelhäher, sitzt gerne auf Baumspitzen, vor allem sibirische Art sehr vertraut; St = kräk oder gärr.

Insekten- und Weichfresser

2.4 Echte Drosseln — Rotschwänze — Erdsänger — Schmätzer *(Turdidae)*

304 Arten, weltweit verbreitet.

Echte Drosseln

Wenig auffällig gefärbt, kräftiger Pfriemenschnabel, an der Spitze gekerbt und am Grund beborstet, ziemlich langbeinig, große Augen; hervorragende Sänger wie die Amsel, vom hohen Baumwipfel das Frühjahr verkündend;
Nahrung: Würmer, Schnecken, Insekten u.a., durch ruckweises Absuchen des Bodens mit Herumstochern, oft auch im Garten recht unangenehm an Obst, einige Arten leider auch Nesträuber wie die Schwarzdrossel; Mehrzahl bislang noch abseits menschlicher Siedlungen, zur Herbstzeit oft scharenweise in Hecken, Sträucher und Bäume einfallend; bes. begehrte, rotleuchtende Vogelbeeren der Eberesche wurden früher auch bei uns der Wacholderdrossel (Krammetsvogel) im Dohnenstieg mit Roßhaarschlingen und Dohnenherd mit Schlagnetzen zum Verhängnis (Delikatesse); Überhandnehmen von Drosseln kann durch Schütteln der Eier (bis auf 1) im Gelege verhindert werden; Freibrüter.

Art	Geographische Verbreitung, Biotop, Niststätte	Merkmale
Amsel Schwarzdrossel (*Turdus merula* L.)	Stand-, Strich- und Zugvogel; Kulturfolger; Europa ohne N-Skandinavien; überall von der Ebene bis ins Gebirge; bevorzugt Parkanlagen, Gärten, Mischwälder; brütet in Hecken, Büschen, Häusern und auch auf dem Erdboden im tiefen, mit Erde ausgeschmierten, mit Grashalmen ausgepolsterten Nest (Gegensatz Singdrossel!)	L = 25 cm, ♂ schwarz mit gelbem Schnabel und Augenlid, ♀ dunkelbraun; St = dack-dack-dack und tick-tick-tick, melodischer Gesang.
Singdrossel (*Turdus philomelos* Brehm) *(Abb. 279)*	Zugvogel, gebietsweise Standvogel; Europa mit Ausnahme der südlichen Regionen, NW-Asien; unterholzreiche Wälder, Fichtendickungen; von der Ebene bis ins Gebirge, auch Parkanlagen; meist bis 3 m Höhe, auch auf dem Boden brütend, Nest mit Lehm u.a. ausgestrichen, hart (Gegensatz Amsel!)	L = 22–23 cm, braunrückig mit gefleckter Brust; St = zipp-dock-dock und melodischer Gesang (Anfangstakte vom Radetzkymarsch).
Wacholderdrossel, Krammetsvogel (*Turdus pilaris* L.)	Zugvogel, gebietsweise Standvogel; N-Asien, N-Europa, seit etwa 1800 vom O bis zum Rhein vorgedrungen; Mischwälder, im N Tundren; meist kolonieweise brütend im Wald(rand) oder in Feldgehölzen, im N auch am Boden im lehmharten, grasgepolsterten Nest	L = 26 cm, hellgrauer Kopf und Bürzel, schwarzbrauner Schwanz; St = zieh und schack-schack; im Winter oft in großen Schwärmen.

Art	Geographische Verbreitung, Biotop, Niststätte	Merkmale
Weindrossel, Rotdrossel (*Turdus iliacus* L.)	Zugvogel; N-Europa bis zum Memelgebiet, NW-Sibirien; regelmäßiger Durchzügler im Herbst und Frühjahr; ausgedehnte Nadel- wälder, Birken- und Erlenbestände; typisches Drosselnest auf Stubben, in Holzstapeln, im Gebüsch, auf Bäumen	L = 22 cm, Flanken und Unterflügel zimtrot, weißer Überaugenstreif; St = dack-dack, zieh und trü-trü.
Misteldrossel (*Turdus viscivorus* L.)	Stand-, Strich- und Zugvogel; Neigung zum Kulturfolger; Europa mit Ausnahme der Küstenregion Skandinaviens; Althölzer, Parkanlagen, Gärten in allen Höhenlagen; amselähnliches Nest, meist auf Bäumen	L = 27 cm, Brust mit großen braunen Tropfen; St = kratzendes Schnarren (Schnärrer) und tack-tack, djü-ri-djüo; gilt als Verbreiter der Mistel *(Viscum album)* und anderer Beeren, die nach Passage des Darmes erst keim- fähig werden sollen; Herbsttrupps.

Ferner Ring- oder Alpendrossel (*Turdus torquatus* L.) mit weißem, ringartigem Fleck an der Brust in Nadelwäldern des Gebirges bis zur Krummholzzone.

Rotschwänze

Kleinere, farbenprächtige, recht zutrauliche Arten mit feinem Insektenfresser-Schnabel, knick- sende Bewegungen mit Schwanzzittern, z.T. Flugjäger mit gelegentlichem Rütteln; Nest der Arten recht ähnlich aus Gras, Laub, Würzelchen mit Federn und Haaren ausgepolstert; neben Insekten werden auch Würmer, Schnecken und vor allem Beeren aufgenommen.

Art	Geographische Verbreitung, Biotop, Niststätte	Merkmale
Gartenrotschwanz (*Phoenicurus phoenicurus* L. = Erithacus) **(Abb. 261)**	Zugvogel; Europa, W-Asien; Gärten, Parkanlagen, Obstplantagen, Auwälder; nistet in Baumhöhlen, Holzstapeln, Mauern, Nisthöhlen (Halbhöhle), Kopfweiden	L = 14 cm; ♂ bunt gefärbt, ♀ unscheinbar; St = hüit-hüit-tick-tick.
Hausrotschwanz (*Phoenicurus ochruros* Gm. = Erithacus)	Zugvogel; Europa bis SW-Rußland; von der Ebene bis zum Hochgebirge in Felshängen, menschlichen Siedlungen; nistet ähnlich Gartenrotschwanz, Halbhöhle	L = 14–15,5 cm; ♂ düster gefärbt, ♀ unscheinbar; St = fid-ißt und teck-teck.

Art	Geographische Verbreitung, Biotop, Niststätte	Merkmale
Rotkehlchen (*Erithacus rubecula* L.) *(Abb. 281)*	Stand- und Zugvogel; Europa, Vorderasien bis W-Sibirien; unterholzreiche Waldungen, Garten- und Parkanlagen; nistet auf dem Boden, in Büschen, Mauern, Halbhöhle	L = 14 cm; ad. rotes Kehlchen und rote Brust, juv. rahmfarben gefleckt; St = pst-pst-tick-tick-tick, zip (Schnickern) zisip und zieh.

Erdsänger

Hervorragende Sänger, eigenartige Bewegungen, Nahrung wie Rotschwänze, Gras-Laub-Nest mit Haaren und Federn ausgepolstert, vor allem vom Blaukehlchen sehr gut versteckt.

Art	Geographische Verbreitung, Biotop, Niststätte	Merkmale
Blaukehlchen (*Luscinia svecica* L. = *Erithacus*)	2 Unterarten rotsternig *(svecica)* nur als Durchzügler, weißsternig *(cyanecula)* in M-Europa und Zentralspanien; vorwiegend in Gewässernähe, Auwald; Bodenbrüter, meist im Gras	blaues Kehlchen mit weißem Fleck (weißsterniges) oder rotem Fleck (rotsterniges, L = 14 cm; mausartig huschende Bewegungen am Boden; St = fied-tack, auch Nachahmer, z. B. von Grillen, Rauchschwalbe u. a. Vogelstimmen.
Nachtigall (*Luscinia megarhynchos* Br. = *Erithacus*)	Zugvogel; M-, W- und S-Europa bis zum Schwarzmeergebiet, Kleinasien; Auwälder, Garten- und Parkanlagen, unterholzreiche Feldgehölze, Fliederlauben; Bodenbrüter bis höchstens 1,50 m, darüber im feuchten und trockenen Standort	L = 16,5 cm; bräunlich, unscheinbar; Schwanzwippen; St = tschuck-tschuck-tschuck-dü-dü-dü-tack-tack-karr (weich).
Sprosser (*Luscinia luscinia* L. = *Erithacus*)	Zugvogel; W-Sibirien bis O-Europa im Vordringen nach W (Elbe); bes. Auwaldungen; nistet ähnlich Nachtigall, jedoch nur im feuchten Gelände	L = 16,5–18 cm; graubraun gewölkte Kehle; fächerförmig gespreizter Schwanz wird seitlich bewegt; St = ähnlich Nachtigall, jedoch kräftiger.

Schmätzer

Charaktervögel des offenen Geländes und der Trockengebiete, wenig gesellig; sehr geschickte Flieger; überwiegend Insektenkost, bes. das Schwarzkehlchen in Kieferndickungen forstlich äußerst wichtig; meist gut verstecktes Grasnest mit Haaren (Federn) ausgepolstert.

Abb. 280. Braunkehlchen (H. BLESCH)

Abb. 281. Rotkehlche (J. PEDAIN)

Abb. 282. Dorngrasmücke (H. BLESCH)

Abb. 283. Zilpzalp im Nest (K. LANG)

Art	Geographische Verbreitung	Merkmale
Schwarzkehlchen, Schwarzkehliger Wiesenschmätzer (*Saxicola torquata* L.)	Zugvogel; M-Europa, NW-Afrika, in W-Deutschland bis etwa zur Elbe; Kieferndickungen, Ödländereien, Böschungen mit Hecken; Bodenbrüter	L = 12 cm, Kopf und Kehle schwarz; hüpft in großen Sprüngen; St = fit-kr-kr und fid-tack-tack.
Braunkehlchen, Braunkehliger Wiesenschmätzer (*Saxicola rubetra* L.) *(Abb. 280)*	Zugvogel; Europa ohne südliche Regionen; bes. Wiesengelände mit Bäumen und Büschen; nistet in Bodenmulde von Wiesen u. a.	L = 13 cm; braungelbe Kehle; weißer Überaugen- und Unterbackenstreif; rasche Sprünge auf dem Boden, knickst; St = dju-deck-deck und Nachahmung anderer Vogelstimmen.
Steinschmätzer (*Oenanthe oenanthe* L.)	Zugvogel; Europa, NW-Asien; typisch für felsige, geröllhaltige Ödländereien von der Ebene bis zum Hochgebirge (Schneegrenze); nistet meist tief unter Steinen, in Erdlöchern, sogar in Kaninchenbauen	L = 15 cm; auffallend weißer Bürzel mit T-artiger schwarzer Endbinde; fliegt von Warte zu Warte nach Würgerart, hüpft in raschen Sprüngen, bei Bodenbalz wie ein Federball; St = töck-töck-jiw.

2.5 Grasmücken — Laubsänger — Goldhähnchen *(Sylviidae)*

Unauffällig gefärbte Arten; versteckte Lebensweise, schlüpfen in gebückter Haltung durch das Gebüsch bzw. Gezweig, nur selten am Boden; nackte Junge, mit Ausnahme starker Bedunung bei den Laubsängern; sehr unterschiedliche Nester bis zur Backofenbauweise und zum hängenden Kugelnest; typischer Insektenfresser-Schnabel deutet auf die hervorragende Bedeutung bei der Vertilgung von Schadinsekten, bes. Miniermotten, Wickler, Spanner, aber auch kleine Käferarten, Blattflöhe und Gallwespen hin; daneben werden Beeren, Würmer u.a. verzehrt; hervorragende Sänger; Geschlechter gewöhnlich äußerlich gleich; mit Ausnahme der Goldhähnchen Zugvögel mit Winterquartieren im tropischen Afrika und Indien.

Grasmücken oder Grauschlüpfer (schon vom Namen her unauffällige Vögel)

Art	Geographische Verbreitung, Biotop, Niststätte	Merkmale
Mönchsgrasmücke, Schwarzkopf (*Sylvia atricapilla* L.)	Zugvogel; Europa ohne hohen Norden, N-Afrika, Vorderasien; unterholzreiche Waldungen, Park- und Gartenanlagen; Grasnest mit Würzelchen und Roßhaarpolsterung in Büschen, Hecken, Fichtenjungwuchs wenig über dem Boden	L = 14,5 cm; ♂ mit schwarzer, ♀ mit rotbraunem Käppchen; St = tschäck tscheck, djü-tü-tü-, typisches Grasmückengezwitschere mit Überschlags-Finale.

Art	Geographische Verbreitung, Biotop, Niststätte	Merkmale
Gartengrasmücke (*Sylvia borin* Bodd.)	Zugvogel; Europa; vorwiegend im Hügel- und Flachland in unterholzreichen Waldrändern, Gärten, Parkanlagen; dünnwandiges, nachlässig gebautes Grasnest im Gebüsch; ♂ beginnt mit Nestbau	L = 15 cm; olivbraun mit grauweißer US; häufig Pflegeeltern des Kuckucks; St = täck-täck und fortlaufende Melodie (flötend, orgelnd).
Dorngrasmücke (*Sylvia communis* Lath.) *(Abb. 282)*	Zugvogel; Europa ohne hohen Norden; unterwuchsreiche Waldungen, Hecken, Weidenheger; bodennahes Grasnest mit vielen Gespinsten und tiefem Napf	L = 14,5 cm; ♂ hellgraue Kopfkappe bis zum Nacken und unter die Augen; hüpfender, ruckartiger Flug mit aufrechtem Schwanz; St = wäd-wäd-wäd und rauhes, kurzes Geschwätz, Balzflug mit Gesang.
Zaungrasmücke, Klappergrasmücke (Müllerchen) (*Sylvia curruca* L.)	Zugvogel; Europa ohne Spanien und hohen Norden; unterholz- und buschreiche Wälder, Hecken, Gärten u. a.; kunstloses Grasnest mit wenig Gespinst (Gegensatz Dorngrasmücke), meist im höheren Gezweig von Sträuchern und Nadelbäumen	L = 12,5–13,5 cm; dunkle Ohrdecken (maskenartig); mehlbestäubtes Gefieder (Müllerchen); St = täck-täck und leises Geschwätz mit hellem Klapper-Finale lüllüllüllü.
Sperbergrasmücke (*Sylvia nisoria* Bechst.)	Zugvogel; M- und O-Europa, W-Asien; unterwuchsreiche Waldungen, bes. Auwaldränder, Park- und Gartenanlagen in ebenem Gelände; großes lockeres Nest aus Halmen, Stengeln, feinem Gras, bevorzugt im Dorngebüsch	L = 15–16,5 cm; gesperberte Brust, im Alter grellgelbe Augen; Balzflug mit lautem Gesang; St = tscheck-tscheck-terr und lauter Gesang ähnlich Gartengrasmücke; vielfach Pflegeeltern des Kuckucks, zur Brutzeit angriffslustig.

Von den Spöttern tritt bei uns noch häufig der Gelbspötter (*Hippolais icterina* Vieill.) als Charaktervogel der buschreichen Randzone des Auwaldes auf, bekannt als „Sprachmeister" durch unaufhörliches Nachahmen anderer Vogelstimmen, vom Meisengezetere bis zum Wachtelruf, aus dichtem Blätterdach von Baumwipfeln.
Aus dem Röhricht ertönt der knarrende Gesang von Rohrsängern (Sumpf-, Schilf- und Teichrohrsänger *[Acrocephalus spec.]*), denen oftmals ein Kuckucksei gelegt wird *(Abb. 297)*. Hier und auch in trockenerem Gelände mit hohem Wiesengras oder Unkraut tummeln sich fast unsichtbar die Schwirle (Rohrschwirl, Schlagschwirl, Feldschwirl *[Locustella spec.]*). Sie schlüpfen, hüpfen, huschen durch den Pflanzenwuchs, aber auch bedächtig schreiten sie über den Boden oder am Halm entlang, zuweilen auch ruckweise, auf- und abwärts, und „schwirren" ihren heuschreckenähnlichen Gesang lang und anhaltend.

Laubsänger

Zierlich gebaut, sehr schwierig unterscheidbar, meist nur an den Handschwingen und am einprägsamen Gesang; vorzüglich getarnte Backofennester aus Blättern, Moos, Gräsern mit weicher Feder- und/oder Haarpolsterung, direkt auf oder wenig über dem Boden *(Abb. 283);* stark bedunte Junge.

Art	Geographische Verbreitung, Biotop, Niststätte	Merkmale
Waldlaubsänger, Waldschwirrvogel (*Phylloscopus sibilatrix* Bechst.)	Zugvogel; Europa ohne südliche Region, W-Sibirien; von der Ebene bis ins Mittelgebirge in lichten Laub-und Mischwäldern; nistet im dürren Laub zwischen lichtem Bewuchs	L = 13 cm; gelbe Kehle; gelber Augenstreif; St = djü-djü und meist beim Flatterbalzflug sib-sib-sib-sibsirrrrr.
Zilpzalp, Weidenlaubsänger (*Phylloscopus collybita* Vieill.) *(Abb. 283)*	Zugvogel, in S-Europa tw Standvogel; Europa; unterholzreiche Laubwälder bis zum Hochgebirge, Park- und Gartenanlagen; nistet dicht über dem Boden in Jungfichten, Büschen	L = 11 cm; dunkle Beine, typisches Schwanzwippen nach unten; St = wüib oder fiob und monotones zilp-zalp-zilp-zalp.
Fitis (*Phylloscopus trochilus* Bechst.)	Zugvogel; M- und N-Europa bis Sibirien; junge Kiefernpflanzungen und alle unterholzreichen Arten von Wäldern, Garten- und Parkanlagen von der Ebene bis zum Mittelgebirge; nistet meist direkt auf dem Boden mit Graswuchs	L = 11 cm; helle Beine; St = hüid und buchfinkenschlagähnliche Tonfolge didüdüdjeiadjadjodjo.

Außerdem Berglaubsänger (*Phylloscopus bonelli* Vieill.) mit gelblichem Bürzelfleck und weißlichem Augenstreif als Bewohner lichter, unterholzreicher Nadelwälder im Gebirge bis etwa 1800 m NN (S-Hänge!).

Goldhähnchen

Kleinste einheimische Vögel; ca. 5 g schwer, mit weitstrahligen, aufrichtbaren Scheitelfedern; als Bewohner von Nadelwäldern forstlich überaus wichtige Vertilger von Schadinsekten; Hängenester *(Abb. 284a).*

Art	Geographische Verbreitung, Biotop, Niststätte	Merkmale
Wintergold-hähnchen, Gelbköpfiges Goldhähnchen (*Regulus regulus* L.) *(Abb. 284b)*	Stand- und Strichvogel; Europa ohne Spanien, Sizilien, südliche Balkanhalbinsel und Vorderasien; zur Brutzeit nur in Nadelwäldern, sonst auch in Laubwaldungen, Gärten u. a.;	L = 9–9,5 cm, grellgelbe Scheitelfedern, juv. ohne Krönchen, keine Augenstreifen und kein Augenstrich (Gegensatz Sommergoldhähnchen!);

Art	Geographische Verbreitung Biotop, Niststätte	Merkmale
Wintergold-hähnchen *(Fortsetzung)*	nistet meist hoch im Wipfel im hängenden, oben offenen Kugelnest aus Moos, Flechten mit Haar- und Federpolsterung *(Abb. 284 a)*	klettert und fliegt im Gezweig äußerst geschickt, auch Rüttelflug; St = sih-sih-sih und zartes Trillern.
Sommergold-hähnchen, Feuer-köpfiges Gold-hähnchen (*Regulus ignicapillus* Temm.)	Zug-, Stand- und Strichvogel; M- und S-Europa (ganz Deutschland mit Ausnahme von Ostpreußen); Nadelwälder, auch Mischwälder und Parkanlagen; nistet niedriger, auch in Efeu, Kletterrosen u. a.	L = 9 cm, feuerroter Scheitel-federkamm, juv. ohne Krönchen, heller Überaugenstreif und schwarzer Augenstrich; ähnliches Verhalten wie Wintergoldhähnchen; St = sisisi, Strophe ähnlich Wintergoldhähnchen, nur kräftiger und tiefer.

2.6 Fliegenschnäpper, Sänger *(Muscicapidae)*

378 Arten; Nahrung besteht nicht nur aus Fliegen, aber überwiegend werden Insekten erbeutet, hauptsächlich beim kurzen, geschickten Jagdflug von einer Warte aus; weit aufgerissener, abgeflachter Schnabel wirkt mit seinen starken Federborsten am Mundwinkel wie eine Reuse und schnappt tatsächlich hörbar zu. Ihre Anwesenheit im Walde ist besonders in Schadgebieten, z. B. des Eichenwicklers, sehr wesentlich. Da die verschiedenen Arten gerne Nisthöhlen annehmen, kann man sie leicht ansiedeln. Junge schlüpfen bedunt, Jugendgefieder gefleckt; kurzläufig knixend, Schwanzwippen; durchweg Zugvögel mit meist weiten Winterquartieren bis nach S-Afrika.

Art	Geographische Verbreitung, Biotop, Niststätte	Merkmale
Trauerschnäpper, Trauerfliegen-schnäpper *(Ficedula hypoleuca* Pall. = *Muscicapa) (Abb. 260)*	Zugvogel; Europa außer Balkan und Italien; lichte Wälder, bes. Auwälder, Garten- und Parkanlagen; brütet nur in Höhlen, auch Nistkästen (Meisenhöhle Flw 32–34 mm) im lockeren Nest aus Halmen, Fasern, Moos u. a.; hellblaue Eier	L = 13–13,5 cm, ♂ im Brutkleid mit breitem, weißem Flügel-fleck und weißen Schwanzseiten, ♀ und ♂ im Herbst ähnlich kontrastarm; St = bitt (Lockruf) tschitra-tschitra-tschitra.
Grauschnäpper, Grauer Fliegen-schnäpper (*Musci-capa striata* Pall.)	Zugvogel; Europa, W-Asien, NW-Afrika; lichte Wälder, offenes Gelände mit Bäumen und Sträuchern, gerne Gärten in der Nähe menschlicher Siedlungen; brütet in Spalieren, Astgabeln von Weidenköpfen, offenen Dachbalken,	L = 14–14,5 cm, unscheinbar aschgrau; zuckt viel mit den Flügeln beim Sitzen auf dürrem Ast, Leitungsdraht, Pfahl o. ä.; schlagartiger Jagdflug; St = sehr leises Zwitschern tsst-rek.

Abb. 284. Goldhähn-
chen (H. SCHREMPP)

(a) Nest

(b) Wintergold-
hähnchen

Abb. 285. Kleiber

(a) In typischer Hal-
tung baumabwärts
(J. PEDAIN)

(b) Nest in der Nist-
höhle (H. SCHREMPP)

Abb. 286. Gartenbaum-
läufer in typischer Hal-
tung nur baumaufwärts
(J. PEDAIN)

Abb. 287. Mauerläufer
(K. WÜSTENBERG)

457

Art	Geographische Verbreitung, Biotop, Niststätte	Merkmale
Grauschnäpper, Grauer Fliegen-schnäpper *(Fortsetzung)*	Halbhöhlen im lockeren Nest aus Pflanzenteilen, mitunter Papierstreifen, Stoffreste, Gespinste; rahm- oder bläulichweiße, rotgepunktete oder graublau gefleckte Eier; trotz kurzem Aufenthalt in unseren Breiten (April bis August) meist 2 Bruten	
Halsband-schnäpper, Hals-bandfliegen-schnäpper *(Ficedula albicollis* T. = *Muscicapa)*	Zugvogel; Teile von S- und M-Europa; lichte Wälder, Obst- und Parkanlagen, nirgends häufig; brütet ähnlich wie die anderen Arten, auch in Nisthöhlen (Meisenhöhle Flw 32–34 mm); Eier hellblau glänzend	L = 13–13,5 cm, ♂ ähnlich Trauerschnäpper, jedoch mehr weiß: Halsband, Stirn, Bürzel, Flügelfleck, ♀ schwierig vom Trauerschnäpper - ♀ zu unterscheiden; St = sib-sib (Lockruf), weicher Gesang zit-zit-zit-sju.

2.7 Stelzen — Pieper *(Motacillidae)*

48 Arten; Erdvögel mit schnellen (Stelzen) oder langsamen (Pieper) Schritten; plötzlich, auch in der Luft flatternd, Beute erhaschend; hervorragende Insektenspezialisten und forstlich, bes. als Pflegeeltern des Kuckucks, wichtig.

Stelzen

Hochbeinig, langer Wippschwanz, kontrastreiches Gefieder, bedunte Junge im bodennahen Nest mit ausgesprochener Neigung zur Garnierung mit Schnur oder Papierstreifen; überwiegend Zugvögel mit Winterquartieren bis ins tropische Afrika.

Art	Geographische Verbreitung, Biotop, Niststätte	Merkmale
Bachstelze *(Motacilla alba* L.) und Trauerbach-stelze (U-Art *yarellii)*	Zugvogel mit vereinzelter Überwinterung; Europa, Teile Asiens, NW-Afrika; im Flachland und Gebirge, praktisch auf allen Standorten, möglichst in Wassernähe, auch im Wald, z.B. Pflanzgarten; brütet in Halbhöhlen, Mauerlöchern, hohlen Bäumen, Uferböschungen u.a. im halbkugeligen Nest aus Gras, Moos, Würzelchen, fast immer mit Bindfäden garniert; Eier bläulichweiß mit dunklen Punkten und Strichen	L = 18–19 cm, sehr hübsch im frackähnlichen Gewand, ♀ blasser; Trippelschritte, Kopfnicken (italienische Ballerina) und Schwanzwippen (plattdeutsch Wippzagel, Wippsterz); Trauerbachstelze mit schwarzem Rücken im Brutkleid, sonst gleichartig; St = Lockruf zjuwiss-quirriri, Zwitschern selten zu hören.

Ferner Gebirgsstelze *(Motacilla cinerea* Tunst.) und Schafstelze *(Motacilla flava* L.), beide sehr ähnlich mit gelber US, auffallend langem Schwanz, erstere meist an schnellfließenden Gewässern im Gebirge, letztere auf Viehweiden, Marschniederungen und feuchten Wiesen im Flachland.

Pieper

Wenig auffällig, lerchenfarbig braungestreift mit kürzerem (Stelzen!) weißbekantetem Schwanz, langbekrallte Hinterzehen (bes. Spornpieper), Geschlechter gleich, bedunte Junge im Bodennest.

Art	Geographische Verbreitung, Biotop, Niststätte	Merkmale
Baumpieper (*Anthus trivialis* L.)	Zugvogel; Europa ohne südliche Regionen, Teile N-Asiens; von der Ebene bis fast zur Baumgrenze in Kiefernheiden, auf trockenen Waldblößen; brütet meist unter Grasbüscheln im lockeren Nest aus Gras, Moos und Blättern	L = 15–17 cm; gelbbraun, rötliche Beine, kürzere Hinterzehenkralle; steil aufsteigender Balzflug mit beginnendem Gesang kurz vor der Kehrtwendung: St = zink-zink-zink-zink-zbi-zbi-zja-zija-zija, Lockruf sieb.

Fernerhin Wiesenpieper (*Anthus pratensis* L.) als Bewohner von Wiesengelände und Moor bis etwa 1500 m NN und Brachpieper (*Anthus campestris* L.) von Brachland und Heiden.

2.8 Meisen *(Paridae)*

61 Arten; klein, emsig, geschickte Turner; kurze Flügel, daher keine ausdauernden Flieger; kurzer spitzer Schnabel zum Aufhämmern von Sämereien, Insekten, auch in Verstecken wie Borke, Holz, Mauer; Fuß mit starken Zehen und gebogenen Krallen zum Festhalten der Nahrungsbrocken und beim Klettern im Gezweig, oft rückwärts hängend bei der Suche nach Nahrung; unauffälliges oder buntes Gefieder; Höhlenbrüter in z.T. selbst gezimmerten oder übernommenen Bauten in Holz und Mauerwerk oder Nisthöhlen (Meisenhöhle Flw 32–34 mm) mit einem stets sorgfältigen, haargepolsterten Moosnest *(Abb. 292 b),* oder auch Halbbrüter bzw. in Hängenestern, mit Ausnahme der Schwanzmeise bedunte Junge; Geschlechter äußerlich ähnlich; große Gelege (z.B. Kohlmeise 12–15 Eier, Schwanzmeise 16–19 Eier) und meist 2 und mehr Bruten im Jahr.
Ihre unermüdliche Nahrungssuche vom frühen Morgen bis zur Abenddämmerung und vor allem das systematische Durchkämmen von schädlingsverseuchten Waldgebieten in Schwärmen, hat ihnen die besondere Fürsorge des Forstmannes eingebracht (Meisenhöhle, Meisenfutter [Meisenring, Futterglocke u.a.]). Eier weiß mit rötlichen Punkten oder Flecken *(Abb. 292b),* mitunter vermehrt an den Polen (Sumpfmeise, Blaumeise) und kranzartig (Hauben- und Weidenmeise) oder braun gestrichelt und gefleckt (Bartmeise) oder mattweiß, langgestreckt (Schwanzmeise).

Art	Geographische Verbreitung, Biotop, Niststätte	Merkmale
Kohlmeise (*Parus major* L.) *(Abb. 291)*	Standvogel, im N Zugvogel; Europa ohne hohen Norden, W-Sibirien bis Altaigebirge; in allen Höhenlagen bis zur Baumgrenze im Laub- und Mischwald, in Garten- und Parkanlagen; Meisenhöhle Flw 32–34 mm	größte einheimische Art, L = 14 cm, gelbe US mit schwarzem Längsstreif, weiße Backen am blauschwarzen Kopf; St = pink-pink (Finkmeise), Zetern zi-dädä-trärretete, läutender Gesang im Frühling zizibä-zizibäh.

Art	Geographische Verbreitung, Biotop, Niststätte	Merkmale
Tannenmeise (*Parus ater* L.) **(Abb. 290)**	Stand- und Strichvogel; Europa ohne hohen Norden, N-Asien; bevorzugt Nadelwälder, von der Ebene bis ins Gebirge; nistet meist niedrig über dem Boden; Meisenhöhle Flw 32–34 mm	L = 11 cm, ähnlich Kohlmeise, jedoch kleiner, schmutziger und weißer Nackenfleck; St = sit-sit (Lockruf) ähnlich Goldhähnchen, Gesang wizi-wizi-wizi.
Blaumeise (*Parus caeruleus* L.) **(Abb. 292 a)**	Stand-, Strich- und im N Zugvogel; überall ähnlich Kohlmeise, jedoch mehr in unteren Höhenlagen; Meisenhöhle Flw 32–34 mm **(Abb. 292 b)**	L = 11,5–12 cm, blaues Käppchen, gelbe US; St = zi-zi, Zetern zerretetet, Gesang zi-zi und klagendes Trillern.
Sumpfmeise, Nonnenmeise (*Parus palustris* L.) **(Abb. 288)**	Stand- und Strichvogel; M-Europa, Teile Asiens; lichter Laub- und Mischwald, Obst- und Gartenanlagen; Meisenhöhle Flw 32–34 mm	L = 11,5–12 cm, glänzend schwarzes Käppchen ohne hellbesäumte Schwingen (Gegensatz Weidenmeise!); St = pistjä, Zetern zjä-dä-dä, Gesang zje-zje-zje.
Weidenmeise (*Parus atricapillus* Brehm)	Standvogel; M- und N-Europa, südlich bis zum mittleren Balkan; bevorzugt Auwald, Erlenbrüche, Kopfweidenanlagen	L = 11,5–12 cm, mattschwarzes Käppchen, hellbesäumte Schwingen (Gegensatz Sumpfmeise!); St = däh-däh (Lockruf), heller Pfeiflaut djü-djü-djü.
Haubenmeise (*Paris cristatus* Brehm) **(Abb. 289)**	Stand- und Strichvogel; Europa ohne Britische Inseln und Hauptgebiet Italiens; Nadelwälder in allen Höhenlagen, mitunter auch Mischwald; Meisenhöhle Flw 32–34 mm	L = 11,5–12 cm, schwarz-weiß gesprenkeltes Häubchen; St = nicht zu verwechseln, zitürr-zizigürr oder ürrr-ürrr.

Ferner Schwanzmeise (*Aegithalos caudatus* Herm.) mit ca. 8 cm langem, pfannenstielartigem Schwanz als Bewohner unterwuchsreicher Laub- und Mischwälder, Garten- und Parkanlagen, Dickichten; Beutelmeise (*Remiz pendulinus* L.) mit schwarzer Augenmaske, in Weidendickichten, Sumpfgebieten, buschreichen Ufern an Gewässern; Bartmeise (*Panurus biarmicus* L.) mit schwarzem Bartstreif, in großen, einsamen Rohrdickichten; alle drei Arten Freibrüter, Beutelmeise mit sehr kunstvollem, beutelförmigem Hängenest mit seitlichem Eingang nach Weberart, Schwanzmeise mit überdachtem Nest ebenfalls mit seitlichem Schlupfloch und Bartmeise mit tiefnapfigem Nest (eingezogener Rand) tief im Schilfbestand oder auf dem Boden.

2.9 Klettermeisen *(Certhiidae)*

34 Arten; vielfach in die Familien der **Kleiber** oder Spechtmeisen *(Sittidae)* mit 29 Arten und der **Baumläufer** *(Certhiidae)* mit 5 Arten eingeteilt;
scharf bekrallte, kurze, kräftige Kletterfüße zum Absuchen von Bäumen nach verborgenen Insekten, z. B. Borkenkäfer, Rüßler, Prachtkäfer, Spanner u. a. sowie deren Eigelege und Larven;

Auf- und Abwärtsbewegung am Stamm durch Kleiber *(Abb. 285 a)* mit kurzem, weichem, nicht als Stütze benutztem Schwanz; Baumläufer fliegen meist den Stammfuß an und rutschen unauffällig in Spiralen stammaufwärts *(Abb. 286)* bis zum Wipfel mit Start zum neuen Baum; ihr langer, dünner, gebogener Schnabel fährt wie eine Pinzette in Rindenritzen und -spalten, während Echte Kleiber den kantigen, spitzen Schnabel nach Spechtart benutzen; für Brutgeschäft in Höhlen und Nistkästen nur wenig Nistmaterial. Das für unseren Kleiber typische Verkleben des Eingangs mit Lehm auf Schlupflochweite gilt nicht für alle Vertreter dieser Sippe, daneben sind offene Nester in Astgabeln und sogar ein kugelförmiges Lehmnest bekannt. Die Jungen sind bedunt. Durch überwiegende Insektenkost tragen sie in ähnlicher Weise wie die Meisen zur Regelung des biologischen Gleichgewichts bei und verdienen unsere besondere Aufmerksamkeit.

Art	Geographische Verbreitung, Biotop, Niststätte	Merkmale
Kleiber (*Sitta europaea* Wolf) *(Abb. 285 a)*	Stand- und Strichvogel; Europa bis S-England und S-Skandinavien; Wälder, Garten- und Parkanlagen in allen Höhenlagen mit möglichst hohem Anteil hohler Bäume oder Nisthöhlen (Meisenhöhle Flw 32–34 mm); Nistmaterial: Rindenplättchen (Spiegelrinde von Ki) und Blätter *(Abb. 285 b)*, bei tiefen Höhlen mehrschichtig, Eingang (bei Holzbetonnisthöhlen gesamte Vorderwand) stets mörtelartig verklebt; Ei weiß, rötlich gefleckt	L = 14–15 cm, spitzer Schnabel, kurzer Schwanz, blaugraue OS, schwarzer Augenstrich, geduckte Haltung; kopfabwärtige Stellung am Stamm beim Aufmeißeln von eingeklemmter Nahrung; St = meisenartig sit-sit, Gesang tjü-tjü und trillernd qui-qui-qui.
Waldbaumläufer, Langzehiger Baumläufer (*Certhia macrodactyla* L. = *familiaris*)	Stand- und Strichvogel; große Teile Europas und Asiens; Gebirgswälder, auch reines Nadelholz bis etwa 300 m NN hinab; dürftiges Nest aus feinen Reiserchen, u. U. Moos, Flechte, Halme in Baumhöhlen, Nistkästen (Meisenhöhle Flw 32–34 mm oder Schlitzkasten); Ei weiß, kranzartig braun gefleckt	L = knapp 13 cm; leuchtend weiße US (Gegensatz Gartenbaumläufer); St = länger anhaltendes Zwitschern als beim Gartenbaumläufer, Lockruf sis-sis.
Gartenbaumläufer, Kurzzehiger Baumläufer (*Certhia brachydactyla* Br.) *(Abb. 286)*	Stand- und Strichvogel; M- und S-Europa ohne Britische Inseln; lichtere Laub- und Mischwälder, Garten- und Parkanlagen in der Ebene bis etwa 300 m NN, stellenweise auch bis 1500 m NN mit Waldbaumläufer zusammen; Nest ähnlich Waldbaumläufer mit mehr Moos in Baumhöhlen, Nistkästen (Meisenhöhle Flw 32–34 mm oder Schlitzkasten); Ei weiß, grob braun gefleckt	L = 13 cm; sehr ähnlich Waldbaumläufer mit bräunlichen Flanken an weißer US; Länge der Hinterkralle nicht viel geringer als beim Waldbaumläufer; St = tit-tit-tit (Lockruf), fanfarenähnlicher Gesang zezide-drizie.

Art	Geographische Verbreitung, Biotop, Niststätte	Merkmale
Mauerläufer (*Tichodroma muraria* L.) *(Abb. 287)*	Stand- und Strichvogel; Hochgebirgslagen in M- und S-Europa, gelegentlich S-Deutschland; brütet in Ritzen und Spalten steiler, unzugänglicher Felswände im umfangreichen Moos- und Halmnest; Ei weiß, wenig rotbraun punktiert	L = 16,5–17 cm; farbenprächtiger (schwarz-weiß-rot) Kletterer mit ausgebreiteten Flügeln und gefächertem Schwanz an Felswänden; falterähnlicher Flug mit Rütteln über der Beute; St = dü-dü-dü oder pli-pli-pli, Gesang wohltönend zizizitüi.

2.10 Spechte —Wendehals *(Picidae)*

210 Arten, weltweit verbreitet (mit Ausnahme von Madagaskar und Australien); *Zimmerleute des Waldes:* starker Kopf, langer, muskulöser Hals und kantiger, scharfer Schnabel zum Trommeln als Zeichen der Revierbehauptung, besonders oft und anhaltend vom ♂ zur Paarungszeit im Frühjahr, zum *Aufmeißeln* von Bruthöhlen (auch Nistkästen und Holzbetonhöhlen!), Fraßgängen in Rinde und Holz und zum Zerhacken von Zapfen und Sämereien; weit vorschnellbare *Harpunenzunge der Buntspechte* mit Widerhäkchen an der Spitze (2,5fache Schnabellänge) oder klebrige *Leimrute der Grünspechte* (4fache Schnabellänge) zum Herausangeln von Insekten und deren Brut aus ihren Verstecken; Mechanismus des Fangapparates: lange Zungenbeinhörner als Fortsetzung des Zungenbeinkörpers mit einer Reichweite um das Hinterhaupt bis zur Stirn, beim Grünspecht sogar herunter bis in den Hohlraum des Oberschnabels; Baumkletterer mit ruckartigen Bewegungen durch Zusammenwirken des kurzen, kräftigen Klammerfußes mit langgebogenen Krallen an den Zehen (2 nach vorn, 2 nach hinten gerichtet, Ausnahme Dreizehenspecht mit nur 1 nach hinten gerichteten Zehe) und des keilförmigen, harten, stets verwendungsfähigen Stützschwanzes; Kletterfähigkeit bleibt durch zweckmäßige Mauser (Ausfall des vorletzten Feder-Innenpaares fortschreitend nach außen und nach Ergänzung erst das innerste Steuerfederpaar) erhalten. Einer überwiegenden Insektenkost während der Vegetationszeit steht eine Vorliebe für Beeren im Hochsommer und die Aufnahme von Samen, vor allem aus Zapfen, in den Wintermonaten gegenüber. Besonders spezialisierter Vorratssammler ist der Kalifornische Sammelspecht mit mehreren 100 Eicheln unter Borkenrissen; ähnlich vor allem beim Buntspecht die „Spechtschmiede“ mit massenhaftem Anfall von zerpflückten Zapfen auf Baumstümpfen oder am Boden; Spielbedürfnis oder bevorzugter Genuß von Baumsäften löst besonders bei Schwarz- und Buntspecht im Frühjahr das Ringeln meist junger Fremdhölzer (Roteiche im Heisteralter) *(Abb. 294)* aus; die zunächst ähnlichen Wunden wie beim Rindenpunktieren (s. Wildschadenverhütung!), aber auch Herausreißen von Rindenfetzen, bewirken nach jahrelanger Benutzung leistenartige Überwallungen (Ausnahme Fichte!) – Wanzenbäume – Spechtringe. Bei der Suche nach Holzameisen hackt der Schwarzspecht tiefe Löcher in Fichte u. a. Holzarten *(Abb. 217a)*. Grünspechte und Wendehals stöbern hüpfend auf dem Boden nach Maulwurfsgrillen, Engerlingen, Puppen, Kokons und Ameisen (Erdspechte). Unerwünschte Spechtarbeit ist das Plündern von (ungeschützten) Nestern der Roten Waldameise, wobei vermehrt im Spätherbst und Winter ebenfalls tiefe Löcher bis zum Kern getrieben werden. Schwächung des Ameisenvolkes bis zum Totalverlust, auch durch den gestörten Wärmehaushalt, sind die Folgen *(Abb. 214, 215)*.
Daneben sind Spechteinhiebe wichtige Symptome bzw. Nahzeichen für Käferbefall an Bäumen. Jährlich neu gezimmerte Höhlen und unvollendete Bauten (pro Spechtpaar 10–12, nach v. BERLEPSCH 1904) schaffen Wohnungen für andere Höhlenbrüter wie Dohlen, Stare, Kleiber, Wiede-

hopf, Blauracke, Trauerschnäpper und Hohltaube. Auch der Wendehals, der nicht hämmert und wenig klettert, hat den Nestbautrieb vollständig verloren und benutzt nur fertige Höhlen und Nistkästen. Die Spechthöhle wurde das erste Muster für die **Berlepsch-Nisthöhle** aus natürlichen Baumstücken: kreisrundes Flugloch mit Durchmesser 32 mm für Kleinspecht, 46 mm für Buntspecht, 60 mm für Grünspecht, 85 mm oder auch längliche Fluglöcher bis zu 120 mm mit senkrechtem Durchmesser für Schwarzspecht.

Durchweg weiße Eier (2–10 Stück) ohne Unterlage auf bloßem Holz; Brutzeit 10–17 Tage, nackte und blinde Junge, erste Kletterversuche nach 13 Tagen, flügge nach 19–28 Tagen; Grünspechte füttern aus dem Kropf 1 bis 5mal stündlich, der Buntspecht bis zu 12mal stündlich aus dem Schnabel; Bettelreflex der Jungen erwacht beim Verdunkeln der Höhle durch Einschlüpfen des Altvogels; durch Berührung der Schnabelwulst öffnet sich der Rachen weit; meist gleichzeitig mit der Nahrungsaufnahme erfolgt das Entleeren; für die Eltern bedeutet dies eine große Zeitersparnis und Pflegeerleichterung, um den in ein Häutchen gehüllten Kotballen unmittelbar mit dem Schnabel herauszuschaffen.

Für alle Spechte charakteristisch sind die durchdringende Stimme und der hurtige, weit durchschwingende Bogenflug.

Spechte

Art	Geographische Verbreitung Biotop	Merkmale
Grünspecht (*Picus viridis* L.) **(Abb. 293)**	Standvogel; Europa ohne hohen Norden, N-England, Irland, Vorderasien; Laubwälder, Park- und Gartenanlagen von der Ebene bis ins Hochgebirge	L = 32 cm; grün, ♂ rotes Käppchen bis in den Nacken, ♂ breiter Bartstreif rot mit schwarzer Umrandung, ♀ ohne rot, juv. gefleckt; St = glüück-glüück-glück-glück; helles Lachen etwa auf gleicher Tonhöhe (Gegensatz Grauspecht).
Grauspecht (*Picus canus* Gmelin)	Standvogel; M-Europa im S bis zum Balkan, S-Norwegen, Teile Asiens; Laub- und Mischwälder mehr im Gebirge bis zur Waldgrenze	L = 25–26 cm; Kopf und Hals grau, schmaler schwarzer Backenstreif, ♂ rote, juv. etwas rötliche Stirn, ♀ ohne rot, gebänderte Flanken; St = ähnlich Grünspecht, jedoch melancholisch und fallende Tonhöhe kü-kü-kü-kü-kü (Regenkünder).
Buntspecht, Großer Buntspecht (*Dendrocopos major* L.) **(Abb. 295)**	Standvogel; fast ganz Europa und Teile Asiens, N-Afrika; Wälder, Park- und Gartenanlagen in allen Höhenlagen bis zur Baumgrenze	L = 21–23 cm; schwarz-weiß-rot, ♂ Käppchen schwarz mit rotem Nacken, ♀ ohne rot, juv. roter Scheitel; St = kick-kick-kick-kick (hart und laut).
Schwarzspecht (*Picus martius* L. = *Dryocopus*) **(Abb. 214)**	Standvogel; Europa westlich bis Italien, Frankreich, Asien; ältere Nadelwälder, auch Mischwälder, bes. im Mittel- und Hochgebirge; schlimmer Feind der Roten Waldameisen (s. dort!) **(Abb. 214),**	L = 45–46 cm (krähengroß); schwarz, ♂ mit rotem Käppchen, ♀ mit rotem Nackenfleck; St = trrü-trrü-trrü im Fluge, klagend im Sitzen klüüö.

Abb. 293. Grünspecht ♀ (H. Schrempp)

Abb. 294. Spechtringe an Eiche (Inst. f. Forstpflanzen-Krankheiten, BBA)

Abb. 295. Buntspecht mit Insektenbeute (W. Kreutzer)

Abb. 296. Wendehals (K. Schwammberger)

Abb. 297. Jungkuckuck im Teichrohrsängernest (R. Trummer)

Abb. 298. Zaunkönig mit Insektenbeute (R. Siegel)

Art	Geographische Verbreitung, Biotop	Merkmale
Schwarzspecht *(Fortsetzung)*	schädlich beim Aufmeißeln von Fichtenstämmen (s. unter Roßameise!) *(Abb. 217a)*	

Außerdem Mittelspecht (*Dendrocopos medius* L.), ähnlich Buntspecht als Bewohner von Laubwäldern in der Ebene; Kleinspecht (*Dendrocopos minor* L.) mit 14–14,5 cm Größe, im Auwald, in Obst-, Parkanlagen, Alleen; Weißrückenspecht (*Dendrocopos leucotos* Bechst.) mit weißem Hinterrücken, bevorzugt in Laubwäldern des Hügellandes und dichten Nadelwäldern des Gebirges; Dreizehenspecht (*Picoides tridactylus* Brehm) mit gebänderten Flanken (Fuß mit 3 Zehen, Name!) als seltener Brutvogel in Nadelwäldern höherer Gebirge (Alpen, Bayerischer Wald, Böhmerwald, Sudeten) oder in nordischen Waldtypen.

Art	Geographische Verbreitung, Biotop	Merkmale
Wendehals (*Jynx torquilla* L.) *(Abb. 296)*	Zugvogel mit Überwinterung im tropischen Afrika; große Teile Europas und Asiens; Auwald, Laub- und Mischwälder, Garten- und Parkanlagen; Meisenhöhle Flw 32–34 mm	L = 16,5–17 cm; gesperberte US (kleiner Kuckuck), bei Gefahr merkwürdige Verrenkung bzw. Wendung von Kopf und Hals und Zischen nach Schlangenart; St = putenähnlich gä-gä-gä-gä anschwellend.

2.11 Braunellen *(Prunellidae)*

12 Arten; sperlingsartig, spitzer Schnabel für gemischte Kost, Kropf und starker Muskelmagen, bedunte Junge, schleppender Gang, überwiegend am Boden.

Art	Geographische Verbreitung, Biotop, Niststätte	Merkmale
Heckenbraunelle (*Prunella modularis* L. = *Accentor*)	Stand- und Zugvogel; Europa ohne südliche Regionen des Balkans, Spaniens, Italiens, einschließlich Sizilien; Fichtenkulturen und -dickungen, Kiefernschonungen, auch unterholzreiche Mischwälder, dichte Hecken; schönes Moosnest mit tiefem Napf, gut versteckt in Hecken, Büschen	L = 15–18 cm; haussperlingsähnlich mit bleigrauer Kehle und Brust; hüpft geduckt; schneller Flug mit Schnurrgeräusch; St = typisch von Baumspitzen (Fichte) zur Balzzeit siri und plauderndes Liedchen nach Zaunkönigart didel-dididel...; bei geringster Störung senkrecht in Deckung stürzend.

Daneben Alpenbraunelle (*Prunella collaris* L.) mit gefleckter Kehle, Bewohner südlicher Gebirge bis zur Schneegrenze.

Körnerfresser (teilweise auch wichtige Insektenvertilger)

2.12 Finken *(Fringillidae)*, Sperlinge *(Passeridae)*

Weltweit, 426 Finkenarten; systematische Behandlung uneinheitlich, eigene Familien (PETERSON, MOUNTFORT, HOLLOM bzw. NIETHAMMER 1963), Familie Finkenvögel und Familie Webervögel mit Sperlingen (GILLIARD, STEINBACHER 1959) oder auch ehemals Sperlinge mit 10 Handschwingen den Finken mit 9 Handschwingen zugeordnet und neuerdings als Unterfamilien der Webervögel *(Ploceidae* oder *Malimbidae)* betrachtet; einheimische Arten nur ein schwacher Abglanz tropischer Pracht und Formenreichtums, sehr beliebt als Stubenvögel; schmetternder Gesang, wie der gezüchtete Kanarienvogel, Stieglitz, Grünfink, Girlitz, Zeisig und nicht zuletzt der sehr lerneifrige Dompfaff mit Abpfeifen einstudierter Liedchen; Körnerfresser mit kegelförmigem, hartem oder wuchtigem (Gimpel, Kernbeißer) oder gekreuztem Schnabel (Kreuzschnäbel); einige Arten berüchtigt als Schädlinge in Gärten, Obst- und Rebanlagen, mit allen Mitteln mechanischer, optischer und akustischer Abschreckung verfolgt; besonders in den Tropen können ganze Ernten von Hirse, Reis und Getreide durch Prachtfinken und Weber vernichtet werden. Der Blutschnabelweber (*Quelea quelea* L.) fällt gleich nach der Regenzeit in riesigen Schwärmen in Feldern ein (2 Mill. Paare auf 400 ha Grasland in Tanganjika, Bäume mit 5000 Nestern), so daß selbst Flammenwerfer und Pestizide vom Luftfahrzeug aus keine nachhaltige Beseitigung der Plage bewirken. Die „Darwinsfinken" der Galapagosinseln weisen eine Vielfalt von Nahrungsspezialisten für Sämereien, Blätter, Blüten, Früchte und Insekten auf. In eigentümlichster Weise benutzt der Spechtfink *(Camarrhynchus pallidus)* einen Kaktusdorn zum Aufspießen von Larven in Rinden- und Holzfraßgängen. Auch unsere Finken und Sperlinge sind bei der Vertilgung von schädlichen Insekten, vor allem in Gebieten mit gestörtem biologischem Gleichgewicht hervorragend beteiligt, vor allem der Feldsperling im Dauerschadgebiet des Eichenwicklers oder Buchfink und Bergfink in Kalamitätsrevieren von Rüßlern, Borkenkäfern, Faltern und Blattwespen. Der Verzehr von Sämereien, Kotyledonen, Knospen und Triebspitzen von Forstpflanzen kann im Saat- und Pflanzkamp örtlich bedeutsam sein, tritt aber meist gegenüber dem ständigen Nutzen zurück. Finkenvögel brüten frei, Sperlinge wohl überwiegend in Höhlen, außerhalb der Brutzeit auch mit anderen Arten gesellig, oft in großen Schwärmen.

Abwehr von Finken und Sperlingen im Forstgarten: Abdecken der Beete mit Reisig, engmaschigem Draht, Überspannen mit Kunststoff-Fäden, Aufstellen von Vogelscheuchen, Überstreuen von Saaten mit Sägemehl.

Finken

Art	Geographische Verbreitung, Biotop, Niststätte	Merkmale
Buchfink (*Fringilla coelebs* L.)	Zug-, Strich- und Standvogel, vielfach ♂ überwinternd bei uns; Europa, W-Asien; typischer Waldvogel von der Ebene bis ins Gebirge, auch Gärten und Parkanlagen; kunstvolles Nest aus Moos, Grashalmen mit Spinnweben und Flechten überzogen	L = 15–16 cm; ♂ doppelte weiße Flügelbinde, schieferblaues Käppchen und Nacken; St = pink-pink, huit-huit, rüt-rüt und kanarienähnlicher Gesang.

Art	Geographische Verbreitung, Biotop, Niststätte	Merkmale
Bergfink (*Fingilla montifringilla* L.)	Zugvogel, bei uns regelmäßiger Wintergast und Durchzügler; N-Europa, N-Asien; bei uns in Laubwäldern und offener Landschaft; nistet in der arktischen Waldzone meist im Gebüsch	L = 15–16 cm; ♂ Sommerkleid kontrastreicher (dunkler Kopf und Rücken), beim Winterkleid gleiche Partien dunkel gesprenkelt; weißer Bürzel, gespaltener Schwanz; ♀ ähnlich Buchfink, jedoch ohne weißen Bürzel; St = djüp-djüp und quäk-quäk, monotoner Gesang.

Ferner Grünfink *(Chloris chloris* L. = *Carduelis)* mit gelben Flügeldecken, Bewohner lichter Laubwälder, Garten- und Parkanlagen, auch inmitten menschlicher Siedlungen; Stieglitz oder Distelfink (*Carduelis carduelis* L.), sehr schön schwarz-weiß-rot gefärbt mit gelber Flügelbinde, wohl schönstes Nest aus Moos, Flechten u.a. mit Blüten verziert; Zeisig oder Erlenzeisig (*Carduelis spinus* L.), Käppchen und Kinnfleck schwarz, Brust gestreift, am tief gegabelten Schwanz gelbe Flecken, Bewohner von Erlen- und Birkenbeständen; Birkenzeisig (*Carduelis flammea* L.), Kinn schwarz, Stirn rot, OS graubraun gestreift, Brutvogel des Nordens, Böhmerwaldes und der Tatra, Auftreten bei uns meist invasionsartig; Zitronenzeisig (*Carduelis citrinella* Pall.), grünlich mit gräulichem Nacken, ausgesprochener Gebirgsvogel im Mischwald und lichten Nadelwald; Hänfling oder Bluthänfling (*Carduelis cannabina* L.), leuchtendrote Brust und Stirn, außerhalb geschlossener Hochwälder im heckenreichen Gelände; Girlitz (*Serinus serinus* L.), gelb dunkel-gestreift, fledermausartiger Balzflug, Bewohner lichter Laubwälder, Garten- und Parkanlagen, Weinberge; Dompfaff, Gimpel (*Pyrrhula pyrrhula* Brehm), Käppchen und Kinn schwarz, leuchtend rote Brust (♂), graubraune US (♀), Flügelbinde und Bürzel weiß, dicker Schnabel, Bewohner unterwuchsreicher Waldungen, Fichtenschonungen, hecken- und buschreicher Gärten; Karmingimpel (*Carpodacus erythrinus* Pall.), Käppchen, Brust, Bürzel karminrot (♂), braungestreift ähnlich Grauammer (♀), Bewohner von Bruchwäldern, zuweilen auch trockenen Eichenbeständen, von Asien bis NO-Deutschland; Kernbeißer (*Coccothraustes coccothraustes* L.), größte einheimische Finkenart (17,5–18 cm), Schnabel und Nacken stark, Flügelbinde weiß (breit), Bewohner von Laub- und Mischwäldern, Feldgehölzen, Garten- und Parkanlagen von der Ebene bis ins Mittelgebirge, meist hoch in den Baumkronen, auch hüpfend am Boden, knackt Steinobst (Kirschen, Pflaumen) und Nüsse.

Art	Geographische Verbreitung, Biotop, Niststätte	Merkmale
Fichtenkreuz-schnabel (*Loxia curvirostra* L.)	Invasionsvogel (Zigeunervogel); in großen Teilen Europas bis M- und N-Asien; in Samenjahren im Nadelwald in großen Schwärmen, bevorzugt im Mittelgebirge und in den Alpen; nistet zu jeder Jahreszeit, auch im Winter im dick-wandigen, festen Reisernest unter überhängenden Zweigen hoher Nadelbäume	L = 16,5–17 cm; dicker Kopf mit gekreuztem Schnabel, kurzer Schwanz, kurze Füße, ziegelrot mit dunklen Flügeln und Schwanz, ♀ und juv. olivgrau gestreift; papageienartiger Kletterer im Gezweig und an Zapfen; letztere werden mit dem Kreuzschnabel direkt an Ort und Stelle (oder abgebissen) fachkun-dig bearbeitet zur Samenernte; Zapfen nicht so zersplissen wie bei Specht- und Tannenhäher-arbeit; schneller, wellenartiger Flug; St = gipp-gipp-gipp.
Kiefernkreuz-schnabel (*Loxia pytyopsittacus* Borkh.)	Strich- und Zugvogel; Europa ohne südliche Gebiete, vor-wiegend Brutvogel des Nordens bis Ostdeutschland; nistet ähnlich Fichtenkreuzschnabel mit Vorliebe in hohen Kiefern; auch invasionsartig meist in kleineren Schwärmen	L = 19 cm; dickköpfiger, kräftigerer Schnabel als Fichtenkreuzschnabel; St = ähnlich Fichtenkreuz-schnabel.

Daneben kommt in manchen Jahren bei uns der Bindenkreuzschnabel (*Loxia leucoptera* Brehm) mit doppelten weißen Flügelbinden, vor allem in Wäldern mit reichem Lärchenanteil, vor.

Ammern

Überwiegende Lebensweise auf dem Boden busch- und heckenreichen Geländes; Schnabel mit Spaltlinie und Gaumenhöcker.

Art	Geographische Verbreitung, Biotop, Niststätte	Merkmale
Goldammer (*Emberiza citrinella* L.)	Stand- und Strichvogel; Europa ohne südliche Regionen; Ebene und Gebirge überall gemein, nur in Waldrändern; Grasnest mit Blättern u. a., auf oder wenig über dem Boden in Büschen oder Hecken	L = 16,5–17 cm; goldgelber Kopf und US, ♀ und juv. weniger gelb; Bogenflug, beim Sitzen Schwanzwippen; St = zrip-zrip (Lockruf) und Gesang tji-tji-tji . . tjiihe („Wie, wie ich dich lieb" – Volksmund).

Außerdem als Bewohner offener Kulturlandschaft Grauammer (*Emberiza calandra* L.), Zaun-ammer (*Emberiza cirlus* L.), Ortolan (*Emberiza hortulana* L.) und Zippammer (*Emberiza cia* L.).

469

Sperlinge

Art	Geographische Verbreitung, Biotop, Niststätte	Merkmale
Feldsperling (*Passer montanus* L.) **(Abb. 300)**	Stand-, Strich- und Zugvogel; Europa ohne südliche Balkanteile, Irland und N-Skandinavien, M-Asien bis Japan; Laub- und Mischwälder, Garten- und Parkanlagen, Feldgehölze; nistet in Baum- und Mauerhöhlen und Nistkästen vorwiegend am Waldrand im unordentlichen, hochgetürmten Nest mit reichlich Federn; Meisenhöhle Flw 32–34 mm	L = 14–14,5 cm; schwarzer Wangenfleck, Geschlechter gleich (Gegensatz Haussperling); St = tschip-tschiep, tschop-tschop; lebenslängliche Einehe.
Haussperling (*Passer domesticus* L.)	Standvogel; Europa mit Ausnahme von Italien, Korsika, Sardinien und hohem Norden, Teile von Sibirien; in und nahe menschlicher Siedlungen; nistet frei oder verdeckt selbst in Storchennestern, Greifvogelhorsten, Dächern, Gemäuer, Efeu, wildem Wein u. a., auch Nisthöhlen (Meisenhöhle Flw 32–34 mm), unordentliches, festes Grasnest mit vielen Federn	L = 15–16 cm; breite schwarze Kehle, kein dunkler Wangenfleck, ♀ und juv. graubraun ohne schwarze Kehle; St = schilp-schilp und erregt zeze-zezet.

Der südeuropäische Steinsperling (*Petronia petronia* L.) mit gestreiftem Scheitel und gelblichem Kehlfleck ist vermutlich bis auf kleine Restbestände (Franken, Thüringer Muschelkalkgebiet) ausgestorben.

Insektenspezialisten (darunter auch Obstschädlinge und Fischräuber)

2.13 Sonderlinge

Vertreter verschiedener Familien ohne verwandtschaftliche Beziehungen mit z.T. überragender Bedeutung für die Waldlebensgemeinschaft sowie mit interessanten Eigenarten.

Brutschmarotzer	– Kuckuck*		
Flugjäger	– Ziegenmelker oder Nachtschwalbe	Unterwasserjäger	– Wasseramsel
	– Mauersegler	Stoßtaucher	– Eisvogel
Bodenjäger	– Star*	Dickichtschlüpfer	– Zaunkönig
	– Wiedehopf	Wipfelbewohner	– Pirol*
	– Lachmöve		
Anstandsjäger	– Blauracke		
	– Bienenfresser		
	– Seidenschwanz		

---

* Unter Insektenkost auch behaarte Raupen.

Kuckuck (*Cuculus canorus* L.)

Geographische Verbreitung, Biotop: Zugvogel mit Überwinterung im tropischen und südlichen Afrika;
Europa, NW-Afrika, Teile Asiens; in allen Biotopen mit reichem Singvogelbestand (Brutparasitismus);

Merkmale: L = 33–34 cm; sperberähnlich, jedoch mit längerem, leicht gebogenem Schnabel und hastigem wippendem Flug; St = kuckuck und fauchend hachachach (Gauch), ♀ helles ki-ki-ki-ki turmfalkenähnlich;

Besonderheiten: Insektenvertilger, mit Vorliebe behaarte Raupen; Brutschmarotzer („Kuckucksei"), bedingt durch Raum-Zeitproblem: großer querliegender Magen, kleiner Eierstock, bis 20 Eier, Schlüpfen der Jungen nach 8 Tagen *(Abb. 297)*.
Endemische ♀♀ kehren stets mit großer Genauigkeit in ihr Geburtsgebiet zurück und legen gezielt ihre Eier in die Nester ihrer angestammten Wirtsvögel (Insektenfresser und einige Körnerfresser, vom Rotrückigen Würger bis zum Zaunkönig); Auswahl der Pflegeeltern kann regional unterschiedlich sein, z.B. Neuntöter in Deutschland häufiger Wirtsvogel, in England überhaupt nicht, oder Gartenrotschwanz, in Sachsen nur ausnahmsweise und in Finnland-Estland mit Bergfink und Goldammer bevorzugt; instinktunsichere Jungweibchen vagabundieren viel herum und treffen ihre Eiablage wahllos; nicht angepaßte Eier bleiben, außer bei höhlenbrütenden Vogelarten (dunkel), meist unbebrütet; Abhängigkeit von bestimmten Wirtsvögeln bedingt sog. biologische Rassen auf engstem Gebiet im Gegensatz zu geographischen Erscheinungsformen; Fixierung der ♀♀, z.B. auf Bachstelzen, Rohrsänger oder Rotschwänzchen, geht auch bei Begattung mit andersartig abstammenden ♂♂ nicht verloren.
Bei der Suche nach geeigneten Pflegeeltern soll schon der Anblick eines nestbauenden Paares die Reifung eines Follikels und 4–5 Tage danach die Eiablage auslösen. Rechtzeitiges und unbemerktes Einschmuggeln in unvollständige oder ganz frische Gelege (Vorsprung) während der Abwesenheit der Wirtsvögel, häufig in den frühen Nachmittagsstunden, sichert den Erfolg. Eiablage sehr schnell (5 sec) direkt ins Nest oder auch mit Hilfe des Schnabels durch enge Öffnungen (Baum- und Nisthöhlen, Zaunkönignest); geringe Größe und Hartschaligkeit vermeiden Verdacht und Entfernung der Eier durch kritische Wirtsvögel; Abwehrreaktionen der Wirtsvögel unterschiedlich, je nach Art und dem Ablenkungsmanöver eines anwesenden Kuckucksmännchens mehr oder weniger stark und erfolgreich; großzügige Gastgeber sind Gartenrotschwanz und Heckenbraunelle, empfindlich reagieren Baumpieper, Sperbergrasmücke, Gartenspötter und vor allem Laubvögel mit fast regelmäßigem Verlassen des Nestes; Schlüpfvorsprung des Kuckucks gegenüber Nestgeschwistern 1–1,5 Tage durch entsprechend kürzere Embryonalentwicklung; Jungkuckuck in den ersten 3 bis 4 Tagen blind und nackt mit rötlicher, sehr empfindlicher Haut; Juckreiz am Rücken veranlaßt unerbittliches Aufräumen im Pflegenest (u.U. Entfernung einzelner Eier schon durch Kuckucksweibchen bei der Eiablage); Eier und Jungvögel werden aus dem Nest gedrängt; sonst wenig auffällig, stumm und im meist leichtgebauten Nest ruhig; Fütterungstrieb der Adoptiveltern überwindet jede Scheu; selbst nach Verlassen des Nestes mit 3 Wochen wird der große, reizvoll gefärbte Sperrachen unermüdlich mit herbeigeschleppter Nahrung versorgt und auch der Kotballen oft mühsam fortgetragen; ein einziges Kuckucksweibchen kann nachgewiesenermaßen z.B. die Bruten des Teichrohrsängers in einem bestimmten Gebiet innerhalb von 7 Jahren um 90% schmälern, in ähnlicher Weise den Bestand des Neuntöters, Rotkehlchens oder auch einer anderen Art bald vollständig ausrotten.

Ziegenmelker, Nachtschwalbe (*Caprimulgus europaeus* L.) *(Abb. 302)*

Geographische Verbreitung, Biotop, Niststätte: Zugvogel mit Überwinterung in S-Afrika; Europa bis S-Skandinavien, NW-Afrika, Teile Asiens; bevorzugt Kiefernheiden, Moore, mit Farnkraut bestandene Lichtungen und Waldränder; 2 Bruten mit je 2 weißlichen, grau gefleckten Eiern auf nacktem Boden;

Abb. 299. Mauersegler
(K. SCHWAMMBERGER)

Abb. 300. Feldsperling
(♂ und ♀ gleich-
gefärbt, brauner
Backenfleck) (K. LAN

Abb. 301. Lachmöve
im Brutkleid auf dem
Nest (J. REITZ)

Abb. 302. Ziegenmelker
oder Nachtschwalbe
(K. SCHWAMMBERGER)

472

Merkmale: L = 26–27 cm; rindenfarbiges Gefieder, große Augen, kurzer Schnabel mit riesigem Rachen, verkümmerte Zehen, langer Schwanz (vielfach mit Kuckuck verwechselt); tagsüber bewegungslos in Deckung, überwiegend längs auf einem Ast oder am Boden sitzend; Nachtjäger; bedunte Junge; St = gedämpftes, anhaltendes Schnurren errrr oder örrrr (bis 5 min) und Lockruf guek und quick-quick-quick; faucht beim Einfangen; schaukelnder Balzflug mit tauben-artigem Flügelklatschen;

Besonderheiten: Ziegenmelker im Volksmund wegen des angedichteten nächtlichen Säugens an Ziegen; aktiver Fang von Insekten, hauptsächlich Käfer, aber auch Nachtfalter im weit auf-gerissenen Rachen nur während des nächtlichen Fluges.

Mauersegler, Turmsegler (*Apus apus* L.) *(Abb. 299)*

Geographische Verbreitung, Biotop, Niststätte: Zugvogel mit Überwinterung im tropischen und südlichen Afrika und nur kurzfristigem Aufenthalt bei uns (Ende April bis Ende Juli) Europa, Teile Asiens; vom ursprünglichen Felsenbewohner zum Kulturfolger in menschlichen Siedlungen; Niststätte immer überdacht; Dächer, Mauerlöcher, Baum- und Nisthöhlen; meist nur 2 weiße Eier im speichelverklebten, leichten Nest aus herumfliegendem Unrat wie Federn, Wolle, Halme u. a.;

Merkmale: L = 16,5–17,5 cm; rußschwarz, sichelartige Flügel; kräftige, kurze Füße mit 4 all-seitig drehbaren, scharfkralligen Zehen, zum Gehen und Hüpfen ungeeignet (freiwillig selten am Boden), jedoch zum Vertreiben von Staren und Sperlingen von den Gelegen oder beim Kampf mit Rivalen (derbe Haut) bestens geeignet; kleiner Schnabel mit tief gespaltenem, weitem Rachen; nackte Junge; St = schrilles striestrie;

Besonderheiten: fast das ganze Leben (ca. 12 Jahre) in der Luft, mitunter sogar nachts außerhalb der Schlafplätze in höheren Luftschichten; Streckenflieger bis zu 1000 km pro Tag in rasender Geschwindigkeit von 60–100 km/h; kreischende Trupps auf Insektenjagd ausschließlich in der Luft; Fütterung der Jungen durch Einwürgen von Speiseklumpen aus dem Kehlsack während der 6wöchigen Nestlingszeit, befristete Weiterversorgung im Fluge; einmalige Fähigkeit bei Insektenfressern, Hungerzeiten, z. B. Schlechtwetterperioden, durch weitgehende Reduktion des Stoff- und Energiewechsels (Körpertemperätur 2°–3° höher als Umgebung, Atemzüge von 40 auf 10 pro min) im Starrezustand bis zu 21 Tagen (Altvögel weniger als 4 Tage) zu über-stehen.
In südlichen Regionen befindet sich der größere (21 cm) Alpensegler (*Apus melba* L.) mit weißer Kehle und weißem Bauch sowie der hellere Fahlsegler (*Apus pallidus* L.), ebenfalls mit weißem Kehlfleck.

Star (*Sturnus vulgaris* L.)

Geographische Verbreitung, Biotop, Niststätte: Stand-, Strich- und Zugvogel;

Europa ohne südliche Gebiete, N- und Mittelasien; lichte Laubwälder, vor allem Waldränder und in menschlichen Siedlungen; Höhlenbrüter in Bäumen, Mauern, Felsspalten mit kunstlosem Nest aus Stroh, Gras, wo möglich gesellig; nach v. BERLEPSCH (1904): „Stare nehmen dort, wo sie einmal eingebürgert sind, mit jeder und auf jede Art angebrachten Nisthöhle vorlieb, wohin-gegen sie sich in Gegenden, in denen sie noch nicht heimisch waren, besonders schwierig und wählerisch zeigen" (Starenhöhle Flw 46–50 mm); 5–6 mattglänzende, hellbläulichgrüne Eier;

Merkmale: L = 21–22 cm; bes. Winterkleid stark weiß gesprenkelt; langer spitzer Schnabel bei ad. im Winder dunkel, im Frühjahr gelb; zänkisch; komisch anzusehen durch wackelnden Gang mit ständigen Kopfbewegungen bei der Nahrungssuche am Boden; anmutige Balz mit Flügel-zucken und Geschwätz mit weit geöffnetem, hochgestrecktem Schnabel; durch gut entwickelte Füße mit kräftig bekrallten Zehen wehrhaft gegen Eindringlinge oder auch beim Beschlagnahmen von Wohnungen anderer Inhaber; schnurrender Flug (Schwungfedern mit tiefgekerbten Innenfahnen);

Besonderheiten: beliebt als „Starmatz" im Starenkasten, auch im Wald als Vertilger von Schadinsekten (darunter behaarte Raupen), bes. bei Nonnenkalamitäten und im Dauerschadgebiet des Eichenwicklers, als „Madenhacker" auf dem Rücken von Schafen und anderem Weidevieh; früher sogar als Delikatesse begehrt „Himmelfahrtsstare (erste Jungvögel)"; Landplage im Wein- und Obstbau, bes. nach der Vollmauser im August – herumstreichende große Schwärme, bis nach W-Europa durchziehende, mehrtausendköpfige Riesenscharen – mit allen Mitteln bekämpft:
Vergrämung der traditionellen Schlafplätze durch Pyroakustik, Vernebelung, Einsatz von Hubschraubern und Lärmscheuchen;
Vertreibung von Fraß- und Schlafplätzen durch phonoakustische Ausstrahlung der Warnrufe; erste Aufzucht durch Linné, 1908 Massenzucht und Export nach Übersee (Australien, Neuseeland, S-Afrika, N-Amerika schon früher – 1890 in New York); Ansiedlung heute mit Rücksicht auf gefährdete Nachbarkulturen auch im Wald problematisch und meist nicht erwünscht;

„Zirkeln" durch Einstechen des geschlossenen Schnabels in weichen Boden, Spalten oder Ritzen mit anschließendem Spreizen zum Aufbrechen von Kleintierverstecken.

Wiedehopf (*Upupa epops* L.) *(Abb. 304)*

Geographische Verbreitung, Biotop, Niststätte: Zugvogel mit Überwinterung im tropischen Afrika, einzelne auch in S- und M-Europa;
Europa ohne Britische Inseln, NW-Afrika, Asien; Viehweiden, feuchte Wiesen mit Baumbestand, offene Waldungen (Auwälder); Höhlenbrüter in Baum-, Mauer- und Felslöchern sowie Nisthöhlen (Flw 60–70 mm), ohne (oder ganz selten in Steinhöhlen mit wenig) Nistmaterial (trockener Kuhmist); Gelege mit 5–8 länglichen oliv- oder bräunlichgrauen Eiern; bedunte Junge;

Merkmale: L = 28 cm; aufrichtbare, rotgelbe Kopfhaube mit schwarzen Spitzen; dünner, langgebogener Schnabel zum Stochern nach Insekten im Boden (Schnakenlarven, Engerlinge, Drahtwürmer, Maulwurfsgrillen, Raupen und Puppen); trippelnder Fußmarsch mit ständigem Fächern des Federschopfes; größere Beute wird zerkleinert, brockenweise in die Luft geworfen und vom weit geöffneten Schnabel (winzige Zunge) aufgefangen; wellenförmiger Flug mit abwechselnd langsamen und schnellen Flügelschlägen (schwarz-weiße Schwanz- und Flügelbinden); St = tiefes up-up-up und Lockruf rätschend ärrrr-ärrrr;

Besonderheiten: sprichwörtlicher Gestank – Nestjunge und ♀ spritzen in der Brutzeit bei Störung übelriechendes Sekret aus der Bürzeldrüse; Eindringlinge werden so treffsicher bekotet; in tiefen Bruthöhlen vernachlässigter Reinigungstrieb der Altvögel; nur einmaliger Gebrauch der Nisthöhle.

Lachmöve (*Larus ridibundus* L.) *(Abb. 301)*

Geographische Verbreitung, Biotop, Niststätte: Stand-, Strich- und Zugvogel;
Europa ohne südliche und nördliche Gebiete, Teile Asiens; an langsam fließenden und stehenden Binnengewässern mit reicher Ufervegetation, seltener Küsten; Koloniebrüter auf sumpfigem Boden von Inseln, Ufern, auch Schwimmnester recht kunstlos aus Wasserpflanzen und dergleichen; 2–3 Eier mit starker Farbvarietät vom olivgelblichen über grünlich bis zum grauen mit brauner Zeichnung (wohlschmeckend);

Merkmale: L = 38–39 cm; Schnabel und Beine rot; Brutkleid mit dunkelbraunem Kopf (ähnlich Schwarzkopf- und Zwergmöve), Winterkleid nur mit dunklen Flecken hinter den Augen; im Fluge reinweißer Flügelrand; St = kreischendes kwerr-kriää oder käk-käk; bes. in der Landwirtschaft sehr nützlich durch Vertilgung von Bodeninsekten bzw. deren Stadien wie Engerlinge, Schnakenlarven, Drahtwürmer, meist hinter dem Pflug; im Winter Allesfresser auch in Städten.

Abb. 303. Pirol am Hängenest (G. ZIESLER)

Abb. 304. Wiedehopf an der Bruthöhle (K. GRÜNWALD)

Abb. 305. Wasseramsel (K. GRÜNWALD)

(a) Steigt aus dem Wasser auf die bevorzugte Warte

Abb. 305.(b) Mit Nistmaterial am Nistkasten (!) unter einem Brückengewölbe

Abb. 306. Eisvogel verschlingt Fisch (R. TRUMMER)

475

Blauracke, Mandelkrähe (*Coracias garrulus* L.)

Geographische Verbreitung, Biotop, Niststätte: S-Europa und von der Elbe nach O, Asien, NW-Afrika; ehemalige Hutewälder mit alten hohlen Bäumen, lichte Kiefernbestände; Höhlenbrüter in Baum-, Fels- und Lehmlöchern, vor allem Schwarzspechthöhlen, zuweilen auch Nistkästen; 4–5 weißglänzende Eier auf Holzmull; Flw 75–120 mm;

Merkmale: L = 30,5–32 cm; blau mit kastanienbraunem Rücken und tiefschwarzen Schwingen; eleganter Flugkünstler, selbst im Gezweig flatternd, nur auf dem Boden trippelnd; St = krähenartig rack-rack, auch krää, rä-rä-rä; aufregender Balzflug;

Besonderheiten: Insektenjagd nach Würgerart von einer Warte aus, mit Vorliebe von Getreidehocken bzw. -mandeln (daher der Name!) durch Sturzflug auf die Beute (auch Mäuse, Eidechsen, Frösche).

Bienenfresser (*Merops apiaster* L.)

Irrgast aus S-Europa;
L = 27 cm; exotisch buntgefärbt mit langgebogenem Schnabel und breitsohligen Füßen; schwalbenähnlicher Jagdflug auf Insekten mit Spezialisierung auf Wespen und Bienen ohne Schaden durch Giftstachel; Koloniebrüter in selbst gegrabenen, oft 2 m langen Röhren an Lößwänden oder sandigen Steilhängen.

Seidenschwanz (*Bombycilla garrula* L.) *(Figur 10)*

Wintergast aus dem Norden, oft invasionsartig (alle 4–7 Jahre) und immer truppweise; L = 18–19 cm; schön gefärbtes, seidenweiches Gefieder mit Kopfhaube; im Brutgebiet Insektenvertilger, bei uns vorwiegend Beeren; sehr rasche Darmpassage (Hagebutte 20–40 min) und unversehrtes Ausscheiden von Samen (Verbreitung der betreffenden Pflanzenart); Balz mit gegenseitigem Anbieten und Füttern von Beeren; sehr zutraulich wegen fehlender Menschenkenntnis.

Wasseramsel, Wasserstar (*Cinclus cinclus* Bechst.) *(Abb. 305a)*

Stand- und Strichvogel;
L = 18–19 cm; zaunkönigähnlich mit Knicksen und aufrechtem Schwanz sowie entsprechendem Gesang; sehr dichtes, stets gut eingefettetes, dunkles Gefieder mit weißem Latz; schlitzförmige, verschließbare Nasenlöcher zum Tauchen, Schwimmen und Jagen per Fuß unter Wasser; schnurrender und geradliniger Flug niedrig über Bächen; Revierbehauptung ca. 800 m Bachlänge; Kugelnest mit seitlichem Schlupfloch unter Brücken, Wasserfällen und Erdhängen, Ansiedlung durch Nistkästen möglich *(Abb. 305b);* neben Insektenkost auch Forellenbrut.

Eisvogel (*Alcedo atthis* L.)

Selbst im tiefen Winter noch bei uns; L = 16,5–17 cm; prächtig blaugrün mit Diamantschimmer, dickköpfig mit auffallend langem, an der Wurzel rot gefärbtem Schnabel; arger Fischräuber in Gewässern aller Art von einer Warte aus im geraden Schwirrflug dicht über der Oberfläche (mit kurzem Rütteln) und Stoßtauchen; Brutgeschäft in selbst gegrabener, oft metertiefer, leicht geneigter (Abfluß des dünnflüssigen Kots) Erdröhre mit Endkessel an steilen Ufern; als Fischräuber vor allem in Fischzuchtbetrieben berüchtigt und verfolgt *(Abb. 306).*

Zaunkönig (*Troglodytes troglodytes* L.) *(Abb. 298)*

Geographische Verbreitung, Biotop, Niststätte: Stand- und Strichvogel;
Europa ohne hohen Norden; Wälder aller Art, Park- und Gartenanlagen, Hecken; gut versteckte und fest gebaute Kugelnester (auch Schlaf- und Spielnester) mit seitlichem Eingang aus Laub und

Moos in Reisighaufen, unter Wurzel- und Rankwerk, zuweilen auch im Gemäuer und in anderen Höhlen; 6–8 weißliche, braungepunktete Eier;

Merkmale: L = 9,5 cm; dicht gebändert, braun mit gewöhnlich gestelztem Schwänzchen; geradliniger Schnurrflug meist dicht über dem Boden, nach Mausart durch Reisig und Gestrüpp schlüpfend; St = rit-rit-rit-rit und zeternd zerrrr, anhaltender schmetternder Gesang;

Besonderheiten: Detektiv auf Kerbtiere aller Art; ♂ mit spekulativem Nestbau für weitere Ehepartner, ersungenes ♀ vollendet ein ausgewähltes Kugelnest, unverträgliche Junge allabendlich gemeinschaftlich übernachtend in einem Spielnest.

Pirol *(Oriolus oriolus* L. *= gallula) (**Abb. 302**)*

Geographische Verbreitung, Biotop, Niststätte: Zugvogel mit Überwinterung in O- und S-Afrika;

Europa ohne Skandinavien und Britische Inseln; bevorzugt lichte Laubwälder, Auwälder, Parkanlagen in der Ebene bis ins Mittelgebirge (selten über 600 m NN), mitunter auch Nadel-(Kiefern)wälder; 3–5 weiße, dunkel gepunktete Eier im sorgfältig geflochtenen (♀) Hängenest, aus Gras, Halmen, Papierfetzen, Schnur u. ä. in Astgabeln oder auch an dünnen Zweigen, immer hoch in der Krone;

Merkmale: L = 23–24 cm; tropisch grell gefärbt und trotzdem im grünen Laubwerk der Wipfelpartien nicht oder höchst selten sichtbar (gelb, Flügel und Schwanz schwarz, ♀ und juv. fahler, hellgestreifte US); St = unverkennbar (Vogel Bülow) tutüdlio-düdlio oder tschack-tschack-lio, mitunter auch eichelhäherähnliche Laute; Flug auf weite Strecken spechtähnlich, sonst mehr flatternd; Stoßtauchen beim Baden. Neben Insektenkost mit behaarten Raupen werden auch Früchte (Kirschen), oft weit außerhalb des Brutreviers, nicht verschmäht.

VI. Kleinsäuger

Insektenfresser

1. Fledermäuse, Flattertiere *(Chiroptera)*

Ca. 1000 Arten in der ganzen Welt, davon 20 einheimische Arten

Allgemeines

Neben zierlichen Fledermäusen, die sich von Insekten ernähren, gibt es auch pfundschwere, rabengroße, blut- oder nektarsaugende bzw. früchtefressende Flughunde der Tropen und Subtropen; erstere sehr bedeutungsvoll als Regler des biologischen Gleichgewichts, letztere, z.B. die Vampire, berüchtigt als Überträger von Krankheitserregern bei Mensch und Tier; die eigentlichen Flughunde und Flugfüchse sind äußerst wichtig zur Blütenbestäubung.

Dämmerungs- und Nachttiere mit eigenartiger, interessanter Verhaltensweise; einheimische Arten oftmals zu Unrecht verfolgt wegen ihrem mausähnlichen Habitus und dämonenhaften Erscheinen; als „Speckmaus" in Rauchfängen, Träger böser Geister nach märchenhaften Erzählungen oder auch als Haarwickler bei Frauen.

Besonderheiten

Einzige vollflugfähige Säuger, die elastische große Flughaut umspannt den gesamten Körper von der fünffingrigen Hand entlang den Rumpfseiten bis zu den Hinterbeinen, bei manchen Arten, wie dem Abendsegler, sogar den Schwanz; lautloser Jagdflug, beim Suchen zickzackartig, zum Ergreifen der Beute rüttelnd oder auch blitzschnell zustoßend; manche Arten unternehmen Wanderflüge oder suchen, meist von Generation zu Generation, jahrzehnte- bis jahrhundertelang beibehaltene Winterquartiere in wärmeren Gebieten auf, in USA regelrecht nach Art des Vogelzuges von Norden nach dem Süden. In unseren Breiten werden gewöhnlich nur geringe Entfernungen zurückgelegt. Jedoch sind nach Beringungsversuchen für gute Flieger auch Strecken bis zu 750 km nachgewiesen worden, z.B. Abendsegler und Mausohr. Merkwürdig und bisher rätselhaft ist das brieftaubenähnliche Verhalten verfrachteter Fledermäuse, nämlich die Rückkehr binnen kurzer Zeit zu ihrer Wohnstätte.

Orientierung in völliger Dunkelheit mit Gehörorgan: nach Vergleichsversuchen mit Eulen und Fledermäusen erstmalig von SPALLANZANI-JURINE 1793/94 entdeckt, mit Ultraschall und Echopeilung 150 Jahre später durch GRIFFIN, GALAMBOS und DIJKGRAAF nachgewiesen.

Nach dem Bau der Sende- und Empfangsorgane, sowie dem entsprechenden Verhalten, lassen sich folgende Unterschiede in dem System kennzeichnen:

schrille Kehlkopflaute im Ultraschallbereich mit 30000–100000 Schwingungen je sec (= 30 bis 100 kHz) werden durch den aufgerissenen Mund ausgestoßen, als kurze Peillaute (2/1000 sec) in einer Folge von 10–30 Hz bei der Suche, über 100 Hz bei der Wahrnehmung mit fallender Tonhöhe und empfangen durch das hochspezialisierte Gehörorgan, mit einem vorspringenden Ohrdeckel *(Tragus)*, für geringe Reichweiten bis max. 1 m – *Glattnasen (Abb. 308);*

ähnliche Sendung, aber durch die Nase, mit Aufsatz als Richtstrahler (hufeisenförmiger, verstellbarer Wulst) für gebündelte Signale von längerer Dauer (1/10 sec) fast ununterbrochen (Dauertonpeilung) in gleicher Tonhöhe und Aufnahme durch schwenkbare Ohrmuscheln für größere Reichweiten bis 9 m – *Hufeisennasen (Abb. 307);*
wahrnehmbar sind noch Hindernisse von 1/10 mm Durchmesser, jedoch nicht schallschluckende Stoffe wie Haare, Watte u. a.

Ernährung und Fortpflanzung

Enormer Nahrungsbedarf sowie große Aufnahmefähigkeit, bis zum doppelten Körpergewicht und mehr (Mausohr z. B. 8 Maikäfer pro Abend) durch dehnbaren, quergelagerten Magen möglich;
kürzester Säugetierdarm für Verwertung von energiereichem Futter, bei einheimischen Arten ausnahmslos Insekten, fast restlose Verdauung bis auf rußähnlichen Kot; Beute wird meist im Fluge in die gewölbte Schwanzhaut oder, bei Hufeisennasen, in den Flügel gestoßen und von dort mit den scharfspitzigen Zähnen des raubtierartigen Gebisses zerkleinert und verzehrt;

sehr geringe Nachkommenschaft mit 1, selten 2–3 Jungen wird durch hohes erreichbares Alter von 10–13 Jahren, in Einzelfällen wohl auch darüber, ausgeglichen; Fortpflanzungsfähigkeit setzt erst im Herbst des 2. Lebensjahres ein, durch eine verzögerte Befruchtung währt die Tragezeit bis zum nächsten Sommer.

Kolonien – Wochenstuben

Solitäre Arten sind bei uns nicht bekannt, vielmehr erfolgt ein fester sozialer Zusammenschluß zu oft umfangreichen Kolonien bis zu 500, sogar bis 2000 Tieren, streng getrennt nach Arten und zur Geburtszeit auch nach Geschlechtern; trächtige Weibchen bilden dabei die sog. Wochenstuben, aus deren Gewimmel später jedes Muttertier ihren Sprößling mit absoluter Zielsicherheit wiederfindet; in den ersten Lebenstagen gilt die Mitnahme zum Jagdflug, in Oberarmmulden oder Achselhöhlen am Zitzensitz, als erwiesen.

*Winterschlaf**

Durch unvollkommene Wärmeregulierung und starke Abhängigkeit von Außentemperaturen tritt zur Winterszeit ein 5–7monatiger, kältestarreähnlicher Zustand mit Reduktion des Stoff- und Energiewechsels bis zum Existenzminimum ein; jederzeitiges Erwachen bei Störungen, auch bei unzeitgemäßen Erwärmungen, steigert sprunghaft den Stoffwechsel durch Verbrauch von Reservestoffen; ohne Nahrungsnachschub erfolgt Hungertod.

Förderungsmaßnahmen

Gesetzlicher Schutz wurde schon in einem Schreiben vom 2. 1. 1813 von Leisler an den Forstbeamten v. Wildungen in Hanau angeregt; die Klage richtete sich gegen das mutwillige Töten

---

* *Winterschlaf:* vom Organismus mancher Warmblüter mit eigener Körperwärme (homoiotherm) eingeleitete und von klimatischen Einflüssen gesteuerte, jederzeit reversible Sparmaßnahme – Schläfer, Bären, Fledermäuse.

Winterstarre, auch Kältestarre: wechselwarme Tiere – Kaltblüter – (poikilotherm) mit Angleichung der Körpertemperatur an die Außentemperatur – Amphibien, Reptilien, Insekten.

Abb. 307. Hufeisennase (H. PFLETSCHINGER)

Abb. 308. Glattnase (Mausohr) (H. PFLETSCHINGER)

Abb. 309. Waldspitzmaus (K. H. LÖHR)

Abb. 310. Gartenspitzmaus erbeutet einen Engerling (J. REISCH)

von Fledermäusen beim angeordneten Franzosenhieb unzähliger hohler Alteichen mit einem starken Fledermausbesatz, mit dem Erfolg des Kahlfraßes im nächsten Jahr durch den Eichenprozessionsspinner; in Deutschland durch die Schutzverordnung vom 10. 3. 1933 in einigen Ländern und schließlich durch die Reichsnaturschutzverordnung vom 18. 3. 1936 im gesamten Reichsgebiet geschützt; in den Benelux-Ländern, Frankreich und USA bislang schutzlos.

Erhaltung und Vermehrung der Wohnstätten **(Abb. 344)**

Durch Belassung hohler, wertloser Bäume (biologisches Gold, s. auch Vogelhege), Aufhängen von Nisthöhlen, speziellen Fledermauskästen mit senkrechtem oder waagerechtem Schlitz (nach ISSEL), möglichst in lichten, unterholzarmen Altbeständen, aber auch an Mauern, Jagd- und Schutzhütten; Versuche mit tief eingegrabenen Überwinterungsröhren, zur besseren Wärmeisolierung während der kalten Jahreszeit, vielleicht hoffnungsvoll.

Wichtig ist die Aufklärung der Bevölkerung über Lebensweise und Nutzen der Fledermäuse in Vorträgen, in Presse, Rundfunk und Fernsehen sowie die Mitarbeit der Schulen, z. B. durch Anlage eines Waldlehrpfades.

Übersicht über die einheimischen Arten

Art	Geographische Verbreitung, Biotop	Merkmale
Hufeisennasen *(Rhinolophidae)* – mit Nasenaufsatz		
Große Hufeisennase *(Rhinolophus ferrumequinum* Schr.) **(Abb. 307)**	M- und S-Europa, Zentral- und S-Asien bis Japan; Ebene bis Mittelgebirge ca. 1400 m NN; Gebäude	L = 8,6–11,2 cm (davon Schwanz 3–4,3 cm); Spw = 35–40 cm.
Kleine Hufeisennase *(Rhinolophus hipposideros* Bechst.)	von W-Europa bis Zentralasien; Felsenhöhlen, Waldhäuser u. a.	L = 6,1–7,1 cm (davon Schwanz 2,4–3,0 cm), Spw = 20–22 cm.
Glattnasen *(Vespertilionidae)* – mit vorspringendem Deckel in der Ohrmuschel		
Langohr, Ohrenfledermaus, großohrige Fledermaus *(Plecotus auritus* L.)	M-Europa bis Skandinavien und Spanien, N-Afrika, Zentralasien; Ebene und Gebirgslage bis 1800 m NN; Baumhöhlen, Dachstühle u. a.	riesige Ohren; L 7,5–10,1 cm (davon Schwanz 3,4–5,0 cm); Spw = 23–25,5 cm.
Mausohr, Riesenfledermaus *(Myotis myotis* Borkhs.) **(Abb. 308)**	M- und S-Europa; Gebäude, Türme, große Häuser	größte einheimische Art; L = 12,3–14,8 cm (davon Schwanz 4,8–6,0 cm); Spw = 40–43 cm; wenig wetter- und kältehart.
Bechstein-Fledermaus, Großohr *(Selysius bechsteini* Leisl. = *Myotis)*	M-Europa bis Krim und Kaukasus; bevorzugt Fichtenwälder, auch Kiefern- und Laubwälder; Baumhöhlen, Nistkästen	L = 8,0–9,7 cm (davon Schwanz 3,4–4,4 cm); Spw = 22,5–26 cm, große breite Ohren.

Art	Geographische Verbreitung, Biotop	Merkmale
Bartfledermaus (*Selysius mystacinus* Leisl. = *Myotis*)	paläarktische Region Europas und Asiens; bevorzugt Eichenwälder; Baumhöhlen, Holzstöße, Spalten	L = 6,8–9,0 cm (davon Schwanz 3,0–4,0 cm); Spw = ca. 22 cm; langer schmaler Ohrdeckel.
Abendsegler, Frühfliegende Fledermaus, Speckmaus (*Nyctalus noctula* Schr.)	Europa, Asien, N- und M-Afrika; ausgedehnte Waldungen, Parks in der Ebene bis 1300 m NN; Baumhöhlen, Nistkästen, Dachstühle	L = 10,1–13,9 cm (davon Schwanz 4,1–5,9 cm); Spw = 30–38 cm.
Kleinabendsegler, Rauharmige Fledermaus (*Nyctalus leisleri* Kuhl.)	von M-Europa bis zum Ural und Mittelasien; häufig Gebirgswaldungen, Baumhöhlen, Nistkästen	L = 9,5–10,8 cm (davon Schwanz fast immer unter 4,5 cm); Spw = 25–30 cm; zweifarbig.
Mopsfledermaus (*Barbastella barbastella* Schr.)	von England bis M- und S-Asien, N-Afrika; Gebirgslagen, waldreiche Landschaften; hohle Bäume, Türme, Dachstühle, Keller, Fensterläden	mopsartig; L = 8,5–11,2 cm (davon Schwanz 4,1–5,4 cm); Spw = 25 bis 27,5 cm; anscheinend kältehart.
Zwergfledermaus (*Pipistrellus pipistrellus* Schr.)	Europa, Rußland, vereinzelt N-Afrika; Waldungen, Parks, aber auch häufig in menschlichen Siedlungen (stille Straßen); hohle Bäume, Spalten, Ritzen, Holzstöße, Fensterläden, Dächer	kleinste einheimische Art; L = 5,9–8,5 cm (davon Schwanz 2,6–3,3 cm); Spw = 18–21 cm; kälte- und wetterhart.

Ferner noch Waldbewohner: Wasserfledermaus (*Leuconoë daubentoni* Leisl.), Fransenfledermaus *(Selysius nattereri* Kuhl. = *Myotis)* und Rauhhautfledermaus (*Pipistrellus nathusii* Kayserling u. Blasius).

2. Insektenfresser *(Insectivora)*

Spitzmäuse – Maulwürfe – Igel

Sonderbare, kleine Sohlengänger mit Spezialisierung auf bestimmte Beutetiere; sehr bedeutsame Regler des biologischen Gleichgewichts.

2.1 Spitzmäuse *(Soricidae)*

Ungeheuer freßgierige und angriffslustige Fleischfresser mit rüsselartig vorspringender Schnauze, raubtierartigem Gebiß, winzigen Äugelchen, verdeckten (knittrigen) Ohrmuscheln, moschusartigem Geruch; ihr helles Piepen wird ihnen oft zum Verhängnis (Eulen!), Katzen verschmähen ihren Genuß; vorwiegend lebende oder tote tierische Kost, zuweilen auch pflanzliche, bis zum doppelten Körpergewicht und mehr pro Tag; hohe Fortpflanzungsfähigkeit mit jährlich bis zu 2 Würfen mit 4–10 Jungen; kurzlebig (2 Jahre); forstlich nützlich als Regler des biologischen Gleichgewichts durch Verzehren von Schadinsekten, bes. Engerlingen *(Abb. 310)*, Schnakenlarven, Drahtwürmern, Eulenraupen, Rüsselkäfern und Blattwespenkokons; nur Wasserspitzmaus gelegentlich auch Nesträuber; Kannibalismus in Nahrungsnot.

Förderungsmaßnahmen: Vermeidung von chemischen Flächenbegiftungen, Anreicherung der Populationsdichte durch Aussetzen gezüchteter Exemplare. Mit Ausnahme der Wasserspitzmaus *geschützt!*

Übersicht über einheimische Arten

Art	Geographische Verbreitung, Biotop	Merkmale
Waldspitzmaus (*Sorex araneus* L.) *(Abb. 309)*	Europa mit England, Skandinavien bis Lappland, Mittelmeerländer, N- und Zentralasien; Waldungen, bevorzugt bestocktes Sumpf- und Moorgelände, Feldhecken, Kiefernbestände bis zur Krummholzzone	L = 10–13 cm (davon Schwanz 4–5 cm); OS dunkelbraun mit helleren Flanken, US grau mit allmählichem Übergang.
Alpenspitzmaus (*Sorex alpinus* Sch.)	europäisches Hochgebirge und hohe Mittelgebirgslagen zwischen 1000–3000 m NN; bes. feuchte Nadelwälder	L = 14–15 cm (davon Schwanz 7,5–8 cm); ähnlich Waldspitzmaus, jedoch unbehaarte Sohlen der Hinterfüße.
Feldspitzmaus (*Crocidura leucodon* Herm.)	S-, O- und M-Europa mit Ausnahme von Spanien, W-Frankreich, England, Norwegen; mehr Feldbewohner, auch Waldränder, Hecken	L = 10–12 cm (davon Schwanz 3–4 cm, mit zusätzlichen weißen, nach hinten gerichteten Borstenhaaren); OS dunkelbraun, US scharf abgesetzt gelblichweiß; im Oberkiefer 2. Schneidezahn halbe Länge des 1. (Hausspitzmaus gleichlang!).
Hausspitzmaus (*Crocidura russula* Herm.)	ähnlich Feldspitzmaus, auch Wohngebiete und Stallungen, Scheune	ähnlich Feldspitzmaus, jedoch OS nicht deutlich abgesetzt, 1. und 2. Schneidezahn (Oberkiefer) gleichlang.
Gartenspitzmaus (*Crocidura mimula* Mill.) *(Abb. 310)*	ähnlich Hausspitzmaus	ähnlich Hausspitzmaus, ca. 1 cm kürzer.
Zwergspitzmaus (*Sorex minutus* L.)	Mitteleuropa; bevorzugt feuchte Standorte	kleinste Säugetierart Mitteleuropas; L = 8,5–9,5 cm (davon Schwanz ca. 3,5 cm); sonst ähnlich Waldspitzmaus.

Art	Geographische Verbreitung, Biotop	Merkmale
Wasserspitzmaus (*Neomys fodiens* Schr.)	Mittel- und S-Europa, gebietsweise Mittelasien; von der Ebene bis ca. 2500 m NN an Gewässern; mitunter Nesträuber	wasserunempfindliches Fell; L = 13–17 cm (davon Schwanz 4,5–7,5 cm); OS schwarz bis schwarzbraun, US deutlich weiß abgesetzt.

2.2 Maulwürfe *(Talpidae)*

Allgemeines

In ganz Eurasien von der Ebene bis etwa 2000 m NN verbreitet *Talpa europaea* L. und in S-Europa sein blinder Vetter *Talpa coeca* Savi;

Einzelgänger mit walzenförmig abgeflachtem Habitus, etwa 3,5 cm langem Rüssel, mohnkorngroßen Augen oder verwachsenen Augenlidern, zu Grabschaufeln umgewandelten Vorderbeinen und einem sehr dichten, wasser- und erdabstoßenden, seidenglänzenden Haarpelz.

Weibchen wirft im Frühjahr (evtl. auch noch im August) 3–7 Junge, die mehrere Monate hindurch vom Muttertier versorgt werden; Jungtiere ab Herbst einzeln lebend. Winterschlaf wird nicht gehalten, jedoch Wintervorräte angelegt mit angebissenen, verstümmelten (nicht getöteten) Bodenschädlingen.

Nahrung: Spezialisiert auf Bodeninsekten bzw. deren Entwicklungsstadien (Engerlinge, Drahtwürmer, Schnakenlarven, Eulenraupen, Puppen, Kokons, Maulwurfsgrille, Ohrwurm u. a.), Tausendfüßler, Schnecken, auch Regenwürmer und kleine Wirbeltiere, vor allem Mäuse; tägliche Nahrungsmenge etwa dem Körpergewicht entsprechend.

Maulwurfshügel: Erdauswürfe direkt über dem querovalen Gang (Schermaus seitlich und längsoval).

Bedeutung: Unbezahlter „Kammerjäger" in einem hartnäckig verteidigten Jagdrevier mit Ring- und Verbindungsröhren, sowie einem tiefen, kugelförmigen, mit Laub u. a. ausgepolsterten Kessel (Burg); hervorragender Regler des biologischen Gleichgewichts; vielfach wegen der unschönen Erdauswürfe zu Unrecht verfolgt und getötet:

„So rühmte sich ein wohlhabender Bauer meiner Gegend, er habe auf seinem ca. 77 Hektar großen Acker in wenigen Tagen 600 Maulwürfe mit dem Bügel gefangen, also getödtet, und zwar zu 3 Pf." (RATZEBURG 1876).

Verwendung zur biologischen Schädlingsbekämpfung

Übertragung von Maulwürfen in engerlingsverseuchte Kulturen in Posen von 1866–1868 mit mehreren 100 gefangenen Exemplaren (jeder Maulwurf einzeln im 3, 5 Ltr. Erdtopf mit Regenwürmern und Fleischresten bis 36 Std haltbar) scheint nach Angaben von RATZEBURG (1876) ganz erfolgreich gewesen zu sein.

Vertreibung aus Beeten und Rasenflächen: nicht durch Fallenfang! Einführen von entsprechend getränkten Lappen (Petroleum, Karbolineum), Karbid und Fischabfällen in die Maulwurfsgänge.

2.3 Stacheligel *(Erinaceidae)*

Europäischer Igel (*Erinaceus europaeus* L.), braunbrüstiger Westigel, weißbrüstiger Ostigel, vielfach auch im Volksmund als langrüßliger „Schweinsigel" und stumpfrüßliger „Hundsigel" gekennzeichnet, in verschiedenen Formen über Eurasien verbreitet; ausgesprochenes Dämmerungs- und Nachttier, ernährt sich überwiegend von tierischer Kost, bes. Mäuse und Insekten, zuweilen auch Vogelgelege, Reptilien, Amphibien, aber auch Früchte wie Äpfel, Birnen u.a.; in der Kulturlandschaft sehr bedeutsam zumal in Mäusejahren, in engerlingsverseuchten Gebieten u.a.

Förderungsmaßnahmen: keine Flächenbegiftungen, bes. nicht mit Rodentiziden; laufende Hinweise auf Straßentod durch Verkehrsmittel (Presse, Rundfunk, Fernsehen) vom Frühjahr bis zum Herbst; Verhinderung des Abbrennens der Bodendecken (Abflämmen) im Frühjahr und Sommer, ***geschützt!***

Pflanzen- und/oder Körnerfresser

3. Waldmäuse

Hierunter sind alle im Wald vorkommenden Mäuse zu verstehen: Echte Mäuse und Streifen-Hüpfmaus – Wühlmäuse.

3.1 Echte Mäuse, Langschwanzmäuse *(Murinae)*

Schlank, etwa körperlanger Schwanz, aus dem Fell herausragende, große Ohren, große Augen, lange Beine (Springfüße) *(Abb. 263, 264, 315)*.

Lebensweise

Mit Ausnahme der Brandmaus gute Kletterer, vorwiegend Nachttiere mit tiefen Erdbauten (Wald- und Gelbhalsmaus) oder, mehr tagsüber, mit Erdgängen (Brandmaus); mit bodennahen Kugelnestern (Zwergmaus); Nahrung besteht aus Sämereien, grünen Pflanzenteilen, Kleintieren wie Würmer, Insekten u.a. Forstliche Bedeutung im allgemeinen gering, zuweilen in Saaten (Kamp) unangenehm, selten Verzehren von Knospen, Buchenkotyledonen und Benagen von Rinde, Trieben und Splint vor allem junger Laubholz-Pflanzen (keine Zahnspuren); Vorräte in Nestern, öfters Besuch von Vogelnestern, bes. Nisthöhlen (Gelbhalsmaus, Waldmaus) mit Plünderung von Nestjungen und anschließender Benutzung als Wohnstätte. Ähnlich Birkenmaus (Streifen-Hüpfmaus) mit langem Winterschlaf.

Gegenmaßnahmen: meist nicht nötig, gegebenenfalls bei Nistkastenkontrolle Ausräumen des Nestes, bei schwerwiegendem Schaden, z.B. in Saaten, Auslegen von Giftgetreide (s. Wühlmäuse).

3.2 Wühlmäuse, Kurzschwanzmäuse *(Microtinae)*

Plump, dicker Kopf mit kleinen Augen, kleinen im Fell verborgenen Ohren, kurze Beine (Lauffüße), kurzer Schwanz bis höchstens $^2/_3$ Körperlänge *(Abb. 311–314)*.

Lebensweise

Zumeist unterirdisch in selbst gegrabenen Gängen, kenntlich durch Erdhügel (Schermaus), vor der Eingangsröhre (Feldmaus), oft flachstreichend mit längsovalem Querschnitt (Schermaus – im Gegensatz zum Maulwurf mit querovalem Querschnitt), unter Schnee oder auch sonst in vergrasten Flächen Tunnelpfade (Erd- und Feldmaus); hohe Fortpflanzungsfähigkeit mit 3–6 Würfen bis zu jeweils 7 Jungen jährlich, Massenvermehrungen besonders bei den mehr gesellig lebenden Arten Feld- und Erdmaus (Mäusejahre); Ernährung von grünen Pflanzenteilen und

Wurzeln, von Gräsern, Unkräutern und Nutzpflanzen aller Art, mit Vorliebe Getreidekörner und andere Sämereien (Feldmaus), sonst noch Kleintiere, vor allem Bodeninsekten und ihre Stadien; nur die Rötelmaus geschickter Kletterer und neben Erdnestern auch unterirdische Baue; forstlich wie auch im Obstbau von überragender Bedeutung durch Fraß an jungen Pflanzen (bis Heisterstärke) und deren Wurzeln.

Gegenmaßnahmen

Bestimmung der Mausart und Besatzdichte entscheidet über die Notwendigkeit und Verfahrensweise.

Befallsermittlung: Auslegen von 50–100 Schlagfallen im Abstand von ca. 2 m möglichst diagonal über die Fläche; Fallenköder: im Fett geröstete Brotwürfel (mit Reißzwecke befestigt). Kontrollen nach 24 und 48 Stunden.
Bei 100 Fallen = halbes Fangergebnis der ersten und zweiten Nacht = Indexzahl für 100 Fallennächte, z.B. Fangergebnis von 2 Nächten 18 Erdmäuse = 9%; bei 50 Fallen = volles Fangergebnis = Indexzahl;
Bestimmung der Mausart nach den entsprechenden morphologischen Kennzeichen; nasse Mäuse lassen sich nicht bestimmen, Fangkontrollen müssen daher wiederholt werden. Die Unterscheidung von Feld- und Erdmaus an den Innenzacken des mittleren, oberen Backenzahns ist für eine erfolgreiche Gegenmaßnahme sehr wichtig (Lupe!).
Protokolle über die Fangergebnisse sind notwendig und geben auch später Aufschluß über etwaige Schäden bzw. Bekämpfungsmethoden (Hauptmerkbuch, Betriebswerk des Forstamts!).

Kritische Zahlen:

Erdmaus, Feldmaus 10% und mehr ⎫
Rötelmaus   5% und mehr ⎬   Index für 100 Fallennächte

Protokoll über Mäusefänge im Jahr 1969
(Vordruck in Anlehnung an SCHINDLER)

Fangort: Forstamt Busch
Betriebsbezirk Hasenheide, Abt. 10.
Bestand: Bu 5–8jährig NV, ausgepflanzt mit Fi 4jährig, vergrast.
Beobachtungen: Nageschäden am Wurzelhals (Bu).
Art und Zeit bisheriger Bekämpfungen: Konservendosenmethode mit Giftgetreide 5. 11. 1968, nachgefüllt 20. 11., 5. 12.
Ergebnis: Nachlassen der Schäden.

Fangergebnis: 9./10. Oktober 1969
Fallenzahl: 100; Köder: in Fett geröstetes Brot
Wetter: bewölkt mit teilweiser Aufklarung, frost- und schneefrei.

Arten	Anzahl nach			Index
	24 Std	48 Std	Summe	100 Fallennächte = %
Gelbhalsmaus	1	1	2	1
Waldmaus				
Brandmaus				
Rötelmaus	3	2	5	2,5
Erdmaus	1	1	2	1
Feldmaus	7	10	17	8,5

Empfehlung: Konservendosenmethode mit Giftgetreide konzentriert in besonders besetzten NV-Partien.

Ausführung: 100 leere Konservendosen (aus Manöverresten und Gemeinschaftsküchen) mit Heu und 2 Eßlöffel Giftgetreide (Castrix).
Datum: 15. 10.
Kontrolle und Beobachtungen:
20. 10. verschiedentlich Dosen geleert, nasse ausgewechselt, nachgefüllt;
 1. 11. Laufgänge und Baue kaum mehr befahren, keine frischen Nageschäden;
14. 11. vereinzelt am Waldrand neue Schäden, Dosen dorthin versetzt und aufgefrischt.

Mechanisch

Fallenfang gegen Wühlmäuse: entweder Schlag- oder Lebendfallen (s. auch Fallenkontrolle). Gespannte Schlagfallen auf Fläche (Laufgänge oder in Eingangsröhre) nachteilig für unerwünschte Fänge, bes. von Spitzmäusen und Singvögeln (Meisen, Rotkehlchen u.a.).

Geübte Spezialisten („Mauser") mit Erfolgsgarantie auch bei Schermaus zur Säuberung verseuchter Gebiete;
Schutzbelag durch Anstrich oder Spritzung der Stämmchen: vorbeugend, beschränkt auf wertvolle Holzarten, z.B. Samenplantagen; nachträgliche Behandlung mit Baumwachs zum Abschluß der Wunden nur bei unvollständiger Ringelung und vor Beginn des Saftflusses noch wirkungsvoll.

Chemisch

Giftköder gegen Rötelmaus: vergiftetes Futter wie Sonnenblumenkerne in Folien, Johannisbrot, Weichholzreisig;

Wirkstoff: Zinkphosphid, auch breiartig als Latwerge

Anwendung: auf Mäusepässe, unter Grasschicht, Reisighaufen, in Stockachseln u.a., schwerpunktmäßig auslegen; niemals breitwürfig über die Fläche – teuer –.

Präparate: gemäß PV – Arrex-E (Sonnenblumenkerne in Folie) – haltbar und wenig gefährlich (Hektar-Packung);
M-Köder (Johannisbrot) – Lockwirkung, rascher Zerfall bei Feuchtigkeit (Hektar-Packung); mit Phosphorlatwerge behandeltes Weichholzreisig (auch Hbu- u. Lä-Zweige) – Selbstherstellung – sehr giftig!

Giftgetreide gegen Feldmaus
Wirkstoff: Crimidin

Konservendosenmethode: leere Dosen (außer Motorenöl) mit Gemisch von Giftgetreide und Häcksel (oder Heu, Torf, Sägemehl) halb füllen, Öffnung bis auf Mausgröße zusammendrücken, regensicher schwerpunktmäßig auslegen, durch Pflöcke markieren, Kontrolle zum Reinigen und Nachfüllen wöchentlich, kein Giftgetreide verstreuen, da Vergiftungsgefahr für andere Tiere (Wild, Singvögel); ca. 3–3,5 kg/ha.
Legeflinte zum Einstreuen in das Mauseloch.

Präparate: gemäß PV., z.B. Castrix-Giftkörner, Temus-Wrote-Giftkörner.

Flächenbegiftung gegen Erdmaus, Feldmaus: mit rückentragbarem Motorsprühgerät auf Bodenbewuchs bei schnee- und frostfreiem Wetter:
Abriegeln der Wald-Feld-Grenze gegen Einwandern der Feldmäuse nach der Ernte – 1 bis 2 Sprühbahnen –
Vollbehandlung – nur in Ausnahmefällen und auf gegatterten Flächen (Kulturen, Naturverjüngungen, Kämpe) –
Präparate: gemäß PV., z.B. M 5055, Toxaphen-Emulsion; 3,5–5 l/ha in 50 l Wasser;

Wirkstoff: Toxaphen (chlorierter Kohlenwasserstoff), bei Temperatur unter dem Gefrierpunkt abnehmende Wirkung.

487

Schutzvorschrift: Schutzanzug, Gummihandschuhe, Gesichtsmaske oder Mundschützer, außerhalb des Sprühnebels arbeiten.

Begasung der Baue gegen Schermaus: durch Auspuffgase von Benzinmotoren (ca. 5 min bei Standgas), Phosphorwasserstoff durch Begasungspatronen, z. B. Arrex-Patrone, oder Begasungsmittel, z. B. Voma-Wühlmaustod.
Mißerfolge möglich bei mangelndem Verschluß anderer Ausgänge und in lockeren Sand- und Moorböden.

Biologisch

Flächenverwitterung: Vergrämung durch bestimmte Wühlmaus-Reizstoffe:
Abriegeln von wühlmausfreien Flächen gegen Zuwanderung – Ausstreuen auf 30–50 cm Streifenbreite rings um die gefährdete Fläche (z. B. Kultur, Kamp) oder
Vertreiben aus verseuchter Fläche – breitwürfig ausstreuen (20 g/qm) oder nur stark besetzte Stellen (100 bis 150 g/qm).
Präparate: z. B. WM-EX – ungiftig; Wirkungsdauer 8–10 Monate.

Krankheitserreger:

Bakterien – Mäusetyphusbazillus in Deutschland wegen der Übertragbarkeit auf den Menschen mit VO zur Ergänzung der Vorschriften über Krankheitserreger vom 16. März 1936 verboten (Wirkung wegen fehlender Infektion auch unzureichend).

Viren – Mäusevirus in Deutschland ebenfalls nicht zugelassen; in der Schweiz vom Impf- und Seruminstitut in Bern hergestellt.

Schutz und Förderung der natürlichen Mäusevertilger:

Eulen und Taggreife – Anbringen von Nistgeräten
(Steinkauz, Waldkauz, Turmfalke, Mäusebussard – (s. Vogelhege!) *(Abb. 263, 264, 272);*

Fuchs, Dachs, Wiesel, Igel – andere Methoden zur Tollwutbekämpfung (bei Fuchs, Dachs), z. B. Aussetzen geimpfter Exemplare; Information der Autofahrer über Verkehrstod des Igels.

Für alle Feinde gleichbedeutend: Vermeidung von chemischen Flächenbegiftungen, von offenem Auslegen von Giftködern; evtl. Wiedereinbürgerung ausgerotteter Arten.

Übersicht über einheimische Arten

Echte Mäuse — Langschwanzmäuse *(Murinae)*

Art	Geographische Verbreitung, Biotop	Merkmale
Waldmaus, Kl. Waldmaus, Waldspringmaus *(Apodemus silvaticus* L.) *(Abb. 272)*	Europa mit Ausnahme von Nordskandinavien; Feldgehölze, Hecken, Waldränder, verwilderte Kahlflächen, Verjüngungen, Pflanzgärten	L = 18–20 cm (davon Schwanz 8–9 cm); OS lebhaft gelb- oder rotbraun, US weißgrau, vielfach mit gelblichem Mittelstreifen.
Gelbhalsmaus, Gr. Waldmaus *(Apodemus flavicollis* Melch.) *(Abb. 315)*	Europa (Mittelfrankreich, Belgien, Holland fraglich); geschlossener Wald	L = 20–24 cm (davon Schwanz 11–13 cm); OS braun, US scharf abgesetzt blendend weiß; gelbe Kehlzeichnung.

Abb. 311. Schermaus
(K. Tönges)

Abb. 312. Feldmaus im
Gang (E. Schumacher)

Abb. 313. Erdmaus
(H. Schrempp)

Abb. 314. Rötelmaus
(H. Schrempp)

Abb. 315. Gelbhals-
mäuse
(K. Schwammberger)

489

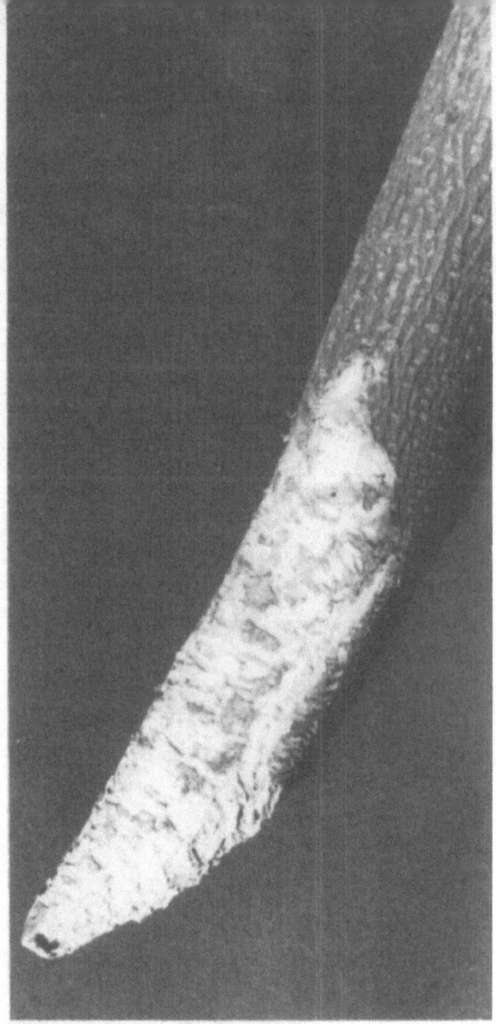

Abb. 316. Schadbilder von Wühlmäusen (J. Reisch)

(a) Schermaus an Rotbuche

(b) Erdmaus (schräge Zahnspuren) an Ahor[n]

Abb. 316.(c) Rötelmaus (marmoriert) a[n] Douglasie

Abb. 317. Fraßschade[n] des Siebenschläfers a[n] Wipfelstück einer etw[a] 20jährigen Lärche (J. Reisch)

Art	Geographische Verbreitung, Biotop	Merkmale
Brandmaus (*Apodemus agrarius* Pall.)	Teile von M- und O-Europa (ohne Alpen und westlich des Rheins); feuchtes Gelände in der Ebene, lichte Verjüngungspartien, Pflanzgärten	L = ca. 18 cm (davon Schwanz 7,5–8 cm); OS braun mit schwarzem Aalstrich, US grauweiß.

Ferner Zwergmaus (*Micromys minutus* Pall.), ca. 12 cm, einschließlich 6 cm Greifschwanz zum Festhalten an Pflanzenteilen, OS braun mit gelblichen Flanken, US gelbgrau, auf vergrasten Jungwuchsflächen u. a.; Streifen-Hüpfmäuse wie Birkenmaus (*Sicista betulina* Pall.), kleinste einheimische Maus, 13,5 cm einschließlich 7,6 cm kahlspitzigem Schwanz, bräunlichgelb mit schwarzem Aalstrich (s. Brandmaus!), in lichten Wäldern, auf Freiflächen.

Wühlmäuse — Kurzschwanzmäuse *(Microtinae)*

Schadsymptome	Art	Geographische Verbreitung, Biotop	Merkmale und Verhaltensweise
tiefgreifende, schräge Zahnspuren an Wurzeln und Stämmchen bis etwa 10 cm Höhe *(Abb. 316b)*	**Erdmaus** (*Microtus agrestis* L.) *(Abb. 313)*	Nord- und Mitteleuropa bis Portugal, Oberitalien, Rußland, Finnland; Naturverjüngungen und Kulturen sowie lichte, vergraste oder verunkrautete Althölzer, bevorzugt feuchte Gebiete	L = 16–17 cm (davon Schwanz 3,5–4,5 cm); OS dunkel-braungrau mit helleren Flanken, US weißgrau (allmählicher Übergang); 3 Innenzacken des mittleren, oberen Backenzahns (3 Backenzähne); klettert kaum, Fraßstellen bis zur Schneehöhe.
sehr ähnlich Erdmaus, jedoch mehr Ringeln und nur in Bodennähe	**Feldmaus** (*Microtus arvalis* Pall.) *(Abb. 312)*	Europa; Felder, Weiden, auch feldnahe Forstkulturen und Verjüngungen, Pflanzgärten, vor allem Einwandern in den Wald nach der Feldernte, vorwiegend trockene Gebiete	L = 14–15 cm (davon Schwanz 3–4 cm); ganz ähnlich Erdmaus, jedoch 2 Innenzacken des mittleren, oberen Backenzahns (3 Backenzähne); klettert nicht.
marmoriert durch plätzeweises Benagen der Rinde bis in die Triebspitzen, bes. bei Dougl, Lä (blankgeschälter Holunder) *(Abb. 316c)*	**Rötelmaus,** Waldwühlmaus (*Clethrionomys glareolus* Scherb.) *(Abb. 314)*	Europa; unterholzreiche Laubwälder, Dickungs- und Stangenholzränder, Hecken im freien Gelände (Heckenmaus)	rötlicher Rücken mit allmählichem Übergang zur weißlichen Bauchseite; L = 15–18 cm (davon Schwanz 4,5–6 cm).

Schadsymptome	Art	Geographische Verbreitung Biotop	Merkmale und Verhaltensweise
Welken und Absterben der befallenen Pflanzen, rübenartiger Beschnitt **(Abb. 316a)**	**Schermaus,** Mollmaus, Gr. Wühlmaus, Wasserratte, Wühlratte (*Arvicola terrestris* L.) **(Abb. 311)**	Europa, asiatische Gebiete; 2 Rassen: trockene Standorte und am Wasser; bevorzugt frisch gelockerte (umgegrabene, umgepflügte Böden) Kulturen, Kämpe, Obstplantagen	erwachsen bis Rattengröße; L = ca. 25 cm (davon Schwanz 8–10 cm); gelblichbraun bis schwarz (variierend).

Daneben Kurzohrige Erdmaus, Kurzohrmaus, Kleinwühlmaus (*Pitymys subterraneus* S-L.), ca. 13 cm einschließlich 2,5–4 cm Schwanz, Ohr knapp 1 cm (fast ganz im Fell verborgen), feuchte Wälder; Sumpfmaus, Nordische Wühlmaus (*Microtus oeconomus* Pall.), ca. 18 cm einschließlich ca. 5 cm Schwanz, ähnlich Erdmaus, sehr feuchte Wiesen und Sümpfe NO-Deutschlands und Skandinaviens.

Rindenschädiger

4. Schläfer, Schlafmäuse, Bilche *(Muscardinidae = Gliridae)*

An Hörnchen erinnernde Nager mit buschigem Schwanz; ausgesprochene Nachttiere mit großen, hervorquellenden Augen, bodenscheue, geschickte Kletterer, mit selbstgebauten Kugelnestern (Garten-, Baumschläfer, Haselmaus) oder eichhornähnlichem Kobel (Siebenschläfer) oder mehr oder weniger sorgfältig angelegten Verstecken in Baum- oder Erdhöhlen, Nistkästen, Dachstühlen von Ställen, Scheunen und Wohngebäuden, vor allem zum langen, tiefen Winterschlaf; meist in kleinen Gesellschaften.

Nahrung: Nüsse, Obst, Knospen, Kleintiere, zuweilen auch Mäuse, Vögel und Gelege; im Obstbau, z.T. durch Verzehren der Früchte, wenig beliebt, im Wald durch platzweises Schälen (ohne deutliche Zahnspuren) oder mehr Ringeln (Haselmaus) von Stämmchen, bes. in der Wipfelpartie, recht auffällig; bei massenhaftem Vorkommen können z.B. bei Lärchen recht unangenehme Verluste entstehen (Ausbrechen der Wipfel!) *(Abb. 317)*.

Gegenmaßnahmen: meist nicht erforderlich, evtl. Fang in Kastenfallen und Aussetzen in bilchfreien Gebieten; *Schläfer stehen unter Naturschutz!*

Übersicht über einheimische Arten

Art	Geographische Verbreitung, Biotop	Merkmale
Siebenschläfer (*Glis glis* L.) **(Abb. 318)**	O-, S- und M-Europa bis Sizilien, ausgenommen Küstengebiete von Ost- und Nordsee; Wälder, Buschgelände, Parks, Gärten; von der Ebene bis 1500 m NN	größte einheimische Art; L = 30–32,5 cm (davon Schwanz 12–15 cm); OS aschgrau, US deutlich weiß abgesetzt.

Abb. 318. Sieben-
schläfer (K. TÖNGES)

Abb. 319. Garten-
schläfer
(K. WÜSTENBERG)

Abb. 320. Haselmäuse
(W. WISSENBACH)

Abb. 321. Baumschläfer
(K. WÜSTERBERG)

493

Art	Geographische Verbreitung, Biotop	Merkmale
Gartenschläfer (*Eliomys quercinus* L.) *(Abb. 319)*	Mitteleuropa bis Schleswig-Holstein und Oberitalien; Laub- und Nadelwald, Busch- und Parklandschaft; bis etwa 2000 m NN	schwarze Augenmaske mit Streifenfortsatz bis in die Halsgegend; L = 21–25 cm (davon Schwanz 12 cm); OS aschgrau, rötlich getönt, US weißlich.
Baumschläfer (*Dryomys vitedula* Pall.) *(Abb. 321)*	U = Art *intermedius* in Tirol, Engadin, Steiermark, N-Italien; U = Art *carpathicus* in Schlesien, Karpathen, Ungarn, östliche Mittelmeerländer; Laub- und Mischwälder, vorwiegend Buschgebiete mit Hasel; bis etwa 1200 m NN	dunkelbraune Augenmaske vom Bart bis zu den Augen, mit schwach dunkel geringeltem (schlesisch) oder nicht geringeltem (Tiroler) Schwanz; L = 17,5–18,5 cm (davon Schwanz 8–9 cm).
Haselmaus (*Muscardinus avellanarius* L.) *(Abb. 320)*	Mitteleuropa, England; Laubwälder, Buschgelände; von der Ebene bis ins Mittelgebirge	kleinste einheimische Art; gelblich mit heller US; L = 13–15 cm (davon Schwanz 5,5–5,7 cm).

Samen- und Knospenfresser – Nesträuber

5. Hörnchen *(Sciuridae)*

Bei uns existiert nur das Eichhörnchen oder Eichhorn (*Sciurus vulgaris* L.) mit ähnlicher Lebensweise wie die Schläfer; Kletterkünstler mit 3–5 m weiten Sprüngen von Baum zu Baum, meist in Astgabeln gebautes Nest („Kobel") mit seitlich abwärts gerichtetem Haupteingang und gegen den Stamm gerichtetem Fluchtloch; zur Pflege der Jungen, Nachtruhe und zum Wetterschutz meist unter mehreren Nestern nur ein vollständiges; kein Winterschlaf; manchmal recht schädlich durch Verzehren von Waldfrüchten, Sämereien und Keimlingen bzw. Ausscharren von Waldsamen und Kotyledonen im Saat- und Pflanzkamp, „Abbiß" von jungen Nadelholztrieben (Fi, Ta, Ki) zum Ausfressen vornehmlich der eiweißreichen, männlichen Blütenknospen, Schälen (platz- und ringweise) junger Triebrinde 15–30jähriger Stämmchen (bes. Lä) sowie durch Plünderung von Vogelnestern.

Gegenmaßnahmen: bei Übervermehrung evtl. Abschuß;
Schutz der natürlichen Vertilger wie Baummarder, Eulen und Taggreife; Wiedereinbürgerung des Uhus *(Abb. 262)*.

VII. Wild und Wald

Übersicht

Überwiegend nützlich als Regler des biologischen Gleichgewichts

Wildschwein (Sau) (*Sus scrofa* L.)
Luchs (*Lynx lynx* L.)
Wildkatze (*Felis catus* L.)
Dachs (*Meles meles* L.)
Fuchs (*Vulpes vulpes* L.)

Überwiegend schädlich durch Verbeißen, Fegen, Schlagen, Schälen u.a.

Rotwild (*Cervus elaphus* L.)
Rehwild (*Capreolus capreolus* L.)
Elchwild (*Alces alces* L.)
Damwild (*Dama dama* L.)
Gamswild (*Rupicapra rupicapra* L.)
Muffelwild (*Ovis aries musimon* Pallas)
Feldhase (*Lepus capensis* L.)
Wildkaninchen (*Oryctolagus cuniculus* L.)
Waschbär (*Procyon lotor* L.)
Wildtauben, bes. Ringeltaube (*Columba palumbus* L.)

Darunter selten und schutzbedürftig:

Auerwild (*Tetrao urogallus* Brehm) ⎫
Birkwild (*Lyrurus tetrix* L.) ⎬ Raufußhühner *(Tetraonidae)*
und Rackelwild (Bastarde) ⎭

1. Ursachen der Wildschäden

Die Jagd war lange Zeit hindurch ein Privileg der Landesherren, des Adels und anderer bevorrechteter Stände.

Ihre Jagdleidenschaft verschlang viel Kraft, Zeit und Geld. Allein die jährliche große Parforcejagd mit Pferden, Hunden und Jagdzeug kostete den Kurfürst JOHANN GEORG, am Ende des 17. Jahrhunderts, 6000 Taler und entsprach damit dem Jahresgehalt von 400 Schulmeistern (KLEVER 1960).

Dabei muß berücksichtigt werden, daß man zu damaliger Zeit für einen Taler 250 Eier erhielt und der Wald keinerlei Einnahmen erbrachte.

Auch die Schutzbestimmungen für den Wald und die Hegemaßnahmen für das Wild galten in erster Linie der Erhaltung und Sicherung des Wildstandes aus jagdlichen Gründen.

Der dadurch herangezüchtete Wildreichtum war ganz gewaltig, wovon uns heute nur noch überlieferte Bilder und Berichte über Jagdstrecken eine kleine Vorstellung vermitteln. So erlegte z.B. Kurfürst JOHANN SIGISMUND im Herzogtum Preußen in den Jahren 1612–1619:

Abb. 322. Luchs
(W. Sittig)

Abb. 323. Wildkatze
(W. Sittig)

Abb. 324. Fuchs beim
Mausen (G. Koller)

Abb. 325. Dachs fähr
aus dem Bau
(I. Czimmeck)

496

4935 Stück Rotwild (davon 1998 Geweihte)
 112 Elche
4008 Sauen
  52 Bären
  15 Auer (Wisente)
 580 Rehe
 215 Wölfe

und weiteres Nieder- und Raubwild (nach FREVERT 1957).

Bei einer Prunkjagd des Königs FRIEDRICH VON WÜRTTEMBERG im Jahr 1812 im Schönbuchwalde bei Tübingen kamen innerhalb von 2 Stunden 823 Stück Wild, darunter 139 Sauen, zur Strecke (HESS 1898).

Es ist daher auch nicht verwunderlich, daß solche Wildmassen beträchtliche Schäden am Wald anrichteten, die mit der wachsenden Bedeutung des Holzes immer fühlbarer und unerträglicher wurden. Nach HESS und BECK (1927) und HESS (1898) stammen die ersten Nachrichten über Schälschäden aus dem Harz (1710 J. FR. VON GÖSCHHAUSEN) und aus der Niederlausitz (LEOPOLD 1750).

Später klagten vor allem CHRISTIAN BÖSE (1753) in seiner Schrift „Generale Haushalts-Principia vom Berg-, Hütten-, Saltz- und Forstwesen in specie vom Hartz" und FR. AUG. LUDW. VON BURGSDORF (1796) über das Schälen des Rotwildes.

Mit der fortschreitenden Landeskultur wurde der Artenreichtum auch beim Wild immer mehr gelichtet, so daß bald ein Mißverhältnis zwischen Raubwild und Schalenwild, insbesondere Reh- und Rotwild, eintrat.

Die Großraubwildarten waren als Bewohner von ungestörten, zusammenhängenden und geschlossenen Wäldern Kulturflüchter. Für ihre Wanderungen benutzten sie, wie auch das Rotwild, jahrhundertealte Pässe.

Luchs (*Lynx lynx* L.), Wolf (*Canis lupus* L.) und Braunbär (*Ursus arctos* L.) sind daher längst aus unseren Revieren verschwunden. Der letzte Bär wurde in Westfalen 1446, in Thüringen 1686, im Fichtelgebirge 1769 und in Ostpreußen 1804 erlegt (FREVERT 1957). Der Wolf und der seltenere Luchs gehörten bis zu Beginn des 19. Jahrhunderts zum Standwild. Dann aber wichen beide der Kultivierung nach Osten aus. Im Jahre 1817 konnten in der Rominter Heide noch 351 Wölfe erlegt werden. Aber immer wieder drängte sich der arge Räuber des Weideviehs, vor allem in strengen Wintern, nach Westen vor. Am meisten setzt der Wolf dem Rehwild zu und wird auch nicht selten als „Heger des Rotwildes" bezeichnet.

Der wahrscheinlich letzte Luchs (Zuwanderer) wurde 1934 in Rominten gestreckt. Seit 1940 begann dann aber die Wiedereinbürgerung dieses gewandten Baumkletterers und Anstandsjägers in der Rominter Heide. Neuerdings sind ähnliche Bemühungen im Bayerischen Wald im Gange. Seine Beute ist hauptsächlich Niederwild. Erfahrene Jäger buchen rd. 40 Stück Rehwild neben Rotwild, Hasen und Federwild auf sein jährliches Konto *(Abb. 322)*. Der Bär ist zwar überwiegend Pflanzen- und Aasfresser, verschmäht aber auch nicht frisches Wildbret und lebenden Fisch.

Die Wildkatze (*Felis catus* L.) ist heute noch vereinzelt in kleinen Reservaten in Thüringen, im Harz, in der Rhön und Eifel erhalten geblieben. Ihre Vorliebe für alles Jungwild, Vögel und Mäuse ist nicht mit der räuberischen Tätigkeit von wildernden Katzen zu vergleichen *(Abb. 323)*. Durch rücksichtslose Verfolgung von Fuchs (*Vulpes vulpes* L.) und Dachs (*Meles meles* L.) wegen der Tollwutgefahr entstehen neue biologische Lücken. Gerade der Fuchs erbeutet kränkelnde und kümmernde Kitze und ist ein Mäusespezialist ersten Ranges *(Abb. 324)*. Dem Dachs, bekannt als Eierräuber von bodenbrütenden Vogelarten, ist der nordamerikanische Waschbär (*Procyon lotor* L.) in die Nistgelegenheiten unserer Höhlenbrüter gefolgt *(Abb. 325)*.

Tatsache ist jedenfalls, daß auch beim Wild das biologische Gleichgewicht schwer gestört ist. Der Kostenaufwand zur Abwehr von Schadwild im Wald übersteigt heute bei weitem alle anderen Ausgaben für den Waldschutz.

Andrerseits ist es aber unentbehrlicher Umweltschutz, denn Wild und Wald sind nun einmal untrennbar mit der heimatlichen Landschaft verbunden. Man wird jedoch versuchen müssen, das biologische Gleichgewicht wieder zu regulieren. Hierzu erscheinen durchaus Maßnahmen zur Wiedereinbürgerung von ausgerotteten Arten, wie z.B. Luchs, Steinadler und Uhu, genauso geeignet wie die größte Rücksichtnahme auf seltene oder bedrohte Arten (z.B. neue Methoden zur Tollwutbekämpfung durch Aussetzen schutzgeimpfter Exemplare von Fuchs und Dachs!).

2. Schäden durch Wildarten

2.1 Verbiß *(Abb. 326 b, 331, 332)*

Wipfel- und Seitentriebe sowie Knospen von Jungpflanzen bis etwa Mannshöhe werden, je nach Wildart, durch wiederkäuendes Schalenwild und Hasen abgebissen und ganz oder teilweise verzehrt. Seltene Holzarten im Revier werden bevorzugt. Meist lokal begrenzte Schäden treten auch durch das Federwild auf, wie das Abäsen von Knospen, Blättern, jungen Nadeln und Trieben durch Waldhühner (Rauhfußhühner) und von Kotyledonen durch Wildtauben.

Im einzelnen lassen sich folgende Unterschiede kennzeichnen:

im Laub- und Nadelholz mit Bevorzugung von Es, Ah, Bu, Ei, Weichhölzern und Weißtanne, Fichte: *Rot-, Dam-* und *Muffelwild;*

vor allem im Laubholz: *Elch* und *Rehwild* sowie *Feldhase,* bes. an Buchennaturverjüngungen, Bunthölzern und Obstholz;

auf sandigen Böden alle Holzarten, vorwiegend aber die dort verbreitete Kiefer: *Wildkaninchen;*

im Hochgebirge an Latschen: *Gamswild;*

in Kämpen und Kulturen von Fi, Ta, Strobe: *Auer-, Birk-* und *Rackelwild;*

in Naturverjüngungen und Saaten, namentlich Bu: *Wildtauben.*

Symptome (Abb. 336)

Gequetschte Verbißstelle: wiederkäuendes Schalenwild;
glatte Schnittfläche: Hasen;
Nadelreste in Losung*: Waldhühner.

Schaden

Besonders unangenehm ist der Verlust des Terminaltriebes bzw. der Wipfelknospe; Seitentriebverbiß bei Fi mit Ausnahme der Weihnachtsbaumzucht unbedeutend; wiederholter Verbiß führt zur Verbuschung: Kollerbusch, Wolf- oder Sperrwuchs; ähnlich und im Zusammenwirken mit Spätfrost, Steckenbleiben in der gefährdeten Zone (Wildschere, Frosthöhe) *(Abb. 332).*

2.2 Schälen *(Abb. 334, 335 a-c)*

Die saftreiche Rinde junger Stämmchen, manchmal auch bis zum Baumholzalter, sowie von Wurzeln wird abgebissen und verzehrt. Dabei unterscheidet man eine meist enger begrenzte, mit sichtbaren Zahnspuren versehene, Winterschäle *(Abb. 335 b)* und eine während der Vegetationszeit stattfindende, großflächigere Sommerschäle *(Abb. 335 a).* Bei ersterer wird die Rinde bis auf den Splint abgenagt, bei letzterer mit dem Äser** gepackt und nach oben abgezogen. Je nach

---

* Losung = Kot (Jägersprache).
** Äser = Maul (Jägersprache).

Abb. 326. Rotwild

(a) An der Fütterung
(R. MORAW)

(b) Äsung in einer
Fichtenkultur
(J. BEHNKE)

Abb. 327. Schwarzwi beim Brechen (Durch wühlen des Bodens nach Nahrung, z.B. Engerlinge, Puppen) (J. BEHNKE)

Abb. 328. Damwild

(a) Am Proßholz (K.G. GOEBEL)

Abb. 328.(b) An der Stocksulze (W. ROHDICH)

500

dem Zugriff kann die Rinde ring-, platz- oder streifenweise und dann auch stufenartig überein-ander entfernt sein. Gefährdet ist besonders das Dickungs- und Stangenholzalter. Jedoch kann auch schon der Jungwuchs und noch das Altholz betroffen sein. Entscheidend ist das Schäl-bedürfnis und die dem Äser gebotene, schmackhafte Angriffsfläche. Unvollständige Reinigung, also störendes Geäst, kann das Schälen vollständig verhindern. Darum begünstigt rasches Wachs-tum, vor allem beim Nadelholz mit weitständigen Astquirlen, das Schälen.

Die Ursache des Schälens ist bisher ungeklärt. Jedenfalls gehört die Baumrinde zur natürlichen Äsung des Wildes und wird mit steigender Wilddichte und zunehmendem Nahrungsmangel um so mehr beansprucht *(Abb. 328a, b, 333).* Im Urwald sind Schälschäden durchaus nicht un-bekannt. Vielfach wird diese Untugend auf eine Gewohnheit und/oder auf ein Bedürfnis des Wildes nach Gerbstoff, Spurenelementen wie Kupfer, Mangan und in letzter Zeit auch auf den unterschiedlichen Wasser- und Zuckergehalt der Rinde während der Vegetationszeit und im Winter zurückgeführt. Bekannt ist jedoch die Tatsache, daß z. B. beim Rotwildrudel das Alttier oder ein anderes der Lehrmeister ist.
Seltene Holzarten im Revier werden auch hier wie beim Verbiß meist bevorzugt, so z. B. Es im Buchengrundbestand; auch wintergefälltes Holz wird gerne angenommen.

Symptome

Fehlstellen an der Rinde mit oder mit nur angedeuteten Zahnspuren (bei Hase und Kaninchen breiter als bei Mäusen).

Schaden

Schälen ist mit Folgeschäden, beim Nadelholz mit Rotfäule *(Abb. 51, 335c),* beim Laubholz mit Weißfäule, verbunden. Die Bruchgefahr des Einzelstammes durch Schnee, Sturm und Eis- bzw. Duftanhang wird erheblich gesteigert. Im Bestand ist das Stützsystem durch vorzeitigen Ausfall von Bestandesgliedern unterbrochen. Durch Gesundschneiden des Stammes bei der Aufarbeitung entsteht ein erheblicher Verlust: wertvolle Stammenden werden zum minderwertigen Faserholz, der gesamte Stamm gerät in eine schwächere Durchmesserklasse.
Im einzelnen lassen sich folgende Unterschiede kennzeichnen: Schälschäden entstehen vorwie-gend in Fi, Ta, Ki, Lä und Es, Bu, Ei, Ah durch *Rotwild,* an Laubhölzern durch *Damwild,* gelegentlich auch *Rehwild* und häufig an der Stammbasis im Winter, namentlich an Obstholz, durch *Feldhase* und an meist jungen Kiefernstämmchen durch *Wildkaninchen.*

Das viel umstrittene Schälen des Muffelwildes ist zumindest für nicht reinblütige Tiere, und für alle in Notzeiten nachgewiesen. Dabei rennt der Widder mit tiefgesenktem Haupt gegen den Stamm, wodurch die Rinde platzt und abgeäst werden kann. Sommerschäle an saftreicher Rinde ist sicherlich auch anders denkbar, nämlich durch Abknabbern nach Ziegenart.

Daneben findet man auch kräftige Schälstellen durch Haustiere, vor allem durch das Pferd des Fuhrmanns.

2.3 Fegen und Schlagen *(Abb. 329, 330)*

Unter Fegen wird das Abreiben des Bastes von Geweihen und Gehörnen an Junghölzern, unter Schlagen das Zerfetzen von Sträuchern und Stangen durch bereits gefegte Geweihe bzw. Gehörne, bes. in der Brunftzeit, verstanden.
Empfindlich sind die Fegeschäden des *Rehbocks* und der Schlagschaden des *Rothirsches.* Auch hier werden die seltenen Holzarten im Revier bevorzugt und besondere Ansprüche gestellt. So wird fast regelmäßig die Dougl aus der Fi und die Lä aus der Ki herausgefegt. Mit Vorliebe wird aber auch Erl und anderes Weichholz angenommen. Das Schlagen erfolgt meist weniger wählerisch, und es wird der nächst beste Widerstand gegorkelt.

Symptome

Einseitig oder ringsum blank gescheuerte Stamm- und Zweigstellen mit herunterhängenden Bast- und Rindenfetzen, häufig Absterben der Pflanze bzw. des Stämmchens.

2.4 Andere Schäden

Aufnahme von Saaten, bes. Reihensaaten, durch Schwarz- und Rotwild. Freisaaten in Kulturen und Kämpen werden zur Strich- und Zugzeit von Ringeltauben aufgesucht. In Mastjahren fallen sie scharenweise zur Herbstzeit im Buchelaufschlag ein.
Zertreten von jungen Pflanzen und Keimlingen durch alle Schalenwildarten, bes. schlimm das Niederreiten durch Elchwild und das sog. „Plätzen" des Rehbockes, d.h. das Wegschlagen der Bodendecke durch die Vorderläufe in der Blattzeit oder in gleicher Weise die Vorbereitung des Lagers* von Edel-, Dam- und Rehwild.
Unterwühlen des Bodens durch das gesellig lebende Kaninchen mit seiner sprichwörtlichen Fortpflanzungsfähigkeit bis zu etwa 30 Nachkommen pro Jahr.
Dagegen ist das Brechen der Sauen *(Abb. 327)* überwiegend nützlich im Walde (Engerlinge, Puppen von Kiefernspanner, Forleule u.a.) und auch für die Naturverjüngung sehr erwünscht. Bei Eichensaaten können allerdings recht empfindliche Schäden eintreten.

3. Wildschadenverhütung

Sie umfaßt alle geeigneten Maßnahmen zur Verhinderung oder Minderung von Schäden durch das Wild, hier an forstlichen Nutzpflanzen. Die Ausrottung ist ausgeschlossen!

Die Wildschadenverhütung gliedert sich in 2 Abschnitte: Einwirkung auf das Wild und Schutz der Nutzpflanzen.

3.1 Einwirkung auf das Wild

Zulässige Wilddichte

Mit der Wilddichte wird allgemein die Stückzahl einer Wildart pro 100 ha nach dem Sommerbestand angegeben. Diese Angabe ist geschätzt und somit vielen Willkürlichkeiten unterworfen. Der Wildreichtum ist ganz und gar abhängig von den Äsungsverhältnissen des jeweiligen Reviers. Ärmere Böden, in klimatisch ungünstigen Gebirgslagen, also einer kurzen Vegetationszeit, weisen eine kärgliche Bodenflora auf und sind schon naturgemäß wildarm. Üppige Standortsverhältnisse, z.B. im Auwald, begünstigen eine artenreiche Faune und somit auch Wildreichtum. Da das Schalenwild fast stets rudelweise in einem ihm zusagenden Waldgebiet längere Zeit auftritt, mehrt sich dort der Schaden. Die zulässige Wilddichte kann also nur ein Anhalt sein, nicht aber eine generell gültige Aussage für die noch tragbare Höhe des Wildbestandes (s. S. 28 oben) *(Abb. 326 b)*.

Aus landeskulturellen Gründen sind vor einiger Zeit Rotwildgebiete (Hege- und Rotwildringe) mit entsprechenden Abschußrichtlinien und rotwildfreie Gebiete mit einem radikalen Abschuß, ohne Schonzeit, gebildet worden.
Alles Nähere über die Regelung der Wilddichte ist der einschlägigen Jagdliteratur zu entnehmen.

---

* Lager = Ruhe- bzw. Schlafplatz (Jägersprache).

Abb. 329. Fegen des Rothirsches (G. KOLLER)

Abb. 330. Fegen des Rehbocks an Jungfichte (W. ROHDICH)

Abb. 331. Winterverbiß durch Muffelschaf an Buche (G. KOLLER)

Abb. 332. Verbißschaden durch Rotwild an Fichtenpflanzen (J. REISCH)

503

Abb. 333. Rothirsch beim Abäsen von Flechte an Buche (J. Behnke)

Abb. 334. Rottier bei Schälen einer Fichte (G. Koller)

Abb. 335. Rotwildschäle (J. Reisch)

(a) Sommerschäle an Kiefer

(b) Winterschäle an Esche

Abb. 335.(c) Alte, teilweise fast an jeder Fichtenstamm überwallte Schäle; dem Waldbesitzer kostet e Hirsch DM 30 000.–

Abb. 336. Verbiß dur Rotwild an Fichte (J. Reisch)

Gewöhnlich werden folgende zulässige Wilddichten angegeben:

Wildart	Stück je 100 ha	Geschlechterverhältnis
Rotwild	(0,5) 1,5– 2,5 (3)	1:1
Damwild	3,0– 6,0 (10)	1:1
Gamswild	6 – 8	1:1,5
Rehwild	4 –10 (14)	1:1

Äsungsverbesserung

Grundsatz: je einförmiger, desto wichtiger Hege! Alle Maßnahmen dienen der Verbesserung der Ernährung, nicht der Vermehrung des Wildbestandes.

Möglichkeiten

Waldfeldbau, Wildwiesen, Wildäcker, Ödlandverbesserung, Einbringung von Fruchtbäumen (Wildobst, Roßkastanie, Holunder, Vogelbeere), Salzlecken, Proßholz.

Der *Waldfeldbau* war früher und nach dem letzten Weltkrieg für die menschliche Ernährung besonders in Norddeutschland verbreitet. Kahlflächen werden 1–2 Jahre landwirtschaftlich genutzt und dann wieder forstlich kultiviert. Bei reiner Wildhege wurde Hafer und Waldstaudenroggen mit 2 Ztr./ha, unter Belassung der Stöcke, gesät.
Heute erlangt diese Maßnahme erneut Bedeutung bei der Verdrängung von Unkräutern und Gräsern in Kulturen. Dabei ist in erster Linie an nährstoffreiche Stickstoffsammler, wie z.B. Dauerlupine auf Zwischenstreifen, zu denken (s. auch Unerwünschter Pflanzenwuchs).

Wildwiesen

Sie gelten unbestritten als beste Wildäsungsflächen, wenn Anlage und Pflege richtig sind. Leider mangelt es aber heute sehr an der Unterhaltung, da eine Heu- und Grummeternte für die rückläufige Landwirtschaft wertlos ist. Wenn eine Verpachtung auch an Waldarbeiter nicht möglich erscheint, kann keinesfalls auf Eigenregie verzichtet werden. Das Schicksal solcher Wiesen ist sonst bald besiegelt. Sie verwildern oder versumpfen und werden vom Wild nicht mehr angenommen. Bestehende Wildwiesen: bei Vernässung Entwässerung; im Frühjahr zur Verhinderung von Moosbildung scharf eggen und düngen mit Thomasmehl (8 Ztr./ha) und Kali (5 Ztr./ha); alle 3–4 Jahre nachsäen mit winterharter Grasmischung unter Beimengung von Rot- und Weißklee.

Anlage neuer Wildwiesen: sorgfältige Auswahl geeigneter Lagen, möglichst geschützte Stellen, nicht freiliegende, stets windige Bergköpfe; Vollumbruch nach Stockrodung (falls nötig), im Herbst Hafersaat, im 2. Jahr Kartoffeln, im 3. Jahr evtl. unter leichter Haferschutzsaat Grasmischung mit Klee oder als Deckfrucht „Wehrdaermischung" mit 50 kg Futtererbsen, 25 kg Sommerwicken und 30–40 kg Hafer je ha. Der Futter- und Vorfruchtwert (Stickstoffsammler Erbsen und Wicken) ist hoch, vorausgesetzt, daß das Gemenge frühzeitig zur Entwicklung der Grasuntersaat geschnitten wird (briefl. Empfehlung des Landwirtschaftsamts Gelnhausen 1971).

Düngung im 1. Jahr mit 30–40 dz Branntkalk und 30–40 dz Hüttenkalk je ha, im 3. Jahr 20 dz Hüttenkalk, 6 dz Thomasmehl, 3–4 dz 40er Kali; jährliche Düngung zur Schneeschmelze mit Stalljauche oder Thomasmehl (billiger als Superphosphat) zweckmäßig. Die frisch angelegte Wiese darf nicht gleich für das Wild freigegeben werden. Eine Einzäunung wenigstens für 1 Jahr (evtl. Elektrozaun) ist ratsam.
Als Saatgut für An- und Nachsaat empfiehlt BLEICHERT (1963) folgende Saatmischung: (Vollsaat in bewuchsfreie Böden, Nachsaat in mäßig dichte Waldgrasnarben bzw. alte Wiesennarben.

Art	feuchtere, bindigere Böden		trockene, sandige Böden		alte Wiesennarben
	V[a] in kg/ha	N[b] in kg/ha	V[a] in kg/ha	N[b] in kg/ha	N[b] in kg/ha
Weißklee	10	14	10	14	18
Schwedenklee	4	8	4	8	12
Hornschotenklee	1	—	3	—	—
Wiesenlieschgras	5	10	2	4	4
Wiesenschwingel	8	8	2	4	—
Knaulgras	1	1	6	4	—
Goldhafer	1	1	—	—	—
Deutsches Weidelgras	10	10	10	10	8
Wiesenrispe	2	—	6	2	—
Rotschwingel	1	—	4	2	—
Weißes Straußgras	2	—	1	—	—
Fruchtbare Rispe	2	—	—	—	—
Spitzwegerich	2	2	2	2	—
Schafgarbe	1	—	1	—	—
Wiesenkümmel	1	—	—	—	—

[a] Vollsaat, [b] Nachsaat.

Wildäcker

Man unterscheidet Sommer- und Winterwildäcker mit Freigabe zur Zeit des höchsten Nährwerts der Futterpflanze und nur zum Anbau von Futterpflanzen dienende Futteräcker. Durch Zwischenzäune wird ein zeitweises Öffnen bestellter Flächen bewirkt und somit eine gleichmäßige Versorgung über das Jahr mit verschiedenen Nährpflanzen erreicht.
Bodenbearbeitung und Düngung wie bei der Anlage von Wildwiesen.
Weißklee auf nicht befestigten Waldwegen schafft, vor allem im äsungsarmen Nadelwald, eine zusätzliche Nahrungsquelle!

Futterpflanzen: Hafer und Buchweizen im April 2 Ztr./ha, sehr anspruchslos, auch auf armen Böden; Gemengsaaten von Hafer mit Roggen, Wiesenklee, Timotheegras oder „Wehrdaermischung" oder Lupine, Sommerroggen, Hafer im Frühjahr; 2–4 Ztr./ha Süßlupine im April nach Düngung mit Thomasmehl (6 dz/ha) und 40er Kali (3–4 dz/ha); Beisaat von Sojabohne und Serradella wegen der Frostempfindlichkeit der Süßlupine wünschenswert; ebenfalls gerne aufgenommen Lihoraps, Liho-Nova, Chinakohl, Akela (neu gezüchtete Futterpflanze).

Kohlsorten, wie Markstammkohl, Schafkohl, Grünkohl, Westfälischer Furchkohl, meist nur auf Kleinäckern mit 200–300 Stauden im 0,5 m Pflanzabstand; vorgezogene Pflanzen (Pflanzgarten!) sind sicherer als Saaten;
Topinambur und *Helianthus* (Sonnenblumenarten) 1200 Knollen je ha, ausdauernd, Hacken im Frühjahr; auch Mais ist ein sehr begehrtes Futter; Hackfrüchte, wie Kartoffel, Rüben und Pferdemöhren, werden mehr für den Futteracker angebaut, geerntet und eingemietet.

Wildfütterung *(Abb. 326a)*

Darunter soll hier, neben den eigentlichen Futterstoffen, auch Proßholz, wintergefälltes Nadelholz und Salzlecken verstanden werden.
Eine Fütterung ist regelmäßig im Winter, verstärkt bei langanhaltender Kälte und hoher Schneedecke, an überdachten Futterkrippen vorzunehmen. Gatterreviere mit wenig Ausweichmöglichkeiten sind zu bevorzugen. Vor allem wird hierdurch die Notzeit des Wildes gelindert.

Eine Verweichlichung oder Gewöhnung an vorgelegtes Futter widerspricht daher dem eigentlichen Hegegrundsatz. Bei vorübergehender Schneelage und in entlegenen Gebirgsrevieren genügt das Werfen von schwächeren, astreichen Weichhölzern – *Proßholz* – *(Abb. 328a)* und das Schneepflügen von Plätzen und Wegen bei den Wintereinständen. Der Futterplatz ist einerseits in einem ruhigen Revierteil unterzubringen, andrerseits ist die Nachbarschaft von Kulturen und Dickungen, wegen der dann dort wachsenden Wildschäden, zu meiden.

Saftfutter kann als Silage von verschiedenen Grünpflanzen, auch Apfeltrester u.a., durch Einsäuerung in Silobehältern mit Zusätzen von Melasse oder Silosalz (z.B. Handelspräparate Amasil, Kofasil S, Silofertil) mit 200–300 g je 100 kg Grünfutter bzw. 20 kg pro 10 m^3 Siloraum gewonnen werden.
Andrerseits gehören auch Kartoffeln, Rüben und Obst hierzu.

Als *Rauhfutter* findet Heu und Haferstroh, als *Kraftfutter* Eicheln, Kastanien, Mais, Hafer, Zuckerrübenschnitzel, Sesamkuchen oder -schrot Verwendung.

Salzlecken, im Handel erhältliche Lecksteine (Pfannensteine) in ältere Stöcke geklemmt – Stocksulzen *(Abb. 328b)* – oder aus 6 Teilen sandfreiem Lehm, 3 Teilen Viehsalz und 1 Teil Futterkalk selbst geknetet – Lehmsulzen –, möglichst in lichten Beständen bei den Hauptwechseln anbringen.
Zur Befriedigung des Schälbedürfnisses in der Winterzeit hat sich, namentlich beim Rotwild, das Liegenlassen wintergefällten Nadelholzes, möglichst unentrindet, bewährt.

3.2 Schutz der Nutzpflanzen

Flächenschutz

Der sicherste Schutz vor Wildschäden aller Art ist der Zaun oder das Gatter.
Hierbei wird die gesamte Kultur oder nur besonders gefährdete Teilabschnitte oder auch Laubholz- bzw. Nadelholz-Voranbauten auf Wind- und Schneebruchlücken und in Altholzbeständen eingezäunt. Vorteilhaft ist zwar der umfassende Schutz auf längere Zeit (15–20 Jahre, bei leichteren Modellen 6–8 Jahre) mit verhältnismäßig geringem Aufwand. Dagegen wird aber die Äsungsfläche eingeengt und Gatter über 4 ha Größe sind kaum mehr wildfrei zu halten.

Beim Entschluß zum Wildzaun sind folgende Überlegungen anzustellen:

Wilddichte, Wildarten, bisherige Gatterfläche, zu schützende Pflanzenzahl je ha bzw. Kulturfläche, seltene Holzarten im Revier.
Aufwand und Nutzen müssen jedenfalls in einem vertretbaren Verhältnis zueinander stehen.

Wildzäune (Holzgatter – Drahtzäune)

Wildart	Zaunhöhe	Draht Maße Maschenweite × Stärke × Höhe	Pfahlabstand[a]	Draht- oder Lattenabstand
	m	mm	m	cm
Rotwild	1,90–2,20	Knotengeflecht aus Stahl oder mit kurzen senkrechten Weichdrähten	5–8	15
			6	15

[a] Pfahlabstand in der Ebene weiter, in schneeschubgefährdeten Lagen geringer.

Flächenschutz (Wildzäune)

Wildart	Zaunhöhe	Draht Maße Maschenweite × Stärke × Höhe	Pfahlabstand	Draht- oder Lattenabstand
	m	mm	m	cm
Rehwild Hase	1,50	Knotengeflechte wie oben, Sechseckgeflecht 64 × 1,4 × 1200 + Spanndraht mit Zwischendrähten oder Sechseckgeflecht 64 × 1,4 × 1500	5–8 4 4	10 6 6
Damwild	1,50	Knotengeflechte wie oben, Sechseckgeflecht 64 × 1,8 × 1500	5–8 4	 15
Muffelwild	1,50	Knotengeflechte wie oben, Sechseckgeflecht 64 × 1,4 × 1500	5–8 4	 10
Kaninchen	1,20 (10–20 cm tief im Boden ein- gelassen, hori- zontal nach außen umgebogen)	Sechseckgeflecht 38 × 1,0 × 1500 besser (Jungkaninchen) 25 × 1,0 × 1500	4	

Holzgatter

Zur Verwertung sonst nicht absetzbarer oder unrentabler Holzsortimente wiederum aktuell, entweder als feststehendes Gatter mit eingeschlagenen Pfählen oder mit verstellbaren Horden – Hordengatter –; statt Latten oder Stangen (auch aufgetrennt) finden auch auf Holzrahmen genagelte Drahtgitter von leichterem Gewicht Verwendung;

Material: 3–4 m lange Stangen oder Latten, 1–2 m hohe „Stiele", bei Verwendung von Draht: Vier- und Sechseckgeflecht oder Knotengitter.

Drahtzäune

Neben den in der Tabelle aufgeführten Geflechten für bestimmte Wildarten, sind auch verschiedene Kombinationen möglich und erhältlich. Ferner kann durch Ansetzen von hasen- oder kaninchensicherem Geflecht ein vielseitiger Schutz erzielt werden.

Es gibt folgende Zaunarten aus Drahtgeflecht:

1. Spannzaun (Rotwild): Knotengeflechte aus starkverzinktem Stahldraht, elastisch und sehr haltbar.
2. Hängezaun (Rehwild): Sechseckgeflechte an einem Trageband aus Stahldrähten mit 2 Aufhängern, verzinkt, elastisch, kurzfristig haltbar.

3. Hängezaun an gekreuzten Pfählen: Knotengeflecht, verzinkt oder auch stark verzinkt, elastisch und (je nach Verzinkung) haltbar.
4. Schnell- oder Wanderzäune (Rotwild, Rehwild, Hase): Knotengeflechte mit spezialverzinkten Stahlrohrpfosten zum sofortigen Aufstellen; sehr geeignet für vorübergehenden Schutz, z. B. von Voranbauten.

Gegen Schwarzwild ist wohl kaum ein Zaun sicher, doch gibt es einige zusätzlich abweisende Vorrichtungen:

Heringe (90 cm lang) alle 3 m in den Boden geschlagen und am Draht verkrampt oder *Stahl-Stacheldrähte* auf 50 cm langen Läuferpfählen vorgespannt.
Zur Abwehr von Wildkaninchen hat sich mancherorts statt einer vollständigen Einzäunung auch schon eine einseitige Abschirmung gegen die Baue bewährt.

Material: geeignet sind nur am Stück verzinkte Drahtgeflechte, da sich sonst die Knoten verschieben können. Sehr dauerhafte Pfähle ergeben Kiefer, Lärche, Eiche, Robinie, Eßkastanie und Rüster. Imprägnierte Fichte ist auch recht haltbar und wird häufig benutzt. Gebräuchliche Maße sind 2 bis 2,5 m lang, 5–12 cm Zopfdurchmesser. Beachtet werden muß bei standfesten Zäunen das etwa halbmetertiefe Einschlagen der Pfosten mit dem Rammbock.

Kunststoffzäune

Bislang nur sicher und sehr haltbar kunststoffumspritztes Material mit Metallseele, andernfalls erfolgt u. U. Durchbiß (Fuchs, Schwarzwild!); sicherlich wird aber in Zukunft mit brauchbarem und billigem Gittergeflecht gerechnet werden können. Eigene Versuche verliefen aussichtsreich. Besonders im Gebirge dürfte die Minderung des Gewichts durch reine Kunststoffzäune eine große Rolle spielen. Auch sind Verletzungen mit einem solchen Material ausgeschlossen.

Technik des Zaunbaus (Hinweise)

Der Zaunbau ist eine Frage der Planung und Organisation.
Ungünstig ist ein zu kleinliches Verfahren mit einer unpassenden Form und zahlreichen Knickpunkten. Der Verlauf sollte vorausschauend festgelegt werden und u. U. noch mit in das angrenzende, demnächst kulturfähige Altholz gelegt werden. Andernfalls muß der Zaun nach kurzer Zeit versetzt werden.
Die Vergabe im Stücklohn ist immer angebracht, wo es nur irgendwie die Verhältnisse zulassen. Das Material muß rechtzeitig komplett an Ort und Stelle sein. Eine zügige Arbeit wirkt sich auch auf den Verdienst des Arbeitnehmers aus. Dies bedingt die Beschaffung moderner Handwerkzeuge und Geräte.

Grundausrüstung: Motorsäge, Bügelsäge, umhängbare Ledertasche mit Krampen, Nägeln, Zimmermannshammer, Zangen, Drahtschneider, und Rödeleisen, Spannhebel, Spannschlüssel, Spaten, Hacke (Spitz- oder Kreuzhacke), Rammbock. In ebenem Gelände und bei nicht zu steinigem Boden hat sich auch der Motorbohrer an der Hydraulik eines Schleppers oder auch die Erdbohrmaschine, in Sonderausführung sogar für steinige Böden (z. B. AS_4), bewährt.

Horden werden am besten auf Schablonen gefertigt. Bei standfesten Zäunen sind die Pfähle und Drahtrollen in den entsprechenden Abständen vorweg an der Verwendungsstelle zu lagern.
An den Eckpunkten sind die Pfosten zu verstreben. Die stets verzinkten Krampen sind wegen der Reißgefahr am Pfahl versetzt und schräg und niemals fest einzuschlagen, da das Geflecht bzw. der Sprungdraht mittels Spannern gespannt, nachgespannt (Sommer) oder gelockert (Winter) werden muß.
Tore und Überstiege sind nicht zu vergessen!
Jeder unkontrollierte Zaun (wildrein, Beschädigungen) ist nutzlos.
Einzelheiten können verschiedenen Anleitungen der Herstellerfirmen (Wander-Schnellzäune) oder der Lehrbetriebe für Waldarbeit (Itzelberg, Lampertheim, Merenberg [Weilburg]) entnommen werden.

Flächenverwitterung

Zur Vergrämung des Wildes werden Verwitterungsmittel mit einem penetranten Geruch um oder auf die zu schützende Fläche in Abständen von 10–15 m auf Stöcke und Pfähle mit Lappen oder Schwämmen verteilt.

Die Wirkungsdauer ist durch Verdunstung und Gewöhnung begrenzt. Eine absolute Sicherheit besteht nicht; praktisch nur an der Wald-Feldgrenze verwendbar. Die Entwicklung dieses Verfahrens geht auf altherkömmliche Bauernbräuche zurück, das Schadenswild von Fernkulturen fernzuhalten. Schon der bekannte Phytomediziner GLAUBEER (1604–1670) empfahl sein „Spiritum von Menschen-Haar und anderen Thieren-Haaren oder Hörnern" zum Verlappen (BRAUN 1965).

Vielfach handelt es sich also um menschen- oder sogar raubtierähnliche Geruchsstoffe oder auch andere Stinkmittel wie Steinöl, Franzosenöl, Anthropin, Arbin, Kornitol, M 7, Stinköl-Eschanex u.a. Derartige Mittel dürfen nicht auf die Pflanze selbst aufgebracht werden, da sonst u.U. Ätzschäden eintreten.

Die Aufwandmenge wird z.B. bei Anthropin mit 2 ccm/Schwamm oder Lappen oder ca. 100 ccm je ha für Ringsumschutz angegeben. Andere Methoden, wie z.B. akustische Schreckapparate (Knallschreck, Geräuschfolien) oder optische Blinkanlagen haben sich im Walde ebenfalls nicht eingebürgert.

Einzelschutz

Verbißschutz

Mechanische Mittel bestehen aus Metall, Kunststoff, Hanf, Werg oder anderen Stoffen, bei denen Pflanzenschäden nicht immer auszuschließen sind. Die Anbringung ist heute oft entscheidend:
saubere Arbeit, jedoch mühsam und kostspielig.
Drahthose oder *Baumschützer* – teuer aber sicher – *(Abb. 338a);* gleichzeitiger Schutz gegenüber Fegen; meist nur für besonders gefährdete Holzarten; entweder Sechseckgeflechte auf Rollen nach eigenem Zuschnitt (billiger!) oder zugeschnitten auf verschiedene Bahnbreiten.

Wildart	Maschenweite	Drahtstärke	Höhe	Bahnbreite
Rot- und Damwild	51 mm	1,2 mm	170 cm	120 cm
Muffelwild			150 cm	
Rehwild, Hase	38 mm	0,9 mm	110 cm	75 cm
Kaninchen juv.	25 mm			

Die Drahthose wird an 1 oder 2 Haltestäben bzw. Pfählen (innen) befestigt. Bei Hasen- und Kaninchenbesatz empfiehlt sich ein Umschlagen des Drahtgeflechts am Boden nach außen hin, da durch Scharren Schlupflöcher entstehen können. Allein gegen Reh- und Rotwild ist ein Hochsetzen der Drahthose sparsamer (nach WITZGALL).
Ausgestanzte Bleche von Getränkefirmen haben sich nicht bewährt (Schneeschub, Verletzung).
Material: einfach am Stück verzinkter oder kunststoffumspritzter Draht.
Schutzzeitraum: ca. 5 Jahre; wegen späterer Einwachsgefahr rechtzeitige Entfernung der Drahthose!

Manschetten aus imprägnierter Pappe oder aus Kunststoff: vielfach für Pappeln; billiger als Drahthosen, jedoch u.U. Mäuseburgen und Verpilzungen!

Metall-, Papier- und Kunststoffartikel: mehr oder weniger geeignet; bei unsachgemäßer Handhabung Gefahr des Einwachsens, der Knospenbeschädigung bzw. Abbiß unterhalb der Knospe u.a.; ziemlich arbeitsaufwendig und nicht immer sicher.

Abb. 337. Fehlender Austrieb der Terminal-knospe durch ein ungeeignetes Präparat (J. REISCH)

Abb. 338. Mechanischer Verbißschutz (J. REISCH)

(a) Drahthose (links: zu eng und zu kurz; rechts: richtig)

Abb. 338. (b) Hanf-Wickel an Fichte

(c) Folgeschaden durch Verschnürung

Abb. 339. Chemischer Verbißschutz (J. REISCH)

(a) Doppelbürste

(b) Hochdruckspritze mit Mesto-Dosierventil

511

Erfunden sind zahlreiche Mittel:
Terminaltrieb wird umschlungen mit Streifen aus Weichmetall (Lätare) oder klebendem Krepp-Papier (Äsonit) oder in Kunststoffpellen (Inkaschu) bzw. Kunststoffröhrchen (Wifraschu) oder Drahtspirale (Wildschraube) gesteckt; Endknospe wird mit Weißblech bekront (Knospenschützer Krone, Wibischu).

Faserstoffe: nur für wintergrüne Nadelhölzer bei lockerem und sparsamem (lamettaartig) Anhängen, nicht Wickeln, sonst Triebabschnürung und Verwachsung; leichte Arbeit ohne Verschmutzung, wenig aufwendig *(Abb. 338c)*.
Rottweiler Wildschutzfaser, Vistrafaser, Hanf (Pflanzenwerg) *(Abb. 338b)* können wesentlich gefahrloser, auch ohne Handschuhe und Schutzbrille, verarbeitet werden als durchaus manchmal mitgeäste Glas- und Steinwolle.

Vergleich verschiedener mechanischer Verbißschutzmittel

Material	Menge kg oder Stück. je 1000 Pflanzen	Arbeitszeit min je 1000 Pflanzen
Baumschützer		
(Drahtgeflecht)	1000	600
(Manschette)	1000	240
Faserstoffe	0,2–0,3	160–180
Papier- oder Metallstreifen		100

(durchschnittliche Verhältnisse einer 4jährigen Fi-Kultur bzw. Pa [Manschette] in fast ebenem Gelände ohne erschwerende Hindernisse zugrunde gelegt).

Chemische Verbißschutzmittel (alle 3 Jahre wechseln, sonst Gewöhnung!)

Sie gehören zu den ältesten Forstschutzmitteln (entsäuerte Baumteere, Hausmittel), heute überwiegend Handelspräparate mit einer garantierten Unschädlichkeit gegen Mensch und Tier sowie Pflanzenverträglichkeit *(Abb. 337)*.
Die Mittel, meist chemische Abfallprodukte, aber auch vollwertige Substanzen auf Kunstharzbasis o.ä., werden von den Prüfstellen der Biologischen Bundesanstalt für Land- und Forstwirtschaft (BBA) auf chemisch-physikalische Eigenschaften (Wischfestigkeit, Regenbeständigkeit, Viskosität u.a.) sowie auf Phytotoxizität an empfindlichen Testpflanzen, wie Saubohne, Pelargonie, Flieder, im Labor und später im Freiland auf wildabweisende Wirkung geprüft und vom Prüfausschuß anerkannt.
Die Mittel sollen eine Verbißperiode über halten und dürfen die Triebe bzw. Knospen keinesfalls verkleben. Der Schutz kann daher erst nach der Verholzung im Oktober bis November erfolgen. Frost- und niederschlagsfreie Tage sind auszuwählen (Ausnahmen).
Geschützt wird nur die Endknospe bzw. bei Hochwild auch der gesamte Endtrieb (insbesondere bei Rotwild).
Die Anwendungsvorschriften der Hersteller sind zu beachten und vor jeder Behandlung erneut durchzulesen. Nur so lassen sich Anwendungsfehler vermeiden und spätere Regreßansprüche geltend machen. Man unterscheidet Streich- und Spritzmittel.

Streichmittel:* pastenartige oder zähflüssige Substanzen mit oder ohne Zusatz von Hartstoffen. Für letztere werden entweder scharfer Sand, Kieselgur oder Kunststoffsplitter verwendet, die wegen Düsenverstopfung keine Verspritzung mehr zulassen. Andrerseits können manche Präparate unter Zusatz von Wasser auch spritzfähig gemacht werden.

---

* Amtlich anerkannte Wildverbißschutzmittel sind (gemäß PV 1969) Streichmittel: Arcotal, FCH 60 I, Flügels Verbißschutzpaste, Flügels Verbißschutzpulver, Flügolla 62, Förster Zellersche Blutsalbe, RVS, TF 5.

Spritzmittel: HT-Mittel, Arcotal nach Verdünnung mit Wasser.

Neben den amtlich anerkannten Mitteln sind die Hausmittel und vor allem die entsäuerten Baumteere weit verbreitet. Gerade letztere sind äußerst preiswert und bei mäßigem Auftrag im Streich- oder Spritzverfahren bei weniger empfindlichen Nadelholzpflanzen (Fi, Ki) durchaus empfehlenswert.

Bei den Hausmitteln gibt es verschiedene bewährte Rezepte:

z.B. 50 Ltr. Jauche, 30 Ltr. Malerkalk (15 kg), 20 Ltr. strohfreier Kuhmist (2 Eimer) oder 3 Eimer gelöschter Kalk, 1 Eimer Sand, 2 Ltr. Leinöl, 1 Schuß Petroleum oder Steinöl.

Die Beimischung von Leinöl muß genau eingehalten werden, sonst sind Verklebungen der Knospen zu erwarten. Petroleum darf wegen pflanzenschädlicher Wirkung ebenfalls nur in ganz geringen Mengen bis höchstens 1 Ltr. pro 100 Ltr. Hausmittel hinzugefügt werden.

Wegen der unsauberen Arbeit bei der Zubereitung wird heute nur noch wenig von Hausmitteln Gebrauch gemacht.

Die entsäuerten Baumteere werden vielfach schon von der Industrie durch Kalk neutralisiert. Auch ist durch eine entsprechende Formulierung mit Emulgatoren eine Verdünnung mit Wasser möglich.

Bei den Spritzmitteln ist die Anweisung der Hersteller, bes. hinsichtlich des Mischungsverhältnisses und der Verwendung von Verdünnungsmitteln, streng einzuhalten.

Die Verbißschutzmittel können, je nach ihrer Beschaffenheit, im Streich-, Spritz- oder Tauchverfahren ausgebracht werden.

Streichverfahren

Hierbei wird die Endknospe betupft oder der Endtrieb in voller Länge, bzw. nur der Spitzenteil, gestrichen. Das Verfahren ist sorgfältig, materialsparend, aber meist recht aufwendig.

Geräte für alle Mittel

- Doppelbürste mit Blattfeder oder Paforst-Griff-Band: sehr verbreitet, bei flüssigen Mitteln verschwenderisch *(Abb. 339a)*.
- Spitzenberg's Schutzmittelbehälter: 1,5 Ltr.-Behälter mit Tunkpfanne, sehr sparsam.
- Pinsel; langstielig geeignet zum Tupfen kleiner Pflanzen, bes. Ki, kurzstielig auch für größere Pflanzen (z.B. Pino-Streichgerät, bestehend aus Langstielpinsel und Blechbehälter mit aufgeklebtem Filzwiderlager, Schuhbürste mit Henkeltopf).

Für flüssige Mittel: mit und ohne Hartstoff-Zusatz:

- Verbißmittelzange „Kuckuck": mit Filz- oder Perlonwalzen; anstrengend, rupft, verklebt, Perlonwalze nicht für teerartige Mittel.

Nur ohne Hartstoffe:

- Bergners Zangenbürste: mit 5 Ltr.-Behälter; ermüdend, schwerfällig, oftmals Verstopfungen.
- Flügels Füllpinsel: mit Behälter; ähnlich Bergners Zangenbürste.
- Flügels Schwammhandschuh: mit 10 Ltr.-Behälter; Verstopfungen.
- Flügels Pflanzenschutzpumpe: mit 10 Ltr.-Behälter, Düse mit 5 mm Bohrung; sehr geeignet und rasch, z.B. für kleine Ki-Pflanzen.

Spritz- bzw. Sprühverfahren

Nach Entwicklung spritzfähiger Mittel und entsprechender Geräte ist dieses Verfahren sehr zeitsparend, bei Verwendung von Dosierventilen auch nicht mehr materialverschwendend. Es soll hier ebenfalls nur die Wipfelregion behandelt werden. Niemals dürfen Mittel mit Hartstoffen verwendet werden.

513

– Rückentragbare Motorsprühgeräte (10–12 Ltr. Behälter),
  z.B. Fontan, ASl-SL, Solo Junior 410, Stihl SG 17 u.a.; geeignet für Naturverjüngungen bei oberflächlicher Behandlung; verschwenderisch, Motorenlärm; gut verwendbar im Schaumspritzverfahren mit Schaumstoff und Härterlösung nach VÖLKER;
– Membran- und Kolbenspritzen (10–12 Ltr.-Behälter),
  z.B. Solo-Rückenspritze 425, Mesto u.a. mit Vollkegeldüse (110–115 mm Bohrung), sehr rasch, etwas verschwenderisch, durch Mesto-Dosierventil, speziell für HT-Mittel, genau dosierend;
– Spritzpumpe Habichtswald (1 Ltr. Füllinhalt), materialsparend;
– Handzerstäuber „Parus" (1 Ltr. Behälter), nach Art der Flitspritze, vielfach Verstopfungen, zu feine Tröpfchen, recht anstrengend;
– Flügels Pflanzenschutzpumpe (10 Ltr.-Behälter, Düse mit 2 mm Bohrung), bes. geeignet für kleine Pflanzen im Dichtstand (Ki);
– Hochdruckspritzen (5 Ltr.-Behälter),
  z.B. Calimax, Mesto-Resistent oder -Universal, Gloria u.a., sehr rasch, nur mit Dosierventil geeignet *(Abb. 339b)*.

Pflege

Alle Geräte sind sorgfältig in gereinigtem Zustand frostfrei aufzubewahren. Behälter sind mit Öffnung nach unten am besten auf Lattenrosten zu lagern.

Reinigung: Nach jedem Gebrauch unbedingt bei allen Geräten erforderlich; geeignet sind, je nach Anweisung des Herstellers, Spül- oder Scheuermittel, Benzin, Petroleum, Terpentin. Bei Mitteln auf Kunstharzbasis darf kein Wasser, auch nicht zum vorübergehenden Ausspülen, benutzt werden, da sich sonst unlösbare Substanzen bilden.

Tauchverfahren

Nur für flüssige Mittel bei noch nicht ausgetriebenen Pflanzen; materialsparend, Beschädigung der Triebe durch Abknicken möglich, Verschmutzung.
Der Endtrieb wird leicht umgebogen und in den daruntergehaltenen Behälter getaucht; oder auch bündelweise vor dem Pflanzen.

Vergleich verschiedener Verfahren und Geräte zum Verbißschutz

Verfahren, Gerät	Materialverbrauch kg oder Ltr. je 1000 Pflanzen	reine Arbeitszeit[a] min je 1000 Pflanzen
Streichverfahren mit entsäuertem Baumteer oder ähnlich konsistenten Mitteln		
Spitzenberg's Schutzmittelbehälter	2,0	93
Langstielbürste (Betupfen)	2,5	53
Doppelbürste	3,2	66
Bergners Zangenbürste	3,6	87
Verbißmittelzange „Kuckuck"	4,0	88
Spritzverfahren mit HT E o.a. konsistenten Mitteln		
Solo-Rückenspritze 424 mit Vollkegeldüse	3,0 (bis 7)	47
Hochdruckspritze	3,0 (bis 7)	50 mit Vollkegeldüse

---

[a] In der Arbeitszeit sind Rüstzeiten nicht enthalten, die je nach Präparat, Füllinhalt des Behälters, Ausstoß der Düse u.a. stark schwanken.

Verfahren, Gerät	Materialverbrauch kg oder Ltr. je 1000 Pflanzen	reine Arbeitszeit min je 1000 Pflanzen

Spritzverfahren mit HT E o.a. konsistenten Mitteln   *(Fortsetzung)*

Hochdruckspritze mit Mesto-Dosierventil	1,6	50
Flügels Pflanzenschutzpumpe Solo-Junior 410 mit Zusatz-Trompete	2,5 mit Schaum- und Härtestoff im Verhältnis 1:1	66
Handzerstäuber „Parus" (meist mehr als 3 Pumpenstöße)	2,5	120

(zugrunde gelegt 4–6jährige Fi im 1,5 m² Vbd. in fast ebenem Gelände ohne größere Erschwernisse).

Schälschutz

Allgemeine Grundsätze

Schälgefährdete Bestände vorziehen, Zukunftsstämme einschließlich einer Reserve (Fichte setzt um!) auswählen und kennzeichnen mit Farbtupfen (z.B. Tankpinsel Taunus), Rückeschneisen und Läuterungen wie Pflegehiebe berücksichtigen.
In der Praxis werden meist nicht mehr als 300 Stämme je ha geschützt (Kosten, Arbeitermangel). Das reicht gewöhnlich in einer Dickung oder im Stangenholz nicht aus.
Je nach Holzart wird eine entsprechende Stammzahl als schutzbedürftig angesehen (nach UECKERMANN 1961):

Fi, Ta, Dougl, Bu u.a. Lh 500–1200 Stämme je ha,
Lä 800–1000 Stämme je ha,
Ki 3000 Stämme je ha.

Die schälgefährdete Stammzone ist, je nach Wildart und Hang- bzw. Schneelage, unterschiedlich. Im allgemeinen muß der Schutz beim Rotwild 2 m, beim Dam- und Muffelwild 1,60 m hoch sein. Die Schälschutzmittel sollen mechanisch, chemisch oder biologisch das Wild vom Schälen zurückhalten. Eine Verletzung des Wildes wird ausgeschlossen.

Mechanische Verfahren

Grüneinband für wintergrüne Nadelholzarten ganzjährig außerhalb der Frostperiode, bedingt auch für Lärche;
Altersstufe: ausgehende Kultur bis beginnende Dickung;

Arbeitsweise: das Einbinden kann mit oder ohne Hilfsgeräte und von unten nach oben oder umgekehrt (Brechen von Ästen!) vorgenommen werden.

Grüneinband ohne Hilfsgerät (1-Mann-Arbeit): selten ausgeführt, da beschränkt auf schwache Stämmchen mit biegsamen Seitenästen;
der Draht wird unten an einem Zweig befestigt, spiralig um das Stämmchen gewunden und oben wiederum verankert; Fehlstellen mit Fremdreisern dicht ausstecken.

Grüneinband mit Hilfsgeräten (1-Mann- oder 2-Mann-Arbeit; stärkere Beastung): Grüneinbandringe nach GEIL (40 und 50 cm Durchmesser), nach PHILIPP (36 und 50 cm Durchmesser) mit Griffen und Verschlüssen.

Arbeitsweise: geöffneter Ring um das Stämmchen geklappt, geschlossen, stufenweise entsprechend den Astquirlen nach oben oder unten gezogen (evtl. auch durch 2 Personen). Der Baum kann mit dem Draht spiralig oder sicherer durch meist 3 Ringe eingebunden werden. Dem

Abb. 340. Fegeschutz (J. REISCH)

(a) Drahtspirale um Douglaspflanze

(b) Eingewachsene Drahspirale an Lärch

Abb. 341. Mechanisc Schälschutz (J. REISC

(a) Grüneinband m Grüneinbandring na GEIL

Abb. 341.(b) Grüne bandgerät Marjoß n WALDTSCHMIDT

(c) Trockeneinband mit Fichtenreisern

516

natürlichen Wachstum entspricht der Verlauf von unten nach oben, was vielfach zu einer Entblößung des Stammfußes führt. Lücken müssen in jedem Fall durch Fremdreiser dicht ausgesteckt werden *(Abb. 341 a)*.

Ausrüstung: Grüneinbandring je nach Umfang, Drahtschere, Drahtspinnen, Schutzbrille, Handschuhe;

Material: 1,2 mm starker, verzinkter Draht oder Perlondraht, bei letzterem sichere Verknotung wichtig; ca. 5 m Draht bei 3 Ringen je Stämmchen.

Grüneinbandgerät Marjoß nach WALDSCHMIDT: Stahlrohrachse mit 3 beweglichen Ringen; geeignet für etwa mannshohe Stämmchen.
Die Arbeitsweise ist durch das gleichzeitige Zuklappen von 3 Ringen und das Verrödeln der 2 oder 3 Drahtringe durch 1 Mann besonders rationell; zusätzlich Rödeleisen *(Abb. 341 b)*.

Trockeneinband: trockenes Reisig im Stangenholzalter, bei Dougl, Wta gleichzeitig Abwehr von Schlagschäden; nur empfehlenswert bei rascher Werbemöglichkeit von geeignetem Astmaterial, sonst durch zusätzliches Aufasten zu aufwendig.

Arbeitsweise: nach Aufastung wird der Stamm möglichst dicht mit Reisig eingebunden; rechtzeitige Entfernung des Drahtes wichtig (Einwachsgefahr *(Abb. 341 c)*).

Kunststoffgitter und Drahtmanschetten bergen ebenfalls die Gefahr des Einwachsens in sich.

Chemische Verfahren

Die chemischen Schälschutzmittel im Pflanzenschutzmittelverzeichnis sind von der BBA geprüft und anerkannt.* Trotzdem können sich bei unsachgemäßer Anwendung, z.B. zu starkem Auftrag, mangelndem Durchrühren, Schäden am Baum oder Fehlschläge ergeben. Die betreffenden Mittel dürfen nur nach der Anweisung des Herstellers benutzt werden. Vor dem Gebrauch von anderen Präparaten, wie z.B. entsäuertem Baumteer o.ä., muß nachdrücklich gewarnt werden. Die Geräte müssen sorgfältig gereinigt werden! Die Wirkung liegt im Vergällen der Rinde durch ungiftige, poröse, klebrige, oft mit Hartstoffen (Sand, Bims, Kunststoffplättchen) vermengte Substanzen.
Durch ihre begrenzte Dauerhaftigkeit (Reißen, Abblättern) von 3 Jahren, in rauhen Klimagebieten mit anhaltenden, schneereichen Wintern u.U. erheblich kürzer, ist ein wiederholter Schutz mit einzukalkulieren.

Streichverfahren: bei Laub- und Nadelholz von angehender Dickung bis Baumholz, ganzjährig mit Ausnahme von Frost- und Regenwetter; Vorsicht bei Aufastung der Dougl im Winterhalbjahr (*Phomopsis*-Infektion!), sehr aufwendig *(Abb. 342 b)*.

Arbeitsweise:
Angehende Dickung (evtl. noch Jungwuchs) (2-Mann-Arbeit): 1 Arbeiter(in) schneidet Äste zwischen den Quirlen ab etwa 1 m Höhe heraus, 1 Arbeiter(in) folgt mit Stielpinsel oder Spezialpinsel und streicht die freigelegten Stellen.

Ausrüstung: Löweschere o.a., Stielpinsel mit 5 Ltr. Kunststoffeimer oder Flügel's Füllpinsel mit rückentragbarem Behälter, Schutzbrille und Handschuhe empfehlenswert.

Dickung bis Baumholz (Laub- und Nadelholz) (2-Mann-Arbeit): 1 Arbeiter(in) astet mit Rebsäge auf und bürstet die Rinde mit Stahlbürste, zur Beseitigung von Flechte, Moos, Schuppen u.a., ab, 1 Arbeiter(in) streicht mit Pinsel, am besten von unten nach oben, 1–3 mm stark nach vorherigem Abkehren des Stammfußes von Laub- und Nadelstreu.

Ausrüstung: starkborstiger Malerpinsel, besser Karbolineumpinsel mit kräftigem Stiel, 5 Ltr. Kunststoffeimer, Rebsäge, Stahlbürste.

---

* Anerkannte Schälschutzmittel (gemäß PV 1969): Arcotin und HTA auch spritzfähig, FS-Garant-60, Schälschutzmittel Fahlberg.

517

Spritzverfahren (Laub- und Nadelholz) ab geläutertem Bestand: nur empfehlenswert mit Hochdruckspritze und Dosierventil; vorteilhaft durch fehlende Stammvorbereitung (Aufasten, Abbürsten) und 1-Mann-Arbeit *(Abb. 342a)*.

Arbeitsweise: 1-Mann-Arbeit
Stamm wird im raschen Auf- und Abfahren, mit kurzen Spritzstößen zur Materialersparnis, ringsum abgefächelt.

Ausrüstung: Hochdruckspritze mit Momentabstellventil oder Spritzpistole mit Momentabstellventil, Fischmauldüse, in Dickungen Verlängerungsrohr (50–75 cm lang).

Mechanisch-biologische Verfahren

Rinde wird durch entsprechend scharfe Geräte aufgerauht, zur frühen Verborkung und bei Nadelholz noch zur Verharzung angeregt. Dadurch soll das Eingreifen des Äsers* verhindert werden. Tiefe Einschnitte mit Verletzung des Kambiums sind in jedem Fall zu vermeiden (Rot- und Weißfäule). Die Wundkorkbildung tritt bei Fichte erst im 2. Jahr nach der Behandlung ein, bei anderen Holzarten meist wesentlich früher, nach 4–5 Monaten. Daher ist, zumal bei Fichte, die Frühjahrsarbeit zweckmäßig. Sonst ist bis zum Winter kein vollwertiger Schutz gegeben, der Schälschaden kann sogar wegen entfernter Äste noch forciert werden. Laubholz darf nur mit allergrößter Vorsicht und erst nach Abschluß des Wachstums (Verbluten) im Spätsommer oder Herbst gekratzt werden.

Schwarzwälder Rindenkratzer (Abb. 343d): meist nur dünnrindiges, schwachastiges Nadelholz; durch geringe Größe leichte Handhabung auch zwischen den Ästen; schonende Behandlung.

Rindenkratzer nach FLAMMINGER: ältestes Schälschutzgerät in 2 Ausführungen mit doppelseitigen, gleichlangen oder vorstehenden Eckzähnen, schon bei leichtem Druck äußerst gefährlich, bes. mit ungleichen Zähnen, nur verwendbar bei ganz vorsichtiger Führung und leichter Hand in wenig astigen Beständen; oft Fischgrätmuster auch bei Bu bewährt.

Rindenritzer nach HEUELL-BAUER *(Abb. 343b):* nach Art des Pferdestriegels mit verstellbarer Zahnplatte; bei richtiger Einstellung sehr geeignet; auch Abschlagen trockener Äste oder Arbeit zwischen den Ästen.

Rindenpunktierroller nach GEIL *(Abb. 343a):* rotierende Messerscheiben für Laubholz, feststehend für Nadelholz, schwaches Reisig kann abgeschlagen werden, sehr geeignet.

Rindenschneidroller nach DR. HEUELL: ähnlich Punktierroller, jedoch wesentlich schwerer und schwerfälliger, ermüdend, Messerscheiben nicht feststellbar, Trockenäste können abgeschlagen werden.

Rindenhobel nach GERSTNER *(Abb. 343c):* bes. für Fi, Ta – verstellbares Hobelmesser–; Hobelstellen nicht länger als 10 cm und in Abständen der Gerätekopfbreite fischgrätenartig; Trockenäste können abgeschlagen werden.

Forstenrieder Rindenhobel: nach Art des Reißhakens; Idee gut, praktisch nicht brauchbar – Kombination von Hobelmesser und Flamminger in Miniatur –, handlich, aber zu schwach.

---

* Äser = Maul (Jägersprache).

Abb. 342. Chemischer Schälschutz (J. Reisch)

(a) Spritzverfahren

(b) Streichverfahren

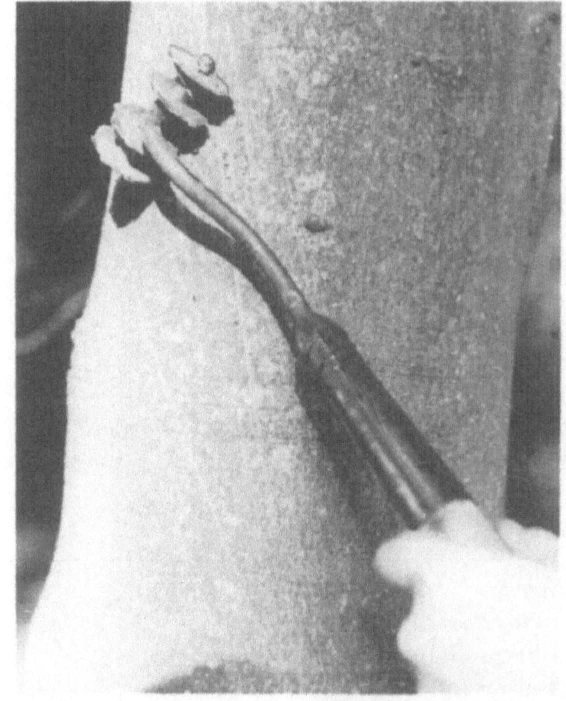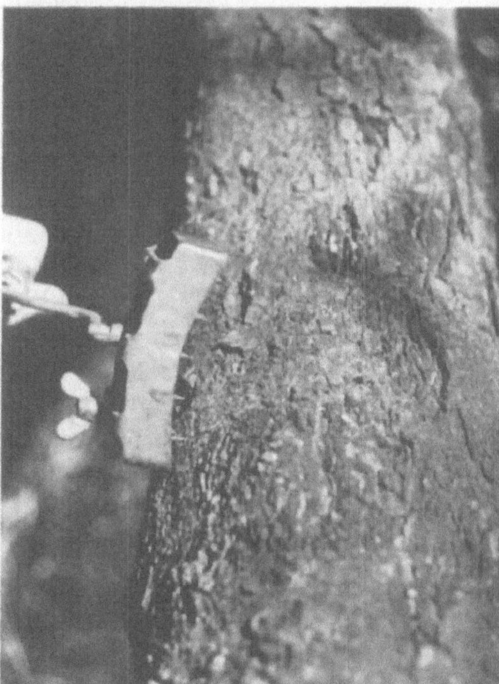

Abb. 343. Mechanisch biologischer Schälschutz (J. Reisch)

(a) Rindenpunktierroller nach Geil

(b) Rindenritzer nach Heuell-Bauer

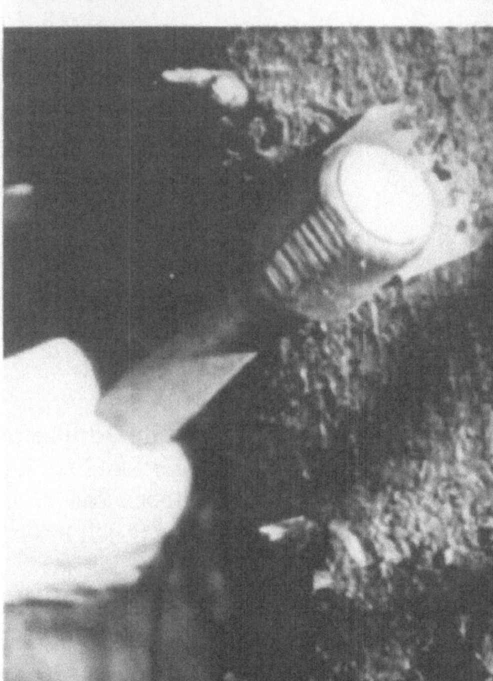

Abb. 343. *(c)* Rindenhobel nach Gerstner

(d) Schwarzwälder Rindenkratzer

519

Vergleich der Schälschutzverfahren

	Verfahren, Gerät	Materialverbrauch		reine Arbeitszeit
		Draht m je Stamm	Präparat g je Stamm	min je Stamm
mechanisch	*Grüneinband*			
	Grüneinbandring	5		8
	Grüneinbandgerät	5		5
	Trockeneinband	3		10
chemisch	*Streichverfahren* (Stammdurchmesser in 1,3 m Höhe unter 8 cm)			
	Stielpinsel (Stammdurchmesser in 1,3 m Höhe über 8 cm)		150–200	2–4
	Karbolineumpinsel		195–670	4–6
	Spritzverfahren (Stammdurchmesser in 1,3 m Höhe unter 8 cm)			
	Hochdruckspritze mit Momentabschlußventil und Vollkegeldüse (1,5 mm Bohrung) (Stammdurchmesser in 1,3 m Höhe über 8 cm)		130–150	0,5–1
	Hochdruckspritze mit Momentabschlußventil und Vollkegeldüse (1,5 mm Bohrung)		350–460	1–2
mechanisch- biologisch	*Kratzen – Ritzen – Punktieren – Hobeln* (mittelastige Fi mit Stamm- durchmesser in 1,3 m Höhe von 8–15 cm)			
	Rindenpunktierroller Geil			2
	Rindenschneidroller			
	Dr. Heuell			2,5
	Rindenritzer Heuell-Bauer			3,0
	Schwarzwälder Rindenkratzer			3,0
	Rindenkratzer Flamminger			3,0
	Rindenhobel Gerstner			5,0
	Forstenrieder Rindenhobel			5,0

Fegeschutz

Wichtig ist der rechtzeitige Schutz vor dem Fegen (Rehbock März–Ende April, Rothirsch und Damspießer Juli, Damhirsch August) mit entsprechenden Mitteln an der fegegefährdeten Stelle, beim Rehbock von 20 bis 100 cm Höhe, bei echten Hirschen wesentlich höherreichend. Der Schutz richtet sich in der Hauptsache gegen das Fegen des Rehbocks, da für das Schlagen und

Fegen der echten Hirsche kaum ein Gerät stabil genug ist. Die Wucht des Geweihs ist ziemlich groß, und jeder Eindringling im Gehege bekommt sie zu spüren. Es gibt eine Fülle von Abwehrmitteln, die alle mehr oder weniger erfolgreich sind. Die Gewöhnung schaltet aber bald das eine oder andere noch so gepriesene Mittel aus. Es soll hier genauso wie beim Wildverbißschutz ständig gewechselt werden. Außerdem soll sich der Fegeschutz auf die wirklich gefährdeten Holzarten beschränken und nicht etwa die gesamte Kultur in einen klimpernden und blitzenden Blechwald verwandeln. Der Fegeschaden kann durch Belassen oder Einbringen von Weichhölzern ganz wesentlich gemindert werden.

Mechanische Fegeschutzmittel (teilweise mit optischer Wirkung)

Sie dürfen keine Gefahr für das Wild oder die Pflanze sein.

- Baumschützer (Drahthosen, Manschetten) *(Abb. 338a):* sehr geeignet; gleichzeitiger Schutz gegen Schlagen und Verbiß; teuer (s. Verbißschutz).
- Fegeschutz Pflanzenheil: einschlagbarer Eichenstab mit angekrampten Querdrähten; bewährt, leichte Anbringung.
- Fegeschutz Ohlsen: einstechbarer Eisenstab mit Querdrähten zum Umbiegen um die Pflanze; bewährt, leichte Anbringung.
- Stachelbaum: 80–160 cm Gesamtlänge, 4–8 Stacheletagen (Metall); Einwachsgefahr.
- Spelsberg's Stachelschützer: 1 m langer Eisenstab mit angeschweißten Querstacheln (Metall); Einwachsgefahr. Waldmichel und gekerbte oder ungekerbte Drahtspiralen (beides Metall) sind nur bei vorsichtiger Anbringung und Kontrolle hinsichtlich der Einwachsgefahr anwendbar *(Abb. 340a, b).*
- Fegeschutzspiralen aus Kunststoff sind noch nicht genügend erprobt.

Blenden:

- Aluminiumband: wird von unten her um die Pflanze gewickelt; Rolle mit 250 m reicht für ca. 120 Pflanzen; meist wenig geachtet und dann im Gehörn.
- Aluminium-Folie: 6 × 17 cm mit Öse und verzinkten Bindedrähten.
- Fegeschutz-Distel: in 2 Formaten 75 × 105 mm und 150 × 150 mm aus Leichtmetall; einfach auf Stämmchen, auch übereinander, aufsteckbar; vielfach bewährt; nicht einwachsend, (eigene Erfindung).

Natürliche Fegeschutzmittel

- Trockene Fichtenwipfel (Rauhwipfel): neben die Pflanze gestellt, evtl. mit Draht verbunden; recht gut, jedoch sperrig und nur rationell bei vorhandenem Material.
- Gerissener (gespaltener) Eichenpfahl: ca. 1,40 m lang neben der Pflanze eingeschlagen, mit oder ohne Befestigung; bewährt, aber sehr unschön.
- Konservendosenringe, leere Blechdosen (kein Motorenöl) mitunter abwehrend.

Abwehrmaßnahmen gegen Rot- und Damhirsch

- Grüneinband: bei Lä und bei Dougl auch Trockeneinband;
- feste Fegeböcke aus Stangen- und Lattenmaterial (auch für Wildobst, Kastanie) mit 1,80 m Höhe bei Rothirsch, 1,50 m Höhe bei Damhirsch, evtl. auch Holzrahmen mit Viereckgeflecht bespannt; Abwehren evtl. auch durch starken, 1,60 m langen Stachelbaum.

Chemische Fegeschutzmittel in verschiedenen Farben zur optischen Wirkung.

Streich- oder Spritzverfahren: mit Malerpinsel oder Hochdruckspritze (Momentabstellventil, Fischmauldüse); bewährt auch bei Laubholz gegen Fegen des Rehbocks; Aufwand: 20–40 g/Pfl., 100–120 Pfl./h.

Den idealen Fegeschutz, vollkommen pflanzenunschädlich, absolut fegesicher, einfach in der Handhabung, wetterbeständig und dauerhaft für wenigstens 3 Jahre, gibt es nicht!*

---

* Anerkannte Fegeschutzmittel (gemäß PV 1969): Fegol (rot), Flügol (weiß), Fegesol (blau).

521

Abb. 344. Knorrige Alteiche „Biologisch Gold"; Herberge für Eulen, Spechte, Meisen u. a. Höhlenbrüter sowie Fledermäuse (W. Sittig)

Schlußwort

Zweck dieses Buches soll es sein, das Verständnis für die Umweltprobleme einer Schadensabwehr im Walde zu wecken! Gleichzeitig soll hiermit an das Verantwortungsbewußtsein eines jeden appelliert werden, der sich mit der Schädlingsbekämpfung in irgendeiner Form befaßt.

Der menschliche Eingriff in die Natur kann ungewollte und nicht immer übersehbare Reaktionen auslösen, die möglicherweise wie ein Bumerang auf uns alle zurückkommen.

Möge es meinen verehrten Lesern vergönnt sein, für die Erhaltung der Natur und ihrer Geschöpfe tatkräftig mitzustreiten!

(Zeichnung von Revierförster Jörg D. Schultz.)

Literaturverzeichnis

Abkürzungen der häufiger gebrauchten Fachzeitschriften im Literaturverzeichnis

ADI	Allgemeine Deutsche Imkerzeitung, Bad Godesberg
AF	Archiv für Forstwesen, Berlin
AFJZ	Allgemeine Forst- und Jagdzeitung, Frankfurt/M.
AFZ	Allgemeine Forstzeitschrift, München
AS	Anzeiger für Schädlingskunde, Berlin
BA	Biologische Abhandlungen, Wiesbaden
BBA	Biologische Bundesanstalt für Land- und Forstwirtschaft, Berlin
DF	Der Deutsche Forstwirt, Berlin
FA	Forstarchiv, Hannover
FC	Forstwissenschaftliches Centralblatt, Berlin
FH	Der Forst- und Holzwirt, Hannover
FI	Forsttechnische Information, Mainz
FM	Forstschutz-Merkblätter, Göttingen
GP	Gesunde Pflanzen, Frankfurt/M.
H	Hilgardia, Berkeley/California
HZ	Holz-Zentralblatt, Stuttgart
JaE	The Journal of Applied Ecology, Oxford
MaE	Monographien zur Angewandten Entomologie, Berlin
MBBA	Mitteilungen der Biologischen Bundesanstalt für Land- und Forstwirtschaft, Braunschweig
MFF	Mitteilungen aus Forstwirtschaft und Forstwissenschaft, Hannover
NDP	Nachrichtenblatt des Deutschen Pflanzenschutzdienstes, Stuttgart
Pb	Pflanzenschutzberichte, Wien
TFJ	Tharandter Forstliches Jahrbuch, Berlin
UWT	Die Umschau in Wissenschaft und Technik, Frankfurt/M.
VGaE	Verhandlungen der Deutschen Gesellschaft für angewandte Entomologie, Berlin
W	Waldhygiene, Würzburg
ZaC	Zeitschrift für angewandte Chemie, Berlin
ZaE	Zeitschrift für angewandte Entomologie, Berlin
ZaZ	Zeitschrift für angewandte Zoologie, Berlin
ZB	Zeitschrift für Bienenforschung
ZF	Zentralblatt für das gesamte Forstwesen, Wien
ZFJ	Zeitschrift für Forst- und Jagdwesen, Berlin
ZPK	Zeitschrift für Pflanzenkrankheiten (Pflanzenpathologie) und Pflanzenschutz, Stuttgart

Allgemein

BARNER, J.: Experimentelle Ökologie des Kulturpflanzenanbaus. Hamburg–Berlin: P. Parey 1965.
BAULE, H., FRICKER, CL.: Die Düngung von Waldbäumen. München–Basel–Wien: BLV 1967.
BRAUN, H.: Geschichte der Phytomedizin. Berlin–Hamburg: P. Parey 1965.

BRAUN-RIEHM: Krankheiten und Schädlinge der Kulturpflanzen. Berlin–Hamburg: P. Parey 1957.

CARSON, R.: Der stumme Frühling. München: Biederstein 1962.

CLAUS/GROBBEN/KÜHN: Lehrbuch der Zoologie. Spezieller Teil. 10. Aufl. Berlin–Heidelberg–New York: Springer 1971.

CUNY: Chemie. Bearbeitet von BONZ, BRAUER, CUNY, GREINER, SICH, WEBER. Hannover–Berlin–Darmstadt–Dortmund: H. Schroedel 1965.

DENGLER, A.: Waldbau auf ökologischer Grundlage. Berlin: J. Springer 1930.

EIDMANN, H.: Lehrbuch der Entomologie. 1. Aufl. Berlin: P. Parey 1941, 2. Aufl. neubearbeitet von KÜHLHORN, F., Hamburg und Berlin: P. Parey 1970.

ESCHERICH, K.: Die Forstinsekten Mitteleuropas. Bd.1: Allgemeiner Teil. Berlin: P. Parey 1914. Weitere Bände s. unter „Speziell".

FAES, H., STAEHELIN, M., BOVEY, P.: Krankheiten und Schädlinge der Kulturpflanzen. Bern: Hallwag. Lausanne: Librairie Payot 1948.

FRICKHINGER, H.W.: Leitfaden der Schädlingsbekämpfung. Stuttgart: Wissenschaftl. Verlagsgesellschaft 1955.

FRITZSCHE, R., GEILER, H., SEDLAG, U.: Angewandte Entomologie. Jena: VEB G. Fischer 1968.

GÄBLER, H.: Forstschutz gegen Tiere. Radebeul–Berlin: Neumann 1955.

GILLIARD, E.TH., STEINBACHER, G.: Knaurs Tierreich in Farben – Vögel. München–Zürich: Droemersche Verlagsanst. Th. Knaur Nachf. 1959.

HESS, R.: Der Forstschutz. 1. u. 2. Bd. Leipzig: B.G. Teubner 1898.

HESS-BECK: Forstschutz. Hrsg. BERGMANN, 1. Bd. 1927; 2. Bd. 1930. J. Neumann-Neudamm 1927/1930.

JUDEICH-NITSCHE: Lehrbuch der Mitteleuropäischen Forstinsektenkunde. I. und II. Bd. Berlin: P. Parey 1895.

KLOTS, A.B., KLOTS, E.B.: Knaurs Tierreich in Farben – Insekten. München–Zürich: Droemersche Verlagsanst. Th. Knaur Nachf. 1959.

KNIGGE, W., SCHULZ, H.: Grundriß der Forstbenutzung. Hamburg–Berlin: P. Parey 1966.

KNUCHEL, H.: Holzfehler. Zürich: W. Classen 1947.

KÖNIG, E.: Tierische und pflanzliche Holzschädlinge. Stuttgart: Holz-Zentralblatt 1957.

KRÖNING, F.: Jagdtierkunde. In: Handbuch der Deutschen Jagd, hrsg. von BIEGER. Berlin: P. Parey 1941.

KÜHN, A.: Grundriß der allgemeinen Zoologie. Stuttgart: G. Thieme 1967.

KÜHNELT, W.: Grundriß der Ökologie. Stuttgart: G. Fischer 1970.

LEDERER, G.: Einführung in die Schädlingskunde. Guben: Verl. der Internationalen Entomologischen Zeitschrift 1928–1932.

LOYCKE, H.J.: Die Technik der Forstkultur. München–Basel–Wien: BLV 1963.

NÖRDLINGER, H.: Lehrbuch des Forstschutzes. Berlin: P. Parey 1884.

NÜSSLEIN, F.: Jagdkunde. München–Basel–Wien: BLV 1967.

NÜSSLIN-RHUMBLER: Forstinsektenkunde. Berlin: P. Parey 1927.

RATZEBURG, J.TH.C.: Die Waldverderber und ihre Feinde. 7. Aufl. vollständig neu bearbeitet von JUDEICH. Berlin: Nicolai'sche Verlags-Buchhdlg. 1867.

RUBNER, K.: Neudammer Forstliches Lehrbuch, I. und II. Bd. J. Neumann-Neudamm 1942.

RUPF, H., SCHÖNHAR, S., ZEYHER, M.: Der Forstpflanzgarten. München–Basel–Wien: BLV 1961.

SCHIMITSCHEK, E.: Grundzüge der Waldhygiene. Berlin–Hamburg: P. Parey 1969.

SCHWERDTFEGER, F.: Die Waldkrankheiten. 1. Aufl. 1944; 2. Aufl. 1957; 3. Aufl. 1970. Hamburg–Berlin: P. Parey 1944/1957/1970.

SORAUER, P.: Handbuch der Pflanzenkrankheiten, I.–VI. Bd. in einzelnen Lieferungen, z.T. noch in Vorbereitung, bisher erschienen 1949–1970. Hamburg–Berlin: P. Parey 1949–1970.

TISCHLER, W.: Synökologie der Landtiere. Stuttgart: G. Fischer 1955.

TISCHLER, W.: Agrarökologie. Jena: VEB G. Fischer Verl. 1965.

VITÉ, J.P.: Die holzzerstörenden Insekten Mitteleuropas. Textband 1952, Tafelband 1953. Göttingen- Musterschmidt 1952/1953.

WEBER, H.: Der Forstbetriebsdienst. Lehrbuch für die forstliche Praxis. 4. Aufl. 1961. 5. Aufl. in 2 Bänden 1969/70. München–Basel–Wien: BLV.

WILL, J.: Die wichtigsten Forstinsekten. 3. Aufl. Neubearbeitet von WOLFF. J. Neumann-Neudamm 1933.

Lexika und allgemeine Bestimmungsbücher

BROHMER, P.: Fauna in Deutschland. 11. Aufl. Heidelberg: Quelle & Meyer 1971.

BUHR, H.: Bestimmungstabellen der Gallen (Zoo- und Phytocecidien) an Pflanzen Mittel- und Nordeuropas, Bd. I, 1964; Bd. II, 1965. Jena: G. Fischer 1964/1965.

BUSSE, J.: Forstlexikon. 1. Bd. 1929; 2. Bd. 1930. Berlin: P. Parey 1929/1930.

DIETRICH, G., STÖCKER, F.-W.: ABC Biologie. Frankfurt/Main–Zürich: H. Deutsch 1968.

FÜRST, H.: Forst- und Jagd-Lexikon. Berlin: P. Parey 1888.

HARTIG, G.L., HARTIG, TH.: Forstliches und forstnaturwissenschaftliches Conversations-Lexikon. Stuttgart–Tübingen: J.G. Cotta'sche Buchhdlg. 1836.

KOCH, R.: Bestimmung der Insektenschäden an Fichte und Tanne. Berlin: P. Parey 1910.

KOSCH, A., AICHELE, D.: Was blüht denn da? Kosmos-Gesellschaft der Naturfreunde. Stuttgart: Franckh'sche Verlagshandlung 1965.

SCHIMITSCHEK, E.: Die Bestimmung von Insektenschäden im Walde. Hamburg–Berlin: P. Parey 1955.

SCHMEIL-FITSCHEN: Flora von Deutschland. 72. Aufl. von RAUH. Heidelberg: Quelle & Meyer 1960.

SCHMIDT, G.: Die deutschen Namen wichtiger Arthropoden. Berlin–Hamburg: Kommissionsverl. P. Parey 1970.

STANEK, V.J.: Das große Bilderlexikon der Insekten. Gütersloh: C. Bertelsmann 1968.

Speziell

Wald – Umwelt – Lebensgemeinschaft – Biologisches Gleichgewicht

BASF: Pflanzenschutzmittel, Limburgerhof.

BERAN, F.: Der gegenwärtige Stand unserer Kenntnisse über die Bienengiftigkeit und Bienengefährlichkeit unserer Pflanzenschutzmittel. GP **22**, H. 2 (1970).

BERAN, F., NEURURER, J.: Zur Kenntnis der Wirkung von Pflanzenschutzmitteln auf die Honigbiene (*Apis mellifica* L.) 2. Mitteilung: Bienengefährlichkeit von Pflanzenschutzmitteln. Pb **17**, H. 8/12 (1956).

Biologische Bundesanstalt für Land- und Forstwirtschaft: Pflanzenschutzmittelverzeichnis 1969. Merkblatt Nr. 1 (22. Aufl.), April 1969; (23. Aufl.), April 1972.

BLUMENBACH, D.: Pestizide in der Umwelt. Berlin–Hamburg: Kommissionsverl. P. Parey 1971.

BRAUN, H.: Geschichte der Phytomedizin. Berlin–Hamburg: P. Parey 1965.

CARSON, R.L.: Der stumme Frühling. München: Biederstein 1963.

CRAMER, H.H.: Zur Frage der Insektizidauswirkung auf Waldbiozönosen. Merck Blätter **7**, Folge 1 (1957).

DREES, H.: Pflanzenschutzmittel-Verbrauch im Wandel von fünfzehn Jahren. GP **19,** H. 12 (1967).

ESCHERICH, K.: Die angewandte Entomologie in den Vereinigten Staaten. Berlin: P. Parey 1913.

FRANZ, J.M., KRIEG, A.: Biologische Schädlingsbekämpfung. Berlin–Hamburg: P. Parey 1972.

GÜNTHER, G., WACHENDORFF, R.: Chemische Unkrautbekämpfung in der Forstwirtschaft. München–Basel–Wien: BLV 1966.

HANF, M.: Entwicklung und Ausmaß der Pflanzenschutzmittel-Anwendung. ZPK **73**, H. 9 (1966).

HOLZ, W., LANGE, B.: Fortschritte in der chemischen Schädlingsbekämpfung, 5. Aufl. Oldenburg (Oldb.): Landwirtschaftsverlag Weser-Ems 1962.

HORBER, E.: Eradication of white grub (*Melolontha vulgaris* F.) by sterile male technique. Proc. Symp. Radiation and Radioisotopes applied to insects of agricultural importance. Athen 1963.

KLIMMER, O.R.: Pflanzenschutz- und Schädlingsbekämpfungsmittel. Hattingen/Ruhr: Hundt 1964.

KÜHNELT, W.: Grundriß der Ökologie. Stuttgart: G. Fischer 1970.

LAN AN DER, H.: Toxikologische Probleme moderner Pflanzenschutzmittel. UWT **21**, 1964.

MAIER-BODE, H.: Pflanzenschutzmittel-Rückstände. Stuttgart: Eugen Ulmer 1965.

MAIER-BODE, H.: Herbizide und ihre Rückstände. Stuttgart: Eugen Ulmer 1971.

MATHYS, G.: Gedanken zu aktuellen Pflanzenschutzproblemen. GP **23**, H. 4 (1971).

MAYER, K.: Die Verwendung von Lockstoffen in der Schädlingsbekämpfung. GP **20,** H. 6 u. 9 (1968).

NEUFFER, G.: Biological Control of the San José Scale with *Prospaltella perniciosi* Tow. in South-Western Germany. OEPP/EPPO Public. Ser. A **48,** 1969.

ORTH, H.: Wirkungsweise und Abbau der forstlich wichtigen Herbizide. AFZ **22,** H. 11/12 (1967).

PROVERBS, M.D.: Induced sterilization and control of insects. Ann. Rev. Ent. **14,** 1969.

RACK, K., ZYCHA, H.: Richtlinien für die Prüfung von Forstschutzmitteln gegen Kiefernschütte. Berlin: BBA 1966.

REISCH, J.: Das Luftfahrzeug in der Land- und Forstwirtschaft. Mannheim 1958.

REISCH, J.: Zur Praxis der Forstschädlingsprognose. W **8,** H. 7/8 (1970).

REISCH, J., KREUSLER, H., KEIL, W., ROSSBACH, R.: Aussichten einer biologischen Bekämpfung des Grünen Eichenwicklers (*Tortrix viridana* L.) und seiner Schadgesellschaft im Dauerschadgebiet des Main-Kinzig-Beckens. FH **22,** H. 7 (1967).

SCHÄFER, K., SALA, E.: Der Bauer und der stumme Frühling. Der stumme Frühling hat zwei Gesichter. Agrarjahr 1965. Würzburg: Vogel 1965.

SCHIMITSCHEK, E.: Grundzüge der Waldhygiene. Berlin–Hamburg: P. Parey 1969.

SCHINDLER, U.: Großaktionen gegen forstschädliche Insekten in Nordwestdeutschland. FA **41,** 1970.

SCHINDLER, U.: Bekämpfungsversuche gegen Forstinsekten mit Konzentrat-Sprühen (Ultra low volume-Verfahren). ZaE **65,** H. 3 (1970).

SCHWENKE, W.: Grundzüge der Populationsdynamik und Bekämpfung der gemeinen Kiefernbuschhorn-Blattwespe, *Diprion pini* L. ZaE **54,** 1964.

SCHWERDTFEGER, F.: Prognose und Bekämpfung forstlicher Großschädlinge. Berlin: Reichsnährstand-Verlag 1941.

SCHWERDTFEGER, F., EHRHARDT, W.: Zur Eignung von Chemosterilantien für die Forstschädlingsbekämpfung. Vorläufige Mitteilung über erste Versuche mit dem Borkenkäfer *Ips typographus* L. FH **21,** 1966.

STEGER, O.: Erfahrungen bei der Kiefernspannerbekämpfung 1957 in Oberfranken. AFZ **13,** H. 22 (1958).

STÜBEN, M.: Chemosterilantien. Berlin: BBA 1969.

THIELMANN, K.: Nonnenbekämpfung 1950 im Forstamt Weiden/Opf. AFZ **6,** H. 5 (1951).

THIELMANN, K.: Nonnenbekämpfung unter Einsatz von DDT-Nebel. AFZ **10,** H. 6 (1955).

THIELMANN, K.: Die Kieferneulenbekämpfung 1956 in Mittelfranken. AFZ **11,** H. 51 (1956).

TISCHLER, W.: Agrarökologie. Jena: VEB G. Fischer 1965.

VITÉ, J.P.: Über die Anwendbarkeit insekteneigener Lockstoffe im Forstschutz. FH **20,** H. 5 (1965).

ZWÖLFER, W.: Forstschädlingsprognosen 1960 für Bayern. AFZ **15,** H. 19 (1960).

Kleinlebewesen (Viren, Rickettsien, Bakterien, Mikrosporidien) und Pilzkrankheiten

BAVENDAMM, W.: Der Hausschwamm und andere Bauholzpilze. Stuttgart: G. Fischer 1969.

BIRD, F.T.: The use of a Virus Disease in the Biological Control of the European Pine Sawfly, *Neodiprion sertifer* (Geoffr.). The Canadian Entomologist **85**, H. 12 (1953).

BURGERJON, A., KLINGLER, K.: Détermination au laboratoire de l'époque de traitement de *Tortrix viridana* L. avec une préparation à base de *Bacillus thuringiensis* Berliner. Ent. exp. appl. **2,** 1959.

BUTIN, H., ZYCHA, H.: Forstpathologie. Stuttgart: G. Thieme 1973.

FRANZ, J.M., KRIEG, A.: Schädlingsbekämpfung mit Bakterien *(Bacillus thuringiensis)*. GP **13,** 1961.

FRANZ, J.M., KRIEG, A.: *Bacillus thuringiensis*-Präparate gegen Forstschädlinge-Erfahrungen in der Alten Welt. GP **19**, H. 9 (1967).

FRANZ, J.M., KRIEG, A., REISCH, J.: Freilandversuche zur Bekämpfung des Eichenwicklers *(Tortrix viridana* L.) *(Lep. Tortricidae)* mit *Bacillus thuringiensis* im Forstamt Hanau. NDP **19**, H. 3 (1967).

FRITZSCHE, R., GEILER, H., SEDLAG, U.: Angewandte Entomologie. Jena: VEB G. Fischer 1968.

GRISON, P.: Aerial distribution of a pathogenie preparation against the processionary caterpillar. Agricultural aviation. **1**, H. 2 (1959).

HALL, I.M.: Studies of microorganisms pathogenic to the sod webworm. H **22**, H. 15 (1954).

HERRMANN, E.: Schutz der Wälder gegen Gewächse. In: Neudammer Forstliches Lehrbuch, 1. Bd. J. Neumann-Neudamm 1942.

HUGHES, K.M.: The Development of an insect virus within cells of its Host. H **22**, H. 12 (1953).

KLINKOWSKI, M.: Pflanzliche Virologie, Bd. I und II. Berlin: Akademie-Verl. 1968.

KÖNIG, E.: Tierische und pflanzliche Holzschädlinge. Stuttgart: Holz-Zentralblatt 1957.

KRIEG, A.: Grundlagen der Insektenpathologie. Darmstadt: Dr. Dietrich Steinkopff 1961.

KRIEG, A.: *Bacillus thuringiensis* Berliner. Berlin: BBA 1961.

MÜLLER-KÖGLER, E.: Pilzkrankheiten bei Insekten. Hamburg–Berlin: P. Parey 1965.

RACK, K.: Wo und wann muß die Kiefernschütte bekämpft werden? FM H. 8 (1958).

REISCH, J., KREUSLER, H., KEIL, W., ROSSBACH, R.: Aussichten einer biologischen Bekämpfung des Grünen Eichenwicklers (*Tortrix viridana* L.) und seiner Schadgesellschaft im Dauerschadgebiet des Main-Kinzig-Beckens. FH **22**, H. 7 (1967).

RUŽIČKA: Erfahrungen über die Nonne *(Liparis monacha)*. Prag 1927.

RYPÁČEK, V.: Biologie holzzerstörender Pilze. Jena: VEB G. Fischer 1966.

SORAUER, P.: Handbuch der Pflanzenkrankheiten, 2. Bd. Die Virus- und bakteriellen Krankheiten. Berlin–Hamburg: P. Parey 1954.

STEINHÀUS, E.A.: Report on diagnoses of diseased Insects. 1944–1950. H **20**, H. 22 (1951).

STEINHAUS, E.A.: Microbial Control – The Emergence of an Idea. H **26**, H. 2 (1956).

THOMPSON, CL.G., STEINHAUS, ED.A.: Further Tests using a Polyhedrosis Virus to Control the Alfalfa caterpillar. H **19**, H. 14 (1950).

WEISER, J.: Die Mikrosporidien als Parasiten der Insekten. Hamburg–Berlin: P. Parey 1961.

ZANDER, E.: Immen und Imkerei. Stuttgart: Eugen Ulmer 1950.

Unerwünschter (verdämmender) Pflanzenwuchs

ALBRECHT, R.: Über den Einsatz herbizidwirksamer Düngemittel. AFZ **20**, H. 16/17 (1965).

BARNER, J.: Experimentelle Ökölogie des Kulturpflanzenbaus. Hamburg–Berlin: P. Parey 1965.

BASF: Zeit- und Kostenaufwand der Kultur- und Jungbestandspflege, herausgegeben von der Forstberatungsstelle der BASF, Limburgerhof 1971.

BURSCHEL, P., RÖHRIG, E.: Unkrautbekämpfung in der Forstwirtschaft. Hamburg–Berlin: P. Parey 1960.

CARL, K., ZWÖLFER, H.: Untersuchungen zur biologischen Bekämpfung einiger Unkräuter und Schädlinge in Landwirtschaft und Obstbau. AS **38,** H. 6 (1965).

CARSON, R.: Der stumme Frühling. München: Biederstein 1963.

DEPPENMEIER, E.: Bessere Kulturpflege durch chemische Unkrautbekämpfung. FI, H. 2/3 (1970).

DOSTAL, D.: Maschineneinsatz im Forstbetrieb. FI, H. 4/5 (1963).

DOSTAL, D.: Exkursionsführer zur KWF-Tagung in Lüneburg 1964.

FINGER, E., ORTH, H.: Zur gegenwärtigen Situation der 2, 4, 5-T-Frage. GP **22,** H. 8 (1970).

FRÖHLICH, H.-J.: Mineralöle als Trägerstoff für synthetische Wuchsstoffe. AFZ, H. 16 (1961).

GEIL, J.: Einfache und billige Laubholzläuterungen mit dem Tankpinsel „Taunus". FH, H. 16 (1962).

GÜNTHER, G.: Die chemische Unkrautbekämpfung in der Forstwirtschaft bei Bestandesbegründung und Bestandespflege. Dissertation 1965.

GÜNTHER, G., WACHENDORFF, R.: Chemische Unkrautbekämpfung in der Forstwirtschaft. München–Basel–Wien: BLV 1966.

HASSAN, Erol: Untersuchungen über die Bedeutung der Kraut- und Strauchschicht als Nahrungsquelle für Imagines entomophager Hymenopteren. Dissertation Hann.-Münden 1966.

HESMER, H., MEYER, J.: Waldgräser. Hannover: M. u. H. Schaper 1959.

HUFFAKER, C.B.: The Biological Control of Weeds. Weed Control, Principles of plant and animal pest control. Washington **2,** 1968.

KIRWALD, E.: Schädlingsbekämpfung durch Sprühen von Dieselöl als Giftträger. AFZ **16,** H. 27/28 (1961).

Kuratorium für Waldarbeit und Forsttechnik (KWF): Planungsunterlagen für den Forstbetrieb, 1. vorläufige Ausgabe. Buchschlag bei Frankfurt a.M. 1964.

LAMBRECHT, W.: Forstschutztechnik. Geräte – Verfahren – Wirtschaftlichkeit. AFZ **21,** H. 42 (1966).

LOYCKE, H.J.: Die Technik der Forstkultur. München–Basel–Wien: BLV 1963.

NIETZKE, G.: Biologische Bekämpfung von Teichunkräutern. GP **22,** H. 5 (1970).

REISCH, J.: Über das vermehrte Auftreten von *Anisandrus dispar* F. und *Taphrorychus bicolor* Hbst. in chemisch geläuterten Laubholzbeständen. AS **34,** H. 8 (1966); W **6,** H. 6 (1966).

RUBNER, K.: Neudammer Forstl. Lehrbuch, Bd. I und II. J. Neumann-Neudamm 1942.

RUPF, H., SCHÖNHAR, S., ZEYHER, M.: Der Fortpflanzgarten. München–Basel–Wien: BLV 1961.

SAUER, TH.: Unkrautfibel Schering, herausgegeben von Schering AG Berlin-Bergkamen 1969.

SCHINDLMAYR, A.: Welches Unkraut ist das? Stuttgart: Franckh'sche Verlagshdlg. 1961.

SCHMEIL-FITSCHEN: Flora von Deutschland. 72. Aufl. von RAUH. Heidelberg: Quelle & Meyer 1960.

SIMMONDS, F.J.: Possibilities of Biological Control of Bracken *Pteridium aquilinum.* Repr. Pest Articles and news summaries section C **13,** 1967.

SPULER, A.: Die Raupen der Schmetterlinge Europas. Stuttgart: E. Schweizerbart 1904.

STORCH, K., DEPPENMEIER, E.: Fortschritte und neue Erfahrungen bei der chemischen Unkrautbekämpfung im Walde. FI, H. 4/5 (1967).

WAGNER, H.: Raupen mitteleuropäischer Großschmetterlinge. 4. Aufl. Eßlingen–München: J.F. Schreiber.

Waldarbeitsschule: Leistungs- und Kostensätze. Lehrbetrieb für Waldarbeit Lampertheim 1970.

WEBER, H.: Forstbetriebsdienst. Lehrbuch für die forstliche Praxis. 4. Aufl. 1961; 5. Aufl. in 2 Bänden (Waldbau und Waldnutzung) unter Schriftleitung von GUTSCHICK 1969/70. München–Basel–Wien: BLV.

WEBER, T.: Die chemische Läuterung der Buche und der Bestand an holzzerstörenden Käfern. AFJZ, H. 7 (1966).

WIECZOREK, H.: Zur Kenntnis der Adlerfarninsekten. Ein Beitrag zum Problem der biologischen Bekämpfung von *Pteridium aquilinum* (L.) Kuhn in Mitteleuropa. ZaE **72,** H. 4 (1972/73).

WOELFLE: Wald – Wasser – Dieselöl. AFZ, H. 16 (1961).

ZÜRN, F.: Neuzeitliche Düngung des Grünlandes. Frankfurt: DLG 1968.

Insekten

Springschwänze, Libellen oder Wasserjungfern, Netzflügler, Geradflügler, Ohrwürmer

BECHTEL, H.: Heimische Libellen. Hannover: Landbuch-Verlag 1965.

ESCHERICH, K.: Die Forstinsekten Mitteleuropas, 2. Bd. Die Urinsekten, die Geradflügler, die Netzflügler und die Käfer. Berlin: P. Parey 1923.

HARZ, K.: Die Geradflügler Mitteleuropas. Jena: VEB G. Fischer 1957.

HARZ, K.: Geradflügler oder Orthopteren. Die Tierwelt Deutschlands. Begründet von DAHL, 46. Teil. Jena: VEB G. Fischer 1960.

JUDEICH-NITSCHE: Lehrbuch der Mitteleuropäischen Forstinsektenkunde, Bd. I, Ratzeburgs Leben. Einleitung. Gerad- und Netzflügler, Käfer und Hautflügler. Berlin: P. Parey 1895.

MAY, E.: Libellen oder Wasserjungfern *(Odonata)*. Die Tierwelt Deutschlands. Begründet von DAHL, 27. Teil. Jena: G. Fischer 1933.

Käfer

ESCHERICH, K.: Die Forstinsekten Mitteleuropas, 2. Bd. Berlin: P. Parey 1923.

FREUDE, H., HARDE, K.W., LOHSE, G.A.: Die Käfer Mitteleuropas. 11 Bde. (davon 5. Bd. noch nicht erschienen). Krefeld: Goecke & Evers 1965–1971.

GAUSS, R.: Starke Zunahme von Wertholzschädlingen HZ 57 (1954).

JUDEICH-NITSCHE: Lehrbuch der Mitteleuropäischen Forstinsektenkunde, Bd. I, Berlin: P. Parey 1895.

KUHNT, P.: Illustrierte Bestimmungstabellen der Käfer Deutschlands. Stuttgart: E. Schweizerbart 1913.

RATZEBURG, J.TH.C.: Die Forst-Insecten. Erster Theil: Die Käfer. Berlin: Nicolai'sche Buchhdlg. 1837.

REITTER, E.: Fauna Germanica – Die Käfer des Deutschen Reiches. I. Bd. 1908; II. Bd. 1909; III. Bd. 1911; IV. Bd. 1912; V. Bd. 1916. Stuttgart: K.G. Lutz.

SCHAUFUSS, C.: Calwer's Käferbuch, Bd I und Bd. II. Stuttgart: E. Schweizerbart 1916.

SCHIMITSCHEK, E.: Schlüssel zur Bestimmung der wichtigsten forstlich schädlichen Käfer. Berlin–Göttingen–Heidelberg: Springer 1955.

WELLENSTEIN, G. et al.: Die große Borkenkäferkalamität in Südwestdeutschland 1944–1951, herausgegeben von der Forstschutzstelle Südwest, Ringingen. Ulm: Gesamtherstellung Ebner.

Schmetterlinge

ECKSTEIN, K.: Die Schmetterlinge Deutschlands. 1. Bd. Allgemeiner Teil; Spezieller Teil: 1. Die Tagfalter, 1913, 2. Bd.: 2. Die Schwärmer und Spinner, 1915, 3. Bd.: 3. Die eulenartigen Falter, 1920, 4. Bd.: 4. Die Spanner und die bärenartigen Falter, 1923, 5. Bd.: 5. Die Kleinschmetterlinge Deutschlands, 1933, 6. Bd. Stuttgart: K.G. Lutz.

EIDMANN, H.: Die Forleule in Preußen im Jahre 1933. Hannover: M & H. Schaper 1934.

ESCHERICH, K.: Die Forstinsekten Mitteleuropas. 3. Bd. Die Schnabelhafte, die Köcherfliegen, die Schmetterlinge. Berlin: P. Parey 1931.

FORSTER, W., WOHLFAHRT, TH.A.: Die Schmetterlinge Mitteleuropas. Bd. II Tagfalter, 1955; Bd. III Spinner und Schwärmer, 1960; Bd. IV Eulen, 1971. Stuttgart: Franckh'sche Verlagshandlg.

HEINEMANN, H. VON: Berge's Schmetterlings-Buch. Stuttgart: Verl. für Naturkunde (Dr. Julius Hoffmann) (1899).

HOFMANN, E.: Die Groß-Schmetterlinge Europas. Stuttgart: C. Hoffmann'sche Verlagsbuchhdlg 1887.

531

Literaturverzeichnis

JUDEICH-NITSCHE: Lehrbuch der Mitteleuropäischen Forstinsektenkunde. Bd. II: Schmetterlinge, Zweiflügler, Schnabelkerfe. Die Feinde der einzelnen Holzarten. Berlin: P. Parey 1895.

LAMPERT, K.: Die Großschmetterlinge und Raupen Mitteleuropas. Eßlingen–München: J.F. Schreiber 1907.

RATZEBURG, J.TH.C.: Die Forst-Insecten. Zweiter Theil: Die Falter. Berlin: Nicolai'sche Buchhdlg. 1840.

SCHWERDTFEGER, F.: Beiträge zur Kenntnis des Kiefernspinners, *Dendrolimus pini* L., und seiner Bekämpfung. MFF, H. 7 (1936).

SCHWERDTFEGER, F.: Der Kiefernspanner. Hannover: M. & H. Schaper 1937.

SCHWERDTFEGER, F.: Das Eichenwicklerproblem. Hiltrup: Landwirtschaftsverlag 1961.

SEITZ, A.: Die Großschmetterlinge der Erde. 1. Bd. Die Palaearktischen Tagfalter, 1909; 2. Bd. Die Palaearktischen Spinner u. Schwärmer, 1912/13; 3. Bd. Die eulenartigen Nachtfalter, 1914; 4. Bd. Die spannerartigen Nacht-Falter, 1915; weitere Folgen bis 1970. Stuttgart: F. Lehmann, Verlag d. Seitz'schen Werkes (Alfred Kerner) 1909–1970.

SPULER, A.: Die Schmetterlinge Europas. II. Bd., III. Bd., IV. Bd.: Die Raupen. Stuttgart: E. Schweizerbart 1910.

WAGNER, H.: Raupen mitteleuropäischer Großschmetterlinge. 4. Aufl. Eßlingen–München: J.F. Schreiber

WELLENSTEIN, G.: Die Nonne in Ostpreußen 1933–1937. MaE, H. 15 (1943).

Hautflügler

BEAUMONT DE, J.: Insecta Helvetica, Fauna 3: *Hymenoptera, Sphecidae*. Lausanne 1964.

BEHLEN, W.: Ein bienenschonendes Verfahren für die Schädlingsbekämpfung. ADI, H. 7 (1969).

BEHRNDT, G.: Die Bedeutung der roten Waldameise bei Forleulenkalamitäten. ZFJ **65** (1933).

BERAN, F.: Der gegenwärtige Stand unserer Kenntnisse über die Bienengiftigkeit und Bienengefährlichkeit unserer Pflanzenschutzmittel. GP **22,** H. 2 (1970).

BERAN, F., NEURURER, J.: Zur Kenntnis der Wirkung von Pflanzenschutzmitteln auf die Honigbiene (*Apis mellifica* L.). 2. Mitteilung: Bienengefährlichkeit von Pflanzenschutzmitteln. Pb **17,** H. 8/12 (1956).

BISCHOFF, H.: Biologie der Hymenopteren. Berlin: J. Springer 1927.

BLÜTHGEN, P.: Die Faltenwespen Mitteleuropas. Berlin: Akademie Verlag 1961.

BÖHR, H.-J.: Zur Kenntnis von *Erdoesina alboannulata* (Ratz). *(Hymen., Chalcid.)*, einem Puppenparasiten der Forleule, *Panolis flammea* Schiff. *(Lepid., Noct.)*. ZaE **56,** H. 2 (1965).

BÖTTCHER, F.K.: Die Wirkung der chemischen Schädlingsbekämpfung auf die Bienenzucht. Ein Rückblick auf Vergiftungsfälle, wissenschaftliche Untersuchungen und deren Methodik. AS (1937).

BUCHNER, R.: Über das Verhalten von Bienen und Waldameisen an einem gemeinsamen Futterplatz. ZB **4** (1958).

BURKHARDT, D., SCHLEIDT, W., ALTNER, H.: Signale in der Tierwelt. München: H. Moos 1966.

CANTZLER, TH.: Künstliche Ameisenvermehrung. Der Deutsche Forstbeamte **2,** 41 (1924).

COTTI, G.: Bibliografia Ragionata 1930–1961 del gruppo *Formica rufa* in italiano, deutsch, english. Minist. Agric. For. Roma 1963.

EIDMANN, H.: Die forstliche Bedeutung der Ameisen. MFF **1** (1930).

EIDMANN, H.: Die forstliche Bedeutung der roten Waldameise. ZaE **12** (1926).

EHRHARDT, H.J.: Die Bedeutung von Königinnen mit arrhenotoker–♂♂ Zeugung aus unbefruchteten Eiern – Parthenogenese für die Männchenzeugung in den Staaten von *Formica polyctena* Foerster *(Hymenoptera, Formicidae)*. Dissertation 1970.

ESCHERICH, K.: Die Ameise. Braunschweig: Vieweg & Sohn 1906.

ESCHERICH, K.: Ameisen und Pflanzen. TFJ **60** (1909).

ESCHERICH, K.: Eine Reise ins norddeutsche Eulengebiet. FC **47** (1925).

ESCHERICH, K.: Die Forstinsekten Mitteleuropas. 5. Bd. *Hymenoptera* (Hautflügler) und *Diptera* (Zweiflügler). Berlin: P. Parey 1942.

FINKENBRINK, W.: Neue Insektizide. AS **16** (1940).

FOREL, A.: Les Formis de la Suisse. Zürich 1874.

FOSSEL, A.: Anleitung zur Determination einiger in Mitteleuropa verbreiteten Vertreter des Genus *Cinara* Cort. *(Aphioidea, Lachnidae)*. W **8**, H. 5/6 (1970).

FRANZ, J., WELLENSTEIN, G.: Lassen sich durch eine Frühbegiftung die natürlichen Feinde des Tannentriebwicklers (*Choristoneura murinana* Hb.) schonen? ZPK **65**, (1958).

FRISCH, K. VON: Aus dem Leben der Bienen. Verständliche Wissenschaft, Bd. 1. Berlin–Göttingen–Heidelberg–New York: Springer 1964.

FRISCH, K. VON: Tanzsprache und Orientierung der Bienen. Berlin–Heidelberg–New York: Springer 1965.

FRITZSCHE, R., GEILER, H., SEDLAG, U.: Angewandte Entomologie. Jena: VEB G. Fischer 1968.

GÖSSWALD, K.: Beobachtungen über den Schutz eines Kiefernbestandes vor der Kiefernbuschhornblattwespe *Diprion (Lophyrus)* pini L. durch die rote Waldameise. ZFJ **72** (1940).

GÖSSWALD, K.: Die rote Waldameise im Dienste der Waldhygiene. Lüneburg: Metta Kinau Verlag Wolf & Täuber 1952.

GÖSSWALD, K.: Über die biologischen Grundlagen der Zucht und Anweiselung junger Königinnen der Kleinen Roten Waldameise nebst praktischen Erfahrungen. W **2** (1957).

GÖSSWALD, K.: Sicherstellung des Erfolges der Waldameisenhege. W **8**, H. 7/8 (1970).

HARTIG, G.L., HARTIG, TH.: Forstliches und forstnaturwissenschaftliches Conservations-Lexikon. Stuttgart–Tübingen: J.G. Cotta'sche Buchhdlg. 1836.

HESS-BECK: Forstschutz, Bd. 1. Hrsg. BORGMANN. J. Neumann-Neudamm 1927.

HIMMER, A.: Bienenzucht und Schädlingsbekämpfung. Die Bayer. Biene 1932.

HUBER, P.: Recherches sur les Moeurs de Formis indigènes. Paris 1810.

JUDEICH-NITSCHE: Lehrbuch der Mitteleuropäischen Forstinsektenkunde, Bd. I. Berlin: P. Parey 1895.

KLOFT, W.: Über die Einwirkung einiger bienenwirtschaftlich wichtiger Rindenläuse auf das Pflanzenwachstum. ZB **1**, 56 (1951).

LISCHKA: Waldameisen zum Schutze junger Waldkulturen. ZF **32** (1906).

MÜLLER, H.: Können Honigtau liefernde Baumläuse *(Lachnidae)* ihre Wirtspflanzen schädigen? ZaE **39**, H. 2 (1956).

OLBERG, G.: Das Verhalten der solitären Wespen Mitteleuropas. Berlin: VEB Deutscher Verlag der Wissenschaften 1959.

OTTO, D.: Die Roten Waldameisen. Die Neue Brehm-Bücherei. Wittenberg-Lutherstadt: A. Ziemsen 1962.

OTTO, D.: Zur Schutzwirkung von *Formica polyctena* Foerst. in einem Massenvermehrungsgebiet von *Diprion pini* L. ZaZ **54** (1967).

PRELL, H.: Das Rätsel des Eichentriebschnitts, *Camponotus herculeanus* L. als Eichenfeind. TFJ **76** (1925).

QUEDNAU, W.: Die biologischen Kriterien zur Unterscheidung von *Trichogramma*-Arten. ZPK **63** (1956).

QUEDNAU, W.: Über den Einfluß von Temperatur und Luftfeuchtigkeit auf den Eiparasiten *Trichogramma cacoeciae* Marchal. MBBA H. 90 (1957).

QUEDNAU, W.: Über die Identität der *Trichogramma*-Arten und einiger ihrer Ökotypen *(Hymenoptera, Chalcidoidea, Trichogrammatidae)*. MBBA, H. 100 (1960).

RATZEBURG, J.TH.C.: Die Ichneumonen der Forstinsecten, Bd. 1, 1844; Bd. 2, 1848; Bd. 3, 1852; Berlin: Nicolai'sche Buchhandlung 1844–1852.

RATZEBURG, J.TH.C.: Die Forst-Insecten, 2. Theil, 1840; 3. Theil, 1844. Berlin: Nicolai'sche Buchhdlg. 1840/1844.

Literaturverzeichnis

RATZEBURG, J. TH. C.: Über die künstliche Vermehrung der Hügelameise. ZFJ **3** (1871).
RATZEBURG, J. TH. C.: Die Waldverderber und ihre Feinde. 7. Aufl. Hrsg. JUDEICH. Berlin: Nicolai'sche Verlags-Buchhandlung 1876.
REISCH, J.: Das Luftfahrzeug in der Land- und Forstwirtschaft. Mannheim 1958.
ROON VON: Neue Erfahrungen und Projekte auf dem Gebiete der künstlichen Ameisenvermehrung in der Oberförsterei Wirschkowitz. DF **14,** 46 (1932).
SCHMIEDEKNECHT, O.: Die Hymenopteren Nord- und Mitteleuropas. Jena: G. Fischer 1930.
SCHREMMER, F.: Wespen und Hornissen. Die Neue Brehm-Bücherei. Wittenberg–Lutherstadt: A. Ziemsen 1962.
SCHWENKE, W.: Versuche zur biol. Bekämpfung der Forleule, *Panolis flammea* Schiff. *(Lepid., Noct.),* durch den Eiparasiten *Trichogramma embryophagum* Htg. *(Hymen., Chalc.).* AS **35** (1962).
SCHWENKE, W.: Erfolgreiche Versuche zur biol. Bekämpfung der Forstschädlinge *Diprion pini* L. *(Hymen., Tenthr.)* und *Panolis flammea* Schiff. *(Lepid., Noct.)* vermittels Chalcididen *(Hymen.).* ZaE **53** (1964).
STELLWAAG, F.: Die Schmarotzerwespen (Schlupfwespen) als Parasiten. MaE, H. 6 (1921).
STOECKHERT, F. K.: Fauna Apoideorum Germaniae. München: Verlag der Bayr. Akademie der Wissenschaften 1954.
STUTE, K.: Untersuchungsbericht über die Bienenschäden des Jahres 1970. ADI **5** (1971).
TISCHLER, W.: Synökologie der Landtiere. Stuttgart: G. Fischer 1955.
TISCHLER, W.: Agrarökologie. Jena: VEB G. Fischer 1965.
WELLENSTEIN, G.: Die biologische Bekämpfung der Forleule durch den Eiparasiten *Trichogramma minutum* RILEY. MFF **5** (1934).
WELLENSTEIN, G.: Die Waldimkerei. AFZ **24,** 29 (1969).
ZANDER, E.: Immen und Imkerei. 2. Aufl. Stuttgart: Eugen Ulmer 1950.

Zweiflügler

ESCHERICH, K.: Die Forstinsekten Mitteleuropas, 5. Bd. Berlin: P. Parey 1942.
HENDEL, F.: Zweiflügler oder *Diptera.* II: Allgemeiner Teil. Die Tierwelt Deutschlands und der angrenzenden Meeresteile, begründet von DAHL. Jena: G. Fischer 1928.
HERTING, B.: Biologie der westpaläarktischen Raupenfliegen *Dipt., Tachinidae.* MaE, H. 16 (1960).
JUDEICH-NITSCHE: Lehrbuch der Mitteleuropäischen Forstinsektenkunde, Bd. II. Berlin: P. Parey 1895.
LINDNER, E.: Die Fliegen der paläarktischen Region, Bd. IV/3. Stuttgart: E. Schweizerbart 1938.
MOHRIG, W.: Die Culiciden Deutschlands. Jena: VEB G. Fischer 1969.
RATZEBURG, J. TH. C.: Die Forst-Insecten, 3. Theil. Berlin: Nicolai'sche Buchhdlg. 1852.

Schnabelkerfe

BÖRNER, C., HAUPT, H., HEDICKE, H., JANCKE, O.: Schnabelkerfe, *Rhynchota (Hemiptera).* In: Die Tierwelt Mitteleuropas, IV. Bd., Lief. 3. Hrsg. von BROHMER/EHRMANN/ULMER. Leipzig: Quelle & Meyer 1935.
BÖRNER, C., HEINZE, K., KLOFT, W., LÜDICKE, M., SCHMUTTERER, H.: Homoptera, II. Teil *(Aphidoidea, Coccoidea).* In: Handbuch der Pflanzenkrankheiten, Bd. V: Tierische Schädlinge an Nutzpflanzen, 2. Teil. Hrsg. SORAUER. Hamburg–Berlin: P. Parey 1957.
EICHHORN, O.: Eine neue Tannenlaus der Gattung *Dreyfusia (Dreyfusia merkeri nov. spec.).* ZaZ **44,** (1957).
EICHHORN, O.: Natürliche Verbreitungsareale und Einschleppungsgebiete der Weißtannen-Wolläuse (Gattung *Dreyfusia*) und die Möglichkeiten ihrer biologischen Bekämpfung. ZaE **61,** H. 2 (1969).

JUDEICH-NITSCHE: Lehrbuch der Mitteleuropäischen Forstinsektenkunde, Bd. II. Berlin: P. Parey 1895.

OTTEN, E., MÜLLER, H.J.: *Heteroptera* und *Homoptera*, I. Teil. In: Handbuch der Pflanzenkrankheiten, hrsg. von SORAUER, Bd. V. Tierische Schädlinge an Nutzpflanzen, 2. Teil. Hamburg–Berlin: P. Parey 1956.

RATZEBURG, J.TH.C.: Die Forst-Insecten. Dritter Theil. Berlin: Nicolai'sche Buchhdlg. 1852.

STEFFAN, A.W.: Generative Parallelreihen in den Entwicklungszyklen der Fichtengallenläuse. UWT. **69**, H. 25 (1969).

WAGNER, E.: Ungleichflügler, Wanzen, *Heteroptera (Hemiptera)*. In: Die Tierwelt Mitteleuropas. Hrsg. BROHMER/EHRMANN/ULMER. IV. Bd., Lief. 3 (Heft xa). Leipzig: Quelle & Meyer. 1961.

Vogelhege und Waldvögel

AMES, P.L.: DDT residues in the eggs of the Osprey in the north-eastern United States and their relation to nesting success. JaE **3**, Suppl. (1966).

BERLEPSCH, H. FRHR. VON: Der gesamte Vogelschutz. Halle: H. Gesenius 1904.

BUTLER, PH.A.: Pesticides in the marine environment. JaE **3**, Suppl. (1966).

CRAMER, H.H.: Zur Frage der Insektizidauswirkung auf Waldbiozönosen. Merck-Blätter **7**, (1957).

DANCKWORTT, P.W., PFAU, E.: Über Massenvergiftungen von Tieren durch Bestäubung vom Flugzeug. ZaC (1926).

FEHRINGER, O.: Die Vögel Mitteleuropas. I. u. II. Bd. Heidelberg: Carl Winter 1956/1964.

FISCHER, H.: Die Kleine Fichtenblattwespe (*Nematus abietum* Htg.) im Forstamt Eichwald (Ostpreußen). MFF **13**, H. 3 (1942).

FLÖRICKE, K.: Deutsches Vogelbuch. Stuttgart: Kosmos Ges. der Naturfreunde 1907.

GIEBEL, C.G.: Vogelschutzbuch. Die nützlichen Vögel unserer Äcker, Gärten und Wälder. Berlin: Wiegand & Hempel 1868.

GILLIARD, E.TH., STEINBACHER, G.: Knaurs Tierreich in Farben – Vögel. München–Zürich: Droemersche Verlagsanst. Th. Knaur Nachf. 1959.

GLASEWALD, K.: Vogelschutz und Vogelhege. J. Neumann-Neudamm 1937.

GLOGER, C.W.L.: Die nützlichsten Freunde der Landwirtschaft unter den Thieren. Allgem. Deutsche Verlagsanstalt 1858.

GRÖNLUND, H.: Die Gartenhecke. In: Unser Heckenbuch. Von Forstbaumschule Conrad Appel, Darmstadt 1964.

GROLLEAU, G., GIBAN, J.: Toxicity of seed dressings to game birds and theoretical risks of poisoning. JaE **3**, Suppl. (1966).

HANZAK, J.: Das große Bilderlexikon der Vögel. Gütersloh: C. Bertelsmann 1965.

HEINROTH, O., HEINROTH, M.: Die Vögel Mitteleuropas. Frankfurt/M.: H. Deutsch 1966.

HEINZE, K.: Meisen und Nonneneier. Naturwissenschaftliche Zeitschrift für Land- und Forstwirtschaft **8** (1910).

HENZE, O., ZIMMERMANN, G.: Gefiederte Freunde. München–Basel–Wien: BLV 1966.

HERBERG, M.: Drei Jahrzehnte Vogelhege zur Niederhaltung waldschädlicher Insekten durch die Ansiedlung von Höhlenbrütern. AF **9** (1960).

HOLZ, W., LANGE, B.: Fortschritte in der chemischen Schädlingsbekämpfung. Oldenburg: Landwirtschaftsverlag Weser-Ems 1962.

HUNT, E.G.: Studies of pheasant-insecticide relationships. JaE **3**, Suppl. (1966).

KAUTZ: Vogelschutz am Waldesrand. 3. Waldheft. Hamburg: Deutscher Wald 1930.

KEIL, W.: Vogelschutzhilfsmittel. In: Taschenbuch für Vogelschutz. Frankfurt/M.–Wien: W. Limpert 1962.

KEIL, W.: Beiträge zur Ermittlung der Fütterungsfrequenz einiger Singvogelarten. Angew. Ornithologie **1**, H. 3–4 (1963).

KEITH, J.O.: Insecticide contaminations in wetland habitats and their effects on fish-eating birds. JaE **3,** Suppl. (1966).

KENNEWEG, H.: Die Vogelschutzbestrebungen in Hessen; Entwicklung, Organisation und Wirksamkeit des hessischen Vogelschutzes. Staatsprüfungsarbeit 1970 (unveröffentlicht).

KLÜBER: Das preußische Feld- und Forstpolizeigesetz. Das Forstdiebstahlgesetz. Hrsg. vom Kriminalamt für die brit. Zone. Hamburg 1947.

KLUIJVER, H.N.: Bijdrage tot de biologie en de ecologie van den Spreeuw (*Sturnus vulgaris* L.) gedurende zijn voortplantings-tijd. Wageningen 1933.

KOEMAN, J.H. et al.: Insecticides as a Factor in the Mortality of the Sandwich Tern (Sterna sandvicensis). Gent: Mededelingen Rijksfaculteit Landbouw-Wetenschappen. **32,** H. 3/4 (1967).

KOEMAN, J.H. et al.: Vogelsterfte door landbouwvergiften. Landbouwkundig Tijdschrift **80,** H. 5 (1968).

KÖNIG, C.: Europäische Vögel. Stuttgart: Belser 1966.

KOLSTER: Bekämpfung des Kiefernspanners in der Oberförsterei Hersfeld-Ost vom Flugzeug aus. ZFJ (1927).

MANSFELD, K.: Vogelschutz in Wald, Feld und Garten. Vogelschutzwarte Seebach der Biol. Zentralanstalt für Land- und Forstwirtschaft 1950.

MITZLAFF, A.: Naturschutzgesetzgebung. Lübeck: Verlag f. pol. Fachschrifttum 1949.

MÖRZER-BRUIJNS, M.F.: Bird Mortality in the Netherlands in the spring of 1960, due to the use of pesticides in agriculture. International council for Bird Preservation, **IX,** 1963.

ORTLEPP, W.: Nonne und Vogelschutz. FC **55** (1933).

PETERSON, R., MOUNTFORT, G., HOLLOM, P.A.D.: Die Vögel Europas. Hamburg–Berlin: P. Parey 1963.

PFEIFER, S.: Taschenbuch der deutschen Vogelwelt. Frankfurt/M.: W. Kramer 1950.

PFEIFER, S.: Taschenbuch für Vogelschutz. Frankfurt/M.–Wien: W. Limpert 1962.

PFEIFER, S., KEIL, W.: Siebenjährige Untersuchungen zur Ernährungsbiologie nestjunger Singvögel. Luscinia **32** (1959).

PLATE, F.: Beobachtungen und Untersuchungen eines Forstpraktikers über die Beziehungen zwischen Waldvögeln und Forstinsekten. BA, H. 29–30 (1964).

PRZYGODDA, W.: Untersuchungen über den Einfluß von E 605 forte auf unsere Vogelwelt. Die Vogelwelt **75** (1954).

PRZYGODDA, W.: Pflanzenschutzmittel und Vogelwelt mit Berücksichtigung der übrigen freilebenden Tierwelt. BA, H. 12 (1955).

PRZYGODDA, W.: Auswirkungen einer Maikäferbekämpfung mit Dieldrin auf den Vogelbestand und die Einwirkung von E 605 forte auf Jungvögel (Nestlinge). Ornith. Mitt. **9** (1957).

PRZYGODDA, W.: Die Auswirkungen einiger Pflanzenschutzmittel auf Vögel. Tagungsber. Nr. 30. Dt. Akad. d. Landwirtschaftswissenschaften, Berlin 1960.

PRZYGODDA, W.: Inwieweit kommen Pflanzenschutzmittel als Todesursache für Vögel in Frage? Falke, H. 4 (1962).

RIESENTHAL, O. VON: Die Kennzeichen unserer Raubvögel nebst kurzer Anleitung zu Jagd und Fang. Charlottenburg–Berlin: Selbstverlag des Verfassers 1884.

RÖRIG, G.: Magenuntersuchungen land- und forstwirtschaftlich wichtiger Vögel. Arbeiten aus der Biol. Abt. für Land- und Forstwirtschaft am Kaiserl. Gesundheitsamte **1,** H. 1 (1898).

RÖHRIG, G.: Studien über die wirtschaftliche Bedeutung der insektenfressenden Vögel und Untersuchungen über die Nahrung unserer einheimischen Vögel, mit besonderer Berücksichtigung der Tag- und Nachtraubvögel. Arbeiten aus der Biol. Abt. für Land- und Forstwirtschaft am Kaiserl. Gesundheitsamte **4,** H. 1 (1905).

RÖHRIG, G.: Die wirtschaftliche Bedeutung der Vogelwelt als Grundlage des Vogelschutzes. Mittlg. aus der Kaiserl. Biol. Anstalt für Land- und Forstwirtschaft H. 9 (1910).

RUSS, K.: Zum Vogelschutz. Leipzig: Hugo Voigt 1882.

SCHERPING, U., VOLLBACH, A.: Das Reichsjagdgesetz vom 3. Juli 1934. J. Neumann-Neudamm 1935.

SCHIFFERLI, A.: Auswirkungen einer Insektizid-Aktion gegen den Grauen Lärchenwickler auf die Vogelwelt im Goms (Oberwallis). Der Ornithologische Beobachter **63** (1966).

SCHIFFERLI, A.: Auswirkungen einer Endosulfan-Behandlung gegen Maikäfer auf den Vogelbestand der betroffenen Wälder. Der Ornithologische Beobachter **64,** H. 1 (1967).

SCHILDMACHER, H.: Wir beobachten Vögel. Jena: VEB G. Fischer 1970.

SCHINDLER, U.: Einfluß der Meisen *(Paridae)* auf die Populationsdichte der Lärchenminiermotte (*Coleophora laricella* Hbn.) im Kalamitätsgebiet des Emslandes. AFJZ **143** (1972).

SCHÖNBECK, H.: Auswirkungen der Anwendung chemischer Pflanzenschutzmittel auf höhlen- und halbhöhlenbrütende Singvogelarten in Obstanlagen. Pb **37**, H. 10/11 (1968).

SCHÜTTE, F.: Vogelschutz und Eichenwickler. Zur Problematik. AS **33** (1960).

SCHUSTER, P.W.: Unsere einheimischen Vögel. Gera-Reuß: Heimatverlag 1909.

SCHWERDTFEGER, F.: Das Eichenwickler-Problem. Hiltrup: Landwirtschaftsverlag 1961.

STEINFATT, O., WELLENSTEIN, G.: Folgeerscheinungen der Giftbestäubung auf die höheren Tiere und die Pflanzenwelt. In: Die Nonne in Ostpreußen. Berlin: P. Parey 1942.

STRICKLAND, A.H.: Some estimates of insecticide and fungicide usage in agriculture and horticulture in England and Wales. JaE **3**, Suppl. (1966).

THIELCKE, G.: Der Bestand der Greifvogelarten in der Bundesrepublik Deutschland und die Ursachen ihres Rückganges. Intern. Rat für Vogelschutz Bericht H. 9 (1969).

TICHÝ, V., KUDLER, J.: Beitrag zur Kenntnis des Einflusses der Vogelwelt auf den Gradationsverlauf von *Bupalus piniarius* L. Lesnictvi **8** (1962).

TISCHLER, W.: Synökologie der Landtiere. Stuttgart: G. Fischer 1955.

UTTENDÖRFER, O.: Die Ernährung der deutschen Raubvögel und Eulen und ihre Bedeutung in der heimischen Natur. J. Neumann-Neudamm 1939.

VIETINGHOFF-RIESCH, A. VON: Principielles zur Frage der Schädlingsbekämpfung durch Vögel, besonders in forstlicher Beziehung. VGaE **5** (1926).

VIETINGHOFF-RIESCH, A. VON: Berichte Verein schles. Ornith. H. 1 (1928); Abhandlg. der Naturforschenden Ges. zu Görlitz 1930; Journ. für Ornithologie H. 1 und Nachträge 1931; H. 3, 1932; H. 3, 1934 – entnommen aus GLASEWALD 1937.

VINCENT, J.: Massensterben europäischer Rauchschwalben in Südafrika durch Insektizide in Europa. Das Tier H. 4 (1970).

Kleinsäuger (Fledermäuse, Waldmäuse, Schläfer (Bilche), Hörnchen, Insektenfresser)

BRINK VAN DEN, F.H.: Die Säugetiere Europas. 2. Aufl. Hamburg–Berlin: P. Parey 1972.

BURKHARD, D., SCHLEIDT, W., ALTNER, H. et al.: Signale in der Tierwelt. München: H. Moos 1966.

KIRK, G.: Säugetierschutz. Stuttgart: G. Fischer 1968.

KOLLER, G.: Die wildlebenden Säugetiere Mitteleuropas. Heidelberg: Carl Winter 1956.

NATUSCHKE, G.: Heimische Fledermäuse. Wittenberg–Lutherstadt: A. Ziemsen 1960.

RATZEBURG, J.TH.C.: Die Waldverderber und ihre Feinde. 7. Aufl. Neubearbeitet und herausgegeben von JUDEICH. Berlin: Nicolai'sche Verlags-Buchhdlg. 1876.

SANDERSON, I.T.: Knaurs Tierreich in Farben – Säugetiere. München–Zürich: Droemersche Verlagsanstalt Th. Knaur Nachf. 1956.

SCHINDLER, U.: Forstlich wichtige Kleinsäuger (Mäuse-Merkblatt). FM, H. 12 (1962).

Wild und Wald

BLEICHERT, H.: Anlage und Unterhaltung von Dauergrünland-Äsungsflächen im Walde. AFZ H. 24/25 (1963).

BRAUN, H.: Geschichte der Phytomedizin. Berlin–Hamburg: P. Parey 1965.

FREVERT, W.: Rominten. Bonn–München–Wien: BLV 1957.

HESS, R.: Der Forstschutz. Leipzig: B.G. Teubner 1898.

HESS-BECK: Forstschutz. 1. Bd. Schutz gegen Tiere, bearbeitet von DINGLER. J. Neumann-Neudamm 1927.

KLEVER, U.: KEYSERS Hundebrevier. Heidelberg–München:Keysersche Verlagsbuchhdlg. 1960.

KRÖNING, F.: Jagdtierkunde. In: Handbuch der Deutschen Jagd von BIEGER. Berlin: P. Parey 1941.

NÜSSLEIN, F.: Jagdkunde. München–Basel–Wien: BLV 1967.

TÜRCKE, F.: Mittel gegen Wildschäden. 2. Aufl. München: F.C. Mayer 1970.

UECKERMANN, E.: Die Wildschadenverhütung in Wald und Feld. Hamburg–Berlin: P. Parey 1961.

UECKERMANN, E.: Verhütung von Wildschäden im Walde. Bonn-Beuel: Forschungsstelle für Jagdkunde und Wildschadenverhütung 1968.

ZÜRN, F.: Neuzeitliche Düngung des Grünlandes. Frankfurt a. M.: DLG-Verl.-GmbH 1968.

Während des Druckes z.T. erschienen und hier nicht mehr berücksichtigt:

SCHWENKE, W. et al.: Die Forstschädlinge Europas. Bd. I: Würmer, Schnecken, Spinnentiere, Tausendfüßler und hemimetabole Insekten (1972); Bd. II: Käfer (voraussichtl. 1973); Bd. III: Schmetterlinge (voraussichtl. 1974); Bd. IV: Hautflügler und Zweiflügler (voraussichtl. 1974); Bd. V: Wirbeltiere (voraussichtl. 1976). Berlin–Hamburg: P. Parey.

Sachregister

Bei Lebewesen zunächst alphabetische Reihenfolge der einzelnen Gruppen, anschließend alphabetische Reihenfolge der allgemeinen Stichworte. **Halbfett** gedruckte Seitenzahlen weisen auf die hauptsächliche bzw. wichtige Behandlung hin. Hinweise auf Abbildungsnummern sind *kursiv* gesetzt.

Schrecke(n), Dorn-, Zweipunktige 144
—, Eichen- *74*
—, Gebirgs-, Alpine 143
—, Grabheu- (= Grillen) 144, *76*, Fig. 5 h
—, Heu- (= Spring-) 141, 143, 144, *74, 75*, Fig. 4 a
—, Kurzfühler- 141, *75*
—, Langfühler- 141, *74*
—, Nadelholzsäbel- 143
—, Säbeldorn- 144
—, Sumpf- *75*
—, Feinde, Krankheiten 144
Schreckstellung 282, 351, *225*
Schröter, Balken- 165
—, Baum- (= Knopfhorn-) 165
—, Feuer- 165
—, Reh- 165
—, Rollen- (= Waldbock) 210
Schütte(n) 85
—, Douglasien- 87
—, Fichten- 85
—, Kiefern- (= Schüttepilz), s. dort
—, Lärchen- 88
—, Meria-Lärchen- 88
Schuppe (Ameise) 305, 326, 327, 328, *213 b, c, g*
Schuppenameise(n) 326, Fig. 8
Schußloch-Gallmücke 387, *242*
Schusterbock 207
Schutzhaube(n), Ameisen- 316, 321, *215, 216*
Schutztracht 282, 395
Schwäne 414
Schwärmer 283, *195 d*, Fig. 4 d
—, Catalpa- 42
—, Glas-, s. dort
—, Hummel- 283
—, Kiefern- 17, **284**, *9, 193, 195 d*
—, Oleander- 283
—, Winden- 283
Schwalbe(n), Brandsee- 418
—, Mehl- 414
—, Nacht- (= Ziegenmelker) 21, **471**, *302*
—, Rauch- 418
Schwalbenschwanz *203*
Schwalbenwurz 96
Schwammbäume 98, **100**
Schwammspinner 12, 20, 21, 38, 41, 52, 54, 65, 70, 272, **273**, *189 a, b*
Schwarzdorn (= Schlehe) 126
Schwarze Fliege 409
Schwarzkäfer 24, **162**
Schwarzkehlchen (= Wiesen- schmätzer, Schwarzkehliger) 45, 453
Schwarzkiefertriebsterben 89
Schwarzwild (= Sauen, Wild- schweine) 22, 497, 502, 509, *327*
Schwebfliegen 21, 37, 52, 119, 364, 365, **372**, *240 a, b*
—, Bedeutung, Lebensweise 373
—, Förderungsmaßnahmen 373

Schwefel-Präparat(e) 83
Schweißsauger 376
Schwingkölbchen 364
Schwirl(e) 454
—, Feld- 454
—, Rohr- 454
—, Schlag- 454
Sciapteron 258
Sciuridae 494
Sciurus vulgaris 494, *262*
Scleroderris lagerbergii (= Ascocalyx abietina) 89
Sclerophoma pityophila 108
Sclerotinia fuckeliana 79
— podophyllina 84
Scolia hirta 335
— maculata 335
Scoliidae 335
Scolytidae (= Ipidae) 166
Scolytus intricatus (= Eccoptogaster) 173
— multistriatus 97, **173**, *96*
— ratzeburgi 173, *95 a, b*
— scolytus 97, **173**
— spec. 12, 74
Scopiorus 303
Scythropus mustela 225
Seegras 124
Seejungfer, Gemeine 138
Segler, Alpen- 473
—, Fahl- 473
—, Mauer- (= Turm-) 414, **473**, *299*
Seide, Große 120
Seidenschwanz 476, Fig. 10
Seidenspinner 65, 70, 75, 77
Sekretär 431
Sekundärflora 13, 114, 127, *68*
Sekundärschädling(e) 19, 20, 114, 167
Selatosomus 162
Selysius bechsteini (= Myotis) 481
— mystacinus 482
— nattereri 482
Semasia 245, 247, 248, 252
Semikolonreihe 354
Semiothisa liturata 265
Senecio jacobaea 117
— nemorensis fuchsii 124
— sylvaticus 124
— vulgaris 124, 129
Septotis populiperda 84
Serica brunnea 226
Serinus serinus 468
Serpula, s. Merulius
Serropalpus barbatus 194
Serviformica 310, 328, 329
Sesia 259, 260
Sesiidae (= Aegeriidae) 257
Sexuales 400, 403
Sexualis 403
Sexupara 400, 403
Sicista betulina 491
Siebenschläfer 25, **492**, *317, 318*
Silbermundwespen 338, *222 b*
Silberpappel-Blattgallenlaus

(= Fichtenwurzellaus) 403
Silphidae 21, **155**
Simuliidae (= Melusinidae) 393
Simulium columbaczense 393
Sinapis arvensis 110
Singvögel 414, 444
—, Ausrottung 417
—, Totalverluste 418
Sinodendron cylindricum 165
Sinoxylon perforans 193
Siphona geniculata 381
Siphonalhaare 393
Siphunculi 399
Sirex 74, **362**
— cyaneus 362
— juvencus (= Paururus) 361, **362**, *230*
— noctilio (= Paururus) 362
Siricidae 12, 16, 24, 74, 130, 139, 347, **361**, *230–233*
Sitkafichtenlaus (= Fichtenröhren- laus) 51, 158, 394, **402**, *253*
Sitodiplosis mosellana 387
Sitta europaea 462, *285 a, b*
Sittidae 461
Skarabäen, s. Blatthornkäfer
Skarabaeus, Heiliger 164
Sklerotium 73
Skorpionsfliege(n) 22, **140**
—, Deutsche 141
—, Gemeine 141, *73*
Smicromyrme montana 317
Sminthurus 136
Smithiavirus spec. 65, *24*
Sohlengänger 482
Solidago canadensis 125
Sonchus arvensis 127
— asper 127
— oleraceus 127
Sonderlinge (Vögel) 470
Sonnungsperiode 312, 323, *213 h*
Sorex alpinus 483
— araneus 483, *309*
— minutus 483
Soricidae 21, 37, 482, *309, 310*
Sorosperella uvella 76
Spaltblättling 107
Spaltpilze (= Bakterien) 67
Span-Nest(er) 198, **206**, *134*
Spanpolsterwiege(n) 199, 211, 219, *156 b, 157–160*
Spanische Fliege 235
Spanner 260
—, Beerkraut- (= Baumspanner, Kleiner) 266
—, Birken-, Großer 262
—, Frost- 20, 21, 67, **261**, 262, *181 a, b, 182 c*
—, Heidelkraut- 265
—, Heidelbeer- 266
—, Kiefern-, s. dort
Spannerraupen 130, 260, *182 a–c*, Fig. 6 B, D
Sparassis crispa 83, **104**, *35*
Spargelfliege 374

Ecological Studies

Analysis and Synthesis

Editors: J. Jacobs,
O. L. Lange, J. S. Olson,
W. Wieser

Vol. 1: Analysis of Temperate Forest Ecosystems

Editor: D. E. Reichle
91 figs. XII, 304 pages. 1970
Cloth DM 52,–
ISBN 3-540-04793-X

Contents: Analysis of an Ecosystem. – Primary Producers. – Consumer Organisms. – Decomposer Populations. – Nutrient Cycling. – Hydrologic Cycles.

Vol. 2: Integrated Experimental Ecology

Methods and Results of Ecosystem Research in the German Solling Project

Editor: H. Ellenberg
53 figs. XX, 214 pages. 1971
Cloth DM 58,–
ISBN 3-540-05074-4

Contents: Introductory Survey. – Primary Production. – Secondary Production.– Environmental Conditions. – Range of Validity of the Results. –Editorial Note.

Vol. 3: The Biology of the Indian Ocean

Editor: B. Zeitzschel
in cooperation with
S. A. Gerlach
286 figs. XIII, 549 pages. 1973
Cloth DM 123,–
ISBN 3-540-06004-9

The present volume contains much new information and some conclusions regarding the functioning and organi-zation of the ecosystems of the Indian Ocean.

Vol. 4: Physical Aspects of Soil Water and Salts in Ecosystems

Editors: A. Hadas;
D. Swartzendruber;
P. E. Rijtema; M. Fuchs;
B. Yaron
221 figs. 61 tab. XVI,
460 pages. 1973
Cloth DM 94,–
ISBN 3-540-06109-6

Contents: Water Status and Flow in Soils: Water Movement in Soils. Energy of Soil Water and Soil-Water Interactions. – Evapotranspiration and Crop-Water Requirements: Evaporation from Soils and Plants. Crop-Water Requirements. – Salinity Control.

Vol. 5: Arid Zone Irrigation

Editors: B. Yaron;
E. Danfors; Y. Vaadia
181 figs.
X, 434 pages. 1973
Cloth DM 94,–
ISBN 3-540-06206-8

Contents: Arid Zone Environment. – Water Resources. – Water Transport in Soil-Plant-Atmosphere Continuum. – Chemistry of Irrigated Soils-Theory and Application. – Measurements for Irrigation Design and Control. – Salinity and Irrigation. – Irrigation Technology. – Crop Water Requirement.

Vol. 6: K. Stern, L. Roche; Genetics of Forest Ecosystems

70 figs. Approx. 400 pages.
1974. In preparation
ISBN 3-540-06095-2

Contents: The Ecological Niche. – Adaptations. – Genetic Systems. – Adaptive Strategies. – Forest Ecosystems. – How Man Affects Forest Ecosystems.

Vol. 7: Mediterranean Type Ecosystems

Origin and Structure

Editors: F. di Castri;
H. A. Mooney
88 figs. XII, 405 pages. 1973
Cloth DM 78,–
ISBN 3-540-06106-1

Contents: Convergence in Ecosystems. – Physical Geography of Lands with Mediterranean Climates. – Vegetation in Regions of Mediterranean Climate. – Soil Systems in Regions of Mediterranean Climate. – Plant Biogeography. – Animal Biogeography and Ecological Niche. – Human Activities Affecting Mediterranean Ecosystems.

Vol. 8: H. Lieth, R. H. Whittaker: Phenology and Seasonality Modeling

122 figs. Approx. 350 pages.
1974. In preparation
ISBN 3-540-06524-5

Contents: Introduction to Phenology and the Modeling of Seasonality. – Methods for Phenological Studies. – Seasonality of Trophic Levels. – Representative Biome Studies – Modeling Phenology and Seasonality. – Applications of Phenology.

Distribution rights for
U. K.,Commonwealth,
and the Traditional British
Market (excluding Canada):
Chapman & Hall Ltd., London

Prices are subject to change without notice

**Springer-Verlag
Berlin
Heidelberg
New York**